MECHANICAL ENGINEERING DESIGN

기계설계

Third Edition

역자 소개

양성모 전북대학교 기계시스템공학부
김승모 한국기술교육대학교 기계공학부
김재환 인하대학교 기계공학과
김홍석 서울과학기술대학교 기계·자동차공학과
이태선 인천대학교 기계공학과
전용태 세종대학교 기계항공우주공학부
진철규 경남대학교 기계공학부
강희용 전북대학교 기계설계공학부
김용연 충북대학교 기계공학부
김 철 경북대학교 기계공학부
배성재 단국대학교 기계공학과
이태원 금오공과대학교 기계설계공학과
정원석 충남대학교 기계공학부
하태웅 가천대학교 기계공학과

기계설계: 이론 및 실제 **제3판**
MECHANICAL ENGINEERING DESIGN

발 행 | 2022년 2월 21일
저 자 | Ansel C. Ugural
역 자 | 양성모 · 강희용 · 김승모 · 김용연 · 김재환 · 김 철 · 김홍석
배성재 · 이태선 · 이태원 · 전용태 · 정원석 · 진철규 · 하태웅
발행자 | 최봉조
발행처 | 진샘미디어
주 소 | 서울특별시 은평구 연서로 5길 28
부호아파트 102동 상가 5호
전 화 | (02)353-4421
FAX | (02)353-4431
www.jinsaem.co.kr
신고번호 제311-2005-000025호
ISBN | 979-11-91419-13-9

가격 43,000원

MECHANICAL ENGINEERING DESIGN

제3판

기계설계

이론 및 실제

ANSEL C. UGURAL

양성모 · 강희용 · 김승모 · 김용연 · 김재환 · 김　철 · 김홍석
배성재 · 이태선 · 이태원 · 전용태 · 정원석 · 진철규 · 하태웅 공역

진샘미디어

MECHANICAL ENGINEERING DESIGN

Third Edition

역자 서문

이 책은 A. C. Ugural이 지은 MECHANICAL ENGINEERING DESIGN을 번역한 것으로, part 1, part 2, part 3로 나누어져 있다.

이 책은 역학을 잘 이해하는 데 필요한 이론과 응용 사이에 균형을 이루기 위하여 설계해석의 예제와 사례연구를 실제 공학현장의 문제에서 선정하고, 컴퓨터의 활용을 적극 권장하고 있다. 특히 예제를 푸는 과정에서도 실제 설계과정과 같이 주어진 조건을 파악하고, 설계를 위한 가정과 결정을 한 후, 문제를 해석하고 그 해석결과를 평가하는 체계적인 설계과정을 학생들이 직접 체험할 수 있게 하였다. 다른 교재에서 볼 수 없는 특이한 점은 현재 우리나라 학생들이 취약한 부분인 통합적인 설계접근법을 시도한 것이다. 같은 설계 및 해석 문제에 대해서 각 장에서 각기 다른 관점을 제시함으로써 그 대상에 대하여 통합적인 사고를 할 수 있게 하였다. 예를 든다면 윈치 크레인의 사례연구에서 part 1에서는 하중, 응력, 변형률과 안전율을 다루고, part 2, 3에서는 설계해석을 수행하고 평가하였다.

이 책을 교재로 사용하는 경우, 대부분의 장들을 독립되게 구성하였으므로 강의자의 기호에 따라 강의 순서를 달리 할 수 있고, 강의 시간에 따라 내용을 선택할 수 있도록 어려운 주제에 대해서는 *표를 붙여 놓았다. 다만 part 1의 '설계과정'과 '재료'에 대해서는 처음에 가르치기를 권장하고 싶다.

번역을 하면서 원저서의 내용을 충실히 따르면서 그 의미가 잘 전달되도록 노력하였다. 그러나 미흡한 부분에 대해서는 독자 여러분의 아낌없는 지적을 바란다. 이 책이 기계설계를 공부하는 학생들과 현장의 기계 설계자들에게 많은 도움이 되길 바라며, 이 책의 출판에 수고해 주신 관계자 여러분에게 감사를 드린다.

2022년 2월

역자 일동

저자 서문

서론

이 교재는 학부 3, 4학년의 '기계설계' 와 대학원 기초과목인 '공학설계 및 해석'과 관련해서 준비한 강의노트를 바탕으로 개발되었다. 이 책에서는 다른 책에서 다루는 것보다 더 많은 주제를 다루고 있다. 기계공학에 대한 응용은 물론 항공, 농학, 원자력 공학과 응용역학 과목에 적용할 수 있다. 또한 현장 엔지니어에게도 유용하도록 만들었다. 이 책은 기계 및 구조요소들을 설계와 해석하는 데에 필요한 기본 개념과 원리들을 간단하고 알기 쉽게 체계적으로 나타내고 있다. 이 책은 재료역학과 재료의 성질에 대해서 알고 있는 사람을 대상으로 한다. 다루는 내용을 이해하기 위해서 특별히 중요한 주제는 다시 복습을 하게 한다. 강의자의 수고를 덜기 위하여 가능한 달리 설명이 필요하지 않도록 특별한 노력을 기울였다.

이 책에서는 역학을 잘 이해하는 데 필요한 이론과 설계방법 사이에 균형을 이루도록 자료를 제시하고 있다. 그래서 학생들이 설계에서 더 앞선 연구 혹은 전문적인 훈련에 대비할 수 있도록 이론과 응용의 두 가지 관점을 강조하였다. 그 외에 수식을 보기 쉽게 하여 다양한 독자들에게 유용한 형태로 자료들을 제공하고 있다. 제시한 해석은 컴퓨터나 프로그래밍 가능한 계산기를 사용하여야 한다. 광범위한 요소를 설계하는 데 필요한 해석방법들의 범용성과 설계접근법으로 컴퓨터원용공학의 사용이 강조되고 있다.

기계설계에 대한 통합적인 접근법에 따라 컴퓨터 그래픽을 사용할 기회가 주어진다. 컴퓨터 해들은 항상 바람직하다. 왜냐하면 설계변경의 계산과 설계조건에 따른 해석이 간단히 이루어지기 때문이다. 이 책에 있는 많은 예제, 사례연구와 연습문제들은 컴퓨터를 사용하여 풀 수 있다. 일반적으로 해석과 동역학 시뮬레이션을 위한 유한요소모델을 생성하기 위하여 사용할 수 있는 설계 도구는 솔리드 모델링이다. 강의자는 간단한 개인 컴퓨터용 유한요소 프로그램을 사용하여 학생들에게 응력집중과 축대칭 하중 및 평면응력 문제들에 유한요소법을 적용할 수 있다는 것을 보여 줄 수 있다. 책에 제시한 웹사이트는 사용자에게 문제를 더 현실적으로 다루게 하고, 표나 그래프로 경향을 보여 주고, 좋은 계산 연습의 요소들을 제시한다. 이 교재는 어떤 특정 소프트웨어와 관련이 없다.

재료역학의 방법에 바탕을 둔 전통적인 설계해석들은 충분히 주어져 있다. 몇 가지의 경우에 응용탄성역학 이론의 방법들이 사용되고 있다. 이 책에서 탄성이론의 역할은 세 가지이다: 재료역학 이론의 적용한계를 극복한다, 유한요소식을 유도하는 데 기초가 된다, 하중 형식과 요소 형상이 간단할 때 정확한 해를 얻을 수 있다. 독자들이 실생활 문제를 해결하고, 상호작용하는 사례연구들을 이해하게 하기 위하여 판, 셸과 구조요소들을 논의하였다. 독자들이 주제를 다룰 때 추가적인 정보에 접근할 수 있도록 교재의 여러 곳에서 요소와 장치 제조업체들 및 개방된 웹 문제들의 웹사이트 주소들을 알려준다. 또한 컴퓨터원용설계에서 유한요소해석이 제공되고 있다. 앞의 통합된 해석 방법들은 독자들에게 보다 실제에 가까운 설계과정을 수행할 수 있도록 자기능력을 개발할 기회를 제공한다. 이 책은 기계 설계에 대한 교과서 세계에서 빈 부분을 채워주는 것 같다.

이 교재는 세 부분으로 나누어져 있다. 먼저 하중, 응력, 변형률, 재료, 처짐, 강성, 좌굴, 파과역학, 파손기준과 피로 현상의 기초들을 다룬다. 다음에 기계, 각종 기계요소와 구조요소들을 다룬다. 이들은 기계, 다양한 기계 및 구조 부품에 적용된다. 이 책의 몇 개 장과 절에서는 상호 참조함으로써 통합이 되어 있다. 책 전체를 통하여 사례연구들은 많은 기계와 요소 프로젝트들을 제공한다. 그 프로젝트들은 계속 이어지는 장들에서 같은 설계 및 해석 문제에 대하여 각기 다른 관점을 제시한다. 두 종류 기계의 초기 설계에 대한 사례연구는 마지막 장에 쓰여졌다.

설계문제를 공식화하기 위하여 요구되는 기초적이고 필요한 경험적인 정보를 제시하는 데에 유의하였다. 중요한 원리와 적용은 수치적인 예제들을 사용하여 설명하고, 학생들이 풀 수 있는 다양한 실제적인 연습문제를 제공한다. 이 책은 대부분 공학 현장에서 가져온 수많은 예제, 사례연구와 연습문제, 설계계산을 할 수 있는 다수의 공식과 표들을 제공한다. 대부분 연습문제들은 쉽게 수정하여 시험문제로 사용할 수 있다. 선택 문제와 참조에 대한 답변은 책의 끝부분에 제공된다.

벡터역학에서 사용하는 기호 규약이 하중, 내부 저항력(보에서 전단력을 제외하고)과 응력에도 적용된다. 이 규약은 복잡한 기계와 구조물의 수치 해석에서 가장 자주 채택할 뿐 아니라 가장 전통적인 재료역학, 탄성론과 공학설계 교재에서 사용하는 것과 일치하도록 선택하였다. 국제단위계(SI)와 미국 상용단위계를 같이 사용한다. 그러나 실제로 미국 상용단위계가 국제단위계로 바뀌고 있으므로 이 책은 SI 단위를 주로 사용한다.

교재 구성

차례를 보면 이 책에서 다루는 주제와 구성을 알 수 있다. 다양한 주제와 설계 및 해석방법들에 대해서 세부적으로 분류하였으므로 교재는 강의시간과 내용에 따라 과제를 선택할 수 있는 유연성을 가질 수 있다. 설계과정의 고찰과 이 책에 나오는 재료의 개요에 대해서는 1.1절부터 1.4절까지 나와 있다. 대부분 장들은 실질적으로 독립되어 있다. 그러므로 강의자의 선호도에 따라 강의하는 순서를 자연스럽게 바꿀 수 있다. 그러나 1장과 2장은 맨 처음 배워야 한다. *표를 한 절들은 특별하거나 어려운 주제들을 다룬다. 기초 설계과정에서 이들의 선택은 자유이므로 책의 연속성을 해치지 않고 생략할 수 있다.

이 교재는 혼란을 없애고 독자들이 시간을 절약할 수 있는 종합과 분석 방법을 알려 주고, 오류를 없애기 위해서 노력하였다. 또한 내용을 명확하게 제시하면서 장황한 설명과 부적절한 것들을 피함으로써 간결함을 유지하였다. 이 책에서는 학생들이 더 복잡한 문제들을 이해하고 풀 수 있는 능력을 확립할 수 있도록 기본원리들의 활용에 중점을 두었다.

특징

다음 개요는 혁신적인 기계 설계 도서의 주요 기능을 강조한다.

재미있고 매력적인 일인 예제와 숙제의 다양함

신선하고, 실질적 기반 문제의 컨텐츠를 제공하는 텍스트는 680개 숙제, 185개의 예제, 14개의 사례연구를 제공한다.

일관성있는 문제 해결 방법

자신의 작품을 학생들에게 일관성 있는 프레임워크를 제공하기 위해, 예제와 사례연구는 표준 문제 해결 형식을 사용했다 :

1. 문제의 문장(주어진 값)
2. 구하는 값
3. 가정
4. 풀이
5. 평가

독특한 사례연구

14개의 텍스트 케이스 설계 프로세스의 사용으로 애플리케이션을 추가로 제공한다. 두 가지 사례연구—윈치 연구에 의한 크레인과 고속 절단기 연구—학생들이 관련부품에 의한 어느 한 부재의 응력과 변위의 변화, 이들은 또한 엔지니어 연습으로 필요로 하는 기술 세트에 추가할 수 있다. 사례는 산업, 재료 선택, 안전 고려 사항 및 비용 요소에 특별히 강조되는 흥미롭고 적합한 것들이다.

고체 역학의 세 가지 측면 강조

평형, 재료 특성, 변형 형상. 이 책은 분석의 이러한 기본 원칙의 중요성을 강화한다.

강한 시각적 접근

이 책은 약 540개의 그림과 35개의 사진, 여러 부분에 많은 개념들이 학생들의 이해를 돕기 위해 포함되어 있다. 모든 일반 그림은 설명 캡션이 포함되어 있다.

소개

저자는 처음에 훌륭한 요약을 포함하여 각 장에 대한 고체의 교육적 도구와 목표를 제공한다.

추가 기능

자유 물체도, 키 응력 해석 개념, 재료 특성 및 응용 프로그램, 합리적인 설계 절차, 디자인 설계 분석의 역할, FEA 설계, MATLAB® 설계.

이 책의 약속

텍스트의 정확성

저자, 독자, 생산자들은 마지막 페이지에서 정확성 확인.

해의 정확성

해의 풀이와 실험은 모든 최종 풀이과정에서 정확성 확인.

신뢰성

지난 30년 동안 A. C. Ugural은 재료, 탄성, 재료, 보, 접시와 셸 및 기계설계의 고급 역학에 대한 베스트셀러 저술.

시간 절약 부수적인 재료 사이트

http://www.physicalpropertiesofmaterials.com/book/?isbn=9781439866511의 사이트에서 사용.

ABET 기준

이 책은 다음과 같은 ABET 기준을 해결한다.

1. 수학의 지식을 적용하는 능력, 과학 및 공학
2. 디자인하고 실험을 수행할 뿐만 아니라 데이터 분석 및 해석하는 능력
3. 시스템, 구성 요소 또는, 경제, 환경, 사회, 정치, 윤리, 건강 및 안전, 제조, 지속 가능성 등 현실적인 제약 조건 내에서 원하는 요구를 충족하기 위한 프로세스를 설계할 수 있는 능력
4. 공학 문제를 식별 공식화 및 해결 능력
5. 전문적이고 윤리적 책임에 대한 이해
6. 공학 관행에 필요한 기술, 기술과 현대 엔지니어링 툴을 사용하는 능력

부록

이 책에는 종합 강사 솔루션 매뉴얼이 함께 실려 있다. 저자가 작성하고 클래스 테스트를 거친 이 책은 텍스트의 모든 문제에 대한 완벽한 해결책을 특징으로 한다. 선택한 문제에 대한 답은 책의 끝에 나와 있다. 비밀번호로 보호된 강사 솔루션 설명서는 게시자를 통해 채택자가 사용할 수 있다.

옵션 재료는 CRC 웹 사이트 https://www.routledge.com/Mechanical-Engineering-Design/Ugural/p/book/9780367513474에서도 제공된다. 이 자료에는 텍스트에 나와 있는 실제적으로 중요한 다양한 샘플 문제에 대한 MATLAB®를 사용한 솔루션이 포함되어 있다. 그러나 이 책은 소프트웨어 패키지와는 별개이다.

MATLAB®은 매스 웍스의 등록 상표입니다. 제품 정보는 다음으로 연락주기 바란다.

The MathWorks, Inc.
3 Apple Hill Drive
Natick, MA 01760-2098 USA
Tel: 508-647-7000
Fax: 508-647-7001
E-mail: info@mathworks.com
Web: www.mathworks.com

감사의 글

어떤 방식으로 이 책에 기여한 모두에게 감사하는 것은 분명히 불가능하다. 그러나 저자는 건설적인 제안을 제공하고 상세한 코멘트를 하였다. 검토자에게 큰 빚을 지고 있다. 이들은 다음과 같다: D. Beale, Auburn 대학교; D. M. McStravick, Rice 대학교; T. R. Grimm, Michigan Technological 대학교; R. E. Dippery, Kettering 대학교; Yuen-Cjen Yong, California Polytechnic 대학교–San Luis Obispo; A. Shih, North Carolina 주립 대학교; J. D. Gibson, Rose Hulman Institute of Technology; R. Paasch, Oregon 주립 대학교; J. P. H. Steele, Colorado School of Mines; C. Nuckolls, Central Florida 대학교; D. Logan, Wisconsin Platteville 대학교; E. Conley, New Mexico 주립 대학교; L. Dabaghian, California 주립 대학교; E. R. Mijares, California 주립 대학교–Long Beach; T. Kozik, Texas A&M 대학교; C. Crane, Florida 대학교; B. Bahram, North Carolina 주립 대학교; A. Mishra, Auburn 대학교 M. Ramasubramanian, North Carolina 주립 대학교; S. Yurgartis, Clarkson 대학교; M. Corley, Louisiana Tech. 대학교; R. Rowlands, Wisconsin 대학교; B. Hyman, Wachington 대학교; McDonald, G. H, Tennessee; J. D. Leland, Nevada 대학교; O. Safadi, Southern California 대학교; Zhu, Y., North Carolina 주립 대학교; Sepahpour, B., New Jersey Trenton College 대학교; 및 G. R. Pennock, Purdue 대학교. P. Brackin, Rose Hulman Institute of Technology는 모든 문제와 예제의 정확성을 확인하였다. R. Sodhi, New Jersey Institue of Technology는 학생 설계 프로젝트에 따라 몇 가지 사례연구에 유용한 관점을 제공했다. 나는 그들의 귀중한 관심과 조언에 감사하고, 동료 모두에게 감사의 말씀을 기쁘게 전한다.

생산 관리하고, CRC Presss와 SPI Global(콘텐츠 솔루션)의 스탭들의 효율적 협조에도 감사한다. 그들의 전문적인 모든 도움에 감사한다. 문제의 검사 정확도, 솔루션 설명서의 입력, 증명 검토, 웹사이트에서 MATLAB® 문제의 솔루션은 전 제자 Dr. Youngjin Chung에 의해 수행되었다. Errol A. Ugural은 컴퓨터 작업과 다양한 교정 작업 및 표지 디자인을 지원했다. 이들의 작업에 많이 감사한다. 마지막으로, 나는 텍스트의 준비 기간 동안 지지해 준 아내 Nora, 딸 Aileen, 아들 Errol의 격려에 감사드린다.

Ansel C. Ugural

Holmdel, New Jersey

저자

Ansel C. Ugural 박사는 뉴욕, 뉴저지의 뉴저지 연구소에서 기계 공학의 방문 교수로, 그는 국립과학재단(National Science Foundation)의 동료였고 Wisconsin-Madison 대학교에서 가르쳤다. 그는 기계공학과 교수 및 학과장 등 20년 동안 역임했다. Fairleigh Dickinson 대학교에서 정교수로 설계, 개발 및 연구 엔지니어로 풀타임과 자문역량으로 상당하고 다양한 산업 경험을 했다.

Ugural 박사는 Wisconsin-Medison 대학교에서 기계역학 박사와 기계공학과에서 석사취득을 하였다. 그는 ASME와 ASEE 회원이었다. 그는 또한 *Who's Who in Engineering*에 나열되어 있다.

교수 Ugural은 *Mechanical Design; An Integrated Approach*(McGraw-Hill, 2004), *Mechanical Design of Machine Components*(CRC Press, 2nd ed., 2016), *Stresses in Plates and Shells*(McGraw-Hill, 1999) *Plates and Shells: Theory and Analysis*(CRC Press, 4th ed., 2018), *Mechanics of Materials*(McGraw-Hill, 1990) 그리고 *Mechanics of Materials*(Wiley, 2008) 등 여러 책의 저자이다. 이 책은 한국어, 중국어, 포르투갈어로 번역되었다. 박사 Ugural는 *Advanced Mechanics of Materials and Applied Elasticity*(S.K. Fenster)의 공동 저자이다(Pearson, 6th ed., 2020). 또한, 그는 무역과 전문 저널에 다수의 논문을 발표했다.

기호

일부 기어 기호는 11.2, 11.4, 11.9, 11.11, 12.3, 12.5, 12.6, 12.8절 및 12.9절을 참조한다.

로마 글자

A 진폭비, 면적, 계수, 단면적
A_e 고정 부품의 유효단면적, 투영 면적
A_f 최종 단면적
A_o 원래 단면적
A_t 인장응력, 나사의 인장응력 영역
a 가속도, 균열 깊이, 거리, 반지름, 두 구의 접촉 영역 반지름
B 계수
b 거리, 보, 밴드 또는 벨트의 폭; 반지름
C 기본 동적부하 용량, 볼트 조인트 상수, 중심, 상수, 열전달계수, 비열량, 스프링지수
C_c 세장비의 한계값
C_f 표면 조도계수
C_r 신뢰성계수
C_s 기본 정적부하 용량, 크기계수
c 극단적인 섬유 중성축으로부터의 거리, 반지름 틈새, 중심 거리
D 지름, 평균 코일 지름, 플레이트 굽힘 강성 $[Et^3/12(1-\nu^2)]$
d 지름, 거리, 피치 지름, 와이어 지름
d_{avg} 평균 지름
d_c 칼라(또는 베어링) 지름
d_m 평균 지름
d_p 피치 지름
d_r 이뿌리 지름
E 탄성계수
E_b 볼트에 대한 탄성계수
E_k 운동에너지
E_p 클램프 부품에 대한 탄성계수, 위치에너지
e 팽창, 거리, 편심, 효율성
F 힘, 인장
F_a 축방향 힘, 작동 힘
F_b 볼트 축하중
F_c 원심력
F_d 동적하중

F_i 초기 인장력 또는 예압
F_n 수직력
F_p 부품 클램핑 힘, 안전하중
F_r 반지름방향 힘
F_t 접선방향 힘
F_u 극한하중
f 마찰, 주파수
f_c 칼라(또는 베어링)마찰 계수
f_n 고유 주파수
G 강성계수
g 중력 가속도
H 방열 시간의 속도, 전력
H_B 브리넬 경도 번호(Bhn)
H_V 비커스 경도 번호
h 콘 높이, 거리, 섹션 깊이, 폴의 높이, 용접 크기, 막 두께
h_f 최종 길이, 자유 길이
h_0 최소 막두께
h_s 고체 높이
I 관성모멘트
I_e 스프링 코일의 관성 등가모멘트
J 극성모멘트, 계수
K 탄성 상수, 상수, 충격계수, 응력확대계수, 시스템 강성
K_c 파괴인성
K_f 피로 응력집중계수
K_r 수명의 조정인자
K_s 서비스 요소, 충격계수, 나선형 스프링에 대한 직접 전단계수
K_t 이론적 또는 기하학적 응력집중계수
K_w 왈계수
k 판의 좌굴하중계수, 상수, 부품 강성, 스프링지수 또는 강성
k_b 볼트에 대한 강성
k_p 고정 부품 강성
L 그립, 길이, 리드
L_e 보의 등가 길이
L_f 최종 길이
L_0 원래 길이
L_5 신뢰성이 90 % 이상에 대한 정격 수명
L_{10} 정격 수명
l 방향 여현, 길이
M 모멘트
M_a 변동모멘트

M_f 마찰력에 의한 모멘트
M_m 평균모멘트
M_n 수직력에 의한 모멘트
m 방향 여현, 질량, 모듈
N 수직력, 마찰면의 수, 기어이의 수, 피로수명 또는 사이클의 수
N_a 능동 스프링 코일 수
N_{cr} 판의 임계하중
N_t 스프링 코일의 총 수
N_θ 후프 힘
N_ϕ 메리디오널 힘
n 상수, 방향 여현, 안전계수, 모듈 비율, 수, 나사산, 회전 속도
n_{cr} 임계 회전 속도
P 힘, 집중하중, 축하중, 롤러 베어링에 대한 등가 레이디얼하중, 단위 투영 면적당 레이디얼하중
P_a 변동하중
P_{all} 허용하중
P_{cr} 열 또는 헬리컬 스프링의 임계하중
P_m 평균하중
p 피치, 압력, 확률
p_{all} 허용 압력
p_i 내부 압력
$p_{\max}$ 최대 압력
$p_{\min}$ 최소 압력
p_o 외부 또는 외부 압력
p_0 최대 접촉 압력
$p(x)$ 확률 또는 주파수 함수
Q 면적1차모멘트, 가상력, 부피, 유량
Q_S 사이드 누설량
q 노치 감도계수, 전단 흐름
R 반지름, 반력, 신뢰성, 응력비
R_B B 스케일 로크웰 경도
R_C C 스케일 로크웰 경도
r 플레이트의 종횡비, 반지름방향 거리, 반지름, 관성 반지름
r_{avg} 평균 반지름
r_i 내부 반지름
r_o 외부 반지름
S 단면계수, 초당 세이 볼트 점도계 측정, 조머펠트 수, 강도
S_e 기계 부품의 내구한도
S'_e 시편의 내구한도
S_{es} 전단의 내구한도
S_f 파단강도

S_n 기계 부품의 내구강도
S'_n 시편의 내구강도
S_p 안전강도, 비례한도강도
S_u 인장극한강도
S_{uc} 압축극한강도
S_{us} 전단극한강도
S_y 인장항복강도
S_{ys} 전단항복강도
s 거리, 표본 표준 편차
T 온도, 인장, 토크
T_a 변동 토크
T_d 저하중 토크
T_f 마찰 토크
T_m 평균 토크
T_o 전체 분해 토크
T_t 전이 온도
T_u 상승 하중 토크
t 온도, 거리, 두께, 시간
t_a 주변 공기 온도
t_o 평균 유막 온도
U 변형에너지, 저널 표면 속도
U_o 변형에너지 밀도
U_{od} 뒤틀림 변형에너지 밀도
U_{ov} 팽창 변형에너지 밀도
U_r 탄성계수
U_t 강성계수
U^* 보조에너지
U_o^* 보조에너지 밀도
u 반지름 거리, 유속
V 선속도, 회전계수, 전단력, 용량
V_s 슬라이딩 속도
υ 변위, 선속도
W 일, 하중, 무게
w 거리, 단위하중, 변형, 변위
X 반지름계수
Y 지름 피치 또는 모듈에 대한 루이스 형상계수, 스러스트계수
y 중립 축선으로부터의 거리, 원주 피치에 대한 루이스 형상계수
$\bar{y}$ 중립축 위치 거리
Z 곡선보 계수, 단면계수
z 표준 편차의 수

그리스 문자

α 각도, 각가속도, 계수, 열팽창계수, 원추각, 전단형상계수, 나사산 각도
α_n 수직면의 나사산 각도
β 각도, 계수, V벨트 사잇각의 1/2
γ 디스크 클러치 또는 브레이크의 경사각, 스프로킷의 피치 각, 전단 응력, 단위 부피당 중량; γ_{xy}, γ_{yz}, 와 γ_{xz}는 xy, yz 및 xz평면에서 전단 변형
$\gamma_{\max}$ 최대 전단변형
Δ 갭, 컴퓨팅 접촉 응력의 재료 매개 변수
δ 변형, 변위, 신장, 간섭 반지름 또는 허용 쉬링킹, 가상 무한미소 양
$\delta_{\max}$ 최대 또는 동적 변형
δ_s 고체 변형
δ_{st} 정적 변형
δ_w 작동 변형
ϵ 편심률
ε 수직 변형률; ε_x, ε_y, ε_z는 x, y, z 방향 수직 변형률
ε_f 파손 수직 변형률
ε_t 진 수직 변형률
ε_u 극한 변형률
η 절대 점도, 점도
θ 각도, 각도 변위, 기울기
θ_p 주면 또는 주축 각도
θ_s 최대 전단 평면 각도
λ 리드각, 나선 각도, 재료 상수
μ 모집단 평균
ν 동점도, 푸아송비
ρ 질량 밀도
σ 수직응력; σ_x, σ_y, σ_z는 x, y, z 평면 수직응력, 표준 편차
σ_a 변동응력
σ_{all} 허용응력
σ_{cr} 임계응력
σ_e 등가응력
σ_{ea} 등가변동응력
σ_{em} 등가평균응력
$\sigma_{\max}$ 최대 수직응력
$\sigma_{\min}$ 최소 수직응력
σ_{nom} 공칭응력
σ_{oct} 8면체 수직응력
σ_{res} 잔류응력
τ 전단응력; τ_{xy}, τ_{yz}, τ_{xz}는 x, y, z축 수직 및 y, z, x평면 평행 전단응력
τ_{avg} 평균 전단응력

τ_{all} 허용 전단응력
τ_d 직접 전단응력
τ_{oct} 8면체 전단응력
τ_{max} 최대 전단응력
τ_{min} 최소 전단응력
τ_{nom} 공칭 전단응력
τ_t 비틀림 전단응력
ϕ 각, 최소 막 두께, 압력각, 비틀림각, 랩 각도
ϕ_{max} 최대 막 압력 위치
ψ 나선각, 나사선각
ω 각속도, 각 주파수($\omega = 2\pi f$)
ω_n 고유 각 주파수

약어

all	허용
avg	평균
Bhn	브리넬 경도 번호
CCW	시계 반대방향
CD	냉간 인발
cr	임계
CW	시계방향
fpm	분당 푸트
ft	푸트, 피트
h	시간
HD	인발 경화
hp	마력
HT	열처리
Hz	헤르츠(초당 사이클)
ID	안지름
in.	인치, 인치들
ipm	분당 인치
ips	초당 인치
J	줄
kg	킬로그램
kip	킬로파운드(1,000 파운드)
kips	킬로파운즈들
ksi	평방 인치당 킬로파운드(10^3 psi)
kW	킬로와트
lb	파운드(들)
ln	네이피어 자연 로그
log	일반 로그(기저 10)
m	미터
max	최고
min	최저
mph	시간당 마일
m/s	초당 미터
N	뉴턴
NA	중립축
OD	바깥 지름

OQ&T	기름 담금질 및 템퍼링
OT	오일 템퍼링
Pa	파스칼
psi	평방 인치당 파운드
Q&T	담금질 및 템퍼
R_C	로크웰 경도, C 스케일
rad	라디안
req	필요
res	잔류
rpm	분당 회전 수
rps	초당 회전 수
s	초
SI	국제단위 시스템
st	정적
SUS	세이 볼트 유니버셜 초
SUV	세이 볼트 유니버셜 점도
VI	점도 지수
W	와트
WQ&T	물 담금질 및 템퍼링

차례

CHAPTER 3 응력과 변형률

CHAPTER 4 처짐과 충돌

CHAPTER 5 에너지법과 안정성

PART 2 파손 방지

CHAPTER 6 정적파손기준과 신뢰도

CHAPTER 7 피로파손 기준

CHAPTER 8 표면 파손

PART 3 응용

CHAPTER 9 축과 관련 부품

CHAPTER 10 베어링과 윤활

CHAPTER 11 평기어

CHAPTER 12 헬리컬, 베벨, 웜기어

CHAPTER 13 벨트, 체인, 클러치, 브레이크

CHAPTER 14 스프링

CHAPTER 15 파워스크루, 체결 요소 및 연결

CHAPTER 16 설계에서 축대칭 문제

CHAPTER 17 설계에서 유한요소해석

CHAPTER 18 기계설계에서 사례연구

PART 1

기초

전문가용 볼트 절단기(www.ridgit.com). 사례연구 1.1, 3.1과 4.1에서 이와 같은 공구를 분석할 것이다. part 1에서는 여러 가지 하중이 작용하는 기계와 구조 요소에 대해 하중 해석, 소재상수, 응력, 변형률 그리고 탄성안정성(stability)에 대해 집중적으로 공부할 것이다.

CHAPTER 01

설계 개요

MECHANICAL DESIGN *of Machine Components*

1.1 서론

공학은 구체적 목표를 이루기 위해 과학적 지식을 활용하는 응용과학이다. 추상적 개념이 물리적 의미를 갖고 편리한 기능으로 발전되기 위해서는 효과적인 절차가 필요하다. 이러한 절차를 *설계*(design)라고 할 수 있다. 설계는 창의적이고 반복적 의사결정 과정이다. 이 책은 기계 구조나 장치를 구성하고 있는 *기계요소*(machine element)의 설계와 트러스, 프레임, 평판과 같은 *구조요소*(structural member)의 역학적 해석을 포함하고 있다. 이 책이 포함하고 있는 내용으로 첫째는 기계요소가 우수한 성능을 유지하면서 오랫동안 사용될 수 있도록 설계하는 데 필요한 지식을 체계적으로 제시하고, 기계요소가 강도를 만족시키고, 여러 가지 하중조건에 따라 좌굴 및 처짐 현상을 예측하고 계산할 수 있는 방법을 제시하고 있다. 둘째는 컴퓨터를 이용하여 기계요소나 기계장치의 설계와 분석을 하는 데 필요한 수학적 방법과 수치해석 방법을 제시하고 있다. 셋째는 많은 예제와 사례 연구 등의 다양한 문제를 다루어 봄으로써 이미 개발된 공식을 적용하고 새로운 식을 유도하는 데 설계자가 자신감과 능력을 갖출 수 있도록 하였다.

이 책은 두 부분으로 구성되어 있다. part 1에서는 설계의 기초가 되는 기본 원리와 방법, 재료와 응력해석과의 관계를 집중적으로 다루었다. 설계의 기본개념, 해석, 다양한 기계재료의 소재상수의 정의, 부재에 대한 힘의 평형상태, 여러 가지 하중을 받고 있는 부재의 응력과 변형 해석, 변형에너지, 봉과 보의 해석, 좌굴해석, 파손기준, 신뢰성은 part 2에서 다루었다. 새롭고 복잡한 문제를 풀기 위해서는 상기의 주제를 폭넓게 이해할 필요가 있다. part 3에서는 대부분 기계요소 설계를 다루고 있다. 축, 베어링, 기어, 벨트, 체인, 클러치, 브레이크, 스프링과 같은 구체적인 기계요소나 부재를 선정하고 설계하는데, 설명된 기본 원리를 적용한다. 파워나사(power screw), 나사못, 볼트, 리벳, 용접, 접합, 축대칭 요소도 자세하게 설명하고 끝으로 유한요소법에 의한 수치해석을 포함하였다.

기계나 구조물을 설계하고 해석하기 위해서는 정역학과 기계역학에 대한 전문용어를 완전히 이해할 필요가 있다. 대부분의 부재는 재료역학적으로 설계될 수 있고, 특정요소는 탄성학에 기반하여 설계된다. 1장은 설계의 기본 정의와 과정, 하중분석을 다루고, 고체역학의 개념을 요약하였다. 별첨된 참고문헌으로부터 해석과 설계 정보를 추가적으로 제공받을 수 있다.

1.2 기계공학적 설계

설계란 실질적이든 가상적이든 특정요구사항을 만족시키는 방안을 구체화하는 과정이라 할 수 있다. 근본적으로 설계는 문제를 해결하는 과정이다. *공학적 설계*(engineering design)는 어떤 시스템이나 구성요소가 현실적으로 구현되도록 과학과 공학을 적용하는 과정으로 정의될 수 있다. 하나의 시스템은 전체적으로 일을 할 수 있도록 정렬된 요소로 구성된다. 그러므로 설계는 공학의 본질이자 목적이고 공학적 예술이라고 할 수 있다. *설계기능*(design function)은 수학, 컴퓨터, 그래픽을 활용하여 어떤 계획을 수립하는 과정이라 할 수 있다. 공학인이 과학적 지식을 폭넓게 이해하고 통찰력이 있을 때, 현실적으로 발생된 문제를 해결하는 방법을 더 잘 창안할 수 있다. 흥미롭게도 공학인은 의사와 유사한 특성을 가지고 있는데, 그들은 과학인은 아닐지라도 둘 다 과학적 실험 데이터로부터 얻어진 과학적 증거를 적용하고 전문가적 소견으로 판단하여 문제를 해결한다.

기계역학적 설계(mechanical design)는 기계, 구조, 장치 또는 측정계기와 같은 기계적 특성을 갖는 시스템을 설계하거나 기계요소를 설계하는 것을 의미한다. 대부분의 기계공학적 설계는 재료공학, 응력해석 결과 그리고 에너지 개념을 활용한다. 즉, 그러한 개념을 적용하여 구조물이나 운동, 에너지와 열전달이 일어나는 기계 시스템이나 구성요소를 설계한다. *기계*(machine)는 요소, 힘 또는 운동을 변형시키는 기구이거나 그러한 요소로 구성된 장치이다(1.9절). *기계설계*(machine design)는 특정한 목적을 수행할 수 있는 새로운 장치를 구상하거나 더 효과적인 장치를 구상하는 예술로 볼 수 있다. 기계설계 분야는 기계역학적 설계의 일부라고 할 수 있는데, 요소의 움직임과 구조에 대해서 집중한다.

기계공학적 설계(mechanical engineering design)는 모든 종류의 기계장치나 기구의 개념, 설계, 개발, 응용을 다룬다. *구조설계*(structural design)는 토목공학과 직접적으로 관련되고 구조시스템이나 부재가 필요한 모든 공학에서 중요한 분야이지만, 이 책의 주제는 이미 언급된 것처럼 기계설계이다.

기계공학적 설계는 요소의 크기와 형상을 결정하고, 적합한 소재를 선정하고, 제작공정을 결정하여 완성된 기계장치가 파손되지 않고 의도하는 기능이 수행하도록 하는 것이다. *최적설계*(optimum design)는 기술된 구속조건을 만족시키는 설계 문제에 있어서 최상의 방안이라 할 수 있다. 물론, 그와 같은 설계는 외관상으로 보면 수없이 많은 변수가 있을 뿐 아니라, 설계자는 여러 가지 선택이 요구될 때 경험에 따라 결정하기도 하고, 하나 또는 몇 개의 변수를 갖는 문제로 단순화시켜 해를 구하기도 한다.

일반적으로, 성능, 미관, 가격의 조건을 만족시킬 때 좋은 설계라고 할 수 있다. 좋은 설계라고 할 수 있는 또 다른 특징은 튼튼함과 품질과 성능이 유지되는 것이다. 좋은 설계는 공학과정에서 배운 모든 지식으로부터 시작된다. 글, 말 그리고 도표의 형태로 표현되는 정보를 교환하는 것은 기술만큼이나 중요하다. *공학인의 윤리 규범*[1] 제 1항은 "공학인은 그들의 직업 의무를 행함에 있어서 대중의 안전, 건강, 복지를 지키는 수호자가 되어야 한다."라고 하고 있다. 그러므로 공학인은 수명기간 내에 상품이 안전하게 사용될 수 있도록 설계해야 할 의무가 있다. 상품의 안전이란 상품이 인류를 부상으로부터 보호하고, 재산의 손실을 입히지 않고, 환경에 해를 끼치지 않는 것을 의미한다. 요구사항을 만족시키기 위하여 우선 각각의 요구사항에 대한 예비설계를 한다. 각각의 *예비설계*(preliminary design)에서 구조나 기계가 지지해야 하는 하중과 거동에 대해 충분히 고찰하고 경우에 따라서는 역학적 해석이 필요한 경우도 있다. *설계결정*(design decision) 또는 설계인자의 적절한 값을 선정하는 것은 설계과정에서 대단히 중요하고, 설계자가 경험이 많으면 많을수록 훨씬 빨리 설계인자의 값을 결정할 수 있을 것이다. 공학적 설계를 하기 위해서는 개인적 재능과 창의성이 요구된다.

1.2.1 ABET의 설계 정의

공학과 기술의 인증위원회(ABET: Accredition Board for Engineering and Technology)에서 공학설계(engineering design)는 시스템과 요소를 고안하는 과정 또는 요구되는 필요성을 충족시키는 과정으로 정의하고 있다. 그것은 의사의 결정과정으로 앞에서 언급된 목적을 충족시킬 수 있도록 기초과학과 수학과 공학을 적용하고, 최적으로 변환시키는 과정이다. 설계공정의 기본 요소에는 목적과 기준, 통합, 분석, 실물구현, 테스트 그리고 평가가 있다.

공학설계를 위한 교과과정에는 학생의 창의성 개발, 개방형 문제, 현대 설계이론과 방법의 이용과 개발, 설계문제의 서술과 명세서의 공식화, 대안의 해결책, 가능성 고려, 가공과정, 현재의 공학 설계, 자세한 시스템 서술 등과 같은 특성의 내용이 포함되어야 한다. 나아가서, 본질적으로 경제적 요소, 안전성, 신뢰성, 신미성, 윤리성 그리고 사회적 충격과 같은 현실적 제약 조건이 포함되어야 한다. 인증을 위한 ABET 기준은 팀별로 문제를 풀고 설계를 수행하는 것을 강조하고 있다.

1.3 설계공정

설계공정(design process)은 기본적으로 창의성을 기르는 훈련이다. 전체 공정은 *피드백 루프*(feedback loop)의 설계흐름도로 표현될 수 있다. 그림 1.1은 도표로 공정을 설명하고 있다. 이 절에서 우리는 모든 공학설계에서 공통적인 설계 단계를 검토한다. 대부분의 공학적 설계는 안전성, 경제성, 사회적 영향과 같은 모든 인자에 대하여 고려하기를 원하지만 설계자가 설계 영역의 모든 것을 아는 것은 대단한 도전이다. 설계에서 기본적 행위는 문제의 필요성을 설정하고, 이해하여 해결 가능한 방

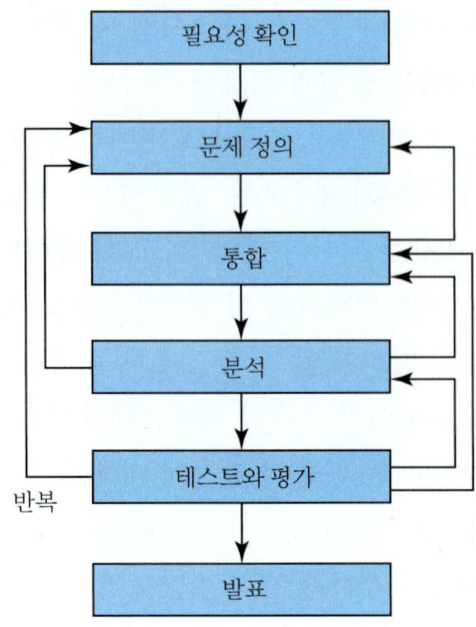

[그림 11.1]
설계과정

안을 찾아내고 평가하여 그 중 최선의 방안을 결정하는 것이다.

1.3.1 설계 단계

설계공정은 상품과 직접적인 관련이 적고, 상품의 수명 주기와 관련된다. 공학적 설계 문제의 내용은 문제별로 독특한 특성을 가지고 있으나 이러한 문제를 해결하는 방법은 일반적이고 구체적으로 기술될 수 있다. 설계공정에서 고려해야 하는 모든 것을 완전히 이해하기 위해서는 그림 1.1의 단계별 특성을 먼저 이해해야 한다. 각각의 과정은 소모적이지도 고정된 것도 아니고 각각의 문제에 적합하도록 적절히 수정될 것이다. 설계 방법에 대해 많은 기관이 유사한 설계과정을 제시하고 있다.

1.3.1.1 필요성 확인

설계공정은 실제적이든 가상적이든 필요성을 인식하여 필요한 것에 대해 무언가 하겠다는 결정으로부터 시작된다. 한 예로 현재의 장비가 내구성이나 효율이나 무게나 속력이나 가격을 향상시킬 필요가 있다면 새로운 장비는 계산과정이나 조립이나 서비스와 같은 기능을 자동화할 필요가 있을 것이다. 고객이 제품의 기능과 품질에 대해서 재설계를 요구하는 고객 보고서와 같은 많은 정보로부터 필요성은 확인될 수 있다. 현대의 사업이나 산업은 경쟁으로부터 꾸준히 새롭고 향상된 기구, 공정, 형상을 요구하고 있다. 이렇게 수없이 발생되는 요구로부터 설계 문제가 시작된다.

1.3.1.2 문제 정의

설계에서 이 단계는 요구된 기능을 구현하는 메커니즘과 정렬을 포함한다. 새로운 장치는 보통 크기와 소재가 다른 새로운 부재로 구성되기 때문에 광범위한 지식이 필요하다. 명세서는 입력과 출력의 양식이다. 명세서를 작성하기 위해서는 많은 결정을 해야만 되고, 명세서는 도면, 문자, 소재 계산서 그리고 상세 지침서의 요약이다. 모든 규격은 주의깊게 쓰여져야 한다. 기계의 설명서는 *설계와 성능 요구서*(design and performance requirement)라고도 하는데, 모든 형태의 입력과 결과가 세밀히 기술되어야 한다. 설명서에는 가공되어야 할 부재의 정의, 가격, 운전 온도 범위, 기대 수명, 신뢰성을 포함하여, 부품과 소재가 효율적으로 균일성을 달성할 수 있는 공정과 품질이 *표준*(standard)으로 규정되어야 한다. 해석, 설계, 가공, 조립은 구체적인 *규약*(code)으로 되어 있고, 규약의 목적은 안정성, 효율성, 성능, 품질을 확보하는 것이다. 1.6절에 나열된 모든 협회나 기술단체에서 표준과 안전 또는 설계에 관한 규정을 제정하고 있다.

일단 규격이 마련되면, 관련된 설계 정보를 수집하여 구현 가능성을 검토한다. *가능성 검토*는 기술적인 면과 경제적인 면에서 성공 여부를 확인하는 것이다. 이러한 검토의 결과에 따라 과제의 규격과 필요조건은 자주 변경된다. 설계자는 항상 여러 가지 공학적으로 대체 가능한 제안을 한다. 공간적으로 충분히 가능하면 안을 확정하고 간단한 전개도로 표현한다.

1.3.1.3 통합

여러 가지 방안을 통합(synthesis)하는 것은 설계과정에서 가장 재미있고 도전적인 부분이다. 여러 가지 방안을 구체화하고 통합하기 위해서는 많은 창의적 사고가 요구된다. 상품의 개념, 기능, 유일성이 통합단계에서 결정된다. 설계자는 여러 개의 부품을 결합시키고 여러 가지 새로운 안과 지난 안을 전체적으로 입체화하여 새로운 생각과 개념을 도출한다.

1.3.1.4 분석

통합과 *분석*(analysis)은 설계공정의 가장 주요한 부분이다. 분석은 무게의 최소화, 가격 경쟁력, 내구성, 목표 성능 등에 대해 검토하는 과정이다. 통합은 분석이나 최적화 과정이 없이는 이루어질 수 없다. 왜냐하면 설계중인 제품은 목표성능의 달성 여부를 확인하기 위한 분석이 필요하기 때문이다. 만약 설계가 잘못되었다면, 다시 통합을 해야 한다. 몇 개의 구성요소를 종합한 후에 이 요소가 전체 시스템에 미치는 영향을 분석한다. 만족할 단계에 이르면 전개도, 상세도를 그리고 견본을 제작할 수 있도록 계산하여 치수를 규정하고, 제조, 가격, 신뢰성, 편리성, 안전성을 신중히 고려하여 소재를 선정한다.

1.3.1.5 시험

설계가 완료된 시점에서 *시제품*(prototype)을 제작한다. 설계의 성공 여부는 제품을 평가함으로써 최종적으로 확인한다. 제품평가는 실험실에서 시제품을 평가하거나 컴퓨터에 의한 분석 결과로 평가한다. 컴퓨터상의 시제품 평가가 자주 이용되는데, 비싸지 않고 신속히 할 수 있기 때문이다. 평가 결과에 따라서 필요 요구조건과 특징의 만족여부를 판단한다. 부족한 점이 발생할 경우 만족될 때까지 수정하고 이러한 과정을 반복적으로 수행한 후 객관적인 의견을 수렴한다.

1.3.1.6 발표

설계자는 필요 요구사항을 이해하고 설계 내용을 도표로, 구두로, 문서로 발표(presentation)해야 한다. 이것은 필요 요구를 만족시킨 고안을 설명하는 것이다. 발표를 잘 하는 것은 설계공정의 마지막 단계로 대단히 중요하다. 도면으로 표현된 최종 설계도는 제조공정으로 간다.

각각의 부품이 쉽게 가공 조립되고 제작될 수 있도록 설계되어야 한다. *제조공정*(manufacturing process)의 목적은 설계된 구성요소와 시스템을 제작하는 것이다. 공산품이 시장에서 성공하는 데는 가공이 중요한 역할을 한다. 각각의 부품은 쉽게 조립되고 제작될 수 있도록 설계되어야 한다. 가공공정 계획수립은 구성요소를 생산하는 데 가장 효과적인 순서를 결정하는 것이다. 생산된 부품은 면밀히 검사되고, 품질보증의 절차를 거친다. 검사에 통과된 구성 요소는 조립, 포장되고 상표가 부착된 후 고객에게 운반된다.

상품의 형상은 소비자가 좋아하고 시장에 진열될 수 있는 형상이어야 하고, 설계된 제품이 성공하기 위한 매우 중요한 기능 중 하나이다. 상품을 유통시키는 것은 제조공정의 중요한 마지막 단계이다. 시장의 피드백은 상품의 기능을 향상시키는 데 있어서 매우 중요하다. 상품을 개발하는 데는 많은 분야의 지식이 필요하다. 따라서 설계를 하는 공학인은 다른 분야에 대해서도 친숙할 수 있도록 노력해야 되고, 항상 상호간 의견을 교환할 수 있도록 꾸준히 노력해야 한다.

1.3.2 설계시 고려할 사항

공학적 설계는 설계자에 의해 인식되는 아주 많은 고려 사항을 가지고 있다. 기계적 요소 또는 전체 시스템에 대한 전통적 고려 사항은 강도, 처짐, 무게, 크기, 형상, 소재 특성, 운전 온도, 프로세싱, 원가, 유용성, 사용성, 실용성, 그리고 수명이다. 현대적 고려 사항의 예는 안전, 수명의 질, 환경이다. 그 외 고려할 사항은 신뢰성, 유지 용이성, 인간공학 그리고 미학이다.

우리는 이 책에서 앞에서 언급된 요소를 고려할 것이다. 흔히 설계적 결정을 해야 하는 문제를 푸는 데 기본적 이론을 적용한다. 설계자가 상상적이고 독창적인 해를 얻을 때 비로소 여러 가지 설계 요소가 서로 부합됨을 알 수 있고, 이것은 중요하고, 설계의 궁극적 목표이다. 윈치 크레인의 설계는 간단한 예이다(그림 18.1). 원하는 심미적인 측면을 달성하는 것은 원가 한계와 거의 상반된다.

이 절을 포함해서 공식을 적용할 때 불확실하고 제약이 있을 때 주의가 필요하다. 많은 공식은 단순화하여 이상적인 조건에서 유도된 것이다. 이러한 가정은 하중과 경계 조건을 단순화하고 형상과 소재 특성의 근사치에 기반한다. 설계자와 응력 해석자는 이러한 제약 조건을 알아야만 된다.

1.4 설계 분석

설계 분석(design analysis)은 물론 구성요소의 응력과 변형을 예측하여 구성요소가 하중을 안전하게

지지하도록 하는 것이다. 분석은 일반적 개념설계 결과를 공학적 환경에서 예상된 제품의 성능을 평가하는 것으로, 디자인 모델링과 모사(simulation)를 통해서 이루어진다.

1.4.1 공학적 모델링

기하학적 모델링은 설계 초기 파손 분석에 필요한 자료를 얻기 위한 단순한 방법이다. 설계도로부터 유용한 공학적 모델을 만드는 것은 아마도 전체 공정에서 가장 어려운 부분이지만 전체 설계공정에서 가장 도전적인 부분이다. 특정 부분의 기하학적 모델의 적절함을 설계자가 보증하여야 하기 때문이다. 만약 구조가 단순하다면 이론적으로 충분히 응력을 계산할 수 있지만, 복잡한 형상에 대해서는 유한요소법으로 응력을 구할 수 있고, 부재에 대해서도 유한요소법을 활용함으로써 파손 여부를 평가할 수 있을 것이다.

공학적 모델은 선정된 기하학적 모델과 계산 결과를 가지고 대략적으로 현실화해 보는 것이다. 모델을 개발하는 데 선형성, 소재의 균일성과 같은 가정과 제한조건이 수반된다. 기하학적 모델의 선정은 하고자하는 분석의 종류에 따라 직접적인 영향을 받는다. 설계의 평가와 시험을 통해서 기하학적 모델은 개선되고 확정된다. 설계가 확정된 모델은 초기도면과 상세도면으로 시작하여 최종도면을 생성하고 문서화한다.

1.4.2 합리적 설계 절차

하중을 받고 있는 부재의 강도를 만족시키기 위해서는 인장, 압축, 피로와 같은 기본 시험결과를 수집하여 현재의 구조 또는 기계가 사용되고 있는 복잡한 환경에 적용한다. 그러나 설계에 관한 모든 주제에 대하여 적용 가능한 확고한 분석 방법이 존재하는 것은 아니다. 그러한 경우에는 문제의 해를 구하거나 구성요소를 선정하는 데 실험적 방법이나 완성되지 않은 이론적 방법을 이용해야 한다. 또한 7.7절에서 자세히 다루지만 실제 작용하는 하중과 여러 가지 인자들은 구성요소의 강도와 수명에 지대한 영향을 미친다. 축방향 하중을 받는 부재, 보, 비틀림 봉은 3장과 9장에서 해석적 방법으로 설명된다. 설계에 대한 완전한 해는 유일하지 않고, 반복적 시험에 의해 최선의 해를 얻는 경우도 자주 있다.

1.4.3 분석 방법

설계 방법은 재료역학 이론에 기반하고 이 책에서도 일반적으로 적용되고 있다. 축대칭 하중을 받는 구성요소에 대해서는 16장의 탄성 이론이 적용된다. 재료역학적 방법은 실제적 문제에 대한 합리적인 해를 가능하게 하는 경험과 실험적 검증에 의한 가정을 적용하는 반면 탄성 이론의 방법은 하중을 받고 있는 물체에 대해 응력 분포를 수학적으로 구한 방법이다[2, 3]. 위 두 방법의 차이점은 3.17절에서 자세히 논의된다.

재료역학에 의한 해는 부분적 평균응력으로 표현된다. 단면이 급히 변하면 응력이 집중되고 불규칙한 부분 응력이 발생되기 때문에, 재료역학에 의해 계산된 응력은 단면이 급히 변화되는 지점으로부터 부재의 깊이 이상 떨어진 곳에서의 응력을 의미하고 이를 *세인트 버넌트*(Saint Venant)*의 원리*(하중이 가해진 점으로부터 멀리 떨어진 점에서 부재의 응력은 정역학적으로 구할 수 있다. 즉, 하중이 작용하는 지점으로부터 가까운 영역에서의 응력은 하중이 가해지는 방법에 따라 크게 영향을 받는다)라 한다. 이 원리는 단면 변화에 의해 발생된 응력 변화에도 유효하다. 따라서 재료역학적 방법은 상대적으로 가는 부재에 적합하다.

하중을 받고 있는 구성요소에 대한 완전한 해를 평형방정식으로부터 구하기 위해서는 세 가지 조건을 고려하는 것이 요구된다. 이러한 *기본원리*(basic of principles of analysis)는 다음과 같이 요약된다.

1. *정역학*(statics). 평형방정식을 만족해야만 한다.
2. *변형*(deformation). 응력-변형률 관계 또는 힘-변형 관계(즉, 탄성법칙)가 소재의 거동에 적용되어야 한다.
3. *기하학*(geometry). 변형 연속조건(compatibility)이 충족되어야 한다.

위의 순서에 따라 해석을 수행할 필요는 없지만, 이러한 조건에 근거한 해는 경계조건을 만족시켜야 한다. 앞서 설명된 절차의 적용은 기계구성요소를 포함한 문제를 다룰 때 예로 설명된다. 또 다른 방법으로 응력과 변형은 에너지 방법으로 분석될 수 있다. 정상적인 하중조건과 부재의 형상이 규칙적인 문제에 대해서 두 방법으로부터 만족스런 변형은 할 수 있고, 문제에 대해서 해는 수치해석으로 변형은 할 수 있는데 두 방법 모두 수치해석의 기본 원리로 적용된다.

1.5 문제의 수식화와 계산

1.3절에서 논의된 통합과 분석은 설계의 두 얼굴이다. 이것은 서로 상반되나 공생관계로 볼 수 있다. 이것은 이 책에서 언급된 기계설계공정의 단계이다. 대부분의 예, 사례연구, 문제는 필요성을 확인하여 문제를 구체화하고 실행 가능성을 검토할 수 있도록 구성되었다. 이미 언급된 것처럼, 이 책은 독자에게도 익숙한 기계요소와 구조부재의 응용과 그와 관련된 기본원리를 다루고 있다. 이러한 구성요소를 해석할 때 강조되는 방법과 절차에 대해서 기술하고 있다.

1.5.1 기계적 구성요소 문제 풀이

최근 산업의 추세는 정교한 기계와 구조에 대한 분석, 설계, 뛰어난 독창성에 대한 포괄적 이해를 요구하고 있다. 기본적으로 설계는 문제의 해를 구하는 과정이다. 기계요소문제를 수식화하고 그에 대한 정확한 해를 구하는 것은 대단히 중요한 일이다. 다음의 절차는 독자가 물리적 수학적으로 깊이 고찰하여 문제를 수식화하고 해를 구하는 데 도움이 될 것이다.

1. **주어진 값**(given): 문제와 주어진 물리량을 정의한다.
2. **구하는 값**(find): 결정되어야 하는 것을 일관되게 기술한다.
3. **가정**(assumptions): 단순 이상화할 내용을 작성한다.
4. **풀이**(solution): 미지수를 결정하기 위한 적절한 식을 적용한다.
5. **평가**(comments): 결과를 간략히 논술한다.

우리는 이 책을 통해서 예제의 해를 구하는데 대부분 위의 단계로 설명한다.

가정은 문제를 더욱 구체화하기 위해 주어진 정보를 근거로 확장된다. 예로, 마찰 효과를 무시하고 멤버의 자중을 특별한 경우에 무시할 수 있다. 학생은 문제의 해를 구하는데 어떤 가정을 해야 하는 지 이해할 필요가 있다. 평가는 해에 대한 중요한 점을 설명하고 다른 해석 결정을 함으로써 또는 가정을 완화함으로써 얼마나 더 좋은 결과를 얻을 수 있을 것인지 서술한다.

이 책은 역학적 분석과 설계를 이해하는 데 필요한 개념과 정보를 제공하고 이해를 바탕으로 한 창의적 사고능력을 향상시킬 것이다. 독자가 계산된 물리량의 특성을 시각화하는 것은 대단히 중요하다. 완전하고, 상세한 자유물체도는 시각적으로 문제를 쉽게 이해할 수 있게 도와주고 또 실제적 문제를 풀어봄으로써 관련된 주제를 쉽게 이해할 수 있다. 수식을 유도하는 데 변형과 하중 형태를 단순화함으로써 수식은 단순한 형태로 변형된다. 설계자는 이러한 구속 조건을 알아야 한다.

1.5.1.1 유효 숫자

현실적 공학 문제에서 데이터는 0.2% 이상의 정확도를 가지고 있지 않다. 이런 데이터를 활용한 문제의 해는 이 정확도를 넘을 수 없다. 전자계산기와 컴퓨터(소숫점 8자리 또는 9자리로 수행되는)로 계산될 때 계산, 즉 숫자의 결과가 물리적으로 의미가 없는 정확도로 보고될 가능성이 있음을 주의해야 한다. 이 책은 일괄적으로 계산결과의 최종값을 공통적인 공학의 법칙에 따라 보고한다.

- '1'로 시작되는 숫자는 유효숫자 4개로 보고한다.
- '2'부터 '9'까지의 모든 숫자는 3자리 유효숫자 3개로 보고한다.

그러므로, 예를 들면 15 N의 힘은 15.00 N으로 읽어야 하고, 32 N의 힘은 32.0 N으로 읽는다. 중간 결과가 추가적인 계산을 위해 기록된다면 숫자의 정확성을 보존하기 위해 몇 개의 추가적 숫자로 기록된다. 우리는 π와 삼각함수의 값은 많은 유효숫자(10개 이상)로 계산기 또는 컴퓨터에서 계산되는 것에 유의해야 한다.

1.5.2 설계 문제를 위한 계산 도구

아주 다양한 계산 도구가 설계를 위한 계산에 사용된다. 고급 과학용 계산기는 이 책에 있는 대부분의 문제를 풀기 위한 최선의 도구일 것이다. 스프레드 시트(spread sheet)와 방정식 솔버(solver)와 같은 일반적 분석 도구는 계산을 필요로 하는 일을 수행하는 데 대단한 장점을 가지고 있다. 수학적 소프트웨어로는 MATLAB®, TK solver, MathCAD 등이 있다. 도구는 문서작성을 용이하도록 하고 계산된 결과를 자세한 형태로 저장하는 장점을 가지고 있다. CAD(computer aided design) 소프트웨어는 전 설계과정에 사용되지만 개념설계보다 설계분석과정을 더 많이 지원한다.

추가로, 예비설계나 과제지원 단계를 준비하는 데 도움이 되도록 전문 조직에서 개발하고 소유권을 가지고 있는 소프트웨어(software)가 많다. 이는 특히, 기존의 생산라인을 새로운 규정(specification)이나 규약(code)에 맞게 수정할 경우에 필요하다.

전산제도(computer aided drafting) 소프트웨어는 고체모델이나 부재를 3차원으로 생성할 수 있다. 설계자는 많은 비용이 소요되는 시제품을 반복해서 만들지 않고 CAD 소프트웨어를 활용함으로써 시제품을 시각화할 수 있다. 대부분의 CAD 시스템은 한두 개의 유한요소해석과 경계요소해석을 공유할 수 있게 하고, 유체해석과 열변형 해석뿐 아니라 응력과 진동해석을 위해 모델 도형 데이터가 FEA나 BEA에 사용될 수 있도록 직접 전환된다. 그러나 보통 이러한 설계문제의 해석은 해석 전용 프로그램으로부터 가능하다. 유한요소해석법의 개념은 17장에서 간단히 설명된다.

앞서 언급된 것처럼, 해석코드(text)가 유용한 웹사이트는 기계역학적 설계를 하기 위한 MATLAB을 이용한 해석 프로그램을 가지고 있다. 컴퓨터 소프트웨어는 학생들이 설계과제와 숙제를 도와주는 도구로서 사용된다. 그러나 분석결과를 제공하는 컴퓨터 결과는 단순히 믿고 받아들이기보다는 항상 확인해야 한다. 확인과정은 설계와 분석내용을 완전히 이해하는 데 필수적이다.

1.5.3 문제를 해결에 가장 좋은 시간

일단위 계획은 우리의 시간을 최적화하는 데 아주 좋다. 일찍 일어나고 일찍 잠에 드는 아침형 인간에 대한 임의의 시간표를 표 1.1에서 제시한다. 소위 저녁형 인간은 늦게까지 일하고 늦게 일어난다는 것은 흥미롭다. 대부분 사람은 아침형을 저녁형으로 이동할 수 있고, 다른 부류는 두 가지 특성을 조합하여 가지고 있다.

창의성이라는 것은 창의적이고 개방형 생각을 잘 하는 상태나 질을 의미함을 우리는 지적하고 싶다. 젊어진다는 것은 생명력의 현상과 독서, 예술품 제작, 수수께끼 풀기와 같은 활동으로 마음을 새롭

〈표 1.1〉 활동에 대한 최적 시간

시간	활용
6:00 a.m.	깨어남
6:00–6:30 a.m.	집중하기 어려움
6:30–8:30 a.m.	창의성에 적합함
8:30 a.m.–12:00 noon	문제 풀이에 적합함
12:00–2:30 p.m.	집중하기 어려움
2:30–4:30 p.m.	문제 풀기에 적합함
4:30–8:00 p.m.	피로 회복
8:00–10:00 p.m.	문제 풀이에 적합하지 않음
10:00 (또는 11:00) p.m.–6:00 a.m.	잠자기

게 함으로써 얻어지고 회복되는 활력 회복의 현상이다. 문제의 해를 구하는 데 적합한 시간은 집중도가 가장 높은 때이고 분석에도 좋은 시간이다. 생체시간이 달라지면 집중하기가 어려워진다.

1.6 안전율과 설계규정

기계와 구조의 설계단계에서 여러 가지 계수를 정확하게 결정하는 것은 때때로 어려운 일이다. 중요한 불확실한 계수는 응력과 변형해석에 밀접하게 관련된다. 파손특성도 동등하게 중요한 항목이다. 연성재료의 항복에 의한 파손은 취성재료의 파손보다는 훨씬 덜 심각하다. 부가적으로 하중의 종류, 소재특성 변화, 파손의 점진성과 돌연성, 파손의 결과(사소한 파손 또는 시스템의 붕괴) 그리고 안전성과 경제성과 같은 문제를 설계과정에서 고려해야 한다.

1.6.1 정의

강도와 하중에 대해서 미지의 불확실성을 보증하기 위해서 안전율을 적용한다. 안전율은 부재에 작용하는 하중이 최대 하중을 초과하지 않음을 의미한다. 안전율 n은 작용조건에서 허용하중과 부재가 파손되는 최대 하중의 비이다.

$$n = \frac{\text{파손하중}}{\text{허용하중}} \tag{1.1}$$

허용하중(service load)은 *작용하중*(working load)을 의미하기도 한다. 이미 안전율의 기본 정의는 설명된 것처럼 안전율은 항상 1보다 크다. $n > 1$. 허용하중은 알려진 수치이고, 파손하중은 안전율을 허용하중에 곱함으로써 구할 수 있다. 그러면, 부재는 파손 직전의 최대 하중을 지지할 수 있도록 설계된다.

설계의 공통적인 방법은 부재의 강도에 대해 안전율을 적용하는 것이다. 대부분의 경우, 하중과 응력은 선형상관관계를 갖기 때문에 안전율

$$n = \frac{\text{소재 강도}}{\text{허용응력}} \tag{1.2}$$

로 정의된다. 이 식에서 소재강도는 정적 또는 동적 강도를 표시한다. 정적 하중이라면 소재강도는 항복강도나 극한강도를 의미하고, 피로하중이라면, 소재강도는 피로한도(fatigue limit) 또는 내구한도(endurence limit)를 의미한다. 이에 대해서 7장에서 자세히 설명된다. *허용응력*은 *작용응력* 또는 *설계응력*이라고도 한다. 이미 언급된 안전율의 정의는 모든 부재의 하중조건(축방향 하중, 굽힘하중, 전단하중)에 사용된다. 부재의 파손모드가 다수일 경우에는 파손모드에 대한 여러 가지의 안전율을 적용할 수 있다. 어떤 부재에 대한 최소 안전율은 설계자의 최대 관심사이고 이것으로부터 파손모드를 예측할 수 있다.

1.6.2 안전율 선정

현대적 공학설계는 가능한 모든 계수를 합리적으로 설명하고 있고 불확실한 것에 대해서는 안전율을 적용하지만 안전계수로 처리되는 불확실한 항목은 많지 않다. 다음에 제시된 안전율의 수치는 참고로 사용될 수 있고, Vidosic[5]으로부터 인용되었다. 안전율은 연성재료의 경우 항복강 S_y 또는 내구한도 S_e가 기준으로 사용되고, 취성재료의 경우는 극한강도 S_u가 기준으로 사용된다. 취성재료의 안전율은 대략적으로 연성재료의 2배이다.

1. $n = 1.25 \sim 1.5$: 하중조건과 응력이 정확히 계산되고, 소재의 품질에 대한 신뢰도가 높고, 무게를 특별히 줄이고자 할 경우
2. $n = 1.5 \sim 2$: 하중을 받고 있는 환경이 변하지 않고, 응력이 용이하게 계산되고, 잘 알려진 소재의 경우
3. $n = 2 \sim 2.5$: 보통의 환경 조건에서 하중을 받고, 응력 계산이 가능하고, 보통 소재의 경우
4. $n = 2.5 \sim 4$: 환경, 하중, 응력 계산이 일반적이고, 보통 사용되지 않은 소재의 경우
5. $n = 3 \sim 4$: 환경의 변동이 심하고, 응력이 불확실하나 잘 알려진 소재를 사용할 경우

안전율이 클수록 바람직할 것으로 보이지만, 안전율을 결정하기 전에 설계 문제에 대해서 보다 완벽한 분석이 수행되어야 한다. 항공공학 분야에서 구조의 무게를 가능한 줄일 필요가 있기 때문에 안전율은 안전여유로 대체한다. 안전여유는

$$\frac{\text{극한하중}}{\text{설계하중}} - 1 \tag{a}$$

으로 표현된다. 또한 원자력 산업에서는 많은 알려지지 않은 효과가 예상되기 때문에 안전율은 대단히 중요하고, 5보다 큰 안전율을 사용한다. 안전율의 값은 일반적으로 설계자의 경험과 판단에 따라 결정된다.

식 (1.1)과 (1.2)은 아주 간단하기 때문에 때때로 그 중요성이 무시되는 경향이 있지만, 많은 문제에서 위 식의 사용을 요구하고 있다. 설계에서 안전율의 적용은 시간적으로 경험적으로 증명된 방법이다. 적절하게 적용될 때, 건전하고 안전한 설계를 얻을 수 있다. 안전율에 의한 안전설계는 실용적이고, 경험적이고, 시험적인 방법이다. 이런 방법을 따를 때, 강도는 항상 최솟값이 사용된다. 안전율과 가장 관련이 깊은 개념은 신뢰성이라 할 수 있다. 부재가 파손되지 않고 사용되는 경우에 대한 확률적 통계 수치이다. 설계의 신뢰성이란 계획된 설계수명기간에 주어진 하중조건에서 생존의 가능성을 의미한다. 이러한 목적으로 평균강도와 하중분포가 결정되면 이들로부터 안전여유를 구하는 것과 관련된다. 신뢰성에 관해서는 6장에서 언급된다.

1.6.3 설계와 안전 규격

많은 공업협회와 학회는 공학설계의 특정분야에 적용하는 표준을 제정한다. 대부분은 단순히 추천사

항이나 몇몇은 법적 강제성도 가지고 있다. 여러 가지 작업과 가공 규격의 대부분에서 상응안전율을 규정함을 알 수 있다. 예로 ASME 압력용기 규격에서 안전율은 일반적으로 특정 부재의 컴퓨터 설계 프로그램에 삽입되어 있다. 건축규격은 미국 전역에서 법제화되어 있고, 엘리베이터나 에스컬레이터와 같이 대중이 사용하는 구조물에 대해 적용된다. 보험연구소는 소비자 상품의 시험표준을 개발하고 있다. 상품이 이 시험에 합격하면, 상품에 UL마크가 부착된다. 주 정부나 시 정부도 자체 규격을 가지고 있고, 소방과 건축표준관련 사항이 주로 많다. 사람의 안전과 관계되는 곳에는 명백히 높은 안전율을 항상 적용한다. 그러나 부재의 경우, 작업이 부적절하지 않는다면 불필요하게 고가이고, 무겁고, 부피가 크고, 자원이 낭비되지 않도록 적절하게 설계해야 한다. 다음은 표준을 규정하고, 안전과 설계규정을 제정하는 협회와 학회의 일부 목록이다.

AA	알루미늄협회
AFBMA	미끄럼베어링가공협회
AGMA	미국기어가공협회
AIAA	미국항공우주학회
AISC	미국강구조학회
AISI	미국철강학회
ANSI	미국표준학회
API	미국원유학회
ASCE	미국토목공학회
ASLE	미국윤활공학회
ASM	미국금속학회
ASME	미국기계공학회
ASTM	미국소재시험학회
AWS	미국용접학회
NASA	미국항공우주국
NIST	미국표준기술협회
IFI	산업고정자학회
ISO	국제표준협회
SAE	자동차공학회
SEM	실험역학학회
SESA	실험응력분석학회
SPE	플라스틱공학회

* 주소와 발표자료는 웹사이트나 기술자료 책자로부터 알 수 있다. 예를 들어, ANSI 표준에 대해서는 www.ansi.org를 참조하라.

〈표 1.2〉 기본단위

수량	SI 단위 명칭	SI 단위 기호	U.S. 단위 명칭	U.S. 단위 기호
길이	미터	m	풋	ft
힘[a]	뉴턴	N[a]	파운드	lb
시간	초	s	초	s
질량	킬로그램	kg	슬러그	lb · s²/ft
온도	화씨 온도	°C	섭씨 온도	°F

[a] 유도된 단위(kg-m/s²).

1.7 단위와 변환

공학계산에 적용되고 있는 물리량의 단위는 대단히 중요하다. 국제단위계(SI)는 대부분 국가에서 사용되고 있는 단위계이고, 미국단위계는 미국에서 오랫동안 사용된 단위계이다. 이 책에서는 사용된 두 단위계를 간단히 고찰하지만, 국제적 규정에 따라 SI 단위계에 중점을 두었다. 미국단위의 기본적 물리량은 표 1.2에 수록되었고, 자세한 것은 참고문헌[6]을 참고하기 바란다. 표 1.1로부터 SI 단위로 힘은 계산된 양이라는 것을 알 수 있다. 뉴턴의 법칙에 따라 $F = ma$, 질량 m에 가속도 a를 곱함으로써 구한다. 그러나 미국단위계에서는 반대이다. 즉 질량이 계산된 양이다. 질량은 뉴턴의 제2법칙으로부터 $\mathrm{lb \cdot s^2/ft}$ 단위로 계산되고, 때때로 *슬러그*(slug)라 한다. 보통 온도 단위로 SI 단위계에서는 섭씨 온도를 사용하고 미국단위계에서는 화씨온도를 사용한다. 상기의 온도는 다음 식에 의해 서로 전환된다.

$$t_c = \frac{5}{9}\left(t_f - 32\right) \tag{1.3}$$

그리고

$$t_k = \left(t_f - 32\right) + 273.15 \tag{1.4}$$

여기서 t는 온도를 의미한다. 아래 첨자 c, f, k는 섭씨, 화씨, 켈빈(절대온도)을 의미한다.

지구 표면에서 중력가속도는 g로 표현되고

$$g = 9.81\ \mathrm{m/s^2} \quad (\text{혹은 } 32.2\ \mathrm{ft/s^2})$$

뉴턴의 제2법칙으로부터 질량 1 kg은 SI 단위계로 $W = mg = (1\ \mathrm{kg})(9.81\ \mathrm{m/s^2}) = 9.81\ \mathrm{N}$이다. 미국단위계로 무게는 lb로 표현된다.

표 A.1과 A.2로부터 단위간의 전환계수를 알 수 있고, SI에는 접두단위(prefix)가 많이 사용된다. 접두단위는 너무 크거나 너무 작은 수를 피하기 위해 사용된다. 점(dot)은 곱해지는 단위를 분리하기 위해 사용된다. 예로 뉴턴 미터는 N · m로 표현되고 미리뉴턴(mN)과 구분된다. 독자는 항상 문제풀이에 쓰여진 어떤 식에도 단위를 주의해서 확인해야 한다. 단위가 충분히 고려되었다면 등식에서는 단위가 생략된다.

1.8 하중 분류와 평형

외력 또는 구조나 부재에 작용하는 하중은 표면력과 체적력으로 구분된다. 표면력은 유한 표면에 분포되거나 한 점에 작용한다. 체적력은 부재의 전체에 분포되는 힘을 의미한다. 반력을 포함하여 물체에 작용하는 모든 힘과 체적력(body forces)은 외력으로 간주되는 반면 내력은 부재 안에서 입자가 서로 끌어당기는 힘을 의미한다.

선형하중(line load)과 *집중하중*(concentrated forces)은 선을 따라 작용하는 하중과 한 점에 작용하는 하중을 의미한다. 이러한 힘은 이상적인 힘이다. 그럼에도 불구하고, 하중이 작용하는 근접영역을 제외하고, 정확한 해를 제공한다. 하중과 내력은 위치와 적용의 방법에 따라 수직, 전단, 굽힘, 비틀림 그리고 이들의 조합하중으로 세분된다. 기계와 구조요소에 공통적으로 3~4 종류의 하중이 작용한다.

정적하중(static load)은 아주 천천히 0으로부터 점진적으로 최댓값에 이르러 일정하게 유지되는 하중이다. 그러므로 정적 하중은 하중의 크기, 작용점, 방향이 변하지 않은 힘, 토크, 모멘트 또는 이들의 조합이다. 반대로 *동적하중*(dynamic loads)은 갑자기 작용된 하중을 의미한다. 구조의 진동을 발생시키기도 하고 시간에 따라 하중의 크기가 변하기도 한다. 특별히 언급된 것이 없으면, 체적력은 무시되고, 하중은 정하중을 의미한다. 언급되었던 것처럼 SI 단위계에서 힘은 뉴턴(N)으로 표현된다. 그러나 뉴턴은 매우 작은 양이므로 실제로는 킬로뉴턴(kN)이 사용된다. 미국단위계에서 힘의 단위는 파운드(lb) 또는 킬로파운드(kips)이다.

1.8.1 평형상태

물체에 작용하는 모든 힘의 합력이 영일 경우, 물체는 평형상태에 있다고 한다. 다시 말하면, 공간에서 물체가 평형상태에 있다는 것은 다음과 같은 평형방정식을 만족한다는 것을 의미한다.

$$\begin{aligned} \sum F_x &= 0 \qquad \sum F_y = 0 \qquad \sum F_z = 0 \\ \sum M_x &= 0 \qquad \sum M_y = 0 \qquad \sum M_z = 0 \end{aligned} \tag{1.5}$$

평면 내에서 물체가 힘을 받고 평형상태에 있다면, 정적 평형방정식은 다음과 같이 표현된다.

$$\sum F_x = 0 \qquad \sum F_y = 0 \qquad \sum M_z = 0 \tag{1.6}$$

식 (1.6)에서 힘의 합이 상당 모메트 합으로 대체되면, 식 (1.6)은 두 개의 다른 일련의 식으로 표현될 수 있다[3].

물체가 가속도를 받을 때, 즉 속도의 크기이나 방향이 변할 때, 뉴턴의 제2법칙을 사용하면 물체의 운동은 물체에 작용하는 힘과 관계된다. xy 평면에 대칭이고 z축을 중심으로 회전하는 물체의 평면운동은

$$\sum F_x = ma_x \qquad \sum F_y = ma_y \qquad \sum M_z = I\alpha \tag{1.7}$$

여기서

m = 질량

I = z축에 대한 주축 중심 관성모멘트

a_x, a_y, α는 주축 x, y, z에 대한 질량중심 가속도, 각 가속도를 각각 나타낸다. 관계식으로부터 일련의 외력은 질량중심에 작용한 관성력(ma_x, ma_y)과 짝힘 모멘트(couple moment) $I\alpha$와 동등하다. 식 (1.7)은 2차원 시스템에서 연결된 모든 부재에 적용된다. 힘과 모멘트는 연립방정식의 해로부터 결정된다.

부재에 작용한 모든 힘을 평형방정식에 의해 구할 수 있다면 구조나 시스템은 정역학적으로 *정정계*라 하고 그렇지 않으면 *정적 부정정계*라 한다. 독립된 평형방정식의 수와 미지의 힘의 수의 차이를 정적 부정정계수라 한다. 정역학적으로 구할 수 있는 힘의 수를 초과한 반력을 잉여 변수라 한다. 잉여 변수의 수는 부정정계수와 같다. 구조를 효과적으로 연구하기 위해서 구조 또는 구조에 작용하고 있는 하중의 특성을 이상화시키고 단순화시킬 필요가 있고 자유물체도를 그려봄으로써 가능하다. 자유물체도는 서로 분리된 물체에 작용하는 모든 외력에 대한 스케치이다. 자유물체도로부터 관찰하고자 하는 물체의 가상 단면에 대한 내력을 구할 수 있다. 다음 절의 사례연구에서 볼 수 있다.

1.8.2 내력의 합력

부재 안에 분포된 하중은 정역학적으로 평형을 이루는 *내력*(intermal force) 혹은 *합력*에 의해 표현될 수 있다. 부재를 통과하는 도심을 포함한 가상 절단면에 작용하는 합력은 절단면에 수직인 성분과 수평인 성분으로 나눌 수 있다. 이와 같이 물체를 두 개로 나누는 방법을 *단면법*(method of section)이

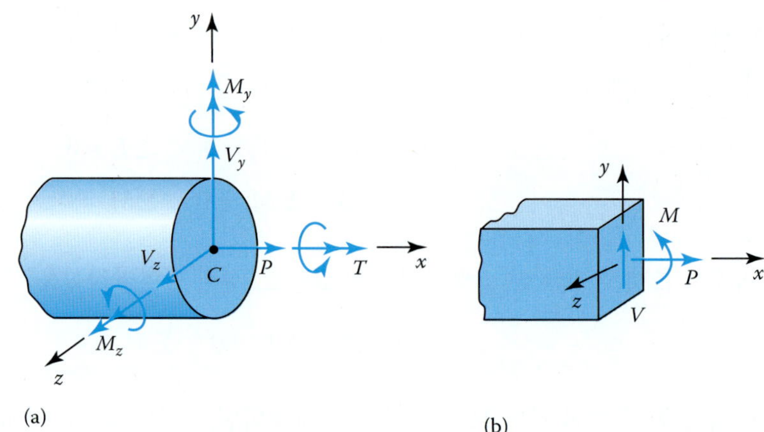

[그림 1.2]
단면법(method of sections)에 의한 내력과 모멘트.
(a) 3차원인 경우
(b) 2차원인 경우

라 한다. 그림 1.2a는 가는 부재의 왼쪽부분만을 따로 분리한 것이다. 최소 칫수가 길이의 1/10 미만인 봉을 *가는*(slender) 부재라고 한다. 모멘트의 방향은 오른손 법칙을 따르고 이중머리를 가진 벡터로 나타낸다. 3차원 문제에서 하중변환의 네 가지 모드는 축방향의 힘 P(F 혹은 N으로도 나타냄), 전단력 V_y와 V_z, 토크 혹은 비틀림 모멘트 T, 굽힘모멘트 M_y과 M_z이다.

평면 문제에서는 단면에 작용하는 세 성분만을 볼 수 있다. 즉 축방향 힘 P, 전단력 V와 굽힘모멘트 M(그림 1.2b)이다. 단면 혹은 *평면*(plane)이 좌표의 +방향에 수직인 경우를 +로 정의한다. 또한 – 좌표축에 수직인 경우를 –로 정의한다. 뉴턴의 제3법칙에 따르면, 단면에서 절단된 면 위에 작용하는 힘과 모멘트는 크기는 같고 방향은 반대이다. 내력의 크기가 크고 파손이 일어날 가능성이 가장 높은 단면을 *임계단면*(critical section)이라 한다.

1.8.3 부호규약

외부로 향하는 수직력과 내력 혹은 모멘트 벡터 성분이 +좌표축을 가리킬 때, 그 힘 혹은 모멘트를 +로 정의한다. 그러므로 그림 1.2는 +내력과 모멘트 성분을 나타낸다. 그러나 그림에서 보여준 방향은 음의 내부전단력을 나타낸다. 이 책에서 그림 1.2(3.6절 참조)에서 정의된 방향과 반대로 보의 전단력의 부호를 사용한다. 구조물의 지지부에서 반력의 방향은 임의로 가정할 수 있고, 정적 평형방정식으로부터 결정된 답의 부호가 +이면 가정이 적합함을 의미하고, –이면 부적합함을 의미한다.

1.9 자유물체도와 하중 해석

평형조건을 적용하는 것은 구조물이나 기계에 작용하는 모든 하중과 반력이 모두 계산되어야 한다. 그래서 평형문제의 해를 구하기 위한 첫 번째 단계는 고려하고 있는 물체에 대해 *자유물체도*(FBD: free-body diagram)를 그리는 것이다. 자유물체도는 물체의 간단한 그림인데, 물체에 작용하는 모든 힘(알려진 또는 모르는)이 표현되어야 한다. 이는 구조물 전체이거나 큰 구조물일 경우 일부이다. 완전한 자유물체도를 그리는 일반적인 절차는 다음 단계를 포함한다.

1. 분석하고자 하는 자유물체를 선택한다.
2. 지지물로부터 물체를 떼어내고 다른 물체로부터 분리시킨다(내력의 합력이 결정되면 절단법을 사용한다).
3. 물체에 작용하는 모든 외력을 표시한다. 위치, 크기 그리고 각 힘의 방향을 스케치에 표시한다.
4. 중요한 점을 표시하고, 크기를 표시한다. 그러나 그 이상 자세한 것은 생략되어야 한다.

명백히, 자유물체를 선택하는 데 신중해야 되고 이것이 가장 중요한 점이다. 1단계로 독자는 평형문제를 푸는 데 자유물체도를 명확하고 완전하게 그리는 습관을 들이는 것을 강력이 촉구한다. 예제 1.1과 사례연구 1.1은 자유물체도를 그리고 정영학의 식을 적용하는 것을 보여준다.

상호 연결된 부재로 구성된 *구조*(structure)는 적용된 하중을 지지하고 정역학적으로 평형상태에 있다. 구조나 부재의 단위요소로는 봉, 보, 평판, 곡면(shell) 또는 조합된 요소가 있다. 여러 공학 분야에서 매우 다양한 구조시스템이 사용된다. 구조는 넓게 네 영역, 즉 프레임, 트러스, 기계, 박막구조로 구분될 수 있다. 박막구조로 해석하는 것은 특수한 가정으로부터 박막구조의 해석을 단순화할 수 있기 때문이다[2]. 미국토목공학회(ASCE)는 건물과 같이 많이 사용되는 구조에 대해서 설계하중의 종류를 작성하여 쉽게 사용할 수 있게 하고 있다[7].

여기서 상호 연결된 부재로 이루어진 구조나 조립체에 대해서 하중 분석을 해보자. *프레임*(frame)은 여러 방향의 힘을 받는 하나 이상의 부재를 가지고 있는 구조이다. 즉, 3개 이상의 힘이 작용하는 부재로 힘이 작용하는 방향은 일반적으로 부재의 축방향과 일치하지 않는다. 트러스(truss)는 특수한 프레임이라 할 수 있는데, 트러스에 작용하는 힘은 항상 부재의 축을 따라 작용한다. 기계는 적어도 하나의 요소는 여러 힘을 받는다는 점은 프레임과 동일하다. 이미 언급된 것처럼 기계는 힘이나 에너지를 전달하고 변화시키도록 고안되고, 움직이는 부품을 항상 가지고 있다는 것이 다르다.

일반적으로 기계는 부분 조립물을 설치할 토대(프레임, 하우징)가 필요하다. 이러한 목적으로 다양한 형태의 구조가 사용된다. *바닥판*(baseplate)은 가장 간단한 기계의 프레임이다. 기계실의 바닥은 격자 형식으로 된 많은 십자형의 보로 구성된다. 기본적으로, 기계와 토대의 구성요소는 동일한 원칙에 따라 설계된다. 두 경우 다 설계 초기단계(1.3절)에서 가공, 조립 그리고 면밀한 검사가 요구된다.

핀 고정구조의 하중해석에 사용되는 방법은 다음과 같이 요약된다. 첫째로, 전체 구조를 자유물체로 생각하고 정적 평형방정식을 기술한 후, 구조물을 분해하고 여러 부재를 축방향의 힘만 작용하는 부재와 여러 방향의 힘을 받는 부재로 구분한다. 핀은 부재를 연결하기 위한 고정자로 간주한다. 각각의 부재에 대한 자유물체도를 그려라. 자유물체도로부터 두 방향의 힘을 받는 부재는 동일 종류의 부재와 연결될 때, 상호 부재에 대해 힘의 크기는 같고 방향은 서로 반대로 작용함을 명백히 알 수 있다. 마지막으로 부재의 자유물체도로부터 힘의 평형방정식을 적용하여 여러 가지 내력을 계산할 수 있다.

예제 1.1 배관의 단면에서 하중 합력

부재 AB와 BC가 수직으로 조립된 L자형 배관이 B에서 엘보우(elbow)로 연결되었고, C에서 강체프레임에 볼트로 연결되었다. 조립체는 A에서 수직하중 P_A와 토크 T_A와 자중을 받는다(그림 1.3a). 각 배관은 단위무게가 w이고 호칭 지름이 d인 강으로 가공되었다.

구하는 값: 점 O의 단면에 작용하는 축하중, 전단력 그리고 모멘트는 무엇인가?

주어진 값: $a = 0.6$ m, $b = 0.48$ m, $d = 63.5$ mm(2.5 in), $P_a = 100$ N, $T_a = 25$ N · m, $w = 5.79$ lb/ft(표 A.4)

가정: 배관 조립체의 무게는 전 길이에 대해 균일하게 분포되어 있다.

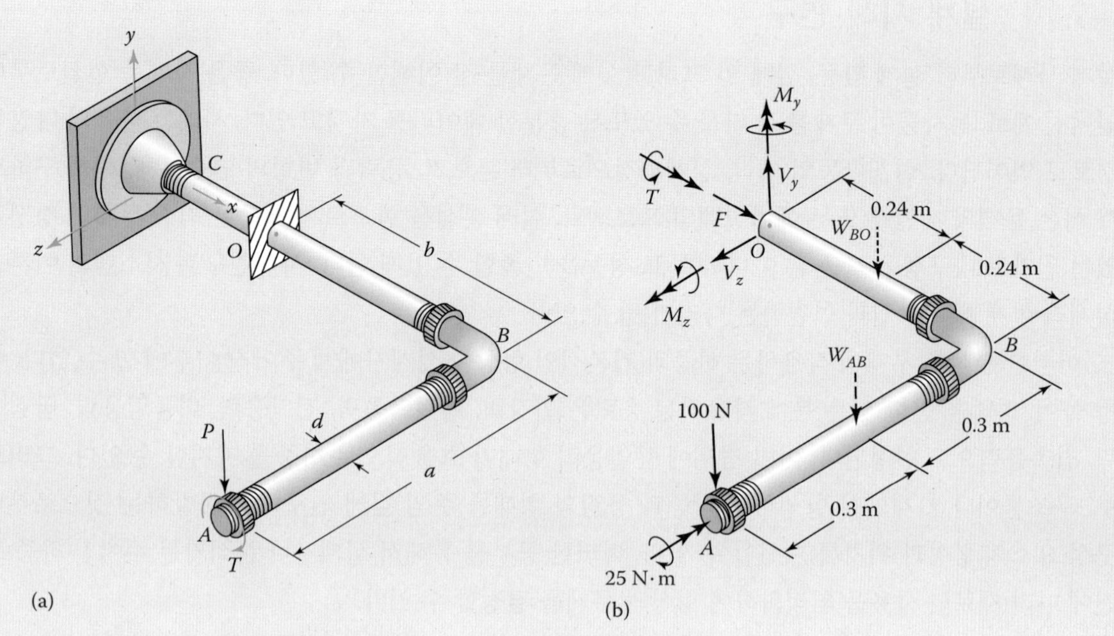

[그림 1.3]
예제 1.1. (a) 파이프 조립체 (b) *ABO* 부분의 자유물체도

풀이

그림 1.3과 식 (1.5)를 보라.

표 A.1로부터 변환인자를 이용하면 $w = 5.79(\mathrm{N/m})/(0.0685) = 84.53\ \mathrm{N/m}$이다. 그래서 배관 *AB*와 *BO*의 무게는 다음과 같다.

$$W_{AB} = (84.53)(0.6) = 50.72\ \mathrm{N}, \quad W_{BO} = (84.53)(0.48) = 40.57\ \mathrm{N}$$

자유물체: ABO 부분. 우리는 6개의 미지수를 갖는 3차원 힘의 시스템에서 6개의 평형방정식을 갖는다(그림 1.3b). 식 (1.5)의 첫째 3개는 점 *O*에 작용하는 내력에 대한 것으로 다음과 같은 식이 된다.

$$\sum F_x = 0: \quad F = 0$$
$$\sum F_y = 0: \quad V_y - 50.72 - 40.57 - 100 = 0: \quad V_y = 191.3\ \mathrm{N}$$
$$\sum F_z = 0: \quad V_z = 0$$

식 (1.5)의 나머지 3개는 점 *O*에 작용하는 모멘트에 대한 것으로 다음과 같은 식이 된다.

$$\sum M_x = 0: \quad T + (50.72)(0.3) + 100(0.6) = 0, \quad T = -75.2\ \mathrm{N \cdot m}$$
$$\sum M_y = 0: \quad M_y = 0$$
$$\sum M_z = 0: \quad M_z - 25 - 100(0.48) - (50.72)(0.48) - (40.57)(0.24) = 0, \quad M_z = 107.1\ \mathrm{N \cdot m}$$

평가: *T*는 음의 값을 갖는데, 토크 벡터가 그림 1.3b에서 표시된 방향과 반대임을 의미한다.

1.10 설계 사례 연구

설계 사례로부터 설계 활동, 설계 일 그리고 설계 문제를 잘 이해할 수 있다. 좋은 사례는 현실로부터 얻어진 예로, 독자들이 문제를 잘 다룰 수 있도록 충분한 데이터를 가지고 있다. 사례는 다음의 다양한 경로로 얻어진다: 설계활동의 이력, 설계과정으로부터 본보기, 응력과 변형의 연습문제, 해를 구하고자 하는 문제의 제안서 또는 예비설계의 프로젝트. 설계 분석을 함으로써 제품은 최소 무게와 경쟁력 있는 원가로 내구성을 갖출 뿐 아니라 목표 성능을 만족할 수 있게 한다. 사례연구는 시스템의 이론을 실제적 설계 계획 수립과 연결하는 다리가 될 수 있다.

어떠한 분석도 부재에 작용하는 하중과 기본적인 형상이 설계자에게 주어진 이후에 할 수 있다. 예를 들어, 하중을 받고 있는 봉에 작용하는 응력은 인장력, 횡전단응력, 전단응력, 비틀림응력, 굽힘응력, 접촉응력으로 변형된다. 이럴 경우에 균일응력 형태가 효율적으로 하중을 지지할 수 있다. 그러므로, 구조물이나 기계에서 발생하는 하중과 응력의 형태를 주의 깊게 연구하고 통찰하는 것으로부터 구성 요소의 형상과 위치를 개선할 수 있다. 이러한 공부를 통해서 설계자나 분석가는 주어진 하중 조건에 따라 재료의 사용을 최적화하여 형상과 무게를 결정할 수 있다.

이 책에 소개되는 사례연구는 공학 설계 현장에서 진행되고 있는 실례를 포함하고 있다. 이러한 사례 중에 여러 가지 예비설계 프로젝트가 있다: 축방향 하중과 굽힘하중을 받는 링크와 같은 다양한 요소를 포함하는 조립체, 연성과 취성이 천이되는 강의 문제, 굽힘과 비틀림을 동시에 받는 축, 정적하중과 변동하중을 받는 베어링과 기어 셋, 압축 스프링, 구조연결부, 전기윈치의 바닥 크레인, 고속 절단기. 이 책은 많은 사례 연구를 포함하고 있고, 몇몇의 장에서 주요점을 논의한다. 다음으로, 볼트 절단기에 대한 사례연구 1.1은 작용하는 힘을 해석하고 있다.

사례연구 1.1 볼트 절단기 하중 분석

자전거 레버, 자동차 가위 잭(scissors jack), 볼트 절단기, 여러 형태의 플라이어(plier), 그리고 핀고정 조립체는 여기서 다루고 있는 예처럼, 식 (1.5)를 적용하여 해석할 수 있다. 기계 링크 시스템은 입력 힘과 운동을 출력 힘과 운동으로 변화시키도록 설계되었다. 이 경우, 운동하고 있는 봉의 가속도로부터 식 (1.7)을 적용하여 동역학적 해석을 할 수 있다. *볼트 절단기*는 막대, 철망 그리고 볼트를 자르는 데 사용된다. 볼트 절단기 머리는 표면에 근접한 자르기를 할 수 있고, *집게*(jaw)와 *날*(blade)을 정렬시키기 위하여 1단 내부 캠 메커니즘(one-step internal cam mechanism)이 포함되어 있다. 핸들 설계(handle design)와 핸들 잡기(handle grip)는 자르기를 용이하게 한다. 집게는 열처리되고, 강화된 합금 강으로 제작된다.

그림 1.4는 핀 결합된 볼트 절단기가 집게가 볼트를 집는 과정에서 쥐는 단계로 핀고정 도구로 볼트 절단기의 개념도이다. 사용자는 손잡이에 하중 P를 가한다. 볼트와 연결점 A, B, C에 작용하는 힘을 구하라.

주어진 값: 주어진 도형에 대한 데이터 $P = 2$ lb, $a = 1$ in., $b = 2$in., $c = 1/2$ in., $d = 8$ in., $e = 1$ in.

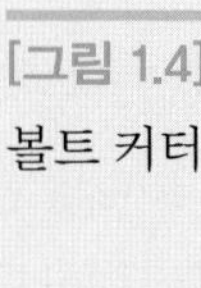

[그림 1.4]
볼트 커터

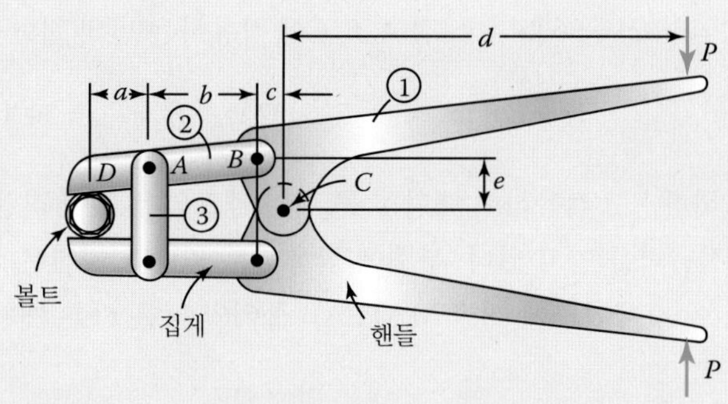

[그림 1.5]
그림 1.4에서 보여준 볼트커터의 자유물체도.
(a) 이빨(jaw)
(b) 손잡이

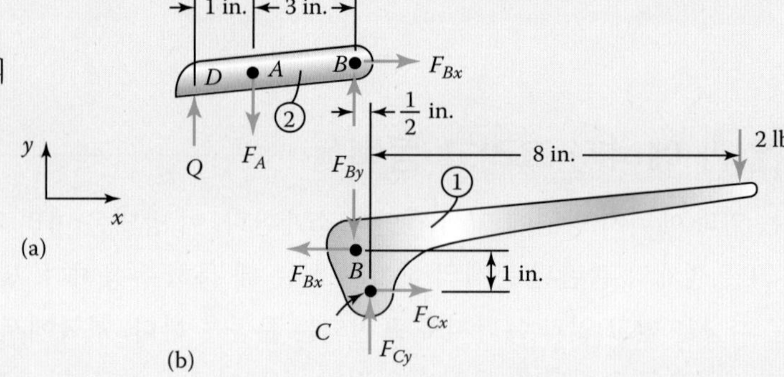

가정: 핀 고정부의 마찰은 무시한다. 모든 힘은 2D 평면 위에서 정적으로 작용한다. 부재의 무게는 적용하중에 비해 작으므로 무시한다.

풀이

전체 커터에서 평형상태를 만족하고, 집게와 볼트 사이에 작용하는 힘의 크기는 Q로 하고 방향은 접촉 표면에 수직방향이다. 대칭구조이기 때문에 그림 1.5에서 보여준 것처럼 두 자유물체도만 고려한다. 링크 3에 두 개의 힘이 작용하고 F_A의 힘에 존재한다. 점 B에 연결된 부재에 작용하는 힘은 같고 방향은 서로 반대이다. 그림 1.5a에 평형방정식을 적용하면 $F_{Bx} = 0$이고

$$\sum F_y = Q - F_A + F_{By} = 0 \qquad F_A = Q + F_{By}$$

$$\sum M_B = Q(4) - F_A(3) = 0 \qquad F_A = \frac{4Q}{3}$$

위 식으로부터 $Q = 3F_{By}$이다. 같은 방법으로 그림 1.5b에 대해

$$\sum F_y = -F_{By} + F_{Cy} - 2 = 0 \qquad F_{Cy} = \frac{Q}{3} + 2$$

$$\sum M_C = F_{Bx}(1) + F_{By}(0.5) - 2(8) = 0 \qquad F_{By} = 32 \text{ lb}$$

이고, $F_{Cx} = 0$이다. $Q = 3(32) = 96$ lb이다. 점 A, B, C에 작용하는 핀의 전단력은

$$F_A = 128 \text{ lb}, \quad F_B = F_{By} = 32 \text{ lb}, \quad F_C = F_{Cy} = 34 \text{ lb}$$

평가: 공구의 구조는 하중 P를 적용하여 대단히 큰 힘이 볼트의 점 D에 작용하도록 하고 있다. 손잡이와 집게는 굽힘모멘트와 전단력을 받고 있다. 부재에 작용하는 응력과 처짐은 3장과 4장의 사례연구 3.1과 4.1에서 각각 분석한다. 이 사례연구에 대한 MATLAB 풀이와 많은 다른 예제의 풀이가 웹사이트에 있다(부록 E).

1.11 일과 에너지 그리고 동력

이 절에서는 일과 에너지 방법에 대해 간단히 소개한다. 이 방법은 여러 가지 하중을 받는 구성요소를 분석하고, 좌굴 설계와 관련된 문제의 해를 구하는 데 특히 유용하다. 몇 개의 부재로 구성된 기계나 메커니즘은 하중을 받고 일과 에너지로 표현되는 운동을 한다. 역학에서 일은 힘 벡터의 크기와 변형 벡터의 크기의 곱으로 표현된다. 물체에 일정한 힘(F)이 작용하고, 힘이 작용한 방향으로 변위(s)가 발생하면, 힘(F)이 물체에 한 일(W)은

$$W = Fs \tag{1.8}$$

로 표현된다. 유사하게, 짝힘 또는 토크 T를 받는 휠과 같은 부재가 θ 회전할 때 한 일은

$$W = T\theta \tag{1.9}$$

으로 표현된다. 힘, 토크, 모멘트에 의한 일은 부재로 전달되는 에너지를 의미한다. 일반적으로 일은 위치에너지, 운동에너지, 내부에너지, 이들의 조합으로 저장되거나 열에너지로 방출된다. 기계설계에서 구성요소에 저장된 에너지는 때때로 중요하게 고려된다. 부재는 충격하중을 받을 때, 에너지를 잘 흡수할 수 있도록 선정된다. 부재의 운동에너지 E_k는 속도와 관련하여 일을 할 수 있는 용량을 나타낸다. 회전운동을 하는 구성 요소의 운동에너지는

$$E_k = \frac{1}{2} I\omega^2 \tag{1.10}$$

이다. I는 질량관성모멘트이고 ω는 각속도를 나타낸다. 표 A.5에 형상에 대한 질량관성모멘트가 있다. 힘이 한 일은 부재의 운동에너지의 변화와 같고, 일과 에너지의 원리라고 한다. 에너지의 보존장에서 부재의 운동에너지의 합은 항상 일정하다.

일과 에너지의 단위는 SI 단위계로 뉴턴미터(N·m) 또는 줄(Joule), 미국단위계로 피트파운드

(ft · lb)이고 영국단위계로 BTU로 표현된다. 에너지 단위는 일의 단위와 같다. 표 A.1과 같이 어떤 단위계로 표현된 양은 다른 단위계로 변환될 수 있다. 다음 장에서 다루어진 여러 가지 구성요소의 설계나 분석은 예제에서와 같이 구체적으로 일, 에너지, 동력과 관련된다.

예제 1.2 캠축 토크

단속 운동을 하는 캠축(그림 1.6)은 축방향의 90° 방향으로 종동부를 운동하게 한다. 그림의 위치에서 종동자는 캠의 궤적을 따라 위 방향으로 운동한다. 캠이 회전각 θ만큼 회전하면 종동자는 운동 거리 s만큼 올라간다. 이 기간 동안 캠축이 회전하기 위한 평균 토크 T를 결정하라.

주어진 값: $F = 0.2$ lb, $\theta = 8^\circ = 0.14$ rad, $s = 0.05$ in.

가정: 토크는 회전하는 동안 일정하고 마찰력은 무시된다.

풀이

캠축이 한 일은 종동차가 한 일과 같다. 그러므로 식 (1.8)과 (1.9)에 의해

$$T\theta = Fs \tag{a}$$

주어진 수치를 넣으면

$$T(0.14) = 0.2(0.05) = 0.01 \text{ lb} \cdot \text{in.}$$

따라서, $T = 0.071$ lb · in가 된다.

평가: SI 단위로 변환하는 변환인자(표 A.1)를 이용하면,

$$T = 0.071 \frac{10^3 \text{N} \cdot \text{mm}}{(0.7376)12} = 8.02 \text{ N} \cdot \text{m}$$

캠과 종동자(follower)의 접촉표면에 작용하는 힘 F에 의해 발생되는 응력과 처짐은 8장에서 다룬다.

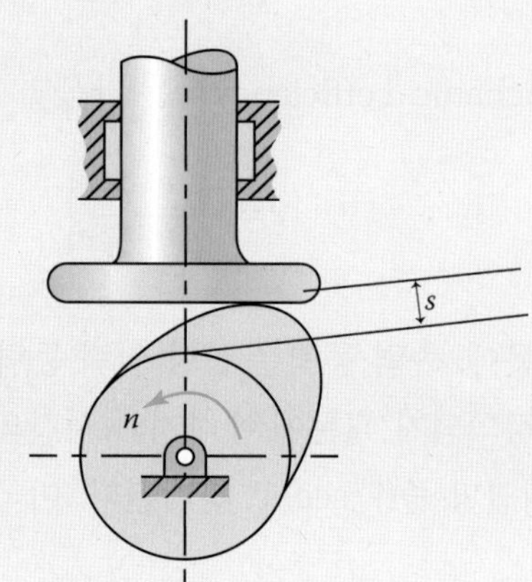

[그림 1.6]
예제 1.2. 캠축과 종동자

예제 1.3 곡선운동을 하는 자동차

질량 m의 차가 속력 V로 곡률반지름이 r인 길을 가고 있다. 원심력 F_c를 계산하라.

주어진 값: $m = 2\text{ tons} = 2000\text{ kg}$, $r = 120\text{ m}$, $V = 153\text{ km/h} = 153(1000)/3600 = 42.5\text{ m/s}$.

가정: 속력은 일정하다.

풀이

원심력(centrifugal force)은 다음 식으로 표현된다.

$$F_c = \frac{mV^2}{r} \tag{1.11}$$

주어진 값을 적용하면

$$F_c = \frac{2000(42.5)^2}{120} = 30,104\text{ kg}\cdot\text{m/s}^2 = 30.1\text{ kN}$$

평가: 차가 곡선을 따라 일정한 속도를 주행하기 때문에, 접선방향의 관성력은 영이다. 수직 성분인 원심력은 차가 곡선을 벗어나려고 하는 것을 의미한다.

동력(power)은 시간에 대한 일의 변화율로 정의된다. 모터나 엔진을 선정할 때, 동력은 일량보다 훨씬 중요한 기준이다. 에너지 전달률은 힘이 작용하는 점에 대한 힘 F와 속도 V의 곱이다. 그러므로 동력은 다음과 같이 표현된다.

$$\text{동력 } P = FV \tag{1.12}$$

축과 같은 부재가 토크 T에 의해 단위 시간당 각속도 ω로 회전하는 경우,

$$\text{동력 } P = T\omega \tag{1.13}$$

으로 표현된다. *기계효율*(machanical efficiency) e는 다음과 같이 정의된다.

$$e = \frac{\text{출력 동력}}{\text{입력 동력}} \tag{1.14}$$

마찰에 의한 에너지 손실 때문에, 출력 동력은 항상 입력 동력보다 작으므로, 기계효율은 1보다 작다. 동력이 일의 시간 변화율로 정의되기 때문에 에너지와 시간의 단위로 표현될 수 있다. 그러므로 SI 단위로 일률은 와트(W)이고 시간당 줄(J/sec)로 정의된다. 미국 단위가 사용되면 동력은 ft · lb 또는 마력(hp)으로 측정된다.

1.11.1 축과 휠의 회전에 의한 동력전달

축, 프라이 휠, 기어, 풀리, 클러치와 같은 회전기계요소에 의해 전달되는 동력은 기계를 공부하는 데 아주 흥미로운 주제이다. 일정한 접선력 F를 받는 반지름 r의 원판이나 원형 단면의 축을 생각하라. 그러면 토크는 $T = F_r$로 표현된다. 힘이 작용하는 점에서 속도는 V이다. 축에 작용한 토크, 동력, 속도의 관계는 식 (1.12)와 (1.13)으로부터 알 수 있다.

SI 단위계로 축에 전달되는 동력은 킬로와트(kW)로 측정되고, 1 kW는 1000 W와 같다. 1 와트는 시간당 1 N·m의 일을 한다. 속도 n은 분당 회전수(rpm)로 표현되고, 축의 회전각은 $2\pi n$ rad/min와 같다. 그러므로 시간당 한 일은 $2\pi nT$이고 전달된 동력과 같다. $2\pi nT/60 = 2\pi nFr/60 = \text{kW}(1000)$. $V = 2\pi rn/60$이므로, $FV = \text{kW}(1000)$으로 쓸 수 있다. 전달된 동력은 두 가지 형태로 간단히 표현된다.

$$\text{kW} = \frac{FV}{1000} = \frac{Tn}{9549} \tag{1.15}$$

여기서

T = 토크(N·m)

n = 축속도(rpm)

F = 접선력(N)

V = 속도(m/s)

1 마력은 0.7457 kW와 같고 앞의 식은

$$\text{hp} = \frac{FV}{745.7} = \frac{Tn}{7121} \tag{1.16}$$

으로 쓸 수 있다. 미국단위계에서 1 마력은 550 × 60 = 33,000 ft·lb/m로 정의된다. 앞에서처럼 식은

$$\text{hp} = \frac{FV}{33,000} = \frac{Tn}{63,000} \tag{1.17}$$

이 된다. 여기서

T = lb·in. 단위의 토크

n = rpm 단위의 축속도

F = lb 단위의 접선력

V = 분당 피트 단위의 속도

예제 1.4 펀치 프레스 플라이휠의 동력

그림 1.7에서 바깥지름과 안지름은 각각 d_o와 d_i이고, 축방향의 길이는 l인 고강도 플라이휠이 n 속도로 회

[그림 1.7]
예제 1.4. (a) 펀치 프레스의 플라이휠 (b) 단면

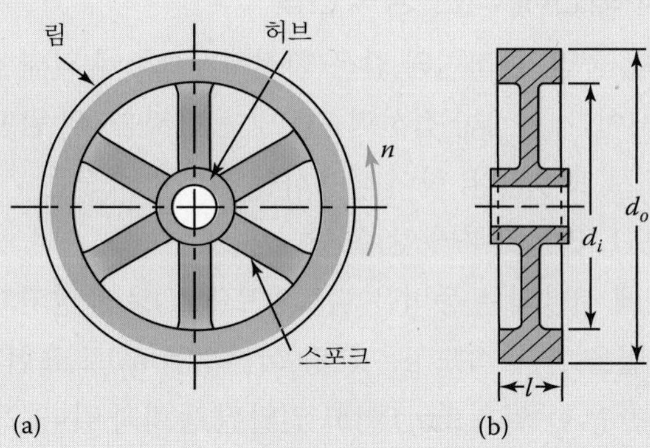

전하고 있다. ⅔회전 동안 금속에 구멍을 뚫는다. 유용한 평균 동력을 구하라.

주어진 값: $d_o = 0.5$ m, $n = 1000$ rpm, $\rho = 7860$ kg/m³(표 B.1).

가정:

1. 마찰 손실은 무시한다.
2. 플라이휠의 치수는 $d_i = 0.75d_o$, $l = 0.18d_o$이다.
3. 허브와 스포크에 대한 질량은 무시한다: 플라이휠은 자유롭게 팽창할 수 있는 회전링으로 간주한다.

풀이

식 (1.9)와 (1.10)을 사용하여

$$T\theta = \frac{1}{2}I\omega^2 \tag{1.18}$$

여기서

$$\theta = \frac{2}{3}(2\pi) = 4\pi/3 \text{ rad}$$

$$\omega = 1000(2\pi/60) = 104.7 \text{ rad/s}$$

$$I = \frac{\pi}{32}\left(d_o^4 - d_i^4\right)l\rho \quad (\text{표 A.5의 경우 5})$$

$$= \frac{\pi}{32}\left[(0.5)^4 - (0.375)^4\right](0.09)(7860) = 2.967 \text{ kg·m}^2$$

식 (1.18)에 주어진 값을 넣으면 $T = 3882$ N·m이다. 식 (1.15)로부터

$$\text{kW} = \frac{Tn}{9549} = \frac{3882(1000)}{9549}$$

$$= 406.5$$

평가: ⅔회전 동안 동일한 디스크를 멈추게 하는 데 필요한 브레이크 평균 토크는 3.88 kN·m이다(16.5절을 보라).

1.12 응력 성분

고체역학을 이해하는 데 응력은 가장 중요한 개념이다. 해석 및 설계자가 하중을 받는 부재에 대하여 기계적 거동을 서술하는 데 가장 필수적 용어이다. 이 개념을 부재에 적용하는 것은 3장에서 논의될 것이다. 외력을 받고 있는 부재의 평형상태를 생각하라. 이러한 외력이 작용할 때 내력과 응력이 물체의 내부에서 발생된다. SI 단위로 응력은 제곱미터당 뉴턴(N/m²) 또는 파스칼(Pa) 단위로 측정된다. 파스칼은 매우 작은 단위이기 때문에 메가파스칼(MPa)이 일반적으로 사용된다. SI계의 접두 단위는 표 A.2에 있다. 미국단위계가 사용될 때 응력은 제곱인치당 파운드(psi) 또는 제곱인치당 킬로파운드(ksi)로 표현된다.

육면체 요소에서 상호 수직인 세 평면에 대하여 한 점에서 3차원 응력은 9개의 *응력성분*(stress components)으로 표현된다(그림 1.8). 그림에서 육면체의 3개 (양)면을 볼 수 있고, 반대방향으로 작용하는 응력이 보이지 않는 (음)면에 작용하고 있다. 상호 평행한 면에 동일한 응력이 작용하고 각 변에 균일하게 분포된다. 한 점에서 응력은 다음과 같은 행렬로 표현되고, *응력텐서*(stress tensor)라고 한다.

$$\begin{bmatrix} \tau_{xx} & \tau_{xy} & \tau_{xz} \\ \tau_{yx} & \tau_{yy} & \tau_{yz} \\ \tau_{zx} & \tau_{zy} & \tau_{zz} \end{bmatrix} = \begin{bmatrix} \sigma_x & \tau_{xy} & \tau_{xz} \\ \tau_{yx} & \sigma_y & \tau_{yz} \\ \tau_{zx} & \tau_{zy} & \sigma_z \end{bmatrix} \tag{1.19}$$

각각의 성분을 구분하는 데 2개의 아래첨자 지표가 필요하기 때문에 2계 텐서이다(벡터는 1계 텐서이고, 스칼라 양은 0계 텐서이다). 2개의 아래 첨자는 다음과 같이 설명된다: 첫째 아래첨자는 응력이 작용하는 면에 수직방향을 나타내고 두번째 아래첨자는 응력의 방향을 나타낸다. 두 아래첨자가 같을 때 이 책에서 하나는 생략한다. 그러므로 *수직응력*(normal stress)은 식 (1.19)에 보여준 것처럼 σ_x, σ_y, σ_z로 표현된다. *전단응력*(shear stress) $\tau_{xy} = \tau_{yx}$, $\tau_{yz} = \tau_{zy}$, $\tau_{xz} = \tau_{zx}$임을 3.16절에서 분명히 증명한다.

1.12.1 부호 규정

그림 1.8처럼 축의 양방향에 수직인 면, 즉 양면에 작용한 응력성분이 양의 부호를 갖는다. 또한 음방

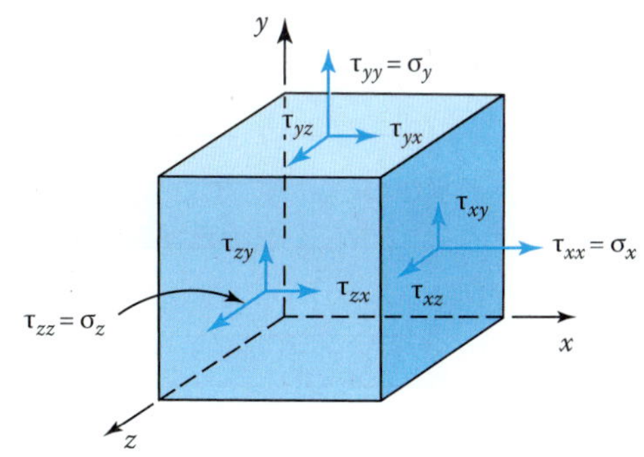

[그림 1.8] 3차원 응력요소(양의 면에 작용하는 응력을 나타냄)

향의 축에 수직인 면, 즉 음의 면에 작용한 응력성분은 음의 부호를 갖는다. 응력이 양의 면에 음의 방향으로 작용하면 '–' 로 표시한다(또는 그의 반대). 그러므로 인장응력은 항상 '+' 부호를 갖고, 압축응력은 '–' 부호를 갖는다. 부호의 규정은 다음과 같이 간단히 설명될 수 있다.

응력이 작용하는 면에 수직하고 바깥으로 향하는 방향과 응력의 방향이 같다면 응력요소는 '+' 부호를 갖는다. 그림 1.8은 양의 수직응력과 전단응력을 그림으로 설명하고 있다. 응력의 부호 규정은 내력과 모멘트의 부호와 같다.

1.12.2 특수한 응력 상태

응력은 일반적으로 간단한 응력 상태로 표현될 수 있다. σ_1, σ_2, σ_3가 특정한 좌표계에서 상호 수직으로 작용하고 그러한 수직응력을 받는 요소는 3축응력 상태에 있다고 말한다. 그러한 응력은

$$\begin{bmatrix} \sigma_1 & 0 & 0 \\ 0 & \sigma_2 & 0 \\ 0 & 0 & \sigma_3 \end{bmatrix}$$

으로 표현된다. 전단응력이 영이라는 것은 응력성분은 영이 아닌 주응력임을 의미한다(3.15절).

2차원 또는 *평면응력*(plane stress)의 경우 성분의 xy면은 σ_x, σ_y, τ_{xy}의 응력을 받고 모든 응력은 그림 1.9a처럼 x축 또는 y축에 평형하게 작용한다. 응력요소의 3차원 형상을 무시할 수 없을지라도, 우리는 편의상 평면응력의 2차원만 그린다(그림 1.9b). 평면에 평행하고 두께에 대해 균일한 하중을 받고 있는 얇은 평판은 평면응력을 예시하고 있다. 2개의 수직하중만 표현되었고, *2축응력* 상태라고 말

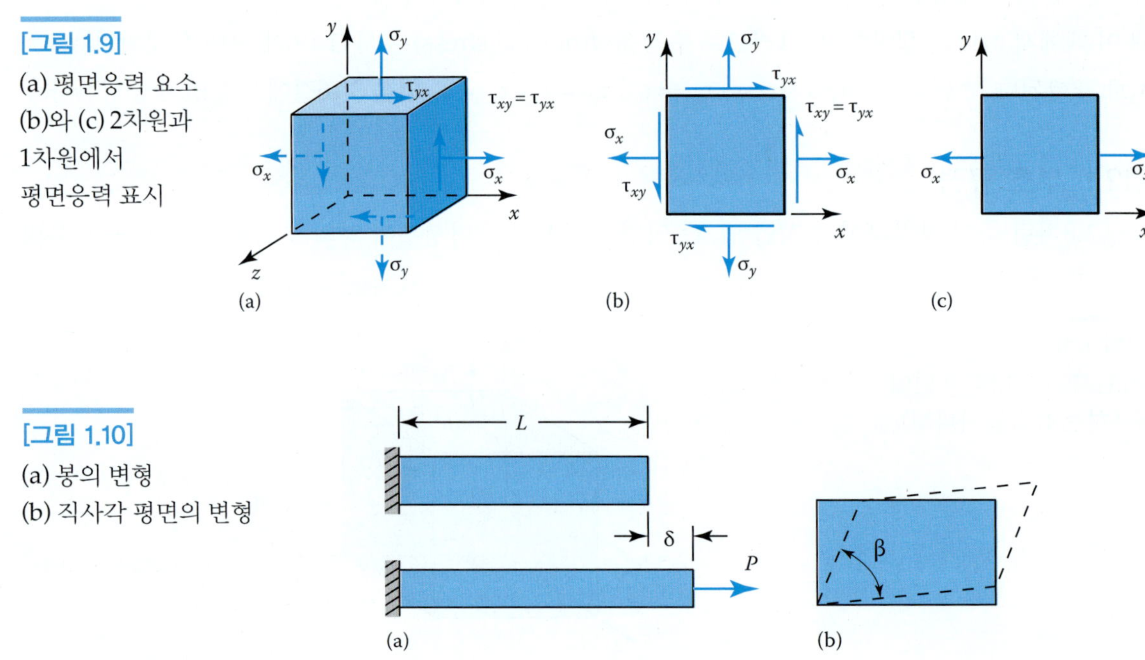

[그림 1.9]
(a) 평면응력 요소
(b)와 (c) 2차원과 1차원에서 평면응력 표시

[그림 1.10]
(a) 봉의 변형
(b) 직사각 평면의 변형

한다.

순수전단응력(pure shear stress)에서는 요소가 4면에 평면 전단응력만을 받는다. 예를 들어, $\sigma_x = \sigma_y = 0$이고 $\tau_{xy} \neq 0$이다(그림 1.9b). 전형적인 순수전단응력은 원형 단면의 축이 비틀림 하중을 받을 때, 원형 단면과 원주-길이 면에서 발생한다. 차축과 기계류의 동력 축, 프로펠러 축(9장), 드릴 봉, 비틀림 진동자, 나사 돌리게(screwdriver), 조정 봉(steering rod), 비틀림 봉(14장)이 좋은 예이다. 수직응력(그림 1.9c)만을 받는다면, 1차원응력은 *단축 인장*(uniaxial tensile) 또는 압축응력으로 언급된다.

1.13 수직변형률과 전단변형률

하중을 받는 부재의 응력에 관해 앞 절에서 논의하였고 여기서는 하중이 일으키는 변형에 대해 논의한다. 변형 해석은 응력과 같이 중요하다. 변형 해석을 하기 위해서는 변형률을 정의해야 된다. 부재가 팽창하거나 수축하거나 형상이 변하는 것은 변형의 결과이다. 부재에 응력 분포를 구하기 위해서는 그 부재의 변형 종류를 이해할 필요가 있다. 공학적 구조물에서는 보통 아주 적은 변위만 발생하기 때문에 본 교과서는 적은 변위에 대해서만 논의한다.

적은 변위로부터 초래되는 변형률은 단위 길이에 비교하면 아주 작고, 변위의 곱의 항(높은 차수)은 무시한다. 이러한 가정은 고체역학의 기본 중 하나인 중첩의 원리를 가능하게 한다. 중첩의 원리는 변형이나 응력의 크기는 적용된 하중에 정비례한다는 것이다. 중첩의 원리를 응용하면, 복잡한 하중은 두 개 이상의 단순하중으로 대체되고, 단순하중에 대한 해를 구함으로써 문제를 보다 쉽게 다룰 수 있게 된다. 이러한 내용은 자주 이 책에서 접하게 될 것이다.

수직변형률의 기본 개념은 그림 1.10a처럼 균일한 각기둥 봉의 변형을 예로 설명한다. 각기둥 봉은 길이에 대해 일정한 단면적을 갖는 직선 봉이다. 부재의 초기 길이는 L이다. 하중이 작용할 때 변형량은 δ이다. 수직변형률은 ε으로 정의하고 단위 길이당 변화량이다. 즉,

$$\varepsilon = \frac{\delta}{L} \tag{1.20}$$

양의 기호는 인장을 의미하고 음의 기호는 수축을 의미한다. 이러한 변형률의 상태를 *단축변형률*(uniaxial strain)이라 한다. 자유 부재의 온도가 ΔT만큼 변할 때, 부재의 치수는 변하고 수직변형률이 발생한다. 균일 등방성 재료에 대한 온도변형률은

$$\varepsilon_t = \alpha \Delta T \tag{1.21}$$

로 온도 변화에 따라 일정하게 표현된다. 팽창계수 α는 적절한 온도 범위에서 대략적으로 상수이고, 섭씨 온도대비 양으로 표현된다. ΔT가 섭씨온도도 측정될 때 $1/{}^\circ\mathrm{C}$이다.

부재가 변형을 일으킬 때, 부재 내에서 가상의 직교하는 2직선의 사잇각이 변화하게 되고, 각의 변화량의 기울기(tangent)를 전단변형률이라 한다. 변위량이 작기 때문에 변형각의 기울기는 변형각과 같다. 그러므로 단위 두께의 직각평판(그림 1.10b)에 대해 전단변형률 γ는 라디언(radian) 단위로 측정되고

$$\gamma = \frac{\pi}{2} - \beta \tag{1.22}$$

으로 정의된다. 여기서 β는 2회전하는 선의 사잇각이다. 그림 1.10(b)처럼 기준선의 직각이 감소하면 전단변형률은 양의 값을 갖고 반대이면 전단변형률은 음의 값을 갖는다. 수직변형률 ε은 길이의 비 값이기 때문에 무차원양이다. 전단변형률도 같은 의미이다. 변형률은 보통 mm/mm 단위, in./in. 단위와 라디안 또는 마이크로라디안 단위로 측정된다. 대부분의 공업 재료의 변형률은 탄성 범위에서 0.002 또는 2000 μ를 좀처럼 넘지 않는다.

예제 1.5 평판의 변형률

주어진 값: 얇은 삼각 평판 ABC는 그림 1.11에서 점선으로 표시된 것처럼 ABC' 형상으로 균일하게 변형된다.

구하는 값:

a. 중심선 OC에 대한 수직변형률
b. 모서리(edge) AC에 대한 수직변형률
c. 모서리 AC와 BC 사이의 전단변형률

가정: 모서리 AB는 강체 프레임으로 조립되었다. 변형된 모서리 $AC' = BC'$은 삼각형 빗변이다.

[그림 1.11]
예제 1.5. 한 면이 고정된 삼각 평면의 변형

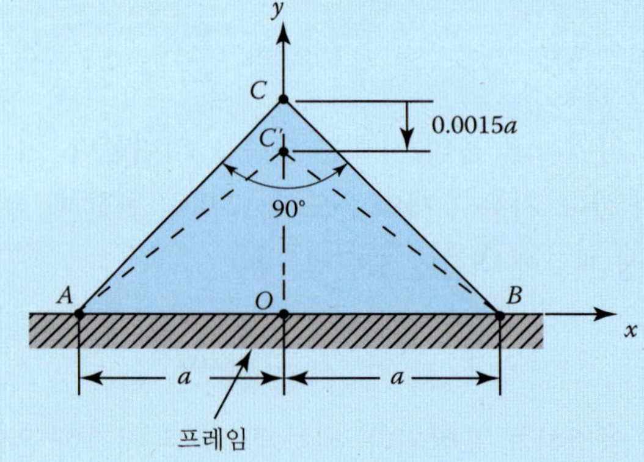

풀이

$L_{OC} = a$, $L_{AC} = L_{BC} = a\sqrt{2} = 1.41421a$ (그림 1.11)이다.

a. *OC에 대한 수직변형률.* 길이 *OC*의 수축량은 $\Delta a = -0.0015a$이다.

$$\varepsilon_{OC} = -\frac{0.0015a}{a} = -0.0015 = -1500\ \mu$$

b. *AC와 BC에 대한 수직변형률.* 변형된 모서리 길이는 같다. $L_{AC'} = L_{BC'} = [a^2 + (a - 0.0015)^2]^{1/2} = 1.41315a$이다. 그것은 다음과 같다.

$$\varepsilon_{AC} = \varepsilon_{BC} = -\frac{1.41315a - 1.41421a}{1.41421a} = -750\ \mu$$

c. *AC과 BC 사이의 전단변형률.* 변형 후 *ACB* 각은 다음과 같다.

$$AC'B = 2\tan^{-1}\left[\frac{a}{a - 0.0015a}\right] = 90.086°$$

그러므로 직각의 변화량은 $90 - 90.086 = -0.086°$이다. 전단변형률은 라디안 단위로 변환하면 $\gamma = -0.086\left(\frac{\pi}{180}\right) = -1501\ \mu$과 같다.

평가: 각 *ACB*가 증가하기 때문에 변형률은 음의 값이 된다. 이 예제 문제를 포함한 여러 예제의 MATLAB 해가 웹사이트에 있다(부록 E).

연습문제

1.1절~1.9절

1.1 제어 장치의 직각앵글 지지대(bracket)가 그림 P1.1처럼 하중 *F*, *P*, *T*를 받고 있다. 구성 요소의 자유물체도(FBD)를 그리고 다음을 구하라.

[그림 P1.1]

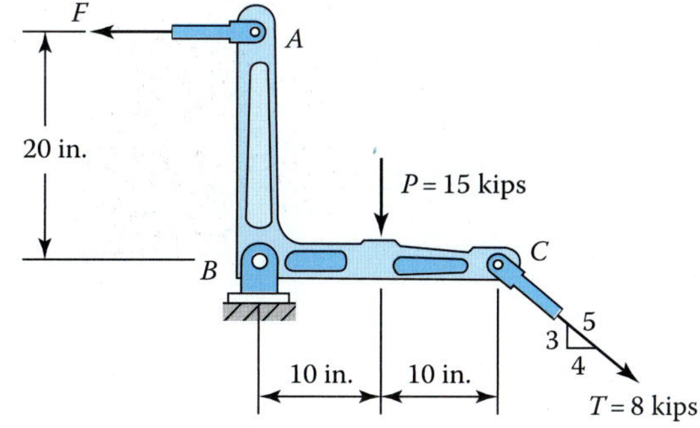

a. 힘 F의 값

b. 지지점 B에 작용하는 반력의 크기와 방향

1.2 그림 P1.2처럼 프레임 하나가 3개의 핀으로 고정된 ABC, ADE와 BD로 구성되어 있고, ABC 길이는 3a, ABD와 BD는 점 E에서 수직하중 W를 지지하고 있다. 다음을 구하라.

a. 지지점 A와 C에서 반력

b. 점 O에서 단면에 작용하는 내력 힘과 모멘트

[그림 P1.2]

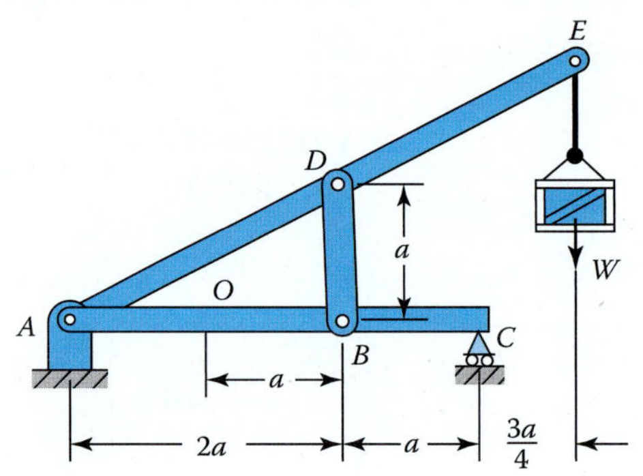

1.3&1.4 그림 P1.3과 P1.4처럼 핀으로 고정된 프레임이 하중을 받는다. 각각의 구조물에 대해 다음을 구하라.

a. B와 C에 작용하는 반력의 성분

b. 점 D의 단면에 수직으로 작용하는 축방향 힘, 전단력, 모멘트

[그림 P1.3]

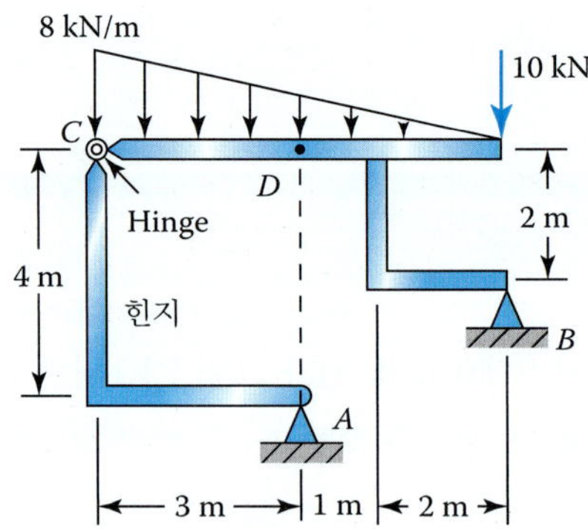

1.5 그림 P1.5처럼 엔진시스템의 피스톤, 커넥팅 로드, 크랭크가 있다. 다음을 계산하라.

a. 시스템이 평형을 유지하기 위해 필요한 토크

b. 로드 AB에 수직방향으로 작용하는 힘

주어진 값: 가스 힘의 합 $P = 4$ kips가 그림에 표시된 것처럼 피스톤에 작용하고 있다.

[그림 P1.4]

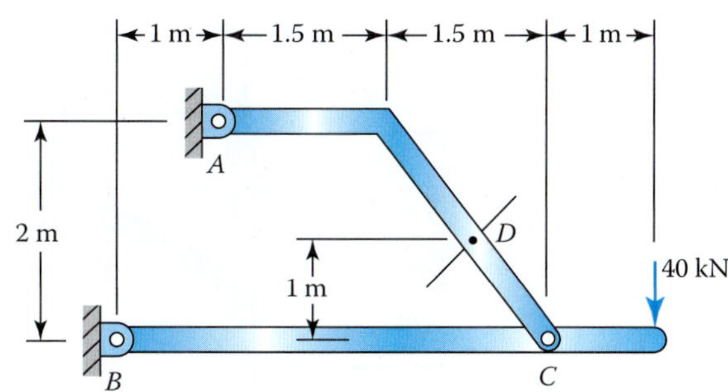

[그림 P1.5]

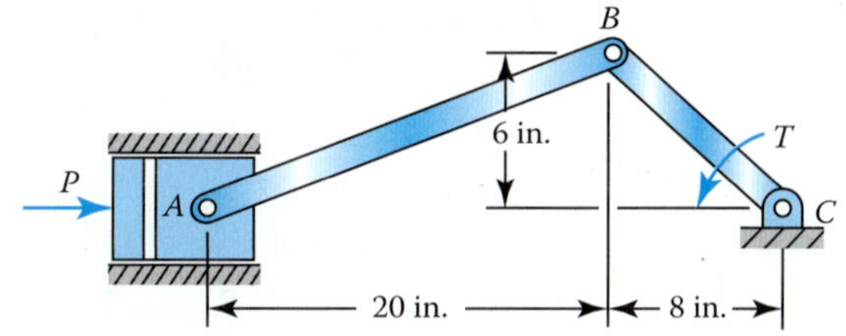

1.6 그림 P1.6처럼 점 A와 B에서 베어링에 의해 지지되고 있는 크랭크축이 점 C에서 수평력 $P = 4$ kN 그리고 축의 오른쪽 끝에서 토크 T를 받고 있고, 정적 평형상태에 있다. 다음을 구하라.

a. 지지점에서 반력과 토크 T

b. 점 D의 단면에 작용하는 전단력, 모멘트 그리고 토크

주어진 값: $a = 120$ mm, $b = 50$ mm, $d = 70$ mm, $P = 4$ kN.

[그림 P1.6]

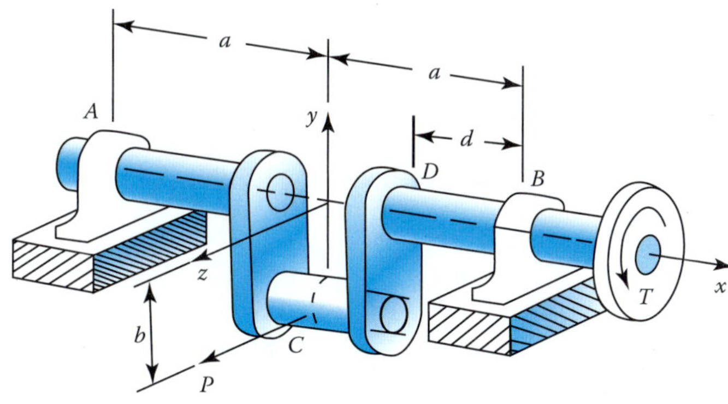

1.7 그림 P1.7처럼 보 AB가 바 CD를 힌지로 연결된 구조물이 하중 $W = 30$ kN과 수평력 $P = 60$ kN을 받고 있다. 보 AB의 자유물체도를 그리고 점 A에서 반력을 계산하라.

1.8 그림 P1.8과 같이 평면 프레임이 하중을 받아 지지하고 있다. 힌지 점 B에 작용하는 반력을 구하라.

[그림 P1.7]

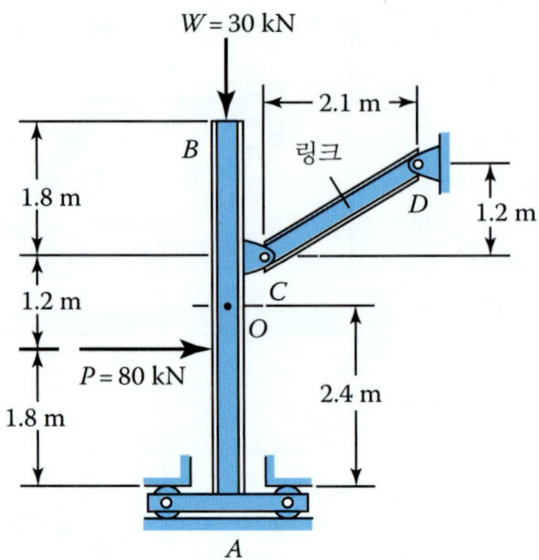

[그림 P1.8]

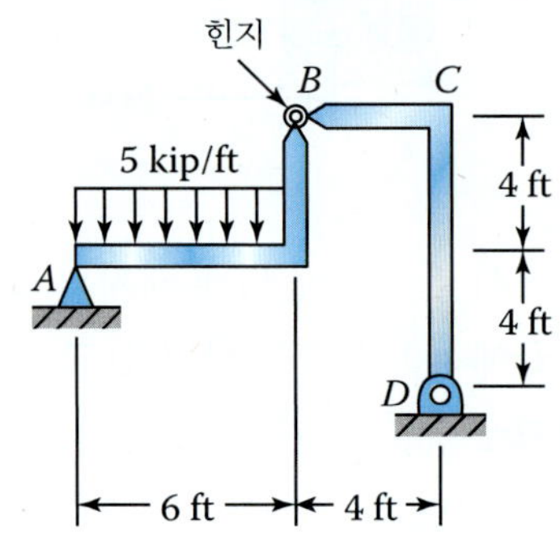

1.9 그림 P1.9처럼 중공축 AB가 점 A와 E에서 베어링에 의해 지지되고 하중을 받고 있다. 다음을 계산하라.

a. 평형을 이루기 위해 필요한 토크

b. 베어링에 작용하는 반력

주어진 값: $F_1 = 4$ kN, $F_2 = 3$ kN, $F_3 = 5$ kN, $F_4 = 2$ kN.

[그림 P1.9]

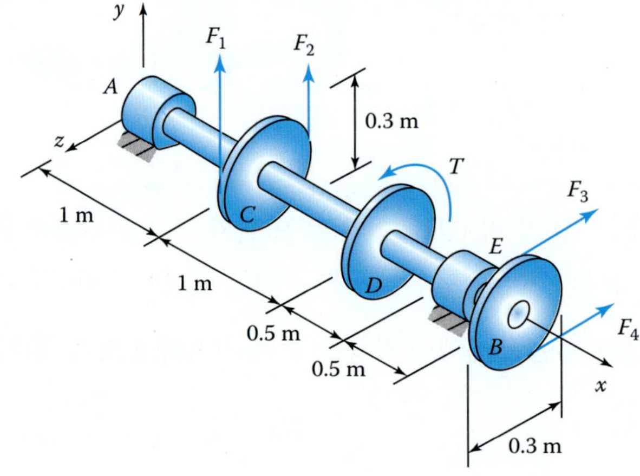

1.10 그림 P1.10처럼 크랭크가 왼쪽 끝에 구성되고 점 D에서 수직력 $P = 2$ kN을 받고 있다.

a. 축 AB와 암 BC의 자유물체도를 그려라.

b. 점 C, 암 BC의 끝점 B, 축 AB의 끝점 B 그리고 점 A에 작용하는 힘, 모멘트 그리고 토크의 값과 방향을 구하라.

[그림 P1.10]

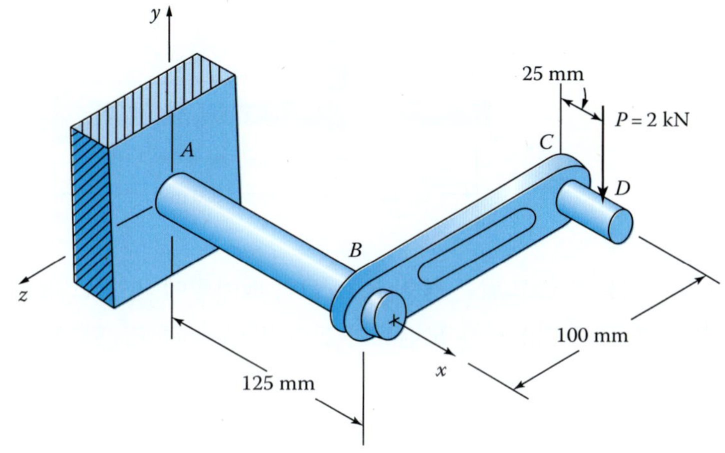

1.11 그림 P1.11처럼 세 개의 수직 암 AB, BC, CD가 x, y, z방향으로 놓여있고 왼쪽 끝점 Q가 고정되어 있는 파이프가 있다. 파이프의 점 E에 렌치로 힘 $P = 200$ N을 가하고 있다. 전체 파이프의 자유물체도를 그리고 점 A에서 반력을 구하라.

[그림 P1.11]

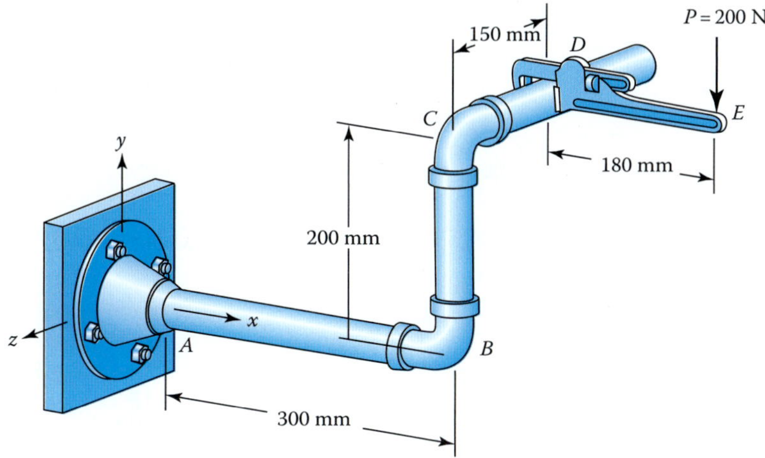

1.12 전체 파이프가 호칭지름 75 mm(3 in.)의 강관으로 설치될 경우에 대해 문제 1.11을 다시 풀어라.

가정: 파이프의 무게를 표 A.4를 참조하여 고려한다.

1.13 그림 P1.13처럼 핀으로 고정된 부재 ADB와 CD는 케이블-풀리 장치에 의해 전달되는 하중 W를 지지하고 있다. 다음을 구하라.

a. A와 C에 작용하는 반력의 성분

b. G 지점의 단면에 작용하는 축력, 전단응력, 모멘트

[그림 P1.13]

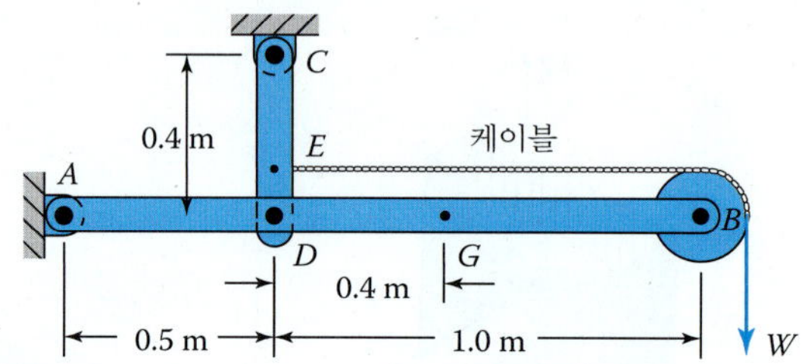

1.14 그림 P1.14에서는 가늘고 굽은 봉이 B, C, D의 베어링에 의해 xz 평면상에 지지되어 힘을 받고 있다. 점 E의 단면에 작용하는 모멘트와 전단력을 계산하라. 단 $P_1 = 200$ N이고 $P_2 = 300$ N이고, 길이 단위는 밀리미터로 한다.

[그림 P1.14]

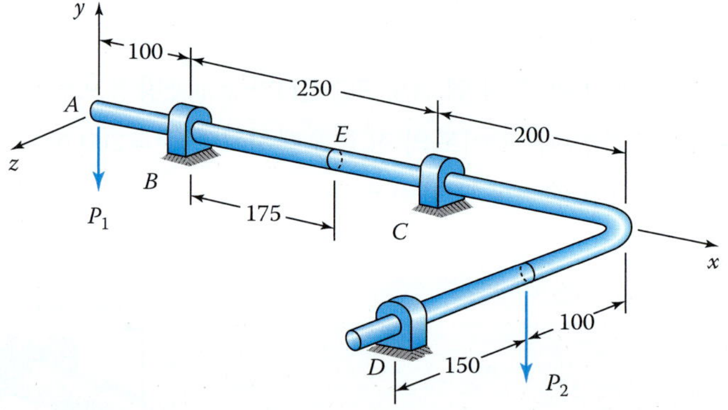

1.15 $P_1 = 0$, $P_2 = 400$ N일 경우 문제 1.14를 다시 풀어라.

1.16 그림 P1.16처럼 기어열이 전기모터로부터 토크 $T = 150$ N · m을 전달받아서 기계를 작동시킨다. 힘의 평형을 유지하는 데 필요한 토크 T_d를 구하라.

[그림 P1.16]

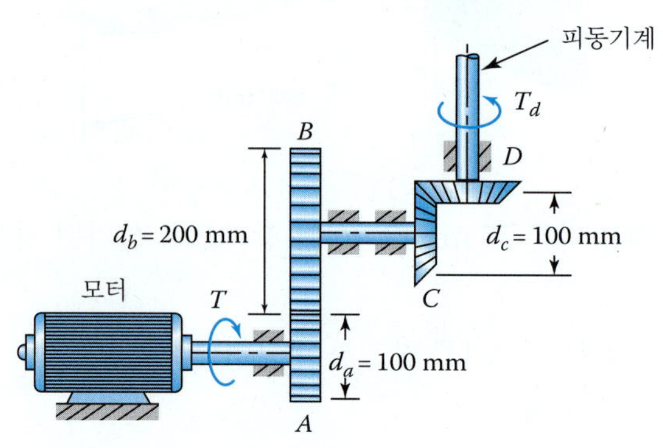

1.17 그림 P1.17처럼 보와 봉이 핀으로 고정된 평면 프레임에 하중이 작용하고 있다. 봉 BC에 작용하는 축방향 하중을 계산하라.

[그림 P1.17]

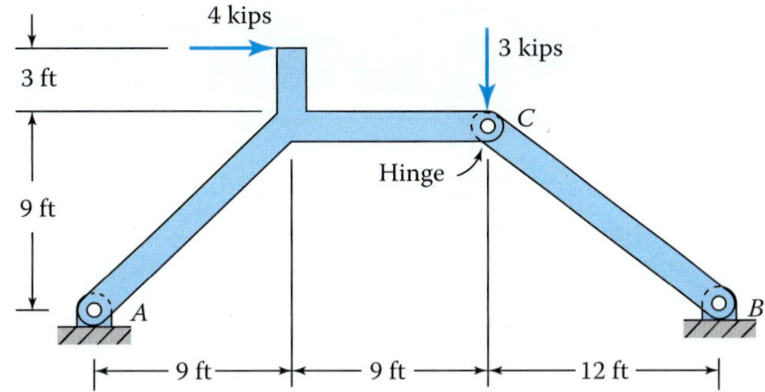

1.18 그림 P1.18처럼 프레임 AB와 단순보 CD가 지지되고 있다. 롤러는 E 지점에 위치하여 두 부재를 연결하고 있다. A와 C에 작용하는 반력을 하중 P의 함수로 구하라.

[그림 P1.18]

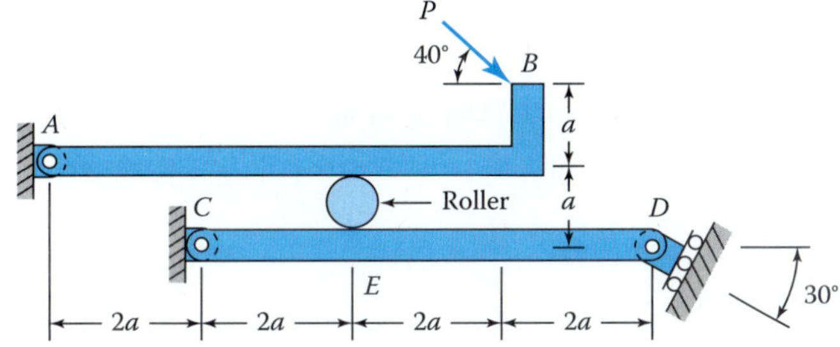

1.10절

1.19 크랭크축, 커넥팅 로드, 실린더 그리고 밸브 헤드로 구성된 소형 내연기관 엔진을 가지고 있는 전형적인 공기 압축기가 있다. 크랭크축은 전기모터나 가스엔진으로 구동된다. 압축기는 공기 구동 공구를 작동시키기 위해 설정된 압력의 공기를 저장하는 공기 탱크를 가지고 있음에 주의해서 다음을 구하라.

주어진 값: 그림 P1.6처럼 압축기의 크랭크축은 일정한 회전속도 n으로 회전한다. 평균 압축할 때 피스톤에 작용하는 평균 공기압은 p이다. 피스톤의 면적, 행정 그리고 압축기 효율은 각각 A, L 그리고 e이다. *데이터*: $A = 2100\ \text{mm}^2$, $L = 60\ \text{mm}$, $e = 90\%$, $n = 1500\ \text{rpm}$, $p = 1.2\ \text{MPa}$.

구하는 값:

a. 크랭크축 구동에 요구되는 kW 단위의 모터 동력

b. 크랭크축에 의해 전달되는 토크

1.20 그림 P1.20처럼 차 무게가 중력 중심점 G에 작용하고 있다. 타이어과 길바닥에 작용하는 반력을 다음 조건에서 구하라.

[그림 P1.20]

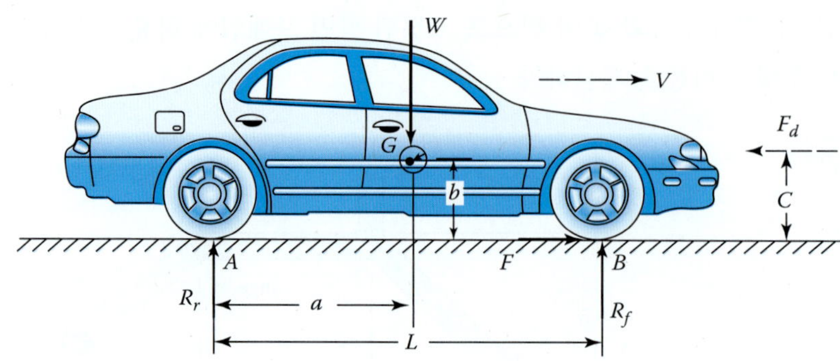

a. 차가 일정 속도 V로 달리고 있고, 공기 동역학적 공기 저항(drag)이 18 마력일 때

b. 차가 정지해 있을 때

주어진 값: $a = 60$ in., $b = 22$ in., $c = 25$ in., $L = 110$ in., $V = 65$ mph, $W = 3.2$ kips.

가정: 차는 전륜 구동이다. 수직 공기 동역학적 힘은 무시한다. 공기 저항력 F_d가 식 (1.17)에 의해 어림계산된다.

1.21 차가 후륜 구동이고 G에 작용하는 하중이 1.2 kips 증가되는 경우로 문제 1.20을 다시 풀어라.

1.22 그림 P1.22처럼 축 ABC가 전기 모터에 의해 구동되고, 회전속도는 n이고, 기어를 통해 축 DE에 부착된 기계에 35 kW를 전달하고 있다. 기어의 자유물체도를 그리고 다음을 구하라.

a. 기어에 작용하는 접선방향의 힘

b. 축 DE에 작용하는 토크

주어진 값: $r_A = 125$ mm, $r_D = 75$ mm, $n = 500$ rpm.

[그림 P1.22]

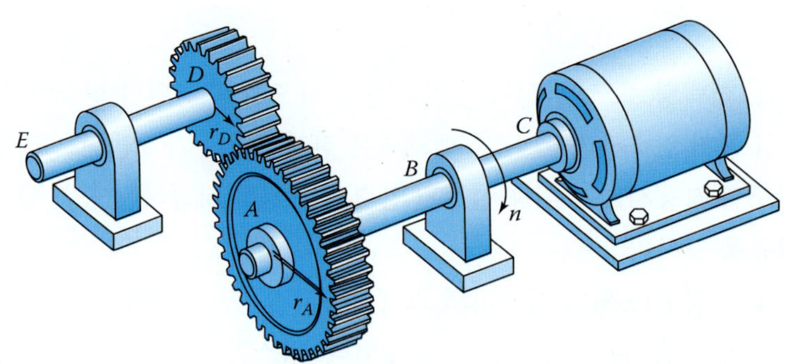

1.23 기어박스의 입력축이 n_1 속도로 회전하고 동력 30 마력을 전달한다. 출력 동력은 n_2 속도로 27 마력이다. 각 축에 작용하는 토크는 kip · in. 단위로 몇이고, 기어박스의 효율은 몇인가?

주어진 값: $n_1 = 1800$ rpm, $n_2 = 425$ rpm.

1.24 플라이휠이 있는 펀치 프레스 분당 N 펀칭행정을 수행한다. 각 행정은 행정길이 s로 평균 힘 F가 작용한다. 프레스는 감속기 기어 축으로부터 구동되고, 효율은 e이다. 다음을 결정하라.

a. 출력 동력

b. 축으로부터 전달되는 동력

주어진 값: $N = 150$, $F = 500$ lb, $s = 2.5$ in, $e = 88\%$.

1.25 ASTM A-48 주철 플라이휠은 바깥지름 d_o, 안지름 d_1, 축방향의 길이는 l이다(그림 1.7). 플라이휠이 1200에서 1100 rpm으로 감속하는 데 필요한 브레이크 에너지를 계산하라.

가정: 허브와 스포크의 관성은 림의 관성의 5%[illegible] 힌지.

주어진 값: $d_o = 400$ mm, $d_i = 0.75d_o$, $l = 0.25d_o$, $\rho = 7200$ kg/m^3(표 B.1 참조).

1.11절~1.12절

1.26 그림 P1.26처럼 핀으로 연결된 프레임 *ABCD*가 3개의 봉과 강선으로 구성되었다. 연결점 *B*에서 수평방향의 힘 *F*가 작용할 때 그림에서 파선으로 표시된 것처럼 연결점 *C*가 0.4 in. 이동한다. 강선에 작용하는 수직변형률을 계산하라.

가정: 봉은 무게가 없는 강체로 간주한다. 봉 *DC*의 회전각이 매우 작을 때 봉 *CD*의 수직 좌표는 봉의 길이로 간주한다: $L_{DC} \approx L_{DC'} \cos\alpha$. 비슷한 경우로 $L_{AB} \approx L_{AB'} \cos\alpha$.

[그림 P1.26]

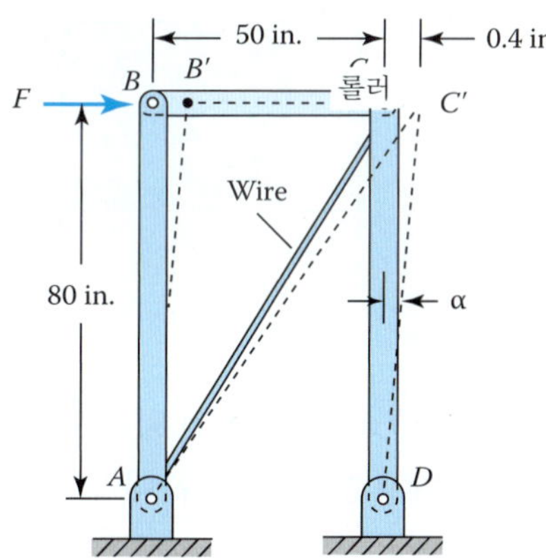

1.27 안지름 300 mm, 바깥지름 500 mm인 중공실린더가 내부 압력을 받고 있다. 압력을 받은 후 각각 0.6 mm, 0.4 mm 증가하였다. 다음을 계산하라.

a. 원주방향의 최대 수직변형률

b. 반지름방향의 평균 수직변형률

1.28 그림 P1.28처럼 얇은 삼각판 *ABC*가 파선으로 균등하게 *AB′C*로 변형되었다. 다음을 계산하라.

a. 중심선 *OB*를 따른 수직변형률

b. 경계선 *AB*의 변형률

c. 경계선 *AB*와 *BC* 사이의 전단변형률

[그림 P1.28]

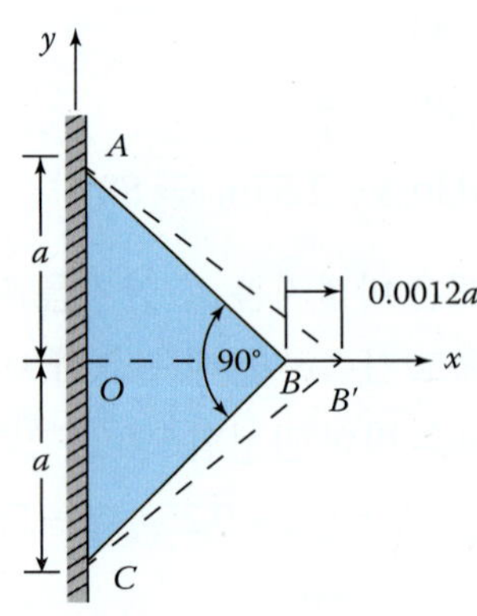

1.29 200 mm × 250 mm 사각형 *ABCD*가 하중을 받은 후 점선의 형상으로 변형되었다. 그림 P1.29에 표현된 치수의 단위는 mm이다. 점 *A*에 대해 다음을 계산하라.

a. 수직변형률 ε_x와 ε_y

b. 측면 *AD*의 최종 길이

[그림 P1.29]

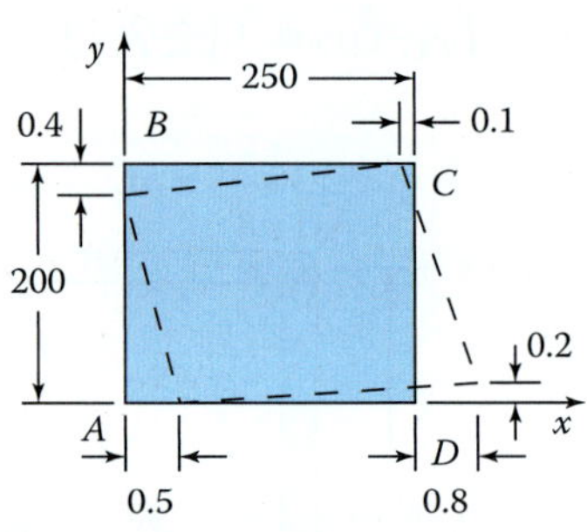

1.30 그림 P1.30과 같이 $a = 200$ mm, $b = 150$ mm인 얇은 사각판이 2축 인장하중에 대해 변형률 $\varepsilon_x = 1000$과 $\varepsilon_y = 800$이 균일하게 발생했다. 변형 후 대각선 *BD*의 길이를 구하라.

[그림 P1.30]

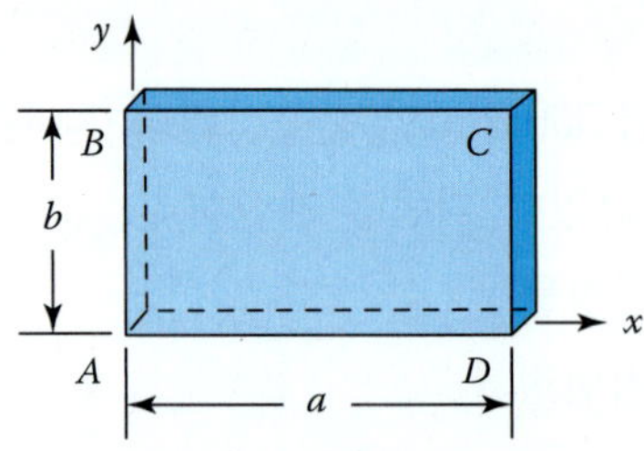

1.31 그림 P1.31처럼 판이 하중을 받고 변형되었다. 대각선 *AC*가 0.2 mm 늘어나고 대각선 *BD*는 0.5 mm 수축하였다. ε_x, ε_y, γ_{xy}의 평균 변형률을 계산하라.

[그림 P1.31]

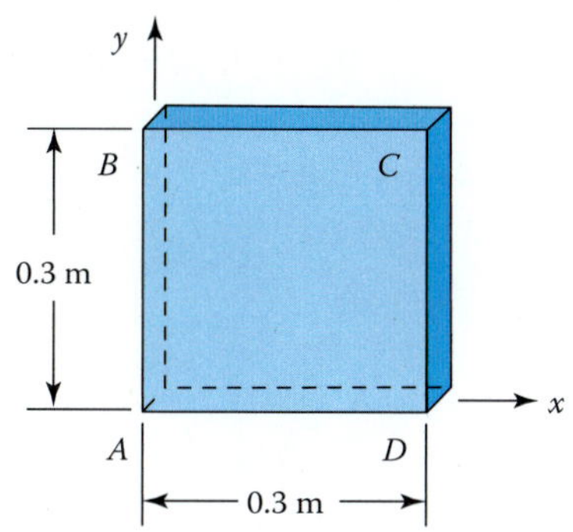

1.32 그림 P1.32처럼 강체봉 *ABC*에 링크 *AD*와 *BE*가 부착되었다. 하중 *W*를 받고 점 *C*가 0.2 in. 아랫방향으로 이동되고, 봉 *AD*의 축방향 변형률은 800 μ이다. 봉 *BE*의 축방향 변형률은 몇인가?

[그림 P1.32]

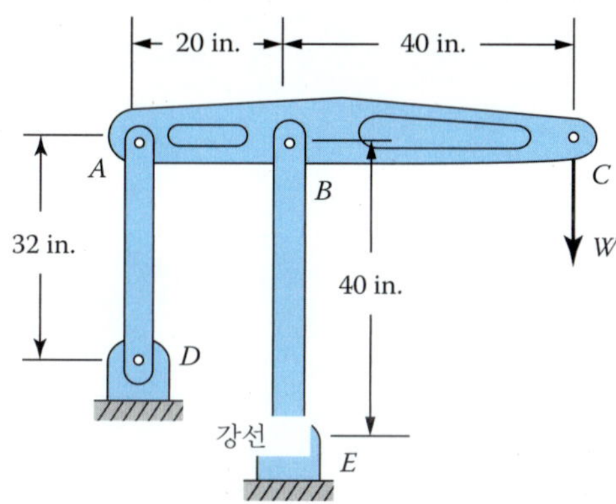

1.33 그림 1.30과 같이 얇은 사각판이 하중을 받고 평행사변형으로 변형되었다. 측면 *AB*와 *CD*는 0.004 mm 짧아지고 반시계방향으로 1000 μ rad 회전하였다. 측면 *AD*와 *BC*는 0.006 mm 늘어났고 시계방향으로 200 μ rad 회전했다. 점 *A*에서 다음을 결정하라.

a. 수직변형률 ε_x, ε_y 그리고 전단변형률 γ_{xy}

b. 측면 *AB*와 *AD*의 최종 길이

주어진 값: $a = 50$ mm, $b = 25$ mm.

CHAPTER 02

재료

2.1 서론

재료는 종류가 대단히 많을 뿐아니라 끊임없이 다양화되고 있다. 재료는 결정질 또는 비결정질로 분류될 수 있다. 결정질의 재료는 수없이 많은 작은 결정 단위로 구성되어 있다. 대부분의 재료는 사용되기 전에 가공처리 된다. 표 2.1은 공업재료를 일반적으로 분류한 것이다. 이 책에서는 거시적 거동에 대한 소재의 특성을 다루고 있기 때문에 소재 상수는 거시적 거동을 설명하기에 충분히 큰 시편에 대해 실험으로부터 구한 값이다. 거시적 구조란 수많은 분자가 균일하게 연속적으로 분포되고 분자가 서로 당기는 힘에 의해 유지되는 것으로 가정한 구조이다. www.matweb.com의 사이트는 소재에 대한 자세한 정보를 제공하고 있다.

이 장에서는 일반적으로 많이 사용되고 있는 소재의 기계적 거동, 특성, 가공공정을 간단히 설명하고 경제적으로 설계하는 방법을 강조하고 있다. 표 B.1[1-4]은 선정된 소재상수의 평균값을 나열하고 있다. 이 책에서 특별한 언급이 없으면 소재는 등방성(isotropic) 특성을 가지고 있고, 균일한(homogeneous) 것으로 가정한다. 2.10절과 5.10절을 제외하면, 모든 소재는 탄성영역에서 거동하는 것으로 한정한다. 일례로, 미사일과 우주 비행체의 요소로서 평판(plate)과 셸(shell)을 설계할 때 환경 조건에 따라 특성이 변하는 소재가 있음에 유의해야 한다.

2.2 재료 특성 정의

기계적 상수는 소재가 하중이나 환경이 변할 때, 어떻게 거동할 것인가를 나타내는 것이다. 이러한 특성은 미국재료시험협회(ASTM)에 의해 규정된 표준 파괴 또는 비파괴시험에 의해 결정된다. 재료상수에 대해 폭넓게 이해함으로써 기계요소의 크기, 형상, 가공방법을 용이하게 결정할 수 있을 것이다.

내구성(durability)은 재료가 얼마나 오랫동안 파괴되지 않고 제 역할을 할 수 있는가를 의미한다. 화학적, 전기적, 열, 기계적 조건 또는 이들의 조합에 의해 재료는 파괴될 것이다. 가공의 용이성이나

〈표 2.1〉 자주 사용되는 일반적인 공업 재료

금속 재료	
철계 금속	비철계 금속
회주철	알루미늄
가단 주철	크롬
연철	구리
주강	납
탄소강	마그네슘
강합금	니켈
스테인리스 강	백금
공구강	은
특수강	주석
구조강	아연
비금속 재료	
탄소와 흑연	플라스틱
세라믹	벽돌
코르크	암석
펠트	탄성중합체
유리	규소
콘크리트	나무

날카로운 공구로 자르기 쉬운 정도를 재료의 *가공성*(machinability)이라 하고, 요구된 형상으로 변형되기 쉬운 정도를 *작업성*(workability)이라 한다. 일반적으로 *유연성*(malleability)은 재료가 압축하중을 받을 때 소성변형을 발생시키지 않는 정도를 나타낸다. 2.10절에 설명된 것처럼 *경도*(hardness)는 긁힘, 마멸, 절단, 침투를 억제할 수 있는 정도를 의미한다.

재료 특성 한계는 설계에서 중요하게 고려되어야 한다. 강도(strength)와 강성(stiffness)은 재료를 선정하는 데 주된 특성이다. 그러나 내구성, 유연성, 작업성, 가격, 경도가 동일하게 고려하는 경우도 많다. 가격을 고려할 때, 초기 가격뿐 아니라, 부품의 관리와 교체 비용에도 주의를 기울일 필요가 있기 때문에 기능적, 경제적 면에서 재료를 선정하는 것은 대단히 중요한 일이다.

재료에 부과된 하중이 제거될 때 원래의 위치에 돌아오는 성질을 *탄성*(elasticity)이라 하고, 특히 보통 응력과 변형률이 선형관계를 갖는 영역을 탄성영역이라 하며, *비례한도*(proportional limit) 내에서 탄성을 선형탄성이라 한다. 점탄성 고체에서 응력은 변형률뿐 아니라 시간에 대한 응력과 변형률의 변화율의 함수이다. 소성 변형된 구조의 부재는 하중이 제거되었을 때 초기의 형상과 크기로 돌아오지 않는다.

균일함이란 모든 영역에서 소재의 특성이 동일함을 의미하고, *등방성*(isotropic)이란 모든 방향에 대해서 소재의 특성이 같음을 의미한다. *복합*소재는 두 개 이상의 서로 다른 소재 특성 성분을 갖는다. 비등방성 즉, *이방성*(anisotropic) 재료는 방향에 따라 소재의 특성이 달라진다. 3축의 직교방향으로 서로 다른 특성을 갖는 재료를 복합소재 중 가장 단순한 *직교성*(orthotropic) 소재라고 하고, 나무가 직교성 재료의 대표적인 예이다. 압연금속판, 합판, 섬유보강 콘크리트와 같이 가공된 재료는 대략적으로 직교적 특성을 갖는다.

적은 응력에 대해 큰 변형률을 갖는 특성을 *연성*(ductility)이라 한다. 연성재료는 파손되기 직전에 많이 늘어나는 특성이 있다. 연강, 니켈, 황동, 동, 마그네슘, 납, 테프론은 연성재료이고, 그와 반대되는 것을 *취성재료*(brittle material)라 한다. 취성재료는 파열되기 전에 변형을 일으키지 않는다. 그 예로는 콘크리트, 돌, 주철, 유리, 세라믹, 합금 등이 있다. 구조재가 파열되는 것을 *파괴*(fracture)라 한다. 인장시험에서 파열이 발생하는 시점에 인치당 0.05인치 이상의 변형률을 보이면 연성재료라고 할 수 있다[5]. 일반적으로 연성재료는 전단력으로 파손이 발생되지만, 취성재료는 인장력으로 파손이 발생한다. 2.12절-2.14절은 합금에 대한 설명, 강철 번호의 의미, 많이 사용되는 비금속에 대한 소재 상수를 정의하고 설명하고 있다.

2.3 정적 강도

설계와 분석에서, 재료가 하중을 받을 때 나타난 기계적 거동은 무엇보다도 중요하다. 주로 인장과 압축시험이지만 실험에 의한 응력-변형률 선도로부터 하중이 작용할 때 시편이 어떻게 반응하는가에 대한 본 정보를 얻을 수 있고, 재료의 기계적 특성을 설명하는 데 사용된다. *인장시험*(tensile test)으로부터 응력-변형률에 대한 데이터를 얻는다. 인장 시험에는 일반적으로 둥근 봉 형태의 시편을 인장 시험기에 고정시키고, 상온에서 천천히 지속적으로 인장하중을 증가시킨다(그림 2.1). 미국재료시험학회(ASTM)에서는 표준 시편의 형상과 크기를 자세히 규정하고 있다.

인장시험은 표준 시편에 두 점을 표시하고 점진적으로 하중을 증가시키면서 두 점간의 길의 변화를 전자 인장측정기(electronic extensometer)로 측정하는 것이다. 시험하는 동안 길이의 변화는 하중의 함수로 표현된다. 시편이 파괴될 때까지 하중을 가하고, 파괴시키는 데 필요한 힘을 *극한하중*(ultimate load)이라 한다. 그림 2.2는 강을 인장시험하고 있는 그림이고 인장측정기는 그림의 오른쪽에 있다. 시편에 작용한 응력은 시험데이터에 표시된 힘을 단면적으로 나누어 구한다. 이와 같은 방법으로 시험 재료에 대한 응력-변형률 선도(가로축은 변형률, 세로축은 응력)를 구한다. 응력-변형률 선도는 재료에 따라 분명한 차이를 보인다.

2.3.1 연성재료의 응력-변형률 선도

그림 2.3a는 인장하중을 받는 구조강이나 연강과 같은 연성재료에 대한 전형적인 응력-변형률 선도(stress-strain diagram)를 보여준다. 곡선 *OABCDE*는 공칭응력-변형률 선도이다. 또 하나의 곡선 *OABCF*는 진응력-변형률 선도이다. 진응력은 봉의 순간적 변화하는 단면적으로 하중을 나눈 값을 의미하고, *진변형률*(true strain)은 명백히 신장거리 증가량을 대응하는 순간거리로 나눈 값의 합산의 결과이다. 실질적으로 공칭응력이 설계에서 사용되고, 설계정보로서 충분한 의미를 갖는다.

공칭응력(σ)은 단위 면적당 하중으로 정의되고, 인장시 시편의 공칭응력은 다음 식으로부터 계산

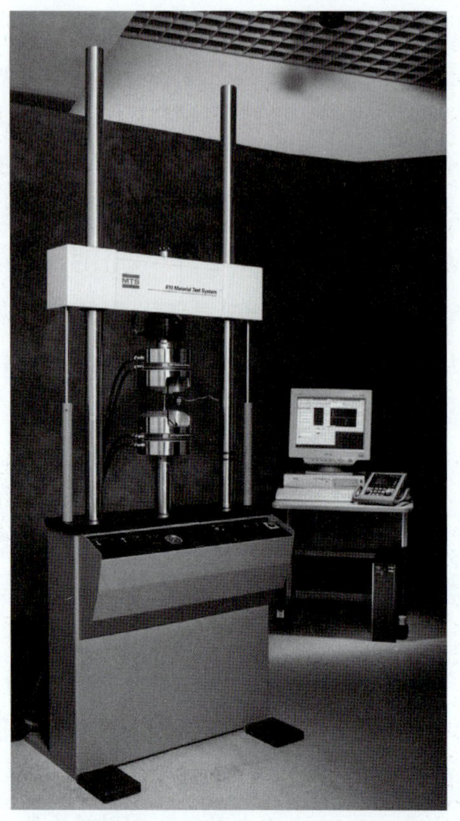

[그림 2.1]
자동 데이터 처리 장치를 갖춘 인장시험장치(Courtesy of MTS System Crop.)

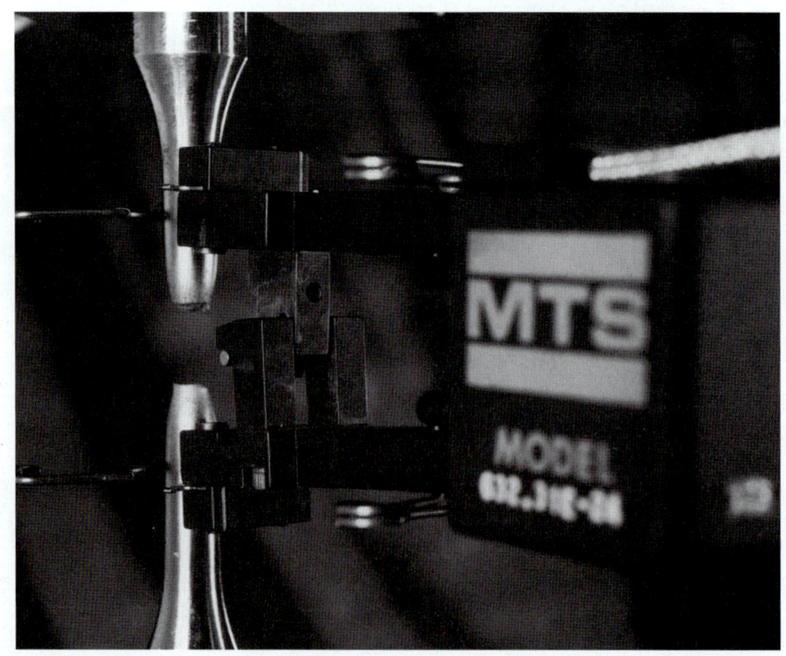

[그림 2.2]
신장계가 부착된 인장시험 시편. 시편이 파괴됨(Courtesy of MTS System Crop.)

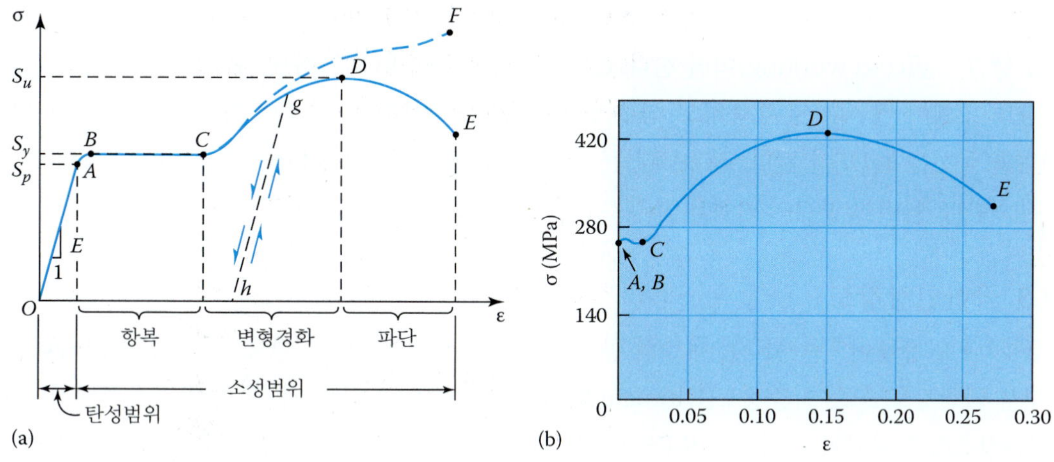

[그림 2.3]

대표적인 구조강의 응력-변형률 선도. (a) 개념도 (b) 일정 비율에 의한 그림

된다.

$$\sigma = \frac{P}{A} \tag{a}$$

여기서

P는 시편에 작용하고 있는 순간 하중이다.

A는 시편의 초기 단면적을 의미한다.

응력은 단면에 균일하게 분포된 것으로 가정한다. 공칭변형율(ε)은 식 (1.20)에 주어졌다. 응력과 변형율의 자세한 해석은 다음 장에서 서술한다.

2.3.1.1 항복강도

도표의 OA 구간은 탄성영역이고, 응력-변형률의 직선의 끝점 A에서 응력을 *비례한도*(proportional limit) S_p라 한다. 비례한도를 지나면 비례관계를 벗어나 응력 증가량에 비해 변형률은 상대적으로 많이 증가하게 되고, 점 B에서의 응력은 비례한도 이후의 영역에서 가장 작은 값으로 *항복응력*(yield point) 또는 *항복강도*(yield strength) S_y라 한다. 대부분의 경우 비례한도와 항복점은 비슷한 값을 갖는다: $S_p \approx S_y$이다. BC의 영역에서 재료는 하중이 증가하지 않아도 변형될 수 있음을 의미하는 *완전소성변형*(perfectly plastic)을 한다.

2.3.1.2 냉간가공의 변형 경화

점 A에서 파괴가 발생되는 점 E까지를 소성영역이라 한다. BC 구간은 완전소성영역으로 연강의 인장률은 탄성영역에서 인장률의 10~20배에 이른다. CD 구간의 소성영역에서 (응력의 증가는 변형율의 점진적 증가를 가져온다.) 이러한 현상을 *변형경화*(strain harding)라 하고 변형경화의 특성을 응용한 가공을 *냉간가공*(cold working)이라 한다. *CD* 영역에서 하중을 제거하면 재료는 *OA*와 평행한 선을 따라 응력이 영이 될 때까지 수축하고 영구 변형률 *Oh*가 발생된다. 하중이 다시 가해지면 새로운 응력-변형률 곡선은 *hgDE*가 된다. 점 *B*보다 큰 값을 갖는 새로운 항복점(*g*)이 생성되나 재료의 연성 특성은 감소한다. 이러한 공정이 반복되면 재료는 취성재료로 변질되고 파괴된다.

2.3.1.3 극한인장강도

점 *C*를 지나 변형률이 증가할 때, 재료의 공칭응력선도는 전형적인 극한응력(점 *D*)을 나타내고, 극한응력을 극한강도 또는 *인장강도*(Ultimate tensile strength) S_u라 한다. 응력이 감소하면서 추가적으로 늘어나고, 진행되어 파괴강도 S_f(점 *E*)에 이른다. 점 *E*에서 봉은 파괴되어 두 부분으로 나뉘고, 분리된 면은 수직축과 45°의 원추형상의 면이 되고, 이 면은 최대 전단응력의 등위면이다. 극한응력을 지나, *DE* 구간에서는 시편의 반지름이 감소하여 단면적 감소되는 현상을 볼 수 있고, 봉의 *네킹*(necking) 현상이라 한다. 파단면을 관찰해 보면 재료의 결정이 확장하면서 생성되는 섬유구조를 관찰할 수 있다.

재미있게도, 재료의 연성은 *시편의 형상변화*에 따라 다음과 같이 측정한다.

$$\text{인장률} = \frac{L_f - L_o}{L_o}(100) \tag{2.1}$$

$$\text{단면적 감소율} = \frac{A_o - A_f}{A_o}(100) \tag{2.2}$$

여기서 A_o와 L_o는 초기 단면적과 시편의 측정 표준 거리를 의미한다. 파괴 분리된 시편을 서로 맞추어서 최종 길이 L_f를 측정할 수 있다. 같은 방법으로 파단면 A_f는 최소 단면 위치에서 측정할 수 있다. 변형은 시편의 측정표준거리에 따라 다르지만 네킹 부분에 집중된다. 그러므로 변형의 백분율은 측정표준거리에 따라 다르다. 그림 2.3a는 연강에 대한 응력-변형률의 일반적 특성을 나타내는 도표이지만, 실험에 의한 정확한 수치를 의미하지는 않는다. 이미 언급된 것처럼, *BC* 영역에서 변형률은 *OA* 영역의 변형률의 약 15배이다. *CE* 영역의 변형률도 *OA*의 몇 배수이다. 그림 2.3b는 연강에 대한 응력-변형률 곡선은 일정비율로 표현한 것이다. *OA* 영역의 변형률은 너무 작기 때문에 거의 수직선처럼 보인다.

2.3.1.4 오프셋 항복강도

열처리된 강, 마그네슘, 알루미늄, 동과 같은 재료는 항복점이 명백히 나타나지 않기 때문에 임의의 변형률에 대한 응력을 항복강도(yield strength)로 사용한다. 소위 0.2% 오프셋 방법에 따라, 0.0002 변형률을 통과하고, 초기점 *O*에서의 곡선의 기울기로 직선을 그리면(그림 2.4) 직선은 응력-변형률 곡선과 교차하는 응력을 *오프셋 항복응력*(offset yield strength)(점 *B*)이라 하고, 일반적으로 비례한도보다 조금 큰 값을 갖는다.

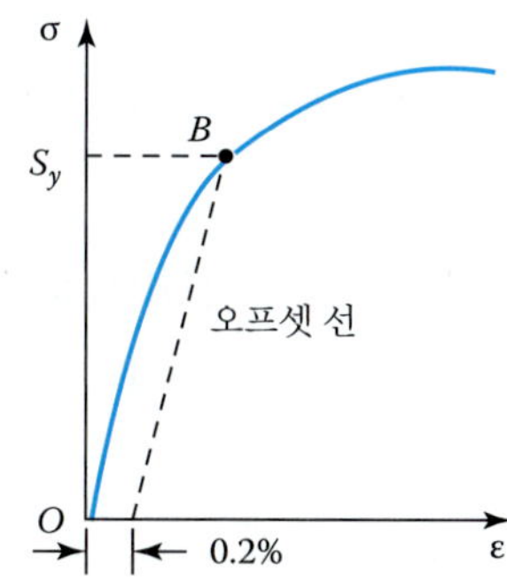

[그림 2.4]
오프셋 방법에 의한 항복강도 결정

2.3.2 취성재료의 응력-변형률 선도

그림 2.5는 전형적인 취성재료인 회주철의 인장거동을 나타낸다. 그림으로부터 파괴발생을 예측할 만한 변형률의 변화를 관찰하기 어렵다. 그러므로 극한강도나 파괴강도의 차이점이 없다. 취성재료의 파단변형률은 연성재료의 파단변형률보다 훨씬 작다. 취성재료의 응력-변형률 선도(stress-strain diagram)의 특징은 응력과 변형률이 선형관계를 나타내는 구간을 정의하기 어렵다는 점이다. 취성재료는 인장응력에 따라 파괴된다. 취성재료는 시편의 길이 방향 축에 수직인 파단면을 갖고, 파단면은 최대 인장응력이 같은 등위면이다.

2.3.3 압축시 응력-변형률 선도

인장시험 결과와 유사하게 압축응력-변형률 선도(stress-strain diagrams in compression)도 다양한

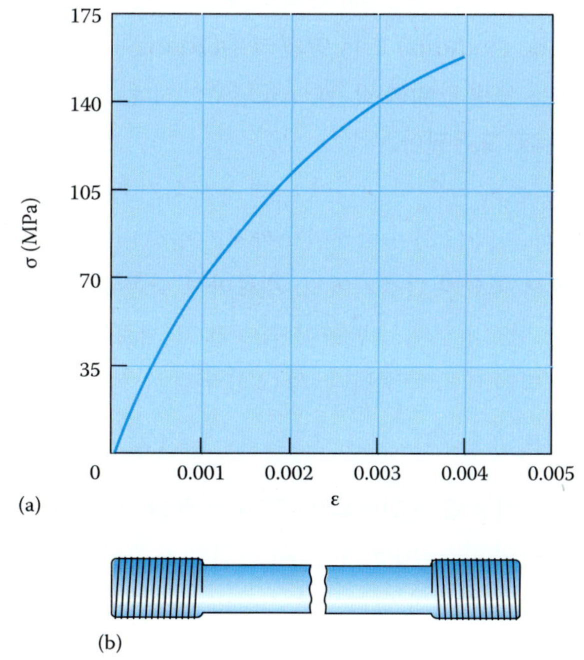

[그림 2.5]
인장하중을 받은 회주철.
(a) 응력-변형률 선도
(b) 파괴된 시편

재료에 대해서 얻을 수 있다. 대부분의 연성재료의 압축과 인장은 탄성영역에서 비슷한 양상을 보인다. 이런 재료의 인장과 압축의 항복강도는 거의 같다. $S_y \approx S_{yc}$. 아래첨자 c는 압축을 의미한다. 그러나 소성영역에서 거동은 많이 다르다. 압축시편은 단면이 감소하는 네킹 현상을 일으키지 않고 계속 확장되기 때문에, 압축-변형률 곡선은 응력이 최대 응력에 이르러 파괴되지 않고 계속해서 증가한다.

인장과 압축강도가 같은 재료를 *균등재료*(even material)라 한다. 취성재료도 압축 응력-변형률 선도는 인장 경우의 형상과 거의 비슷하다. 그러나 취성재료는 인장 경우보다 훨씬 큰 압축응력을 갖는다. 서로 다른 압축 인장강도를 갖는 재료를 *불균등재료*(uneven material)라 한다.

기계 부품의 강도는 부품에 가해지는 하중의 종류뿐 아니라 소재와 형상에 따라 달라진다는 것을 알아야 한다. 대부분 금속의 강도는 소재의 항복강도 S_y에 직접적으로 관련된다. 금속에서 중요한 것은 항복강도이지만, *폴리머*(polymers)나 *세라믹*(ceramics)에서 관심을 가져야 하는 강도는 파괴가 발생하는 극한강도이다(예제 2.5). 다양한 비금속의 소재 특성은 뒷절에서 논의된다.

2.4 응력-변형률 관계식과 탄성계수

공업재료의 응력-변형률 곡선을 살펴보면 대부분 선형 탄성거동을 나타내는 초기 영역이 존재한다. 선형탄성은 재료에서 가장 중요한 영역이다. 그림 2.3의 도표에서 직선구간의 응력은 변형률에 완전히 비례한다. 그러므로

$$\sigma = E\varepsilon \tag{2.3}$$

봉이 인장이나 압축하중을 받을 때, 응력-변형률 관계는 훅(Hooke)의 법칙으로 알려져 있다. 상수 E를 *탄성계수*(elastic modulus) 또는 *영의 계수*(Young's modulus)라고 한다. ε가 무차원 상수이기 때문에 탄성계수 E는 응력 단위를 갖는다. SI 단위에서 탄성계수의 단위는 N/mm^2이고, U.S. 단위계에서는 $lb/in.^2$는 psi로 표현된다.

이 후로 표현되는 수식은 이 법칙에 의해 유도되기 때문에 아주 중요한 의미를 갖는다. 탄성법칙에서 주의해야 할 점은 식 (2.3)이 비례한도까지만 유효하다는 것이다. 탄성계수는 응력-변형률 곡선의 선형탄성 범위에서 곡선의 기울기이고, 재료마다 다른 값을 갖는다. E는 인장압축을 받을 때 재료의 강성을 의미한다. 탄성영역에서 변형이 적다면 그 재료의 탄성계수는 클 것이다. 선형탄성은 소재가 순수 전단하중을 받을 때도 측정된다. 식 (2.3)과 같이 전단응력은

$$\tau = G\gamma \tag{2.4}$$

로 표현될 수 있다. 이 식은 전단응력 τ와 전단변형률 γ에 대한 탄성법칙이다. 상수 G를 횡탄성계수라 하고 E와 같은 단위의 파스칼(Pa)이나 psi 단위로 표현된다. 일반 재료의 E와 G의 값은 표 B.1에 있다.

원점에서 비례한도까지의 영역에서 직선의 기울기는 *탄성계수*(secant modulus) E_s라고 하고 $E_s = \sigma/\varepsilon$이다. 비례한도 후의 영역에서 응력-변형률 곡선의 기울기는 *접선탄성계수(tangent modulus)*

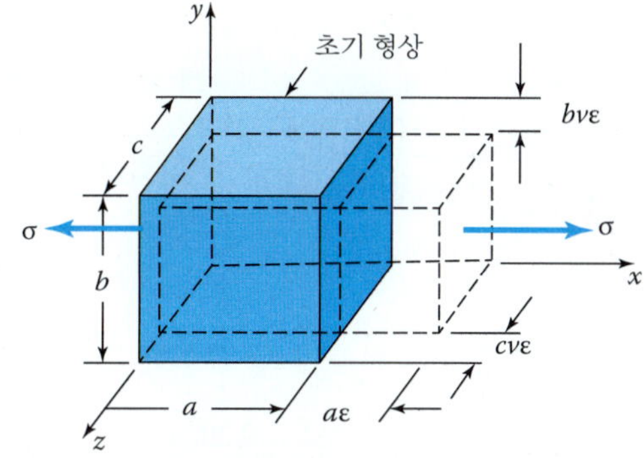

[그림 2.6]
인장하중을 받는 요소의 축방향 인장과 횡방향 수축(푸아송 효과)

E_t라고 하고 $E_t = d\sigma / d\varepsilon$ 이다. 비례한도 내에서 E_t와 E_s는 E와 같다. 탄성범위에서 축방향 변형률과 측방향(축의 수직방향) 변형률의 비를 푸아송비(Poisson's ratio)라 하고 상수이다.

$$\nu = -\frac{\text{횡방향 변형률}}{\text{축방향 변형률}} \tag{2.5}$$

음의 부호는 횡방향 변형률이 축방향 변형률과 증감이 서로 반대됨을 의미한다. 그림 2.6을 보면 직육면체가 인장력을 받을 때 옆면 길이 a, b, c가 수축되고 있다. 한쪽 면은 고정되었다고 가정하라. 점선의 최종 형상은 실제보다 많이 과장된 것이다. 앞에서 정의된 식 (2.3)은 축방향 응력에만 적용될 수 있다. 대부분의 일반 재료는 0.25~0.35의 푸아송비를 갖는다. 강의 푸아송비는 보통 0.3이고, 콘크리트와 고무는 각각 0.1과 0.5의 푸아송비를 갖는다(표 B.1).

예제 2.1 인장 봉의 변형과 응력

길이 d_o 그리고 게이지 길이 L_o인 알루미늄 시편에 인장 시험이 수행된다(그림 2.7). 적용하중이 P에 이르고, 게이지 표식 거리가 ΔL만큼 증가하였고 봉의 지름은 Δd만큼 감소하였다.

주어진 값: $d_o = 50$ mm, $\Delta d = 0.01375$ mm, $L_o = 250$ mm, $\Delta L = 0.2075$ mm, $P = 114$ kN.

구하는 값:

a. 축방향 변형률과 횡방향 변형률
b. 푸아송비
c. 수직응력과 탄성계수

풀이

a. 측면 또는 횡방향 변형률은 다음과 같다.

$$\varepsilon_l = \frac{\Delta d}{d_o} = -\frac{0.01375}{50} = -0.000275 = -275\mu$$

[그림 2.7]
인장 시편

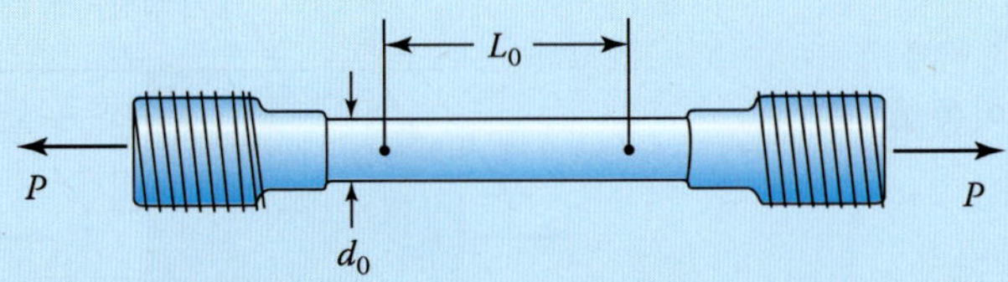

여기서 횡방향 변형률은 봉의 지름이 Δd 감소하기 때문에 음의 값이다.

$$\varepsilon_d = \frac{\Delta L}{L_o} = \frac{0.2075}{250} = 0.00083 = 830\,\mu$$

b. 푸아송비는 식 (1.20)으로부터 구할 수 있다.

$$\nu = -\frac{\varepsilon_l}{\varepsilon_d} = -\frac{(-275)}{830} = 0.33$$

c. 2.3절로부터 수직응력을 구할 수 있다.

$$\sigma_d = \frac{P}{A} = \frac{114\left(10^3\right)}{\frac{\pi}{4}(0.05)^2} = 58.06\text{ MPa}$$

탄성계수는 식 (2.3)에 의해 구할 수 있다.

$$E = \frac{\sigma_a}{\varepsilon_a} = \frac{58.06\left(10^6\right)}{830\left(10^{-6}\right)} = 70\text{ GPa}$$

평가: 58.06 MPa로 구해진 응력은 소재의 항복강도보다 충분히 작다(표 B.1에서 260 MPa). 푸아송비와 탄성계수가 고려될 때, 대응하는 응력-변형률 간략도에 부합하고, 소재가 탄성범위에서 거동하고 있음을 알 수 있다.

2.5 훅의 법칙의 일반식

2차원 또는 3차원의 응력상태에 대해서, 탄성영역에서 응력성분은 변형률성분의 일차함수이다. 이러한 가정으로 공업재료의 거동을 매우 정확히 예측할 수 있다. 또한, 변형률성분의 크기는 매우 작은 양이기 때문에 다축 방향의 하중에 대해 중첩의 원리를 적용할 수 있다. 등방성 선형탄성 재료에서 응력-변형률 관계식을 유도하기 위해서 수직응력은 어떠한 전단변형도 일으키지 않고 전단응력은 전단변형만을 일으킨다는 실험적 결과를 다음의 이론식을 전개하는 데 사용한다.

이제 그림 2.8처럼 2축 응력을 받고 두께가 단위길이인 요소를 생각해 보자. 응력 σ_x이 작용하면 x

[그림 2.8]
2축 응력을 받는 평판의 변형

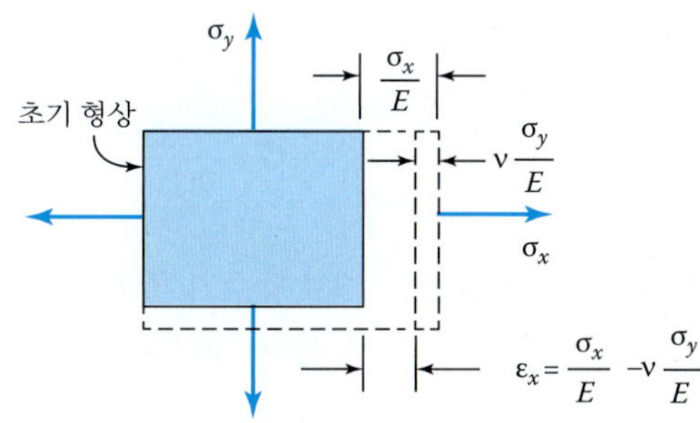

방향으로 σ_x/E의 인장변형률이 발생할 뿐 아니라, y방향으로 $-\nu\sigma_x/E$의 수축변형률이 발생한다. 같은 방법으로, σ_y의 응력이 작용하면 y방향으로 σ_y/E의 인장변형률이 발생할 뿐 아니라, y방향으로 $-\nu\sigma_y/E$의 수축변형률이 발생한다. 따라서 양방향으로 동시에 σ_x와 σ_y의 응력이 작용하면, x와 y방향의 변형률은

$$\varepsilon_x = \frac{\sigma_x}{E} - \nu\frac{\sigma_y}{E} \tag{2.6a}$$

$$\varepsilon_y = \frac{\sigma_y}{E} - \nu\frac{\sigma_x}{E} \tag{2.6b}$$

2차원의 순수 전단응력에 대해, 식 (2.4)의 탄성 응력-변형률의 관계식은

$$\gamma_{xy} = \frac{\tau_{xy}}{G} \tag{2.6c}$$

식 (2.6)으로부터 탄성 응력-변형률의 관계식은

$$\begin{aligned} \sigma_x &= \frac{E}{1-\nu^2}\left(\varepsilon_x + \nu\varepsilon_y\right) \\ \sigma_y &= \frac{E}{1-\nu^2}\left(\varepsilon_y + \nu\varepsilon_x\right) \\ \tau_{xy} &= G\gamma_{xy} \end{aligned} \tag{2.7}$$

식 (2.6)과 (2.7)은 훅의 법칙을 2차원 응력상태에서 표현된 것이다.

앞의 방법을 이용하면 그림 1.9와 같은 3차원 응력에 대해서 훅의 법칙은 쉽게 확장될 수 있고, 그러한 법칙을 *일반적인 훅의 법칙*(generalized Hooke's Law)이라 하고 다음과 같이 표현된다.

$$\begin{aligned} \varepsilon_x &= \frac{1}{E}\left[\sigma_x - \nu\left(\sigma_y + \sigma_z\right)\right] \\ \varepsilon_y &= \frac{1}{E}\left[\sigma_y - \nu\left(\sigma_x + \sigma_z\right)\right] \\ \varepsilon_z &= \frac{1}{E}\left[\sigma_z - \nu\left(\sigma_x + \sigma_y\right)\right] \\ \gamma_{xy} &= \frac{\tau_{xy}}{G}, \quad \gamma_{yz} = \frac{\tau_{yz}}{G}, \quad \gamma_{xz} = \frac{\tau_{xz}}{G} \end{aligned} \tag{2.8}$$

횡탄성계수 G는 탄성계수 E와 푸아송비 ν의 함수이고,

$$G = \frac{E}{2(1+\nu)} \tag{2.9}$$

이다. 등방성 재료는 두 개의 독립적인 재료상수가 존재한다. E와 G는 주어진 재료에 대해 실험적으로 결정되고, 푸아송비는 위의 기본 식에 의해 계산된다. 고체 재료는 일반적으로 푸아송비가 0에서 1/2 사이이고, 이에 대응하는 G는 식 (2.9)에 의하면 $E/3$과 $E/2$의 사이가 된다.

2.5.1 부피 변화

탄성재료가 응력을 받아서 재료의 체적이 V_o로부터 ΔV 만큼 증가할 때, 부피 변화율은

$$e = \frac{\Delta V}{V_o} = \varepsilon_x + \varepsilon_y + \varepsilon_z \tag{2.10}$$

이 된다. 부피는 전단변형률에 의해 변하지 않는다. 물리량 e는 부피의 팽창률이다. 식 (2.10)은 하중을 받는 부재의 변형률이 주어질 때 부재의 부피의 변화량을 계산하는 데 사용된다.

더 나아가서 재료상수와 응력이 주어지면 팽창변화율을 계산할 수 있고, 일반적 탄성법칙으로부터 응력은 팽창변화율의 함수로 다음과 같이 표현될 수 있다.

$$\begin{aligned} \sigma_x &= 2G\varepsilon_x + \lambda e \qquad & \tau_{xy} &= G\gamma_{xy} \\ \sigma_y &= 2G\varepsilon_y + \lambda e \qquad & \tau_{yz} &= G\gamma_{yz} \\ \sigma_z &= 2G\varepsilon_z + \lambda e \qquad & \tau_{xz} &= G\gamma_{xz} \end{aligned} \tag{2.11}$$

앞에서 언급했던 것처럼

$$e = \varepsilon_x + \varepsilon_y + \varepsilon_z = \frac{1-2\nu}{E}\left(\sigma_x + \sigma_y + \sigma_z\right) \tag{2.12}$$

$$\lambda = \frac{\nu E}{(1+\nu)(1-2\nu)} \tag{2.13}$$

여기서, λ는 탄성상수이다:

탄성재료가 정수압 p를 받을 때, 응력은 $\sigma_x = \sigma_y = \sigma_z = -p$, $\tau_{xy} = \tau_{yz} = \tau_{xz} = 0$이다. 식 (2.12)로부터 $e = -3(1-2\nu)p/E$이 되고, 다음과 같이 표현할 수 있다.

$$K = -\frac{p}{e} = \frac{E}{3(1-2\nu)} \tag{2.14}$$

K는 부피탄성계수(bulk modulus of elasticity)라 한다. 식 (2.14)로부터 비압축성 재료는 $e = 0$이고, $\nu = 1/2$이다. 대부분의 재료는 표 B.1에서처럼 $\nu < 1/2$. 완전소성영역에서 재료의 부피는 변하지 않기 때문에 푸아송비는 1/2이 된다.

예제 2.2 평판의 변위 분석

그림 2.9처럼 두께 t, 너비 b, 길이 a의 강판이 응력 σ_x, σ_y를 받고 있다. 다음을 계산하라.

a. 길이 a의 변형이 없을 때의 σ_x
b. 최종 두께 t'과 너비 b'
c. 대각선 AC의 수직응력
d. 평판의 부피 변화량

주어진 값: $a = 400$ mm, $b = 300$ mm, $t = 6$ mm, $E = 200$ GPa, $\nu = 0.3$, $\sigma_y = 220$ Mpa.

가정: 판은 평판 상태를 유지한다.

풀이

길이가 변하지 않기 때문에 $\varepsilon_x = 0$이고 평면응력 $\sigma_z = 0$이다. 식 (2.8)은

$$\sigma_x = \nu\sigma_y \tag{2.15a}$$

$$\varepsilon_y = \frac{1}{E}\left(\sigma_y - \nu\sigma_x\right)$$

$$\varepsilon_z = -\frac{\nu}{E}\left(\sigma_x + \sigma_y\right) \tag{2.15b}$$

a. 식 (2.15a)에 주어진 값을 넣으면 $\sigma_x = 0.3(220 \times 10^6) = 66$ MPa
b. 식 (2.15b)로부터

$$\varepsilon_y = \frac{10^6}{200\left(10^9\right)}\left[220 - 0.3(66)\right] = 1001\ \mu$$

$$\varepsilon_z = -\frac{0.3}{200\left(10^3\right)}\left(66 + 220\right) = -429\ \mu$$

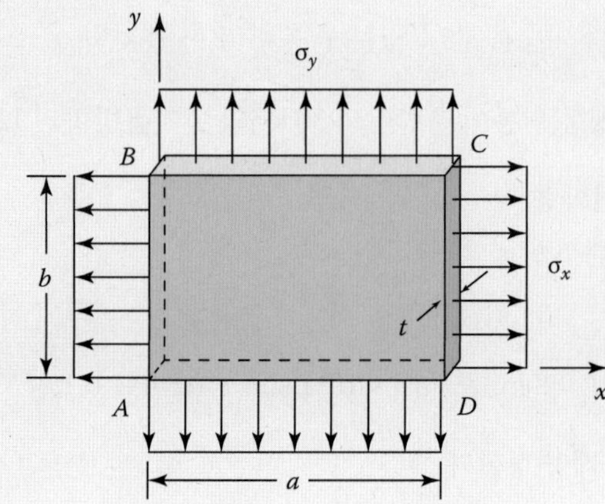

[그림 2.9]
예제 2.2. 2축 응력을 받는 평판

앞에서처럼 음의 부호는 두께의 수축을 의미한다. 그러므로

$$t' = t(1 + \varepsilon_z) = 6(0.9996) = 5.998 \text{ mm}$$
$$b' = b(1 + \varepsilon_y) = 300(1.0010) = 300.300 \text{ mm}$$

c. 대각선의 초기길이와 최종길이는 각각

$$AC = (300^2 + 400^2)^{1/2} = 500 \text{ mm}$$
$$A'C' = (300.300^2 + 400^2)^{1/2} = 500.180 \text{ mm}$$

대각선의 변형률은

$$\varepsilon_{AC} = \frac{500.180 - 500}{500} = 360\ \mu$$

평가: 이 결과는 변형률 좌표변환에 의해 구할 수 있고, 좌표변환에 대해서는 3.11절에서 설명한다.

d. 식 (2.12)를 적용하면 부피 변화량은 다음과 같다.

$$e = \frac{1-2\nu}{E} = \left(\sigma_x + \sigma_y + \sigma_z\right)$$
$$= \frac{1-2(0.3)}{200\left(10^9\right)}\left[66 + 220 + 0\right]10^6 = 0.57 \times 10^{-3}$$

그러므로, 식 (2.10)에서 부피 변화량은 다음과 같다.

$$\Delta V = eV_o = \left(0.57 \times 10^{-3}\right)\left(400 \times 300 \times 6\right) = 410 \text{ mm}^3$$

평가: 양의 부호는 평판의 부피가 증가함을 의미한다.

예제 2.3 2축 하중을 받고 있는 원통의 부피 변화량

지름 d와 길이 L의 청동 원통이 축방향의 30 ksi와 반지름방향의 12 ksi의 하중을 받고 있다.

구하는 값: 다음의 변화량

a. 길이 ΔL와 지름 Δd,

b. 원통 부피 ΔV

주어진 값: $d = 5$ in., $L = 8$ in., $E = 15 \times 10^6$ psi, $\nu = 0.34$(표 B.1 참조).

가정: 원통은 균일하게 변형한다.

[그림 2.10]
예제 2.3. 중실원통

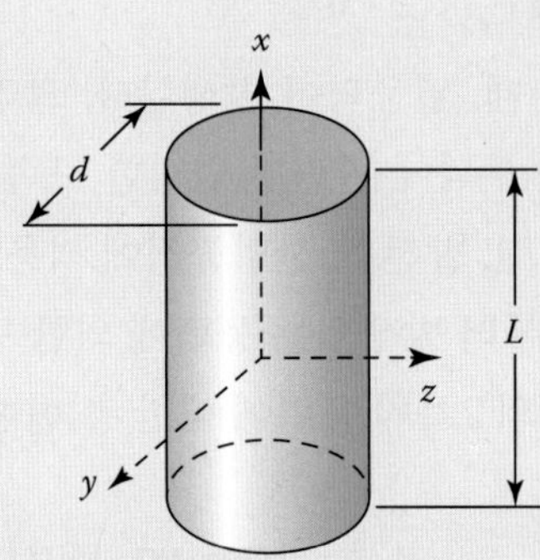

풀이

축응력 $\sigma_x = -30$ ksi 그리고 반지름 응력 $\sigma_y = \sigma_z = \sigma = -12$ ksi이다. 식 (2.8)을 적용하면 변형률은 다음과 같다.

$$\begin{aligned}\varepsilon_x &= -\frac{1}{E}\left[\sigma_x - \nu(\sigma + \sigma)\right] \\ &= -\frac{10^3}{15\times10^6}\left[30-(0.34)(12+12)\right] = -1456\ \mu\end{aligned}$$

그리고

$$\begin{aligned}\varepsilon_y = \varepsilon_z = \varepsilon &= -\frac{1}{E}\left[\sigma - \nu\left(\sigma + \sigma_x\right)\right] \\ &= -\frac{10^3}{15\times10^6}\left[12-(0.34)(12+30)\right] = 152\ \mu\end{aligned}$$

a. *길이와 지름의 변화량.* 길이는 감소하고, 지름은 증가한다.

$$\Delta L = \varepsilon_x L = \left(-1456\times10^{-6}\right)(8) = -11.65\left(10^{-3}\right)\text{ in.}$$

$$\Delta d = \varepsilon d = \left(152\times10^{-6}\right)(5) = 0.76\left(10^{-3}\right)\text{ in.}$$

b. *부피 변화량.* 식 (2.12)를 이용하여,

$$\begin{aligned}e &= \varepsilon_x + 2\varepsilon \\ &= (-1456+2\times152)10^{-6} = -1152\times10^{-6}\end{aligned}$$

그리고 식 (2.10)으로부터 부피 변화량은

$$\begin{aligned}\Delta V &= eV_o \\ &= \left(-1152\times10^{-6}\right)\left[\pi(2.5)^2(8)\right] = -181\left(10^{-3}\right)\text{ in}^3.\end{aligned}$$

평가: 음의 부호는 원통의 부피가 감소함을 의미한다.

2.6 온도 응력-변형률의 관계

열을 받은 부재의 변형이 억제될 때, 열응력이 발생한다. 그러한 응력은 부재에 심각하게 영향을 준다. 대부분의 열적 환경은 무게나 부피에 관련된 엄격한 구속조건과 관련되고 기계에 불리한 환경이기 때문이다. 특히 항공기 또는 엔진, 발전소, 산업공정에 적용되는 기계 설계는 더욱 더 그렇다.

총 변형률은 기계적 하중으로부터 발생되는 응력에 의한 변형률과 식 (1.21)에 기술된 열변형률을 더하여 구한다. 예를 들어 식 (2.6)의 2차원 응력에 대한 총 변형률은 다음 식과 같다.

$$\begin{aligned} \varepsilon_x &= \frac{1}{E}\left(\sigma_x - \nu\sigma_y\right) + \alpha T \\ \varepsilon_y &= \frac{1}{E}\left(\sigma_y - \nu\sigma_x\right) + \alpha T \\ \gamma_{xy} &= \frac{\tau_{xy}}{G} \end{aligned} \tag{2.16}$$

이 식으로부터 응력-변형률 관계식은

$$\begin{aligned} \sigma_x &= \frac{E}{1-\nu^2}\left(\varepsilon_x + \nu\varepsilon_y\right) - \frac{E\alpha T}{1-\nu} \\ \sigma_y &= \frac{E}{1-\nu^2}\left(\varepsilon_y + \nu\varepsilon_x\right) - \frac{E\alpha T}{1-\nu} \\ \tau_{xy} &= G\gamma_{xy} \end{aligned} \tag{2.17}$$

이 된다. 여기서 물리량 T와 α는 온도의 변화량과 열팽창 계수를 각각 나타낸다. 3차원 응력도 같은 방법으로 쉽게 표현될 수 있다.

등방성재료에서 열팽창은 비틀림을 발생시키지 않기 때문에 앞의 식에서 열변형이 전단변형률에 전혀 영향을 주지 않음에 주의하라. 평형미분방정식은 순순히 기계적 변형과 관계되고 열탄성에 대해서는 아무런 관련을 갖지 않으며, 변형률-변위 관계와 기하학적 특성인 변형연속조건(compatibility, 3.17절 참조)도 열탄성과 전혀 관련이 없다. 열탄성과 일반 탄성은 단지 훅의 법칙에서만 관계된다. 열탄성 문제의 해를 구하는 것이 일반 탄성 문제보다 다소 복잡하다.

특히 정역학적으로 정정구조는 온도가 전체적으로 일정하게 변한다면 구조가 자유롭게 열변형을 할 수 있기 때문에 특별히 응력을 발생시키지 않는다. 반면에 부정정구조가 열을 받으면 열변형에 의해 부재간의 응력이 발생된다. 구성요소와 조립체의 열하중과 응력에 대해서는 뒷장에서 자세히 설명될 것이다.

2.7 온도와 응력-변형률 특성

온도가 크게 변하면 재료의 특성이 변하게 된다. 이 절에서는 온도의 변화가 재료의 응력-변형률의 특성에 미치는 효과를 생각해 보자. 온도의 변화가 충격강도와 피로강도에 미치는 영향을 2.9절과 7.7절에서 각각 다룬다. 또 다른 중요한 효과는 앞 절에서 언급된 것처럼 온도가 높아지면 대부분의 재료가 팽창으로 인하여 발생하는 것이다.

2.7.1 고온과 저온의 일시적 효과

온도의 변화에 대한 재료 시험 결과로부터 온도가 높아짐에 따라 재료의 극한강도, 항복강도, 탄성계수는 감소하고, 연성은 증가하는 경향을 알 수 있다. 여기서 고온이라 함은 용융점 절대온도의 1/3 이상의 절대온도를 의미한다. 반면에 저온에서 재료의 극한강도, 항복강도, 탄성계수, 경도는 증가하고, 연성은 감소한다. 그러므로 작업온도가 2.9절에서 정의된 천이온도보다 낮은 온도일 경우 취성파괴로 인하여 구성요소가 파손될 확률은 증가한다.

극한온도에서의 소재상수관련 정보가 많지 않다는 점에서 극한 온도에서 작동하는 기계의 설계는 매우 특별한 설계라고 할 수 있다. 그림 2.11은 304 스테인리스 강에 대한 온도의 효과를 묘사하고 있다[7]. 이러한 곡선에서 보여준 것처럼 재료의 특성 변화가 심한 것은 온도가 높아지거나 낮아질 때 발생하는 금속상태의 변화에 기인된다.

2.7.2 긴 시간의 고온 효과: 크리프

오랜기간 동안 고온에서 일정하중을 받고 있는 금속은 시간이 증가함에 따라 변형률이 커지고, 이러한 현상을 크리프(creep)라 한다. 파열이 발생하기까지 시간이 흐를수록 변형이 증가하기 때문에 크리프는 시간함수이다. 플라스틱, 목재, 콘크리트와 같은 많은 비금속 재료와 비철 금속은 낮은 응력과

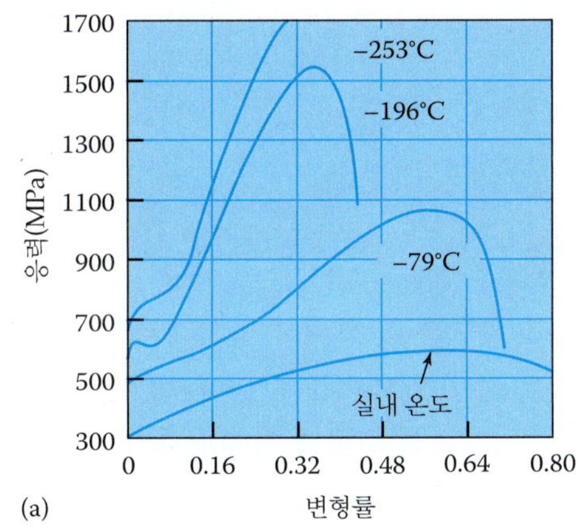

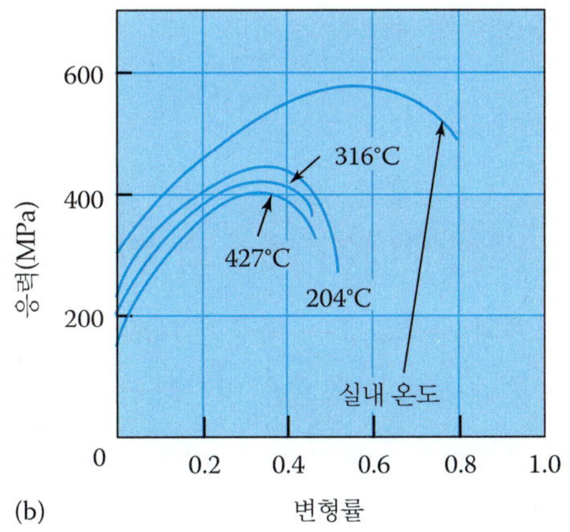

[그림 2.11]

인장하중을 받는 AISI 304 스테인리스 강의 응력-변형률 선도. (a) 저온 (b) 고온

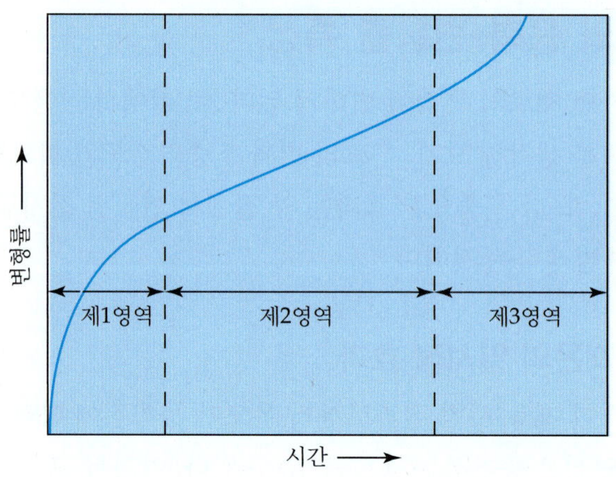

[그림 2.12]
고온에서 인장하중을 받는 구조강의 크리프 곡선

상온에서도 크리프가 발생된다.

고온에서 인장하중을 받는 연강의 전형적인 크리프 곡선은 3영역으로 구분된다(그림 2.12). 제1영역에서 재료는 변형경화로 인하여 점점 강해지고, 크리프율($d\varepsilon/dt$)은 점차적으로 감소한다. 하중이 작용하는 기간이 짧다면 이 단계가 중요하다. 제2영역은 변형률 증가율이 최소에서 시작하여 일정하게 된다. 변형경화효과와 풀림효과가 서로 상쇄되기 때문이다. 2.11절에 자세히 설명되지만 풀림은 가열하여 서서히 냉각시킴으로써 금속에 연성을 증가시키는 공정이다. 제2영역이 크리프 곡선의 주요영역이다. 제3영역은 풀림효과가 지배하고 파열에 이를 때까지 크리프율이 가속된다. 기계요소가 높은 온도에서 오랜동안 일정하중을 받을 때 재료의 크리프 파단강도가 파손을 결정한다. 그러나 고온에서 동하중을 받을 때 재료는 조기에 파손이 발생한다. 크리프 현상에서 재미있는 것은 파열에 의한 파손이기보다는 기계가 작동할 수 없을 정도로 대변형을 일으켜 파손에 이른다는 것이다. 그러므로 대부분의 설계에서 크리프 변형이 최소로 하도록 고려해야 한다. 그러나 경우에 따라서는 온도, 응력, 시간한도 내에서 크리프 효과를 고려할 필요가 없는 경우도 있고 정적인 일시적 시험에 의한 응력-변형률 상수로 충분할 것이다.

2.8 탄성에너지 계수와 파괴에너지 계수

몇몇의 기계와 구조요소는 하중에 대한 저항보다도 에너지 흡수를 더 고려하여 설계되어야 한다. 에너지가 하중과 처짐에 영향을 미친다면 응력-변형률 곡선은 특별한 의미를 갖는다. 변형에너지에 대한 응용은 5장에서 자세히 다루고 여기서는 재료의 에너지 흡수력이 어떻게 결정되는가를 인장 부재로 제한하여 설명한다.

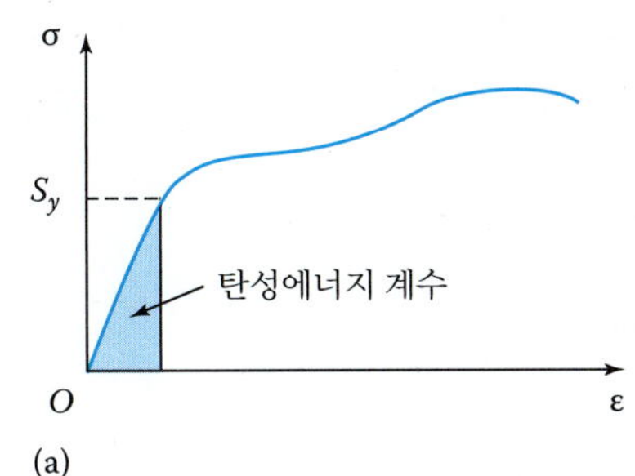

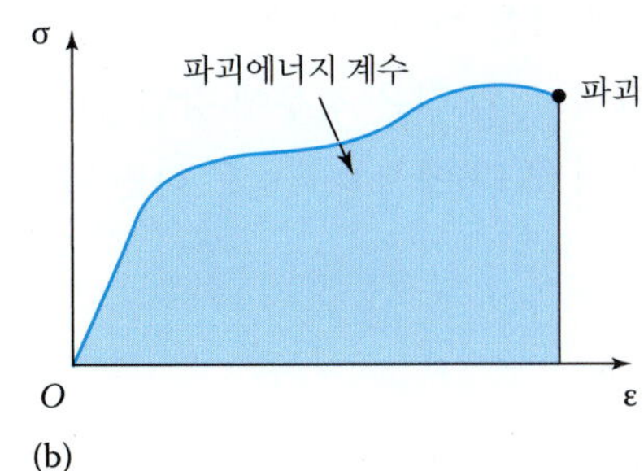

[그림 2.13]
응력-변형률 선도.
(a) 탄성에너지 계수
(b) 파괴에너지 계수

2.8.1 탄성에너지 계수(Modulus of Resilience)

탄성에너지 계수는 탄성영역에서 재료가 에너지를 흡수하는 용량이다. 탄성에너지 계수 U_r은 단위 부피당 흡수된 탄성에너지 또는 *변형에너지 밀도*(strain energy density)를 나타낸 것으로, 응력-변형률 선도의 직선 영역 아래의 면적과 같다(그림 2.13a). 비례한도 S_p와 항복강도 S_y는 같은 것으로 간주된다. 탄성에너지 계수는 식 (5.1b)의 $\sigma_x = S_y$로 하면

$$U_r = \frac{S_y^2}{2E} \tag{2.18}$$

으로 표현된다. 여기서 E는 탄성계수이기 때문에 작은 탄성계수와 높은 강도를 갖는 재료의 탄성계수가 크다.

2.8.2 파괴에너지 계수(Modulus of Toughness)

파괴에너지는 재료가 파괴되는 데 흡수되는 변형에너지이다. 파괴에너지 계수 U_t는 파괴점까지 단위 체적당 흡수된 파괴에너지를 의미하기 때문에 응력변형률 선도 아래 전체 면적이다(그림 2.13b). 수학적으로 표현하면, 파괴에너지 계수는

$$U_t = \int_0^{\varepsilon_f} \sigma d\varepsilon \tag{2.19}$$

가 된다. ε_f는 *파손변형률*(strain at fracture)이다. 재료의 인성은 극한강도뿐 아니라 연성과도 관련된다. 식 (2.19)에 의해 적분하여 구할 수 있고, 면적을 계산하기 위해 측정기(panimeter)가 사용되기도 한다.

파괴에너지 계수는 연성 소재에 대해 대략적으로 항복강도 S_y와 극한강도 S_u의 평균값과 파손변형률의 곱으로 구할 수 있다. 그러므로

$$U_t = \frac{S_y + S_u}{2} \varepsilon_f \tag{2.20}$$

주철과 같은 취성재료에 대한 응력-변형률 선도 아래의 면적은 식 (2.20)으로 계산될 때 오차는 상당히 크다. 그와 같은 경우에 강인성의 계수는 때때로 응력-변형률 선도를 포물선으로 가정하여 대략적으로 식 (2.19)에서 $\varepsilon_f = \varepsilon_u$로 하면 파괴에너지 계수는

$$U_t = \frac{2}{3} S_u \varepsilon_u \tag{2.21}$$

이 된다. 여기서 ε_u는 극한강도의 변형률이다.

파괴에너지의 물리적 의미는 충격하중에 견디는 재료의 용량과 관련된다. 두 가지의 일반적 시험은 샤르피(Sharpy)와 아이조드(Izod) 시험으로 다음 절에서 다루고, 온도에 따른 재료의 충격강도를 결정한다. 이러한 시험으로부터 얻어진 파괴에너지 계수는 하중률과 시편의 형상에 따라 달라진다. 탄성에너지 계수나 파괴에너지 계수의 단위는 모두 SI 단위로는 부피당 줄로 [J/m³]이고, 영미 단위로 세제곱 인치당 파운드 인치이다. 응력과 같은 단위로 U_r과 U_t 단위로 파스칼(pascal)이나 psi 단위를 사용하기도 한다. 예로, 강철은 $S_y = 250$ MPa, $S_u = 400$ MPa, $\varepsilon_f = 0.3$, $E = 200$ MPa를 갖는다. 식 (2.18)과 (2.20)을 강철에 적용하면, $U_r = 156.25$ kPa이고 $U_t = 97.5$ MPa이다.

파괴 변형에너지는 크랙팁(crack tip)에서 크랙 커짐에 대응하는 정도를 나타내는 또 하나의 소재 특성이다. 응력강도(stress intensity)가 파괴 변형에너지에 이를 때, 갑자기 파단이 일어난다. 이 현상은 6.3절에서 설명한다.

예제 2.4 축하중을 받는 봉의 소재의 탄성에너지

가공공정에서 원형 단면의 강봉이 $U_{app} = 200$ in.·lb의 탄성 변형에너지를 받는다면 연구변형에 대한 안전율 $n = 2.5$에 대한 요구되는 항복강도를 결정하라.

주어진 값: $E = 30 \times 10^6$ psi, 지름 $d = 7/8$ in., $L = 4$ ft.

풀이

부재의 부피는

$$V = AL = \frac{\pi}{4}\left(\frac{7}{8}\right)^2 (4 \times 12) = 28.9 \text{ in.}^3$$

봉의 변형에너지는

$$U = nU_{app} = 2.5(200) = 500 \text{ in.·lb}$$

변형에너지 밀도는 500/28.9 = 17.3 lb/in.³.

식 (2.18)을 이용하면,

[그림 2.14]
예제 2.4. 인장하중을 받는 기둥 봉

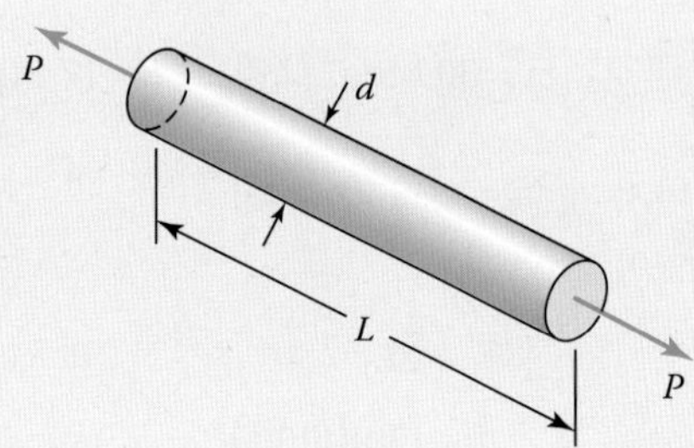

$$U_r = \frac{S_y^2}{2E}; \quad 17.3 = \frac{S_y^2}{2(30 \times 10^6)}$$

$$S_y = 32.2 \text{ ksi}$$

평가: 안전율은 에너지에 적용되고 응력에 적용되지 않는다.

예제 2.5 충격에 가장 효과적인 고무 베어링

그림 P2.10과 같은 진동 흡수장치가 천연고무(NR) 또는 인공고무(SR), 폴리우레탄(polyurethane) 고무 그리고 베어링 소재로 설계하였다.

구하는 값: 가장 효율적인 선택은 무엇인가?

가정: 탄성에너지는 이 평가에서 고려해야 하는 중요한 요소이다. 2.3절에서 언급된 것처럼 파괴시점에서 식 (2.18)에서 항복강도는 극한강도가 된다.

풀이

천연고무(NR). 표 B.10으로부터 천연고무의 탄성에너지 계수와 항복강도는 다음과 같다.

$$S_u = 28 \text{ MPa} \quad \text{그리고} \quad E = 4.6 \text{ MPa} = 0.0046 \text{ GPa}$$

식 (2.18)을 이용하면 탄성에너지 계수는 다음과 같다.

$$(U_r)_{NR} = \frac{S_u^2}{2E}$$

$$= \frac{(28)^2(10^{12})}{2(4.6)(10^6)} = 85.217(10^6) \text{ Pa} = 85.2 \text{ MPa}$$

폴리우레탄 고무. 표 B.10으로부터 극한강도와 탄성계수는 다음과 같다.

$$S_u = 30\text{ MPa} \quad \text{그리고} \quad E = 17\text{ MPa} = 0.017\text{ GPa}$$

식 (2.18)로부터 탄성에너지 계수는 다음과 같다.

$$(U_r)_{SR} = \frac{S_u^2}{2E}$$

$$= \frac{(30)^2\left(10^{12}\right)}{2(17)\left(10^6\right)} = 26.471\left(10^6\right)\text{ Pa} = 26.5\text{ MPa}$$

평가: 천연고무가 인공 폴리우레탄 고무의 3.2배의 탄성에너지 계수를 갖는다. 천연고무가 탄성적으로 가장 잘 늘어나고 유연하다. 따라서 이 문제에서 가장 좋은 선택이다.

2.9 동적 그리고 열적 효과

구조나 기계에 짧은 시간 동안 하중이 작용될 때 일반적으로 *충격하중*(impact load)이라 하고, 짧은 시간이란 최저 고유진동 주기의 1/3보다 작을 때를 의미한다. 그렇지 않고 적용되는 시간이 충분히 길 때 *정하중*(static load)이라 한다. 큰 망치로부터 가해지는 하중, 교각을 지날 때 기차로부터 다리에 가해지는 하중과 같이 빠른 속도로 이동하는 하중이 충격하중의 예이다. 기계가 작동할 때 충격하중은 상호 부품이 점진적으로 마모되어 공차가 증가함으로써 발생된다. 자동차의 축저널과 조향 기어의 마모에 의한 충격하중, 내연기관의 폭발 행정으로부터 발생하는 충격하중, 플라이휠과 같이 큰 가속도에 의한 관성하중이 충격하중의 예이다.

2.9.1 변형률의 변화율

동하중이 작용할 때, 응력과 변형률은 정하중 경우보다 훨씬 크다. 소재의 물리적 특성은 하중의 크기와 작용하는 속도에 영향을 받는다. 물체가 동하중을 받을 때 변형률 속도($d\varepsilon/dt$)와 강도는 증가한다. 여기서 ε와 t는 수직 변형률과 시간을 의미한다. 즉 하중의 속도가 빠르면 그림 2.15에서 보여준 것처럼 소재의 항복강도나 극한 강도는 커진다. 그러나 그림에서 커브는 늘어나는 양에 비해 거의 변화가 적은 것으로 나타난다. 연성은 유지된다. 변화율 속도가 10^{-1}에서 10^3 s^{-1}일 때, 항복강도는 크게 변한다.

2.9.2 연성-취성 변이(ductile-brittle transition)

이 절에서 소재가 연성에서 취성으로 변하고, 취성에서 연성으로 변하는 조건을 논의한다. 재료가 연성에서 취성으로 변이되는 문제는 운전 온도의 범위가 크거나 동하중의 변화율이 클 때 중요하게 응용된다. 응력을 집중시키는 그루브나 노치는 재료를 취성으로부터 연성으로 변이시키는 데 영향을 크

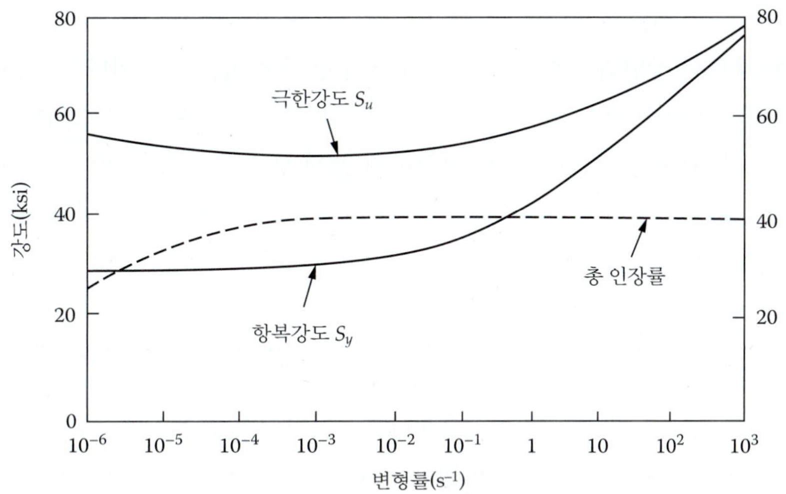

[그림 2.15]
상온에서 연강의 인장 특성에 대한 변형률 변화율의 영향

게 미친다. 천이온도(transition temperature)란 재료가 연성으로부터 취성으로 변화되는 온도를 의미한다[10]. 대부분의 철계금속은 천이온도가 잘 정의되어 있지만, 비철계금속은 그렇지 않다. 또한, 취성파괴로부터 연성파괴로 천이되는 온도의 범위도 소재에 따라 다르다.

그림 2.16a로부터 항복인장강도 S_y와 파괴인장강도 S_f는 금속 온도의 함수이다. 파괴강도는 온도가 높아질 때 단지 조금 감소함에 주의하라. 그림에서 온도에 대한 두 강도의 곡선의 교차점이 천이온도 T_t이다. 천이온도보다 높은 온도에서 강도는 점차적으로 낮아지고 항복강도에 의해 소재가 파괴되기 때문에 파괴강도가 적용되지 못할 것이다. 같은 방법으로 천이온도보다 낮은 온도에서는 파괴강도에서 파괴된다. 천이온도와 근접한 영역에서 재료는 부분적인 취성파괴에 앞서 항복상태를 보인다.

천이현상은 노치가 있는 시편과 없는 시편이 파괴될 때 필요한 에너지의 관점에서 자주 검사된다. 이 때의 에너지는 탄성에너지 보다 충격 변형에너지가 많이 사용된다. 천이온도는 충격 변형에너지가

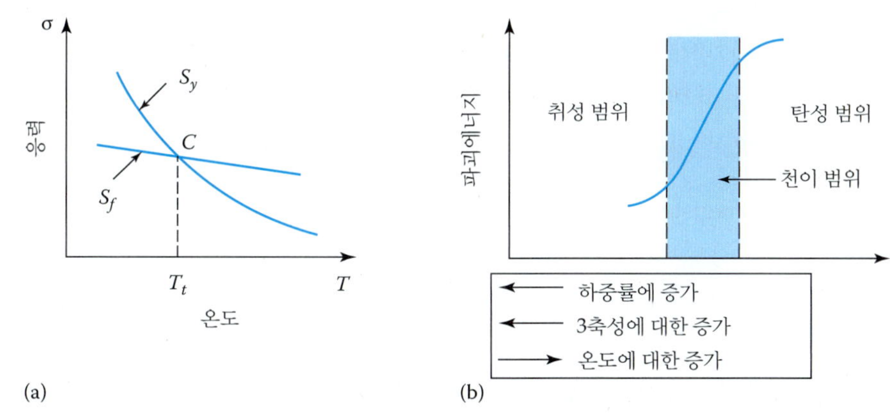

[그림 2.16]
전형적인 금속의 천이 곡선. (a) 온도에 따른 항복강도 S_y와 파괴강도 S_f의 변화 (b) 노치 주위의 응력, 하중률 효과와 충격인성에 대한 온도 효과

갑자기 감소하는 온도이다. 충격 변형에너지를 결정하기 위해 여러 가지 온도에서 노치가 있는 봉에 대한 샤르피 방법과 아이조드 방법의 굽힘 충격 시험이 적용된다. 두 시험에서 시편을 진동자를 일정 위치에서 낙하시켰을 때, 시편이 흡수한 에너지를 파괴된 후의 스윙의 높이로부터 계산한다. 노치주위의 응력상태는 3축 응력으로 일정하지 않게 분포됨에 주의해야 한다. 노치와 그루브는 시편을 적은 에너지로 파괴시킬 수 있고 천이온도를 상온까지 변화시킬 수 있기 때문에 대부분의 시험은 노치가 있는 시편으로 수행한다. 앞에서 언급된 것처럼 연성재료도 조건에 따라서 취성거동을 나타내고 그와 반대 현상도 발생함을 알 수 있다. 파괴강도에 의해 발생되는 파손과 항복강도에 의해 발생되는 파손의 구분에 대한 중요한 인자는 그림 2.16에서처럼 다음과 같이 요약될 수 있다.

1. *온도:* 온도가 높아져 천이온도(T_t)를 지나면 항복에 대한 저항은 파괴에 대한 저항보다 낮고($S_y < S_f$) 소재는 항복된다. 반면에 온도가 천이온도보다 낮아지면 시편은 항복하지 않고 파괴된다.
2. *하중률:* 하중이 적용되는 하중률이 증가하면, 항복의 저항력을 증가시킨다.
3. *3축성:* 노치 주위의 3축 응력상태의 천이 영향은 하중률의 영향과 비슷하다.

부가적으로, 다른 요인들도 연성재료가 파괴에 이를 때 영향을 미치고 취성재료에도 영향을 미친다. 이러한 요인으로 피로-상온에서 주기적으로 작용하는 하중(8.3절 참조), 크리프-고온에서 오랜시간 동안 작용하는 정하중, 풀림을 하지 않는 열처리의 담금질, 충분한 변형경화가 있다. 단조나 주조공정에서 발생되는 소재 내의 공동이나 미세 공동도 동일한 효과를 줄 것이다.

사례연구 2.1 타이타닉 선체의 파괴

타이타닉은 전문 공학인이 설계하였고, 최첨단 기술로 당시에는 대단한 장점을 적용하여 결코 침몰될 수 없을 것으로 생각했다. 당시에는 세계에서 가장 큰 여객 증기선 타이타닉은 영국의 사우샘프턴(southampton)에서 뉴욕으로 처녀 항해중 북대서양에서 빙하와 부딪혀서 1912년 4월 15일 침몰했고, 역사상 2223명이 탑승하여 1517명이 사망하는 역사상 전시가 아닌 사고로 가장 큰 해상사고로 기록되었다. 주목할 만한 희생자를 포함하여 거대한 인명 손실은 해상법을 개정하게 했고, 그 유명한 수중 난파선의 발견은 복잡한 문제에 지속적인 흥미를 불러 일으켰다. 타이타닉 호의 일반적 특성은 다음과 같다.

무게: 46,328 GRT(gross register tons)
길이: 269.1 m
높이: 53.3 m(keel to top of funnels)
깊이: 19.7 m
추진: 2개의 청동 3 블레이드 날개 프로펠러와 하나의 청동 4 블레이드 중앙 프로펠러
동력: 총 46,000 마력
2개의 4기통 증기 엔진에 공급하는 29개 해상용 보일러, 각각의 엔진은 날개 프로펠러에 15,000 마력을 공급함.

[그림 2.17]
타이타닉의 침몰 그림
(google.com의 자료)

중앙 프로펠러에 16,000 마력을 공급하는 저압 터빈
속도: 21 knots(39 km/h)
용량: 3547 여객과 선원(만 선적)

침몰에 대한 여러 가능성 가운데, 타이타닉의 건조과정을 많이 거론한다. 특히 배 선체의 품질에 관심을 갖는다. 초기에 역사가들은 빙하가 선체를 베어버린 것으로 생각했다. 빙하가 손상시킨 부분이 묻혀 있기 때문에, 탐사자들은 의문이 드는 지역을 *초음파 탐상기*(sonar)를 사용하여 조사하였다. 그들은 거대한 빙하로부터 선체가 좌굴을 일으켜서 25~38 mm 두께의 강판 사이로 물이 들어갔다고 생각했다. 선체 조각을 금속학적으로 분석하여 강이 *인성-취성 천이*온도의 높은 온도 상태에 있었고, 물이 어는 온도에서 아주 위험하고, 선체가 덴트로부터 발생하는 파괴에 매우 취약함을 발견했다.

선체는 당시에 가장 평범한 탄소강을 이용했는데, 현대 강에 비교해서 인과 황의 함량이 높고 망간의 함량이 낮음을 알 수 있었다. 높은 함량의 인은 파단을 일으키기 쉽고, 황은 황철을 형성하여 크랙이 커져가는 것을 쉽게 한다(특히 펀치 리벳 구멍에서). 그리고 망간의 부족은 강의 연성을 떨어뜨린다. 수거된 시편에 샤르피 V 노치 시험을 했을 때, 길이방향의 하중 조건에서는 섭씨 32도에서 그리고 횡방향 하중에서 섭씨 56도에서 연성-취성 천이를 일으켰고, 현대의 강은 천이 온도는 섭씨 영하 17도이다[8]

타이타닉은 섭씨 영하 2도의 바닷물 온도에서 항해를 하였기 때문에, 선체는 매우 취성을 갖고 있었다. 타이타닉의 강은 그렇게 낮은 온도에 적합하지 않았고, 침몰에 결정적으로 영향을 미쳤다.

평가: 1900년대 초기에 취성파괴에 의해 수많은 치명적인 정적 탱크의 파괴가 있었다. 여러 가지 환경 조건에서 부품의 연성-취성 변이온도는 설계에서 고려해야 할 중요한 요소이다.

2.10 경도

마모와 부식은 경도와 표면상태와 관계가 깊다. 경도(hardness)란 만입(indentation)과 긁힘(scratching)에 견디는 정도를 의미한다. 참조해야 하는 경도의 종류는 요구사항에 따라 다르다. 예를 들면, 기어, 캠, 레일, 차축은 만입에 대한 저항력이 커야 한다. 광물과 세라믹의 경우, 긁힘에 저항하는 정도로 경도를 측정한다. 일반적으로 공학에서 사용되는 *만입경도*(indentation hardness)를 이 절에서 간단히 언급한다.

경도시험은 설계자가 목적하는 재료의 선정 기준이 되는 중요한 방법 가운데 하나이다. 열처리된 부품의 균일성을 검사하기 위해 경도를 측정한다. 만입 경도시험으로는 브리넬, 로크웰, 비커스 방법이 있다. 쇼어 스클레로스코프(shore scleroscope) 경도시험도 간간이 사용된다. 이러한 비파괴 방법은 상대적 수치와 경도의 정도를 얻을 수 있고, 소재가 만입에 저항하는 정도를 측정할 수 있다.

2.10.1 브리넬 경도

브리넬 경도시험은 평판 시편에 구형 볼을 접촉시켜 압축하중을 가한 후, 하중을 제거하여 만입의 지름을 광학계로 측정하는 방법이다. 측정치는 하중을 만입의 면적으로 나누어 *브리넬 경도*(Bhn), H_B로 표현한다. 경도 수치는 ASTM의 표준표에 있다. 브리넬 경도(Brinell hardness)는 두께가 6.25 mm 이상인 소재에 주로 사용된다. 대체적으로 브리넬 경도 시험은 표면경화강의 경도 측정에는 적합하지 않지만, 다양한 재료의 경도를 측정하는 데 사용된다. 소재가 강할수록 만입은 적기 때문에 브리넬 수치는 크다.

2.10.2 로크웰 경도

로크웰 시험은 *브레일*(brale)이라고 하는 강철 볼이나 다이아몬드 원뿔의 인덴터를 소재에 압입한 후 하중을 제거하고, 최대 하중과 만입 깊이 비 값을 구한다. 만입 깊이는 다이얼 게이지로 측정한다. 로크웰 시험은 재료에 대한 인덴터의 크기, 하중의 변화에 따라 여러 등급의 경도 데이터를 제공한다. R_B와 R_C의 두 가지 등급은 연강과 동합금과 같은 연금속과 열처리된 합금강과 경화강에 각각 적용된다. 표준시험에서 시편의 두께는 압입지름의 10배 이상이어야 한다.

로크웰 경도(Rockwell hardness) 시험은 측정하기 쉬우며 가장 연한 베어링 재료부터 가장 강한 강에 이르기까지 금속과 합금의 경도를 측정하는 데 널리 사용된다. 아크릴류, 아세테이트류, 페놀류와 같은 플라스틱에도 사용된다. 계측이 쉽기 때문에 광학적으로 측정할 필요는 없다. 일상적 측정으로는 의자 모양으로 된 로크웰 기기를 사용한다.

2.10.3 비커스 경도

비커스 경도(Vickers hardness) 시험은 브리넬 경도 시험과 유사하지만, 인덴터가 136도 꼭지각을 이룬 4면의 다이아몬드 피라미드인 점이 다르다. 비커스 경도(H_V)는 압력하중 대 사각압입 면적의 비로 표현된다. 비커스 경도 시험은 강하고 얇은 재료의 경도 측정에 유리하다.

2.10.4 쇼어 스클레로스코프

쇼어 스클레로스코프(shore scleroscope) 시험은 시편에 일정한 높이로부터 낙하되도록 구성된 작은 다이아몬드의 지시기나 망치를 사용한다. 튀는 높이를 측정하여 경도를 측정하기 때문에 쉽게 신속히 적용할 수 있지만 결과는 측정기기의 원리에 따라 많이 차이가 나기 때문에 신뢰성이 떨어진다. 연한 플라스틱이나 나무 펠트의 경도가 스클레로스코프로 측정된다.

2.10.5 경도와 인장 극한강도의 관계

그림 2.18로부터 강의 인장강도와 브리넬, 로크웰 B, C의 상관관계를 볼 수 있다. R_B와 R_C의 곡선은 비선형이고 근사값이다. 그러나 브리넬 경도는 강의 극한강도와 선형관계이다.

$$S_u = 500H_B \text{ psi} \tag{2.22}$$

그림에서 거의 직선에 의해 표현되고 있다. 냉간 압연강이 아니고 응력이 풀린 강의 항복 인장강도는

$$S_y = 1.05S_u - 30,000 \text{ psi} \tag{2.23}$$

로 표현된다. 식 (2.22)를 적용하면

$$S_y = 525H_B - 30,000 \text{ psi} \tag{2.24}$$

이 된다. 식 (2.22)로부터 식 (2.24)의 공식은 정확한 값이 아닌 어림값으로 정확한 변형 경화를 구하기 어려울 때만 사용된다.

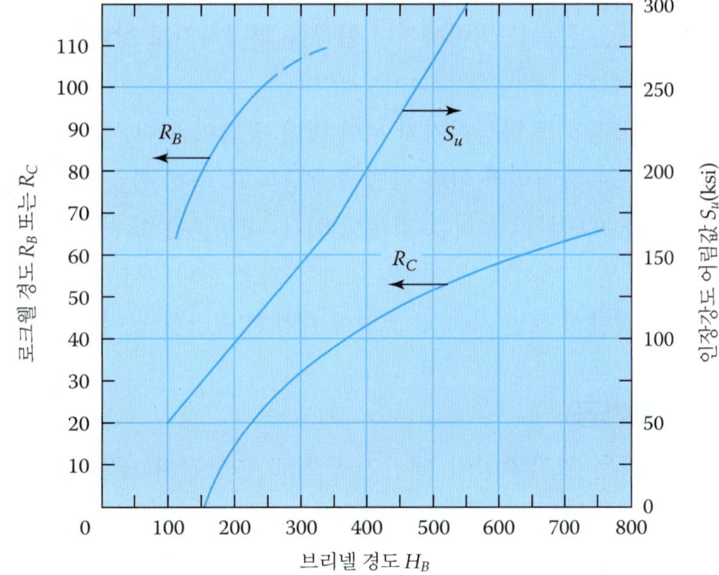

[그림 2.18]
인장하중에 대한 강의 항복강도와 경도의 관계

예제 2.6 경도로부터 강의 강도 구하기

미국철강협회(AISI: American Iron and Steel Institute)에서 제시한 열처리된 4140 강은 경도가 17 Bhn(Brinell hardness numer)이다. 극한강도와 항복강도를 결정하라.

가정: 극한강도와 경도의 관계식은 아주 정확하다.

풀이

식 (2.22)를 적용하면 극한강도는 다음과 같다.

$$\begin{aligned} S_U &= 500H_B \text{ psi} \\ &= 500(217) = 108{,}500 \text{ psi} = 108.5 \text{ ksi} \end{aligned}$$

같은 방법으로, 식 (2.24)에 의해 계산된 항복강도는 다음과 같다.

$$S_y = 525(217) - 30{,}000 \text{ psi} = 83,\, 925 \text{ psi} = 83.9 \text{ ksi}$$

평가: 고려하고 있는 소재의 실험 결과를 적용하여 앞의 식은 수정될 수 있다.

2.11 금속의 강도와 경도를 향상시키는 공정

두 개 이상의 금속 성분으로 구성되는 재료는 *합금*(alloy)이라 하고, 성분의 하나는 기본 금속이다. 기본 금속에 합금 성분을 소량 첨가하여 금속의 물리적 또는 기계적 특성을 변화시킨다. 예로, 첨가되는 합금의 성분에 따라, 철은 주철이 되거나 강이 된다. *금속*(metal)이라는 용어는 일반적으로 포괄적 의미로 사용되고, 단순 금속을 의미하거나 합금을 의미하기도 한다. 우리도 다른 특별한 언급이 없다면 그런 의미로 사용한다.

금속의 경도나 강도를 향상시키기 위한 많은 방법이 있다. 성분을 변화시키거나 합금을 조성하거나 기계적 처리 또는 열처리가 이런 방법에 해당되고, 특히 합금에 대해서는 다음 절에서 이야기한다. 여러 가지 코팅과 표면처리를 하는 경우도 있다. 대부분은 표면 경도나 내마모성을 향상시키기 위해 코팅을 하지만 일부는 부식을 방지하기 위해 코팅을 한다. 우리는 여기서 기계적 공정과 열처리 공정을 검토한다. 이 절에서 표면 처리 및 코팅에 대해서 언급할 것이다.

2.11.1 기계적 가공

기계적 경화처리는 열간가공과 냉간가공으로 구성된다. 금속은 *재결정온도*(recrystallization temperature)로 알려진 어떤 온도 이상에서 금속의 형상이 변화된다. 이 온도 이하에서의 기계적 가공을 냉간가공이라 한 반면, 이 온도 이상에서의 기계적 가공을 열간가공이라 한다. 열간가공은 금속을 건실하게 하고 구성 입자를 치밀하고 균일하게 한다. 그러나 일반적으로 냉간가공은 표면에 잔류 응력을 발생시키기 때문에, 열간가공을 한 금속의 기계적 특성과는 아주 다르다.

2.11.1.1 냉간가공

냉간가공(cold working)은 변형 경화라고 하고, 2.3절에서 언급된 것처럼 일반적으로 상온에서 금속을 가공하는 공정이다. 냉간가공을 하면, 경도, 항복응력은 증가하는 반면, 인성(toughness)과 연성은 떨어진다. 풀림의 열처리를 하면 인성과 연성은 회복된다. 냉간가공은 열처리될 수 없는 저탄소강의 경도를 향상시키기 위해 사용된다. 냉간압연, 인발, 선삭, 연삭, 다듬질은 대표적인 냉간가공법이다. 이미 언급된 것처럼 재료를 가공하고 날카로운 공구로 자르기가 용이함을 가공성이라 한다.

대부분 일반적이고 쉬운 냉간가공처리는 쇼트피닝(shot peening)이다. 스프링, 기어, 축, 커넥팅 로드 등 많은 기계요소에 널리 사용되고 있다. 쇼트피닝이란, 철이나 강이 회전휠이나 공압 노즐로부터 분출되어 고속으로 표면에 부딪치기 때문에 표면이 압축되고, 평면을 변형시킨다. 압축영역에서 피로 크랙이 발생하거나 성장하지 않은 것으로 알려져 있기 때문에 쇼트피닝은 모든 부재의 피로수명을 증가시키는 것으로 알려져 있다(8.1절). 약 1400 Mpa의 매우 높은 강도를 갖는 강으로 제작된 스프링과 같은 부품에는 특히 이롭다. 쇼트피닝은 또한 터빈 로터나 브레이드가 응력에 의해 부식되어 파손될 가능성을 줄인다.

2.11.1.2 열간가공

열간가공(hot working)은 변형경화를 적게 하지만 냉간가공으로 야기되는 연성과 인성의 손실을 발생시키지 않는다. 그러나 동일합금이 냉간가공되었을 때보다 열간가공된 금속은 연성을 크게 하고, 강도를 떨어뜨리고, 표면이 거칠다. 롤링, 단조, 열간 압출, 열간 프레싱은 열간가공 공정의 예이고, 금속을 충분히 가열하여 성형하기 쉬운 상태에서 가공한다. 가열된 금속을 연속적으로 망치질하여 최종 모양을 형성한다. 실제적으로 어떤 금속도 전조될 수 있다. 압출은 주로 비철금속에 적용되고 강 금형이 일반적으로 사용된다.

2.11.2 열처리

열처리(heat treatment) 공정은 금속에 제한적인 열을 가한 후 냉각시키는 공정으로 특별히 적합한 특성을 얻기 위하여 적용하는 어려운 공정이다. 예를 들어 열처리를 하여 금속을 강하게 하고, 경화시키고, 내제된 응력을 풀고, 표면을 경화시킬 뿐 아니라 냉간가공된 부품을 연화시키거나 가공성을 향상시킨다. 노의 최대 온도가 유지되도록 오랫동안 충분히 가열하여 입자를 치밀하게 한다. 또한 냉각 공정도 노에서 진행된다. 다음의 정의는 일반적 열처리 용어이다[1, 2].

급랭(quenching): 상승된 온도로부터 금속을 급속히 냉각시키는 것으로 오일이나 물과 같은 적절한 냉각재에 금속을 넣거나 뿌려서 경도를 증가시킨다. 그림 2.15는 급랭한 연강의 응력-변형률 곡선

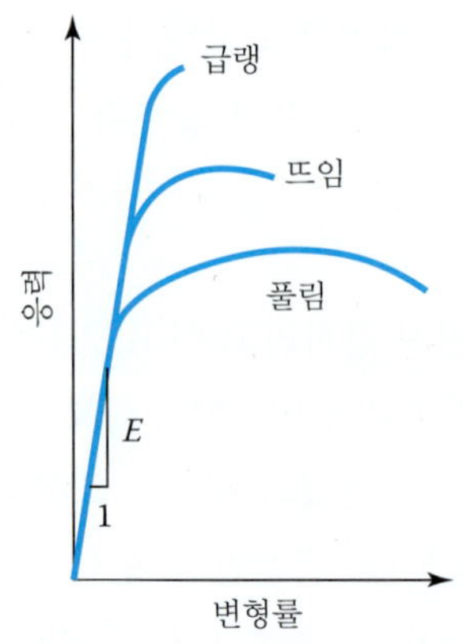

[그림 2.19]
풀림, 급랭, 뜨임에 대한 강의 응력-변형률 선도

을 나타낸다.

뜨임(tempering or drawing): 응력을 제거하고 열을 가하여 연화시킨 후 급랭시키는 공정이다. 그림 2.19는 뜨임 후의 연강에 대한 응력-변형률 곡선을 나타낸다.

풀림(annealing): 열을 가하여 천천히 냉각시켜 연화시키고 연성을 향상시키는 데 사용된다. 즉 풀림 공정을 함으로써 부품이 가공 전의 응력-변형률 선도로 회복되게 한다(그림 2.19).

불림(normalizing): 풀림보다 약간 높은 온도로 가열되는 것 외에는 풀림공정과 같다. 풀림공정을 거친 것보다 약간 더 강하고 경한 특성을 보인다.

표면경화와 침탄처리(case hardening or carburizing): 금속의 내부보다 표면층을 강하게 하는 것으로 표면에 탄소 성분을 증가시키는 공정이다. 적절한 방법에 의한 표면경화는 여러 가지로 유용하게 적용된다. 또한 유용한 경화공정으로 침탄처리, 질화처리, 청화처리, 유도경화, 화염경화가 있다. 유도경화공정은 금속이 유도코일에 의해서 급속히 가열되어 오일로 급랭시킨다.

완전경화(through harding): 0.35~0.50%의 충분한 고탄소 성분을 갖는 금속이 원하는 물리적 특성을 얻기 위해 급랭하되 적절한 온도에서 압출된다. 합금강은 열을 가할 때 보통의 탄소강보다 강하고 좋은 상태를 갖는다. 열처리된 높은 표면강도와 경도는 연성을 저하시킨다.

2.11.3 코팅

코팅(coatings)은 부품의 표면 또는 일반적으로 언급되는 서브스트레이트(substrate)에 씌우는(covering) 것이다. 다양한 금속과 비금속 표면 코팅이 금속 소재에 적용된다. 앞서 언급된 것처럼 주로 표면 경도, 마모강도, 긁힘강도(scratch resistance)를 향상시킨다. 많은 경우에, 코팅은 치수와 물리적 특성을 달라지게 한다. 실용적인 예로, 고정자(fasteners)를 도금하거나 자동차 부품에 크롬 도금을 하면 부식 내구성을 떨어뜨리고, 피스톤 링에 크롬 도금을 하면 마모 내구성을 향상시킨다. 여기서 도금(plating)은 금속의 얇은 코팅을 의미한다.

코팅은 프린팅 공정을 포함하여 완성된 가공품과 반도체 디바이스(device)의 조립에 필수적인 과정이다. 프린팅이나 코팅 공정은 종이, 섬유 그리고 포일(foil)과 같은 서브스트레이트에 박막을 입히는 것이다. 대부분의 코팅은 구멍이 많은 구조이기 때문에 의도하지 않게 크랙 성장(crack growth)을 일으키고, 소재의 피로 강도를 떨어뜨린다. 그러므로, 피로하중이 적용되는 요소에는 코팅을 해서는 안된다. 코팅은 또한 높은 온도에서 진행되기 때문에 부품의 표면에 인장 잔류응력을 남긴다. 코팅은 고체, 유체 또는 기체 상태로 적용된다. 보호 목적의 많은 화학적 코팅은 널리 사용되고 있다.

2.11.3.1 아연도금

아연도금(galvanization) 공정은 녹이 스는 것을 방지하기 위해 서로 다른 금속 표면에 보호 금속 코팅을 하는 것을 포함한다. *갈바닉 작용*(galvanic action)은 전기화학적으로 일어난다. 강과 회주철과 같은 금속의 결합은 갈바닉 작용에 매우 안전하다. 반면에, 알루미늄과 구리와 같은 금속의 결합은 습한 환경에서 부식이 아주 심하다. 아연(zinc) 코팅은 흔히 부식을 방지하기 위해 철계금속에 아연 도금하는 것을 의미한다.

2.11.3.2 전기도금

전기도금(electroplating) 공정은 갈바닉 작용을 일으키는 것이다. 도금이 되는 부분이 음극이고, 도금하는 소재는 양극이다. 이 두 금속을 전해조라고 하는 용액에 넣고, 직류가 양극에서 음극으로 흐르도록 한다. 도금의 이온과 원자가 용액으로 이동해서 얇은 코팅으로 부품을 덮는다. 그래서 전기도금을 하면 소재 위에 얇은 층이 형성되어서 표면에 마멸과 마모의 내구성, 부식보호 그리고 아름다움과 같은 원하는 특성을 얻을 수 있다. 전기도금은 또 부품을 더 두껍게 하는 데 응용되기도 한다. 비전기적 도금은 명칭이 의미하듯이, 전류 없이 부품에 금속을 코팅시키는 것을 의미한다. 이 목적으로 아연이 가장 흔히 사용된다.

2.11.3.3 산화피막

산화피막(anodizing) 공정은 부품의 표면에 산화층으로 두께를 증가시키는 데 사용된다. 부식과 마모 내구성을 향상시키는 데 아주 좋지만, 상대적으로 비싸다. 이 공정은 금속 그 자체가 갖고 있는 것보다 아교와 일차 도료에 훨씬 좋은 접착성을 갖게 한다. 얇은 산화막(anodic) 코팅이나 *산화막 층*(anodic film)은 알루미늄 합금을 보호하는 데 일반적으로 사용된다. 알루미늄 산화물은 매우 단단하고 마멸 내구성이 좋다. 타이타늄(titanium), 아연 그리고 마그네슘(magnesium) 또한 산화피막시킬 수 있다. 그러나 철이나 탄소강에는 유용하지 않다. 산화피막은 보통 페이팅과 금속도금에 비해 강하고 접착성이 우수하다.

2.12 금속의 일반적 물질 상수

다양한 철계, 비철계 금속이 있다(표 2.1). 이 절은 일반적 정보를 독자들에게 제공함으로써 금속합금을 선정하는 데 도움을 주고자 한다. 부록 B는 앞서 언급한 재료의 일반적인 기계적 특성을 기술하였다.

2.12.1 철과 강

철(iron)은 순철로는 거의 사용되지 않는 금속이다. 철에 다른 성분을 첨가함으로써 본질적으로 철의 특성을 변화시켜, 다양한 주철이나 단철이나 단강이 된다. 주물금형의 형태에 따라 주철이 되거나 주강이 된다. 단철이나 다양한 단강을 제작하기 위해서 적절한 크기의 형상으로 주조되어 봉, 관, 평판, 구조재, 못, 전선 등으로 열간 압연된다. 단철은 인성이 크고 용접이 용이하며, 단강 또한 쉽게 용접될 수 있다. 강은 수축량이 크기 때문에 주조가 어렵다. 주조물은 충격저항에 있어서 연철물보다 일반적으로 약하다.

2.12.2 주철

주철(cast iron)은 약 2% 탄소를 함유한 철합금이다. 주철은 계열을 이루고 있는 재료이다. 탄소의 함유량이 높은 주철은 취성이 강하고 연성이 작기 때문에 냉간가공될 수 없다. 인장강도는 약한 반면 압축강도는 매우 높다. 황동 용접봉은 용접이 용이하지 않은 주철에 널리 사용된다. 주철의 성분은 표 2.2에 있다.

동, 실리콘, 망간, 인, 황과 같은 첨가물과 열처리에 따라 주철의 특성은 많이 달라진다. 주철합금은 기어장치, 금형, 열차의 브레이크슈, 압연롤, 엔진의 크랭크축, 캠축, 실린더블록 등에 사용된다. 주철은 저렴하고, 주조하기 쉬우며, 가공이 용이함과 더불어 내마모성이 크고 진동 흡수력이 크다.

주물의 물리적 특성이 응고 기간의 냉각 속도에 완전히 영향을 받기 때문에 주철의 종류는 다양하다. 회주철은 가장 많이 사용되는 주철이기 때문에 일반적으로 주철이라 함은 회주철을 의미한다. 다른 주철의 종류로는 가단(malleable) 주철, 구상흑연(nodular) 주철이 있다. 구상흑연 주철은 회주철보다 많이 수축되지만 용융점이 주강보다 낮다. 마하나이트 주철은 특수한 주철로 칼슘과 실리콘을 첨가하여 특허로 인증된 공정에 의해 제작된다. 실제로 주철은 극한강도를 기준으로 분류된다. ASTM 분류체계에 따르면 주철의 분류 번호는 최소 극한강도를 의미한다. ASTM No. 30 주철은 최소 극한인장강도가 30 ksi(210 MPa)임을 의미한다. 주철의 평균 물성치와 최소 극한강도를 각각 표 B.1과 B.2에서 볼 수 있다.

〈표 2.2〉 회주철 성분

탄소	2.00%–4.00%
실리콘	0.50%–3.00%
망간	0.20%–1.00%
인	0.05%–0.80%
황	0.04%–0.15%
철	나머지

〈표 2.3〉 보통 탄소강의 그룹별 용도

종류	탄소 함량(%)	사용 범위
저탄소	0.03–0.25	판, 박판, 구조 요소
중탄소	0.30–0.55	기계 요소, 크레인 훅
고탄소	0.60–1.40	스프링, 공구, 절단기

2.12.3 강

강(steels)은 2%이하의 탄소를 함유한 철계 합금이다. 추가적 첨가물은 강의 경화를 완화시킨다. 그럼에도 탄소의 함량이 철의 최대 경도를 결정한다. 강은 기계 제작에 널리 사용되고 보통강, 합금강, 고강도강, 주강, 스테인리스강, 공구강, 특수용도강으로 분류된다.

2.12.3.1 보통강

보통강(plain carbon steels)은 보통 주첨가물로 1% 이하의 탄소를 함유한다. 탄소의 함유량을 변화시킴으로써 강도나 경도는 크게 변화되고, 열처리에 의해 특성을 더욱 향상시킬 수 있다. 보통강은 다른 강보다도 많이 생산되기 때문에 가장 비싸지 않는 강이다. 표 2.3은 탄소함유량에 따른 강의 일반적 용도를 요약하였다. 저탄소강 또는 연강은 구조강이라고도 하고 연성이 크기 때문에 쉽게 원하는 형상으로 가공할 수 있다. 용접해도 잘 깨지지 않는다. 내마모성이 강한 표면이 요구되면 표면경화처리를 할 수 있다. 열처리 가능한 강이 되기 위해서는 0.3% 이상의 탄소를 함유해야 하기 때문에 중탄소강이나 고탄소강은 재료의 특성을 향상시키기 위해서 열처리를 할 수 있다.

2.12.3.2 합금강

기본 탄소강에 합금을 첨가시키는 것은 합금이 강의 특성에 미치는 여러 가지 효과 때문이다. 주요 이유로는 강이 쉽게 경화되도록 하는 것이다. 합금을 첨가함으로써 탄소 함유량에 의해 결정되는 잠재적 경도와 강도가 열처리에 의해 지나치게 변화되지 않도록 한다. 탄소강에 적절한 합금이 있으면 급랭시키는 동안에 빠른 속도로 금속 조직의 변화가 일어나고, 냉각의 효과가 훨씬 깊이 침투하고, 강화된 부품의 영역이 크게 된다.

일반적인 합금은 탄소 외에 마그네슘, 몰리브덴, 크롬, 바나듐, 니켈이 하나 하나 독립적으로 또는 혼합물로 첨가된다. 강에 첨가된 니켈은 내충격성을 증가시키고, 크롬은 내마모성과 내부식성을 증가시킨다. 다양한 탄소합금강이 기계나 구조 제작에 활용된다.

2.12.3.3 스테인리스 강

스테인리스 강(strainless steels)은 내부식성이 요구되고 내열성이 요구되는 제품에 널리 사용된다. 스테인리스 강은 기본 합금으로 칼슘을 12% 이상 함유하고 크게 세 가지, 즉 오스테나이트계(18% 칼슘, 8% 니켈), 페라이트계(17% 크롬), 마르텐사이트계(12% 크롬)로 구분된다. 특히 오스테나이트계 스테인리스 강은 유약다듬질로 광택을 낼 수 있다. 여러 가지 단강에 대한 기계적 특성을 표 B.5에서 볼 수 있다.

2.12.3.4 강의 분류 체계

강에 대해 여러 가지 분류 체계가 사용되고 있고, 미국자동차협회와 미국철강협회, 미국재료표준협회는 각각 강에 함유된 합금과 탄소 함유량으로 정의하기 위해 강을 가장 단순하게 규정하기 위한 코드를 고안하였다. 공통적 체계를 간단히 설명하면 다음과 같다.

미국철강협회와 미국자동차협회의 분류 체계는 4자리 숫자를 사용하는데 처음 두 자리는 주요 합금을 나타내고, 끝 두 자리는 탄소 함유량을 의미하고 백분율의 100배로 표현된다. 미국철강협회는 제조공정(강에 대해서 *A* 또는 *C*)을 4자리 숫자 앞에 덧붙인다. 예를 들어,

AISI C1020(SAE 1020) 강

에서 기본숫자 10은 보통강을 나타내고 20은 0.2% 탄소를 함유함을 의미한다. 같은 방법으로,

AISI A3140(SAE 3140) 강

에서 31은 니켈과 크롬의 합금을 의미하고, 0.4% 탄소를 함유한 강이다. 처음 두 자리는 체계적인 수가 아님을 알 수 있다.

미국재료표준협회 분류 체계는 극한강도를 기준으로 한다. 사용된 규정은 ASTM-A27과 같이 표현되는데 일반 용도의 중저강도의 주강을 의미하고, A148은 구조용의 고강도 주강을 의미한다. 표 B.1과 표 14.2로부터 ASTM 체계로 표현되는 몇 개의 강에 대한 평균 재료상수를 볼 수 있다. ASTM 체계로 표현된 강의 항복강도와 극한강도는 표 2.4[9]에서 볼 수 있고, *Q*와 *T*는 급랭처리된 강과 풀림처리된 강을 각각 의미한다. ASTM-A36은 건물과 교량에 광범위하게 사용되는 범용 탄소강이고, ASTM-A572는 고강도 저합금 함유강이고, A588은 내부식성이 높고 저강도 합금강을 나타내며, A514는 급랭처리와 풀림처리를 한 합금강이다. 각각의 강에 대한 모든 정보는 ASTM 규격으로부터 얻을 수 있다.

〈표 2.4〉 ASTM 분류 체계에 의한 구조강의 강도

		S_y		S_u		최대 두께	
강의 종류	**ASTM No.**	**MPa**	**(ksi)**	**MPa**	**(ksi)**	**mm**	**(in.)**
탄소	A36	248	(36)	400	(58)	200	(8)
저탄소 합금강	A572	290	(42)	414	(60)	150	(6)
스테인리스	A588	345	(50)	480	(65)	100	(4)
뜨임과 급랭처리된 합금 (또는 합금 Q&T)	A514	690	(100)	758	(110)	62.5	(2.5)

미국재료표준협회와 미국철강협회, 미국자동차협회는 금속과 합금에 대해 통일된 분류 체계(UNS: Unified Numbering System)를 개발하였고, 다른 재료 규정에도 상호교차 번호를 표시하도록 하였다. UNS는 재료의 종류를 나타내는 접두문자를 사용한다(예를 들어, G는 탄소합금강). 탄소합금강에 대한 기계적 상수는 표 B.3과 B.4에서 볼 수 있다. AISI, ASE, ASTM, UNS의 목록은 계속해서 수정되기 때문에 최근의 재료편람을 참조할 필요가 있다. 우리는 강에 대해서 주로 AISI/SAE의 표현을 주로 사용한다.

2.12.4 알루미늄과 동합금

알루미늄(aluminum)은 전도도, 열전달, 빛의 반사율이 우수하기 때문에 다양한 용도로 사용될 수 있는 재료이다. 무게에 비하여 고강도(고강도 알루미늄은 연강의 강도와 비슷함)이기 때문에 항공기, 미사일, 열차 등을 설계하는 데 중요하게 고려될 수 있다. 알루미늄은 산화피막이 형성되기 때문에 대부분의 부식 환경에 강한 특성을 가지고 있다. 또한 알루미늄 합금은 가볍기 때문에 광범위하게 적용될 수 있다. 알루미늄은 형상가공, 압출, 방적, 스탬프, 용접, 브레이징에 용이하다.

많은 알루미늄합금은 주조나 단조가 가능하다. 알루미늄 주물용 합금은 3자리 숫자로, 단조용 합금은 4자리 숫자로 표현되고, 롤링, 압출로 제작된다. 실리콘 합금은 주로 주물용으로 사용된다. 단조용 알루미늄 합금은 대부분 동과 실리콘-마그네슘을 함유하고 있다. 알루미늄 합금의 기계적 특성과 차이점을 표 B.6에서 볼 수 있다. 알루미늄 합금의 뜨임처리가 강도, 경도, 연성을 결정하는 주요 인자이다. 뜨임 표기는 압연, 인발, 압출과 같은 냉간가공에 의해 관례적으로 규정되고 있다. 다른 합금도 적합한 열처리를 함으로써 재료 특성을 상당히 향상시킬 수 있다.

동합금(copper alloys)은 연성이 매우 큰 금속이다. 동은 스핀공정, 스탬프공정, 압연공정에 의하여 판재로 가공되거나 와이어나 얇은 관으로 제작된다. 전기적 전도도, 열적 전도도, 내부식성은 높지만 무게 대비 강도가 상대적으로 낮고, 전기, 전화, 석유, 발전 산업에 광범위하게 적용되고 있다. 잘 알려진 동합금은 황동과 청동이다. 황동은 동과 아연 합금이고 청동의 주성분은 동과 주석이다. 황동과 청동은 주물용과 단조용으로 사용된다. 아연의 함량이 증가하면 황동의 강도는 증가한다. 황동은 내부식성이 동과 같으나 청동은 동이나 황동에 비해 상대적으로 내부식성이 높다.

다이캐스팅 제품은 용해된 합금을 금속 주형이나 금형에 고압으로 주입하여 형성되고, 황동이 사용되기도 하지만, 일반적으로 아연과 알루미늄과 마그네슘의 합금이 사용된다. 다이캐스팅 공정은 매우 얇은 부분을 가지고 있는 복잡한 형상의 부품 제작에 상대적으로 유리하다. 동과 동합금은 납땜, 용접, 브레이징으로 접합될 수 있고 냉간가공에 의해 부착강도를 높게 할 수 있지만 열처리될 수는 없다. 아주 작은 양의 성분을 첨가하여 동합금의 기계적 성질을 크게 향상시킬 수 있고, 가공성도 만족할 만한 수준이다.

2.13 비금속의 일반적 특성

플라스틱과 세라믹 복합소재(표 2.1)는 공학적으로 매우 관심이 높은 비금속 소재이다. 플라스틱은 성장하고 있는 방대한 합성화학의 한 분야이다. 때때로 최적 소재는 특성이 아주 다른 소재를 조합하거나 복합소재에 의해 얻어질 수 있다. 세라믹은 경도, 내열성, 취성이 강한 소재이다. 여기서 우리는 이러한 소재의 일반적 특성을 간단히 논의하고자 한다.

2.13.1 플라스틱

플라스틱(plastics)은 *폴리머*(polymer)로 알려진 합성소재로 수천 가지의 종류가 있고, 구조용으로 사용이 증가하고 있다. 표 2.5로부터 플라스틱 소재는 크게 열가소성과 열경화성으로 분류되는 것을 알 수 있다. 기계적 특성은 취성이 강한 재료부터 연성이 강한 소재까지 대단히 다양하다. 플라스틱 소재를 사용할 때 주의할 점은 재료 특성이 온도에 민감하고 시간이 경과함에 따라 변한다는 것이다.

열가소성(thermoplastic) 재료는 열이 가해지면 용융되거나 강도가 약해지고 냉각되면 경화되는 현상이 반복될 수 있다. 열가소성 *탄성중합체*(elastomer)로 알려진 고탄성 유연 특성을 가지고 있

〈표 2.5〉 플라스틱 재료

화학적 분류	상품명
열가소성 재료	
아세탈	Delrin, Celcon
아크릴	Lucite, Plexiglas
아세틸 셀룰로오스	Fibestos, Plastacele
니트로 셀룰로오스	Celluloid, Nitron
에틸 셀룰로오스	Gering, Ethocel
폴리아미드	Nylon, Zytel
폴리카보네이트	Lexan, Merlon
폴리에틸렌	Polythene, Alathon
폴리스티렌	Cerex, Lustrex
폴리테트라플루오로에틸렌	Teflon
아세트산 비닐수지	Gelva, Elvacet
폴리비닐 알코올	Elvanol, Resistoflex
폴리염화비닐	PVC, Boltaron
폴리염화비닐리덴	Saran
열경화성 재료	
에폭시	Araldite, Oxiron
페놀-포름알데히드	Bakelite, Catalin
페놀-푸르푸랄	Durite
폴리에스테르	Beckosol, Glyptal
우레아 포름말데히드	Beetle, Plaskon

다. 고무밴드는 우리가 쉽게 접할 수 있는 *탄성중합체*이고, *탄성중합체* 제품으로는 벨트, 호스, 개스킷(gasket), 실(seal), 기계 받침대(mount), 진동 댐퍼 등이 있다. 열경화성 플라스틱은 열이 가해지는 동안 화학적 분자구조가 영구적으로 변형되어 용해되지 않는다. 열가소성 재료는 열과 압력을 가하면 여러 가지 형상으로 쉽게 변형되는 반면, 열경화성 플라스틱은 기계적 가공에 의해서만 형상이 변형될 수 있다.

고무(rubber)는 흔한 탄성체이다. 벨트, 호스, 개스킷, 실, 기계 받침대 그리고 진동 댐퍼(damper)는 탄성체를 응용한 것이다. 천연고무는 식물로부터 채취되는 유액(latex), 우윳빛 교상체(milky colloid)로부터 추출된다. 정제된 천연고무는 화학적으로 폴리이소프렌(polyisoprene)이고, 인공적으로도 생산할 수 있다. 또한 응력이완 내구성을 가지고 있고, 저가이나 단점은 기름에 약하다. 인공고무(SR)는 화학공정으로 생산된 고무로, 천연고무와 아주 유사한 특성이 있다. 여러 가지 적용에 적합하도록 화학적 특성과 기계적 특성을 가질 수 있도록 많은 종류의 인공고무가 생산되고 있다.

저온에서 인장응력-변형률 선도를 살펴보면, 질산 셀룰로오스(cellulose nitrate)와 같은 플라스틱은 온도가 낮아짐에 따라 극한강도, 항복강도, 탄성계수는 증가한 것으로 나타난다. 응력-변형률 선도의 변화는 금속의 경우도 비슷한 현상을 볼 수 있다(2.7절). 일부 플라스틱 재료는 온도가 낮아짐에 따라 충격인성도 상당히 감소하는 것을 볼 수 있다. 일정 하중을 받고 있는 플라스틱은 시간이 경과하면 점차적으로 늘어나서 더 이상 사용될 수 없게 된다. 나일론의 무게대비 강도는 구조강과 유사함은 대단히 흥미로운 것이다. 플라스틱의 주요한 이점은 앞에서 언급된 것처럼 가공이 용이하다는 것이다. 대부분의 플라스틱은 주형에 주입하여 복잡한 형상으로 제작된다. 대 탄성변위가 가능하기 때문에 부품이 서로 순간적으로 맞물리도록 설계할 수 있고, 조립이 빠르고 경제적이다. 또한 많은 플라스틱은 저가이고 화학적 부식과 마모에 대단히 강하다.

섬유보강재(fiber reinforcement)는 강성, 경도, 강도, 환경 조건에 대한 저항력을 향상시키고, 플라스틱의 수축을 억제한다. 섬유강화 플라스틱은 일반 플라스틱에 비해 강도가 2배 이상 향상된다. 탄소강화 플라스틱은 강도가 더욱 더 향상되어 10~40%의 탄소를 함유한 신소재는 인장응력이 약 280 MPa에 이른다. 강화 플라스틱(reinforced plastic)은 무게 대비 고강도이기 때문에 기계나 구조의 무게를 줄이고자 하는 곳에 사용이 증가하고 있다. 표 B.1과 B.8을 보면 플라스틱으로부터 얻을 수 있는 재료의 특성 범위는 대단히 넓다.

2.13.2 세라믹과 유리

세라믹(ceramics)은 금속과 산화물, 질산염, 카바이드와 같은 비금속 요소의 복합체이다. 일반적으로 실리카와 그래파이트 세라믹이 많이 사용되고 있다. 새로 개발된 세라믹은 *테크니컬 세라믹*(technical ceramics)으로 불리고, 주요 기능 부품으로 많이 사용되고 있다. 유리(glasses) 세라믹은 전기, 전자, 실험실 용품 등 용도가 다양하다. 세라믹은 경도가 높고 취성이 강하고, 압축강도는 인장강도의 약 15배 정도로 대단히 높고 인장강도는 낮다. 고온에 강하고, 내부식성 및 전기적 절연성이 우수하기 때문에 기존에 금속이 적용되고 있는 기계 요소나 구조재를 세라믹으로 대체하고자 하는 시도가 계속해서 진행되고 있다.

2.13.3 복합소재

이미 언급된 것처럼 복합소재(composites)는 두 개 이상의 독립 요소로 구성되고, 고강도 보강재가 주재료에 삽입된 구조를 갖는다. 단일 소재에 비해 상대적으로 무게 대비 고강도의 특성을 갖고 다른 우수한 특성도 가지고 있다. 여러 가지 구성요소의 요구조건을 극대화하기 위하여 서로 다른 소재를 조합해서 적용해야 하는 경우가 많다. 예로, 그래파이트 에폭시는 그래파이트로부터 높은 강도를 얻으며 에폭시는 그래파이트가 산화되는 것을 방지하고 인성을 크게 한다. 이 책에서는 강화 콘크리트 보, 다층부재와 같은 등방성 복합소재와 가는 섬유를 감아서 제작된 이방성 복합소재 실린더(filament-wound anisotropic composite cylinder)에 대해 논의한다.

2.13.3.1 섬유강화 복합소재

2.2절에 소개된 바와 같이 소재의 특성이 방향에 따라 달라지는 것이 이방성이다. 널리 사용되고 있는 이방성 소재인 유리섬유 강화 복합소재(fiber-reinforced composite materials)에 대해 간단히 논의한다. 전형적인 예로 고압용기, 우주선, 선박과 항공기의 방풍유리(wind shield), 그 외 구조물과 기계의 요소가 있다. 복합소재의 이론과 응용에 관련된 논문에 광범위하고 실질적인 정보가 있다([10] 참조). 약한 소재나 매트릭스(matrix)를 강화시키기 위해 강하고 단단한 소재를 확고하게 고정시켜서 섬유강화 복합소재를 제작한다. 탄소, 유리, 폴리머(polymer), 그래파이트(graphite) 그리고 몇몇의 금속들이 섬유로 사용되는 소재인 반면, 매트릭스로 여러 가지 합성수지(resin)가 적용된다(예, 유리섬유/에폭시 로켓 모터 케이스). 그림 2.20은 두 가지의 전형적인 섬유강화 복합소재의 단면을 보여준다. 섬유강화 복합소재를 강하게 하고 단단하게 하기 위해서 섬유길이는 중요한 변수이다. 예를 들어, 섬유길이는 1 mm이고 지름이 20~150배인 섬유는 많은 유리와 탄소섬유 강화 복합소재에 적용된다.

라미나(lamina)로 불리는 복합소재의 층(layer)은 매트릭스 속에 심어진 많은 섬유로 구성된다. 그래서 래미네이트(laminate)는 임의 방향으로 접착된 섬유층 또는 라미나로 구성되어 있다. 각 층은 서로 다른 두께, 서로 다른 섬유 방향 그리고 이방성 특성을 가지고 있다. 몇몇의 층은 상대적으로 30, 45, 60도로 엇갈리도록 한다. 이렇게 함으로써 하중에 대해 래미네이트의 강도를 증가시킬 수 있다. 일반

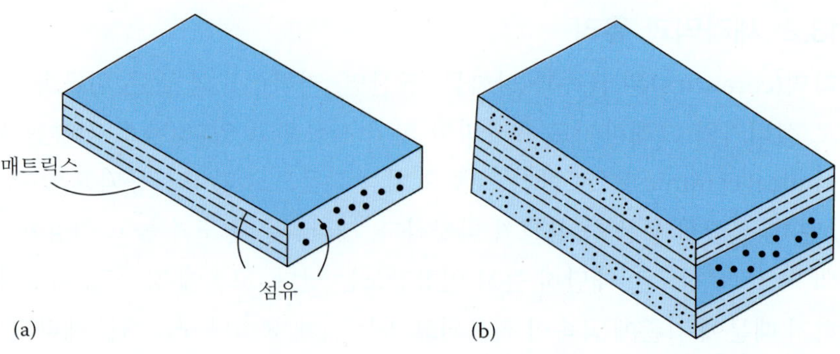

[그림 2.20]
섬유강화 소재. (a) 단일층 (b) 세 개의 교차층

적으로, 복합소재는 3층으로 된 직교 이방성의 소재로 구성되어 있다. 그림 2.20b는 *직교판*(cross-ply) 래미네이트를 묘사한 것으로, 중간층의 섬유와 두 개의 외층의 섬유가 축방향과 측방향이다.

2.14 소재 선정

소재를 선정하는 것은 기계설계에서 매우 중요하다. 각 소재는 기계구성 요소에 부과된 명세 요구조건에 따라 신중히 선택되어야만 한다. 이러한 구성요소는 여러 가지 환경에서 작동하기 때문이다. 구성요소에 선호된 소재는 운전의 종류나 목적과 파손의 형태에 따라 달라진다. 강도나 강성은 소재를 선정(selecting materials)함에 본질적인 인자이다. 그렇지만, 기능적 관점과 경제적 관점이 소재를 선정하는 데에는 가장 중요하게 작용한다.

2.14.1 강도와 밀도의 차트

특수한 용도의 소재를 선택하는 데 소재의 공통적인 특성으로는 충분하지 않다. 오히려 하나의 특성 조합 또는 몇 가지의 특성 조합을 필요로 한다. 중요한 특성 조합은 강성(stiffness) 대 밀도($E-\rho$), 강도(strength) 대 밀도($S-\rho$) 그리고 강성대 강도($E-S$)가 있다. 소재 선택에 그 외 여러 가지 조합이 유용하다. 그러나 앞서 언급된 조합은 기계요소를 설계하는 데 일차적으로 고려되어야 한다.

이 절에서 애쉬비(Ashby) 소재 선택 차트[3] 중 하나를 간단히 논의한다. 이 그래프들은 엔지니어를 교육하는 데 매우 유용한 자료이다. 애쉬비 차트가 주는 정보는 일차 계산을 위한 것이지 최종 설계 해석이 아님을 분명히 해야 한다. 선택된 소재의 일반 특성은 실험적 증명과 시험을 거쳐 최종 설계에 적용되어야 한다. 부록 B의 표 B.9는 소재 선택 차트에서 사용하고 있는 약자와 형태를 설명한다.

그림 2.21은 많은 소재에 대해 강도(S) 대 밀도(ρ)를 표현하고 있다. 개략적인 강도 값은 (1) 금속과 폴리머는 *항복강도*, (2) 세라믹과 유리는 *압축강도*, (3) 복합소재는 *인장강도* 그리고 (4) 탄성체(elastomer)는 *티어강도*(tear strength)를 나타낸다. 점선으로 둘러싸인 영역은 취성 소재이다. 안내선(guide line)의 상수는

$$\frac{S}{\rho}=C,\quad \frac{S^{2/3}}{\rho}=C,\quad \frac{S^{1/2}}{\rho}=C$$

가 사용되었고, 그림에서 보인 것처럼 인장 요소, 보와 축, 평판의 최소 무게 설계에 각각 사용된다.

선정된 안내선에서 가장 멀리 떨어진(위 또는 왼쪽) 소재가 우수한다. 다시 말해서, 무게 대비 강도가 우수한 소재가 왼쪽 위에 위치해 있다. 그래프에서 보면 고강도 특성의 강과 유사한 무게 대비 강도를 갖는 목재를 볼 수 있고, 그 목재는 대부분의 다른 금속보다 우수함을 볼 수 있다. 이러한 이유로, 목재는 건물 건축에 선호되는 소재이다.

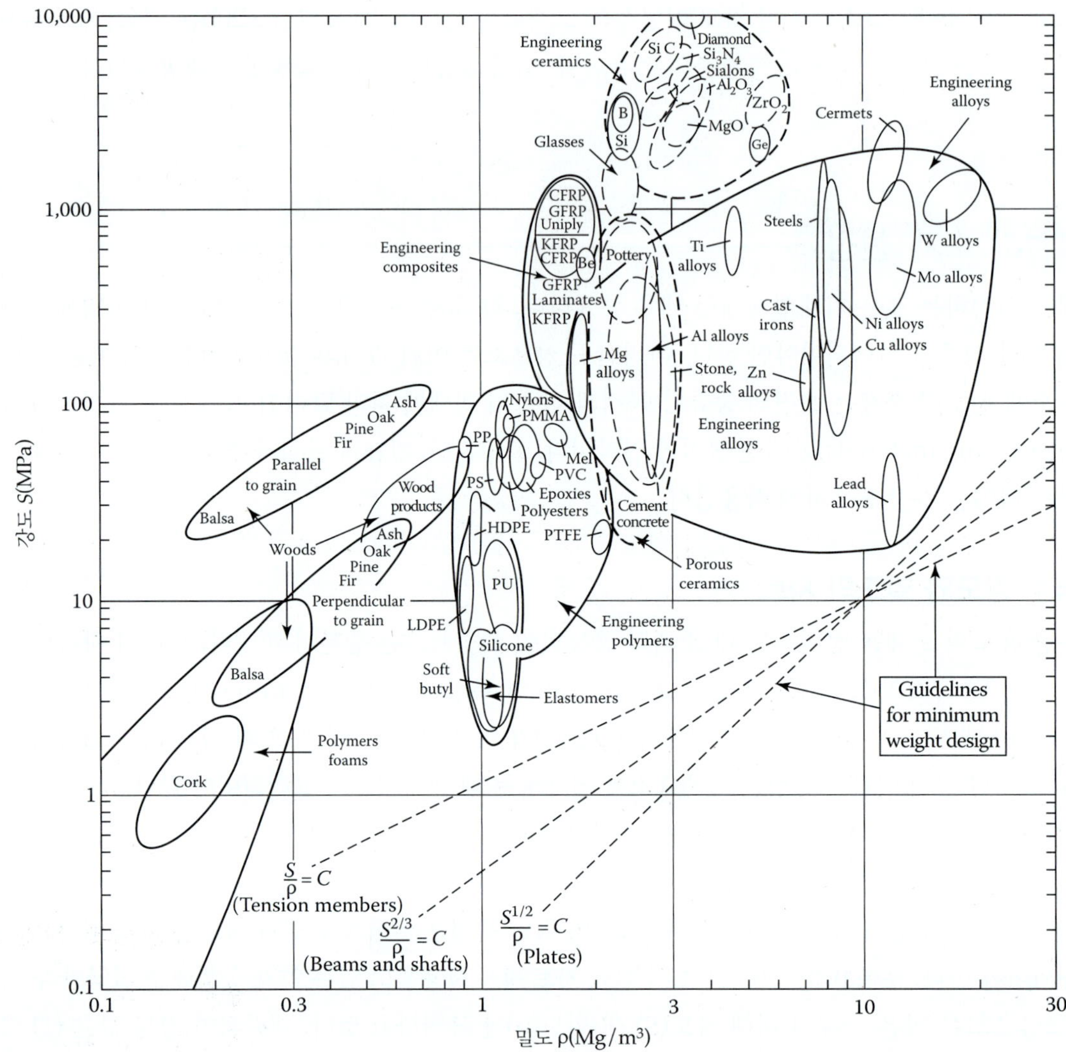

[그림 2.21]

공업 재료에 대한 강도 대 밀도. 유사등급에 대한 데이터 범위(From AShby, M. J., Material Selection in Mechanical Design, 4th ed., Butterworth Heinemann, Oxford, U.K., 2011.)

예제 2.7 낚싯대 소재 선택

낚싯대는 점점 가늘어지는 튜브(tapered tube)로 제작된다. 주어진 무게로 가능한 강한 대를 제작할 수 있는 소재를 선택하라.

가정: 소재는 일차 설계의 목적으로 임시로 선정한다.

풀이

그림 2.21에서 주어진 밀도에 가장 강한 소재는 다이아몬드, 실리콘 카바이드(silicon carbide) 그리고 다른 세라믹이다.

평가: 낚싯대로 위의 소재를 사용하는 것은 비싸고 실용적이지 않다. 그래서 밀도가 1.5 mg/m³이고 강도가 800~1000 MPa인 탄소섬유 강화 플라스틱이나 유리섬유 강화 플라스틱을 선택한다.

연습문제

2.1절~2.7절

2.1 게이지 길이 L, 지름 d인 봉이 인장시험기에서 비례한도까지 하중이 가해졌다. 세로방향의 수직변형률을 측정하기 위해 봉의 표면에 스트레인 게이지를 부착하였다. 축방향 하중 P를 가하면 봉은 $12(10^{-3})$ in. 늘어나고 봉의 지름은 $0.24(10^{-3})$ in. 줄었다. 비례한도, 탄성계수, 푸아송비, 수축된 단면적, 인장률을 구하라.

주어진 값: $d = 0.5$ in., $L = 8$ in., $P = 4$ kips.

2.2 지름 ⅛ in., 길이 18.5 ft이고 항복강도 $S_y = 50$ ksi인 강선이 500 lb 인장하중을 받을 때 0.3 in. 늘어났다. 탄성계수 E를 계산하라.

2.3 그림 P2.3과 같은 판봉 ASTM-A243 고강도 강 시편에 인장시험을 수행하였다. 어느 순간 하중 P가 작용하고, 측정표시(gauage mark)가 ΔL만큼 늘어나고, 봉의 너비 w_o는 Δw만큼 감소하였다. 다음을 구하라.

a. 축방향 변형률과 축방향 응력

b. 탄성계수

c. 초기 너비로부터 감소량 Δw와 초기 두께로부터 감소량 Δt

주어진 값: $L_o = 2.5$ in., $\Delta L = 0.00331$ in., $t_o = 0.24$ in, $w_o = 0.5$ in, $P = 4.8$ kips, $\nu = 0.3$.

[그림 P2.3]

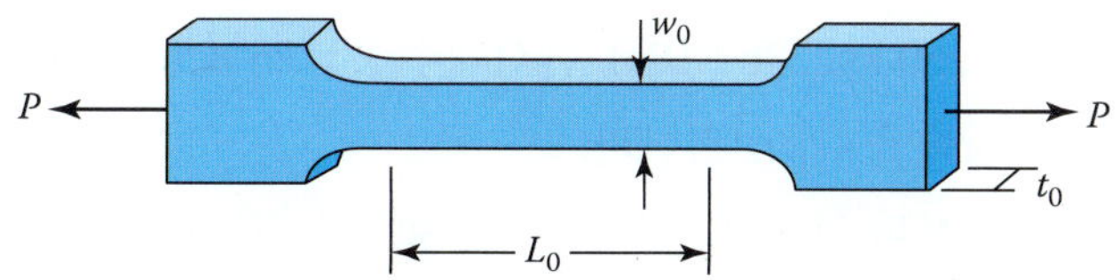

2.4 5 mm 지름의 황동 봉이 축방향 힘 P에 의해 늘어날 때, 지름은 1.5 mm 감소하였다. 하중 P의 크기를 계산하라.

주어진 값: $E = 105$ GPa, $S_y = 250$ MPa, $\nu = 0.34$(표 B.1 참조).

2.5 15 mm × 15 mm의 정사각형 $ABCD$가 하중을 받은 후에 그림 P2.5와 같이 마름모로 변형되었다. 다음을 결정하라.

a. (종)탄성계수

b. 푸아송비

c. 횡탄성계수

[그림 P2.5]

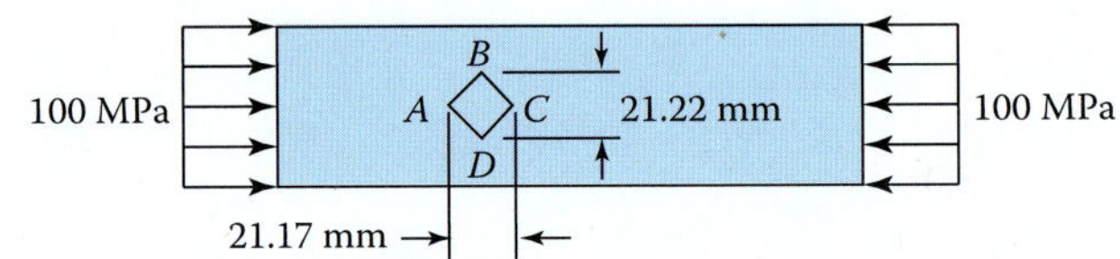

2.6 어떤 소재의 봉이 균일한 3축 응력을 받고 있다. 최대 푸아송비를 결정하라.

2.7 폭 a, 깊이 b, 길이 L인 직사각형 블록이 그림 P2.7과 같이 인장하중 P를 받은 후에 치수 b와 L이 각각 1.999 in.와 10.02 in.로 변화되었다. 다음을 계산하라.

a. 푸아송비

b. 탄성계수

c. a의 최종 치수

d. 횡탄성계수

주어진 값: $a = 3$ in., $b = 2$ in., $L = 10$ in., $P = 100$ kips.

[그림 P2.7]

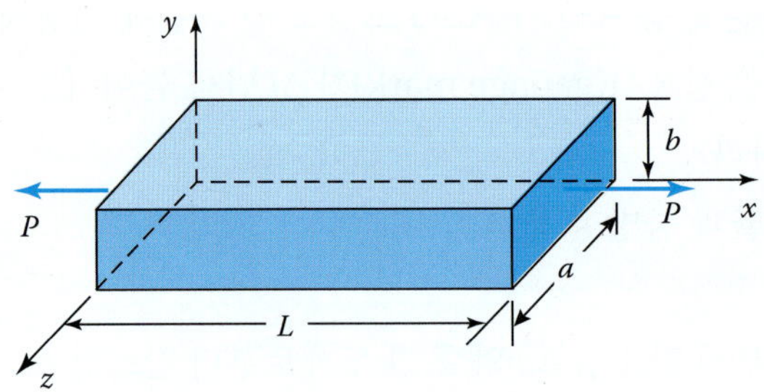

2.W www.matweb.com에서 재료 특성 데이터베이스를 찾고 다음 조건에 맞는 재료를 선정하라.

a. 인장강도 $S_y < 50$ ksi(345 MPa), 탄성계수 $E > 26 \times 10^6$ psi(179 GPa)이고, 브리넬 경도가 $H_B < 200$인 금속을 4개 선정하라.

b. 인장률이 15%보다 크고, $E > 28 \times 10^6$ psi(193 GPa)이고, 푸아송비 $\nu < 0.32$인 금속을 3개 선정하라.

c. $E > 30 \times 10^6$ psi(207 GPa)이고 압축극한강도가 $S_{uc} = 200$ ksi(1378 MPa)인 합금 하나를 선정하라.

2.8 그림 P2.7과 같이 블록이 축방향 하중 P를 받고 있다. 축방향 변형률을 계산하라.

주어진 값: $p = 25$ kN, $a = 20$ mm, $b = 10$ mm, $L = 100$ mm, $E = 70$ GPa, $\nu = 0.3$.

가정: 블록은 y방향과 z방향으로 수축하지 않는다.

2.9 그림 P2.9처럼 알루미늄 합금 2014-T6 정사각형 평판의 길이와 두께가 각각 a와 t이다. 수직응력 σ_x와 σ_z를 받고 있을 때 다음의 변화량을 구하라.

a. 길이 AB

b. 평판의 두께

c. 평판의 부피

주어진 값: $a = 320$ mm, $t = 15$ mm, $\sigma_x = 80$ MPa, $\sigma_z = 140$ MPa, $E = 72$ GPa, $\nu = 0.3$(표 B.1 참조).

[그림 P2.9]

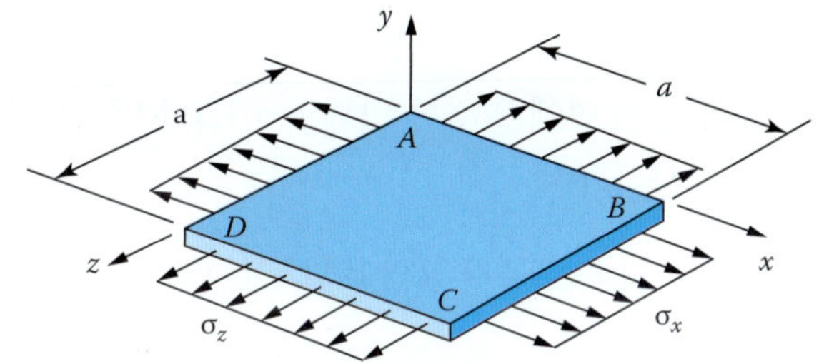

2.10 그림 P2.10처럼 진동 댐퍼가 철봉에 가해진 힘 F에 의해 철재 원통 안에 있는 지름 d의 고무 원통이 압축된다. 고무와 철재 원통 사이에 다음과 같이 표현된 측압력 p를 d, F 그리고 푸아송비 ν로 유도하라.

$$p = \frac{4\nu F}{\pi d^2(1-\nu)} \tag{P2.10}$$

다음 데이터에 대해 p를 계산하라. $d = 2.5$ in, $\nu = 0.5$, $F = 2$ kips.

가정: 고무와 원통 사이의 마찰과 봉과 원통 사이의 마찰은 무시한다. 원통과 봉은 변형되지 않는다.

[그림 P2.10]

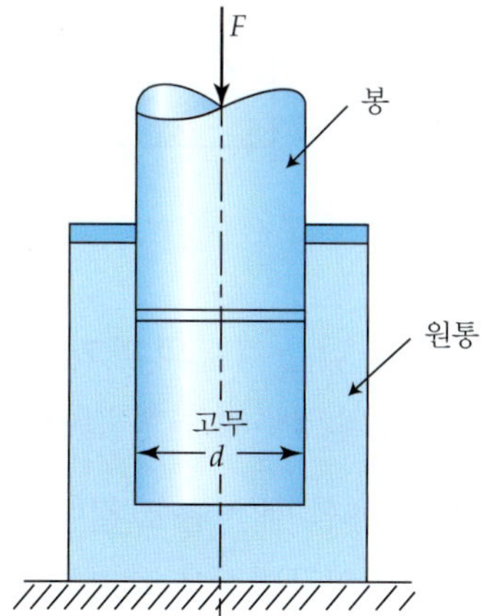

2.11 그림 P2.11과 같은 청동 블록($E = 100$ GPa, $\nu = 1/3$)에 일정한 응력 σ_x, σ_y, σ_z이 가해진다. 하중을 받은 후 블록의 치수를 구하라.

주어진 값: 하중 받기 전 값 $L = 100$ mm, $a = 50$ mm, $b = 10$ mm.

$$\sigma_x = 150 \text{ MPa}, \ \sigma_y = -90 \text{ MPa}, \ \text{and} \ \sigma_z = 0.$$

[그림 P2.11]

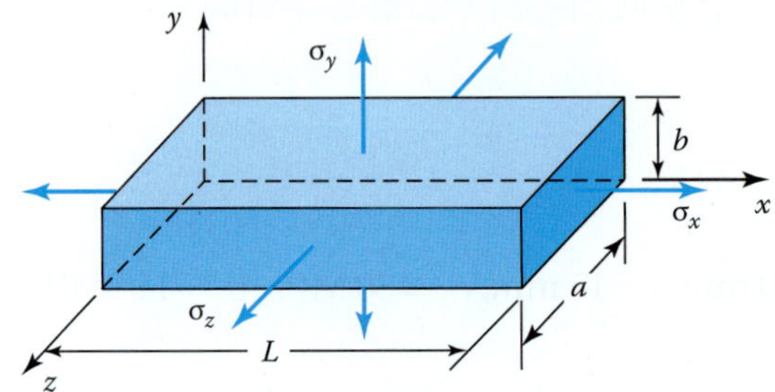

2.12 문제 2.11에서 블록의 모든 면에 일정한 압력 $p = 120$ MPa를 받는다고 가정하고 하중에 의해 변형된 치수를 다시 계산하라.

2.13 반지름 r인 ASTM A-48 회주철 구가 그림 P2.13처럼 균일압력 p를 받고 있다. 다음을 구하라.

a. 구의 원주의 감소량

b. 구의 부피 감소량(ΔV)

주어진 값: $r = 5$ in., $p = 24$ ksi, $E = 10 \times 10^6$ psi, $\nu = 0.25$(표 B.1 참조).

주석: 구의 부피는 $V_o = 4\pi r^3/3$.

[그림 P2.13]

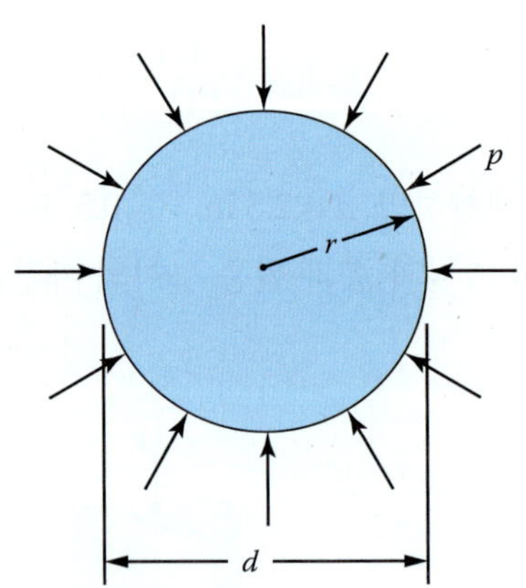

2.8절~2.14절

2.14 그림 2.3b의 응력-변형률 선도를 갖는 강봉의 파괴에너지계수에 대한 근사값을 결정하라. 게이지 길이를 50 mm로 할 때, 강봉의 영구적 변형 길이를 구하라.

2.15 그림 P2.15와 같이 축하중이 작용할 때 지름 d, 길이 L인 6061-T6 알루미늄 합금 봉이 9 Joule의 변형에너지를 흡수할 수 있도록 영구변형을 고려한 안전율 n을 결정하라.

[그림 P2.15]

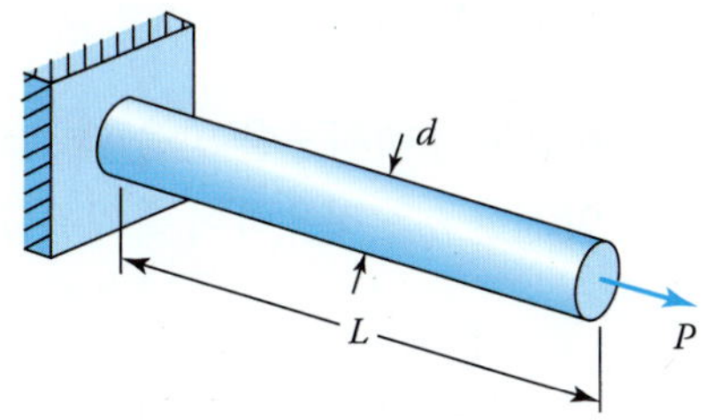

주어진 값: $d = 5$ mm, $L = 3$ m.

2.16 다음 두 가지 등급에 대한 강의 탄성에너지 계수를 계산하라(표 B.1 참조).

a. ASTM-A242

b. 냉간압연 스테인리스 강(302)

2.17 다음 두 소재에 대한 탄성에너지 계수를 계산하라(표 B.1 참조).

a. 알루미늄 합금 2014-T6

b. 풀림처리된 황동

2.18 마그네슘 합금의 제작된 봉의 응력-변형률 선도가 그림 P2.18과 같을 때 다음의 값을 추정하라.

a. 탄성에너지 계수(modulus of resilieuce)

b. 파괴에너지 계수(modulus of toughness)

[그림 P2.18]

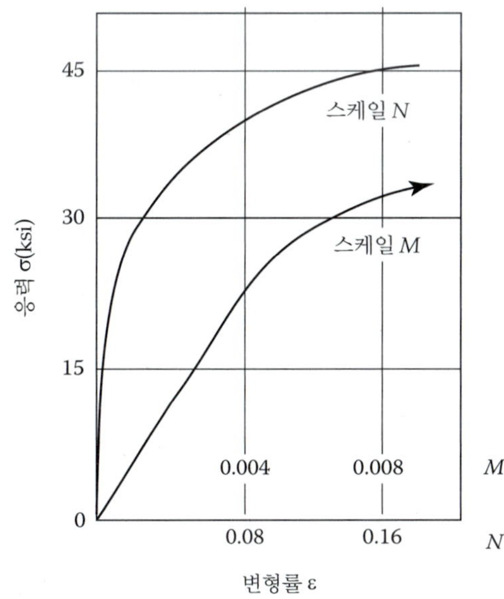

2.19 측면길이 a와 길이 L인 사각 강 기계 요소가 축방향의 에너지 하중 400 N · m를 받고 있다. 다음을 계산하라.

a. 요구되는 강의 항복강도

b. 강에 대응되는 탄성에너지 계수

주어진 값: $a = 50$ mm, $L = 1.5$ m, 항복에 대한 안전율 $n = 1.5$ 그리고 $G = 200$ GPa.

2.20 지름 d, 길이 L인 ASTM-A36 강봉이 축하중을 받을 때 변형에너지 $U_{app} = 150$ in.·lb를 흡수할 수 있도록 영구변형에 대한 안전율 n을 적용하여 축지름 d를 계산하라.

주어진 값: $L = 8$ ft, $n = 5$.

2.21 구조강 봉의 응력-변형률 선도가 그림 P2.21과 같다. 다음을 계산하라.

a. 탄성에너지 계수

b. 파괴에너지 계수 어림값

[그림 P2.21]

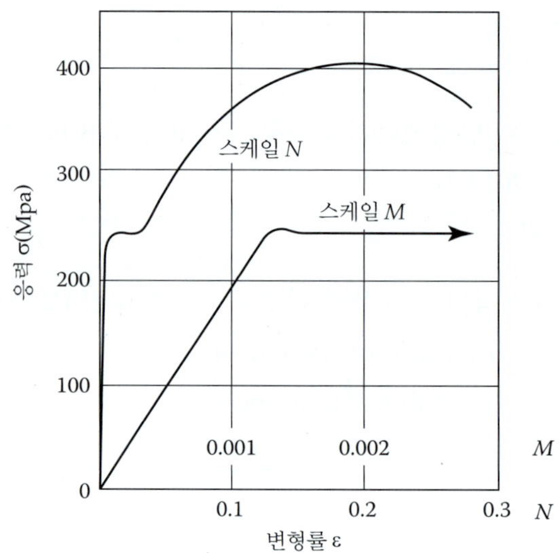

2.22 탄성계수가 $E = 210$ GPa이고 길이가 L인 50 mm 사각봉이 축방향 에너지 하중 150 N·m를 받고 있다. 안전율 $n = 1.8$에 대해 다음을 구하라.

a. 요구된 강의 비례한도

b. 대응되는 강의 탄성에너지 계수

2.23 AISI 1030 강 기계요소를 149 Bhn으로 담금질(normalize)하였다. 2.10절의 관계식을 이용하여 요소의 S_u와 S_y의 값을 결정하라.

2.24 AISI 1060 강 부품을 179 Bhn으로 담금질하였다. 2.10절의 관계식을 이용하여 부품의 S_u와 S_y의 값을 계산하라.

2.25 AISI 4130 강 요소를 156 Bhn으로 담금질하였다. 2.10절의 관계식을 이용하여 요소의 S_u와 S_y의 값을 추정하라.

2.26 AISI 1095 강 구성요소를 293 Bhn으로 담금질하였다. 2.10절의 관계식을 이용하여 구성 요소의 S_u와 S_y의 값을 계산하라.

CHAPTER 03

응력과 변형률

3.1 서론

이 장에서는 독자들에게 응력과 변형률에 대한 내용 복습뿐만 아니라 해석에 대한 통찰력을 제공한다. 기계적 요소에 포함된 응력과 변형률에 대한 표현을, 요소들의 기능과 일반적인 기하학적 특성을 조사한 후, 본문 전체에 걸쳐 주제별로 알아보도록 하자. 3.13~3.17절을 제외하고, 나머지 장에서는 재료역학적 접근법을 사용하는데, 변형 패턴에 관련된 가정을 단순화하여 부재의 횡단면적에 대한 변형률의 분포를 결정하였다. 기본적인 가정은 평면은 평면으로 유지된다는 것이다. 이 가정은 축방향 하중을 받는 균일단면 탄성 봉, 원형 비틀림을 받는 부재 그리고 단순히 굽힘만을 받는 가늘고 긴 보, 판재, 셸 등에 적용된다. 이 가정은 다른 응력해석 문제에서도 유사하게 사용된다. 그러나 알아두어야 할 점은, 가늘고 긴 부재에 임의의 하중을 가했을 때, 응력과 변위에 대한 재료역학적 기본 공식을 적용한다면 복잡한 수식 없이도 유용한 결과치를 도출할 수 있다는 점이다.

이 책에서는 균질, 등방성의 봉, 축과 보의 응력과 변형률을 결정하는 데 있어서 재료역학 과정의 지식이면 충분히 분석이 가능하다 판단한다. 3.2절에서 3.8절까지 우리는 유도에 사용되는 기본 가정들을 토대로 기초적인 공식들을 소개하였다. 다음으로, 부재 표면의 한 점에 대한 응력과 변형률의 변환을 다루었다. 이 때 부재에 가해진 기본적인 하중의 여러 가지 조합과 응력집중으로 인하여 발생한 응력에 주의를 기울였다. 또한 그 절에서는 응력과 변형률의 상태에 대한 토론의 결론을 제공한다.

여기에 표시된 처리의 경우, 지지물의 복잡한 응력패턴이나 집중하중의 위치에 관한 연구는 포함되지 않았다. 세인트 베난트의 원리(1.4절)에 따르면, 실제 응력분포는 부재의 구속된 부근이나 내부에 기하학적 불연속이 있는 경우를 빼면 재료역학의 공식에서 주어진 것과 거의 유사하다. 더 이상의 상세한 기술에 대해서는 참고문헌 1-3에 적혀 있는 고체역학과 탄성론에 관한 책을 참고하기 바란다.

[그림 3.1]
(a) 인장력을 받는 균일단면 기둥
(b) 고립된 부분의 자유물체도

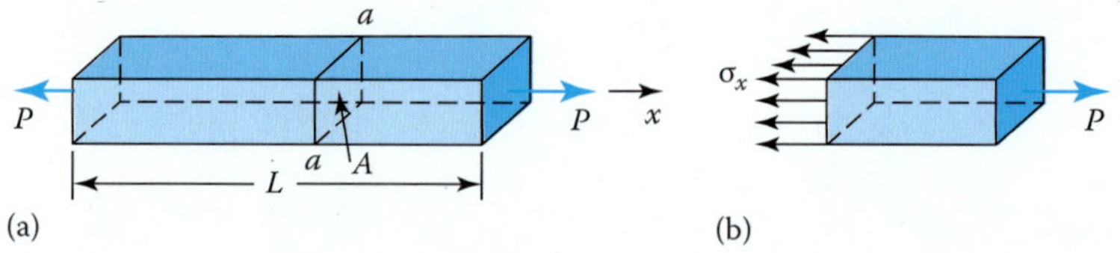

3.2 축하중을 받는 부재의 응력

축하중을 받는 부재란 직선축을 가졌으며 축방향의 힘(인장 또는 압축)만을 지탱하고 있는 직선축을 가진 구조적, 기계적 요소들을 말한다. 그림 3.1a는 균질의 균일단면 기둥의 끝단에 인장력 P가 가해지는 형상을 보여준다. 수직응력을 구하기 위해서는 x축과 수직인 가상의 절단(a-a 단면)을 생각하자. 고립된 형상의 자유물체도를 나타낸 것이 그림 3.1b에 표시되어 있다. 여기서 응력은 제거된 부분의 효과를 대신하여 나타내기 위하여 절단면에 표시하였다.

횡단면의 축방향 응력이 균일한 분포를 가지고 총합이 축방향 힘과 평형을 이루고 있다면, 식 (1.5)의 첫번째 식에서 주장하는 바와 같이 $P = \int \sigma_x dA$ 또는 $P = A\sigma_x$이다. 그러므로 수직응력은 다음과 같다.

$$\sigma_x = \frac{P}{A} \tag{3.1}$$

여기서 A는 봉의 단면적이다. 식 (1.5)의 나머지 조건들도 그림 3.1b에서 보여지는 응력 분포의 형태를 만족한다. 그림과 같이 부재가 인장력을 받는 경우 결과적으로 발생하는 응력은 단축 인장응력의 형태이다. 반대로 역방향의 힘을 받은 경우 봉은 압축력을 받아 단축 압축응력이 발생하게 된다. 식 (3.1)은 인장력이 가해지는 부재나 굵고 짧은 압축봉에 적용할 수 있다. 가늘고 긴 부재의 경우, 접근법을 6장에서 다룰 것이다.

물체의 열팽창이나 열수축을 제한하기 때문에 생기는 응력도 있는데, 이를 *열응력*(thermal stress) σ_t라 한다. 훅의 법칙과 식 (1.21)을 사용하면 다음과 같은 식을 얻을 수 있다.

$$\sigma_t = \alpha(\Delta T)E \tag{3.2}$$

ΔT의 양은 온도변화의 양을 나타낸다. 위 식으로부터 탄성계수 E와 열팽창계수 α가 클수록 재료의 발생하는 열응력이 증가함을 볼 수 있다.

3.2.1 인장 부재의 설계

인장 부재는 다리, 지붕의 트러스, 지주 시스템과 기계장치들에서 찾을 수 있다. 이들은 연결봉, 케이블, 앵글, 채널 또는 이 요소들의 적절한 조합으로 사용된다. 디자인하는 데 가장 중요하게 고려해야 할 것은 균일하게 가해지는 하중의 크기에 알맞은 균일단면 기둥 인장 부재의 설계이다. 이 때의 합리적인 설계 과정(1.6절)을 간단하게 설명하자면 다음과 같이 표현할 수 있다.

1. *구조가 파괴될 수 있는 경우를 생각하라.* 보통 수직응력의 양은 파괴와 가장 밀접한 관련이 있다. 이 가정은 실제로 봉의 면에 나타나는 파괴의 종류에 관계 없이 적용된다.
2. *하중과 응력과의 관계를 파악하라.* 가장 중요한 값인 수직응력은 $\sigma = P/A$로 정의된다.
3. *사용 가능한 응력의 최댓값을 구하라.* 견딜 수 있는 응력 σ의 최댓값 σ_{max}는 항복강도 S_y나 극한강도 S_u의 값과 같다. 2단계에서 언급한 식과의 연계를 통해 이 값을 활용하여 응력의 최댓값을 찾아라. 만일 필요하다면 6장에서 다루는 파괴에 대한 어떠한 표현식을 사용하여도 된다.
4. *안전율을 선택하라.* 안전율은 최대 응력 σ_{max}을 안전율 n으로 나누어 허용응력 σ_{all}을 구하는 데 사용된다. 이 때 설계적 안전을 위하여 요구되는 단면적은 다음과 같이 구할 수 있다.

$$A = \frac{P}{\sigma_{all}} \tag{3.3}$$

만일 봉의 단면적이 급격히 변화한다면, 수직응력을 구하기 위하여 응력집중계수를 사용하여 위의 내용을 반복하여 수행한다(2단계에 사용된 식에 적용).

예제 3.1 호이스트의 설계

핀으로 연결되어 조립된 두 개의 봉 또는 호이스트가 그림 3.2a와 같이 하중을 받고 있다. 원형 알루미늄 봉 AC와 사각 나무기둥 BC의 단면적을 구하라.

주어진 값: 요구되는 하중 $P = 50$ kN이다. 알루미늄과 나무의 최대 허용응력은 각각 480 MPa과 60 MPa이다.

가정: 하중은 호이스트의 평면에 작용한다. 부재의 무게는 가해지는 하중에 비해 아주 작으므로 무시한다. 핀 조인트의 마찰과 부재 BC의 좌굴은 무시한다.

설계 결정: 안전율 $n = 2.4$로 한다.

풀이

그림 3.2b에서 볼 수 있듯이 상대좌표계에서 작은 삼각형 구조를 이루고 있는 부재 AC와 BC는 그림과 같이 축하중을 받는다. 우리는 힘 F_A의 기울기와 F_B의 기울기가 각각 5/12와 1/1임을 알 수 있다. 이는 y축 방향의 힘 $F_{Ay}/5 = F_A/13$이며 $F_{By} = F_B/\sqrt{2}$라고 표현가능하다. 이를 정리하여 표현하면 $F_{Ay} = (5/13)F_A$이며 자세히 정리하면 $F_{Ay} = (5/13)F_A$이며 $F_{By} = (1/\sqrt{2})F_B$이다. 그림 3.2b의 자유물체도에 의해 다음과 같은 값을 도출할 수 있다.

$$\sum M_B = -40(2.5) - 30(2.5) + \frac{5}{13}F_A(3.5) = 0 \qquad F_A = 130 \text{ kN}$$

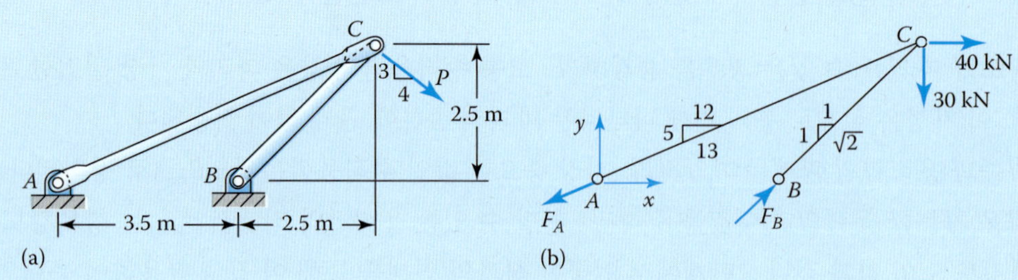

[그림 3.2]
예제 3.1. (a) 하중이 가해지는 호이스트 (b) 호이스트의 자유물체도

$$\Sigma M_A = -40(2.5) - 30(6) + \frac{1}{\sqrt{2}} F_B(3.5) = 0 \qquad F_B = 113.1\text{ kN}$$

이제 $\Sigma F_x = 0$가 되기 위한 조건을 통해서 허용응력을 구할 수 있다.

설계과정의 3단계와 4단계 항으로부터 허용응력을 구하면 다음과 같은 값을 도출할 수 있다.

$$(\sigma_{\text{all}})_{AC} = \frac{480}{2.4} = 200\text{ MPa}, \quad (\sigma_{\text{all}})_{BC} = \frac{60}{2.4} = 25\text{ MPa}$$

식 (3.3)에 의해 필요한 봉의 단면적은 다음과 같다.

$$A_{AC} = \frac{130(10^3)}{200} = 650\text{ mm}^2, \quad A_{BC} = \frac{113.1(10^3)}{25} = 4524\text{ mm}^2$$

평가: 29 mm 지름의 알루미늄 봉과 68 mm × 68 mm 나무기둥을 사용하여야 한다.

3.3 직접전단과 베어링전단

물체의 한 면에 힘을 가할 때, 물체의 한 면과 인접한 면 사이의 미끄러짐 현상으로 인하여 발생하는 응력을 *전단응력*(shear stress)이라고 한다. 한 예로, 그림 3.3a와 같이 연결된 조인트를 생각해 보자. 이 조인트는 브래킷, U링크, 브래킷과 U링크의 구멍을 통과하는 연결핀으로 구성되어 있다. 연결을 통과하는 *힘의 흐름 길*(force-flow path)은 그림 3.3b의 점선을 따라 구성되어 있다. 이 대칭적인 설계의 경우, 하중 P는 균일하게 U링크 안의 두 갈래산에 균일하게 나눠져서 가해진다. 핀은 b-b와 c-c 두 단면의 전단력에 대하여 저항하는 역할을 하는데, 이를 *이중전단*(double shear)이라고 부른다. 전단력 V는 그림 3.3c와 같이 $P/2$가 된다. 게다가 전단은 하중이 작용하는 면적에 평행한 면적 위에서 발생한다. 이와 같은 조건을 직접전단(direct shear)이라고 한다.

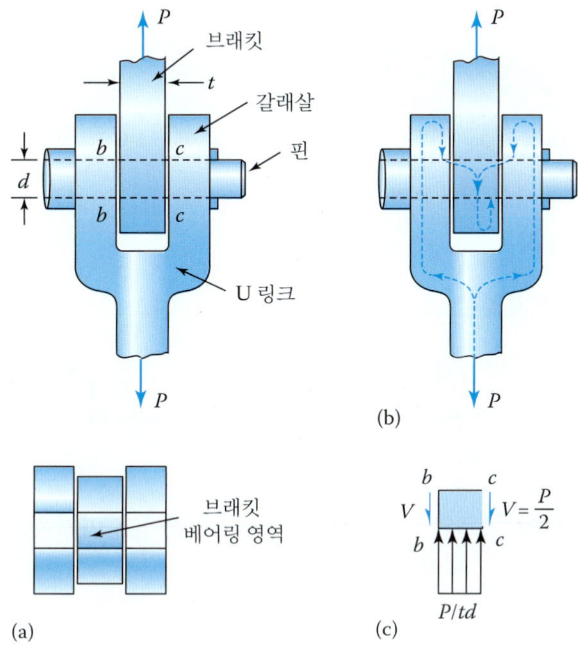

[그림 3.3]
(a) 묘사된 것과 같이 브래킷 베어링 면적과 U링크–핀의 연결 (b) 힘 유동 선 (c) 핀이 직접적인 수직응력을 받는 것과 전단응력을 받는 것을 묘사

단면 위로 발생하는 수직응력의 수치가 일정하지 않으므로 총 전단력 V를 전단력이 작용하는 단면 A로 나누면 단면의 평균 전단응력을 다음과 같이 구할 수 있다.

$$\tau_{\text{avg}} = \frac{V}{A} \tag{3.4}$$

그림에서의 연결핀에 가해지는 평균 전단응력은 $\tau_{\text{avg}} = (P/2)/(\pi d^2/4) = 2P/\pi d^2$이다. 핀뿐만 아니라 볼트나 리벳, 용접 및 밀착된 조인트에서도 직접전단이 일어난다(15.13절~15.18절). 각각의 경우마다 발생하는 전단응력은 재료를 자르는 힘에 의해 발생된다. 뒤에서 언급하겠지만 전단응력은 부재가 인장, 비틀림과 굽힘을 받을 때 간접적인 방법으로도 발생한다.

그림 3.3b와 같이 힘이 작용할 때에는, 브래킷과 U링크가 베어링의 핀을 누르며 불균일한 압력을 발생시킨다. 평균 압력은 가해지는 힘 P를 수직으로 받는 브래킷(또는 U링크) 안쪽 핀의 *투영면적*(projected area) A_p으로 나눈 것이다. 이렇게 구한 평균 압력을 *베어링 응력*(bearing stress)이라 부른다.

$$\sigma_b = \frac{P}{A_p} \tag{3.5}$$

그러므로 핀에 대한 브래킷의 베어링응력은 $\sigma_b = P/td$이며 여기서 t와 d는 브래킷의 두께와 핀의 지름이다. 핀에 대한 U링크의 베어링응력도 같은 방식으로 구할 수 있다. 위 식을 적용하고 수행하는 과정에서 핀과 구멍의 지름은 같다고 가정한다.

예제 3.2 단엽기 날개 설계

단엽기의 날개를 그림 3.4a와 같이 보 *AD*와 봉 *BC*의 핀 연결구조로 단순화하였다. 다음을 구하라.

a. 힌지 *C*에서의 전단응력
b. 봉 *BC*의 지름

주어진 값: 핀의 지름 $C = 15$ mm이고 이중전단이다.

가정: 핀 조인트의 마찰력은 무시한다. 공기저항은 날개의 폭에 균일하게 작용한다. 오직 봉 *BC*만 인장력을 받는다. 봉 *BC*에 사용된 원형 2014-T6 알루미늄 합금봉의 허용 축응력은 210 MPa(부록 B의 표 B.1)이다.

풀이

그림 3.4b는 날개 *ACD*의 자유물체도를 나타낸 것이다. 여기서 모멘트의 합을 구하면

$$\sum M_A = 36(1.8) - F_{BC}\frac{1}{\sqrt{5}}(2) = 0 \quad F_{BC} = 72.45\text{ kN}$$

여기서 $F_{BC}\,(1/\sqrt{5})$는 부재 *BC*에 가해지는 축력에서의 수직성분만을 나타낸 것이다.

a. 식 (3.4)를 사용하여 계산하면 다음과 같다.

$$\tau_{\text{avg}} = \frac{F_{BC}}{2A} = \frac{72{,}450}{2\left[\pi(0.0075)^2\right]} = 205\text{ MPa}$$

b. 식 (3.1)을 사용하면 다음과 같다.

$$\sigma_{BC} = \frac{F_{BC}}{A_{BC}}, \quad 210\left(10^6\right) = \frac{72{,}450}{A_{BC}}$$

이를 풀면 다음과 같은 결과를 얻을 수 있다.

$$A_{BC} = 3.45\left(10^{-4}\right)\text{m}^2 = 345\text{ mm}^2$$

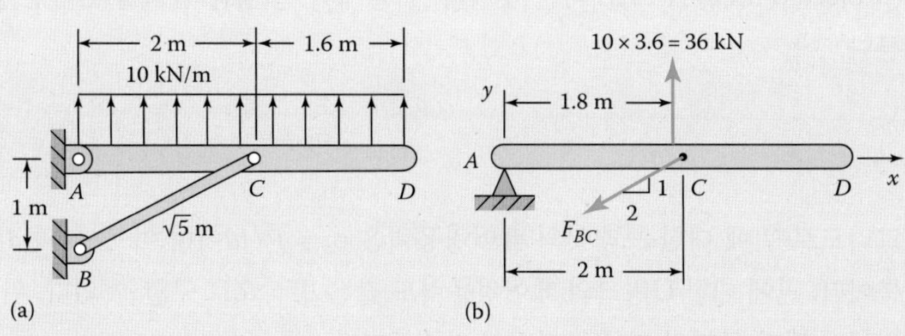

[그림 3.4]
예제 3.2. (a) 균일한 하중의 날개 (b) 날개의 자유물체도

그러므로 결론은 다음과 같이 내릴 수 있다.

$$345 = \frac{\pi d^2}{4}, \quad d = 20.96 \text{ mm}$$

평가: 지름 21 mm의 봉을 사용하여야 한다. 역비행의 경우 봉 BC에는 압축력이 작용하기 때문에 안전하다.

3.4 얇은 벽으로 된 압력용기

압력용기는 밀폐된 구조로 되어 있어 압축된 액체나 기체를 포함할 수 있다. 일반적인 예로 압축공기나 탱크, 증기 보일러, 압력저장형 물 저장탱크 등을 들 수 있다. 다양한 형상의 압력용기가 있지만 (16.9절) 이 장에서는 외벽의 두께가 얇은 원통이나 구형 용기에 대해서 알아본다. 벽의 두께가 안쪽 반지름의 1/10보다 작은 용기를 얇은 벽으로 간주한다. 이 얇은 벽의 경우에 $r_i \approx r_o \approx r$이 거의 같은데, 여기서 r_i, r_o, r은 각각 내부, 외부, 평균 반지름을 의미한다.

압력용기 내부에 압력이 가해지면 풍선막처럼 벽에 작은 팽창변형이 생긴다. 어떤 경우는 외부의 압력이 압력용기 압축의 원인이 되기도 한다. 이렇듯 내부의 압력과 외부의 압력에 의하여 용기 벽에 발생된 응력을 *막응력*(membrane stress)이라고 한다.

얇은 벽으로 된 탱크에서 평형조건을 적용하여 발생하는 막응력의 적절한 비중을 구하는 법을 보여준다[2]. 그림 3.5a에는 내압 p를 받는 얇은 벽의 밀폐된 원통형 용기가 있다. 그림에 나타낸 응력요소는 측면에 작용하는 길이방향 응력인 *축응력*(axial stress) σ_a와 *접선응력*(tangential stress) σ_θ가 있으며 이 주응력들은 다음과 같이 구할 수 있다.

$$\sigma_a = \frac{pr}{2t} \tag{3.6a}$$

$$\sigma_\theta = \frac{pr}{t} \tag{3.6b}$$

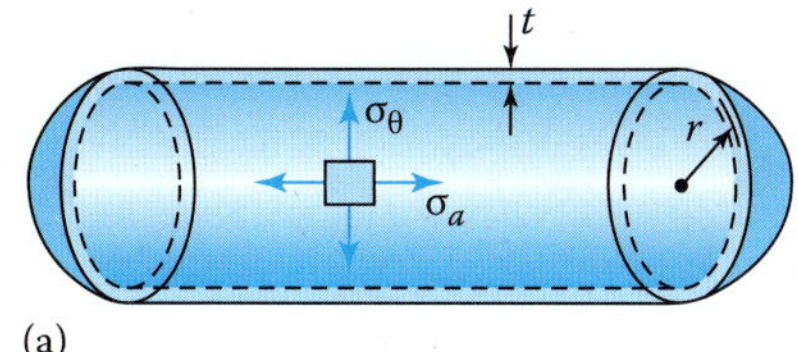

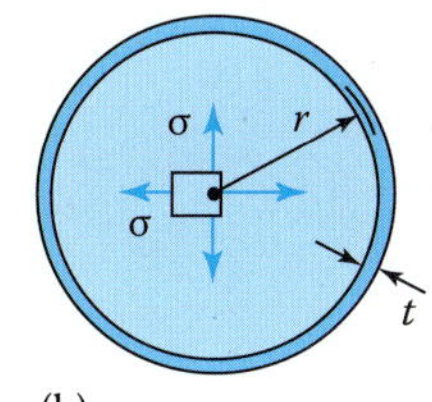

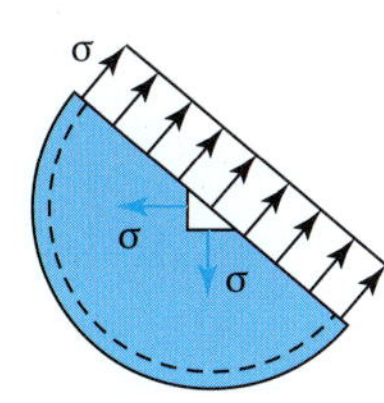

[그림 3.5]
얇은 벽 압력용기.
(a) 원통형 (b) 구형

반지름의 변화량인 δ_c를 이용하여 원 주위의 변형률을 나타내면 다음과 같이 $\varepsilon_\theta = [2\pi(r + \delta_c) - 2\pi r]/2\pi r = \delta_c/r$로 표현이 가능하다. 훅의 법칙을 이용할 때 변형률은 다음 식 $\varepsilon_\theta = (\sigma_\theta - \nu\sigma_a)/E$와 같은데, 이 때 ν와 E는 각각 푸아송비와 탄성계수를 나타낸다. 실린더의 반지름이 식 $\delta_c = \varepsilon_\theta r$에 따라 팽창할 때, 발생하는 응력은 식 (3.6a)와 (3.6b)에 나와있는 바와 같다. 따라서 위 식들을 적용하여 원통의 반지름방향 팽창량을 표현하면 다음과 같이 정리할 수 있다.

$$\delta_c = \frac{pr^2}{2Et}(2-\nu) \tag{3.7}$$

구형 용기(spherical vessel)의 벽면에 작용하는 접선응력 σ는 용기에 내부압력 p가 작용한 어떤 단면의 응력과 같은 양을 가지며(그림 3.5b) 구응력을 구하면 다음과 같다.

$$\sigma = \frac{pr}{2t} \tag{3.8}$$

이 값은 정확히 원통형 용기에서의 접선응력 수치의 절반이다. 그러므로 내압을 받는 밀폐용기의 최적 모양은 구 모양이다. 내압에 의한 구의 반지름방향 팽창량은 $\delta_s = \varepsilon r$로 표현이 가능하고 훅의 법칙에서 $\varepsilon = (\sigma - \nu\sigma)/E$이므로, 이 두 개를 적용하여 팽창량에 대해 표현하면 다음과 같이 표현이 가능하다.

$$\delta_s = \frac{pr^2}{2Et}(1-\nu) \tag{3.9}$$

여기서 주목해야 할 점은, 원통형이나 구형 압력용기의 경우 중심에서 반지름방향으로 벽면에 작용하는 응력은 용기의 내부 표면에선 $-p$로 작용하지만 외부 표면으로 갈수록 0으로 감소한다. 얇은 용기의 반지름방향 응력 σ_r는 막응력보다 매우 작기에 일반적으로 생략한다. 용기벽의 응력상태는 2축응력으로 간주한다. 결론적으로 압력용기의 설계는 ASME의 압력용기 설계 코드를 필수적으로 이용하여야 효율적인 설계를 할 수 있다(16.9절).

두꺼운 벽(thick-walled cylinder)의 원통형 설계는 용기 또는 파이프라인에 많이 사용된다. 또한 일부의 경우 공압이나 유압 실린더, 총열 등 다양한 기계부품에 사용되기도 한다. 이런 부재의 탄성과 변위에 대한 방정식은 16장*에서 다룬다. 또한 16장에서는 압력, 열, 동하중을 받는 복합 후벽 실린더와 디스크에 대하여 언급하고 많은 사례의 예제 또한 다룬다.

---

* 이 장에서만큼은 16.3절을 먼저 공부하고 다시 보는 것을 권장한다.

예제 3.3 구형 압력용기의 설계

반지름 r인 구형 용기에 내압 p가 작용한다. 허용되는 최대 벽두께 t와 그 조건에서의 지름 팽창량을 구하라.

가정: 파괴에 대한 안전율은 n을 사용한다.

주어진 값: $r = 2.5$ ft, $p = 1.5$ ksi, $S_u = 60$ ksi, $E = 30 \times 10^6$ psi, $\nu = 0.3$, $n = 3$.

풀이

단위 변환을 하면 $r = 2.5 \times 12 = 30$ in.이고 $\sigma = S_u / n$이다. 식 (3.8)을 적용하면 다음과 같은 결과를 얻을 수 있다.

$$t = \frac{pr}{2S_u / n} = \frac{1.5(30)}{2(60/3)} = 1.125 \text{ in.}$$

다음으로 식 (3.9)의 결과로 다음과 같은 결과를 도출할 수 있다.

$$\delta_s = \frac{pr^2(1-\nu)}{2Et} = \frac{1500(30)^2(0.7)}{2(30 \times 10^6)(1.125)} = 0.014 \text{ in.}$$

그러므로 지름팽창량은 위 식에 의해 $2\delta_s = 0.028$ in.이다.

3.5 비틀림을 받는 부재의 응력

이 절에서는 균일단면 봉의 양 끝단에 크기가 같고 방향이 반대인 토크가 작용할 때 발생하는 응력에 대해서 알아보자. 이 부재의 끝단은 구속되어 있지 않다고 가정한다. 이 장에서는 원형봉과 직사각형 봉의 경우를 모두 다룬다. 부재의 세로축에 구조의 꼬임을 일으키는 토크가 작용할 때, 구조물의 부재가 비틀어지는 것을 *비틀림*(torsion)이라고 한다. 1.8절에서 배웠듯이 토크 또는 비틀림 모멘트는 이중머리 화살표 벡터로 표시한다.

3.5.1 원형 단면

원형봉이나 축에 가해지는 토크 T가 있다면, 토크 T로 인한 비틀림에 의해 전단응력 τ와 비틀림각 ϕ가 발생된다(그림 3.6a). 균일단면 원형봉에 비틀림 하중이 가해질 때의 기본식을 사용하기 위한 가정은 다음과 같다.

1. 봉의 축에 수직인 단면은 토크를 준 후에도 비틀림이 없으며 평면을 유지한다.

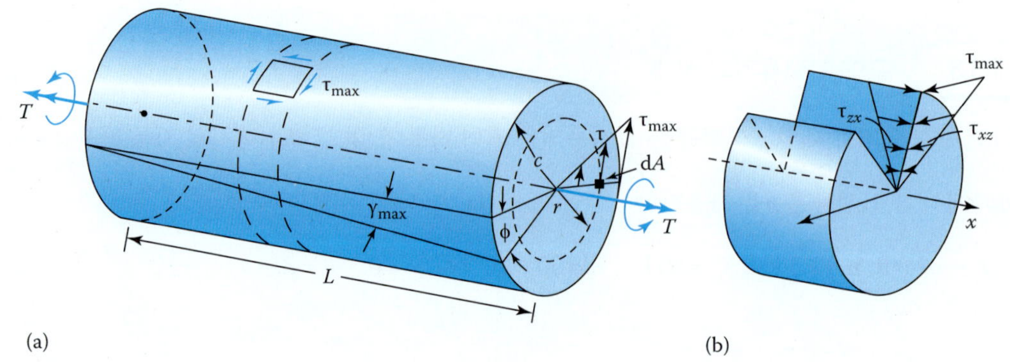

[그림 3.6]
(a) 순수한 비틀림이 가해지는 원기둥형 봉 (b) 비틀림을 부분적으로 분리하여 표시한 원형축 위에서의 횡축방향 전단응력(xz)과 축방향 전단응력(zx)

2. 전단변형률 γ는 축의 중심에서의 값이 0이고 바깥표면에서 최댓값을 가지며 전단변형률의 증가 추세는 선형을 따른다.
3. 재료는 균질하고 훅의 법칙을 따르며 최대 전단각 γ_{max}의 크기는 항복 비틀림각보다 무조건 작다.

여기서 최대 전단응력은 중심점으로부터 가장 먼 지점에서 발생하고 τ_{max}라 표기한다. 응력이 선형으로 변화하므로 중심에서 거리 r만큼 떨어진 지점의 전단응력은 선형의 기울기에 따른 반지름 변화의 곱으로 나타낼 수 있으며 $\tau = (r/c)\tau_{max}$라 표현이 가능하다. 여기서 c는 봉의 반지름이다. 축의 횡단면에서 응력에 의해 발생되는 저항토크의 분포는 작용토크 T와 같아야 한다. 그러므로 다음과 같은 식으로 작용토크를 표현할 수 있다.

$$T = \int r\left(\frac{r}{c}\tau_{max}\right)dA$$

여기서 위 식을 정리하면 아래와 같이 표현이 가능하다.

$$T = \frac{\tau_{max}}{c}\int r^2 dA$$

정의에 의해 횡단면의 극관성모멘트 J는 다음과 같은 식으로 표현할 수 있다.

$$J = \int r^2 dA \tag{a}$$

중심부가 고체로 차있는 중실축의 경우, 극관성모멘트는 $J = \pi c^4/2$이지만 안쪽 반지름이 b이고 바깥쪽 반지름이 c인 중공축의 경우 극관성모멘트는 $J = \pi(c^4 - b^4)/2$이다.

즉 전단응력은 반지름에 따라 변하고, 축 중심에서 가장 멀리 떨어진 지점에서 가장 큰 값을 가진다. 이런 응력의 분포 때문에 원형봉의 표면은 응력으로 인한 변형의 영향으로부터 자유로워야 한다. 위에서 설명된 응력분포는 그림 3.6a에 잘 표현되어 있다. 중심이 비어 있는 구조든지 차있는 구조든지 횡단면에서의 최대 전단응력에 대한 *비틀림 공식*(torsion formula)은 다음과 같이 표현이 가능하다.

$$\tau_{\max} = \frac{Tc}{J} \tag{3.10}$$

또한 단면의 중심에서 r만큼 떨어진 지점에서의 전단응력은 다음과 같이 표현이 가능하다.

$$\tau = \frac{Tr}{J} \tag{3.11}$$

요소의 정적 평형조건을 만족시키기 위해선 식 (3.10)과 (3.11)에서 찾을 수 있는 횡방향 전단응력은 축방향 전단응력과 같은 값을 가져야 한다. 이를 표현하면 $\tau = \tau_{xz} = \tau_{zx}$라 표현할 수 있다(그림 3.6b). 중실축 봉에서의 전단응력은 횡단면의 중심에서 0이고 바깥 표면에서 최댓값을 가지므로 대부분의 중실축 재료를 설계할 때에는 최대 전단응력보다 작은 응력을 받도록 설계한다. 또한 재료의 무게를 감소시키거나 절약할 때 중공축을 사용하는 것은 유익하다(예제 3.4).

3.5.2 비원형 단면

비원형 균일단면 봉에 비틀림이 작용할 경우, 초기 횡단면이 변형이나 왜곡이 일어나 초기 모습과 다른 모습으로 변하기 때문에, 앞에서 제시한 두 가지 가정조건에 더 이상 부합하지 않는다. 그림 3.7은 사각봉의 단면에 생기는 뒤틀림 현상을 나타낸 것이다. 비원형 균일단면 봉의 비틀림에 따른 수학적인 풀이는 복잡하다. 이렇게 탄성 이론을 적용하여서 쉽게 해석하기 어려운 경우에는 지배방정식을 실험적 기술을 통하여 도출해 낸다. 앞에서 언급한 것과 같은 방법이 유한요소법과 같은 방법이며 실제로 유한요소법은 이러한 종류의 해석을 수행하는 데 매우 효율적이다. 몇몇 비원형 횡단면에 대한 비틀림 응력(그리고 변위)의 정확한 풀이 공식들은 참고문헌 [3, 4]에 잘 요약되어 있다.

표 3.1에서는 일반적인 횡단면의 최대 전단응력과 비틀림각 ϕ의 정확한 풀이를 서술해 놓았다. 여기서 중요한 점은 계수 α와 β의 값은 사각단면의 변의 길이 a, b의 비율에 의해 결정된다. 얇은 단면의 경우($a \gg b$) α와 β의 값은 $1/3$에 수렴한다.

사각부재에 작용하는 최대 전단응력의 근사공식은 다음과 같다.

$$\tau_{\max} = \frac{T}{ab^2}\left(3 + 1.8\frac{b}{a}\right) \tag{3.12}$$

표 3.1에서의 문자 a와 b는 각각 사각단면의 길고 짧은 변의 길이를 의미한다. a가 b보다 훨씬 큰 값을 가지는 얇은 단면에서 응력은 봉의 넓은 폭의 중심선을 따라 발생하며, 이 때 식 (3.12)의 두 번째 항

〈표 3.1〉 다양한 단면적 모양에 비틀림이 가해질 때의 응력 표현식

단면적		최대 전단 응력	비틀림각
2a, 2b, A 위 타원이 원일 경우 $a=b$		$\tau_A = \dfrac{2T}{\pi ab^2}$	$\phi = \dfrac{(a^2+b^2)T}{\pi a^3 b^3 G}$
A, a 정삼각형		$\tau_A = \dfrac{20T}{a^3}$	$\phi = \dfrac{46.2T}{a^4 G}$
a, b, A 직사각형		$\tau_A = \dfrac{T}{\alpha ab^2}$	$\phi = \dfrac{T}{\beta ab^3 G}$
	a/b	α	β
	1.0	0.208	0.141
	1.5	0.231	0.196
	2.0	0.246	0.229
	2.5	0.256	0.249
	3.0	0.267	0.263
	4.0	0.282	0.281
	5.0	0.292	0.291
	10.0	0.312	0.312
	∞	0.333	0.333
t_1, A, B, t, b, a 속이 빈 직사각형		$\tau_A = \dfrac{T}{2abt_1}$ $\tau_B = \dfrac{T}{2abt}$	$\phi = \dfrac{(at+bt_1)T}{2tt_1a^2b^2G}$
2b, 2a 위 속이 빈 타원이 속이 빈 원일 경우 $a=b$		$\tau_A = \dfrac{T}{2\pi abt}$	$\phi = \dfrac{\sqrt{2(a^2+b^2)}T}{4\pi a^2b^2tG}$
A, a 육각형		$\tau_A = \dfrac{5.7T}{a^3}$	$\phi = \dfrac{8.8T}{a^4 G}$

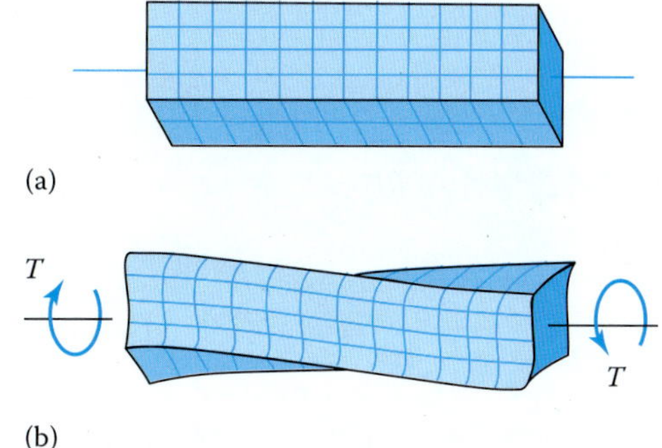

[그림 3.7]
직사균일단면 봉 (a) 비틀림이 적용되기 전과 (b) 후

은 무시한다. 식 (3.12)는 a와 b의 길이가 같은 경우에도 적용할 수 있으며 이 경우에는 두 개의 직사각형에 토크의 절반이 동일하게 작용한다고 해석을 하면 된다.

예제 3.4 중공축과 중실축의 토크 전달효율

중공축과 중실축이 각각 T_h, T_s의 토크를 받아 그림 3.8처럼 비틀린다. 축에 적용 가능한 최대 토크의 비를 구하라.

주어진 값: $c = 1.15b$.

가정: 두 축은 재료가 같아 허용응력 또한 같고, 둘 다 같은 횡단면적을 가진다.

풀이

최대 전단응력 τ_{max}은 허용응력인 τ_{all}과 같다. 위의 가정에서 나왔듯이 두 축의 횡단면적이 $\pi(c^2 - b^2) = \pi a^2$으로 같다. 여기서 a, b, c의 관계는 다음과 같다.

$$a^2 = c^2 - b^2$$

중공축에 대해 식 (3.10)을 사용하면 다음과 같은 식을 얻는다.

$$T_h = \frac{\pi}{2c}\left(c^4 - b^4\right)\tau_{all}$$

동일한 방법으로 중실축에 대해서도 이를 적용하면 다음과 같은 식을 얻는다.

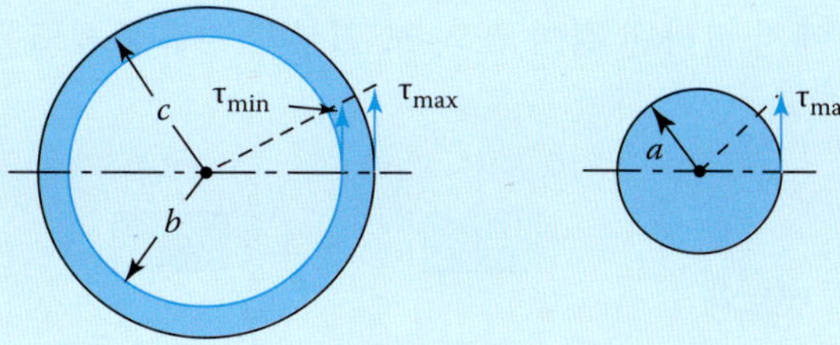

[그림 3.8]
예제 3.4. 중심축과 중공축 단면

$$T_s = \frac{\pi}{2} a^3 \tau_{\text{all}}$$

그러므로 다음과 같은 결과를 얻을 수 있다.

$$\frac{T_h}{T_s} = \frac{c^4 - b^4}{ca^3} = \frac{c^4 - b^4}{c\left(c^2 - b^2\right)^{3/2}} \tag{3.13}$$

이후 $c = 1.15b$로 교체하면 최종적인 토크의 비는 다음과 같이 나오게 된다.

$$\frac{T_h}{T_s} = 3.56$$

평가: 결과를 토대로 우리는 중공축의 전달토크의 효율이 중실축보다 더 좋음을 알 수 있었다. 흥미롭게도 얇은 중공축은 또한 동일한 전단응력을 발생키려는 경우에 더 유용하게 사용된다. 그러나 벽 두께를 너무 얇게 해서는 안 되는데, 너무 얇은 벽 두께는 구조의 좌굴(5.9절)이 일어나는 원인이 되기 때문이다.

3.6 보의 전단력과 모멘트

횡단면에 횡하중을 받는 보의 경우 오직 두 가지 요소만이 응력을 일으키는 원인이 되는데, 이 두 가지 요소는 전단력과 굽힘모멘트이다. 그렇기에 응력을 분석할 시, 하중을 받는 경우는 오로지 두 가지 요소에 의해 응력이 발생하므로 *전단*(shear)과 *모멘트*(moment)를 받는다고 표현이 가능하다. 단면에 발생하는 전단력과 굽힘모멘트의 크기와 방향을 결정하기 위해서, 임의의 단면법을 적용하였다. 내력과 모멘트의 부호규정은 1.8절에서 언급한 부호규정을 따르며 부재의 변형과 관계된다. 쉽게 알기 위하여 보의 절단면에 작용하는 +와 –의 전단력 V와 굽힘모멘트 M을 생각해 보자(그림 3.9). +전단력은 오른쪽 면과 비교하여 왼쪽 면에서 올라가는 방향을 하고 있으며, +굽힘모멘트는 물이 고이게 할 수 있듯이 단편을 오목하게 하는 경향으로 작용한다. 이렇듯이 +굽힘모멘트는 단편 상부를 압축시키며, 하부를 인장시킨다.

3.6.1 하중, 전단력 및 모멘트의 관계

하중을 받는 보에서 잘라낸 길이 dx의 보 일부의 자유물체도를 생각해 보자(그림 3.10a). 단위 길이당

[그림 3.9]
보의 부호규약. 모멘트와 전단응력의 +와 –

$+V$ $-V$ $+M$ $-M$

[그림 3.10]
(a) 보 (b) 자유물체도를 표기하기 위해 고립시킨 기존 보의 일부

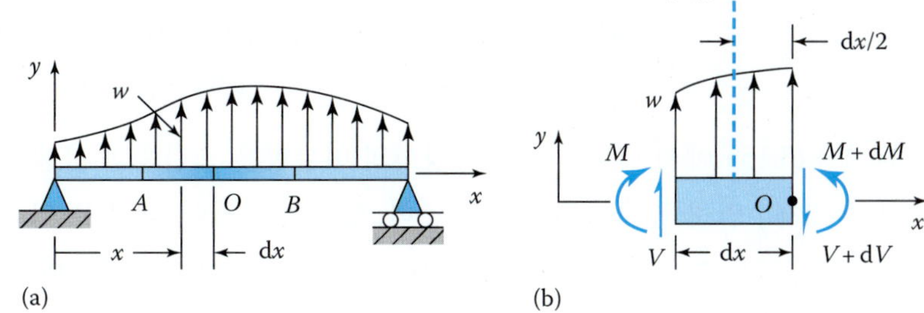

분포하중은 w이며, 전단력과 굽힘모멘트는 +부호로 나타내었다(그림 3.10b). x에서 $x + dx$로 길이좌표가 변화하였을 때 이에 따른 V와 M의 변화를 각각 dV, dM으로 나타내었다. 또한 이 미소길이에 작용하는 분포하중의 합력 $w\,\mathrm{d}x$는 그림에서 점선으로 표시하였다. 보통의 경우 w는 균일하지 않지만, 미소길이 $\mathrm{d}x$의 관점에서 본다면 w는 균일하게 적용된다고 취급할 수 있다.

그림 3.10b의 잘려진 미소 길이 요소에 작용하는 수직힘이 평형을 이루어야 하므로 $\sum Fx = 0$가 성립해야 하며 이는 $V + w\,\mathrm{d}x = V + \mathrm{d}V$라는 결과를 도출해 낼 수 있다. 그러므로 다음과 같은 식이 성립한다.

$$\frac{\mathrm{d}V}{\mathrm{d}x} = w \tag{3.14a}$$

이 평형상태식으로부터 도출된 결론은 보의 임의 단면에서 전단력 곡선의 기울기가 w라는 것이다. 식 (3.14a)의 보의 축선 상의 점 A와 B 사이의 길이에 대해 적분하면 다음과 같은 식을 도출할 수 있다.

$$V_B - V_A = \int_A^B w\,\mathrm{d}x = A\text{와 } B\text{ 사이의 하중선도 영역} \tag{3.14b}$$

단 명심하여야 할 점은 식 (3.14a)는 집중하중의 작용점에서는 유효하지 않다는 점이다. 마찬가지로, 집중하중이 A와 B 사이에 작용할 때는 식 (3.14b)를 사용해서는 안 된다. 평형의 경우 점 O에서 모멘트의 합은 0이다. 이는 $\sum M_0 = 0$ 또는 $M + \mathrm{d}M - (V + \mathrm{d}V)\mathrm{d}x - M = 0$와 같이 정리가 가능하다. 여기서 2차 미분항을 무시하면 다음과 같이 간단히 표현할 수 있다.

$$\frac{\mathrm{d}M}{\mathrm{d}x} = V \tag{3.15a}$$

이 관계식은 길이 x에 대한 모멘트 곡선의 기울기가 V임을 나타낸다. 그러므로 전단력은 보의 길이에 따른 굽힘모멘트의 변화와 밀접한 관계가 있다. 분명히 모멘트의 최댓값은 V(또는 $\mathrm{d}M/\mathrm{d}x$)가 0인 지점에서 발생한다. 식 (3.15a)를 A에서부터 B까지의 영역으로 적분하면 다음과 같다.

$$M_B - M_A = \int_A^B V\mathrm{d}x = A\text{와 } B \text{ 사이의 전단선도 영역} \tag{3.15b}$$

식 (3.14a)와 (3.15a)에서 나타난 평형방정식의 미분항은 전단력과 모멘트 곡선이 하중곡선보다 항상 1차수 또는 2차수만큼 높다는 것을 보여준다. 항상 생각해야 할 점은 식 (3.15a)는 집중하중의 작용점에서는 유효하지 않다는 것이다. 식 (3.15b)는 집중하중이 A와 B 사이에서 작용할 때도 사용이 가능하지만 A와 B 사이에 우력이 작용하면 사용이 불가능하다.

3.6.2 전단력 모멘트와 선도

전단력과 모멘트의 변화를 보의 길이에 따라 가시적으로 나타내면 보를 설계할 때 이 이론을 사용하기 편리해진다. 전단력 선도는 보의 수평거리 x에 대한 전단력의 크기를 나타낸 그래프이다. 마찬가지로 굽힘모멘트 선도는 x축에 대한 굽힘모멘트를 나타낸 것이다. 전단력 V와 모멘트 M의 부호는 그림 3.9에 나타낸 규정을 따른다. 전단력 선도와 굽힘모멘트 선도는 보의 자유물체도나 하중선도 바로 아래에 위치하는 것이 편리하다. 최댓값 같은 중요한 값들은 보통 선도 위에 나타난다. 또한 전단력 선도나 모멘트 선도를 작성할 때에는 적분법이라는 방법을 사용한다. 이런 준도표법에 대한 절차는 다음과 같다.

1. 전체 보의 자유물체도를 통하여 반력을 구한다.
2. 보의 왼쪽 끝에서부터 작용하는 모든 수직외력을 연속적으로 합한 수치를 이용하거나 식 (3.14b) 중 더 상황에 맞는 것을 적용하여 전단력을 구한다. 그 다음 식 (3.14a)로부터 전단력 선도의 형상을 얻어 이를 그리는데, $+V$는 위쪽으로, $-V$는 아래쪽으로 그린다.
3. 보의 왼쪽 끝에서부터 작용하는 외부 모멘트를 연속적으로 합한 수치를 이용하거나 식 (3.15b) 중 더 상황에 맞는 것을 적용하여 모멘트를 구하고 모멘트 선도를 그린다. 선도의 형상은 위와 같이 식 (3.15a)로부터 유추할 수 있다.

전단력과 모멘트 선도의 정밀도를 체크할 때는 반드시 구조가 폐곡선인지 아닌지를 알아야 한다. 선도가 폐곡선이 되면 보의 전단력과 모멘트 값의 합이 0이 되고, 반드시 평형을 이룬다. 그러나 폐곡선이 안 되는 경우는 건축 오차가 생기거나 응력에 대한 반응계산 시 오차가 발생한다. 예제 3.5와 3.6은 이러한 과정을 고려하여 해석하는 방법을 보여준다.

앞에 서술한 방식과 동일한 방식으로 축하중을 받는 봉과 비틀림을 받는 축에 방법들을 적용해 보자. 만일 축력과 토크의 벡터가 좌표축의 +방향으로 생성되어 있다면 작용한 축력과 토크는 +의 부호를 가진다. 이 때 봉의 길이를 따라 존재하는 몇 개 지점에서 하중을 받으면, 내부의 축력과 비틀림 모멘트는 각각의 구간에서 변한다. 봉의 축에 따른 축력의 변화를 나타내는 그래프를 *축력 선도*(axial force diagram)라 한다. 만일 축력 대신에 토크가 변화한다면 이 그래프를 토크 선도(torque diagram)라 한다. 그러나 축력 선도와 토크 선도는 전단력 선도와 모멘트 선도처럼 보편적으로 사용하지는 않는다.

3.7 보의 응력

보(beam)는 축방향이나 횡방향으로 작용하는 하중을 횡축으로 지지하는 봉을 말한다. 이런 굽힘 부재는 보편적으로 구조물이나 기계에 사용된다. 건물의 바닥을 지지하는 주요 부재들이나 자동차의 차축, 겹판 스프링 등을 들 수 있다. 흥미롭게도, 보의 응력과 변위에 대한 다음 공식은 직사각형판의 응력과 변위 공식으로부터 쉽게 감소될 수 있다[3].

3.7.1 보 이론의 가정

가느다란 보에 대한 전문 또는 공학 이론의 기본 가정은 기하학적 변형의 기하학에 기초를 둔다. 이들은 다음과 같이 요약할 수 있다.

1. 보의 처짐은 보 자체의 높이나 폭의 길이에 비해 적은 단위로 일어난다.
2. 처짐곡선의 기울기는 1에 비해 매우 작은 값을 가지므로 기울기의 제곱은 무시할 수 있을 정도로 작은 값을 가진다.
3. 보의 축에 수직인 평면(보의 단면)은 보에 굽힘이 작용한 후에도 평면으로 남아 있다. 이것은 굽힘 이론의 가장 기본적인 가정이다.
4. 굽힘응력 σ_x의 분포로 인해 발생하는 전단응력 τ_{xy}의 영향은 무시한다. 중립면에 수직인 응력 σ_y는 무시한다.

위의 가정들을 일반화한 것은 평판과 셸 이론의 기초가 된다[5]. $L/h < 5$의 조건을 만족하는 *짧은 보*(short beam)의 경우 전단응력은 더욱 중요하다. 이런 보들의 전단응력 해석은 탄성력 이론의 평균값을 이용하여 해석하는데, 왜냐하면 가정 3과 4가 더 이상 적용되지 않기 때문이다.

위 사실은 매우 흥미로운 사실인데, 압축 부위에선 L과 h의 비율이 거의 10이거나 그 이상의 금속 보의 경우 조밀단면에 사용하며 15 이상의 경우 비교적 *얇은 웨브*(thin web)에 사용되며 24 이상의 경우 직사각형 재목 보에 사용된다. 여기에 더하여 보의 휨 곡선은 거의 항상 5°나 0.087 rad 이하이므로 $(0.087)^2 = 0.0076 \ll 1$이다. 그러므로 이 책에 제시한 식은 일반적으로 사용자가 일부러 설계한 보에서나 정확한 결과를 제공한다.

보의 굽힘문제를 해석할 때는 순수굽힘과 불균일굽힘을 구별하는 것이 종종 필요하다. 전자의 경우는 일정한 굽힘모멘트에 의한 보의 휨이고, 후자의 경우는 전단력에 의한 보의 휨이다. 이 장에서는 두 가지 경우의 굽힘을 받는 보에서 보의 응력에 대해 알아보고자 한다.

3.7.2 수직응력

그림 3.11a와 같이 y축에 대칭인 선형탄성보를 생각해 보자. 가정 3과 4에 의거하여, 횡단면에 작용하는 수직응력 σ_x는 y성분이 선형적으로 변하고 나머지 응력성분은 0이다(그림 3.11b에서 단면 A-B). 이를 표현하면 다음과 같다.

$$\sigma_x = ky \qquad \sigma_y = \tau_{xy} = 0 \tag{a}$$

여기서

k = 상수이며

y = 0인 부분이 중립면이다.

중립면과 횡단면이 교차하는 선을 *중립축*(neutral axis)이라 하며 NA라 약칭한다. 그림 3.11c는 단면 A-B에서의 선형 응력장을 보여준다.

평형조건을 생각하면, 응력 σ_x에 의해 발생한 수직응력의 합력은 0이고, 축방향 응력에 의한 모멘트는 단면에 작용하는 굽힘모멘트와 같다. 그러므로 다음과 같은 식으로 표현이 가능하다.

$$\int_A \sigma_x \mathrm{d}A = 0, \quad -\int_A (\sigma_x \mathrm{d}A) y = M \tag{b}$$

여기서 A는 횡단면의 면적을 의미한다. 두 번째 식에서의 –는 양방향의 굽힘모멘트 M이 양의 y점에서 압축응력을 발생시킨다는 것을 의미한다. 식 (a)를 (b)에 대입하면 다음 식을 얻는다.

$$k\int_A y\mathrm{d}A = 0 \tag{c}$$

$$-k\int_A y^2\mathrm{d}A = M \tag{d}$$

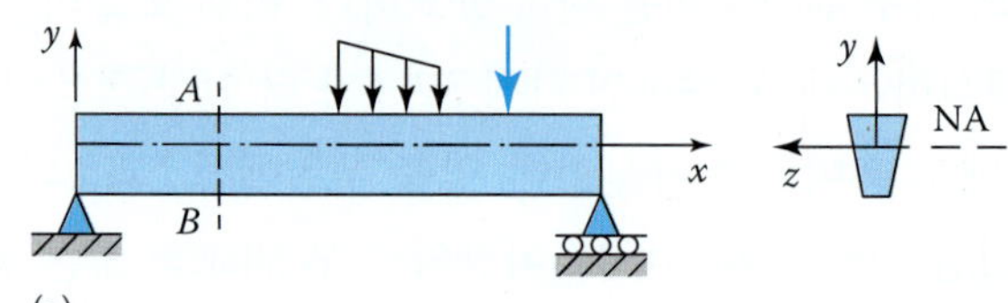

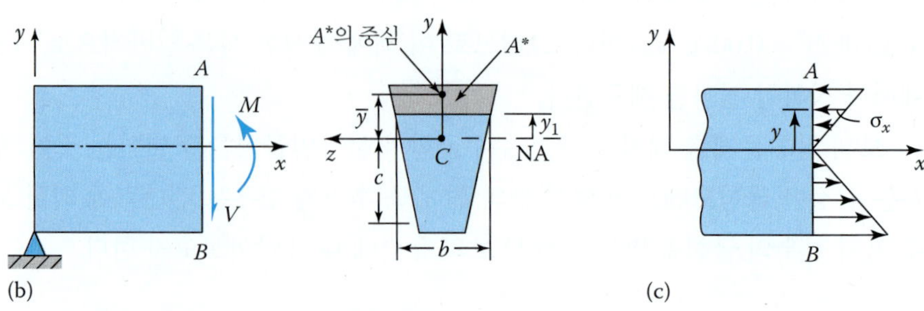

[그림 3.11]
(a) 횡방향 하중을 받는 보
(b) 보의 부분
(c) 보의 굽힘응력의 분포

여기서 $k = 0$일 때, 식 (c)는 NA에 대한 횡단면의 1차모멘트는 0이 된다. 이 모멘트가 0이 되기 위해선 단면의 중립축과 도심축이 일치해야 한다. y축에 관하여 횡단면이 대칭이라는 의미는 y축과 z축이 기본 도심축이 된다는 것을 의미한다. 적분식 (d)에서의 관성모멘트는 $I = \int y^2 dA$와 같이 정의되는데, 이는 z축의 보 횡단면에 대한 관성모멘트를 나타낸다. 따라서 k를 다음과 같이 정리할 수 있다.

$$k = -\frac{M}{I} \tag{e}$$

애초에 직선보에 적용할 수 있는 탄성 휨 공식으로 알려진 수직응력에 관한 식은 식 (a)와 (e)를 결합하여 구할 수 있으며 다음과 같이 정리가 가능하다.

$$\sigma_x = -\frac{My}{I} \tag{3.16}$$

여기서 y는 중립축(NA)에서 응력을 계산하는 지점까지의 수직 거리를 나타낸다. $|y_{max}|$일 때 보통 최대 수직응력 σ_{max}가 된다. 여기서 보의 중립축에서 최외곽부까지의 거리를 c라고 나타낸다. 위 식을 이용하여 휨 공식을 정리하면 다음과 같이 쓸 수 있다.

$$\sigma_{max} = \frac{Mc}{I} = \frac{M}{S} \tag{3.17}$$

여기서 $S = I/c$는 횡단면에 대한 단면계수이다. 주목해야 할 점은 이 휨 공식은 비대칭 단면의 보에도 적용할 수 있다는 점이다. 이 때 I는 주축에 대한 주관성모멘트이고 M은 주축에 대한 모멘트이다.

3.7.2.1 사각단면의 굴곡진 보

대부분의 경우 응력을 받는 기계나 구조물의 요소로 들어가 있는 보의 형상은 직선이 아니다. 굽힘모멘트에 의해 보가 막 구어지기 시작했을 때 응력분포는 NA의 어느 측면에서도 선형이 아니지만, 내측에서 신속하게 증가한다. 축대칭 하중을 받는 부재의 휨공식은 후에 배울 장에서 다루며 탄성 이론 또는 근사해법* 등을 이용하여 구한다.

이 절에서는 그림 3.12에서 보이듯이 같이 굽은 부재에서 일반적인 응력공식을 사각단면에 적용해 본다. 순수 굽힘하중을 받는 굽은 사각단면보의 수직응력을 구해야 하는데, 내부 표면에서의 응력 σ_i과 외부 표면에서의 응력 σ_o은 식 (16.52)를 이용하여 구할 때 다음과 같이 구할 수 있다.

$$\sigma_i = \frac{M(R - r_i)}{Aer_i} \qquad \sigma_o = \frac{M(R - r_o)}{Aer_o} \tag{3.18}$$

여기서 R과 e의 값은 표 16.1과 그림 3.12를 통하여 다음과 같음을 알 수 있다.

---

* 심도 있는 이해를 원한다면 16.8절을 먼저 공부하기 바란다.

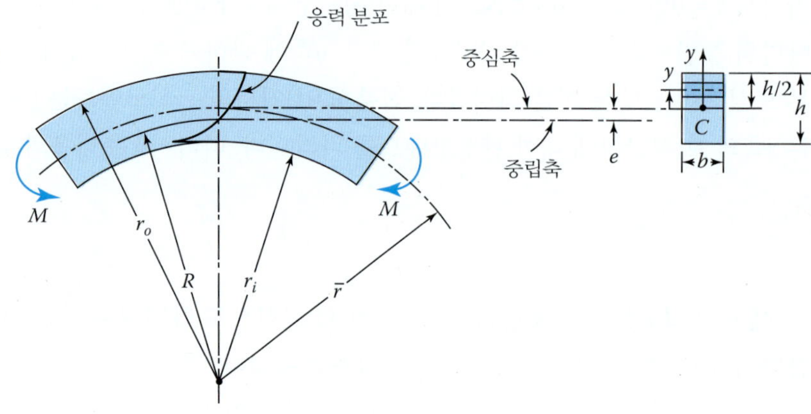

[그림 3.12]
순수 굽힘을 받고 있는 직사각형 단면의 굴곡진 보

$$R = \frac{h}{\ln(r_o / r_i)} \qquad e = \bar{r} - R \tag{3.19}$$

여기서 앞으로 배울 공식을 습득하기 위해 기본적으로 배워야 할 값과 지칭을 다음과 같이 정리할 수 있다.

A = 단면의 넓이

h = 보의 높이

R = 중심축의 곡률반지름

M = 굽힘모멘트. 모멘트가 오목한 면으로 들어가는 방향을 가지면 +값을 가짐

r_i, r_o = 내면과 외면의 곡률반지름

$\bar{r}$ = 중심축의 곡률반지름

e = 중심축과 중립축과의 거리

식 (3.18)로부터 얻은 +값의 의미는 인장응력을 가진다는 것을 의미한다.

보가 굽게 된다면 그림 3.12와 같이 NA는 도심축 $y = 0$에서 거리 e만큼 곡률중심쪽으로 이동하게 된다. 여기서 R과 e에 대해 일반적인 많은 단면형상들의 경우에 대한 수식적 표현들은 표 16.1에 나와 있다. 굽은 보의 조합응력에 대해선 16장에 소개되어 있고, 다양한 방법으로 얻은 결과에 대해서는 예제 16.6에서 자세히 다루고 있다. 굽힘, 전단과 수직하중에 의해 굽은 부재의 변위에 대해서는 5.5절에서 다루고 있다.

3.7.3 전단응력

여기서 우리는 전단력 V에 의한 보의 전단응력 τ의 분포상태가 어떻게 되는지에 대해 알아볼 것이다. 단면 위의 임의 점에서의 수직 전단응력 τ_{xy}와 같은 지점에서의 수평 전단응력 τ_{yx}은 같은 수치를 가진다(1.11절). 또한 전단력이 가해질 때 전단응력뿐만 아니라 수직응력 또한 보의 폭에 걸쳐서 동일하게

작용한다. 횡단면(그림 3.11b) 내 임의의 점에서의 전단응력 $\tau_{xy} = \tau_{yx}$은 *전단식*(shear formula)에 의해 다음과 같다.

$$\tau_{xy} = \frac{VQ}{Ib} \tag{3.20}$$

여기서

V = 단면의 전단력

b = 풀이를 진행할 단면에서의 폭이다.

전단응력을 구할 단면의 NA 관점에서 구한 1차 모멘트라는 Q의 정의에 의해서 우리는 Q를 구할 식을 다음과 같이 얻을 수 있다.

$$Q = \int_{A^*} y\mathrm{d}A = A^* \bar{y} \tag{3.21}$$

여기서 A^*는 구하고자 하는 단면의 면적이고, $\bar{y}$는 중심축에서 NA까지의 거리이다. 명확하게 $\bar{y}$가 NA보다 위에 있다고 여겨진다면, 그림 3.11b에서 보여지듯이 Q의 값은 전단력을 구할 *단면의 1차 모멘트*를 나타낸다. 이 사실은 명확하게 단면의 형상에 따라서 전단응력 또한 변함을 보여주고 있다.

3.7.3.1 직사각형 단면

전단응력의 변화를 확인하기 위해서는 먼저 Q가 어떻게 변화하는지를 알아야 한다. 왜냐하면 V와 I 그리고 b는 직사각형 단면에서 일정한 상수의 값을 가지기 때문이다. 직사균일단면 보 내부 횡단면에서의 전단응력 분포는 포물선 형상을 가지며 그림 3.13과 같이 전단응력은 단면의 꼭대기 지점 $y_1 = \pm h/2$와 맨 밑에서 0이고 NA($x_1 = 0$)에서 최대가 된다. 최대 전단응력식은 다음과 같다.

$$\tau_{\max} = \frac{V}{Ib} A^* \bar{y} = \frac{V}{\left(bh^3/12\right)b} \frac{bh}{2} \frac{h}{4} = \frac{3}{2} \frac{V}{A} \tag{3.22}$$

여기서 $A = bh$로, 높이 h, 폭 b를 가진 직사각형 단면의 면적이다. y축 방향과 평행한 면을 가진 좁은 보에 대하여 식 (3.20)은 탄성 이론으로 구한 정확한 응력분포와 일치하는 정도의 훌륭한 해결책을 제

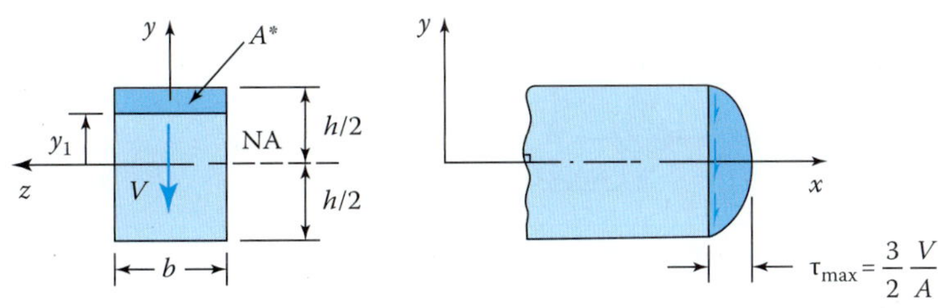

[그림 3.13]
직사각형 단면을 가진 보의 전단응력

시한다. 식 (3.22)는 자주 사용되는 사각 단면의 보에서 특히 유용하게 사용된다.

그림 3.11b와 같이 보 축을 따라 보의 폭에 단위 길이마다 작용하는 전단력은 식 (3.22)에 언급되어 있는 τ_{xy}와 b의 값을 곱하여 구할 수 있다. 이 양을 q라고 표기하며 *전단류*(shear flow)라 부른다. 전단흐름은 다음과 같이 표현할 수 있다.

$$q = \frac{VQ}{I} \tag{3.23}$$

이 공식은 y축에 대칭인 횡단면을 가진 모든 보에 적용가능하다. 또한 이 식은 조립된 보를 해석할 때도 유용하다. 이와 같은 유형의 보는 두 개 혹은 그 이상의 재료가 결합하여 제작된다. 조립 보의 각 부분들은 일반적으로 보의 부분이 단일부재처럼 동작할 정도로 적절히 결합되어 있다는 가정을 기초로 설계한다. 결합구조에 대해서는 15장에서 자세히 알아보도록 하겠다.

〈표 3.2〉 몇가지 자주 사용되는 단면적 형상 보의 최대 전단응력

단면적		최대 전단응력	단면 위치
직사각형	V, NA, z	$\tau_{max} = \frac{3}{2}\frac{V}{A}$	NA
원형	V, NA	$\tau_{max} = \frac{4}{3}\frac{V}{A}$	NA
속이 빈 원형	V, NA	$\tau_{max} = 2\frac{V}{A}$	NA
삼각형	V, NA	$\tau_{max} = \frac{3}{2}\frac{V}{A}$	꼭대기와 바닥의 정중앙부
다이아몬드형	V, h, NA	$\tau_{max} = \frac{9}{8}\frac{V}{A}$	중립축으로부터 위나 아래쪽으로 $h/8$ 떨어진 부위

주: 단면적 A, 수직 전단력 V, 중립축 NA.

3.7.3.2 다양한 단면적

꼭 알아야 할 점은 보의 전단공식 또는 전단응력 공식이라 불리는 식의 값은 곡면공식에 기초를 두고 있다는 점이다. 그러므로 단순히 굽힘공식을 적용하는 데 있어서는 한계가 있다. 다양한 단면적에 대한 공식의 적용은 예제 3.11에서 원형 단면에 대해서 적용했던 방법이나 지금까지 직사각형에 적용했던 방법과 매우 유사하다. 표 3.2는 평균 전단응력에 상수를 곱한 것으로 전단응력을 표현 가능한 일반적인 몇몇 경우를 수록해 두었다. 여기서의 상수는 단면적의 모양 함수로부터 도출한 상수이다.

예제 3.5 단순 지지보의 응력 결정

T형 단면형상을 가진 단순 지지보가 그림 3.14a와 같이 하중을 받고 있다. 다음 값을 구하라.

a. 최대 전단응력
b. 플랜지와 웨브 사이 이음매의 전단류 q_j와 전단응력 τ_j
c. 최대 굽힘모멘트

주어진 값: $P = 4$ kN, $L = 3$ m.

풀이

거리 $\bar{y}$는 다음과 같다. z축부터 도심까지의 거리는 다음과 같이 표현 가능하다(그림 3.14b).

$$\bar{y} = \frac{A_1\bar{y}_1 + A_2\bar{y}_2}{A_1 + A_2} = \frac{20(60)70 + 60(20)30}{20(60) + 60(20)} = 50 \text{ mm}$$

NA에 대한 관성모멘트 I는 평행축 정리로부터 다음과 같다.

$$I = \frac{1}{12}(60)(20)^3 + 20(60)(20)^2 + \frac{1}{12}(20)(60)^3 + 20(60)(20)^2 = 136 \times 10^4 \text{ mm}^4$$

그림 3.14c, 3.14d에 나와 있는 전단과 모멘트 선도는 다음과 같은 방법을 사용하여 그린다.

a. 보의 최대 전단응력은 최대 전단력 V를 지지하는 횡단면의 NA에서 발생하므로 이를 구하기 위해선 다음과 같은 과정을 통해서 최대 전단응력을 도출한다.

$$Q_{\text{NA}} = 50(20)25 = 25 \times 10^3 \text{ mm}^3$$

전단응력이 그림 3.14c와 같이 보의 모든 전단면에 2 kN로 작용하므로 다음 식을 만족한다.

$$\tau_{\max} = \frac{V_{\max}Q_{\text{NA}}}{Ib} = \frac{2 \times 10^3\left(25 \times 10^{-6}\right)}{136 \times 10^{-8}(0.02)} = 1.84 \text{ MPa}$$

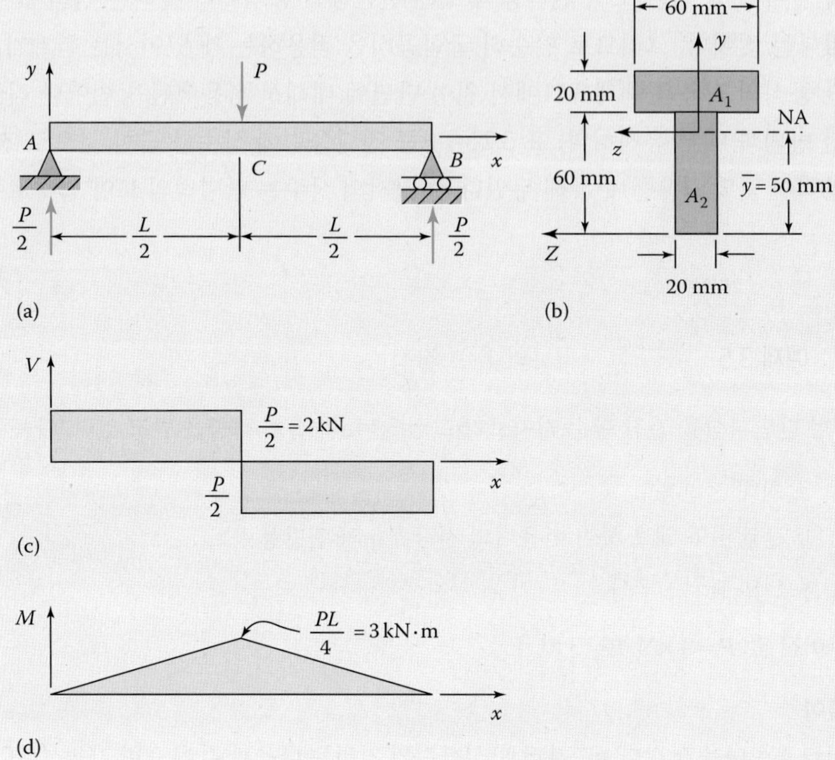

[그림 3.14]
예제 3.5. (a) 하중 선도 (b) 보의 단면 (c) 전단 선도 (d) 모멘트 선도

b. NA에 대한 굽힘으로 발생한 모멘트는 다음과 같다.

$$Q_f = 20(60)20 = 24 \times 10^3 \text{ mm}^3$$

식 (3.23)과 (3.20)을 적용하면

$$q_j = \frac{VQ_f}{I} = \frac{2 \times 10^3 (24 \times 10^{-6})}{136 \times 10^{-8}} = 35.3 \text{ kN/m}$$

$$\tau_j = \frac{VQ_f}{Ib} = \frac{35.3(10^3)}{0.02} = 1.765 \text{ MPa}$$

c. 그림 3.14d에서 볼 수 있듯이 최대 모멘트는 보의 중심에서 발생한다. 그러므로 식 (3.17)로부터 다음과 같은 결과를 도출해 낼 수 있다.

$$\sigma_{\max} = \frac{M_C}{I} = \frac{3 \times 10^3 (0.05)}{136 \times 10^{-8}} = 110.3 \text{ MPa}$$

3.8 보의 설계

이 절에서는 강도에 대한 보의 탄성설계에 관하여 다룬다. 이 절에서는 한 개의 재료로 만들어진 보 및 두 개의 재료로 만들어진 보를 다룬다. 주의해야 할 점은 어떤 보의 경우 허용처짐을 기초로 선택해야 한다. 이 처짐에 대한 것은 4장과 5장에서 다루며, 때때로 보를 설계할 때 소성모멘트의 용량을 고려하여 공정을 수행하는 극한설계방식을 이용하여 설계를 수행하기도 한다[2].

3.8.1 균일단면 보

우리는 휨과 전단력으로 인한 응력발생의 양이 허용응력을 초과하지 않은 상태로 하중을 안전하게 지지할 수 있도록 보의 치수를 선택한다. 그러므로 굽힘모멘트와 전단력의 최댓값이 발생하는 임계단면에서의 수직응력과 전단응력의 최댓값을 참고하여 설계시 보의 수치를 결정한다. 이렇게 중요한 임계단면을 찾는 데 전단력 선도와 굽힘모멘트 선도가 있다면 큰 도움이 된다. 큰 하중을 받는 짧은 보의 설계는 일반적으로 전단응력에 의해 설계값이 좌우되는 반면, 가늘고 긴 보는 일반적으로 휨응력에 의해 설계값이 좌우된다. 나무는 나뭇결과 평행한 방향으로 전단강도가 낮기 때문에 설계시 전단력을 고려한다면 강철보보다 나무보에서 더 집중적으로 고려해야 한다.

3.2절에서의 합리적인 설계과정을 고려한다면, 보통 형태의 보를 설계할 때 다음의 과정을 포함시켜 설계한다.

1. 파손은 항복 또는 파단으로 인하여 발생된다고 가정하며, 굽힘응력은 구조물 손상과 가장 밀접한 관련이 있다고 생각하라.
2. 굽힘응력의 최댓값은 $\sigma = M_{\max}/S$이다.
3. 파손이 없는 한도 내에서 사용할 수 있는 σ의 최대 허용값 $\sigma_{\max}$은 항복강도 S_y 또는 극한강도 S_u이다.
4. 안전율 n은 허용응력 $\sigma_{\text{all}} = \sigma_{\max}/n$을 도출하기 위해 최대 응력에 앞과 같이 적용된다. 이 때 요구되는 보의 단면계수는 다음과 같다.

$$S = \frac{M_{\max}}{\sigma_{\text{all}}} \tag{3.24}$$

일반적으로 요구되는 S값에 따라서 보의 치수가 달라진다. 그래서 우리는 보의 특성 표에서 단위길이당 무게가 가장 가볍거나 또는 단면적이 가장 작은 것을 선택하였다. 이 때 인장과 압축의 허용응력이 같으면 이중대칭 단면(y축과 z축에 대칭인 단면)을 선택해야 한다. 그러나 σ_{all}이 인장과 압축에서 다르다면 T보와 같이 단일 대칭 단면을 골라야 한다. 그래야 섬유의 극단적인 인장과 압축 길이 변화 비의 값이 σ_{all} 비의 값과 비슷하게 가질 수 있도록 할 수 있다.

위 조건들에 의해 시험적으로 선택된 보의 *전단-저항 필요조건*(shear-resistance requirement)을 알아보자. 식 (3.20)의 Q, I, b, $V_{\max}$ 항에 적절한 값을 대입하면 우리는 아래의 식으로부터 보에 관한 최대 전단응력을 얻을 수 있다.

$$\tau_{max} = \frac{V_{max}Q}{Ib} \tag{3.25}$$

이를 통해 얻은 τ_{max}의 값이 허용응력 τ_{all}의 값보다 작다면 보의 설계는 적절하게 잘 된 것이다. 그렇지 않다면 더 강한 보를 선택해야 하므로 위 과정을 되풀이해야 한다.

예제 3.6 이중 대칭 단면의 보 설계

그림 3.15a와 같은 하중을 지지할 수 있는 광폭의 플랜지 철강보를 선택하라.

주어진 값: 허용 굽힘응력은 160 MPa이고 허용 전단응력은 90 MPa이다.

풀이

그림 3.15b의 전단력 선도와 그림 3.15c의 굽힘모멘트 선도로부터 알 수 있듯이 M_{max} = 110 kN · m이고 V_{max} = 40 kN이다. 그러므로 식 (3.24)로부터 다음과 같은 수치를 얻을 수 있다.

$$S = \frac{110 \times 10^3}{160\left(10^6\right)} = 688 \times 10^3 \text{ mm}^3$$

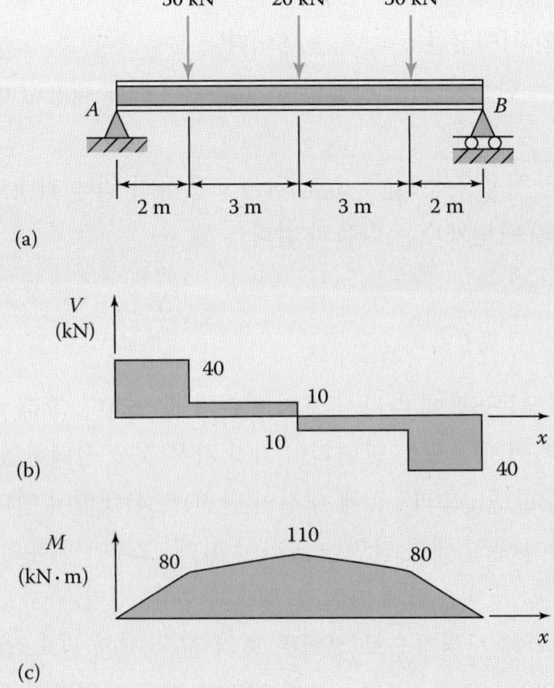

[그림 3.15]
예제 3.6. (a) 하중 선도
(b) 전단 선도 (c) 모멘트 선도

부록 A의 표 A.6을 이용하여 우리는 다음과 같은 S값도다 더 큰 값을 가진 보 중 가장 가벼운 보를 선택한다. 여기서 $S = 709 \times 10^3\ \mathrm{mm}^3$으로 200 mm의 폭과 71 kg/m의 단위 길이당 질량을 가진 보의 S값이다. 보의 무게($71 \times 9.81 \times 10 = 6.97$ kN)는 작용하중 80 kN에 비해 작으므로 무시한다.

플랜지 보의 근사 또는 평균 최대 전단응력은 전단력 V를 웨브 면적으로 나누어 다음과 같이 구한다.

$$\tau_{\mathrm{avg}} = \frac{V}{A_{\mathrm{web}}} = \frac{V}{ht} \tag{3.26}$$

여기서 h와 t는 각각 보의 높이와 웨브의 두께이다. 표 A.6에서 웨브 $W\,200 \times 71$의 단면적은 $216 \times 10.2 = 2.203(10^3)\ \mathrm{mm}^2$이다. 그러므로 이 수치들을 대입하여 계산하면 다음과 같은 평균 전단응력을 얻을 수 있다.

$$\tau_{\mathrm{avg}} = \frac{40 \times 10^3}{2.203\left(10^{-3}\right)} = 18.16\ \mathrm{MPa}$$

평가: 보의 평균 전단응력이 허용 전단응력 90 MPa보다 작으므로, 위와 같은 조건의 보는 사용이 가능하다.

3.8.2 균일 강도의 보

보에 허용응력 σ_{all} 크기의 응력을 균일하게 받을 때, 보의 재료로 응력 용량이 가장 큰 재료를 사용해야 하는 것은 당연하다. 이와 같이 사용하였을 무게가 최소인 설계가 될 수 있다. 임의의 횡단면에서 요구되는 단면계수 S는 다음과 같다.

$$S = \frac{M}{\sigma_{\mathrm{all}}} \tag{3.27}$$

여기서 M은 임의의 단면에서 굽힘모멘트이다. 이 공식을 토대로 설계된 테이퍼 보를 *균일 강도 보*(beams of constant strength)라고 부른다. 이런 보의 경우 작은 모멘트가 가해지는 위치에서의 전단응력이 설계에 큰 영향을 미친다는 것을 유의하라.

위와 같은 균일 강도보는 판 스프링과 단조 또는 주조된 기계요소들(14.10절)에 사용된다. 왜냐하면 보통 제작 및 설계상의 제약들로 인해서 구조부재로 사용될 균일 강도보를 생산하는 것은 거의 불가능하기 때문이다. 따라서 대들보와 같은 큰 모멘트가 발생하는 곳에서는 균일단면 보를 대신하여 용접된 덮개판이 주로 사용된다. 만약에 테이퍼 보 옆면끼리의 각도가 작으면, 휨 공식으로 인해 얻은 결과의 오차는 작다. 그러나 균일하지 않은 보에서 전단응력식을 사용하여 얻은 결과는 만족할 만큼 정확하지 않다. 그러므로 이 식의 수정된 형태가 설계용도로 많이 사용된다. 직사각형 쐐기에서의 정확한 응력분포를 구하고 싶다면 탄성 이론으로 구할 수 있다[3].

예제 3.7 균일 강도를 가진 보의 설계

균일한 강도를 가지고 있고 사각단면인 외팔보가 그림 3.16a와 같이 자유단에 집중하중 P를 받고 있다. 다음 두 가지 경우에 대한 단면적을 구하라.

a. 폭 b가 상수일 경우
b. 높이 h가 상수일 경우

풀이

a. A로부터의 거리 x에 대하여 $M = Px$이고 $S = bh^2/6$이다. 식 (3.27)을 사용하면 다음과 같이 표현이 가능하다.

$$\frac{bh^2}{6} = \frac{Px}{\sigma_{\text{all}}} \tag{a}$$

비슷하게 고정단($x = L, h = h_1$)에서는 다음과 같이 표현이 가능하다.

$$\frac{bh_1^2}{6} = \frac{PL}{\sigma_{\text{all}}}$$

식 (a)를 위 식으로 나누면 다음과 같은 결과를 얻을 수 있다.

$$h = h_1\sqrt{\frac{x}{L}} \tag{b}$$

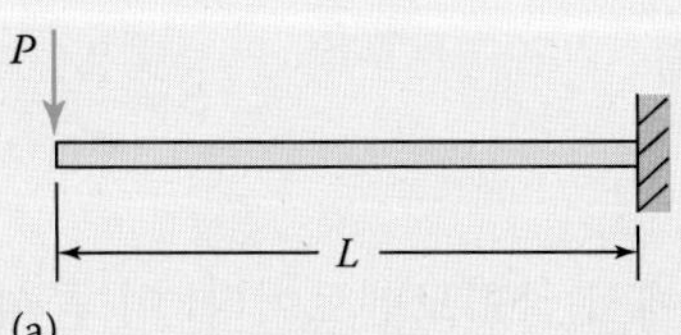

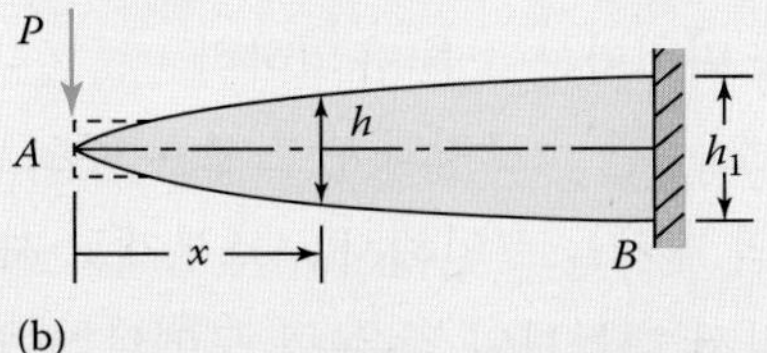

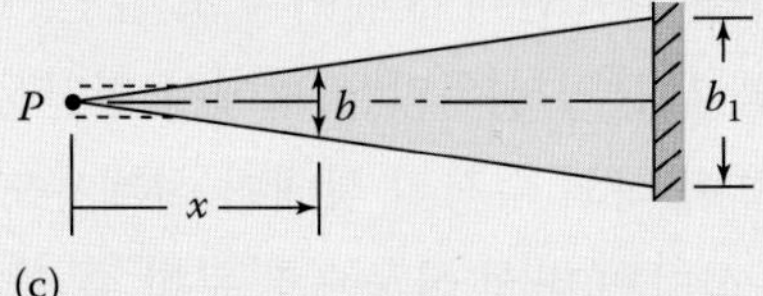

[그림 3.16]
예제 3.7. (a) 균일한 강도의 외팔보 (b) 측면도 (c) 상면도

그러므로 보의 높이는 그림 3.16b처럼 자유단 부분으로부터 포물선으로 변한다.

b. 식 (a)는 결론적으로 다음과 같은 식으로 정리가 가능하다.

$$b = \left(\frac{6P}{h^2\sigma_{all}}\right)x = \frac{b_1}{L}x \quad \text{(c)}$$

평가: 식 (c)에서 괄호 안은 상수항을 의미하며, $x = L$이고 폭이 b_1일 때 그림 3.16c와 같이 괄호 안의 값은 b_1/L와 같게 된다. 이 경우 그림에서 점선으로 표현되어 있는 보의 끝에 가까운 단면 A의 횡단면이 전단력을 견딜 수 있도록 설계해야 한다.

예제 3.8 신호등 지지봉의 설계

무게 W의 3색 신호등이 그림 3.17a와 같이 항복강도 S_y의 강철봉에 매달려 있다. 이 보는 그림 3.17b처럼 균일한 단면적과 길이 L을 가지고 있는 균일단면 부재로 설계되었다.

주어진 값: $L = 4.5$ m, $S_y = 250$ MPa, $W = 200$ N.

구하는 값: 그림 3.17c와 같이 기하학적으로 같은 *공칭높이*(same nominal depth)를 가지는 두 가지 모양

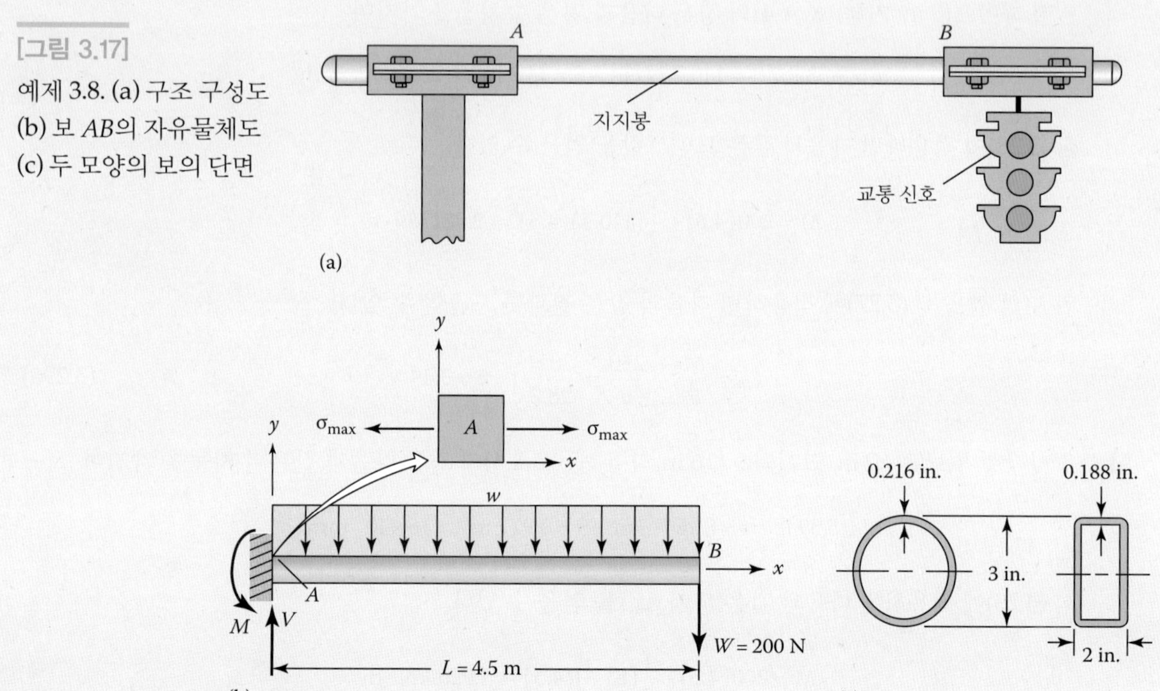

[그림 3.17]
예제 3.8. (a) 구조 구성도
(b) 보 AB의 자유물체도
(c) 두 모양의 보의 단면

의 단면을 가지는 보의 안전율 구하라. 여기서 두 가지 모양의 단면은 각각 *a*, *b*와 같다.

a. 원형 튜브
b. 직사각형 튜브

가정:

1. 보의 단위 길이당 무게는 w이며 신호등의 무게는 W이다. 바람의 영향은 무시한다.
2. 보의 왼쪽 끝은 단단히 고정되어 있는 파이프로 구성되었다.
3. 위의 그림과 같은 하중과 지지조건에서의 보는 내부 전단력 V와 굽힘모멘트 M이 축방향을 따라 있는 매 단면마다 생성되었다. 보의 길이 대 높이의 비율은 4500/75 = 60이며 굽힘으로 인한 전단의 영향은 무시한다(3.7절 참조).

풀이

그림 3.17과 표 A.4 그리고 식 (3.24)를 보자.

그림 3.17b로부터 우리는 보의 왼쪽 끝부분 단면의 가장 위쪽 부위 A에서 최대 굽힘응력이 발생함을 알 수 있다. 그러므로 A는 신호등 무게 W와 봉의 무게인 w가 생성하는 굽힘모멘트 M과 전단력 $V = wL$의 임계점이라 말할 수 있다. 보에 가해지는 모멘트는 다음과 같이 표현이 가능하다.

$$M = WL + \frac{1}{2}wL^2 \tag{3.28}$$

a. *원형 파이프*(3 in. 지름, 표 A.4)의 경우 다음과 같은 수치들을 가지며

$$w = 7.58\ \text{lb/ft} = 110.7\ \text{N/m} \quad S = 1.72\ \text{in}^3. = 28.2 \times 10^3\ \text{mm}^3$$

식 (3.28)에 적용하면 다음과 같은 모멘트값을 얻을 수 있다.

$$M = 200(4.5) + \frac{1}{2}(110.7)(4.5)^2 = 2.021\ \text{kN}\cdot\text{m}$$

위 M의 값을 식 (3.27)에 적용하면 다음과 같은 결과를 도출할 수 있다.

$$\sigma_{\text{all}} = \frac{M}{S}; \quad \frac{250}{n} = \frac{2021}{28.2}, \quad n = 3.49 \tag{3.29a}$$

b. *직사각형 튜브*(3 × 2 in. 크기와 3/16 in.의 두께, 표 A.4)의 경우 다음과 같은 수치들을 가지며

$$w = 5.59\ \text{lb/ft} = 81.6\ \text{N/m} \quad S = 0.977\ \text{in}^3. = 16 \times 10^3\ \text{mm}^3$$

식 (3.28)에 적용하면 다음과 같은 모멘트값을 얻을 수 있다.

$$M = 200(4.5) + \frac{1}{2}(81.6)(4.5)^2 = 1.726\ \text{kN}\cdot\text{m}$$

위 M의 값을 식 (3.27)에 적용하면 다음과 같은 결과를 도출할 수 있다.

$$\sigma_{\text{all}} = \frac{M}{S}; \quad \frac{250}{n} = \frac{1726}{16}, \quad n = 2.32 \tag{3.29b}$$

평가: 결과로는 원형 파이프가 굽힘에 대해 아주 높은 효율성을 보였으며 직사각형의 경우 약한 보의 형태임을 알 수 있었다.

3.9 평면 응력

지금까지는 부재의 특성을 알아보기 위해 수직단면 위에 있는 점에서 발생하는 응력과 변형률에 대해서만 알아보았다. 이 절에서는 경사면 위에 있는 점에서의 응력상태를 다룬다. 다시 말하면, 우리는 측면에 작용하는 응력을 통하여 다른 응력 요소들이 어떠한 방향을 가지고 있느냐와 상관없이 값을 구할 수 있기를 원한다. 이 과정을 *응력변환*(stress transformation)이라고 부른다. 여기서는 2차원 평면응력만 논의한다. 응력이 하나의 좌표축(여기서는 z축)과 아무런 연관이 없을 때, 2차원 응력상태가 존재한다. 이 2차원 상태에서의 평면응력은 $\sigma_z = \tau_{yz} = \tau_{xz} = 0$이고, 이 때 σ_x, σ_y, τ_{xy}는 0이 아니다. 2차원 상태에서의 평면응력을 받는 경우는 축하중을 받는 봉, 비틀림을 받는 축, 가로축으로 힘이 작용하는 보 그리고 동시에 하나 이상의 하중을 받는 부재의 경하단면에서 발생하는 응력의 경우를 예로 들 수 있다.

2차원 응력요소로 나타낸 물체의 한 점에서의 응력성분 σ_x, σ_y, τ_{xy}를 고려해 보자(그림 3.18a). 경사면에 작용하는 응력을 표현하기 위하여 이 요소에서 분리된 삼각형 모양의 요소를 그림 3.18b에 나타내었다. x축으로부터의 x'축이나 평면 AB에 수직인 벡터 n이 이루는 각도 θ는 x축에서 시계 반대방

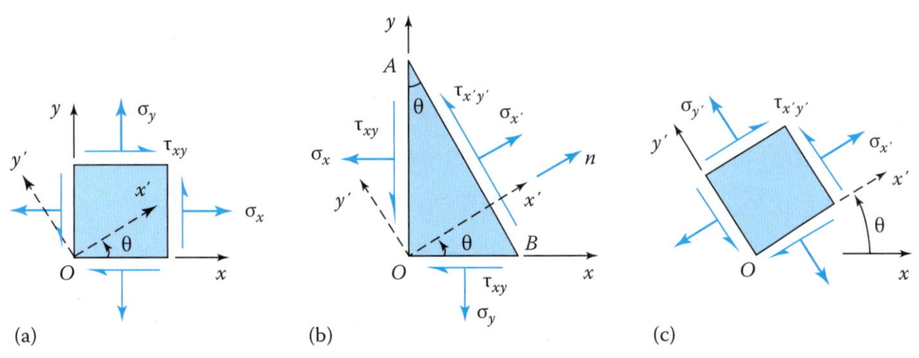

[그림 3.18]
평면응력에서의 요소

향으로 회전하면서 얻은 각도와 같으므로 1.13절의 부호규약에 따라 응력을 +값으로 표현하였다. 삼각형 모양의 요소에 작용하는 응력들의 힘의 평형으로부터 평면응력에 대한 아래의 변형공식을 유도할 수 있다[1].

$$\sigma_{x'} = \sigma_x \cos^2\theta + \sigma_y \sin^2\theta + 2\tau_{xy} \sin\theta\cos\theta \tag{3.30a}$$

$$\tau_{x'y'} = \tau_{xy}\left(\cos^2\theta - \sin^2\theta\right) + \left(\sigma_y - \sigma_x\right)\sin\theta\cos\theta \tag{3.30b}$$

응력 $\sigma_y{}'$는 식 (3.30a)에서 θ를 $\theta + \pi/2$로 변환하면 쉽게 구할 수 있다(그림 3.18c).

$$\sigma_{y'} = \sigma_x \sin^2\theta + \sigma_y \cos^2\theta - 2\tau_{xy} \sin\theta\cos\theta \tag{3.30c}$$

2배각 공식을 이용하면, 앞의 공식들은 다음과 같은 유용한 대체 공식으로 표현이 가능하다.

$$\sigma_{x'} = \frac{1}{2}\left(\sigma_x + \sigma_y\right) + \frac{1}{2}\left(\sigma_x - \sigma_y\right)\cos 2\theta + \tau_{xy}\sin 2\theta \tag{3.31a}$$

$$\tau_{x'y'} = -\frac{1}{2}\left(\sigma_x - \sigma_y\right)\sin 2\theta + \tau_{xy}\cos 2\theta \tag{3.31b}$$

$$\sigma_{y'} = \frac{1}{2}\left(\sigma_x + \sigma_y\right) - \frac{1}{2}\left(\sigma_x - \sigma_y\right)\cos 2\theta - \tau_{xy}\sin 2\theta \tag{3.31c}$$

설계를 위해서 제일 큰 응력의 값을 구할 필요가 있다. 전단응력이 사라지고 수직응력은 최대가 되는 평면의 두 직각성분(θ_p' and θ_p'') 은 다음 식으로 구할 수 있다.

$$\tan 2\theta_p = \frac{2\tau_{xy}}{\sigma_x - \sigma_y} \tag{3.32}$$

각도 θ_p는 x축과 주평면의 방향을 나타낸다(그림 3.19). 평면 내에서 주응력은 식 (3.32)에서 구한 두 개의 θ_p값을 각각 식 (3.31a)와 (3.31c)에 대입하여 구한다.

$$\sigma_{\max,\min} = \sigma_{1,2} = \frac{\sigma_x + \sigma_y}{2} \pm \sqrt{\left(\frac{\sigma_x - \sigma_y}{2}\right)^2 + \tau_{xy}^2} \tag{3.33}$$

[그림 3.19]
평면의 주응력들

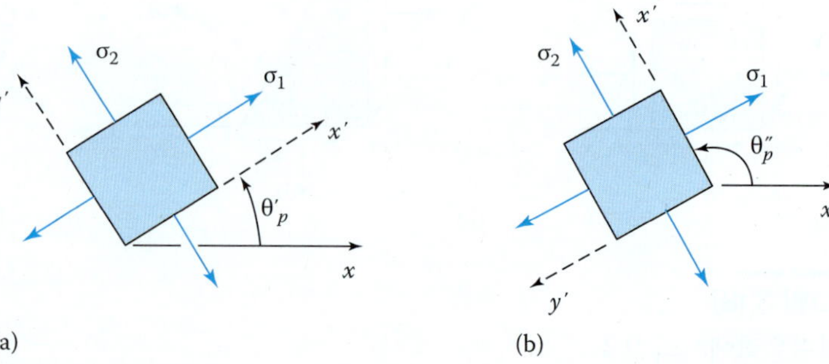

여기서 +부호를 가질 때에는 최대 주응력 σ_1을 구할 수 있고 −부호를 가질 때에는 최소 주응력 σ_2를 구할 수 있다. 식 (3.31a)에서 σ_1을 구하기 위해서는 θ_p를 찾아서 대입하여 풀어야 한다.

예제 3.9 나선 이음매를 따라 용접된 원통형 압력용기의 응력

그림 3.20a는 가로축에서 ψ의 각도를 이루며 나선형으로 용접된 원통형 압력용기를 나타낸다. 다음을 구하라.

a. 최대 내부 압력 p
b. 용접부에서의 전단응력

주어진 값: $r = 10$ in., $t = 1/4$ in., $\psi = 55°$. 용접부에서의 허용인장강도 = 14.5 ksi.

가정: 응력은 끝부분에서 멀리 떨어진 벽 위의 점 A에서 구한다. 용기는 얇은 벽의 원통형이다.

풀이

축방향과 접선방향의 주응력은 각각 다음과 같다. 축방향 주응력과 접선방향의 주응력은 다음과 같이 구할 수 있다.

$$\sigma_a = \frac{pr}{2t} = \frac{p(10)}{2(1/4)} = 20p = \sigma_2, \quad \sigma_\theta = 2\sigma_a = 40p = \sigma_1$$

그림 3.20b에 응력상태를 나타내었다. 용접면에 대해 수직인 축을 x'으로 잡는다. 이 축은 x축을 시계방향으로 $\theta = 35°$만큼 회전한 축이다.

a. 식 (3.31a)를 사용하면 용접부의 인장응력을 다음과 같이 구할 수 있다.

$$\sigma_{x'} = \frac{\sigma_2 + \sigma_1}{2} + \frac{\sigma_2 - \sigma_1}{2}\cos 2(-35°)$$
$$= 30p - 10p\cos(-70°) \le 14{,}500$$

여기서 구할 수 있듯이 $p_{\max} = 546$ psi이다.

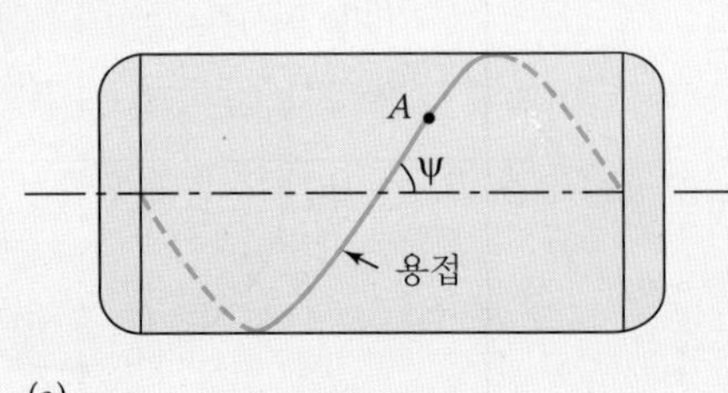

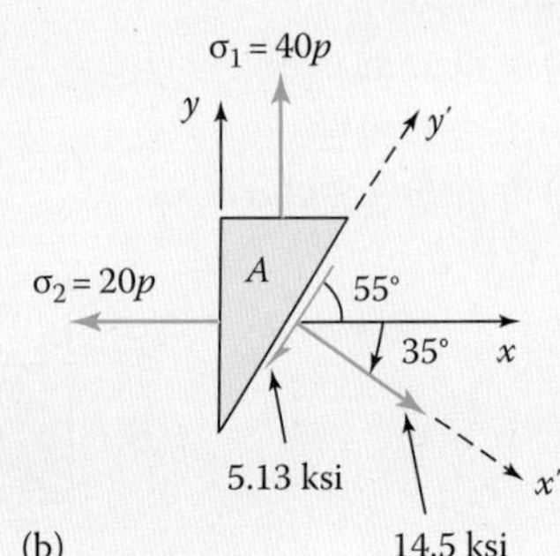

[그림 3.20]
예제 3.9의 그림. (a) 나선형 용접 (b) A점에서의 응력상태

b. 식 (3.31b)를 적용하면, 위에서 구한 압력에서의 용접부 전단응력은 다음과 같이 구할 수 있다.

$$\tau_{x'y'} = -\frac{\sigma_2 - \sigma_1}{2}\sin 2(-35°)$$
$$= 10p\sin(-70°) = -5.13 \text{ ksi}$$

이 답은 그림 3.20b에도 표기되어 있다.

3.9.1 응력에 대한 모어원

평면응력에 대한 변환식 (3.31a) 및 (3.31b)는 σ와 τ의 좌표축에서 원형의 형태로 나타낼 수 있는데, 이를 *모어원*(Mohr's circle)이라고 한다(그림 3.21b). 이 원은 부재의 여러 경사면의 점에서 작용하는 수직응력과 전단응력의 관계를 시각화하는 데에 매우 유용하다. 또한 이 원은 그래프의 구조를 가지고 있기에 응력변환문제를 더 빠르고 쉽게 푸는 데 도움을 준다.

그림 3.21a에서 볼 수 있는 원 위의 A 좌표는 평면 또는 x면에 작용하는 응력을 나타낸 것이다. 비슷하게 모어원 위의 A'점 좌표는 x'평면에 작용하는 응력성분 $\sigma x'$와 $\tau_{x'y'}$를 나타낸다. 이 원의 중심은 $(\sigma', 0)$이며 반지름 r은 길이 CA와 같다. 모어원에서 수직응력의 *부호표현*은 1.13절의 부호규약을 따른다. 그러나 모어원에서 단순히 응력값을 읽거나 설계에 활용할 때, 요소의 y평면에 작용하는 전단응력은 +로 잡지만, x평면에 작용하는 전단응력은 −로 잡는다(그림 3.21c).

최대 전단응력은 크기의 원의 반지름 R과 같다. 그러므로 그림 3.21b로부터 다음과 같은 결과를 도출해 낼 수 있다.

$$\tau_{\max} = \sqrt{\left(\frac{\sigma_x - \sigma_y}{2}\right)^2 + \tau_{xy}^2} \tag{3.24}$$

그림 3.22에서 볼 수 있듯이 모어원으로부터 최대 전단응력면은 항상 주응력면으로부터 45° 차이 나

[그림 3.21]
(a) 응력 요소
(b) 응력 모어원
(c) 양의 전단응력 σ_2

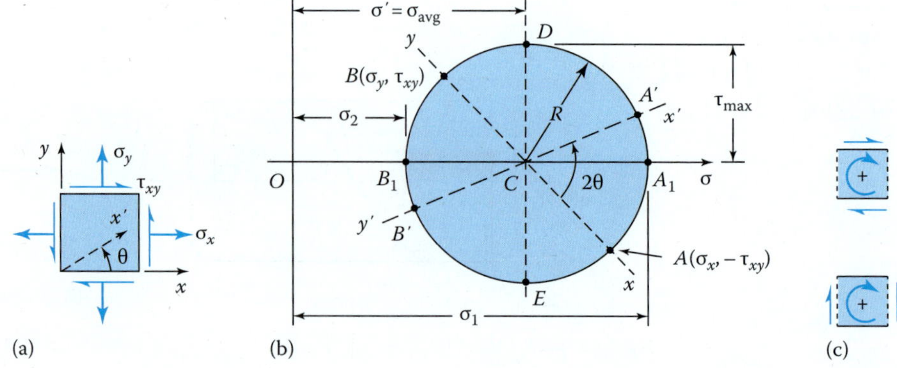

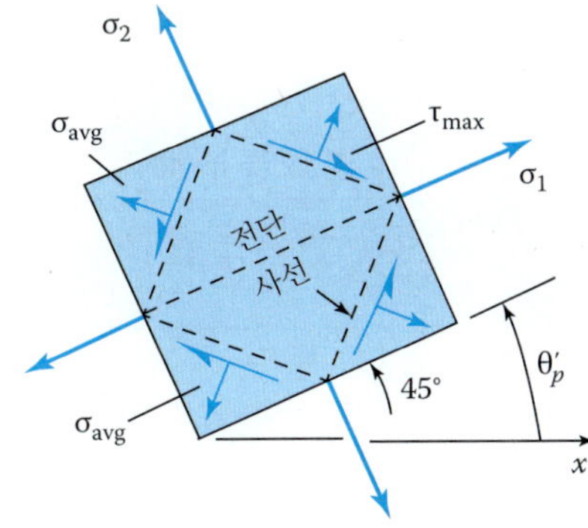

[그림 3.22]
주응력과 최대 전단응력을 가지는 평면

는 각도의 면에 위치함을 알 수 있다. 이 때, 주응력이 작용하는 면을 따라 응력 요소를 분석한 것을 *전단사선*(shear diagonal)이라고 부르는데, 최대 전단응력은 전단사선을 따라 작용한다. 최대 전단응력 면에 발생하는 수직응력은 다음과 같다.

$$\sigma' = \sigma_{avg} = \frac{1}{2}\left(\sigma_x + \sigma_y\right) \tag{3.35}$$

이는 상호 직각인 아무 평면에서 식 (3.30)이나 모어원을 사용하면 쉽게 증명이 가능하다.

$$I_1 = \sigma_x + \sigma_y = \sigma_{x'} + \sigma_{y'} \quad I_2 = \sigma_x\sigma_y - \tau_{xy}^2 = \sigma_{x'}\sigma_{y'} - \tau_{x'y'}^2 \tag{3.36}$$

여기서 I_1와 I_2는 2차원 *응력불변량*(stress invariant)이라 부르며 축이 회전하더라도 그 값이 변하지 않기 때문에 이런 이름이 붙혀졌다. 이 식은 3차원 응력의 분석에도 사용될 수 있다. 흥미롭게도 수학적인 관점에서, 응력이 회전에 의해서 변형된 것을 *텐서*(tensor)라고 부른다. 식 (3.36)은 이런 응력변환의 결과를 숫자로 확인하는 데 유용하다.

3축 응력 상태 σ_1, σ_2, σ_3의 경우 모어원은 각각 3차원 요소들의 투영된 것들에 의해 그려진다. 그림 3.22에서 볼 수 있는 3개의 원은 3축 응력에 대한 모어원을 나타낸다. 한 점에서 응력의 일반적인 상태는 3.15절에서 상세하게 다룬다. 모어원의 작성은 기본적으로 매우 중요한데, 이는 모어원이 모든 2열 텐서에 적용되기 때문이다. 또한 모어원은 관성모멘트, 고유진동수를 결정하는 데도 이용된다. 모어원은 통상 간단하게 먼저 그리는데, 삼각법으로 거리와 각도를 결정하기 때문에 처음부터 자세히 그리기는 어렵다. 모어원은 두 개의 일반적인 하중이 가해졌을 경우 발생하는 응력을 분석하는 편리한 방법이다.

3.9.1.1 축하중

그림 3.23a처럼 봉의 단면적이 A이고 인장력 P가 가해질 때, 우리는 $\sigma_x = \sigma_1 = P/A$, $\sigma_y = 0$, $\tau_{xy} = 0$라는 응력성분의 값들을 도출해 낼 수 있다. 위 정보를 토대로 모어원을 그리고, 그림 3.23b에서의 점 A와 B로부터 모어원의 반지름 $R = P/2A$를 도출해 낼 수 있다. 점 D와 E는 최대 전단응력이 가해지는

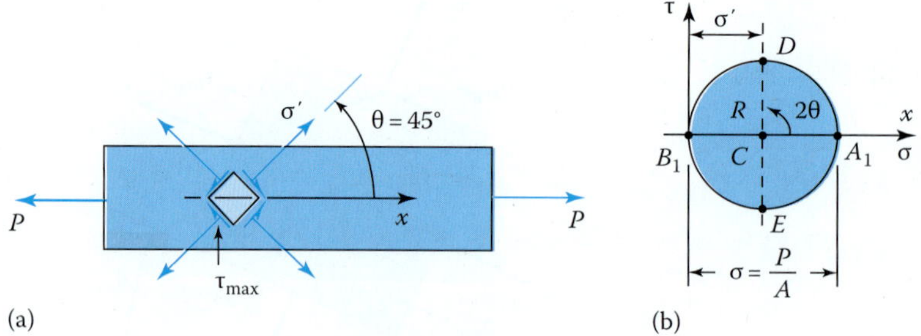

[그림 3.23]
(a) 축에 하중이 가해지는 봉 내부 최대 전단응력이 발생하는 평면 (b) 축방향 하중으로 인한 모어원

평면의 위치와 각도 정보를 나타내며 또한 응력 σ′로 인해 발생하는 최대 전단응력의 크기를 나타내기도 한다.

$$\tau_{max} = \sigma' = R = \frac{P}{2A} \tag{a}$$

모어원으로부터 전단응력이 0일 때 수직응력은 최대나 최소가 됨을 알 수 있다.

3.9.1.2 비틀림

봉의 횡단면적에 대한 극관성모멘트가 J라고 할 때 $\sigma_x = \sigma_y = 0$, $\tau_{xy} = \tau_{max} = Tc/J$가 성립한다. 점 D와 E는 τ축 위에 있고, 모어원의 반지름은 원점부터 원의 중심좌표까지의 거리인 $R = Tc/J$이다(그림 3.24b). 점 A_1과 B_1는 주응력을 나타내며 다음과 같이 구할 수 있다.

$$\sigma_{1,2} = \pm R = \pm\frac{Tc}{J} \tag{b}$$

[그림 3.24]
(a) 비틀림을 받는 축의 표면 응력 (b) 비틀림 하중에 대한 모어원 (c) 깨지기 쉬운 물질의 비틀림에 의한 파괴

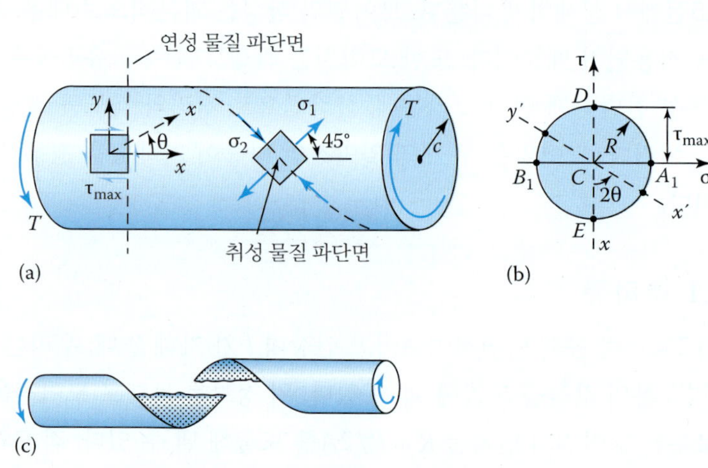

주철처럼 전단력보다 인장력에 더 약한 재료의 파손은 그림 3.24a에서 점선으로 표현된 나선형을 따라 발생한다.

그림 3.24c에서는 비틀림으로 깨지기 쉬운 성질의 봉에 대한 파손형태를 나타내었다. 보통의 경우 분필에서 이런 파손형태가 나타난다. 구조용 강과 같이 전단강도가 약한 재료로 만들어진 축은 축에 수직인 선을 따라 파괴된다. 시험한 결과에 의하면 매우 얇은 벽의 중공축은 최대 압축력 방향으로 좌굴이 생기거나 주름이 지고, 최대 인장력 방향으로 찢어지는 형상을 보인다.

예제 3.10 모어원을 이용한 원통형 압력용기의 응력 해석

예제 3.9를 모어원을 사용하여 다시 수행하라. 또한 내부벽에서의 최대 전단응력과 용기벽의 임의의 점에서의 최대 전단응력을 구하라.

풀이

예제 3.9의 그림 3.20을 참고하여 응력상태를 그림 3.25의 모어원으로 표시하였다. x'축은 x축에 대한 원에서 $2\theta = 70°$만큼 회전한 축이다.

a. 그림 3.25로부터 $\sigma_{x'} = 30p - 10p \cos 70° \leq 14{,}500$라는 결과를 얻었다. 이로부터 $p_{max} = 546$ psi라는 결론을 도출해 낼 수 있다.

b. 위의 압력값으로부터 용접부의 전단응력을 구하면 다음과 같이 구할 수 있다.

$$\tau_{x'y'} = \pm 10(546)\sin 70° = \pm 5.13 \text{ ksi}$$

평면에서 최대 전단응력은 모어원 위의 점 D와 E의 값에 의해 결정되므로 다음과 같은 값을 도출해 낼 수 있다.

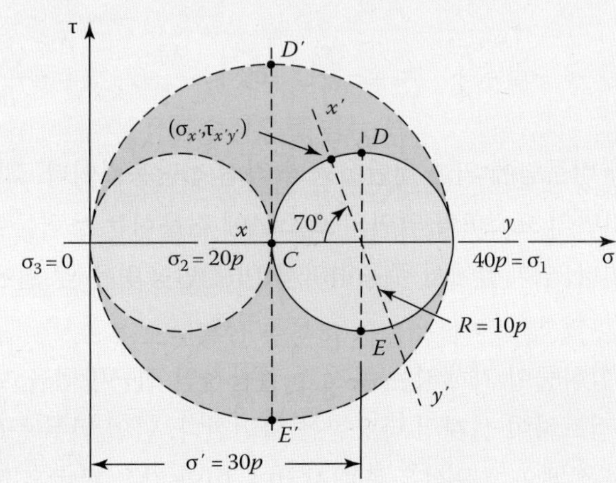

[그림 3.25]
예제 3.10

$$\tau = \pm\frac{1}{2}(40p - 20p) = \pm 10(546) = \pm 5.46 \text{ ksi}$$

반지름방향의 세 번째 주응력은 $\sigma_3 = 0$이므로 세 개의 주응력원을 그림에 나타낸다면 최대 전단응력의 절대값은 가장 큰 원 위의 점 D'과 E'이다. 이를 구하면 다음과 같이 정리할 수 있다.

$$\tau_{\max} = \pm\frac{1}{2}(40p - 0) = \pm 20(546) = \pm 10.92 \text{ ksi}$$

3.10 조합 응력

우리는 탄성부재의 응력상태를 알기 위한 재료역학의 기본식을 3.2절에서 3.7절까지 다루었다. 지금까지 배운 공식들은 축의 중심이나 한 평면에 단일하중이 작용했을 때 발생하는 수직응력과 전단응력을 구하는 데 자주 사용된다. 또한 각각의 식으로부터 작용하중의 크기에 정비례하게 응력이 발생함을 알 수 있었다. 단면에서 다양한 내력의 발생 원인이 되는 두 개 이상의 하중이 동시에 작용할 때는 마치 부재에 하나의 하중이 작용하는 것처럼 각각의 하중에 의해 응력이 독립적으로 발생한다고 가정한다. 최종 또는 조합응력은 각각의 식으로부터 얻은 여러 상태의 응력을 전부 중첩하여 구할 수 있다. 본문에서 알 수 있듯이 조합하중 상태에서의 임계점은 쉽게 도출해 낼 수 없다. 그러므로 이와 같은 수치를 얻기 위해 상세한 응력분포를 자세하게 먼저 조사하는 것이 선행되어야 한다.

한 예로, 자유단 끝에 횡하중 P, 토크 T 및 축하중 F를 받는 원형 중실축 외팔보를 생각해 보자(그림 3.26a). 모든 단면은 축하중 F, 토크 T, 굽힘모멘트 M과 전단력 $P = V$가 작용한다. 이 응력성분들은 각각의 식을 적용하여 구할 수 있는데 그 값을 구하면 다음과 같이 표현할 수 있다.

$$\sigma'_x = \frac{F}{A}, \quad \tau_t = -\frac{Tc}{J}, \quad \sigma''_x = -\frac{Mc}{I}, \quad \tau_d = -\frac{VQ}{Ib}$$

여기서 τ_t와 τ_d는 각각 비틀림에 의한 전단응력과 직접 전단응력이다. 그림 3.26b에서 볼 수 있는 응력은 중립축으로부터 윗면의 요소 B와 옆면의 요소 A에 작용하는 응력들이다. B와 A는 가장 강한 응력이 발생하는 임계점이다. 임계점에서 주응력과 최대 전단응력은 앞 절에서 언급한 내용을 통해 구할 수 있다.

다음의 예시는 조합하중이 가해지는 문제의 일반적인 접근방법을 보여준다. 보통의 경우 임계위치의 요소들을 해석, 검토하여 설계의 타당함을 확인한다. 만일 너무 큰(또는 너무 작은) 응력이 작용하면 설계를 변경하여 설계의 효율성을 증대시킨다. 이와 같은 방법은 현장과 같이 조건이 많이 변화하는 경우에 사용되며, 대부분의 설계에서 상황에 맞는 특별한 공식을 일일히 유도하는 것은 비효율

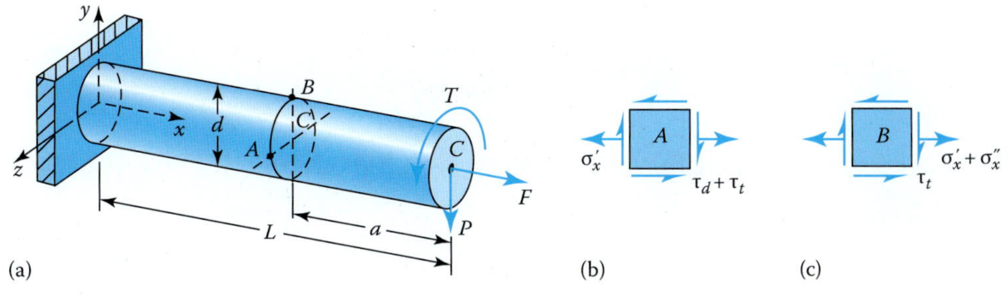

[그림 3.26]
(a) 비틀림, 직접전단, 인장력이 조합응력으로 작용하는 보 (b, c) A점과 B점에서의 응력분포도

적이다. 9장과 16장에 축, 열박음 또는 압축박음, 플라이휠, 압력용기 등 조합하중을 받는 보통 기계의 구성 요소에 대한 설계공식을 기술하였다.

예제 3.11 외팔보의 허용가능한 조합하중 도출

하중을 받고 있는 원형 외팔보가 있다(그림 3.26a). 하중 P의 최대 허용값을 구하라.

주어진 값: 지름 $d = 60$ mm, $T = 0.1P$ N · m, $F = 10P$ N.

가정: 자유단에서 길이 $a = 120$ mm 떨어진 부위에서의 단면의 허용 인장응력은 100 MPa이며, 허용전단응력은 60 MPa이다.

풀이

봉의 모든 점에서의 수직응력은 다음과 같다.

$$\sigma_x' = \frac{F}{A} = \frac{10P}{A} = \frac{10P}{\pi(0.03)^2} = 3536.8P \qquad \text{(a)}$$

봉의 맨 바깥에서의 비틀림 응력은 다음과 같다

$$\tau_t = -\frac{Tc}{J} = -\frac{0.1P(0.03)}{\pi(0.03)^4/2} = -2357.9P \qquad \text{(b)}$$

최대 인장 굽힘응력은 단면의 점 B에서 발생한다. 그러므로 $a = 120$ mm에서 다음 결과를 얻을 수 있다.

$$\sigma_x'' = \frac{Mc}{I} = \frac{0.12P(0.03)}{\pi(0.03)^4/4} = 5658.8P$$

$Q = A\bar{y} = (\pi c^2/2)(4c/3\pi) = 2c^3/3$, $b = 2c$이므로 점 A에서 발생하는 최대 전단력은 다음과 같다.

$$\tau_d = -\frac{VQ}{Ib} = -\frac{4V}{3A} = -\frac{4P}{3\pi(0.03)^2} = -471.57P \tag{c}$$

식 (3.33)과 (3.34)에 $\sigma_y = 0$ 와 식 (a), (b), (c)를 대입하면, 점 A(그림 3.26b)에서의 최대 주응력과 최대 전단 응력은 다음과 같다.

$$(\sigma_1)_A = \frac{\sigma'_x}{2} + \left[\left(\frac{\sigma'_x}{2}\right)^2 + (\tau_d + \tau_t)^2\right]^{1/2}$$

$$= \frac{3536.8P}{2} + \left[\left(\frac{3536.8P}{2}\right)^2 + (-2829.5P)^2\right]^{1/2}$$

$$= 1768.4P + 3336.7P = 5105.1P$$

$$(\tau_{\max})_A = 3336.7P$$

위 점 A에서 구한 것처럼 점 B(그림 3.26c)에서의 응력을 구하면 다음과 같다.

$$(\sigma_1)_B = \frac{\sigma'_x + \sigma''_x}{2} + \left[\left(\frac{\sigma'_x + \sigma''_x}{2}\right)^2 + \tau_t^2\right]^{1/2}$$

$$= \frac{9195.6P}{2} + \left[\left(\frac{9195.6P}{2}\right)^2 + (-2357.9P)^2\right]^{1/2}$$

$$= 4597.8P + 5167.2P = 9765P$$

$$(\tau_{\max})_B = 5167.2P$$

이를 볼 때 B에서의 응력은 A점에서의 응력보다 매우 큼을 알 수 있다. 주어진 값을 앞의 식에 대입하면 다음과 같은 값을 얻을 수 있다.

$$100(10^6) = 9765P \quad \text{or} \quad P = 10.24\ \text{kN}$$

$$60(10^6) = 5167.2P \quad \text{or} \quad P = 11.61\ \text{kN}$$

평가: 봉이 전달할 수 있는 최대 허용하중, 축하중, 비틀림하중은 각각 P = 10.24 kN, F = 102.4 kN, T = 1.024 kN · m의 값을 가진다.

예제 3.12 유압실린더의 최대 허용압력

유압(유체 또는 기체)은 실린더에 응력과 변형을 일으킨다. 이런 유압 구조의 경우 제어, 브레이크, 액추에이터 장비에 많이 사용된다. 문제 18.1의 그림 P18.1에서 볼 수 있는 모양으로 짐트럭의 유압실린더가 구성되어 있다. 문제 16.2에서 수행한 것처럼 가압이중도관을 설계하라.

주어진 값: 유압실린더의 반지름은 r, 두께는 t, 초기 압력은 p이며 그림 3.27a에서 볼 수 있듯이 축방향 하중 P가 피스톤 지름 $d \approx 2r$인 피스톤에 가해진다고 한다. 용기는 마운팅의 고정에 의해 토크 T를 받으며 $r = 60$ mm, $t = 5$ mm, $T = 300$ N · m, 실린더 벽의 허용전단응력은 75 MPa이다.

구하는 값: 실린더의 최대 허용압력을 구하라.

가정: 끝단에서 떨어져 있는 점 A는 임계점이다. 응력으로 인한 실린더의 굽힘 효과는 무시한다.

풀이

그림 3.27b와 같이 파이프 벽의 임계점에서 복합 응력이 작용하는 것을 알 수 있으며, 이를 구하면 다음과 같은 값들을 얻을 수 있다.

$$\tau_{xy} = \frac{Tr}{J} = \frac{T}{2\pi r^2 t}$$

$$= \frac{300}{2\pi(0.06)^2(0.005)} = 2.65\,\text{MPa}$$

$$\sigma_x = \frac{pr}{2t} = \frac{p(60)}{2(5)} = 6p$$

$$\sigma_\theta = \frac{pr}{t} = 12p$$

식 (3.34)를 적용하면 다음과 같다.

$$\tau_{\max} = \sqrt{\left(\frac{6p - 12p}{2}\right) + (2.65)^2}$$

$$= \sqrt{9p^2 + 7.023} \le 75$$

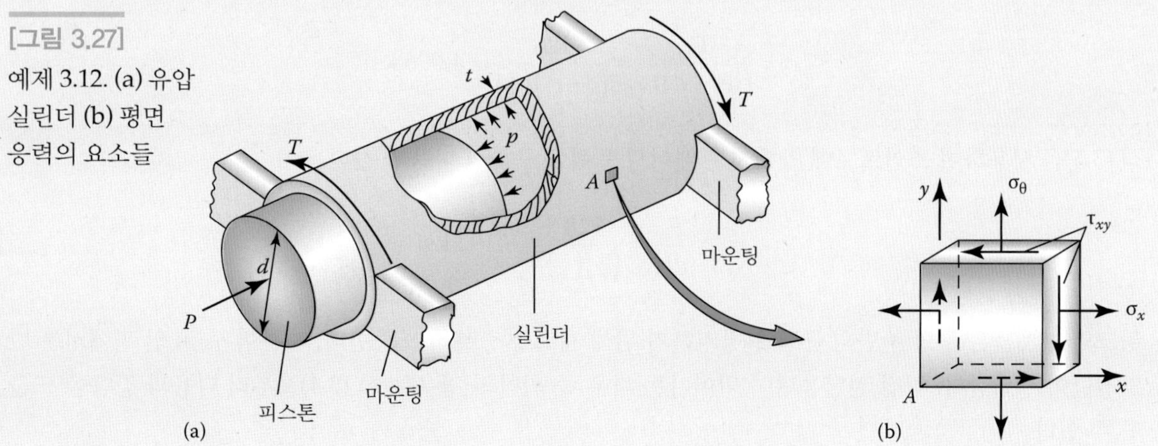

[그림 3.27]
예제 3.12. (a) 유압 실린더 (b) 평면 응력의 요소들

여기서 p의 값을 도출해 낼 수 있다.

$$p_{\max} = 25 \text{ MPa}$$

평가: 피스톤이 견딜 수 있는 허용가능한 최대 축하중 $P_{\max} = 25(\pi \times 60^2) = 283$ kN이다.

사례연구 3.1 볼트 커터의 응력 해석

그림 1.4처럼 볼트 커터 공구가 있다. 이 때 부재에 발생하는 응력을 구하라.

주어진 값: 사례연구 1.1에 형상과 하중이 제시되어 있다. 모든 부위는 AISI 1080 HR 강으로 만들어져 있고 단위는 인치이다. 또한 다음과 같은 수치들을 가지고 있다.

$$S_y = \frac{420}{6.895} = 60.9 \text{ ksi (Table B.3)}, \quad S_{yx} = 0.5S_y = 30.45 \text{ ksi}, \quad E = 30 \times 10^6 \text{ psi}$$

가정:

1. 하중은 정하중이다. 재료는 연성재료이고, 응력집중계수는 균일한 하중에서는 무시할 수 있다.
2. 대부분의 파손지점은 핀이 구멍에 끼워져 있는 링크 3이며, 핀은 전단력을 받고 조 2는 굽힘력을 받기 때문이다.
3. 부재 2는 돌출된 단순보로 취급할 수 있다.

풀이

그림 1.4와 그림 3.28을 참조하라.

결합핀 중 조인트 A가 가장 큰 힘을 받는다. *부재* 3은 끝단이 핀으로 고정되어 있는 인장을 받는 링크이다. 핀에 적용하는 힘은 그림 3.28a와 같이 128 lb이다. 그러므로 위 조건으로부터 수직응력을 구하면 다음과 같다.

$$\sigma = \frac{F_A}{(w_3 - d)t_3} = \frac{128}{\left(\frac{3}{8} - \frac{1}{8}\right)\left(\frac{1}{8}\right)} = 4.096 \text{ ksi}$$

식 (3.5)를 사용하여 조인트 A에 가해지는 베어링 응력을 구하면 다음과 같다.

$$\sigma_b = \frac{F_A}{dt_3} = \frac{128}{\left(\frac{1}{8}\right)\left(\frac{1}{8}\right)} = 8.192 \text{ ksi}$$

링크와 부재들은 구멍 주변의 균열을 방지하기 위해 재료를 충분히 보충한다. 지름이 1/8 in.인 핀에서는 단일전단이 일어난다. 직접 전단응력이 일어나는 경우 중 최악의 경우는 식 (3.4)로부터 다음과 같음을 도출할 수 있다.

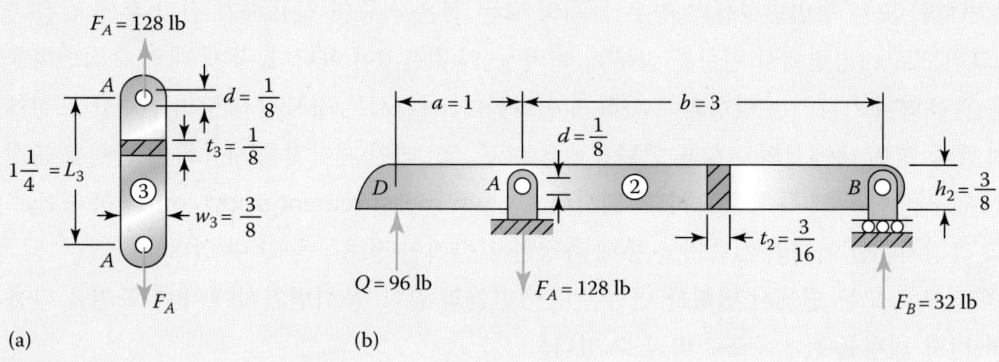

[그림 3.28]
그림 1.4에 있는 볼트 커터의 자유물체도. (a) 링크 3 (b) 조 2

$$\tau = \frac{4F_A}{\pi d^2} = \frac{4(128)}{\pi\left(\frac{1}{8}\right)^2} = 10.43 \text{ ksi}$$

그림 3.28b와 같이 *부재* 2의 조는 하중과 지지를 받는다. 부재의 횡단면 관성모멘트는 다음과 같다.

$$I = \frac{t_2}{12}\left(h_2^3 - d^3\right)$$
$$= \frac{3/16}{12}\left[\left(\frac{3}{8}\right)^3 - \left(\frac{1}{8}\right)^3\right] = 0.793\left(10^{-3}\right) \text{in.}^4$$

조의 A점에 발생하는 최대 모멘트 $M = F_B b = 32(3) = 96$ lb · in.이다. 이 때의 굽힘응력은 다음과 같다.

$$\sigma_c = \frac{Mc}{I} = \frac{96\left(\frac{3}{16}\right)}{0.793 \times 10^{-3}} = 22.7 \text{ ksi}$$

위의 결과에서 볼 수 있듯이 조의 전단응력은 무시할 수 있을 정도로 작다.

부재 1의 핸들의 형상은 불규칙하고 다른 조립 구성부분에 비해 상대적으로 무겁다. 핸들의 응력뿐만 아니라 휨의 정확한 값은 유한요소해석에 의해 구할 수 있다.

평가: 결론적으로 부재의 최대 응력은 재료의 항복강도를 넘지 않는다.

3.11 평면변형률

2차원 변형률 또는 평면변형률의 경우 물체의 모든 점은 하중이 작용하기 전과 후에 같은 평면상에 있다. 그러므로 xy평면에서 변형률 성분 ε_x, ε_y와 γ_{xy}의 값은 0이 아니다. 부재 내의 수직변형률과 전단변형률은 응력이 가해지는 방향과 유사하게 변화한다. 여기서는 경사진 방향의 변형률 표현에 대해서 알아보겠다. 평면 내에서의 변형률 변환공식은 연구 스트레인 게이지를 사용하여 변형률 측정하는 실험적인 연구를 하는 데 특히 중요하다. 웹사이트 www.measurementgroup.com을 통해 스트레인 게이지의 측정치뿐만 아니라 계측기를 통해 측정한 일반적인 정보들을 알 수 있다.

수학적으로 모든 면에서 변형률 변환은 응력변환과 같다. 응력변환식에 대한 표현을 다음과 같이 치환하면[3], 변형률 관계식으로 바꿀 수 있다.

$$\sigma \to \varepsilon \quad \text{and} \quad \tau \to \frac{\gamma}{2} \tag{a}$$

이렇듯 위와 같은 치환과 유사하게 2차원과 3차원에서의 응력 변환관계를 만들 수 있다. 그러므로 주변형률의 방향이 가리키는 각도를 식 (3.32)에서 구할 수 있다.

$$\tan 2\theta_p = \frac{\gamma_{xy}}{\varepsilon_x - \varepsilon_y} \tag{3.37}$$

식 (3.33)을 이용하여 평면 내 주변형률을 다음과 같이 표현할 수 있다.

$$\varepsilon_{1,2} = \frac{\varepsilon_x + \varepsilon_y}{2} \pm \sqrt{\left(\frac{\varepsilon_x - \varepsilon_y}{2}\right)^2 + \left(\frac{\gamma_{xy}}{2}\right)^2} \tag{3.38}$$

비슷하게 평면 내 임의의 방향으로의 변형률 변환식은 식 (3.31)로부터 다음과 같음을 알 수 있다.

$$\varepsilon_{x'} = \frac{1}{2}(\varepsilon_x + \varepsilon_y) + \frac{1}{2}(\varepsilon_x - \varepsilon_y)\cos 2\theta + \frac{\gamma_{xy}}{2}\sin 2\theta \tag{3.39a}$$

$$\gamma_{x'y'} = -(\varepsilon_x - \varepsilon_y)\sin 2\theta + \gamma_{xy}\cos 2\theta \tag{3.39b}$$

$$\varepsilon_{y'} = \frac{1}{2}(\varepsilon_x + \varepsilon_y) - \frac{1}{2}(\varepsilon_x - \varepsilon_y)\cos 2\theta - \frac{\gamma_{xy}}{2}\sin 2\theta \tag{3.39c}$$

최대 전단변형률을 구하는 식은 식 (3.34)에서도 찾아볼 수 있다. 비슷한 방법으로 3차원 변형률의 변환식은 3.17절에 기술되어 있는 응력관계식을 이용하여 구할 수 있다.

3.11.1 변형률에 대한 모어원의 작도

변형률에 대한 모어원의 경우, 수직변형률 ε은 오른쪽이 +인 수평축의 성분으로 위치시키고 수직축은 $\gamma/2$값을 위치시킨다. 원의 중심 C와 반지름 R은 다음과 같이 표현된다.

$$\varepsilon_{avg} = \varepsilon' = \frac{\varepsilon_x + \varepsilon_y}{2}, \quad R = \sqrt{\left(\frac{\varepsilon_x - \varepsilon_y}{2}\right)^2 + \left(\frac{\gamma_{xy}}{2}\right)^2} \tag{b}$$

전단변형률이 +라면 x축 변형률을 나타내는 점은 축 아래로 $\gamma/2$ 거리에 작도하고, 전단변형률이 –일 때는 반대방향의 거리에 작도한다. 전단변형률에 대한 규약은 단지 모어원에서 값을 작성하고 읽는 데만 사용되며 3.9절의 응력에 대한 규약과 일치함을 기억하라.

예제 3.13 모어원을 사용한 주변형률

1.13절에서 나온 것처럼 x축으로 450 μ 늘어나고 y방향으로 120 μ 수축하며 비틀림 각이 360 μ인 구조물의 요소가 있다. 다음을 계산하라.

a. 주변형률
b. 최대 전단변형률

주어진 값: $\varepsilon_x = 450\ \mu$, $\varepsilon_y = -120\ \mu$, $\gamma_{xy} = -360\ \mu$

가정: 각각의 요소들은 평면변형률 상태에 속해 있다.

풀이

그림 3.29와 같이 모어원을 그리는데, 수평축에서 +로 원의 중심 C값을 $\varepsilon' = (\varepsilon_x + \varepsilon_y)/2 = 165\ \mu$로 잡고, 원점으로부터 $(\varepsilon_x, -\gamma_{xy}/2)$ =(450 μ, 180 μ)의 좌표를 가진 점 A를 잡아서 이를 활용하여 그린다.

a. 평면 내 주변형률은 각각 점 A와 B의 값이므로 다음과 같이 표현이 가능하다.

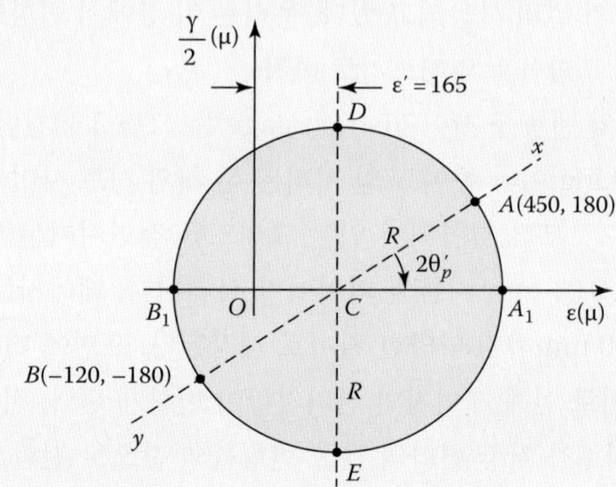

[그림 3.29]
예제 3.13

$$\varepsilon_{1,2} = 165\ \mu \pm \left[\left(\frac{450+120}{2} \right)^2 + (-180)^2 \right]^{1/2}$$

$$\varepsilon_1 = 502\ \mu \quad \varepsilon_2 = -172\ \mu$$

여기서 $\varepsilon_x + \varepsilon_y = \varepsilon_1 + \varepsilon_2 = 330\ \mu$이므로 각도는 다음과 같다.

$$\theta_p' = \frac{1}{2} \tan^{-1} \frac{180}{285} = 16.14°$$

모어원에서 θ_p'는 ε_1 방향을 가리킨다.

b. 최대 전단변형률은 점 *D*와 *E*값이므로 다음과 같이 쓸 수 있다.

$$\gamma_{max} = \pm(\varepsilon_1 - \varepsilon_2) = \pm 674\ \mu$$

평가: 모어원에서 볼 수 있듯이 최대 전단변형률의 축은 주축과 45° 각도를 이루고 있다. 최대 전단변형률 방향에서의 수직변형률은 $\varepsilon' = 165\ \mu$이다.

3.12 변형률의 측정; 변형률 측정기

모어원과 변형률 간의 변환식은 변형률 측정기를 이용한 측정치의 해석을 촉진시켰다. 그러나 좀 더 실험적인 응력 분석에 대한 통찰력을 얻기 위해서는 측정방법에 대한 자세한 내용을 좀 더 배워야 한다고 생각한다. 다양한 기계적, 전기적, 광학적 방법으로 평면 응력이 일어나는 부재의 *자유표면*(free surface)에서 *수직변형률*(normal strain)을 구하는 방법이 만들어졌다[7]. 보통 편리하고 정확한 방법인 전기적 변형률 로제트가 널리 사용되고 있다. 우리는 이 장에서 변형률 측정기의 종류에 따른 특성을 알아보고 최적의 측정 조합을 논의해보기로 하자.

변형률 게이지. 보통의 *변형률 게이지*(strain gage)는 그림 3.30처럼 매끈한 와이어 또는 포일 조각이 플라스틱 배킹(backing)이나 종이 포일 처리된 두 개의 시트 사이에 고정되어 있는 형상을 하고 있다. 배킹은 금속 표면으로부터 결합되어 있는 그리드를 절연시키는 역할을 한다. 일반적으로 0.03 mm의 포일 필라멘트나 0.03 mm 지름의 와이어가 사용된다. 게이지는 다양한 외부 환경에 적용할 수 있도록 4 mm부터 150 mm까지 다양한 길이로 제작된다. 표면에 변형률이 생기면 그리드가 늘어나거나 줄어들게 되고, 이로 인해 게이지의 전기저항이 변하게 된다. 전기저항이 변하면 게이지에 와이어로 연결된 브리지 회로가 저항 변화의 값을 변형률의 값으로 전환시킨다. 이 전환시키는 브리지 구조는 휘트스톤 브리지(Wheatstone bridge) 회로를 사용한다.

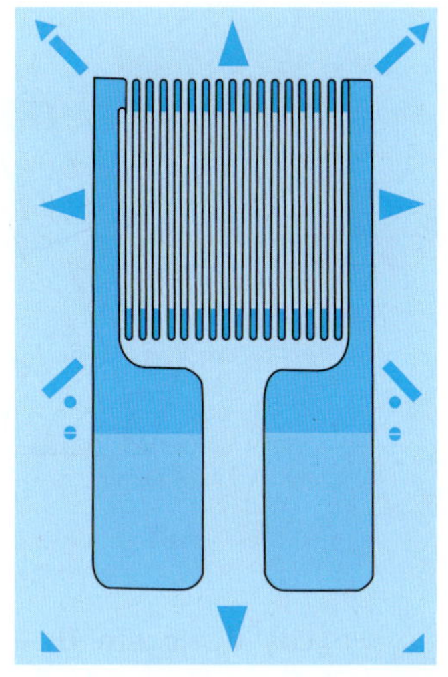

[그림 3.30]
변형률 게이지(Courtesy: Micro Measurements Division, Vishay Intertechnology, Inc., Malvern, PA.)

변형률 로제트. 적어도 같은 평면 위에 3개의 다른 방향으로의 변형률 변화를 측정하여 특정 점에서의 평균 변형률을 구해야 할 때가 있다. 그래서 3개의 게이지가 합해져서 변형률 로제트를 구성하는데, 이 변형률 측정기는 부재의 표면에 부착하여 사용한다. 실제 사용되고 있는 두 종류의 로제트로는 그림 3.31처럼 3개의 변형률 게이지가 45° 각도를 이루고 있는 직사각형 로제트와 60° 각도를 이루고 있는 델타 로제트가 있다.

그림 3.32와 같이 x축에 각도 θ_a, θ_b, θ_c를 이루면서 변형률 게이지가 배치되어 있는 것을 고려해 보자. 여기서 a-, b-, c- 방향의 수직변형률에 대한 식은 식 (3.30)과 (3.39)로부터 다음과 같은 표현으로 정리할 수 있다.

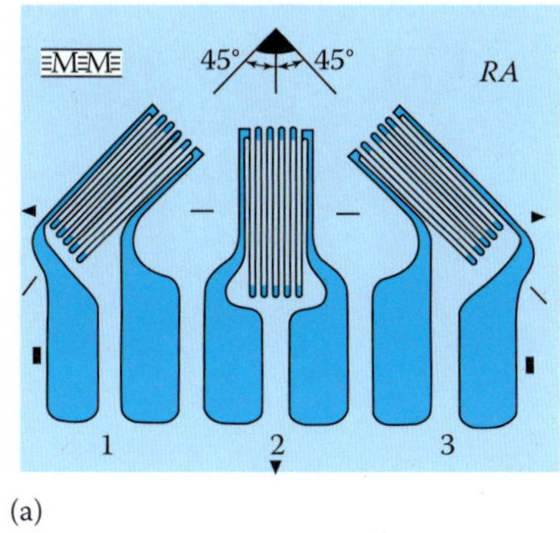

(a)

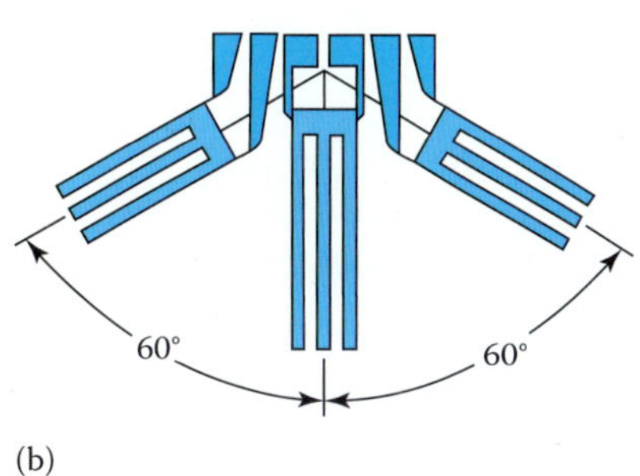

(b)

[그림 3.31]
변형률 로제트. (a) 직사각형 로제트 (b) 델타 로제트(Courtesy: Micro-Measurements Division; Vishay Intertechnology, Inc., Malvern, PA.)

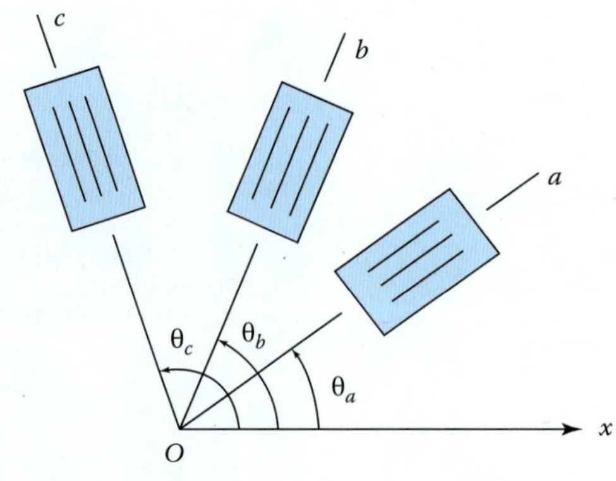

[그림 3.32]
변형률 로제트

$$\begin{aligned}\varepsilon_a &= \varepsilon_x \cos^2\theta_a + \varepsilon_y \sin^2\theta_a + \gamma_{xy}\sin\theta_a\cos\theta_a \\ \varepsilon_b &= \varepsilon_x \cos^2\theta_b + \varepsilon_y \sin^2\theta_b + \gamma_{xy}\sin\theta_b\cos\theta_b \\ \varepsilon_c &= \varepsilon_x \cos^2\theta_c + \varepsilon_y \sin^2\theta_c + \gamma_{xy}\sin\theta_c\cos\theta_c\end{aligned} \tag{3.40}$$

ε_a, ε_b, ε_c는 측정하여 얻을 수 있는 값이며 θ_a, θ_b, θ_c는 설계시 설정하는 값이다. 이를 토대로 식 (3.40)에 앞의 값들을 대입하면 ε_x, ε_y, γ_{xy}값을 얻을 수 있다. 보통의 경우, 한 축은 배열을 하기 위한 기준으로 설정해야 하므로 a를 그 기준으로 설정한다. 그러므로 $\varepsilon_x = \varepsilon_a$라 말할 수 있다. 이제 위 식을 통해 우리는 ε_y, γ_{xy}를 세 로제트 방향인 a, b, c방향에서 측정된 변형률 ε_a, ε_b, ε_c로 표현할 수 있다.

예제 3.14 프레임에서의 변형률 측정

주어진 값: 그림 3.33과 같이 안정성 테스트를 하는 도중 표면 위 A점에서 45° 로제트가 측정한 수직변형률은 다음과 같다.

$$\varepsilon_a = 800\ \mu, \quad \varepsilon_b = 600\ \mu, \quad \varepsilon_c = -150\ \mu$$

여기서 $\theta_a = 0°$, $\theta_b = 45°$, $\theta_c = 90°$이다.

구하는 값: 평면 변형률 요소를 구하라

풀이

45° 로제트 배열의 경우, 식 (3.40)은 다음과 같이 축소할 수 있다.

$$\varepsilon_a = \varepsilon_x, \quad \varepsilon_c = \varepsilon_y, \quad \varepsilon_b = \frac{1}{2}(\varepsilon_x + \varepsilon_y + \gamma_{xy})$$

여기서 축에 대한 표현을 바꾸면 다음과 같다.

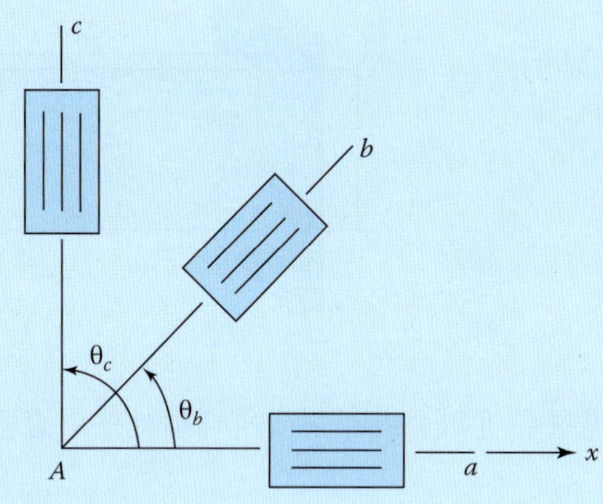

[그림 3.33]
직사각형 변형률 로제트

$$\varepsilon_x = \varepsilon_a, \quad \varepsilon_y = \varepsilon_c, \quad \gamma_{xy} = 2\varepsilon_b - (\varepsilon_a + \varepsilon_c) \tag{3.41}$$

주어진 값을 대입하면 $\varepsilon_x = 800\ \mu$, $\varepsilon_y = -150\ \mu$, $\gamma_{xy} = 550\ \mu$임을 알 수 있다.

평가: 주변형률과 최대 전단변형률은 위의 과정을 따라 계산한 값들을 통해서 충분히 알아낼 수 있다.

3.13 응력집중계수

국부적인 높은 응력의 발생을 기하학적 형상의 갑작스런 변화로 인하여 일어나는데, 이 때 발생하는 국부적인 높은 응력 현상을 응력집중이라고 한다. 형상의 급작스런 변화와 불연속에 응력집중이 일어나는 구멍, 노치, 키홈, 나사산, 틈새, 필릿 등에서 이 현상이 일어난다. 여기서 응력집중에 주목해야 하는데, 이 현상은 다음 절에서 언급된 취성재료의 피로파손이나 정적파손의 주된 원인이기 때문이다. 기존 재료역학의 공식들은 재료가 선형탄성이고 형상이 점진적으로 변화하는 재료에 적용하였다. 어떤 경우는 불연속에 가까운 곳에 응력과 변위를 탄성 이론을 적용하여 해석할 수 있다. 그러나 이와 같은 해석방법을 적용하지 못할 경우 실험적인 방법이나 유한요소법으로 분석할 수밖에 없다(사례연구 17.3). 실제로 많은 연구 센터에서 조합응력에 대한 응력집중현상을 연구하였다.

기하학적 또는 이론적인 *응력집중계수*(stress-concentration factor) K_t는 불연속인 곳의 최대 응력과 수직응력과의 관계를 도출하는 데 사용되며 응력집중계수는 다음과 같이 정의된다.

$$K_t = \frac{\sigma_{max}}{\sigma_{nom}} \quad \text{or} \quad K_t = \frac{\tau_{max}}{\tau_{nom}} \tag{3.42}$$

여기서 공칭응력이란 응력분포에 영향을 미치지 않을 정도로 작거나, 횡단면에 갑작스런 변화가 없을 때에 가해지는 응력을 말한다. 골대나 축소된 횡단면에 대해서 계산한 응력에 응력집중계수를 적용하

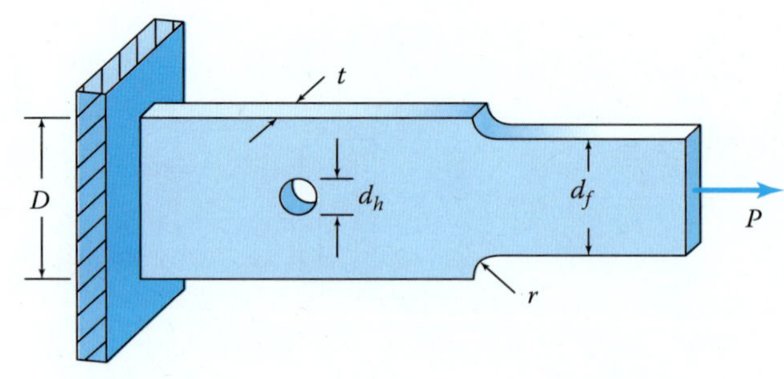

[그림 3.34]
하중이 가해지고 있는 필릿과 중심부에 구멍이 있는 얇은 봉

는 것은 중요하다. 몇몇 종류의 하중이나 형태에 대해서 응력집중계수는 기술적으로 적용이 가능하다 [8, 9].

부록 C에서 제공하는 다양한 형상에 대한 응력집중계수는 기계부품을 설계하는 데 유용하게 사용된다. 부록 C에서의 곡선들은 부재의 형태에 관계되고 크기와는 무관한 수치인 무차원 비율을 참고로 그려졌다. 이 그래프는 특정 부위 비중의 적절한 균형을 잡으면 응력집중의 크기를 줄일 수 있다는 사실을 이용하여 부재를 형성하는 유선형 연결부와 전환부의 최적 수치를 도출해 내는 데 유용하다. 반지름이 큰 필릿은 오목하게 들어간 모서리에 유용하다.

그림 C.1, C.2, C.7, C.9에서 보여지는 값들은 높이(지름) d인 부재가 더 큰 높이(지름) D인 접합부재와 연결된 반지름이 r인 필릿에 대한 값을 나타낸다(그림 3.34). *완전 필릿*(full fillet)은 반지름이 $r = (D - d_f)/2$인 90° 호이다. 응력집중계수는 r/d 또는 d/D가 증가할수록 감소한다. 또한 축방향 인장에 대한 결과는 축방향 압축에 대한 결과와 동일하다. 그러나 하중이 좌굴에 의한 파괴와 그다지 큰 관계가 없다면, 결과값으로 도출한 응력들은 유용하다.

예제 3.15 축방향 하중을 받는 구멍과 필릿이 있는 두꺼운 평판의 설계

두께 t인 필릿된 평판이 축하중 P를 지지하고 있다(그림 3.34). 구멍과 필릿에서 발생하는 응력이 같도록 필릿 반지름을 결정하라.

주어진 값: $P = 50$ kN, $D = 100$ mm, $d_f = 66$ mm, $d_h = 20$ mm, $t = 10$ mm.

설계 결정: 평판은 상대적으로 취성을 가진 금속합금으로 만들어져서 무조건 응력집중을 고려해야 한다.

풀이

원형 구멍에 대한 값은 다음과 같다.

$$\frac{d_h}{D} = \frac{20}{100} = 0.2, \quad A = (D - d_h)t = (100 - 20)10 = 800 \text{ mm}^2$$

그림 C.5의 아래쪽에 있는 곡선을 이용하면, $d_h/D = 0.2$일 때 $K_t = 2.44$임을 알 수 있다. 그러므로 다음과 같

은 결과를 도출해 낼 수 있다.

$$\sigma_{max} = K_t \frac{P}{A} = 2.44 \frac{50 \times 10^3}{800(10^{-6})} = 152.5 \text{ MPa}$$

필릿에서 발생하는 응력은 다음과 같다.

$$\sigma_{max} = K_t \frac{P}{A} = K_t \frac{50 \times 10^3}{660(10^{-6})} = 75.8K_t \text{ MPa}$$

구멍에 필릿과 최대 응력은 같아야 하므로 다음과 같이 정리한다.

$$152.5 = 75.8K_t \quad \text{or} \quad K_t = 2.01$$

그림 C.1의 곡선에서 $D/d_f = 100/66 = 1.52$일 때의 $K_t = 2.01$이므로 이 때의 $r/d_f = 0.12$임을 알 수 있다. 그러므로 필요한 필릿 반지름은 다음과 같다.

$$r = 0.12 \times 66 = 7.9 \text{ mm.}$$

3.14 설계시 응력집중계수의 중요성

특정 조건에 연성재료는 취성재료처럼 작용하기도 하며, 역의 경우도 성립한다. 이와 같은 특별한 적용에 대한 연성과 취성재료의 구분은 2.9절에 자세히 서술되어 있다. 또한 응력집중계수의 결정은 훅의 법칙을 기초로 한다.

3.14.1 피로하중

대부분의 공학재료는 높은 동적응력을 받는 부분에서 균열이 시작되어 퍼짐에 따라 파손이 일어난다. 몇몇 기계요소에 변동(충격)하중이 작용할 때에는 재료가 연성이냐 취성이냐에 관계없이 응력집중을 고려해야 한다. 기계설계시 피로응력집중은 매우 중요하다. 그러나 7.7절에서의 이론적인 요소들로부터 도출해 낸 효과만큼 공칭응력에 대한 피로 응력집중효과는 그다지 크지 않다.

3.14.2 정하중

정하중 상태에서의 응력집중현상은 *취성재료*(brittle material)를 다루는 데 있어서 매우 중요하다. 그러나 내부 결함이 있는 주철과 같은 취성재료에서는 하중의 성격에 관계 없이 응력을 상승시켜도 효과가 거의 없다. 그러므로 주철에 응력집중계수를 사용하는 것은 불필요하다. 보통 정하중을 받고 있

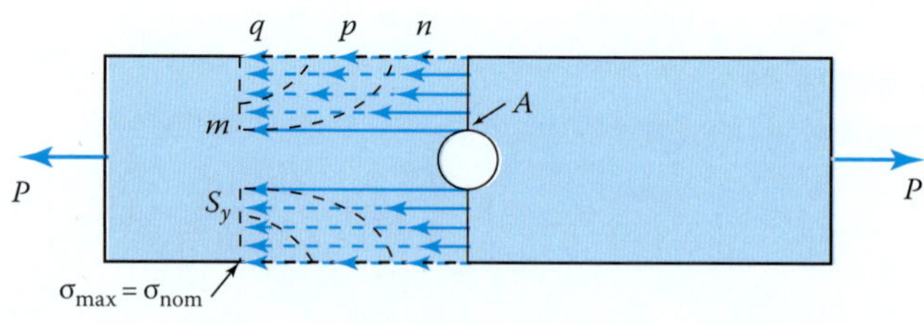

[그림 3.35]
연철 납작보의 잔류응력

는 *연성재료*(ductile material)에 대한 응력집중은 무시한다. 이 규제에 대한 설명은 꽤 단순하다. 항복점 이상으로 천천히, 연속적으로 하중을 받는 연성재료의 응력집중계수는 일정한 값을 향해 감소하는데, 이는 응력이 불연속점 주변에서 재분배되기 때문이다.

앞에 언급한 비탄성 거동을 보기 위해 그림 3.35에서 볼 수 있듯이 점차적으로 증가하는 하중 P를 받으며 구멍이 뚫린 평평한 연강봉의 거동에 대해서 알아보자. 응력 σ_{max}가 항복강도 S_y에 도달하면, 재료의 응력분포는 곡선 mn 모양이 되고 항복응력이 점 A에서 발생한다. 부재의 어떤 부분에서는 응력을 받아 소성변형을 하지만 나머지는 탄성변형을 하기에 부재에 더 많은 하중을 가할 수 있다. 또한 응력분포 곡선 아래의 면적이 하중 P와 같음을 볼 수 있는데, 이 면적은 과하중 P가 증가하면 증가하고 재료 속에 작용하는 소성유동을 발생시킨다. 그러므로 하중 P값이 증가함에 따라 응력분포 곡선은 곡선 mp 형태를 거쳐 최종적으로 mq의 형태가 된다. 즉 기하학적인 급격한 변화의 효과는 무효화되며 $\sigma_{max} = \sigma_{nom}$, 즉 $K_t = 1$의 값을 가지게 되는데, 이는 네킹 전 골재를 따라 거의 *균일한* 응력분포가 생긴다는 것을 의미한다. 그러므로 실용적으로 생각해 본다면, 구멍이 뚫린 봉은 구멍이 없는 봉과 같은 정하중을 받는다.

응력을 증가시키는 요인이 있는 상황에서 축과 보의 강도에 대한 연성의 효과는 축하중을 받는 봉과 비슷하다. 왜냐하면 국부적인 비탄성 변형이 이 부재들에서 발생하는 높은 응력집중을 지지하기 때문이다. 이와 같이 흥미롭게도 재료의 연성은 우리에게 적절한 설계를 위한 해석에서 어떤 요소를 무시하여도 되는지 알 수 있게 해준다. 한 예로 15.13절과 같이 리벳은 리벳결합부에서 동일한 하중을 지탱할 수 있다.

부재가 불균일한 응력을 횡단면에서 받았다면, 힘을 제거한 후에도 이 횡단면에 *잔류응력*(residual stress)이 남는다. 이런 식의 과적으로 인해 생성된 잔류응력은 같은 방향의 하중에 합으로 작용하는 잔류응력을 형성하고 반대방향의 경우 차로 작용한다. 이상적인 응력-변형률 곡선에서 어떤 방향으로의 하중용량이 증가하면, 반대방향으로의 하중용량은 감소하는 것과 같다. 참조할 만한 좋은 예로, 압축을 받는 코일 스프링은 항복에 의해 생성된 잔류응력이 유리하게 작용하는 예가 있다.

예제 3.16 하중을 받는 접합된 강철 축의 하중용량

접촉 부위 필릿의 반지름이 r이고 지름 d와 D의 원기둥 형태이며, 원형으로 접합되어 있는ASTM-A36 강

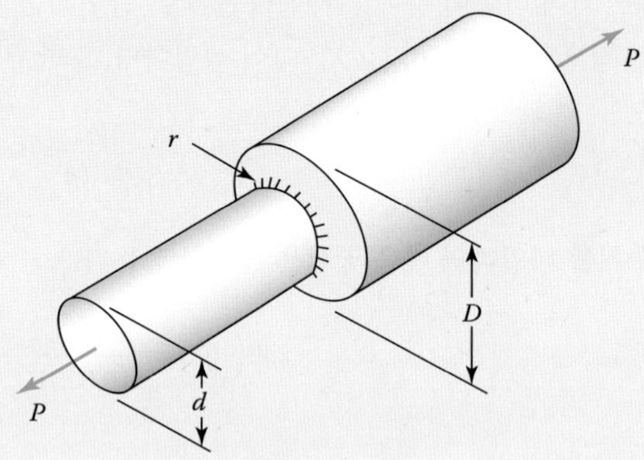

[그림 3.36]
예제 3.16. 축하중을 받고 있는 필릿된 축

철축이 그림 3.36과 같이 구성되어 있으며 인장하중 P를 받고 있다.

a. 인장력이 강철축의 항복의 원인이 되지 않는 P의 값을 구하라.
b. 보가 지탱할 수 있는 최대 P의 값을 구하라.

주어진 값: $d = 25$ mm, $D = 50$ mm, $r = 3.75$ mm, $S_y = 250$ MPa(표 B.1).

가정: 연철의 소성, 탄성이 이상적인 값을 가진다.

풀이

a. *항복 하중.* 재료는 탄성적이다. 주어진 차원에서 보의 기하학적 비율은 다음과 같다.

$$\frac{D}{d} = \frac{50}{25} = 2, \quad \frac{r}{d} = \frac{3.75}{25} = 0.15$$

여기서 그림 C.7을 참조하여 얻어낸 응력집중계수 $K_t = 1.8$이다.

항복이 발생하지 않는 차원에서 가장 크게 하중이 가해지는 경우 $\sigma_{max} = S_y$가 성립한다. 위 값을 대입하면 식 (3.42)는 다음과 같이 변화할 수 있다.

$$S_y = K_t \frac{P_y}{A} = K_t \frac{P_y}{\pi d^2/4}$$

주어진 값을 대입하여 정리하면 다음과 같은 값을 도출할 수 있다.

$$250\left(10^6\right) = 1.8 \frac{4P_y}{\pi\left(0.025\right)^2}$$

위로부터 우리는 다음의 값을 도출할 수 있다.

$$P_y = 68.2 \text{ kN}$$

b. *최대 하중.* 최대 하중이 축에 가해진다면 작은 단면적을 가진 부분에서 항복이 균일하게 일어나게 된다. 결론적으로 $\sigma_{max} = \sigma_{nom}$, $K_t = 1$이 성립한다. 또한 우리는 다음과 같은 식을 얻을 수 있다.

$$S_u = \frac{P_u}{A} = \frac{P_u}{\pi d^2/4}$$

주어진 수치를 대입하면 다음과 같은 결과를 얻는다.

$$250\left(10^6\right) = \frac{4P_u}{\pi\left(0.025\right)^2}$$

이를 풀면 다음과 같다.

$$P_u = 122.7 \text{ kN}$$

평가: $P_u > P_y$일수록 탄성재질의 설계는 안정적이다.

*3.15 3차원 응력

일반적인 3차원 응력의 경우, 요소는 그림 1.8과 같이 직교하는 x, y, z평면에서 응력을 받는다. 그림 3.37에서 보이는 것과 같이 요소로부터 분리된 사면체를 생각하자. 원점 O에서 교차된 직교하는 평면들에 대한 응력성분은 2차원 응력상태 분석과 동일한 방법을 사용하였을 때 경사면 ABC에 발생하는 수직, 전단응력들과 관련이 있다.

평면 ABC의 방향은 평면의 수직벡터 n과 x, y, z 좌표축 사이의 *방향 코사인*(direction cosine)으

[그림 3.37]
4면체 응력의 응력요소

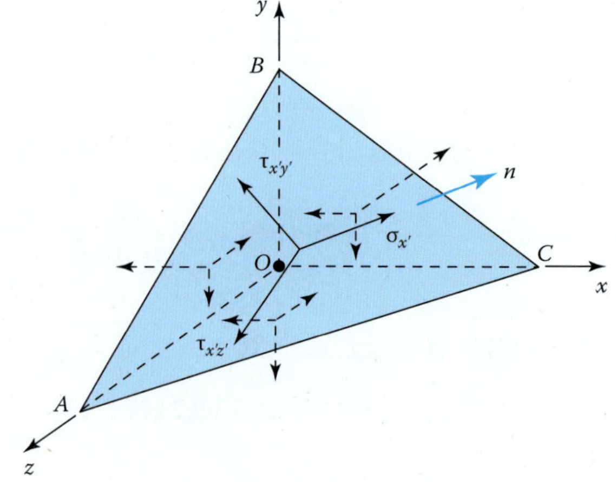

로 정의한다.

$$\cos(\mathbf{n}, x) = l, \quad \cos(\mathbf{n}, y) = m, \quad \cos(\mathbf{n}, z) = n \tag{3.43}$$

각 값의 제곱의 합은 다음 값으로 일정하다.

$$l^2 + m^2 + n^2 = 1 \tag{3.44}$$

이제 새로운 좌표계 $x'y'z'$를 생각해 보자. 여기서 x'축은 n방향과 같고, y', z'축은 경사면 위에 있다. 여기서 경사면 x'에 작용하는 수직응력은 다음과 같다(그림 3.37).

$$\sigma_{x'} = \sigma_x l^2 + \sigma_y m^2 + \sigma_z n^2 + 2\left(\tau_{xy} lm + \tau_{yz} mn + \tau_{xz} ln\right) \tag{3.45}$$

여기서 l, m, n은 x'축과 x, y, z축이 각각 이루는 방향 코사인이다. 전단응력 $\tau_{x'y'}$과 $\tau_{x'z'}$도 비슷한 방식으로 필기된다. 서로 직교하는 3평면의 응력은 특정점에서의 응력치를 표시하기 위하여 꼭 알아야 한다. 이들 평면 중의 하나가 경사면 x'이다. 다른 응력성분 $\sigma_{y'}$, $\sigma_{z'}$, $\tau_{y'z'}$은 경사면에 직각인 다른 평면인 y'과 z'에서 구할 수 있다. 이렇게 구한 6개의 식이 바로 3차원 응력에 대한 변환공식이다.

3.15.1 3차원 주응력

3차원의 경우, 서로 직교하며 전단성분이 0인 3개의 평면이 있으며, 이 평면에서는 수직응력들이 최대 또는 최솟값을 가진다. 이 상태에서의 수직응력들을 *주응력*(principal stress) σ_1, σ_2, σ_3라고 부른다. 대수학적으로 가장 큰 응력을 σ_1, 가장 작은 응력을 σ_3로 표시한다. 특히 중요한 것은 $\sigma_{x'}$이 최댓값을 갖는 평면의 방향 코사인값인데, 이는 다음 식으로부터 결정된다.

$$\begin{bmatrix} \sigma_x - \sigma_i & \tau_{xy} & \tau_{xz} \\ \tau_{xy} & \sigma_y - \sigma_i & \tau_{yz} \\ \tau_{xz} & \tau_{yz} & \sigma_z - \sigma_i \end{bmatrix} \begin{Bmatrix} l_i \\ m_i \\ n_i \end{Bmatrix} = 0, \quad (i = 1, 2, 3) \tag{3.46}$$

코사인 방향에서 특정 해를 구하기 위해서는 특이행렬식의 계산값이 0이 되어야 한다. 그러므로 다음과 같은 표현이 가능하다.

$$\begin{vmatrix} \sigma_x - \sigma_i & \tau_{xy} & \tau_{xz} \\ \tau_{xy} & \sigma_y - \sigma_i & \tau_{yz} \\ \tau_{xz} & \tau_{yz} & \sigma_z - \sigma_i \end{vmatrix} = 0 \tag{3.47}$$

식 (3.47)을 풀어서 쓰면, 다음과 같이 응력에 대한 3차 방정식을 얻을 수 있다.

$$\sigma_i^3 - I_1 \sigma_i^2 + I_2 \sigma_i - I_3 = 0 \tag{3.48}$$

여기서 각각의 문자가 의미하는 바는 다음과 같다.

[그림 3.38]
3차원 전단응력이 최대가 되는 평면

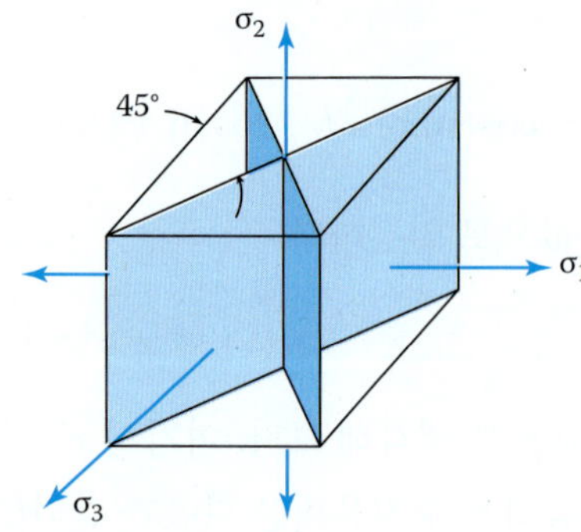

$$
\begin{aligned}
I_1 &= \sigma_x + \sigma_y + \sigma_z \\
I_2 &= \sigma_x\sigma_y + \sigma_x\sigma_z + \sigma_y\sigma_z - \tau_{xy}^2 - \tau_{yz}^2 - \tau_{xz}^2 \\
I_3 &= \sigma_x\sigma_y\sigma_z + 2\tau_{xy}\tau_{yz}\tau_{xz} - \sigma_x\tau_{yz}^2 - \sigma_y\tau_{xz}^2 - \sigma_z\tau_{xy}^2
\end{aligned}
\tag{3.49}
$$

I_1, I_2, I_3의 양은 3차원 응력에서 불변량임을 알 수 있다. 주어진 응력 상태에서 우리는 식 (3.48)로부터 3개의 해인 σ_1, σ_2, σ_3를 도출할 수 있다. 식 (3.46)에 앞에서 구한 각 주응력들을 대입하고 $l_i^2 + m_i^2 + n_i^2 = 1$을 이용하면 세 개의 주평면에 대한 방향 코사인 값을 구할 수 있다. 이것이 중요한 이유는 때때로 주응력에 대한 방향 코사인 값이 부재의 거동 예측을 하기 위해 필요하기 때문이다. 3차 응력 방정식에 대한 해를 구하는 것과 방향 코사인을 구하는 방법에 대해선 편리한 방법이 부록 D에 기술되어 있다.

3차원 주응력들을 구한다면, 최대 전단응력을 구할 준비를 마친 셈이다. 주평면에서 전단응력 성분은 존재하지 않으므로 그림 3.38처럼 주방향에 평행한 요소는 3축 응력 상태이다.

$$\tau_{max} = \frac{1}{2}(\sigma_1 - \sigma_3) \tag{3.50}$$

평면에 작용하는 최대 전단응력(maximun shear stress)은 그림에서 볼 수 있듯이 최대 주응력과 최소 주응력면이 교차하는 면에서 작용한다.

예제 3.17 부재의 3차원 응력 상태

하중을 받는 기계 요소의 임계점에서 x, y, z좌표계에 상대적인 응력이 다음과 같이 주어져 있다.

$$
\begin{bmatrix} \sigma_x & \tau_{xy} & \tau_{xz} \\ \tau_{xy} & \sigma_y & \tau_{yz} \\ \tau_{xz} & \tau_{yz} & \sigma_z \end{bmatrix} = \begin{bmatrix} 60 & 20 & 20 \\ 20 & 0 & 40 \\ 20 & 40 & 0 \end{bmatrix} \text{MPa} \tag{a}
$$

주응력 $\sigma_1, \sigma_2, \sigma_3$과 σ_1의 원래 좌표축으로부터의 방향을 구하라.

풀이

식 (a)를 식 (3.48)에 대입하면 다음과 같은 결과를 얻을 수 있다.

$$\sigma_i^3 - 60\sigma_i^2 - 2,400\sigma_i + 64,000 = 0, \quad (i = 1, 2, 3)$$

3개의 주응력은 위 식의 해를 나타내며 다음과 같이 표현이 가능하다.

$$\sigma_1 = 80 \text{ MPa}, \quad \sigma_2 = 20 \text{ MPa}, \quad \sigma_3 = -40 \text{ MPa}$$

위에서 구한 σ_1를 식 (3.46)에 대입하면 다음과 같다.

$$\begin{bmatrix} 60-80 & 20 & 20 \\ 20 & 0-80 & 40 \\ 20 & 40 & 0-80 \end{bmatrix} \begin{Bmatrix} l_1 \\ m_1 \\ n_1 \end{Bmatrix} = 0 \tag{b}$$

여기서 l_1, m_1, n_1은 σ_1이 작용하는 면에 대한 방향 코사인값을 나타낸다.

오로지 두 식 (b)만이 독립으로 보일 수 있다. 그러나 $l_1^2 + m_1^2 + n_1^2 = 1$이라는 규칙을 통해 우리는 다음과 같은 결과를 얻을 수 있다.

$$l_1 = \frac{2}{\sqrt{6}} = 0.8165, \quad m_1 = \frac{1}{\sqrt{6}} = 0.4082, \quad n_1 = \frac{1}{\sqrt{6}} = 0.4082$$

평가: σ_2, σ_3의 방향 코사인을 같은 방법으로 구할 수 있다. 이 계산은 부록 D에 이미 수행되어 있는 공식들을 이용하여 구할 수 있다.

3.15.2 3차원 응력의 단순 변환

우리는 종종 그림 3.39처럼 사면체의 임의의 경사면에 작용하는 전단응력과 수직응력을 직교평면에 작용하는 주응력으로 표현으로 알 필요가 있다. 이 경우 x, y, z좌표축은 주응력축과 평행하며 그림에서와 같이 조건 $\sigma_{x'} = \sigma, \sigma_x = \sigma_1, \tau_{xy} = \tau_{xz} = 0$를 만족한다. l, m, n이 경사면 ABC에 대해서의 방향 코사인을 의미할 때 식 (3.45)로부터 우리는 경사면으로부터의 수직응력 σ를 다음과 같이 표현할 수 있다.

$$\sigma = \sigma_1 l^2 + \sigma_2 m^2 + \sigma_3 n^2 \tag{3.51a}$$

위 식으로부터 평면에서의 전단응력 τ는 아래 식과 같이 간단한 형태로 나타낼 수 있음을 알 수 있다.

$$\tau = \left[(\sigma_1 - \sigma_2)^2 l^2 m^2 + (\sigma_2 - \sigma_3)^2 m^2 n^2 + (\sigma_3 - \sigma_1)^2 n^2 l^2 \right]^{1/2} \tag{3.51b}$$

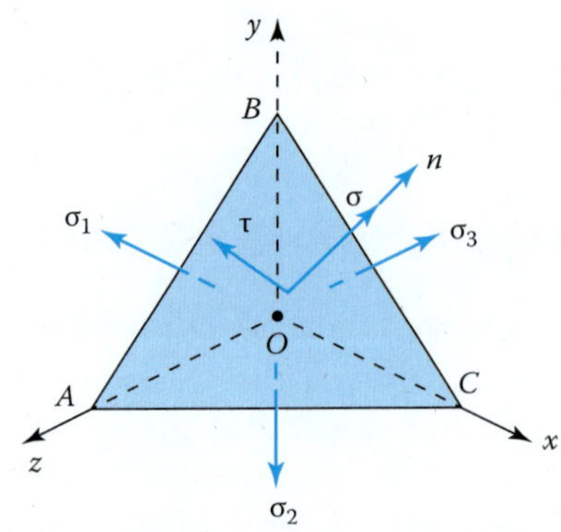

[그림 3.39]
사면체에서의 3축응력

위 표현은 3차원 응력 상태를 변환시킬 수 있는 변환식의 간단형이다.

3.15.3 8면체의 응력

그림 3.39에서 나타나 있듯이 $OA = OB = OC$인 평면 ABC로 표현되어 있는 각각의 주응력과 이루는 각도가 같은 경사면을 고려해 보자. 이 평면의 수직벡터 n은 주축에 대하여 동일한 방향 코사인을 가지고 있다. 여기에 식 $l^2 + m^2 + n^2 = 1$을 적용하여 다음과 같은 결과를 도출해 낼 수 있다.

$$l = m = n = \frac{1}{\sqrt{3}} \tag{c}$$

여기 8개의 평면 또는 8면체(octahedral plan)가 있는데, 이 형상은 그림 3.40과 같이 점 O로부터 모든 면이 같은 수직응력과 전단응력을 가진다. 흥미롭게도 같은 수직응력이 접촉해 있는 8면에 가해져 8면체를 확장시키거나 압축시키는 데도 비틀림이 전혀 발생하지 않는다. 반대로, 이상적인 전단응력이 모든 8평면에 발생하면 8면체에 비틀림을 발생되는 데도 부피의 변화가 전혀 발생하지 않는다.

식 (3.51)에 앞에서 언급한 값을 대입하면 *8면체의 수직응력*과 *전단응력*의 크기를 얻을 수 있는데 이는 다음과 같다.

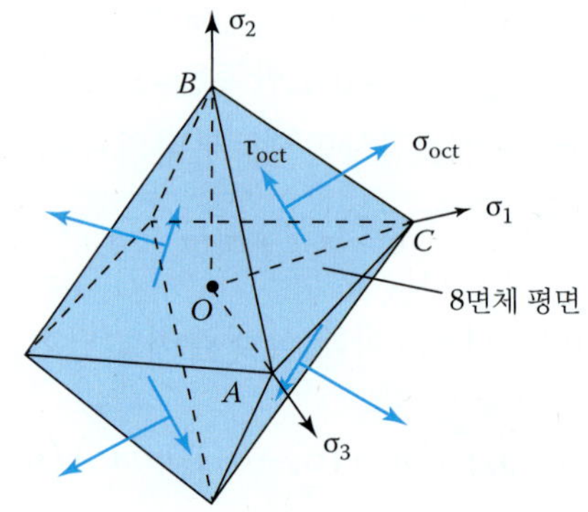

[그림 3.40]
8면체의 응력

$$\sigma_{oct} = \frac{1}{3}(\sigma_1 + \sigma_2 + \sigma_3) \tag{3.52a}$$

$$\tau_{oct} = \frac{1}{3}\left[(\sigma_1 - \sigma_2)^2 + (\sigma_2 - \sigma_3)^2 + (\sigma_3 - \sigma_1)^2\right]^{1/2} \tag{3.52b}$$

식 (3.52a)에서 알 수 있듯이 8면체에 작용하는 수직응력은 주응력들의 평균값을 알 수 있다. 여기서 알아두어야 할 점은 8면체에 가해지는 응력의 평등성은 연성재료의 파손에 아주 중요한 요소이다. 8면체 응력이 파손기준에 중요한 역할을 하는 것에 대해서는 5.2절과 6.8절에서 다룰 것이다.

예제 3.18 모어원을 이용한 주응력 도출

그림 3.41a는 하중이 가해지는 기계의 한 점에서의 3차원 응력을 나타낸 것이다. 다음을 구하라.

a. 주평면과 주응력
b. 최대 전단응력
c. 8면체 응력

풀이

그림 3.41b의 실선으로 나타낸 것처럼 응력을 xy평면으로 전환한 후 모어원을 그린다. 모어원의 반지름 $R = (12.5^2 + 30^2)^{1/2} = 32.5$ MPa이다.

a. 점 A와 B로 표현되어 있는 평면에서의 주응력은 다음과 같다.

$$\sigma_1 = 47.5 + 32.5 = 80 \text{ MPa}$$
$$\sigma_2 = 47.5 - 32.5 = 15 \text{ MPa}$$

요소의 z면을 고려하여 주응력 중 하나를 도출한다. 이 예제의 경우 그 값은 $\sigma_3 = -25$ MPa이다. 최대 주응력면은 z축에 대하여 요소를 회전시킨 각 θ'_p에 의하여 결정된다.

$$\theta'_p = \frac{1}{2}\tan^{-1}\frac{30}{12.5} = 33.7°$$

결과값은 그림으로 회전된 요소를 표시하였다(그림 3.41c).

b. 지름 C_1B_1과 C_1A_1의 모어원을 그린다. 이 원은 $y'z'$ 평면과 $x'z'$ 평면에서의 요소들을 모어원에 투영시킨 것이다(그림 3.41b). 최대 전단응력은 모어원 C_1A_1의 반지름의 값과 같으며 이는 다음과 같이 계산할 수 있다.

$$\tau_{max} = \frac{1}{2}(80 + 25) = 52.5 \text{ MPa}$$

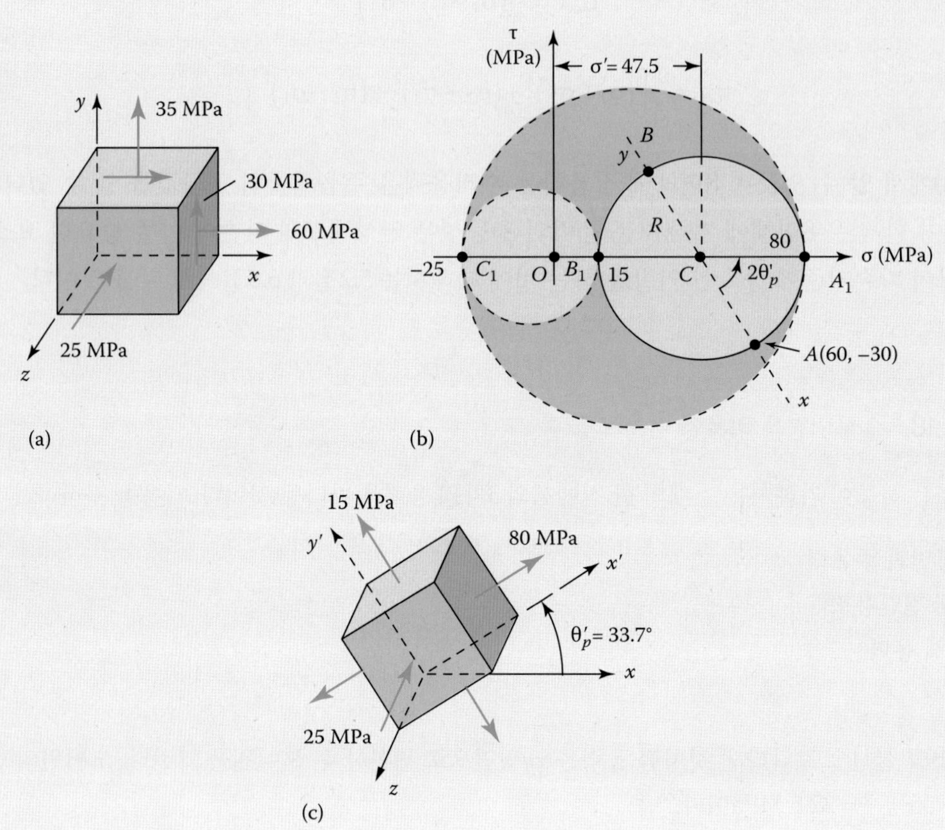

[그림 3.41]

예제 3.18. (a) θ = 0°일 때의 응력요소 (b) 변형률에 대한 모어원 (c) θ = 33.7°일 때의 응력요소

최대 전단응력면은 x'면과 z면의 요소들에 대해 45°기울어져 있으며 그림 3.41c와 같이 표현이 가능하다.

c. 식 (3.52a), (3.52b)로부터 다음과 같은 8면체 응력을 구할 수 있다.

$$\sigma_{oct} = \frac{1}{3}(80 + 15 - 25) = 23.3 \text{ MPa}$$

$$\tau_{oct} = \frac{1}{3}\left[(80 - 15)^2 + (15 + 25)^2 + (-25 - 80)^2\right]^{1/2} = 43.3 \text{ MPa}$$

*3.16 응력 평형에 관한 식

앞에서 언급했듯이 하중을 받는 부재의 응력성분은 일반적으로 각 지점마다 다르다. 탄성 이론에 의해 설명된 이와 같은 응력변화는 정적 방정식으로 표현되고 있다. 이 조건을 만족시키려면 평형의 미분 방정식을 얻을 수 있어야 한다. 물리적으로 이런 현상이 가능하기 위해서, 하중이 작용하는 성분의 모든 점에서의 응력장은 이들 방정식을 만족시킬 수 있어야 한다.

2차원의 경우 길이 dx, dy, 단위두께의 요소에 작용하는 응력을 그림 3.42에 나타내었다. 단위 부피 당 체적력 F_x, F_y는 z축과 무관하며 $F_z = 0$이다. 보편적으로 응력은 x, y좌표에 대한 함수로서 표현된다. 한 예로 하나의 응력성분 σ_x은 요소의 왼쪽 아래 모서리에서 오른쪽 위 모서리까지 위치가 변화하면서 $\sigma_x + (\partial\sigma_x/\partial x)dx$로 변하고 σ_y와 τ_{xy}도 같은 방식으로 변화한다. 응력요소는 평형조건 $\sum M_z = 0$를 무조건 만족시켜야 하므로 다음과 같이 정리가 가능하다.

$$\left(\frac{\partial\sigma_y}{\partial y}dxdy\right)\frac{dx}{2}-\left(\frac{\partial\sigma_x}{\partial x}dxdy\right)\frac{dy}{2}+\left(\tau_{xy}+\frac{\partial\tau_{xy}}{\partial x}dx\right)dxdy$$
$$-\left(\tau_{yx}+\frac{\partial\tau_{yx}}{\partial y}dy\right)dxdy+F_y\ dxdy\frac{dx}{2}-F_xdxdy\frac{dy}{2}=0$$

여기서 dx, dy가 포함된 3중 곱셈항을 무시하면, k 위 식에서 $\tau_{xy} = \tau_{yx}$라는 결론을 내릴 수 있다. 비슷하게도 일반적인 응력 상태에서는 $\tau_{yz} = \tau_{zy}$이며 $\tau_{xz} = \tau_{zx}$이다. 그러므로 서로 수직인 요소의 평면에서의 전단응력은 같다.

또한 x방향 힘의 평형조건은 합이 0이 되는 $\sum F_x = 0$이므로 그림 3.42에서 표현되었듯이 다음과 같은 식으로 정리가 가능하다.

$$\left(\sigma_x+\frac{\partial\sigma_x}{\partial x}dx\right)dy-\sigma_xdy+\left(\tau_{xy}+\frac{\partial\tau_{xy}}{\partial y}dy\right)dx-\tau_{xy}dx+F_xdxdy=0$$

y방향의 힘의 합도 비슷한 결과를 나타낸다. 식을 줄이면, 2차원 응력에 대한 평형미분방정식을 다음

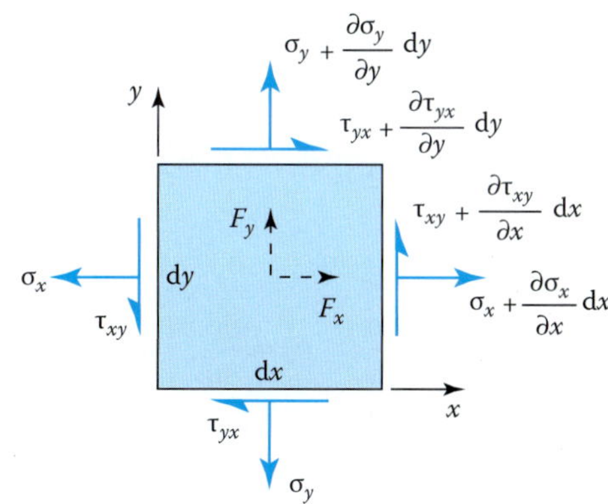

[그림 3.42]
요소의 응력과 체적력

식과 같이 얻을 수 있다[3].

$$\frac{\partial \sigma_x}{\partial x} + \frac{\partial \tau_{xy}}{\partial y} + F_x = 0$$
$$\frac{\partial \sigma_y}{\partial y} + \frac{\partial \tau_{xy}}{\partial x} + F_y = 0 \tag{3.53}$$

일반적인 3차원 응력이 작용하는 요소의 경우에 얻어진 평형미분방정식은 위 결과와 비슷한 결과로서 얻어진다.

우리는 지금까지 3개의 미지의 응력요소 σ_x, σ_y, τ_{xy}가 포함된 식 (3.53)의 두 관계식에 대해서 알아보았다. 지금까지 식을 접하며 알 수 있었듯이 응력분석에 대한 문제점은 내부적으로 *부정정*(statically indeterminate)이라는 점이며 이는 균일하게 불확정적이라는 뜻이다. 그러나 재료역학적인 방법으로 응력에 관한 가정을 단순화하고 하중이 가해지는 성분의 유한요소에 의한 평형을 고려함으로써 정역학적으로 풀 수 없는 이러한 불확정성을 제거할 수 있다.

*3.17 변형률-변위 관계식: 정확한 해법

만일 변형이 원래 길이에 대비해 균일하게 분포되어 일어난다면 수직변형률은 $\varepsilon_x = \delta/L$이라 쓸 수 있다. 여기서 L, δ은 각각 원래의 길이와 부재길이의 변화량이다(그림 1.10a). 그러나 일반적으로 변형률은 부재내 점에서 점으로의 변화를 측정한다. 그러므로 변형률의 표현은 원래 길이 dx와 축하중이 작용할 경우의 신장량 du의 관계로 나타내야 한다. 앞의 관계에 의해 수직변형률의 정의는 다음과 같다.

$$\varepsilon_x = \frac{\mathrm{d}u}{\mathrm{d}x} \tag{3.54}$$

위 식은 어떤 점에서의 변형률을 나타낸다.

앞에서 언급했듯이 2차원 또는 *평면변형률*(plane strain)의 경우, 물체 내의 모든 점은 하중이 적용되기 전과 후에 같은 평면에 남는다. 그러므로 dx, dy 단위 두께의 길이를 가진 요소의 변형은 그림 3.43a에서의 수직변형률과 3.43b에서의 전단변형률을 발생시킨다. 변위 u, υ가 x와 y의 함수로 표현이 되므로 편미분 기호가 사용됨에 유의하라. 식 (3.54)와 (1.22)를 그림 3.43에 적용하면 다음과 같은 식을 얻을 수 있다.

$$\varepsilon_x = \frac{\partial u}{\partial x}, \quad \varepsilon_y = \frac{\partial \upsilon}{\partial y}, \quad \gamma_{xy} = \frac{\partial \upsilon}{\partial x} + \frac{\partial u}{\partial y} \tag{3.55}$$

여기서 γ_{xy}는 x와 y축 사이의 전단변형률이므로 다음의 조건 $\gamma_{xy} = \gamma_{yz}$를 만족한다. 압력을 받는 원통과

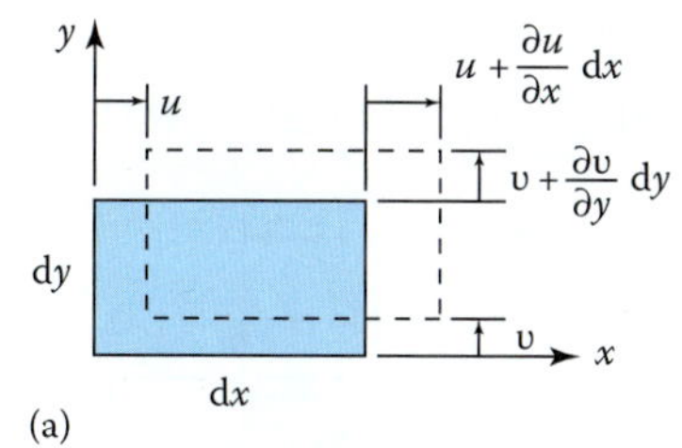

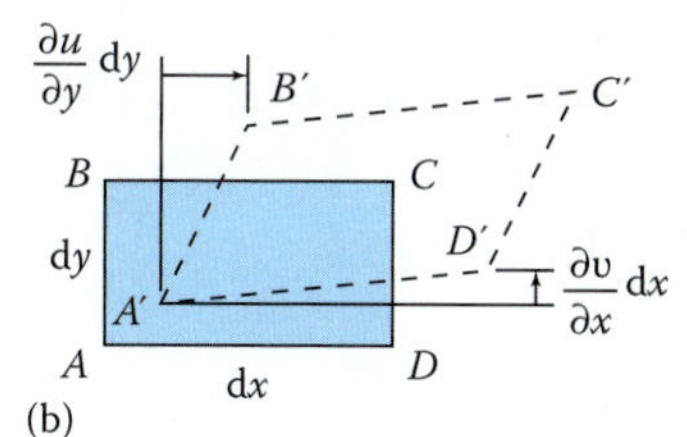

[그림 3.43]
2D 요소들의 변형.
(a) 수직변형률 (b) 전단변형률

같이 측면 하중을 받는 긴 균일단면 부재의 경우가 평면변형률 상태의 예시가 될 수 있다.

유사하게 변의 길이가 dx, dy, dz인 직각 6면체 요소 내 임의의 점에서의 변형률은 변위 u, υ, w에 대한 식으로 표현이 가능하다.

3.17.1 탄성 적용 문제들

실제 실용적으로 중요한 문제들의 경우, 변형률이나 응력조건은 평면변형률이거나 평면응력이다. 탄성에서의 2차원 문제는 3차원 문제보다 단순하다. 2차원 문제의 유한요소법에 의한 해석은 17장에서 다루고 있다. 식 (3.55)를 검토하면 3개의 변형률 요소가 2개이 변위요소들의 미분값에 선형적으로 관계된다는 것을 알 수 있다. 그러므로 변형률은 서로서로 독립일 수 없음을 도출해 낼 수 있다. *적합조건*(condition of compatibility)이라 불리는 식은 ε_x, ε_y, γ_{xy}끼리의 관계를 보여준다[3]. 또한 적합조건 식에서의 변위는 연속적임을 보여준다. 이것의 물리적인 의미는 물체가 서로 이어져 있다는 것이다. 결론을 내리자면 탄성에 의한 정확한 해법은 다음과 같은 필요조건에 기초한다.

이 필요조건은 응력 평형성, 변형률의 적합성, 응력과 변형률 사이의 일반적인 관계, 주어진 문제에서의 경계조건이다. 16장에서 탄성학적인 접근을 사용한 각종 축대칭 문제들을 다룰 것이다.

재료역학적 방법에서는 단순화 가정을 통하여 물체의 변형률 분포를 부재의 전체 또는 한정된 부분에 적용시킬 수 있었다. 이 가정을 통하여 평형미분방정식이나 적합조건과 같이 어려운 계산이 적용되는 것을 피할 수 있다.

연습문제

3.1절~3.8절

3.1 두 개의 평판이 그림 P3.1과 같이 볼트와 너트로 고정되어 있다. 이 때 다음 값을 도출하여라.

a. 볼트 생크에서의 수직응력

b. 볼트 머리에서의 평균 전단응력

c. 나사에서의 전단응력

d. 볼트의 머릿부분과 평판 사이에서의 베어링응력

가정: 너트는 꽉 조여져 10 kips의 인장력을 볼트의 생크부분에 생성시키고 있다.

[그림 P3.1]

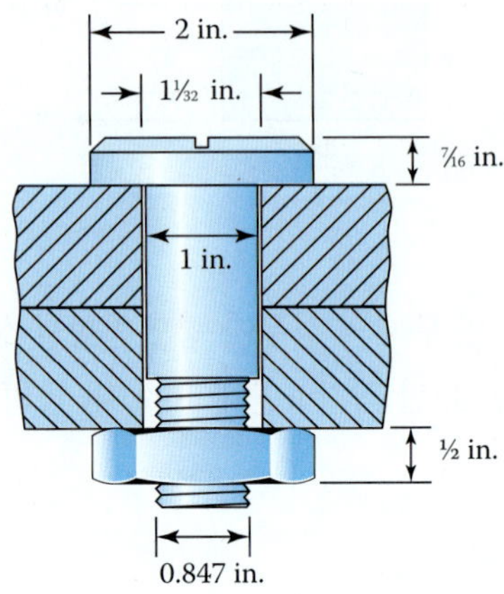

3.2 항복강도가 S_y인 짧은 강철 파이프는 축방향으로 압축하는 힘 P를 항복에 대한 안전율 n을 가지면서 지탱할 수 있게 만들어졌다. 이 때 요구되는 최소한의 내부 지름 a를 구하라.

주어진 값: $S_y = 280$ MPa, $P = 1.2$ MN, $n = 2.2$.

가정: 파이프의 두께는 내부 지름 a의 1/4 크기이다.

3.3 비행기의 착륙 기어가 그림 P3.3처럼 묘사되어 있다. 이 때 요구되는 A와 B의 핀 지름은 얼마인가?

주어진 값: 최대 전단응력은 28 ksi이다. 안전율은 $n = 2$를 사용한다.

가정: 핀에 이중전단이 작용된다.

[그림 P3.3]

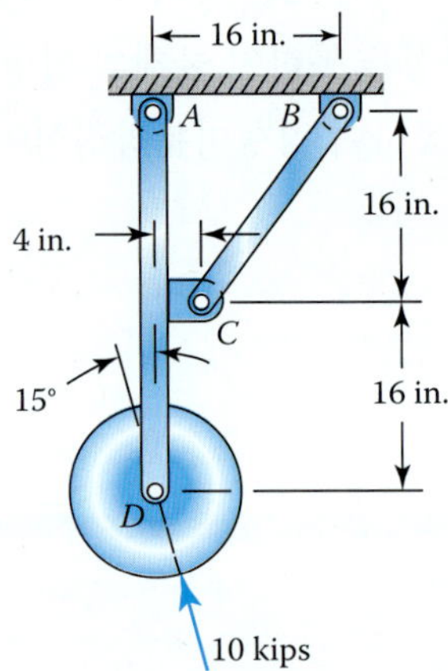

3.4 그림 P3.4의 프레임이 집중된 하중 P를 지탱한다. 이 때 다음을 계산하라.

a. 단면적이 A_{BD}를 가진 보 BD의 수직응력

b. 25 mm의 지름을 가졌으며 이중전단을 받는 A 위치의 핀에 가해지는 전단응력

주어진 값: $P = 5$ kN, $A_{BD} = 8 \times 10^3$ mm^2.

[그림 P3.4]

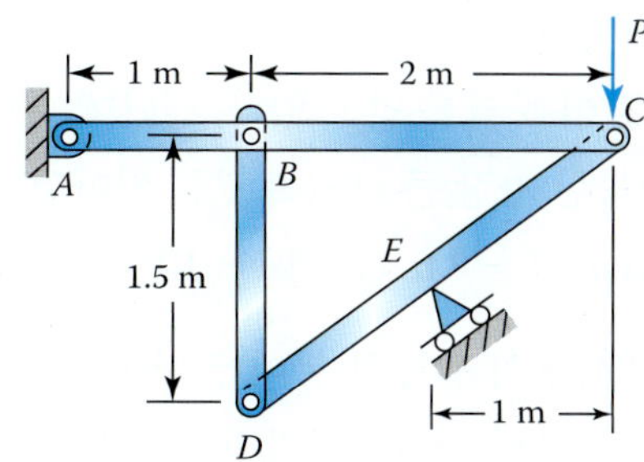

3.5 두 개의 보 AC와 BC가 수직하중 P를 C 지점에서 지탱할 수 있도록 그림 P3.5와 같이 연결되어 있다. 구조물의 무게가 최소가 되기 위한 각도 a를 구하라.

가정: 두 보의 수직응력은 같다.

[그림 P3.5]

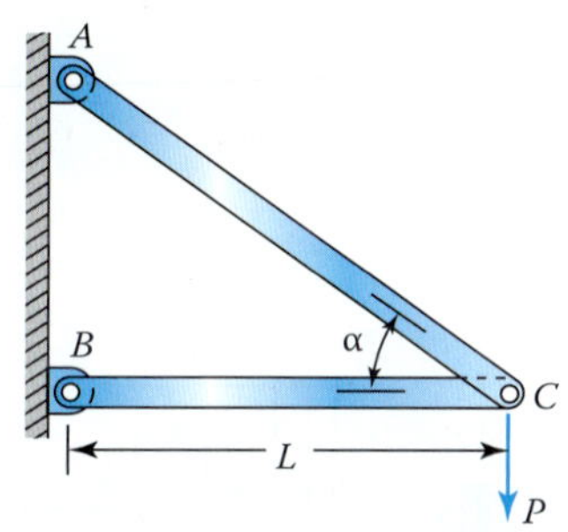

3.6 단면적이 직사각형이고 균일한 두께를 가진 길이 L,평균 너비 a, 평균 깊이 b의 강철 봉이 한쪽 끝이 고정되어 있고 자유단에서 토크 T를 받고 있다(그림 P3.6). 전단응력과 비틀림각의 한계치가 각각 τ_{all}과 θ_{all}일 때 최소한의 두께 t는 얼마인가?

주어진 값: $a = 2b = 90$ mm, $L = 0.8$ m, $T = 1.2$ kN · m, $G = 28$ GPa, $\tau_{all} = 30$ MPa, $\theta_{all} = 1.5°$.

가정: 구석의 응력집중효과에 대해서는 무시한다.

[그림 P3.6]

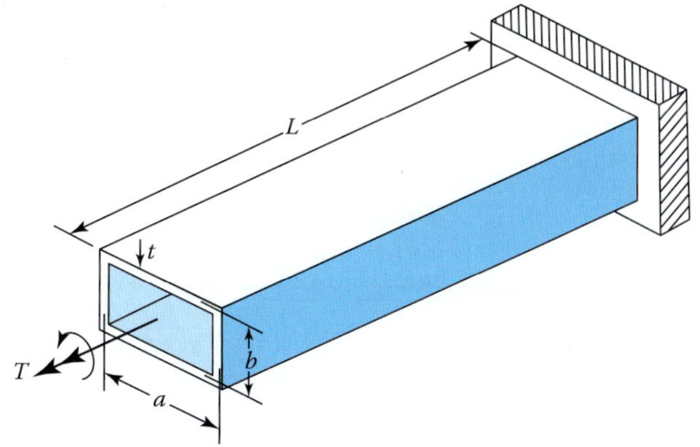

3.7 문제 3.6에서 $a = b = 70$ mm이며 단면적이 정사각형이고 균일한 두께 t를 유지할 때 문제 3.6를 다시 수행하라.

3.8 알루미늄 합금 2014-T6로 이루어진 강성계수 G, 길이 L, $a \times a$의 정사각형 단면에 균일한 두께 t를 가진 봉이 그림 P3.6과 같이 토크를 받고 있다. 전단에 대한 허용항복강도와 비틀림 각도는 τ_{all}와 θ_{all}이다. 봉에 작용 가능한 가장 큰 값의 토크는 얼마인가?

주어진 값: $a = 1\frac{1}{4}$ in., $t = \frac{3}{16}$ in., $L = 8$ ft, $G = 4.1 \times 10^6$ psi(표 B.1), $\tau_{all} = 15$ ksi, $\theta_{all} = 12°$.

3.9 바깥쪽 반지름 r_o, 안쪽 반지름 r_i의 원통형 봉이 끝단에 가해진 토크 T에 의해 비틀리고 있다. 식 (3.11)로 인해 얻을 수 있는 봉의 전단응력값과 표 3.1에서의 $\tau = T/2\pi abt$ 식을 적용해 얻은 값을 비교하라.

주어진 값: $r_o = 12.4$ mm, $r_i = 11$ mm.

3.10 핀과 클리브 조인트가 힘을 받고 있는데(그림 3.3a), 힘의 분포가 그림 P3.10과 같이 분포되어 있다. 이 때의 전단 모멘트와 굽힘모멘트 다이어그램을 그려라. 또한 다음 조건일 때 핀을 디자인하라(핀의 지름을 찾아라).

1. 굽힘강도 $\sigma_{all} = 250$ MPa
2. 전단강도 $\tau_{all} = 150$ MPa

[그림 P3.10]

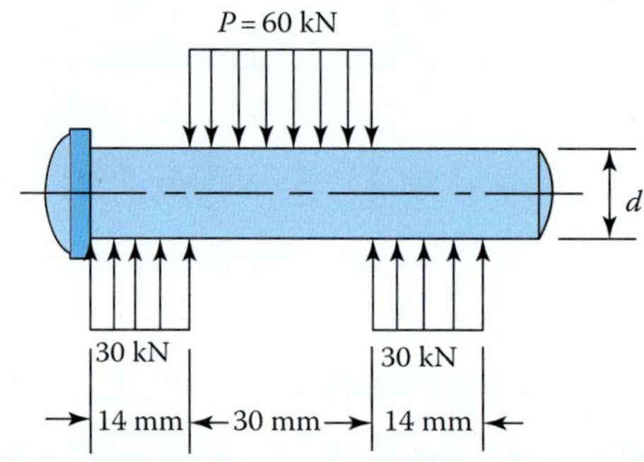

3.11 그림 P3.11에서 보여지듯이 단순한 보가 두 개의 지점으로 지지되고 있다. 여기서 보의 단면적(높이 h)을 디자인하라.

가정: 보는 목재로 만들어졌으며 허용수직응력 $\sigma_{all} = 1.8$ ksi, 허용전단응력 $\tau_{all} = 100$ psi의 수치를 가진다.

[그림 P3.11]

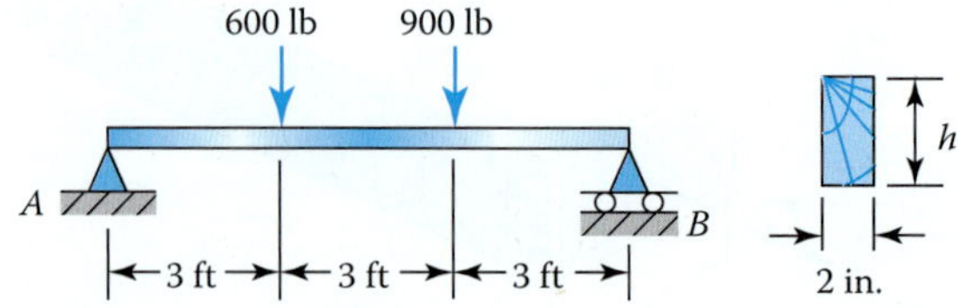

3.12 그림 P3.12처럼 직경이 d인 원기둥형 봉을 깎아서 직사각형 모양의 보를 만들려고 한다. 보가 가장 큰 굽힘모멘트를 견딜 수 있도록 하는 직사각형의 b와 h의 값을 구하라.

[그림 P3.12]

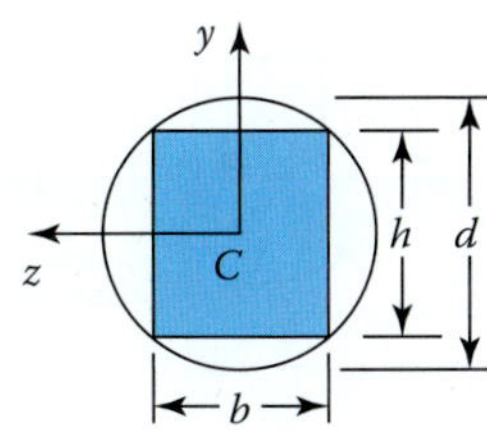

3.13 50 mm × 200 mm짜리 널빤지 4개로 이루어진 박스모양의 보가 그림 P3.13처럼 못으로 서로 고정되어 있다. 허용가능한 최대 전단력 V를 구하라.

주어진 값: 박힌 못의 길이 $s = 100$ mm, 못의 허용한계하중 $F = 15$ kN.

[그림 P3.13]

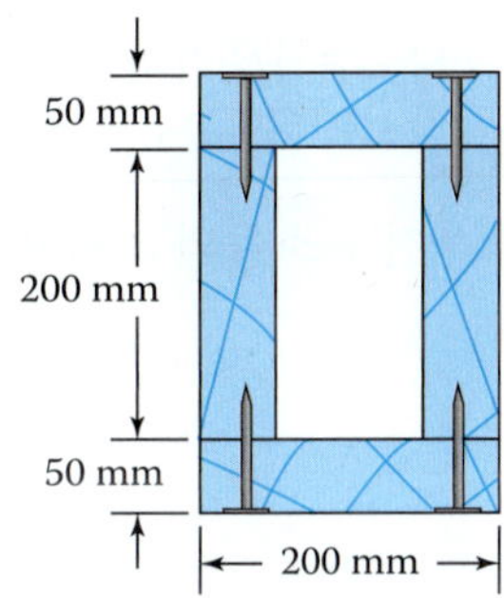

3.14 그림 P3.14처럼 보가 균일 분포하중인 2 kN/m을 받고 있다. 보의 $\sigma_{all} = 12$ MPa, $\tau_{all} = 810$ kPa일 때 단면을 설계하라.

[그림 P3.14]

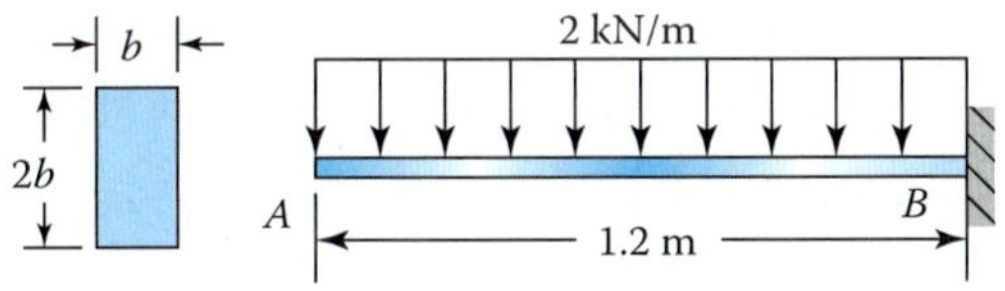

3.15 6 m 길이의 단순 지지보가 균일 분포하중인 50 kN/m을 받고 있으며 허용수직응력 $\sigma_{all} = 170$ MPa과 허용전단응력 $\tau_{all} = 100$ MPa을 가질 때 S의 모양을 골라라.

3.16&3.17 그림 P3.16, 그림 P3.17과 같이 일정한 폭 b와, 변화하는 높이 h의 직사각형 단면적을 가진 보 AB가 있다. h를 x, L, h_1으로 표현하여라.

가정: 보는 균일한 강도를 가진다.

[그림 P3.16]

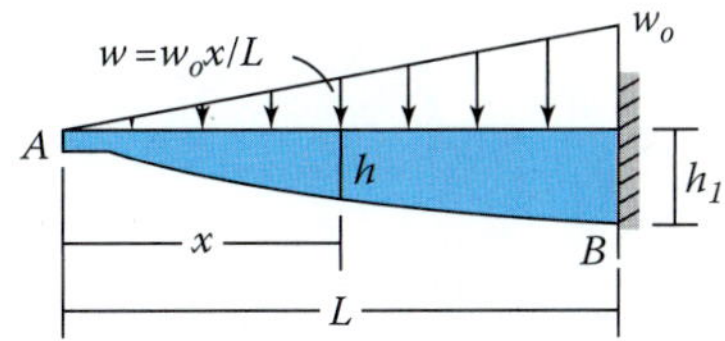

[그림 P3.17]

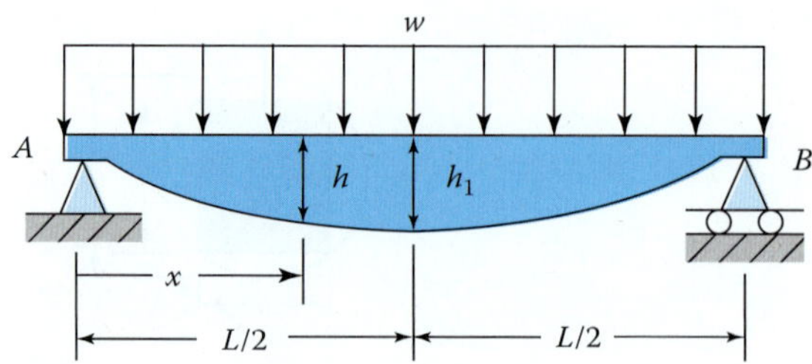

3.9절~3.10절

3.18 하중을 받는 기계요소 내의 한 점에서의 응력상태가 그림 P3.18과 같이 나타나 있다. 이 때 다음 값을 구하라.

a. 기울어진 평면 *a-a*에 작용하는 수직응력과 전단응력

b. 주응력

또한 결과를 적절한 방향을 가진 요소들의 그림으로 나타내어라.

[그림 P3.18]

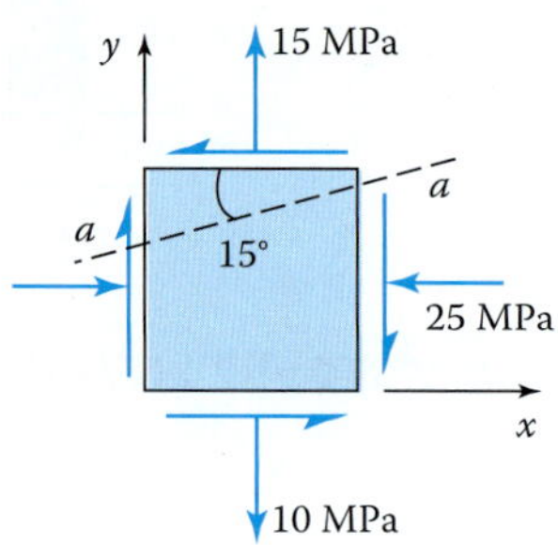

3.19 그림 P3.19에서 볼 수 있듯이, 댐 상류에 있는 *A*점에서의 수압이 −70 kPa이며 표면과 평행으로 작용하는 인장응력이 30 kPa이다. 이 때 다음 값을 구하라.

a. 응력요소 σ_x, σ_y, τ_{xy}의 값

b. 최대 전단응력

또한 결과를 적절한 방향을 가진 요소들의 그림으로 나타내어라.

[그림 P3.19]

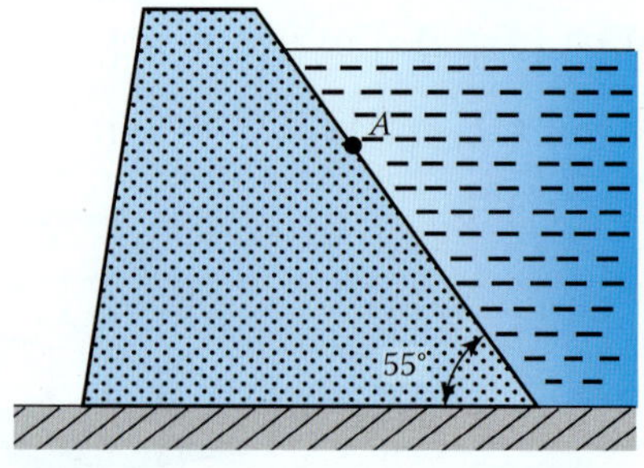

3.20 그림 P3.20과 같이 기울어진 평판의 측면을 따라 균일하게 응력이 작용하고 있다. 이 때 다음 값을 구하라.

a. *a*-*a* 단면과 평행한 평면에서의 응력성분

b. 주응력의 크기와 방향

또한 결과를 적절한 방향을 가진 요소들의 그림으로 나타내어라.

[그림 P3.20]

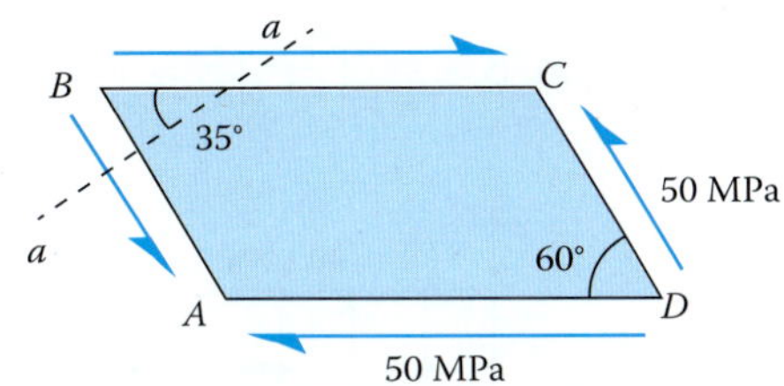

3.21 얇은 비틀린 판이 그림 P3.20의 상태로 존재한다. 이 때 다음 요소의 길이변화를 구하라.

a. 모서리 *AB*

b. 대각선 *AC*

주어진 값: $E = 200$ GPa, $\nu = 0.3$, $AB = 40$ mm, $BC = 60$ mm.

3.22 응력이 그림 3.22에서 보여지듯이 비틀린 얇은 판의 모서리 부분에 균일하게 가해지고 있다. 이 때 다음을 구하라.

a. 응력요소 σ_x, σ_y, τ_{xy}

b. 최대 주응력과 그 방향

또한 결과를 적절한 방향을 가진 요소들의 그림으로 나타내어라.

[그림 P3.22]

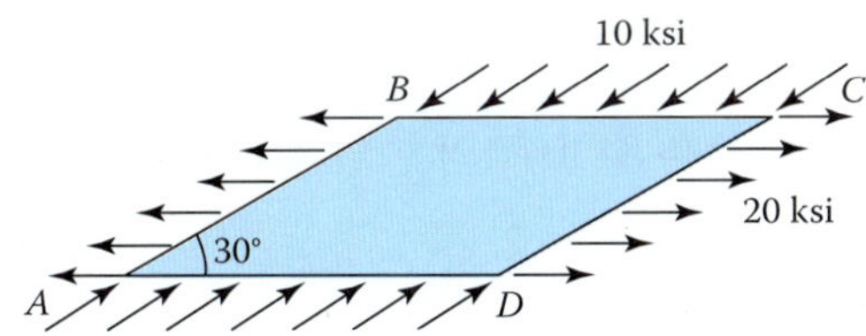

3.23 그림 P3.22와 같이 비틀림을 받는 판이 있다. 이 때 대각선 *BD*의 길이변화를 구하라.

주어진 값: $E = 30 \times 10^6$ psi, $\nu = 1/4$, $AB = 2$ in., $BC = 3$ in.

3.24 응력이 그림 P3.24와 같이 비행구조 벽판의 모서리에 균일하게 가해지고 있다. *a*-*a* 단면과 수직하거나 평행한 응력 요소를 구하라. 또한 결과를 적절한 방향을 가진 요소들의 그림으로 나타내어라.

[그림 P3.24]

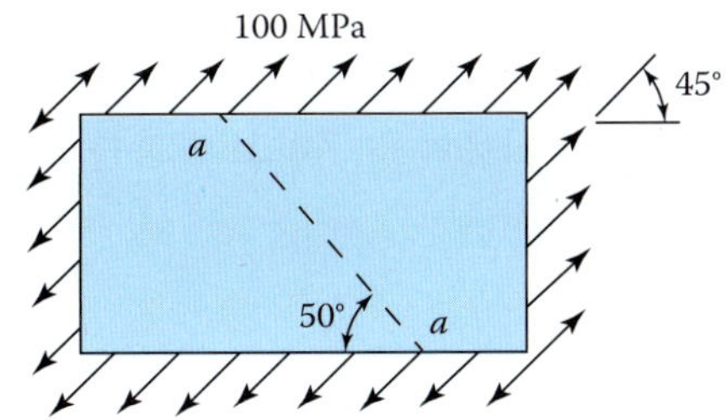

3.25 사각형 평판의 모서리를 따라 균일 분포응력이 그림 P3.25와 같이 작용하고 있다. 이 때 다음값을 구하라.

a. 단면 *a-a*에 평행한 면과 수직인 평면에서의 수직응력과 전단응력

b. 최대 전단응력

또한 결과를 적절한 방향을 가진 요소들의 그림으로 나타내어라.

[그림 P3.25]

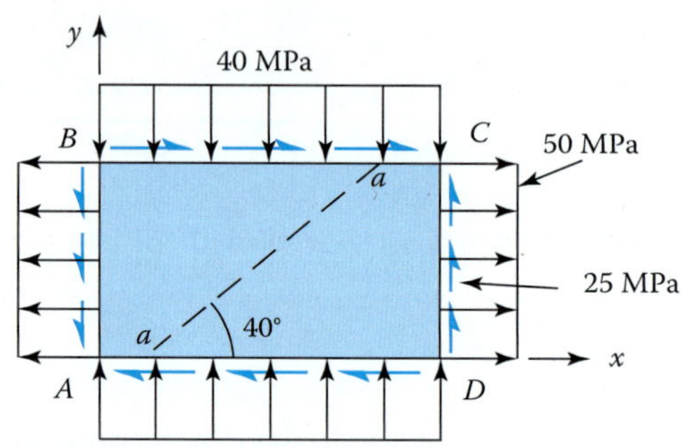

3.26 판이 그림 3.25와 같은 응력을 받고 있다. 대각선 *AC*와 *BD*의 길이변화값을 구하라.

주어진 값: $E = 210$ GPa, $\nu = 0.3$, $AB = 50$ mm, $BC = 75$ mm.

3.27 지름 3 ft, 두께 $t = 1/8$ in.의 원통형 압력용기가 그림 P3.27에서 보여지듯이 두 받침대로 단순 지지되어 있다. 용기 표면 위 점 *A*, *C*에서 다음 값을 구하라.

a. 주응력

b. 최대 전단응력

주어진 값: 용기와 내용물은 84 lb/ft의 단위 길이당 무게를 가지고 있으며 용기에는 내압 $p = 6$ psi가 균일하게 적용한다.

[그림 P3.27]

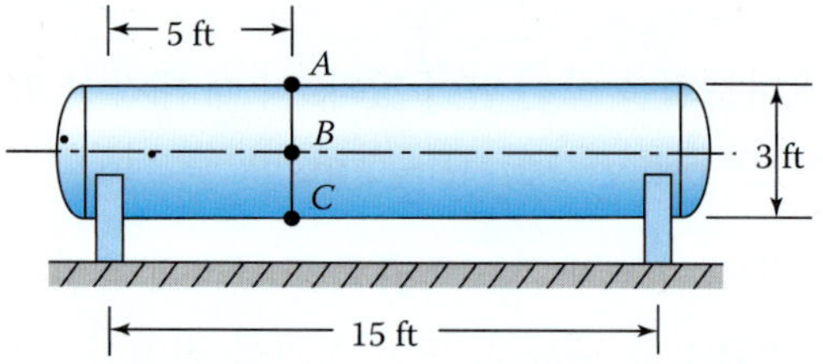

3.28 문제 3.27을 원통형 압력용기 표면의 *B*점에서의 수치를 구하는 것으로 해서 다시 수행하라.

3.29 그림 P3.29와 같은 하중이 작용하는 빈 원통의 나선형 용접부 부위에 평행하게 작용하는 전단응력과 수직으로 작용하는 수직응력을 구하고 결과를 그림으로 나타내라.

[그림 P3.29]

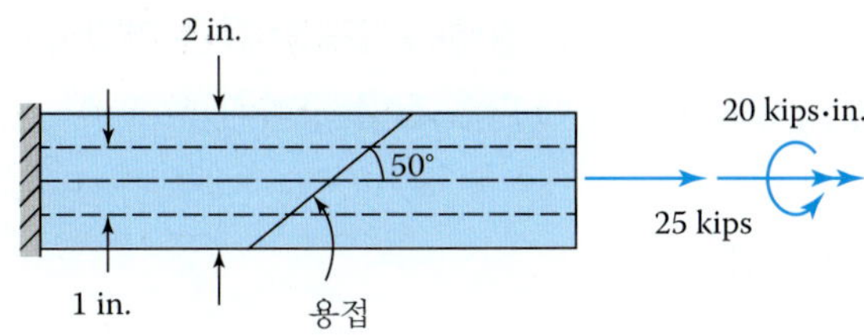

3.30 그림 P3.30과 같이 T 모양의 단면적을 가진 연결부가 편심적인 하중 P를 받고 있다. 단면 A-B에 대한 최대 수직응력을 구하라.

[그림 P3.30]

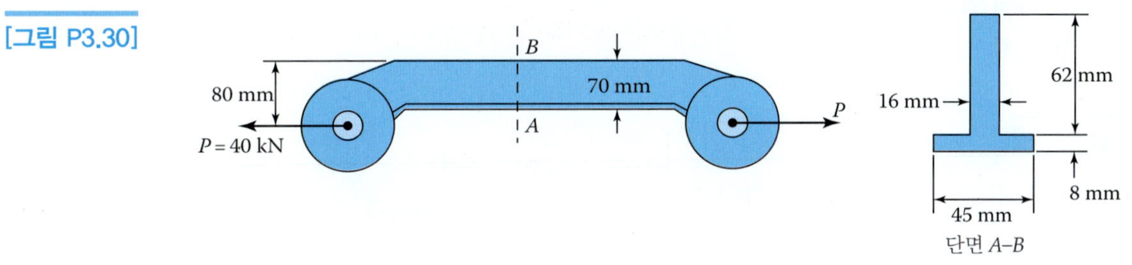

3.31 그림 P3.31과 같이 $b \times h$의 직사각형 단면적을 가진 선반이 편심적인 하중을 받고 있다. 최대 수직응력을 구하라.

주어진 값: $b = 25$ mm, $h = 100$ mm, $P = 50$ kN.

[그림 P3.31]

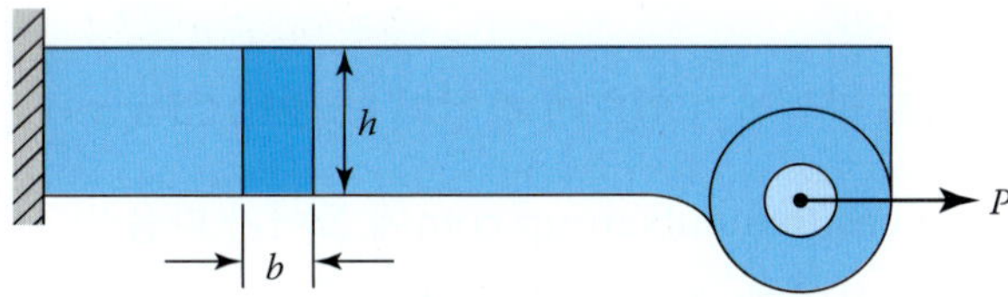

3.32 그림 P3.31에서 지지할 수 있는 가장 큰 하중 P의 값은 얼마인가?

주어진 값: $h = 6b = 150$ mm, $\sigma_{all} = 120$ MPa.

3.33 그림 P3.33에서 볼 수 있듯이, 바깥쪽 반지름 120 mm에 두께 10 mm인 봉이 축방향에 대해서 45° 각도로 나선형 용접되어 있다. 파이프에 가할 수 있는 토크의 최댓값은 얼마인가?

주어진 값: 용접 부위의 허용인장력 $\sigma_{all} = 80$ MPa이다.

[그림 P3.33]

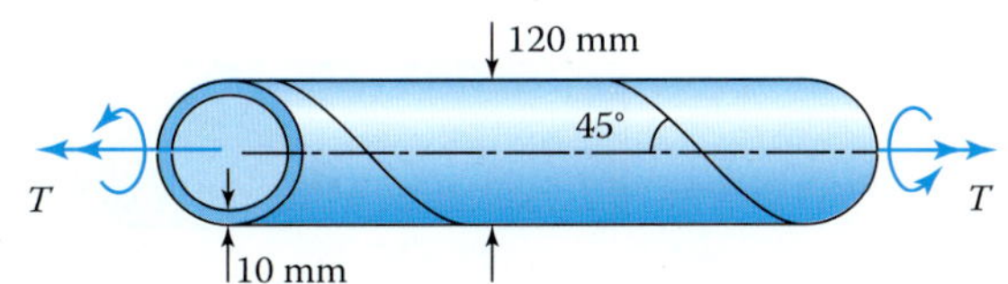

3.34 하중이 가해지고 있는 용기의 한 점에서 다음과 같은 변형률과 요소값을 가진다. $\varepsilon_x = 500\ \mu$, $\varepsilon_y = 800\ \mu$, $\varepsilon_z = 0$, $\gamma_{xy} = 350\ \mu$. 이 때 다음 값을 구하라.

a. 주응력

b. 점에서의 최대 전단응력

주어진 값: $E = 70$ GPa, $\nu = 0.3$.

3.35 얇은 강철 직사각판에 그림 P3.35와 같이 응력분포가 작용하여 균일한 변형률을 발생시키고 있다. 발생된 변형률 요소들은 $\varepsilon_x = 200\ \mu$, $\gamma_{xy} = 400\ \mu$이다. 이 때 다음 값을 계산하여라.

a. 최대 전단 변형률

b. 대각선 AC의 길이 변화

[그림 P3.35]

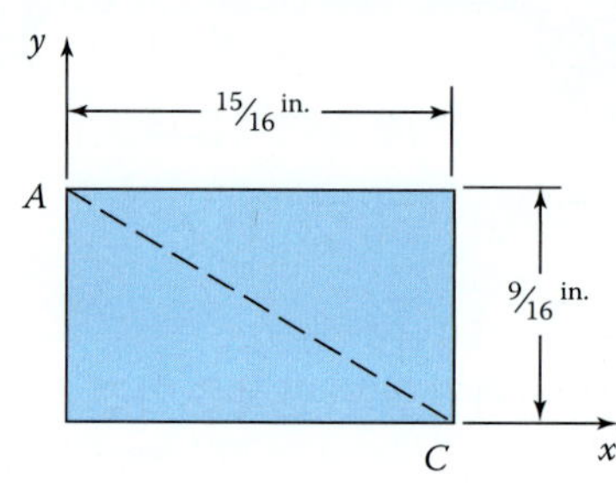

3.36 하중을 받고 있는 선반 위 점 a에서의 변형률 요소는 $\varepsilon_x = 50\ \mu$, $\varepsilon_y = 250\ \mu$, $\gamma_{xy} = -150\ \mu$이다. 여기서 주응력을 구하라.

가정: 선반은 강철로 만들어져 있으며 강철의 $E = 210$ GPa, $\nu = 0.3$이다.

3.W 웹사이트 www.measurementsgroup.com에 들어가 다음을 찾고 확인하라.

a. 변형률 게이지 생산업체 세 곳의 웹사이트

b. 포일 전기저항 변형률 게이지의 세 가지 격자형태

3.37 500 mm 반지름과 10 mm 두께를 가진 얇은 두께의 원통형 저장소가 축방향으로부터 40°의 각도로 용접되어 있다(그림 P3.37). 여기서 p의 허용값을 구하라.

주어진 값: 저장소는 내압 p와 축방향 하중 $P = 20\pi$ kN를 끝부분 평판을 통하여 받는다.

가정: 용접된 평면에 수직응력과 전단응력이 동시에 작용하며 각각의 크기는 50 MPa와 20 MPa를 넘지 않는다.

[그림 P3.37]

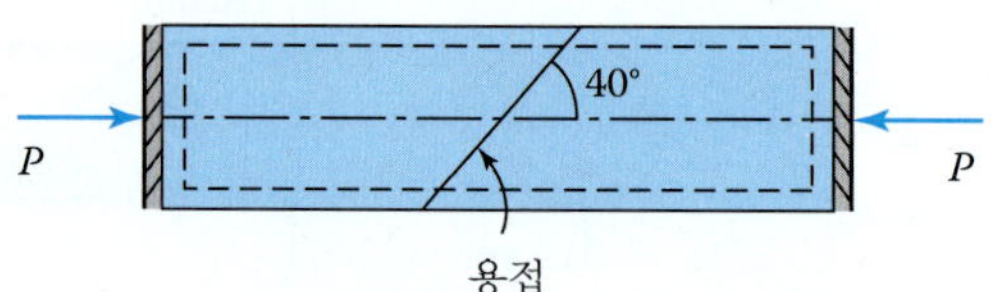

3.11절~3.17절

3.38 그림 P3.38과 같이 강철 용기 표면의 점 A에서 변형률 게이지가 각각 x, y축과 각도 θ를 이루고 있는 x', y' 축방향의 $\varepsilon_{x'}$와 $\varepsilon_{y'}$을 측정하였다. 이 때 다음 값을 구하라.

a. 변형률 ε_x, ε_y, $\gamma_{x'y'}$

b. 용기의 푸아송비 ν

주어진 값: $\varepsilon_x' = 240$, $\varepsilon_y' = 410$, $\gamma_{xy} = 0$, $\theta = 34°$.

[그림 P3.38]

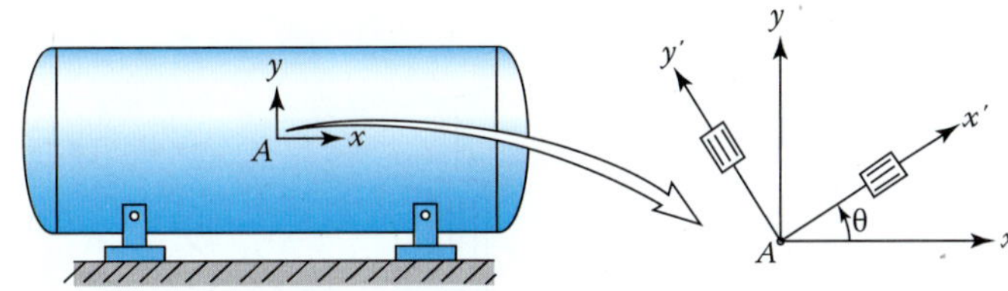

3.39 그림 P3.39와 같이 C형 클램프의 점 A에서 변형률 로제트가 변형률을 다음과 같이 측정하였다.

$$\varepsilon_a = 880\ \mu, \quad \varepsilon_b = 320\ \mu, \quad \varepsilon_c = -60\ \mu.$$

이 때 주응력의 크기와 방향을 구하라.

[그림 P3.39]

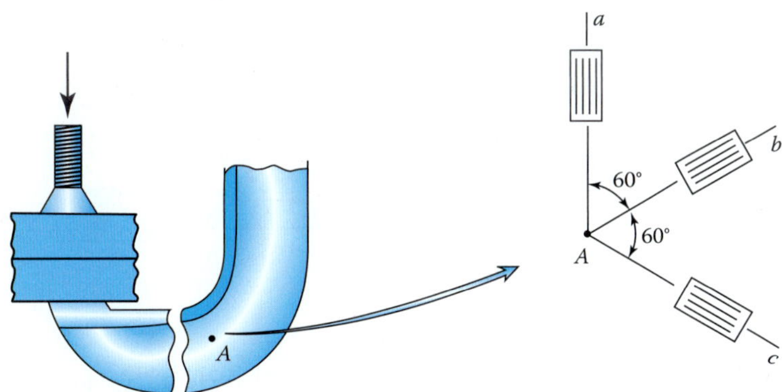

3.40 반지름 c인 고강도 ASTM-A242 강철 축이 토크 T를 받고 있다(그림 P3.40). 점 A에서의 변형률 게이지는 주축으로부터의 각도 ϕ를 가지는 방향으로의 변형률 ε_ϕ을 측정하였다. 이 때 토크 T의 값을 구하라.

주어진 값: $c = 1\frac{3}{4}$ in., $G = 11.5 \times 10^6$ psi, $\varepsilon_\phi = 600\ \mu$, $\phi = 25°$.

3.41 그림 P3.41과 같이 정적 테스트 중, 비행기 평판 위 점 A에서 45° 변형률 로제트를 이용하여 변형률 요소를 측정한 값은 다음과 같다. 이 때 주응력의 크기와 방향을 구하라.

$$\varepsilon_a = -300\ \mu, \quad \varepsilon_b = -375\ \mu, \quad \varepsilon_c = 150\ \mu.$$

[그림 P3.40]

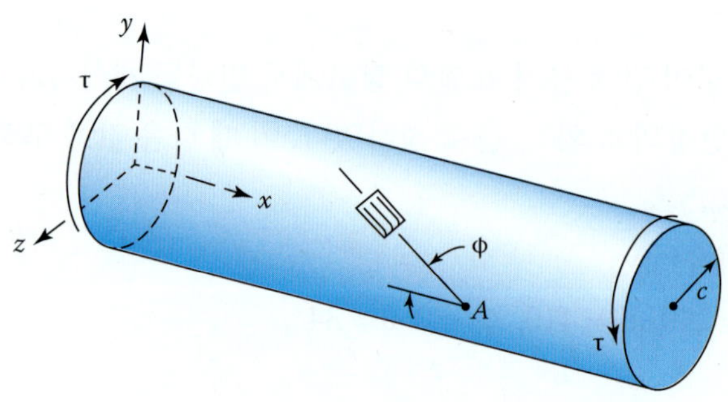

[그림 P3.41]

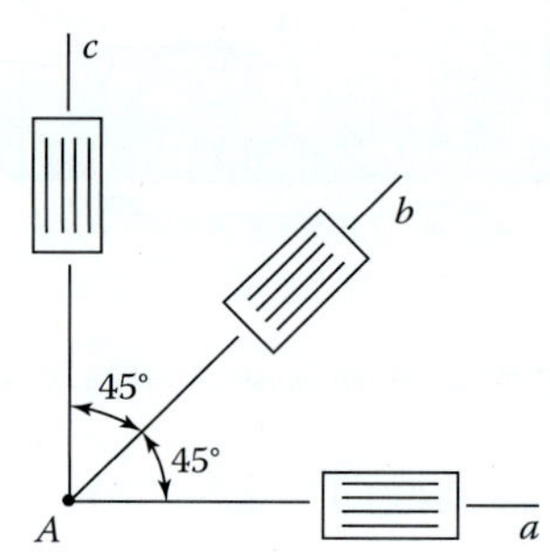

3.42 15 mm 두께의 철 보가 축방향 하중 25 kN을 그림 P3.42와 같이 받고 있다. 여기서 구조의 안전율은 $n = 1.9$이다(부록 C 참조). 이 때 보가 가질 수 있는 허용가능한 최소한의 폭 h를 구하라.
가정: 보는 $S_y = 150$ MPa의 수치를 가지며 상대적으로 취성재료로 만들어졌다.

[그림 P3.42]

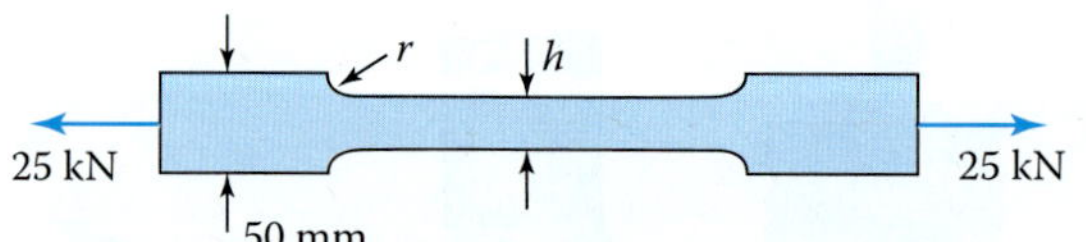

3.43 상대적으로 취성이며 납작한 보가 두 부분으로 이루어져 있는데, 이 두 부분은 둘 다 12 mm 두께에 각각 30, 45 mm의 폭을 가지고 있으며 반지름 $r = 6$ mm의 필릿으로 연결되어 있다(그림 C.1 참조). 이 때 이 봉이 지탱할 수 있는 최대 하중 P를 구하라.
주어진 값: $S_y = 210$ MPa, 안전율 $n = 1.5$.

3.44 대칭적으로 필릿되어 있으며 중심부에 구멍이 있는 균일 두께 t의 강철 평판이 축방향 하중 P를 받고 있다(그림 P3.44). 이 때 구멍과 필릿에서 발생하는 최대 응력의 값을 구하라.
주어진 값: $d = 15$ mm, $D = 90$ mm, $r = 7.5$ mm, $t = 10$ mm, $P = 12$ kN.

3.45 그림 P3.45의 인장력을 받는 강철 평판에서의 완전 필릿 반지름 r과 폭 d의 값은 얼마인가? 줄어든 영역에서 허용가능한 공칭응력값 σ_{nom}과 최대 허용응력값 σ_{max}을 사용하여 위 값을 구하라.

[그림 P3.44]

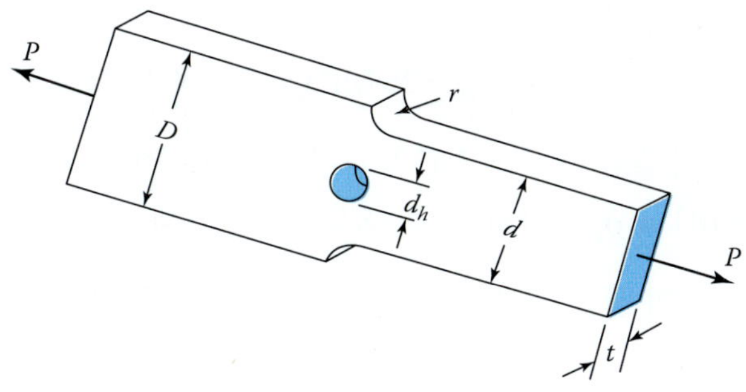

[그림 P3.45]

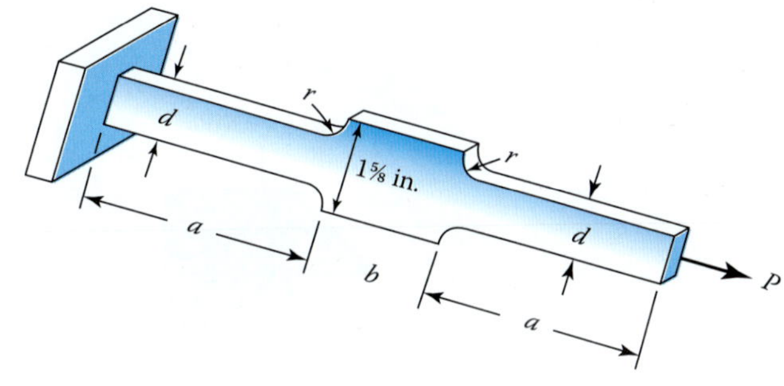

주어진 값: $D/d = 1.5$, $\sigma_{max} = 26$ ksi, $\sigma_{nom} = 16$ ksi.

3.46 그림 P3.45와 같이 ½ in.의 두꺼운 완전 필릿형 ASTM-A242 고강도 재질의 강철 보가 있다. 여기서 영구적 변형이 일어나지 않는 선에서 가할 수 있는 최대 축방향 하중 P는 얼마인가?
주어진 값: $r/d = 0.2$, $S_y = 50$ ksi(표 B.1 참조).

3.47 하중을 받고 있는 기계 요소에서의 한 점이 3차원 응력을 그림 P3.47과 같이 받고 있다. 이 때 모어원을 이용하여 다음 사항을 구하라.

a. 주응력

b. 최대 전단응력

주어진 값: $\sigma_x = 24$ ksi, $\sigma_y = 12$ ksi, $\tau_{xy} = 6$ ksi, $\sigma_z = -3$ ksi.

[그림 P3.47]

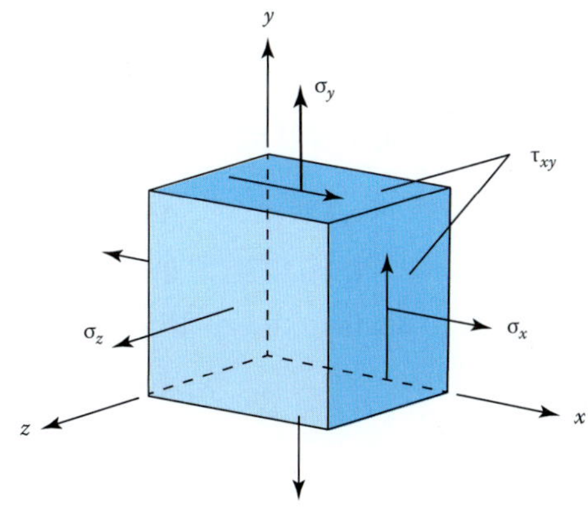

3.48 응력상태가 다음과 같을 때 문제 3.47의 과정을 다시 수행하라.

주어진 값: $\sigma_x = 50$ MPa, $\sigma_y = 0$, $\tau_{xy} = 25$ MPa, $\sigma_z = -60$ MPa.

3.49 응력상태가 다음과 같을 때 문제 3.47의 과정을 다시 수행하라.

주어진 값: $\sigma_x = 10$ ksi, $\sigma_y = 2$ ksi, $\tau_{xy} = -8$ ksi, $\sigma_z = 5$ ksi.

3.50 하중을 받는 틀 위의 한 점에서의 3차원 응력은 그림 P3.50에서 나타난 바와 같다. 이 때 다음 값을 구하라.

a. 모어원을 이용한 주응력

b. 8면체 전단응력과 최대 전단응력

[그림 P3.50]

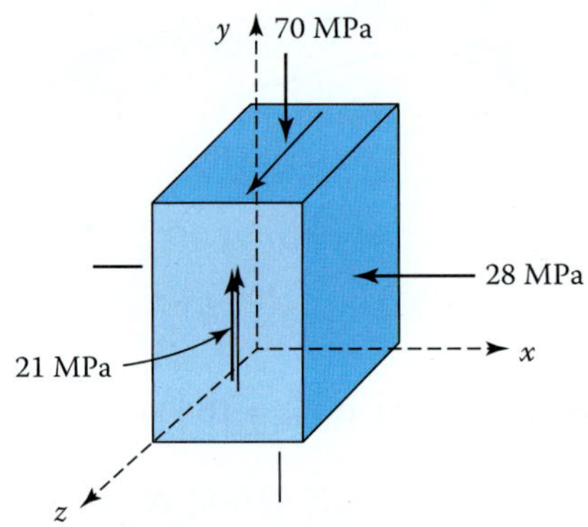

3.51 부재의 구조 위의 한 점에서 x, y, z좌표계에 대한 응력이 다음과 같이 표현되었다. 이 때 다음값을 계산하라.

$$\begin{bmatrix} -10 & 0 & -8 \\ 0 & 2 & 0 \\ -8 & 0 & 2 \end{bmatrix} \text{ksi}$$

a. 최대 주응력의 방향과 크기

b. 최대 전단응력

c. 8면체 응력

3.52 부재 위의 한 점에서 x, y, z좌표계에 대한 응력이 다음과 같이 표현되었다.

$$\begin{bmatrix} 9 & 0 & 0 \\ 0 & 12 & 0 \\ 0 & 0 & -18 \end{bmatrix} \text{ksi}$$

이 때 다음 값을 구하라.

a. 최대 전단응력

b. 8면체 응력

3.53 하중을 받는 요소의 임계점에서의 x, y, z좌표계에 대한 응력은 다음과 같이 표현된다.

$$\begin{bmatrix} 42.5 & 0 & 0 \\ 0 & 5.26 & 0 \\ 0 & 0 & -7.82 \end{bmatrix} \text{ksi}$$

수직 벡터가 x, y, z축에 각각 40°, 60°, 66.2°를 이루는 평면에 가해지는 수직응력 σ과 전단응력 τ의 값을 구하라.

CHAPTER 04

처짐과 충돌

4.1 서론

강도와 강성은 엔지니어에게 기본적으로 중요한 고려사항들이다. 응력수치는 종종 강도의 차원으로 쓰인다. 각종 하중에 의해 부재에 발생하는 응력은 3장에서 언급하였다. 본 장에서는 처짐을 다루겠는데 이것을 해석하는 것은 응력만큼이나 중요하다. 더욱이 비록 우리의 관심이 힘과 응력에 있다하더라도, 처짐은 부정정계의 설계에서 반드시 *고려*되어야 한다.

강성(stiffness)은 변형 또는 처짐에 저항하는 성질과 관련이 있다. 탄성 처짐 또는 강성은 응력에 반해 종종 부재의 설계에 제어인자로 쓰인다. 예를 들어 처짐은 어떤 한계 내에 유지하여 부품간의 공차가 유지되어야 한다. 프레임과 같은 구조물은 제작 정밀도를 유지하기 위해 처짐이 아주 적어야 한다. 대부분의 부품은 진동문제를 줄이기 위해 높은 강성이 요구된다. 우리는 평형의 원리를 사용하여 여러 가지 하중이 작용하는 부재의 강성과 처짐의 기본적인 수식을 유도한다. 그리고 적분법, 중첩법, 모멘트면적법에 대해 이야기한다. 그 다음에 *충격*(impact)이나 쇼크(shock)하중과 판재의 굽힘에 대하여 다룬다. 법칙들은 일-에너지 개념과 고전적 역학해석 방법에 근간을 두며 부재나 구조물의 변위를 구하는데 쓰이는 유한요소해석(FEA: finite element analysis)은 다음 장에 다루기로 한다.

4.1.1 여러 가지 처짐 계산법의 비교

여러 가지 처짐 계산법의 비교를 통해 어떤 방법이 어떤 문제에 유리한지를 알게 된다. 보의 처짐 지배 방정식을 적분하면 처짐 문제에서 해를 구할 수 있다. 그러나 이러한 방법은 단순한 형태의 보에 제한되는데 그렇지 않으면 풀이과정이 복잡해진다. 실제로 여러 가지 또는 복잡한 하중상태의 부재에서 처짐은 종종 단순 형태의 하중에 의한 처짐을 중첩원리에 의해 중첩함으로 구하여진다.

변형에너지와 공액변형에너지(complementary strain energy)의 이중(dual)관계는 카스틸리아노(Castigliano)의 정리나 이의 변형된 여러 형태와 같은 훌륭한 해석기법의 기초를 제공한다. 이러한 기법들은 모든 선형탄성구조물에서는 제한 없이 하중에 따른 처짐을 효과적으로 구할 수 있다.

유사한 문제들은 가상일 원리(principle of virtual work)나 최소 퍼텐셜 에너지 원리(principle of minimum potential energy)를 사용하여 임의의 변형에 대한 처짐이나 힘을 구할 수 있다. 유한요소에서 구조물의 행렬해석은 매우 중요하다. 모멘트면적법은 특별히 보나 프레임의 특정한 몇 점에서 처짐을 구할 때 매우 유용하다. 부정정계 시스템의 해를 확인하는데 또한 유용하게 쓰일 수 있다. 이 기법을 적용하면 운동학(kinematics)에 대한 명쾌한 이해를 주기도 한다. 유한요소해석은 가장 일반적인 기법이며 선형, 비선형, 정정계, 부정정계 모두 사용할 수 있다.

4.2 축방향 하중이 작용하는 부재의 변형

본 절에서는 축방향 하중이 작용하는 가느다란 부재의 인장이나 압축을 생각한다. 이러한 경우 축방향 응력은 재료의 선형탄성한계를 넘지 않는 것으로 간주한다. 수직응력과 수직변형률의 정의와 그 관계는 훅(Hooke)의 법칙을 사용한다.

축하중이 작용하는 단면적 A, 길이 L, 영률 E의 일정한 단면을 갖는 바(bar)의 변형을 생각하자(그림 3.1a). 단면에서 축방향 응력과 변형률의 크기는 각각 $\sigma_x = P/A$와 $\varepsilon_x = \sigma_x/E$이 된다. 이 결과와 $\varepsilon_x = \delta/L$를 조합하고 길이 L에 대해 적분하면 변형 δ를 다음과 같이 얻게 된다.

$$\delta = \frac{PL}{AE} \tag{4.1}$$

여기서 AE는 바(bar)의 *축방향 강성*(axial rigidity)이라고 부른다. 양의 부호는 인장을, 음의 부호는 압축을 나타낸다. 변형 δ는 길이 L의 단위를 갖는다. 주목할 것은, 경사진 바에서 바의 표면의 경사각이 20° 미만일 때 위 식은 비교적 잘 맞는다[1].

이 책에서 다루는 대부분의 힘-변위 문제는 선형의 관계를 갖는다. 따라서 축방향으로 힘이 작용하는 바의 강성으로 알려진 스프링상수(spring rate)는

$$k = \frac{P}{\delta} = \frac{AE}{L} \tag{4.2}$$

여기서 k의 단위는 kN/m의 단위를 갖는다. 변형의 특성을 나타내는 스프링상수는 부재의 설계에 중요한 역할을 한다.

ΔT°의 온도 변화는 식 (1.21)에서 정의된 바에 따라 $\varepsilon_t = \alpha\Delta T$의 변형률을 발생시킨다. 여기서 α는 열팽창계수이다. 따라서 탄성체에서 등온도분포에 따른 축방향의 열변형은

$$\delta_t = \alpha(\Delta T)L \tag{4.3}$$

열변형률과 변형은 대개 온도가 증가하면 양의 부호를 갖고 온도가 감소하면 음의 부호를 갖는다.

예제 4.1 이중구조물의 해석

단면적 A_s, 영률 E_s를 갖는 철강 봉이 단면적 A_c와 영률 E_c를 갖는 구리관 안에 놓여 있다(그림 4.1a). 끝 면 판재에 하중 P가 그림과 같이 작용할 때 등방이중구조(isotropic duplex structure)라고도 불리는 두 부재 시스템의 축방향 수축을 구하라.

가정: 부재들은 같은 길이 L을 갖고 끝 면 판재는 강체이다.

풀이

봉과 관에 발생하는 힘을 각각 P_s, P_c라고 하자.

정역학. 평형조건을 자유물체도(그림 4.1b)에 적용하면

$$P_c + P_s = P \tag{a}$$

이 조건이 유일한 평형조건이고 두 개의 미지수(P_c, P_s)를 갖고 있으므로 본 시스템은 1자유도의 부정정계이다.

변형. 식 (4.1)을 사용하면 부재의 수축은

$$\delta_c = \frac{P_c L}{A_c E_c}, \quad \delta_s = \frac{P_s L}{A_s E_s}$$

기하학적 조건. 구리관의 축방향 변형은 철강 봉의 변형과 같다.

$$\frac{P_c L}{A_c E_c} = \frac{P_s L}{A_s E_s} \tag{b}$$

식 (a)와 (b)의 해를 구하면

$$P_c = \frac{(A_c E_c)P}{A_c E_c + A_s E_s}, \quad P_s = \frac{(A_s E_s)P}{A_c E_c + A_s E_s} \tag{4.4}$$

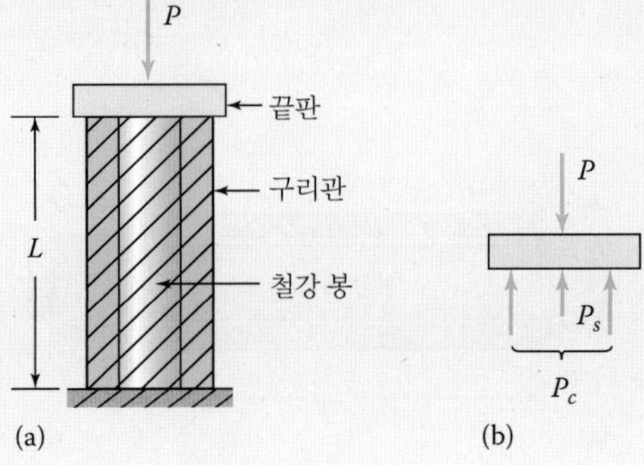

[그림 4.1]
예제 4.1

이 식에서 부재에 작용하는 힘은 축방향 강성과 비례한다는 것을 말한다.

구리의 압축응력 σ_c와 철강의 σ_s는 P_c와 P_s를 A_c와 A_s로 각각 나누면 구할 수 있다. 그리고 훅의 법칙과 식 (4.4)를 적용하면 압축변형률을 구하게 된다.

$$\varepsilon = \frac{P}{A_c E_c + A_s E_s} \tag{4.5}$$

따라서 전체 시스템의 수축은 $\delta = \varepsilon L$이 된다.

평가: 식 (4.5)에서의 변형률은 작용한 하중을 부재의 축방향 강성의 합으로 나눈 것과 같다는 것을 의미한다. 복합 이중구조물은 16장에서 다룬다.

예제 4.2 볼트–관 조립체의 해석

그림 4.2a에 나타난 알루미늄 관(단면적 A_t, 영률 E_t, 길이 L_t)와 철강 볼트(단면적 A_b, 영률 E_b) 조립체가 있다. 볼트는 2 mm 피치의 한줄 나사이다. 만일 너트를 느슨하게 죄어 관과 닿게 한 후 다시 반 바퀴 회전시켰다면 볼트와 관에 작용하는 축방향 하중을 구하라.

주어진 값: $A_t = 300\ \text{mm}^2$, $E_t = 70\ \text{GPa}$, $L_t = 0.6\ \text{m}$, $A_b = 600\ \text{mm}^2$, $E_b = 200\ \text{GPa}$.

풀이

볼트와 관에 작용하는 힘을 P_b, P_t라고 하자.

정역학. 그림 4.2b에서 가능한 평형조건은

$$P_b = P_t$$

이것은 관의 압축력은 볼트의 인장력과 같다는 것을 나타낸다. 문제는 따라서 1자유도의 부정정계가 된다.

변형. 식 (4.1)을 사용하면 변형은

$$\delta_b = \frac{P_b L_b}{A_b E_b}, \quad \delta_t = \frac{P_t L_t}{A_t E_t} \tag{c}$$

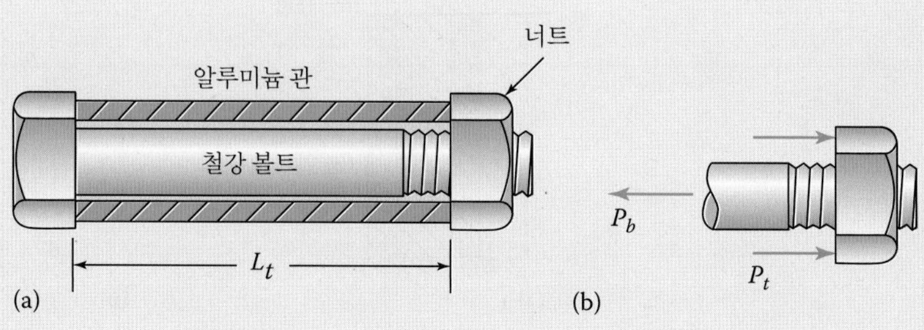

[그림 4.2]
예제 4.2와 예제 4.3

여기서 δ_b는 볼트의 축방향 인장변형을, δ_t는 관의 축방향 압축변형을 나타낸다.

기하학적 조건. 볼트와 관의 변형은 볼트에 대한 너트의 움직임에 따라 $\Delta = 0.002/2 = 0.001$ m와 같아야 한다.

$$\delta_b + \delta_t = \Delta$$

$$\frac{P_b L_b}{A_b + E_b} + \frac{P_t L_t}{A_t E_t} = \Delta \tag{4.6}$$

$P_b = P_t$라 하고 $L_b = L_t$라 하면, 앞의 식은

$$P_b\left(\frac{1}{A_b E_b} + \frac{1}{A_t E_t}\right) = \frac{\Delta}{L_t} \tag{4.7}$$

주어진 조건을 대입하면

$$P_b\left[\frac{1}{600(200)10^3} + \frac{1}{300(70)10^3}\right] = \frac{0.001}{0.6}$$

이를 풀면 $P_b = 29.8$ kN이다.

예제 4.3 볼트–관 조립체에서 열응력

볼트 관 조립체(그림 4.2a)에서 온도가 ΔT 상승했을 때 축방향 힘을 구하라.

주어진 값: $\Delta T = 100$°C, $\alpha_b = 11.7 \times 10^{-6}$/°C, $\alpha_t = 23.2 \times 10^{-6}$/°C.

가정: 앞 예제의 주어진 자료들은 같다.

풀이

예제 4.2에서 단지 힘-변형관계인 식 (c)만 달라진다. 여기서 볼트의 인장과 관의 압축을 나타내는 식은

$$\delta_b = \frac{P_b L_b}{A_b E_b} + \alpha_b(\Delta T)L_b$$
$$\delta_t = \frac{P_t L_t}{A_t E_t} - \alpha_t(\Delta T)L_t \tag{d}$$

주의할 것은 앞 예제에서는 음의 부호가 온도상승에 의한 관의 압축을 나타냈다. $L_b = L_t$와 $P_b = P_t$의 관계가 성립하고 이것을 $\delta_b + \delta_t = \Delta$에 대입하면

$$P_b\left(\frac{1}{A_b E_b} + \frac{1}{A_t E_t}\right) + (\alpha_b - \alpha_t)\Delta T = \frac{\Delta}{L_t} \tag{4.8}$$

여기서 앞에서와 같이 Δ는 볼트 위에서 너트가 움직인 거리를 말한다. 이 값을 식 (4.8)에 대입하면

$$P_b\left[\frac{1}{600(200)10^3}+\frac{1}{300(70)10^3}\right]+(11.7-23.2)10^{-6}(100)=\frac{0.001}{0.6}$$

따라서 $P_b = 50.3$ kN이 된다.

평가: 최종 볼트의 인장길이와 관의 수축길이는 축방향 힘 50.3 kN을 식 (d)에 대입하여 구할 수 있다. 흥미로운 것은 볼트와 관이 같은 재질로 만들어졌을 경우($\alpha_b = \alpha_t$), 온도 변화는 조립체에 영향을 미치지 못한다. 이것은 예제 4.2에서 얻은 힘을 그대로 유지할 수 있음을 말한다.

예제 4.4 삼절 부재 기구의 처짐

강체부재 BC가 12 mm 지름을 갖는 부재 AB와 지름 10 mm를 갖는 부재 CD(그림 4.3a)에 의해 매달려 있다. 각 부재는 항복강도 S_y, 탄성계수 E를 갖는 냉간압연 황동으로 이루어져 있다. 수직하중 P가 작용할 때 E 지점의 처짐은 어떻게 되겠는가?

주어진 값: $S_y = 435$ MPa, $P = 60$ kN, $E = 105$ GPa(표 B.1).

가정: 파손은 핀 조인트에서 일어나지 않는다. 부재들이 일정하게 변형한다.

풀이

부재들의 단면적은 일정하다.

$$A_{AB}=\frac{\pi}{4}(12)^2=113.1\,\text{mm}^2 \quad A_{CD}=\frac{\pi}{4}(10)^2=78.5\,\text{mm}^2$$

[그림 4.3]
예제 4.4. (a) 삼절 기구
(b) 부재 BC의 자유물체도
(c) 부재 BC 중심선에서의 변위 선도

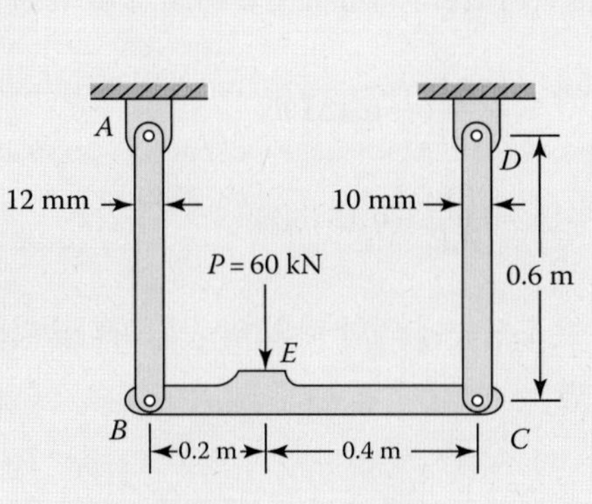

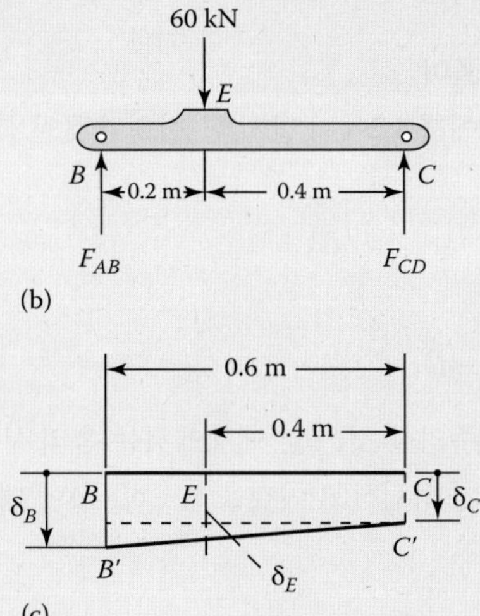

부재 BC의 자유물체도. 그림 4.3b에 평형방정식을 적용하면, 각 부재에 작용하는 인장력은

$$\sum M_C = 0: \quad -F_{AB}(0.6) + 60(0.4) = 0 \quad F_{AB} = 40 \text{ kN}$$

$$\sum F_y = 0: \quad -60 + 40 + F_{CD} = 0 \quad F_{CD} = 20 \text{ kN}$$

점 B와 C의 변위. 강체 BC의 B와 C점에서의 변위는

$$\delta_B = \frac{F_{AB}L_{AB}}{A_{AB}E} = \frac{40(10^3)(0.6)}{(113.1)(105)(10^3)} = 2.02 \text{ mm}$$

$$\delta_C = \frac{F_{CD}L_{CD}}{A_{CD}E} = \frac{20(10^3)(0.6)}{(78.5)(105)(10^3)} = 1.46 \text{ mm}$$

점 E의 변위. 그림 4.3c는 강체의 점 B, C, E의 중심선 변위를 나타낸다. 점선으로 나타낸 삼각형에서 비례관계에 의해 점 E의 변위는

$$\delta_E = \delta_C + (\delta_B - \delta_C)\left(\frac{0.4}{0.6}\right) = \left[1.46 + (0.56)\left(\frac{2}{3}\right)\right]$$

또는

$$\delta_E = 1.83 \text{ mm}$$

평가: +기호는 아래쪽으로 향하는 변위를 나타낸다. 가장 큰 축방향 응력은 부재 AB에 발생하는데, $\sigma_{AB} = 40(10^3)/113.1 \times 10^{-6} = 354 \text{ MPa} < 435 \text{ MPa}$). 따라서, 부재는 영구변형을 일으키지 않는다.

4.3 축의 비틀림각

3.5절에서 다룬 것은 단지 비틀림 응력이었다. 여기서는 축이나 단면이 균일한 바의 비틀림각 변위를 다룬다. 부재가 완전 탄성영역에 있다고 가정한다. 대부분의 구조재료는 비틀림이 작기 때문에 이러한 가정이 타당하다. 그러나 고무와 같이 비틀림각이 큰 재료에서는 이러한 가정은 다시 검토되어야 한다.

4.3.1 원형 단면

반지름 c, 길이 L, 전단탄성계수가 G인 균일 원형축을 생각하자(그림 3.6). 최대 전단응력 τ_{max}은 최대 전단변형 γ_{max}과 훅의 법칙과 관계가 있다: $\gamma_{max} = \tau_{max}/G$. 그리고 비틀림 공식에 의해 $\tau_{max} = Tc/J$가

성립하고 여기서 J는 극관성모멘트이다. 이 관계를 앞의 관계에 대입시키면 $\gamma_{max} = Tc/GJ$가 된다. 변형이 작다면 $\tan \gamma_{max} = \gamma_{max}$이 되고 또한 $\gamma_{max} = c\phi/L$이 된다. 이 식은 한 쪽 단면이 다른 쪽 단면에 대하여 돌아간 것을 의미하는 *비틀림각*(angle of twist)을 나타낸다.

$$\phi = \frac{TL}{GJ} \tag{4.9}$$

각도 ϕ는 라디안의 단위이다. GJ는 축의 *비틀림 강성*(torsional rigidity)이라고 불린다. 식 (4.9)는 원형 단면을 갖는 중실축이나 중공축에 모두 쓰일 수 있다. 원형 비틀림 바에 대한 *스프링상수*(spring rate)는 다음과 같이 주어진다는 것을 우리는 알고 있다.

$$k = \frac{T}{\phi} = \frac{GJ}{L} \tag{4.10}$$

k의 단위는 대개 kN-m/radian이다.

식 (4.9)를 살펴보면 주어진 재료의 전단탄성계수 G를 구하는 방법을 찾을 수 있다. 지름과 길이를 아는 원형 단면 시편을 비틀림 시험기에 넣고 비틀림 토크를 증가시키면서 비틀림각을 측정하면 이 곡선의 기울기(T/ϕ)가 탄성영역 내에서는 GJ/L을 나타낸다. 이로부터 G값을 구할 수 있다.

4.3.2 비원형 단면

3.5절에서 언급한 바와 같이 비원형 단면 부재의 응력이나 변위를 구하는 것은 이 책의 범위를 넘어서는 난제이다. 그러나 *사각단면 바*(rectangular bar)의 비틀림각 공식은 편의를 위해 소개한다.

$$\phi = \frac{TL}{CG} \tag{4.11}$$

여기서

$$C = \frac{ab^3}{16}\left[\frac{16}{3} - 3.36\frac{b}{a}\left(1 - \frac{b^4}{12a^4}\right)\right] \tag{4.12}$$

식 (4.12)에서 a와 b는 단면의 넓은 쪽의 폭과 좁은 쪽의 폭을 각각 나타낸다. 표 3.1은 일반적으로 많이 접하는 단면에 대한 비틀림각을 구한 정확한 값이다[1, 2].

예제 4.5 양단 고정된 봉의 비틀림각 계산

원형 청동봉(그림 4.4a)의 양단이 고정되어 있고 토크 T가 점 D에 작동할 때 최대 비틀림각을 구하라.

[그림 4.4]
예제 4.5

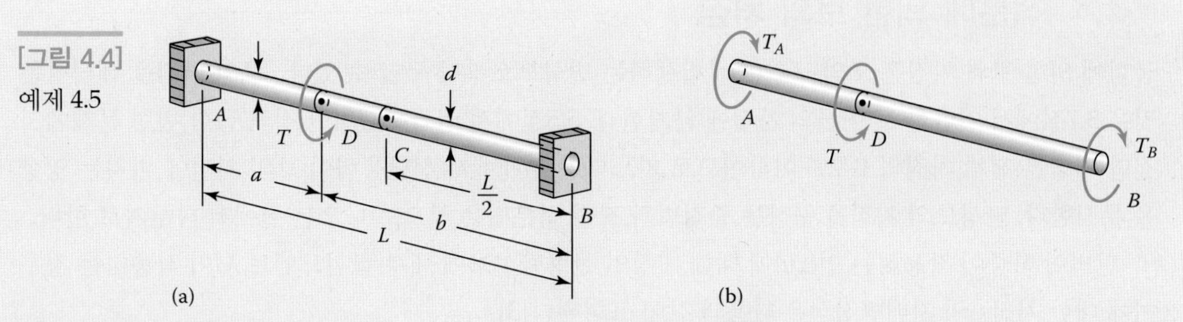

주어진 값: $a = 20$ in., $b = 40$ in., $d = 1$ in., $T = 500$ lb · in., $G = 5.6 \times 10^6$ psi.

풀이

양단에서의 반력을 각각 T_A, T_B라고 하자.

정역학. 그림 4.3b의 자유물체도에서 가능한 평형조건은

$$T_A + T_B = T$$

따라서 이 문제는 1자유도의 부정정계이다.

변형. 단면 D에서 왼쪽 봉과 오른쪽 봉에 대한 비틀림각은

$$\phi_{AD} = \frac{T_A a}{GJ}, \quad \phi_{BD} = \frac{T_B b}{GJ} \tag{a}$$

기하학적 조건. 단면 D에서 요구되는 봉의 연속조건은

$$\phi_{AD} = \phi_{BD} \quad \text{또는} \quad T_A a = T_B b \tag{b}$$

식 (a)와 (b)를 동시에 풀면

$$T_A = \frac{Tb}{L}, \quad T_B = \frac{Ta}{L} \tag{4.13}$$

최대 비틀림각은 단면 D에서 일어난다. 따라서,

$$\phi_{\max} = \frac{T_A a}{GJ} = \frac{Tab}{GJL}$$

주어진 수치값을 대입하면 다음과 같다.

$$\phi_{\max} = \frac{500(20)40}{5.6\left(10^6\right)\frac{\pi}{32}(1)^4(60)} = 0.012 \text{ rad} = 0.7°$$

4.4 적분에 의한 보의 처짐

굽힘에 의한 보의 처짐은 보의 구간에서 발생하는 변형으로부터 구할 수 있다. 보의 처짐을 해석하는 것은 3.7절에서 언급한 보 이론의 가정에 근거한다. 5.5절에서 언급하겠지만 정적 굽힘 변형 문제에서 전단 처짐은 전체 처짐의 1~2% 이하이므로 가느다란 부재에서 전단응력이 보의 처짐에 미치는 영향은 무시한다. 탄성보의 처짐을 구하는 중첩법과 직접 적분법은 앞으로 나오는 절에서 다루기로 한다.

단면이 하중이 작용하는 면(xy)에 대해 대칭인 선형탄성보에 내부 굽힘모멘트 M이 작용하는 경우 이에 대한 처짐 υ의 지배방정식은 다음과 같이 표현된다[3].

$$\frac{d^2\upsilon}{dx^2} = \frac{M}{EI} \tag{4.14}$$

여기서 EI는 *굽힘강성*(flexural rigidity)라고 부른다. 작용하는 하중, 내부 힘의 부호규약은 1.8절에서 정의한 바에 따라 그림 4.4에 나타냈다. 처짐 곡선의 처짐과 경사각 θ(라디안)은 다음과 같은 관계가 있다.

$$\theta = \frac{d\upsilon}{dx} = \upsilon' \tag{4.15}$$

양의 부호(음의 부호)의 θ는 모멘트와 같이 그림에 나타낸 바와 같이 오른손법칙을 따른다.

3.6절에 나타난 바와 같이 내부 전단력 V, 굽힘모멘트 M 그리고 분포하중밀도 w는 식 (3.14)와 (3.15)에 연결되어 있다. 이 식을 식 (4.14)와 연결하면 EI가 일정할 때 다음과 같은 유용한 관계식을 얻을 수 있다.

$$\text{모멘트} = M = EI\frac{d^2\upsilon}{dx^2} = EI\upsilon'' \tag{4.16a}$$

$$\text{전단력} = V = EI\frac{d^3\upsilon}{dx^3} = EI\upsilon''' \tag{4.16b}$$

$$\text{분포하중} = w = EI\frac{d^4\upsilon}{dx^4} = EI\upsilon'''' \tag{4.16c}$$

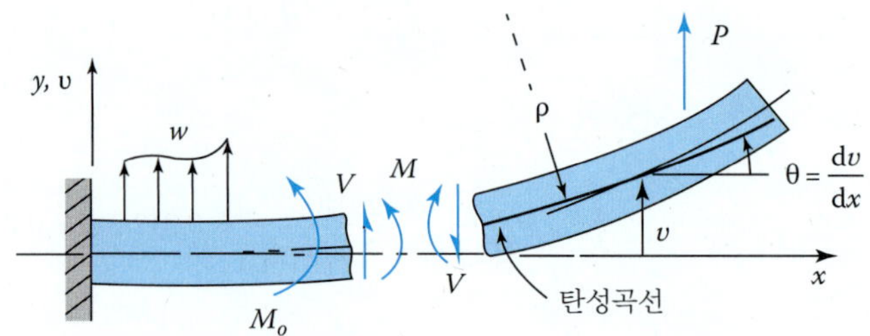

[그림 4.5]
양의 하중과 내부의 힘

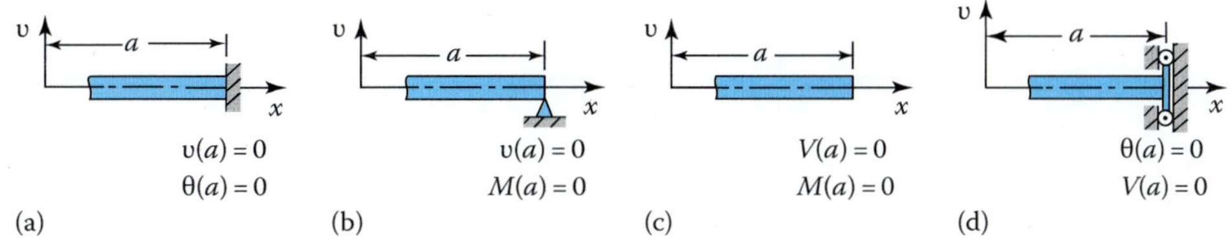

[그림 4.6]
경계 조건들. (a) 고정단 (b) 단순 지지단 (c) 자유단 (d) 안내지지(guided) 또는 미끄럼(sliding) 지지

보의 처짐 υ는 앞의 식들 중 하나를 적분하여 풀어서 구할 수 있다. 어떤 식을 선택하는가는 하중, 전단, 모멘트 중 어떤 표현이 쉬운가와 개인적인 선호에 달려 있다. 식 (4.16c) 또는 식 (4.16b)에서 시작하여 처짐 문제를 푸는 것을 *다중적분법*(multiple-integration method)이라고 한다. 만일 식 (4.16a)를 사용하면 두 번의 적분이 필요하므로 *이중적분법*(double-integration method)이라고 한다. 이 때 적분상수는 보 끝단에서 주어지는 조건인 소위 경계조건에 의해 구해진다. 자주 접하게 되는 경계조건에 대해서는 그림 4.6에 나타내었다. 이 그림에서 힘(정적)변수 M, V 그리고 형상(운동)변수 υ, θ는 일반적인 조건에서는 0이 된다.

만일 보의 단면의 폭 b가 보의 높이 h보다 훨씬 크게 되면 ($b \gg h$) 보의 강성이 높게 되고 처짐은 식 (4.16)의 좁은 보(narrow beam) 식에 의해 계산값보다 작게 나온다. 이렇게 단면이 옆으로 넓게 펴지면 횡방향으로 늘어나는 것을 저해하므로 처짐은 4.9절에서와 같이 줄어들게 된다. *넓은 보*(wide beam)의 처짐 계산을 개선하기 위해 좁은 보에서 계산된 값에 $(1 - \nu^2)$를 곱하기도 한다. 여기서 υ는 푸아송비이다.

4.5 중첩법에 의한 보의 처짐 계산

단순하중이 작용하는 보의 탄성 처짐(그리고 기울기)은 풀어져 있고 쉽게 구할 수 있다(표 A.8, A.9 참조). 그러나 조합된 형태의 하중이 작용할 때는 해석과 설계를 쉽게 하기 위해 중첩법을 사용할 수 있다. 이 방법은 변위가 하중에 비례해서 발생하는 한 유용하다. 이러한 경우는 사용된 재료에 훅의 법칙이 적용되고 처짐이 적은 경우이다.

이 방법을 설명하기 위해 그림 4.7a와 같은 보를 그림 4.7b와 4.7c로 나누어 생각하자. C 지점에서 보는 P와 M에 의해 처짐 $(\upsilon)_P$와 $(\upsilon)_M$이 각각 발생한다. 따라서 조합하중에 의한 υ_C는 $\upsilon_C = (\upsilon_C)_P + (\upsilon_C)_M$이 된다. 표 A.8의 1과 2의 경우로부터 처짐은 다음과 같이 표현된다.

$$\upsilon_C = \frac{5PL^3}{48EI} + \frac{ML^2}{8EI} \tag{4.17}$$

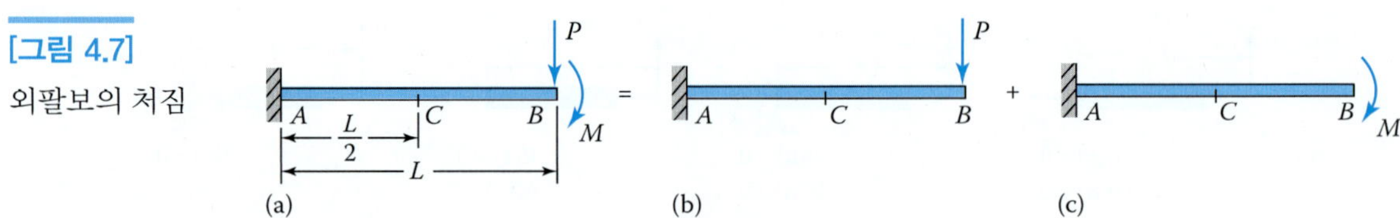

[그림 4.7]
외팔보의 처짐

유사하게 보의 임의 지점에서의 처짐과 회전각은 이러한 방법에 의해 구할 수 있다.

중첩법은 처짐뿐만 아니라 부정정계 보의 반력을 구하는 데에도 유용하게 쓰일 수 있다. 이러한 부정정계 문제에서 잉여 반력은 미지의 하중으로 놓고 이에 해당하는 지지는 제거하거나 수정을 하게 된다. 그리고 중첩법을 적용한다. 하중선도를 그리고 각각의 하중(주어진 값이나 미지수의 값)에 의해 발생하는 처짐을 수식으로 나타낸다. 잉여의 하중들은 기하학적 조건을 만족시키는 조건으로부터 구해진다. 이렇게 한 후, 다른 모든 반력들을 정적평형조건으로부터 구할 수 있다.

지금까지 설명한 단계들을 1자유도계의 부정정보(그림 4.8a)를 가지고 다시 한번 명확하게 설명하도록 한다. 지지점 B를 제거하여 반력 R_B를 잉여반력으로 미지의 반력으로 놓자. 그림 4.8b와 그림 4.8c에 하중을 분리한 것이 나타나 있다. 분포하중 w와 잉여반력 R_B에 의한 처짐은(표 A.8의 5, 8 경우 참조)

$$(\upsilon_B)_w = -\frac{5wL^4}{24EI}, \quad (\upsilon_B)_R = \frac{R_B L^3}{6EI} \tag{4.18}$$

본래의 보의 기하학적 조건으로부터

$$\upsilon_B = -\frac{5wL^4}{24EI} + \frac{R_B L^3}{6EI} = 0 \tag{4.19}$$

또는

[그림 4.8]
두 배 길이의 연속보의 처짐

$$R_B = \frac{5}{4}wL \tag{4.20}$$

남은 반력은 평형조건으로부터 $R_A = R_C + 3wL/8$이 된다. 이 반력들을 구하면 처짐은 앞 절에서 설명한 과정에 의해 구해진다.

사례연구 4.1 볼트 절단기의 처짐 해석

그림 3.28에 나타낸 볼트 절단기의 부재 2, 3은 위태로운 응력상태에 있다. 중첩법을 사용하여 하중이 작용할 때의 처짐을 구하라.

주어진 값: 치수와 하중은 사례연구 3.1과 같다. 재질은 AISI 1080 HR 강재이고 $E = 30 \times 10^6$ psi이다.

가정: 하중은 정적하중이다. 부재 2는 매달려 있는 단순보로 가정할 수 있다.

풀이

그림 3.28과 4.9 그리고 표 A.8을 참조하라.

3번 부재. 인장을 받는 연결링크(그림 2.28a)의 늘어난 길이는 식 (4.1)에서 구할 수 있다. 따라서 조립체의 대칭성으로 인해 각 부재의 점 A의 변위는

$$\delta_A = \frac{1}{2}\left(\frac{PL}{AE}\right) = \frac{F_A L_3}{2AE}$$

$$= \frac{128(1.25)}{2\left(\frac{3}{8}\right)\left(\frac{1}{8}\right)\left(30\times10^6\right)} = 56.9\left(10^{-6}\right)\text{ in.} \tag{4.21}$$

2번 부재. 이 부재는 그림 3.28b와 같이 하중이 작용한다. 점 D의 처짐은 두 부분으로 나누어진다. 외팔보와 같이 보 DA가 있을 때 굽힘에 의한 처짐인 υ_1과 보의 A 지점에서 회전에 의한 변위 υ_2(그림 4.9)가 이에 해당한다.

D 지점에서 처짐 υ_1은(표 A.8의 경우 1)

$$\upsilon_1 = \frac{Qa^3}{3EI}$$

A 지점에서의 각도 θ_A는(표 A.8의 경우 7)

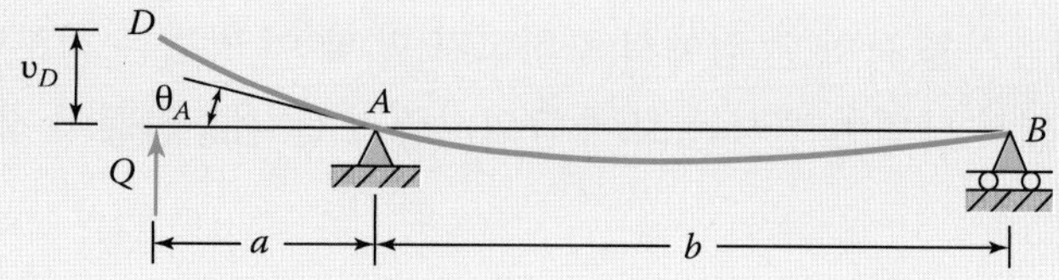

[그림 4.9]
매달린 단순보의 처짐

$$\theta_A = \frac{Mb}{3EI}$$

여기서 $M = Qa$. D 지점의 변위 υ_2는 A 지점에서의 회전에만 의한 것이므로 $\theta_A a$와 같다. 따라서

$$\upsilon_2 = \frac{Qba^2}{3EI}$$

따라서 D 지점의 전체 처짐 $\upsilon_1 + \upsilon_2$는

$$\upsilon_D = \frac{Qba^2}{3EI}(a+b) \qquad (4.22)$$

앞에서 이미 다룬 바와 같이

$$I = \frac{1}{12}t_2 h_2^3$$
$$= \frac{1}{12}\left(\frac{3}{16}\right)\left(\frac{3}{8}\right)^3 = 0.824\left(10^{-3}\right)\text{ in.}^4$$

주어진 자료를 대입하면 결국

$$\upsilon_D = \frac{96\left(1^2\right)(1+3)}{3\left(30\times10^6\right)\left(0.824\times10^{-3}\right)} = 5.18\times10^{-3}\text{ in.}$$

평가: 부재 2와 3에는 적절한 절단행정(cutting stroke)을 이루기 위해 아주 작은 변위가 허용되고 여기서 구한 변형은 이 한도 내에 있다.

4.6 모멘트면적법에 의한 보의 변형

이 절에서는 보의 변형을 구하기 위해 *모멘트면적법*(moment-area method)이라는 준도해적인 방법을 다룬다. 이 방법은 처짐 v의 미분치와 굽힘모멘트 선도의 면적의 성질과의 관계를 사용한다. 대개 처짐과 기울기를 보의 한 점에서 구하고자 할 때 이 방법은 적분법보다 더 빠른 답을 준다. 모멘트면적법은 특별히 단면이 변하는 보에 균일하중 또는 집중하중이 작용할 때 보의 변형해석에 효과적이다.

4.6.1 모멘트면적 정리

두 개의 정리가 모멘트면적법의 근간을 이룬다. 이 정리를 알아보기 위해 임의의 하중이 작용하는 보의 처짐 곡선의 부분인 AB를 살펴보자(그림 4.10).

그림 4.10a에 M/EI 선도와 처짐 곡선이 확대되어 나타나 있다. 여기서 M은 보의 굽힘모멘트이고 EI는 굽힘강성을 나타낸다. 길이 $\mathrm{d}x$의 한 요소의 끝단에서 접선각의 변화인 $\mathrm{d}\theta$와 굽힘모멘트는 식 (4.14)와 (4.15)를 통해 연결되어 있다.

$$\mathrm{d}\theta = \frac{M}{EI}\mathrm{d}x \tag{a}$$

보의 처짐 곡선에서 임의의 두 점 A와 B의 기울기 차는 다음과 같이 표현된다.

$$\theta_{BA} = \theta_B - \theta_A = \int_A^B \frac{M\mathrm{d}x}{EI} = \left[A\text{와 } B \text{ 사이의 } \frac{M}{EI} \text{ 다이어그램 면적} \right] \tag{4.23}$$

이것은 *제1모멘트면적 정리*(first moment-area theorem)이다. 탄성곡선상의 점 A, B에 접선각도의 변화각인 θ_{BA}는 M/EI 선도에서 이 점들 사이의 면적과 같다. 여기서 각도 θ_{BA}와 면적 M/EI는 같은 부호를 갖는다. 이것이 의미하는 것은 양의 부호(음의 부호)의 면적은 x축에서 시작했을 때 탄성곡선의 접선이 반시계방향(시계방향)으로 돌아가는 것을 뜻한다. 따라서 그림 4.10b에 나타난 θ_{BA}는 양의 부호이다.

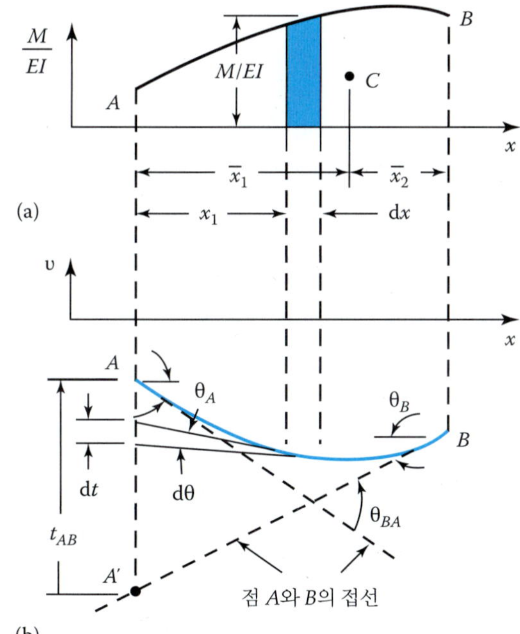

[그림 4.10]
모멘트면적법. (a) M/EI 선도 (b) 탄성곡선

보의 처짐이 작다는 것을 가정한다면 그림 4.10b에서 길이 dx의 요소의 곡률 영향에 의한 수직거리 dt는 xdθ와 같이 된다. 여기서 dθ는 식 (a)에 의해 구해진다. 따라서 수직 거리 AA', 즉 점 B의 접선으로부터 점 A의 *접선파생치*(tangential deviation) t_{AB}는

$$t_{AB} = \int_A^B x_1 \frac{M\mathrm{d}x}{EI} = \left[A\text{와 } B \text{ 사이의 } \frac{M}{EI} \text{ 다이어그램 면적} \right] \bar{x}_1 \tag{4.24}$$

여기서 x는 점 A에서 도심 C까지의 수평거리이다. 위 식을 *제2모멘트면적 정리*(second moment-area theorem)라고 부른다. 점 B의 접선에 대한 점 A의 접선파생치 t_{AB}는 M/EI 선도의 점 A, B간의 면적의 점 A에 대한 모멘트와 같다.

따라서 이를 식으로 표현하면

$$t_{BA} = \left[A\text{와 } B \text{ 사이의 } \frac{M}{EI} \text{ 다이어그램 면적} \right] \bar{x}_2 \tag{4.25}$$

$\bar{x}_2$는 점 B에서 면적의 도심 C까지의 수평거리를 나타낸다(그림 4.10a). 주목할 것은 일반적으로 $t_{AB} \neq t_{BA}$이다. 또한 식 (4.24)와 (4.25)에서 t_{AB}와 t_{BA}의 부호는 굽힘모멘트의 부호에 따른다. 많은 보 문제에서 보가 위로 또는 아래로 처지는지, 기울기가 시계방향인지 반시계방향인지는 명확하다. 이러한 경우엔 모멘트면적법에서 나타낸 부호규약을 따르지 않아도 된다. 절대값을 구하고 문제를 살펴서 방향을 결정하면 된다.

4.6.2 모멘트면적법의 응용

모멘트면적 정리에 의해 보의 처짐을 구하는 것은 아주 평이하다. 이 방법은 강체에도 동일하게 적용할 수 있다. 연속보에서는 연결부의 두 쪽이 서로 180°를 이루는 데 반해 강체 프레임은 연결부에서 종종 90°의 각도를 서로 이룬다. 우리가 다루는 문제는 보 문제로 국한한다. 맞게 만들어진 M/EI 선도와 탄성곡선은 이 방법에서는 기본적으로 있어야 한다. 표 A.3은 일반적으로 많이 쓰는 형상의 면적이나 도심을 구하는 공식을 나타낸다. 보의 임의 지점들 간의 기울기는 식 (4.23)에서 구할 수 있고, 처짐은 식 (4.24)와 (4.25)에서 구할 수 있다. 모멘트면적법은 탄성곡선의 접선을 한 두 점 이상에서 알고 있을 때(예를 들면, 외팔보) 쉽게 적용할 수 있다. 전산수치계산의 편의를 위해 종종 M/EI 선도를 그리고 EI를 가지고 계산하는 공식을 만든다. 이렇게 하면 풀이의 마지막 과정에 EI값을 대입해도 된다.

정정계 보에 여러 가지 하중이 작용하거나 부정정계 보에서의 변위 계산은 모멘트면적법이 중첩에 의해 최고로 좋다. 이 방법은 각 하중에 의한 모멘트 또는 별도로 그린 반력을 나타내는 일련의 선도를 필요로 한다. 이러한 방식으로 하면 나누어진 M/EI 선도의 면적은 단순히 기하학적 형태가 되기 때문에 계산을 단순화할 수 있다. 부정정계 문제에서는 정역학 방정식을 만들기 위해 각각의 부가적인 적합조건을 모멘트면적 방정식으로 표현할 수 있다.

예제 4.6 모멘트면적법에 의한 단차 외팔보의 변위계산

두 가지 다른 관성모멘트를 갖는 단면이 일정하지 않은 외팔보가 자유단에 집중하중 P를 지지하고 있다(그림 4.11a). B 지점에서의 기울기와 C 지점에서의 처짐을 구하라.

풀이

M/EI 선도는 그림 4.11b와 같이 각 부분에 따라 편리하게 나눌 수 있다.

$$A_1 = -\frac{PL^2}{8EI}, \quad A_2 = -\frac{PL^2}{16EI}, \quad A_3 = -\frac{PL^2}{8EI}$$

탄성곡선은 그림 4.11c에 나타나 있다. $\theta_A = 0$ 그리고 $v_A = 0$이므로 $\theta_C = \theta_{CA}$, $\theta_B = \theta_{BA}$, $v_C = t_{CA}$ 그리고 $v_B = t_{BA}$.

제1모멘트면적 정리를 적용하면

$$\theta_B = A_1 + A_2 + A_3 = -\frac{5PL^2}{16EI} \tag{4.26}$$

음의 부호는 회전이 시계방향임을 나타낸다. 제2모멘트면적의 정리로부터

$$\upsilon_C = A_1\left(\frac{L}{4}\right) + A_2\left(\frac{L}{3}\right) = -\frac{5PL^3}{96EI} \tag{4.27}$$

음의 부호는 처짐이 아래를 향하는 것을 말한다.

[그림 4.11]
예제 4.6

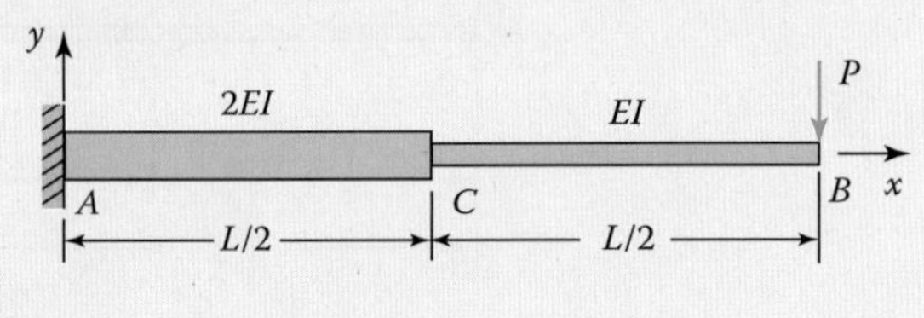

(a)

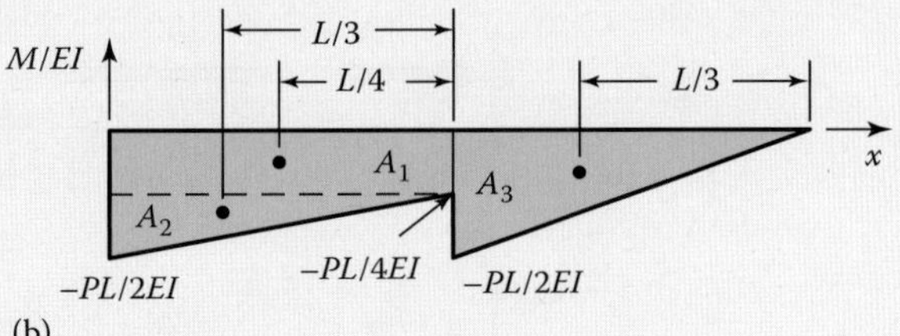

(b)

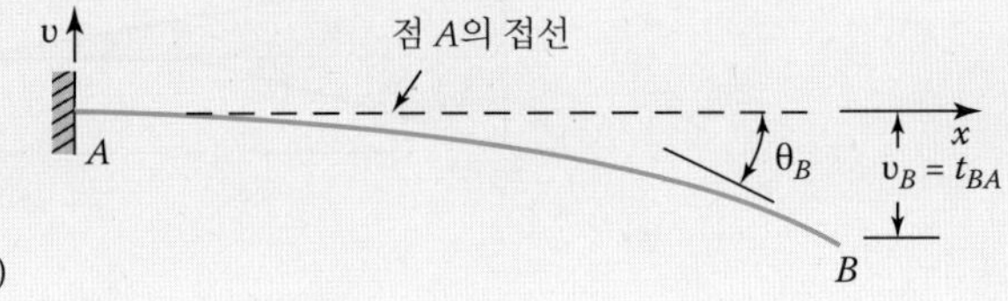

(c)

예제 4.7 지지된 외팔보의 모멘트면적법에 의한 반력 계산

지지된 외팔보가 그림 4.12a와 같이 한 지점에 집중하중 P를 받고 있다. 보의 끝단에 발생하는 모멘트와 반력을 구하라.

풀이

그림 4.12a에 나타낸 반력은 보가 1자유도의 부정정계임을 말해 준다. R_B를 잉여하중(또는 미지수)으로 잡고 지지대 B를 없앤다(그림 4.12b). 이런 상황의 M/EI 선도는 그림 4.12c에 나타낸 바와 같고 각각의 면적은

$$A_1 = \frac{R_B L^2}{2EI}, \quad A_2 = -\frac{Pa^2}{2EI} \tag{4.28}$$

미지의 잉여반력을 구하기 위해 한 개의 변위 구성조건이 필요하다. 고정단에서의 기울기와 지지단에서의 처짐이 0이므로, A 지점에서 B를 통과하는 탄성곡선의 접선, 즉 $t_{BA} = 0$이 된다. 따라서 제2모멘트면적 정리를 적용하면

$$\frac{R_B L^2}{2EI}\left(\frac{2L}{3}\right) - \frac{Pa^2}{2EI}\left(L - \frac{a}{3}\right) = 0$$

이를 풀면 다음과 같다.

[그림 4.12]
예제 4.7

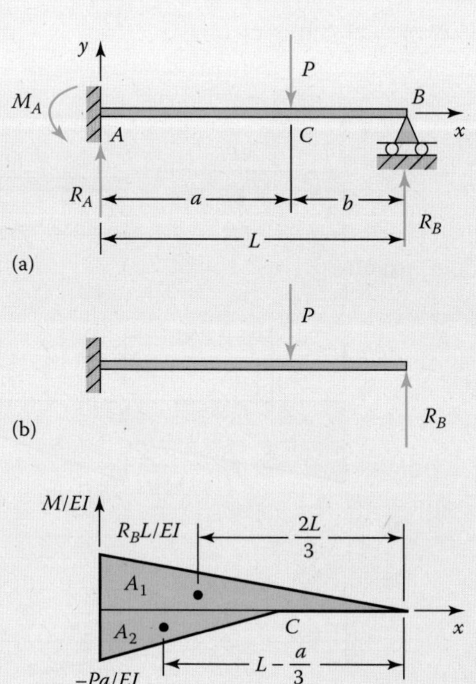

$$R_B = \frac{Pa^2}{2L^3}(3L - a) \tag{4.29}$$

평가: 나머지 반력은 정역학 방정식에서 풀 수 있다. 그리고 나면 기울기와 처짐을 일반적인 모멘트면적법의 순서에 따라 구할 수 있다.

4.7 충격하중

움직이는 물체가 구조물에 부딪히는 순간, *충격*(impact) 또는 *쇼크*(shock)하중이라고 불리는 동적 힘을 전달한다. 동적하중이 작용할 때의 물체의 거동에 관한 자세한 내용은 2.9절과 7장에서 자세히 나타나 있다. 충격하중이 작용한 후에 물체가 평형상태에 도달하게 될 때까지 진동운동을 하지만, 이 절에서는 물체 내에 최대 응력과 변형에 관련된 충격 또는 쇼크 힘에 대한 부분만을 다루게 될 것이다.

순간적으로 작용하는 하중에 관련된 구조물의 설계는 구조물에 영향을 주는 많은 요소에 의해 복잡하게 되어진다는 사실에 주목해 볼 때, 일반적으로 이러한 이론적인 고찰은 정성적인 설계의 지침이 된다[4]. 일반적으로 4.8절과 4.9절에서의 충격과 관련된 문제는 다음의 기본적인 가정과 함께 재료 역학에서의 *에너지법*을 사용하여 해결되어졌다.

1. 변위는 하중에 비례한다.
2. 재료는 탄성 거동하며, 충격하중에 대해 정적 응력-변형률 선도 역시 이용가능하다.
3. 충격에 저항하는 관성력은 무시된다.
4. 충격을 받는 부분과 지지점에서 부분적 변형에 의한 에너지 손실은 무시된다.

분명히 에너지법에 의한 접근법은 충격하중에 대한 근사적인 값을 도출해 낸다. 또한 충격하중을 받는 물체에서 응력은 물체 전체적으로 동시에 최댓값(peak value)에 도달한다는 가정이 필요하다. 더 정확한 계산을 위해서는, 물체 내의 어떤 지점에서의 응력은 시간에 대한 함수로 표현되며, 응력은 탄성체 내에서 어떤 전파율(propagation rate)을 가지고 전달되는 것을 알 수 있다. 이러한 파동법(wave method)은 에너지법보다 더 높은 응력을 나타낸다. 그러나 파동법은 에너지법보다 복잡하여 이 책에서는 다루지 않을 것이다. 독자들은 더 많은 정보를 위해 참고문헌을 찾아보는 것이 좋다[5].

4.8 종방향 충격과 굽힘 충격

이 절에서는 선형 또는 횡방향과 종방향의 충격하중에 의한 응력과 처짐을 다룰 것이다. 기계장치에서 종방향의 충격은 연결부(linkages), 해머 형태의 파워공구(hammer-type power tools), 커플링에 의해 연결된 자동차(coupling-connected cars), 기중기의 로프(hoisting rope) 그리고 나선형 스프링(helical springs)에서 발생되어진다. 그리고 횡방향 충격은 축과 보, 평판(plate), 셸(shell) 그리고 압력용기 등과 같은 구조물에서 볼 수 있다.

4.8.1 자유 낙하하는 물체

그림 4.13a에서처럼 높이 h에서 질량 m의 물체가 스프링을 향하여 낙하하는 경우를 살펴보자. 물체의 초기 속도와 스프링의 최대 변위(δ_{max})가 발생되어진 순간의 속도는 0이기 때문에, 계의 운동에너지 변화는 없다. 그러므로 자유 낙하하는 물체에 대해 중력에 의한 일은 스프링에 저장된 에너지와 같다.

$$W(h+\delta_{max}) = \frac{1}{2}k\delta_{max}^2 \tag{4.30}$$

물체의 무게와 같은 정적 힘에 대한 변위는 W/k와 같으며, 정적변위 δ_{max}라고 한다. 최대 동적변위(maximum dynamic deflection)에 대한 일반적인 표현은 식 (4.30)으로부터 다음과 같이 나타내어진다.

$$\delta_{max} = \delta_{st} + \sqrt{(\delta_{st})^2 + 2\delta_{st}h} \tag{4.31a}$$

이것은 다음과 같은 형태로 표현될 수 있다.

$$\delta_{max} = \left(1+\sqrt{1+\frac{2h}{\delta_{st}}}\right)\delta_{st} \tag{4.31b}$$

또한 *충격계수*(impact factor)는 다음과 같이 정의된다.

$$K = 1+\sqrt{1+\frac{2h}{\delta_{st}}} \tag{4.32}$$

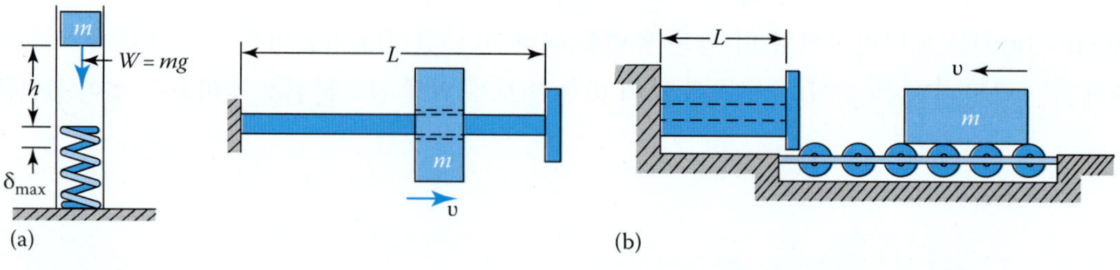

[그림 4.13]
(a) 자유 낙하하는 물체 (b) 수평으로 움직이는 물체

K와 W의 곱은 등가 정적하중 또는 *최대 동적하중*(maximum dynamic load)을 나타낸다.

$$P_{max} = KW \tag{4.33}$$

충격하중에 의한 최대 응력과 변위를 계산하기 위해, P는 정적하중에 대한 식에서 사용된다.

$$\sigma_{max} = K\sigma_{st} \tag{4.34}$$

$$\delta_{max} = K\delta_{st} \tag{4.35}$$

특별한 경우

다음의 두 가지 극단적인 상황은 주목할 만하다. 우선 $h \gg \delta l_{max}$인 경우, 식 (4.30)에서의 $W\delta_{max}$는 무시될 수 있으며, 다음과 같이 간단하게 표현 가능하다.

$$\delta_{max} = \sqrt{2\delta_{st} h} \tag{a}$$

반면에 $h = 0$인 경우 하중은 순간적으로 적용되므로 식 (4.30)은 다음과 같이 표현된다.

$$\delta_{max} = 2\delta_{st} \tag{b}$$

4.8.2 수평으로 움직이는 물체

앞에서 다루었던 문제들과 유사한 해석은 속도 υ로 수평운동하다 탄성체에 의해 멈추어지는 물체($m = W/g$)에 대한 식을 유도하는 데 사용된다. 이 경우 운동에너지 $E_k = m\upsilon^2/2$는 식 (4.30)에서 나타난 일, 즉 $W(h + \delta_{max})$로 나타낼 수 있다. 이러한 과정을 통해 최대 동적변위와 하중은 다음과 같이 표현된다.

$$\delta_{max} = \delta_{st}\sqrt{\frac{\upsilon^2}{g\delta_{st}}} = \sqrt{\frac{2E_k}{k}} \tag{4.36a}$$

$$P_{max} = m\sqrt{\frac{\upsilon^2 g}{\delta_{st}}} = \sqrt{2E_k k} \tag{4.36b}$$

여기서 δ_{st}는 수평으로 작용하는 힘 W에 의한 정적변위와 같다. 여기서 m은 SI 단위계에서는 kg으로, U.S. 단위계에서는 lb · s²/in.로 표현된다. 이와 같이 속도 υ는 N · m 또는 in./s로, 중력가속도는 m/s^2 또는 in./s² 그리고 에너지 E_k는 N · m 또는 in./lb로 나타낸다.

어떤 물체가 일정한 단면을 가지고 있고, 길이 L, 축방향의 강성 AE인 봉에 부딪힐 때(그림 4.13b 참조) $k = AE/L$이므로 정적변위는 $\delta_{st} = mgL/AE$가 된다. 그러므로 식 (4.36)은 다음과 같이 표현된다.

$$\delta_{max} = \sqrt{\frac{m\upsilon^2 L}{AE}} \tag{4.37a}$$

$$P_{max} = \sqrt{\frac{m\upsilon^2 AE}{L}} \tag{4.37b}$$

따라서 봉에 균일하게 작용하는 최대 동적 압축응력은 다음과 같이 표현된다.

$$\sigma_{max} = \sqrt{\frac{m\upsilon^2 E}{AL}} \tag{4.38}$$

위의 식으로부터 응력은 부피 AL이 증가할 때 또는 운동에너지 E_k와 부재의 탄성계수 E가 감소할 때 줄어든다는 것을 알 수 있다. 노치(notch)를 갖는 부재의 중앙부에서의 응력집중은 그것의 최대 응력을 감소시키며 재료의 취성파괴를 가져온다. 이 부분에 대한 자세한 내용은 2.9절에서 다루어졌다.

예제 4.8 봉의 충격하중

그림 4.14에 나타난 길이가 L이고, 지름이 d 그리고 탄성계수가 E이고 단면에 일정한 봉이 있다. 그리고 강성계수(stiffness)가 k이고 두께가 t인 고무 압축 와셔(rubber compression washer)가 봉의 끝단에 설치되어 있다.

a. 와셔로부터 높이 h인 곳에서 떨어지는 무게 W의 칼라(collar)가 미끄러질 때 발생되는 최대 응력을 계산하라.
b. a에서 와셔(washer)가 없을 때 최대 응력을 계산하라.

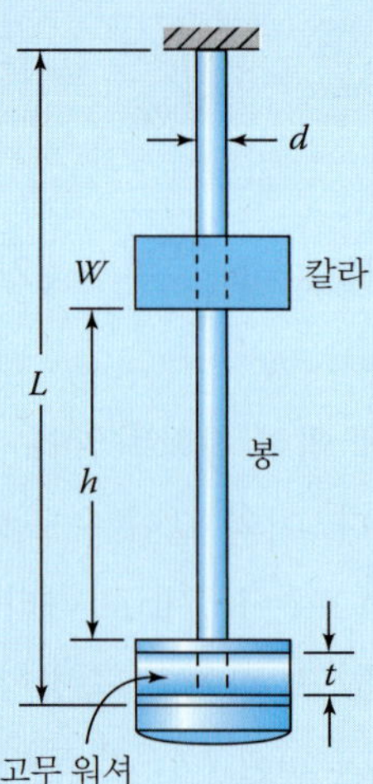

[그림 4.14]
예제 4.8

주어진 값: $L = 5$ ft, $h = 3$ ft, $d = \frac{1}{2}$ in., $t = \frac{1}{4}$ in.

$$E = 30 \times 10^6 \text{ psi}, \quad k = 25 \text{ lb/in.}, \quad W = 8 \text{ lb}$$

풀이

봉의 단면적 $A = \pi(1/2)^2/4 = \pi/16\ \text{in.}^2$이다.

a. 와셔를 가진 봉에 대해 정적변위는 다음과 같다.

$$\delta_{st} = \frac{WL}{AE} + \frac{W}{k} = \frac{8(16)(5\times 12)}{\pi(30\times 10^6)} + \frac{8}{25} = 0.081\times 10^{-3} + 0.32 \text{ in.}$$

식 (4.33)과 (4.32)로부터 최대 동적응력은 다음과 같다.

$$\sigma_{\max} = \frac{WK}{A} = \frac{8\times 16}{\pi}\left[1 + \sqrt{1 + \frac{2(3\times 12)}{0.32}}\right] = 653 \text{ psi}$$

b. 와셔가 없는 경우, 이 방정식은 다음과 같다.

$$\sigma_{\max} = \frac{8\times 16}{\pi}\left[1 + \sqrt{1 + \frac{2(3\times 12 + 0.25)}{0.081\times 10^{-3}}}\right] = 38.6 \text{ ksi}$$

평가: 위의 결과로부터 이전 두 해의 응력의 차이가 현저함을 알 수 있다. 이것은 충격하중에 견디기 위한 탄성계(flexible system)에 대한 필요성을 보여준다. 흥미롭게도, 공압 실린더 관(tube)의 끝단을 붙이기 사용되는 볼트는 동적하중이 작용하는데, 이러한 볼트는 좀 더 나은 응력 조건의 장점을 갖도록 하기 위해 긴 그립(grip)으로 설계한다.

예제 4.9 보의 충격하중

무게 W인 물체가 높이 h의 위치에서 길이 L의 강철로 된 단순 지지보의 중앙부에 떨어진다. 보는 폭이 b이고 깊이가 d인 단면을 갖는다(그림 4.15). 다음 두 가지 경우에 대해 최대 처짐과 최대 응력을 구하라.

a. 보는 양 끝단에서 단순지지되어 있다.
b. 보는 양 끝단에서 스프링에 의해 지지되고 있다.

주어진 값: $W = 100$ N, $h = 150$ mm, $L = 2$ m, $b = 30$ mm, $d = 60$ mm.

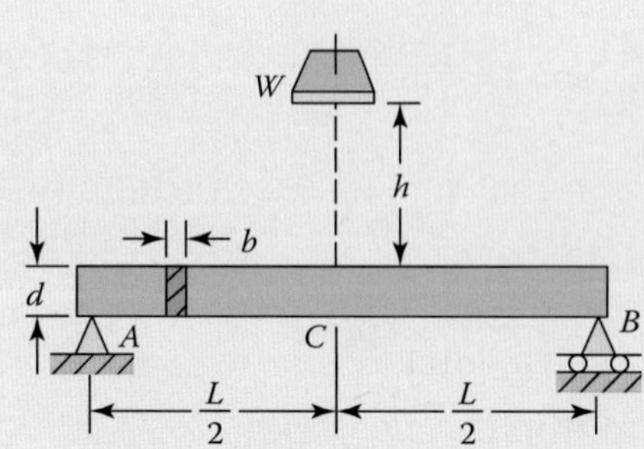

[그림 4.15]
예제 4.9

가정: 탄성계수 $E = 200$ GPa, 스프링상수 $k = 200$ kN/m이다.

풀이

점 C에서 $M_{\max} = WL/4$이고 $I = bd^3/12$라는 것을 알고 있다. 정적하중에 의해 최대 변위는 다음과 같다(표 A.8의 5 참조).

$$\delta_{st} = \frac{WL^3}{48EI} = \frac{100(2)^3(12)}{48(200\times 10^9)(0.03)(0.06)^3} = 0.154 \text{ mm}$$

최대 정정응력은 다음과 같다.

$$\sigma_{st} = \frac{M_{\max}C}{I} = \frac{100(2)(0.03)(12)}{4(0.03)(0.06)^3} = 2.778 \text{ MPa}$$

a. 식 (4.32)로부터 충격계수는

$$K = 1 + \sqrt{1 + \frac{2(0.15)}{0.154(10^{-3})}} = 45.15$$

이므로,

$$\delta_{\max} = 45.15(0.154) = 6.95 \text{ mm}$$

$$\sigma_{\max} = 45.15(2.778) = 125 \text{ MPa}$$

이 된다.

b. 보의 굽힘과 스프링 변형에 의해 보의 정적변위는 다음과 같다.

$$\delta_{st} = 0.154 + \frac{50}{200} = 0.404 \text{ mm}$$

그러므로 충격계수는 다음과 같다.

$$K = 1 + \sqrt{1 + \frac{2(0.15)}{0.404\left(10^{-3}\right)}} = 28.27$$

따라서 다음과 같이 쓸 수 있다.

$$\delta_{max} = 28.27(0.404) = 11.42\ \text{mm}$$

$$\sigma_{max} = 28.27(2.778) = 78.53\ \text{MPa}$$

평가: 위의 결과를 비교해 볼 때, 동적하중이 보의 처짐과 응력을 상당히 증가시키는 것을 볼 수 있다. 또한 지지점에서의 스프링에 의해서 증가한 강성에 대해 응력이 감소하는 것은 주목할 만하다. 그러나 계산된 값은 가정 3과 4 때문에 아마도 실제의 값보다 어느 정도 더 높은 것이다.

예제 4.10 다이빙 보드의 충격 해석

다이빙 보드 또는 *스프링 보드*는 유연한 판재로서 다이버가 판재 끝에서 뛰어서 물 속으로 들어가는 기구이다. 다이빙 보드의 스프링상수는 지지점을 이동시켜서 변형시킨다. 상용화된 유리섬유 다이빙 보드는 유리섬유와 특수 목재(Douglus fur wood)의 코어로 만들어지는데 다이버가 뛰는 끝부분과 지지부는 유리섬유로 한층 강화하여 보강한다. 일반용 다이빙 보드는 대개 특수 목재에 아크릴 코팅을 하여 제작한다. 어떤 스프링 보드는 알루미늄으로 만들어지는데 표면에는 모래나 가는 유리를 도료에 섞어서 코팅을 하여 다이버가 미끄러지지 않도록 한다. 예제 2.3의 애쉬비(Ashby) 차트에 유리섬유 강화 플라스틱이 다이빙 보드와 같은 보를 주어진 하중을 견딜 수 있는 강도를 유지하면서도 저렴한 가격의 재료임을 나타냈다.

주어진 값: 무게 W의 다이버는 사각단면의 다이빙 보드 ABC 끝에서 튀어오른다(그림 4.16). 다이버가 C 지점에서 h 만큼 뛰어 올랐다고 하자. 주어진 자료들은 다음과 같다.

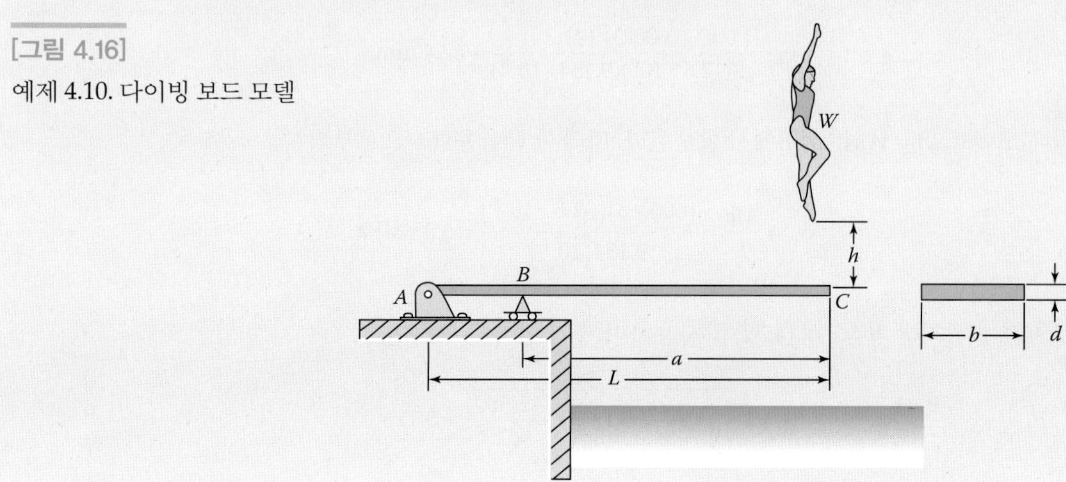

[그림 4.16]
예제 4.10. 다이빙 보드 모델

$$a = 3\text{ m} \quad L = 4\text{ m} \quad b = 400\text{ mm} \quad d = 65\text{ mm}$$

$$h = 500\text{ mm} \quad E = 12.6\text{ GPa} \quad W = 600\text{ N}$$

구하는 값:

a. 다이빙 보드의 최대 정적처짐과 응력을 구하라.

b. C 지점의 최대 동적처짐을 구하라.

c. 보드 내에 발생하는 최대 동적응력을 구하라.

가정:

1. 다이버는 다이빙 보드 끝단 C를 뛸 때 강체 질량과 같다.
2. 보드의 굽힘강성(flexural rigidity) EI는 일정하다.
3. 보(다이빙 보드)의 무게는 다이버의 무게에 비해 작아서 무시한다.
4. 보드의 변형에서 전단력에 의한 변형은 무시한다.

풀이

보의 단면적 관련값은

$$I = \frac{1}{12}bd^3 = \frac{1}{12}(400)(65)^3 = 9.154(10^6)\text{ mm}^4$$

$$c = \frac{1}{2}(65) = 32.5\text{ mm}$$

a. *정적하중.* 점 C의 처짐은 표 A.8의 경우 10으로부터

$$\upsilon_{st} = \frac{Wa^2L}{3EI} \tag{c}$$

주어진 값들을 대입하면

$$\upsilon_{st} = \frac{600(3)^2(4)}{3(12.6\times10^9)(9.154)(10^{-6})} = 62.4\text{ mm}$$

최대 모멘트 $M = Wa$는 점 B에서 발생한다. 따라서 굽힘응력식으로부터

$$\sigma_{st} = \frac{Mc}{I} = \frac{(600\times3)(32.5\times10^{-3})}{9.154(10^{-6})} = 6.39\text{ MPa}$$

b. *C 지점에서 최대 처짐.* 식 (4.32)를 사용하여 충격 인자를 구하면,

$$K = 1 + \sqrt{1+\frac{2h}{\upsilon_{st}}} = 1 + \sqrt{1+\frac{2(500)}{62.4}} = 5.126$$

따라서

$$\upsilon_{max} = K\upsilon_{st} = 5.126(62.4) = 319.9 \text{ mm}$$

c. *보드 내의 최대 응력.* 식 (4.34)를 사용하면 최대 응력은

$$\sigma_{max} = K\sigma_{st} = 5.126(6.39) = 32.8 \text{ MPa}$$

평가: 결과로부터 다이빙 보드 내의 동적처짐과 동적응력은 정적의 경우보다 큰 것을 알 수 있다. 그러나 실제의 값은 계산된 값보다 작은데, 그 이유는 4.7절의 단순화 가정 3, 4 때문이다. 이러한 보드의 설계에는 보드의 강도, 다이버의 하중 조건 등이 변화할 수 있으므로 안전율이 도입되어야 한다.

4.9 비틀림 충격

기계 장치에서 비틀림 충격은 기어 구동, 클러치, 브레이크, 비틀림 현가 바(torsional suspension bar) 그리고 많은 요소의 펀치(punches)와 전단기(shears) 등의 회전하는 축에서 발생한다. 여기서 우리는 비틀림 충격과 관련된 부재의 응력과 변형에 대해 다룰 것이다. 이러한 문제들은 이전 과에서 사용된 근사 에너지법(approximate energy method)에 의해 해석되어질 것이다. 그리고 이러한 해석의 장점은 마지막의 관계식을 쉽게 쓰기 위해 선형계와 비틀림계 사이의 유사성을 이용할 것이다.

굽힘강성이 GJ, 길이가 L이고 단면이 일정한 원형 봉을 살펴보자. 이 때 원형 한쪽 끝이 고정되어 있고 다른 끝에서 순간적으로 토크(torque) T를 받는다(그림 4.17 참조). 식 (4.10)으로부터 축의 강성은 $k = GJ/L$이다. 여기서 $J = \pi d^4/32$이고 d는 지름이다. 식 (4.36a)로부터 최대 동적 비틀림각은 다음과 같다.

$$\phi_{max} = \sqrt{\frac{2E_k L}{GJ}} \tag{4.39a}$$

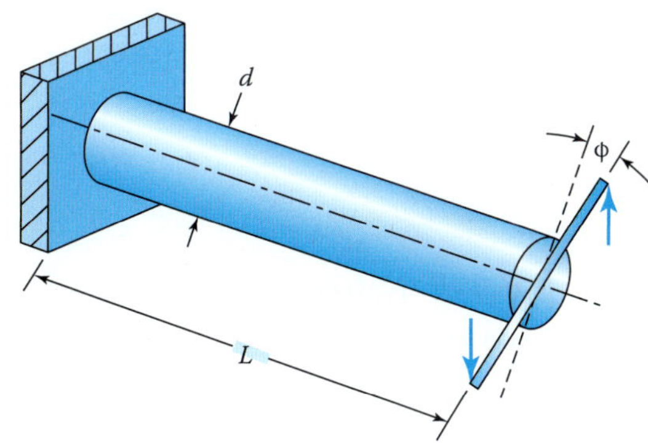

[그림 4.17]
비틀림 충격이 작용하는 바(bar)

여기서 E_k는 운동에너지이다. 유사하게 식 (4.36b)으로부터 최대 동적 토크는 다음과 같이 구해진다.

$$T_{max} = \sqrt{\frac{2E_kGJ}{L}} \tag{4.39b}$$

그러므로 $\tau_{max} = 16T_{max}/\pi d^3$으로부터 최대 전단응력은 다음과 같다.

$$\tau_{max} = 2\sqrt{\frac{E_kG}{AL}} \tag{4.40}$$

여기서 A는 축의 단면적을 나타낸다.

1.10절로부터 일정한 두께를 가지는 휠(wheel)의 회전에 대해 운동에너지는 다음과 같은 형태를 갖는다.

$$E_k = \frac{1}{2}I\omega^2 \tag{4.41}$$

여기서,

$$I = \frac{1}{2}mb^2 \tag{4.42a}$$

$$m = \pi b^2 t\rho \tag{4.42b}$$

위의 기호들은 다음과 같은 의미를 갖는다.

I = 질량 관성모멘트(N · s² · m 또는 lb · s² · in.)

ω = 각속도(rad/s)

m = 질량(kg 또는 lb · s² · in.)

b = 반지름

t = 두께

ρ =밀도(kg/m³ 또는 lb · s²/in.⁴)

앞에서와 같이, W와 g는 각각 무게와 중력가속도를 나타낸다. 원형 플라이휠에서의 변위와 응력은 16.5절에서 자세하게 다룰 것이다.

다양한 두께의 휠에 대한 경우에서, 질량 관성모멘트는 다음과 같은 식에서부터 편리하게 얻어질 수 있다.

$$I = mr^2 \tag{4.43}$$

여기서 r은 질량에 대한 *회전 반지름*(radius of gyration)이라고 불린다. 이것은 전체 질량이 집중되어 있을 수 있는 휠의 중심으로부터의 가상적인 거리이며 원래의 질량에 대해 같은 질량 관성모멘트를 갖는다.

예제 4.11 축의 충격하중

지름이 d이고 길이가 L인 축이 한쪽 끝에 반지름 r, 무게 W, 강성계수 G 그리고 전단력에 대한 극한강도 S_{ys}인 플라이휠(flywheel)을 가지고 n의 속도로 회전하고 있다. 만약 이 축이 순간적으로 한쪽 끝에서 순간적으로 정지할 경우 다음을 구하라.

a. 최대 축 회전각
b. 최대 전단응력

주어진 값: $d = 3$ in., $L = 2.5$ ft, $W = 120$ lb, $r = 10$ in., $n = 150$ rpm.

가정: 이 축은 ASTM-A242 강철로 만들어졌다. 따라서 표 B.1에서 $G = 11.5 \times 10^6$ psi이고 $S_{ys} = 30$ ksi이다.

풀이

축의 면적 특성은 다음과 같다.

$$A = \frac{\pi(3)^2}{4} = 7.069 \text{ in.}^2, \quad J = \frac{\pi(3)^4}{32} = 7.952 \text{ in.}^4$$

그리고 각속도는 다음과 같다.

$$\omega = n\left(\frac{2\pi}{60}\right) = 150\left(\frac{2\pi}{60}\right) = 5\pi \text{ rad/s}$$

a. 플라이휠의 운동에너지는 축에 의해 흡수되어야 한다. 따라서 식 (4.43)을 식 (4.41)에 대입하면 다음과 같다.

$$E_k = \frac{W\omega^2 r^2}{2g} = \frac{120(5\pi)^2(10)^2}{2(386)} = 3835 \text{ in} \cdot \text{lb} \tag{a}$$

식 (4.39a)로부터

$$\phi_{max} = \sqrt{\frac{2E_k L}{GJ}} = \left[\frac{2(3835)(2.5\times 12)}{(11.5\times 10^6)(7.952)}\right]^{1/2} = 0.05 \text{ rad} = 2.87°$$

b. 식 (4.40)으로부터

$$\tau_{max} = 2\sqrt{\frac{E_k G}{AL}} = 2\left[\frac{(3835)(11.5\times 10^6)}{(7.069)(2.5\times 12)}\right]^{1/2}$$

$$= 28.84 \text{ ksi}$$

따라서, 이 응력은 탄성 범위, 즉 $28.84 < 30$ 내에 있으므로 4.7절의 가정은 성립한다.

연습문제

4.1절~4.6절

4.1 기계장치에 사용되는 길이 L의 고강도 철봉에 축방향 하중 P를 인가한다. 하중 P는 안전율 n이 포함된 항복하중 S_y 이하이며 δ 이하로 변형된다. 다음을 구하라.

a. 요구되는 봉의 지름

b. 봉의 용수철 상수

주어진 값: $P = 10$ kN, $E = 200$ GPa, $S_y = 250$ MPa, $L = 6$ m, $\delta = 5$ mm.

설계 결정: 철봉의 재료는 ASTM-A242 표준 강으로 $n = 1.2$이다.

4.2 예제 4.4의 그림 4.3a에서 부재 AB의 폭이 12 mm, 두께가 8 mm의 균일한 사각단면 부재라고 하자. 부재의 응력, 변형 그리고 강성을 구하라.

4.3 길이 L인 중공(hollow) 알루미늄합금 2014-T6 부재에 축방향 인장하중 P가 작용하여 수직응력 σ_{max}가 발생한다. 부재의 바깥지름 및 안지름은 각각 D, d이다. 부재의 바깥지름, 축방향 변형 그리고 스프링률(spring rate)을 구하라.

주어진 값: $E = 10.6 \times 10^6$ psi(표 B.1), $d = 0.6D$, $L = 15$ in., $P = 1.5$ kips, $\sigma_{max} = 20$ ksi.

주어진 값: $\Delta = 0.014$ in., $d = ½$ in., $P = 8$ kips, $E = 17 \times 10^6$ psi.

4.4 그림 P4.4에서와 같이 온도 20℃에서 벽면과 막대의 우측 끝단 사이의 간격 Δ가 존재할 경우 다음을 구하라.

a. 온도 140℃에서의 막대에 인가되는 축방향 힘

b. 알루미늄 막대일 경우의 길이 변화

주어진 값:

$$A_a = 1000\text{ mm}^2,\quad E_a = 70\text{ GPa},\quad \alpha_a = 23\times 10^{-6}/°\text{C},\quad \Delta = 1\text{ mm}$$

$$A_s = 500\text{ mm}^2,\quad E_s = 210\text{ GPa},\quad \alpha_s = 12\times 10^{-6}/°\text{C}.$$

[그림 P4.4]

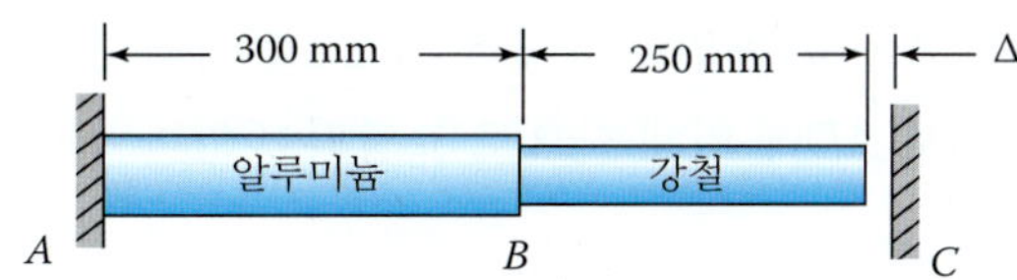

4.5 문제 4.4에서 간격 $\Delta = 0$일 경우의 해를 구하라.

4.6 강체보 AB가 왼쪽 끝단 A에 힌지로 고정되어 있고 C 지점에 수직 파이프로 고정되어 수평으로 놓여 있다(그림 P4.6). 파이프 바깥지름은 D, 안지름은 d, 길이는 L이다. 하중 P가 작용할 때 강체보 우측 끝단 B에서의 처짐을 구하라.

주어진 값: $a = 52$ in., $b = 14$ in., $D = 4.2$ in., $d = 3.8$ in., $L = 25$ in., $P = 2.5$ kips, $E = 29 \times 10^6$ psi.

[그림 P4.6]

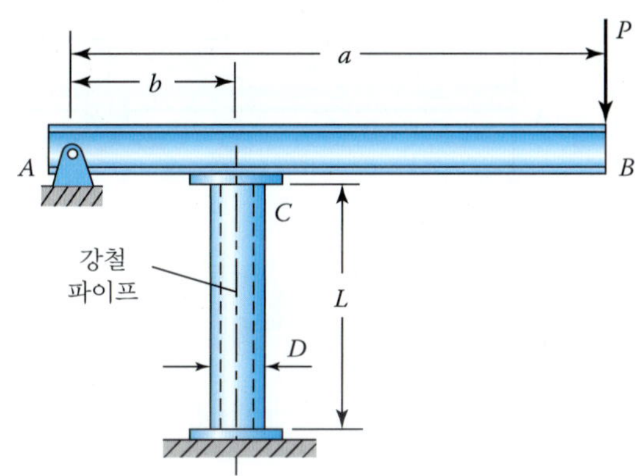

4.7 부재 ABC는 두 개의 재질로 연결되어 지름 d, 전체길이 L로 이루어져 있다(그림 P4.7). AB 부분은 냉간압연 510 청동, BC 부분은 알루미늄합금 6061-T6로 이루어져 있다. 이 부재에 축방향 하중 P가 작용할 때 다음을 구하라.

a. 두 부분의 변형된 길이가 같기 위한 길이 비율 L_a, L_b

b. 하중에 의한 전체 변형 길이

주어진 값: $d = 50$ mm, $L = 0.6$ m, $P = 120$ KN, $E_a = 70$ GPa, $E_b = 110$ GPa(표 B.1).

[그림 P4.7]

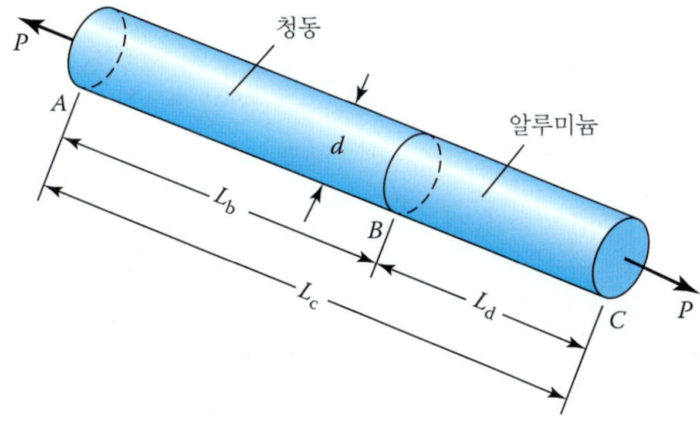

4.8 그림 P4.8은 단면적 A를 갖는 알루미늄 부재 CE를 나타내는데 위쪽 끝 C는 핀으로 고정되어 있고, D 지점은 강체보 AD에 의해 핀으로 고정되어 있다. 하중 P와 R에 의해 발생하는 수직 변위를 구하라.

a. 보 AD 끝단 A에서의 변위

b. 부재 CE의 끝단 E에서의 변위

주어진 값: $E = 70$ GPa, $A_a = 130$ mm^2, $P = 12$ kN, $R = 4$ kN, $a = 2b$, $L_1 = 2L_2 = 0.3$ m.

[그림 P4.8]

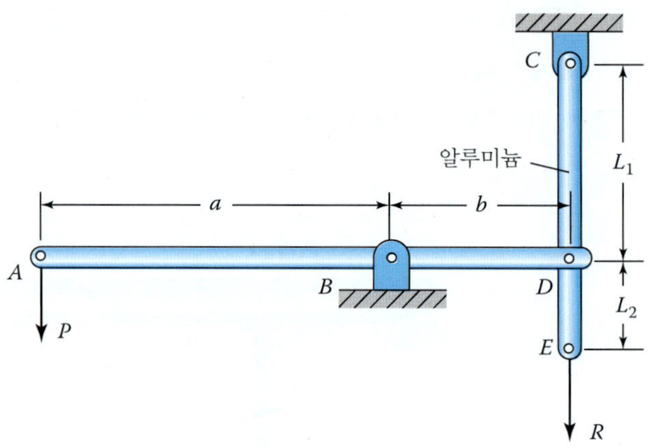

4.9 문제 4.8에서 하중 R이 부재 CE의 끝단 E에서 윗쪽을 향할 경우를 풀라.

4.10 두 개의 강철 금속 회전축이 기어로 연결되어 있다. 그림 P4.10과 같이 토크 T가 인가될 경우 다음을 구하라.

a. 점 D에서의 회전각도(degree)

b. 회전축 AB의 최대 전단응력

주어진 값: $G = 79$ GPa, $T = 500$ N · m, $d_1 = 45$ mm, $d_2 = 35$ mm.

[그림 P4.10]

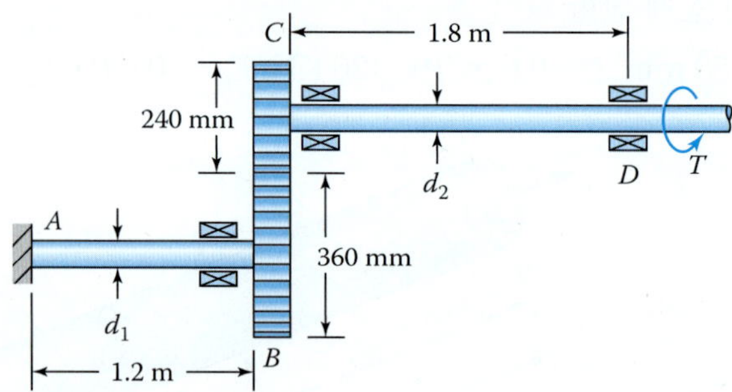

4.11 그림 P4.10에서 두 축의 최대 전단응력이 150 MPa로 각각 제한될 경우 회전축 AB의 지름 d_1을 구하라.

설계 결정: $d_2 = 65$ mm, 전단응력에 대한 안전율 $n = 1.2$이다.

4.12 중공(hollow) 고강도 ASTM-A242 축이 최대 전단응력 τ_{max}의 상태에서 토크 T가 작용한다. 축의 바깥지름, 안지름, 길이가 각각 D, d, L일 때 다음을 구하라.

a. 바깥지름

b. 비틀림각

c. 스프링률(spring rate)

주어진 값: $c = 2b$, $L = 10$ in., $G = 11.5 \times 10^6$ psi (표 B.1), $\tau_{max} = 20$ ksi, $T = 40$ kips·in.

4.13 세 개의 풀리가 그림 P4.13과 같이 강재 단차축에 고정되어 토크를 전달하고 있다. 다음을 구하라.

a. 점 B와 C 사이의 비틀림각

b. 점 B와 C 사이의 비틀림각

주어진 값: $d_1 = 1\frac{3}{8}$ in., $d_2 = 1$ in., $L_1 = 25$ in., $L_2 = 30$ in., $G = 11.5 \times 10^6$ psi, $T_B = 5$ kips·in., $T_C = 12$ kips·in., $T_D = 4$ kips·in.

[그림 P4.13]

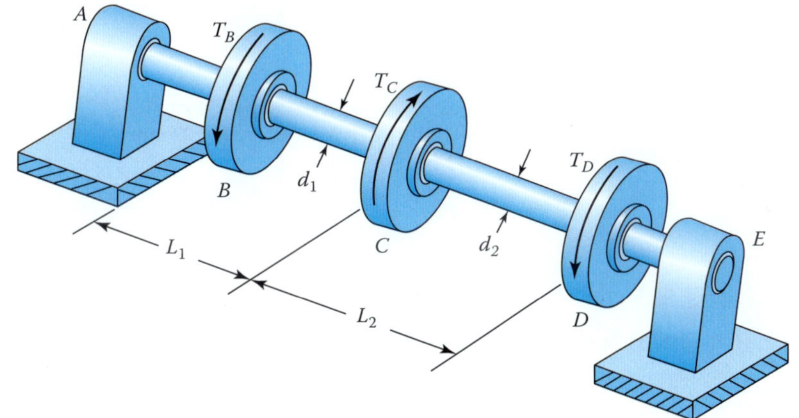

4.14 바깥지름 D, 안지름 d인 고강도 ASTM-A242축 AE가 베어링에 의해 B 지점에 지지되어 있고 토크 T_1, T_2, T_3를 A, C, D 지점에서 전달하고 있다(그림 P4.14). 축은 E 지점에서 기어박스와 연결되어 있을 때 다음을 구하라.

a. A 지점에서의 비틀림각

b. 항복강도에 기준한 안전율 n

주어진 값: $d = 1.4$ in., $D = 2$ in., $L_1 = 18$ in., $L_2 = 15$ in., $L_3 = 25$ in., $T_1 = 10$ kips·in., $T_2 = 25$ kips·in., $T_3 = 6$ kips·in., $G = 11.2 \times 10^6$ psi, $\tau_y = 30$ ksi(표 B.1).

4.15 그림 P4.15에 묘사된 바와 같이 40 mm 지름의 원판이 길이 0.5 m 강철 회전축($G = 79$ GPa)에 부착되어 있다.

설계 요구조건: 기대되는 회전진동의 고유진동수를 얻기 위한 시스템의 강성은 토크 1 kN당 1.5° 회전으로 명시되었다. 이 조건을 만족하기 위한 22 mm의 지름 드릴 타공의 깊이(h)를 결정하라.

[그림 P4.14]

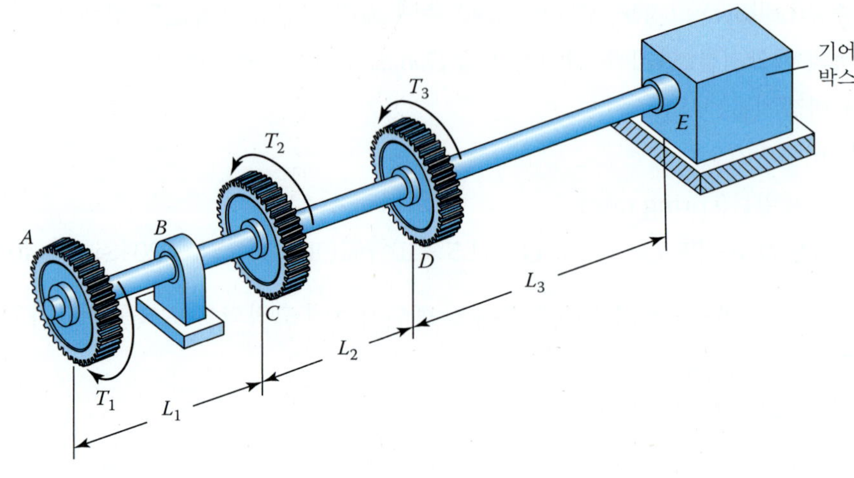

[그림 P4.15]

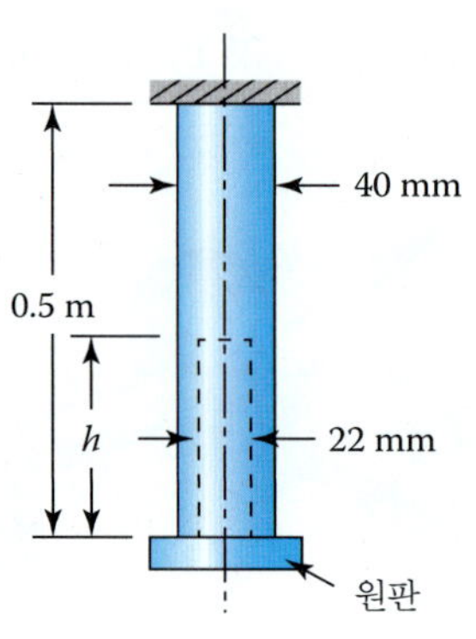

4.16 구조용 강재 보 AB의 끝단이 그림 P4.16과 같이 고정되어 있고, 집중하중 P가 C 지점에 작용한다. B 지점에서의 수직 처짐을 구하라.

[그림 P4.16]

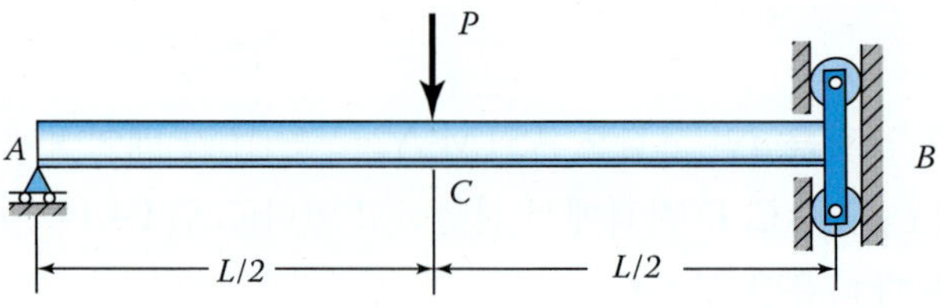

4.17 그림 P4.17과 같이 강도 w의 균일한 분포하중이 인가되는 장폭 플랜지(wide-flange) 보가 있다. L의 길이를 구하라.

주어진 값: $h = 12.5$ in., $E = 30 \times 10^6$ psi.

설계 요구조건: $\sigma_{max} = 10$ ksi, $\upsilon_{max} = 1/8$ in.

[그림 P4.17]

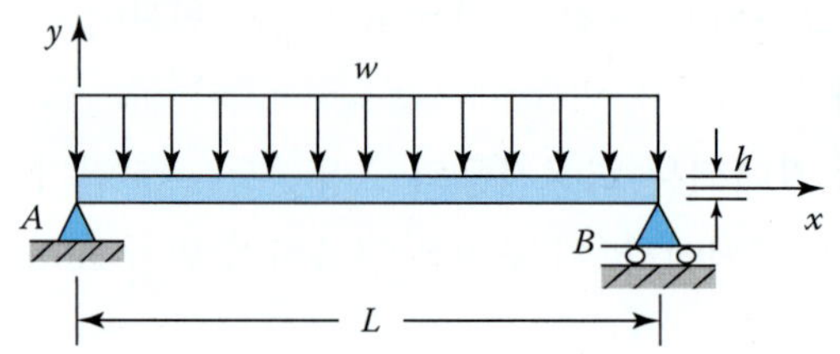

4.18 그림 P4.18은 매달려 있는 축-풀리 조립체를 나타낸다. 풀리가 자유롭게 돌아가고 토크를 전달하지는 않지만 축에 장력을 전달한다. 다음을 구하라.

a. 식 (4.16a)를 사용하여 탄성곡선식

b. C 지점에서의 처짐

[그림 P4.18]

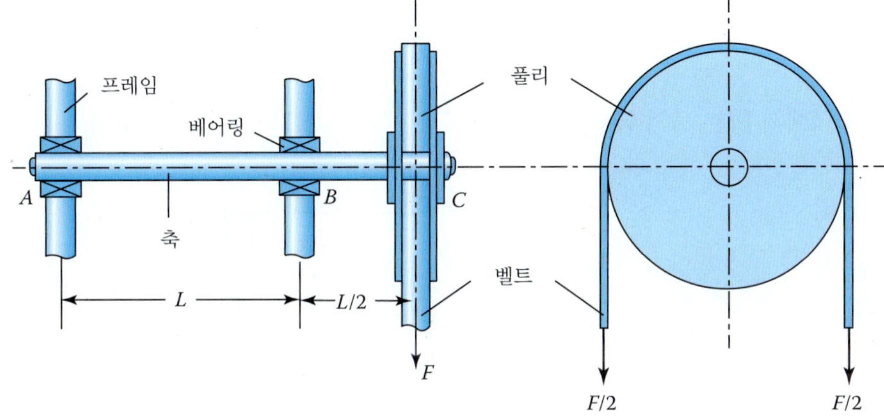

4.19 그림 P4.19와 같은 하중 및 지지가 주어지는 두 개의 외팔보 AB와 CD가 있다. 점 C에서 두 보 사이에 접촉한 롤러를 통해 전달되는 반력 R을 구하라. 중첩법과 표 A.8의 보의 처짐에 관한 공식을 사용하라.

[그림 P4.19]

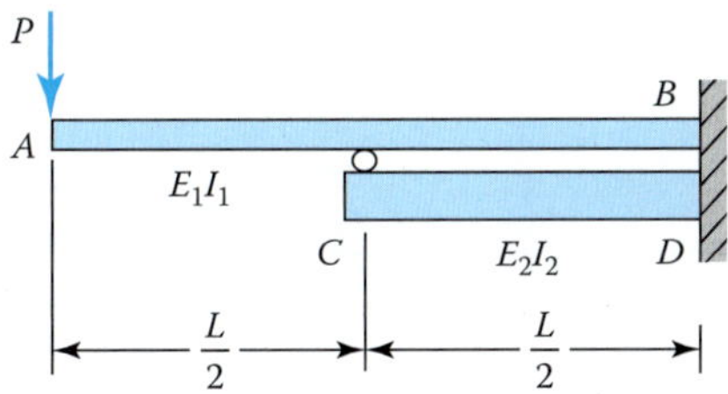

4.20 그림 P4.20과 같이 점 B에서 힌지로 결합된 보가 있다. 이 보는 점 C에서 단순 지지되는 BC 부분과 점 A에서 고정된 외팔보 AB 부분으로 구성된다. 중첩법과 표 A.8의 보의 처짐에 관한 공식을 사용하여 힌지에서의 처짐 υ_B를 구하라.

[그림 P4.20]

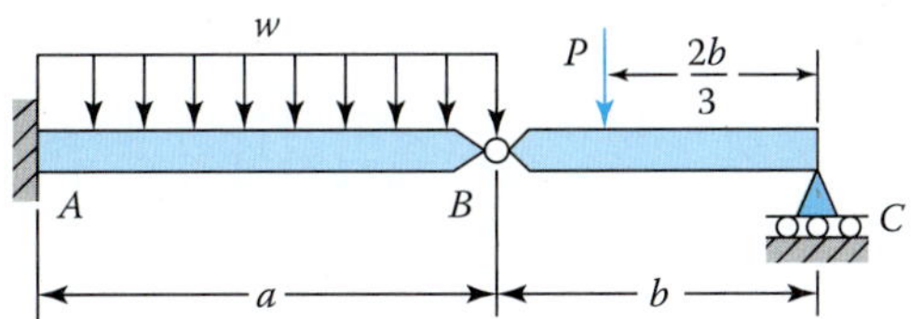

4.21 강재 외팔보 AB가 A 지점에서 벽면에 고정되어 있고 C 지점에 부재 CD에 의해 보강되어 있으며 자유단 B에서 하중 W를 받고 있다(그림 P4.21). 하중이 작용하고 나서 보의 C 지점이 아래쪽으로 처지면서 부재 CD에 인장력 F를 발생시켰다. 이 인장력은 중첩법을 사용하여 다음과 같이 됨을 증명하라.

$$F = \frac{WL^2k(2L + 3a)}{2(kL^3 + 3EI)} \tag{P4.21}$$

이 식에서 EI는 보의 굽힘강성 $k = F/\delta_c$는 부재의 CD의 스프링률이다.

[그림 P4.21]

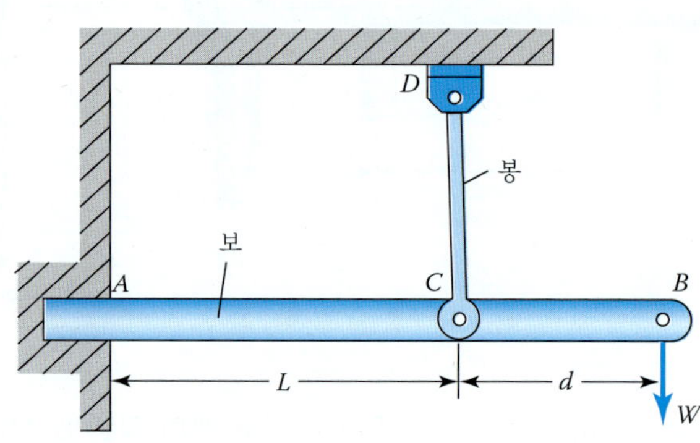

4.22 그림 P4.22와 같이 강도 w의 균일한 하중이 주어지는 지지가 보강된 외팔보가 있다. 보 변형의 2차식을 이용하여 지지점에서의 반력을 구하라.

[그림 P4.22]

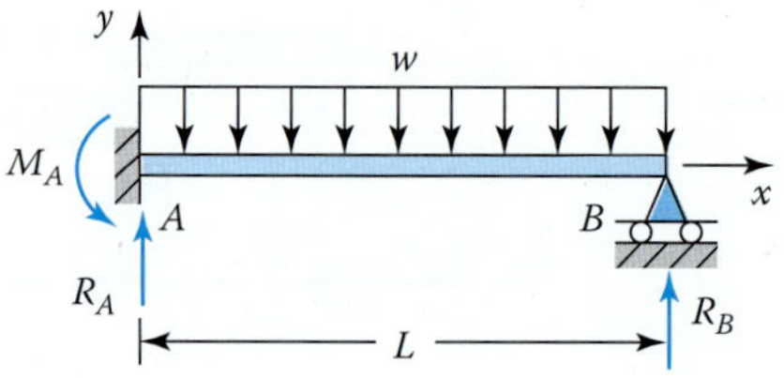

4.23 양단 고정보 AB에 대칭 삼각형 분포하중이 그림 P4.23과 같이 작용한다. 모든 반력, 탄성곡선 방정식 그리고 최대 처짐을 구하라.

요구 조건: 2차 처짐 미분방정식을 사용하라.

[그림 P4.23]

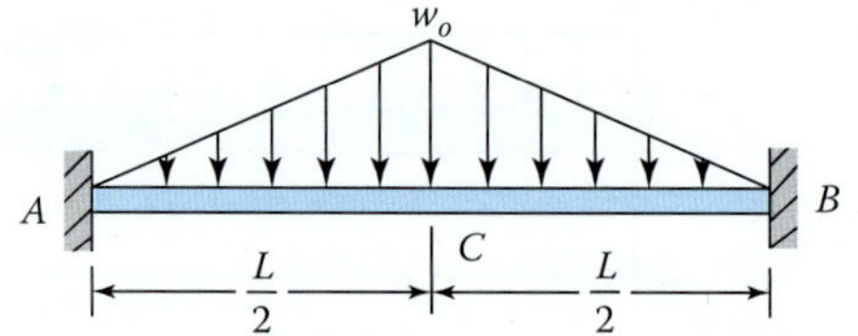

4.24 그림 P4.24와 같이 중앙에 집중하중 P가 인가되고 양끝단이 고정된 보가 있다. 모든 반력과 탄성곡선의 방정식을 구하라.

[그림 P4.24]

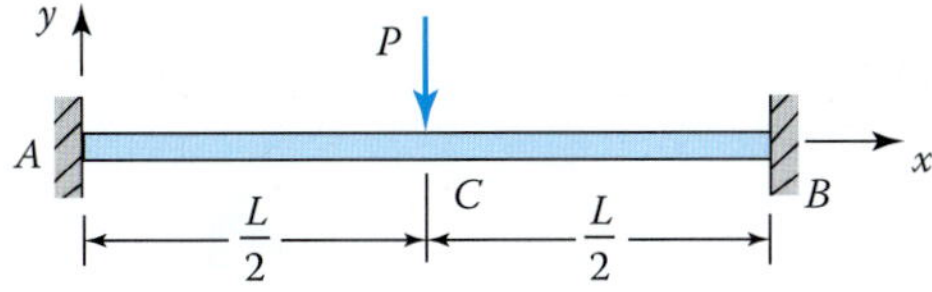

4.25 표 A.8과 중첩법을 이용하여 문제 4.25의 해를 구하라.

4.26, 27 그림 P4.26, 그림 P4.27과 같이 지지되며 하중이 인가되는 보가 있다. 면적 모멘트를 이용하여 지지점의 반력을 구하라.

[그림 P4.26

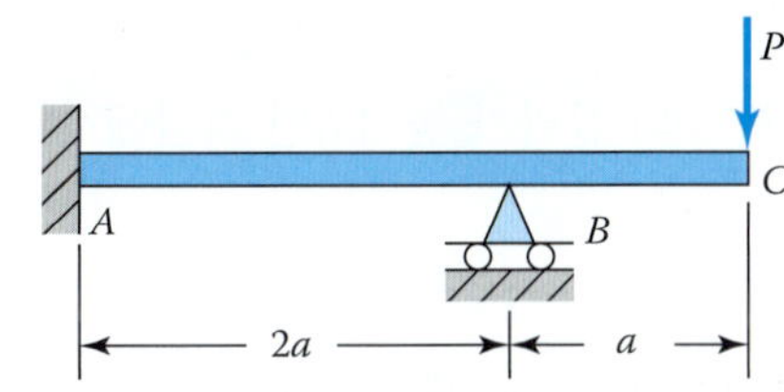

[그림 P4.27]

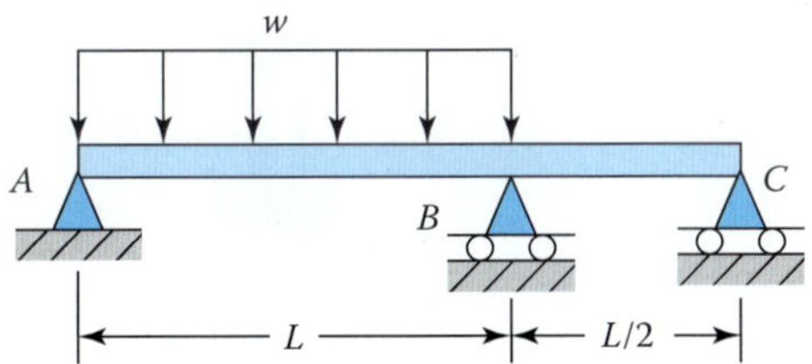

4.7절~4.9절

4.28 강철로 제작된 균일한 봉(rod) AB가 있다. 그림 P4.28과 같이 봉의 끝단에 판재가 부착되어 있고, 운동하는 칼라(collar) D가 봉을 따라 $\upsilon = 3.5$ m/s의 속력으로 충돌한다. 칼라의 최대 허용 중량을 구하라.

주어진 값: $S_y = 250$ MPa, $E = 210$ GPa.

설계 요구조건: 재료 항복에 대한 안전율 $n = 3$이다.

[그림 P4.28]

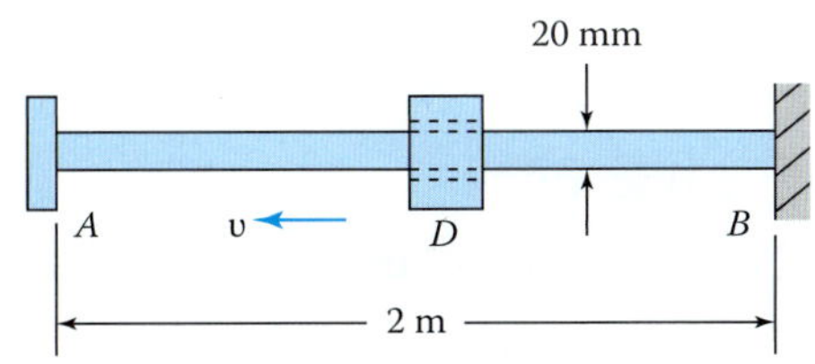

4.29 그림 P4.29와 같이 강철 보의 상부 높이 h에서 중량 20 kg의 블록 D가 낙하한다. 다음을 계산하라.

(a) 보의 최대 처짐

(b) 보의 최대 응력

[그림 P4.29]

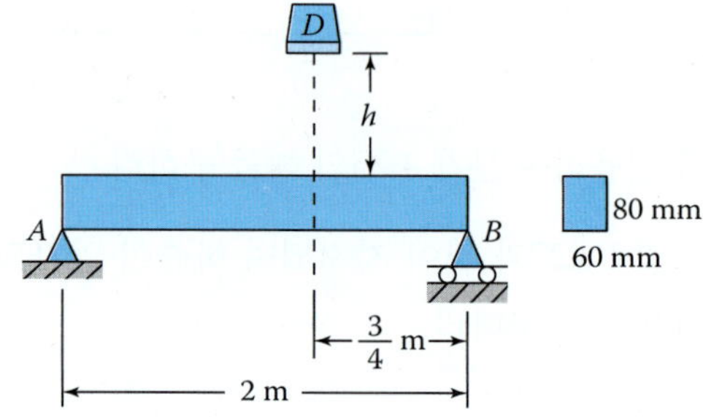

4.30 그림 P4.30과 같이 중량 w의 칼라가 높이 h인 지점에서 점 B까지 봉(rod)을 따라 낙하한다. 중량 W를 구하라.

주어진 값: $h = 3.5$ ft, $d = 1$ in., $L = 15$ ft, $E = 30 \times 10^6$ psi.

요구조건: 봉의 최대 응력은 35 ksi로 제한된다.

[그림 P4.30]

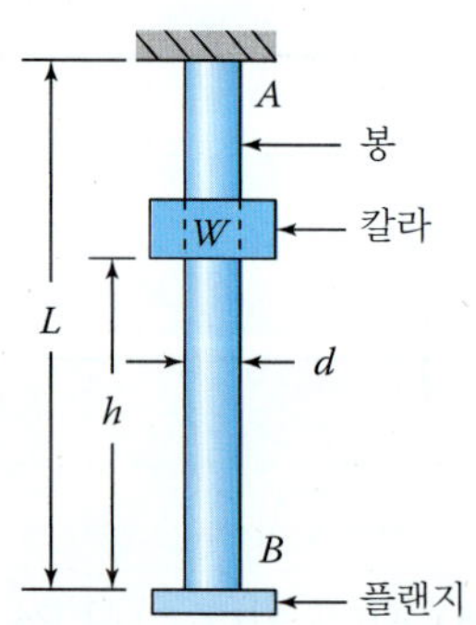

4.31 그림 P4.30에서 같은 조건으로 중량 W의 칼라가 낙하하여 봉의 끝단 B와 접촉하였을 때의 이동거리를 h라 할 경우 봉의 지름 d를 구하라.

주어진 값: $W = 20$ lb, $h = 4$ ft, $L = 5$ ft, $E = 30 \times 10^6$ psi.

요구조건: 봉의 최대 응력은 18 ksi로 제한된다.

4.32 그림 P4.30에서 같은 조건으로 중량 W의 칼라가 봉의 끝단까지 낙하할 때 봉의 최대 응력을 발생시키는 높이 h와 중량 W를 구하라.

주어진 값: $W = 500$ N, $L = 3$ m, $d = 20$ mm, $E = 170$ GPa.

요구조건: 봉의 최대 응력은 350 MPa로 제한된다.

4.33 높이 h에서 중량 W의 블록 D가 그림 P4.33과 같이 단순 지지보의 중앙 스팬 C 지점에 떨어진다. 보의 C 지점은 스프링 강성 k를 갖는 스프링으로 보강되어 있다. 다음을 구하라.

(a) 최대 처짐

(b) 최대 응력

[그림 P4.33]

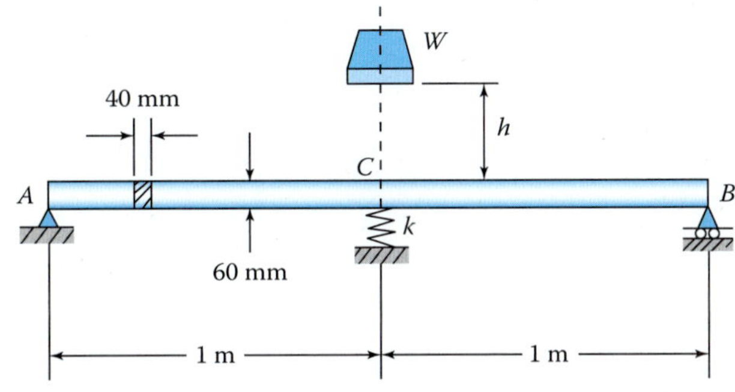

4.34 예제 4.14에 묘사된 바와 같이 항복이 발생되지 않는 조건으로 회전축의 최소 길이 L_{min}을 구하라. 봉의 길이와 충격하중에 의한 뒤틀림 각도를 구하라.

4.35 그림 P4.35와 같은 n rpm의 속도로 벨트 구동되는 회전축의 양 끝단 A, B에 연삭숫돌이 달려 있다. 숫돌 A가 회전 중 갑자기 정지할 경우 다음을 구하라.

a. 회전축의 최대 비틀림각

b. 회전축의 최대 전단응력

주어진 값: $D_a = 125$ mm, $D_h = 150$ mm, $d = t = 25$ mm, $L = 0.3$ m, $n = 1500$ rpm, $G = 19$ GPa, $S_{ys} = 250$ MPa, 연삭숫돌의 밀도 $\rho = 1800$ kg/m^3.

가정: 연삭숫돌은 고체(solid)이다.

[그림 P4.35]

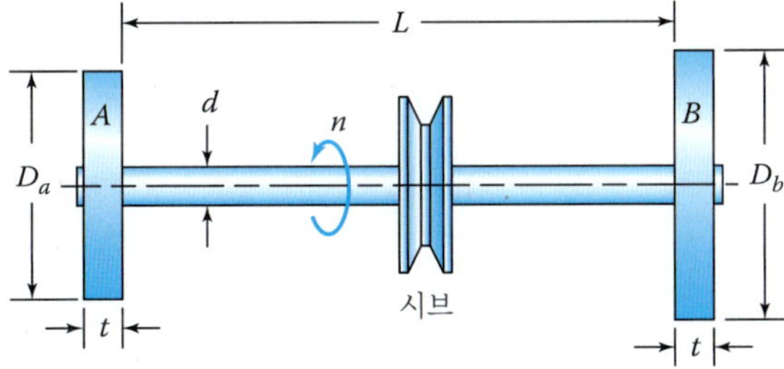

4.36 문제 4.35에서 회전축의 초기 속도가 $n = 1200$ rpm이고 숫돌 B가 갑자기 정지하였을 경우 해를 구하라.

CHAPTER 05

에너지법과 안정성

5.1 서론

1.4절에서 이미 언급했듯이, 평형법을 사용하는 대신 에너지법을 사용해서도 가해지는 하중이나 변위를 도출해 낼 수 있다. 후자는 설계나 해석을 하는 데 있어서 기초적으로 매우 중요한 개념인 변형률 에너지 개념에 기반을 둔 분석법이다. 이런 에너지법의 적용은 다양하게 변화하는 단면을 가진 부재를 분석할 때나 탄성 안정성, 트러스 구조, 프레임 구조 등을 취급하는 문제에서 효율적이다. 특히 변형률 에너지의 관점에서 접근하는 방식은 복합적인 하중이 가해지는 부재의 변위를 구해야하는 어려운 문제를 쉽게 풀 수 있도록 해준다.

이 장에서는 두 에너지법을 살펴보고 여러 가지 예시를 통해 그 사용법을 습득할 수 있도록 자세한 과정을 서술한다. 첫 번째로 하중을 받는 부재(5.2절~5.6절)의 유한 변형을 다룬다. 두 번째로 *가상적*인 응력이나 변위의 변화를 기초로 하는 변분법을 5.7절과 5.8절에서 다룬다. 에너지를 이용한 분석방식을 추가적으로 찾고자 한다면 [1-7]참고문헌에서 더 찾아볼 수 있다.

탄성 안정성은 구조나 부재의 구성이 급격하게 변화하지 않으면서 가해지는 하중을 지지할 수 있는 능력과 관계가 있다. 좌굴 반응은 불안정성과 부재의 붕괴를 유발한다. 어떤 설계의 경우, 가장 핵심적으로 고려해야 하는 요소가 좌굴에서 일반적으로 발생하는 시스템의 불안정성인 경우도 있다. 본 책에서는, 구조적 안정성과 매우 큰 관련이 있는 기둥에서의 좌굴을 가장 우선적으로 다룰 것이다 [5-10].

스프링에서의 좌굴은 14.6절에서 다루고 있다. 또한 축방향 하중을 받고 있는 얇은 벽의 원통이나 압력용기에서 일어나는 좌굴은 곡면판에서의 굽힘을 다룬 후인 16장의 마지막 절에서 다루고 있다.

에너지법과 평형법은 둘 다 임계하중을 파악하는 데 사용되는 식이다. 이 둘 중 어느 것을 사용할지에 대한 선택은 문제의 특성에 따라 달라진다. 비록 평형법적인 접근이 정확한 해법을 도출할 수 있다 해도, 에너지법적인 접근으로 얻은 결론(때때론 근사치)이 더 선호될 수 있는데, 이는 에너지법을 통해 문제의 해결에 대한 물리학적 통찰력을 쉽게 얻을 수 있기 때문이다. 또한 구조안정성과 관련된 수많은 상황들: 복합하중이 가해지는 압력용기, 비틀림을 받는 봉에서의 비틀림-굽힘 좌굴, 압축으로 인한 얇은 판 좌굴 등이 있지만, 이런 문제들의 분석은 수학적으로 복잡하고 이 책에서 다루는 내용의 초점을 벗어났기에 다루지 않는다.

5.2 변형률 에너지

탄성체 내에 저장되어 있는 내부일을 내부 변형률 에너지, 즉 탄성 변형률 에너지라 부른다. 이 식은 *단위 부피당 변형률 에너지*(strain energy per unit volume), 즉 *변형률 에너지 밀도*(strain energy density)라고 부르는 양을 사용하면 매우 편리하게 식을 풀 수 있다. 응력-변형률 선도에서 그래프 아래쪽 면적은 인장력이 가해지는 시편에서 U_o라 표기하는 변형률 에너지 밀도를 나타낸다(그림 5.1). 따라서 다음과 같이 식을 정리할 수 있다.

$$U_o = \int \sigma_x d\varepsilon_x \tag{5.1a}$$

반대로 응력-변형률 선도의 위쪽 면적은 *보족 변형률 에너지 밀도*(complementary energy density)라고 부른다.

$$U_o^* = \int \varepsilon_x d\varepsilon_x \tag{5.2}$$

여기서 그림 5.1b를 통해 에너지 밀도들이 비선형 탄성체에서는 서로 다른 값을 가짐을 볼 수 있다.

원점에서 비례한도까지의 값은 선형 탄성체의 경우, ε_x값을 σ_x/E값으로 치환하면 원점에서 비례한도까지 값을 다음과 같이 표현할 수 있다.

$$U_o = \frac{1}{2}\sigma_x\varepsilon_x = \frac{1}{2E}\sigma_x^2 \tag{5.1b}$$

그림 5.1a에서 볼 수 있듯이 $U_o = U_o{}^*$이다. SI 단위계에서의 변형률 에너지 밀도는 입방미터당 줄(J/

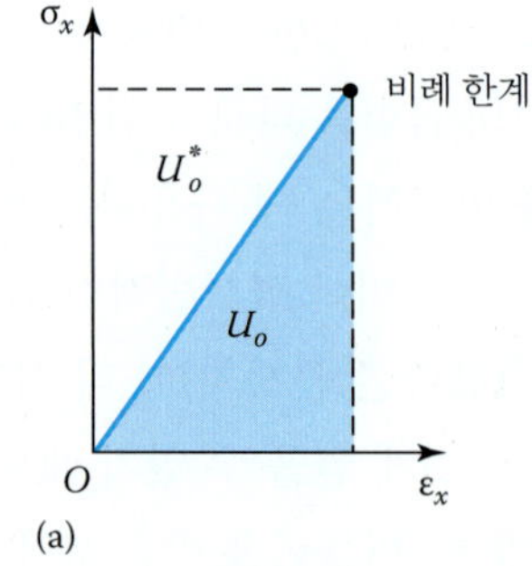

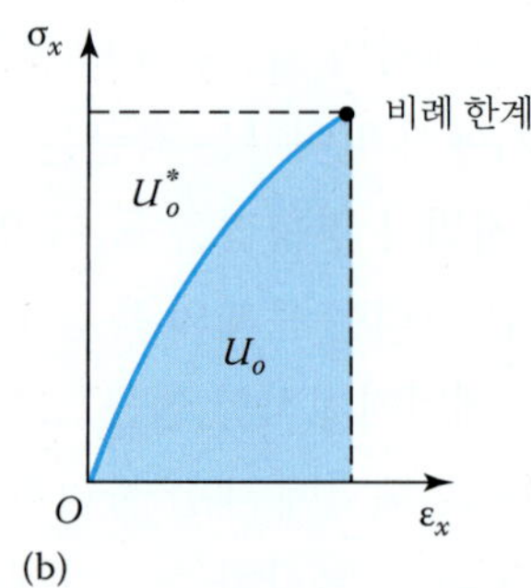

[그림 5.1]
단축응력이 한 일. (a) 선형 탄성재료 (b) 비선형 탄성재료

m³)이나 파스칼의 단위로 측정되며 미국 관습단위계에서는 입방인치당 인치-파운드(in.· lb/in.³) 또는 psi의 단위로 측정된다. 비슷하게 전단응력에 대한 변형률 에너지 밀도는 다음과 같은 식으로 표현이 가능하다.

$$U_o = \frac{1}{2}\tau_{xy}\gamma_{xy} = \frac{1}{2G}\tau_{xy}^2 \tag{5.3}$$

물체가 보통의 응력을 받고 있을 때, 전체 변형률 에너지 밀도는 앞에서 나온 식들을 더한 것과 같은 값을 가진다. 따라서 다음과 같이 정리가 가능하다.

$$U_o = \frac{1}{2}\left(\sigma_x\varepsilon_x + \sigma_y\varepsilon_y + \sigma_z\varepsilon_z + \tau_{xy}\gamma_{xy} + \tau_{yz}\gamma_{yz} + \tau_{xz}\gamma_{xz}\right) \tag{5.4}$$

여기서 일반화된 훅의 법칙을 위 식에 대입하면 응력과 탄성계수만 들어가 있는 아래 식을 얻는다.

$$U_o = \frac{1}{2E}\left[\sigma_x^2 + \sigma_y^2 + \sigma_z^2 - 2\nu(\sigma_x\sigma_y + \sigma_y\sigma_z + \sigma_x\sigma_z) + \frac{1}{2G}\left(\tau_{xy}^2 + \tau_{yz}^2 + \tau_{xz}^2\right)\right] \tag{5.5}$$

주축이 좌표축으로 사용될 때 전단응력은 0의 값을 가진다. 앞 상황에서의 위 식은 다음과 같이 간추릴 수 있다.

$$U_o = \frac{1}{2E}\left[\sigma_1^2 + \sigma_2^2 + \sigma_3^2 - 2\nu\left(\sigma_1\sigma_2 + \sigma_2\sigma_3 + \sigma_1\sigma_3\right)\right] \tag{5.6}$$

여기서 σ_1, σ_2, σ_3은 주응력이다.

탄성체 내에 저장된 탄성 변형률 에너지 U는 변형률 에너지 밀도를 체적 V에 대해 적분함으로써 얻을 수 있다. 이를 수행하면 다음과 같은 결과를 얻을 수 있다.

$$U = \int_V U_o \mathrm{d}V = \iiint U_o \mathrm{d}x\mathrm{d}y\mathrm{d}z \tag{5.7}$$

이 식은 일상적으로 마주치는 수많은 모양과 하중이 가해지는 경우에 대해 변형률 에너지를 구하는데 편리하다. 여기서 알고 가야 할 점은 변형률 에너지가 하중이나 변형에 대한 비선형(2차) 함수라는 것이다. 그렇기 때문에 중첩의 원리가 변형률 에너지에서는 적용 불가능하다.

5.2.1 변형률 에너지의 구성요소

그림 5.2에서와 같이 한 점에서의 3차원 응력상태(그림 5.2a)는 두 부분으로 나눌 수 있다. 그림 5.2b의 응력상태는 부피의 변화와 관련이 있으며 이를 체적변형이라 부른다. 그림에서 표시된 σ_m은 3.15절에서 정의된 8면체 응력 또는 평균응력을 의미한다. 한편, 모양의 변화 혹은 비틀림은 그림 5.2c에 표시

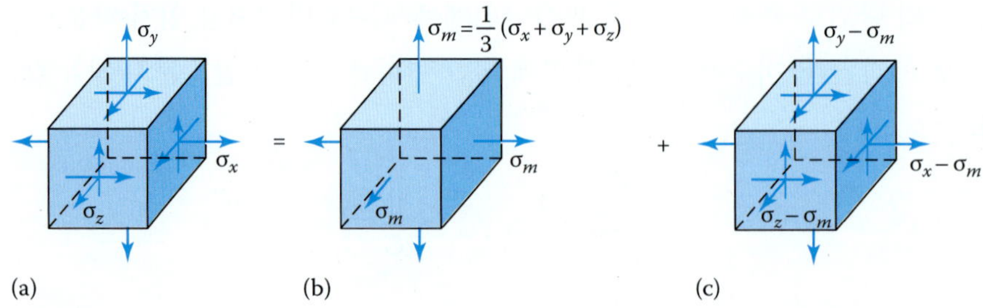

[그림 5.2]
(a) 주응력을 분해하면 (b) 체적변형 응력(c) 전단변형 응력

된 응력의 원인이 된다. 체적 변형률 에너지 밀도는 $\sigma_1 = \sigma_2 = \sigma_3 = \sigma_m$ 상태에서 식 (5.6)을 사용하면 얻을 수 있다. 위와 같이 함으로써 다음과 같은 결과식을 얻을 수 있었다.

$$U_{ov} = \frac{3(1-2\nu)}{2E}(\sigma_m)^2 = \frac{1-2\nu}{6E}(\sigma_1+\sigma_2+\sigma_3)^2 \tag{5.8}$$

전단 변형률 에너지 밀도(distortional strain energy density)는 식 (5.6)에서 위 식의 차 값을 구하면 되며 다음과 같이 표현 가능하다.

$$U_{od} = \frac{1}{12G}\left[(\sigma_1-\sigma_2)^2+(\sigma_2-\sigma_3)^2+(\sigma_3-\sigma_1)^2\right] = \frac{3}{4G}\tau_{\text{oct}}^2 \tag{5.9}$$

G와 E의 값에 대한 관계식은 식 (2.9)에 나타나 있다. σ_{oct}와 τ_{oct}가 작용하는 8면체 평면은 그림 3.43과 같이 보여진다.

실험결과에 의하면 체적 변형률 에너지는 연성재료의 항복으로 인한 파단에 미치는 영향이 매우 작음을 알 수 있다. 비틀림에너지의 전단 변형률 에너지는 재료의 비탄성 거동에 의한 파손에 전적인 책임이 있는 것으로 여겨지고 있다. 이는 8장에서 더 논의될 것이다. 또한 변형률 에너지의 두 구성요소와 연관된 응력과 변형률은 소성변형을 나타내는 데 매우 유용하다.

예제 5.1 균일단면 봉에서의 변형률 에너지 요소

균일한 단면적 A를 가진 구조 강철 봉이 축방향 인장력 P를 받고 있다. 변형률 에너지 밀도와 그 구성요소의 값을 구하라.

풀이

응력의 상태는 단축인장력에 의해 발생한 응력이므로 $\sigma_x = \sigma = P/A$를 적용할 수 있다. 또한 단축응력이므

로 그림 5.2a에서 볼 수 있듯이 나머지 응력성분은 0이다. 앞의 결과를 토대로 체적변화의 원인이 되는 응력 $\sigma_m = \sigma/3$과 형상변화의 원인이 되는 응력 $\sigma_x - \sigma_m = 2\sigma/3$, $\sigma_y - \sigma_m = \sigma_z - \sigma_m = \sigma/3$를 이와 같이 얻을 수 있다(그림 5.2b와 c). 그림 5.2의 응력들에 대한 변형률 에너지 밀도는 식 (5.5), 식 (5.8), 식 (5.9)를 기반으로 다음과 같이 정리할 수 있다.

$$\begin{aligned} U_o &= \frac{\sigma^2}{2E} \\ U_{ov} &= \frac{(1-2\nu)\sigma^2}{6E} = \frac{\sigma^2}{12E} \\ U_{od} &= \frac{(1+\nu)\sigma^2}{3E} = \frac{5\sigma^2}{12E} \end{aligned} \tag{5.10}$$

평가: 위 결과를 토대로 $U_o = U_{ov} + U_{od}$이고 $5U_{ov} = U_{od}$임을 알 수 있었다. 이 의미는 단순 인장력이 가해지는 단위 부피 요소에서 모양을 달라지게 하는 데 흡수되는 에너지가 체적을 변화시키는 데 들어가는 에너지보다 5배나 많은 에너지를 흡수한다는 것을 의미한다.

5.3 보편적인 부재에서의 변형률 에너지

5.2절에서의 내용을 보면, 중첩의 원리를 행하는 방법이 변형률 에너지에는 적용할 수 없음을 알 수 있다. 왜냐하면 변형률 에너지에 영향을 끼치는 몇몇 힘과 모멘트는 단순히 합산으로 계산할 수 없기 때문이다. 이 절에서는 축하중, 비틀림, 굽힘, 전단하중과 같은 종류의 하중이 다양한 구조에서의 부재에 영향을 끼치는 것을 다루어 볼 것이다. 알아두어야 할 점은 위의 경우에서 유도된 식들은 선형재료의 거동의 경우로 제한되어 구해진 것이라는 점이다.

5.3.1 축하중을 받는 봉

축하중 P를 받는 봉 내 어떠한 횡단면을 골라도 응력값은 수직응력 $\sigma_x = P/A$의 값을 가진다. 여기서 A는 단면적을 나타내고 x는 그림 5.3에서 나타나 있듯이 축방향 축을 나타낸다. 이후 식 (5.7)에 식 (5.1)을 대입하고 $dV = Adx$를 대입하면 다음과 같은 식을 얻을 수 있다.

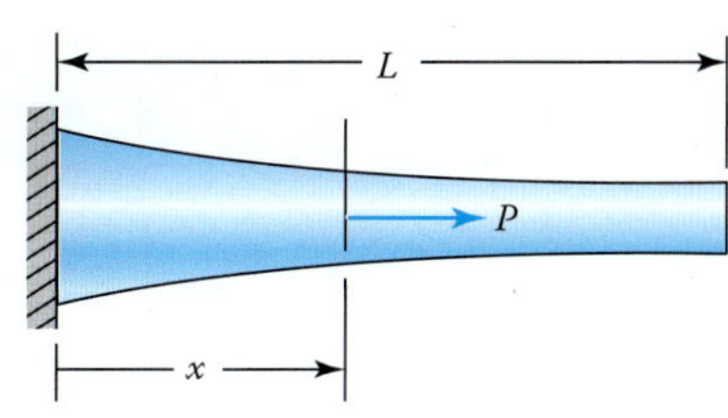

[그림 5.3]
변화하는 축방향 하중을 받고 있는 단면이 원인 봉

$$U_a = \frac{1}{2}\int_0^L \frac{P^2 dx}{AE} \tag{5.11}$$

크기 P의 끝단 하중을 받는 균일단면 봉에서 식 (5.10)을 적용하면 다음과 같다.

$$U_a = \frac{P^2 L}{2AE} \tag{5.12}$$

여기서 E의 양는 탄성계수를 나타내고 L은 부재의 길이를 나타낸다.

예제 5.2 볼트 잠금장치의 에너지 흡수

스테인리스 재질의 저온 감김공정으로 만들어진 강철 볼트가 그림 5.4와 같이 잠금장치를 사용했을 때 인장력 P를 받는다. 볼트의 기둥부와 나사부의 지름은 각각 d_s와 d_t이다. 나사부 잠금장치에 대한 자세한 논의는 15장에서 다룬다.

주어진 값: 표 B.1에 의해 $d_s = 0.75$ in., $d_t = 0.63$ in., $L_s = 3$ in., $L_t = 0.115$ in., $E = 28 \times 10^6$ psi, $S_y = 75$ ksi이다.

구하는 값:

a. 항복이 일어나지 않은 선에서 볼트가 받을 수 있는 최대 인장력

b. 볼트가 흡수할 수 있는 최대 탄성 변형률 에너지.

가정: 나사부를 지탱하는 다른 요소들의 영향은 무시한다.

풀이

볼트의 기둥 부위와 나사 부위의 단면적은 각각 다음과 같다.

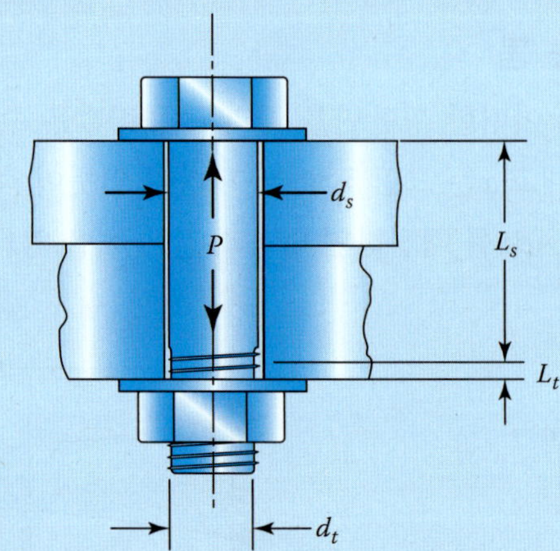

[그림 5.4]
예제 5.2. 볼트로 연결된 연결부

$$A_s = \frac{\pi}{4}d_s^2 = \frac{\pi}{4}(0.75)^2 = 0.442 \text{ in.}^2$$

$$A_t = \frac{\pi}{4}d_t^2 = \frac{\pi}{4}(0.63)^2 = 0.312 \text{ in.}^2$$

a. *허용가능 하중.* 허용가능 응력인 75 ksi가 영역 $L_t = 0.115$ in.에서 가해지면 다음과 같은 식을 얻을 수 있다.

$$P_{\text{all}} = S_y A_t = 75(0.312) = 23.4 \text{ kips}$$

b. *볼트의 변형률 에너지 수용성.* 각 부분에 식 (5.11)을 적용하면 다음과 같은 결과를 얻을 수 있다.

$$U = \Sigma\frac{P_{\text{all}}^2 L}{2AE} = \frac{P_{\text{all}}^2}{2E}\left(\frac{L_s}{A_s} + \frac{L_t}{A_t}\right) \tag{5.13}$$

이 데이터의 값을 전부 대입하여 수치를 도출하면 다음과 같은 값을 구할 수 있다.

$$U = \frac{(23.4)^2}{2(28)}\left(\frac{3}{0.442} + \frac{0.115}{0.312}\right)$$
$$= 9.778(6.787 + 0.369) = 70 \text{ in.} \cdot \text{lb}$$

평가: 흥미로운 점은, 볼트가 균일한 지름인 $d_t = 0.63$ in.를 가지고 있다면, 길이가 3.115 in.가 되며 이 수치를 대입하여 다음과 같은 결과를 얻을 수 있다.

$$U = 9.778\left(\frac{3.115}{0.312}\right) = 97.6 \text{ in.} \cdot \text{lb}$$

이는 볼트가 기둥축의 반지름 성분만 있기에 기존보다 더 작은 단면적을 가짐에도 탄성에너지를 28% 더 흡수할 수 있음을 의미한다.

5.3.2 원형 비틀림 봉

식 (3.11)에 의해 봉에 순수비틀림이 가해질 때, 단면의 중심에서부터 거리 r만큼 떨어진 곳에서는 다음과 같은 식 $\tau = Tr/J$가 성립한다. 여기서 식 (5.3)의 변형률 에너지 밀도 식은 $U_o = T^2r^2/2J^2G$가 된다. 이 값을 식 (5.7)에 대입하면, 비틀림에 기인하는 변형률 에너지는 다음과 같이 표현이 가능하다.

$$U_t = \int_0^L \frac{T^2}{2GJ^2}\left(\int r^2 \mathrm{d}A\right)\mathrm{d}x \tag{5.14}$$

우리는 $\mathrm{d}V = \mathrm{d}A\,\mathrm{d}x$라는 것을 이미 알고 있다. 여기서 $\mathrm{d}A$는 단면의 요소를 의미한다. 정의에 의해 팔

호 안의 항은 단면적의 극관성 모멘트 J값을 의미한다. 그래서 이를 대체하면 다음과 같은 식을 얻을 수 있다.

$$U_t = \frac{1}{2}\int_0^L \frac{T^2 \mathrm{d}x}{GJ} \tag{5.15}$$

그림 3.6처럼 끝단에 토크 T를 받는 균일단면 봉의 경우 식 (5.15)는 다음과 같이 변화한다.

$$U_t = \frac{T^2 L}{2GJ} \tag{5.16}$$

여기서 L은 봉의 길이이다.

5.3.3 보

순수 굽힘 상태의 보의 경우 굽힘공식으로부터 축방향의 수직응력 $\sigma_x = My/I$을 도출해 낼 수 있다. 여기서 식 (5.1)을 사용하면 변형률 에너지 밀도는 $U_o = M^2y^2/2EI^2$이다. 이를 식 (5.7)에 대입하고 $M^2/2EI^2$가 x에 대한 함수임을 생각하면 다음과 같은 식을 얻을 수 있다.

$$U_b = \int_0^L \frac{M^2}{2EI^2}\left(\int y^2 \mathrm{d}A\right)\mathrm{d}x \tag{5.17}$$

괄호 안의 적분항은 단면의 중립축에 대한 관성모멘트 I를 나타내므로, 굽힘에 의한 변형률 에너지는 다음과 같이 표현할 수 있다.

$$U_b = \frac{1}{2}\int_0^L \frac{M^2 \mathrm{d}x}{EI} \tag{5.18}$$

보의 길이 L을 따라 적분한 이 값이 바로 요구되는 에너지의 양이다.

굽힘강성상수 EI를 가지는 보에 대해서 식 (5.18)을 굽힘에 대한 식으로 식 (4.14)를 참고하여 표시한다면 다음과 같이 표현할 수 있다.

$$U_b = \frac{EI}{2}\int_0^L \left(\frac{\mathrm{d}^2 \upsilon}{\mathrm{d}x^2}\right)^2 \mathrm{d}x \tag{5.19}$$

횡방향의 전단력 V는 보의 모든 곳으로부터 전단응력 τ_{xy}를 생성해 낸다. 식 (3.20)을 식 (5.3)에 대입하면 변형률 에너지 밀도는 $U_o = V^2Q^2/2GI^2b^2$로 표현할 수 있다. 이 값을 단면적이 A인 보의 부피에 대해 적분하면, 전단상태에 있는 보의 변형률 에너지를 얻을 수 있다.

〈표 5.1〉 보의 다양한 단면형상에 대한 전단 형상계수

단면 형상	전단형상계수 α
직사각형	6/5
I형, 박스형, 채널형[a]	A/A_{web}
원형	10/9
얇은 벽의 원형	2

[a] A는 전체 단면의 면적. A_{web}은 웨브의 면적인 ht. 여기서 h는 보의 높이이고, t는 웨브의 두께를 의미한다.

$$U_s = \int_0^L \frac{\alpha V^2 dx}{2AG} \tag{5.20}$$

식 (5.20)에서 보이는 *전단형상계수*(form factor for shear)는 다음과 같다.

$$\alpha = \frac{A}{I^2}\int_A \frac{Q^2}{b^2} dA \tag{5.21}$$

이 계수는 주어진 단면형상에 따라 변하는 특정한 무차원량을 나타낸다.

예제 5.3은 사각단면에 대한 전단형상계수를 결정하는 과정을 보여준다. 다른 단면들도 예제에서 보여주는 과정과 비슷하게 진행할 수 있다. 표 5.1에 몇 가지 경우가 실려 있다. α를 찾은 뒤 식 (5.19)를 사용하면 전단에 의한 변형률 에너지를 얻을 수 있다.

예제 5.3 보에 저장된 전체 변형률 에너지

그림 5.5에서와 같이 사각단면의 외팔보가 집중하중 P를 받는다. 전체 변형률 에너지를 구하고 그 값을 굽힘이나 전단이 작용할 때의 값과 비교하라.

풀이

식 (3.21)에 의해 계산된 면적의 1차 모멘트 값은 $Q = (b/2)[(h/2)^2 - y_1^2]$이다. 여기서 $A/I^2 = 144/bh^5$이므로, 식 (5.21)을 통해 다음과 같은 값을 도출해 낼 수 있다.

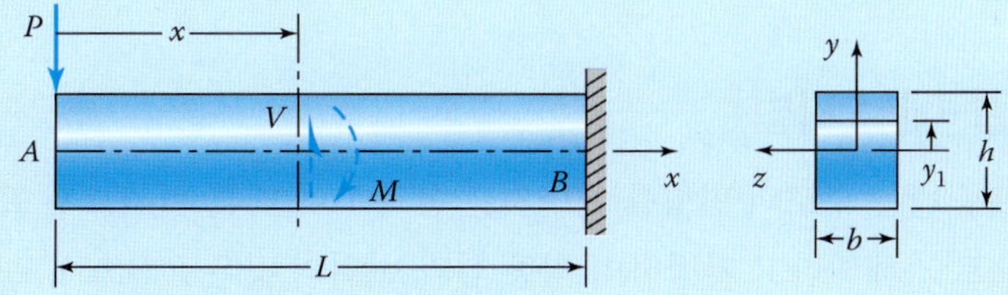

[그림 5.5]
예제 5.3과 5.4

$$\alpha = \frac{144}{bh^5}\int_{-h/2}^{h/2}\frac{1}{4}\left(\frac{h^2}{4}-y_1^2\right)^2 b\mathrm{d}y_1 = \frac{6}{5}$$

평형조건으로부터 굽힘모멘트 $M = -Px$를 도출할 수 있으며, x에서의 전단력은 그림 5.6에서와 같이 $V = P$이다. 이것과 $\alpha = 6/5$ 값을 식 (5.18)과 (5.20)에 적용한 후 적분하면 다음과 같은 결과를 얻을 수 있다.

$$U_b = \int_0^L \frac{P^2x^2}{2EI}\mathrm{d}x = \frac{P^2L^3}{6EI} \tag{5.22}$$

$$U_s = \int_0^L \frac{6}{5}\frac{V^2}{2AG}\mathrm{d}x = \frac{3P^2L}{5AG} \tag{5.23}$$

여기서 $I/A = h^2/12$임을 생각하라. 따라서 외팔보와 저장된 전체 변형률 에너지는 다음과 같이 구할 수 있다.

$$U = U_b + U_s = \frac{P^2L^3}{6EI}\left[1+\frac{3E}{10G}\left(\frac{h}{L}\right)^2\right] \tag{5.24}$$

이 다음 식 (5.22)와 (5.23)을 사용하면, 보에서의 전단 변형률 에너지와 굽힘 변형률 에너지의 비가 다음과 같음을 도출해 낼 수 있다.

$$\frac{U_s}{U_b} = \frac{3E}{10G}\left(\frac{h}{L}\right)^2 = \frac{3}{5}(1+\nu)\left(\frac{h}{L}\right)^2 \tag{5.25}$$

평가: 한 예로 $L = 10h$, $\nu = 1/3$이라면 두 에너지의 비는 $1/125$이다. 이는 전체 변형률 에너지 중에서 전단에 의한 변형률 에너지가 차지하는 비중이 1% 미만임을 뜻한다. 그러므로 가느다란 보의 경우($h \ll L$), 보의 변형률 에너지를 구하는 데 전단에 의한 영향은 대개 무시하는 경향이 있다. 에너지는 주로 굽힘에 기인한다. 따라서 보편적인 비율의 보에서 변형률 에너지를 평가하는 데 있어 전단의 영향은 보통 무시한다. 그렇지 않은 경우에는 본 연습문제를 참고하여 답을 도출해야 한다.

5.4 일-에너지법

힘과 모멘트를 받는 구조의 변형률 에너지는 힘과 그에 따른 변위로서 표현할 수 있다. 여기서 모든 힘은 점진적으로 가해진다고 가정하며 최종 힘과 변위의 값은 $P_k(k = 1, 2, \cdots, n)$와 δ_k로 표기한다. 전체 일인 W, $1/2\sum P_k\delta_k$는 에너지 소산이 없는 경우 구조물로부터 얻은 변형률 에너지와 같으며 그 표현식은 아래와 같다.

$$U = W = \frac{1}{2}\sum_{k=1}^{n} P_k \delta_k \tag{5.26}$$

다시 말하면, 하중이 구조물에 대해 한 일은 탄성 변형률 에너지로 나타낼 수 있다.

부재나 구조물이 단일 집중하중 P를 받고 있다고 생각하자. 그러면 식 (5.26)은 다음과 같이 표현할 수 있다.

$$U = \frac{1}{2}P\delta \tag{5.27}$$

위 식에서 δ는 P로 인해 움직여진 변위이다. 위 식과 마찬가지로 다음의 관계 또한 성립한다.

$$U = \frac{1}{2}M\theta \tag{5.28}$$

$$U = \frac{1}{2}T\phi \tag{5.29}$$

여기서 M(혹은 T)과 θ(혹은 ϕ)는 각각 구조물 내의 한 점에서의 모멘트(혹은 토크)와 이로 인해 생성된 기울기(혹은 비틀림각)임을 알고 넘어가야 한다.

앞 식에서의 관계는 편리하게 변위값을 찾을 수 있게 해준다. 이 방법이 바로 일-에너지법(method of work-energy)으로 알려져 있는 방법이다. 다음 절에서는 복합하중을 받는 구조물의 경우에도 적용할 수 있는, 구조물에서의 변위를 얻는데 일반적으로 사용하는 접근법을 알려줄 것이다.

예제 5.4 일-에너지법에 의한 보의 처짐

그림 5.5에서 보여지는 바와 같이 사각단면의 외팔보가 하중을 받고 있다. 내부 굽힘모멘트와 전단력의 영향을 둘 다 고려하여 자유단에서의 처짐값 υ_A을 구하라.

풀이

식 (5.24)에 주어진 보의 전체 변형률 에너지 U는 일 $W = P\upsilon_A/2$와 같다. 그러므로 식을 정리하면 다음과 같이 정리할 수 있다.

$$\upsilon_A = \frac{PL^3}{3EI}\left[1 + \frac{3E}{10G}\left(\frac{h}{L}\right)^2\right] \tag{5.30}$$

평가: 만약 전단의 영향을 무시한다면 상대적인 오차는 앞의 예에서 구한 것과 동일하다. 앞에서 보았듯이 $L/h = 10$의 비율의 보에선 1% 미만의 값을 가진다.

5.5 카스틸리아노의 정리

카스틸리아노(Castigliano)의 정리는 구조적 변위와 힘의 해석에서 널리 사용되는 정리이다. 이 정리는 다양한 정적 확정 문제뿐만 아니라 불확정 문제에도 쉽게 적용된다. 두 개의 정리를 1879년에 카스틸리아노(1847~1884)가 제안하였다. 제1정리는 변형을 분석하는 데 있어 가상(허상)변분에 근거한 방법을 제시하고 있으며, 이는 5.7절에서 논의하고 있다. 제2정리는 하중이 가해지는 부재의 유한변형에 대해서 다루고 있다. 이 두 정리는 구조의 작은 변형에 국한되어 적용할 수 있다. 제1정리는 선형뿐만 아니라 비선형적인 거동을 하는 구조물에도 적용할 수 있다. 여기서는 주로 카스틸리아노의 제2정리를 다루는데, 이는 선형 탄성 재료로 이루어진 구조물에만 적용이 가능하다. 별도의 언급이 없다면 이 책에서는 주로 제2정리를 *카스틸리아노의 정리*(Castigliano's theorem)라 언급할 것이다.

선형 탄성 구조가 점진적으로 가해지는 외력 $P_k(k = 1, 2, \cdots, n)$를 받고 있다고 생각해 보자. 식 (5.26)에서 언급되어 있듯이 구조물의 변형률 에너지 U는 구조물에 작용하는 외력이 한 일 W와 같다. 여기서 하중 P_k는 변하지 않은 채, 단일하중 P_i가 작은 양 $\mathrm{d}P_k$만큼 증가할 수 있도록 허용해 보자. 그러면 변형률 에너지의 증가량은 $dU = (\partial U/\partial P_i)\,\mathrm{d}P_i$로 나타낼 수 있다. 여기서 $\partial U/\partial P_i$는 P_i가 생성하는 변형률 에너지의 변화율을 의미한다. 따라서 이 조건에서의 전체 변형률 에너지는 다음과 같이 표현이 가능하다.

$$U' = U + \left(\frac{\partial U}{\partial P_i}\right)\mathrm{d}P_i$$

그러나 부하의 순서를 반대로 했을 시 U'의 식 표현은 다른 식으로 대체될 수 있다. 이해를 돕기 위해 $\mathrm{d}P_i$가 먼저 가해지고 다음으로 힘 P_k가 가해지는 상황을 생각해 보자. $\mathrm{d}P_i$에 의해 작의 변위 $\mathrm{d}\delta$가 생기게 되고 이로 인해 발생한 일은 $\mathrm{d}P_i \cdot \mathrm{d}\delta_i/2$로 표현이 가능하다. 그러나 이 항은 2차항이므로 무시할 수 있다. 즉, 하중 P_k로 인해 발생한 일은 $\mathrm{d}P_i$의 존재에 영향을 받지 않는다. 그러나 후자의 힘 $\mathrm{d}P_i$는 P_k에 의해 발생한 변위인 δ_i 만큼을 따라서 힘을 가해진 것이 되므로 여기에 대한 일이 발생한다. 그러므로 위와 같은 순서의 하중들이 한 일에 따른 전체 변형률 에너지는 다음과 같다.

$$U' = U + \mathrm{d}P_i \cdot \delta_i$$

앞의 식들을 같다고 설정하면, 다음과 같은 카스틸리아노의 정리를 얻을 수 있다.

$$\delta_i = \frac{\partial U}{\partial P_i} \tag{5.31}$$

위 식은 변형률 에너지의 부과하중에 대한 편미분 값은 선형구조물의 하중 작용점에서의 변위 성분과 같다는 것을 의미한다.

카스틸리아노의 정리는 구조물에 작용하는 모멘트 M(혹은 토크 T)과 이로 인해 발생하는 기울기 θ(혹은 비틀림각 ϕ)값에 대해서도 위에서 진행한 바와 같은 동일한 방법으로 식을 전개하는 것이 가능하다. 따라서 두 경우에 대한 다음과 같은 관계식을 얻을 수 있다.

$$\theta_i = \frac{\partial U}{\partial M_i} \tag{5.32}$$

$$\phi = \frac{\partial U}{\partial T_i} \tag{5.33}$$

카스틸리아노의 정리를 사용하기 위해서는 변형률 에너지가 외력이나 모멘트에 대한 관계식으로 표현될 수 있어야 한다. 예를 들어 균일단면 보의 경우, 관계식을 $U = \int M^2 dx/2EI$라 표현할 수 있다. 하중 P_i에 의해 발생하는 처짐양 υ_i를 얻기 위하여 종종 적분기호 내에서 미분하는 것이 더 단순하게 계산될 수 있는 경우가 많으므로 식을 다음과 같이 표기할 수 있다.

$$\upsilon_i = \frac{\partial U}{\partial P_i} = \frac{1}{EI}\int M \frac{\partial M}{\partial P_i} dx \tag{5.34}$$

비슷하게 기울기는 다음과 같이 표시된다.

$$\theta_i = \frac{\partial U}{\partial M_i} = \frac{1}{EI}\int M \frac{\partial M}{\partial M_i} dx \tag{5.35}$$

일반적으로 몇 개의 잘 알려진 하중(축하중 F, 굽힘모멘트 M, 전단력 V, 토크 T)을 받는 직선 또는 곡선보의 전체 변형률 에너지는 식 (5.11), (5.16), (5.18), (5.20)에서 얻은 변형률 에너지의 합과 같다. 위의 값을 식 (5.31)에 적용하면, 부재의 어떠한 점의 변위라도 다음의 편리한 형태를 통해 얻을 수 있다.

$$\delta_i = \frac{1}{AE}\int F\frac{\partial F}{\partial P_i}dx + \frac{1}{EI}\int M\frac{\partial M}{\partial P_i}dx + \frac{1}{AG}\int \alpha V\frac{\partial V}{\partial P_i}dx + \frac{1}{GJ}\int T\frac{\partial T}{\partial P_i}dx \tag{5.36}$$

명확하게 하자면, 이 식의 마지막 항은 원형봉에만 적용된다. 회전각에 대한 관계식도 위 변위에 대한 식과 유사한 방식으로 표시할 수 있다. 만약 변위를 측정해야 하는 지점에 직접적으로 작용하는 하중이 없다면, 이 문제는 다음과 같이 풀 수 있다. 푸는 방식은 가상의 힘 Q(혹은 모멘트 C)를 구하고자 하는 점에 원하는 변위 δ(혹은 θ)의 방향으로 가해진다고 설정한다. 그러고 나서 카스틸리아노의 정리를 적용한 후 가상 힘의 수치를 $Q = 0$(혹은 $C = 0$)으로 둠으로써 원하는 변위를 얻을 수 있다.

예제 5.5 카스틸리아노의 정리를 통한 곡선프레임의 처짐양 분석

그림 5.6a에 나타낸 바와 같이 하중 P가 강철 곡선프레임에 작용하고 있다. 굽힘모멘트에 더해 내부 수직력과 전단력의 영향을 모두 고려하며 자유단의 수직 처짐양 δ_υ에 대한 식을 도출하고 다음 정보를 참고하여 처짐양을 구하라.

$$a = 60\text{ mm},\quad h = 30\text{ mm},\quad b = 15\text{ mm},$$

$$P = 10\text{ kN},\quad E = 210\text{ GPa},\quad G = 80\text{ GPa}.$$

풀이

각도 θ에 의해 정의되는 봉의 일부 요소에서의 자유물체도가 그림 5.8b에서 묘사되는 바와 같이 그려져 있으며 내력(F와 V)과 모멘트(M)는 +방향으로 가해지고 있다. 그림을 참조하여 식을 정리하면 다음과 같이 정리가 가능하다.

$$M = PR(1 - \cos\theta),\quad V = P\sin\theta,\quad F = P\cos\theta \tag{5.37}$$

위의 식에 따라서 다음과 같은 식도 성립함을 알 수 있다.

$$\frac{\partial M}{\partial P} = R(1 - \cos\theta),\quad \frac{\partial V}{\partial P} = \sin\theta,\quad \frac{\partial F}{\partial P} = \cos\theta$$

전단에 대한 직사각형 단면의 형상계수는 $\alpha = 6/5$(표 5.1)이다. 여기서 $dx = R\,d\theta$로 설정한 후 앞의 식을 식 (5.36)에 대입하면 다음과 같은 결과를 얻을 수 있다.

$$\delta_\upsilon = \frac{PR^3}{EI}\int_0^\pi (1 - \cos\theta)^2 d\theta + \frac{6PR}{5AG}\int_0^\pi \sin^2\theta d\theta + \frac{PR}{AE}\int_0^\pi \cos^2\theta d\theta$$

이 때 위 식에 대해 삼각함수 공식인 $\cos^2\theta = (1 + \cos 2\theta)/2$와 $\sin^2\theta = (1 - \cos 2\theta)/2$를 사용하여 적분식을 정리하면 다음과 같이 정리할 수 있다.

$$\delta_\upsilon = \frac{3\pi PR^3}{2EI} + \frac{3\pi PR}{5AG} + \frac{\pi PR}{2AE} \tag{a}$$

봉의 단면에 대한 기하학적 특성값은 다음과 같다.

$$A = 0.015(0.03) = 4.5\times 10^{-4}\text{ m}^2,\quad R = 0.075\text{ m},$$

$$I = \frac{1}{12}\left[0.015(0.03)^3\right] = 337.5\times 10^{-10}\text{ m}^4$$

[그림 5.6]
예제 5.5. (a) 강철 곡선 프레임 (b) 자유물체도

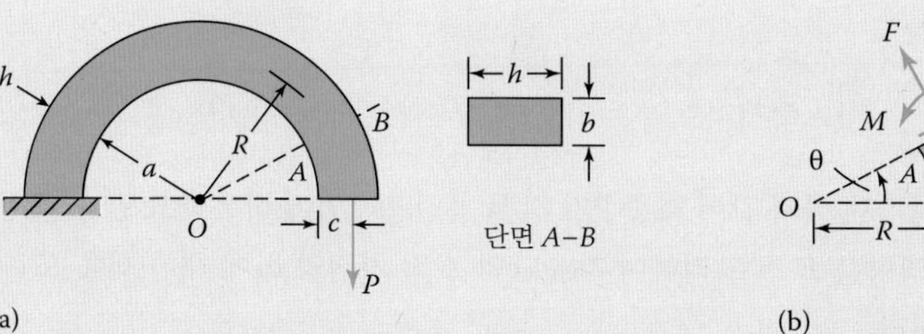

이 값들을 식 (c)에 적용하면 다음과 같은 결과값을 얻을 수 있다.

$$\delta_v = (2.81 + 0.04 + 0.01) \times 10^{-3} = 2.86 \text{ mm}$$

평가: 만일 수직력과 전단력의 영향을 무시했더라면 $\delta_v = 2.81$ mm라는 결과를 얻었을 것이다. 이를 토대로 처짐양의 오차가 약 1.7%임을 알 수 있다. 앞의 내용을 토대로 $R/c = 5$인 이 곡선봉의 경우 V와 F가 변위 발생에 기여한 비율을 무시할 수 있다는 점을 알 수 있다. 실제로 식 (5.36)의 첫째 항과 셋째 항의 경우 $R/c > 4$인 경우 무시하는 것이 보통이다.

예제 5.6 카스틸리아노의 정리를 통한 분할링 변위 분석

그림 5.7a에서 볼 수 있듯이 날씬한 단면의 반지름 R인 원형 링 $\theta = 0$에서 잘라져 분할되어 있다. 이 링의 한쪽 끝은 고정되어 있으며 자유단 부위에 z방향의 힘 P를 받고 있다. 자유단 A점에서 다음 값을 구하라.

a. z방향으로의 변위
b. y축에 대한 회전량

풀이

회전량을 구해야 하기에 A점에 가상의 모멘트 C를 가한다. 이 상황에서 아무 단면에서의 굽힘 및 비틀림모멘트(그림 5.7b)는 다음과 같다.

$$M_\theta = -PR\sin\theta - C\sin\theta, \quad T_\theta = PR(1-\cos\theta) - C\cos\theta \tag{5.38}$$

a. 이제 $C = 0$ 및 $dx = Rd\theta$일 때의 위 값을 식 (5.36)에 대입하면 다음과 같은 결과를 얻을 수 있다.

$$\delta_z = \frac{\partial U}{\partial P} = \frac{1}{EI}\int_0^{2\pi}(-PR\sin\theta)(-R\sin\theta)Rd\theta + \frac{1}{GJ}\int_0^{2\pi}PR(1-\cos\theta)R(1-\cos\theta)Rd\theta$$

$$= \frac{\pi PR^3}{EI} + \frac{3\pi PR^3}{GJ} \tag{b}$$

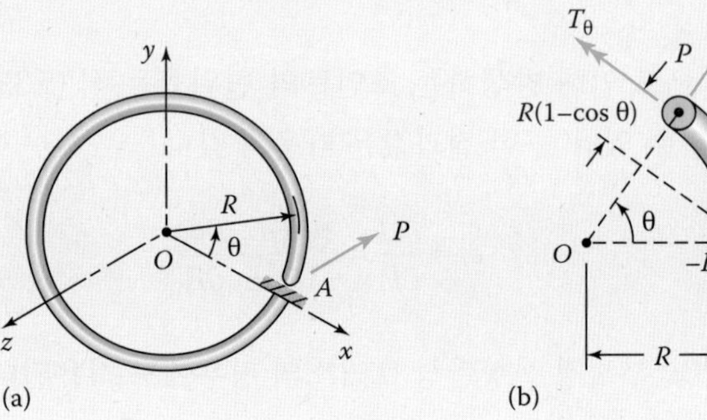

[그림 5.7]
예제 5.6

b. 이제 식 (5.38)을 식 (5.35)에 $dx = Rd\theta$와 $C = 0$인 조건으로 다시 대입하면 다음과 같은 결과를 얻을 수 있다.

$$\theta_y = \frac{\partial U}{\partial C} = \frac{1}{EI}\int_0^{2\pi}(-PR\sin\theta)(-\sin\theta)Rd\theta + \frac{1}{GJ}\int_0^{2\pi}PR(1-\cos\theta)(-\cos\theta)Rd\theta$$

$$= \frac{\pi PR^2}{EI} + \frac{\pi PR^2}{GJ} \quad \text{(c)}$$

*5.5.1 트러스에 대한 적용

이번에는 평면 트러스에 카스틸리아노의 정리를 적용시켜 보자. 1.9절에서 짚고 넘어갔듯이 부재들끼리의 연결은 핀으로 이루어지며 부재 내에 작용하는 힘은 인장 또는 압축같은 축력이 유일하게 작용한다고 가정된다. 실제로 사용되는 평면 트러스 부재는 보통 보강판을 사용하는데 리벳, 용접, 볼트로 서로 연결시켜 사용한다. 그러나 부재의 세장성 때문에 내력은 주로 두 임의의 힘 성분으로 인해 발생하는 두 방향으로의 변화가 제한된, 마찰이 없는 조인트 부분에서 계산한다. *조인트법*(method of joint)은 평형조건을 조인트의 자유물체도에 적용하여 부재에 가해지는 힘을 결정하는 방법으로 조인트별 트러스를 해석하는 것이다. 이 방법은 모든 부재의 힘을 구해야 할 경우에 가장 효과적인 방법이다. 그러나 트러스의 몇 개의 부재에서만 힘의 분석이 요구된다면, 단면법을 트러스의 일부분(두 개 이상의 조인트를 포함하는)에 적용하는 것으로도 충분하다. 여기서 이 일부분이라 함은 힘을 분석해야 될 부재가 잘려졌다고 가정했을 때의 분리된 요소를 말한다.

트러스의 변형률 에너지 U는 트러스를 구성하는 부재들의 변형률 에너지의 합과 같다. m개의 부재로 구성된 길이 L_j, 축방향 강성 $A_j E_j$, 내부 축력 F_j인 트러스의 변형률 에너지는 식 (5.11)로부터 다음과 같이 구해질 수 있다.

$$U = \sum_{j=1}^{m} \frac{F_j^2 L_j}{2A_j E_j} \quad (5.39)$$

조인트에 가해지는 하중 P_i로 인해 발생하는 조인트의 변위 δ_i는 식 (5.39)를 카스틸리아노의 정리인 식 (5.31)에 대입하여 구할 수 있다. 구한 결과값은 다음과 같다.

$$\delta_i = \frac{\partial U}{\partial P_i} = \sum_{j=1}^{m} \frac{F_j L_j}{A_j E_j}\frac{\partial F_j}{\partial P_i} \quad (5.40)$$

앞에서 구한 식들은 정정 및 부정정 선형탄성 트러스의 경우에도 적용된다.

예제 5.7 카스틸리아노의 정리를 통한 트러스 변위 분석

그림 5.8에서와 같이 평면 트러스가 점 A와 B에 각각 핀과 롤러로 지지되어 있으며 조인트 지점인 점 E에 수직하중 P가 가해지고 있다. 다음 값을 구하라.

a. 점 E의 수직변위
b. 점 E의 수평변위

가정: 모든 부재는 같은 축방향 강성값 AE를 가지고 있다.

풀이

a. 그림 5.8에서 전체 트러스 평형조건을 고려하면 $R_{Ax} = 2P$, $R_{Ay} = P$, $R_B = 2P$값을 얻을 수 있다. A, E, C와 D에 조인트법을 적용하면 다음과 같은 결과를 얻을 수 있다.

$$F_{AD} = \sqrt{2}P, \quad F_{AC} = F_{CE} = P, \quad F_{DE} = -\sqrt{2}P,$$
$$F_{BC} = F_{CD} = 0, \quad F_{BD} = -2P$$

여기서 식 (5.40)을 사용하면 다음과 같은 값을 도출해 낼 수 있다.

$$\begin{aligned}\delta_\upsilon &= \frac{1}{AE}\sum FL\frac{\partial F}{\partial P}\\ &= \frac{1}{AE}\left[2(PL)(1) + 2\left(\sqrt{2}P\right)\left(\sqrt{2}L\right)\left(\sqrt{2}\right) + (-2P)(L)(-2)\right]\\ &= 11.657\frac{PL}{AE}\end{aligned} \tag{d}$$

여기서 δ_υ의 +값은 P가 가해지는 방향과 같은 방향으로 변위가 발생하는 것을 의미한다.

b. 수평변위를 구하기 위해 점 E에서의 가상 하중 Q를 설정해 보자(그림 5.8). 이 때 $F_{AC} = F_{CE} = P + Q$이고, 다른 힘들은 식 (d)에 주어진 값과 동일하다. 이제 식 (5.40)으로부터 다음과 같은 식을 도출해 낼 수 있다.

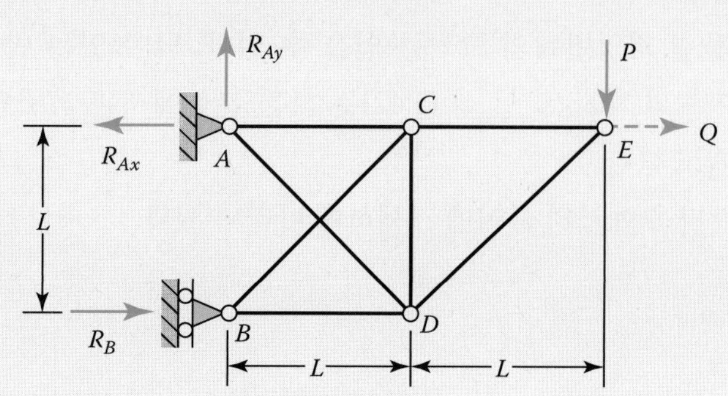

[그림 5.8]
예제 5.7

$$\delta_h = \frac{1}{AE}\Sigma FL\frac{\partial F}{\partial Q} = \frac{2L}{AE}(P+Q)$$

여기서 $Q = 0$이므로 위 식은 다음과 같다.

$$\delta_h = 2\frac{PL}{AE}$$

5.6 부정정 문제

카스틸리아노의 정리나 단위하중법은 부정정 구조의 지지반력을 구하는 데 있어 정적 평형식의 보완식으로서 적용이 가능하다. 한 예로 1차식으로 표현할 수 있는 부정정 구조를 생각해 보자. 이 경우, 지지반력 중 하나를 제거하고 R_1이라는 과잉반력을 표기함으로써 식을 풀 수 있다. 하중과 과잉반력을 포함하는 모든 외력들은 원래의 지지에 따른 적합한 변위를 생성시켜야 한다. 이 성질을 이용하여 먼저 R_1항과 주어진 하중값으로 변형률 에너지를 표현한다. 여기서 식 (5.34)가 제거된 지지점에 적용될 수 있으며 이로 인해 도출된 변위는 다음과 같이 표현할 수 있다.

$$\frac{\partial U}{\partial R_1} = \delta_1 = 0 \tag{5.41}$$

위 관계식을 풀어 과잉반력 R_1을 구한다면 정적평형으로부터 다른 반력들 또한 구할 수 있다.

앞의 방식과 비슷하게, n개의 과잉반력을 가진 부정정 구조물의 경우는 지지점의 움직임이 없을 때 다음과 같이 식을 정리할 수 있다.

$$\frac{\partial U}{\partial R_1} = 0, \dots, \frac{\partial U}{\partial R_n} = 0 \tag{5.42}$$

동시에 이 식들을 풀면 과잉반력의 크기를 얻을 수 있다. 남아 있는 반력들은 평형식을 통해 구할 수 있다. 카스틸리아노의 제2정리인 식 (5.42)는 다른 문헌에서는 *최소일의 원리*(principle of least work)라고 언급하기도 한다.

해석하는 방법은 다음 예제의 풀이에 자세하게 나타나 있다.

예제 5.8 카스틸리아노의 정리를 통한 링의 처짐 분석

그림 5.9a처럼 반지름 R의 링이 힌지로 고정되어 있으며 하중 P를 받고 있다. 굽힘에 의해 발생하는 변형률 에너지만을 고려하여 점 C에서의 수직변위를 구하라.

풀이

대칭성을 고려한다면, 반드시 해석해야 할 부분은 1/4 부분이다(그림 5.9b). M_A, M_B를 알 수 없으므로 이 문제는 부정정 문제이다. 단면 A-A에서의 모멘트는 다음과 같다.

$$M_\theta = M_B - \frac{1}{2}PR(1-\cos\theta)$$

B에서의 기울기가 0이므로, 앞의 사실과 위 식을 식 (5.35)에 대입하고 조건을 $dx = Rd\theta$로 둔다면 다음과 같이 정리가 가능하다.

$$\theta_B = \frac{1}{EI}\int_0^{\pi/2}\left[M_B - \frac{1}{2}PR(1-\cos\theta)\right](1)Rd\theta = 0$$

여기서 $M_B = PR[1-(2/\pi)]/2$이다. 이로부터 첫번째 식을 다음과 같이 도출해 낼 수 있다.

$$M_\theta = \frac{PR}{2}\left(\cos\theta - \frac{2}{\pi}\right)$$

식 (5.34)에 의해 C 지점에서의 변위는 다음과 같이 표현할 수 있다.

$$\begin{aligned}\delta_C &= \frac{4}{EI}\int_0^{\pi/2} M_\theta \frac{\partial M_\theta}{\partial P} Rd\theta \\ &= \frac{4}{EI}\int_0^{\pi/2} P\left[\frac{R}{2}\left(\cos\theta - \frac{2}{\pi}\right)\right]^2 Rd\theta\end{aligned}$$

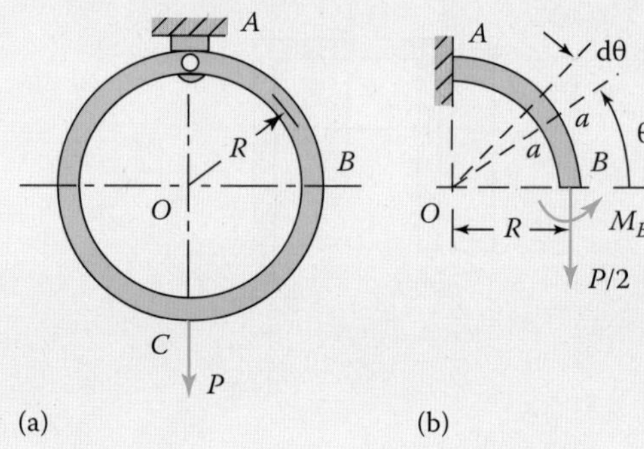

[그림 5.9]
예제 5.8. (a) 링 (b) 링의 1/4 부분

위 적분을 수행하면 다음 결과를 얻을 수 있다.

$$\delta_C = 0.15\frac{PR^3}{EI} \tag{a}$$

δ_C의 부호가 +라면 이는 변위가 하중 P의 방향과 같은 방향으로 발생했음을 의미한다.

예제 5.9 카스틸리아노의 정리를 통한 프레임 처짐과 반력 분석

그림 5.10a에 묘사된 바와 같이 균일한 굽힘강성 EI를 가진 프레임이 아래방향으로의 하중 P를 지지하고 있다. 다음 값을 구하라.

a. E점에서의 처짐양
b. E점이 고정핀인 경우의 점 E에서의 수평반력(그림 5.10b)

풀이

변위를 구해야 하므로 그림 5.10a와 같이 E 지점에 가상의 힘 Q를 가한다. 점 C를 통과하는 수직축에 대한 대칭성 덕분에 ED 부분과 DC 부분에 연관된 모멘트 관계식만을 구하면 문제를 풀 수 있다. 모멘트관계식은 다음과 같다.

$$M_1 = Qx, \quad M_2 = Qa + \frac{Px}{2}$$

점 E에서의 수평변위는 위 식을 식 (5.36)에 대입하여 다음과 같이 구할 수 있다.

$$\delta_E = \frac{1}{EI}\int_0^a (Qx)x\,dx + \frac{2}{EI}\int_0^{b/2}\left(Qa + \frac{Px}{2}\right)a\,dx$$

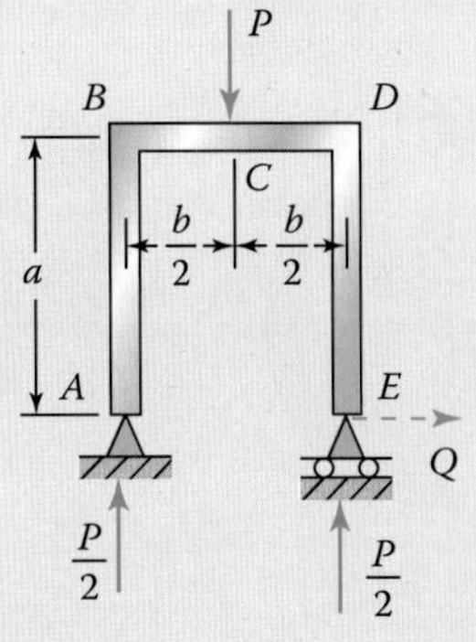

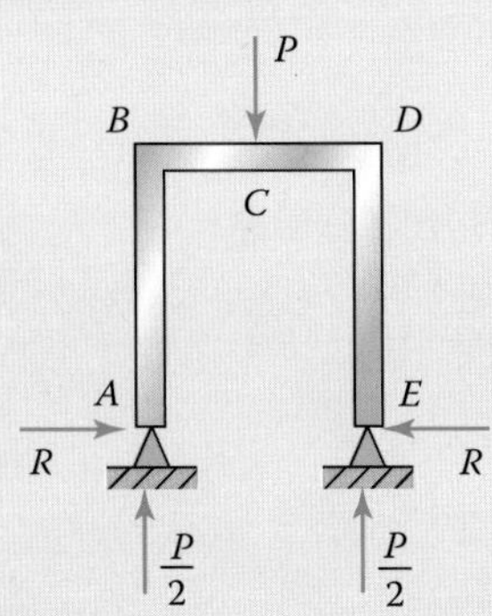

[그림 5.10]
예제 5.9

이 때 $Q=0$이므로 이 수치를 대입하고 적분식을 풀면 다음과 같은 결과를 얻을 수 있다.

$$\delta_E = \frac{Pab^2}{8EI} \tag{b}$$

조건에 의해 문제는 1차식 부정정 문제로 변하였다. 그림 5.10b처럼 세 개의 평형식을 만족시키게 풀어도 하나의 알 수 없는 반력이 남아 있다. 여기서 $\delta_E=0$이므로 $Q=-R$로 둘 수 있으며, 식 (a)에 의해 얻을 수 있는 변위의 값은 0이라는 점을 토대로 식을 정리하면 다음과 같은 결과값을 얻을 수 있다.

$$\frac{1}{EI}\int_0^a (-Rx)x\mathrm{d}x + \frac{2}{EI}\int_0^{b/2}\left(-Ra+\frac{Px}{2}\right)a\mathrm{d}x = 0$$

이로부터 다음과 같은 결과를 도출해 낼 수 있다.

$$R = \frac{3}{8}\frac{Pb^2}{a^2+3ab} \tag{c}$$

5.7 가상일의 원리

가상일을 나타내는 데 있어, 우리는 δ 기호를 무한히 작은 양을 나타내는 기호로 사용할 것이다. 여기서는 임의의 또는 상상의 변위 증가분을 *가상변위*(virtual displacement)라 명명할 것이다. 당연한 말이지만, 가상변위는 부재의 기하학적 형상을 변화시키지 않는다. 또한 이것은 경계조건이나 지지조건을 위반하지도 않는다. 앞으로 진행할 계산에서 나오는 기호인 p_x, p_y, p_z는 x, y, z축 성분에 해당하는 단위 면적당 표면에 가해지는 힘의 양이며 체적력은 무시할 수 있는 양이라 간주한다.

부재의 표면에 가해지는 힘이 가상의 변위를 발생시킬 때, 이로 인한 가상일은 다음과 같이 표현할 수 있다.

$$\delta W = \int\left(p_x\delta u + p_y\delta \upsilon + p_z\delta w\right)\mathrm{d}A \tag{5.43}$$

여기서 A는 경계의 표면적이고 δu, $\delta\upsilon$, δw는 가상변위의 x-, y-, z-방향 성분을 의미한다. 이와 같은 방법으로 가상변형률에 의한 부피 V의 부재에 발생하는 변형률 에너지 δU는 다음과 같이 표현할 수 있다.

$$\delta U = \int_V\left(\sigma_x\delta\varepsilon_x + \sigma_y\delta\varepsilon_y + \sigma_z\delta\varepsilon_z + \tau_{xy}\delta\gamma_{xy} + \tau_{yz}\delta\gamma_{yz} + \tau_{xz}\delta\gamma_{xz}\right)\mathrm{d}V \tag{5.44}$$

여기서 한 가지 사실은 가상변위 시 행해진 전체 일의 양이 0이라는 점이다. 이는 $\delta W - \delta U = 0$이라는 말을 의미한다. 그러므로 이를 간단히 정리하면 다음과 같다.

$$\delta W = \delta U \tag{5.45}$$

위 식을 *가상일의 원리*(principle of virtual work)라 부른다.

여기서 반드시 알아가야 할 점은 가상변형이 일어날 때, 작용하는 힘의 크기와 방향이 변화하지 않는다는 점이다. 이 가상일의 원리의 적용하여 일반적인 보의 변위를 구하는 방법은 다음 절에 소개되어 있다.

5.7.1 카스틸리아노의 제1정리

구조물이 외력들을 받고 있는 상황을 생각해 보자. 이 구조물에서는 연속적인 가상변위가 발생하는데, 이 변위는 하중이 직접적으로 가해지는 점을 제외한 나머지 지점에서 발생한다고 가정한다. 힘 방향으로의 가상변위 $\delta(\delta_i)$로 표기한다. 이렇게 하면 식 (5.45)로부터 우리는 $\delta U = P_i \cdot \delta(\delta_i)$라는 결과를 얻을 수 있다. 이를 정리하면 가상일의 원리는 다음과 같이 표현할 수 있다.

$$P_i = \frac{\partial U}{\partial \delta_i} \tag{5.46}$$

이것이 우리가 알고 있는 선형 혹은 비선형 구조물에 가해지는 가상변위에 의한 변형률 에너지의 편미분은 그 점에서 작용하는 변위방향의 하중과 같음을 나타내는 식인 카스틸리아노의 제1정리인 것이다. 비슷하게, 다음의 관계 또한 성립한다.

$$M_i = \frac{\partial U}{\partial \theta_i} \tag{5.47}$$

여기서 θ_i는 회전각을 나타내고 M_i는 모멘트를 나타낸다.

여기서 알고 넘어가야 할 점은 가상일의 원리가 카스틸리아노의 제1정리로도 알려져 있음을 알고 넘어가야 한다. 이 식은 유한요소 강성방정식을 유도하는 데 가장 기본적인 원리이다. 카스틸리아노의 제1정리를 적용하기 위해서는 변형률 에너지는 변위에 관련된 항으로 표현될 수 있어야 한다.

*5.8 에너지법에서의 삼각함수 급수의 사용

구조해석과 설계를 하는 데 있어서의 특정 문제들은 삼각함수 급수를 이용하여 풀 수 있다. 이 기법은 하나의 관계식이 부재의 전체 길이나 표면에 적용될 수 있도록 할 수 있기 때문에 문제를 푸는 데 있어서 엄청난 이점을 제공한다. 그러나 단점도 있다. 삼각함수 급수의 단점은 임의의 지지조건에 대한 해

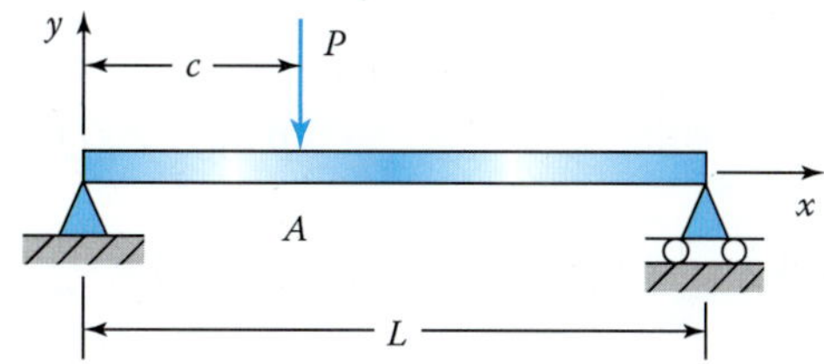

[그림 5.11]
좌측 지지점으로부터 거리 c만큼 떨어져 있는 곳에 힘 P를 받고 있는 단순 지지보

를 단순한 급수로 표현하는 것이 불가능하다는 점이다. 이 절과 이어지는 절에서는 여러 가지 하중을 받는 부재의 삼각함수 급수에 의한 문제풀이를 보여줄 것이다.

위 방법을 먼저 그림 5.11에서 묘사된 바와 같이 하중을 받는 단순 보에 대하여 적용하여 보자. 처짐곡선은 다음의 푸리에 사인급수로 표현할 수 있다.

$$\upsilon = \sum_{m=1}^{\infty} a_m \sin\frac{m\pi x}{L} \tag{5.48}$$

위 식은 경계조건($x = 0, x = L$에서 $\upsilon = 0, \upsilon'' = 0$)을 만족한다. 푸리에 계수 a_m은 사인곡선의 최대 좌표값을 의미하고 m값은 사인파의 반파장 수를 의미한다. 정확도는 급수의 항 개수를 늘림으로써 증가시킬 수 있다. 우리는 여기서 급수에서의 계수들을 결정하기 위해 가상일의 원리를 적용하였다.

식 (5.48)을 식 (5.19)에 대입하여 보의 변형률 에너지 식을 구하면 다음과 같이 표현할 수 있다.

$$U = \frac{EI}{2}\int_0^L \left(\frac{d^2\upsilon}{dx^2}\right)^2 dx = \frac{EI}{2}\int_0^L \left[\sum_{m=1}^{\infty} a_m \left(\frac{m\pi}{L}\right)^2 \sin\frac{m\pi x}{L}\right]^2 dx \tag{a}$$

괄호 안의 항을 전개하면 다음과 같이 표현할 수 있다.

$$U = \sum_{m=1}^{\infty}\sum_{n=1}^{\infty} a_m a_n \left(\frac{m\pi}{L}\right)^2 \left(\frac{n\pi}{L}\right)^2 \sin\frac{m\pi x}{L} \sin\frac{n\pi x}{L}$$

여기서 직교함수 $\sin(m\pi x/L)$과 $\sin(nx/L)$에 대해 직접 적분을 수행하면 다음과 같이 표현이 가능하다.

$$\int_0^L \sin\frac{m\pi x}{L}\sin\frac{n\pi x}{L}dx = \begin{cases} 0, & (\text{for } m \neq n) \\ L/2, & (\text{for } m = n) \end{cases} \tag{5.49a}$$

따라서 식 (a)에 주어진 변형률 에너지는 다음과 같다.

$$U = \frac{\pi^4 EI}{4L^3}\sum_{m=1}^{\infty} m^4 a_m^2 \tag{5.50}$$

힘 P가 A에서의 가상변위를 따라 가해지면서 발생시킨 가상일은 보의 변형률 에너지를 δU만큼 증가시킨다. 이 때 식 (5.45)를 적용하면 다음과 같이 정리할 수 있다.

$$-P \cdot \delta \upsilon_A = \delta U \tag{b}$$

여기서 −부호는 P와 $\delta \upsilon_A$의 방향성분이 반대라는 말을 뜻한다. 그래서 식 (5.50)과 (b)에 따라 다음과 같이 표현할 수 있다.

$$-P \sum_{m=1}^{\infty} \sin \frac{m\pi c}{L} \delta a_m = \frac{\pi^4 EI}{4L^3} \sum_{m=1}^{\infty} m^4 \delta a_m^2$$

앞의 관계식으로부터 도출한 결과는 다음과 같다.

$$a_m = -\frac{2PL^3}{\pi^4 EI} \frac{1}{m^4} \sin \frac{m\pi c}{L}$$

이제 위 식을 식 (5.48)에 대입하면 처짐양에 대한 곡선식을 다음과 같이 얻을 수 있다.

$$\upsilon = -\frac{2PL^3}{\pi^4 EI} \sum_{m=1}^{\infty} \frac{1}{m^4} \sin \frac{m\pi c}{L} \sin \frac{m\pi x}{L} \tag{5.51}$$

이제 이 무한급수를 사용하면 임의의 x값에 대한 처짐양을 쉽게 얻을 수 있다.

예제 5.10 가상일의 원리를 통한 외팔보 처짐 분석

그림 5.12에서 묘사된 바와 같이 집중하중 P가 외팔보의 자유단에 작용하고 있다. 이 때 처짐곡선식을 유도하라.

가정: 좌표의 원점은 고정단 부분으로 설정한다. 변위는 다음 식을 따라 발생한다.

$$\upsilon = \sum_{m=1,3,5,\ldots}^{\infty} a_m \left(1 - \cos \frac{m\pi x}{2L}\right) \tag{c}$$

풀이

식이 경계조건 $\upsilon(0) = 0$와 $\upsilon'(0) = 0$를 만족해야 하므로 식 (5.19)에 이 조건을 대입하면 다음과 같이 정리할 수 있다.

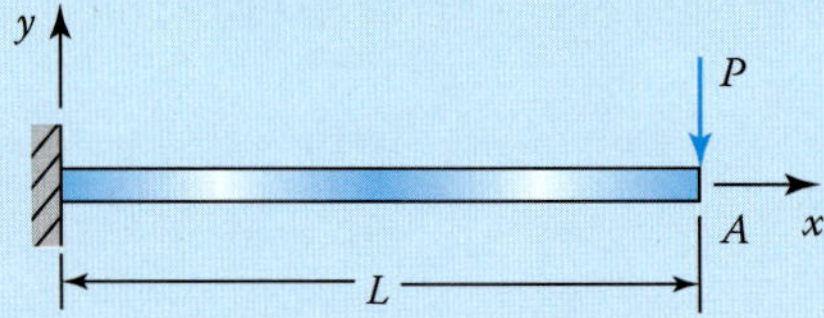

[그림 5.12] 예제 5.10

$$U = \frac{EI}{2}\int_0^L \left[\sum_{m=1,3,5,\ldots}^{\infty} a_m \left(\frac{m\pi}{2L}\right)^2 \cos\frac{m\pi x}{2L}\right]^2 dx$$

이제 괄호 안의 항을 제곱하고 직교 관계를 고려하면 다음과 같이 정리할 수 있다.

$$\int_0^L \cos\frac{m\pi x}{2L}\cos\frac{m\pi x}{2L}\,dx = \begin{cases} 0, & (\text{for } m \neq n) \\ L/2, & (\text{for } m = n) \end{cases} \tag{5.49b}$$

이제 변형률 에너지는 다음과 같이 표현할 수 있다.

$$U = \frac{\pi^4 EI}{64L^3}\sum_{m=1,3,5,\ldots}^{\infty} m^4 a_m^2 \tag{5.52}$$

여기서 가상일의 원리 $-P \cdot \delta\upsilon_A = \delta U$에 의해 다음과 같은 결과를 얻을 수 있다.

$$-P\sum_{m=1,3,5,\ldots}^{\infty}\left(1-\cos\frac{m\pi}{2}\right)\delta a_m = \frac{\pi^4 EI}{64L^3}\sum_{m=1,3,5,\ldots}^{\infty} m^4 \delta a_m^2$$

이 결과는 $a_m = -32\,PL^3/m^4\pi^4 EI$ 라는 것을 의미한다. 이제 보의 처짐양은 얻어진 a_m값을 식 (c)에 대입하여 구할 수 있다.

평가: 해의 처음 세 항만을 남겨둔다고 하면, 자유단($x = L$)에서 최대 처짐양 $\upsilon_{max} = PL^3/3.001EI$를 얻을 수 있다. 굽힘에 대한 정확한 해의 값은 $PL^3/3EI$이다.

5.9 보의 좌굴

압축력을 받고 있는 균일단면 봉을 *기둥*(column)이라고 부른다. 이 봉은 트러스 구조나 빌딩의 골자를 만드는 데 흔히 사용되는 봉이다. 이것들은 또한 압축을 받을 때 기계적 링크, 잭 스크루, 코일 스프링과 함께 사용되기도 한다. 기둥의 좌굴은 기존 압축하중이 아주 약간 증가하는 것만으로도 갑작스럽게, 크게 일어나는 성질을 가지고 있다. 나무로 된 가정용 야드 자에 끝단으로부터 압축력을 가하는 것으로 기본 좌굴 현상을 관측할 수 있다. 파손은 강도임계점에 의거하여 일어나는 것이므로 불안정성의 측면에서 볼 때 단 1%의 압축하중 증가가 파손을 일으킬 수도 있다. 그렇기에 단순히 재질의 강도(응력 레벨)를 고려하는 것만으로는 부재의 이런 현상을 예측하기에 충분하지 않다. 기찻길 또한 온도의 상승으로 인한 압축력을 받게 된다면 비슷한 원리로 파단이 일어난다.

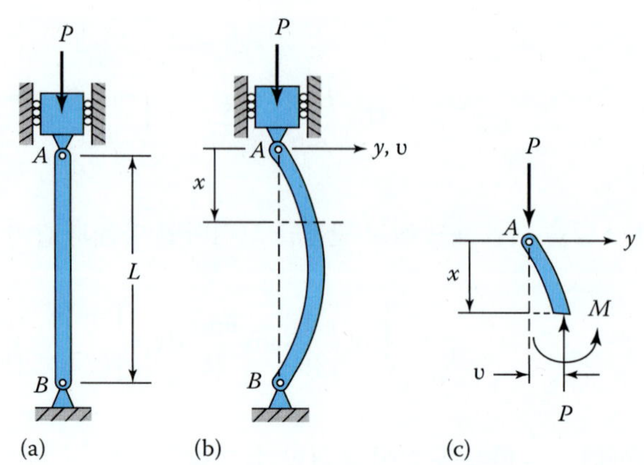

[그림 5.13]
핀으로 끝단이 고정되어 있는 기둥. (a) 처음 곧은 상태
(b) 반파장($n=1$) 형태의 좌굴
(c) 부분의 자유물체도

5.9.1 핀으로 고정된 기둥

그림 5.13a에서 묘사되어 있듯이 한쪽 끝이 날씬한 핀으로 고정된 기둥이 양 끝단에서 압축력 P를 받고 있다. 또한 그림 5.13b에서 볼 수 있듯이 하중 P는 작은 굽힘을 일으키기에 충분한 하중이 가해지고 있다. 이 상태는 안정적인 것과 불안정적인 것 사이의 중립적 평형상태이다. 여기서 어떠한 단면에서의 굽힘모멘트는 $M=-P\upsilon$로 묘사할 수 있으므로 식 (4.14)는 다음과 같이 표현이 가능하다.

$$EI\frac{d^2\upsilon}{dx^2}=-P\upsilon \tag{5.53}$$

이는 또 다른 형태로 다음과 같이 표현할 수 있다.

$$\frac{d^2\upsilon}{dx^2}+k^2\upsilon=0 \tag{5.54}$$

간단화하기 위해서 다음과 같은 식을 사용할 수 있다.

$$k^2=\frac{P}{EI} \tag{5.55}$$

그러면 식 (5.54)의 해는 다음과 같이 구해진다.

$$\upsilon=A\sin kx+B\cos kx \tag{a}$$

여기서 상수 A와 B는 끝단의 조건에 의해 얻어진다. 다음 조건은 끝단에서의 조건이다.

$$\upsilon(0)=0 \quad \text{and} \quad \upsilon(L)=0$$

여기서 첫번째 조건을 통해 $B=0$이라는 값을 도출할 수 있다. 그리고 두 번째 조건을 통해 $A=0$ 또는 $\sin kL=0$이라는 값을 도출할 수 있다. 만약 $A=0$이면, 식 (5.54)의 해를 우리는 자명한 해라고 부른다. 다른 가능성으로 A가 $\sin kL$이라면, 이는 다음 식을 만족한다.

$$\sqrt{\frac{P}{EI}}L = n\pi \qquad (n = 1, 2, \ldots) \tag{b}$$

여기서 n의 양은 좌굴된 기둥의 모양이 나타내는 파장을 반파장 몇 개로 구현할 수 있는가를 나타낸다. 여기서 $n = 2$라면, 보통의 경우 일어나지 않는 좌굴이다. 높은 단계의 좌굴을 얻을 수 있는 유일한 방법은 탄성 곡선을 통해 기둥의 모멘트가 0인 지점인 *변곡점*(inflection point)에 별도의 지지점을 놓는 방법이다.

$n = 1$일 때 식 (b)의 해는 가장 작은 임계하중의 값을 나타낸다. 이를 오일러의 좌굴하중이라 부르며 다음과 같이 값을 표현할 수 있다.

$$P_{cr} = \frac{\pi^2 EI}{L^2} \tag{5.56}$$

이 식을 *오일러 기둥 공식*(Euler's column formula)이라 부르기도 한다. I, L, E의 양은 각각 횡단면의 관성모멘트, 기둥의 원래 길이, 탄성계수를 나타낸다. 여기서 중요한 점은, 강도는 기둥의 좌굴하중을 계산하는 데 있어서 요소로 관여하지 않는다는 점이다. 앞에서 소개한 식 (a)의 결과값으로 좌굴이 일어나는 기둥의 모양을 다음과 같이 표현할 수 있다.

$$\upsilon = A \sin \frac{\pi x}{L}$$

여기서 최대 처짐값인 $\upsilon_{max} = A$는 정의되지 않았다. 그러므로 임계하중은 측면 처짐이 매우 작거나 없는 경우에만 유지가 된다. 여기서 EI는 좌굴이 일어나는 평면에서의 굽힘에 대한 굽힘강성을 나타낸다[3, 5].

만일 기둥이 어떤 방향으로든지 처짐으로부터 자유롭다면, 축으로부터 주관성모멘트 I의 값이 가장 작은 방향으로 휘는 경향이 있다. 정의에 의해 $I = Ar^2$이며, 여기서 A는 단면적이고 r은 축의 굽힘에 대한 회전 반지름을 나타낸다. 이제 영역의 중심이 축으로부터 거리 r에 있으면서도 동일한 I값을 가지는 영역에서의 상황을 생각해 보자. 앞의 관계를 식 (5.56)에 대입하면 다음과 같은 식을 얻을 수 있다.

$$P_{cr} = \frac{\pi^2 EA}{(L/r)^2} \tag{5.57}$$

여기서 우리는 P_{cr}의 최솟값을 구할 수 있다. 즉, 가장 작은 회전 반지름을 가진다면 값은 최소가 될 것이다. 여기서의 L/r을 *세장비*(slenderness ratio)라 부른다. 이 세장비는 기둥을 분류하는 데 매우 중요한 매개변수이다.

5.9.2 다른 끝부분에서의 조건을 가지는 기둥

다른 끝부분에서의 상태, 예를 들면 고정되어 있거나 자유롭거나 핀으로 지지되어 있는 경우 오일러 공식은 다음과 같이 쓰일 수 있다.

$$P_{cr} = \frac{\pi^2 EI}{L_e^2} \tag{5.58}$$

여기서 L_e는 *유효길이*(effective length)라 불리는데, 그림 5.14에서 볼 수 있듯이 이 유효길이는 처짐이 일어나는 지점끼리의 거리를 의미한다. 또한 위의 방식과 비슷하게 식 (5.57)도 다음과 같이 표현이 가능하다.

$$P_{cr} = \frac{\pi^2 EA}{(L_e/r)^2} \tag{5.59}$$

여기서 L_e/r의 양은 기둥의 *유효길이 세장비*(effective clenderness ratio)라 불린다. 실제 기둥을 설계하는 데 있어서 설계사들은 끝부분의 상태가 볼트를 사용하였는지, 용접인지, 핀으로 고정되어 있는지를 먼저 파악하여 끝부분 조건을 도출해 낼 수 있게끔 한 후 설계를 수행한다.

강철 기둥[10]에 대한 최소 AISI *추천* 유효 길이는 다음과 같다.

$$\begin{aligned} L_e &= 2.1L \quad (\text{고정–자유}) \\ L_e &= L \quad (\text{핀 고정–핀 고정}) \\ L_e &= 0.80L \quad (\text{고정–핀 고정}) \\ L_e &= 0.65L \quad (\text{고정–고정}) \\ L_e &= 1.2L \quad (\text{고정–회전 불가 고정}) \end{aligned} \tag{5.60}$$

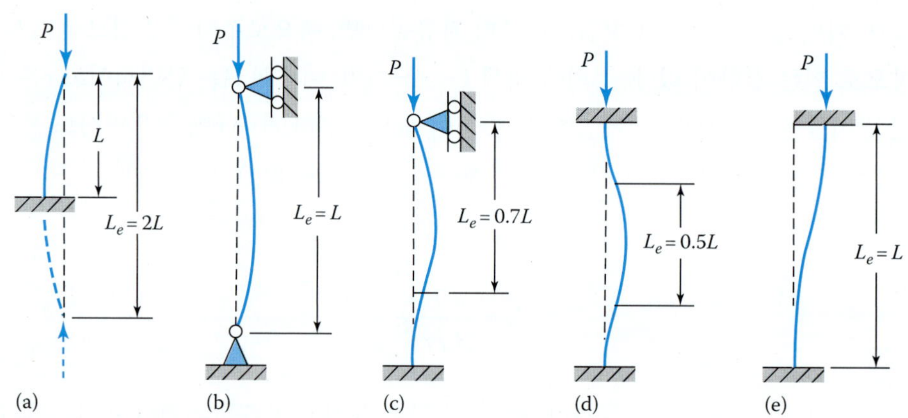

[그림 5.14]

다양한 끝단 조건에 의한 기둥의 처짐. (a) 고정–자유 (b) 핀 고정–핀 고정 (c) 고정–핀 고정 (d) 고정–고정 (e) 고정–회전 불가 고정 여기서 주목해야 할 점은 핀 고정-핀 고정 형태의 단순 강철 기둥은 그림 5.14b에서 나와 있듯이 유효길이가 실제길이와 같다는 점이다. 또한 하나 이상의 끝단이 고정형태라면 실제 길이가 유효 길이보다 무조건 길다. 보통 위 식들을 적용할 끝단 구조의 경우 이상적인 상황으로 가정되어 있다. 설계를 하는 데 꼭 필요한 이론적 분석값과 경험적 분석값의 비교에 대해서는 5.13절에서 논의하도록 하겠다.

5.10 기둥에서의 임계응력

앞에서 언급하였듯이, 기둥의 파단은 언제나 갑자기, 예측할 수도 없이, 전체적으로 일어난다. 파단이 일어나는 데 있어서의 사전 경고 현상은 없다. 이상적인 기둥의 변형은 그림 5.15에서 나타나 있듯이 평균 임계응력값 P_{cr}/A 대비 유효길이 세장비 L_e/r에 의해 좌우된다. 이런 것들은 압축 봉들을 분류하는 데 있어서 명확한 이론적 해석을 제공한다. L_e/r의 범위는 재료에 대한 함수로서 다음과 같이 고려된다.

5.10.1 긴 기둥

세장비가 충분히 큰 부재라 표현할 수 있는 긴 기둥에 대해서 좌굴은 탄성적으로 응력이 재료의 한계치를 넘어서지 않았을 때 일어난다. 그러므로 식 (5.59)의 오일러 하중을 이 경우 사용할 수 있으며 이로 인해 구할 수 있는 임계응력은 다음과 같다.

$$\sigma_{cr} = \frac{P_{cr}}{A} = \frac{\pi^2 E}{(L_e/r)^2} \tag{5.61}$$

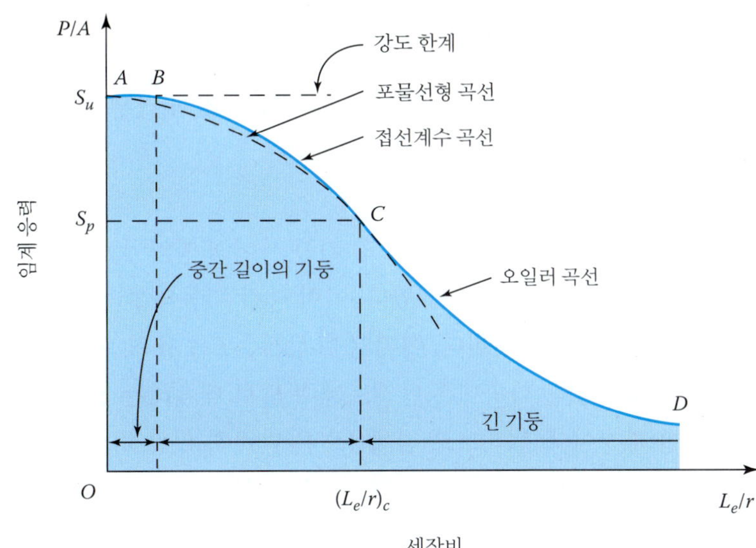

[그림 5.15]
세장비 대비 기둥에서의 평균 응력

여기서 그림 5.15의 곡선 CD 부분을 오일러 곡선(Euler's curve)이라 부른다. 오일러 공식을 적용할 수 있는 범위 내에서 가질 수 있는 세장비의 가장 작은 값은 σ_{cr}를 특정 재료의 비례 한계 또는 항복강도와 동일하다고 설정하여 ($S_p \approx S_y$) 도출해 낼 수 있다.

$$\left(\frac{L_e}{r}\right)_c = \pi\sqrt{\frac{E}{S_y}} \tag{5.62}$$

한 예로 $E = 210$ GPa $S_y = 250$ MPa인 강철 구조물에 대해서 위 식을 통해 $(L_e/r)_c = 91$이라는 값을 얻을 수 있다.

그림 5.15에서 볼 수 있듯이 낮은 단계의 응력도 매우 얇은 기둥을 좌굴시킬 수 있다. 이는 짧은 기둥에 비해 긴 기둥이 안정적이지 않다는 것을 의미한다. 식 (5.62)는 임계응력이 높은 탄성계수 E를 가지는 재료를 사용하거나 회전반경 r을 증가시킬 때 증가한다는 것을 보여준다. 중공축형 기둥의 경우, 중실축형 기둥과 동일 단면적을 가질 때 매우 큰 r값을 가진다. 그러나 이 경우라도 좌굴강도를 더 이상 증가시킬 수 없는 한계치가 존재한다. 왜냐하면 계속 r을 키워나갈 시 벽 두께는 너무 얇아져서 결국 부재의 단면적 형상이 변하게 되고 이는 부재의 부서짐으로 이어지기 때문이다.

5.10.2 짧은 기둥 또는 지주

낮은 세장비를 가지는 압축 부재의 경우($L_e/r < 30$인 강철 봉) 불안정성이 없으며 이를 *짧은 기둥*(short column)이라 부른다. 이런 봉의 경우 좌굴은 일어나지 않으며 파단은 응력이 물질의 비례한도를 넘어가서 발생하는 항복이나 부서짐으로 인해 일어난다. 그러므로 최대 응력은 다음과 같이 표현할 수 있다.

$$\sigma_{\max} = \frac{P}{A} \tag{5.63}$$

그림 5.15에 나와있는 것처럼 이러한 류의 기둥에 대한 한계 강도는 그림 내 수평선 AB를 통해 알 수 있다. 이 값은 항복응력이나 압축에 대한 최대 강도의 값과 같은 값을 가진다.

5.10.3 중간 길이의 기둥

대부분의 일반적인 기둥은 짧은 기둥과 긴 기둥 사이의 영역에 속해 있다. 이 중간 기둥들의 조건과 성질은 그림 5.15의 BC선으로 나타나 있다. 이런 중간 기둥의 소성 좌굴로 인한 파단은 응력 레벨이 비례한도값을 넘어섰을 때 발생한다. 여기서 탄성계수 E를 응력-변형률 선도에서 비례한도나 항복점을 넘었을 때의 기울기 값을 나타내는 탄젠트계수 E_t로 대체하는 것은 식 (5.59)를 소성영역에 적용하기 위해서 필요한 과정이다. 그러므로 임계응력은 단순히 일반적인 오일러 좌굴 공식으로 얻을 수 있으므로 앞과 같이 이를 개량한 식을 *탄젠트 계수 공식*(tangent modulus formula)이라 부르며 다음과 같이 표기한다.

$$\sigma_{cr} = \frac{\pi^2 E_t}{\left(L_e / r\right)^2} \tag{5.64}$$

여기서 만일 주어진 응력에 대한 탄젠트 계수는 압축에 대한 응력-변형률 선도에서 구할 수 있으면, 기둥 좌굴에 대한 L_e/r 값은 식 (5.64)를 통하여 계산해 낼 수 있다. 그러나 L_e/r의 값이 주어져 있고 σ_{cr} 값을 도출해야 하는 경우, 시행착오를 통한 접근이 필요하다.

수년이 지남에 따라, 많은 식들이 이 중간 길이의 기둥을 분석하기 위해 만들어졌고 제안되었다. 이 많은 수의 공식은 세장비와 임계응력 간의 선형 또는 포물선형 관계를 기초로 만들어진 것이다. 한 예로 포물선형 J. B. *존슨 공식*(Johnson formula)은 다음과 같은 형태를 가진다.

$$\sigma_{cr} = S_y - \frac{1}{E}\left(\frac{S_y}{2\pi}\frac{L_e}{r}\right)^2 \tag{5.65a}$$

임계하중에 대한 식으로 정리하면 다음과 같다.

$$P_{cr} = \sigma_{cr} A = S_y A \left[1 - \frac{S_y \left(L_e / r\right)^2}{4\pi^2 E}\right] \tag{5.65b}$$

여기서 A는 기둥의 단면적을 의미한다. 식 (5.65)는 기계, 비행기, 강철 구조를 만드는 설계사들이 유용하게 사용하고 있다. 비록 실험결과와는 많이 떨어져 있을지라도 존슨 공식은 실험값에 대한 합리적인 이해를 도와주는 공식이다. 그러나 무차원 형태의 탄젠트 계수 곡선은 새로운 물질로 만든 구조를 분석하는 데 있어서 직접적인 장점을 가지지는 않는다.

실제 작용하는 응력이 아닌 극한 응력을 결정하는 것이 식 (5.61), (5.62), (5.64), (5.65)임을 알아야 한다. 그러므로 각각의 오른쪽 항을 적절한 안전율로 나누는 과정이 반드시 필요하다. 허용 가능한 값을 구하기 위해 보통 안전율을 2~3의 값으로 책정하며 이 값은 물질마다 약간씩 다르다. 몇 가지 전형적인 허용응력과의 관계는 5.13절에 소개되어 있다.

예제 5.11 가장 효과적인 직사각형 기둥 설계

그림 5.16과 같이 길이가 L이고 $a \times b$의 직사각형 단면적을 가졌으며 땅에 고정되어 있고 끝단이 지지되어 있는 강철 기둥을 고려해 보자. 기둥은 하중 P에 대한 좌굴에 대한 안전율 n으로 저항하고 있다.

a. 좌굴에 대항하는 가장 효율적인 설계에서의 a/b값은?

b. 가장 효과적인 기둥 단면적을 설계하라. 여기서 $L = 400$ mm, $E = 200$ GPa, $P = 15$ kN, $n = 2$이다.

[그림 5.16]
예제 5.11

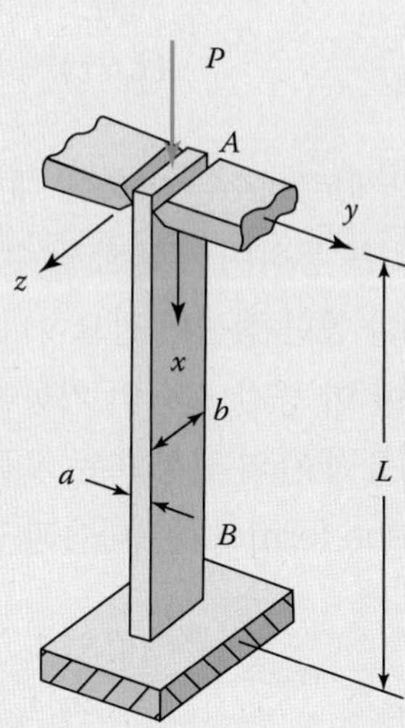

가정: 점 A에서의 지지는 yz 평면에서의 움직임은 제안하고 xz평면에서의 움직임은 허용한다.

풀이

단면적에 대한 회전반경 r은 다음과 같다.

$$r_z^2 = \frac{I_z}{A} = \frac{ba^3/12}{ab} = \frac{a^2}{12} \quad \text{or} \quad r_z = a/\sqrt{12}$$

비슷하게 우리는 $r_y = b/\sqrt{12}$라는 것 또한 얻을 수 있다. 그림 5.16에 나타나 있는 기둥에서의 유효길이와 그림 5.14a와 c의 xy, xz 평면에서의 좌굴이 일어날 때의 유효길이인 $L_e = 0.7L$, $L_e = 2L$을 참고하면 다음 값들을 얻을 수 있다.

$$\frac{L_e}{r_z} = \frac{0.7L}{a/\sqrt{12}}$$
$$\frac{L_e}{r_y} = \frac{2L}{b/\sqrt{12}} \qquad \text{(a)}$$

a. 가장 효과적인 설계의 경우, 가능한 두 경우의 좌굴이 일어날 때의 임계응력은 같아야 한다. 이 때 식 (5.61)을 참고하여 식을 정리하면 다음과 같다.

$$\frac{0.7L}{a/\sqrt{12}} = \frac{2L}{b/\sqrt{12}}$$

이를 풀면 다음과 같은 값을 도출할 수 있다.

$$\frac{a}{b} = 0.35 \qquad \text{(b)}$$

b. 주어진 값을 통해 설계하면 안전율 $n = 2$에 의해 $P_{cr} = 2(15) = 30$ kN 값을 얻을 수 있고 이를 통해

다음과 같은 값을 도출해 낼 수 있다.

$$\sigma_{cr} = \frac{P_{cr}}{A} = \frac{30(10^3)}{0.35b^2}$$

(a)의 두 번째 공식은 $L_e/r = 2(0.4)\sqrt{12}/b = 2.771/b$임을 알려준다. 이제 위 조건에 식 (5.61)을 사용하면 다음과 같은 관계식을 도출할 수 있다.

$$\frac{30(10^3)}{0.35b^2} = \frac{\pi^2(200\times10^9)}{(2.771/b)^2}$$

여기서 $b = 24$ mm이기에 $a = 8.4$ mm임을 알 수 있다.

예제 5.12 특수 존슨 공식의 유도

중간 길이의 기둥이 다음과 같은 단면 조건일 때 특수 존슨 공식을 유도하여라.

a. 원형 단면
b. 직사각형 단면

풀이

a. 중실축 원형 단면의 경우, $A = \pi d^2/4$, $I = \pi d^4/64$이며 r은 다음과 같다.

$$r = \sqrt{\frac{I}{A}} = \frac{d}{4} \tag{c}$$

식 (5.65a)를 사용하면 다음과 같은 관계식을 도출할 수 있다.

$$\frac{4P_{cr}}{\pi d^2} = S_y - \frac{1}{E}\left(\frac{S_y}{2\pi}\frac{4L_e}{d}\right)^2$$

이를 풀면 다음 식을 얻을 수 있다.

$$d = 2\left(\frac{P_{cr}}{\pi S_y} + \frac{S_y^2 L_e^2}{\pi^2 E}\right)^{1/2} \tag{5.66}$$

b. $h \le b$, $A = bh$인 높이 h, 폭 b의 직사각형 단면의 경우, $I = bh^3/12$로 표현되며 이를 r에 대해 정리하면 $r^2 = h^2/12$이다. 이 조건을 식 (5.65a)에 대입하면 다음과 같은 식을 얻을 수 있다.

$$\frac{P_{cr}}{bh} = S_y - \frac{1}{E}\left(\frac{S_y}{2\pi}\frac{\sqrt{12}L_e}{h}\right)^2$$

이를 정리하면 다음과 같은 결과를 얻을 수 있다.

$$b = \frac{P_{cr}}{hS_y\left(1 - \frac{3L_e^2 S_y}{\pi^2 E h^2}\right)} \tag{5.67}$$

예제 5.13 핀 고정 보강 기둥의 하중용량

강철 기둥이 중간지점 C에서 그림 5.17과 같이 보강을 받고 있다. 안전율이 n일 때 허용가능 하중 P_{all} 값을 구하라.

주어진 값: $L = 15$ in., $a = 1/4$ in., $b = 1$ in., $S_y = 36$ ksi, $E = 30 \times 10^6$ psi.

가정: 보강은 단순히 기둥을 xy 평면에서 지지하는 역할이며 안전율 $n = 3$을 사용한다.

풀이

다시 예제 5.11을 상기하며 단면의 성질은 다음과 같다.

$$r_z = \frac{a}{\sqrt{12}} = \frac{0.25}{\sqrt{12}} = 0.072 \text{ in.}$$

$$r_y = \frac{b}{\sqrt{12}} = \frac{1}{\sqrt{12}} = 0.289 \text{ in.}$$

그리고 $A = ab = (0.25)(1) = 0.25$ in.^{2}이다.

xz 평면에서의 좌굴(보강에 의해 제한되지 않은 좌굴)의 경우, 세장비는 $L/r_y = 15/0.289 = 51.9 < 91$이

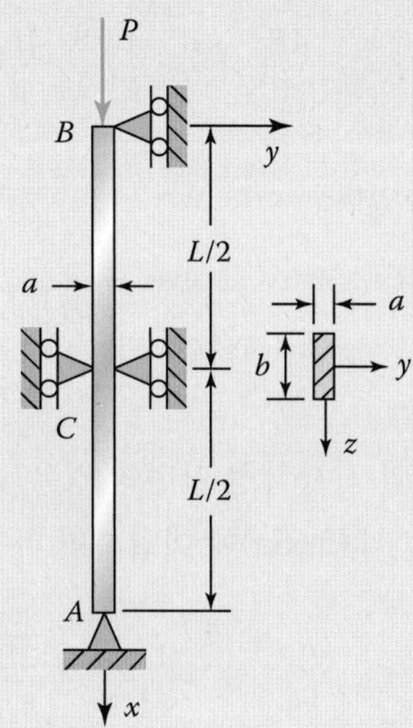

[그림 5.17]
예제 5.13

기에 존슨 방정식은 식 (5.62)에 유효하다. 식 (5.65b)에 의해 결과값은 다음과 같다.

$$P_{cr} = (36,000)(0.25)\left[1 - \frac{36,000(51.9)^2}{4\pi^2(30\times10^6)}\right]$$
$$= 8.263 \text{ kips}$$

xy 평면에서의 좌굴(보강에 의해 제한된 좌굴)의 경우, $L_e/r = 7.5/0.072 = 104.2$이다. 그러므로 오일러 방정식을 사용하면 다음과 같은 결과값을 얻을 수 있다.

$$P_{cr} = \frac{\pi^2 EA}{(L_e/r)^2} = \frac{\pi^2(30\times10^6)(0.25)}{(104.2)^2}$$
$$= 6.818 \text{ kips}$$

평가: 그러므로 하중 P_{all}은 xy 평면에서의 좌굴에 의해 결정되어야 한다.

$$P_{all} = \frac{P_{cr}}{n} = \frac{6.818}{3} = 2.273 \text{ kips}$$

5.11 처음부터 휘어 있는 기둥

실제 구조에서, 항상 모든 기둥이 완벽하게 직선을 이루고 있지는 않다. 예상했듯이, 하중 용량과 하중으로 인한 기둥의 처짐은 아주 작은 초기 처짐에도 큰 영향을 받는다. 이 영향을 분석하기 위해 핀으로 고정되어 있으며 하중이 없을 때도 다음 식의 형태로 형상이 묘사되는 사인 반파장 모양의 기둥을 고려해 보기로 하자.

$$\upsilon_0 = a_0 \sin\frac{\pi x}{L} \tag{a}$$

이 모양은 그림 5.18에서 대시선으로 표현된다. 여기서 a_0는 최대 초기 변위를 나타낸다.

5.11.1 총 처짐의 양

추가적인 변위 υ_1가 하중 P에 의해 발생할 때 총 변위는 다음과 같다.

$$\upsilon = \upsilon_0 + \upsilon_1$$

식 (4.14)를 사용한 기둥에 대한 미분방정식은 다음과 같다.

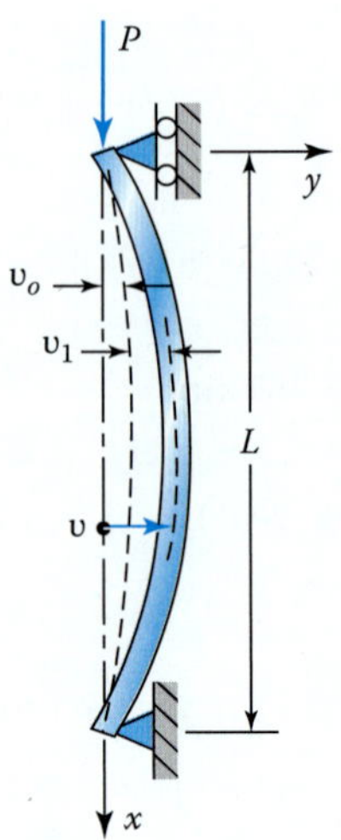

[그림 5.18]
핀으로 고정된 초기 굽음 보

$$EI\frac{d^2\upsilon_1}{dx^2} = P\left(\upsilon_0 + \upsilon_1\right) = -P\upsilon \tag{5.68}$$

이 때 식 (a)와 $k^2 = P/EI$임을 고려하면 다음과 같은 결과를 얻을 수 있다.

$$\frac{d^2\upsilon_1}{dx^2} + k^2\upsilon_1 = -\frac{P}{EI}a_0 \sin\frac{\pi x}{L}$$

b를 임계하중과 실제하중과의 비로 다음과 같이 표기한다.

$$b = \frac{P}{P_{cr}} = \frac{PL^2}{\pi^2 EI} \tag{5.69}$$

여기서 이 식의 시도적 특수해는 $\upsilon_{1p} = B\sin(\pi x/L)$이며 이를 식 (b)에 대입하면 다음과 같은 관계식을 얻을 수 있다.

$$B = \frac{Pa_0}{\left(\pi^2 EI/L^2\right) - P} = \frac{a_0}{(1/b) - 1}$$

위 결과를 토대로 식 (b)의 일반해는 다음과 같이 표현이 가능하다.

$$\upsilon_1 = c_1 \sin kx + c_2 \cos kx + B\sin\frac{\pi x}{L}$$

상수 c_1과 c_2는 끝단 조건인 $\upsilon_1(0) = \upsilon_1(L) = 0$를 통해 $c_1 = c_2 = 0$임을 알 수 있다. 이를 통해 기둥의 처짐을 다음과 같이 정리할 수 있다.

$$\upsilon = a_0 \sin\frac{\pi x}{L} + B\sin\frac{\pi x}{L} = \frac{a_0}{1-b}\sin\frac{\pi x}{L} \tag{5.70}$$

위 식은 축방향 힘 P가 요소 $1/(1-b)$를 증가시킴으로써 기둥의 초기 처짐을 일으킨다는 것을 의미한다. 만일 $b<1$이라면, 이 요소는 항상 단일 요소보다 크다. 만일 $b=1$이라면, 처짐은 무한하게 커진다. 여기서 우리는 완벽하게 직선 모양의 기둥은 P_{cr}에 도달하기 전까지 하중을 아무리 가해도 처짐이 발생하지 않는 반면에 초기 처짐이 존재하는 기둥에 하중 P가 가해지면 처짐이 발생한다는 점을 주목해야 한다.

5.11.2 임계응력

축방향 하중과 굽힘이 둘 다 작용하는 경우에서 적용가능한 공식 $\sigma_x = (P/A) + (My/I)$을 생각해 보자. 여기서 A, I는 각각 단면적과 관성모멘트 값이다.

여기서 $M = -P\upsilon$를 식 (5.70)에 대입하면, 중심부에서의 최대 압축응력은 다음과 같이 표현할 수 있다.

$$\sigma_{max} = \frac{P}{A}\left(1+\frac{a_o A}{S}\frac{1}{1-b}\right) \tag{5.71}$$

여기서 S의 양은 단면계수 I/c를 의미한다. c는 단면에서 y방향으로 중심부터 가장 바깥쪽 원 부위까지의 거리이다.

항복응력을 압축(또는 인장)에 대해서 σ_{max}로서 위 식에 S_y를 가한다고 설정하면, 식 (5.71)을 다음과 같이 표기할 수 있다.

$$S_y = \frac{P_y}{A}\left(1+\frac{a_o A}{S}\frac{1}{1-b}\right) \tag{5.72}$$

P_y는 항복을 일으키거나 후속적인 파단을 일으키는 하중한계값을 의미한다. 여기 S_y, a_o, E와 기둥의 차원이 이미 주어져 있다면, 식 (5.72)는 하중에 대한 이차방정식을 풀거나 실험값과의 비교 및 시행착오를 통하여 정확한 해의 값을 얻을 수 있다. 허용하중 P_{all}은 P_y값을 안전율 n으로 나눠서 얻을 수 있다.

5.12 편심하중과 할선 공식

전 절에서, 우리는 단면의 중심에 하중이 작용할 때의 기둥좌굴을 다루었다. 이 절에서는 편심하중을 받는 기둥에 대해서 다룰 것이다. 이런 상황은 실용적인 적용에서 매우 중요한데, 그 이유는 기둥이 피할 수 없는 편심하중을 받는 경우가 매우 자주 있기 때문이다.

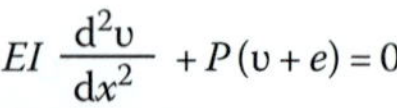

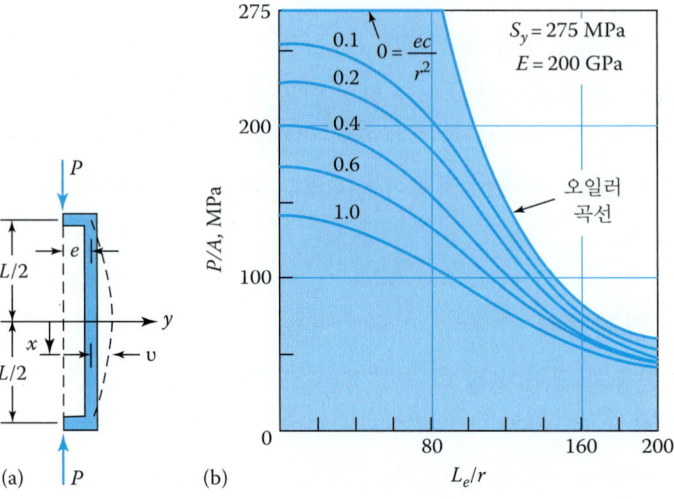

[그림 5.19]
(a) 핀 고정-핀 고정 기둥에서의 편심하중 (b) 할선 공식 선도

그래서 한쪽이 핀으로 고정된 기둥이 압축력을 중심축으로부터 e만큼 편심된 곳에 받는다고 생각해 보자(그림 5.19a). 부재는 처음부터 곧았으며 재질은 선형탄성적인 것을 사용하였다고 가정한다. 하중이 증가할수록 기둥은 그림에서의 대시선처럼 휜다. 여기서 중심으로부터 거리 x 부위에 가해지는 굽힘모멘트는 $M = -P(\upsilon + e)$라 표현할 수 있다. 그리고 탄성곡선에 대한 미분방정식은 다음과 같은 형태로 표현될 수 있다.

$$EI\frac{d^2\upsilon}{dx^2} + P(\upsilon + e) = 0$$

경계조건은 $\upsilon(L/2) = \upsilon(-L/2) = 0$이다. 결과는 5.9절과 5.10절에서 진행했던 과정과 매우 비슷한 과정을 통해 얻을 수 있다. 그렇게 함으로써 임계하중에 관한 식인 $P_{cr} = \pi^2 EI/L^2$를 얻을 수 있으며 중간 지점($x = 0$)에서의 처짐은 다음과 같은 식으로 표현될 수 있다.

$$\upsilon_{max} = e\left[\sec\frac{\pi}{2}\sqrt{\frac{P}{P_{cr}}} - 1\right] \tag{5.73}$$

위의 표현식을 분석한 결과 P가 P_{cr}에 근접할수록 최대 처짐의 정도가 무한대로 간다는 것을 알 수 있었다. 그러므로 하중을 받는 기둥에서 P의 값은 5.9절에서 도출한 임계점에 절대로 가까이 접근해서는 안 된다고 결론내릴 수 있다.

기둥의 오목한 면에서 $x = 0$인 위치에서의 최대 압축응력인 σ_{max}은 다음과 같이 표현할 수 있다.

$$\sigma_{max} = \frac{P}{A} + \frac{M_{max}c}{I}$$

여기서 r은 회전반경이며 c는 단면의 중심으로부터 단면 가장자리까지의 거리를 뜻한다. 둘 다 편심의 방향으로 측정한다. $M_{max} = -P(\upsilon_{max} + e)$라는 사실과 앞에서 언급한 식 (5.73)을 이용하면 다음과 같이 정리할 수 있다.

$$\sigma_{max} = \frac{P}{A}\left[1 + \frac{ec}{r^2}\sec\left(\frac{\pi}{2}\sqrt{\frac{P}{P_{cr}}}\right)\right] \tag{5.74a}$$

또한 다른 표현으로 다음과 같이 표현할 수 있다.

$$\upsilon_{max} = \frac{P}{A}\left[1 + \frac{ec}{r^2}\sec\left(\frac{L}{2r}\sqrt{\frac{P}{AE}}\right)\right] \tag{5.74b}$$

이 표현식을 *할선공식*(secant formula)이라고 부른다. 그리고 ec/r^2항을 *편심율*(eccentricity)이라 부른다. 이제 항복강도 S_y를 σ_{max}와 연관시키면 식 (5.74b)는 다음과 같이 표현될 수 있다.

$$\frac{P}{A} = \frac{S_y}{1 + \left(ec/r^2\right)\sec\left[\left(L_e/2r\right)\sqrt{P/AE}\right]} \tag{5.75}$$

위 식을 보면 유효길이가 사용되었다. 그러므로 위 공식은 다른 끝단 조건을 가진 기둥에서도 사용이 가능한 공식이다. 그림 5.19b는 강철의 항복응력이 275 MPa이고 탄성계수가 200 GPa인 강철봉에서 앞서 언급한 표현들을 선도로 나타낸 것이다. L_e/r의 값이 증가함에 따라 P/A의 값이 오일러 곡선에 점점 근접한다는 사실에 유의하라. 식 (5.75)는 실험값과의 비교 및 시행착오를 통하거나 수치계산법을 통한 근 찾기 방법에 사용되어 하중 P값을 도출해 낼 수 있을 것이다. 그림 5.23b처럼 구현된 디자인 차트는 설계 시 매우 큰 장점으로 활용될 수 있다(문제 5.50 참조). 명백하게도, 할선 공식을 통한 기둥 설계는 컴퓨터로 수행되었을 때 가장 큰 효율을 가진다. 그러나 식 (5.74)는 정확도 차원에서 볼 때 편심이 e만큼 되어 하중을 받는 기둥의 형태를 묘사하는 아주 훌륭한 식이다. 그리고 우리는 앞서 수행했던 할선 공식의 유도가 좌굴이 xy평면에서 일어난다는 가정 하에 유도를 수행했음을 알아야 한다. 왜냐하면 식 (5.74)가 적용되지 않는 다른 평면으로의 좌굴을 고려해야 할 경우가 있을지도 모르기 때문이다. 이런 경우는 특히 얇은 기둥에서 많이 일어난다.

예제 5.14 할선 공식을 이용한 기둥의 좌굴 분석

20 ft 길이의 핀으로 끝단이 고정된 ASTM-A36 강철 기둥이 S8 × 23 단면적을 가지고 있다(그림 5.20a). 이 강철 기둥이 축 중심하중 P_1과 편심하중 P_2를 그림 5.20b와 같이 받고 있다. 이 때 다음 값을 구하라.

a. 최대 처짐

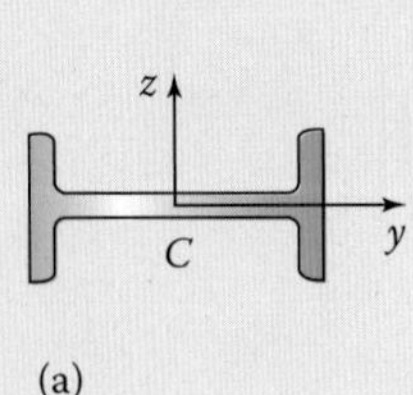

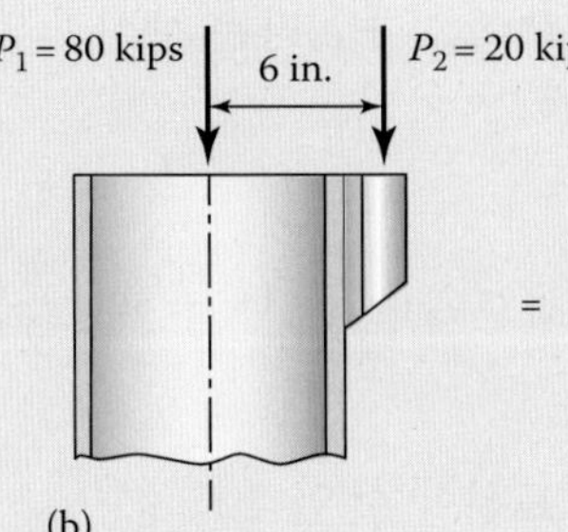

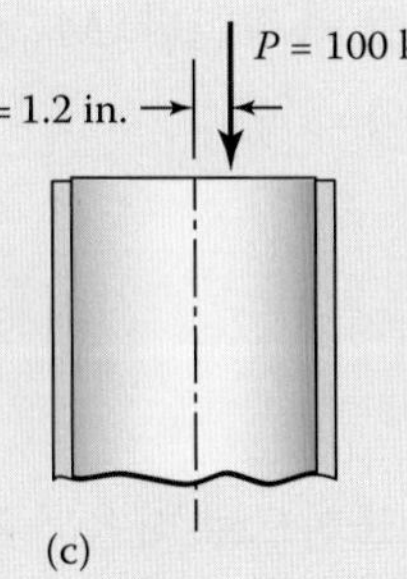

[그림 5.20]
예제 5.14.

b. 항복에 대한 안전율 n

주어진 값: 기둥의 구조와 작용하는 힘에 대한 정보는 주어진 바와 같다.

데이터: $S_y = 36$ ksi, $E = 29 \times 10^6$ psi(표 B.1 참조).

풀이

그림 5.20과 표 A.7를 참고하자.

균일하게 유지되는 하중 $P = 100$ kips가 e만큼 편심되어 가해지고 있다. $e = 1.2$ in.이다(그림 5.20c). 단면적 $S8 \times 23$의 성질을 표 A.7을 참고하면 다음과 같이 구할 수 있다.

$$\frac{P}{A} = \frac{100}{6.77} = 14.77 \text{ ksi}, \quad \frac{L_e}{r} = \frac{20 \times 12}{3.10} = 77.42$$

$$\frac{ec}{r^2} = \frac{eA}{S} = \frac{1.2(6.77)}{16.2} = 0.501$$

$$P_{cr} = \frac{\pi^2 EI}{L^2} = \frac{\pi^2 (29 \times 10^6)(64.9)}{(20 \times 12)^2} = 322.5 \text{ kips}$$

a. $P/P_{cr} = 1/3.225$이고 $e = 1.2$ in.인 것을 식 (5.73)에 대입하면 다음과 같은 기둥의 중심부에서의 처짐을 구할 수 있다.

$$\upsilon_{max} = e\left[\sec\left(\frac{\pi}{2}\sqrt{\frac{P}{P_{cr}}}\right) - 1\right] = 1.2(1.559 - 1) = 0.671 \text{ in.}$$

b. 앞에서 수행했던 과정과 같이 식 (5.74a)를 사용하면 다음과 같은 결과를 얻을 수 있다.

$$\sigma_{max} = \frac{P}{A}\left[1 + \frac{ec}{r^2}\sec\left(\frac{\pi}{2}\sqrt{\frac{P}{P_{cr}}}\right)\right] = 26.31 \text{ ksi}$$

그러므로

$$n = \frac{S_y}{\sigma_{max}} = \frac{36}{26.31} = 1.37$$

평가: 최대 응력과 세장비는 탄성한계 36 ksi와 이에 따른 세장비 200의 범위 내에 있었다. 그렇기에 할선 공식은 이 경우 사용이 가능하다.

5.12.1 짧은 기둥

버팀대나 짧은 기둥이 중심 압축 축하중 P를 받고 있다면, 이 하중은 응력이 재질의 탄성한계에 도달하는것을 가속시킨다. 앞에서 언급했듯이 항복의 발생이나 구성 요소의 유용성은 끝단에서 전부 일어난다. 하중에 편심이 있는 경우, 탄성강도는 그림 5.19a에서와 같이 작은 하중값에 도달하게 된다.

짧은 기둥에서의 할선 공식은 작은 값을 가지는 세장비의 형태로 돌아온다. 이 경우, 할선은 거의 1에 가까운 값을 가지며 결론적으로 식 (5.74b)는 다음과 같은 형태로 축소된다.

$$\sigma_{max} = \frac{P}{A}\left(1 + \frac{ec}{r^2}\right) \tag{5.76}$$

위에 언급되어 있는 관계는 종종 짧은 기둥의 경우에 성립한다. 명확하게 식 (5.74)와는 달리 식 (5.76)은 e의 증가나 중심부 응력의 증가로 인해 발생하는 굽힘으로 인한 처짐이 없다.

예제 5.15 클램프 조립에서의 버팀대가 가지는 응력

제조하는 과정에서 작업되는 부품이 커팅기계 테이블에 인장력 T의 볼트조임으로 붙어 있다(그림 5.21a). 클램프의 접촉부는 버팀대 AB의 중심축으로부터 거리 e만큼 떨어져 있다(그림 5.21b). 버팀대는 ASTM 36 강철 재질에 지름이 d이고 길이가 L이다.

주어진 값: 주어진 값들은 다음과 같다.

$$d = 30 \text{ mm} \quad e = 3.5 \text{ mm} \quad L = 125 \text{ mm}$$

$$T = 2P = 7 \text{ kN} \quad E = 200 \text{ GPa} \quad (\text{표 B.1 참조})$$

구하는 값: 버팀대가 받는 가장 큰 응력

a. 짧은 압축 기둥의 경우에 대한 식 (5.76)
b. 할선 공식

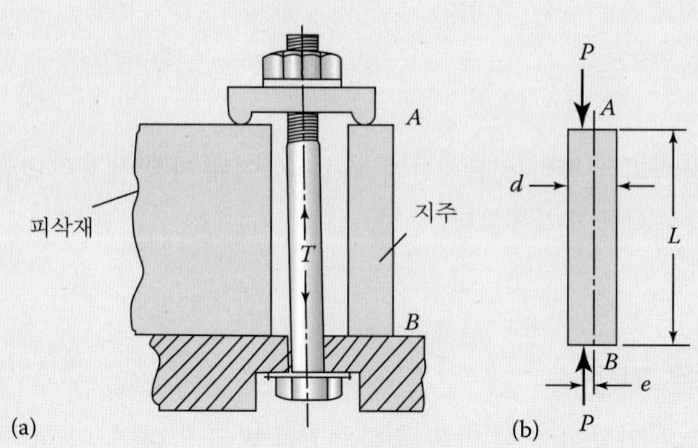

[그림 5.21]
예제 5.15. (a) 조여져 고정되어 있는 연결부 (b) 버팀대에 가해지는 편심 압축하중

가정: 버팀대는 양끝이 핀으로 고정되어 있기에 $L_e = L$이다.

풀이

버팀대의 단면 성질들은 다음과 같다.

$$c = \frac{d}{2} = \frac{1}{2}(30) = 15 \text{ mm}$$

$$A = \frac{\pi}{4}d^2 = \frac{\pi}{4}(30)^2 = 706.9 \text{ mm}^2$$

$$I = \frac{\pi}{64}d^4 = \frac{\pi}{64}(30)^4 = 39.76 \times 10^3 \text{ mm}^4$$

$$r = \sqrt{I/A} = 7.5 \text{ mm}$$

$$\frac{L_e}{r} = \frac{12.5}{7.5} = 16.6667$$

주어진 값을 대입하면 다음과 같이 정리할 수 있다.

$$\frac{P}{A} = \frac{3500}{706.9} = 4.951 \text{ kPa}$$

$$\frac{ec}{r^2} = \frac{(3.5)(15)}{(7.5)^2} = 0.9333$$

a. *짧은 기둥 공식.* 앞에서 구한 값을 식 (5.76)에 대입하면 다음과 같은 결과를 얻을 수 있다.

$$\sigma_{\max} = \frac{P}{A}\left(1 + \frac{ec}{r^2}\right) = 9572 \text{ kPa}$$

b. *할선 공식.* 앞에서 구한 값을 식 (5.74)에 대입하면 다음과 같은 결과를 얻을 수 있다.

$$\sigma_{max} = \frac{P}{A}\left[1 + \frac{ec}{r^2}\sec\left(\frac{L_e}{2r}\sqrt{\frac{P}{AE}}\right)\right] = 9572 \text{ kPa}$$

평가: 결과치를 볼 때 짧은 기둥에 대해서 측면처짐에 대한 영향은 무시할 수 있음을 알 수 있다.

5.13 기둥 설계 공식

5.9절과 5.10절에서, 우리는 오일러 공식을 통해 기둥에서의 임계하중을 구하였다. 이는 초기 휜상태의 기둥과 편심하중을 받는 기둥에서의 변형과 응력에 대한 조사를 축하중과 굽힘 공식과 할선 공식을 통해 수행하는 것으로 이어졌다. 각각의 경우, 우리는 항복 한계나 비례점 아래의 모든 응력이 잔류한다 가정하였으며 기둥은 균일한 프리즘의 형태를 가진다고 생각하였다.

위에서 진행한 이상적인 조건화는 기둥의 형태를 이해하는 데 매우 중요한 과정이다. 그러나 실제 기둥을 설계할 때는 연구소에서 실험을 통해 얻은 자료를 기반으로 만든 경험적인 공식을 기초로 하여 설계를 수행해야 한다. 특수한 목적의 공식을 적용시키는 데 있어서는 반드시 주의를 기울여야 한다.

특수화된 참고사항의 경우 특수한 곳에 적용될 목적을 가지는 기둥을 설계하는 데 있어서 최우선 사항으로 참고하여야 한다. 전형적인 중심축 하중이 가해지는 기둥을 설계할 때의 공식들은 아래에 언급될 세 가지 재질에 대해서만 만들어져 있다. 이런 전문화는 American Institute of Steel Construction(AISC), the Aluminum Association, National Forest Products Association(NFPA)에서 추천하는 방법이다. 또한 어떠한 경계조건을 가지더라도, 어떠한 단면적(변화하는 단면적 포함)을 가지더라도 그 상태의 기둥을 분석하고 설계할 수 있는 다양한 컴퓨터 프로그램이 이미 사용가능한 상태이다.

강철 기둥에 관한 공식[10]

$$\sigma_{all} = \frac{S_y}{n}\left[1 - \frac{1}{2}\left(\frac{L_e/r}{C_e}\right)^2\right] \qquad \left(\frac{L_e}{r} < C_c\right) \tag{5.77a}$$

$$\sigma_{all} = \frac{\pi^2 E}{1.92(L_e/r)^2} \qquad \left(C_c \le \frac{L_e}{r} \le 200\right) \tag{5.77b}$$

여기서 C_c는 다음과 같다.

$$C_c = \sqrt{2\pi^2 E/S_y} \tag{5.78a}$$

$$n = \frac{5}{3} + \frac{3}{8}\left(\frac{L_e/r}{C_c}\right) - \frac{1}{8}\left(\frac{L_e/r}{C_c}\right)^3 \tag{5.78b}$$

알루미늄 6061-T6 합금 기둥에 관한 공식[11]

$$\sigma_{\text{all}} = 19\text{ ksi} = 130\text{ MPa} \qquad \left(\frac{L_e}{r} \le 9.5\right) \tag{5.79a}$$

$$\begin{aligned}\sigma_{\text{all}} &= \left[20.2 - 0.126\left(\frac{L_e}{r}\right)\right]\text{ksi} \\ &= \left[140 - 0.87\left(\frac{L_e}{r}\right)\right]\text{MPa} \qquad \left(9.5 < \frac{L_e}{r} < 66\right)\end{aligned} \tag{5.79b}$$

$$\begin{aligned}\sigma_{\text{all}} &= \frac{51,000\text{ ksi}}{(L_e/r)^2} \\ &= \frac{350\times10^3}{(L_e/r)^2}\text{MPa} \qquad \left(\frac{L_e}{r} \ge 66\right)\end{aligned} \tag{5.79c}$$

직사각형 단면의 목재 기둥에 관한 공식[12]

$$\sigma_{\text{all}} = 1.2\text{ ksi} = 8.27\text{ MPa} \qquad \left(\frac{L_e}{d} \le 11\right) \tag{5.80a}$$

$$\sigma_{\text{all}} = 1.2\left[1 - \frac{1}{3}\left(\frac{L_e/d}{26}\right)^2\right]\text{ksi} \qquad \left(11 < \frac{L_e}{d} \le 26\right) \tag{5.80b}$$

$$\sigma_{\text{all}} = \frac{0.3E}{(L_e/d)^2} \qquad \left(26 < \frac{L_e}{d} \le 50\right) \tag{5.80c}$$

여기서 d는 부재의 가장 작은 차원의 수이다. 허용가능 응력은 목재의 조직에 평행하게 압축할 때의 응력값 1.2 ksi를 초과하지 않는다. 식 (5.80c)는 SI 단위나 U.S. 단위에서 둘 다 사용된다. 식 (5.77)과 (5.78)을 강철 기둥에 적용한다면, C_c는 중간 길이 봉의 세장비와 긴 길이 봉의 세장비의 사잇값을 한계치로 가진다. 이 값은 보통 강철의 항복강도 S_y의 $1/2$ 크기를 가진다. 식 (5.61)에 의해 다음과 같은 식을 얻을 수 있다.

$$C_c = \frac{L_e}{r} = \sqrt{\frac{2\pi^2 E}{S_y}} \tag{a}$$

명백하게, 다양한 안전율을 적용함에 따라서 식 (5.78b)는 중간 길이와 짧은 길이의 기둥에 대해 일관된 공식으로 변화한다. 또한 식 (5.79)를 보면 짧은 길이와 중간 길이의 알루미늄 기둥에 대해서도 일관된 공식으로 변화하는 것을 볼 수 있다. σ_{all}는 균일하며 L_e/r에 선형적으로 비례한다. 긴 기둥에 대해서는 오일러 타입 공식이 알루미늄과 강철 봉에 적용된다. 식 (5.80c)의 목재 기둥 또한 역시 알맞은 안전율을 대입시킨 오일러 공식이다.

예제 5.16 넓은 테두리의 강철 기둥 설계

가장 가벼운 넓은 테두리 강철 기둥이 축하중 P를 지지하고 있으며 여기서의 유효길이는 L_e이다.

주어진 값: $S_y = 250$ MPa, $E = 200$ GPa(표 B.1), $P = 408$ kN, $L_e = 4$ m.

풀이

표 A.6 참조.

묘사된 모양에 알맞은 사이즈는 사실 AISC 매뉴얼을 통해 얻을 수 있다. 그러나 우리는 여기서 시행착오과정을 거쳐 이를 도출할 것이다. 주어진 값을 식 (5.78a)에 대입하면 다음과 같은 결과를 얻을 수 있다.

$$C_c = \sqrt{\frac{2\pi^2 E}{S_y}} = \sqrt{\frac{2\pi^2\left(200 \times 10^3\right)}{250}} = 126$$

세장비에 대해 계산하면 다음과 같다.

첫번째 시도: $L_e/r = 0$이면, $n = 5/3$일 때의 식 (5.78b)와 (5.77a)로부터 우리는 $\sigma_{\text{all}} = 250/n = 150$ MPa를 얻을 수 있다. 여기서 요구되는 면적은 다음과 같다.

$$A = \frac{P}{\sigma_{\text{all}}} = \frac{408 \times 10^3}{150 \times 10^6} = 2720\ \text{mm}^2$$

표 A.6의 목록을 살펴보면, 우리는 $W150 \times 24$에 면적 $A = 3060$ mm^2, 최소 반지름이 24.6 mm인 것으로 단면을 선택할 수 있다. 여기서 세장비의 값 $L_e/r = 4/0.0246 = 163$은 $C_c = 126$값보다 크다. 따라서 식 (5.77b)를 적용하면 다음과 같은 결과를 얻을 수 있다.

$$\sigma_{\text{all}} = \frac{\pi^2\left(200 \times 10^9\right)}{1.92(163)^2} = 38.7\ \text{MPa}$$

그러므로 허용가능 하중은 $38.7 \times 10^6(3.06 \times 10^{-3}) = 118$ kN이며, 이는 설계하중인 408 kN보다 작다. 이를 보완하기 위해선 넓은 면적 A를 가지거나 큰 반지름 r을 가지게 하거나 두 조건을 모두 만족하게 해야한다.

두번째 시도: $W150 \times 37$단면을 고려해보자(표 A.6 참조). 이 단면은 $A = 4740$ mm^2 , 최소 반지름 $r = 38.6$

mm를 가진다. 이 경우 세장비는 $L_e/r = 4/0.0386 = 104$이며 126보다 작다. 식 (5.77a)를 여기서 적용하면 다음과 같은 값을 얻을 수 있다.

$$n = \frac{5}{3} + \frac{3}{8}\left(\frac{104}{126}\right) - \frac{1}{8}\left(\frac{104}{126}\right)^3 = 1.91$$

$$\sigma_{\text{all}} = \frac{250}{1.91}\left[1 - \frac{1}{2}\left(\frac{104}{126}\right)^2\right] = 86.3 \text{ MPa}$$

본 단면에서의 허용가능 하중은 $86.3 \times 4740 = 409$ kN으로 계산되며 이는 설계하중보다 약간 높다.

평가: $W150 \times 37$ 강철 단면이 더 적합하다.

예제 5.17 강철 연결용 막대의 좌굴 분석

그림 5.22처럼 핀으로 고정된 사각 단면의 강철 막대가 단면적 $b \times h$를 가지고 있고 단면 중심으로 압축력 P를 받고 있다.

주어진 값: $b = 30$ mm, $h = 50$ mm, $E = 200$ GPa, $P = 60$ kN, $S_y = 250$ MPa.

구하는 값: AISC 공식을 사용하여 다음 값을 계산하라.

a. 막대의 길이가 $L = 1.2$ m일 때의 허용응력
b. 하중을 안전하게 지지할 수 있는 막대의 최대 길이

가정: 핀으로 끝단이 고정된 경우 유효길이는 $L = L_e$이다. 조인트 부분의 마찰은 무시한다.

풀이

막대의 단면 성질은 다음과 같다.

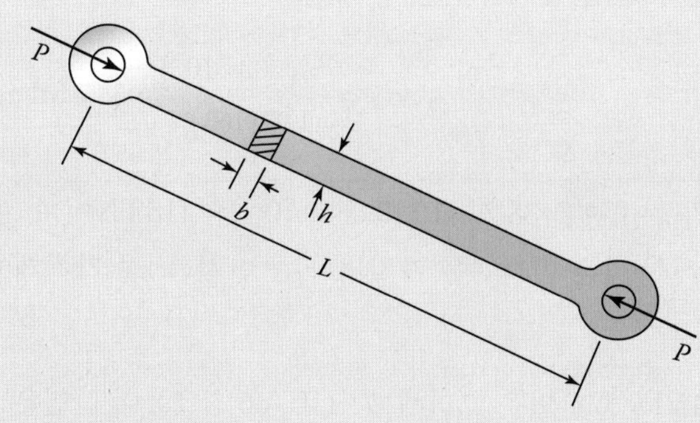

[그림 5.22]
예제 5.17. 압축을 받는 봉의 자유물체도

$$A = bh = 30 \times 50 = 1.5 \times 10^3 \text{ mm}^2$$

$$I_{\min} = \frac{1}{12}hb^3 = \frac{1}{12}(50)(30^3) = 112.5 \times 10^3 \text{ mm}^4$$

$$r = r_{\min} = \sqrt{\frac{I_{\min}}{A}} = 8.66 \text{ mm}$$

세장비의 한계치 C_c는 식 (5.78a)로부터 다음과 같이 구할 수 있다.

$$C_c = \sqrt{\frac{2\pi^2 E}{S_y}} = \sqrt{\frac{2\pi^2(200 \times 10^3)}{250}} = 125.7$$

a. *허용가능 응력*. 1.2 m 막대 기둥의 경우, $L_e/r = 1200/8.66 = 138.6 > C_c$이기에 식 (5.77b)를 적용하면 다음과 같이 구할 수 있다.

$$\sigma_{\text{all}} = \frac{\pi^2 E}{1.92(L_e/r)^2} = \frac{\pi^2(200 \times 10^9)}{1.92(138.6)^2} = 53.5 \text{ MPa}$$

평가: 앞에서 구한 응력은 재료 강도에 비해 매우 작은 양이다. 즉 막대에서 항복이 일어나지 않는다.

b. *기둥의 최대 길이*. 60 kN 하중이 안전하게 지지되기 위해서 요구되는 허용응력은 다음과 같이 계산된다.

$$\sigma_{\text{all}} = \frac{P}{A} = \frac{60(10^3)}{1.5(10^{-3})} = 40 \text{ MPa}$$

$L_e/r > C_c$이라 가정하면 식 (5.77b)를 사용할 수 있으며 이는 다음과 같은 결과를 도출해 낸다.

$$\sigma_{\text{all}} = \frac{\pi^2(200 \times 10^9)}{1.92(L_{\max}/r)^2}$$

위 식으로부터 다음과 같은 값을 얻을 수 있다.

$$\frac{L_{\max}}{r} = 160.3$$

위에서 가정한 것은 $L_{\max}/r > C_c$이기만 하면 성립하며 이로부터 다음과 같은 결과를 얻을 수 있다.

$$\frac{L_{\max}}{r} = \frac{L_{\max}}{8.66} = 160.3, \quad L_{\max} = 1.388 \text{ m}$$

평가: 연결 막대의 길이가 1.388 m보다 길면 좌굴이 일어난다.

*5.14 좌굴에 적용되는 에너지법

에너지를 이용한 접근법은 항복에 대한 해법을 구할 때가 좌굴이나 탄성 안정성을 분석하려 평형법을 사용할 때보다 더 편리하게 사용이 가능하다. 에너지법은 날씬한 부재가 압축을 받아 생기는 처짐이 실제 탄성곡선과 다를 경우 항상 좌굴 유발 하중의 값을 정확한 값보다 더 높은 값으로 도출해 낸다. 이 접근법의 효율적인 적용은 처짐에 대한 급수 근사치의 선택을 통해 수행된다. 급수가 변수의 수를 포함하므로 근사치의 정확도는 급수에 대한 항의 개수를 증가시켜 향상시킬 수 있다.

5.13a에서와 같이 양 끝단이 경첩으로 고정되어 있는 기둥을 다시 생각해 보자. 기둥의 첫번째 좌굴 모드의 구성은 그림 5.13b에 묘사되어 있다. 이 그림은 또한 하중 P의 방향으로 기둥의 변위값이 $\delta u \approx (1/2)\int(\mathrm{d}\upsilon/\mathrm{d}x)^2\mathrm{d}x$임을 보여준다. 하중이 균일한 상태로 계속 남아있다면, 하중이 하는 일은 다음과 같다.

$$\delta W = \frac{1}{2}P\int_0^L\left(\frac{\mathrm{d}\upsilon}{\mathrm{d}x}\right)^2\mathrm{d}x \tag{5.81}$$

기둥의 굽힘에 관계되는 변형률 에너지는 식 (5.19)에 의해 다음과 같이 정리할 수 있다.

$$U_1 = \int_0^L\frac{M^2}{EI}\mathrm{d}x = \int_0^L\frac{EI}{2}\left(\frac{\mathrm{d}^2\upsilon}{\mathrm{d}x^2}\right)^2\mathrm{d}x$$

비슷하게, 균일한 압축하중 P로 인해 발생하는 변형률 에너지는 식 (5.11)을 통해 다음과 같음을 알 수 있다.

$$U_2 = \frac{P_2L}{2AE}$$

여기서 U_2는 상수이므로, 분석에 영향을 미치지 않는다. 맨 처음상태의 변형률 에너지는 0의 값이므로 변형률 에너지의 변화는 기둥이 초기 상태에서 좌굴이 일어남으로 인해 얻게 되는 것이다. 이를 식으로 나타내면 다음과 같이 정리할 수 있다.

$$\delta U = \int_0^L\frac{EI}{2}\left(\frac{\mathrm{d}^2\upsilon}{\mathrm{d}x^2}\right)^2\mathrm{d}x \tag{5.82}$$

여기서 가상일의 원리를 사용하면, $\delta W = \delta U$이고 이는 다음과 같은 식을 만족시킨다.

$$\frac{1}{2}\int_0^L P\left(\frac{\mathrm{d}\upsilon}{\mathrm{d}x}\right)^2\mathrm{d}x = \frac{1}{2}\int_0^L EI\left(\frac{\mathrm{d}^2\upsilon}{\mathrm{d}x^2}\right)^2\mathrm{d}x \tag{5.83a}$$

그래서 결과값을 도출하면 다음과 같다.

$$P = \frac{\int_0^L EI(\upsilon'')^2}{\int_0^L (\upsilon')^2} \tag{5.83b}$$

끝단에서의 조건은 다음과 같은 처짐 곡선 형태 식에서도 성립해야 한다.

$$\upsilon = a\sin\frac{\pi x}{L}$$

여기서 a는 상수이다. 이 처짐 공식을 식 (5.83b)에 넣고 적분을 수행하면 임계하중을 다음과 같이 구할 수 있다.

$$P_{cr} = \frac{\pi^2 EI}{L^2}$$

우리는 식 (5.83a)로부터 $P > P_{cr}$라는 사실을 알 수 있었다. P에 의해 수행된 일은 기둥에 저장된 변형률 에너지를 초과하는 양이었다. 이 말은 곧은 직선 형태의 기둥도 $P > P_{cr}$ 상태라면 안정하지 않다는 말이다.

이 점은 안정성과 관련해서는 5.9절에서 $A = 0$인 경우와 대응하고 평형법으로 구할 수 없다. $P = P_{cr}$일 때 기둥은 중립평형상태에 있다. 만일 $P < P_{cr}$라면, 기둥은 안정적 평형상태에 있는 것이다.

예제 5.18 가상 일 원리를 통한 보–기둥의 좌굴하중과 처짐 분석

그림 5.23과 같이 단순 지지된 보-기둥이 A 지점에 측면하중 F와 축하중 P를 받고 있다. 이 때 탄성곡선식을 구하라.

풀이

총 일의 양은 F가 한 일의 양에 식 (5.86)을 더한 것이다. 이 문제에 대해서는 $P = 0$인 경우 처짐 식의 다음 항을 통해 이미 푼 적이 있다.

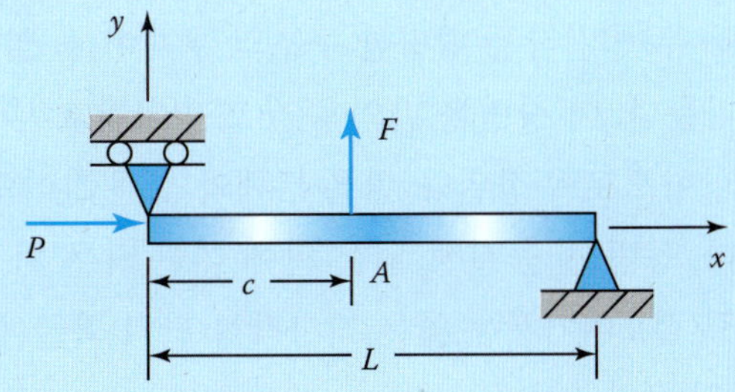

[그림 5.23]
예제 5.18

$$\upsilon = \sum_{m=1}^{\infty} a_m \sin\frac{m\pi x}{L} \tag{5.48}$$

다음 과정 또한 5.8절에서 진행했던 과정과 매우 유사하게 진행되며, $\delta U = \delta W$인 경우 다음과 같이 정리할 수 있다.

$$\frac{\pi^4 EI}{4L^3}\sum_{m=1}^{\infty} m^4 \delta\left(a_m^2\right) = \frac{\pi^2 P}{4L}\sum_{m=1}^{\infty} m^2 \delta\left(a_m^2\right) + F\sum_{m=1}^{\infty}\sin\frac{m\pi c}{L}\delta\left(a_m\right)$$

이를 풀면 다음 값을 얻을 수 있다.

$$a_m = \frac{2FL^3}{\pi^4 EI}\frac{1}{m^2}\frac{\sin(m\pi c/L)}{m^2 - b}$$

여기서 식 (5.69)에 $b = P/P_{cr}$라 정의되어 있다. 이것을 식 (a)에 대입하면 다음과 같은 결과를 얻을 수 있다.

$$\upsilon = \frac{2FL^3}{\pi^4 EI}\sum_{m=1,3,\ldots}^{\infty}\frac{\sin(m\pi c/L)}{m^2\left(m^2 - b\right)}\sin\frac{m\pi x}{L}, \quad (0 \le x \le L) \tag{a}$$

평가: P가 이 하중의 임계점에 가까이 갈수록 $b \ll 1$이 되며, 식 (a)의 첫째항이 다음과 같이 변화함을 고려해 보자.

$$\upsilon = \frac{2FL^3}{\pi^4 EI}\frac{1}{1-b}\sin\frac{\pi c}{L}\sin\frac{\pi x}{L} \tag{b}$$

이 의미는 처짐이 무한대로 발생한다는 것을 의미한다. 식 (b)를 식 (5.51)과 비교하면, 축하중이 측면하중에 의해 발생하는 처짐을 $1/(1-b)$에 연관되게끔 증가시킨다는 것을 알 수 있다.

*5.15 직사각형 판에서의 좌굴

판은 나머지 치수에 비해 두께가 작은 평평한 구조의 부재이다. 일반적으로 판 두께 t를 평면의 면과 평행한 면으로 반으로 나눈다. 이 평면을 판의 *중간 표면*이라고 부른다. 판 두께는 고려 중인 각 지점에서 중간 표면의 수직 방향으로 측정된다. 판은 두께와 스팬 길이의 비율이 1/20 미만일 때 기술적으로 얇은 판으로 정의된다. 등방성, 균질성, 얇은 판에 대한 작은 처짐의 기본적인 가정은 단순한 빔의 굽힘 이론과 유사하다(3.7절). 여기서는 얇은 직사각형 판의 좌굴에 대해 간략하게 논의한다. 이 주제에 대한 자세한 설명은 [5]를 참조하라.

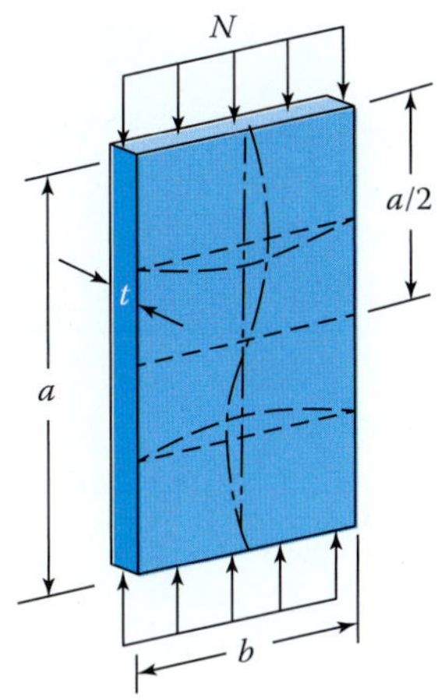

[그림 5.24]
압축을 받는 판, 네 모서리가 단순 지지되어있다.

판에서의 강도와 처짐 이론은 이미 다루었듯이 보통 판이 안정적인 평형상태에 있을 때 적용된다. 판이 판 중심부에서 압축될 때, 판 내부 힘이 임계값에 도달하게 되면 판은 불안정하게 되고 좌굴이 일어나게 된다. 판의 좌굴은 기둥에서의 좌굴과 질적으로 유사하다. 그러나 전자의 좌굴 분석의 경우 후자의 경우만큼 쉽게 되지 않는다. 이 말은 판이 모서리로 단순 지지되어 있는 것과 다른 경우 특히 사실이 된다. 이 경우 에너지법이 근사적인 좌굴하중을 도출하는 데 큰 장점을 가진다. 비록 얇은 평판이나 시트가 어느 정도의 인장력을 견딜 수 있다고 할지라도 압축에는 매우 약한 저항을 가진다. 보통 좌굴이나 구겨지는 현상은 압축을 받는 평판이나 껍질에서 많이 관측되며 이 현상은 매우 갑작스럽게, 그리고 매우 위험한 상황으로 일어난다. 다행스럽게도, 다양한 하중이나 모서리 조건하에 있는 판의 좌굴에 관련된 이론치와 실험적 자료 사이에는 밀접한 관련이 있다.

이 절에서는 단순 지지된 직사각형 평판이 단축방향의 판 내부 압축력을 단위 길이 N마다 받는 상황만을 고려할 것이다(그림 5.24). 여기서 최솟값 N이 안전율 $n = 1$일 때 얻을 수 있다. 이것은 단순 지지된 평판이 좌굴될 때 좌굴 모드는 몇몇 반사인파들이 압축되는 방향으로 발생하기에 좌굴은 전체 폭을 가로지르는 1/2 사인파 파동의 배수 형태로밖에 형성되지 않는다.

판의 단위길이에 따른 임계하중 N_{cr}은 다음과 같이 표현될 수 있다[10].

$$N_{cr} = \frac{\pi^2 D}{b^2}\left(\frac{m}{r} + \frac{r}{n}\right)^2 = k^2 \frac{\pi^2 D}{b^2} \tag{5.84}$$

여기서 좌굴하중 인자와 종횡비, 굽힘강성은 다음과 같다.

$$k = \frac{m}{r} + \frac{r}{n}, \quad r = \frac{a}{b}, \quad D = \frac{Et^3}{12(1-\nu^2)}$$

여기서 E의 양은 탄성계수를 나타내며 ν는 푸아송 비를 나타낸다. 비 $m/r = 1$이라면 임계하중의 최솟값을 다음과 같이 구할 수 있다.

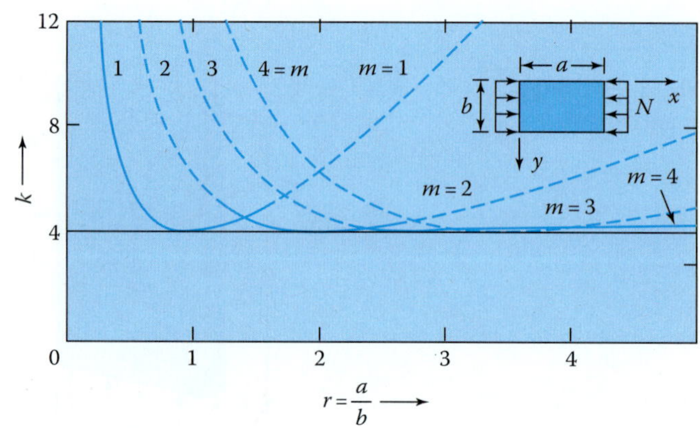

[그림 5.25]
압축방향으로의 다양한 반사인파 수와 r에 따른 좌굴하중인자 k의 변화

$$N_{cr} = \frac{4\pi^2 D}{b^2} \tag{5.85}$$

이에 따른 임계응력인 N_{cr}/t의 값은 다음과 같이 표현할 수 있다.

$$\sigma_{cr} = \frac{\pi^2 E}{3\left(1-\nu^2\right)}\left(\frac{t}{b}\right)^2 \tag{5.86}$$

여기서 t는 판의 두께이다.

$m = 1, 2, 3, 4$일 때의 종횡비 r에 대한 함수로 표현되는 좌굴하중인자 k의 변화는 그림 5.25에 나타나 있다. 명백하게도,특정 m에 대해서 k값의 크기는 오로지 r값에 의해 결정된다는 것을 알 수 있다. 그림을 참조하여 종횡비 r에 대한 N_{cr}의 크기와 반파장수 m를 쉽게 찾을 수 있다. 한 예로 $r = 1.5$일 때, 그림 5.25에 의해 $k = 4.34$이고 $m = 2$이다. 그리고 이에 따른 임계 하중의 값은 $N_{cr} = 4.34\pi^2 D/b^2$이다.

앞에서 구한 값들은 판이 하중방향으로 두 개의 반사인파 형태로 좌굴이 일어난다는 것을 의미하며 이는 그림 5.24에 묘사되어 있다. 또한 그림 5.25를 통해 넓은 좌굴이 m개의 반사인파 형으로 일어나는 한 평판에 m번의 좌굴이 일어난다는 것을 알 수 있다. 그러므로 모서리가 단순 지지된 긴 판($b \ll a$)이 단축 압력을 받을 때 좌굴이 측면 길이 b에서의 정사각형 셀의 개수에 관계하여 발생된다는 것을 알 수 있으며 모든 실용적인 목적에 사용되기 위한 임계하중은 식 (5.85)를 통해 구할 수 있다.

연습문제

5.1절~5.8절

5.1 한 변의 길이가 a인 정사각형 단면의 봉이 지름이 d인 원형 봉에 붙어서 다단 봉을 형성하고 있

다. 다단 봉에는 축하중 P가 그림 P5.1에서와 같이 가해지고 있다. 여기서 두 부분의 변형률 에너지가 같을 때의 d/a비는 얼마인가?

[그림 P5.1]

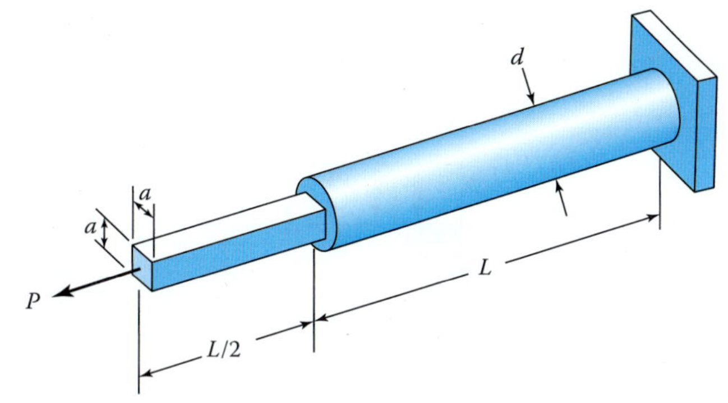

5.2 그림 P5.1과 같이 축하중을 받는 다단 봉이 있다. 이 때 다음값을 구하라.

a. 변형률 에너지

b. 일-에너지법을 이용한 끝단에서의 처짐

5.3 다단 축 ABC가 ($G = 40$ GPa) 그림 P5.3에서와 같이 토크를 받고 있다. $T_B = 4$ kN · m , $T_C = 1.5$ kN · m일 때 축의 변형률 에너지를 구하라.

[그림 P5.3]

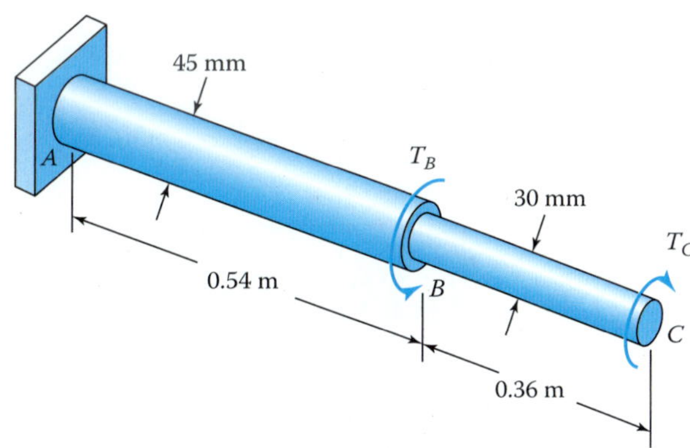

5.4 AB 부분이 중공축이며 안쪽 반지름은 20 mm, $T_B = 2$ kN · m, $T_C = 5$ kN · m인 조건으로 문제 5.3을 재수행하라.

5.5 그림 P5.3에서 볼 수 있는 알루미늄 합금축($G = 28$ GPa)이 있는데, $T_B = 0$이고 비틀림각 ϕ가 0.06 rad이다. 이 때 축의 변형률 에너지를 구하라.

5.6 그림 P5.3에서 볼 수 있는 축 ABC에서($G = 80$ GPa) $T_B = 0$, $T_A = 1.4$ kN · m일 때, 일-에너지 접근법을 사용하여 비틀림각 ϕ를 구하라 .

5.7&5.8 직사각형의 단면적 A를 가지는 보가 그림 P5.7, P5.8과 같은 구조로 하중을 지지하고 있다. 이 때의 전단변형에 의한 보의 변형률 에너지를 구하라.

[그림 P5.7]

[그림 P5.8]

5.9 단순 지지되어 있는 길이 L, 높이 h, 폭 b의 직사균일단면 보가 균일한 하중 w를 받고 있다(그림 P5.8). 여기서 굽힘으로 인한 최대 변형률 에너지 밀도가 $U_{0,\max} = 45U/8V$임을 보여라. U와 V는 각각 변형률 에너지와 보의 부피를 뜻한다.

5.10 매달려 있는 보가 그림 P5.7처럼 하중을 받고 있다. 이 때 자유단 A점에서의 굽힘과 전단으로 인한 수직방향으로의 처짐양 υ_A의 값을 구하라. 값을 구하는 데 있어서 일-에너지법을 사용하여라.

5.11&5.12 보가 그림 P5.11, P5.12와 같은 구조로 하중을 지지하고 있다. 이 때의 굽힘에 의한 보의 변형률 에너지를 구하라.

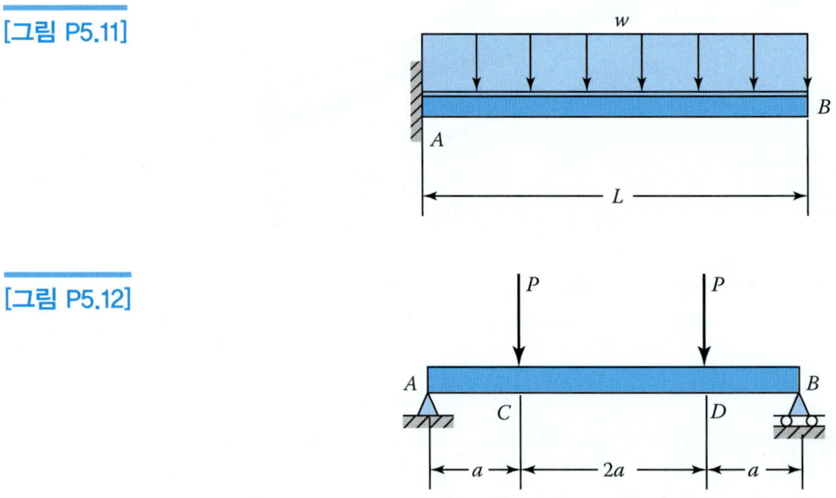

[그림 P5.11]

[그림 P5.12]

5.13&5.14 직사각형의 단면적을 가지는 보가 그림 P5.11, P5.12와 같은 구조로 하중을 지지하고 있다. 이 때 전단변형으로 인해 발생하는 보의 변형률 에너지값은 얼마인가?

5.15 보가 그림 P5.12와 같은 구조로 하중을 지지하고 있다. 이 때 일-에너지법을 사용하여 굽힘과 전단에 의한 점 C(또는 점 D)에서의 처짐값을 구하라.

5.16 피삭재가 밀링 기계에 지름 d와 조였을 때의 장력 T가 작용하는 강철 볼트로 꽉 잡혀져 있다(그림 P5.16). 강철 연결부 AB는 폭 b, 높이 h의 직사각형 단면을 가지고 있다. 이 때 다음 값을 구하라.

a. 축하중 P로 의한 볼트의 변형률 에너지와 처짐

b. 굽힘으로 인한 연결부의 변형률 에너지

주어진 값: $b = 12$ mm, $h = 8$ mm, $d = 6$ mm, $T = 630$ N, $E = 200$ GPa

[그림 P5.16]

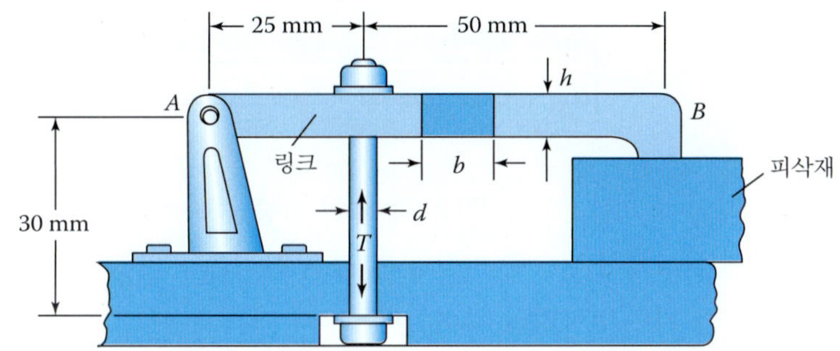

5.17 일정한 굽힘강성 EI를 가진 외팔 스프링이 하중을 그림 P5.17과 같이 지지하고 있다. 이 때 카스틸리아노의 정리를 이용하여 점 B에서의 수직방향 처짐값을 구하라.

가정: 변형률 에너지는 굽힘에 의해 발생된 성분만 고려한다.

[그림 P5.17]

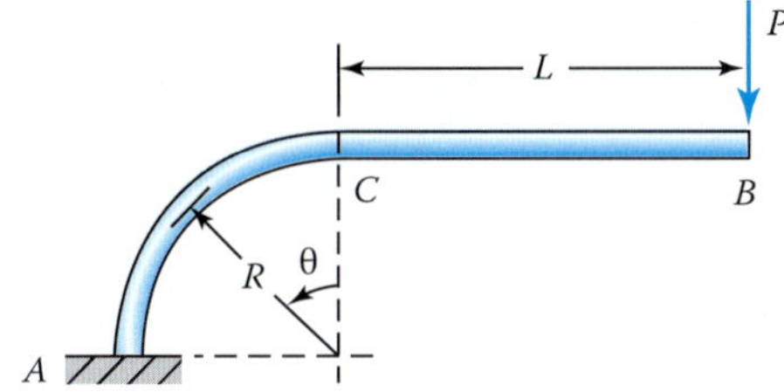

5.18 그림 P5.18은 힌지 C로 연결된 조립보를 보여주고 있다. 이 조립보는 B 지점을 단순 지지하고 있는 보 BC와 A점이 고정되어 있는 외팔보 AC로 구성되어 있다. 이 때 카스틸리아노의 정리를 이용하여 하중 P가 작용하고 있는 지점에서의 수직방향 처짐값 υ_D을 구하라.

[그림 P5.18]

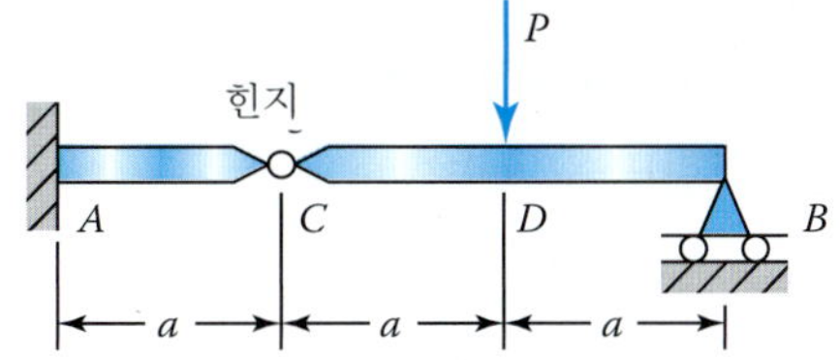

5.19 I형 강철 보가 점 B에 고정되어 있고 점 C에서 단면적 A의 알루미늄 합금 타이 로드 CD로 지지되고 있다(그림 P5.19). 이 때 카스틸리아노의 정리를 이용하여 묘사된 분포하중으로부터 발생하는, 로드에 가해지는 인장력 P를 w, L, A, E_a, E_s, I를 이용하여 나타내어라.

[그림 P5.19]

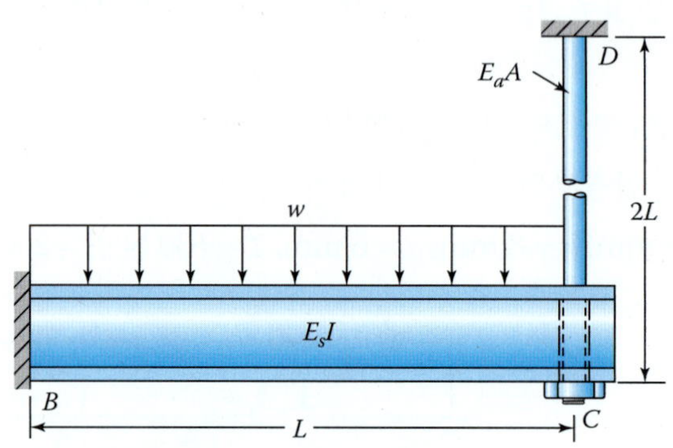

5.20&5.21 굽은 프레임이 그림 P5.20, P5.21과 같이 하중을 지지하고 있다. 이 때 카스틸리아노의 정리를 이용하여 점 A에서의 수평 처짐양 δ_A 를 구하라.

가정: 굽힘모멘트에 의한 영향만을 고려한다.

[그림 P5.20]

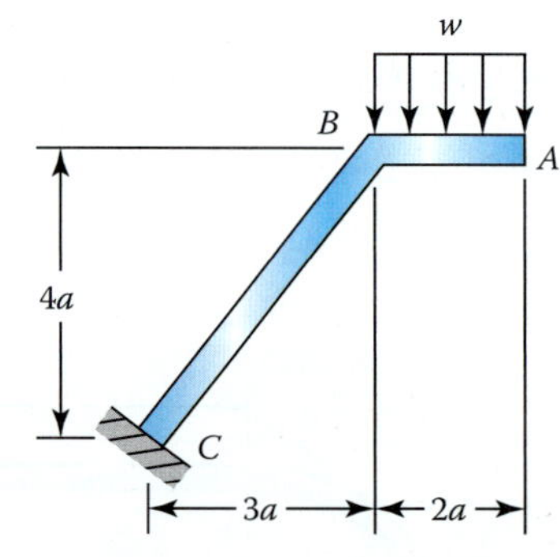

[그림 P5.21]

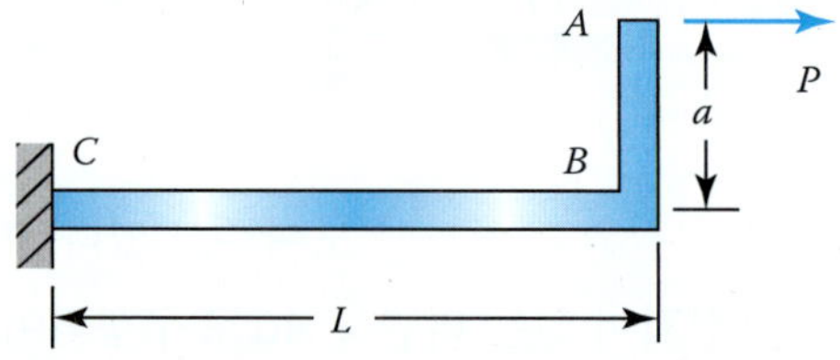

5.22 반원형 아치가 그림 P5.22에서와 같은 모습으로 하중을 지지하고 있다. 이 때 카스틸리아노의 정리를 이용하여 끝단 B에서의 수평변위를 구하라.

가정: 굽힘모멘트에 의한 영향만을 고려한다.

[그림 P5.22]

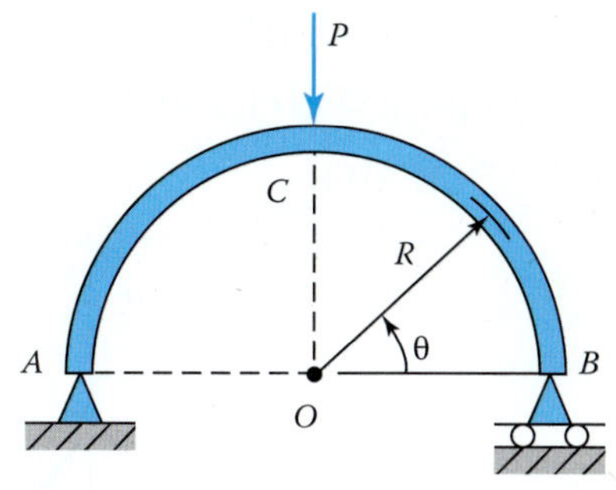

5.23 한쪽 끝이 고정된 프레임이 그림 P5.23에서 묘사되어 있는 것처럼 다른 한쪽 끝에 하중을 받고 있다. 이 때 카스틸리아노의 정리를 이용하여 다음 값을 구하라.

a. 점 A에서의 수평 처짐양 δ_A

b. 점 A에서의 기울기각 θ_A

가정: 축하중과 전단에 의한 영향은 무시한다.

[그림 P5.23]

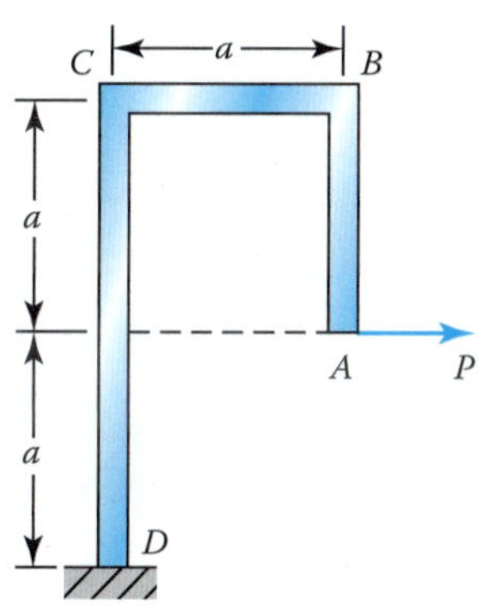

5.24 한쪽 끝이 고정된 프레임이 그림 P5.24에서 묘사되어 있는 것처럼 하중을 받고 있다. 이 때 카스틸리아노의 정리를 이용하여 다음 값을 구하라.

a. 점 A에서의 수직 처짐양 δ_A

b. 점 B에서의 비틀림각

가정: 굽힘모멘트에 의한 영향만을 고려한다.

[그림 P5.24]

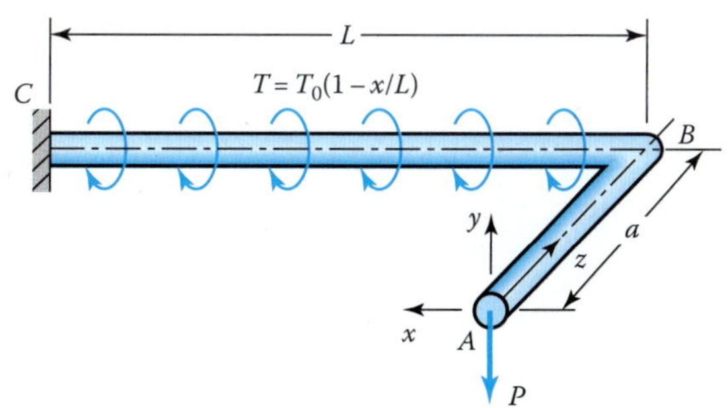

5.25 기본 트러스 구조가 그림 P5.25에서와 같이 조인트 B 지점에서 수직하중 $2P$와 수평하중 P를 지지하고 있다. 이 때 카스틸리아노의 정리를 이용하여 점 C에서의 수평 변위값 δ_C를 구하라.
가정: 각 부재의 축방향 강성은 AE이다.

[그림 P5.25]

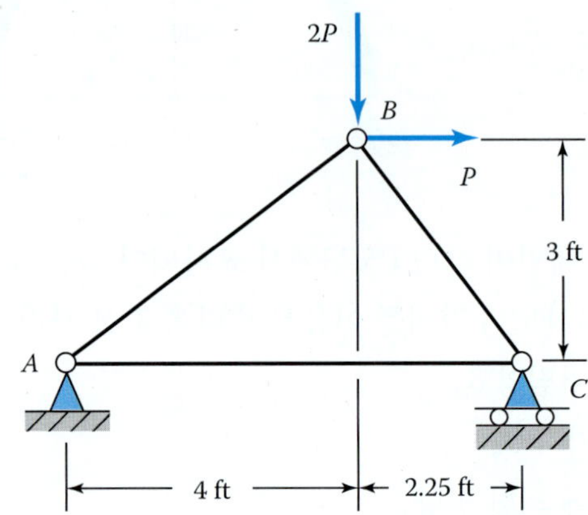

5.26 그림 P5.26에서 묘사된 바와 같이 3개의 부재로 이루어진 트러스가 하중 P를 지지하고 있다. 이 때 카스틸리아노의 정리를 이용하여 각 부재가 받는 힘을 구하라.

[그림 P5.26]

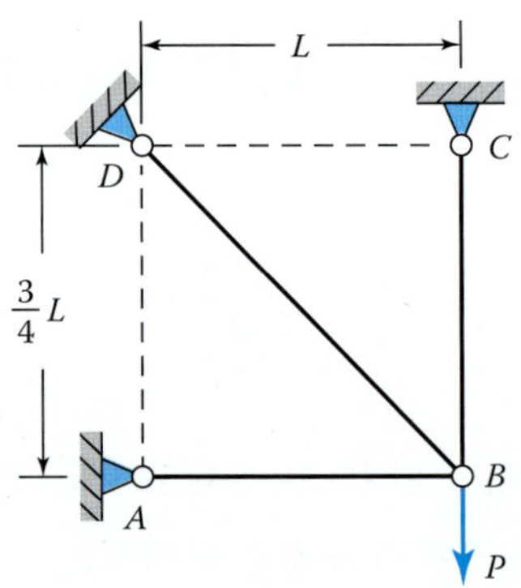

5.27 굽은 프레임 구조가 그림 P5.27과 같이 한쪽 끝이 고정되었고 다른 한쪽 끝은 단순 지지된 상태로 수평하중 P를 받고 있다. 이 때 카스틸리아노의 정리를 이용하여 끝단 B에서의 롤러 반력 F를 구하라.
가정: 굽힘모멘트에 의한 영향만을 고려한다.

5.28 그림 P5.28에서 묘사된 바와 같이 두 점이 힌지로 연결된 프레임 ACB가 집중하중 P를 C에 받고 있다. 이 때 카스틸리아노의 정리를 이용하여 다음 값을 구하라.
a. 점 B에서의 수평변위 δ_B
b. 점 B가 고정된 핀일 경우에 점 B에서의 수평반력
가정: 굽힘으로 인한 변형률 에너지만을 고려한다.

[그림 P5.27]

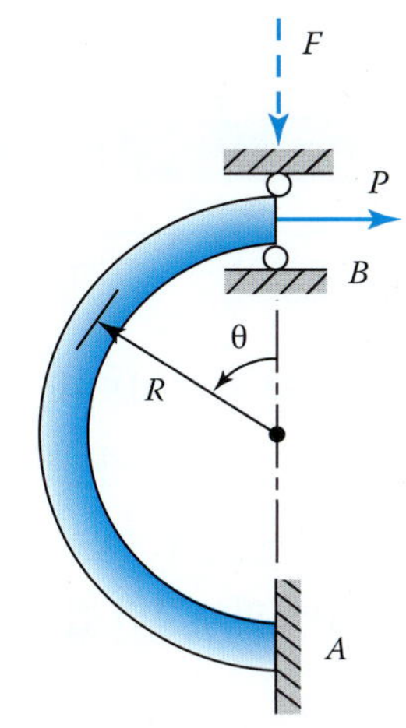

[그림 P5.28]

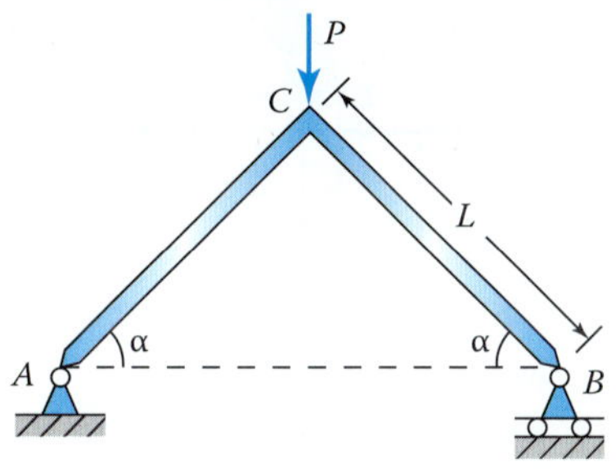

5.29 A 지점이 고정된 외팔보 AB, 양쪽 끝단이 핀으로 고정된 보 BC와 CD가 그림 P5.29처럼 구조를 이루고 있다. 이 때 수직력과 굽힘모멘트의 영향을 고려하여 조인트 C에서의 수직 처짐양을 구하라. 풀이는 카스틸리아노의 정리를 이용하라.

[그림 P5.29]

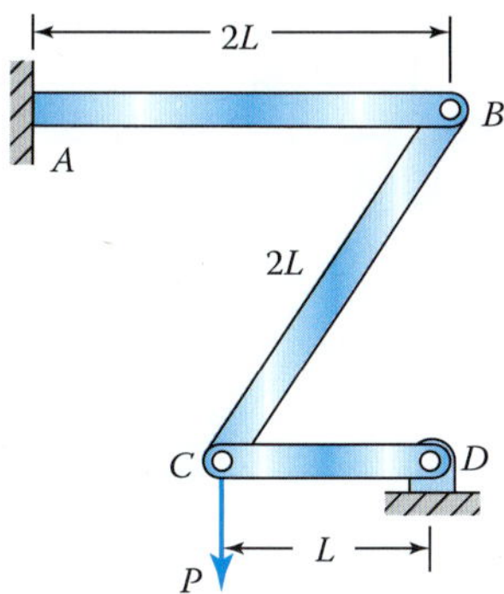

5.30 사각단면의 외팔보가 그림 P5.30에서와 같이 집중하중 P를 지지하고 있다. 이 때 카스틸리아노의 정리를 이용하여 다음 값을 구하라.

a. 굽힘과 전단의 영향을 모두 고려하였을 때의 자유단에서의 처짐

b. 전단의 효과가 무시할 수 있는 수준일 때, $L = 5h$이며 보가 ASTM-A36 구조용 강철로 만들어졌을 때의 오차

[그림 P5.30]

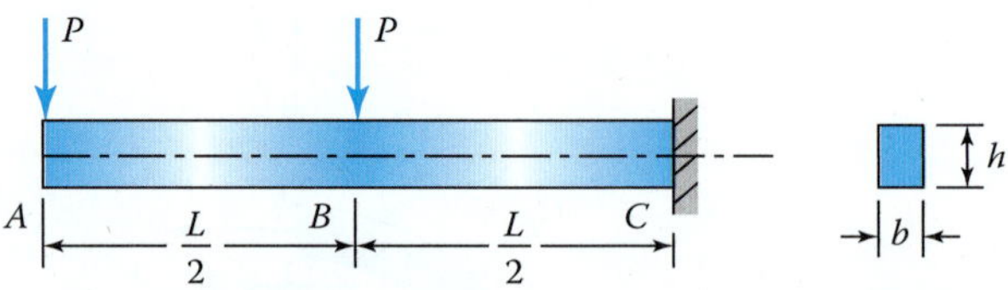

5.31 한쪽 끝이 고정되어 있고 다른 한쪽 끝은 힌지되어 있는 곡선 프레임 *ABC*가 그림 P5.31에서와 같이 집중하중 *P*를 지지하고 있다. 여기서 수평방향 반력 *H*와 수직방향 반력 *F*는 각각 얼마인지 카스틸리아노의 정리를 이용하여 구하라.

가정: 변형률 에너지는 오로지 굽힘에 의해서만 발생한다.

[그림 P5.31]

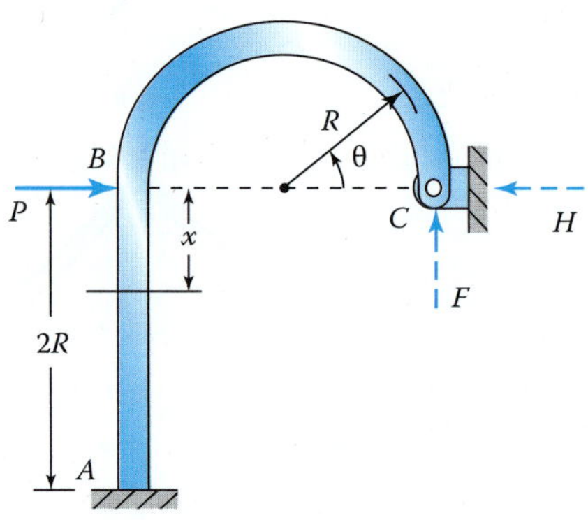

5.32 그림 P5.32에서 묘사된 바와 같이, 3개의 봉이 핀으로 연결된 구조물이 조인트 *D*점에 가해지는 하중 *W*를 지지하고 있다. 이 때 카스틸리아노의 정리를 이용하여 각 봉이 받는 힘을 구하라.

주어진 값: $a = 0.6L$, $h = 0.8L$.

[그림 P5.32]

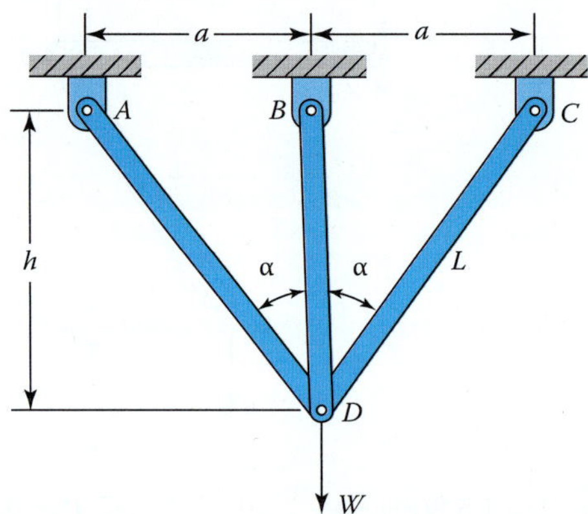

5.33 그림 P5.33에서와 같이 단순 지지된 보가 크기 $w = w_0 \sin \pi x/L$인 분포하중을 받고 있다. 이 때 가상일의 원리를 사용하여 처짐 곡선 υ에 대한 표현식을 구하라.

가정: 처짐 곡선의 형태는 $\upsilon = a \sin \pi x/L$이며 *a*는 주어진 값과 같다.

[그림 P5.33]

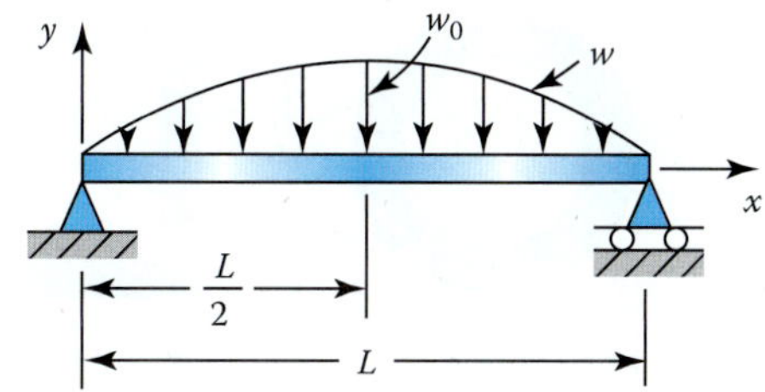

5.34 카스틸리아노의 정리를 이용하여 하중 W의 값을 구하라. 여기서 하중 W는 그림 P5.34에서 묘사된 핀으로 연결된 구조에서 조인트 D점에서의 수직 변위 ¼ in.를 일으키는 데 필요한 하중이다.

주어진 값: $h = 10$ ft, $\alpha = 30°$, $E = 30 \times 10^6$ psi, $A = 1$ in.^{2}

가정: 각 부재들은 같은 단면적 A를 가진다.

5.35 외팔보가 끝단에서 집중하중 P를 받고 있다(그림 5.12). 이 때 가상일의 원리를 사용하여 다음 값을 구하라.

a. 처짐 곡선 υ의 표현식

b. 최대 처짐양과 최대 기울기

가정: 보의 처짐 곡선은 $\upsilon = ax^2(3L - x)/2L^3$의 형태를 가지며 a는 상수이다.

5.36 단순 지지된 보가 그림 5.11에서처럼 하중을 받고 있다. 이 때 가상일의 원리를 사용하여 점 A에서의 처짐양을 구하라.

가정: 보의 처짐 곡선은 $\upsilon = ax(L - x)$의 형태를 가지며 a는 상수이다.

5.9절~5.12절

5.37 산업기계 제작에는 최대 압축하중 P를 버틸 수 있는 길이 L의 중실축의 원형 강철 피스톤 연결봉이 필요하다고 한다. 이 때 요구되는 봉의 지름을 구하라.

주어진 값: $L = 1.2$ m, $P = 50$ kN, $E = 210$ GPa, $S_y = 600$ MPa.

가정: 끝단은 핀으로 고정되어 있다.

5.38 문제 5.37을 냉간압연된 (510) 황동 연결봉의 경우일 때로 다시 수행하여라.

주어진 값: $L = 250$ mm, $P = 220$ kN, $E = 110$ GPa, $S_y = 520$ MPa(표 B.1) 참조.

5.39 예제 5.12를 긴 기둥에 대해 오일러 공식을 사용하여 다시 수행하여라.

5.40 그림 P5.40은 단면이 2014-T6인 두 알루미늄 합금 봉이 압축을 받는 부재로서 사용되고 있음을 보여준다. 각각의 부재는 유효길이 L_e를 갖는다. 이 때 다음 값을 구하라.

a. 동일 단면적을 가지는 선에서의 중공축 정사균일단면 봉의 벽 두께 t

b. 각 봉의 임계하중

주어진 값: $D = 50$ mm, $d = 35$ mm, $a_0 = 50$ mm, $L_e = 2.2$ m, $E = 72$ GPa(표 B.1).

[그림 P5.40]

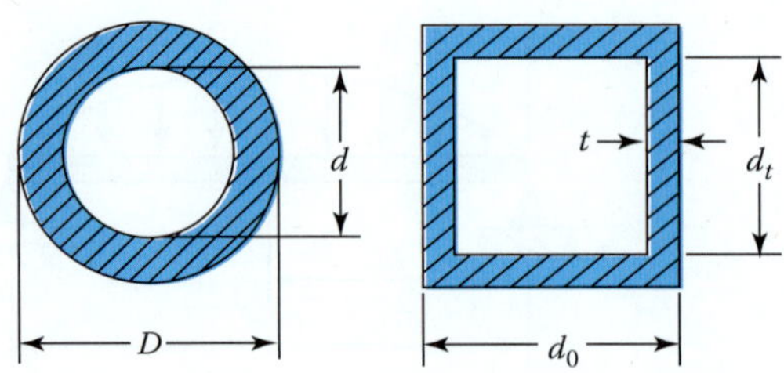

5.41 제어 연결부가 그림 P5.41에서 묘사된 바와 같이 지름이 d인 구조적 ASTM-A36 강철 봉과 피봇팔 CD로 구성되어 있다. 하중은 핀 A를 통과하여 전달되고 있다. 이 때 봉의 좌굴강도와 안전율 n을 토대로 최댓값 Q를 구하라.

주어진 값: $a = 150$ mm, $b = 30$ mm, $L = 0.4$ m, $d = 8$ mm, $n = 1.4$, $E = 200$ GPa, $S_y = 250$ MPa(표 B.1).

[그림 P5.41]

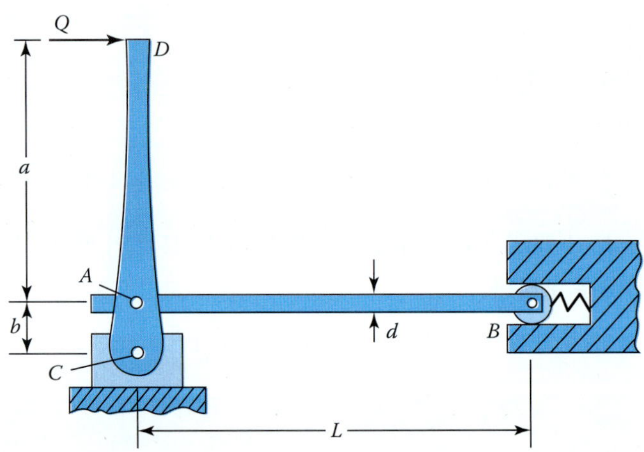

5.42 길이 L의 원형 강철 기둥이 그림 P5.42처럼 아래가 고정되어 있고 위쪽이 핀으로 고정되어 있는 구조로 최대 허용가능 하중 P를 지지하고 있다. 좌굴에 대한 안전율이 n일 때, 부재의 지름 d는 얼마인가?

주어진 값: $L = 40$ in., $P = 5$ kips, $n = 2.6$, $E = 29 \times 106$ psi, $S_y = 36$ ksi(표 B.1).

5.43 문제 5.42를 기둥의 길이가 $L = 25$ in.이고 허용가능 하중이 $P = 25$ kips인 조건으로 다시 수행하여라.

5.44 두 부재가 핀으로 연결된 구조가 조인트 B에 가해지는 집중하중 P를 그림 P5.44와 같이 지지하고 있다. 안전율이 n일 때 최대 하중 P의 값을 구하라.

주어진 값: $n = 2.5$, $E = 210$ GPa.

가정: 좌굴은 구조의 평면에서 일어난다.

[그림 P5.42]

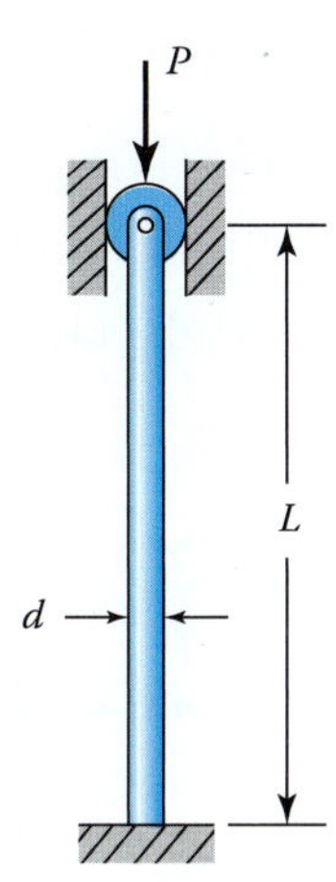

[그림 P5.44]

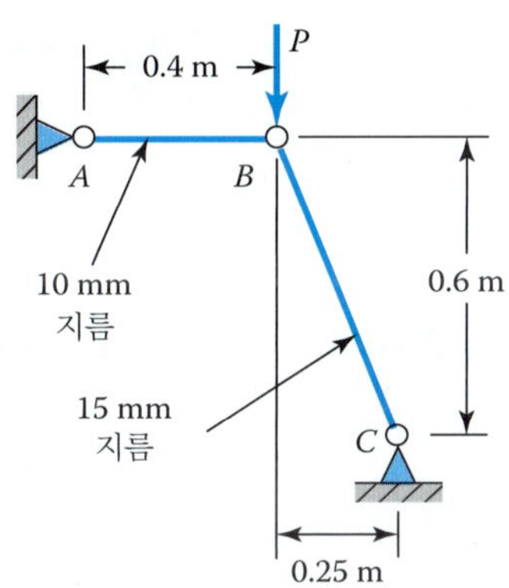

5.45 단순 트러스 구조가 그림 P5.45에서와 같이 하중을 받고 있다. 이 때 다음 요소의 지름값을 구하라.

a. 봉 AB

b. 봉 BC

주어진 값: $E = 210$ GPa, $S_y = 250$ MPa.

가정: 파단은 항복에 의해 일어난다. 좌굴은 트러스 구조가 있는 평면에서 일어난다. 오일러 공식이 적용된다.

[그림 P5.45]

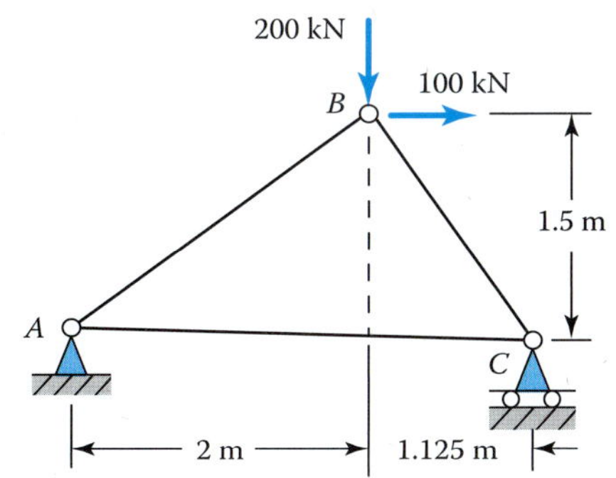

5.46 보 AB와 기둥 CD로 이루어져 있는 구조가 그림 P5.46과 같이 하중을 지지하고 있다. 이 때 작용할 수 있는 최대 하중은 얼마인가?

주어진 값: 부재 CD는 원형 강철 봉이며 $E = 200$ GPa이다.

설계 가정: 파단은 좌굴에 의해서만 일어난다. 안전율 $n = 1.5$와 같이 오일러 공식을 사용한다.

[그림 P5.46]

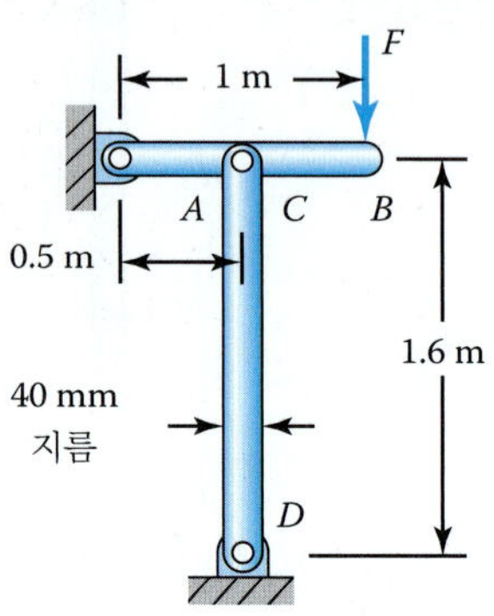

5.47 길이 L, 지름 d의 중실축의 원형 강철 기둥의 양쪽 끝이 힌지 고정되어 있다. 안전율이 n일 때, 하중용량을 구하라.

주어진 값: $S_y = 350$ MPa, $E = 210$ GPa, $L = 1$ m, $d = 60$ mm, $n = 3$.

가정: 초기 구부러짐 값은 2 mm이다.

5.48 그림 P5.48에서와 같이 균일한 두께를 가진 직사각형의 알루미늄 합금 2014-T6 튜브가 길이 L에 양끝단이 고정된 기둥에 사용되고 있다. 이 기둥의 임계응력은 얼마인가?

주어진 값: $b = 160$ mm, $h = 80$ mm, $L = 5.5$ m, $t = 15$ mm, $E = 72$ GPa(표 B.1).

[그림 P5.48]

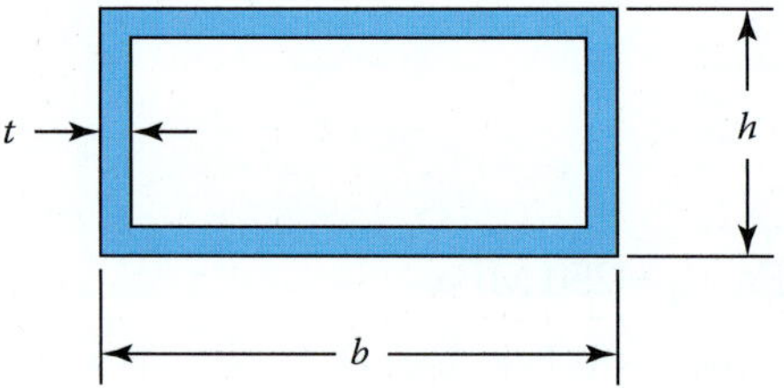

5.49 문제 5.48을 기둥의 한 끝단이 핀으로 고정되어 있고 나머지 한 끝단은 고정되어 있는 경우로 다시 수행하여라.

5.50 바깥쪽 지름 D, 안쪽 지름 d인 강철 중공축이 그림 P5.50에서 나타난 바와 같이 2 m 기둥으로 사용되고 있다. 그림 5.19를 사용하여 편심된 양 e가 다음과 같을 때의 최대 허용하중 P_y를 구하라.

a. 12 mm

b. 9 mm

주어진 값: $D = 100$ mm, $d = 88$ mm, $L = 2$ m, $S_y = 275$ MPa, $E = 200$ GPa.

[그림 P5.50]

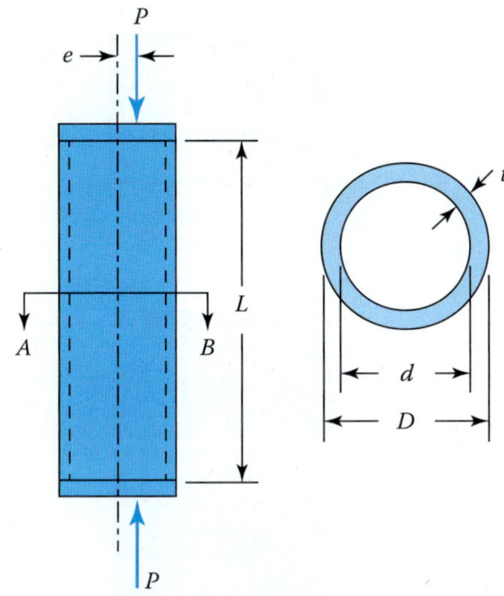

5.51 핀으로 고정된 바깥쪽 지름 D, 안쪽 지름 d, 길이 L의 철파이프가 안전율이 n일 때의 편심하중 P를 그림 P5.50과 같이 지지하고 있다. 이 때 최대 허용가능한 편심값 e는 얼마인가?

주어진 값: $D = 8$ in., $d = 7$ in., $L = 12$ ft, $P = 100$ kips, $n = 1.5$, $E = 27 \times 10$ psi, $S_y = 30$ ksi.

5.52 핀으로 고정된 강철 튜브가 그림 P5.50과 같이 편심된 하중 P를 받고 있다. 중심부에서의 최대 처짐양이 υ_{max}일 때 다음 값을 구하라.

a. 편심량 e

b. 봉에 가해지는 최대 응력

주어진 값: $D = 8$ in., $d = 7$ in., $L = 15$ ft, $P = 10$ kips, $\upsilon_{max} = 0.05$ in., $E = 29 \times 10^6$ psi.

5.53 문제 5.52에서 기둥의 바닥과 꼭대기의 끝부분이 각각 고정단과 자유단으로 되었을 때로 가정하고 문제 풀이를 다시 수행하라.

5.54 길이가 L인 강철 중공축 박스형 기둥이 바닥부분은 고정되어 있고 꼭대기 부분은 자유단으로 되어 있다(그림 P5.54). 여기서 집중하중 P가 자유단의 AB면의 중앙에 가해진다고 할 때(예, $e = 37.5$ mm) 기둥에서의 최대 응력을 구하라.

주어진 값: $b = 150$ mm, $h = 75$ mm, $t = 15$ mm, $L = 1.8$ m, $E = 200$ GPa, $P = 160$ kN.

5.55 문제 5.54를 하중이 AC면의 중앙(예, $e = 75$ mm)에 가해질 경우로 다시 수행하라.

5.56 알루미늄 합금 6061-T6의 정사각형 단면에 길이가 L인 중공축 박스형 기둥이 그림 P5.56과 같이 바닥부를 고정하고 꼭대기를 자유단으로 하는 구조로서 건설되어 있다. 기둥은 편심이 e만큼 된 곳에 압축하중 P를 받고 있다. 이 때 다음 값을 구하라.

a. 기둥의 꼭대기에서의 수평 처짐양

b. 기둥에서의 최대 응력

[그림 P5.54]

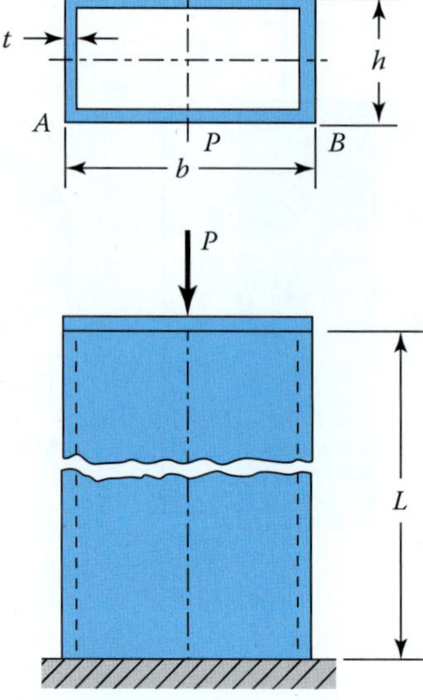

[그림 P5.56]

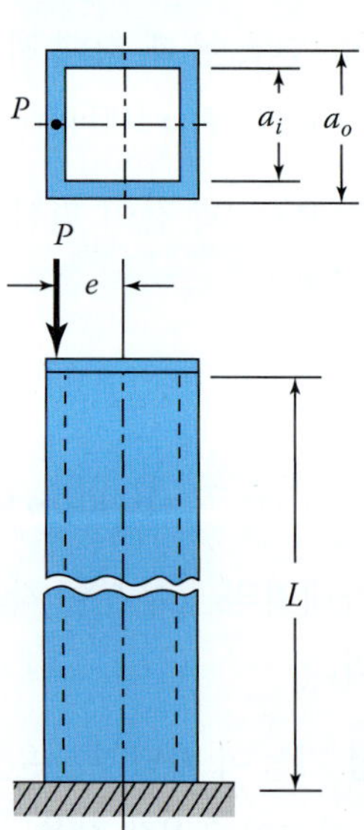

주어진 값: $a_0 = 120$ mm, $a_i = 100$ mm, $e = 55$ mm, $L = 2$ m, $P = 200$ kN, $E = 70$ GPa, $S_y = 260$ MPa(표 B.1).

5.57 그림 P5.56은 강철 중공축 기둥이 편심이 e만큼 된 압축하중 P를 받는 모습을 보여주고 있다. 꼭대기에서의 수평 처짐양이 υ_{max}일 때 다음 값을 구하라.

a. 편심량 e

b. 기둥에 가해지는 최대 응력

주어진 값: $a_0 = 120$ mm, $a_i = 100$ mm, $L = 1.9$ m, $P = 300$ kN, $\upsilon_{max} = 15$ mm, $E = 200$ GPa, $S_y = 250$ MPa(표 B.1).

5.58 바닥부가 고정되어 있고 꼭대기부가 자유단 구조인 황동 기둥(E = 105 GPa)이 압축 축하중을 받고 있다. 이 때 다음 두 경우에 대한 임계 좌굴하중을 계산하라(그림 P5.40).

a. 바깥쪽 지름 D = 51 mm의 원형 중실축형 튜브

b. 한 면이 a_0 = 40 mm인 정사각형 단면의 튜브

요구 조건: 기둥의 단면적과 길이는 A = 500 mm^2, L = 2 m이다.

5.59 $b \times h$의 직사각형 단면 구조의 강철 기둥을 생각해 보자. 이 강철 기둥은 한쪽 끝이 고정되어 있고, 다른 한쪽 끝은 핀으로 고정되어 있다. 이 때 두 길이에 대한 좌굴하중을 구하라.

a. L = 180 mm

b. L = 500 mm

주어진 값: b = 32 mm, h = 10 mm, S_y = 250 MPa, E = 200 GPa.

5.60 30 in. 길이의 긴 중공축 알루미늄 합금 6061-T6 튜브의 끝단이 핀으로 고정되어 있다. 핀으로 고정되어 있는 끝단은 바깥쪽 지름 D = 2.5 in.에 안쪽 지름 d = 2.4 in.를 가지고 있다. 이 때 다음 값을 구하라.

a. 동심 하중에 대한 임계하중

b. 편심하중(P = 3.5 kips, e = 0.12 in.) 하에서의 최대 응력(그림 P5.50)

주어진 값: $E = 10 \times 10^6$ psi, S_y = 38 ksi.

5.13절~5.15절

5.61 동심하중 P를 지지하기 위하여 길이 L의 강철 봉이 필요한 상황을 생각해 보자. 이 때 요구되는 강철 봉의 최소지름을 구하라.

주어진 값: S_y = 350 MPa, E = 200 GPa, L = 3 m, P = 50 kN.

가정: 양 끝단은 고정되어 있다.

5.62 4 m 길이의 끝단이 고정된 목재 기둥이 동심하중 100 kN을 안전하게 지지할 수 있어야 한다. 이 때 앞의 조건을 만족하는 정사각형의 단면을 가지는 기둥을 설계하라.

주어진 값: E = 12.4 GPa, σ_{all} = 10 MPa(나무결과 평행한 방향으로 압축력을 받은 경우).

5.63 알루미늄 합금 6061-T6 파이프가 바깥쪽 지름 D, 안쪽 지름 d, 길이 L을 가지고 있다. 이 때 허용가능한 축하중 P를 구하라. 파이프의 경우 기둥으로 사용될 것이며 한쪽 끝이 고정되고 다른 한쪽 끝은 핀으로 고정될 것이다.

주어진 값: D = 14 in., d = 12 in., L = 20 ft.

5.64 핀으로 고정된 강철 기둥이 수직하중 P를 받고 있다. 이 때 허용가능 응력을 구하라.

주어진 값: 기둥의 단면적은 80 × 120 mm이고 길이는 3.5 m이다.

$$p = 600\ \text{kN},\ E = 210\ \text{GPa},\ S_y = 280\ \text{MPa}.$$

5.65 $W360 \times 216$의 압연된 강철 기둥(표 A.6 참조)이 그림 P5.65와 같이 끝단이 고정되어 있고 중심부의 점 C가 보강되어져 있다. 이 때 허용가능한 축하중 P의 값을 계산하여라.

주어진 값: $E = 200$ GPa, $S_y = 280$ MPa.

가정: 보강은 xy평면에서의 단순 지지역할을 한다.

[그림 P5.65]

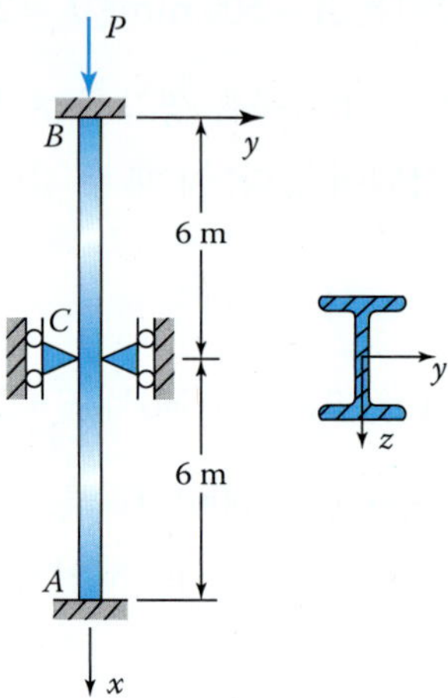

5.66 $a \times a$ 정사각형 단면의 길이가 $L = 0.5$ m인 알루미늄 합금 6061-T6 기둥의 양 끝단이 핀으로 고정되어 있다. 부재가 축하중 $P = 200$ kN을 지지하고 있을 때 최소 허용가능 폭 a를 구하라.

5.67 그림 P5.67은 직사각형 단면의 알루미늄 합금 6061-T6(표 B.1 참조) 튜브가 유효길이 L_e인 기둥으로 사용되는 것을 묘사하고 있다. 이 때 가장 큰 크기의 허용가능한 중심하중 P의 값은 얼마인가?

주어진 값: $L_e = 14$ ft, $E = 10 \times 10^6$ psi(표 B.1).

[그림 P5.67]

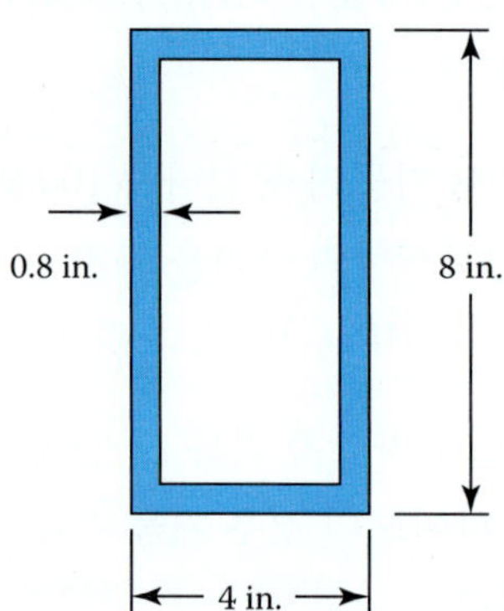

5.68 3.5 in.에 2.5 in. 길이의 직사각형 단면을 가진 길이 L의 목재 기둥이 바닥면이 고정되어 있고 꼭대기가 자유단으로 되어 있다. 이 때 구조가 지지 가능한 최대 허용가능 축하중 P의 값을 구하라.

주어진 값: $L = 4$ ft, $E = 1.7 \times 10^6$ psi(표 B.1).

5.69 문제 5.68을 기둥의 길이가 $L = 30$ in.인 경우로 다시 수행하라.

5.70 단순 지지된 보-기둥이 균일하게 분포된 측면 하중 w와 축방향 하중 P를 그림 P5.70처럼 받고 있다. 평형법적인 접근을 이용하여 처짐 υ에 대한 표현식을 도출하여라.

[그림 P5.70]

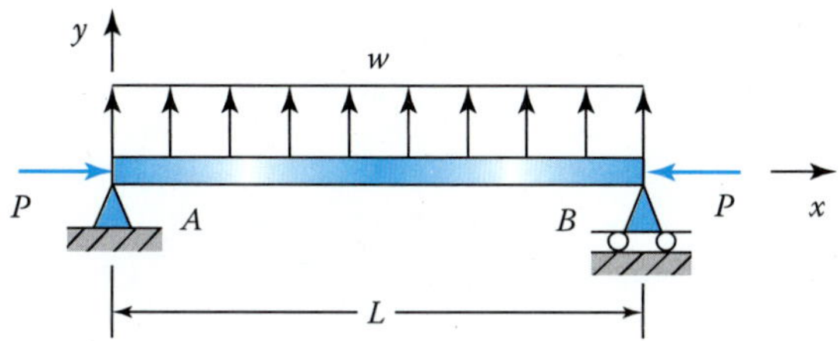

PART 2

파손 방지

자동차 클랭크축이 피로하중으로 인해 조각나있다(www.google.com). 마모와 부식으로 인한 표면손상뿐만 아니라 피로파괴에 대한 방지 혹은 그를 줄이는 것은 현대 기계공학의 주요한 과제 중 하나이다. 다양한 재료와 환경에 대한 적절한 표면처리 및 코팅은 제품의 수명과 성능을 향상시킬 수 있다. part 2에서는 정적 및 동적 파손기준의 식과 설계에서의 신뢰도 평가, 표면 마모에 대한 경험적인 접근에 대해 다룬다. 다양한 하중을 받는 요소들에 대한 응용 또한 포함되어 있다.

CHAPTER 06

정적파손기준과 신뢰도

6.1 서론

설계를 제대로 하기 위해서는 파손이 일어날 상황을 미리 예측해야 한다. 아주 일반적인 용어로 *파손*(failure)은 구조물이나 기계의 부품이 제 기능을 하지 못하도록 하는 작용을 의미한다. 여러 가지의 하중을 받는 부재들의 강도, 강성 및 안정성은 파손의 모드들이다. 또한 파손은 구조물이 하중을 부담하는 능력과는 직접적인 관련 없이, 새로운 요구사항에 적합하지 않아 발생하는 경우도 있다. 파손과 관련된 중요한 변수들은 재질, 형상, 부하형태, 표면상태, 환경 등이다.

이 장에서는 설계에서 *정적파손기준*(static failure criteria)과 *신뢰도 평가*(reliability method)에 관해서 다룬다. 우리는 주로 항복과 파괴에 의해서 발생하는 균질이고 등방성인 재료의 파손에 관심을 갖고 있다. 또한 파손과 관련된 재료의 기계적인 거동을 논하고자 한다. 항복과 파괴에 의해서 일어나는 파손과 함께, 부재가 균열전파에 의해서 비교적 낮은 응력에서도 파손될 수 있다. *파괴역학 이론*(fracture mechanics theory)은 계산된 재료의 응력집중계수를 실험에서 얻은 인성기준값과 비교하여 급격한 파손을 예측하는 방안을 제시한다(6.2~6.4절 참조). 파손의 다른 형태는 기계요소의 과도한 탄성변형, 기계나 구조물을 쓸모 없게 만들거나 좌굴(buckling)에 의해서 부품이 파손되는 것이다. 파손의 여러 가지 형태는 기존 참조문헌에서 다루고 있다[1-4].

부재를 필요 이상으로 크게 설계하기를 원하지 않는다면, 가장 가능성이 있는 파손의 형태와 제품의 신뢰도를 예측하는 것이 필요하다. 필요에 따라서 강도를 기준으로 한 파손 이론들이 대부분의 기계와 구조물 설계에서 사용되고 있다. 요소의 실제 파손기구는 아주 복잡하다. 각 파손 이론은 재료의 주어진 등급에 대해서 파손기구를 모델링하는 한 가지 시도에 불과하다. 각 경우에 요구되는 안전성과 신뢰도를 확보하기 위하여 안전율이 사용된다. 분명히 복합재료는 균일한 성질을 나타내지 않으므로 더 복잡한 파손기준을 요구한다[3].

6.2 파괴역학의 기초

파괴(fracture)는 부재가 두 개나 그 이상의 조각으로 나누어지는 것을 말한다. 파괴는 '잡아당겨서 분리하는' 인장응력과 관련이 있다. 상대적으로 취약한 재료는 단면 전체에 걸쳐서 항복이 없이 파괴된다. 그래서 취성파손(brittle fracture)은 변형이나 단면 감소가 전혀 없이 일어나고 에너지 흡수가 전혀 없다. 이런 형태의 파손은 어떤 재료에서는 순간적으로 일어난다. 취성파손의 기구를 중점적으로 다루는 파괴역학은 부품에서 알 수 없는 아주 작은 크기의 균열, 흠집이나 이물질 근처에서 발생하는 응력해석을 바탕으로 한다. 균열은 재료 표면이나 내부에 정상적인 상태에서 존재할 수 있는 아주 미세한 결함이다.

3.13절에서 지적한 바와 같이, 응력집중계수는 모든 치수가 정확하게 알려진, 특히 응력집중이 큰 지역에서의 곡률반지름을 알고 있는 탄성체에 한정된다. 균열이 있을 때, 균열이 시작되는 부분의 반지름이 0에 접근하면 응력집중계수는 무한대에 가까워진다. 따라서 응력집중계수의 개념은 쓸모가 없어진다. 더욱이 결함 끝(flaw tip)의 곡률반지름을 안다 할지라도 국부응력이 높으면 국부적인 소성변형이 일어난다. 이런 상황에서 탄성응력집중계수는 의미가 없어진다. 앞서 기술한 내용을 참고하면, 균열이 존재할 때 응력집중계수 관점에서의 해석은 적절하지 않다는 결론을 내릴 수 있다.

1920년에 A. A. Griffith는 응력을 받고 있는 물체에서 방출된 변형에너지가 균열의 표면을 형성하는 데 필요한 에너지와 같거나 크면, 발생된 균열이 급격히 진전되어서 순간적으로 파괴될 것이라고 가정하였다. 이를 근거로 하여 부품에서 균열을 진전시키는 평균응력(균열이 없을지라도)을 계산할 수 있다. 상대적으로 취약한 재료에서는 균열이 존재하면, 균열이 전파됨에 따라 에너지가 계속적으로 공급되는 기구를 만든다.

1940년대와 1950년대에 선박, 교량, 압력용기 등의 파손으로 재난이 발생한 후에, 균열의 성장조건에 관해서 설계기술자들의 관심이 증가되어 왔다. Griffith의 개념은 G. R. Irwin에 의하여 확장되었다[5]. Griffith의 실험은 원래 유리를 가지고 수행되었지만, 그의 기준은 경강, 고강도 알루미늄 합금과 연성과 취성의 천이온도 이하의 저탄소강에도 널리 적용되어 왔다. 그런데 파손이 전적으로 취성형태에서 발생하지 않는 경우도 많으므로 상대적으로 취성과 연성 사이에 놓여 있는 재료에 적용하기 위해서는 Griffith 이론을 수정해야 하며, 이는 고체역학에서 설계 및 연구의 활발히 진행되고 있다.

파괴역학의 과제에 대해서 폭넓게 다루는 것은 이 교재의 범위를 벗어나지만, 기본 원리들과 중요한 결과들에 대해서는 간단히 살펴볼 것이다. 파괴역학은 초기에 미세한 균열(크기, 모양과 위치가 정의된)이 존재한다는 가정에서 출발하였다. 만약 취성파손이 일어난다면, 그것은 부하조건과 환경이 초기균열을 급격하게 진전시켜서 파손되도록 하였기 때문이다. 피로하중 작용하에서, 초기균열은 한계값까지는 서서히 전파되다가 한계값에 달하면 급격하게 파단이 일어난다.

6.3 응력강도계수

파괴역학적 접근에서, 응력강도계수 K는 응력집중계수와 대비되어 계산된다. 이 응력강도계수는 균열선단에서 유효국부응력의 값으로 생각할 수 있다. 판에서 균열 변형의 세 가지 모드는 그림 6.1과 같다. 현재 가장 유용하게 쓰이는 K값은 균열에 수직으로 인장응력이 작용하는 *모드 I*(그림 6.1a)의 경우이며 이를 K_I라 한다. 다른 형식은 모드 II, III으로 각각 전단응력이 평면 내에 존재하는 것과 평면에 수직으로 작용하는 경우이다(그림 6.1b와 그림 6.1c). 여기서는 *모드 I*만 다루므로 아래첨자 'I'를 제거하고 $K = K_I$으로 표기하겠다.

여러 가지 부재의 형상, 초기균열의 형상 및 방향에 대해서, 파손을 잘 예측할 수 있는 해석적 결과(analytic solution)와 유한요소해석을 포함한 수치 해석 결과(numerical solution)는 계속 발전되어 왔다. 평판과 보에 대한 *응력강도계수*(stress intensity factor)는 다음과 같이 정의된다.

$$K = \lambda\sigma\sqrt{\pi a} \tag{6.1}$$

여기서

σ = 수직응력

λ = 형상계수(표 6.1에 제시된 a/w와 관련된 형상적 요소)

a = 균열길이(혹은 균열길이의 1/2)

w = 부재의 폭(혹은 부재폭의 1/2)

응력강도계수는 균열의 크기 및 형상은 물론 작용하중과 시편의 형상에 관련이 있다는 것을 식 (6.1)과 표 6.1에서 알 수 있다. K는 응력이나 균열의 크기가 증가함에 따라 증가한다. 응력강도계수의 단위는 보통 국제단위로 $\text{MPa}\sqrt{\text{m}}$이고 미국 통용단위로 $\text{ksi}\sqrt{\text{in.}}$이다.

대부분 균열은 표 6.1에 그려진 것처럼 간단한 것은 아니다. 균열은 어떤 각을 가지거나 물체 안에 묻혀 있거나 표면 안으로 움푹 들어가 있을 수 있다. 부재 내에서 얕은 표면균열은 반타원으로 간주할 수 있다. 원형이나 타원 형상은 각종 연구에 적절한 것으로 증명되었다. 파괴역학에 관한 교재들은 해석, 응용 및 방대한 참조문헌을 제공한다[7].

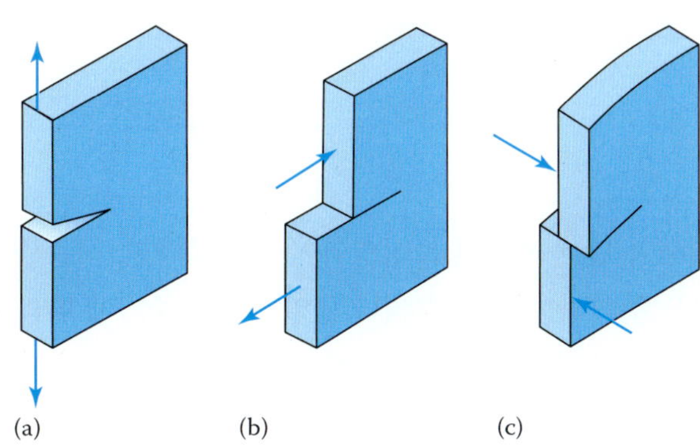

[그림 6.1]
균열 변형 타입. (a) 모드 I(열림) (b) 모드 II(미끄러짐) (c) 모드 III(비틀림)

〈표 6.1〉 초기 균열 형태에 따른 형상 계수 λ

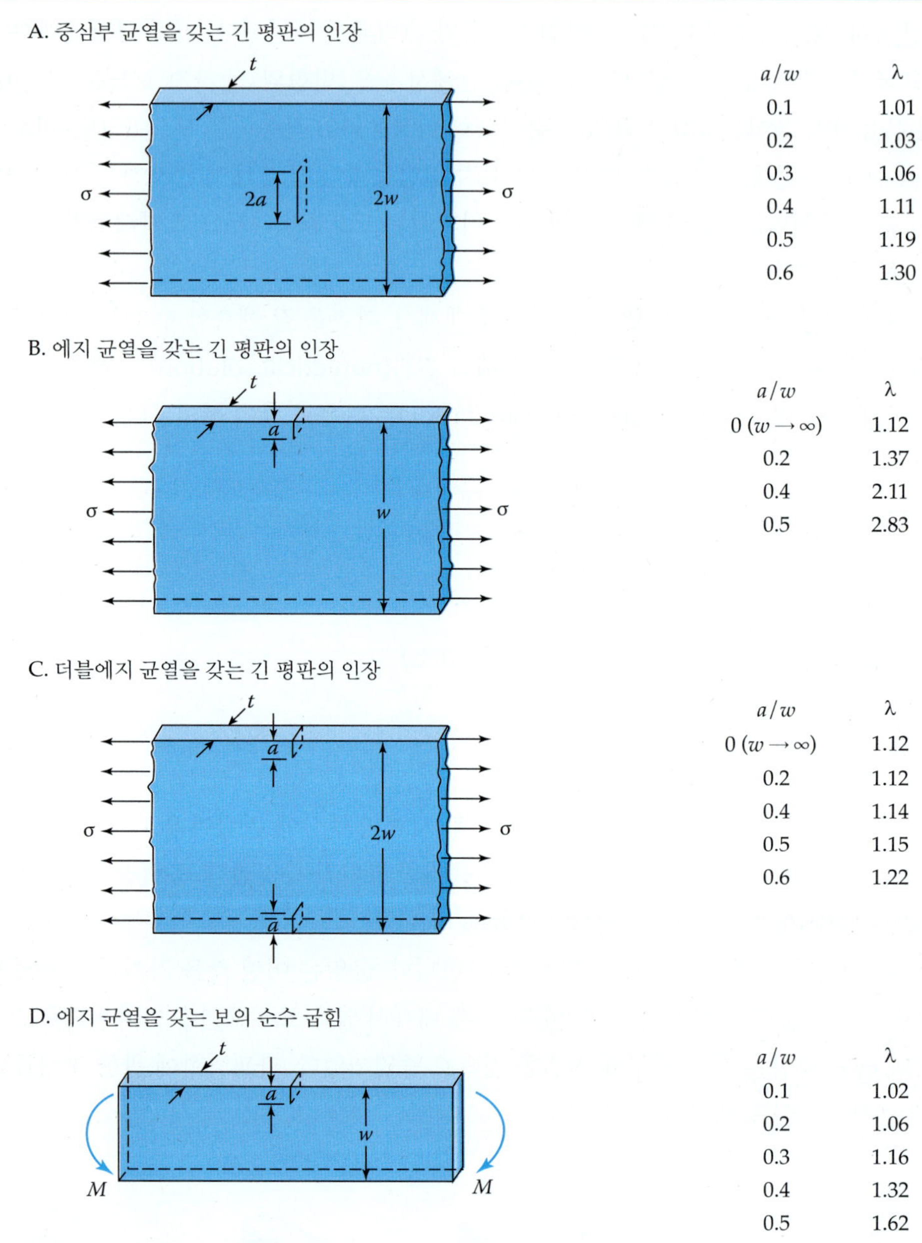

A. 중심부 균열을 갖는 긴 평판의 인장

a/w	λ
0.1	1.01
0.2	1.03
0.3	1.06
0.4	1.11
0.5	1.19
0.6	1.30

B. 에지 균열을 갖는 긴 평판의 인장

a/w	λ
0 ($w \to \infty$)	1.12
0.2	1.37
0.4	2.11
0.5	2.83

C. 더블에지 균열을 갖는 긴 평판의 인장

a/w	λ
0 ($w \to \infty$)	1.12
0.2	1.12
0.4	1.14
0.5	1.15
0.6	1.22

D. 에지 균열을 갖는 보의 순수 굽힘

a/w	λ
0.1	1.02
0.2	1.06
0.3	1.16
0.4	1.32
0.5	1.62
0.6	2.10

균열의 선단에 조그만 소성영역이 형성된다면, 하중증가에 따라 일어나는 균열 전파는 중단된다는 사실을 주의해야 한다. 그러나 균열길이의 증가에 따라 응력강도는 상승하고, 언젠가는 균열이 다시 약간 전파될 것이다. 감소된 하중 부담면적 때문에 응력이 계속 증가하면, 균열은 진전되어서 마침

내 파손에 이르게 된다. 피로균열의 진전속도를 알기 위하여 응력강도계수를 사용하는 것은 7.14절에서 논의된다.

6.4 파괴인성

주어진 재료의 파괴인성 실험에서 균열이 전파되는 곳의 응력강도계수가 측정된다. 이것은 한계응력강도계수이고, *파괴인성*(fracture toughness)으로 알려져 있으며 K_c로 표시된다. 실험은 언제나 노치의 밑에서 예리한 균열을 가진 보나 인장을 받는 부재 형태의 ASTM(미국재료시험학회) 표준시편을 사용하여 수행된다. 하중이 서서히 작용하고 기록은 하중과 노치의 확대폭(notch opening)으로 만들어진다. 그 데이터들은 파괴인성의 값으로 설명된다.

균열길이가 알려지거나 가정된 부재에 작용하는 응력을 아는 경우에, 응력강도계수 K가 파괴인성 K_c에 달하면, 균열이 전파되어 순간적으로 파열이 일어난다. *파괴역학에서 안전율*(factor of safety), 즉 강도와 응력의 비는 다음과 같다.

$$n = \frac{K_c}{K} \tag{6.2}$$

식 (6.1)의 응력강도계수를 대입하면, 위 식은 다음과 같이 된다.

$$n = \frac{K_c}{\lambda\sigma\sqrt{\pi a}} \tag{6.3}$$

표 6.2는 몇 가지 합금의 항복강도와 단일 에지노치(edge notch) 시편을 사용하여 실온에서 측정

〈표 6.2〉 공업재료에 대한 항복강도 S_y와 파괴인성 K_c

	S_y		K_c		a와 t의 최솟값	
금속	**MPa**	**(ksi)**	**MPa$\sqrt{\text{m}}$**	**(ksi$\sqrt{\text{in.}}$)**	**mm**	**(in.)**
철						
AISI 4340	1503	(218)	59	(53.7)	3.9	(0.15)
스테인리스 강						
AISI 403	690	(100)	77	(70.1)	31.1	(1.22)
알루미늄						
2024-T851	444	(64.4)	23	(20.9)	6.7	(0.26)
7075-T7351	392	(56.9)	31	(28.2)	15.6	(0.61)
티타늄						
Ti-6A1–4V	798	(116)	111	(101)	48.4	(1.91)
Ti-6a1–6V	1149	(167)	66	(60.1)	8.2	(0.32)

한 파괴인성을 나타낸다. 결과의 일관성을 위하여, ASTM 규격은 균열길이 a 혹은 부재의 두께 t를 다음 식과 같이 요구한다.

$$a,\ t \geq 2.5\left(\frac{K_c}{S_y}\right)^2 \tag{6.4}$$

이 식은 평면변형 상태이고 균열평면이 평평하다는 조건하에서 성립한다. 식 (6.4)에 의해서 결정된 a와 t는 표에 포함되어 있다.

앞에 나온 식들의 적용은 다음에 나오는 각종 수치해석 결과에서 설명된다.

예제 6.1 항공기 패널에서의 에지균열

폭 w이고 두께 t인 항공기 패널이 그림 6.2와 같이 인장을 받고 있다. 에지균열의 길이가 a까지 늘어날 때, 급격한 파괴가 일어나지 않고 작용할 수 있는 최대하중 P를 구하라.

주어진 값: $w = 100$ mm, $t = 16$ mm, $a = 20$ mm.

설계 결정: 무게를 줄이기 위하여 평판은 7075-T7351로 만든다.

풀이

표 6.2에서 알루미늄 합금에 대해서

$$K_c = 31\ \text{MPa}\sqrt{\text{m}} = 31\sqrt{1000}\ \text{MPa}\sqrt{\text{mm}},\quad S_y = 392\ \text{MPa}$$

길이 a와 두께 t는 표 6.2를 만족시킨다. 표 6.1의 B를 참조하면

$$\frac{a}{w} = \frac{20}{100} = 0.2,\quad \lambda = 1.37$$

식 (6.3)에서 $n = 1$이면

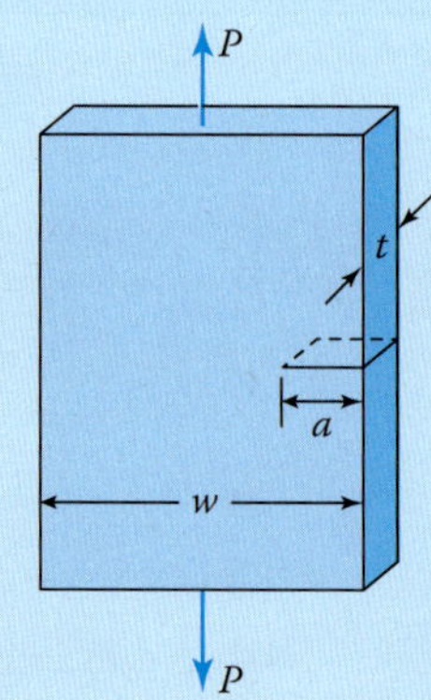

[그림 6.2]
예제 6.1

$$\sigma_{all} = \frac{K_c}{\lambda\sqrt{\pi a}} = \frac{31\sqrt{1000}}{1.37\sqrt{\pi(20)}} = 90.27 \text{ MPa}$$

그러므로

$$P = \sigma_{all}(wt) = (90.27)(100 \times 16) = 144.4 \text{ kN}$$

평가: 파괴에서 공칭응력 $P/16(100–20) = 112.8$ MPa이고, 재료의 항복강도보다 작다.

예제 6.2 중앙에 균열을 가진 넓은 평판의 설계

폭 $2w$인 큰 평판에 길이방향으로 인장력 P가 균일하게 작용하고 있다. 이 평판의 중앙에 길이 $2a$인 가로균열이 있을 때

1. 항복을 방지하기 위하여
2. 급격한 파괴를 막기 위하여

필요한 두께 t를 구하라. 단 안전율은 n이다.

주어진 값: $w = 60$ mm, $P = 160$ kN, $n = 2.5$, $a = 9$ mm.

설계 설정: 평판은 Ti-6A1-6V이다.

풀이

표 6.2에서 티타늄 합금에 대하여

$$K_c = 66\sqrt{1000} \text{ MPa}\sqrt{\text{mm}}, \quad S_y = 1149 \text{ MPa}$$

a. 실제면적에 대한 허용 인장응력은

$$\sigma_{all} = \frac{S_y}{n} = \frac{P}{2(w-a)t}$$

그러므로

$$t = \frac{Pn}{2(w-a)S_y} = \frac{160(10^3)(2.5)}{2(60-9)1149} = 3.4 \text{ mm}$$

b. 표 6.1의 A에서

$$\frac{a}{w} = \frac{9}{60} = 0.15, \quad \lambda = 1.02$$

$n = 2.5$일 때 식 (6.3)을 사용하면 파괴 시의 응력은

$$\sigma = \frac{K_c}{\lambda n\sqrt{\pi a}} = \frac{66\sqrt{1000}}{1.02(2.5)\sqrt{\pi(9)}} = 153.9 \text{ MPa}$$

이다. 이 응력이 항복응력보다 작으므로 파괴가 설계의 관건이고, $\sigma_{all} = 153.9$ MPa이다. 따라서

$$t_{red} = \frac{P}{2w\sigma_{all}} = \frac{160\left(10^3\right)}{2(60)(153.9)} = 8.66 \text{ mm}$$

평가: 두께 8.7 mm를 사용한다. a와 t는 모두 표 6.2를 만족시킨다.

예제 6.3 에지균열을 가진 브래킷의 부하용량

그림 6.3a와 같이 에지균열과 균일한 두께 t를 가진 브래킷이 집중하중을 받고 있다. 균열길이 a이고 안전율 n일 때, 파괴하중 P를 구하라.

주어진 값: $a = 0.16$ in., $w = 2$ in., $d = 4$ in., $t = 1$ in., $n = 1.2$.

가정: 브래킷은 AISI 4340 강철이고, 선형탄성 응력해석이 적합하다.

풀이

표 6.2를 참조하면

$$K_c = 53.7 \text{ ksi}\sqrt{\text{in.}}, \quad S_y = 218 \text{ ksi}$$

a와 t의 값은 모두 표 6.2의 값을 만족시키는 것을 알 수 있다. B점을 통과하는 단면(그림 6.3b)에서 굽힘모멘트는

$$M = P\left(d + \frac{w}{2}\right) = P(4+1) = 5P$$

조합하중(combined loading)에 대한 공칭응력은 축방향 힘 P와 모멘트 M에 대한 두 응력상태의 중첩이므로

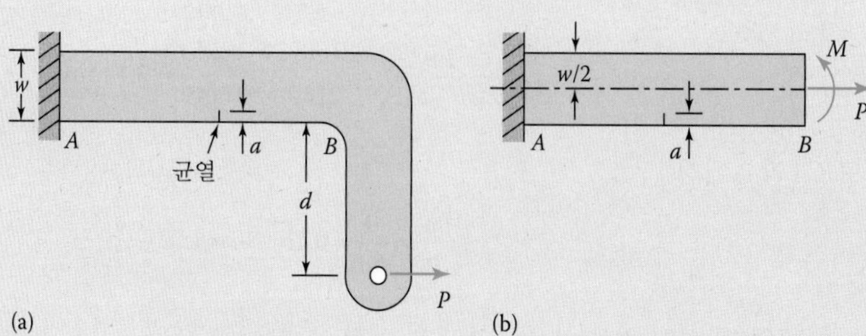

[그림 6.3]
예제 6.3. (a) 에지균열이 있는 브래킷
(b) 자유물체도

$$\lambda\sigma = \lambda_a\sigma_a + \lambda_b\sigma_b$$
$$= \lambda_a \frac{P}{wt} + \lambda_b \frac{6M}{tw^2} \qquad (6.5)$$

여기서 w와 t는 각각 폭과 두께이다.

균열길이와 브래킷 폭의 비 $a/w = 0.08$이다. 표 6.1의 B와 D의 경우에 $\lambda_a = 1.12$이고, $\lambda_b = 1.02$이다. 식 (6.5)는 아래와 같이 된다.

$$\lambda\sigma = 1.12\frac{P}{2(1)} + 1.02\frac{6(5P)}{1(2)^2}$$
$$= 0.56P + 7.65P = 8.21P$$

그리고 식 (6.3)을 사용하여

$$\lambda_\sigma = \frac{K_c}{n\sqrt{\pi a}}; \quad 8.21P = \frac{53.7\left(10^3\right)}{1.2\sqrt{\pi(0.16)}}$$

따라서 $P = 7.69$ kips이다.

평가: 파괴에서 공칭응력 $7.69/[1(2-0.16)] = 4.18$ ksi이고, 항복강도보다 훨씬 작으므로 앞의 가정이 합당하다.

6.5 항복 및 파괴기준

많은 경우에 부재는 항복이나 영구변형이 일어나기 시작할 때 파손이 된다. 금속의 경우에 전단응력이 항복을 일으키는 데에 중요한 역할을 한다. 경우에 따라서 약간의 치수변화와 항복점을 넘는 정하중이 허용되기도 한다. 그리하여 재료의 극한강도에서 파단이 일어난다. 파단 혹은 응력에 의하여 재료가 둘 혹은 그 이상으로 분리되는 것은 인장응력과 관련이 있다. 특히 1차원 응력상태에서 일반적으로 압축응력은 인장응력보다 덜 위험한 것으로 생각된다. 재료의 취성이나 연성은 파손기구를 설명하는 데에 적합하다. 그러나 연성재료와 취성재료 사이의 구분은 단순하지 않고, 연성과 취성의 경계를 정의한 2.9절에서 논의한 대로 응력, 온도와 재료의 특성이 주요한 역할을 한다.

$\sigma_1 > \sigma_2 > \sigma_3$인 3축 응력상태 요소를 생각해 보자. 아래첨자 1, 2와 3은 주축방향을 나타낸다. 1축 부하에서 응력상태는 수직력을 단면적으로 나눈 σ_1으로 정의되고, $\sigma_2 = \sigma_3 = 0$이다. 단순인장 시험에서 항복과 파괴의 시작에 상응하는 표 6.3의 두 번째 열에 나와 있는 응력과 변형에너지는 다음과 같이 결정된다. 시편이 항복을 일으키기 시작할 때, $\sigma_1 = S_y$이다. 그러므로 최대 전단응력은 식 (3.34)에 의하여 $\tau_{max} = \sigma_1/2 = S_y/2$, 재료에 흡수된 최대 전단변형 에너지 밀도는 식 (5.9)에 의하여 $G = E/2(1$

〈표 6.3〉 인장과 비틀림 시험에서 응력상태에 대한 재료의 사용 가능한 값

항목	인장 시험	비틀림 시험
최대 전단응력	$S_{ys} = S_y/2$	S_{ys}
최대 전단변형 에너지	$U_{od} = [(1+\nu)/3E]s_y^2$	$U_{od} = S_{ys}^2(1+\nu)/E$
최대 8면체 전단응력	$\tau_{oct} = (\sqrt{2}/3)S_y$	$\tau_{oct} = (\sqrt{2}/\sqrt{3})S_{ys}$
최대 주변형력	S_u	S_{us}

주: 인장항복강도 S_y, 전단항복강도S_{ys}, 인장극한강도 S_u, 전단극한강도 S_{us}.

$+\nu$)일 때 $U_{od} = S_y^2/6G$이고, 최대 8면체 전단응력은 식 (3.52b)에 의하여 $\tau_{oct} = (\sqrt{2}/3)S_y$이다. 한편, 급격한 파괴에서 최대 주응력은 $\sigma_1 = S_u$이다. 단순인장 시험에서 얻은 앞의 값들은 조합응력에 관련된 파손을 예측하는 데에 특별한 의미를 지닌다.

비틀림 시험에서 응력상태는 $\tau = \sigma_1 = -\sigma_2$와 $\sigma_3 = 0$으로 지정된다. 여기서 전단응력은 비틀림 공식을 사용하여 계산된다. 순수전단의 경우에 항복과 파괴의 초기에 응력과 변형에너지는 표 6.3의 세 번째 열에 나타나 있다. 이 값들은 앞의 인장시험에 대해서 기술한 것과 비슷한 절차에 의하여 얻어진 것들이다.

1축방향 수직응력 혹은 순수전단응력을 받는 재료의 기계적인 거동은 간단히 응력-변형률 선도에 제시되고 있다. 이들 경우의 항복이나 파괴의 시작은 조합응력에 관련된 상황보다도 더 명백하게 나타난다. 기계설계의 관점에서 실제 사용상태에 맞는 응력조건하에서 항복이나 파괴를 예측하기 위하여 실제적인 지침이 있어야 한다는 것은 절대적이다. 이런 필요성을 충족시키기 위하여 재료의 거동과 강도로 이루어진 많은 파손기준과 이론들이 개발되어 왔다.

이런 강도이론들은 재료의 특별한 등급에 적용할 수 있도록 조직화되어 있다. 여기서는 조합응력하에서 연성재료의 소성거동의 시작을 예측하기 위하여 가장 널리 쓰이는 두 가지 이론에 대하여 6.6절부터 6.9절까지 논의하고자 한다. 조합응력하에서 취성재료에 적합한 세 가지 파괴이론은 6.10절부터 6.12절까지에 제시하고 있다. 살펴본 바와 같이 대부분의 정파손(static failure) 기준의 바탕이 되는 '이론'은 *단순인장 시험에서 파손에 영향을 미치는 것은 무엇이든지 조합응력하에서도 영향을 미친다는 사실이다.* 연성재료의 항복 이론은 연성금속의 항복을 판정하는 데에 한정된다는 것을 알아야 한다. 많은 고분자 재료는 연성이지만 표준 항복 이론을 따르지는 않는다.

6.6 최대 전단응력 이론

연성재료는 미끄럼 혹은 결정면에 따른 전단의 결과로 항복이 일어난다는 실험적인 관찰에 근거하여 최대 전단응력 이론이 개발되었다. 최대 전단응력 이론은 쿨롱(C. A. Coulomb, 1736~1806)에 의하

여 제안되고, 이 이론을 응용하는 데에 H. E. Tresca(1814~1885)가 기여를 하였기 때문에 *트레스카의 항복조건*(Tresca yield criterion)으로 알려져 있다. 이 이론은 물체 내의 어떤 점에서 최대 전단응력이 단순인장 시험에서 항복이 일어날 때의 최대 전단응력과 같으면 항복이 일어난다는 것이다. 그러므로 식 (3.50)과 표 6.3에 따르면

$$\tau_{max} = \frac{1}{2}|\sigma_1 - \sigma_3| = S_{ys} = \frac{1}{2}S_y$$

따라서 최대 전단응력 이론은 안전율 n에 대해서 다음과 같이 주어진다.

$$|\sigma_1 - \sigma_3| = \frac{S_y}{n} \tag{6.6}$$

평면응력(plane stress)의 경우($\sigma_3 = 0$), 응력들의 두 조합을 생각할 수 있다. σ_1, σ_2의 *부호가 반대*일 때, 즉 하나는 인장이고 다른 하나는 압축인 경우, 최대 전단응력은 $(\sigma_1 - \sigma_2)/2$이다. 항복조건은 다음과 같다.

$$|\sigma_1 - \sigma_2| = \frac{S_y}{n} \tag{6.7}$$

앞의 식은 $n = 1$에 대해서 다시 정리될 수 있다.

$$\frac{\sigma_1}{S_y} - \frac{\sigma_2}{S_y} = \pm 1 \tag{6.8}$$

σ_1과 σ_2가 같은 부호를 가지면, 최대 전단응력은 $(\sigma_1 - \sigma_3)/2 = \sigma_1/2$이다. 그런데 $|\sigma_1| > |\sigma_2|$와 $|\sigma_2| > |\sigma_1|$인 경우에 항복조건은 각각

$$|\sigma_1| = \frac{S_y}{n} \quad \text{그리고} \quad |\sigma_2| = \frac{S_y}{n} \tag{6.9}$$

$n = 1$에 대해서 식 (6.8)과 (6.9)는 그림 6.4와 같이 그래프로 표현된다. 식 (6.8)은 2사분면과 4사분면에 적용되는 것을 알아야 한다. 그러므로 6각형의 경계는 항복의 시작을 나타내고, 경계의 바깥쪽의 점들은 이미 항복이 된 상태이다. 최대 전단응력 이론이 연성재료의 실험과 잘 일치한다는 내용은 6.9

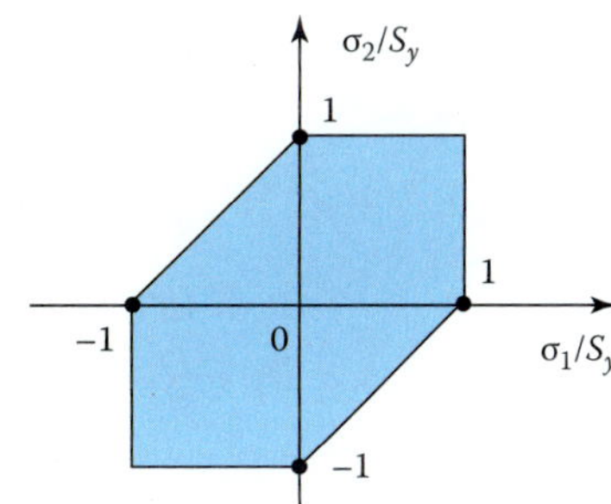

[그림 6.4]
최대 전단응력에 의한 항복조건

절에서 설명한다. 이 이론은 사용하기가 쉽다는 부가적인 이점이 있다. 그러나 다음에 논의할 최대 전단변형 기준이 연성재료의 항복을 판정하는 데에 실제 실험결과와 더 잘 부합되므로 추천되고 있다.

6.6.1 조합하중의 전형적인 예

그림 3.29와 같이 평면 굽힘, 비틀림, 축방향 힘과 가로방향의 전단하중을 받는 경우에, $\sigma_y = \sigma_z = \tau_{yz} = \tau_{xz} = 0$이다. 그러므로 주응력은

$$\sigma_{1,2} = \frac{\sigma_x}{2} \pm \tau_{\max} \tag{6.10}$$

여기서

$$\tau_{\max} = \left[\left(\frac{\sigma_x}{2}\right)^2 + \tau_{xy}^2\right]^{1/2}$$

식 (6.7)을 위 식에 대입하면, 이 경우에 최대 전단응력 기준은 다음과 같다.

$$\frac{S_y}{n} = \left(\sigma_x^2 + 4\tau_{xy}^2\right)^{1/2} \tag{6.11}$$

예제 6.4 비틀림과 축하중을 받는 연성재의 파손

인장항복강도 S_y인 연성재로 만들어진 원형봉이 토크 T를 받고 있다. 이 봉에 함께 작용할 수 있는 축하중 P를 구하라(그림 6.5 참조).

주어진 값: $T = 500\pi\ \text{N} \cdot \text{m}$, $D = 50\ \text{mm}$, 안전율 $n = 1.2$.

설계 결정: 봉은 $S_y = 300\ \text{MPa}$인 강철로 만들어졌다. 파손 기준은 최대 전단응력 이론을 사용한다.

풀이

주어진 조건에서 최대 응력은 축의 표면에서 발생한다. 최대 전단응력 이론을 사용한다면, 식 (6.11)에 의하여

$$\sigma_x = \left[\left(\frac{S_y}{n}\right)^2 - 4\tau_{xy}^2\right]^{1/2} \tag{a}$$

여기서

$$\sigma_x = \frac{P}{A} = \frac{4P}{\pi D^2}, \quad \tau_{xy} = \frac{Tr}{J} = \frac{16T}{\pi D^3} \tag{b}$$

[그림 6.5]
예제 6.4

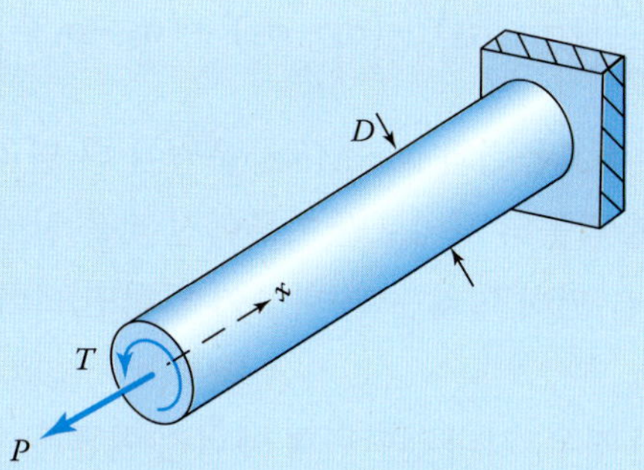

주어진 수치들을 대입하면, 식 (a)는

$$\sigma_x = \left[\left(\frac{300\times10^6}{1.2}\right)^2 - 4\left(\frac{16\times500\pi}{\pi\times0.05^3}\right)^2\right]^{1/2} = 214.75\ \text{MPa}$$

그러므로 식 (b)의 첫 번째는 다음가 같다.

$$P = \frac{\pi(0.05)^2(214.75\times10^6)}{4} = 421.7\ \text{kN}$$

평가: 이 값이 영구변형 없이 작용할 수 있는 축방향 힘의 최대 크기이다.

6.7 최대 전단변형 에너지 이론

최대 전단변형 에너지 이론은 1856년에 맥스웰(J. C. Maxwell)에 의하여 처음 제안되었고, 그 이후 1904년 M. T. Hueber, 1913년 R. von Mises와 1925년 H. Hencky에 의하여 보완되었다. 대개 *폰 미제스-행키 이론*(von *Mises-Hencky theory*)이나 *폰 미제스 이론*으로 부르고 있다. 이 이론은 조합응력 상태의 단위체적당 전단변형 에너지가 단순인장 시험에서 항복이 일어날 때 단위체적당 전단변형 에너지 값과 같을 경우에 그 물체의 한 점에서 항복이 일어난다는 것이다. 식 (5.9)와 표 6.3에 따라서

$$\frac{1}{12G}[(\sigma_1-\sigma_2)^2+(\sigma_2-\sigma_3)^2+(\sigma_3-\sigma_1)^2] = \frac{1+\nu}{3E}S_y^2$$

여기서 $G = E/2(1+\nu)$이다. 그러므로 안전율 n일 때, 항복이 일어나는 최대 전단변형 에너지는

$$\frac{\sqrt{2}}{2}\left[(\sigma_1-\sigma_2)^2+(\sigma_2-\sigma_3)^2+(\sigma_3-\sigma_1)^2\right]^{1/2} = \frac{S_y}{n} \tag{6.12}$$

다루기 쉽게 앞의 식에서 S_y/n을 *상당응력*(equivalent stress) σ_e로 바꿔 쓰면

$$\frac{\sqrt{2}}{2}\left[\left(\sigma_1-\sigma_2\right)^2+\left(\sigma_2-\sigma_3\right)^2+\left(\sigma_3-\sigma_1\right)^2\right]^{1/2}=\sigma_e \tag{6.13}$$

상당응력이라는 용어보다는 유효응력과 *von Mises 응력*이 더 널리 사용되고 있다. 식 (6.12)와 (6.13)을 살펴보면, 상당응력은 주응력들의 차이로만 이루어진 것을 알 수 있다. 결론적으로 크기가 같은 응력의 합은 항복에 전혀 영향을 미치지 않는다. 바꾸어 말하면, 소성변형은 정수압응력이나 압축응력과는 관련이 없다.

평면응력 상태인 $\sigma_3=0$인 경우, 최대 전단변형 에너지 이론은

$$\left(\sigma_1^2-\sigma_1\sigma_2+\sigma_2^2\right)^{1/2}=\frac{S_y}{n} \tag{6.14}$$

혹은

$$(\sigma_1^2-\sigma_1\sigma_2+\sigma_2^2)^{1/2}=\sigma_e \tag{6.15}$$

식 (6.14)는 $n=1$인 경우에 아래 식과 같이 표현될 수도 있다.

$$\left(\frac{\sigma_1}{S_y}\right)^2-\left(\frac{\sigma_1}{S_y}\right)\left(\frac{\sigma_2}{S_y}\right)+\left(\frac{\sigma_2}{S_y}\right)^2=1$$

이 식은 그림 6.6과 같이 타원을 나타낸다. 최대 전단응력 이론과 마찬가지로 빗금친 부분이 탄성영역을 나타낸다. 타원의 경계는 항복의 시작을 나타내는 것이고, 타원 바깥부분은 항복상태(소성영역)를 나타낸다. 최대 전단변형 에너지 이론은 평면응력 상태의 연성재료의 항복실험 결과와 잘 일치한다. 이 이론은 설계에 잘 사용되고, 다음 절에서 논의되는 8면체 전단응력 이론과 같은 결과를 얻을 수 있다.

[그림 6.6]
전단변형 에너지에 의한 항복기준

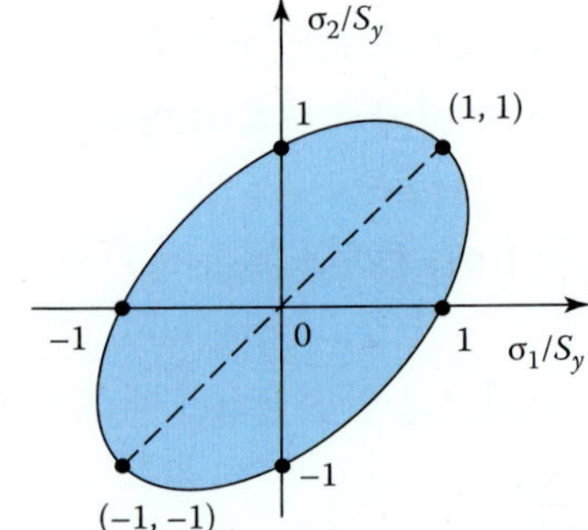

6.7.1 3축 응력상태에 대한 항복 곡면

식 (6.12)로부터 항복은 오직 응력의 차이에만 관계된다는 것을 알 수 있다. 따라서 같은 양의 응력이 각각에 더해지는 것은 항복 발생의 여부에 대해 아무런 영향을 끼칠 수 없다. 즉, 항복은 정수압응력이나 압축응력에 대해 독립적이다. 그림 6.7a는 주응력 좌표계에서 정의된 $P(\sigma_1, \sigma_2, \sigma_3)$에 대해 나타낸 것이다. 점 P에서 응력의 정수압 변화는 n방향과 P방향이 같아지도록 P의 방향을 설정시키는데 이 때의 방향은 좌표축과 동일한 각을 형성한다. 이는 정수압응력의 변화가 수직응력의 변화와 동일한 양만큼 관계되기 때문이다.

항복기준 전단변형 에너지 이론은 그림 6.7b의 실린더에 의해 잘 나타나 있다. 실린더의 곡면이 곧 항복곡면(혹은 항복지점)이고 곡면 내의 지점은 탄성영역이다. 따라서 항복지점 바깥 영역의 응력상태를 예측하는 계산은 불가능하다. 그림 6.6의 타원은 σ_1, σ_2 평면과 실린더가 교차하는 영역에 의해 정의된다. 더불어 항복곡면이나 항복지점이 최대 응력 이론에 적합한가에 대해서는 실린더 내에 위치한 육각형 평면에 의해 설명될 수 있다.

6.7.2 조합하중을 받는 전형적인 예

조합하중을 받는 특별한 경우($\sigma_y = \sigma_z = \tau_{yz} = \tau_{xz} = 0$)를 고려해 보자(6.6절 참조). 식 (6.10)을 (6.14)에 대입하면

$$\frac{S_y}{n} = \left(\sigma_x^2 + 3\tau_{xy}^2\right)^{1/2} \tag{6.16}$$

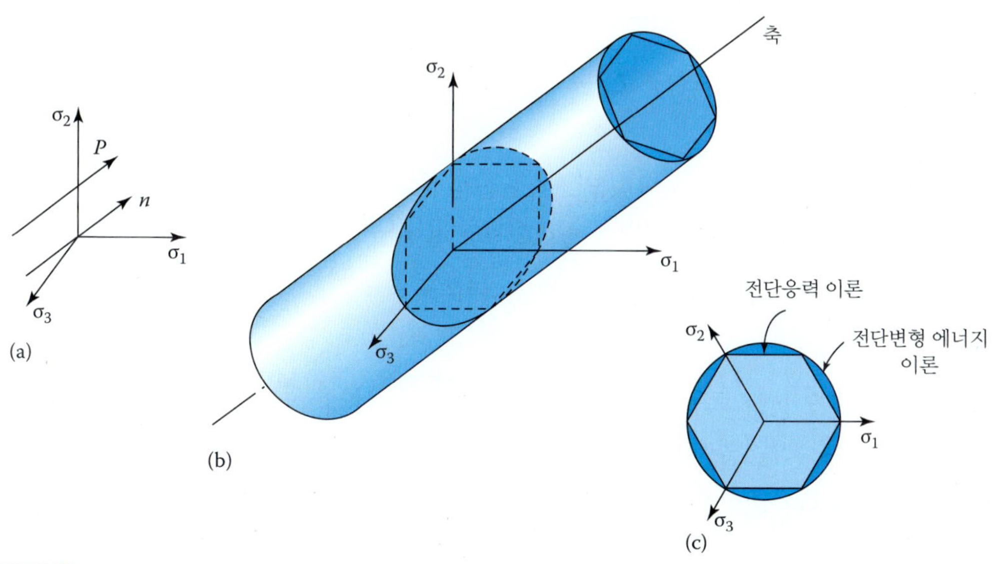

[그림 6.7]

전단변형 에너지와 전단응력에 의한 항복기준. (a) 위치에 의해 정의된 응력상태 (b) 3차원 항복 지점 (c) 실린더와 육각형의 축, n 방향을 따라 볼 때

분명히 식 (6.16)은 최대 전단변형 에너지 이론에 근거한 것이다.

6.8 8면체 전단응력 이론

Mises-Hencky 기준 혹은 *Mises 기준*이라고도 부르는 8면체 전단응력 이론은 임의의 응력상태에서 8면체 전단응력이 단순인장 시험의 8면체 전단응력과 같아질 때, 항복이 일어난다는 것이다. 단순인장의 경우, 8면체 전단응력은 식 (3.52b)와 표 6.3을 사용하고 식 (6.12)로부터 다음과 같이 얻어진다.

$$\tau_{oct} = \frac{\sqrt{2}}{3} S_y \tag{6.17}$$

Eichinger(1926)와 Nadai(1937)는 이 이론을 독립적으로 개발하였다.

8면체 전단응력 기준은 마찬가지로 전단변형 에너지항들로 고려될 수 있다. 일반적인 응력상태에 대해서 식 (5.9)로부터

$$U_{od} = \frac{3}{2}\frac{1+\nu}{E}\tau_{oct}^2$$

앞의 결과는 표 6.3에 주어진 값과 같고, 식 (6.17)과 동일한 것을 알 수 있다.

8면체 전단응력 기준이 전단변형 에너지 이론에 상응하는 것을 알 수 있다. 즉, 에너지 대신에 응력을 사용함으로써 전단변형 에너지 기준을 8면체 전단응력 기준에 적용할 수 있다. 이 교재에서는 전단변형 에너지 기준을 사용한다.

예제 6.5 비틀림 막대의 설계

그림 6.8에서 보이듯이 지름 d인 AISI-1050 강철 비틀림 막대 CB가 C를 베어링으로 하여 A에서 체결되고 B에 고정되어 있다. 암(arm)의 오른쪽 끝단에는 바퀴가 설치되어 있고 바퀴는 수직력 P를 바닥면으로부터 받는다.

주어진 값: $a = 120$ mm, $d = 34$ mm, $L = 360$ mm, $P = 2.6$ kN, $S_y = 580$ MPa (표 B.3 참조).

가정: 베어링 C는 단순 지지체로 작용한다. P에 의한 수평전단은 무시 가능하다.

구하는 값: 최대 전단응력과 최대 전단변형 에너지 기준을 이용한 비틀림 막대의 비탄성 변형에 대한 안전율 n

풀이

비틀림 막대의 곡면에서 임계 응력이 발생한다. 이를 따라 토크 $T = PL = 2600(0.36) = 936\ \text{N}\cdot\text{m}$와 모멘트

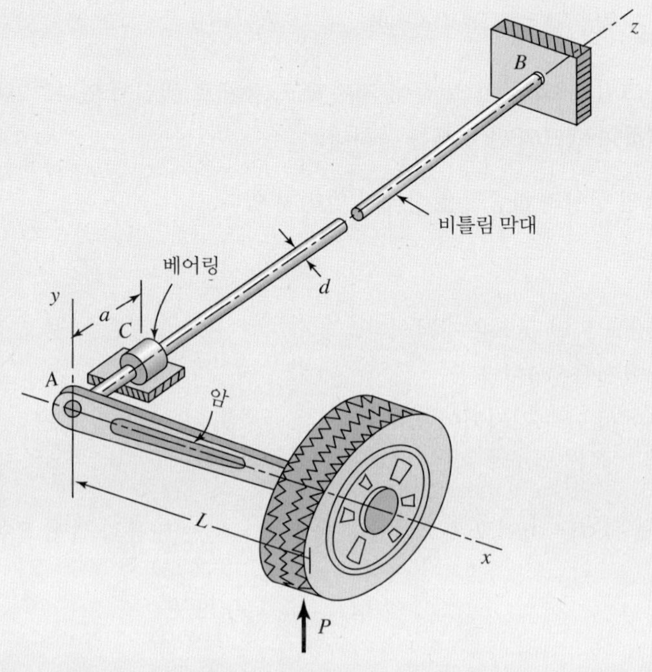

[그림 6.8]
예제 6.5. 일부 자동차에서 이용되는 바퀴 클램프의 개략도

$M = Pa = 2600(0.12) = 312\ \text{N}\cdot\text{m}$가 균일하게 작용한다. 따라서 그림 6.8을 참고하면 식 (3.10)과 (3.16)은 최대 전단과 휨응력의 결과를 낼 수 있다.

$$\tau_{xy} = \frac{16T}{\pi d^3} = \frac{16(936)}{\pi(0.034)^3} = 121.3\ \text{MPa}$$

그리고

$$\sigma_x = \frac{32M}{\pi d^3} = \frac{32(312)}{\pi(0.034)^3} = 80.86\ \text{MPa}$$

최대 전단응력 이론. 식 (6.11)을 이용하면

$$\left[(80.86)^2 + 4(121.3)^2\right]^{1/2} = \frac{580}{n}$$

그로부터 $n = 2.27$을 얻을 수 있다.

최대 전단변형 에너지 이론. 식 (6.14)를 이용하면

$$\left[(80.86)^2 + 3(121.3)^2\right]^{1/2} = \frac{580}{n}$$

위 식을 풀면 $n = 2.58$이다.

평가: 최대 전단변형 에너지 기준이 더 정확하므로 높은 안전율이 얻어지는 것이 더 합리적이다.

예제 6.6 원추형 탱크의 파손해석

원추형 탱크가 그림 6.9와 같이 그 끝이 지지되고, 유체로 채워져 있다. 최대 전단응력 이론과 전단변형 에너지 이론에 의하여 탱크의 판 두께를 구하라.

주어진 값: 탱크의 형상과 하중작용 상태가 알려져 있다.

가정:

1. 탱크는 항복강도 S_y인 구조용 강철이다.
2. 항복에 대한 안전율은 n이다.
3. 탱크는 맨 위에서 단순 지지되어 있다.

풀이

탱크에서 접선응력 $\sigma_\theta = \sigma_1$이고 자오선방향 응력 $\sigma_s = \sigma_2$는 다음과 같이 표현된다[6].

$$\begin{aligned} \sigma_1 &= \gamma(h-y)y\frac{\tan\alpha}{t\cos\alpha} \\ \sigma_2 &= \gamma\left(h-\frac{2}{3}y\right)y\frac{\tan\alpha}{2t\cos\alpha} \end{aligned} \tag{a}$$

여기서

h = 액체높이

t = 판두께

α = 원추 꼭지점의 반각

γ = 액체의 비중

최대 주응력의 크기는

$$\sigma_{1,\max} = \frac{\gamma h^2}{4t}\frac{\tan\alpha}{\cos\alpha}, \quad \sigma_2 = \frac{\gamma h^2}{12t}\frac{\tan\alpha}{\cos\alpha}, \quad \left(y = \frac{h}{2}\text{에서}\right)$$

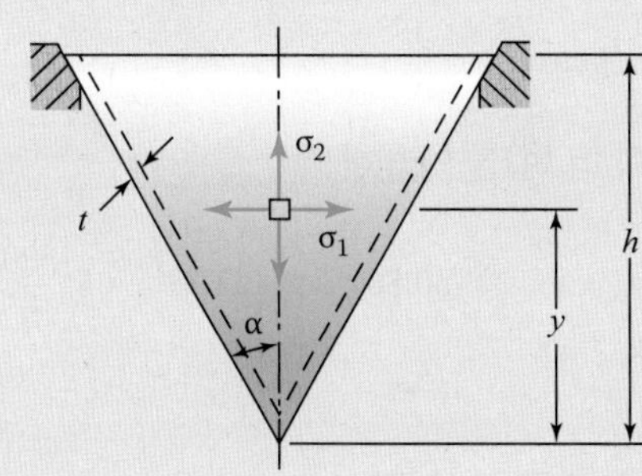

[그림 6.9]
예제 6.6. 액체로 채워진 원추형 탱크

$$\sigma_{2,\max} = \frac{3\gamma h^2}{16t}\frac{\tan\alpha}{\cos\alpha}, \quad \sigma_1 = \frac{\gamma h^2}{4t}\frac{\tan\alpha}{\cos\alpha}, \quad \left(y = \frac{3h}{4}\text{에서}\right) \tag{b}$$

평가: 최대응력들이 다른 위치에서 발생하는 것에 주의하라.

최대 전단응력 기준. σ_1과 σ_2가 같은 부호이고, $|\sigma_1| > |\sigma_2|$이다. 식 (6.9)의 첫 부분과 식 (b)에 의하여

$$\frac{S_y}{n} = \frac{\gamma h^2}{4t}\frac{\tan\alpha}{\cos\alpha} \tag{6.18}$$

탱크의 두께는 앞의 식에서 다음과 같이 결정된다.

$$t = 0.25\frac{\gamma h^2 n}{S_y}\frac{\tan\alpha}{\cos\alpha} \tag{6.19a}$$

최대 전단변형 에너지 기준. σ_1과 σ_2의 최댓값이 각기 다른 위치에서 발생하므로 먼저 조합응력들이 임계값에 도달하는 위치를 찾아야 한다. 이를 위하여 식 (a)를 식 (6.14)에 대입한다.

$$\begin{aligned}\frac{S_y^2}{n^2} &= \left[\gamma(h-y)y\frac{\tan\alpha}{t\cos\alpha}\right]^2 + \left[\gamma\left(h-\frac{2}{3}y\right)y\frac{\tan\alpha}{2t\cos\alpha}\right]^2 \\ &\quad - \left[\gamma(h-y)y\frac{\tan\alpha}{t\cos\alpha}\right]\left[\gamma\left(h-\frac{2}{3}y\right)y\frac{\tan\alpha}{2t\cos\alpha}\right]\end{aligned} \tag{c}$$

식 (c)를 변수 y에 관해서 적분하여 0으로 놓으면 다음과 같다.

$$y = 0.52h$$

이 y값을 식 (c)에 넣으면, 용기의 두께는 다음과 같이 구해진다.

$$t = 0.225\frac{\gamma h^2 n}{S_y}\frac{\tan\alpha}{\cos\alpha} \tag{6.19b}$$

평가: 최대 전단응력 기준에 의한 두께는 최대 전단변형 에너지 기준보다 10% 정도 크다.

6.9 항복 이론의 비교

이제까지 논의된 항복 이론을 비교하기 위하여 두 가지 접근법이 사용될 수 있다. 첫 번째 비교는 각 이론에 대해서 1축인장과 비틀림에 상응하는 한계값을 등식으로 나타내는 것이다. 표 6.3을 참고하면

$$\text{최대 전단응력 이론 } S_{ys} = 0.50S_y$$
$$\text{전단변형 에너지 이론 혹은 8면체 전단응력 이론 } S_{ys} = 0.577S_y \tag{6.20}$$

이들 이론에 의하여 예측된 강도의 차이는 그리 크지 않다. 두 번째 비교는 그림 6.4와 6.6의 중첩에 의하여 이루어진다. 이것은 독자들의 연습으로 남겨 둔다.

실험결과, 연성재료에 대해서 비틀림 시험에서 얻은 항복응력은 단순 인장시험에서 얻은 항복응력의 0.5~0.6배라는 것을 알 수 있다. 그러므로 전단변형 에너지 기준이나 8면체 전단응력 기준이 연성재료에 가장 적절하다는 결론을 내릴 수 있다. 그러나 $S_{ys} = 0.50S_y$인 전단응력 이론은 적용이 간편하고 설계에서 여유를 더 많이 주게 된다.

세 번째 비교로, 지름이 D이고 항복강도가 S_y인 축이 인장력 P와 토크 T를 동시에 받는 경우를 생각하자. $n = 1$에서 최대 전단응력과 전단변형 이론에 의한 하옥기준들은 식 (6.11)과 (6.16)에 주어져 있다.

$$S_y = \left(\sigma_x^2 + 4\tau_{xy}^2\right)^{1/2}, \quad S_y = \left(\sigma_x^2 + 3\tau_{xy}^2\right)^{1/2} \tag{a}$$

여기서 σ_x와 τ_{xy}는 축방향 인장과 비틀림 인장을 나타낸다. 그러므로

$$\sigma_x = \frac{4P}{\pi D^2}, \quad \tau_{xy} = \frac{16T}{\pi D^3}$$

식 (a)와 실험결과를 무차원화하여 나타낸 것이 그림 6.10이다[6]. 전단변형 에너지 이론이 연성재료의 실험결과와 특히 잘 맞는 것을 알 수 있다. 그러나 두 이론의 차이는 그리 크지 않고 두 이론은 부재의 설계에 널리 쓰이고 있다.

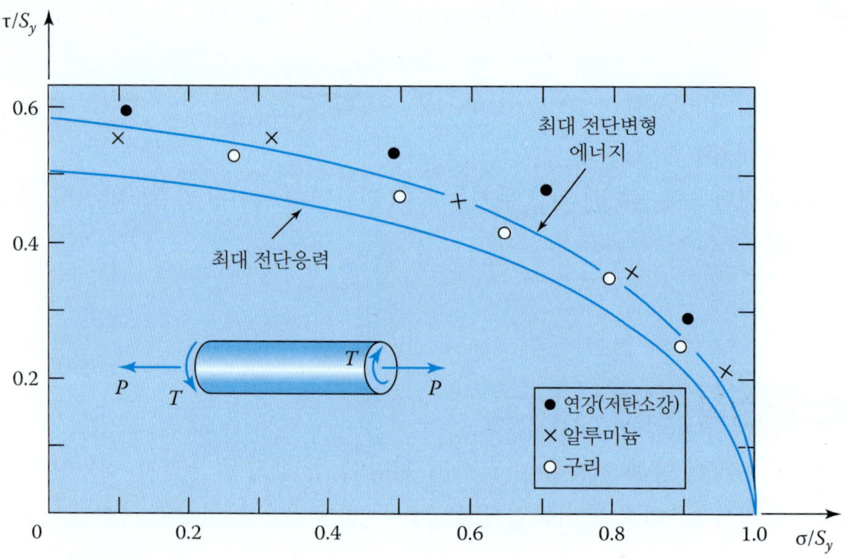

[그림 6.10] 비틀림-인장시험의 항복곡선. 이 그림에서 점들은 실험 데이터를 근거로 나타내었다.

6.10 최대 주응력 이론

최대 주응력 이론은 W. J. M Rankine(1820~1872)에 의하여 정립된 것으로 부재의 최대 주응력이 단순인장 시험의 극한강도 S_u에 도달할 때 재료가 파단된다는 것이다. 파단의 초기에는

$$|\sigma_1| = \frac{S_u}{n} \quad \text{혹은} \quad |\sigma_3| = \frac{S_u}{n} \tag{6.21}$$

즉, 취성재료에서 최고 응력이 작용하는 점에서 최대 주응력이 S_u에 이를 때 균열이 시작된다. 이 기준은 인장시험에서 취성재료의 파단면이 최대 주응력이 작용하는 면인 것을 살펴보고 제안된 것이다. 분명히 최대 주응력 이론은 재료의 극한강도가 인장과 압축에서 같다는 가정에 근거한 것이다: $S_u = |S_{uc}|$

평면응력($\sigma_3 = 0$)의 경우, 식 (6.21)의 파단조건은

$$|\sigma_1| = \frac{S_u}{n} \quad \text{혹은} \quad |\sigma_2| = \frac{S_u}{n} \tag{6.22}$$

이것은 $n = 1$에 대해서 다음과 같이 정리된다.

$$\frac{\sigma_1}{S_u} = \pm 1 \quad \text{혹은} \quad \frac{\sigma_2}{S_u} = \pm 1 \tag{6.23}$$

그림 6.11은 식 (6.23)을 나타낸 것이다. 그림에서 점 a, b와 c, d는 인장과 압축응력들을 나타낸 것이다. 다른 기준에서처럼 정사각형의 경계는 파단이 시작되는 것을 나타내고, 경계의 안쪽 영역은 비파손 영역이다.

재료가 단순압축에서 약할 수도 있지만, 그럼에도 불구하고 파단 없이 매우 큰 정수압에도 견딜 수 있다. 더욱이 취성재료는 인장보다 압축에서 더 강하다: $S_{uc} \gg S_u$. 이것은 이 이론의 가정과 일치하지 않는다. 더욱이 이 이론은 수직응력 이외의 다른 응력들의 파손에 영향을 미치지 않는다. 그러나 모든 응력범위에서 취성재료의 경우, 인장 주응력이 작용하고 있다면 최대 주응력 이론이 실험과 잘 일치한다.

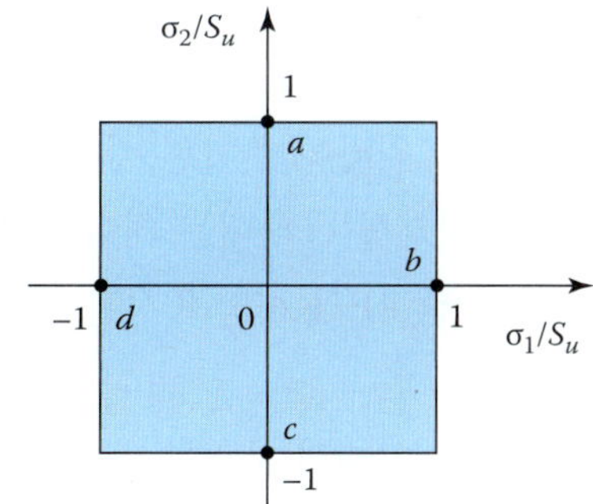

[그림 6.11] 최대 주응력 기준에 의한 파손기준

예제 6.7 비틀림 정하중 작용하에서 취성재료 파이프의 파손

바깥지름 D, 안지름 d인 주조된 파이프가 인장강도와 압축강도가 각각 S_u, S_{uc}인 알루미늄 합금으로 만들어졌다. 파손을 일으키지 않고 작용시킬 수 있는 최대 토크를 구하라.

주어진 값: $D = 100$ mm, $d = 60$ mm, $S_u = 200$ MPa, $S_{uc} = 600$ MPa.

설계 결정: 최대 주응력 이론을 사용하고 안전율 $n = 2$이다.

풀이

토크와 최대 전단응력은 비틀림 공식에서 구해진다.

$$T = \frac{J\tau}{c} = \frac{\pi\left(0.05^4 - 0.03^4\right)\tau}{2(0.05)} = 170.9 \times 10^{-6}\tau \tag{a}$$

응력상태는 다음과 같이 정의된다.

$$\sigma_1 = -\sigma_2 = \tau, \quad \sigma_3 = 0$$

위의 조건과 식 (6.22)로부터 식 (a)는 다음과 같이 된다.

$$T = 170.9 \times 10^{-6}\left(\frac{200 \times 10^6}{2}\right) = 17.09 \text{ kN} \cdot \text{m}$$

여기서 $\tau = S_u/n$로 취하였다.

평가: 최대 주응력 이론에 따르면, 파손을 방지하기 위한 최대 토크는 17.09 kN · m이다.

6.11 모어 이론

모어(Mohr)의 파손 이론은 인장과 압축에서 다른 성질을 가진 재료의 파단을 예측하기 위하여 채택되고 있다. 이 기준은 응력의 모어원을 사용하고 있다. 주응력의 최댓값을 활용하면, 2차원이나 3차원 경우에 모어 접근법을 적용할 수 있다.

파손이 일어나는 응력상태를 알기 위하여 주어진 재료에 대한 실험을 수행하였다. 단순인장, 압축 및 비틀림 시험으로부터 한계응력 상태를 나타내는 데이터를 얻고, 그 데이터를 사용하여 세 개의 모어원을 그린 후에 그림 6.12와 같이 선 AB와 $A'B'$ 표시된 세 모어원에 접하는 포락선(envelope)을 만들 수 있다.

모어의 포락선은 모든 가능한 파손상태의 자취를 나타낸다. 많은 고체, 특히 취성재료들은 인장보

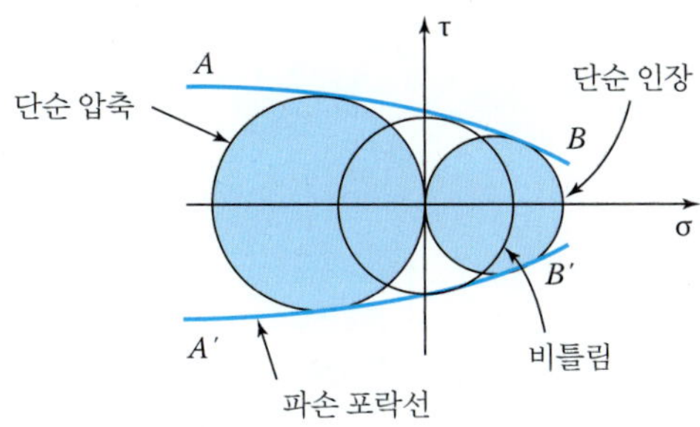

[그림 6.12]
모어 파단기준

다 압축에 대한 저항이 더 크다. 그 결과로, 이런 재료들의 경우에 그림에 나타낸 것처럼 원점에서 한계 전단응력의 값이 더 커지는 것을 알 수 있다.

6.12 쿨롱-모어 이론

모어 기준과 마찬가지로 쿨롱-모어 이론(Coulomb-Mohr theory)은 인장압축에서 다른 성질을 가진 취성재료에 관한 주어진 응력상태에서 영향을 예측하기 위하여 사용될 수 있다. 1축인장 및 압축시험에 대한 모어원들은 그림 6.13a에 나타낸 것처럼 쿨롱-모어 이론에 의하여 파손을 예측하기 위하여 사용된다. 응력원에 접하는 포락선(AB와 $A'B'$)의 접점들은 파단 시의 응력상태를 의미한다. 예를 들어 접점이 C와 C'이라면, 모어 응력원의 절차에 따라 응력이 작용하는 면과 응력의 크기를 결정할 수 있다.

평면응력 상태의 경우, 즉 $\sigma_3 = 0$이고, σ_1과 σ_2는 인장응력과 압축응력으로 *그 부호가 반대*일 때, 파단의 시작은 다음과 같이 나타낼 수 있다[9].

$$\frac{\sigma_1}{S_u} - \frac{\sigma_2}{|S_u|} = \frac{1}{n} \tag{6.24}$$

여기서 S_u와 S_{uc}는 재료의 인장강도와 압축강도이다. 이 식을 다음과 같은 형태로 다시 정리할 수 있다.

$$n = \frac{S_u}{\sigma_1 - \sigma_2 |S_u / S_{uc}|} \tag{6.25}$$

주응력이 같은 부호를 가진 경우의 관계식은 그림 6.13a에서 유도할 수 있다. *2축인장*(biaxial tension)의 경우에, 그에 상응하는 원은 지름 OE로 나타낼 수 있다. 두 인장응력 중 하나가 S_u값에 도달하면 파단이 일어난다. 즉

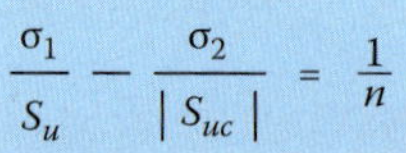

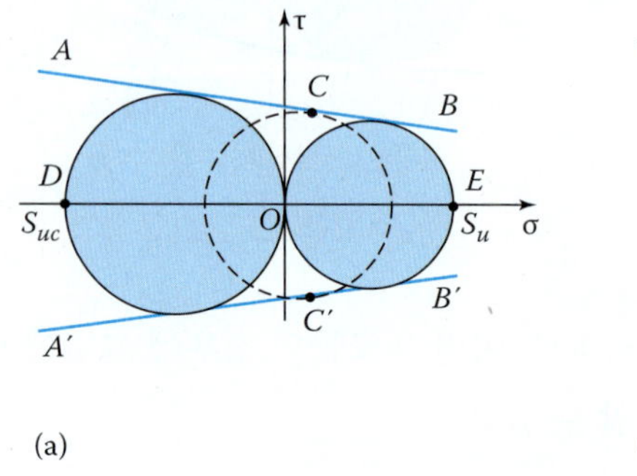

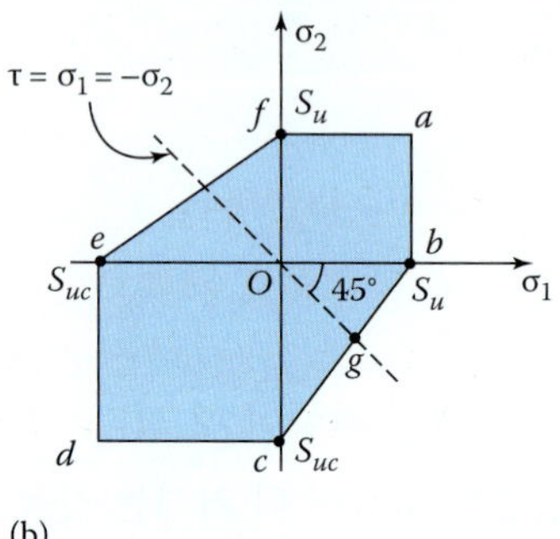

[그림 6.13]
(a) 모어 포락선
(b) 쿨롱-모어 파단기준

$$\sigma_1 = \frac{S_u}{n} \quad \text{혹은} \quad \sigma_2 = \frac{S_u}{n} \tag{6.26}$$

2축압축(biaxial compression)의 경우, 지름 OD인 모어원이 결정된다. 압축응력 중 하나가 S_{uc}에 도달하면 파단이 일어난다.

$$\sigma_2 = -\frac{S_{uc}}{n} \quad \text{혹은} \quad \sigma_1 = -\frac{S_{uc}}{n} \tag{6.27}$$

앞의 식은 $n = 1$인 경우에 그림 6.13b와 같이 그려진다. 선 ab와 af는 식 (6.26)을 나타내고, 선 dc와 de는 식 (6.27)을 의미한다. 경계 bc는 식 (6.24)에 의하여 결정된다. 선 ef는 그림 6.4와 같은 방법으로 6각형을 만든다. 빗금친 영역은 쿨롱-모어 이론에 의하여 파손이 안 된 부분을 의미한다.

그림의 경계는 파단이 시작되는 것을 의미한다. *순수전단*(pure shear)의 경우, 그에 상응하는 점 g는 극한 전단강도 S_{us}이고, $\sigma_2 = -\sigma_1 = -S_{us}$이므로 식 (6.24)에 σ_1, σ_2와 $n = 1$을 대입하면

$$S_{us} = \frac{S_u}{1 + |S_u / S_{uc}|} \tag{6.28}$$

$|S_{uc}| = S_u$일 때, $S_{uc} = 0.5S_u$이다. 일반 회주철과 같이 $|S_{uc}| = 4S_u$이면, $S_{uc} = 0.8S_u$이다.

예제 6.8 쿨롱-모어 이론에 의한 예제 6.7의 재검토

풀이

예제 6.7로부터 다음 결과를 얻을 수 있다.

$$T = 170.9 \times 10^{-6} \tau$$

이고, $\sigma_1 = -\sigma_2 = \tau$이다. 그래서 $n = 2$일 때, 식 (6.24)를 적용하면

$$\frac{\tau}{200 \times 10^6} - \frac{-\tau}{600 \times 10^6} = \frac{1}{2}$$

위 식을 풀면 $\tau = 75$ MPa이고, 첫 번째 식에 의하여 $T = 12.82$ kN · m이다.

평가: 최대 주응력 이론에 근거해서, 파이프에 작용할 수 있는 토크는 예제 6.7에 의하여 17.09 kN · m로 정해진다. 이 값은 쿨롱-모어 이론에 의한 것보다는 25% 이상 큰 값이다.

예제 6.9 펀치 프레스 프레임이 받을 수 있는 최대 하중

그림 6.14는 인장강도와 압축강도가 S_u와 S_{uc}인 회주철로 만들어진 펀치 프레스의 프레임을 나타낸다. 허용하중 P를 구하라.

주어진 값: $S_u = 170$ MPa, $S_{uc} = 650$ MPa.

설계 결정: 쿨롱-모어 이론을 사용하고, 안전율 $n = 2.5$이다.

풀이

중립축에 관한 도심, 단면적과 관성모멘트는

$$\bar{z} = \frac{(180 \times 80)(210) + (120 \times 240)60}{180 \times 80 + 120 \times 240} = 110 \text{ mm}$$

$$A = 180 \times 80 + 120 \times 240 = 43.2 \times 10^3 \text{ mm}^2$$

$$I = \frac{1}{12}(80)(180)^3 + (80 \times 180)(100)^2 + \frac{1}{12}(240)(120)^3 + (120 \times 240)(50)^2$$

$$= 289.44 \times 10^6 \text{ mm}^4$$

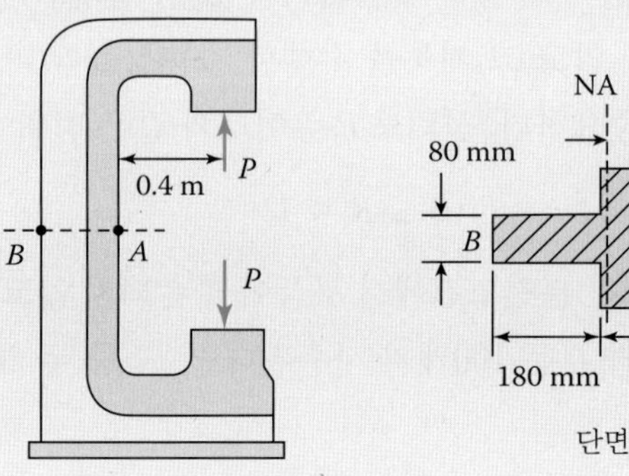

[그림 6.14]
예제 6.9

단면 A-B의 내부합력은 집중하중 P와 굽힘모멘트 $M = 0.51\ P$이다.

주철은 비선형 응력-변형률 관계를 나타낸다. 그러므로 굽힘응력은 굽힘공식 $\sigma = Mc/I$에 의하여 정확히 계산되지 않는다. 그러나 단순화하기 위하여 주철제 기계요소의 설계에 일반적으로 이용되고 있다. 따라서 단면에 걸친 응력분포는 선형적으로 가정한다.

중립축에서 맨 바깥 표면까지의 거리는 $c_A = 110$ mm, $c_B = 190$ mm이다. 가장 큰 인장 및 압축응력은 점 A와 B에서 발생한다.

$$\sigma_A = \frac{P}{A} + \frac{Mc_A}{I} = 23.148P + 193.823P$$

$$\sigma_B = \frac{P}{A} - \frac{Mc_B}{I} = 23.148P - 334.784P$$

그러므로 인장 및 압축측의 발생 응력은

$$\begin{aligned} \sigma_1 &= 216.971P, \quad \sigma_2 = 0 \\ \sigma_2 &= -311.636P, \quad \sigma_1 = 0 \end{aligned} \tag{a}$$

최대 허용하중 P는 식 (a), (6.26)과 (6.27)에서 계산된 하중 두 개 중에서 작은 것을 택한다.

$$|216.971P| = \frac{170(10^6)}{2.5} \quad \text{혹은} \quad P = 313.4\ \text{kN}$$

$$|-311.636P| = \frac{650(10^6)}{2.5} \quad \text{혹은} \quad P = 834\ \text{kN}$$

평가: 부재가 전달할 수 있는 허용하중은 인장하중에 의하여 결정되고 그 크기는 $P = 313.4$ kN이다.

6.13 신뢰도

신뢰도(reliability)의 개념은 안전율과 밀접하게 관련되어 있다. 신뢰도는 일정기간 동안 주어진 조건 아래서 부재나 구조물이 파손되지 않고 그 기능을 수행할 가능성을 의미한다. 설계자나 제작자가 생산품의 신뢰도를 아는 것은 매우 중요하다. 신뢰도 R은 아래와 같은 범위에서 숫자로 나타낸다.

$$0 \le R < 1$$

예를 들어 신뢰도 $R = 0.98$은 주어진 운전조건에서 부품이 파손되지 않고 그 기능을 원활하게 수행할 가능성이 98%라는 뜻이다. 즉 만약 부품 100개가 사용된다면, 그 중 두 개 정도가 파손되어서 부품의 98%가 믿을 만하다는 것이다.

부재의 전통적인 설계에서 파손가능성은 과거의 사용경험에 근거해서 안전율을 결정하므로 받아

들일 수 있는 수준까지 감소되고 있다. 또한 부하상태의 불확실성과 설계의 가정은 물론이고 재료의 성질, 제조공차의 가변성은 신뢰도 평가방법에서 통계를 근거로 평가될 수 있다. 가능한 제시한 파손 기준들은 잘 정립된 사례에 대해서 보정되고 있다. 신뢰도 평가방법은 각 부재뿐만 아니라 복잡한 구조물이나 기계에 대해서도 안전율에 일관성을 갖게 하는 장점이 있다. 복잡한 공학 시스템의 주요한 위험해석은 동일한 전제에 근거하고 있다. 분명히 신뢰도 접근법의 유용성은 사용하고 있는 부품에 작용하는 하중의 통계적인 분포에 대한 적절한 정보와 관련되어 있다. 그 관련정보로부터 제조된 부품의 중요한 응력과 강도가 계산될 수 있다.

설계에 대한 신뢰도 방법은 상대적으로 새롭고, 해석들은 신뢰도 평가에 불확실성을 수반한다는 것을 알게 한다. 물론 이 접근법은 설계에서 안전율 방법보다 비용과 시간이 많이 소비된다. 왜냐하면 데이터의 양이 많아질수록 그만큼 실험 양이 많아지기 때문이다. 그러나 어떤 기업에서 지정된 신뢰도에 대해서 설계를 하는 경우에는 신뢰도 방법이 필요하다. 이 교재에서는 대부분의 문제에 대해서 안전율을 사용한다. 공학 소프트웨어 데이터베이스로부터 대화형 통계 프로그램을 수행하기 위해서는 웹사이트 www.mecheng.asme.org/database/STAT/MASTER.HTML을 참조하기 바란다.

6.14 정규분포

예상되는 파손의 확률을 수치적으로 결정하기 위해서는 관련된 데이터의 분포곡선의 특성을 살펴보아야 한다. 정규분포 혹은 가우스 분포와 관련된 경우만 생각해 보자. 이것은 응용확률에서 관측한 데이터의 분산을 근사화하기 위하여 가장 널리 사용되는 모델이다[9, 10].

다른 네다섯 가지의 분포들은 랜덤변수들이 +값을 가지거나 비대칭 분포들을 가질 경우에 유용할 것이다. 와이블(Weibull)의 공식이 기계설계에서 많이 사용되고 있다. 이 공식은 전통적인 통계역학에서 나온 것이 아니고 적용하는 데에 융통성이 있다. 와이블 분포(Weibull distribution)는 실험 데이터, 특히 신뢰도를 다루는 데 사용되고 있다. 일정 하중에서 파손을 견딜 수 있는 분포는 와이블 분포에 의하여 가장 잘 근사화할 수 있다(10.15절 참조).

해석적인 형태로, 가우스 혹은 정규분포는 다음과 같이 주어진다.

$$p(x) = \frac{1}{\sqrt{2\pi}\sigma} e^{-(x-\mu)/2\sigma^2} \quad (-\infty < x < \infty) \tag{6.29}$$

여기서

$p(x)$ = 확률 혹은 빈도함수

σ = 표준편차*

* 기호 σ는 여기서 표준편차를 나타내기 위하여 사용하였는데, 단위가 같을지라도 응력의 기호와 혼동해서는 안 된다.

μ = 평균값

x = 수량

표준편차는 널리 사용되고 특정한 양의 산포지수(scatter index)로서 간주된다. 평균값과 표준편차는 다음과 같이 정의된다.

$$\mu = \frac{1}{n}\sum_{i=1}^{n} x_i \tag{6.30a}$$

$$\sigma = \left[\frac{1}{n-1}\sum_{i=1}^{n}(x_i - \mu)^2\right]^{1/2} \tag{6.30b}$$

여기서 n은 요소의 전체 숫자이고, 모집단(population)이라고 부른다.

표준 정규분포를 나타내는 식 (6.29)의 그래프는 그림 6.15와 같다. 이 *종 모양의 곡선*(bell-shaped curve)은 평균값 μ에 관해서 대칭이다. x의 어떤 값이 +무한대와 −무한대 사이에 있게 될 확률은 1이므로 그림에서 곡선 아래의 면적은 1이다. 제시된 모집단의 약 68%가 밴드 $\mu + 1\sigma$ 내에 있고, 95%는 밴드 $\mu + 2\sigma$ 내에 있게 된다.

신뢰도 혹은 생존율 R은 *표준편차의 수*[number of standard deviation, 안전지수(safety index)라고도 불리는] z의 함수이다.

$$z = \left|\frac{x-\mu}{\sigma}\right| \tag{6.31}$$

확률용지 차트 위에 그려진 그림 6.16의 직선은 표준편차의 수 z가 증가함에 따라 증가하는 신뢰도를 %로 나타낸 것이다. z값이 커질수록 파손 가능성이 줄어든다는 것을 알 수 있다. 그러므로 보다 안전한 설계를 할 수 있다. 그림 6.15에서 표준 정규분포의 어떤 부분에 상응하는 모집단의 %는 신뢰도 차트에서 읽을 수 있다.

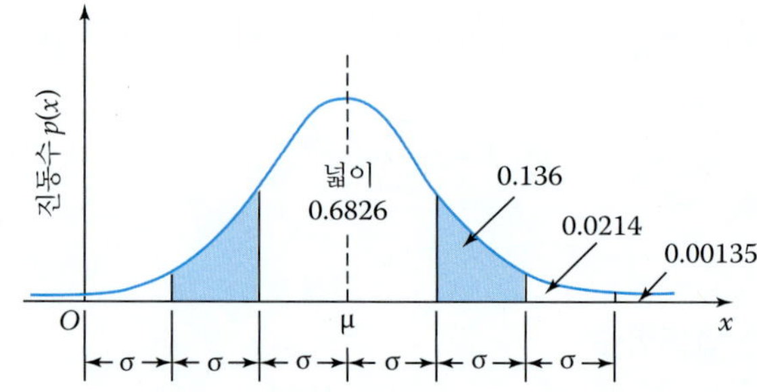

[그림 6.15]
표준 정규분포

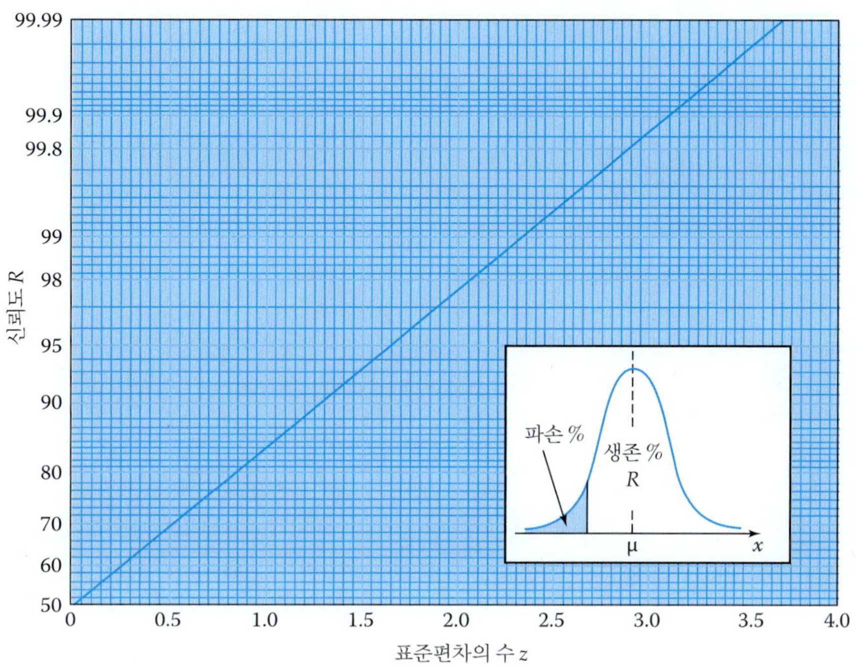

[그림 6.16]
신뢰도 차트. 확률용지 위에 그려진 일반화된 정규분포 곡선

6.15 신뢰도 평가 및 안전여유

주어진 부재를 신뢰도 접근법으로 설계할 때, 하중과 강도의 분포들이 정해지고, 다음에 수용할 수 있는 성공률을 얻기 위하여 이들 둘 사이를 상호 관련시켜야 한다. 설계자의 작업은 목표로 하는 신뢰도를 얻기 위하여 재료, 공정과 크기를 지혜롭게 잘 선택하는 것이다. 신뢰도 접근법은 마모와 피로하중을 받고 있는 부재들에 적용하는 것이 더 바람직하다는 것을 잘 알 수 있을 것이다. 여기서는 신뢰도 접근법을 정하중 상태와 같은 보다 단순한 경우에 사용할 것이다. 7.6절에서는 재료의 피로한도에 대한 신뢰도계수를 논의한다.

두 랜덤 변수인 하중 L과 강도 S에 대한 분포곡선들을 살펴보자(그림 6.17). 주어진 부재에 대해서 빈도함수 $p(l)$과 $p(s)$는 임계 매개변수 하중과 강도의 거동을 정의한다. 강도의 평균값은 μ_s로 나타내고 μ_l은 하중의 평균값이다. 그래서 *안전여유*(margin of safety)는 앞의 평균값들에 근거해서 다음과 같이 주어진다.

$$m = S - L \tag{6.32}$$

그러나 그림에서 겹쳐지는 빗금 친 부분은 파손이 일어날 수 있는 취약부분을 나타낸다. 앞에서의 안전여유는 항공산업에서 사용되는 것과 혼동을 일으켜서는 안 된다(1.8절 참조).

그림 6.18은 안전여유 분포를 나타낸다. 이 그림에서 파손확률은 원점의 왼쪽에 해당하는 곡선의 꼬리 아랫부분의 면적에 의하여 결정된다. 그러므로 원점의 오른쪽 부분에서는 모든 경우에 부재가

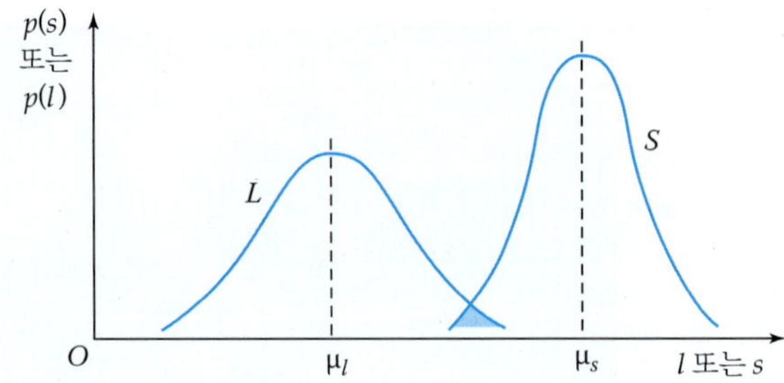

[그림 6.17]
하중 L과 강도 S의 정규분포 곡선

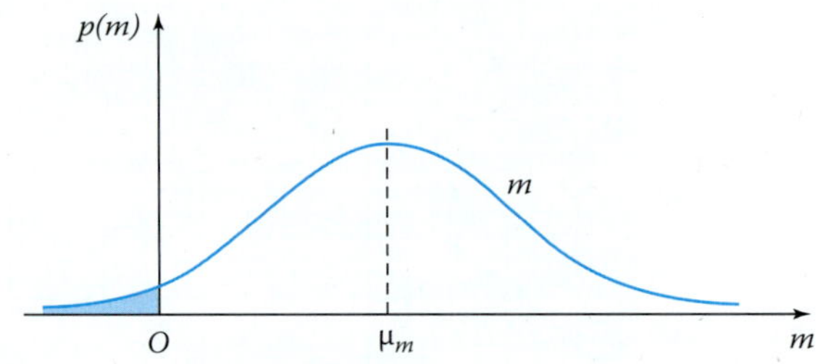

[그림 6.18]
안전여유 $m = S - L$의 정규분포 곡선

안전을 유지할 수 있다. 통계이론에 의하여 정규분포를 가진 두 변수들 사이의 차이는 역시 정규분포이다. 그러므로 강도와 하중이 정규분포이면, 안전여유는 그림 6.17과 6.18에 나타낸 것처럼 역시 정규분포를 가진다.

안전여유는 다음 식과 같이 *평균값*(mean value) μ_m과 *표준편차*(standard deviation) σ_m을 가진다.

$$\mu_m = \mu_s - \mu_l \tag{6.33a}$$

$$\sigma_m = \sqrt{\sigma_s^2 + \sigma_l^2} \tag{6.33b}$$

여기서 σ_s와 σ_l은 각각 강도와 하중의 표준편차이다. $S > L$일 때, m은 양수이다. 설계자는 $m > 0$, 즉 그림 6.18에서 원점의 오른쪽에 면적이 다 있을 수 있는 확률에 관심이 있다. $x = m = 0$에서 식 (6.31)은 $z = \mu/\sigma$가 된다. 표준편차의 수는 식 (6.32)에 근거해서 다음과 같은 형태로 쓸 수 있다.

$$z = \frac{\mu_m}{\sigma_m} = \left| \frac{\mu_s - \mu_l}{\sqrt{\sigma_s^2 + \sigma_l^2}} \right| \tag{6.34}$$

앞서 언급된 강도와 하중의 평균값과 편차값에 대해서 식 (6.34)를 풀면 표준편차 수 z를 얻을 수 있다. 안전여유에 대한 확률은 그림 6.16의 차트에서 신뢰도 R로 읽을 수 있다. 식 (6.34)는 결합된 식(coupling equation)이라 부른다. 왜냐하면 신뢰도가 z를 통해서 정규분포된 강도와 하중의 통계적인 매개변수들과 상호연관이 되어 있기 때문이다. 예를 들어 S와 L의 평균값이 같을 때, $z = 0$이고 신뢰도는 50%이다. 부품을 조립하는 시스템의 신뢰도는 각 부품의 신뢰도 값으로부터 얻을 수 있다.

신뢰도 이론의 응용은 다음 수치문제의 풀이에서 설명되고 있다.

예제 6.10 제어봉의 선적

600개의 제어봉을 선적하는데, 평균 인장강도는 35 ksi이고 표준편차는 5 ksi이다. 다음에 해당하는 봉은 몇 개인가?

a. 강도가 29.5 ksi 이하
b. 강도가 29.5 ksi와 48.5 ksi 사이

주어진 값: $\mu_s = 29.5$ ksi와 48.5 ksi, $\mu_l = 35$ ksi, $\sigma_m = 5$ ksi.

가정: 하중과 강도는 정규분포를 따른다.

풀이

a. 주어진 수치들을 식 (6.34)에 대입하면, 표준편차의 수는

$$z = \left|\frac{29.5 - 35}{5}\right| = 1.10$$

이다. 그림 6.16에서 결정된 신뢰도는 86.5%이다. 29.5 ksi 이하의 강도를 가진 봉의 비율은 $1 - 0.865 = 0.135$이고 봉의 수는 $600(0.135) = 81$이다.

b. 이 경우에 식 (6.31)을 적용하면

$$z = \left|\frac{48.5 - 35}{5}\right| = 2.7$$

그림 6.16에서 99.65%의 신뢰도를 가질 때, 강도가 29.5 ksi와 48.5 ksi 사이에 있는 봉의 수는 $600(0.9965 - 0.135) = 517$이다.

예제 6.11 사용중인 기계요소

사용중인 기계요소의 임계점에서 발생하는 평균응력과 표준편차는 각각 30 ksi와 5 ksi이다. 만일 재료의 항복강도가 50 ksi이고 표준편차가 4 ksi라면, 항복이 일어나지 않을 신뢰도는 얼마인가? 사용 중 파손율은 몇 %인가?

주어진 값: $\mu_s = 50$ ksi, $\mu_l = 30$ ksi, $\sigma_s = 4$ ksi, $\sigma_l = 5$ ksi.

가정: 하중 및 강도는 정규분포를 따른다.

풀이

식 (6.33)을 사용하면

$$\mu_m = 50 - 30 = 20 \text{ ksi}$$

$$\sigma_m = \sqrt{4^2 + 5^2} = 6.403 \text{ ksi}$$

식 (6.34)로부터 $z = 20/6.403 = 3.124$이다. 그림 6.16은 이 경우의 신뢰도가 99.91%에 해당하는 것임을 나타낸다. 그래서 사용중 파손될 확률은 $100 - 99.91 = 0.09\%$이다.

예제 6.12 볼트의 비틀림 강도

평균 비틀림 강도 25 N · m(표준편차 1.5 N · m)인 볼트가 생산라인에서 자동렌치에 의하여 체결되고 있다(15.7절 참조). 만일 자동렌치가 2 N · m의 표준편차를 가진다면, 조립하는 동안 볼트에 400 N · m의 토크가 작용하도록 하기 위해서 렌치의 평균토크 세팅값을 계산하라.

주어진 값: $\mu_s = 25$ N · m, $\sigma_s = 1.54$ N · m, $\sigma_l = 2$ N · m.

가정: 렌치의 비틀림 토크와 볼트의 비틀림 강도는 정규분포를 따른다.

풀이

$\sigma_s = 1.5$ N · m과 $\sigma_l = 2$ N · m를 식 (6.33b)에 대입하면, $\sigma_m = 2.5$ N · m이다. 그림 6.16은 표준편차 2.8에 해당하는 신뢰도 99.75%($0.9975 = 399/400$)를 나타낸다. 평균값은 $\mu_m = z\sigma_m = 2.8(2.5) = 7$ N · m이다. $\mu_s = 25$ N · m이므로 식 (6.33a)로부터 $\mu_l = 18$ N · m이다. 이것이 바로 렌치 세팅값이다.

6.1절~6.4절

6.1 두께 t이고 폭 $2w$인 AISI-4340 강철로 만든 배의 갑판이 인장하중을 받고 있다. 만일 길이 $2a$의 중앙 횡방향 균열이 존재한다면(표 6.1의 A), 급격한 파단을 일으키지 않고 견딜 수 있는 최대 인장하중 P를 계산하라. 파단 시 공칭응력을 구하라.

주어진 값: $t = 25$ mm, $w = 250$ mm, $a = 25$ mm.

6.2 표 6.1의 B에서 보여지는 판이 감당할 수 있는 최대 하중을 구하라. 파손의 모드는 무엇인가?

주어진 값: $S_y = 650$ MPa, $K_c = 100$ MPa$\sqrt{\text{m}}$, $w = 350$ mm, $a = 25$ mm, $t = 15$ mm, 안전율 $n = 1.2$.

6.3 폭 w이고 두께 t인 2024-T851 알루미늄 합금판이 인장하중을 받고 있다. 그림 6.2와 같이 한쪽 끝에 길이 a인 균열이 있을 때, 급격한 파단이 발생할 수 있다. 허용 축하중 P를 계산하고, 파단 시 공칭응력을 구하라.

주어진 값: $w = 125$ mm, $t = 25$ mm, $a = 20$ mm.

6.4 폭 $2w$인 얇고 긴 AISI 4340 강철판이 균일한 축방향 인장응력 σ하에 있다. 길이 $2a$의 중앙 횡방향 균열이 가장자리에 존재하고(표 6.1의 A), 급격한 파단의 가능성이 판에 존재한다. 항복에 대한 안전율 n을 근거로 하여 파손에 대한 안전율을 구하라.

주어진 값: $a = 80 \times 10^{-3}$ in., $n = 2.5$, $a/w = 0.2$.

6.5 가장자리에 균열이 있는 폭 w인 긴 7073-T3351 알루미늄 합금판이 인장하중을 받고 있다(표 6.1의 B). 항복에 대한 안전율과 파단 길이는 각각 n과 a이다. 파단의 안전율을 구하라.

주어진 값: $a = 5$ mm, $n = 2.8$, $a/w = 0.2$.

6.6 폭 $2w$이고 두께 t인 긴 Ti-6A1-4V 티타늄판이 균일한 인장하중을 받고 있다. 중앙 횡방향 균열의 길이가 $2a$일 때(표 6.1의 A), 다음을 구하라.

a. 항복과 파단에 대한 각각의 안전율

b. 파단이 발생 시 인장응력

주어진 값: $a = 50$ mm, $t = 25$ mm, $\sigma = 150$ MPa.

6.7 지름 d이고 두께 t인 AISI-4340 강철 파이프에 $2a$의 균열이 존재한다. 다음 조건 하에서 파단을 일으키는 압력을 구하라.

a. 균열이 그림 P6.7과 같이 축방향으로 있을 때

b. 균열이 원주방향으로 있을 때

주어진 값: $d = 50$ mm, $t = 4$ mm, $a = 5$ mm.

가정: 안전율 $n = 1.5$이고 형상계수 $\lambda = 1.01$(표 6.1 참조).

[그림 P6.7]

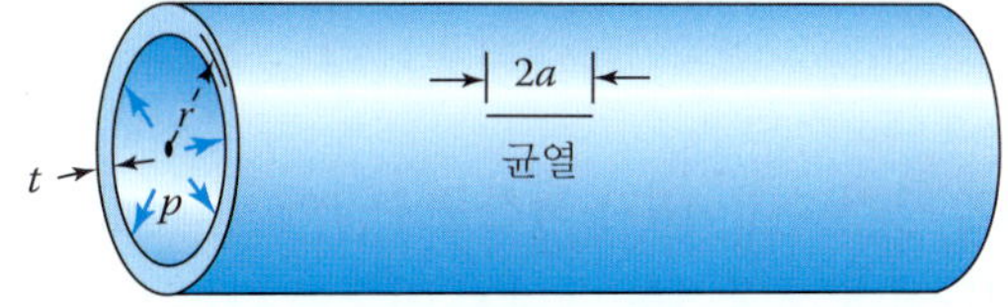

6.8 가장자리에 길이 a인 균열을 갖는 7075-T7351 알루미늄 합금보가 표 6.1의 D에서와 같이 순수 굽힘하에 있다. 파단을 일으키지 않는 조건 하에서의 최대 모멘트 M을 구하라.

주어진 값: $a = 40$ mm, $w = 100$ mm, $t = 25$ mm.

6.9 폭 $w = 5$ in.이고 두께 $t = 1$ in.인 AISI-4340 강철판이 단축 인장하중하에 있다. 판의 가장자리에 길이 a의 균열이 그림 6.2와 같이 생길 때, 다음을 구하라.

a. $a = ½$ in.일 때 가능한 축방향 하중 P_{all}

b. 판이 Ti-6A1-6V 티타늄 합금이고 a에서 계산된 하중 P_{all}하에 있을 때 임계 균열 길이 a

6.10 브래킷이 AISI-403 스테인리스강이고, $a = 0.6$ in., $d = 6.25$ in., $w = 1.5$ in., $t = ½$ in., $n = 2$일 때, 예제 6.3의 과정을 반복하라.

6.11 폭 w이고 두께 t인 AISI-4340 강철로 이루어진 배의 갑판이 인장하중을 받고 있다. 길이 a의 균열이 양 가장자리에서 자라고 있을 때(표 6.1의 C), 파단이 일어나지 않도록 하는 최대 인장하중 P를 구하라.

주어진 값: $t = 1$ in., $w = 2$ in., $a = 0.2$ in., $n = 1.4$.

6.5절~6.12절

6.12 항복강도가 S_y이고 지름 D인 속이 찬 봉에 하중 P와 모멘트 M과 T가 동시에 작용한다(그림 P6.12). 파단이 다음의 각 조건에 따라 발생한다고 가정할 때 안전율 n을 계산하라.

a. 최대 전단에너지

b. 최대 전단응력

주어진 값: $D = 100$ mm, $S_y = 260$ MPa, $P = 50$ kN, $M = 5$ kN · m, $T = 8$ kN · m.

[그림 P6.12]

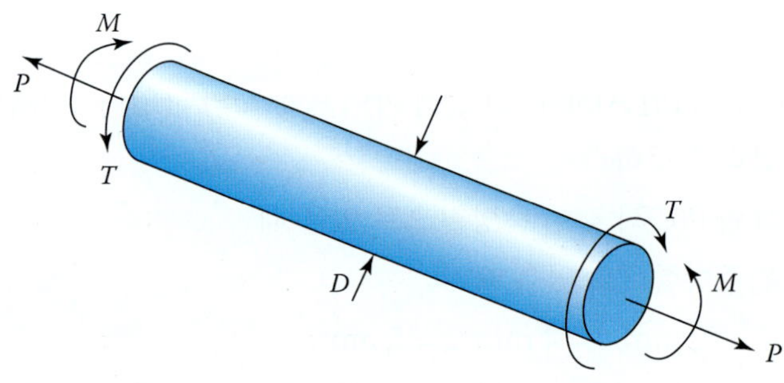

6.13 봉이 ASTM A-48 회주철로 이루어져 있을 때, 쿨롱-모어 파단기준을 적용하여 연습문제 6.9의 과정을 반복하라.

6.14 지름 D, 항복강도 S_y인 강철막대 AB가 축하중 P하에 있고 암 BC의 끝단에 수직하중 F가 작용하고 있다(그림 P6.14). 최대 전단변형 에너지 이론에 따른 F의 최댓값을 구하라.

주어진 값: $D = 40$ mm, $S_y = 250$ MPa, $P = 20$F.

가정: 직접 전단의 효과는 무시할 수 있다. 안전율 n은 1.4이다.

[그림 P6.14]

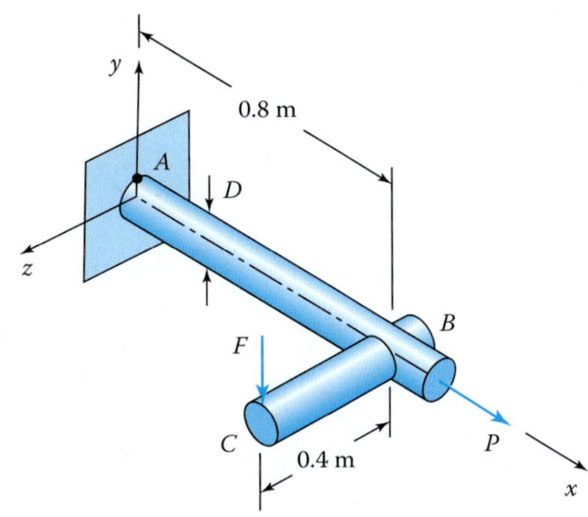

6.15 최대 전단응력 이론을 이용하여 연습문제 6.14를 다시 풀어라.

6.16 지름 D, 항복 인장강도 S_y, 항복 전단강도 S_{sy}인 강철막대가 하중 F와 $P = 0$하에 있다(그림 P6.14). 다음 조건 하에서 안전율 n에 대한 최대 허용하중 F를 구하라.

a. 최대 전단응력 기준

b. 최대 전단변형 에너지 기준

주어진 값: $D = 60$ mm, $n = 1.6$, $S_y = 260$ MPa, $S_{sy} = 140$ MPa.

6.17 항복강도 S_y인 알루미늄 합금 외팔보가 그림 P6.17과 같이 하중을 받고 있다. 안전율 n을 사용하여 최대 전단응력 조건에 따라 파손여부를 판단하라.

주어진 값: $S_y = 320$ MPa, $n = 2$, $I_z = 13.4 \times 10^6$ mm^4.

[그림 P6.17]

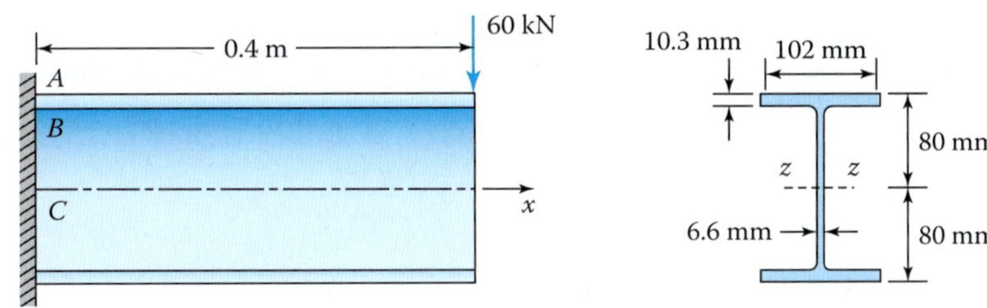

6.18 최대 전단에너지 이론을 이용하여 연습문제 6.17을 다시 풀어라.

6.19 지름이 d이고 항복강도가 S_y인 벽이 얇은 원통형 압력용기가 내압 p를 받고 있다. 다음 설계조건에 따른 최소 두께 t를 계산하라.

주어진 값: $S_y = 36$ ksi, $d = 20$ in., $p = 500$ psi, $n = 1.5$.

a. 최대 전단응력

b. 최대 전단에너지

6.20 용기가 $S_u = 50$ ksi이고 $S_{uc} = 90$ ksi인 재료로 이루어져 있을 때 다음 조건에 따라 연습문제 6.19의 과정을 반복하라.

a. 최대 주응력

b. 쿨롱-모어

6.21 극한 전단강도 S_u, 극한 압축강도 S_{uc}인 주철 외팔보 *WF*가 그림 P6.17과 같이 자유단에 집중 하중을 받고 있다. 파단이 다음 조건에 따라 발생할 때, 안전율 n은 얼마인가?

주어진 값: $S_u = 280$ MPa, $S_{uc} = 620$ MPa.

a. 최대 주응력

b. 쿨롱-모어

6.22 그림 P6.22와 같이 하중이 주어져 있고, $\sigma_{all} = 20$ ksi일 때, 최대 주응력 파손기준을 적용하여 단면이 $b \times 2b$인 직사각 돌출보를 설계하라(즉, b를 구하라).

[그림 P6.22]

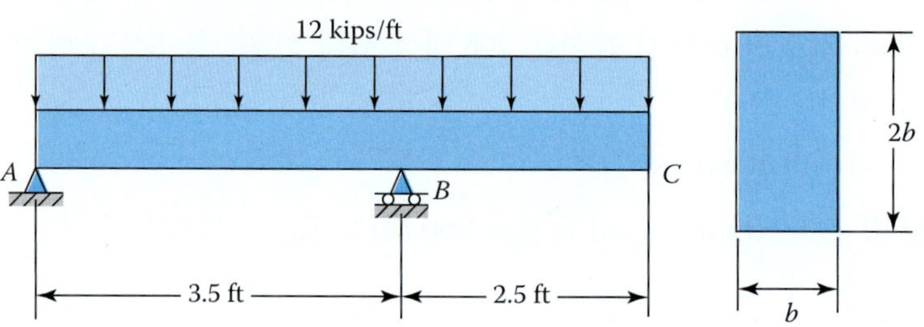

6.23 그림 6.14에서 펀치프레스의 단면 *AB*가 깊이 120 mm이고 폭 300 mm인 직사각형일 때, 예제 6.9의 과정을 반복하라.

6.24&6.25 ASTM A-48 회주철(표 B.1)로 만든 잔디깎이 부품에 그림 P6.24와 P6.25에서 보이는 바와 같은 응력들이 작용하고 있다. 다음의 각 조건에서 파단에 대한 안전율 n을 계산하라.

a. 최대 주응력

b. 쿨롱-모어

[그림 P6.24]

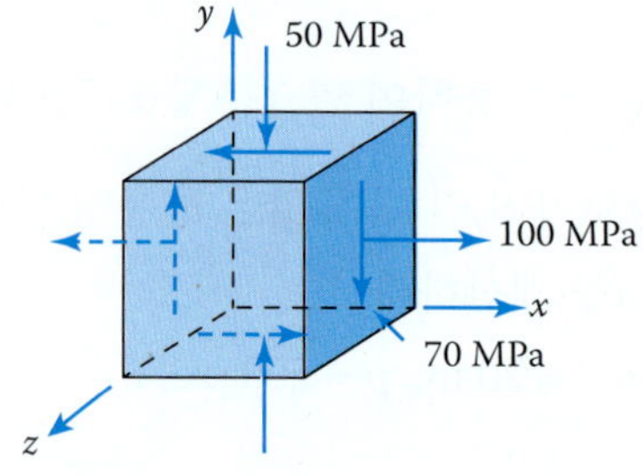

[그림 P6.25]

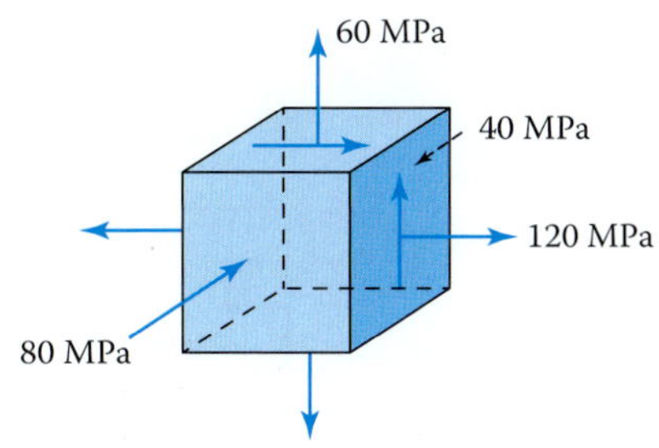

6.26 반지름 r, 두께 t의 닫힌 원통이 인장강도 S_y을 갖는 ASTM-A 36 강철로 이루어져 있고 그림 P6.26과 같이 올려져 있다. 안전율 n에 대해 다음의 각 조건에 따른 원통 표면의 허용압력을 구하라.

a. 최대 전단응력

b. 최대 전단에너지

주어진 값: $r = 300$ mm, $t = 10$ mm, $n = 1.4$, $S_y = 250$ MPa(표 B.1).

가정: 최대 응력은 지지대와 끝부분을 제외한 원통 표면 바깥에서 발생한다고 가정한다.

[그림 P6.26]

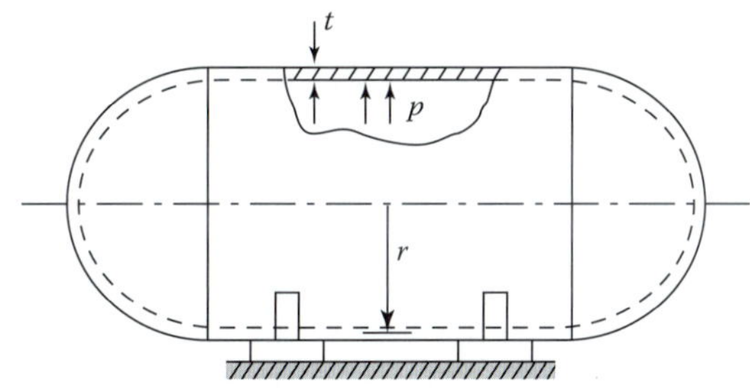

6.27 ASTM-A36 강으로 이뤄진 지름이 D인 원형봉이 있다(표 B.1). 최대 전단응력 기준을 이용하여 축하중 $P = 10$ kips와 동시에 주어질 수 있는 최대 끝단 토크 T를 구하라(그림 6.5).

주어진 값: $D = 2$ in.

가정: $n = 1.5$

6.28 최대 전단에너지 기준을 적용하여 연습문제 6.27을 다시 풀어라.

6.29 ASTM-20 회주철 막대(표 B.2)가 순수 비틀림 하에 있다. 안전율 $n = 1.4$일 때, 다음의 각 조건 하에서 최대 전단응력 τ를 구하라.

a. 쿨롱-모어 기준

b. 주응력 기준

6.30 ASTM-A47 가단 주철(표 B.1)로 이루어진 기계의 응력상태가 그림 P6.30과 같다. 안전율 $n = 2$일 때, 쿨롱-모어 이론을 적용하여 최대 전단응력 τ를 구하라.

[그림 P6.30]

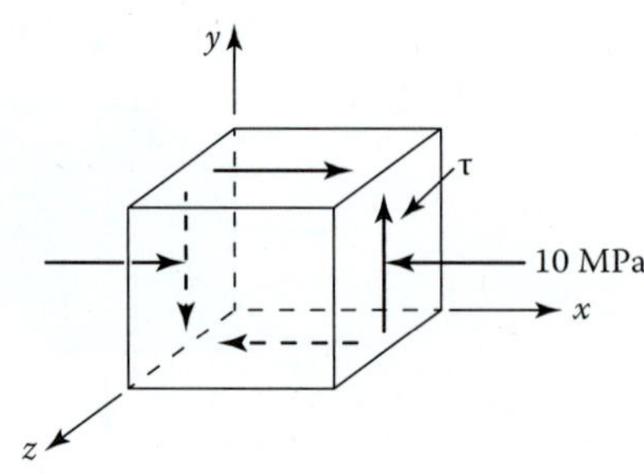

6.31 기계가 ASTM-A242 고강도 강철(표 B.1)로 이루어져 있을 때 다음의 각 조건 하에서 연습문제 6.30을 다시 풀어라.

a. 최대 전단에너지 기준

b. 최대 전단응력 기준

6.32 주조금속($S_u = 8$ ksi, $S_{uc} = 22.5$ ksi)으로 이루어진 기계 틀이 그림 P6.32와 같은 응력상태를 보이고 있다. 다음 조건에서 파손 여부를 판단하라.

a. 최대 주응력 이론

b. 쿨롱-모어 이론

[그림 P6.32]

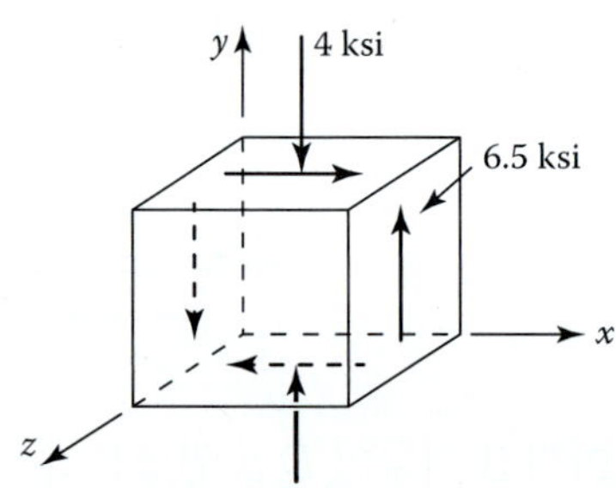

6.33 ASTM-A-47 주철로 이루어진 봉이 그림 P6.33과 같이 토크 T와 하중 P하에 있다. 다음 조건 하에서 지름 D를 구하라.

a. 최대 수직응력 기준

[그림 P6.33]

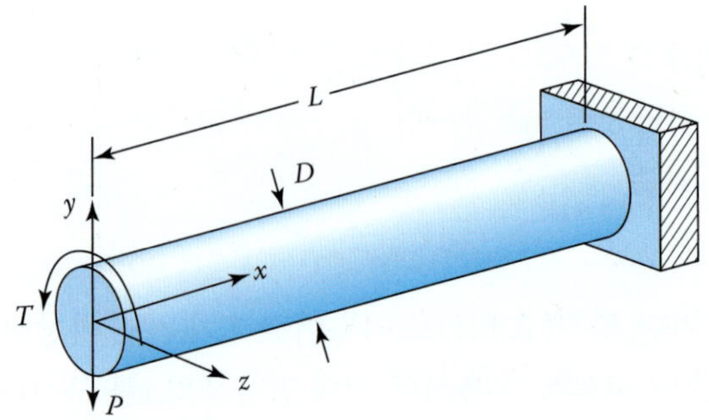

b. 쿨롱-모어 파손 기준

주어진 값: $L = 12$ in., $T = 6$ kip · in, $P = 150$ kips, $n = 2.5$, $S_u = 50$ ksi, $S_{uc} = 90$ ksi(표 B.1).

가정: 수평전단은 무시 가능하다.

6.34 그림 P6.34와 같이 길이 a인 브래킷 암에 수직 하중 W kips가 작용하고 자유단에 P가 작용한다. ASTM-A242 고강도 강철 막대가 지름 D, 길이 L, 전단항복강도 S_y일 때, 최대 전단응력 이론을 이용하여 안전율 n을 구하라.

주어진 값: $D = 2$ in., $L = 10$ in., $a = 12$ in., $W = 1.8$ kips, $F = 400$ lb, $S_y = 30$ ksi.

[그림 P6.34]

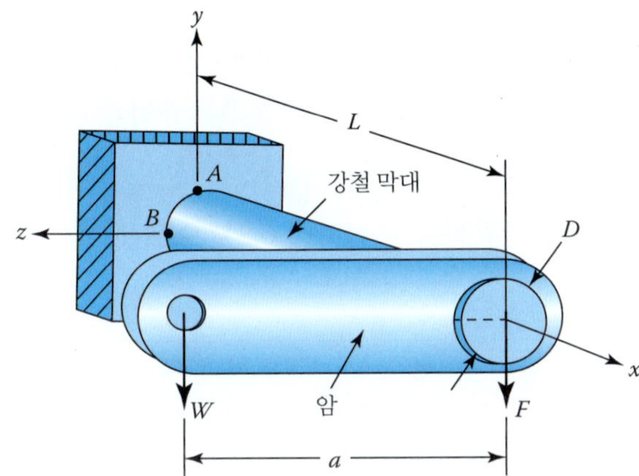

6.35 그림 P6.35와 같이 길이가 L인 ASTM-A36 강철봉을 제작하여 토크 T와 단위 길이당 무게 w를 전달하도록 설계하였다(표 B.1). 안전율 $n = 2.1$일 때, 최대 전단에너지 기준을 이용하여 봉의 지름 D를 구하라.

주어진 값: $L = 6$ m, $T = 400$ N · m.

가정: 축의 양단은 베어링으로 지지한다.

[그림 P6.35]

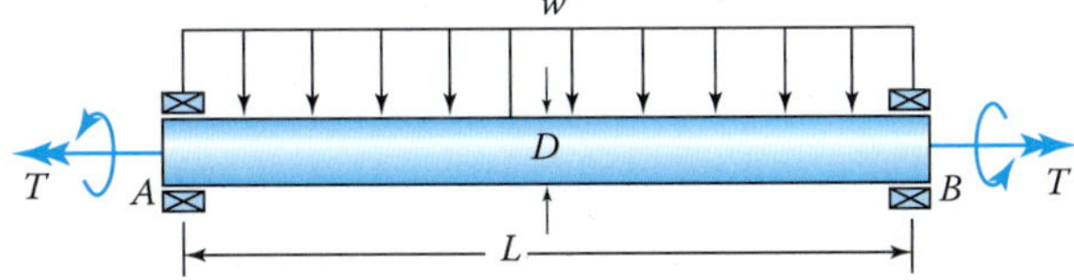

6.13절~6.15절

6.36 전단하의 임계지점에서 하중에 의해 유도된 응력이 각각 $\mu_l = 250$ MPa, $\sigma_l = 35$ MPa일 때, 항복에 대한 신뢰도 R은 얼마인가?

주어진 값: 소재 물성치: $\mu_s = 400$ MPa, $\sigma_s = 30$ MPa.

6.37 축인장 하중 P를 받고 있는 봉의 신뢰도가 99.7%가 되기 위한 봉의 지름 d를 계산하라.

주어진 값: 소재 물성치: $\mu_s = 50$ ksi, $\sigma_s = 5$ ksi 하중 조건: $\mu_l = 40$ kips, $\sigma_l = 6$ kips.

6.38 아래 표에 있는 학생 12명의 성적에 대하여 평균 μ와 표준편차 σ를 계산하라.

n	1	2	3	4	5	6	7	8	9	10	11	12
x	77	85	48	94	80	60	65	96	70	86	69	82
y	78.2	82.1	60.3	91.5	84.6	70.8	68.4	90.8	75.0	92.5	61.8	80.1

주: 학생수 n, 최종 시험점수 x, 학과점수 y.

6.W 웹사이트 www.mecheng.asme.org/database/STAT/MASTER.HTML에서 정규분포에 대한 평균과 표준편차를 계산하는 통계학 소프트웨어를 다운 받은 후 연습문제 6.38을 다시 풀어라.

6.39 68개의 냉간인발된 강철봉을 시험하여 0.2% 오프셋 항복강도 S_y를 측정하였고, 그 결과는 다음과 같다.

S_y	74	66	62	78	81	82	85	86	89	94
n	7	2	5	5	10	18	8	3	6	4

정규분포에 근거하여 다음을 계산하라.

a. 모집단의 평균 μ와 표준편차 σ

b. 항복강도 $S_y = 75$ ksi에 대한 신뢰도

6.40 최대하중 5 kips 하에 막대가 하중 6 kips를 전달하도록 설계되어 있다. 최대 하중은 표준편차 600 lb로 작용하며, 봉 강도의 표준편차는 400 lb이고 각각 정규분포화되어 있다. 기대되는 신뢰도를 구하라.

6.41 지름 ½ in.의 ASTM-A242 고강도 강철 막대가 축 공칭 하중 P_{nom}을 전달하고 있다. 실험 결과상 항복강도는 평균값 $S_{y,nom}$과 표준편차 σ_s로 정규분포되어 있고 하중은 랜덤변수에 대해 정규분포화된 표준편차 500 lb를 가지고 있다. 항복에 근거하여 다음을 구하라.

a. 안전율 n

b. 막대의 신뢰도 R

주어진 값: $P_{nom} = 8$ kips, $\sigma_s = 4$ kips, $S_{y,nom} = \mu_s = 50$ ksi(표 B.1 참조).

6.42 구조용 부재가 최대 하중 20 kN을 받고 있으며, 하중과 강도가 각각 3 kN과 2.5 kN의 정규분포화된 표준편차를 가지고 있다. 부재가 25 kN을 견딜 수 있게 설계되었을 때, 예상되는 파단 확률을 계산하라.

CHAPTER 07

피로파손 기준

MECHANICAL DESIGN of Machine Components

7.1 서론

기계부품이 정하중 대신 시간에 따라 변하는 동하중을 받으면 재료의 항복강도 이하의 응력에서도 파괴될 수 있다. 반복하중에 의한 점진적 파괴현상을 *피로*(fatigue)라고 부른다. 피로현상은 응력의 크기와 반복하중 횟수의 함수관계로 표현되는데, 이 때문에 *피로파손*(fatigue failure)이라고도 불린다. 그림 7.1은 피로파손된 기계부품의 단면을 보여준다. 이 장을 통해서 기계부품의 피로강도가 다양한 요인들에 의해서 크게 영향을 받는다는 것을 알 수 있다. *피로균열*(fatigue crack)은 종종 노치 모서리에서나 재료 내의 미세한 결함처럼 큰 응력집중이 생기는 지점에서 시작된다. 피로로 파손될 때는 연성재료일지라도 취성적 특성을 보인다. 파괴는 대개 인장응력하에서 전조현상 없이 갑자기 발생된다. 복합적인 변동하중을 받는 상황에서 설계할 때는 정적 파손 이론과 재료강도를 수정하여 적용하는 것이 일반적이다.

피로파손 현상은 1800년대에 철도차량의 차축이 운행된 지 불과 얼마 안 되어 파괴된 사건으로부터 처음 주목을 받았다. 19세기 중엽까지 안전율을 달리 적용하는 것 외에는 반복하중 및 정하중은 서로 같은 것으로 취급되었다. 1839년 퐁슬레(Poncelet)의 저서에서 변동하중으로 인한 *피로*(fatigue)라는 용어가 사용되었다. 현재에 이르러 현대적인 고속 운송수단 및 기계류가 개발됨에 따라서 재료의 피로특성이 매우 중요하게 되었다. 균열 및 다른 결함을 찾기 위한 정기점검에도 불구하고 피로파손으로 인한 철도차량과 항공기의 대형사고가 빈번히 발생되고 있다. 금속(metal) 파손의 90%는 피로 때문이다. 특히 구조물의 피로파손은 대개 아무런 전조현상 없이 갑작스럽게 발생되기 때문에 아주 위험하다. 피로파손과 관련된 기본 메커니즘은 비교적 잘 알려져 있는 편이며, 더 상세한 규명을 위한 연구가 계속되고 있다[1-16]. 피로를 고려해서 설계한다는 것은 복잡하기 때문에 합리적인 설계절차를 확립하는 것은 쉽지 않다. 재료물성의 큰 차이로 인하여 피로강도를 평가함에 있어서 통계적인 방법이 필요하게 되었다.

기본적으로 피로는 균열이 확산되는 과정인데, 초기에는 아주 작은 균열에서 시작되지만 균열 크

(a)

(b)

[그림 7.1]

(a) 네 개의 바퀴살이 플랜지에서 떨어져나간 자전거 허브의 피로파손 (b) 반복 동하중에 의한 크랭크축의 파손

기가 임계 길이보다 커지면 균열의 전파속도는 매우 빨라진다. 재료 내부에 결함이나 응력유발 요인이 존재하지 않는다면 피로균열은 주로 부품표면에서 발생되어 부품전체로 전파됨이 실험으로 관찰되었다. 부품의 피로수명은 균열이 처음 시작되어 부품 전체 단면으로 전파될 때까지 소요된 시간이다. 설계수명은 연마공정을 통하여 부품 표면의 흠집을 최소화하거나, 생산공정에서 발생한 잔류응력들을 다양한 표면처리로 최소화하여 증대시킬 수 있으며, 또한 피로균열이 성장되는 방향으로 방향성을 갖지 않는 재료를 사용하거나, 큰 흠집(flaws)을 수용하는 물성특성으로부터 균열의 확산시간을 최대화시켜서 수명을 증대시킬 수도 있다.

7.2 피로파손의 특성

2.3절에서 고려된 것과 같이 피로하중을 받는 연성금속에 생기는 파괴의 형태는 정하중하의 파괴의 형태와 완전히 다르다. 피로파손 시 파단면은 두 개의 뚜렷한 파손영역으로 구분되는데, 점진적 균열

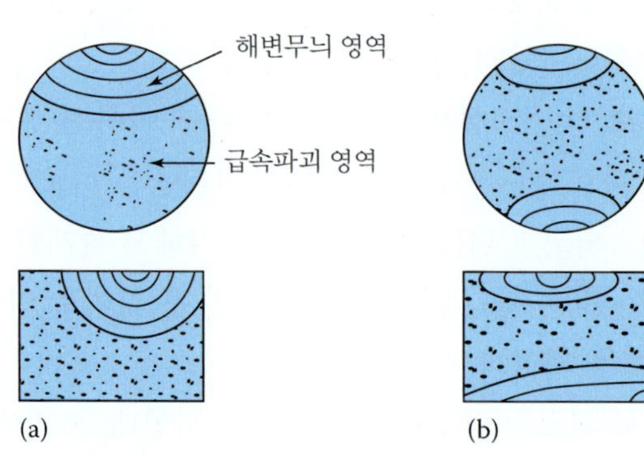

[그림 7.2]

하중에 따른 원형 단면과 사각단면의 피로파손면의 개략도. (a) 인장-인장 또는 인장-압축 (b) 역전굽힘(Based on American Society of Metals, Failure analysis and prevention, *Metals Handbook*, 9th ed., Metals Park, OH, ASM International, 2020.)

의 진전으로 인한 해변무늬 영역(beachmark zone,썰물 때 모래사장에 남는 물결무늬와 비슷해서 그렇게 이름 붙여짐)과 급속파괴 영역(sudden fracture zone)이 그것이다. 급속파괴 영역은 그 이름이 의미하듯이 균열이 성장하기에 필요한 임계크기에 달할 때 급속한 파괴가 일어난 부분이다. 그림 7.2는 큰 공칭응력 조건하에서 두 개의 일반적인 단면에 나타난 피로파손면을 묘사하고 있다[1]. 이 해변무늬의 곡률로부터 파손의 시작 지점을 알 수 있다. 해변무늬 영역은 *피로영역*(fatigue zone)이라고도 불리며 부드럽고 매끄러운 결을 갖고 있다. 이는 상대적으로 무디고 거칠며 정적 *취성*(brittle) 형태를 띠는 급속파괴 영역과 대조된다.

피로응력하의 연성 금속재 시편을 미시적으로 살펴보면 변형이 거의 없는 반면에, 정적 과하중에 의한 파손은 큰 변형이 동반된다. 파단면의 모습으로 균열이 생긴 원인을 찾아내어 재설계할 때 그 원인을 제거할 수 있다. 이러한 목적으로 파단면에 대한 수많은 사진과 도식도들이 기술문헌에 출판되고 있다[1, 5]. 그림 7.3은 다양한 하중이 걸린 단면에서 피로파손의 시작점, 모습, 위치에 관한 응력상태의 영향을 평가한 개략도이다. 본 그림에서는 축 및 굽힘 응력상태, 비틀림 응력상태에서 해변무늬 영역에서의 균열의 성장을 균열의 시작 지점에서 출발하는 곡선 벡터로 표시하였다.

특히 굽힘과 비틀림 피로응력하에서 급속파괴 영역은 전체 단면 중에서 작은 영역이 될 수 있음에 주목해야 한다. 노치의 영향이 없다면, 굽힘에 의한 피로균열은 인장응력방향에 수직이다. 즉 시험편 축 방향에 수직이다. 인장응력에 의해서 균열이 진전되는데, 가장 큰 인장응력 방향에 수직인평면 위에서 균열은 성장한다. 압축 피로응력은 균열을 메우는 경향이 있으므로 균열은 성장하지 않는다. 노치가 없는 축에 높은 비틀림 피로응력이 작용하여 피로파손된 경우에 균열은 시편 축방향과 45° 각도를 이룬다(그림 7.3). 마지막으로 균열이 표면의 여러 지점에서 시작된다면 급속파괴 영역이 조금 더 중심부분에 위치한다는 사실에 주목하라.

7.3 피로시험

피로하중하에서 재료의 강도를 결정하기 위해서 인장, 비틀림, 굽힘과 이들이 조합된 시험 등 네 가지 형태의 시험이 수행된다. 각각의 시험에서 시편들은 일정한 크기의 반복하중을 받으며 파단을 일으킨 사이클 또는 응력역전(stress reversal)의 횟수를 기록한다. 널리 사용되는 피로시험 장치는 모어(R. R. Moore)의 초고속 회전굽힘 시험기(high-speed rotating-beam machine)이다(그림 7.4a). 시험수행을 위해서 시편을 선택된 무게추 W와 함께 설치한다. 전기 모터가 시편을 회전시키지만 추를 돌리지는 않는다. 다양한 다른 종류의 피로시험기도 존재한다[3]. 전형적인 회전굽힘 피로시험기는 500~10,000 rpm의 범위에서 속도 조절이 가능한 스핀들을 갖추고 있다. 이 시험기는 200 lb · in.에 달하는 모멘트를 시편에 가할 수 있다.

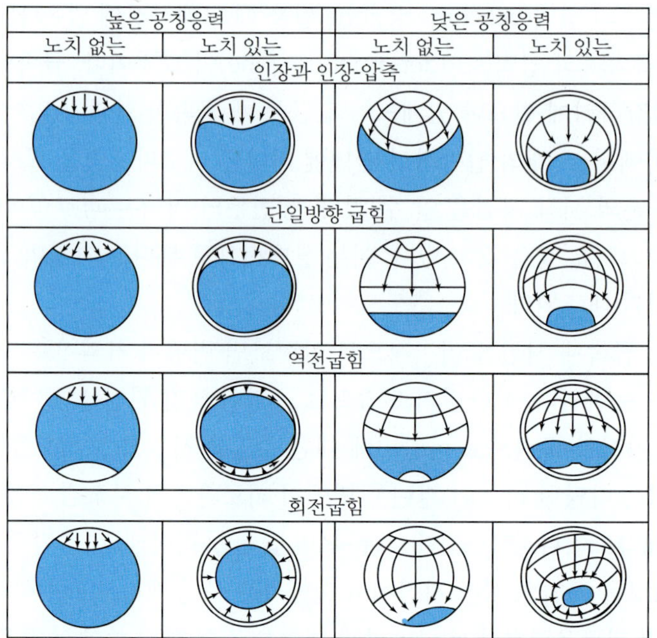

교번 비틀림			
높은 공칭응력		낮은 공칭응력	
노치 없는	노치 있는	노치 없는	노치 있는

[그림 7.3]

다양한 하중조건하에서 평탄한 원형 단면과 노치가 있는 원형 단면의 피로파손에 대한 응력상태의 효과 (From Engel, L. and Klingele, H., *An Atlas of Metal Damage*, Hanser Verlag, Munich, Germany, 1981.)

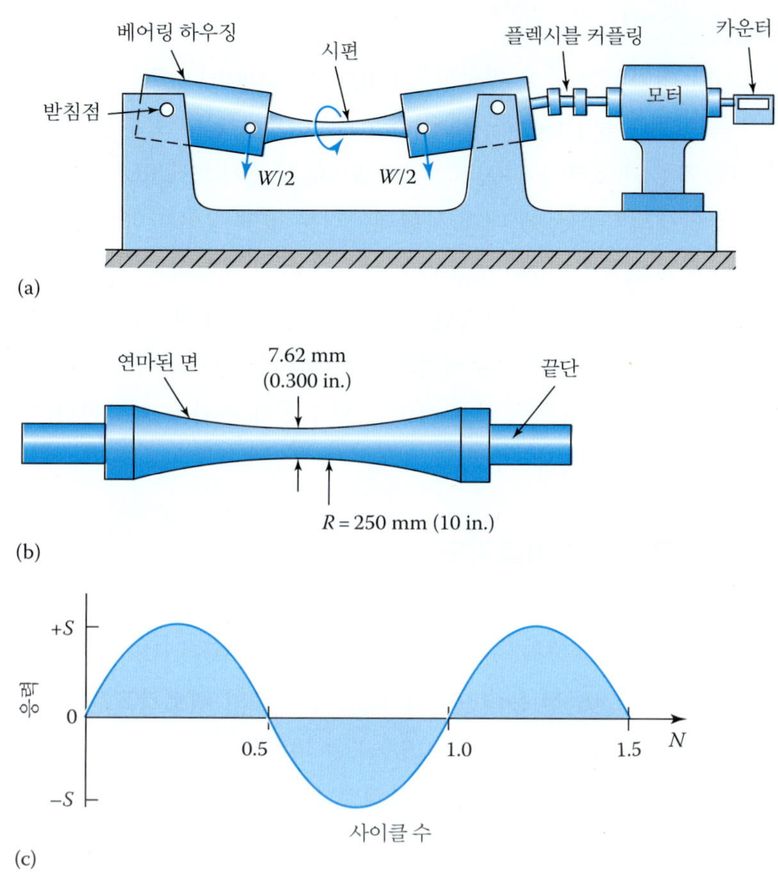

[그림 7.4]
굽힘 피로. (a) 모어의 회전굽힘 피로시험기 개략도 (b) 표준형 원형 시편 (c) 완전역전(사인파형) 응력

7.3.1 역전굽힘 시험

회전굽힘 피로시험기는 '거울면'처럼 연마된 원형 단면의 시편에 순수 굽힘모멘트를 가한다(그림 7.4b). 시편이 회전함에 따라서 그 표면은 지속적으로 최대 굽힘 인장응력과 최대 굽힘 압축응력을 교대로 받게 된다. 이러한 완전 역전굽힘(reversed bending) 응력은 그림 7.4c의 응력 S-사이클 N축으로 표현될 수 있다. 가장 큰 응력은 시편의 중간부분이 받게 되는데 이 부분의 지름은 약 0.3 in.로 가장 가늘다. 시편의 곡률반지름을 크게 해서 응력집중을 피할 수 있다. 축, 비틀림, 굽힘응력에 대한 다양한 표준 피로시험용 시편은 피로시험에 관한 ASTM 매뉴얼에 규정되어 있다.

정속도(대개 1750 rpm) 모터가 피로시험기에 주로 사용되며, 이는 그림과 같이 사인파형 또는 완전 역전(fully reversed)된 주기적 응력변화를 준다. 이 시험기는 시편 한 개당 10^6 사이클에 도달하는 데는 반나절이 걸리고, 10^8 사이클에 도달하는 데는 40일이 걸린다. 다양한 무게추와 여러 개의 동일한 시편을 사용하여 일련의 시험이 수행되어 피로시험 데이터를 얻게 된다.

7.4 $S-N$ 선도

피로시험 데이터는 종종 *피로강도*(fatigue strength) S 또는 완전 역전응력 대 파손까지의 사이클 횟수 또는 반로그 눈금(semilogarithmic scale)으로 된 *피로수명*(fatigue life) N, 즉 $S-\log N$ 선도로 나타낸다. 가끔 데이터가 $S-N$ 또는 $\log S \log N$ 형태로도 표시된다. 피로파손은 상대적으로 취약한 지점에서 발생되기 때문에 대개 시험데이터는 넓게 분포한다. 대부분의 경우, 시험결과의 전체 패턴을 잘 대표하는 평균곡선(average curve)을 그려서 표현한다.

그림 7.5는 두 개의 전형적인 $S-N$ 선도를 나타내며, 다양한 크기의 역전 굽힘하중을 받는 일련의 강철과 알루미늄 시편으로부터 얻어진 피로시험 결과이다. 그래프에서 알 수 있듯이, 작용한 최대 응력이 클 때는 상대적으로 작은 사이클 횟수에서 파괴가 발생한다. 일반적으로 피로 데이터는 50%의 신뢰도에 근거한 평균값이다.

7.4.1 내구한도와 피로강도

내구한도와 피로강도는 두 개의 중요한 주기적인 물성치(cyclic properties)이다. 피로강도(fatigue strength S_n')는 간혹 *내구강도*(endurance strength)라고도 하는데, 이는 특정 사이클 횟수 후에 재료가 파손되는 완전역전 응력값이다. 따라서 재료의 피로강도는 응력 사이클 수와 밀접하게 관련되어 있다. *내구한도*(endurance limit S_e') 또는 피로한도는 대개 어떤 재료가 파괴 없이 '무제한 횟수'까지 견딜 수 있는 최대 역전응력으로 정의된다. 따라서 내구한도는 파손에 이르는 사이클 수와 관계없이 쓰인다.

7.4.1.1 굽힘 피로강도

강철과 같은 *철금속재료*(ferrous material)에 대해서는 곡선이 수평이 되는 응력이 내구한도 S_e'(그림 7.5)이다. 주목할 것은, 강철에 대한 곡선은 1×10^6 부근에서 곡선이 꺾여서 수평이 된다는 것이다. 이 값은 종종 강철에 대한 내구한도로 사용된다. 꺾인점(Knee: S_e', N_e)을 넘는 위치에서는 하중 사이클 횟수를 무한히 증가시켜도 파손이 발생하지 않는다. $N = N_t$ 사이클에서는 파손이 대략 정적 파손응력

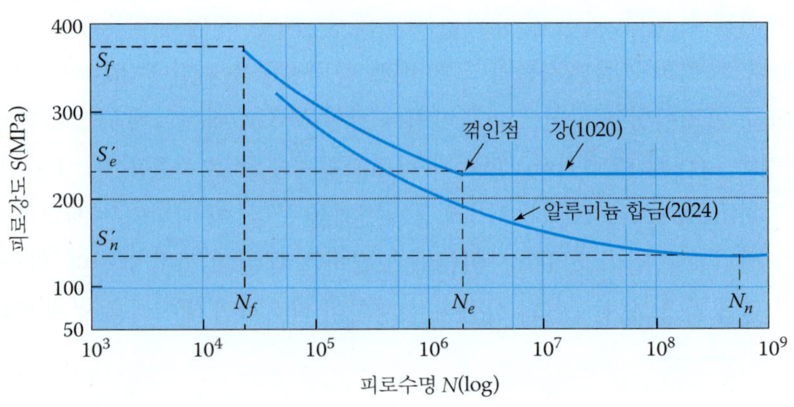

[그림 7.5]
두 개의 대표적인 재료에 대한 완전역전 회전굽힘의 $S-N$ 선도

$S_f \approx 0.9S_u$일 때 일어나며, 여기서 S_u는 인장 극한강도(ultimate strength)이다.

반면에 알루미늄 합금과 같은 *비철금속*(nonferrous metal)의 S–N 선도에서는 사이클 횟수가 증가함에 따라서 파손응력이 계속 감소함을 볼 수 있다(그림 7.5). 즉, 비철금속의 S–N 선도는 꺾인점(knee)이 보이지 않아서 뚜렷한 내구한도를 실질적으로 규정하기 어렵다. 이런 재료에 대해서는 5×10^8 사이클과 관련된 응력을 내구강도 S_n'으로 정하는 것이 일반적이다.

대부분의 철금속재료는10^6 이상의 피로수명이 요구되면 내구한도 S_e' 이상으로 응력이 걸리도록 하면 안 된다. 이것은 그림 7.6에 예시되어 있으며, 극한강도 $S_u < 200$ ksi를 갖는 연강(wrought steel)에 대한 결과를 나타낸다. 주어진 응력에 대한 피로수명 N의 시험결과는 넓게 분포되어 있고, 정해진 수명에 대한 피로응력은 상대적으로 좁게 분포됨을 알 수 있다. 이 그래프에서는, 더 높은 역전응력에서 시험된 시편들은 더 낮은 사이클에서 파괴되었고, 일부는(삼각형 기호) 시험이 끝난 뒤에도(여기서는 10^7 사이클) 전혀 파괴되지 않았다. 시험데이터는 상하의 굵은 선 안에 포함되어 있다. 흥미롭게도 분포의 하한선으로부터 내구한도는 설계목적상 안전하게(conservatively) $0.5S_u$로 추정될 수 있다. 대부분의 연강의 내구한도 범위는 극한강도의 0.45에서 0.60까지이다.

7.4.1.2 축방향 피로강도

시편에 축방향 반복 인장/압축력을 가하는 여러 형태의 서보유압 피로시험기가 개발되었다. 여기에는 정적인장시험(2.3절 참조)에 사용되는 시편과 유사한 것이 사용된다. 가장 보편적인 시험기는 그림 7.4c와 같은 축방향 역전 사인파형 응력을 가한다. 단축방향 피로시험과 굽힘 피로시험의 결과를 비교하면, 경우에 따라 같은 재료에 대해서 단축방향 피로강도가 굽힘 피로강도보다 약 10~30% 더 낮다[8, 9]. AISI 강($S_u = 125$ ksi)에 대한 완전 역전 축방향하중 시험에 대한 결과가 그림 7.7에 나타나 있다. 10^3 사이클 부근의 기울기를 살펴보고, 또 내구한도 S_e'와 관련된 10^6 사이클 부근에서 그래프가 수평이 됨을 살펴보라.

7.4.1.3 비틀림 피로강도

완전 역전응력을 받는 원형 또는 원통형 단면의 시편을 사용하여 재료의 비틀림 피로강도를 결정하려는 연구는 많지 않다. 완전 역전하중하의 연성 금속이나 합금의 비틀림 피로강도(비틀림 내구한도)는

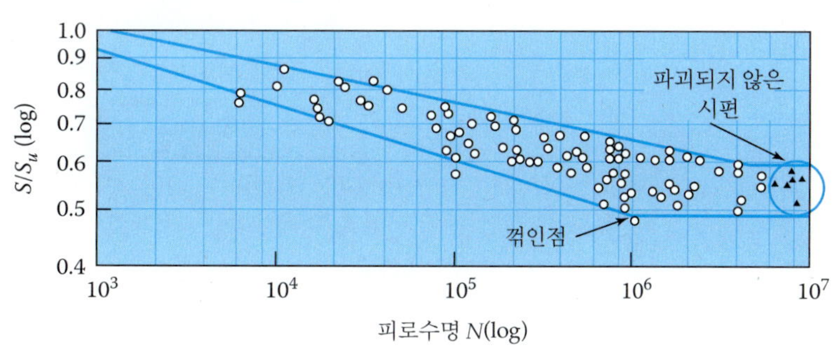

[그림 7.6]
연강(wrought steel)에 대한 완전역전 회전굽힘 시험값(data point) S–N 선도[6]

완전 역전굽힘하의 피로강도의 약 0.577배라는 것이 알려졌다[8].

취성재료의 역전굽힘 대 역전비틀림의 피로강도 비는 좀 더 커서 1에 가깝다. 2축 응력 시험에서 역전굽힘과 역전비틀림 하중이 작용할 때 파손부위는 정하중 파손시험의 파손부와 유사하다(예를 들면 그림 6.10). 그러므로 반복하중에 의한 비틀림강도와 굽힘강도 사이의 관계는 정하중의 경우와 같다는 결론을 내릴 수 있다.

7.4.2 피로영역

반복하중 횟수의 증가에 따라서 재료의 거동형태도 달라지는 것을 응력-수명($S-N$) 선도에서 알 수 있다. 두 개의 기본영역은 저사이클 피로($1 < N < 10^3$)와 고사이클 피로($10^3 \leq N$) 영역이다. 이 두 영역을 뚜렷하게 구분하기는 힘들다. 이 교재에서는 고사이클 피로는 $N = 10^3$에서 시작한다고 가정한다. 무한수명(infinite life)은 대략 10^6 사이클에서 시작하며, 여기서는 무시할 수 있을 정도로 작은 소성 변형률에서 파손이 발생할 수 있다. 커브의 유한수명부(finite life portion)는 약 10^7 사이클 이하 부분이다. 무한수명과 유한수명의 경계는 강재의 경우에는 그림 7.7과 같이 10^6과 10^7 사이클 사이에 있다. 저사이클 피로에 대해서는 응력이 국부적 항복을 일으킬 수 있을 만큼 크다.

파괴역학 방법이 7.14절에 있는 유한수명 문제들에 적용된다. 다양한 하중을 받는 부품의 고사이클 피로를 다루는 데 있어서 응력-수명 데이터가 사용된다. 변형률-수명에 대한 자세한 피로해석 내용이 필요하면 자료 [5, 10]을 참조하라.

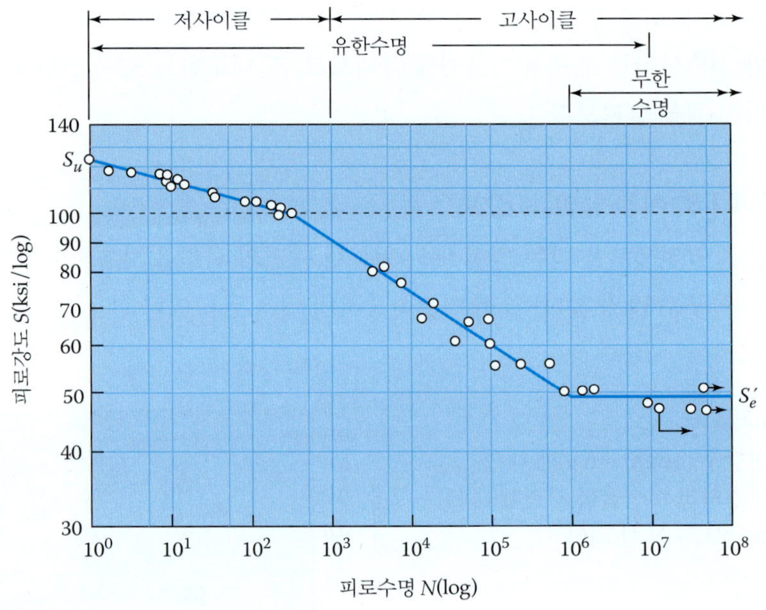

[그림 7.7]
AISI 4310 강의 완전역전 축방향 $S-N$ 선도로서 저사이클/고사이클 천이부(transition)와 내구한도에서 분기점(breaks)을 보이고 있다[9].

7.5 내구한도 및 피로강도의 예측

피로 데이터를 이해하기 위해서 많은 기준이 제안되었다. 내구한도와 항복강도, 연성 등과 같은 기계적 물성치 사이의 상관관계는 존재하지 않는다. 그러나 실험에 의하면 내구한도, 내구강도, 전단 내구강도, 전단 극한강도 등은 인장 극한강도와 관련이 있음을 알 수 있다.

인장 극한강도(S_u)와 전단 극한강도의 실험값들이 존재하면 잘 활용되어야 한다(부록 B 참조). 2.10절에서 S_u는 비파괴 경도시험으로부터 추정될 수 있음을 알았다. 참고용으로 사용될 수 있는 표 7.1은 일상적으로 마주치는 많은 하중과 재료에 대한 내구한도, 극한강도 사이의 관계를 나타낸다[9, 11]. 강 제품 생산 업체들은 관습적으로 이런 종류의 응력 데이터를 극한강도로 나타내는데, 그 이유는 S_u가 실험으로 얻기 쉽고 가장 믿을 만한 부품강도를 보여주기 때문이다.

필요하다면 강의 극한강도는 식 (2.22)를 사용해서 $S_u = 3500H_B$ MPa 또는 $S_u = 500H_B$ ksi로 추정할 수 있다. 여기서 H_B는 브리넬경도(Bhn)를 나타낸다. 그러나 주의해야 할 것은 식 (7.1)은 약 Bhn 400까지만 유효하다는 것이다. 실험결과에 의하면, 내구한도 S'_e는 경도가 커짐에 따라 계속 증가할

〈표 7.1〉 완전역전하중에서 시편의 피로강도 근사값

역전 굽힘			
강	$(S'_e) = 0.5S_u$	$[S_u < 1400 \text{ MPa } (200 \text{ ksi})]$	(7.1)
	$(S'_e) = 700 \text{ MPa } (100 \text{ ksi})$	$[S_u \geq 1400 \text{ MPa } (200 \text{ ksi})]$	
철	$(S'_e) = 0.4S_u$	$[S_u < 400 \text{ Mpa } (60 \text{ ksi})]$	(7.2a)
	$(S'_e) = 160 \text{ MPa } (24 \text{ ksi})$	$[S_u \geq 400 \text{ MPa } (60 \text{ ksi})]$	
알루미늄	$(S'_n) = 0.4S_u$	$[S_u < 330 \text{ MPa } (48 \text{ ksi})]$	(7.2b)
	$(S'_n) = 130 \text{ MPa } (19 \text{ ksi})$	$[S_u \geq 330 \text{ MPa } (48 \text{ ksi})]$	
구리 합금	$(S'_n) = 0.4S_u$	$[S_u < 280 \text{ MPa } (40 \text{ ksi})]$	(7.2c)
	$(S'_n) = 100 \text{ MPa } (14 \text{ ksi})$	$[S_u \geq 280 \text{ MPa } (40 \text{ ksi})]$	
역전 축하중			
강	$(S'_e) = 0.45S_u$		(7.3)
역전 비틀림			
강	$(S'_{es}) = 0.29S_u$		
철	$(S'_{es}) = 0.32S_u$		(7.4)
구리 합금	$(S'_{es}) = 0.22S_u$		
또한			(7.5a)
강	$(S_{us}) = 0.67S_u$		
	$(S_{ys}) = 0.577S_y$		(7.5b)

주: 내구한도 S'_e, 전단 내구한도 S'_{es}, 극한 인장강도 S_u, 인장 항복강도 S_y, 전단항복강도 S_{ys}, 전단 극한강도 S_{us}, 내구강도 S'_n

수도 있고 그렇지 않을 수도 있는데 이는 강의 성분에 영향을 받기 때문이다[11].

시험 데이터가 없는 경우에는 표에 주어진 값들을 기초설계 계산에 사용할 수 있다. 표의 관계식들은 일정한 크기와 형상을 갖는 연마된 실험실용 시편의 시험과 50%의 신뢰도(survival rate)를 기초로 한 결과이다. 그러므로 이들 데이터는 실험실 조건과 상이한 조건에서 사용될 때는 보완되어야 하는데, 이에 대해서는 다음 절에서 논의하고자 한다.

7.6 수정 내구한도

내구한도를 결정하기 위한 시험에 사용되는 시편은 매우 주의 깊게 준비되고 확실히 제어된 조건에서 시험된다. 그러나 기계나 구조부품의 내구한도가 실험실에서 얻어진 값과 일치하기를 기대하는 것은 비현실적이다. 재료의 상태, 생산조건, 환경조건, 설계조건들이 피로에 영향을 미친다. 주로 영향을 미치는 인자들은 재료의 크기, 형상, 조성; 열처리, 기계적 처리; 응력집중, 잔류응력, 부식, 온도; 속도, 응력의 종류; 부재의 수명 등이다[3].

이들 인자 중 가장 중요한 것들을 고려하기 위해서 다양한 내구한도 수정계수가 사용된다. 이들 실험 인자들이 강재 부품에 적용될 때는 좋은 정확도를 보인다. 그 이유는 이 인자들이 기초로 하는 대부분의 데이터가 같은 재료인 강재 시편의 시험에서 얻어졌기 때문이다. 수정된 내구한도 또는 그냥 내구한도라고도 부르는데, 이는 기계요소의 내구한도를 나타내며 다음과 같이 정의된다.

$$S_e = C_f C_r C_s C_t \left(1/K_f\right) S_e' \tag{7.6}$$

여기서

S_e = 수정된 내구한도
S_e' = 시편의 내구한도
C_f = 표면처리계수
C_r = 신뢰도계수
C_s = 크기계수
C_t = 온도계수
K_f = 피로 응력집중계수

내구한도 식은 피로문제에 있어서 매우 중요하다. 구체적으로 적용될 대상에 대한 실제 피로시험 결과가 없을 때 사용된다. 식 (7.6)은 강재 시편으로부터 얻어진 데이터에 근거하기 때문에 강재 부품에 대해서는 높은 신뢰도를 갖고 적용할 수 있다.

7.4절에서 비철금속재는 S–N 선도 상에서 꺾인점(knee point)이 없다는 사실을 학습하였다. 따라서 시편의 정확한 내구한도는 명기될 수 없다. 이들 재료에 대해서는 식 (7.6)의 S_e' 대신에 피로강도 S_n'

으로 대체한다. 마찬가지로 역전 비틀림 하중의 경우에도 수정 전단 내구한도 S_{es}와 전단시험 시편으로부터의 내구한도 S'_{es}이 각각 그 식에서 S_e와 S'_e를 대체한다.

7.7 내구한도 감소계수

내구한도 수정 또는 감소계수는 특정 시편 및 시험과 연관된 정보에서 얻어졌기 때문에 제품설계 시 주의해서 적용해야 한다. 가혹한 환경에서는 단지 몇 가지의 재료강도 데이터만 활용이 가능하다. 제작공정은 피로수명 특성에 큰 영향을 미칠 수 있다. 내구한도에 영향을 미치는 열처리, 부식, 기계적 표면처리, 용접 등의 기타요인들을 수치적으로 나타내기는 힘들다. 이 요인들은 불규칙적인 값을 갖기 때문에 시험을 통해서 결정된다. 그 값들은 설계자의 경험과 판단에 의해 결정되곤 한다.

부식피로(corrosion fatigue)는 아직 명확히 규명되지 않을 만큼 복잡한 거동을 보이지만 그 심각성은 실험으로 확인되었다. 물과 산(acid)에 의한 부식은 내구한도를 크게 저하시킬 수 있다. 재료표면의 작은 흠집은 응력을 집중시킨다(8.2절 참조). 실험데이터에 의하면 물속에 잠긴 탄소강에 대한 식 (7.1)은 다음과 같이 수정되어야 한다.

$$S'_e = 100\ \text{MPa} \quad (15\ \text{ksi}) \tag{a}$$

크롬강 및 스테인리스 강만이 물속에서도 강도를 유지하는데, 합금성분이 내부식성을 제공하기 때문이다. 일반적으로 쓰이는 나머지 대부분의 재료들의 피로강도는 저하된다.

내구한도 수정계수는 10^3 사이클의 굽힘하중일 때는 거의 1.0이다. 이 계수들은 사이클 수가 증가함에 따라 점진적으로 증가한다. 다음의 세부 절에서는 몇몇 대표적인 감소계수값들을 제시한다. 이러한 계수들은 문헌 [7-9]에서 발췌하였다.

7.7.1 표면처리계수

피로강도는 표면상태에 민감한데, 그 이유는 최대 굽힘응력과 최대 비틀림응력이 부재 표면에서 발생되기 때문이다. 이미 언급했듯이, 회전굽힘 시험시편은 응력상승 요인 역할을 하는 표면결함을 제거하기 위해서 거울면처럼 연마되며, 표면 마무리가 더 거칠수록 피로강도는 더 낮아진다.

표면처리계수 C_f는 표면마무리의 질과 인장강도에 따라 다르며 다음의 식으로 표현될 수 있다.

$$C_f = AS_u^b \tag{7.7}$$

여기서 극한강도 S_u의 단위는 MPa 또는 ksi이다. 표 7.2는 강에 적용된 다양한 마무리에 대한 계수 A와 지수 b의 값들을 나타낸다. 식 (7.7)로부터, $b < 0$이기 때문에 C_f의 값은 인장강도 S_u가 증가함에 따라서 감소한다는 것을 알 수 있다. 거울면으로 연마된 강의 표면계수는 대략 1($C_f = 1$)이다.

〈표 7.2〉 표면처리계수 C_f

표면처리	A		b
	MPa	ksi	
연마	1.58	1.34	−0.085
기계가공 또는 냉간인발	4.51	2.7	−0.265
열간압연	57.7	14.4	−0.718
단조	272.0	39.9	−0.995

식 (7.7)은 컴퓨터 프로그램화 할 수 있어서 그림 7.8과 같은 차트에서 그 값을 찾아볼 필요가 없다. 이 그래프의 표면조건은 상세하게 정의되어 있지 않다(예를 들어, 기계가공된 표면의 거칠기). 그림 7.8에서 흥미로운 점은 부식환경이 내구한도를 크게 감소시킨다는 것이다.

표 7.2는 알루미늄 합금과 기타 연성금속에도 조심스럽게 적용 가능하다. 보통 주철의 표면계수는 주철의 내부 불연속성이 거친 표면의 효과를 약화시키기 때문에 약 1($C_f = 1$)로 선택된다.

7.7.2 신뢰도계수

신뢰도계수 C_r은 피로관련 데이터의 재료들 사이의 차이를 고려하기 위한 것이며, 신뢰도에 따라 다르다. 이것은 다음과 같은 식으로 정의된다.

$$C_r = 1 - 0.08z \tag{7.8}$$

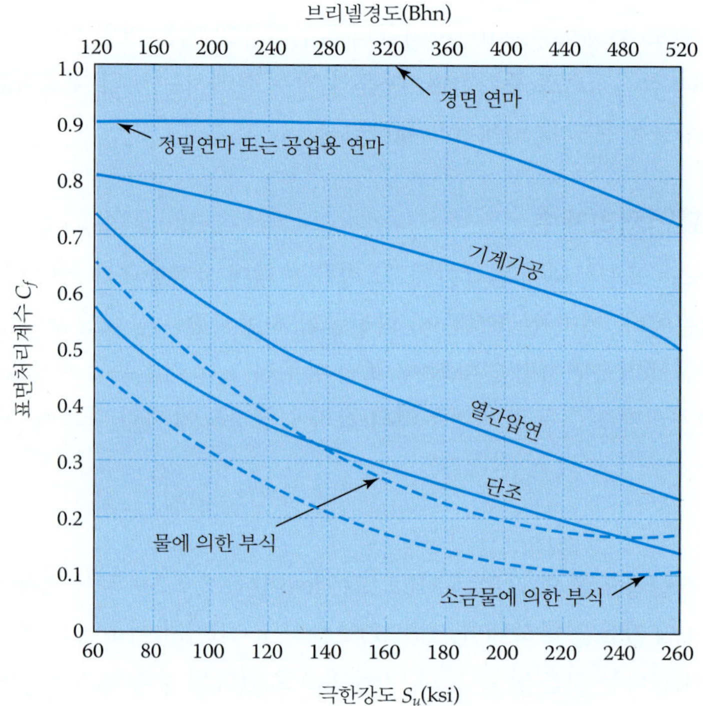

[그림 7.8]
다양한 마무리 공정에 따른 강의 표면처리계수[6]

〈표 7.3〉 신뢰도계수

신뢰도(%)	C_r
50	1.00
90	0.89
95	0.87
98	0.84
99	0.81
99.9	0.75
99.99	0.70

여기서 z값은 6.14절에서 언급되었던 표준편차이다.

원하는 신뢰도를 얻기 위해서는, 그림 6.16으로부터 관련된 z값을 찾아서 식 (7.8)을 이용하여 신뢰도계수를 계산한다. 표 7.3은 C_r의 값들을 나타낸다. 50% 신뢰도에서 계수는 1이고, 이 계수는 신뢰도가 증가함에 따라서 감소한다.

7.7.3 크기계수

부재의 크기는 피로강도에 영향을 주는 중요한 인자이다. 부재의 크기가 증가하면 내구한도는 감소한다. 더 큰 부재는 피로균열이 시작될 수 있는 재료적 내부결함을 쉽게 갖기 때문이다. 크기계수 C_s에 대한 두드러진 실험결과값은 아직 보고된 바 없다. 여러 연구자들이 이 계수를 추정할 수 있는 다양한 식들을 제안하고 있는 정도이다.

지름 D인 부품의 *굽힘*과 *비틀림*에 대한 크기계수의 근사적 결과는 다음과 같다.

$$C_s = \begin{cases} 0.85 & (13\text{ mm} < D \le 50\text{ mm}) \quad \left(\dfrac{1}{2} < D \le 2\text{ in.}\right) \\ 0.70 & (D > 50\text{ mm}) \quad (D > 2\text{ in.}) \end{cases} \tag{7.9}$$

이 식은 원통형 부재에 적용되며, 다른 단면의 부재에 대해서는 일관된 결과가 많지 않다. 가로 b, 세로 h인 직사각형 단면을 갖는 회전하는 부재에 대해서는 다음 식을 사용한다[9].

$$D = 0.8(bh)^{1/2} \tag{7.10}$$

정보가 충분하지 못한 상태에서 설계할 때는 $C_s = 0.7$을 사용하라. *축하중*(axial loading)에 대해서는 크기 효과가 없기 때문에 $C_s = 1$이다.

7.7.4 온도계수

온도효과는 재료에 따라 다르며, 극한강도값은 식 (7.6)의 내구한도 S_e'을 결정하기 전에 수정되어야 한다. 다른 방법으로, 강에 대한 온도계수 C_t는 높은 온도에서 다음의 식으로 근사될 수 있다[7].

$$C_t = \begin{cases} 1 \quad T \le 450°\text{C} \qquad (840°\text{F}) \\ 1-0.0058(T-450) \qquad 450°\text{C} < T \le 550°\text{C} \\ 1-0.0032(T-840) \qquad 840°\text{F} < T \le 1020°\text{F} \end{cases} \tag{7.11}$$

C_t에 대한 자세한 설명은 참고자료 [10, 11]에 소개되어 있다. 달리 언급이 없으면, 이 책에서 사용하는 온도는 실온이며 $C_t = 1$을 택한다.

7.7.5 피로 응력집중계수

이전에 강조했듯이, 응력집중은 피로파손에서 매우 중요하다. 동하중에 대한 이론적 응력집중계수 K_t(3.13절 참조)는 재료의 노치민감도(notch sensitivity)에 근거해서 수정될 필요가 있다. *노치*(notch)는 일반적인 용어이며 구멍, 홈, 또는 필릿(fillet)일 수도 있다. 피로 응력집중계수는 다음과 같이 정의된다.

$$K_f = \frac{\text{노치 없는 시편의 내구한도}}{\text{노치 있는 시편의 내구한도}} \tag{7.12}$$

시험결과 K_f는 재료구조의 내부 불규칙성 때문에 K_t보다 같거나 작다. 그러므로 심지어 노치가 없는 시편도 이들 내부 노치의 영향을 받을 수 있다. 이 경우에 해당하는 좋은 예가 회주철(gray cast iron)이다.

앞의 상황은 노치계수를 사용하여 처리된다. 두 개의 응력집중계수는 *노치민감도* q의 비로 서로 연계된다.

$$q = \frac{K_f - 1}{K_t - 1} \tag{7.13a}$$

이 식은 다음의 형태로 표시될 수 있다.

$$K_f = 1 + q(K_t - 1) \tag{7.13b}$$

식 (7.13)으로부터 q가 $0(K_f = 1)$과 $1(K_f = K_t)$ 사이의 값을 갖는다는 것을 알았다. 일반적으로 재료의 거동이 연성일수록 노치민감도는 낮아진다. 취성거동을 나타내는 재료가 노치에 더 민감하다. 노치민감도는 노치반지름에 따라 완전히 다르다. K_t와 반대로, 노치반지름이 0에 가까울수록 q는 감소하여 0에 접근한다.

그림 7.9a와 7.9b는 역전 굽힘, 역전 축하중과 역전 비틀림을 받는 강과 2024 알루미늄 합금에 대한 근사 데이터이다[5, 8]. 곡선 형상의 기준이 되는 실제 시험데이터들은 곡선 주위에 산포되어 있음에

[그림 7.9]

피로 노치민감도 곡선. (a) 굽힘 및 축하중 (b) 비틀림[8]

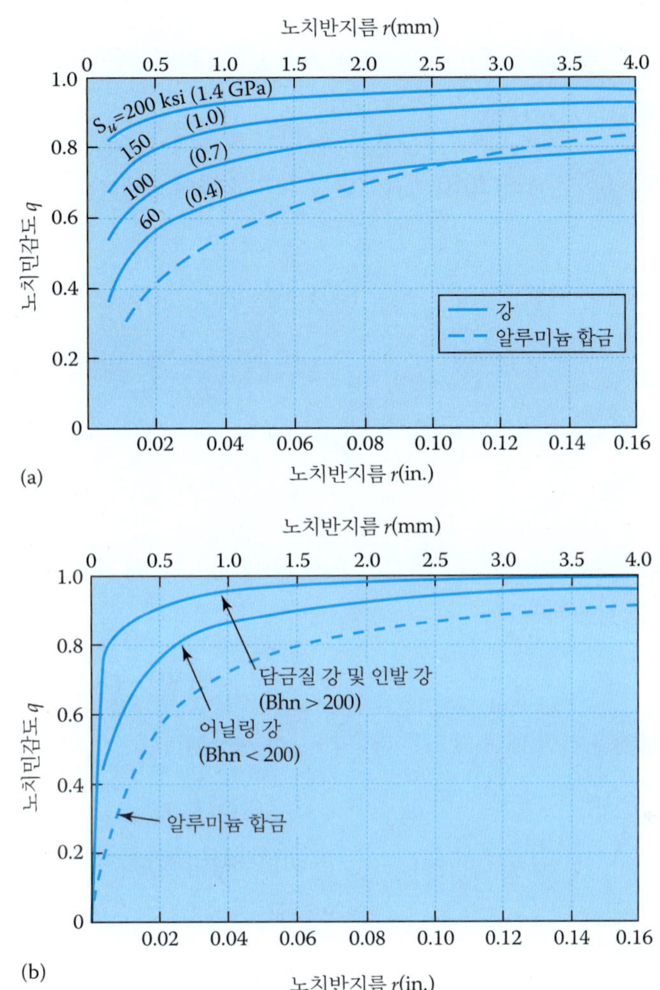

유의하라. 그래서 q의 정확한 값이 불확실할 때는 $K_f = K_t$를 사용하는 것이 늘 안전하다. 이 곡선들은 큰 노치반지름에 대해서 q가 1에 근접하는 값을 가짐을 보여준다. 노치반지름이 아주 클 경우에는 r = 0.16 in.(4 mm)와 관련된 q의 값을 사용하라. 결론적으로 주철의 노치민감도는 인장강도에 따라 $0 < q \le 0.20$ 사이의 값을 갖는다. 그 값이 불확실하면 모든 등급의 주철에 대해서 $q = 0.20$의 보수적인 값을 사용하는 것이 좋다.

예제 7.1 토션 바의 내구한도 계산

강으로부터 기계가공된 원형 토션바(torsion bar)가 역전 비틀림하중을 받고 있다. 끝단의 설계 때문에 피로 응력집중계수 K_t가 존재한다. 수정된 내구한도를 예측하라.

주어진 값: 바의 지름이 $d = 1^5/_8$ in. 이고 $K_f = 1.2$이다. 작동온도는 최대 500°C이다.

가정: 신뢰도는 98%이다.

설계 결정: 이 바는 AISI 1050 냉간인발된 강으로 되어 있다.

풀이

표 B.3으로부터 인장 극한강도 $S_u = 100$ ksi를 찾고, 식 (7.4)를 적용하면 시편의 내구한도가

$$S'_{es} = 0.29S_u = 0.29(100) = 29 \text{ ksi}$$

식 (7.7)과 표 7.2에 의해서 표면처리계수는

$$C_f = AS_u^b = 2.7(100)^{-0.265} = 0.80$$

98%에 해당하는 신뢰도계수는 $C_r = 0.84$ (표 7.3)이다. 식 (7.9)를 사용하면 크기계수 $C_s = 0.85$를 얻는다. 식 (7.11)을 적용하면

$$C_t = 1 - 0.0058(500 - 450) = 0.71$$

따라서 설계를 위한 내구 한도는 다음과 같이 계산된다.

$$\begin{aligned} S_{es} &= C_f C_r C_s C_t (1/K_f) S'_{es} \\ &= (0.80)(0.84)(0.85)(0.71)(1/1.2)(29) \\ &= 9.8 \text{ ksi} \end{aligned} \tag{b}$$

예제 7.2 역전 굽힘하중하의 단이 있는 축에 대한 내구한도 계산

그림 7.10에 나타낸 것처럼 축상의 임계점(critical point)은 지름이 d에서 D로 변하는 곳인 완전 필릿 부분이고 비틀림이 없는 역전 굽힘을 받는다는 조건에서 예제 7.1을 다시 계산하라.

주어진 값: $d = 1\frac{5}{8}$ in., $D = 1\frac{7}{8}$ in., $S_u = 100$ ksi.

풀이

식 (7.1)로부터 $S'_e = 0.5(100) = 50$ ksi이다. 주어진 치수로부터 완전 필릿 지름은 $r = (1\frac{7}{8} - 1\frac{5}{8})/2 = 0.125$ in.이다. 그러므로

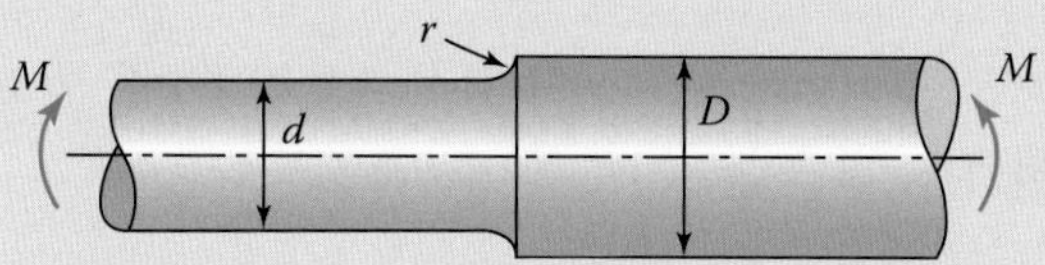

[그림 7.10] 예제 7.2

$$\frac{r}{d}=\frac{0.125}{1.625}=0.08,\quad \frac{D}{d}=\frac{1.875}{1.625}=1.15$$

그림 C.9를 참고하면, $K_t=1.7$이다. $r=0.125$ in.와 $S_u=100$ ksi에 대해서 그림 7.9a로부터 $q=0.82$를 얻는다. 따라서 식 (7.13b)를 이용하면

$$\begin{aligned}K_f &= 1+q(K_t-1)\\ &= 1+0.82(1.7-1)=1.57\end{aligned}$$

예제 7.1의 식 (b)에 의해서 주어진 내구한도는 다음과 같다.

$$\begin{aligned}S_e &= C_f C_r C_s C_t (1/K_f) S_e'\\ &= (0.80)(0.84)(0.85)(0.71)(1/1.57)(50)\\ &= 12.92 \text{ ksi}\end{aligned}$$

7.8 변동응력

시간에 따라 변하는 모든 하중은 실제로 피로파손을 일으킬 수 있다. 이들 하중형태는 응용에 따라서 크게 변한다. 따라서 지금껏 논의해 온 완전 역전하중이 아닌 응력상황에 대한 부품의 피로거동에 대하여 규명해야 한다.

일반적인 변동응력의 유형은 균일한 평균응력 σ_m(그림 7.11a)에 사인파 형태의 교번응력 σ_a를 중첩시킨 것이다. 이런 하중은 엔진밸브 스프링에서 초기설치 시 체결하중이 걸리고 밸브가 열릴 때 추가적인 압축력이 작용하는 경우이다. 평균응력이 0인 경우는 *완전역전응력*(fully or completely reversed stress, 그림 7.11b)이라 부르며, 7.3절에서 논의된 바 있다. 그림 7.11c는 반복응력이 최솟값이 0이다. 그림 7.11d는 맥동응력(pulsating stress)이며 기어의 이의 경우에서처럼 그 값은 0에서 하중의 최댓값 사이를 움직이다. 응력-시간 관계의 파형모양은 피로파손에 중요한 영향을 미치지 않으므로 사인파나 톱니형파로 개략적으로 묘사된다.

응력-시간 관계의 형식에 상관없이 응력은 최대응력 σ_{max}에서 최소응력 σ_{min}까지 변한다. 그러므로 *평균응력*(mean stress)과 *교번응력*(alternating stress)은

$$\begin{aligned}\sigma_m &= \frac{1}{2}(\sigma_{max}+\sigma_{min})\\ \sigma_a &= \frac{1}{2}(\sigma_{max}-\sigma_{min})\end{aligned} \tag{7.14}$$

분명히 이들 변동응력의 성분들은 응력-시간 곡선의 형태와 무관하다. 두 개의 비가 정의된다.

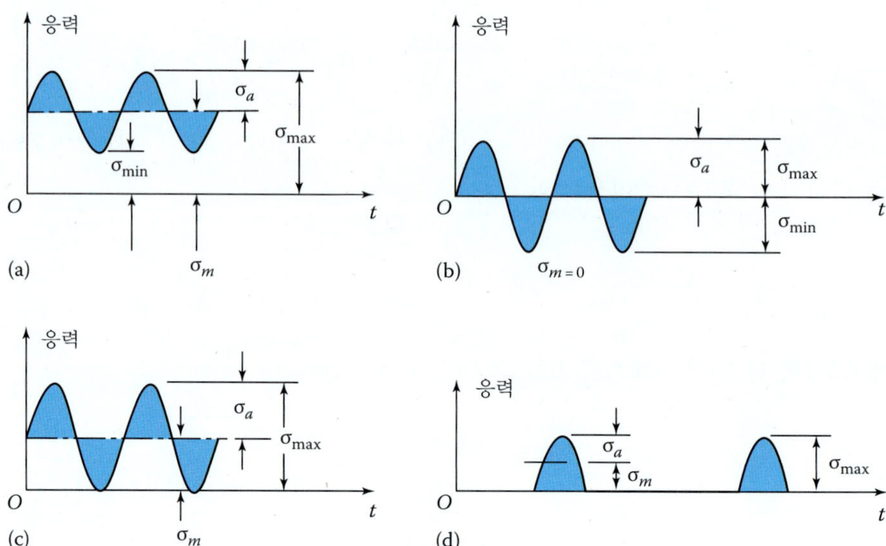

[그림 7.11]
주기적인 응력 형태.
(a) 일반 변동응력
(b) 완전 역전응력
(c) 반복응력
(d) 맥동응력

$$R = \frac{\sigma_{min}}{\sigma_{max}}, \quad A = \frac{\sigma_a}{\sigma_m}$$

여기서

R 응력비

A 진폭비

응력이 완전히 역전될 때($\sigma_m = 0$), $R = 1$이고 $A = \infty$이다.

평균응력은 정적응력과 유사하며 σ_{max}와 σ_{min} 사이의 값을 갖는다. 평균응력 성분의 존재는 피로수명에 큰 영향을 미친다는 것을 알 수 있다. 교번응력은 변동응력의 진폭을 나타낸다. 이들 성분의 아래첨자들(a와 m)은 수직응력뿐 아니라 전단응력에도 적용된다.

7.9 피로파손 이론

부재의 특정점의 응력상태가 파손을 초래할지 여부를 예측하기 위해서 평균응력 및 교번응력에 근거한 피로규칙(fatigue criterion)이 사용된다. 그러한 이론은 정적, 주기적 재료특성을 이용한다. 표 7.4는 자주 활용되는 *피로파손 이론*(fatigue failure theories or criteria)을 나타내며 평균응력-교번응력 관계식이라고도 부른다[6, 12]. 이 식들은 내구한도를 가지는 재료에만 적용되며, S_e 또는 S'_e이 이 관계식들에 사용될 수 있다. 유한수명(일정한 사이클 수)에 대해서는 관련된 피로강도 S_n이 내구강도를 대체할 수 있다.

〈표 7.4〉 피로파손기준

파손 이론	굿맨	게버	SAE
식	$\frac{\sigma_a}{S_e}+\frac{\sigma_m}{S_u}=1$	$\frac{\sigma_a}{S_e}+\left(\frac{\sigma_m}{S_u}\right)^2=1$	$\frac{\sigma_a}{S_e}+\frac{\sigma_m}{S_f}=1$
항복 이론	**소더버그**	**수정된 굿맨**	
식	$\frac{\sigma_a}{S_e}+\frac{\sigma_m}{S_y}=1$	$\frac{\sigma_a}{S_e}+\frac{\sigma_m}{S_u}=1$	$\left(\text{for } \frac{\sigma_a}{\sigma_m}\geq\beta\right)$
		$\frac{\sigma_a+\sigma_m}{S_y}=1$	$\left(\text{for } \frac{\sigma_a}{\sigma_m}\leq\beta\right)$

주: 교번 a, 정적 인장항복 y, 평균 m, 정적 인장극한 u, 수정된 내구한도 e, 파괴 f, 재료상수 $\beta=S_e(S_u-S_y)/S_u(S_y-S_e)$.

표의 기준은 재료의 물성치와 함께 단순 변동하중을 받는 부재에 대한 실질적인 피로계산의 기초로 활용된다. 특이한 점은 수정된 굿맨(modified Goodman) 기준은 대수학적으로 좀 더 복잡하다는 것이며, 그 이유는 부등호식의 결과에 따라 서로 다른 두 식이 사용되어야 하기 때문이다. 복합 변동하중인 경우는, 정적파손 이론이 표 7.4에 열거된 두 평균응력-교번응력 관계에 따라서 수정되며 7.12절에서 설명될 것이다.

그림 7.12는 앞의 관계들을 나타내며 평균응력(σ_m) 대 교번응력(σ_a) 축들로 그려져 있다. 이런 형태의 *피로파손 선도*(fatigue failure diagram)는 대개 해석 및 설계목적으로 그려지며, 쉽게 사용할 수 있고 그 결과는 직접 축척대로 그려질 수 있다. 각 기준에 대해서 각 선 위나 안쪽 영역은 파손에 대해서 안전한 곳이다. 평균응력 축에는 파괴강도 S_f, 극한강도 S_u, 항복강도 S_y가 있다. 분명히 그림 7.12b에서 수직축 상의 항복강도와 내구한도는 피로보다는 항복이 파손기준이 될 수 있다는 것을 나타낸다. 이 그림에서 보이는 양 좌표축 상의 S_y를 연결하는 항복선은 첫 응력 사이클 상의 한계(limit) 역할을 한다.

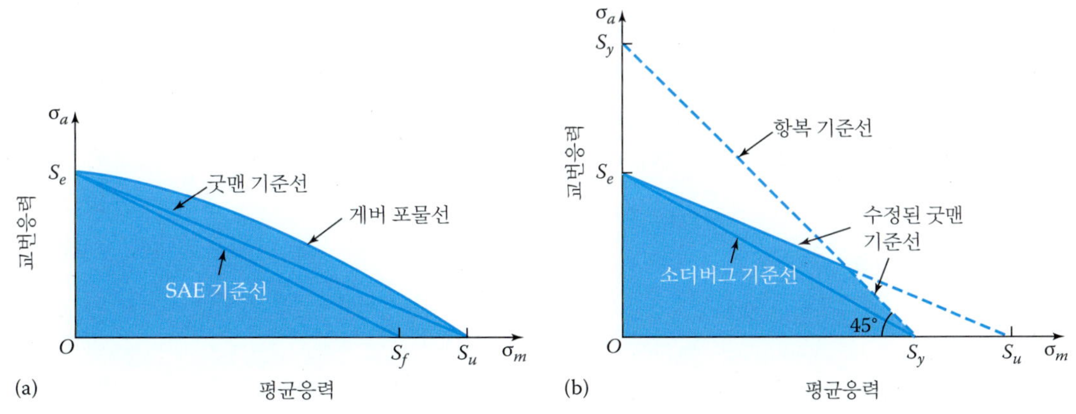

[그림 7.12]
여러 파손 이론을 나타내는 피로 선도. (a) 파괴기준 (b) 항복기준

7.10 피로기준의 비교

그림 7.12를 참조하면 피로파손 이론들을 서로 비교할 수 있다. 그림 7.12a로부터 게버(Gerber) 기준은 파괴에 대해서 안전여유가 가장 작은 결과를 보여준다. 게버선(포물선)은 시험 데이터와 잘 일치하여 파손된 부재의 해석에 유용하게 사용된다. 굿맨 기준은 SAE 기준보다 안전여유가 작다. 단단한 강에 대해서 두 이론은 동일한 결과를 나타내는데, 그 이유는 취성재료에 대해서는 $S_u = S_f$이기 때문이다.

그림 7.12b는 수정된 굿맨 기준이 안전여유가 약간 작은 것을 제외하고는 소더버그(Soderberg) 기준과 유사하다. 그림과 같이 두 개의 선분이 수정된 굿맨 선(modified Goodman line)을 형성한다. 45° 선분은 최대 평균응력이 항복강도를 초과할 때 파손이 발생한다는 것을 의미한다. 특히 수정된 굿맨 선은 많은 기계부품에서 발생하는 고도의 국부적인 항복에 대해 잘 일치한다. 소더버그 기준은 항복선 내부에 있으므로 항복과 무관하다.

피로응력 상태에서는 높은 응력과 항복이 균열 근처에서 국부적으로 발생하기 때문에 재료가 정적 인장시험에서 연성을 나타낼지라도 피로파손시 재료는 취성적으로 거동한다는 7.1절의 내용을 상기할 필요가 있다. 그러므로 *굿맨 기준*(Goodman criterion)은 취성재료에 대해서는 합리적으로 좋은 결과를 주고 연성재료에 대해서는 보수적인 값을 주기 때문에 대부분의 재료에 대해서 현실적인 방법으로 활용된다. 소더버그 관계식은 대부분의 금속에 대해서 안전한 예측값을 제공한다. 두 이론은 연강에 광범위하게 적용된다. 이런 맥락에서, 굿맨 기준은 모든 부품의 설계해석용 기본식으로 사용된다. 쉽고 빠른 도식적 접근이 수정된 굿맨 기준에 적용된다. 소더버그 선은 굿맨보다는 덜 사용된다.

예제 7.3 작동용 봉의 허용 완전 역전하중 결정

원형 봉이 축방향 인장력 F_m을 받고 있다. 10^6 사이클에서 피로파손을 초래하지 않으며, 중심에서 ½ in. 편심으로 작용되는 완전 역전하중 F_a의 한계값(limiting value)을 구하라.

주어진 값: 봉의 지름이 $D = 2$ in.이고 $F_m = 40$ kips이다.

가정: 봉은 ASTM-A36 강으로 되어 있고, $S_y = 36$ ksi, $S_u = 58$ ksi(표 B.1), 10^6 사이클에서 $S_n = 30$ ksi이다.

설계 결정: 소더버그와 굿맨 기준을 적용하라.

풀이

평균 및 최대 교번응력은

$$\sigma_m = \frac{F_m}{A} = \frac{40}{\pi(1)^2} = 12.73 \text{ ksi}$$

$$\sigma_a = \frac{M_a c}{I} = \frac{0.5F_a(1)}{\pi(1)^4/4} = 0.637F_a$$

소더버그 기준. 이들 응력과 주어진 수치들을 표 7.4에 대입하면

$$\frac{0.637F_a}{30\times10^3}+\frac{12.73\times10^3}{36\times10^3}=1 \quad \text{or} \quad F_a=30.4\text{ kips}$$

굿맨 기준. 이전과 마찬가지로 하면 다음과 같다.

$$\frac{0.637F_a}{30\times10^3}+\frac{12.73\times10^3}{58\times10^3}=1 \quad \text{or} \quad F_a=36.8\text{ kips}$$

평가: 굿맨 이론에 의하면 봉이 지지하는 편심하중은 소더버그 결과보다 17% 더 크다.

7.11 단순 변동하중에 대한 설계

어떤 지점에서 인장응력이 그림 7.11a와 같은 교번응력 σ_a와 평균응력 σ_m에 의해서 발생할 때, 이들 두 응력은 파손에 기여한다. 파손선(그림 7.12)은 이 효과에 대한 근사적 묘사이다. 대개 피로파손 이론은 평균응력이 –인 압축문제에는 적용되지 않는다.

이전에 언급했듯이 *굿맨 기준*은 내구한도 S_e와 극한강도 S_u가 알려진 거의 모든 재료에 대해서 안전하게 적용될 수 있다. 설계를 위해서 이 값들은 각각 S_e/n 과 S_u/n으로 대체되며 n은 안전율을 나타낸다. 그렇게 하면 표 7.4의 굿맨 기준은

$$\frac{\sigma_a}{S_e}+\frac{\sigma_m}{S_u}=\frac{1}{n} \tag{7.15}$$

여기서 σ_a와 σ_m은 식 (7.14)로 정의된다. 응력이 계산될 연성재료의 단면에 응력집중이 존재하는 경우, 평균응력을 구할 때 일반적으로 응력집중은 무시된다는 점에 주목하라(3.14절 참조). 그러나 응력집중은 식 (7.6)의 수정 내구한도 S_e를 계산하기 위해서는 고려되어야 한다.

굿맨 기준은 식 (7.15)의 편리한 형태로 다시 쓸 수 있다.

$$\frac{S_u}{n}=\sigma_m+\frac{S_u}{S_e}\sigma_a \tag{7.16}$$

이 식의 오른쪽 항은 변동응력의 정적 등가응력으로 간주된다. 따라서 우리는 *등가 수직응력*(equivalent normal stress)을 다음과 같이 정의한다.

$$\sigma_e=\sigma_m+\frac{S_u}{S_e}\sigma_a \tag{7.17}$$

식 (7.17)이 비록 수직응력에 관한 것이라 해도 그 유도과정은 σ을 τ로 대체함으로써 전단응력에 대해

서도 동일하게 적용할 수 있다. *등가 전단응력*(equivalent shear stress)의 식은 다음과 같다.

$$\tau_e = \tau_m + \frac{S_u}{S_e}\tau_a \tag{7.18}$$

이 식에서 다음의 관계가 가정되었다.

$$\frac{S_{us}}{S_{es}} \approx \frac{S_u}{S_e} \tag{7.19}$$

그 이유는 전단 극한강도 S_{us}와 전단 수정 내구한도 S_{es}에 대한 데이터가 일반적으로 제공되지 않기 때문이다. 그러나 7.4절에서 7.6절에 걸친 내용으로부터 이들 양을 추정할 수 있는 방법이 있다는 것을 알 수 있다.

어떤 경우에 기계부품은 주어진 교번응력 대 평균응력의 비를 견뎌야 한다. 그러면 만일 교번응력 대 평균응력의 비가 알려진 응력-하중 관계식으로부터 결정될 때 해는 쉽게 구해진다. 그런 경우에 식 (7.16)을 다음의 형태로 바꾸는 것이 좋다.

$$\sigma_m = \frac{S_u/n}{\dfrac{\sigma_a}{\sigma_m}\dfrac{S_u}{S_e}+1} \tag{7.20}$$

일단 평균응력 σ_m이 얻어지면 응력-하중 관계식을 이용하여 기계요소의 치수를 결정한다. 전단응력에 대해서 앞의 식은 다음과 같이 표현된다.

$$\tau_m = \frac{S_{us}/n}{\dfrac{\tau_a}{\tau_m}\dfrac{S_u}{S_e}+1} \tag{7.21}$$

합리적 설계과정에서는 재료 내의 피로파손을 방지하기 위해서 큰 안전율을 사용한다. 변동 응력에 대한 안전율은 식 (7.16)을 다시 쓰면 다음과 같다.

$$n = \frac{S_u}{\sigma_m + \dfrac{S_u}{S_e}\sigma_a} \tag{7.22}$$

단순 정적응력($\sigma_a = 0$)하에서 안전율의 식은 다음과 같고

$$n = \frac{S_u}{\sigma_m} \tag{7.23}$$

단순 교번응력($\sigma_m = 0$)하에서는 다음과 같다.

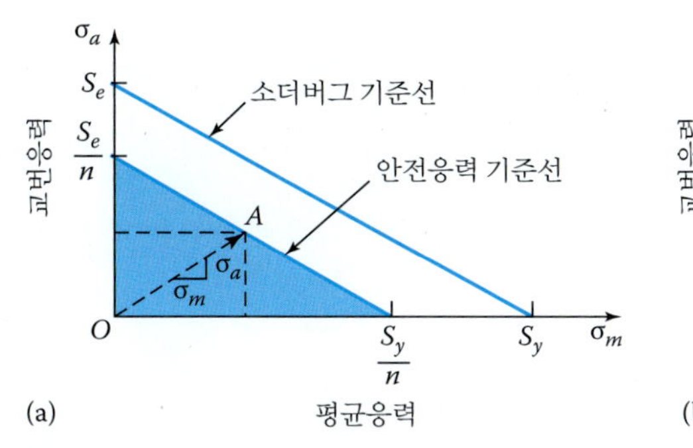

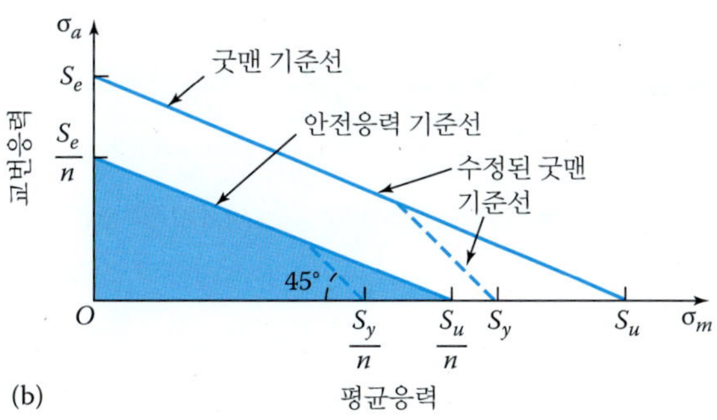

[그림 7.13]
(a) 소더버그 선도 (b) 굿맨 선도

$$n = \frac{S_e}{\sigma_a} \tag{7.24}$$

중요한 점은 식 (7.15)에서 (7.23)까지는 S_u를 S_y로 대체함으로써 소더버그 기준에 근거하여 다시 쓰일 수 있다는 사실이다.

7.11.1 파손기준의 설계 그래프

소더버그, 굿맨, 수정된 굿맨 이론들을 그래프로 표현한 것이 그림 7.13에 나와 있다. 표 7.4에 나열된 다른 기준도 같은 방법으로 도식화될 수 있다. 소더버그 파손선은 평균응력 좌표상의 항복점과 내구한도 사이에 그려진다(그림 7.13a). 이것은 피로의 근사적인 표현이다.

어떤 점 $A(\sigma_m, \sigma_a)$를 통과하는 *안전응력선*(safe stress line)은 소더버그 선에 평행하게 그려진다. 이 선은 안전율 n과 모든 σ_m과 σ_a은 응력으로 구성된 조합이다. 안전응력선 아래 영역은 안전한 하중을 나타낸다. 굿맨 기준도 같은 방법으로 해석된다(그림 7.13b). 도식적 접근을 통해 평균응력을 빨리 구할 수 있으며 파손 이론들의 개요를 알 수 있다. 도식적 해는 해석적으로 얻어진 결과를 검증할 수 있는 기회를 제공한다.

다음의 예제들은 단순 변동하중을 받는 부재의 설계를 위해서 굿맨 기준을 적용한 사례를 보여준다.

예제 7.4 변동하중을 받는 원통형 압력용기의 설계

지름 d인 얇은 벽 원통형 압력용기가 계속해서 p_{min}과 p_{max} 사이에서 변하는 내부압력 p를 받고 있다. 극한강도 S_u, 수정된 내구한도 S_e, 안전율 n에 대해서 벽두께 t를 구하라.

주어진 값: $D = 1.5$ m, $p_{min} = 0.8$ MPa, $p_{max} = 4$ MPa

$S_y = 300$ MPa, $S_u = 400$ MPa, $S_e = 150$ MPa.

설계 결정: 최대 수직하중과 안전율 $n = 2$를 기초로 굿맨 이론을 적용한다.

풀이

실린더 벽의 응력상태는 2축방향이다(3.4절을 보라). 실린더에서 접선응력인 최대 주응력은 다음의 평균 및 교번응력을 갖는다.

$$\sigma_m = \frac{p_m r}{t}, \quad \sigma_a = \frac{p_a r}{t} \tag{a}$$

여기서

$$p_m = \frac{1}{2}(p_{\max} + p_{\min}) = \frac{1}{2}(4 + 0.8) = 2.4 \text{ MPa}$$

$$p_a = \frac{1}{2}(p_{\max} - p_{\min}) = \frac{1}{2}(4 - 0.8) = 1.6 \text{ MPa}$$

응력이 압력에 비례하므로 다음과 같이 된다.

$$\frac{\sigma_a}{\sigma_m} = \frac{p_a}{p_m} = \frac{1.6}{2.4} = \frac{2}{3}$$

주어진 데이터를 식 (7.20)에 대입하면 다음과 같다.

$$\sigma_m = \frac{400/2}{\frac{2}{3}\frac{400}{150} + 1} = 72 \text{ MPa}$$

식 (a)를 사용하여 다음을 얻는다.

$$t = \frac{p_m r}{\sigma_m} = \frac{2.4(750)}{72} = 25 \text{ mm}$$

이 값은 압력용기에 대한 최소의 안전한 두께이다.

다른 방법으로는, 수정된 굿맨 기준에 의한 σ_m의 도식적인 해는 그림 7.14에 나타난 것처럼 주어진 데이터를 척도대로 도식화함으로 얻어진다. 이 그림으로부터 어떤 두께에 대해서 σ_m과 σ_a를 나타내는 점들

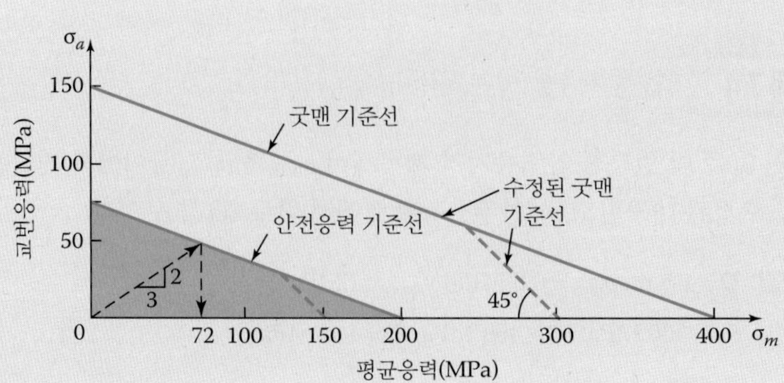

[그림 7.14]
예제 7.4. 압력용기 설계에 적용된 굿맨 기준

의 궤적은 기울기가 2/3인 원점을 지나는 직선임을 알 수 있다. 안전응력선(safe stress line)과 교차하는 점의 좌표는 최소의 안전한 두께 t에 대한 응력상태 σ_m, σ_a를 나타낸다. 교차점의 평균응력값은 $\sigma_m = 72$ MPa 이다.

예제 7.5 인장링크의 피로파손에 대한 안전율 결정

두 개의 필릿이 있는 두께 t의 인장링크가 $P_{\min}$과 $P_{\max}$ 사이에서 진동하는 하중을 받고 있다(그림 7.15). 굿맨 기준에 근거하여 무한수명을 갖는 안전율 n을 계산하라.

주어진 값: $D = 120$ mm, $d = 80$ mm, $r = 16$ mm, $t = 15$ mm,

$P_{\min} = 90$ kN, $P_{\max} = 210$ kN.

설계 결정: 이 링크는 $S_u = 700$ MPa을 갖는 강으로 되어 있다. 필릿과 인접한 표면은 연마되어 있다. 신뢰도 99.9%가 요구된다.

풀이

링크의 최소 단면적은 $A = 80 \times 15 = 1200$ mm^{2}이다. 최대 평균 및 교번응력은

$$\sigma_m = \frac{(210+90)(10^3)}{2(1200\times10^{-6})} = 125 \text{ MPa}$$

$$\sigma_a = \frac{(210-90)(10^3)}{2(1200\times10^{-6})} = 50 \text{ MPa}$$

그림 C.1을 참고하여, $D/d = 1.5$와 $r/d = 0.2$에 대해서 $K_t = 1.72$를 얻는다. 그림 7.9a에서 주어진 16 mm 필릿 반지름이 크므로, $r = 4$ mm와 같으며, $S_u = 700$ MPa을 갖는 강에 대한 노치민감도 $q = 0.85$를 사용한다. 따라서 $K_f = 1 + 0.85(1.72 - 1) = 1.61$이다.

축방향하중에 대해서는 크기계수가 없으므로 $C_s = 1.0$이다. 둥근 표면처리와 관련해서는, 식 (7.7)과 표 7.2로부터

$$C_f = A(S_u)^b$$
$$= 1.58(700)^{-0.085} = 0.91$$

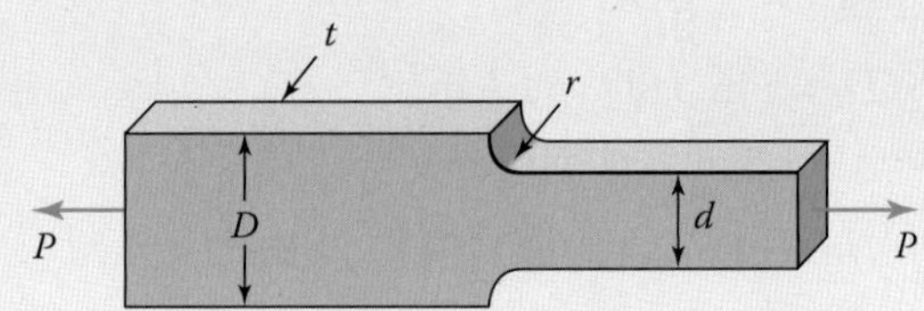

[그림 7.15]
예제 7.5

표 7.3에서 재료의 신뢰도 99.9%에 대해서 C_r = 0.75이다. 온도가 상승하지 않았으므로 C_t = 1.0이다. 식 (7.3)과 (7.6)을 사용하면, 수정된 내구한도는

$$\begin{aligned} S_e &= C_f C_r C_s C_t \left(1/K_f\right)\left(0.45S_u\right) \\ &= (0.91)(0.75)(1.0)(1.0)(1/1.61)(0.45\times700) \\ &= 133.5\ \text{MPa} \end{aligned}$$

식 (7.22)를 적용하면, 안전율은 다음과 같다.

$$n = \frac{700}{125 + \dfrac{700}{133.5}(50)} = 1.81$$

평가: 하중이 정확히 제어되고 충격이 없으면, 이 안전율은 링크를 피로파손으로부터 지켜 준다.

사례연구 7.1 간헐운동기구의 캠축 피로설계

그림 7.16은 최대로 올라간 위치에 있는 간헐운동기구(intermittent-motion mechanism)인 회전캠축을 보여준다. 캠은 반 바퀴 이하의 회전에서 힘 P를 종동절(follower)에 가하면서 종동절을 위로 밀어 올리는 과정을 반복한다. 굿맨 기준에 따라서 캠축에 대한 안전율을 계산하라.

주어진 값: 형상은 알려져 있고, 그 축은 P_{min}과 P_{max} 사이에서 맥동하는 힘을 지지한다. 모든 부품의 재료는 AISI 1095 강이며, 캠의 표면은 650°C에서 오일급랭과 불림처리(OQ&T)되었다. 필릿과 인접한 면은 정교하게 연마되었다.

데이터:

$$\begin{aligned} &P_{max} = 1.6\ \text{kips}, \quad P_{min} = 0 \\ &S_u = 130\ \text{ksi}, \quad S_y = 80\ \text{ksi} \quad (\text{표 B.4 참조}) \\ &L_1 = 2.8\ \text{in.}, \quad L_2 = 3.2\ \text{in.}, \\ &L_3 = 0.5\ \text{in.}, \quad L_4 = 1.5\ \text{in.}, \\ &L_5 = L_1 + \frac{1}{2}\left(L_3 + L_4\right) = 3.8\ \text{in.}, \\ &L_6 = L_2 + \frac{1}{2}\left(L_3 + L_4\right) = 4.2\ \text{in.}, \\ &D_s = 1\ \text{in.}, \quad D_c = 1.6\ \text{in.}, \\ &r_c = 1.5\ \text{in.}, \quad r = 0.1\ \text{in.}, \\ &I/c = \pi D_s^3/32 = 98.175\left(10^{-3}\right)\ \text{in.}^3 \end{aligned}$$

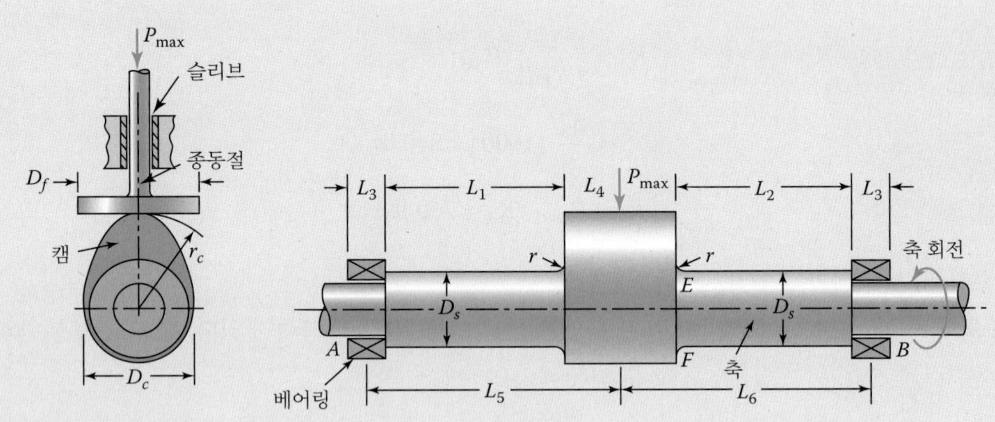

[그림 7.16]
간헐-운동기구의 캠축과 종동절(follower)의 배치도

가정:

1. 베어링은 단순 지지의 역할을 한다.
2. 작동온도는 상온이다.
3. 토크는 무시된다.
4. 99.9%의 재료 신뢰도가 요구된다.

풀이

그림 7.16과 7.17을 보라.

교번 및 평균응력들. 지지점 A와 B에서 반력은 다음의 평형조건으로부터 계산된다.

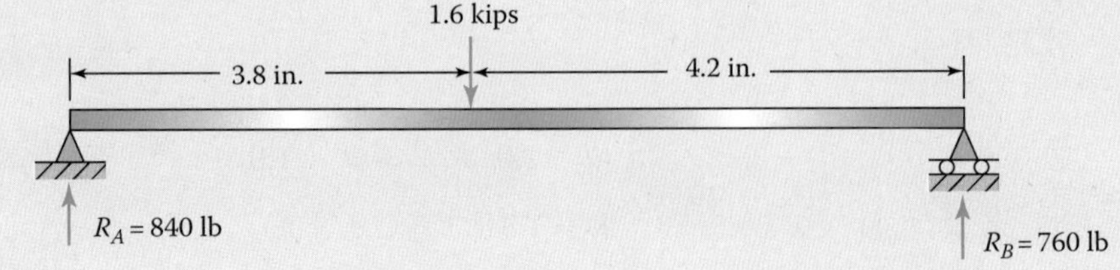

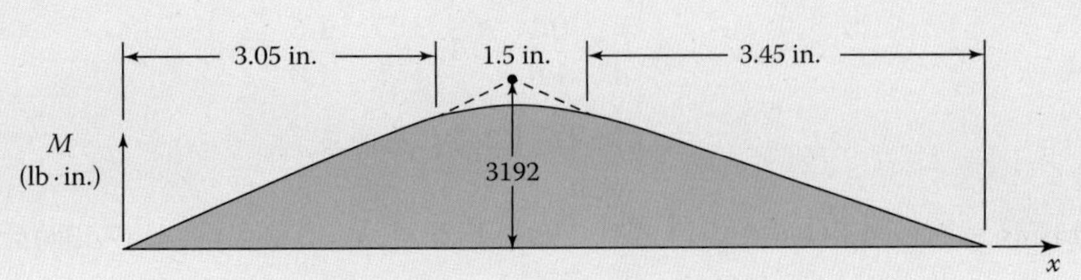

[그림 7.17]
그림 7.16에 나타난 캠축의 선도. (a) 하중 (b) 굽힘모멘트

$$R_A = \frac{L_6}{L_5 + L_6} P_{\max}$$

$$= \frac{4.2}{8}(1600) = 840 \text{ lb}$$

$$R_B = P_{\max} - R_A = 760 \text{ lb}$$

그리고 그림 7.17a에 나타나 있다.

최대 모멘트 760 × 4.2 = 3192 lb · in.가 모멘트 선도 그림 7.17b에 그려져 있다. 캠 오른쪽 부위의 모멘트는

$$M = R_B\left(L_6 - \frac{1}{2}L_4\right)$$

$$= 760(3.45) = 2622 \text{ lb} \cdot \text{in.}$$

로서 캠 왼쪽의 모멘트(2562 lb · in.)보다 더 크다. 응력은

$$\sigma_{\max} = \frac{M}{I/c} = \frac{2622}{98.175(10^{-3})} = 26.71 \text{ ksi}$$

$$\sigma_{\min} = 0$$

식 (7.14)로부터

$$\sigma_a = \sigma_m = \frac{26.71}{2} = 13.36 \text{ ksi}$$

응력집중계수(stress-concentration factors). 축의 단(step)은 비대칭이다. 점 E에서 응력은 캠 반지름 r = 1.5 in.(지름 3.0 in.)인 부분의 영향을 받으며, 점 F에서는 캠 반지름(지름 D_c = 1.6 in.) 0.8 in.인 부분의 영향을 받는다. 그러므로 다음의 값들을 얻는다.

점 E에서

$$\frac{r}{d} = \frac{0.1}{1.0} = 0.1, \quad \frac{D}{d} = \frac{3.0}{1.0} = 3.0,$$

$$K_t = 1.8 \ \text{(그림 C.9 참조)}$$

점 F에서

$$\frac{r}{d} = \frac{0.1}{1.0} = 0.1, \quad \frac{D}{d} = \frac{1.6}{1.0} = 1.6,$$

$$K_t = 1.7 \ \text{(그림 C.9 참조)}$$

r = 0.10 in.와 S_u = 130 ksi에 대해 그림 7.9a에 의해서, q = 0.86이다. 식 (7.13b)로부터 다음의 결과를 얻는다.

$$(K_f)_E = 1 + 0.86(1.8 - 1) = 1.69$$

$$(K_f)_F = 1 + 0.86(1.7 - 1) = 1.60$$

평가: 축의 최대응력이 재료의 항복강도보다 훨씬 작음을 주목하라. E에서 응력집중은 F에서의 값보다 겨우 5% 크다. 따라서 피로파손은 점 F에서 시작될 것이며, 여기서 응력은 인장이고, E에서는 압축이다.

수정된 내구한도. 식 (7.6)을 사용하면 다음을 얻는다.

$$S_e = C_f C_r C_s C_t \left(\frac{1}{K_f}\right) S_e'$$

여기서

$$C_f = 1.34(130)^{-0.085} = 0.886 \quad (\text{표 7.2로부터})$$

$$C_r = 0.75 \quad (\text{표 7.3에 의해})$$

$$C_s = 0.85 \quad [\text{식 (7.9)로부터}]$$

$$C_t = 1.0 \quad (\text{실온})$$

$$K_f = 1.6$$

$$S_e' = 0.5(130) = 65 \text{ ksi} \quad [\text{식 (7.1)로부터}]$$

따라서

$$S_e = (0.886)(0.75)(0.85)(1.0)\left(\frac{1}{1.6}\right)(65)$$

$$= 22.95 \text{ ksi}$$

안전율. 점 F에서 피로파손을 방지하는 안전율은 식 (7.22)를 사용하여 다음과 같이 구한다.

$$n = \frac{S_u}{\sigma_m + \dfrac{S_u}{S_e}\sigma_a} = \frac{130}{13.36 + \dfrac{130}{22.95}(13.36)} = 1.46$$

평가: 만일 하중이 적절히 제어되어서 충격이 없다면, 이 안전율을 충분하다. 들어 올리는 동작이 포함되므로 처짐은 유한요소해석(FEA)으로 정확히 점검해야 한다. 다음 장 사례연구 8.1에서는 캠과 종동부 사이의 접촉응력을 해석한다.

7.12 복합 변동하중에 대한 설계

실제 구조물 및 기계 구성품은 변동굽힘, 변동비틀림, 변동축하중이 결합된 하중을 받는다. 예를 들면 프로펠러축, 크랭크축, 항공기 날개 등이 이런 하중을 받는다. 종종 보통의 반복적인 응력상태에서 정적파손 이론들은 피로해석 및 설계를 위해서 수정된다. 이 절에서 우리는 굿맨 기준을 적용한 최대 전단응력 이론과 최대 변형에너지 이론에 대해 학습한다. 다음의 식들은 또한 극한강도 S_u를 항복강도 S_y를 대체함으로써 소더버그 기준에 근거한 식으로 표현할 수 있다.

조합응력상태에서, 각 주응력의 등가응력을 정의함으로써 피로효과를 먼저 다루고자 한다. 정상하중에 의한 σ_1 평균성분을 σ_{1m}이라 나타내고, 역전하중에 의한 교번성분을 σ_{1a}라 하자. 굿맨 관계식에 근거하면 등가 주응력은

$$\sigma_{ie} = \sigma_{im} + \frac{S_u}{S_e}\sigma_{ia} \quad (i = 1, 2, 3) \tag{7.25}$$

이 등가응력들을 정적파손 이론식에 적용하여 피로하중에 사용된다.

지금까지 사용된 S_y항에 S_u를 사용한 식 (6.6)과 (7.25)는 피로하중에 적용되는 최대 전단응력 이론으로 유도된다. 그러므로

$$\frac{S_u}{n} = (\sigma_1 - \sigma_3)_e = \sigma_{1m} - \sigma_{3m} + \frac{S_u}{S_e}(\sigma_{1a} - \sigma_{3a}) \tag{7.26}$$

이처럼 수정된 정적항복 피로이론은 취성거동에도 적용된다고 가정한다. $\sigma_y = \sigma_z = \tau_{yz} = \tau_{xz} = 0$인 특별한 경우 식 (6.11)은 다음과 같이 된다.

$$\frac{S_u}{n} = \left(\sigma_x^2 + 4\tau_{xy}^2\right)_e^{1/2} \tag{7.27}$$

식 (7.17)과 (7.18)로부터 σ_x와 τ_{xy}에 대한 각각의 등가응력 σ_e와 τ_e를 식 (7.27)에 대입하면, 다음과 같은 굿맨 기준과 결합된 최대 전단응력 이론을 얻는다.

$$\frac{S_u}{n} = \left[\left(\sigma_{xm} + \frac{S_u}{S_e}\sigma_{xa}\right)^2 + 4\left(\tau_{xym} + \frac{S_u}{S_e}\tau_{xya}\right)^2\right]^{1/2} \tag{7.28}$$

마찬가지 방법으로 식 (7.13a)와 (7.25)로부터 다음과 같은 피로하중에 적용된 최대 변형에너지 이론을 얻는다.

$$\frac{S_u}{n} = \left\{\frac{1}{2}\left[(\sigma_1 - \sigma_2)^2 + (\sigma_2 - \sigma_3)^2 + (\sigma_3 - \sigma_1)^2\right]\right\}_e^{1/2} \tag{7.29}$$

2차원에 해당하는 식($\sigma_3 = 0$)은 다음과 같이 쓸 수 있다.

$$\frac{S_u}{n} = \left(\sigma_1^2 - \sigma_1\sigma_2 + \sigma_2^2\right)_e^{1/2} \tag{7.30}$$

$\sigma_y = \sigma_z = \tau_{yz} = \tau_{xz} = 0$인 특별한 경우 식 (6.16)을 이용하면 다음과 같다.

$$\frac{S_u}{n} = \left(\sigma_x^2 + 3\tau_{xy}^2\right)_e^{1/2} \tag{7.31}$$

σ_x에 대한 등가응력 σ_e와 τ_{xy}에 대한 τ_e를 위 식에 대입하면, 굿맨 기준과 결합된 *최대 변형에너지 이론*(maximum energy of distortion theory)은 다음과 같다.

$$\frac{S_u}{n} = \left[\left(\sigma_{xm} + \frac{S_u}{S_e}\sigma_{xa}\right)^2 + 3\left(\tau_{xym} + \frac{S_u}{S_e}\tau_{xya}\right)^2\right]^{1/2} \tag{7.32}$$

7.12.1 교번식의 유도

등가 교번응력/등가 평균응력 피로기준은 표 7.4와 같다. 여기서, σ_a와 σ_m을 σ_{ea}와 σ_{em}로 대체하면 굿맨 기준은 아래와 같다.

$$\frac{1}{n} = \frac{\sigma_{ea}}{S_e} + \frac{\sigma_{em}}{S_u} \tag{7.33}$$

정적파손 이론은 또한 6.6절에서부터 6.12절까지 주어진 식에 a와 m을 대체함으로써 수정될 수 있다. 따라서 3축 및 2축 응력상태에 대한 교번 및 평균 성분의 von Mises 응력들은 각각 식 (6.13)과 (6.15)를 적용함으로써 얻어진다. 같은 방법으로, $\sigma_y = \sigma_z = \tau_{yz} = \tau_{xy} = 0$인 특별한 경우의 관계식은 식 (6.16)을 이용하여 다음과 같이 쓸 수 있다.

$$\sigma_{ea} = \left(\sigma_{xa}^2 + 3\tau_{xya}^2\right)^{1/2}, \quad \sigma_{em} = \left(\sigma_{xm}^2 + 3\tau_{xym}\right)^{1/2} \tag{7.34}$$

식 (7.34)를 식 (7.33)에 대입하면 다음의 교번형태로 된 굿맨 관계식과 결합된 변형에너지 식이 만들어진다.

$$\frac{1}{n} = \frac{1}{S_e}\left(\sigma_{xa}^2 + 3\tau_{xya}^2\right)^{1/2} + \frac{1}{S_u}\left(\sigma_{xm}^2 + 3\tau_{xym}\right)^{1/2} \tag{7.35}$$

여기서 n은 안전율을 나타낸다.

결론적으로 식 (7.28)과 (7.23) 또는 식 (7.35)는 피로파손 안전률과 관련된 일련의 설계식을 세우는 데 적용될 수 있다[12, 13]. 변속기축설계에 이들 식을 적용한 사례가 다음 장에 나와 있다. 분명한 것은 단순 또는 복합 변동하중이 존재할 때는 항상 피로해석이 고려되어야 한다는 사실이다. 예를 들면 스프링은 자주 피로로 파손된다. 14장은 소더버그와 굿맨 기준을 사용한 스프링 설계를 다룬다. 15.12절에서는 피로상태에 있는 초기 체결하중이 걸린 나사산이 있는 체결요소에 관해서 알아본다.

7.13 누적된 피로손상의 예측

기계 및 구조 부품은 그림 7.11처럼 항상 일정한 응력 사이클을 받는 것은 아니다. 많은 부품들이 완전히 서로 다른 수준의 역전응력 사이클이나 무작위로 변하는 응력수준하에 있을 수 있다. 파손강도 S_f와 내구한도 S'_e, 즉 S(그림 7.5) 사이의 응력수준에서 운용되는 자동차의 서스펜션, 항공기의 구조부품이 이에 해당한다. 만일 역전응력이 내구한도보다 높으면 식 (7.6)에 있는 S'_e을 S가 대체하며 설계는 다시 이전의 절들에서 개발된 공식에 기초를 둘 수 있다. 그러나 기계부품이 높은 응력에서 일정시간 동안 작동될 때는 누적된 손상이 반드시 고려되어야 한다.

내구한도 이상으로 응력을 받았던 부품의 누적된 손상을 예측한다는 것은 오차가 수반되는 개략적인 과정이라는 것을 알아야 한다. 이 점은 완전 역전하중에 대해서 그림 7.6에 그려진 분산된 시험데이터(scatter band)에 의해서 확인되었다. 무작위로 변하는 하중을 받는 부품에 대해서는 손상예측이 훨씬 더 복잡하다.

7.13.1 마이너의 누적법칙

누적되는 피로손상을 설명하는 데 사용되는 가장 단순하면서 가장 널리 채택되는 기준은 *마이너의 법칙*(Miner's rule)이다. 선형 누적손상법칙으로도 알려진 이 과정은 다음과 같다.

$$\frac{n_1}{N_1} + \frac{n_2}{N_2} + \cdots = 1 \tag{7.36}$$

여기서

n = 시편에 작용한 높은 응력 S의 사이클 수

N = 적절한 S−N 선도로부터 얻어진 S와 관련된 수명(사이클 단위)

마이너의 식은 재료손상은 주어진 응력에서 사이클 수에 직접 비례한다고 가정한다. 이 법칙은 또한 응력의 작용순서와는 무관하며 특정 응력수준에서 누적손상비율(rate of damage accumulation)은 응력의 작용이력(stress history)과도 무관하다고 가정한다. 이들은 시험으로 완전히 입증되지는 않았다. 때때로 식 (7.36)의 우변 값이 0.7과 2.2 사이로 채택되기도 한다.

서로 다르게 처리된 표면에 대해서 여러 개의 전형적인 S−N 선도가 그림 7.18에 나타나 있다[5,

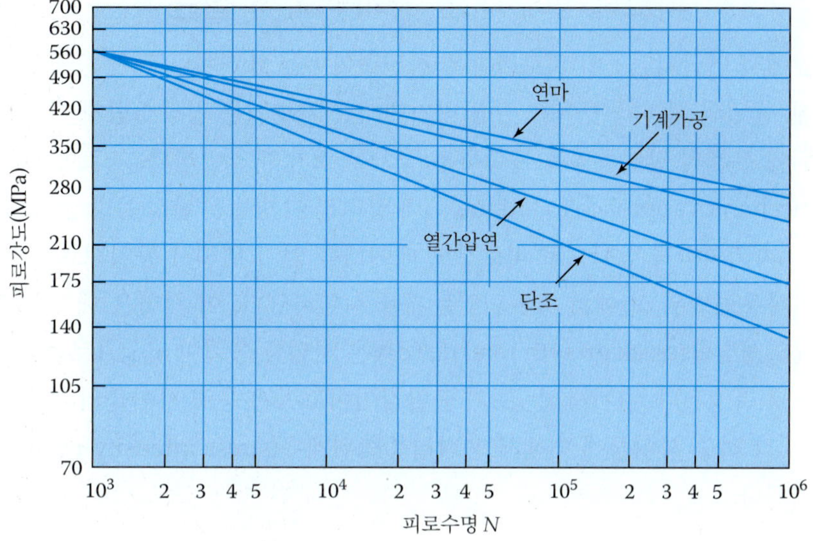

[그림 7.18]
187~207 Bhn을 갖는 강 부품의 허용응력-사이클 선도

6]. N_1, N_2 등의 값들은 선도로부터 얻어질 수 있다. 이 값들을 채택하면 식 (7.36)은 설계기준이 된다. 다음 예제의 풀이에 마이너 법칙 사용법이 예시되어 있다.

예제 7.6 기계 브래킷의 누적된 피로손상

어떤 기계의 강재 브래킷이 n_1 사이클에 대한 역전 굽힘응력 S_1, n_2 사이클에 대한 S_2, n_3 사이클에 대한 S_3를 받고 있다. 파손발생 여부를 판정하라.

주어진 값: $S_1 = 420$ MPa, $S_2 = 350$ MPa, $S_3 = 280$ MPa

$n_1 = 5{,}000$ cycles, $n_2 = 20{,}000$ cycles, $n_3 = 30{,}000$ cycles.

설계 결정: 이 브래킷은 기계가공된 표면을 갖고 있고, Bhn = 200이다. 마이너의 누적손상법칙이 적용된다.

풀이

주어진 응력값과 관련된 적절한 최대 사이클 수는 그림 7.18로부터

$$N_1 = 12{,}000 \text{ cycles}, \quad N_2 = 50{,}000 \text{ cycles}, \quad N_3 = 280{,}000 \text{ cycles}$$

식 (7.36)을 적용하면

$$\frac{5{,}000}{12{,}000} + \frac{20{,}000}{50{,}000} + \frac{30{,}000}{280{,}000} = 0.924$$

평가: $0.924 < 1$이므로, 이 부재는 안전하다.

7.14 피로해석에 대한 파괴역학적 접근

앞에서 언급되었듯이 피로파손은 점진적이어서 표면이나 표면 근처의 아주 작은 균열에서 시작되는데, 균열의 넓이와 깊이가 점점 커지면서 전체영역은 갑작스럽게 파괴된다. 여기서는 균열이 발견된 뒤에 부품의 잔여수명을 예측하는 절차를 소개하고자 한다. 피로에 대한 *파괴역학적 접근*(fracture-mechanics approach to fatigue)이라 알려진 이 방법은 탄성 등방성(elastic isotropic) 재료에 적용된다.

파괴역학적 방법으로 피로강도 데이터를 얻기 위해서 동일재료로 된 수많은 시편이 어떤 수준의 반복응력범위 $\Delta\sigma$에서 파손되었는지를 시험하였다. 이 시험은 대개 단축 피로시험기에서 행해진다. 균열성장률(crack growth rate) da/dN은 시험중 응력이 σ_{min}으로부터 σ_{max}까지 변함에 따라 연속적으로 측정된다. 여기서 a는 초기 균열길이이고 N은 응력 사이클의 횟수이다.

각 하중 사이클에 대해서 응력집중범위계수(stress intensity range factor) ΔK는 다음과 같이 정의된다.

$$\Delta K = K_{max} - K_{min} \tag{7.37a}$$

여기서 K_{max}와 K_{min}은 각각 균열 주변의 최대 및 최소 응력집중계수이다. 식 (6.1)로부터 다음의 식을 얻는다.

$$K_{max} = \lambda\sqrt{\pi a}\,\sigma_{max}, \quad K_{min} = \lambda\sqrt{\pi a}\,\sigma_{min} \tag{7.38}$$

여기서 λ는 형태계수(geometry factor)이다. 이것을 식 (7.37a)에 대입하면

$$\Delta K = \lambda\sqrt{\pi a}\left(\sigma_{max} - \sigma_{min}\right) \tag{7.37b}$$

σ_{max}와 σ_{min}는 각각 최대 및 최소 공칭응력이다. 파괴 시 임계 또는 최종 균열길이 a_f는 식 (6.3)으로부터 안전율 $n = 1$을 채택하면 다음과 같이 표현될 수 있다.

$$a_f = \frac{1}{\pi}\left(\frac{K_c}{\lambda\sigma_{max}}\right)^2 \tag{7.39}$$

여기서 K_c는 파괴인성(fracture toughness)이다.

균열성장률 da/dN은 종종 응력집중범위계수 ΔK에 대해서 로그-로그 스케일 그래프로 그려진다. 이 선도의 주요 중앙부는 직선들로 그려지며 피로수명을 예측하는 데 이용된다. 이 영역 내의 관계는 다음의 형태로 정의된다[14].

$$\frac{da}{dN} = A\left(\Delta K\right)^n \tag{7.40}$$

위 식은 P. C. Paris의 이름을 따서 *패리스의 식*(Paris equation)으로 알려져 있다. 계수 A의 실험값들과 많은 강에 대한 지수 n이 표 7.5에 나열되어 있다.

식 (7.40)은 초기 균열길이 a로부터 파괴 시의 임계 균열길이 a_f로 진행시키는 사이클 수 N, 특정한 하중에서 잔여 피로수명, 치수, 특정한 응용에 대한 재료 매개변수 등과 결합된다. 초기 균열길이와 관계없이 λ을 고려하면[16]

$$N = \frac{a_f^{1-n/2} - a^{1-n/2}}{A\left(1-\dfrac{n}{2}\right)(1.77\lambda\Delta\sigma)^n} \tag{7.41}$$

여기서

$N =$ 피로수명(cycle)
$a =$ 초기균열 길이
$a_f =$ 파괴 시 균열길이
$\lambda =$ 형태계수(표 6.1 참조)
$\Delta\sigma =$ 응력범위(MPa 또는 ksi)

피로수명을 결정하는 과정인 식 (7.41)의 응용은 다음의 간단한 예제에 예시되어 있다.

〈표 7.5〉 다양한 강에 대한 Paris 식 매개변수

강	A: SI 단위	A: U.S. 단위	n
페라이트-펄라이트	6.90×10^{-12}	3.60×10^{-10}	3.00
마르텐사이트계	1.35×10^{-10}	6.60×10^{-9}	2.25
오스테나이트계 스테인리스강	5.60×10^{-12}	3.00×10^{-10}	3.25

출처: [15]

예제 7.7 균열을 가진 부품패널의 피로수명 해석

폭이 $2w$이고 두께가 t인 긴 패널(panel)이 있다. 이 패널에는 15초마다 한 사이클을 이루며 P_{min}에서 P_{max}로 변하는 축방향 인장하중이 작용한다. 하중 작용 전의 검사에서 길이 $2a$인 중앙부 횡방향 균열이 판에서 감지되었다. 예상수명을 추정하라.

주어진 값: $a = 0.3$ in., $t = 0.8$ in., $w = 2$ in., $P_{max} = 2P_{min} = 144$ kips.

가정: 판은 AISI 4340 불린강(tempered steel)으로 만들어졌다.

풀이

표 6.1, 6.2, 7.5를 보라.

패널의 재료 및 치수는

$$A = 3.6 \times 10^{-10}, \quad n = 3, \quad K_c = 53.7\ \text{ksi}\sqrt{\text{in.}}, \quad S_y = 218\ \text{ksi},$$

$$\lambda = 1.02, \quad \text{for } a/w = 0.15 \quad (\text{Case A of Table 6.1})$$

a와 t의 값이 표 6.2를 만족시킴을 주의하라. 최대 및 최소 수직응력은

$$\sigma_{\max} = \frac{P_{\max}}{2wt} = \frac{144}{2(2)(0.8)} = 45\ \text{ksi}, \quad \sigma_{\min} = 22.5\ \text{ksi}$$

반복응력의 범위는 $\Delta\sigma = 45 - 22.5 = 22.5$ ksi이다.

식 (7.39)로부터 최종 균열길이가 다음과 같음을 알 수 있다.

$$a_f = \frac{1}{\pi}\left(\frac{K_c}{\lambda\sigma_{\max}}\right)^2 = \frac{1}{\pi}\left(\frac{53.7}{1.02 \times 45}\right)^2 = 0.436\ \text{in.}$$

수치들을 대입하면 식 (7.14)는 다음과 같다.

$$N = \frac{0.436^{-0.5} - 0.3^{-0.5}}{3.6(10^{-10})(-0.5)\left[(1.77)(1.02)(22.5)\right]^3} = 25{,}800\ \text{cycles}$$

15초 주기를 갖는 근사적인 피로수명 L은 다음과 같다.

$$L = \frac{25{,}800(15)}{60(60)} = 107.5\ \text{h}$$

7.1절~7.7절

7.1 그림 7.5와 같은 피로특성을 갖는 원형 단면을 갖는 1020 강재 봉에 완전역전 굽힘모멘트 M = 4 kN · m이 작용한다. 아래 조건을 만족하는 봉의 최대 지름 D를 구하라.

a. 무한수명을 갖는

b. 최소 10^5 수명을 갖는

7.2 그림 7.5와 같은 피로특성을 갖는 원형 알루미늄 합금(2024)에 완전역전 굽힘모멘트 M = 1.5 kN · m이 작용한다. 아래 조건을 만족하는 봉의 최대 지름 D를 구하라.

a. 무한수명을 갖는

b. 최소 10^7 수명을 갖는

7.3 두께 t와 완전 필릿을 갖는 강구조 봉이 역전 축하중 P(그림 P7.3)를 받는다. 다음을 계산하라.

a. 최대 응력

b. 최대 피로 응력집중계수

주어진 값: $P = 15$ kN, $t = 10$ mm.

그림 P7.3

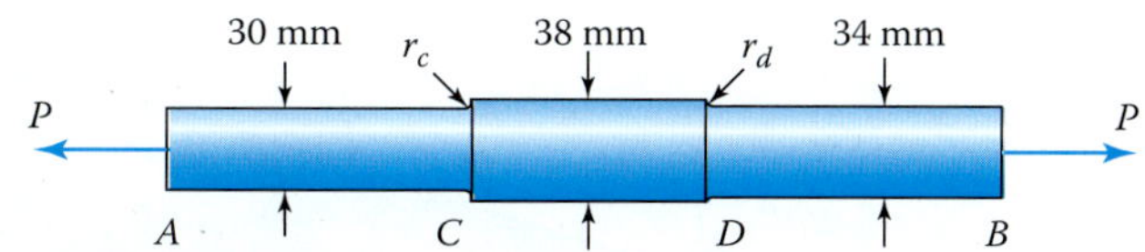

7.4 단조되고 완전 필릿을 가진 강철봉이 있다(그림 P7.3). 내구한도값 S_e를 구하라.

가정: 신뢰도가 95%이고, 작동온도는 475°C이다.

7.5 기계가공되고 완전 필릿을 가진 AISI 4140 풀림처리된 강철봉이 그림 P7.5에 보이는 것처럼 변동 축하중을 지지하고 있다. 내구한도값 S_e를 구하라.

주어진 값: $b = 25$ mm, $D = 30$ mm, $r = 2$ mm.

가정: 90%의 신뢰도가 사용된다.

그림 P7.5

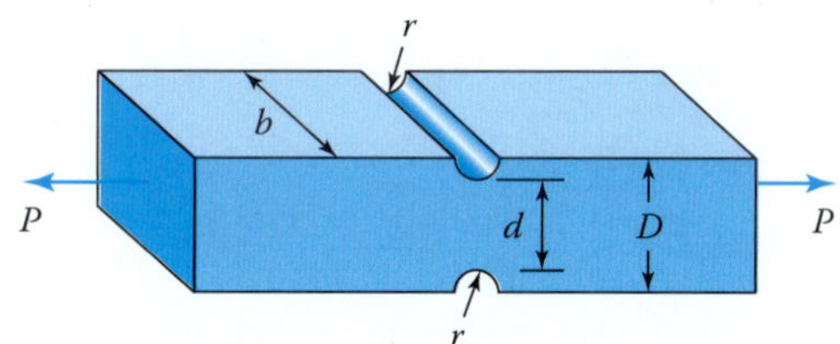

7.6 AISI 1060 풀림처리된 강으로부터 기계가공된 지름 d와 D인 계단형 축이 그림 P7.6처럼 변동 굽힘모멘트를 받고 있다. 수정된 내구한도값 S_e를 구하라.

주어진 값: $d = 25$ mm, $D = 35$ mm, $r = 4$ mm.

설계 가정: 90%의 신뢰도가 사용된다.

그림 P7.6

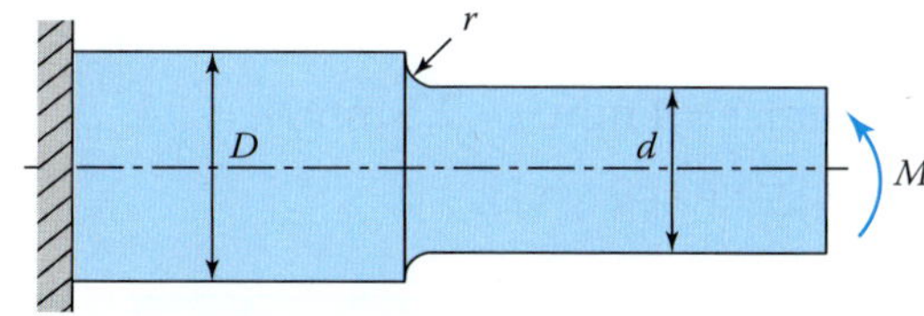

7.7 노치가 있는 보가 AISI 1030 열간압연된 강으로 만들어졌는데 역전 굽힘을 받는다. 내구한도값 S_e를 결정하라.

가정: 신뢰도가 98%이고, $C_s = 0.7$이 사용된다. 피로 응력집중계수 $K_f = 2.5$이다.

7.8 지름 D, 홈 지름 d, 홈 반지름 r인 원형축에 굽힘모멘트 M과 비틀림모멘트 T가 작용한다(그림 P7.8). 축은 AISI 1095 풀림처리된 강철봉이고 $T = 0$일 때, 내구한도 S_e를 구하라.

주어진 값: $D = 30$ mm, $d = 25$ mm, $r = 2$ mm.

설계 가정: 신뢰도가 95%이고 작동온도는 525°F이다.

그림 P7.8

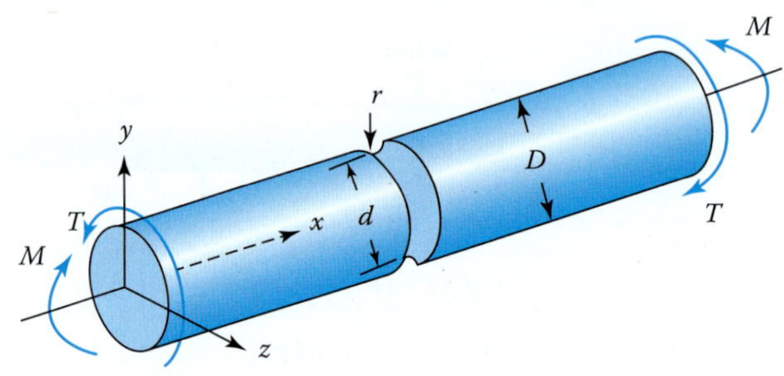

7.9 문제 7.8을 $M = 0$이고 비틀림모멘트 T가 작용하는 상태에 대해서 다시 풀어라(그림 P7.8).

7.8절~7.14절

7.10 얇은 패널의 한 점에 변동 굽힘응력이 작용한다. 다음 각 경우에 대하여 평균응력, 교번응력, 응력비, 진폭비를 구하라.

a. $\sigma_{max} = -\sigma_{min} = 12$ ksi

b. $\sigma_{max} = 12$ ksi, $\sigma_{min} = -2$

c. $\sigma_{max} = 12$ ksi, $\sigma_{min} = 0$

7.11 기계가공된 계단형 강철 외팔보에 역전굽힘모멘트 M이 작용한다. 굿맨 기준에 따라 굽힘모멘트 M의 최댓값을 구하라.

주어진 값: $d = 1$ in, $D = 1.5$ in, $r = 0.05$ in, $S_u = 100$ ksi.

가정: 신뢰도가 95%이고 안전율 $n = 1.5$이다.

7.12 냉간인발 가공된 AISI 1020 풀림처리된 강철 링크가 구멍을 관통하는 핀에 의해서 축하중(0에서 F까지 변동하는)을 받고 있다(그림 P7.12). 굿맨 기준에 따라 안전율 n을 고려한 F의 최댓값을 구하라.

주어진 값: $R = 10$ mm, $r = 4$ mm, $t = 2.5$ mm, $n = 1.4$.

가정: 99.99%의 신뢰도가 사용된다.

그림 P7.12

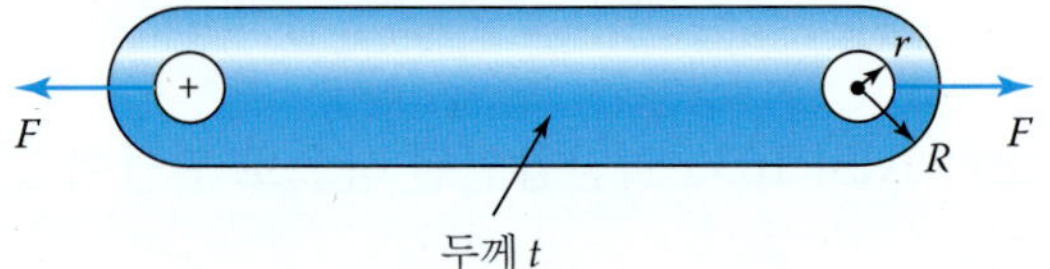

7.13 문제 7.12의 강철 링크의 작동온도는 1010°F이고 신뢰도는 95%이다. SAE 기준에 따라 축방향

인장력 F의 최댓값을 구하라.

가정: 파손강도 $S_f = 415$ MPa, 안전율 $n = 1.2$이다.

7.14 문제 7.12의 강철 링크에 대하여 소더버그 기준에 따라 축하중 F의 최댓값을 구하라.

가정: 신뢰도가 90%, 안전율 $n = 2.2$, 작동온도는 540°C이다.

7.15 가운데 구멍이 뚫린 냉간인발된 AISI 1050 강판이 5 kN에서 25 kN까지 변하는 인장하중 P를 받는다(그림 P7.15). 굿맨 기준에 따라 안전율 n을 구하라.

a. 항복에 대해서

b. 피로파손에 대해서

주어진 값: $D = 25$ mm, $d = 5$ mm, $t = 10$ mm.

가정: 신뢰도가 98%이고 $C_r = 0.7$이 사용된다.

그림 P7.15

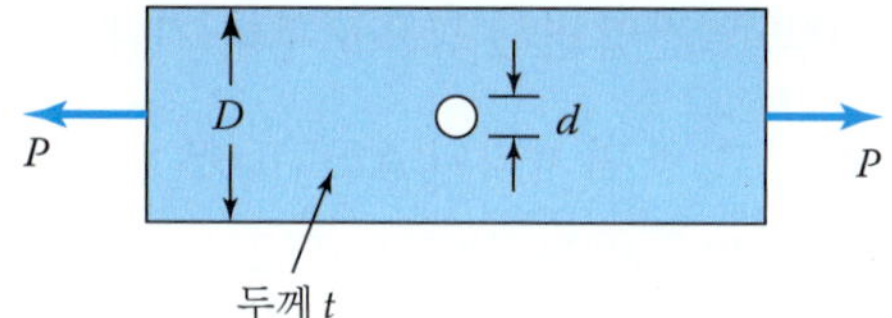

7.16 문제 7.15를 –5 kN에서 25 kN까지 변하는 하중상태에 대해서 다시 풀어라.

가정: 좌굴은 없다.

7.17 지름이 D인 기계가공되고 담금질처리된 AISI 4130 강철봉이 그림 P7.17과 같이 축하중 P를 지지한다. 다음의 값을 계산하라.

a. 파괴를 일으키는 정하중 P

b. 피로파손을 일으키는 완전히 역전되는 힘 P

주어진 값: $D = 2\frac{1}{8}$ in.

가정: 신뢰도가 95%이고 작동온도는 900°F이다.

그림 P7.17

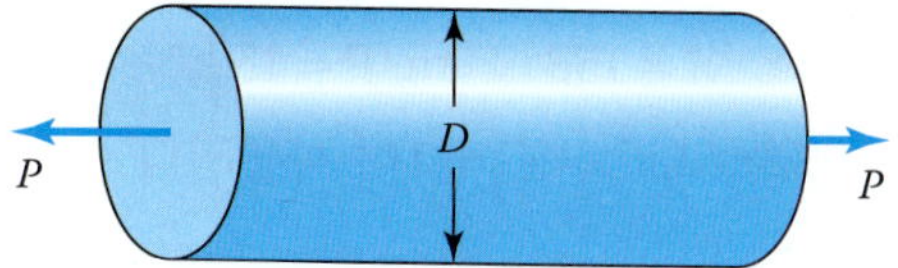

7.18 문제 7.17을 그림 P7.18에 나타낸 것처럼 홈이 파인 축에 대해서 다시 풀어라.

주어진 값: $D = 2\frac{1}{8}$ in., $d = 2$ in., $r = 0.05$ in.

그림 P7.18

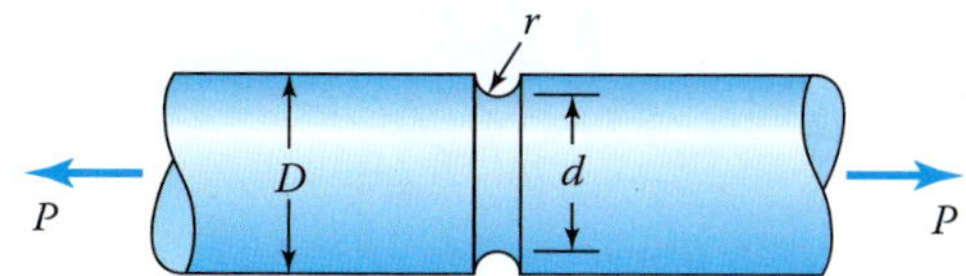

7.19 AISI 1040 풀림처리된 강으로부터 연마된 계단형 축이 그림 P7.19에 보이는 것처럼 비틀림을 받고 있다. 다음의 값을 계산하라.

a. 정적 항복을 일으키는 토크 T

b. 피로파손을 일으키는 토크 T

주어진 값: $D = 50$ mm, $d = 25$ mm, $r = 1.25$ mm.

가정: 98%의 신뢰도가 사용된다.

그림 P7.19

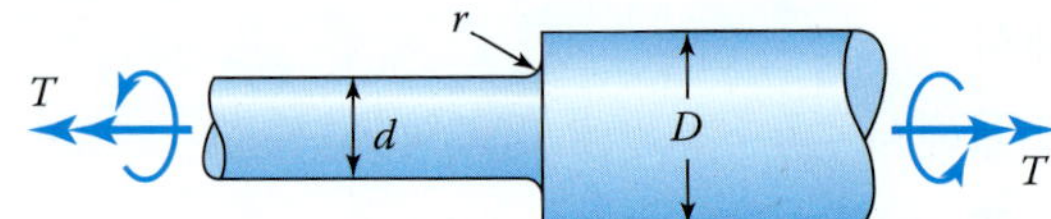

7.20 문제 7.19를 축이 축하중만 받고 비틀림이 없는 상황에 대해서 다시 풀어라.

7.21 문제 7.19를 AISI 1095 열간압연된 강으로부터 기계가공된 축에 대해서 다시 풀어라.

7.22 세로로 구멍이 뚫려있고, 풀림처리된 AISI 1095 강으로 된 축이 0.5 kip · in.에서 1.4 kip · in.까지 변하는 굽힘모멘트 M을 받는다(그림 P7.22). 굿맨 기준을 사용해서 안전율 n을 구하라.

주어진 값: $D = 1$ in., $d = 1/8$ in.

가정: 신뢰도는 99%이다.

그림 P7.22

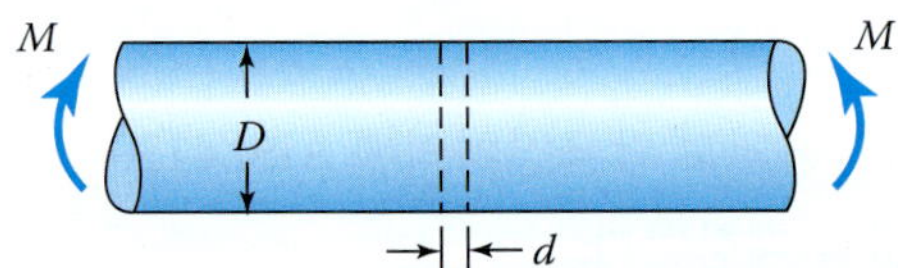

7.23 문제 7.22를 AISI 1060 HR를 연마(ground)한 강으로 된 축에 대해서 다시 풀어라. 단 축은 5 kip에서 15 kip까지 변하는 축하중을 받는다.

7.24 그림 P7.24와 같이 표면이 기계가공된 AISI 1030-CD 강으로 된 축이 축하중 P와 굽힘모멘트 M을 받는다. 굿맨 기준을 사용해서 안전율 n을 구하라.

주어진 값: $D = 25$ mm, $M = 150$ N · m, $P = 15$ kN.

가정: 신뢰도는 99.9%이고, $C_s = C_t = 1$이 사용된다.

그림 P7.24

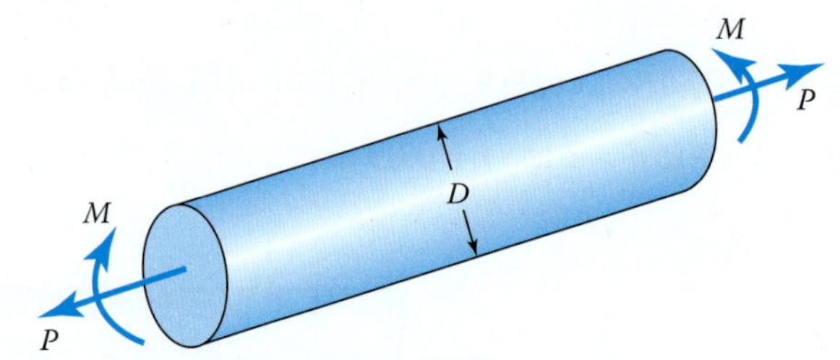

7.25 문제 7.12의 축의 작동온도는 850°F이고 신뢰도는 90%이다. 소더버그 기준을 사용해서 안전율 n을 구하라.

7.26 지름이 d인 얇은 벽 실린더형 용기가 60 psi에서 300 psi까지 지속적으로 변하는 내압을 받는다. 이 용기를 설계하기 위해서 소더버그 관계식이 결합된 최대 변형에너지 이론을 적용하라.

주어진 값: $d = 80$ in., $S_y = 40$ ksi, $S_e = 30$ ksi, $n = 2.5$.

7.27 지름이 d, 두께가 t인 얇은 벽 실린더형 용기가 0.6 MPa에서 2.8 MPa까지 지속적으로 변하는 내압을 받는다.

주어진 값: $d = 1.5$ m, $t = 25$ mm, $S_y = 250$ MPa, $S_u = 350$ MPa, $S_e = 150$ MPa.

설계 결정: 굿맨 관계식이 결합된 최대 변형에너지 이론을 적용하여 안전율 n을 구하라.

7.28 10 mm 폭 × 100 mm 길이 그리고 hmm 두께의 작은 겹판 스프링이 0에서 20 N까지 지속적으로 변하는 집중하중 P를 받는다. 이 스프링은 단순 지지보로 가정될 수 있다(그림 P7.28). 안전율 4에 대해서 필요한 두께를 구하라.

주어진 값: $S_u = 980$ MPa, $S_e = 400$ MPa.

설계 결정: 최대 수직응력을 기초로 굿맨 이론을 적용하라.

그림 P7.28

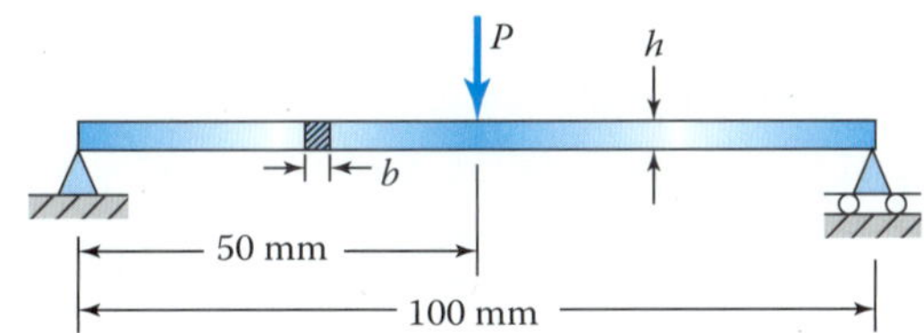

7.29 $S_y = 620$ MPa일 때, 문제 7.28 소더버그 이론을 적용해서 다시 풀어라.

7.30 어떤 전기접촉 스위치가 폭 1/8 in., 길이 1.5 in. 그리고 두께 h인 외팔보 형태의 판스프링을 포함하고 있으며, 이 보의 자유단에 0에서 0.5 lb까지 계속 변하는 하중 P를 받고 있다(그림 P7.30). 안전율 $n = 1.2$에 대해서 h의 값을 계산하라.

주어진 값: $S_u = 150$ ksi, $S_e = 72$ ksi.

설계 결정: 최대 수직응력을 기초로 굿맨 기준을 적용하라.

그림 P7.30

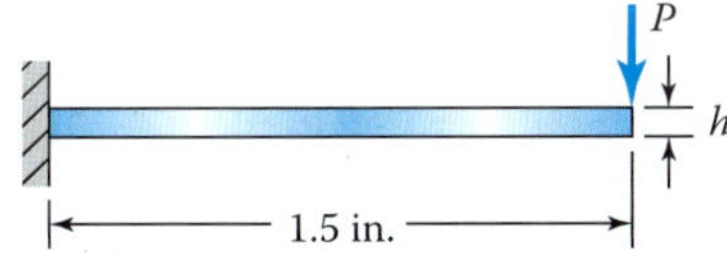

7.31 문제 7.30의 작동온도는 880°F이다. 최대 수직응력을 기초로 SAE 기준을 적용하여 h의 값을 계산하라.

주어진 값: 파괴강도 $S_f = 98$ ksi, 안전율 $n = 1.5$.

7.32 외팔보 스프링이 0에서 P_o까지 계속 변하는 집중하중 P를 받는다(그림 P7.32). $n = 4$에 대한 가장 큰 허용하중 P_o를 계산하라.

주어진 값: $S_y = 850$ MPa, $S_e = 175$ MPa, $b = 5$ mm, $h = 10$ mm, $K_f = 2$.

가정: 파손은 필릿에서의 굽힘응력 때문에 발생한다.

설계 결정: 소더버그 기준을 사용하라.

그림 P7.32

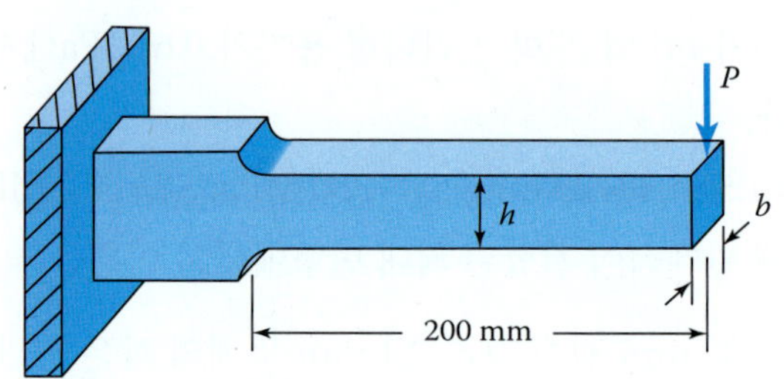

7.33 문제 7.32를 안전율 $n = 2$이고 위로 $P_o/2$, 아래로 P_o로 변하는 하중에 대해서 다시 풀어라.

7.34 AISI 1050CD 강으로 만들어진 24 mm 폭, 4 mm 두께, 3 mm 길이의 판스프링은 캠과 축이 제거되면(그림 P7.34) 직선이고 무응력상태로 된다. 굿맨 이론을 사용하여 이 스프링에 대한 안전율 n을 계산하라.

주어진 값: $S_e = 250$ MPa, $E = 200$ GPa, $\nu = 0.3$.

가정: 캠은 계속 회전한다. 판스프링은 폭이 넓은 외팔보로 간주된다.

그림 P7.34

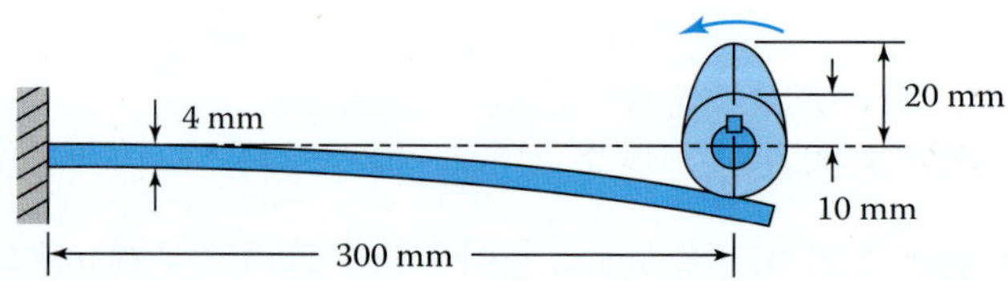

7.35 문제 7.34를 외팔보가 담금질 처리된 AISI 1095 강으로 만들어지고 소더버그 기준을 적용하는 경우에 대해서 다시 풀어라.

7.36 문제 7.34의 작동온도는 490°F이고 신뢰도는 99.9%이다. 게버(Gerber) 기준을 적용하여 판스프링의 안전율 n을 구하라.

7.37 그림 P7.37에 보이는 두 개의 숄더 필릿이 있는 원형 알루미늄 보의 중간 지점에 하중 P가 작용한다. 필릿 부분의 응력상태가 만족되어지는 지름 D를 결정하라. 단위는 mm이다.

주어진 값: $S_u = 600$ MPa, $S_y = 280$ MPa, $n = 2.5$, $K_f S_e = 150$ MPa.

가정: 하중은 2 kN에서 6 kN으로 변한다. 소더버그 기준이 적용된다.

그림 P7.37

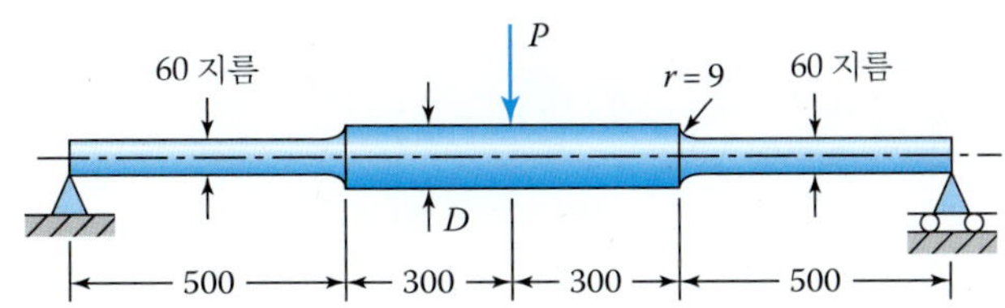

7.38 그림 P7.38에 보이는 필릿이 있는 평판은 1040 강으로 되어 있고 650°C에서 OQ&T이다. 굽힘 모멘트 M이 0.6 kN · m에서 3 kN · m까지 변할 경우 안전율 n을 구하라.

주어진 값: $K_f S_e = 400$ MPa, $D = 120$ mm, $d = 60$ mm, $r = 4$ mm, $t = 20$ mm.

설계 가정: 피로파손에 대해서 굿맨 기준이 적용된다.

그림 P7.38

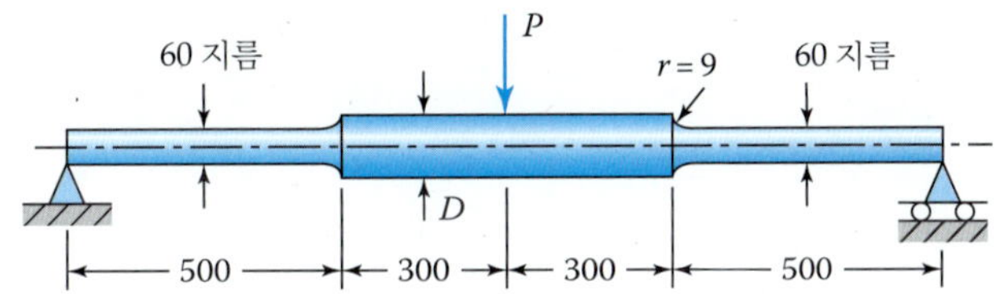

7.39 문제 7.38을 굽힘모멘트 M이 200 N · m에서 2200 N · m까지 변할 경우 게버 기준을 적용하여 다시 풀어라.

7.40 문제 7.38의 필릿이 있는 평판의 작동온도는 475°C이고 신뢰도는 95%이다. SAE 기준을 사용해서 안전율 n을 구하라.

가정: 모멘트 M은 1 kN · m에서 2 kN · m으로 변한다.

7.41 길이 a인 더블에지(double-edge) 균열이 포함되어 있는 폭이 $2w$, 두께가 t인 긴 AISI 403 스테인리스 강판에 20초를 주기로 P_{min}에서 P_{max}로 변동하는 축하중이 작용한다(표 6.1의 C). 예상 수명을 구하라.

주어진 값: $a = 32$ mm, $t = 34$ mm, $w = 60$ mm, $P_{max} = 2.2$, $P_{min} = 950$ kN.

CHAPTER 08

표면 파손

MECHANICAL DESIGN of Machine Components

8.1 서론

지금까지 우리는 항복, 파괴, 피로에 의한 기계구성품의 파손모드를 다루어 왔다. *마모*(wear)라고 하는 다양한 형태의 파손 또는 손상은 일반적으로 구성품의 표면에서 발생한다. 이러한 표면의 파손이나 손상은 부재를 사용하기에 부적절하게 만들 수도 있다. 또한 표면은 소금이나 물과 같은 부식 환경 주위에서 부식될 수 있다. 부식 환경은 금속의 피로 강도를 저하시킬 수 있다(7.7절 참조). 부식 환경과 응력이 동시에 발생했을 때, 응력이 없을 때보다 급격하게 부식이 발생한다. 이 장에서는 표면 손상의 광범위한 주제에 대하여 간단히 설명한다.

두 개의 고체 부품이 서로 누를 때, 높은 *접촉응력*은 특별한 가정을 필요로 한다. 두 가지의 실질적인 기하학 형상: 구 대 구, 원통 대 원통(8.6절부터 8.8 참조). 구와 구의 접촉은 원형의 접촉면이 관측되고 원통과 원통의 접촉은 사각형의 접촉면이 관측된다. 반복되는 하중에서 접촉응력은 표면의 피로 파괴를 일으킨다. 종종 캠과 간헐기구나 한 쌍의 기어 이와 같은 기계요소들은 *구름접촉*, *미끄러짐 접촉* 혹은 이 두 가지의 경우를 동시에 유발한다(8.9절 참조).

기계의 충분한 안전수명을 갖는 디자인을 만들기 위해서는 표면강도가 가장 중요하다. 종합적인 학문인 표면공학에서는 체적을 요구하는 함수들과는 달리, 표면과 표면 주위 영역의 물성치를 사용한다[1, 2]. 그러므로, 이 학문은 기계와 기계구성품의 성능과 내구성을 향상시켜 수명을 증가시킨다.

표면손상을 방지하는 것은 과학적 및 공학적 측면에서 중요한 과제이다(8.10절 참조). 미끄러짐 경계면에 윤활유를 넣는 것은 마찰력을 감소시키는 데 도움이 된다. part 3에서는 다양한 기계구성품 및 재료의 파손을 고려하는 마모를 제어하는데 윤활의 역할을 구체적인 예로 들어 설명한다.

8.2 부식

부식(corrosion)은 주변의 환경과 화학반응을 일으킴으로써 재료를 약화 또는 파괴하는 것이다. 그것은 화학반응에 의해서 금속을 닳아 없앤다. 일반적으로, 산소와 같은 산화제와 금속이 반응하여 전기화학적인 산화작용을 했음을 의미한다. 녹슴은 일반적으로 강철의 산화작용에 사용되는 용어이다. 그것은 철 원자의 산화에 의한 형성물이다. 이러한 종류의 손상은 종종 금속 소재의 산화(oxide)와 염화(salt)를 발생시킨다. 금속반응의 주 원인은 수소와 산소이다. 순수한 금속은 일반적으로 불순물 또는 다른 원소를 포함하는 것들보다 부식에 대한 반응이 느리다.

또한 부식은 폴리머와 같은 금속 이외의 재료에서도 언급될 수 있다. 그러나 이 맥락에서는 *질저하*(degradation)라는 용어가 더 적합하다. 세라믹 재질은 거의 부식에 영향을 받지 않는다. 일반적으로 부식은 국부적인 홈 또는 균열에 집중되어 발생하였지만, 넓은 영역으로 확장될 수 있다. *갈바니 부식*(Galvanic corrosion)은 서로 다른 두 가지 재료가 접촉하여 전류가 전도될 때 방생한다. 이것은 해양산업 그리고 파이프와 같이 물과 접촉하는 금속구조들이 존재하는 곳에서는 언제나 주관심사이다. 화학적인 방법을 통해서 녹을 제거하고 깨끗한 표면을 만들 수 있다. 예를 들어 보통 인산은 녹을 제거하기 위해 도구의 표면에 도포된다. 또한 산화 복합체를 포함하는 높은 온도의 대기를 만난다면 물질들(전형적으로 금속)은 화학적으로 악화된다.

부식은 복잡한 현상이며 아직 완전히 이해하지 못했다. 이는 일반적으로 부식공학의 분야에서 전문적으로 연구되고 있다. 대기 부식은 열대기후와 같은 고온다습한 환경에서 활발하게 발생한다. 좀 더 자세한 사항은, 책의 부식 파트를 참조하라[3, 4]. 그림 8.1은 여러 부재가 부식성을 가진 6개의 주변 요소로부터 저항하는 정도를 비교 분석하여 제시하였다. A(excellent)부터 D(bad)까지 등급을 부여하여 비교하였다. 표 B.9에서는 그림 8.1의 약어와 *등급*(classes)을 제시하였다.

8.2.1 부식과 응력의 결합

부식된 주변에 외력을 받게 되면, 외력 또는 부식의 각각으로 인해 파손되는 것보다 훨씬 빠른 속도로 파손이 일어난다. 대부분의 구조적 합금은 습한 환경에 노출되었을 때만 부식하지만, 특정 물질의 노출에 의해서도 강하게 영향을 받는다. 때때로 부식은 부식성 유체의 이동으로 인해서 가속되지만, 이러한 부식은 금속 표면에 필름을 형성하여 예방할 수 있다.

부식과정은 노출된 표면에서 발생하므로, 이러한 노출된 표면을 *보호막형성*(passivation)과 *크롬도금*(chromate conversion)과 같은 표면활성화를 감소시키는 방법을 통해서 물질의 부식저항성을 높인다. 그러나 몇몇의 부식 메커니즘(corrosion mechanisms)은 가시적이지 못하며, 인지하기도 힘들다. 부식으로 인한 기계장비의 파괴는 사용자를 위험하게 할 수 있다. 대부분의 기계구성품은 *파손*(breakage)보다 표면약화에 의해서 *파괴된다*(fail)(자동차의 배기 시스템, 자동차의 서스펜션 관절 … 등의 부식). 녹슨 교량은 가장 일반적인 사고의 예이다. 재료에 부식과 마모에 의한 직접적이든 간접적인 손상은 수백만 달러의 경제적 비용을 발생시킨다.

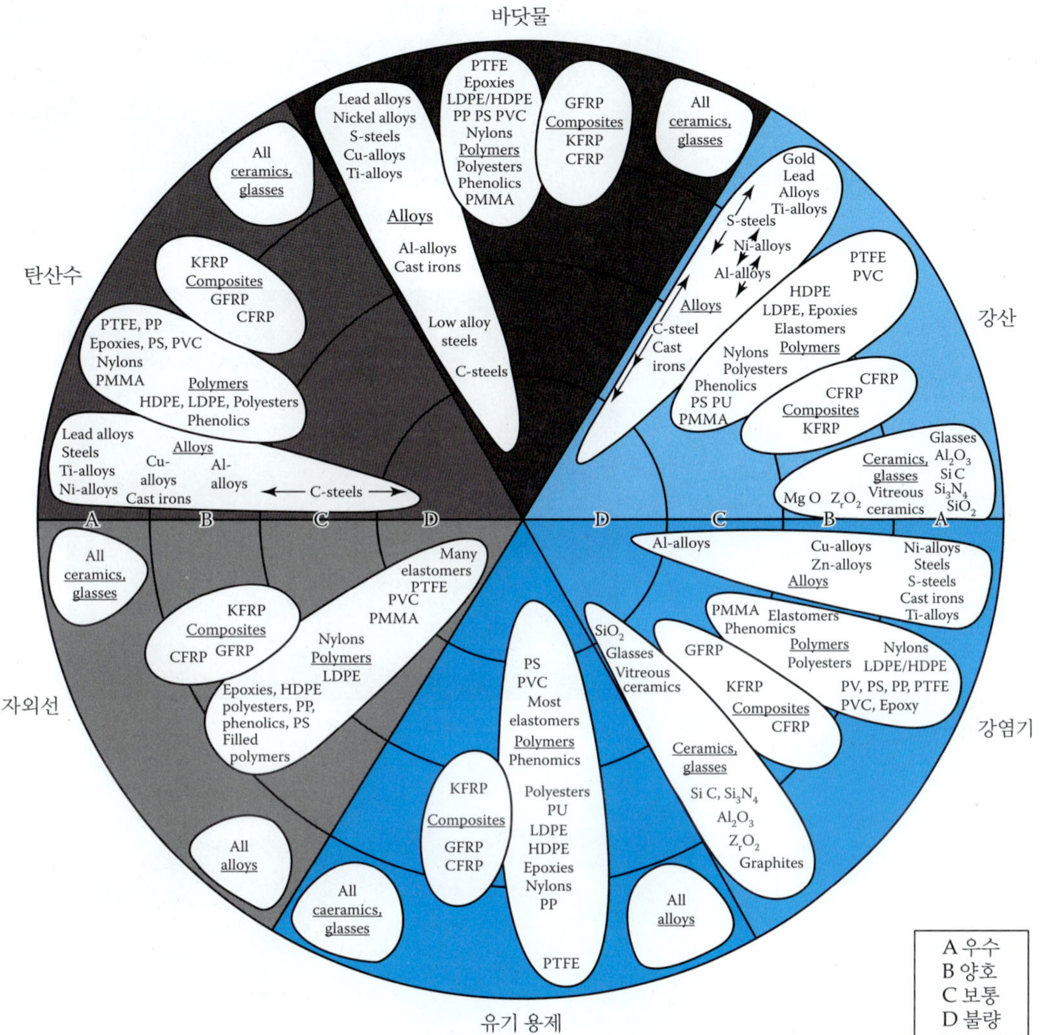

[그림 8.1]
재료의 다양한 환경으로부터 부식에 저항하는 능력 비교(From Ashby, M.F., *Materials Selection in Mechanical Design*, 5th ed., Butterworth Heinemann, Oxford, U.K., 2020.)

8.2.1.1 응력 부식

응력 부식(stress corrosion)은 정적 인장력과 부식이 동시에 발생했을 때를 말한다. 정적응력은 부식 과정을 촉진시킨다. *응력부식결함*(Stress corrosion cracking, SCC)은 동시에 정적 장력과 특정 부식을 유발하는 환경에서 일어날 수 있다. 일반적으로 모든 금속들은 영향을 받지 않는다. 그러나 미세한 금은 금속의 표면 위로 넓게 퍼진다. 금은 경계면을 따라 진행되거나, 결정을 가로질러서 발생할 수도 있다. *장력이 집중되는 균열은 균열이 시작되는 곳에서의 잔류응력과 가해지는 응력의 합으로 나타낸다.* 파손의 종류에 대하여 예를 들면, 부식성 유체를 동반하는 강철을 포함한 보일러 튜브, 스테인리스

[그림 8.2]
(a) 볼트의 응력부식결함(SCC)
(b) 바닷물에 의해 부식된 배의 프로펠러 결합부
(c) 부식된 비행기의 날개 제어축

(a)

(b)

(c)

강으로 만든 비행기 부품, 일부 지역의 대기에서 소금과 화학 물질에 노출되어 있는 다리의 케이블 등이 있다.

부식 환경에 노출된 구조에 응력이 가해진다면, 부식의 정도는 증가하고 극도로 국부적이 될 것이다. 더욱이, 몇몇 특정 화학물질들은 너무 공격적이라 생산 과정 중에 발생되는 것들과 같이 상대적으로 낮은 응력대역에서 부식이 일어난다. 기계구성품의 잔류응력은 균열을 성장시키고 파괴를 유발할 수 있다. 때때로 부식으로 발생하는 구멍은 부러진 부품에서 발견된다(그림 8.2a). 그러나 종종 표면을 보면(그림 8.2b,c) 적용사례(application)마다 차이가 있다.

응력부식결함이 발생하기 위해서는 다음과 같은 특정한 조건을 필요로 하다. 반응성이 강한 재질(스테인리스 강 304는 반응성이 세다), 장력, 적합하지 못한 환경(염화물이 집중적인), 높은 온도, 가공에 의해서 생성되는 작은 표면의 균열들이 응력집중을 발생시킨다. 표면의 작은 *스크래치*(scratches)들을 제거하기 위해서는 볼트는 회전방식 대신 압연방식이어야 한다(rolled instead of turned). 구조적 구성품의 주요 파손원인 중 하나는 부재의 강도 및 완전성을 위협하는 부식이다. 따라서 부품들의 검사를 주기적으로 시행해야 한다.

8.2.1.2 피로부식

부식 주위에 주기적으로 응력을 가해지는 경우의 균열은 둘 중 한 개만 가해지는 경우보다 급격한 성장을 보인다. 이러한 것을 피로부식(corrosion fatigue)이라 부른다. 부식에 대한 저항이 낮은 금속들에게 이러한 현상이 뚜렷하게 나타난다. 부식은 홈이나 균열에 국부적으로 집중되어 발생할 수 있고 또는 넓은 표면에 거의 균일하게 발생할 수도 있다. 불순물이 존재하는 경우에는, 결정 입계 파손 또는 입자간 부식이 발생할 수도 있다. 부식피로파손은 표면의 균열진전 표면의 변색을 나타낸다.

8.2.2 부식 마모

부식 마모는 기계구성품의 표면에서 화학반응에 인한 부식 마모는 파손을 이끌어낸다. 부식된 환경에서 두 물체의 미끄러짐 접촉과 구름 접촉으로 인해서 표면의 기계적 붕괴를 일으킨다. *피로부식*은 재료의 표면이 산소와 같은 부식성 대기에서 산화가 자유로운 표면에 미끄러짐이 있는 경우 발생한다. 이러한 방식은 새로운 부식성 요소를 제공한다. 부식성 환경과 주기적인 응력을 동반하는 부식 피로는 재료의 피로 수명을 현저히 낮추는 오염이다.

표면 부식은 응력과 결합할 때 각각이 가해졌을 때보다 훨씬 큰 파괴적인 결과를 생산한다. 수많은 강, 철의 제품의 표면에 내식성 코팅을 적용하는 공정이 있다. 내부식성 코팅은 강과 같은 야외에 적용되는 금속을 보호하기 위해서 가장 널리 사용되는 방법이다.

코팅의 수를 선택할 수 있다. 기계부속품의 크기, 부식성 환경, 예상 온도, 코팅의 두께, 가격에 기초하여 적절한 선택을 해야 한다. 강철(steel)을 부식으로부터 보호하기 위해서 가장 널리 사용되는 기계적 코팅방법은 도장(painting)이다. 크롬을 이용한 내부식성 도금도 자주 사용된다. 부식의 정도를 낮출 수 있는 자연적인 금속 조합방법은 많이 있다. 종종 이러한 조합방법은 낮은 비용으로, 가장 높은 결과를 도출할 수 있다.

8.2.2.1 마손부식

마손부식(fretting corrosion)은 실질적은 움직임이 없이 꽉 조여 있는 연결 부위에서(압입, 볼트, 리벳과 같은) 발생한다. 상대적인 움직임에 의해 생성되는 변동부하는 부식 마모를 조절할 수 있다. 이러한 움직임은 시간이 지남에 따라 재료의 부피 감소를 초래한다. 이러한 문제를 예방하기 위하여 표면경화를 함에도 불구하고, 대부분의 베어링에서 전형적으로 발생한다. 표면에 균열이 생성되면 또 다른 상황이 발생한다. *마손*(fretting)에 의해서 생성된 홈이나 거친면들은 피로강도를 감소시킨다. 부

식에 의해서 생성되는 가장 일반적인 손상(pitting)이다.

마손에 저항하는 움직임은 다양하고 재료마다 다르다. 코발트를 기반으로 한 *하드페이싱*(hardfacing)과 유사 합금은 그중 최고이다. 보통 강철 대 강철과 주철 대 주철이 좋다. 교량과 같은 큰 구조물에서 보호되지 않는 베어링은 가동에 있어서 심각한 부하를 겪을 수 있다. 특히 겨울에 교량의 고속도로에 눈을 제거하기 위해 소금을 사용하였을 때 큰 부하가 발생한다. 저점도, 고점착 윤활유는 활성표면으로부터 떨어진 산소를 유지함으로써 마손의 강도를 감소시켜 줄 것이다.

8.2.2.2 캐비테이션 손상

고체 부분과 액체 입자 사이의 높은 상대속도는 구성품의 표면을 파괴할 수 있는 액체 캐비테이션(cavitation)을 생성할 수 있다. 만약 액체의 압력이 증기압보다 낮아지면 거품이 발생된다. 원래 캐비테이션(cavitation)은 배의 프로펠러, 터빈 블레이드, 원심 펌프에서 발생한다. *금속 표면에 가해지는 캐비테이션 손상*(cavitation damage)은 기계적이다(mechanical). 그러나 부식성 환경에서 캐비테이션은 근접한 홈으로 인한 거친면으로 인해서 종종 표면의 보호 산화필름에 손상을 가할 수 있다. 가혹한 상황에서는 표면 재료가 많이 떨어져 나가서 스펀지 면처럼 된다. 주조 스테인리스 강, 마그네슘 청동 주조(cast magnesium bronze), 주강, 청동, 주철과 알루미늄은 주기적으로 캐비테이션을 줄이기 사용된다[4]. 캐비테이션(cavitation) 손상을 다루는 가장 효율적인 방법은 표면의 경도를 증가시키는 것이다.

8.3 마찰

마찰은 접촉표면 사이의 상대운동에 반하는 힘이다. 힘이 물체로 가해질 때 평행하게 맞다은 표면에서 작용하는 힘의 반대방향으로 작용된다. *구름*(rolling)과 *미끄러짐*(sliding)은 핵심적인 그 예이다. 두 개의 마찰계수가 같은 고체 물체에 서로 수직방향으로 압력을 가하며 미끄러질 때, 이론적인 상대 마찰력을 계산하는 방정식이다. 그러므로

$$F = fP \tag{8.1}$$

여기서

F = 마찰력

f = 마찰계수

P = 두 물체가 미는 수직방향

위 식은 *정적*(static), *동적*(kinetic) *미끄럼마찰*에 적용된다. 전자는 물체가 움직이기 전 마찰력을, 후자는 미끄러졌을 때 마찰력을 나타낸다. 표 8.1에서 알 수 있듯이 정적, 미끄럼마찰은 다른 마찰계

〈표 8.1〉 다양한 재료에 대한 마찰계수

		정적		동적 또는 미끄러짐	
재료 1	재료 2	건식	윤활	건식	윤활
연강	연강	0.74	—	0.57	0.09
연강	주철	—	0.183	0.23	0.133
연강	알루미늄	0.61	—	0.47	—
연강	황동	0.51	—	0.44	—
경강	경강	0.78	0.11–0.23	0.42	0.03–0.19
경강	배찟	0.42–0.70	0.08–0.25	0.34	0.06–0.16
테플론	테플론	0.04	—	—	0.04
강	테플론	0.04	—	—	0.04
주철	주철	1.10	—	0.15	0.07
주철	청동	—	—	0.22	0.077
알루미늄	알루미늄	1.05	—	1.4	—

수 또는 상수값을 가진다[4]. f는 *미끄럼마찰계수*(sliding friction coefficient)를 의미한다. 물체가 미끄러짐 없이 구를 때, 구름마찰상수 f_r은 미끄럼마찰계수보다 작다, $f_r \ll f$. 경질의 표면에서 미끄럼마찰의 경우에 식 (8.1)을 보면 마찰은 접촉 표면의 면적과는 독립적인 것을 알 수 있다. 그러나 *회전마찰*(rotating friction)과 *유체마찰*(fluid friction) 같은 연질의 표면에서 마찰계수는 면적, 모양, 점성계수의 영향을 받는다. 표면의 거칠기는 미끄럼마찰과 구름마찰 둘 다 영향을 미친다.

접촉표면 사이에 윤활제의 도입은 마찰계수를 현저하게 감소시켰다. 윤활제는 경계면의 열 또한 감소시킨다. 액체 또는 고체의 윤활제는 낮은 전단강도와 높은 내압강도를 가지고 있다. 낮은 온도는 접촉표면에서의 마모를 줄인다. 윤활제와 윤활현상은 10장에서 좀 더 자세히 설명하였다. 마지막으로 주의해야 할 점은 발전기의 베어링이나 터빈과 같은 곳에서는 낮은 마찰을 가지게 해야 한다. 그러나 브레이크와 클러치(13장 참조)에서는 높은 마찰의 제어를 필요로 한다.

8.4 마모

앞서 지적한 바와 같이 마모는 표면에서 발생하는 많은 파손의 경우를 포함하는 광범위한 용어이다. 이는 기계를 설계함에 있어 가장 중요하고 유해한 공정 중 하나이다. 일반적으로 마모에 의한 파손은 기계구성품의 접촉 표면에서의 재료손실을 동반한다. 기계구성품이 미끄림접촉(silding contact)을 할 때, *헤딩 마모*(heading wear)로 인해 다양한 마모손상이 발생한다. 이러한 경우의 격한 마모는 접촉 표면에 *윤활제*(lubricant)(예를 들어 기름, 그리스 또는 고체 필름)를 사용함으로써 줄일 수 있다.

마모과정에 대한 연구는 트라이볼러지(tribology)의 연구 분야이다[6]. *물리적 지성*(physical nature)과 *기본과정*(underlying process)으로 나뉘어진 마모는 보통 *세 가지 경우*로 구분된다. 응착마모(adhesive wear), 연마마모(abrasive wear) 그리고 부식마모(corrosive wear)(8.2절 참조)이다.

표면 약화에 중요한 표면피로는 마모로 분류되는데, 이는 8.9절에서 다룬다. 모든 종류의 마모는 윤활제의 존재 유무에 따라 큰 영향을 받는다. 마모가 두 표면 사이에 존재하기 위해서는 몇 가지 상대 운동을 필요로 한다. 두 재료의 구름 접촉에서 가해지는 응력은 접촉 표면의 형성, 가해지는 하중 그리고 물성치의 영향을 크게 받는다.

8.4.1 응착마모

그림 8.3에서 도시한 바와 같이 미소 규모(microscopic scale)에서, 금속의 미끄럼면은 절대 부드럽지 않다. *거침*(asperities)이라 명명된 피크(peaks)와 계곡이 필연적으로 발생할 것이다. 그림에서 화살표가 가리키는 곳은 접촉으로 인해서 온도와 압력이 국부적으로 높게 나오는 곳이다. *응착마모*(adhesive wear)는 최소한의 피해로 예방할 수 있는 대표적인 마모의 예이다. 거친 두 표면이 붙었을 때 그리고 미끄러지는 중에 잠시 멈추었을 때 재료를 한쪽에서 다른 쪽으로 전달하였을 때 발생한다. 전자 상황에서는 *스코링 또는 스커핑*(scoring or scuffing)이 초래된다. 두 가지 표면 파손은 모두 적절한 윤활제의 부재로 발생한다. 과도한 접착 마모는 *시저 또는 골링*(seizure or galling)이라고도 한다.

보통 표면이 단단해질수록 응착마모에 강하다. 대부분의 고체는 어느 정도 들러붙으려는 성질이 있다. 그러나 윤활제와 오염물은 이러한 것을 억제한다. 그러므로, 응착마모는 일반적으로 윤활 파손과 용점마모 또는 용접겔링(welding wear or galling)과 동시에 발생한다. 호환이 되는 야금학적으로 동일한 금속은 윤활제가 없는 미끄럼 접촉에서는 동시에 작용해선 안 된다. 호환되지 않는 야금학적 금속은 비교적 적은 *스코링*(scoring)으로 미끄러짐이 가능하다. 그러므로 *호환되지 않는 쌍*은 함께 작동할 수 있고 최고의 응착마모에 대한 저항을 기대할 수 있다. 또한 *부분적으로 호환되지 않는 쌍*은 호환되는 쌍보다 미끄러짐 접촉에서 더 우수하다.

8.4.2 연마마모

연마마모(adrasive wear)는 경질의 표면이 연질의 표면으로 미끄러질 때 발생한다. ASTM은 고체 표면방향에 반하는 반향으로 힘을 받는 경질의 입자로 인해 재료의 손실이 발생하는 연마마모로 정의한다. 연마마모는 두 경계표면이 직접적인 물리접촉을 하고 접촉하는 물제 중 한 개는 다른 물체와 비교하여 훨씬 경질일 때 발생하는데, 두 몸체 마모는 경질의 입자가 반대 표면의 재료를 제거하는 것이다. 단단한 자동차의 크랭크 축(crankshafts)에 사용되는 연질의 배빗 베어링(babbitt bearing)과 사

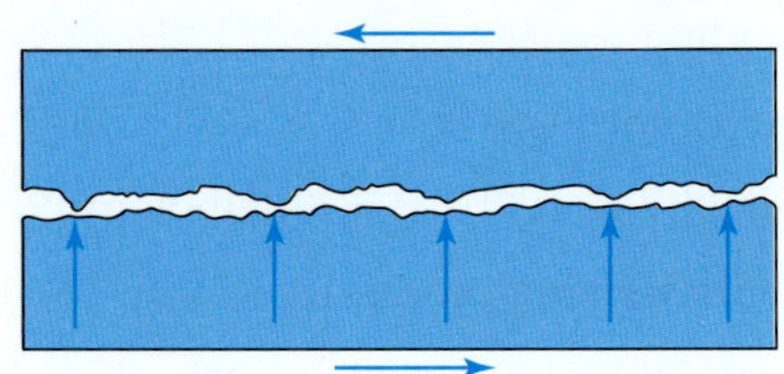

[그림 8.3]
응착마모 시뮬레이션, 두 연질의 마찰표면을 확대한 그림

포를 이용하여 연질의 금속 또는 나무를 마모시키는 것을 예로 들 수 있다.

세 몸체 마모는 작고 경질의 입자가 두 개의 미끄러지는 표면 사이에 들어갔을 때 발생하며, 최소한 두개중 한 개는 입자보다 연질이어야 한다. 이 연마방식은 문지르는 표면 사이에 이물질의 존재에 기인한다. 그러므로 기계를 설계함에 있어서, 부적절한 입자들이 금속마찰표면 사이로 못들어가게 적절한 오일 필터, 먼지 커버, 공기 필터, 샤프트 실 등을 사용해야 한다. 두 가지 방법은 표면이 경질일수록 연마마모에 더 강하다.

8.5 마모방정식

두 개의 문질러지는 표면에서, 마모에 의해서 제거되는 재료의 체적은 직접적으로 미끄러지는 거리와 가해진 수직하중에 비례하고 표면 경도에 반비례한다. 그러나 미끄러지는 속도에는 독립적이다. 일반적이고 실용화된 마모를 예측하는 단순공식은 존재하지 않는다. 돌기 접촉(asperity contact)의 이론을 바탕으로 고전적이고 일반적으로 채용된 마모식은

$$V = K\frac{PL}{H} \tag{8.2}$$

여기서

V = 마모된 체적

K = 마모상수(무차원수)

P = 표면 사이의 압력

L = 미끄러지는 길이

H = 표면 경도*, MPa 또는 ksi

흥미로운 점은 식 (8.2)는 다음과 같이 나타낼 수도 있다.

$$V = \frac{PL}{H/K} \tag{a}$$

이와 같이, 하중 P와 길이 L이 주어지고 H/K가 최대일 때 재료의 체적은 최솟값임을 알 수 있다.

종종 마모된 깊이 δ는 감소하는 체적의 양보다 흥미롭다. 이때 마모된 깊이는 식 (8.3)과 같다.

$$\delta = K\frac{PL}{HA_a} \tag{8.3}$$

* 경도는 브리넬 경도, 비커스 경도 또는 로크웰 경도로 표현이 가능하며 단위는 kg/mm²(2.10절 참조). 9.81 또는 1.424를 각각 곱하여 MPa 또는 ksi로 전환한다.

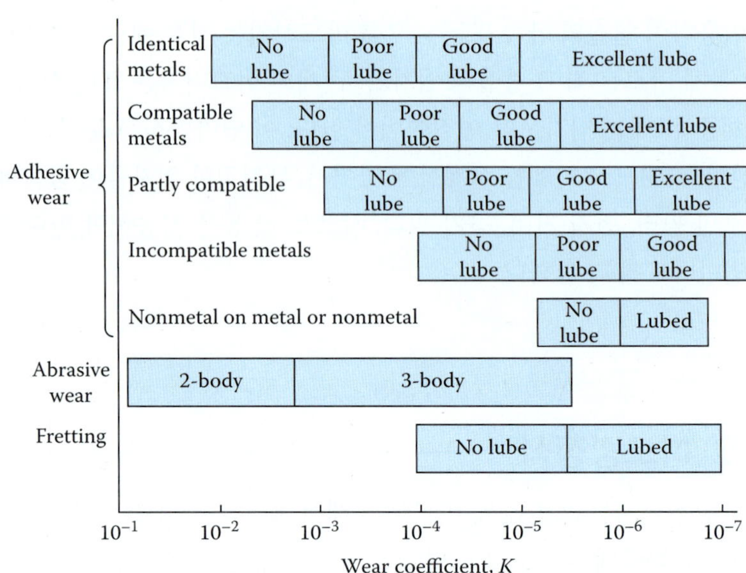

[그림 8.4] 다양한 일반 미끄러짐 상황에서의 마모 상수 (참고문헌 [6, 7])

여기서, A_a의 양은 경계표면에서 명백하게 접촉한 넓이이다. 이 식을 저널베어링(journal bearing)에 적용하는 것은 10.4절에 저술되어 있다. *명백하게 응착마모와 연마마모는 식 (8.2)와 (8.3)의 관계를 따른다.*

계수 K는 마모의 강도를 나타낸다. 일반적으로 가벼운 마모는 $K \approx 10^{-8}$이고, 반면 심한 마모는 $K \approx 10^{-2}$이다. 그림 8.4는 세 가지 마모의 방식에 대한 윤활과 재료 호환성의 다양한 조합으로 결정되는 마모계수값의 범위를 보여준다. 계수값은 문지르는 두 재료 중에서 연질한 쪽을 나타낸다. 표 8.2에 나타난 예는 몇 가지 접촉하는 재료에 대하여 K의 대략적인 범위를 나타낸다.

금속 미끄러짐에 대하여 응착마모상수는 표 8.3에서 쉽게 추정될 수 있다. 나열된 값들은 부착된 금속의 미끄러지는 경향, 기본적인 야금학적인 호환성, 미끄러지는 표면의 윤활에 의존한다. 호환 도표로부터(compatibility chart)[7] 철은 알루미늄, 금, 티타늄, 납, 아연과 호환됨을 알 수 있다. 또한 철은 부분적으로 구리와 호환되고, 주석과 마그네슘과는 호환되지 않으며, 납과 은과는 호환되지 않는다. 표 8.3을 보면 부분적으로 호환가능하거나, 부분적으로 호환하지 않는 쌍은 같은 카테고리에 있음

〈표 8.2〉 다양한 문지르는 재료의 응착마모계수

재료 1	재료 2	응착마모계수 K
구리	구리	10^{-2}
연강	연강	10^{-2} to 10^{-1}
황동	경강	10^{-3}
납	강	2×10^{-3}
폴리테트라플루오르에틸렌	강	2×10^{-5}
스테인리스 강	경강	2×10^{-5}
텅스텐 카바이드	텅스텐 카바이드	10^{-6}
폴리에틸렌	강	10^{-8} to 10^{-7}

〈표 8.3〉 전형적인 금속의 미끄러짐 표면의 응장마모계수 K

	동일한	호환되는	부분적인 호환 또는 부분적인 비호환	비호환적인
무윤활	15×10^{-4}	5×10^{-4}	10^{-4}	15×10^{-6}
보통 윤활	3×10^{-4}	10^{-4}	2×10^{-5}	3×10^{-6}
우수 윤활	3×10^{-5}	10^{-5}	2×10^{-6}	3×10^{-7}
최우수 윤활	10^{-6}	3×10^{-7}	10^{-7}	3×10^{-8}

을 알 수 있다. 이는 마모상수는 미끄러지는 금속마다 약간씩 다를 수 있기 때문이다.

무 윤활 표면은 윤활제 없이 공기 중에서 작용하는 경우를 말한다. 물, 알콜, 등유는 저급한 등급의 윤활제에 속해 있다. 우수 등급의 윤활제에는 석유를 기반으로 한 액체와 유기농 합성 윤활제가 있다. 같거나 호환되는 금속간의 미끄럼에서 최우수 윤활상태에 도달하는 것은 매우 어려우나, 부분적 호환 또는 비호환 금속표면간에는 그리 어렵지 않다[8]. 윤활제와 윤활은 10장의 A부분에서 좀 더 상세하게 다룬다.

현재, 명확한 조건하에서 특정 시간 동안 재료의 마모되는 양을 얻기 위한 서로 다른 몇몇의 표준 방법이 존재한다. ASTM 국제 위원회는 특정한 적용을 위해 마모 실험을 개선하고 있다. 트라이볼러지 및 윤활 엔지니어 협회(STLE)는 다수의 마찰마모 및 윤활 실험이 기록되어 있다. 문헌은 실험실 환경에서 얻어진 수많은 결합된 금속의 K값을 포함한다. 결과는 반드시 평가되어야 한다.

실험 결과를 보면 상수 K는 상당히 산포되어 있기에 높은 정밀도를 얻을 수 없다. 일반적으로 마모된 체적을 추정하는 방법은 핀-원판 방식이다. 부하와 윤활 조건이 제어되는 절차하에, *끝이 둥근 핀*(cylindrical round end pin)이 실험장치의 회전하는 원판 표면에 가압된다(그림 8.5). 핀과 원판의 중량(and hence equivalent volume) 손실은 실험하는 동안 측정 가능하다. 결국, 식 (8.2)는 다음 예제 문제에 도시된 바와 같이 마모계수를 결정하는 데 사용된다.

[그림 8.5]
핀-원판 실험장치

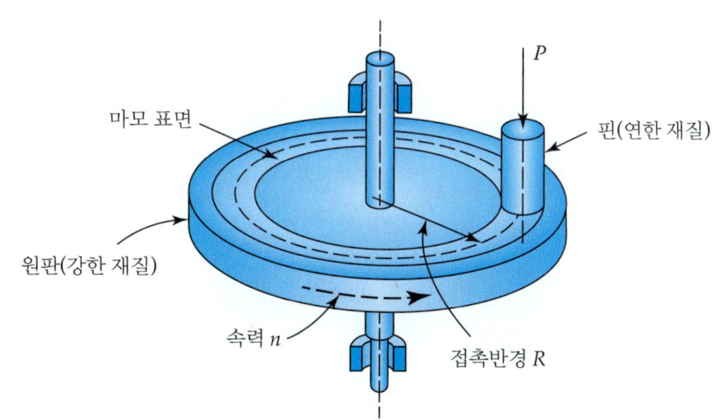

예제 8.1 실험 자료로부터 마모계수를 찾아라

브레이크 시스템의 구성 요소는 끝이 둥근 2011-T3 재질의 알루미늄 합금핀이 회전하는 AISI-1095 HR 재질의 강 원판의 표면을 P 만큼의 힘으로 밀고 있다(그림 8.5). 접촉하여 문지르는 면은 반지름 R이고, 원판은 속도 n만큼 회전한다. t 시간만큼 실험하는 동안 원판과 핀의 중량을 측정한다. 응착마모는 알루미늄 체적 V_a, 강의 체적 V_s와 각각의 손실된 질량을 알 수 있다.

주어진 값: 마모계수 계산

데이터: 주어진 수치는 다음과 같다.

강 원판: 248 Bhn(표 B.3) 마모된 체적 $V_s = 0.98\ \text{mm}^3$

알루미늄 핀: 95 Bhn(표 B.6) 마모된 체적 $V_a = 4.1\ \text{mm}^3$

접촉력: $P = 30$ N, 반지름 $R = 24$ mm.

실험 시간: $t = 180$분, 회전속도 $n = 120$ rpm.

풀이

그림 8.5와 식 (8.2)를 보아라.

미끄러지는 전치길이는 다음과 같이 표현된다.

$$\begin{aligned} L &= 2\pi Rnt \\ &= 2\pi(24)(120)(180) = 3.26\times 10^6\ \text{mm} \end{aligned} \tag{a}$$

핀과 원판의 경도값은

$$\begin{aligned} H_a &= 9.81(95) = 932\ \ \text{MPa} \\ H_s &= 9.81(248) = 2433\ \ \text{MPa} \end{aligned}$$

식 (8.2)를 사용해서 우리는 $K = VH/PL$를 구하였다. 따라서, 수치를 대입하여 알루미늄 핀과 강 원판의 마모계수 각각 다음과 같다.

$$K_a = \frac{4.1(932)}{30\left(3.26\times 10^6\right)} = 3.91\times 10^{-5}$$

$$K_s = \frac{0.98(2433)}{30\left(3.26\times 10^6\right)} = 2.44\times 10^{-5}$$

평가: 핀의 마모계수는 원판의 마모계수보다 1.6배 크다. 핀이 마찰로 인해서 팽팽해졌을 때, 마찰면의 지름이 핀의 지름과 같다면, 대략적으로

$$V_a = \frac{\pi d^2 h_p}{4} \qquad V_s = 2\pi R d h_d \tag{b}$$

마모된 체적 d와 R을 알기에 선형 핀의 마모된 깊이 h_p와 마모된 원판의 깊이 h_d는 손쉽게 계산하는 것이 가능하다.

8.6 접촉응력의 분포: 헤르츠 이론

접촉하고 있는 좁은 면적에 하중이 작용하면 상당히 높은 응력이 발생한다. 힘이 접촉된 물체들을 통해 전달되면, 이와 같은 현상은 극히 미세한 크기로 관찰된다. 1881년에 헤르츠(H. Hertz)가 탄성 접촉응력에 대한 최초의 해석을 하였다. 그의 이름을 따서 곡선으로 이루어진 물체들이 접촉하는 면에서 압축에 의해 발생된 응력을 *헤르츠 접촉응력*(Hertz contact stress)이라고 부른다. 헤르츠가 취급한 문제는 평면과 구, 구와 구, 원통과 원통의 접촉면에서 기인된 응력에 관한 것이다. 이런 접촉문제는 구름 베어링뿐만 아니라 캠, 푸시로드(push rod) 기구, 기차 바퀴, 밸브 태핏(valve tappet), 기어의 이 그리고 링크 장치의 핀 조인트 등에서 중요하다.

접촉부분 근처에서 서로 다른 반지름 r_1과 r_2를 갖는 곡면인 두 물체에서 변위가 없는 접촉을 생각해 보자. 만약 동일선 상에서 한 쌍의 힘 F이 물체를 동시에 누르면, 접촉점에서 변형이 일어나서 면접촉을 하게 된다. 이 문제를 풀기 위한 첫 단계는 면적에 작용하는 수직응력의 분포뿐만 아니라 접촉면의 크기와 형상을 결정하는 것이다. 다음으로, 접촉압력에 의한 변형과 표면 밑의 응력을 구한다. 헤르츠 접촉문제를 풀기 위하여 일반적으로 다음과 같이 *기본 가정*을 한다.

1. 접촉물체는 등방성이고, 균질인 탄성체이다.
2. 접촉면은 평면이고, 접촉면의 반지름은 변형되지 않는 물체의 곡률반지름보다 작다.
3. 접촉물체는 매우 매끄러우므로, 마찰력은 무시한다.

위의 가정으로 탄성 이론에 의한 탄성해석이 가능하므로, 이 절에서는 꽤 복잡한 유도를 하지 않고 원통과 구에 대한 결과를 구하였다. 다음 절에서는 보통의 곡률을 가진 두 개 물체의 접촉에 대해서 기술하고 구름 베어링과 기어 이의 접촉문제는 뒷장에서 다룬다.*

8.6.1 존슨-켄달-로버트(JKR) 이론

헤르츠 접촉이론은 접촉하는 물체 간의 점착을 고려하지 않는다. 따라서, 접촉하는 물체들은 점착력 없이 분리될 수 있다. 그러나 1960년대 후반, 고무구와 유리구간 접촉에 대한 실험결과와 헤르츠 모델을 비교할 때 모순이 발견되었다. 접촉면이 매끈하면 작은 하중을 받을 때 점착됨을 알게 되었다.

* 접촉-응력 문제에 관한 요약 및 참고 목록은 참고문헌 [9-11]를 참조하라.

JKR 이론은 저장된 탄성에너지와 표면에서 에너지손실 사이의 평형을 이용하여 점착현상을 헤르츠접촉과 결합한 최초 이론이다. 이 방법은 접촉면적 내에서 접촉압력과 점착의 효과를 고려한다. 이후 내용에서는 점착이 없는 탄성 접촉에 대한 헤르츠이론해로 제한한다.

8.7 구와 원통면의 접촉

그림 8.6은 하중 F를 받는 두 개 구 사이의 접촉면적과 응력분포를 나타낸다. 비슷하게 그림 8.7은 힘 F로 압축되는 두 개의 평행한 원통형 롤러를 나타낸다. 이 그림에서 최대 접촉압력은 하중축에 있는 것을 알 수 있다. 접촉면적은 구에서는 a로 나타내고, 원통에서는 a와 L로 나타낸다. 접촉력 F와 *최대 압력*(maximum pressure) p_o의 관계 및 접촉점에서의 *변위*(deflection) δ는 표 8.4에 나타나 있다. 여기서 δ는 국부변형에 의한 두 물체 중심의 상대변위를 나타낸다. 구 또는 원통에서 접촉압력은 반타원형이고, 그림에서 보는 바와 같이 접촉면적의 측면에서 0이고 중심에서 최댓값 p_o로 변화한다. 구에서 a는 원형 접촉면적(πa^2)의 반지름이다. 그러나 원통에서 a는 직사각형인 접촉면적($2aL$)에서 폭의 절반

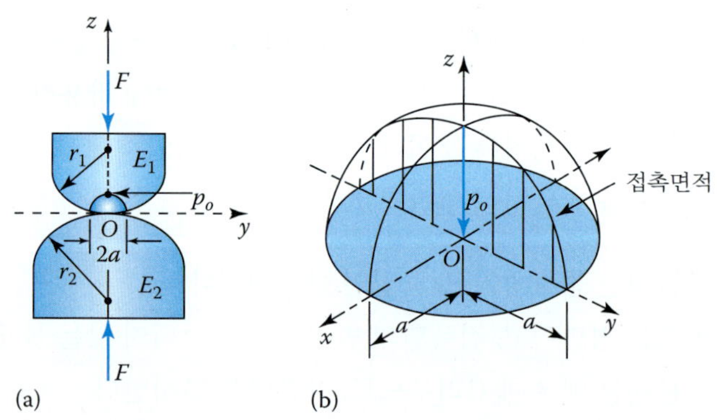

[그림 8.6]
(a) 접촉력 F를 받고 있는 두 개의 구면 (b) 접촉응력 분포. 단 접촉면은 반지름 a인 원이다.

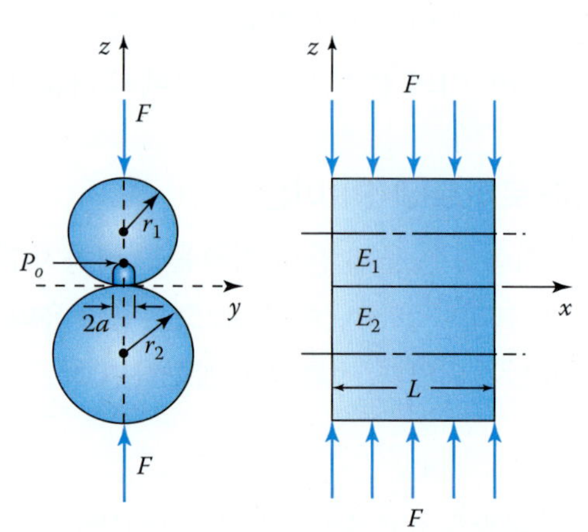

[그림 8.7]
원통 길이 L을 따라서 균일하게 분포된 접촉력 F를 받고 있는 두 개의 원통. 단 접촉면은 $2a \times L$인 좁은 직사각형이다.

길이이고, L은 원통의 길이이다. 공식에서 푸아송비 ν는 0.3을 사용하였다.

z 축방향으로 압축된 재료는 x, y 방향으로 팽창한다. 그러나, 그 주변 재료가 이 팽창을 억제하기 때문에 x, y 방행으로 압축응력이 발생한다. 최대 응력은 하중방향인 z 축방향으로 발생하며, 이들이 주응력이 된다(그림 8.8). 이들 주응력과 최대전단응력은 다음 식들과 같이 최대접촉압력 p_o로 표현된다[8].

〈표 8.4〉 두 물체의 접촉점에서 발생하는 최대압력 p_o와 변위 δ

형상	구: $p_o = 1.5\dfrac{F}{\pi a^2}$	원통: $p_o = \dfrac{2}{\pi}\dfrac{F}{aL}$
A (그림: z, F, r_1, $r_2 = \infty$, a, y, F)	평면상의 구 $a = 0.880\sqrt[3]{Fr_1\Delta}$ $\delta = 0.775\sqrt[3]{F^2\dfrac{\Delta^2}{r_1}}$	평면상의 원통 $a = 1.076\sqrt{\dfrac{F}{L}r_1\Delta}$ For $E_1 = E_2 = E$ $\delta = \dfrac{0.579F}{EL}\left(\dfrac{1}{3} + \ln\dfrac{2r_1}{a}\right)$
B (그림: z, F, r_1, y, a, r_2, F)	두 구형 볼 $a = 0.880\sqrt[3]{F\dfrac{\Delta}{m}}$ $\delta = 0.775\sqrt[3]{F^2\Delta^2 m}$	두 원통 롤러 $a = 1.076\sqrt{\dfrac{F\Delta}{Lm}}$
C (그림: z, F, r_2, r_1, a, y, F)	구 표면상의 구 $a = 0.880\sqrt[3]{F\dfrac{\Delta}{n}}$ $\delta = 0.775\sqrt[3]{F^2\Delta^2 n}$	원통 표면상의 원통 $a = 1.076\sqrt{\dfrac{F\Delta}{Ln}}$

출처: [9]

주: $\Delta = \dfrac{1}{E_1} + \dfrac{1}{E_2}$, $m = \dfrac{1}{r_1} + \dfrac{1}{r_2}$, $n = \dfrac{1}{r_1} - \dfrac{1}{r_2}$, 탄성계수 E와 반지름 r은 접촉부재의 재료 1과 2의 물성치이다. L은 원통의 길이를 나타낸다(그림 8.7 참조). 두 구 및 원통의 힘의 총합은 F이다. 푸아송비 v는 0.3을 사용한다.

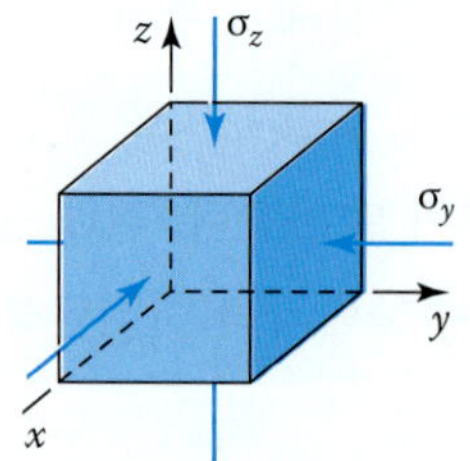

[그림 8.8]
하중을 받는 z축 표면에 발생하는 주응력

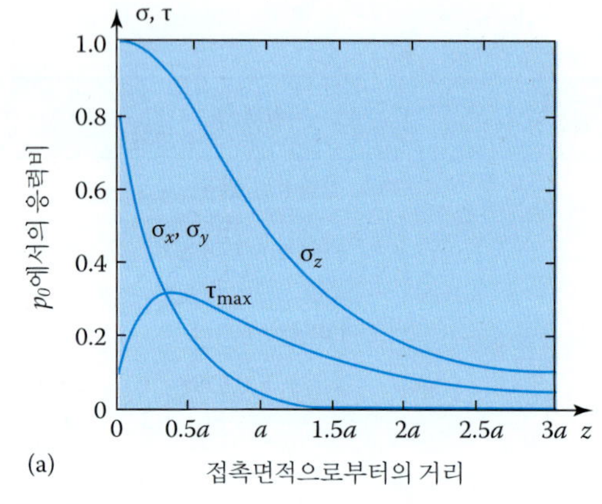

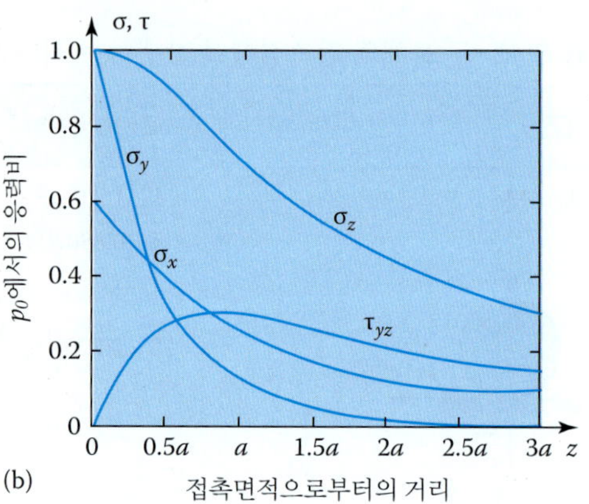

[그림 8.9]
하중을 받는 축 표면에 발생하는 응력($\nu = 0.3$). (a) 두 개의 구 (b) 두 개의 평행한 원통, 단 모든 수직응력은 압축응력이다.

8.7.1 두 개의 구가 접촉할 때(그림 8.6)

$$\sigma_x = \sigma_y = -p_o\left\{\left(1-\frac{z}{a}\tan^{-1}\frac{1}{z/a}\right)(1+\nu)-\frac{1}{2\left[1+(z/a)^2\right]}\right\} \tag{8.4a}$$

$$\sigma_z = -\frac{p_o}{1+(z/a)^2} \tag{8.4b}$$

그러므로 $\tau_{xy} = 0$이고

$$\tau_{max} = \tau_{yz} = \tau_{xz} = \frac{1}{2}(\sigma_x - \sigma_z) \tag{8.4c}$$

그림 8.9a에 위 식들의 결과를 나타내었다.

8.7.2 두 개의 원통이 접촉할 때(그림 8.7)

$$\sigma_x = -2\nu p_o\left[\sqrt{1+\left(\frac{z}{a}\right)^2}-\frac{z}{a}\right] \tag{8.5a}$$

$$\sigma_y = -p_o\left\{\left[2-\frac{1}{1+(z/a)^2}\right]\sqrt{1+\left(\frac{z}{a}\right)^2}-2\frac{z}{a}\right\} \quad (8.5b)$$

$$\sigma_z = -\frac{p_o}{\sqrt{1+(z/a)^2}} \quad (8.5c)$$

$$\tau_{xy} = \frac{1}{2}(\sigma_x-\sigma_y), \quad \tau_{yz} = \frac{1}{2}(\sigma_y-\sigma_z), \quad \tau_{xz} = \frac{1}{2}(\sigma_x-\sigma_z) \quad (8.5d)$$

위 식(8.5a~8.5c)과 (8.5d)의 두 번째 식을 그림 8.9b에 도시하였다. 그림 8.9에 어떻게 주응력이 표면 밑에서 감소하는가를 나타내었다. 또한 전단응력이 표면 밑에서 어떻게 최대 전단응력값이 되었다 감소하는가를 나타내었다. 최대 전단응력은 최대 주응력면과 최소 주응력면이 교차하는 평면에 작용한다.

표면 밑 전단응력은 접촉물체에서 피로파손면의 원인이 된다(8.9절 참조). 표면 밑에서 최대 전단응력이 발생하는 점에서 미소균열이 시작되고, 재료의 작은 조각을 표면에서 분리시킨 표면으로 균열이 퍼져 나간다. 이미 언급한 것처럼 이 절에서 고려한 모든 응력은 하중이 가해지는 z를 따라서 존재한다. 최대 응력이 z축에서 발생하기 때문에 설계관점에서 z축 이외의 응력상태는 필요 없다.

예제 8.2 원통 봉과 보 사이의 최대 접촉응력

폭이 b인 보에 가로로 놓여 있는 지름 d인 봉으로 좁고 높은 보의 중앙에 집중하중 F를 가한다. 다음을 구하라.

a. 봉과 보의 표면 사이의 접촉면적
b. 최대 접촉응력
c. 표면 밑 최대 전단응력값

주어진 값: $F = 4$ kN, $d = 12$ mm, $L = 125$ mm.

가정: 보와 봉은 모두 강으로 만들었으며 $E = 200$ GPa이고, $\nu = 0.3$이다.

풀이

표 8.4에서 사례 A의 두 번째 식을 사용한다.

a. $E_1 = E_2 = E$ 또는 $\Delta = 2/E$이므로 접촉면적의 폭의 반은 다음과 같다.

$$a = 1.076\sqrt{\frac{F}{L} r_1 \Delta}$$

$$= 1.076\sqrt{\frac{4(10^3)}{0.125}\frac{(0.006)2}{200(10^9)}} = 0.0471\text{ mm}$$

그러므로 사각형 접촉면적은 다음과 같다.

$$2aL = 2(0.0471)(125) = 11.775 \text{ mm}^2$$

b. 최대 접촉압력은 다음과 같다.

$$p_o = \frac{2}{\pi}\frac{F}{aL} = \frac{2}{\pi}\frac{4(10^3)}{5.888(10^{-6})} = 432.5 \text{ MPa}$$

c. 최대 전단응력값은 그림 8.9b에서 대략 $z = 0.75a$일 때 관측된다.

$$\frac{\tau_{yz,\max}}{p_o} = 0.3 \quad \text{or} \quad \tau_{yz,\max} = 0.3(432.5) = 129.8 \text{ MPa}$$

이 응력은 표면 밑 깊이 $z = 0.75(0.0471) = 0.0353$ mm에서 발생한다.

사례연구 8.1 간헐기구에서 캠과 종동차의 응력 해석

그림 7.16은 간헐기구의 캠축과 종동차를 나타낸다. 그림과 같은 위치에서 캠은 종동차에 힘 $P_{\max}$를 준다. 캠과 종동차의 접촉선에 발생하는 최대 응력은 얼마인가? 또한 처짐은 얼마인가?

주어진 값: 접촉면의 형상은 알고 있다. 모든 부분의 재료는 AISI 1095이고, 표면의 탄소 경화처리를 하였으며, 오일에 담금질하고, 650°C에서 템퍼링처리(Q&T)하였다.

데이터: $F_{\max} = P_{\max} = 1.6$ kips, $r_c = 1.5$ in., $D_f = L_4 = 1.5$ in., $E = 30 \times 10^6$ psi, $S_y = 80$ ksi.

가정: 마찰력은 무시한다. 회전속도는 매우 느려서 하중은 정하중으로 본다.

풀이

그림 7.16, 표 8.4와 부록 B의 B.1, B.4를 참고한다.

표 8.4에서 사례 A의 두 번째 방정식을 적용한다. 첫 번째로 접촉면적의 폭의 반을 구한다. $E_1 = E_2 = E$, $\Delta = 2/E$이므로 다음과 같다.

$$a = 1.076\sqrt{\frac{F_{\max}}{L_4} r_c \Delta}$$

위 식에 주어진 값을 대입하면 다음과 같다.

$$a = 1.076\left[\frac{1600}{1.5}(1.5)\left(\frac{2}{30\times10^6}\right)\right]^{1/2}$$

$$= 11.113(10^{-3}) \text{ in.}$$

사각형 접촉면적은 다음과 같다.

$$2aL4 = 2(11.113 \times 10^{-3})\,(1.5) = 33.34(10^{-3})\ \text{in.}^2$$

이로부터 최대 접촉압력은

$$p_o = \frac{2}{\pi}\frac{F_{\max}}{aL_4}$$

$$= \frac{2}{\pi}\frac{1600}{\left(11.113\times10^{-3}\right)(1.5)} = 61.11\ \text{ksi}$$

접촉선에서 캠과 종동차의 변위 δ는 다음과 같다.

$$\delta = \frac{0.579F_{\max}}{EL_4}\left(\frac{1}{3}+\ln\frac{2r_c}{a}\right)$$

수치값을 대입하면 다음과 같다.

$$\delta = \frac{0.579(1600)}{30\times10^6(1.5)}\left(\frac{1}{3}+\ln\frac{2\times1.5}{11.113\times10^{-3}}\right)$$

$$= 0.122\left(10^{-3}\right)\ \text{in.}$$

평가: 접촉응력을 항복강도보다 낮게 결정해야 만족스런 설계가 된다. 캠과 종동차 사이의 계산된 변위는 매우 작으며, 계의 성능에는 영향을 미치지 않는다.

*8.8 일반접촉에서의 최대 응력

이 절에서는 일반 곡선인 두 개의 접촉물체 사이에 발생하는 최대 접촉응력이나 압력 p_o를 구하는 몇 가지 공식을 소개한다[10, 11]. 각 접촉부재의 곡률반지름은 모든 방향에서 다르기 때문에 여기서 주어진 응력식은 앞에서 소개된 식들보다 더 복잡하다. 접촉압력에 영향을 미치는 인자에 대한 간단한 검토는 8.9절에서 소개한다.

그림 8.10에는 힘 F로 압축되며, 동일한 탄성계수 E를 가진 두 개의 강체를 나타내었다. 하중은 물체의 중심을 지나고 또 접촉점을 통과하는 축을 따라 작용하고, 접촉점에서 두 물체의 접선평면과 수직이다. 접점에서 위쪽 물체의 표면의 최소 곡률반지름과 최대 곡률반지름은 r_1과 r_1'이고, 아래쪽 물체에서는 r_2와 r_2'이다. 따라서 $1/r_1$, $1/r_1'$과 $1/r_2$, $1/r_2'$은 주곡률이다. 곡률(curvature)의 *부호규약*(sign convention)은 만약 곡률의 중심이 강체의 내부에 있으면 +이고, 강체의 외부에 있으면 –이다

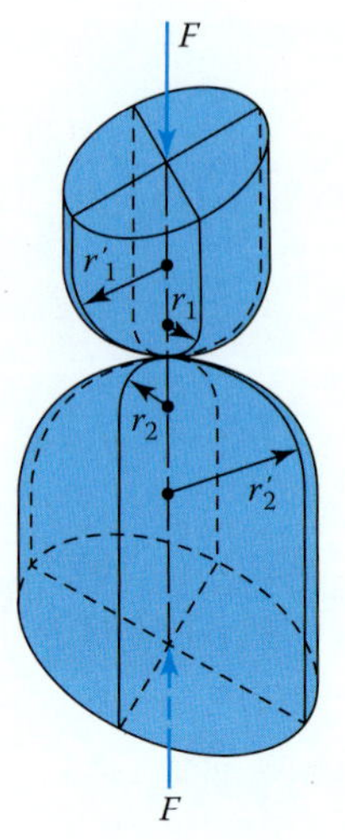

[그림 8.10]
압축력 F를 받고, 서로 다른 반지름을 가진 곡면의 접촉

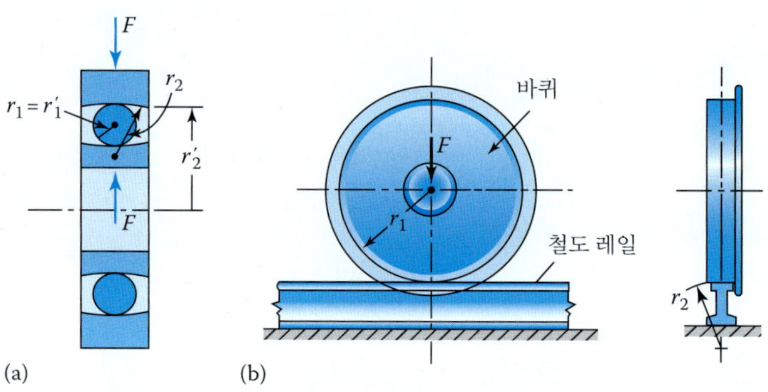

[그림 8.11]
접촉하중. (a) 단열 볼 베어링 (b) 바퀴와 레일

(예를 들면, 그림 8.11에서 r_1과 r_1'은 +이고, r_2와 r_2'는 −이다.

반지름 r_1과 r_2가 있는 수직평면들 사이의 각도를 θ라 하자(그림 8.10). 하중을 계속 부하하면, 접촉면적의 형상은 반 축이 각각 a와 b인 타원형이 될 것이다. *최대 접촉압력*(maximum contact pressure)은 다음과 같다.

$$p_o = 1.5\frac{F}{\pi ab} \tag{8.6}$$

여기서

$$a = c_a\sqrt[3]{\frac{Fm}{n}} \quad b = c_b\sqrt[3]{\frac{Fm}{n}} \tag{8.7}$$

이 식에서

$$m = \frac{4}{\dfrac{1}{r_1}+\dfrac{1}{r_1'}+\dfrac{1}{r_2}+\dfrac{1}{r_2'}} \quad n = \frac{4E}{3\left(1-\nu^2\right)} \tag{8.8}$$

〈표 8.5〉 식 (8.7)에 사용되는 인자

α (°)	c_a	c_b	α (°)	c_a	c_b
20	3.778	0.408	60	1.486	**0.717**
30	2.731	0.493	65	1.378	**0.759**
35	2.397	0.530	70	1.284	**0.802**
40	2.136	0.567	75	1.202	**0.846**
45	1.926	0.604	80	1.128	**0.893**
50	1.754	0.641	85	1.061	**0.944**
55	1.611	0.678	90	1.000	**1.000**

다음 식 (8.9), (8.10)으로 구한 α값에 대한 상수 c_a와 c_b를 표 8.5에 나타내었다.

$$\cos\alpha = \frac{B}{A} \tag{8.9}$$

$$A = \frac{2}{m}, \quad B = \pm\frac{1}{2}\left[\left(\frac{1}{r_1} - \frac{1}{r_1'}\right)^2 + \left(\frac{1}{r_2} - \frac{1}{r_2'}\right)^2 + 2\left(\frac{1}{r_1} - \frac{1}{r_1'}\right)\left(\frac{1}{r_2} - \frac{1}{r_2'}\right)\cos 2\theta\right]^{1/2} \tag{8.10}$$

이들 값이 +가 되도록 B의 부호를 적절히 선정한다.

식 (8.6)을 사용하여 실용적으로 중요한 많은 문제를 풀 수 있다. 예로 구름 베어링(그림 8.11a)의 접촉응력 문제를 포함하여, 캠과 푸시 로드 기구(연습문제 P8.10)와 원통형 휠과 레일 사이(그림 8.11b)의 접촉응력 등을 들 수 있다.

예제 8.3 볼베어링의 용량 해석

그림 8.11b에 레이디얼 하중 F를 받는 단열 볼베어링을 나타내었다. 다음을 계산하라.

a. 외륜과 볼의 접촉점에서의 최대 압력

b. 극한강도가 최대 허용응력일 때의 안전율

주어진 값: $F = 1.2$ kN, $E = 200$ GPa, $\nu = 0.3$, $S_u = 1900$ MPa이고, 볼의 지름은 12 mm, 홈의 반지름은 6.2 mm, 외륜의 지름은 80 mm이다.

가정: 8.6절에서 언급한 기본 가정을 적용하고, 하중은 정적이다.

풀이

그림 8.11a와 표 8.5를 참조한다.

$r_1 = r_1' = 0.006$ m이고, $r_2 = -0.0062$ m, $r_2' = -0.04$ m이다.

a. 식 (8.8)과 (8.10)에 주어진 값들을 대입하면 다음과 같다.

$$m = \frac{4}{\dfrac{2}{0.006} - \dfrac{1}{0.0062} - \dfrac{1}{0.04}} = 0.0272, \quad n = \frac{4\left(200 \times 10^9\right)}{3(0.91)} = 293.0403 \times 10^9$$

$$A = \frac{2}{0.0272} = 73.5294, \quad B = \frac{1}{2}\left[(0)^2 + (-136.2903)^2 + 2(0)^2\right]^{1/2} = 68.1452$$

식 (8.9)에서 다음을 구한다.

$$\cos\alpha = \frac{68.1452}{73.5294} = 0.9268, \quad \alpha = 22.06°$$

표 8.5에서 보간법으로 구한 α에 대하여 $c_a = 3.5623$, $c_b = 0.4255$를 구한다. 타원형 접촉면적의 좌표축 위의 장·단 반지름은 식 (8.7)을 사용하여 구한다.

$$a = 3.5623\left[\frac{1200 \times 0.0272}{293.0403 \times 10^9}\right]^{1/3} = 1.7140 \text{ mm}$$
$$b = 0.4255\left[\frac{1200 \times 0.0272}{293.0403 \times 10^9}\right]^{1/3} = 0.2047 \text{ mm}$$

그러므로 최대 접촉압력은 다음과 같다.

$$p_o = 1.5\frac{1200}{\pi(1.7140 \times 0.2047)} = 1633 \text{ MPa}$$

b. 하중 F에 의한 접촉응력은 선형이 아니기 때문에, 안전율은 식 (1.1)에 의해 나타내면 다음과 같다.

$$n = \frac{F_u}{F} \tag{a}$$

여기서 F_u는 극한하중이다. 파손에 대한 최대 주응력 이론에 의해 아래와 같이 쓸 수 있다.

$$S_u = \frac{1.5F_u}{\pi ab} = \frac{1.5F_u}{\pi c_a c_b \sqrt[3]{(F_u m/n)}^2}$$

다시 쓰면

$$S_u = \frac{1.5\sqrt[3]{F_u}}{\pi c_a c_b (m/n)^{2/3}} \tag{8.11}$$

주어진 값을 위 식에 대입하면 다음과 같다.

$$1900\left(10^6\right) = \frac{1.5\sqrt[3]{F_u}}{\pi(3.5623 \times 0.4255)\left(\dfrac{0.0272}{293.0403 \times 10^9}\right)^{2/3}}$$

계산하면 $F_u = 1891$ N이고, 식 (a)에 의해 다음을 구한다.

$$n = \frac{1891}{1200} = 1.58$$

평가: 접촉응력의 크기는 일반적인 직접인장이나 굽힘, 비틀림에서의 응력값과 비교하면 상당히 크다. 모든 접촉문제에서 3차원 압축응력이 접촉점에서 발생하므로 재료는 높은 응력을 견딜 수 있어야 한다.

8.9 표면피로 파손

표면피로는 재료의 표면에 가해지는 반복하중에 의해 약화되는 과정이다. 피로 손상은 표면의 미세균열이 반복적인 성장으로 인해 입자가 분리될 때 생성된다. 이러한 미소균열은 피상적 균열 또는 표면 밑 균열 중 하나이다. 8.6절의 내용은 두 개의 고체가 서로 눌러질 때 *접촉응력*(contact stress)이 발생한다는 것이다. *피팅*(pitting)은 높은 접촉응력의 많은 반복으로 인한 *표면 피로파손*(surface-fatigue failure) 또는 *피로마모*(fatigue wear)이다. 작은 재료 조각이 표면으로부터 떨어져 나와서 표면에 파인 자국을 남긴다. 이렇게 파인 작은 자국은 자라서 더 넓은 면적에서 얇은 조각이 떨어져 나간다. 이렇게 넓게 파인 자국은 *파편흔적*(spalling)이라 한다. 피팅과정이 시작되면 경고음 같은 것이 들린다. 구름 베어링, 기어, 마찰차, 캠 등과 같은 구성품에서 가장 흔한 형태의 파손은 피로마모이다. 이런 상황에서 재료가 떨어져 나가는 현상은 반복되는 하중변화 때문이다.

표면피로는 순수한 구름접촉이나 구름과 미끄러짐 접촉에서 발생하며, 수천 번의 반복 접촉응력 사이클 때문이다. 계산된 최대 접촉압력 p_o(8.7절과 8.8절 참조)에 기초를 둔 전형적인 응력-수명 선도가 그림 8.12에 나타나 있다. 미끄러짐의 정도는 평행한 롤러(상한선)에서 스퍼기어이(하한선)까지 증가한다. 이 선도로부터 관찰할 수 있는 것은 표면의 피로파손의 경향이 미끄럼과 하중을 줄임으로써 감쇠된다는 것이다.

접촉응력이 있는 부품에는 고강도의 매끈한 재질이 필요하다. 어떤 재료도 표면피로를 견디는 내구한도를 갖고 있지 않다. 그러므로 특정한 사이클 수에 대한 접촉응력 또는 표면피로 강도만이 재료에 대해서 주어지는 것이다. 대개 증가된 표면 *경도*(hardness)는 표면피로에 대한 내성을 증가시킨다. 또한 접촉면의 *압축 잔류응력*(compressive residual stress)도 표면 피로파손에 강하게 한다. 이들 접촉 잔류응력은 표면처리, 열처리 및 기계가공과 같은 방법으로 생기게 할 수 있다. 열응력은 부품의 냉각과 가열같은 열처리에서는 언제나 발생한다. 표면에 압축응력을 유도하는 가장 보편적인 방법은 쇼트 피닝(shot peening)과 냉간가공(cold forming)이다(2.11절 참조). 기계적 예비응력은 부품이 사용되기 전에 작용하중과 같은 방향으로 미리 가해진 초과하중이다.

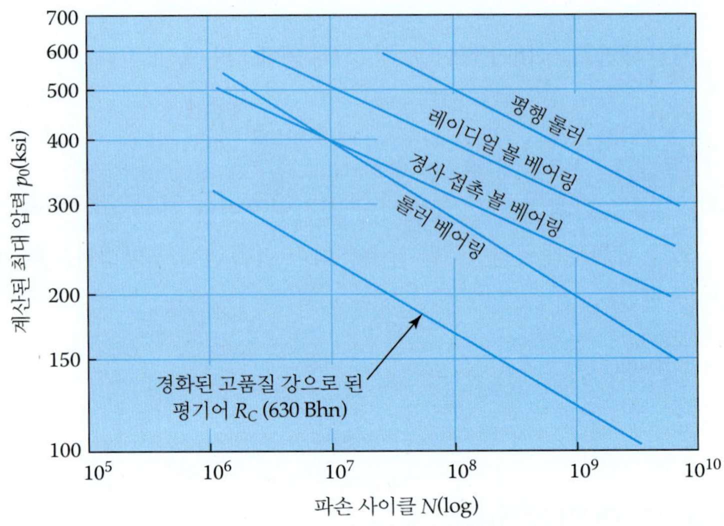

[그림 8.12]
접촉응력에 대한 평균 *S-N* 선도, 10% 파손확률[8].

8.9.1 표면피로에 영향을 미치는 응력

두 면이 *순수한 구름*(pure-rolling) 접촉 상태일 때, 전단응력 τ(표면 밑, 하중축에서 떨어진 지점에 존재하는)는 그림 8.12처럼 A에서 A'으로 접촉영역이 변할 때 반전된다. 완전히 반전된 이 전단응력은 하중축을 따라 발생하는 표면 최대 전단응력과 최대 접촉압력 p_o와 함께 표면에서 시작되는 파임의 원인이 될 수 있다.

그림 8.13과 같이 어떤 미끄럼이 구름을 동반한다면, 표면상의 어떤 점이 접촉영역에서 구름으로써 완전히 반전된 접선 표면 전단응력과 수직응력이 생긴다. 즉 피팅이 표면에서 시작된다. 초래된 표면의 인장응력은 표면 피로균열의 전파로 이어진다. 그림 8.14는 변형되고 약화된 금속의 표면 아래에 생성되는 응력을 보여준다. 주기적인 부하가 계속되면서 결함이나 균열이 표면 아래에 형성된다(그림 8.15a). 그 결과, 표면 아래의 결함은 근처에 있는 결함과 합쳐진다[그림 8.15b]. 이러한 요소의 표면 소재는 쉽게 손상된다. 게다가 접촉영역에 응력의 영향을 미치는 중요인자는 아주 국부적인 가열과 열팽창이며, 이들은 미끄럼 마찰과 탄성유체동역학적(elastohydrodynamic) 윤활의 고압으로 인한 오일점도의 상승 때문이다(10.16절 참조).

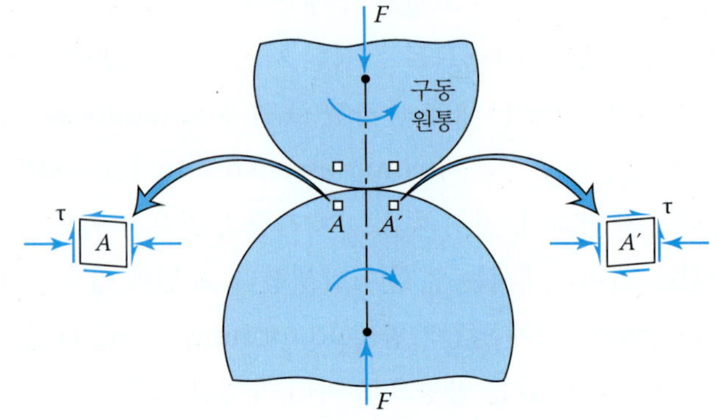

[그림 8.13]
힘 F에 의해서 압축되는 회전하는 두 개의 원통. 접촉영역 부근에서 구를 때 반전되는 표면 바로 밑의 전단응력에 유념하라.

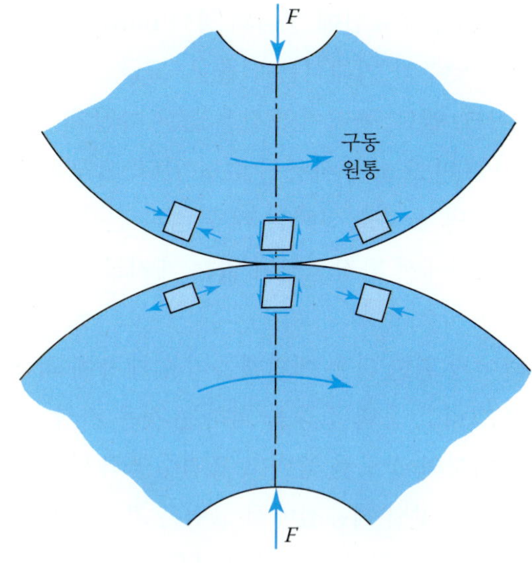

[그림 8.14]
힘 F에 의해서 압축되는 두 개로 회전하며 미끄러지는 두꺼운 원통. 두 원통 사이의 미끄럼 마찰에 의한 접선, 수직, 전단응력은 그림에 나타난 표면에서 가장 크다.

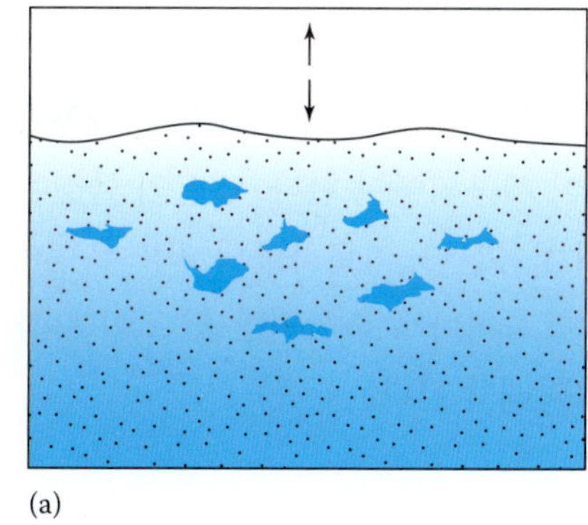

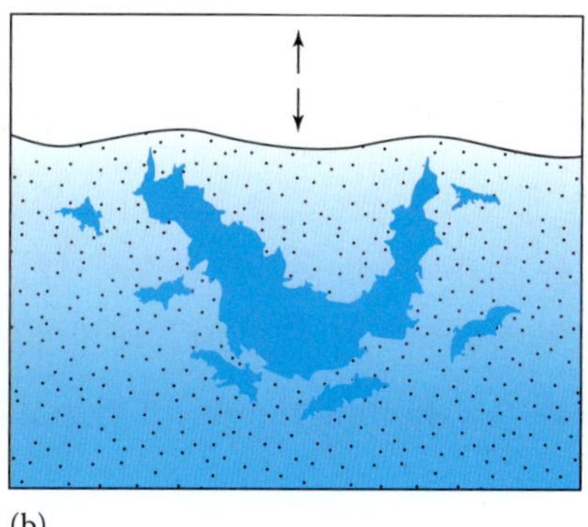

[그림 8.15]
표면의 피로 파손의 시뮬레이션.
(a) 표면 밑 (b) 표면 부근

8.10 표면 손상의 예방

부식과 마모는 환경과 경제적인 측면에서 큰 부담이다. 표면파손의 예방 혹은 감소는 현대 공학의 가장 큰 도전 과제 중 하나이다. 기계설계에서 표면피로의 감소는 기계의 적합성과 부품의 편리한 교체만큼 중요한 고려대상이다. 표면의 *평활도*와 *경도*는(7.7절과 8.4절 참조) 피로강도와 내마모성을 증진시킨다. 접촉면의 *압축잔류응력*은 찰과 부식을 감소시킬 뿐만 아니라 피로강도, 응력부식균열, 부식피로 그리고 표면피로를 증진시킨다.

대부분의 기계 요소들의 현대적인 설계에서 표면과 내부에 다른 재료를 선택하는 것은 중요하다. 그리고 이것은 단일재료로 파트를 만드는 것을 피한다. 체적으로 가장 적합한 재료가 표면 요구를 충족하지 못할 때, 일반적으로 두 번째 재료를 표면에 사용한다. 예를 들어 철제 부품은 크롬이나 아연, 니켈 혹은 필요한 저항을 충족시키는 다른 재료를 입힌다. 플라스틱을 포함한 연질 금속은 내마모성과 외관을 강화하기 위해서 표면에 경질의 광택(hard bright surface metal)을 입힌다.

마모와 마찰력을 낮추기 위해서는 테플론, 도금 그리고 에나멜을 입힌다. 몇몇 다른 종류의 플라스틱 코팅은 브레이크, 벨트, 클러치와 같은 높은 마찰계수가 필요한 곳에 적용되어 사용된다. 세라믹 코팅은 고온에서의 표면 요소에 사용될 수도 있다. 요구되는 코팅은 도장타입의 재료와 자주 섞일 수 있다. 코팅 재료와 코팅 공정을 선택할 때 환경과 건강의 측면에서 반드시 주의를 기울여야 한다. 따라서 다양한 코팅 공정에서 환경오염이 없는 폐기물 처리와 안전하고 경제적인 공정의 개발은 매우 중요하다.

마모 피해를 줄이기 위한 많은 예방책들이 설계자에 의해 고려될 것이다. 알맞은 재료와 윤활유의 선택, 표면의 청결 그리고 응력 집중을 피하는 것은 가장 보편적인 해결방법 중 한 가지이다. 알맞은 표면 마감과 경도, 마모와 강도를 줄이고 표면수명의 증가는 필수적이다. 부식성 환경은 특별한 재료를 필요로 한다. 따라서 몇몇 적용점에서 코팅은 고려되어야 한다. 알루미늄 합금은 종종 표면처리 공정을 거친다. 2.11절에서 논의된 것처럼 표면을 산화시키는 양극처리는 내식성과 내마모성을 증진시킨다. 일반적으로 이것은 알루미늄 합금을 보호하기 위해 적용된다.

접촉응력 적용점에서 재료의 균질성은 유용하다. 높은 표면경도는 마모와 표면피로 손상을 줄여준다. 유체와 정수의 윤활은 가능하면 바람직하다. 이에 대한 자세한 내용은 10.3절에서 다뤄질 것이다. 베어링과 조인트를 보호하기 위한 막이 제공되어야 한다. 연질의 물질은 표면피로 상황에서 접촉면을 증가시키고 응력을 감소시키기 위해 사용한다. 피로하중의 어느 유형이든 부식성 환경과 결합되면 세심한 주의가 필요하다. 마지막으로, 압축이나 수축끼워맞춤, 조이는 과정에서 진동이 나타날 때 *마손 손상*(fretting failure)의 가능성을 고려해야 한다.

연습문제

8.1절~8.10절

8.1 ASTM-A36 강 구조로 이루어진 베어링이 천천히 열리는 문에 사용된다. 베어링의 접촉부의 수명을 늘리기 위하여 3 Bhn의 납, 8 Bhn의 황동, 7 Bhn의 폴리에틸렌으로 교체하려고 한다. 어떤 재료가 가장 긴 수명을 부여하는가?

8.2 105 Bhn의 1010 CD 강(표 B.3) 연결부 내부에서 60 Bhn을 가진 청동 부품이 마찰을 수반하며 왕복운동을 한다. 이 구조물이 $P = 40$ kN의 압축하중을 6개월 동안 평균 1500회 왕복하여 마모되는 청동 및 강의 부피를 구하라.

가정: 마찰 표면은 윤활되지 않았고 두 금속은 부분적으로 맞닿아 있다(compatible)

8.3 450 Bhn의 철 종동차 줄기가 160 Bhn인 캠 종동차 시스템의 슬리브에서 1.5 in.의 거리를 위아래로 움직인다. 종동차 암은 한 달에 평균 6000번 동작한다(그림 7.16 참조). 한 해 동안 줄기와

종동차로부터 마모되는 철의 부피를 구하라.

가정: 금속 슬라이딩 표면은 동일하고 잘 미끄러진다. 줄기는 슬리브에 평균 10 lb의 압축하중을 가한다.

8.4 예제 8.1을 회전 원판이 비커스 경도 110인 구리 합금으로 제작되고 접촉력이 $P = 25$ kN인 상황에 대하여 다시 풀라.

8.5 예제 8.1을 핀이 85 비커스 경도를 가진 구리 합금으로 이루어졌고 접촉력이 $P = 35$ kN인 상황에 대하여 다시 풀라.

8.6 회전 압연기의 지름이 300 mm인 두 개의 동일한 볼(ball)이 $F = 500$ N의 힘으로 서로 누르고 있다. 다음을 구하라.

a. 접촉폭

b. 최대 접촉압력

c. 접촉면 중앙의 최대 주응력과 전단응력

d. 가장 큰 표면 밑 전단응력

가정: 두 구는 $E = 210$ GPa, $\nu = 0.3$의 기계적 특성을 갖는다.

8.7 그림 P8.7에서 반지름 r_1인 구형 볼과 이와 맞는 반지름 r_2인 구형 베어링 시트가 레이디얼 하중 F를 받는다. 볼과 시트는 AISI 4130 스틸로, $\nu = 0.3$, $E = 200$ GPa, $S_y = 436$ MPa이다(표 B.4). 아래를 계산하라.

a. 볼과 시트의 접촉점에서의 압력

b. 접촉점에서 볼과 시트의 처짐량

c. 표면 밑 전단응력의 최댓값

주어진 값: $r_1 = 6$ mm, $r_2 = 6.05$ mm, $F = 2.2$ kN.

그림 P8.7

구와 소켓 이음새

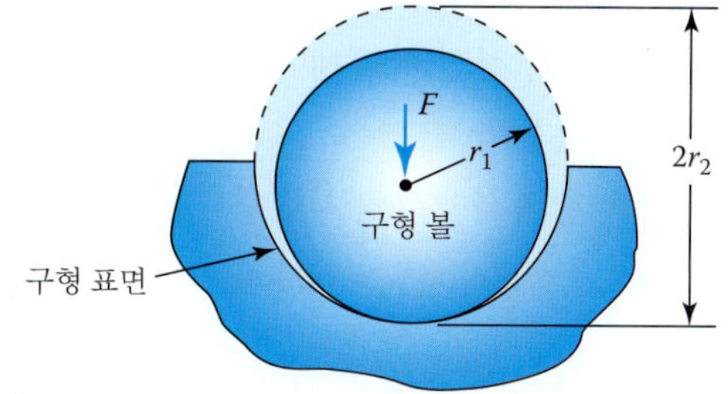

8.8 그림 8.7과 같이 기계에서 반지름 r_1을 갖는 구형 롤러가 반지름 r_2를 갖는 평행한 구형 롤러에 대하여 F의 예비하중을 받고 있다. 롤러의 길이는 L이며 AIS1 1010 HR 강으로 제작되었다. 다음을 구하라.

a. 접촉폭 및 최대 접촉압력

b. 접촉면 밑에서의 전단응력의 최댓값

주어진 값: $r_1 = 25$ mm, $r_2 = 75$ mm, $L = 25$ mm, $F = 220$ N, $E = 200$ GPa, $S_y = 180$ MPa.

8.9 지름 14 mm인 원통형 롤러가 안지름 90 mm인 링의 내면 위를 움직인다(그림 10.23a 참조). 다음을 구하라.

a. 접촉면적 폭의 반 a

b. 최대 접촉압력 p_o

주어진 값: 롤러의 축방향 하중 $F = 200$ kN/m이다.

가정: 롤러와 링 모두 $E = 210$ GPa, $\nu = 0.3$이다.

8.10 그림 P8.10과 같이 구면(버섯모양)의 종동차 또는 밸브 태핏이 원통형 캠에 의해 작동된다. 최대 접촉압력 p_o를 구하라.

주어진 값: $r_2 = r_2' = 10$ in., $r_1 = 3/8$ in., 접촉력 $F = 500$ lb.

가정: 두 부재는 $E = 30 \times 10^6$ psi, $\nu = 0.3$인 강으로 만들어져 있다.

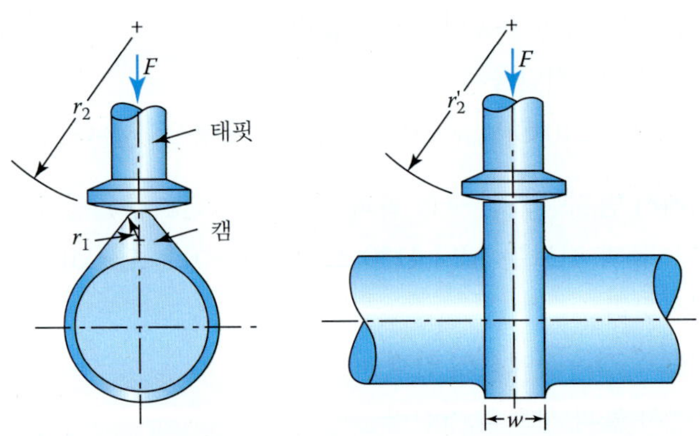

그림 P8.10
밸브 태핏과 캠 축

8.11 문제 8.10을 종동차가 평면인 경우에 대하여 다시 풀라.

주어진 값: $w = 1/4$ in.

8.12 반지름 r_1의 경화된 강구가 평면 바닥에 F의 힘을 가하고 있다. 다음을 구하라.

a. 하중에 의한 최대 접촉응력

b. 강구에 의한 바닥의 접촉점에서의 처짐량

주어진 값: $r_1 = 2\,1/4$ in., $F = 80$ lb, $S_y = 60$ ksi, $E = 30 \times 10^6$ psi, $\nu = 0.3$.

8.13 반지름 r_1과 길이 L을 갖는 원통형 롤러가 반지름 r_2만큼 파여진 블록의 반원 병렬 홈 안에서 천천히 회전하고 있다. 이 롤러는 F의 하중을 받는다(그림 P8.13 참조). 원통과 블록 모두 AISI 1030의 열 풀림 강으로 제조되었다. 다음을 구하라.

a. 접촉폭과 최대 접촉압력

b. 접촉면 중심에서의 최대 주응력 및 전단응력

c. 접촉면 밑에서의 전단응력의 최댓값

그림 P8.13

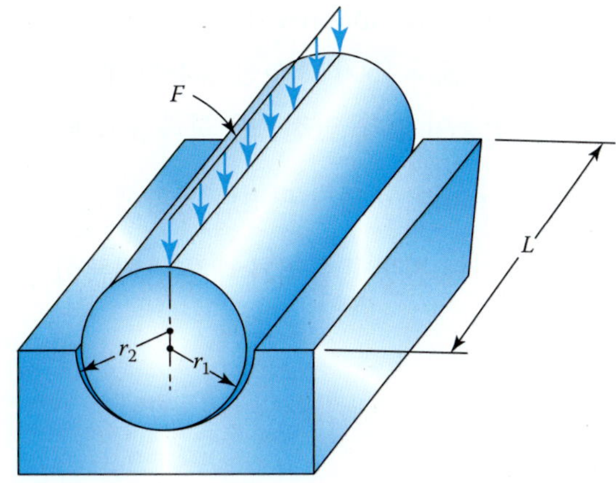

주어진 값: $r_1 = 0.6$ in., $r_2 = 0.65$ in., $L = 1.5$ in., $F = 3$ kips, $E = 29 \times 10^6$ psi, $\nu = 0.3$, $S_y = 46$ ksi(표 B.4로부터).

8.14 r_1의 반지름을 가진 볼이 r_2의 반지름을 가진 구형 시트로부터 F의 힘을 받고 있다. 구와 시트는 강으로 제조되었다. 다음을 구하라.

a. 접촉면에서의 최대 반지름

b. 최대 접촉압력

c. 구와 시트의 상대 중심 변위

d. 접촉면 아래에서의 전단응력의 최댓값

주어진 값: $r_1 = 2$ in., $r_2 = 2.2$ in., $F = 125$ lb, $E = 30 \times 10^6$ psi, $\nu = 0.3$.

8.15 문제 8.14에서 압력을 받는 구의 반지름이 2 in.인 경우에 대하여 최대 접촉압력을 구하라.

a. 평평한 표면

b. 반지름이 2.5 in.인 동일한 볼

8.16 강으로 된 보의 중심에 집중하중 $F = 400$ lb이 가해진다. 이 하중은 반지름 $r_1 = ½$ in.인 강봉을 통해 전달된다. 보의 폭은 4 in., 두 부재 모두 $E = 30 \times 10^6$ psi, $\nu = 0.3$의 물성치를 갖는 경화된 강으로 제조되었다. 접촉폭과 보와 봉 사이의 처짐량을 구하라.

8.17 서로 수직한 축을 가진 동일한 원형 실린더 사이에 작용되는 최대 압력과 접촉면적을 구하라.

주어진 값: $r_1 = r_2 = 220$ mm, $F = 2$ kN, $E = 206$ GPa, $\nu = 0.25$.

8.18 반지름이 r_1의 기차 바퀴가 반지름이 r_2 크라운(crown) 강으로 된 레일을 지나간다(그림 8.11b 참조). 최대 접촉압력을 구하라.

주어진 값: $r_1 = 500$ mm, $r_2 = 300$ mm, $F = 5$ kN.

가정: 두 바퀴와 레일은 강으로 제작되었다($E = 206$ GPa, $\nu = 0.3$).

8.19 예제 8.3을 두줄 볼 베어링(double-row ball bearing)이 $r_1 = r_1' = 5$ mm, $r_2 = -5.2$ mm, $r_2' = -30$ mm. $F = 600$ N이고 $S_y = 1500$ MPa인 상황에 대해서 다시 풀라.

가정: 이 외에 수치는 변동이 없다. 안전율은 항복강도에 기인한다.

8.20 문제 8.18을 레일이 25 mm이고 넓고 평평한 상황에 대해서 다시 풀라.

8.21 반지름이 r_1인 재질이 강인 원통형 롤러가 내부 반지름이 r_2인 강 고리 안에서 작용한다. 다음의 값을 계산하라.

a. 접촉 면적의 폭

b. 최대 접점압력

c. 최대 표면 전단응력

주어진 값: $r_1 = 10$ mm, $r_2 = 62.5$ mm, 롤러의 하중 $F = 300$ kN/m(m = 축방향 길이), $E = 200$ GPa, $\nu = 0.3$.

8.22 볼의 반지름은 20 mm, 홈의 반지름 25 mm, 외륜의 반지름 200 mm, 볼의 최대 압축하중이 $F = 1.2$ kN일 때, 그림 8.11a에서 나타나는 단열된 강으로 된 볼 베어링에서 외륜과 볼 사이의 접촉지점에서의 최대 압력은 몇인가?

주어진 값: $E = 210$ GPa, $\nu = 0.3$.

8.23 문제 8.22를 볼의 반지름 36 mm, 홈의 반지름 20 mm, 최대 압축 $F = 900$ N이고 다른 수치는 변하지 않는 상황에 대해서 다시 풀라.

PART 3
응용

오토바이 엔진 부분도(www.goofle.com). part 3에서는 축, 베어링, 기어, 벨트, 스프링, 클러치, 브레이크 등의 여러 기계요소에 대해 공부한다. 일부 요소는 이 부분도에서 볼 수 있다. 물론 이러한 요소는 시스템의 부분 기능을 한다. 마지막 장에서 2개의 기계일체에 대해 예비설계를 위한 사례연구를 할 것이다.

CHAPTER 09

축과 관련 부품

9.1 서론

모든 기계장치에서 축은 다양하게 사용된다. *축*(shaft)은 일반적으로 원형단면의 긴 부재로 회전하면서 동력을 전달한다. 그러나 축은 원형단면이 아닐수도 있고 회전하지 않을 수도 있다. *차축*(axle)은 회전요소를 지지할 뿐 회전하지도 않고 토크를 전달하지도 않는다. *스핀들*(spindle)은 짧은 축을 의미한다. *플렉시블 축*(flexible shaft)은 회전축이 일직선이 아니고 각을 이루고 있을 때 모터와 기계와 같은 두 점 사이에 운동을 전달한다. 일반적인 축의 형태로 단면이 일정하거나 단이 있는 직선 축과 크랭크 축(그림 9.1)이 있다. 전자의 두 축은 기어, 풀리, 홈이 있는 풀리(grooved pully), 그밖의 회전체를 지지하는 데 사용되고, 후자는 왕복운동을 회전운동으로 전환시키거나 회전운동을 직선운동으로 전환시키는 데 사용된다.

대부분의 축은 응력집중 현상이 있고 굽힘과 비틀림의 변동하중을 받는다. 많은 축이 충격하중을 받지 않지만, 일부는 그러한 현상을 동반하기도 한다(9.5절). 그러므로 축을 설계할 때는 강도, 피로강도, 신뢰도를 중요하게 고려해야 하고, 축의 처짐과 강성도 중요하게 고려되어야 한다. 과도한 처짐은 베어링의 마멸이나 파손을 일으키고 소음을 발생시킨다. 축의 운전 속도가 큰 진동을 일으킬 수 있는 위험속도에 근접해서는 안 된다(9.7절).

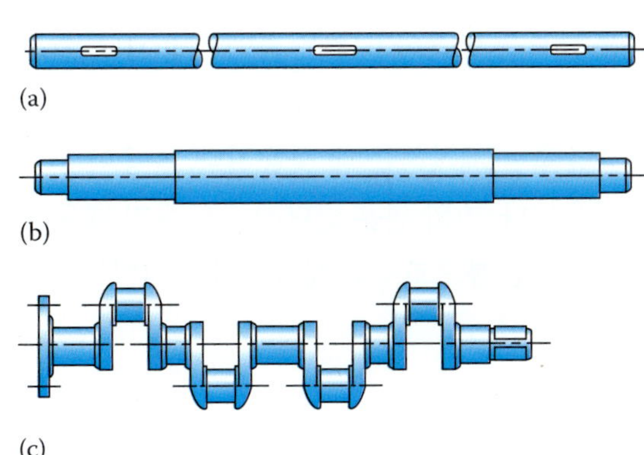

[그림 9.1]
축의 일반적 유형.
(a) 일정 단면 (b) 계단형 단면
(c) 크랭크 축

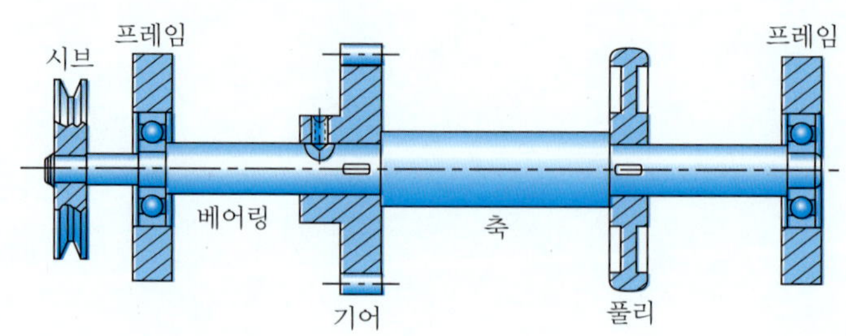

[그림 9.2]
여러 가지 요소가 부착된 계단형의 축

키와 축이음의 설계도 일반적으로 축설계에 포함된다. 키, 핀, 스냅 링, 고정 칼라(collor)는 축에 회전요소를 고정시키는 데 사용된다. 그림 9.2는 단이 있는 축으로 기어, 풀리, 시브(sheave)를 지지할 수 있도록 되어 있다. 9.8절에서 설명되는 결합요소와 축의 숄더(shoulder)는 응력을 증가시키는 요인이기 때문에 응력집중을 최소화할 수 있도록 적합한 결합요소를 선택해야 한다. 억지맞춤도 결합에 사용된다(9.6절). 축은 기계구조에 따라 단순 지지, 외팔보 구조로 베어링에 의해 지지된다. 축이음은 축을 동력원 축 또는 하중을 받고 있는 축에 연결하는 장치이다. 축이음의 방법을 선정하기 위해서는 축과 축의 교차각, 전달동력, 진동과 충격하중 같은 설계인자를 고려한다. 웹사이트 www.pddnet.com, www.powertransmission.com, www.grainger.com은 축이음에 대한 일반적 정보를 제공하고 있다.

9.2 축 재료

처짐을 최소하기 위해 *축 재료*(shaft material)로 열간 또는 압연 강이나 보통 강이 사용된다. 축의 양 끝은 회전요소를 끼우기 용이하도록 모서리를 가공하고 표면에 흠이 나지 않도록 주의해야 한다. 냉간압연은 극한강도와 항복강도와 같은 기계적 특성을 향상시킨다. 인성이 크고 충격에 강하고 높은 강도가 요구될 때는 합금강이 사용된다. 이러한 재료는 열처리하여 요구된 강도를 갖게 한다. 극한강도보다도 마멸에 강한 재료가 요구된다면 보통 축의 표면을 경화시키거나 침탄 강이 사용될 수 있다. 경화처리는 표면에만 적용될 뿐 축의 내부는 원래의 상태와 같다.

용접선이 없는 튜브는 단순하고 작은 축에 적용된다. 차축과 프레스 크랭크와 같은 75 mm 이상의 큰 지름이 요구되는 축에는 보통 단조하여 가공한다. 강과 더불어 고강도 회주철은 자동차 크랭크와 같이 복잡한 형상의 축을 제작하는 데 사용된다. 청동이나 스테인리스 강은 해상과 같은 쉽게 부식될 수 있는 환경에 적용된다. 키와 핀은 전단하중을 받기 때문에 유연한 저탄소강이 널리 사용된다. 대부분의 키와 핀은 냉간압연 봉으로부터 제작되어 길이별로 자르고 필요에 따라 경사지게 한다.

9.3 정적 비틀림을 받는 축설계

규정된 속도로 동력을 전달하는 원형 축을 설계하기 위해서, 축이 회전할 때 전단응력이 허용전단응력보다 작도록 축의 재료를 선정하고 비틀림 각이 허용 비틀림 각보다 작도록 단면의 치수를 결정해야 한다. 그러므로 설계자는 동력을 전달하는 축에 작용하는 토크를 먼저 인지할 필요가 있다(1.11절 참조). 식 (1.15)부터 (1.17)은 축이 회전할 때 축에 공급된 동력을 축에 작용하는 토크로 전환하는 데 사용된다. 전달 토크가 결정되면 강도를 만족시키기 위해 3.2절에서 제시된 방법에 따라 원형 단면을 설계한다.

1. 전단응력이 파손과 밀접하게 관련된다고 가정한다. 그러나 일반 재료는 그림 3.24처럼 축방향과 45°의 평면에서 최대 인장응력과 압축응력이 파손을 일으키는 데 주의하라.
2. 최대 전단응력 $\tau_{max} = Tc/J$로 정의된다.
3. 파손을 일으키지 않고 적용할 수 있는 τ_{max}는 항복강도 S_{ys} 또는 극한강도 S_{us}이다.
4. 안전율 n은 τ_{max}에 적용하여 허용응력 $\tau_{all} = S_{ys}/n$ 또는 $\tau_{all} = S_{us}/n$을 결정한다. 설계인자

$$\frac{J}{c} = \frac{T}{\tau_{all}} \tag{9.1}$$

주어진 허용응력에 대해 토크만 작용할 때 식 (9.1)이 중실축이나 중공축의 설계에 사용된다.

예제 9.1 비틀림 하중에 대한 원형 단면 축의 설계

중실축이 회전속도 $n = 1200$ rpm으로 500 kW를 전달하고자 한다. 항복전단응력 S_{ys}을 초과하지 않고 2 m 길이당 비틀림 각이 4°을 초과하지 않는다.

설계 결정: 축은 $S_{ys} = 300$ MPa, $G = 80$ GPa를 갖는 강으로 제작되고 안전율 $n = 1.5$를 사용한다.

풀이

식 (1.15)를 적용하면 토크는

$$T = \frac{9549\ \text{kW}}{n} = \frac{9549(500)}{1200} = 3979\ \text{N} \cdot \text{m}$$

강도분석. 식 (9.1)을 적용하면,

$$\frac{\pi}{2}c^3 = \frac{3979(1.5)}{300\left(10^6\right)}$$

$c = 23.3$ mm이다.

비틀림 분석. 식 (4.9)로부터

$$\frac{\phi_{all}}{L} = \frac{T}{GJ}$$

주어진 데이터를 넣으면,

$$\frac{4°(\pi/180)}{2} = \frac{3979}{(80 \times 10^9)\pi c^4/2}$$

c = 30.9 mm이다.

평가: 축의 최소허용 지름은 61.8 mm이지만, 표준 제품 62 mm 축을 사용해야 한다.

9.4 축에 작용하는 복합 정하중

축을 설계할 때 정하중이 작용하는 경우에는 쉽지만, 변동하중이 작용하는 경우는 그렇지 않다. 피로하중만을 고려해도 다음 절에서 설명된 것처럼 축의 지름은 몇 배 커진다. 그러나 3.2절에서 설명된 설계 절차는 복합적 정하중이 작용할 때도 일차적으로 축 지름을 추정하는 데 유용하다.

9.4.1 굽힘, 비틀림, 축방향 하중

굽힘모멘트 M, 토크 T, 축하중 P를 받는 지름이 D인 원형 축을 생각해 보자. 우리는 먼저 주요 단면의 표면에 작용하는 최대 수직응력과 전단응력은

$$\sigma_x = \frac{32M}{\pi D^3} + \frac{4P}{\pi D^2}$$
$$\tau_{xy} = \frac{16T}{\pi D^3} \tag{9.3}$$

이 되고 축방향 응력요소 σ_x는 중첩될 수 있다. 식 (9.3)은 설계 기준으로 사용될 수 있다. 특히 중공축에 대해서 식 (9.3)은

$$\sigma_x = \frac{32M}{\pi D^3\left[1-(d/D)^4\right]} + \frac{4P}{\pi\left(D^2-d^2\right)}$$
$$\tau_{xy} = \frac{16T}{\pi D^3\left[1-(d/D)^4\right]} \tag{9.4}$$

이 되고, D와 d는 축의 바깥지름과 안지름을 각각 나타낸다. 식 (9.3)을 식 (6.11)에 넣으면 최대 전단

파손기준에 의한 축 설계식은

$$\frac{S_y}{n} = \frac{4}{\pi D^3}\left[(8M + PD)^2 + (8T)^2\right]^{1/2} \tag{9.5}$$

이 된다. 같은 방법으로 식 (9.3)을 식 (6.16)에 넣으면 최대 비틀림 에너지 파손기준에 의한 축 설계식은 다음과 같다.

$$\frac{S_y}{n} = \frac{4}{\pi D^3}\left[(8M + PD)^2 + 48T^2\right]^{1/2} \tag{9.6}$$

여기서 S_y는 항복 인장강도이다.

9.4.2 굽힘과 비틀림

앞의 식에서 축하중 P는 많은 경우에 0이거나 무시할 만큼 작다. 따라서 식 (9.5)와 (9.6)에 $P = 0$를 넣으면, 다음과 같은 최대 전단파손기준에 의한 축 설계식을 얻는다.

$$\frac{S_y}{n} = \frac{32}{\pi D^3}\left[M^2 + T^2\right]^{1/2} \tag{9.7}$$

그리고 최대 비틀림 에너지 파손기준에 의한 축 설계식은 다음과 같다.

$$\frac{S_y}{n} = \frac{32}{\pi D^3}\left[M^2 + \frac{3}{4}T^2\right]^{1/2} \tag{9.8}$$

같은 방법으로 최대 주응력 파손기준에 의한 축 설계식은 다음과 같다.

$$\frac{S_u}{n} = \frac{16}{\pi D^3}\left[M + \sqrt{M^2 + T^2}\right] \tag{9.9}$$

여기서 S_u는 극한 인장강도이다.

식 (9.5)~(9.9)로부터 지름 D가 주어지면 안전율 n을 결정하거나, 안전율이 결정되면 축의 지름을 구할 수 있다.

예제 9.2 비틀림과 굽힘의 복합 하중에 대한 축설계

기어 A가 AB축에 고정되어 있고, 축의 소재는 AISI 1010 CD, 항복강도는 S_y이고 360 lb(그림 9.3a) 수직하중을 받고 있다. 기어 D는 축에 끼워져 있고, 기어 E와 짝을 이루고 있다.

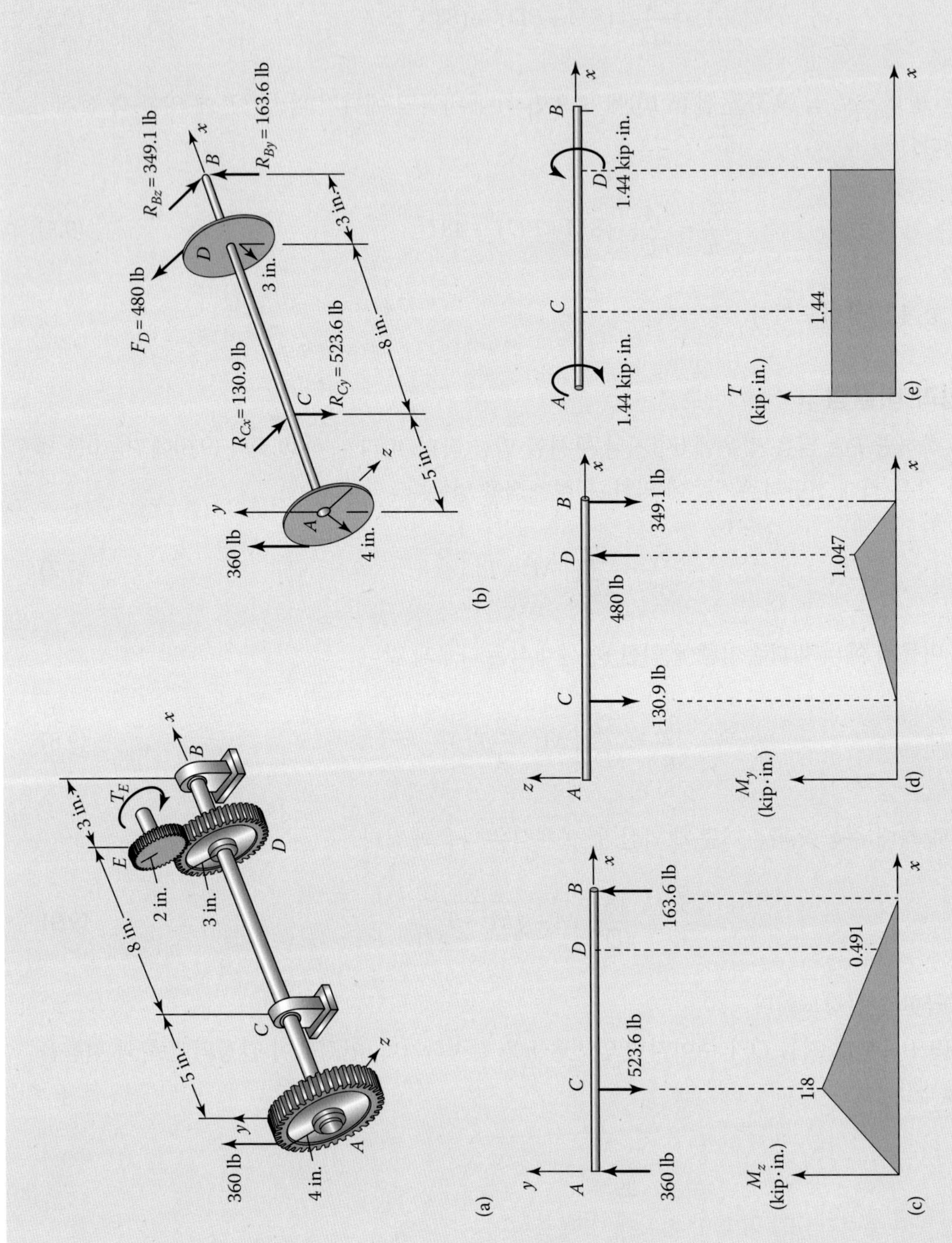

[그림 9.3]

예제 9.2. (a) 조립도 (b) 자유물체도 (c) xy평면에서 굽힘모멘트 선도 (d) xz평면에서 굽힘모멘트 선도 (e) 토크 선도

구하는 값:

a. 하중을 지지하는 기어 E에 작용하는 토크 T_E 그리고
b. 최대 전단응력 파손기준을 적용해서 축 지름 D

주어진 값: $S_y = 300/6.895 = 43.5$ ksi(표 B.3 참조)

가정: 점 B와 C에서 베어링은 단순 지지로 간주된다. 항복에 대한 안전율 $n = 1.6$이 적용된다.

풀이

a. 기어 D에 작용하는 접선방향의 힘 F_D를 구하기 위해 평행조건이 그림 9.3b에 적용된다. 그리고 평형방정식을 이용해서 반력을 결정하고 그림에 표시하였다. 그림 9.3a를 보면 $T_E = F_D(2) = 480(2) = 960$ lb · in.
b. 그림 9.3c~e까지 보면 $M_C > M_D$, 가장 큰 응력은 C에서 발생하는 것으로 예상된다. 식 (9.7)을 이용해서 우리는 다음과 같은 식을 갖는다.

$$D = \left[\frac{32n}{\pi S_y} \sqrt{M_C^2 + T_C^2} \right]^{1/3} \tag{a}$$

값을 식 (a)에 넣으면,

$$D = \left[\frac{32(1.6)}{\pi(43.5)} \sqrt{(1.8)^2 + (1.44)^2} \right]^{1/3}$$
$$= 0.952 \text{ in.}$$

이 된다.

평가: 비틀림 에너지 기준과 유사하게 식 (9.8)로부터 $D = 0.936$ in.인 것은 흥미롭다. 그러므로 표준 지름 1.0 in.의 축은 안전하게 사용될 수 있다.

사례연구 9.1 스테디 하중에 대한 모터-벨트-구동축 설계

모터가 회전속력 n의 벨트구동으로 동력 P를 기계에 전달한다(그림 9.4a). 벨트의 최대 장력은 F_1과 F_2로 설계되었고, $F_1 > F_2$이다. 축의 소재는 냉간압연 AISI 1020 강으로 항복강도는 S_y이다. 기어 박스의 구동축의 설계는 사례연구 18.5에서 다루었다. 13장에서 벨트구동을 다루고 있다.

구하는 값: 항복을 기준으로, 안전율 n을 기준으로 비틀림 에너지 파손 이론에 따라 모터축의 지름 D를 결정하라.

주어진 값: 제시된 값은 다음과 같다.

$$L = 230 \text{ mm} \quad a = 70 \text{ mm} \quad r = 51 \text{ mm} \quad P = 55 \text{ kW}$$

$$n_0 = 4500 \text{ rpm} \quad S_y = 390 \text{ MPa (from Table B.3)} \quad n = 3.5$$

가정: 베어링의 마찰은 무시하고, 베어링은 단순 지지로 축을 지지한다. 최대 하중은 $F_1 = 5F_2$이다.

풀이

베어링의 반력. 식 (1.15)로부터 풀리에 의해 모터축에 전달되는 토크는 다음과 같다.

$$T_{AC} = \frac{9549P}{n_0} = \frac{9549(55)}{4500} = 116.7 \text{ N} \cdot \text{m}$$

그러므로 벨트에 의해 전달되는 힘은 다음과 같다.

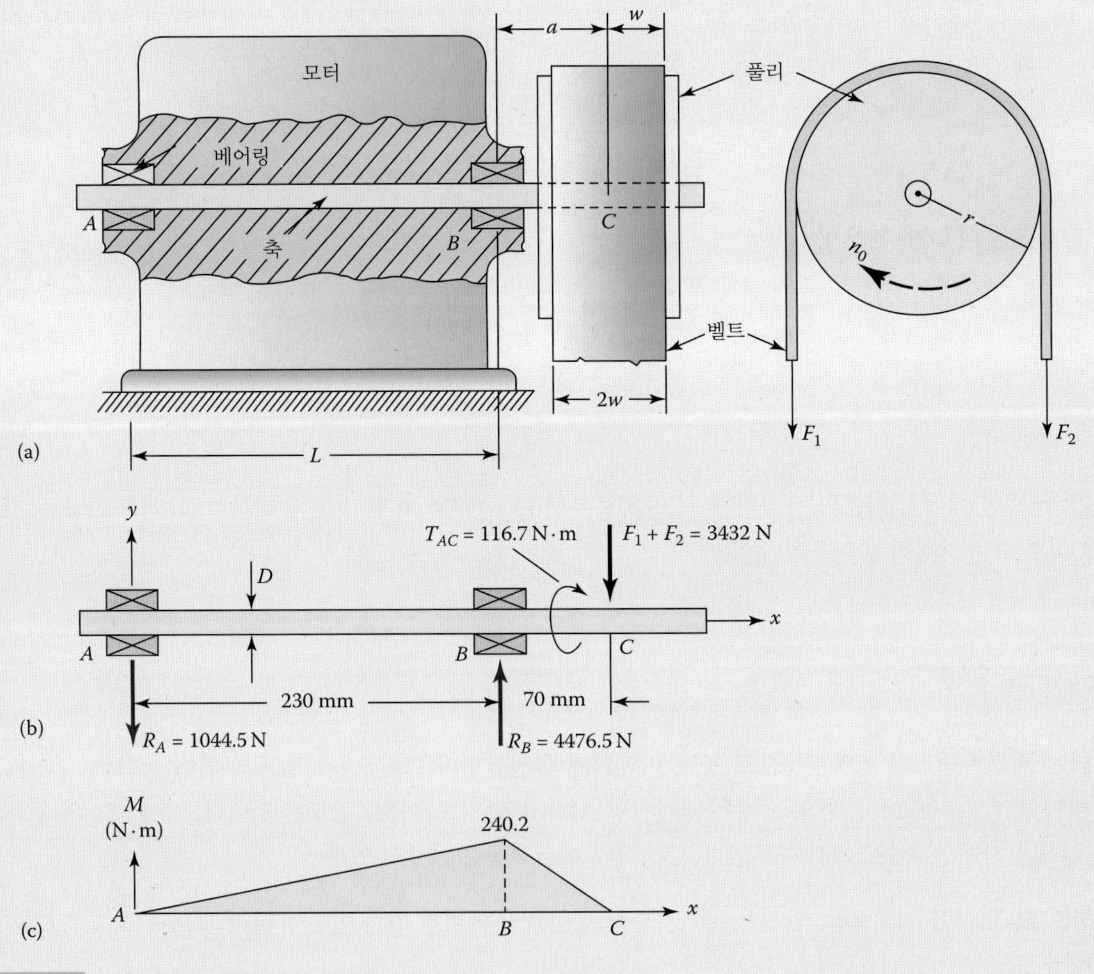

[그림 9.4]

모터벨트 구동. (a) 조립도 (b) 하중 개략도 (c) 굽힘모멘트 선도

$$F_2 - \frac{F_1}{5} = \frac{T_{AC}}{r} = \frac{116.7}{0.051} = 2288 \text{ N}$$

혹은

$$F_1 = 2860 \text{ N} \quad \text{and} \quad F_2 = 572 \text{ N}$$

평형방정식을 축의 자유물체도(그림 9.4b)에 적용하면

$$\sum M_A = 3432(0.3) - R_B(0.23) = 0, \quad R_B = 4476.5 \text{ N}$$

$$\sum F_y = -R_A + R_B - 3432 = 0, \quad R_A = 1044.5 \text{ N}$$

이 된다. 결과가 그림에서 보여준 방향으로 R_A와 R_B로 작용한다.

주응력. 최대 모멘트는 점 B에서 일어나고(그림 9.4c), 점 B에서 굽힘모멘트는

$$M_B = 3432(0.07) = 240.2 \text{ N}\cdot\text{m}$$

축을 따라 토크가 변화가 없다면, 중요 부위는 점 B이다. 따라서 점 B에서 전단응력과 굽힘응력은 각각

$$\tau = \frac{16T}{\pi D^3} = \frac{16(116.7)}{\pi D^3} = \frac{1867.2}{\pi D^3}$$

$$\sigma_x = \frac{32M}{\pi D^3} = \frac{32(240.2)}{\pi D^3} = \frac{7686.4}{\pi D^3}$$

$\sigma_y = 0$이다. 식 (3.33)으로부터 주응력은

$$\sigma_{1,2} = \frac{\sigma_x}{2} \pm \sqrt{\left(\frac{\sigma_x}{2}\right)^2 + \tau^2}$$

$$= \frac{3843.2}{\pi D^3} \pm \frac{1}{\pi D^3}\sqrt{\frac{(7686.4)^2}{4} + (1867.2)^2}$$

$$= \frac{1}{\pi D^3}(3843.2 \pm 4272.8)$$

으로 단순화되고 위의 전단응력과 굽힘응력을 대입하면 주응력 σ_1, σ_2는 각각

$$\sigma_1 = \frac{8116}{\pi D^3} \quad \sigma_2 = -\frac{429.6}{\pi D^3} \tag{b}$$

비틀림 에너의 파손식[식 (6.14)]

$$\left[\sigma_1^2 - \sigma_1\sigma_2 + \sigma_2^2\right]^{1/2} = \frac{S_y}{n}$$

에 식 (b)를 대입하면

$$\frac{1}{\pi D^3}\left[(8116)^2-(8116)(-429.6)+(-429.6)^2\right]^{1/2}=\frac{390(10^6)}{3.5}$$

위 식으로부터

$$D=0.0288\text{ m}=28.8\text{ mm}$$

이 된다.

평가: 구매 가능한 지름 30 mm인 축이 선정되어야 한다.

9.5 변동하중과 충격하중에 대한 축설계

축은 기계에서 다양하게 사용된다. 원형 단면 요소의 설계과정은 9.3절에서 설명되었다. 여기서 우리는 굽힘과 비틀림이 결합된 변동 충격하중을 전달하는 요소에 대해 생각하고자 한다. 이러한 요소는 대부분 트랜스미션 축[1, 2]의 경우이다. 7.8절에서 논의한 것처럼 평균모멘트와 토크 그리고 교번모멘트와 토크는

$$\begin{aligned}M_m&=½(M_{\max}+M_{\min})\\T_m&=½(T_{\max}+T_{\min})\end{aligned}\quad\text{과}\quad\begin{aligned}M_a&=½(M_{\max}-M_{\min})\\T_a&=½(T_{\max}-T_{\min})\end{aligned}\tag{9.10}$$

이다. 실제적으로는 키와 축이음에도 이러한 하중이 고려되어야 하지만 다음 장에서는 정하중만을 고려하였다. 모든 축의 공식에 사용된 피로한도는 무한 수명으로 가정한다. 굽힘모멘트 M과 비틀림 T를 받는 지름 D의 축에 대해 가장 바깥쪽의 점에서 응력은

$$\sigma_x=\frac{32M}{\pi D^3}\quad\text{과}\quad\tau_{xy}=\frac{16T}{\pi D^3}$$

이다. 7.12절에서 전개된 식에서 σ_{xm}, σ_{xa}, τ_{xym}, σ_{xya}에 모멘트와 비틀림을 적용하면, 굿맨 피로기준과 결합된 최대 전단응력 파손식은 식 (7.28)을 이용하면 다음과 같이 쓸 수 있다.

$$\frac{S_u}{n}=\frac{32}{\pi D^3}\left[\left(M_m+\frac{S_u}{S_e}M_a\right)^2+\left(T_m+\frac{S_u}{S_e}T_a\right)^2\right]^{1/2}\tag{9.11}$$

같은 방법으로, 굿맨 피로기준과 결합된 최대 비틀림 에너지 파손기준은 식 (7.32)로부터

$$\frac{S_u}{n}=\frac{32}{\pi D^3}\left[\left(M_m+\frac{S_u}{S_e}M_a\right)^2+\frac{3}{4}\left(T_m+\frac{S_u}{S_e}T_a\right)^2\right]^{1/2}\tag{9.12}$$

이 되고, S_u와 S_e는 극한강도와 피로한도를 각각 나타낸다. 굿맨 피로파손기준과 결합된 최대 비틀림 에너지 파손기준의 또 다른 표현은 식 (7.35)로부터

$$\frac{S_u}{n}=\frac{32}{\pi D^3}\left\{\left[\left(\frac{S_u}{S_e}M_a\right)^2+\frac{3}{4}\left(\frac{S_u}{S_e}T_a\right)^2\right]^{1/2}+\left[\left(M_m\right)^2+\frac{3}{4}\left(T_m\right)^2\right]^{1/2}\right\} \tag{9.12'}$$

이 되고, 최대 전단응력 파손기준인 식 (9.11)도 위의 식과 같이 표현될 수 있다.

9.5.1 충격계수

지금까지 유도된 식은 충격계수(shock factors)가 무시된 경우이다. 그러나 일부 기계장치는 운전 중에 갑작스런 하중 증가에 특별한 주의가 필요하다. 충격을 고려하기 위해서 앞 식에 충격계수를 곱하여 사용된다. 굿맨의 피로기준에 대한 최대 전단파손 이론식 (9.11)은

$$\frac{S_u}{n}=\frac{32}{\pi D^3}\left[K_{sb}\left(M_m+\frac{S_u}{S_e}M_a\right)^2+K_{st}\left(T_m+\frac{S_u}{S_e}T_a\right)^2\right]^{1/2} \tag{9.13}$$

이 된다. 같은 방법으로 굿맨의 피로기준에 대한 최대 비틀림 에너지 파손기준식 (9.12)는

$$\frac{S_u}{n}=\frac{32}{\pi D^3}\left[K_{sb}\left(M_m+\frac{S_u}{S_e}M_a\right)^2+\frac{3}{4}K_{st}\left(T_m+\frac{S_u}{S_e}T_a\right)^2\right]^{1/2} \tag{9.14}$$

이 된다.

K_{sb}와 K_{st} 값은 표 9.1에 있다. 식 (9.13)과 (9.14)는 트랜스미션의 축설계에 적용하는 일반 공식이다. 앞에서 보여준 것처럼 바깥지름 D와 안지름 d를 갖는 중공축의 경우, 위의 식에서 D^3 대신에 $D^3[1-(d/D)^4]$를 적용하면 된다.

9.5.2 정상상태 운전

균일하중상태에서 축이 회전하면 완전 역전 굽힘응력 σ_a와 비틀림 평균응력 τ_m을 갖는다. 이 경우 $M = M_{max} = -M_{min}$이고 $T = T_{max} = T_{min}$이다. 그러므로 식 (9.10)으로부터

〈표 9.1〉 굽힘과 비틀림의 충격인자

하중 조건	K_{sb}, K_{st}
점진적 작용	1.0
약한 충격	1.5
심한 충격	2.0

$$M_m = \frac{1}{2}[M + (-M)] = 0 \qquad M_a = \frac{1}{2}[M - (-M)] = M$$
$$T_m = \frac{1}{2}(T + T) = T \qquad T_a = \frac{1}{2}(T - T) = 0 \tag{9.15}$$

그리고 식 (9.11)부터 (9.14)는 단순화되어

$$D^3 = \frac{32n}{\pi S_u}\left[\left(\frac{S_u}{S_e}M_a\right)^2 + \frac{3}{4}T_m^2\right]^{1/2} \tag{9.16a}$$

이 되고, 유도된 식에 항복강도 S_u 대신에 극한강도 S_y를 적용하면 소더버그(Soderberg) 피로파손기준으로 표현된다

$$D^3 = \frac{32n}{\pi S_y}\left[\left(\frac{S_y}{S_e}M_a\right)^2 + \frac{3}{4}T_m^2\right]^{1/2} \tag{9.16b}$$

이 식은 ASME에서 제시한 *축설계 식*이다[1]. 축의 지름이 변하고 응력집중과 같은 설계변수가 있는 축에 대해서 아주 복합적인 모멘트와 토크에 대한 해석은 명확하지 않기 때문에 복합적으로 고려하여 설계 식을 적용할 필요가 있다. 예제 9.3에서처럼 변동하중이 작용할 때 식 (9.15)에서 $T_a \neq 0$이다.

변동하중과 충격하중을 받는 축의 설계는 정하중 경우처럼 쉽게 할 수 없다. 보통 축의 지름은 가정되어 최대 응력이 발생되는 중요한 부분에 대해 완전한 해석이 이루어져야 한다. 이러한 설계는 여러 번 검토하게 되고 최종 설계에서 유한요소 분석이 널리 이용되고 있다. 또 다른 방법으로 고체역학에 의한 이론식이 정확하지 않는 경우도 있기 때문에 실험적 방법이 사용된다.

9.5.3 변위

축의 과도한 변위(displacements)는 베어링을 급속히 마모시키고, 축으로부터 구동되는 기어의 정렬이 어긋나게 하고 진동(9.6절)을 발생시키기 때문에 축의 처짐은 자주 중요하게 고려된다. 처짐을 계산하기 위해서는 축의 형상이 먼저 정의되어야 한다. 축은 전형적으로 강도로부터 일타 설계되고, 형상이 완전히 정의되면 변위를 계산하고, 횡변위나 비틀림 변위를 해석한다. 축의 변위는 4장, 5장, 17장에서 설명된 방법을 적용하여 계산한다.

예제 9.3 비틀림과 굽힘의 반복하중에 대한 축의 설계

회전하는 중실축 AB가 모터로부터 C와 D의 풀리, E의 기어로 동력을 전달한다. 축의 표면은 연마되었고, 그림 9.5a는 축의 하중에 대한 도표이다. 축의 양끝 A, B에 베어링이 축을 지지한다. 최대 비틀림 변형에너

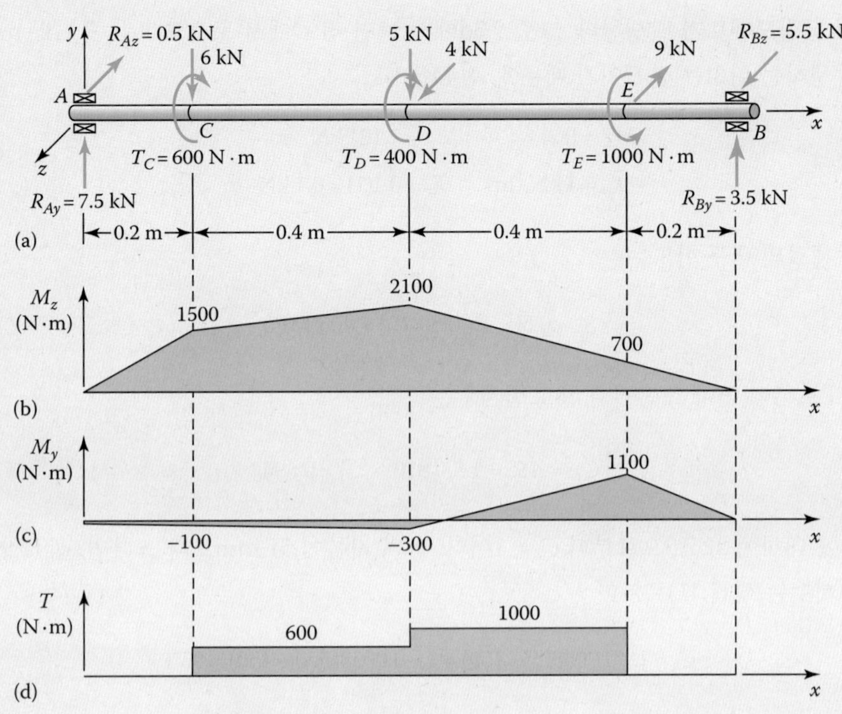

[그림 9.5]
예제 9.3. (a) 자유물체도 (b) xy평면에서 굽힘모멘트 선도 (c) xz평면에서 굽힘모멘트 선도 (d) 토크 선도

지 파손 이론과 소더버그 피로파손 기준을 적용하여 축의 지름을 결정하라.

주어진 값: 축은 강으로 제작되고, 강의 극한강도는 810 MPa이고 항복강도는 605 MPa이다. 토크는 평균값으로부터 ±10% 변동한다. 굽힘과 비틀림에 대한 피로응력 집중계수는 1.4이다. 운전 온도는 최대 500°C이다.

설계 가정: 베어링은 축을 단순 지지 한다. 안전율 $n = 2$. 생존율은 50%로 한다.

풀이

A, B의 반력은 그림 9.5a에 표시된 것처럼 힘의 평형방정식으로부터 구한다. 합성 굽힘모멘트 $(M_y^2 + M_z^2)^{1/2}$는 그림 9.5b와 9.5c의 굽힘모멘트 선도를 이용하여 쉽게 구한다. 점 C에서

$$M_C = \left[(0.1)^2 + (1.5)^2\right]^{1/2} = 1.503\ \text{kN}\cdot\text{m}$$

같은 방법으로 점 D와 E에서

$$M_D = 2.121\ \text{kN}\cdot\text{m} \quad M_E = 1.304\ \text{kN}\cdot\text{m}$$

점 D에서 최대 굽힘모멘트가 발생한다. 그림 9.5d에서 보면 점 D에서 토크도 $T_D = 1\ \text{kN} \cdot \text{m}$로 최대이다. 최대 응력이 발생하는 위치는 점 D이기 때문에, 점 D에서

$$M_m = 0 \qquad M_a = 2.121\ \text{kN} \cdot \text{m}$$

$$T_m = 1\ \text{kN} \cdot \text{m} \qquad T_a = 0.1(1) = 0.1\ \text{kN} \cdot \text{m}$$

식 (7.1)로부터 재료의 내구 한도는

$$S_e' = 0.5(S_u) = 0.5(810) = 405\ \text{MPa}$$

식 (7.7)과 표 7.2로부터 연마 표면에 대한 표면계수는

$$C_f = AS_u^b = 1.58\left(810^{-0.085}\right) = 0.894$$

50%의 신뢰도에 대하여 표 7.3으로부터 $C_r = 1$이다. 축의 지름이 51 mm보다 크다면, 식 (7.9)로부터 $C_s =$ 0.70이다. 온도계수는 식 (7.11)로부터

$$C_t = 1 - 0.0058(T - 450) = 1 - 0.0058(500 - 450) = 0.71$$

식 (7.6)으로부터 수정내구한도(modified endurance limit)는

$$S_e = C_f C_r C_s C_t \left(1/K_f\right) S_e' = (0.894)(1)(0.70)(0.71)(1/1.4)\left(405 \times 10^6\right) = 128.5\ \text{MPa}$$

하중은 완만히 변화하기 때문에 충격계수는 표 9.1로부터 $K_{sb} = K_{st} = 1$이다.

식 (9.14)에서 S_u 대신에 S_y를 사용하고 $S_y = 605\ \text{MPa}$을 대입하면

$$\frac{605\left(10^6\right)}{2} = \frac{32}{\pi D^3}\left[(1)\left(0 + \frac{605 \times 2121}{128.5}\right)^2 + (1)\left(\frac{3}{4}\right)\left(1000 + \frac{605 \times 100}{128.5}\right)^2\right]^{1/2}$$

위 식으로부터 $D = 0.0697\ m = 69.7\ \text{mm}$이다.

평가: 지름이 51 mm보다 크기 때문에 가정을 만족시키고, 70 mm 지름의 표준 축을 사용하면 더욱 유리 할 것이다.

예제 9.4 비틀림 충격하중을 받는 단이 있는 축의 안전율 결정

지름이 D와 d, 필릿 반지름 r, 단이 있는 축이 있다. AISI 1095 풀림처리된 강으로 제작되고, 끝점 A는 고정된다(그림 9.6). 최대 전단파손기준과 굿맨 피로선도를 이용하여 안전율을 결정하라.

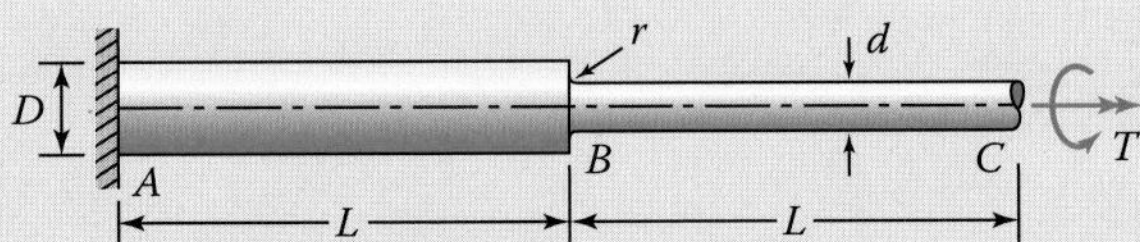

[그림 9.6]
예제 9.4

주어진 값: 축 끝점 C에 약간의 비틀림 충격하중으로 1.0°와 1.5° 사이를 반복한다. 축은 상온에서 작동한다.

데이터:

$$L = 300\text{ mm},\quad d = 30\text{ mm},\quad D = 60\text{ mm},\quad r = 2\text{ mm},$$

$$K_{st} = 1.5\ \ (\text{표 9.1에 의해서}),\quad G = 79\text{ GPa}\ \ (\text{표 B.1로부터})$$

$$S_u = 658,\quad H_B = 192\ \ (\text{표 B.4에 의해서})$$

설계 가정: 신뢰도 95%가 사용된다.

풀이

축의 형상에서 $D = 2d$, $L_{AB} = L_{BC} = L$이고, 극단면 2차 모멘트는

$$J_{BC} = \frac{\pi d^4}{32} \qquad J_{AB} = \frac{\pi D^4}{32} = 16 J_{BC}$$

$$J_{BC} = \frac{\pi}{32}(0.030)^4 = 79.52\left(10^{-9}\right)\text{m}^4$$

총 비틀림 각은

$$\phi = \frac{TL}{G}\left(\frac{1}{16J_{BC}} + \frac{1}{J_{BC}}\right)$$

또는

$$T = \frac{16GJ_{BC}\phi}{17L}$$

데이터를 대입하면 $T = 19{,}708.5\phi$이다. 따라서 $\phi_{\max} = 0.0262$ rad, $\phi_{\min} = 0.0175$ rad에 대응한 토크는 $T_{\max} = 516.4\text{ N}\cdot\text{m}$, $T_{\min} = 344.9\text{ N}\cdot\text{m}$이다. 그러므로

$$T_m = 430.7\text{ N}\cdot\text{m} \qquad T_a = 85.8\text{ N}\cdot\text{m}$$

수정내구한도는 식 (7.6)을 사용하면

$$S_e = C_f C_r C_s C_t\left(\frac{1}{K_f}\right)S_e'$$

여기서

$C_f = AS_u^b = 4.51(658^{-0.265}) = 0.808$[식 (7.7)과 표 7.2에 의해서]

$C_r = 0.87$(표 7.3으로부터)

$C_s = 0.85$[식 (7.9)에 의해서]

$C_t = 1$(상온에 대해)

$S'_e = 0.29S_u = 190.8$ MPa[(식 (7.4)를 적용하여]

그리고

$K_t = 1.6(D/d = 2, r/d = 0.067$에 대해 그림 C.8로부터)

$q = 0.92(r = 2$ mm, $H_B = 192$ 풀림처리된 강에 대해 그림 7.9로부터)

$K_f = 1 + 0.92(1.6 - 1) = 1.55$[식 (7.13b)를 이용하여]

그러므로

$$S_e = (0.808)(0.87)(0.85)(1)(1/1.55)(190.8) = 73.55 \text{ MPa}$$

$M_m = M_a = 0$와 함께 식 (9.13)으로부터 안전율

$$\frac{S_u}{n} = \frac{32}{\pi d_{BC}^3}\left[K_{st}\left(T_m + \frac{S_u}{S_e}T_a\right)^2\right]^{1/2} \tag{9.17}$$

주어진 데이터를 대입하면

$$\frac{658(10^6)}{n} = \frac{32}{\pi(0.03)^3}\left[1.5\left(430.2 + \frac{658}{73.55}86.2\right)^2\right]^{1/2}$$

결과적으로 $n = 1.19$가 된다.

9.6 끼워맞춤

허브에 축을 끼움과 같은 끼워맞춤은 구성요소의 상대위치 정도에 영향을 미친다. *수축맞춤*(shrink fit)이나 *억지맞춤*(press fit)을 *끼워맞춤*(interference fit)이라 하는데, 두 짝이 서로 상대운동를 하지 못하게 하는 체결력을 유지할 수 있다. *헐거운 끼워맞춤*(clearance fit)은 요소가 쉽게 상대적 운동을 할 수 있다. 틈새나 가능한 부품의 치수 편차는 기능과 조립 비용에 영향을 미친다. 요소를 성공적으로 설계하기 위해서 적절한 공차가 요구된다. 표 9.2에서 8가지 틈새와 끼워맞춤을 간단한 설명과 용도와 더불어 요약하였다. 원통 부품의 맞춤과 치수 한계는 미국표준협회에서 표준으로 규정하고 있다[B4.1-1967]. 이 표준은 여러 가지 맞춤에 대한 치수공차를 설정하는 데 사용된다. 미국기어협회(AGMA) 표준 9003-A91은 유연 축이음의 키 없는 맞춤 표준으로 끼워맞춤을 계산하는 필요한 공식을 포함하고 있다.

〈표 9.2〉 여러 가지 축과 홀(hole) 끼워맞춤

종류	등급	적용 사례
틈새	1. 헐거운 끼워맞춤(loose fit)	정밀도가 필요하지 않는 도로 건설이나 광산 장비
	2. 느슨한 끼워맞춤(free fit)	저널의 속도가 600 rpm 이상인 기계나 자동차 부품
	3. 중간 끼워맞춤(medium fit)	저널의 속도가 600 rpm 이하인 정밀기계 공구나 자동차 부품
	4. 넉넉한 끼워맞춤(snug fit)	고정되었으나 쉽게 조립하고 분해되어야 하는 부품
간섭	5. 비틀림 끼워맞춤(wringing)	가볍게 망치로 쳐서 조립할 수 있으나 일체성이 요구되는 부품
	6. 빡빡한 끼워맞춤(tight fit)	가벼운 수축 끼워맞춤에 의한 반영구적 접합체
	7. 보통 강제 끼워맞춤(medium-force fit)	중간 접합의 강제 또는 수축 끼워맞춤에 의한 발전기나 모터의 아마추어와 승용차 휠
	8. 고강제, 수축 끼워맞춤(high-force and shrink fit)	큰 응력을 받는 수축 끼워맞춤 부품으로 기차 휠, 중장비 크랭크 축 원판

끼워맞춤은 치수의 범위에 따라서 두 개의 부품 짝에 일정한 압력을 유지하도록 되어 있다. 끼운 부분의 간섭 양은 축의 지름에 따라 다르다. 일반적 단순한 법칙은 간섭 양 0.001 in.에서 1 in.이고 1 in.~4 in. 사이의 지름에 대한 간섭 양은 0.001 in.이다. 여러 가지 구성요소에 대한 수축 맞춤의 응력은 16장에서 자세히 언급할 것이다.*

9.7 축의 위험속도

회전축은 특정 속도에서 동적으로 불안정한 상태가 되어서 횡진동의 진폭이 증가함으로써 응력이 증가하게 되고 파괴에 이르게 된다. 이런 현상이 발생하는 속도를 *위험속도*(critical speed)라 한다. 진동 이론에 대한 참고서로부터 축이 회전하지 않을 때 자유진동에 대한 고유진동수는 위험속도와 같다는 것을 알 수 있다. 위험회전속도는 횡진동의 고유진동수와 같다. 횡방향 고유진동수는 축의 회전이 정지된 상태에서 축의 중심을 횡방향으로 처지게 하고 갑자기 놓았을 때 발생하는 진동수이다. 그러므로 고유진동수를 *위험진동수*(critical frequency) 또는 *위험속도*라고 한다[3]. 우리는 여기서 레일리(Rayleigh)와 던커레이(Dunkerley)에 의해 축의 위험속도를 계산하는 간단한 방법에 대해 생각하고자 한다.

9.7.1 레일리 방법

축의 회전에 의하여 축에 부가된 축 질량의 운동에너지가 축의 처짐에 의한 위치에너지와 같다는 식이 *레일리 식*(Rayleigh equation)이다. 레일리 식으로부터 축의 위험속도를 구할 수 있다. 축은 회전체 질량의 수와 같이 많은 위험속도를 가지고 있지만, 일반적으로 *위험속도*는 최저 위험속도를 의미한다. 위험속도 n_{cr}(초당 회전수)은 여러 개의 질량이 부가된 양단 지지축에 대해 다음과 같이 정의된다.

* 몇몇 독자는 잠재적인 조립 방법으로 16.3절과 16.4절을 연구하는 게 좋다.

[그림 9.7]
집중 하중을 갖는 단순 지지 축(처짐은 실제보다 확대된 것임)

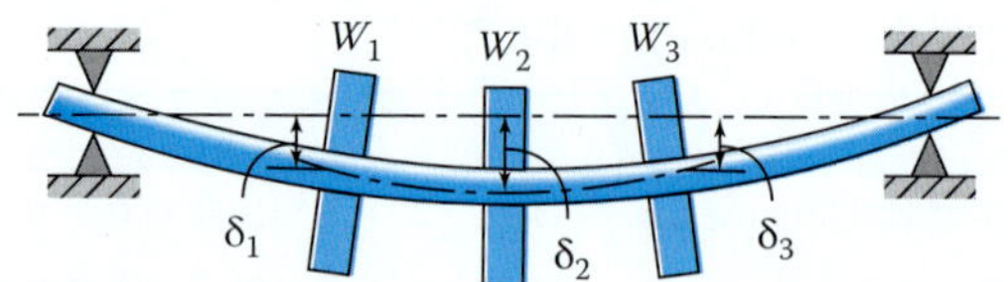

$$n_{cr} = \frac{1}{2\pi}\left[\frac{g\left(W_1\delta_1 + W_2\delta_2 + \cdots + W_m\delta_m\right)}{W_1\delta_1^2 + W_2\delta_2^2 + \cdots + W_m\delta_m^2}\right]^{1/2} = \frac{1}{2\pi}\sqrt{\frac{g\sum W\delta}{\sum W\delta^2}} \tag{9.18}$$

W_m은 회전체 질량의 집중하중(또는 무게)이고, δ_m은 그림 9.5에서 보여준 것처럼 하중에 대한 각각의 정적처짐이다. g는 중력가속도이고 9.81 m/s^2 혹은 386 in./s^{2}이다.

레일리 식은 위험속도의 근사식임에 주의하여야 한다. 그것은 축의 자체 무게와 재료의 감쇠효과, 베어링 또는 지지의 유연성이 고려되지 않았고, 모든 하중을 집중하중으로 가정한 속도이다. 실험에 의하면 앞에서 언급된 인자가 고려되기 때문에 계산된 위험속도보다 적은 값을 보인다. 그러므로 식 (9.18)로부터 계산된 위험속도의 근사치는 실제 고유진동수보다 항상 높다. 실제 설계현장에서는 일반적으로 계산된 위험속도보다 약 25% 낮도록 운전속도를 유지한다. 레일리-리츠(Rayleigh-Ritz) 방법과 홀저(Holzer) 방법은 다소 복잡하지만, 보다 정확히 고유진동수를 결정할 수 있다[4, 5].

9.7.2 던커레이 방법

다물체 시스템을 여러 개의 단순화된 서브시스템(simple subsystem)으로 나누고, 각각의 서브시스템에 대해 공식을 적용하여 위험속도를 계산하고, 각각의 위험속도를 결합한다. 따라서 시스템의 실질적인 위험속도는

$$\frac{1}{n_{cr}^2} = \frac{1}{n_1^2} + \frac{1}{n_2^2} + \cdots + \frac{1}{n_m^2} \tag{9.19}$$

이 된다. 여기서 n_1, n_2, n_m은 질량 1, 질량 2 그리고 질량 m만의 서브시스템에 대한 위험속도를 나타낸다. 그러므로 식 (9.18)에서 우리는 다음과 같은 식을 갖는다.

$$n_1 = \frac{1}{2\pi}\sqrt{\frac{g}{\delta_i}} \tag{9.20}$$

식 (9.19)로부터 계산된 대략적인 위험속도 n_{cr}은 항상 참 고유진동수보다 낮다.

던커레이 방법(Dunkerley's method)과 레일리 방법의 주된 장점은 보의 재료역학적 공식을 이용한다는 것이다. 정확한 위험속도는 두 방법에 의해 계산된 값 사이에 있기 때문에 널리 활용되는 식이다. 레일리와 던커레이 식의 주된 차이점은 처짐에 있다. 레일리 식에서 어떤 질량의 위치에서 처짐은 시스템에 부착된 모든 질량으로 인한 처짐을 의미하고, 던커레이 식에서 처짐은 평가되고 있는 개별 질량에 의한 것이다.

위험속도에 충분히 낮거나 높게 회전할 때, 축은 동적으로 안정하게 된다. 고속 터빈과 같은 특수한 경우 위험속도를 신속히 통과함으로써 만족할 만한 운전을 할 수 있다. 이러한 경우는 안전하게 운전할 수 있을지라도 위험속도보다 높은 속도에서 운전할 때, 다른 원인에 의해 진동이 발생할 수 있기 때문에 가능한 지양해야 한다. 3점 지지축의 위험속도는 항상 횡진동의 고유진동수와 같다는 것은 흥미롭다[4]. 축의 위험속도는 여러 위치에서 정적 처짐을 계산함으로써 계산될 수 있다. 축의 최대 허용 처짐은 위험속도와 기어 또는 베어링의 요구조건에 의해 결정된다. 위험속도 요구 조건은 구체적 용도에 따라 많이 다르다.

9.7.3 축의 휘돌림(whirl) 진동

축은 일반적으로 완전히 직선이 아니고, 회전자가 축에 부착되었을 때, 질량의 중심은 축의 중심과 일치하지 않는다. 그런 경우에 회전하는 동안에 축은 *원심력*(centrifugal force)을 받고 질량의 편심방향으로 굽는다. 이런 형상은 *편심*(eccentricity)을 가중시키고 원심력을 증가시킨다. 축의 휘돌림 *진동*(whirl)은 편심질량에 작용하는 회전속도에 의해 야기되는 자발적 진동이다. 이것은 회전과 편심이 존재할 때 항상 일어날 것이다. 휘돌림 진동 속도(whirling or whipping speed)는 축이 반지름방향으로 과도하게 진동하는 속도이다. 휘돌림 진동수가 축의 공진진동수와 같아지면 과도한 진동이 발생할 것이다. 축의 파손을 방지하기 위해서 그런 휘돌림 속도에서 운전은 피해야 한다.

예제 9.5 중공축의 위험속도 계산

그림 9.8처럼 안지름과 바깥지름이 각각 d와 D인 축이 베어링으로 지지되고 두 개의 휠을 지지하고 있다. 위험속도를 rpm 단위로 계산하라.

a. 레일리 방법
b. 던커레이 방법

주어진 값: $d = 30$ mm, $D = 50$ mm.

가정: 축은 E =210 GPa인 강으로 제작된다. 축 무게는 무시하고, 베어링은 단순 지지로 작용한다.

풀이

단면 2차 모멘트는 $I = \frac{\pi}{4}(25^4 - 15^4) = 267 \times 10^3\ \text{mm}^4$이다. 집중하중은 $W_C = 20 \times 9.81 = 196.2$ N이고, $W_D =$

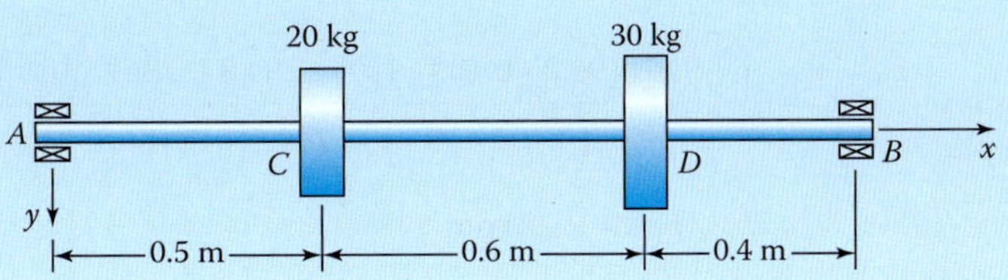

[그림 9.8] 예제 9.5

$30 \times 9.81 = 294.3$ N이다. C와 D에서 정적 처짐은 표 A.8의 경우 6의 식으로부터 계산된다.

$$\delta = \frac{Wbx}{6LEI}\left[L^2 - b^2 - x^2\right] \qquad (0 \le x \le a) \tag{a}$$

$$\delta = \frac{Wa(L-x)}{6LEI}\left[2Lx - a^2 - x^2\right] \qquad (a \le x \le L) \tag{b}$$

점 C의 처짐. 점 C에 작용하는 하중에 대한 처짐은 다음과 같다[$L = 1.5$ m, $b = 1$ m, $x = 0.5$ m, 식 (a)].

$$\delta_C' = \frac{196.2(1)(0.5)\left(1.5^2 - 1^2 - 0.5^2\right)}{6(1.5)\left(267\times10^{-9}\right)\left(210\times10^{9}\right)} = 0.194 \text{ mm}$$

점 D에 작용하는 하중에 의한 점 C의 처짐은 다음과 같다[$L = 0.5$ m, $b = 0.4$ m, $x = 0.5$ m, 식 (a)].

$$\delta_C'' = \frac{294.3(0.4)(0.5)\left(1.5^2 - 0.4^2 - 0.5^2\right)}{6(1.5)(267\times210)} = 0.215 \text{ mm}$$

점 C의 처짐 합계는 다음과 같다.

$$\delta_C = 0.194 + 0.215 = 0.409 \text{ mm}$$

점 C에 작용하는 하중에 의한 점 D에서 처짐은 다음과 같다[$a = 0.5$ m, $x = 1.1$ m, 식 (b)].

$$\delta_D' = \frac{196.2(0.5)(1.5-1.1)\left[2(1.5)(1.1) - 0.5^2 - 1.1^2\right]}{6(1.5)(267\times210)} = 0.143 \text{ mm}$$

점 D에 작용하는 하중에 의한 점 D에서 처짐은 다음과 같다[$b = 0.4$ m, $x = 1.1$ m, 식 (a)].

$$\delta_D'' = \frac{294.3(0.4)(1.1)\left(1.5^2 - 0.4^2 - 1.1^2\right)}{6(1.5)(267\times210)} = 0.226 \text{ mm}$$

그러므로,

$$\delta_D = 0.143 + 0.226 = 0.369 \text{ mm}$$

a. $m = 2$로 하면 식 (9.18)로부터 위험속도는 다음과 같다.

$$n_{cr} = \frac{1}{2\pi}\left[\frac{9.81\left(196.2\times0.409\times10^{-3} + 294.3\times0.369\times10^{-3}\right)}{196.2\left(0.409\times10^{-3}\right)^2 + 294.3\left(0.369\times10^{-3}\right)^2}\right]^{1/2}$$

$$= 25.37 \text{ cps} = 1522 \text{ rpm}$$

b. 식 (9.19)를 다음과 같이 다시 쓸 수 있다.

$$\frac{1}{n_{cr}^2} = \frac{1}{n_{cr,C}^2} + \frac{1}{n_{cr,D}^2} \tag{c}$$

결과적으로

$$n_{cr} = \frac{n_{cr,C} \cdot n_{cr,D}}{\sqrt{n_{cr,C}^2 + n_{cr,D}^2}} \tag{9.21}$$

여기서

$$n_{cr,C} = \frac{1}{2\pi}\sqrt{\frac{g}{\delta_C'}} = \frac{1}{2\pi}\sqrt{\frac{9.81}{0.194\left(10^{-3}\right)}} = 35.79 \text{ cps} = 2147 \text{ rpm}$$
$$n_{cr,D} = \frac{1}{2\pi}\sqrt{\frac{g}{\delta_D''}} = \frac{1}{2\pi}\sqrt{\frac{9.81}{0.226\left(10^{-3}\right)}} = 33.16 \text{ cps} = 1990 \text{ rpm}$$

그러므로 식 (9.21)로부터 다음과 같이 위험속도를 구할 수 있다.

$$n_{cr} = \frac{(2147)(1990)}{\sqrt{(2147)^2 + (1990)^2}} = 1459 \text{ rpm}$$

평가: 결과를 비교해 보면 레일리 식은 정확한 위험속도보다 큰 값으로 계산되고, 던커레이 식은 적은 값으로 계산된다. 정확한 위험속도는 1459 rpm과 1522 rpm 사이에 있다. 축 설계에서 이런 범위를 피해서 운전속도를 결정해야 한다.

예제 9.6

그림 9.9a처럼 두 개의 베어링으로 지지되고 무게가 W인 플라이휠을 지지하는 축의 위험속도를 구하라.

주어진 값: 중심부에서 축의 단면 2차 모멘트($2I$)는 끝부분의 단면 2차 모멘트의 2배이다.

$$W = 400 \text{ N}, \quad L = 1 \text{ m}, \quad I = 0.3 \times 10^{-6} \text{ m}^4.$$

가정: 축은 $E = 200$ GPa인 강으로 제작된다. 축의 무게는 무시하고 베어링은 축을 단순 지지한다.

풀이

중간지간 C의 정적 처짐을 구하기 위해 모멘트-면적 방법(4.6절)을 적용하는 것을 그림 9.9에서 보여준다. 그림 9.9b는 굽힘모멘트를 보여주고 그림 9.9c는 M/EI를 보여준다. 처짐곡선의 접선은 점 C에서 수평이

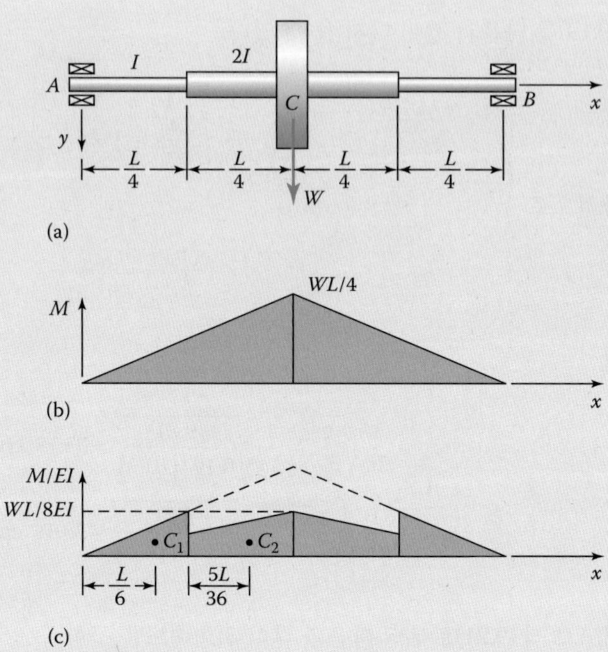

[그림 9.9]
예제 9.6. 모멘트-면적 방법에 의한 계단형 축의 처짐 계산

다. 그림에서 C_1과 C_2는 각각 삼각형 면적과 사다리꼴 면적의 중심점이다.

M/EI의 여러 부분의 1차 모멘트는 처짐을 계산하는 데 사용된다. 보의 대칭조건으로부터 점 C의 처짐곡선의 접선은 수평이다. 그러므로 식 (4.24)로 정의되는 2차 모멘트-면적 이론에 따라 처짐 δ_C는 점 A에 대한 A와 C 사이의 면적에 대한 모멘트를 구함으로써 계산된다. 즉,

$$\begin{aligned}\delta_C &= (\text{삼각형의 1차 모멘트}) + (\text{사다리꼴 1차 모멘트})\\ &= \left(\frac{L}{6}\right)\left(\frac{WL^2}{64EI}\right) + \left(\frac{L}{4} + \frac{5L}{36}\right)\left(\frac{3WL^2}{128EI}\right) = \frac{3WL^3}{256EI}\end{aligned} \tag{d}$$

식 (9.18)에 $m = 1$로 하고, $\delta_1 = \delta_C$로 하면 위험속도 n_{cr}

$$\begin{aligned}n_{cr} &= \frac{1}{2\pi}\sqrt{\frac{g}{\delta_C}}\\ &= \frac{1}{2\pi}\left[\frac{9.81(256)(200\times10^9)(0.3\times10^{-6})}{3(400)(1)^3}\right]^{1/2}\\ &= 56.40 \text{ cps} = 3384 \text{ rpm}\end{aligned}$$

9.8 결합요소

키, 핀, 스크류, 링, 컬러, 스플라인과 같은 결합요소(mounting parts)는 축에 기어, 풀리, 스프로킷, 캠, 플라이휠과 같은 회전체를 체결할 때 사용된다. 축에 접촉하는 부분을 허브라고 하고, 앞에서 언급된 여러 결합 요소를 이용하여 축에 *허브*(hub)를 체결한다. 결합 형상은 각각 장점과 단점을 가지고 있고, 결합요소의 치수는 공학 편람과 제품 목록에서 찾을 수 있다.

9.8.1 키

키(keys)는 축으로부터 허브에 회전력을 전달시킬 수 있도록 한다. 여러 가지 종류의 키는 다양한 설계 요건에 부합될 수 있도록 사용된다. 키는 형태에 따라 크기와 형상이 표준화되어 있다. 그림 9.10에서 여러 가지 키를 볼 수 있다. 축과 허브에 형성된 키 자리에 키를 삽입하여 사용된다. 사각키와 평키가 기계구성에 가장 일반적으로 사용된다.

지브머리키(gib-head key)는 점차 가늘게 된 형태로 축방향의 상대운동을 방지하도록 되어 있다. 또 다른 이점은 허브의 위치가 조정될 수 있는 점이다. 경사키는 착탈이 용이하도록 그림 9.10d처럼 머리나 지브머리가 없다.

반달키(woodruff key)는 반원통형으로 일정 두께를 가지고 있다. 자동차 산업이나 기계공구 산업

[그림 9.10]
축키의 일반적 유형.
(a) 사각키($w \approx D/4$)
(b) 평키($w \approx D/4$, $h \approx 3w/4$)
(c) 둥근키(일반적으로 경사짐)
(d) 지브머리키
(e) 반달키

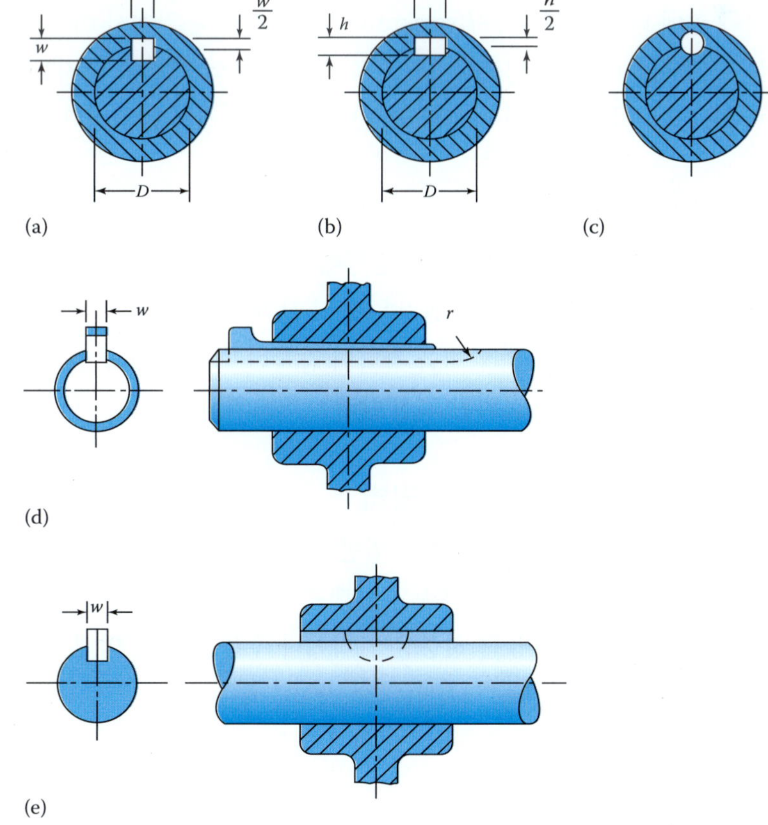

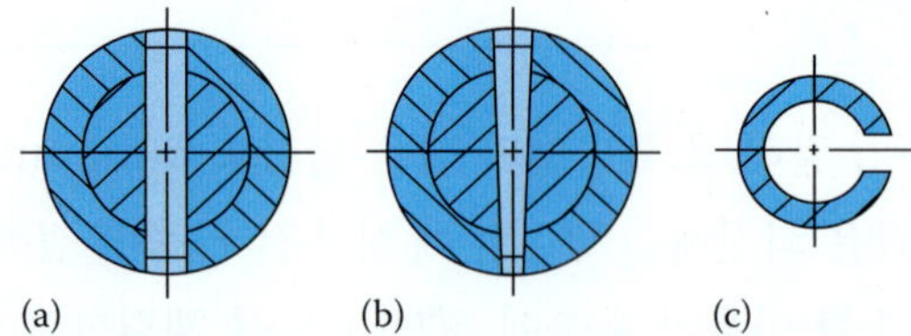

[그림 9.11]
핀의 유형. (a) 직선 둥근핀 (b) 경사 둥근핀 (c) 분할핀 또는 롤핀

에서 널리 사용되고 있다. 반달키는 조립된 후 축과 허브의 중심이 일치하도록 하는 장점이 있기 때문에 경사진 축에 선호되고 자가정렬(self-aligning)되는 특성이 있다.

9.8.2 핀

핀(pins)은 비교적 작은 회전력이나 축방향 하중을 허브에 전달하거나 축에 부품의 위치를 결정하는 데 사용된다. 축에 사용되는 핀의 종류는 평행핀, 테이퍼핀, 구름핀이 있다(그림 9.11). 소위 구름핀은 분할환형 스프링핀이다. 구멍 지름의 변화와 작은 오정렬에 충분히 조정되는 유연성을 가지고 있기 때문에 진동으로 인하여 빠지지 않는다.

9.8.3 나사

축이 약하지 않는다면 넓은 키는 *머리가 있는 나사*(cap screws)나 머리 없는 묻힘나사로 고정될 수 있다. 키와 핀에 더불어 *멈춤나사*(setscrews)는 허브가 축 위에서 이동되지 않도록 자주 사용된다. 아주 가벼운 하중에 대해서는 멈춤나사만으로 축과 허브의 회전을 방지할 수 있다. 멈춤나사는 키와 함께 자주 사용된다. 여러 종류의 나사와 표준나사는 15장에서 논의된다.

9.8.4 링과 칼라

링은 자주 *스냅링*(snap ring) 또는 고정링이라 하며, 여러 형태가 있다. 축에 정밀하게 가공된 작은 그루브에 끼워 사용된다. 키, 핀, 스냅링은 고정 칼라에 의해 대체될 수 있다. 고정 칼라는 축에 고정시키기 위해 축의 표면에 약간의 압력을 가하여 압착한다. 허브의 구멍과 고정 칼라가 서로 부합하도록 경사지게 한다. 축방향으로 분리된 고정 칼라는 허브와 축 사이에 끼워서 볼트조임으로 고정시킨다.

9.8.5 허브의 축상 위치 조정 방법

그림 9.12는 축에 허브를 고정시키는 일반적 방법을 보여주고 있다. 축이나 축에 고정된 요소에 작용하는 축하중에 대해서 가벼운 하중은 클램프 고정, 멈춤나사, 테이퍼키(그림 9.10)이고, 중간 하중은 너트, 핀, 클램프 고정이며, 큰 하중은 압착이나 수축 맞춤에 의해 전달된다. 끼워맞춤은 베어링을 허브에 고정시킬 때 사용된다.

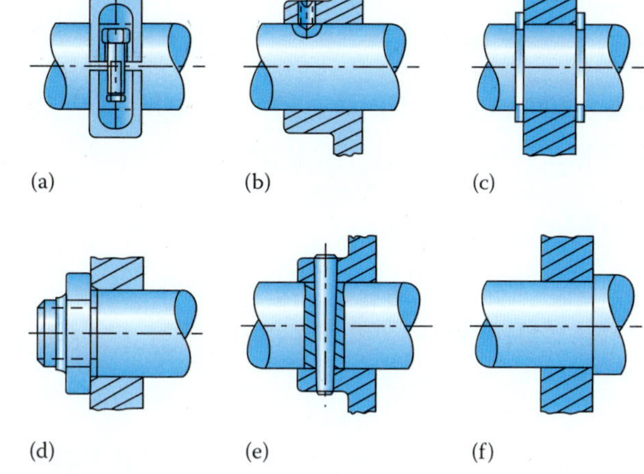

[그림 9.12]
축의 운동을 전달하기 위한 여러 가지 허브의 고정 방법.
(a) 고정 칼라 (b) 셋 스크류
(c) 스냅링 (d) 너트 (e) 경사 핀
(f) 끼워맞춤

9.9 키의 응력

키의 표면에 분포된 응력은 매우 복잡하다. 축과 허브의 홈에 키의 맞춤 정도에 따라 응력은 분명히 달라진다. 응력은 키의 길이 방향으로 균일하지 않고 끝부분에서 최대가 된다.

여러 가지 불확실성 때문에 정확한 응력해석은 할 수 없지만, 그림 9.13에 묘사된 것처럼 키가 꼭 맞는 것으로 가정한다. 토크 T가 키의 전 길이에 균일하게 분포되고 축 표면에 작용한 접선력 F에 의해 전달된다는 것을 의미한다.

$$T = Fr \tag{9.22}$$

여기서 r은 축의 반지름이다.

키에 작용한 전단응력과 압축응력은 충분히 큰 안전율을 적용하여 힘 F로부터 계산된다. 일정하중에 대해 안전율 2가 적용된다. 반면에 충격하중에 대해서 안전율은 2.5부터 4.5까지 적용된다.

키 자리는 응력집중이 발생되는데 키의 바닥 끝부분에서 코너의 반지름 r에 따라 영향을 받는다. 굽힘이나 비틀림 하중을 받는 축의 엔드 밀로 가공된 키 자리에 대한 이론적 응력집중계수는 2에서 4까지이고 r/D의 비율에 따른다[6]. r은 필릿 반지름(그림 9.10d)이고 D는 축지름이다. 피로응력 집중계수는 대략적으로 1.3~2의 값을 갖는다.

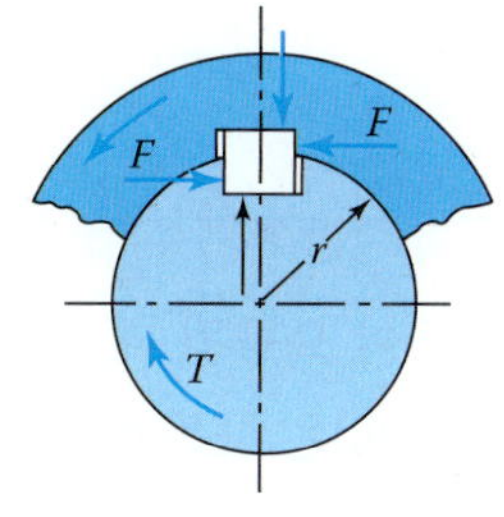

[그림 9.13]
위아래 맞춤키에 작용하는 힘

예제 9.7 축키의 설계

지름이 D인 축이 600 rpm으로 회전하고 기어로 100 hp를 전달한다. 너비 w의 사각키(그림 9.10a)가 결합 요소로 사용된다. 요구되는 키의 길이를 결정하라.

주어진 값: $D = 50$ mm, $w = 12$ mm.

설계 결정: 축과 키는 AISI 1035 냉간압출 강으로 제작되고 인장강도와 압축강도는 같고 항복전단강도 $S_{ys}' = S_y/2$이다. 전달 동력은 간헐적으로 약간의 충격이 있고 안전율 $n = 2.5$가 사용된다.

풀이

표 B.3으로부터 재료의 항복강도 $S_y = 460$ MPa이다. 식 (1.16)으로부터

$$T = \frac{7121(100)}{600} = 1.187 \text{ kN} \cdot \text{m}$$

그림 9.13에서의 축 표면에서 힘 F는

$$F = \frac{T}{r} = \frac{1.187}{0.025} = 47.48 \text{ kN}$$

키에서 전단응력을 고려하면

$$\frac{S_y}{2n} = \frac{F}{wL} \quad \text{또는} \quad L = \frac{2Fn}{S_y w} \tag{9.23}$$

주어진 데이터를 넣으면

$$L = \frac{2(47,480)(2.5)}{460(10^6)(0.012)} = 43 \text{ mm}$$

키 또는 축의 압축 또는 지지 압력을 고려하면(그림 9.10a)

$$\frac{S_{yc}}{n} = \frac{F}{(w/2)L} \quad \text{또는} \quad L = \frac{2Fn}{S_{yc} w} \tag{9.24}$$

$S_y = S_{yc}$이기 때문에 결과적으로 $L = 43$ mm이다.

9.10 스플라인

축과 허브 사이의 축방향 이동이 요구될 때, 상대적 회전은 축과 허브에 가공된 스플라인에 의해서 방지된다. 예로 스플라인(splines)은 자동차에서 트랜스미션 출력축을 구동축에 연결하는 데 사용되

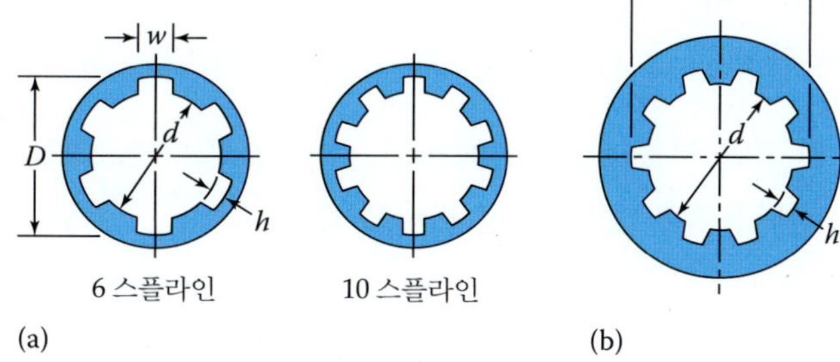

[그림 9.14]
스플라인의 일반적 유형.
(a) 각형 (b) 인벌류트형

고, 현가 장치의 이동은 구성요소들이 축방향으로 이동하게 한다. 스플라인은 본질적으로 내재된 키이다. 스플라인은 키가 전달할 수 있는 것보다 큰 토크를 전달할 수 있다. 두 가지 종류의 스플라인이 있는데(그림 9.14), 직선의 또는 직각 치의 스플라인과 인벌류트 형상의 스플라인이다. 후자는 치의 윤곽이 인벌류트 곡선이고 기어에 널리 사용된다. 인벌류트형의 치가 직각형 치보다 응력 집중이 작기 때문에 강하다. 가공과 조립이 쉽기 때문에 인벌류트 스플라인이 좋은 스플라인의 형상이라 할 수 있다.

스플라인의 치수 공식은 호칭축 지름에 따른다. 그림 9.14a는 표준 SAE 6과 10의 직선형 스플라인을 보여준다. 뿌리 지름 d, 너비 w, 안쪽 스플라인의 깊이 h는 축의 호칭지름 D 또는 외부 스플라인의 뿌리 지름을 기준으로 한다. SAE에 따라 미끄럼이 있는 직선형 스플라인의 토크는

$$T = pnr_m hL_c \tag{9.25}$$

여기서

T = 이론적 토크

n = 스플라인 수

$r_m = (D + d)/4$, 평균 또는 피치 반지름(그림 9.14 참조)

h = 스플라인 깊이

L_c = 스플라인 접촉 길이

p = 스플라인 압력

이다. SAE는 실제적으로 치의 형상과 여유 공간이 정확하지 않기 때문에 접촉길이 L_c는 스플라인 길이의 25%이다.

인벌류트 스플라인(그림 9.14b)은 기어 치의 형상이고, 11장에서 자세히 논의될 것이다. 토크를 전달하기 위해 요구되는 스플라인의 접촉길이 L_c는 SAE가 제시한 것처럼

$$L_c = \frac{D^2\left(1 - d_i^4 / D^4\right)}{d_m^3} \tag{9.26}$$

여기서

D = 축의 호칭지름

d_m = 평균 또는 피치 지름

d_i = 중공축의 경우 안지름

스플라인의 평균 지름의 전단면적은 $A_s = \pi d_m L_c / 2$이다. SAE 가정에 의해서 전단면적의 ¼만 응력을 받는다. 전단응력은 대략적으로 다음과 같다.

$$\tau = \frac{T}{(d_m/2)(A_s/4)} = \frac{8T}{d_m A_s}$$

또는

$$\tau = \frac{16T}{\pi d_m^2 L_c} \tag{9.27}$$

여기서, T는 축의 토크를 나타내고 L_c는 식 (9.25) 또는 식 (9.26)에 의해 주어진다. 굽힘이 있을 경우 스플라인의 굽힘응력은 별도로 계산되어야 한다.

9.11 축이음(커플링)

커플링(couplings)은 두 개의 축을 연결하는 데 사용된다. 다양한 형태의 상용 커플링을 이용할 수 있고, 크게 두 종류로 구분될 수 있는데, 고정 커플링과 플렉시블 커플링(flexible coupling)이다. 고정 커플링은 두 축을 고정시킨다. 조립할 때는 축방향의 조정이 가능할지라도 두 축이 서로 상대운동을 허용하지 않는다. 연결되는 두 축의 중심이 어긋나는 것을 허용하지 않는다. 한 축으로부터 다른 한 축으로 전달되는 충격이나 진동을 감소시키지 못한다. 그러나 축은 종종 축방향이 서로 어긋나기 쉽기 때문에, 이러한 곳에는 플렉시블 커플링이 사용되어야 한다. 심하게 어긋나는 것은 조정되어야 하나 가벼운 어긋남은 플렉시블 커플링이 하중을 흡수함으로써 베어링의 피로파손이나 손상을 방지할 수 있다.

9.11.1 고정 커플링

중심이 일치하는 축은 고정 커플링에 의해 연결될 수 있다. 가장 일반적으로 사용되는 분할 커플링은 볼트에 의해 두 축을 감싸는 형상으로 고정시켜 회전 토크를 전달한다(그림 9.15). 축에 커플링을 고정하는 키가 필요하다. 토크는 주로 고정자의 마찰력에 의해 전달되고 부분적으로 키에 의해 전달된다. 고정 커플링(clamped rigid couplings)은 전달 토크가 큰 곳에 널리 사용된다.

9.11.2 플랜지 고정 커플링

동일 직선상에 있는 축은 플랜지 커플링에 의해서 그림 9.16에서 보여준 것처럼 연결된다. 바깥지름

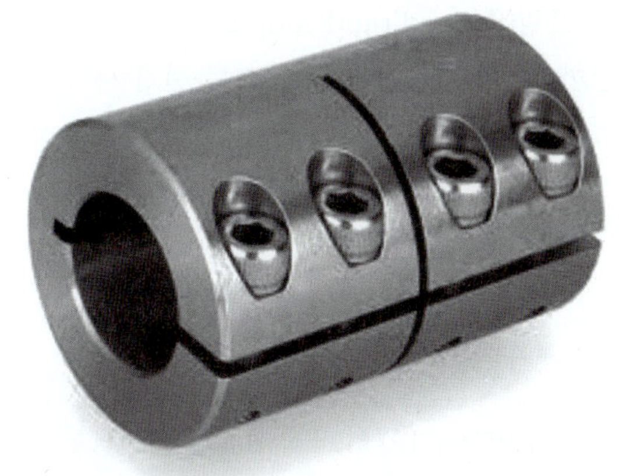

[그림 9.15]
고정 커플링 이음 키자리가 있는 일체형 클램프

의 플랜지 영역은 빗금친 볼트머리와 너트에 의해서 안전하게 한다. 하중은 볼트에 균일하게 분배된다. 고정 커플링을 설계하는 것은 간단하고 축이 일직선이고 유연할 때, 상대적으로 저속일 때 일반적으로 사용된다.

키 커플링(keyed coupling)은 가장 널리 사용되는 고정 커플링(그림 9.16a)으로, 토크를 확실하게 전달한다. 축이음의 반쪽은 키에 의해 한 축의 끝에 부착된다. 그림에서 보여준 것처럼 플랜지 면이 다른 플랜지에 파인 면에 맞추면서 조정된다. 플랜지를 조정하는 또 다른 방법은 하나의 축이 파일럿(pilot)으로 짝 플랜지에 들어간다. 키 커플링에는 9.8절에서 설명된 표준키가 사용된다.

압축 커플링은 분리된 두개의 원추가 그림 9.16b에서 보여준 것처럼 축방향으로 이동되지 않고 플랜지의 쐐기 효과에 의해서 축을 압착한다. 이러한 커플링은 축과 분할 원추 사이의 마찰력에 의해 토크가 전달되기 때문에 커플링에서 키와 키 자리를 필요로 하지 않는다. 연마된 끼워맞춤용 플랜지 볼트를 사용하는 고정 커플링을 규정할 때, 설계자는 볼트의 전단 파손, 홀에 접촉하는 볼트의 돌출 면적, 허브의 플랜지 전단, 키의 전단이나 뭉게지는 현상을 포함하여 부품의 강도를 확인해야 한다. 끼워맞춤용 볼트와는 대조적으로 마찰력에 의한 토크전달 방법으로 설계된 플랜지 커플링은 설명된 것보다 다소 상이한 분석을 요구한다.

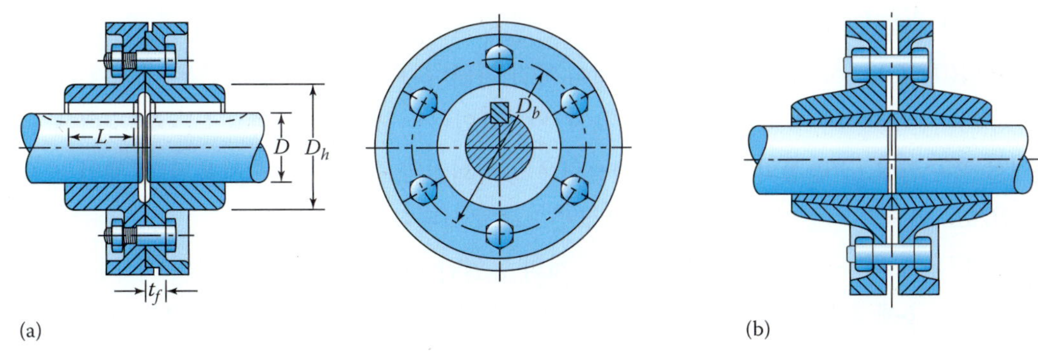

[그림 9.16]
플랜지 고정 축이음. (a) 키 고정 (b) 압축 고정(마찰 원통형)

플랜지 고정 커플링(flanged rigid couplings)은 볼트의 전단응력이 균일하고 커플링의 중심으로부터 볼트의 중심까지 거리에 의해 결정되고 플랜지 사이의 마찰은 무시된다. 볼트의 전단응력의 단면적의 곱은 볼트에 작용하는 힘이고, 축 중심 주위에 작용하는 힘의 모멘트가 커플링이 전달할 수 있는 토크가 된다.

예제 9.8 고정 커플링의 토크 용량

키가 있는 플랜지가 그림 9.16a와 같이 축에 끼워진다. 전달할 수 있는 토크를 계산하라.

주어진 값: 25 mm 지름의 볼트가 6개 있다. 볼트의 기초원 지름 $D_b = 150$ mm이다.

가정: 토크 용량은 볼트의 허용전단강도 210 MPa에 의해 결정된다.

풀이

볼트의 전단면적은

$$A = \left(\frac{1}{4}\right)\pi(25)^2 = 491\ \text{mm}^2$$

하나의 볼트에 대한 허용 힘은

$$P_{\text{all}} = AS_{ys} = 491(210) = 103.1\ \text{kN}$$

6개의 볼트가 중심으로부터 75 mm 거리에 위치하고 있기 때문에 허용전달 토크는

$$T_{\text{all}} = 103.1 \times 103 \times 0.075 \times 6 = 46.4\ \text{kN}\cdot\text{m}$$

이다.

9.11.3 유연 커플링

유연 커플링(flexible couplings)은 축 중심선이 약간 어긋나기 쉬운 축을 연결하는 데 사용된다. 유연 커플링의 하나는 고무와 스프링과 같은 신축요소를 삽입하는 것이다. 신축요소는 축 사이에 전달되는 충격을 흡수한다. 전단형의 고무삽입 커플링은 고속회전과 높은 마력에 사용된다. 체인 커플링은 롤러체인으로 연결되는 동일한 두 개의 스프로킷으로 구성된다.

그림 9.17은 고무와 같은 탄성중합체와 두 개의 동일한 허브 직각 키 커플링의 허브를 보여준다. 한 허브는 운전중에 축을 따라 미끄러지면서 탄성체와 결합된다. 축심, 모서리, 평행도의 어긋남은 틈새로 조정된다. 키는 전단응력을 받는다. 전단응력을 발생시키고 치에 작용하는 힘은 축이음이 전달하는 동력과 속력에 의해 결정된다.

[그림 9.17]
조(jaw)와 탄성체 삽입형의 조 커플링(Courtesy of Magnaloy Coupling)

많은 다양한 형식의 유연 커플링이 유용하다. 예로 헬리컬 축이음과 벨로 축이음이 있다. 둘 다 축방향의 어긋남 평행의 어긋남을 이용할 수 있는 탄성 처짐을 응용한 것이다. 자세한 정보, 치수, 허용하중은 제조업체의 설명서나 기계편람으로부터 알 수 있다.

9.12 유니버설 조인트

유니버설 조인트(universal joint, U-joint)는 상당히 큰 각 어긋남이 허용하기 때문에 서로 교차하는 축에 사용된다. 두 가지 형이 있는데 하나는 십자형(Hooke's coupling 또는 cardan coupling)이고 다른 하나는 제파(Rzeppa), 벤딕스-바이스(Bendix-Weiss) 또는 톰슨 커플링(Tompson coupling)이다. 전자는 하나의 조인트로 연결될 때 각속도가 일정하지 않고 후자는 일정하다. 두 커플링 모두 약 30°의 두 축의 교차각까지 허용한다[7]. U-Joint의 전형적인 사용 예는 자동차 동력축, 기계적 제어 메커니즘, 회전 제분기 구동(rolling mill drives) 그리고 농업용 트렉터(farm tractor)가 있다.

십자형은 가장 단순한 유니버설 조인트이고 중심 링크에 연결되는 각각의 축에 요크(yoke)로 구성된다. 그림 9.18과 같이 두 조인트를 사용한 짝 십자형 커플링은 요크와 십자의 결합부에 베어링이 사용된다. 그림에서처럼 교차각이 같으면 구동축 각속도를 일정하게 된다. 십자형 커플링 짝은 자주 후륜 구동 자동차의 구동축으로 사용된다. 조인트 하나로 균일한 각속도를 전달하는 제파 형식의 볼 조인트는 전륜구동차에 적용됨을 잘 볼 수 있고, 축은 상대적으로 짧고 조향이나 바퀴의 위아래 흔들림으로 인하여 축 교차각이 크다. 더 많은 정보는 기계공학의 교과서[3]와 유니버설조인트의 제조업체의 설명서로부터 볼 수 있다.

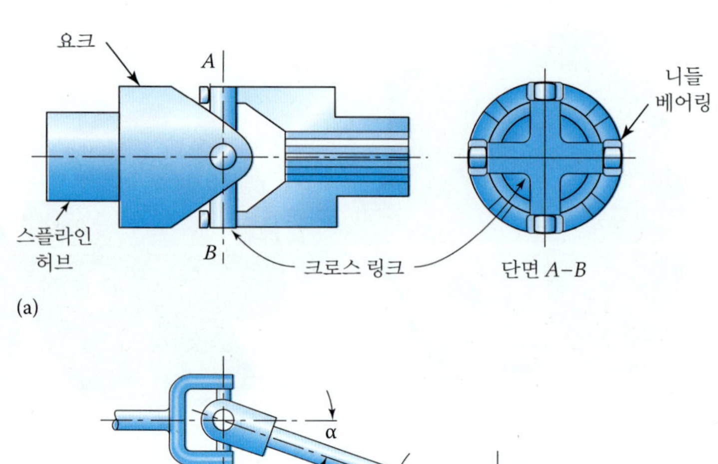

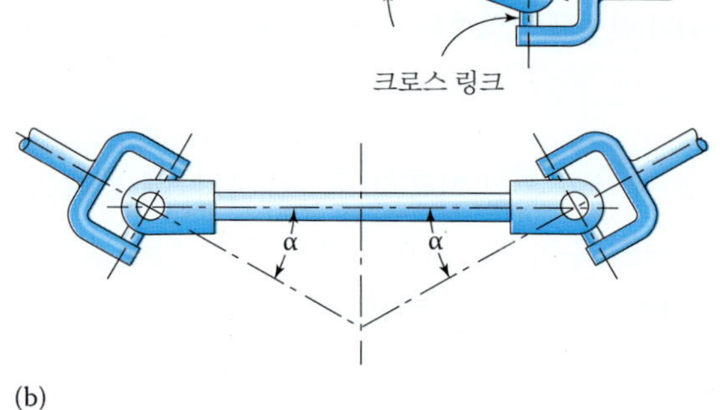

(b)

[그림 9.18]
간단한 U-조인트. (a) 훅의 축이음 (b) 일정 속도비로 전달하기 위한 한 쌍의 훅의 축이음에 대한 두 가지 배열

연습문제

다음 문제에 나오는 베어링은 단순 지지의 역할을 한다.

9.1절~9.4절

9.1 n의 속도로 작동하는 15 hp의 모터의 동력을 전달할 중실축을 설계하라.

주어진 값: $G = 80$ GPa, $S_{ys} = 150$ MPa, $n = 2500$ rpm. 비틀림 각은 단위미터당 2°로 제한한다.

설계 가정: 축은 강철이며 안전율은 3이다.

9.2 축이 ASTM-50 회주철로 제작된 것으로 가정하고(표 9.2 참조), 안전율 $n = 2.5$가 적용된 최대 주응력 응력파손 이론을 적용하여 예제 9.1을 다시 해석하라.

9.3 그림 P9.3에서 40 hp의 모터가 기어열에 연결되어 있어 속도 n으로 축이 구동된다.

a. 안전율을 2로 하고 축 AC와 BC를 설계하라.

b. A와 B 사이의 전체 비틀림 각을 구하라.

주어진 값: $G = 82$ GPa, $S_{ys} = 210$ MPa, $n = 1200$ rpm.

[그림 P9.3]

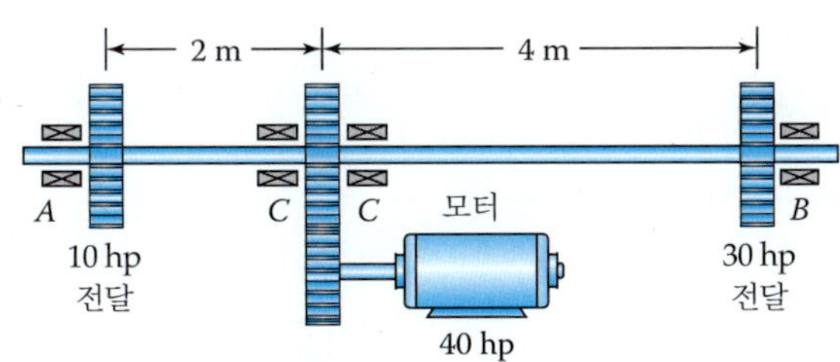

9.4 지름이 D_s인 ASTM-A36의 강철축이 대기에 의해 부식되어 2014-T6의 알루미늄 합금축으로 교체하였다. 알루미늄축의 지름 D_a를 D_s 함수로 구하라. 축의 무게비는 얼마인가?

가정: 두 축의 횡탄성계수는 같다.

9.5 지름이 D_s인 강의 중실축이 P, M, T의 하중을 축끝에 작용한다. 파손이 다음의 기준에 의해 발생한 것으로 가정하여 안전율 n을 결정하라.

a. 최대 전단응력

b. 최대 비틀림 에너지

주어진 값: $S_y = 260$ MPa, $D = 100$ mm, $P = 50$ kN, $M = 5$ kN · m, $T = 8$ kN · m.

9.6 ASTM-A242 고강도 강으로 제작되고, 양 끝이 단순 지지되고, 지름이 D인 원형 단면의 축 AB가 그림 P9.6처럼 토크(T)와 2 하중(F_y, F_z)을 받고 있다. 다음의 기준으로 안전율 n을 구하라.

a. 인장 항복강도

b. 전단 항복강도

주어진 값: $a = 0.6$ m, $D = 45$ mm, $F_y = 2.4$ kN, $F_z = 1.5$ kN, $T = 1.25$ kN · m, $S_y = 345$ MPa, $S_{ys} = 210$ MPa(표 B.1).

[그림 P9.6]

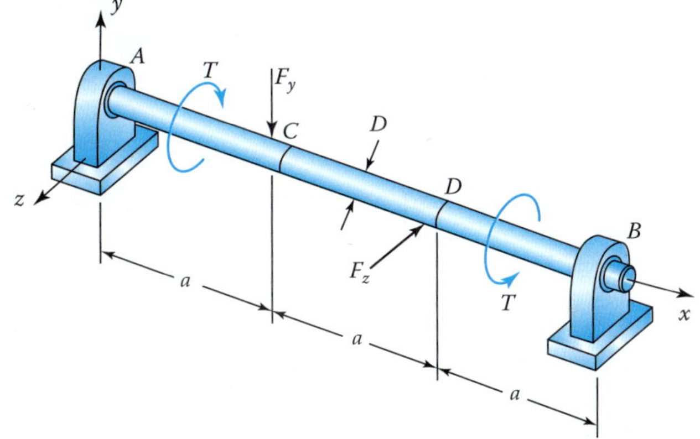

9.7 그림 P9.7과 같이 중실축이 풀리 C에서 벨트 장력(yz평면의 y축으로부터의 각으로)을 전달한다. $\alpha = 0$이고 안전율이 n일 때 다음 파손기준에 따라서 설계하라.

a. 최대 전단응력

b. 최대 비틀림 에너지

주어진 값: $S_y = 250$ MPa, $n = 1.5$.

[그림 P9.7]

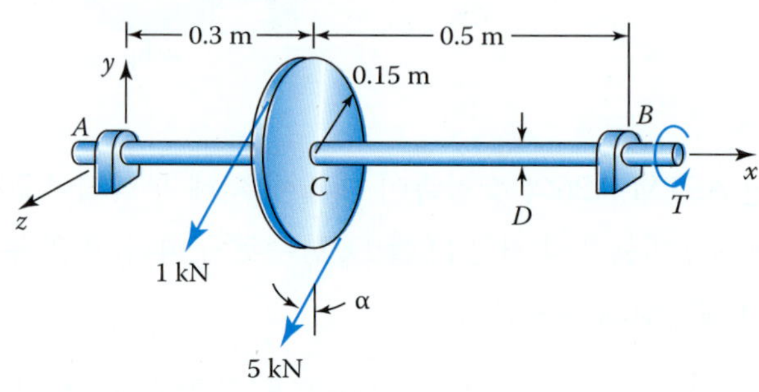

9.8 원형 단면 축과 풀리의 조립체가 A와 D에서 지지되고, 그림 P9.8처럼 B와 C에서 벨트로 인장력을 받는다. 항복 안전율 $n = 1.5$로 하여 최대 전단응력 파손 이론을 기준으로 요구되는 최소 축지름 D를 계산하라.

가정: 축은 AISI 1050HR 강으로 제작되었다(표 B.3).

[그림 P9.8]

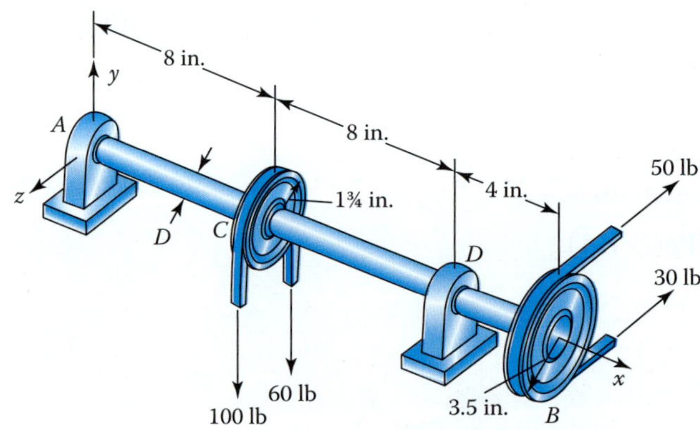

9.9 항복 안전율 $n = 1.2$로 하여 최대 비틀림 에너지 파손 이론을 적용하여 문제 9.8을 재해석하라.

9.10 축은 회전속도 n으로 화학물을 섞기 위해 90 hp의 동력을 전달한다. 다음 파손기준에 따라 축의 지름을 계산하라.

a. 최대 전단응력

b. 최대 비틀림 에너지

주어진 값: $n = 110$ rpm.

설계 가정: 축의 재료는 302 냉간압연 스테인리스 강이고, 부식이 강한 환경이기 때문에 안전율은 4로 한다.

9.11 축과 풀리의 조립체가 그림 P9.11처럼 지지되며 하중을 받고 있다. 안전율 $n = 1.4$로 하여 최대 주응력 파손 이론을 기준으로 적용할 때 축지름 D는 몇인가?

가정: 축은 AISI 1040 CD 강으로 제작되었다(표 B.3).

[그림 P9.11]

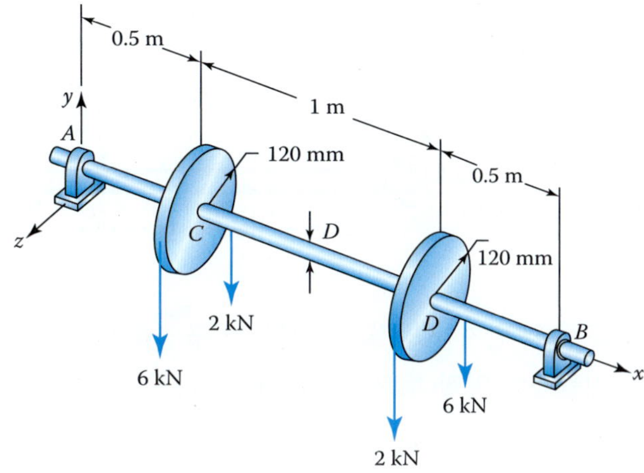

9.12 안전율 $n = 1.5$이고 풀리 C에 수평방향의 인장력이 작용할 때 문제 9.11을 다시 풀어라.

9.5절

9.13 기계적으로 표면처리된 강축 AB가 $\alpha = 30°$(그림 P9.7)인 경우에 작은 진동의 벨트응력(yz평면에서)을 전달한다. 최대 전단응력 기준과 굿맨 파손 이론을 같이 사용하여 축 BC 부분을 설계하라.

주어진 값: $S_u = 520$ MPa, $n = 1.5$, $K_f = 1.2$, 운전 온도는 최대 500°C이다.

가정: 생존율(survival rate)은 90%이다.

9.14 지름 D인 축이 그림 P9.14와 같이 하중을 지지하고 회전한다. 굿맨(Goodman) 이론과 조합된 최대 전단 변형에너지 파손기준으로 안전율 n을 구하라.

주어진 값: $D = 2.5$ in., $S_u = 180$ ksi. 토크는 평균값으로부터 ±10% 변동 하중이고, 생존율은 99%이다.

설계 결정: 축은 노치없는 강으로 연삭되었다.

[그림 P9.14]

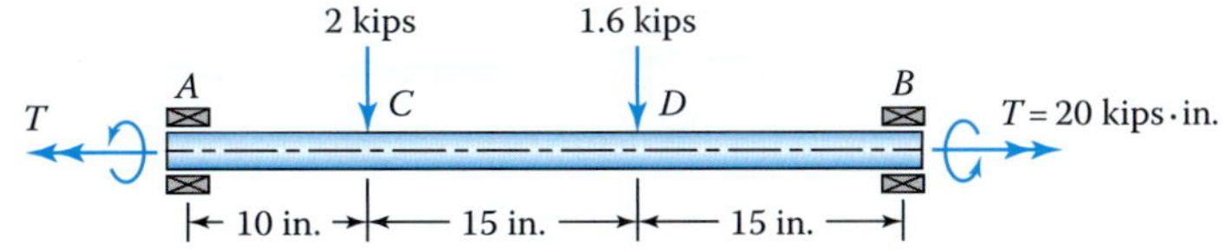

9.15 지름 D인 축이 그림 P9.15와 같이 회전하고 하중을 지지한다. 소더버그 이론과 조합된 최대전단응력 파손을 기준으로 축의 안전율 n을 계산하라.

주어진 값: $D = 3.5$ in., $S_y = 130$ ksi, $S_u = 200$ ksi. 토크는 평균값으로부터 ±20% 변동하중이고, 극심한 충격을 동반한다. 생존율은 90%이고, 운전 온도는 최대 950°F이다.

설계 결정: 축은 노치없는 강으로 냉간압연되었다.

[그림 P9.15]

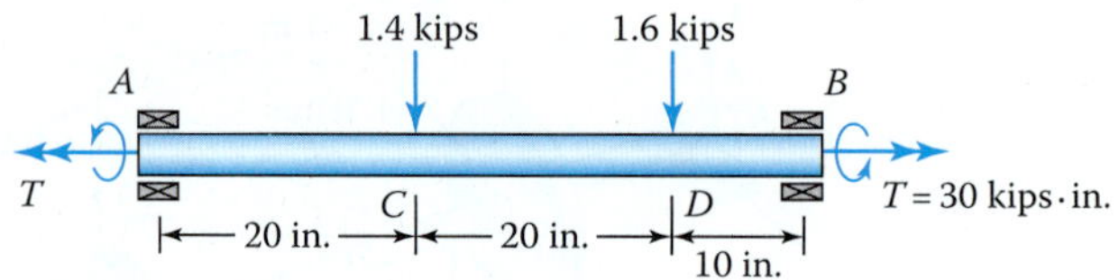

9.16 5 mm 지름으로 축의 반지름 방향으로 관통된 구멍을 가지고 있고, AISI 1060 HR 강으로 제작된 40 mm 지름축이 일정 토크 600 N·m와 완전 반복 굽힘모멘트(completely reversed bending moment) 120 N·m를 지지하고 있다. 굿맨 이론과 조합된 최대 비틀림 에너지 파손기준을 적용할 때 안전율 n은 몇인가?

주어진 값: $S_u = 520$ MPa, $S_y = 440$ MPa, 149 Bhn(표 B.3 참조).

가정: 운전 온도는 480°C이고 생존율은 99%이다.

9.17 소더버그 피로파손 기준을 적용해서 문제 9.16을 다시 풀어라.

9.18 회전하고 있는 중실축이 그 끝에 강한 진동토크 T와 굽힘모멘트 M이 반복하여 작용하고 있다. 굿맨 피로파손 기준과 결합된 최대 전단 변형에너지 파손의 기준으로 축지름 D를 계산하라.

주어진 값: $M = 200$ N·m, $T = 500$ N·m, $S_u = 455$ MPa, $n = 1.5$, $K_f = 2.2$.

설계 결정: 축은 1020 HR 강으로부터 연마되었고, 생존율은 99%이다.

9.19 그림 P9.19에서처럼 회전하는 단이 있는 축이(마찰없는) 볼베어링 A와 B에서 지지되고 있고, 회전하지 않은 힘 P와 토크 T에 의한 하중이 있다. 모든 치수는 밀리미터이다. 축의 안전율 n을 소더버그 피로파손기준과 결합된 최대 전단응력 파손 이론에 기준하여 결정하라.

주어진 값: $P = 5$ kN, $T = 600$ kN·m, $S_y = 600$ MPa, $S_u = 1000$ MPa, $K_t = 1.8$, 토크는 평균값으로부터 ±15% 변동 하중이고, 생존율은 98%이다.

[그림 P9.19]

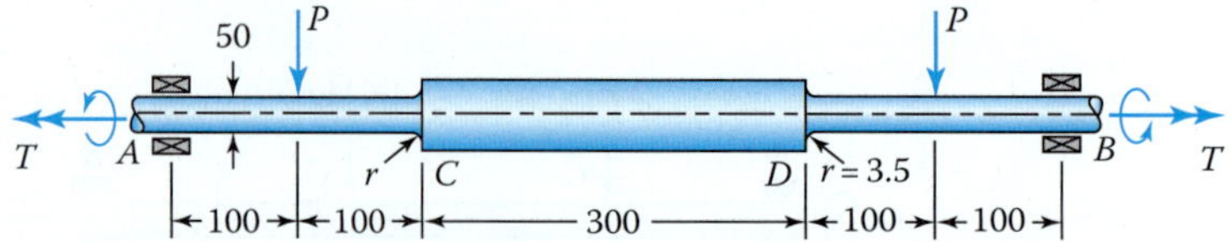

9.20 빠른 속도로 언덕으로부터 스포츠 카가 가속되고 있을 때, AISI 1050 CD 강의 구동축이 작은 충격이 있는 평균 굽힘모멘트 M_m, 변동굽힘하중 M_a 그리고 일정 토크 T_m을 받고 있다. 굿맨

피로파손 기준과 결합된 최대 전단응력 이론에 따라 축지름 D를 결정하라.

주어진 값: $M_m = 200$ N · m, $M_a = 600$ N · m, $T_m = 360$ N · m, $K_s = 1.5$(표 9.1 참조), $S_u = 690$ MPa, $S_y = 580$ MPa(표 B.3 참조).

가정: 안전율 $n = 3.5$이다. 신뢰도는 95%이고 운전 온도는 800°F이다. 굽힘과 비틀림의 피로응력 집중계수는 $K_f = 1.2$이다.

9.21 구동축이 큰 충격(heavy shock)을 받고 소더버그 피로파손 기준과 결합된 최대 비틀림 에너지 이론을 적용하여 문제 9.20을 다시 해석하라.

9.22 그림 P9.22에서처럼 지름 D인 중실축이 회전하며 작은 진동하중을 전달한다. 굿맨 피로파손 기준과 결합된 최대 변형에너지 파손기준에 따라 축의 안전율 n을 구하라.

주어진 값: $D = 75$ mm, $S_y = 550$ MPa, $S_u = 660$ MPa. 토크는 평균값으로부터 ±5% 변동 하중이고, 축은 노치없는 강으로부터 연마되었다.

[그림 P9.22]

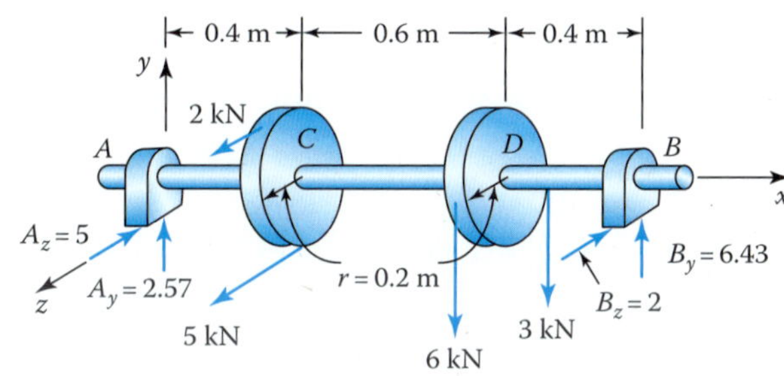

9.23 생존율이 90%일 때, 소더버그(Soderberg) 피로파손 기준과 결합된 최대 전단응력 이론을 적용하여 문제 9.22를 다시 풀어라.

9.24 그림 P9.24에서 AISI 1040 냉간압출 강으로 제작된 회전축이 하중을 지지하고 있다. 풀리의 무게가 300 lb이고 기어의 무게가 100 lb이다. 굿맨 피로파손 기준과 결합된 최대 전단변형에너지 파손기준을 적용하여 축을 설계하라.

주어진 값: $K_f = 1.8$, $n = 1.6$.

가정: 생존율은 95%이다.

[그림 P9.24]

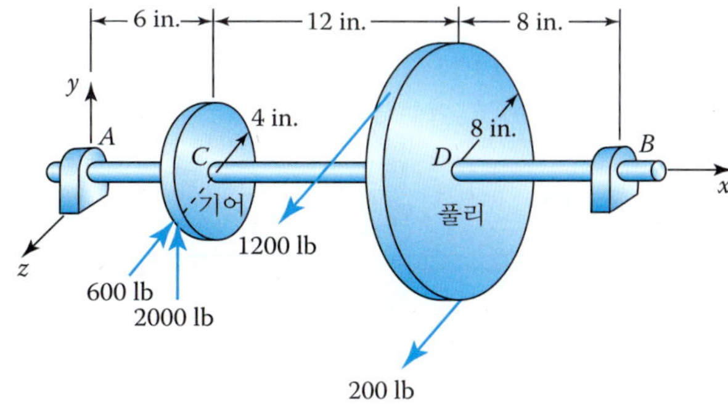

9.25 소더버그 피로파손 기준과 결합된 최대 전단응력 파손기준을 적용해서 문제 9.24를 다시 풀어라. 생존율은 99.9%, $K_f = 1.2$, $n = 2$이고 기어와 풀리 무게는 무시한다.

9.6절~9.12절

9.26 지름 D인 강축이 그림 P9.26처럼 지지되고 하중을 받고 있다. 축의 위험속도 n_{cr}을 rpm 단위로 구하라.

주어진 값: $D = 25$ mm, $E = 210$ GPa.

[그림 P9.26]

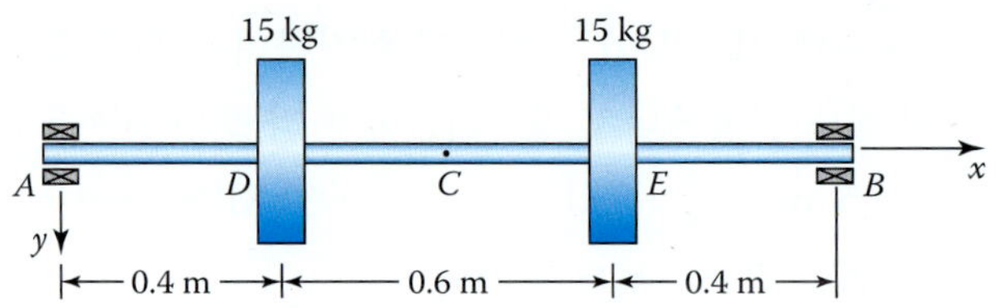

9.27 그림 P9.26에서 최대 정적 허용처짐이 0.5 mm이면, 축의 위험속도 n_{cr}을 rpm 단위로 구하라.

주어진 값: $E = 200$ GPa.

9.28 그림 P9.28과 같이 단면이 균일한 축에 하중이 가해졌다. 축의 위험속도 n_{cr}을 rpm 단위로 구하라.

주어진 값: $E = 210$ GPa.

[그림 P9.28]

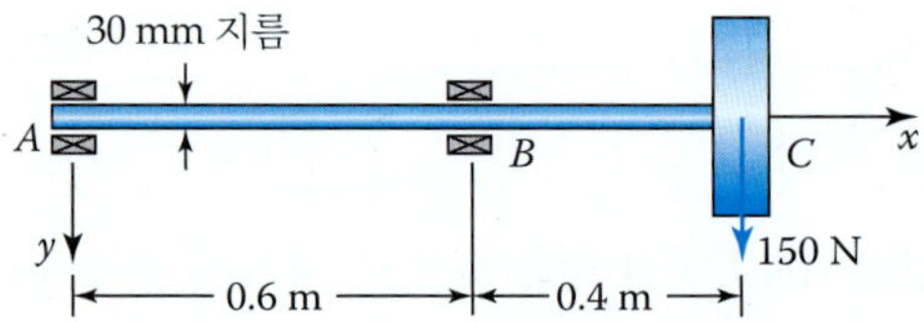

9.29 다음을 적용하여 그림 P9.29처럼 C와 D에서 하중이 작용하고 있는 단순 지지 조건의 축의 위험속도를 결정하라.

a. 레일리의 방법

b. 던커레이의 방법

주어진 값: 축의 지름 $D = 2\,1/4$ in.이고, 냉간압연 강이고 $E = 29 \times 10^6$ psi.

[그림 P9.29]

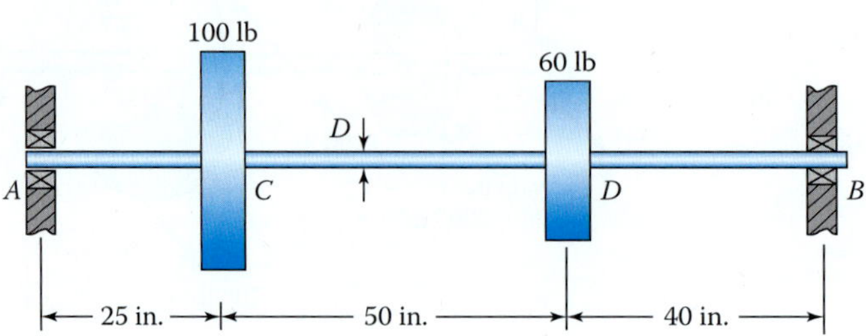

9.30 다음을 적용하여 그림 P9.29처럼 하중이 작용하고 있는 단순 지지 조건의 축의 위험속도를 결정하라.

a. 레일리의 방법

b. 던커레이의 방법

주어진 값: 축의 지름 $D = 3\,1/2$ in.이고, 강(wrought steel)이고 $E = 30 \times 10^6$ psi이다.

9.31 다음을 적용하여 그림 P9.31처럼 하중이 작용하고 있는 단순 지지 조건의 모터 축의 위험속도를 결정하라.

a. 레일리의 방법

b. 던커레이의 방법

주어진 값: 축 지름 $D = 1\,7/8$ in.이고, 냉간압연 강이고 $E = 16 \times 10^6$ psi이다.

[그림 P9.31]

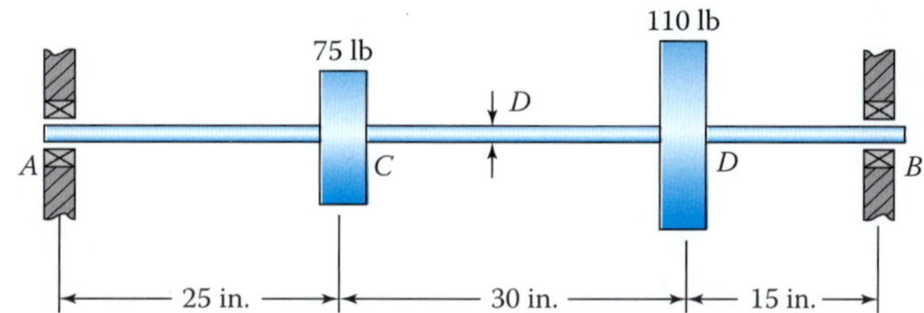

9.32 AISI 1050 CD 강으로 제작된 지름 D의 모터 구동축이 그림 9.16과 유사하게 키가 있는 축이음으로 화전속도 900 rpm으로 120 hp를 피동기계의 변속기 입력축에 전달한다(그림 P9.32). 다음의 조건에 따라 키의 길이 L을 구하라.

a. 축의 면압(bearing)

b. 키의 면압

c. 키의 전단

주어진 값: 축 $D = 1\tfrac{1}{2}$ in., $S_y = 84.1$ ksi(표 B.3 참조).

키: 너비 $w = 3/8$ in., $S_y = 44$ ksi, $S_{ys} = S_y/2 = 22$ ksi인 정사각 키(그림 9.10a)가 적용된다.

가정: 안전율 $n = 2.3$이 적용된다.

[그림 P9.32]

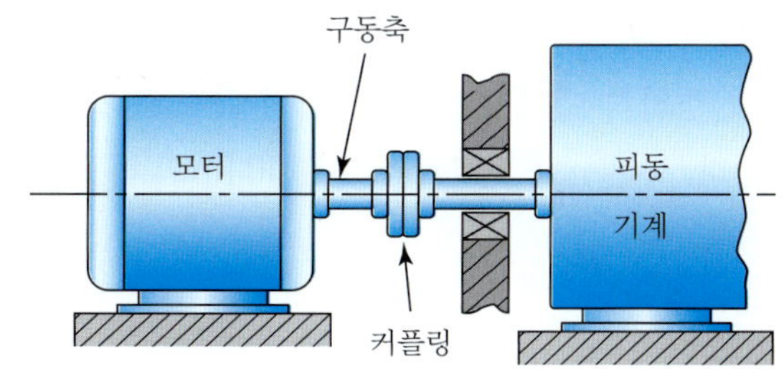

9.33 지름 D인 축에 $3/4 \times 3/8$ in.의 평(flat)키가 있다. 축이 전달할 수 있는 최대 토크에 대한 키의 길이 L을 구하라.

주어진 값: $D = 3$ in., $S_{ys} = 0.58\ S_y$, $n = 2$.

설계 결정: 축과 키는 각각 AISI 1030과 AISI 1020으로 냉간압연 강이다.

9.34 $3/8 \times 3/8 \times 3$ in. 키가 지름 1.5 in.인 축에 3 in. 길이로 고정되었다. 전달될 토크가 3.5 kip · in.이면, 키의 전단파손에 대한 안전율은 몇인가?

가정: 축과 키는 허용응력이 10 ksi인 같은 재료로 제작되었다.

9.35 AISI 1050 CD 강으로 제작된 20 mm × 20 mm 정사각 키가 AISI 1095 HR 강으로 제작된 60 mm 지름의 축에 그림 9.10a처럼 회전 풀리를 부착시키기 위해 사용되었다. 충격 토크하중에 대해 요구되는 키 길이를 다음 조건으로 계산하라.

a. 축의 면압

b. 키의 면압

c. 키의 전단

9.36 그림 P9.36a는 축이음의 자유물체도이다. 이 축이음의 플랜지가 $N = 6$ 볼트에 위해 결합되었다. 볼트 반지름 $R = 80$ mm이고 각 볼트에 작용하고 있는 전단력은 F로 표시되었다(그림 P9.36b). 볼트가 축과 같이 $T = 5$ kN · m와 같은 토크 용량을 전달하기 위한 허용 볼트지름 d_b는 몇인가?

가정: 볼트는 AISI 1030 HR 강으로 제작되었고 $S_y = 260$ MPa이다(표 B.3 참조). 안전율 $n = 1.2$이다.

[그림 P9.36]

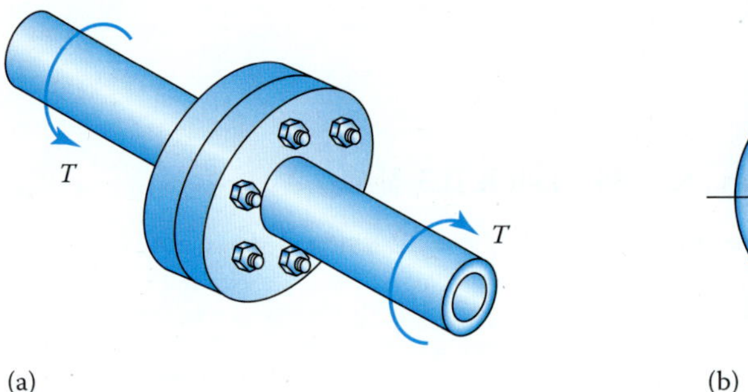

9.37 길이가 L인 $w \times w$ 정사각 키가 그림 9.16a처럼 회전 축이음의 허브를 지름 D의 축에 부착시키기 위해 사용되었다. 축은 $n_o = 120$ rpm으로 40 hp의 하중을 받고 있다. 다음의 응력과 항복안전율 n을 결정하라.

a. 축의 면압과 전단응력

b. 볼트의 전단응력

c. 플랜지의 볼트의 면압

주어진 값: $d = 60$ mm, $w = 10$ mm, $L = 75$ mm. 볼트 지름 $d_b = 15$ mm, $D_b = 144$ mm, 플랜지 두께 $t_f = 15$ mm.

가정: 모든 부품은 AISI 1080 HR 강으로 제작되고, 인장항복강도는 $S_y = 420$ MPa(표 B.3 참조)이고 전단항복강도는 $S_{ys} = 420/2 = 210$ MPa이다.

9.w 웹사이트 www.grainger.com에서 유연 축이음을 찾아라.
두 축은 1725 rpm과 ½ hp의 등급이다.
a. ½ in.의 구멍, 2.5 in.의 길이
b. ½ in.의 구멍, 3.5 in.의 길이
각 경우의 제조업자와 세부사항을 적어라.

9.38 그림 9.16a의 축이음은 키가 $\frac{9}{16} \times \frac{9}{16} \times 3\frac{1}{2}$ in.이고 볼트의 지름 D_b는 6 in., 중심 지름 $D_h = 4$ in., $D = 2$ in.이다. 6개의 ¾ in. 볼트를 사용하고 플랜지 두께 $t_f = \frac{7}{8}$ in.이다. 다음을 구하라.
a. 키의 전단응력과 면압
b. 볼트의 전단응력
c. 플랜지 볼트의 면압
d. 허브에서 플랜지의 전단응력

주어진 값: 축은 200 rpm으로 60 hp을 전달한다.

CHAPTER 10

베어링과 윤활

10.1 서론

베어링의 목적은 일반적으로 축과 하우징 사이에 하중이 전달되는 동안 적절한 위치와 원활한 회전을 제공하는 것이다. 윤활의 목적은 상대 운동하는 두 물체의 표면 사이에 발생하는 마찰, 마모와 열을 줄이는 것이다. 이것은 움직이는 표면 사이에 *윤활제*(lubricant)라 불리는 물질이 제거되면서 이루어진다. 윤활에 관한 연구와 베어링 설계는 주로 움직이는 부분들 사이의 유막에 관련된 현상들과 연관이 있다. 여기서 움직이거나 정지해 있는 부품의 마모, 마찰, 윤활 등에 관한 학문으로 정의되는 *트라이볼러지*(tribology)에 주목할 필요가 있다. 이 복잡한 주제에 관한 문헌은 방대하다. 미국윤활공학회(American Society of Lubrication Engineers)의 지원 아래 발간된 *CRC Handbook of Lubrication*에 많은 정보가 수록되어 있다[1, 2]. 또한 웹사이트 www.machinedesign.com에도 베어링과 윤활에 대한 일반적인 정보가 포함되어 있다.

이 장은 두 부분으로 구성되어 있는데, A 부분에서는 저널(슬리브 또는 슬라이딩) 베어링 설계에 주안점을 둔 윤활의 기본이론을 다룬다. 저널 베어링의 기본형상은 단순하다. B 부분에서는 *구름 요소 베어링*(rolling element bearing) 또는 비마찰 베어링(antifriction bearing)으로 알려진 구름 베어링(rolling bearing)을 다룬다. 구름 베어링의 가장 일반적인 종류와 베어링 치수, 베어링 하중 그리고 베어링 수명을 소개한다. 또한 구름 베어링의 재료와 조립 및 윤활제에 대하여 간단히 다룬다. 구름 베어링은 구름접촉을 하는 전동체를 통해 주 하중이 전달되도록 설계되었고 오랜 발전을 거쳐 오늘날의 완전한 형태로 이르게 되었다. 현재 볼 베어링이나 롤러 베어링은 전세계의 주요 베어링 제조업체들에 의해 만들어진다.

A. 윤활과 저널 베어링

저널 베어링은 유체 내에서 발생한 압력에 의해 축방향에 수직인 하중을 지지한다. 저널 베어링은 전형적인 미끄럼 베어링으로서 하중을 전달하는 부재가 그것의 지지부 위에서 직접 미끄러지는 것을 필요로 한다. 슬리브 스러스트 베어링(sleeve thrust bearing)은 축방향의 하중을 지지한다. 이 부분에서는 윤활과 저널 베어링을 소개하고 유막의 속도비와 점성, 마찰계수 그리고 하중의 일반적인 관계에 대하여 설명한다. 베어링의 유체윤활 이론, 설계 및 열평형에 대해 설명하고, 아울러 베어링의 오일공급 기술과 베어링의 재료에 대해서도 다룬다.

10.2 윤활제

앞서 언급했던 바와 같이 미끄럼 표면의 윤활제는 마찰계수를 줄여 준다. 부가적으로 윤활제는 금속 표면에서 오염물질로 작용할 수 있고, 금속 사이에 응착을 방지하는 얇은 분자막을 이루어 코팅 역할을 할 수도 있다. 일반적으로 윤활제는 액체상태에서 사용되지만 고체나 기체상태에서도 윤활제로 사용될 수 있다. 다음은 윤활제의 특징과 분류에 대한 간단한 설명이다. 특별한 사용처에 대해서는 윤활제 제조회사에 문의하기 바란다.

10.2.1 액체 윤활제

액체 윤활제는 크게 석유를 기반으로 한 *오일*(oils)과 합성유로 나눌 수 있다. 이들은 주로 점도로서 특성화되지만 다른 특성들도 중요하다. 산도(acidity), 내산화성, 내포말성, 유동, 인화 그리고 내화성과 같은 특성들은 특별한 작동 시 요구되는 오일의 질과 관계된다. 압축기 오일이나 터빈 오일과 같이 많은 오일들은 사용처의 이름을 직접 사용하여 유통된다. 자동차 엔진용 오일은 점도뿐만 아니라 다양한 작동조건에 필요한 첨가물의 유무에 따라서도 분류된다(10.5절 참조).

합성 윤활제(synthetic lubricant)의 주성분은 실리콘이다. 이것은 고온 안정성, 저온에서의 유동성, 높은 내부 저항성(internal resistance)을 가지고 있다. 하지만 가격이 비싸기 때문에 합성 윤활제는 특별한 성질이 요구될 때, 예를 들어 항공기의 유압제어 시스템 등과 같은 곳에서만 사용된다. *물*(water)과 *공기*(air)는 오일에 의한 오염이 방지되어야 하는 곳에서 윤활제로 사용될 수 있다. 공기와 불활성 가스는 매우 낮은 내부저항성을 가지고 있지만 이것은 낮은 온도까지 잘 작동되는 특징이 있다. 기체 윤활제는 낮은 하중상태에서 극도로 빠른 속도가 요구되는 곳에서는 필수적이다.

그리스(grease)는 일반적인 액체 윤활제만으로는 얻어질 수 없는 특성을 제공하기 위하여 만들어진 끈끈한 액체 윤활제이다. 광유(mineral oil)는 이런 목적으로 가장 많이 사용된다. 그리스는 주로 윤활제가 제자리에 정지해 있어야 하는 곳에 사용된다. 오일과 달리 그리스는 순환할 수 없기 때문에 냉각과 세척기능을 제공할 수 없지만, 이것 외에는 유체 윤활제가 행하는 모든 기능들을 수행할 수 있다. 대표적인 그리스 사용 분야로는 차량의 조향장치와 현가장치를 들 수 있다. 낮은 하중에서 간헐적으로 사용되는 기어나 베어링의 경우에는 손이나 그리스 건(grease gun)을 윤활제로 사용하기도 한다.

10.2.2 고체 윤활제

고체 윤활제에는 흑연(graphite)과 분말 금속 두 가지가 있다. 이들은 주로 전기모터와 같이 고온에서 작동하는 베어링에 사용된다. 다른 종류로는 테플론(teflon)과 화학적 코팅이 있다. 고체 윤활제는 베어링 표면에 바로 칠해져 있거나 뿌려져 있다. 이것은 보존력을 향상시키기 위해 접착제와 섞여 있다. 낮은 마모율과 마찰계수를 가지는 복합 베어링재를 선정하기 위해 현재도 많은 연구가 진행중이다.

10.3 저널 베어링의 종류

저널 베어링이나 슬리브 베어링은 반지름방향의 하중을 지지한다. 이는 그림 10.1에서 보는 바와 같이 크게 두 부분으로 구성되어 있는데, *저널*(journal)이라 불리는 축과 *베어링*(bearing)으로 불리는 축을 지지하는 중공 원통 또는 슬리브가 그것이다. 조립이나 분해 도중에 베어링을 두 부분으로 분할할 필요가 없다면 베어링 인서트(insert)를 하나의 원통 셸(shell)로 만들어 하우징 내의 구멍에 압입하는 형태로 만들 수 있다. 이 베어링 인서트를 *부싱*(bushing)이라 한다.

360° 저널 베어링이라고 불리는 *완전 저널 베어링*(full journal bearing)은 그림 10.1a에 나타낸 바와 같이 전체 외주면에 걸쳐 베어링이 감싸도록 만든 것이다. 베어링 내면에 원주방향이나 축방향 또는 대각선방향의 홈(groove)을 만들 수도 있다. 오일은 유동 및 냉각효과의 증대를 위해 베어링 양끝으로 흘러 나갈 수 있도록 베어링의 중심에서 공급되는 것이 바람직하다. 대부분의 경우에 저널은 고정된 베어링의 안에서 회전한다. 그러나 저널이 고정되고 베어링이 회전하거나 저널과 베어링이 둘 다 회전할 수도 있다. 어떠한 형태의 베어링일지라도 마찰과 마모를 최소화하기 위해서는 움직이는 두 부품 사이에 유막이 필요하다. 베어링 주위의 압력분포는 매우 다양하다. 마찰계수는 베어링에 의해 전달되는 하중에 대한 접선 마찰력의 비율이고 마찰력에 대해서는 10.6절에 소개되어 있다.

슬리브 베어링은 다양한 분야에 사용된다. 이 베어링이 사용되는 대표적인 두 가지는 다음과 같다.

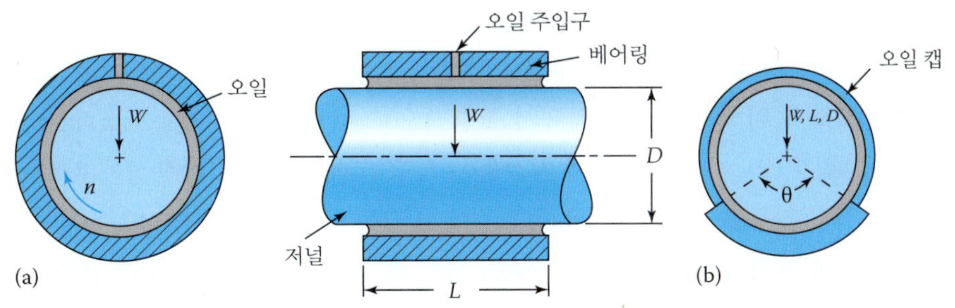

[그림 10.1]

(a) 완전 저널 베어링 (b) 부분 저널 베어링. 주: 하중 W, 베어링 길이 L, 저널 지름 D, 저널 회전속도 n, 부분 베어링 각 θ

자동차 엔진의 크랭크 축과 커넥팅 로드는 수천 마일을 고온과 다양한 하중조건하에서 작동해야 한다. 증기 터빈과 발전기에 사용되는 저널 베어링은 반드시 신뢰도가 높아야 한다. 공기 또는 불활성 가스를 윤활제와 유막으로 사용하는 *가스 베어링*(gas bearing)은 가스 사이클 기계류, 자이로스코프, 고속 치아드릴 등과 같이 가벼운 하중과 고속 회전축에 적합하다. 또한 작용하중이 낮고 작동이 상대적으로 중요하지 않을 때는 윤활이 필요 없는 *나일론 베어링*(nylon bearing)을 사용하여야 한다.

부분 베어링(partial bearing)은 베어링에 반지름방향의 하중이 항상 한 방향으로 작용할 때 사용한다. 따라서 베어링의 표면은 외면의 한 부분만을 감싸고 있으면 된다. 종종 원주의 나머지 부분에는 오일 캡(oil cap)이 설치된다. 예를 들어 $\theta = 60°$는 그림 10.1b에 표시한 바와 같이 부분 베어링의 각의 크기를 나타낸다. 철도 화물차축 베어링이 한 예이다. 틈새가 0인 부분 베어링을 *피티드 베어링*(fitted bearing)이라고 한다. 틈새가 0이라는 것은 저널과 베어링의 반지름이 같다는 의미이다. 여기서 일반적인 완전 베어링만을 고려할 것이다.

10.4 윤활의 형태

일반적으로 윤활은 윤활유가 미끄럼 표면들을 분리하는 정도에 따라 분류된다. 베어링에는 다음과 같은 5가지의 다른 형태 또는 *종류*로 발생한다. 유체윤활(hydrodynamic lubrication), 혼합윤활(mixed lubrication), 경계윤활(boundary lubrication), 탄성유체윤활(elastohydrodynamic lubrication) 그리고 정압윤활(hydrostatic lubrication)이 그것이다. 베어링은 종종 사용되는 윤활의 형태에 따라 분류되기도 한다.

그림 10.1a에서 하중 W를 받는 저널 베어링을 다시 생각해 보자. 베어링 여유 공간이 오일로 채워지지만 저널이 회전하지 않을 때, 그 하중은 바닥의 유막을 압착시킨다. 시계방향으로 느리게 회전하는 샤프트는 그 축을 오른쪽으로 이동하여 회전하게 한다. 회전속도가 증가함에 따라, 저널 표면에 부착된 오일은 접촉 영역으로 이동하고, 압력이 접촉 영역에 작용하여 샤프트를 부상하게(float) 한다. 오른쪽으로 흐르는 고압의 오일은 샤프트중심을 왼쪽으로 약간 움직이게 하고, 저널과 베어링에서 편심(e)을 발생하여 베어링 표면과 완전한 분리로 평형을 얻는다.

윤활상태를 이해하기 위해 저널 베어링에서 실험적으로 얻어진 축 회전속도 n과 마찰계수 f간의 곡선을 살펴보자(그림 10.2). 이 곡선에서 수치값들은 특정한 베어링의 설계특성에 따라 결정된다. 베어링은 기계 시동 시나 작동을 끌 때 경계윤활 조건에서 작동됨을 주의하자. 저속에서 마찰계수는 여전히 경계윤활 영역에 존재하게 된다. 축 회전속도 n이 증가함에 따라 혼합윤활 상황이 시작되며(A점) 유체윤활 상태에 도달할 때까지(B점) 마찰계수 f는 급격히 떨어진다. 속도가 더욱 증가하게 되면 마찰계수 f가 천천히 증가한다. 극단적으로 높은 속도에서는(C점을 넘은 지역) 윤활의 상태가 불안정하고 난류가 형성될 수 있다. B점의 왼쪽 영역과 오른쪽 영역은 각각 얇은 유막과 두꺼운 유막을 나타낸 것을 주목하라. 지금부터 윤활상태를 예견할 수 있는 조건들에 대해서 간단하게 언급할 것이다.

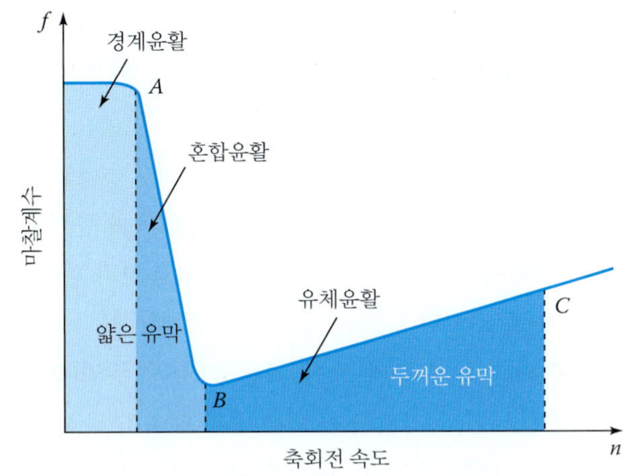

[그림 10.2]
축회전 속도 n에 따른 저널 마찰계수 f의 변화

축 회전 속도(n)외에도, 윤활유의 종류와 마찰계수의 결과에 영향을 미치는 두 가지 다른 변수는 오일 *점도*(η)와 *베어링 단위 하중*(P)이다. 점성은 다음 절에서 다룬다. 베어링 단위 하중은 다음과 같이 정의된다.

$$P = \frac{W}{A_p} = \frac{W}{DL} \quad \text{(a)}$$

여기서 W, A_p, D, L은 각각 단위 하중, *투영 면적*(Projected area), 지름, 베어링의 길이를 나타낸다. 높은 점도일수록 규정된 단위 하중에서 저널이 부상(float)하도록 요구되는 회전 속도는 작아진다. 또한, 작은 베어링 단위 하중일수록 저널이 부상하도록 필요한 회전 속도(그리고 점도)는 작아진다.

10.4.1 유체윤활

유체윤활(hydrodynamic lubrication)이란 (상대적으로 두꺼운) 유체의 막, 즉 *유막*(fluid film)에 의해 하중을 전달하는 베어링의 표면이 완전히 분리된 윤활상태이다. 이러한 상태가 되기 위해서는 두 표면 간에 상대운동이 존재해야 하고 압력이 형성되어야 한다. 압력은 상대속도와 유체의 점도 그리고 두 표면이 평행하지 않을 때 생기는 쐐기효과(wedge effect)에 의해 내부적으로 발생한다. 이러한 기술은 압력이 생성된 후 윤활유의 주입 여부에 따라 결정되는 것은 아니다. 그러나 적당한 양의 유체가 항상 공급되어야 한다.

저널 베어링이 정지하면 축은 베어링의 바닥면과 접촉한 상태로 놓여 있다. 축이 회전을 시작하자마자 축의 중심은 베어링 내부에서 편심상태로 이동하게 되고 얇은 유막 내에서 유동이 발생한다. 회전속도가 충분히 증가하면 축은 주입된 오일의 쐐기효과에 의해 부상하게 되고 금속 간의 접촉은 없어지게 된다. 즉 유체윤활 상태가 되는 것이다. 유체윤활 상태의 슬리브 베어링에서는 마모가 발생하지 않는다. 마찰손실은 유막 내에서만 발생한다. 최소 유막두께(h_o로 정의)의 범위는 0.008~0.020 mm이다. 마찰계수 f의 범위는 일반적으로 0.002~0.010이다. 유체윤활은 유막(fluid film) 또는 유체 윤활

(fluid lubrication)로 알려져 있다. 저널 베어링은 가장 바람직한 형태인 유체윤활(fluid lubrication)에 근거하여 설계가 이루어진다.

10.4.2 혼합윤활

혼합윤활(mixed lubrication)은 표면 사이에 부분적으로 유막이 존재하고 간헐적인 접촉이 일어나는 형태이다. 이러한 상태에서 표면의 마모는 표면의 특성과 윤활유의 점도에 의해 결정된다. 일반적으로 마찰계수는 0.004~0.10이다.

예를 들면, 윤활유를 손 주유와 드롭 혹은 기계적 주입(10.9절 참조)에 의해 공급되면, 베어링은 혼합된 오일필름 조건하에서 지지하게 되는데 윤활이 부족한 곳, 점성이 너무 낮은 곳, 베어링이 과부하된 곳, 클리어런스가 너무 좁은 곳, 베어링 속도가 너무 느린 곳, 베어링 조립이 어긋난 곳에서 나타난다.

10.4.3 경계윤활

경계윤활(boundary lubrication)은 유막이 더욱 얇아져서 윤활유의 작은 분자층만으로 축이 지지되며 부분적으로 금속 대 금속의 접촉이 발생하는 상황이다. 이것은 표면 다듬질, 길들이기 단계의 마모, 표면의 화학반응과 같은 인자에 의해 결정된다. 저널 베어링에서 경계윤활은 회전하는 기계의 시동 또는 정지 시와 같이 낮은 속도에서 높은 하중이 작용할 때 발생한다. 마모의 발생을 막기 위해서는 미끄러지는 금속표면 및 윤활제의 특성이 가장 중요한 인자이다. 마찰계수는 대략 0.10이다. 경계윤활은 다른 형태의 윤활보다 바람직하지 못한데, 이는 표면돌기들 간의 접촉을 허용하여 마모가 빠르게 발생할 수 있기 때문이다.

이러한 유형의 윤활을 위해 대체로 경험을 바탕으로 설계한다. 경계 윤활 베어링의 예로 전기 모터 축 베어링, 사무기기 베어링, 동력 스크류 지지 베어링, 전기 팬 베어링들이 있다.

기계의 시동과 정지 시에 발생하는 초기의 경계윤활은 하중을 받는 저널 부분에 강제적으로 오일을 주입하여 축을 부상하게 함으로써 피할 수 있다. 이러한 방법은 슬리브와 축이 마모 없이 긴 수명을 가질 수 있도록 하기 위해 파워 터빈과 같은 대형기계에 널리 사용된다.

10.4.4 탄성유체윤활

탄성유체윤활(elastohydrodynamic lubrication)은 완전한 유막의 유체동역학적 작용과 지지하는 재료의 탄성변형의 상호관계와 연관이 있다. 이는 기어와 구름 베어링과 같이 구름접촉을 하는 표면 사이에 윤활유가 유입될 때 발생한다. 볼, 롤러, 캠, 기어 이와 같이 하중을 받는 접촉상태에서 매우 높은 압력(700~3500 MPa)에 의한 국부적인 탄성변형 때문에 접촉영역은 매우 작다. 탄성유체윤활은 상대속도가 증가할수록, 오일점도가 상승할수록, 접촉부의 곡률반지름이 커질수록 잘 형성된다. 수학적으로 설명하기 위해서는 3장에서 언급한 헤르츠 접촉응력 해석과 유체역학이 필요하다.

10.4.5 정압윤활

정압윤활(hydrostatic lubrication)은 미끄럼 계면 사이에 연속적으로 윤활제를 공급하여 높은 정압 상태를 유지하도록 하는 것이다. 이는 두 표면이 반드시 상대운동을 하지 않아도 발생한다. 이러한 기구를 통해 완전유체윤활(full-film lubrication) 상태를 생성할 수 있다. 시동 시 무거운 하중을 받게 되는 베어링을 가진 유압 리프트, 스러스트 베어링, 오일 리프트 등과 같이 몇몇 특별한 경우에 정압윤활이 적용된다. 정압윤활에서 외부에 있는 펌프에 의해 고압으로 압축된 유체가 하중을 받는 부분으로 주입된다. 이 기술의 장점은 현저하게 낮은 마찰과 낮은 속도에서도 항상 높은 하중지지 능력을 가진다는 점이다. 반면 단점으로는 높은 비용과 외부에서 유체에 압력을 가해 주는 장치가 필요하다는 점이다.

그림 10.3은 *정압 스러스트 베어링*(hydrostatic thrust bearing)의 개략도를 나타낸 것이다. 회전축이 수직하중 W를 지지한다. 고압의 오일 p가 외부펌프로부터 베어링의 중심부에 있는 반지름이 r_o인 리세스(recess)로 유입된다. 오일은 깊이 h의 원환 바깥쪽을 향해 방사상으로 유동하다가 축의 외주면으로 나오게 되고 다시 파이프를 통해 대기압 상태의 저장고로 돌아오게 된다. 유막은 축의 회전 유무에 상관없이 존재한다. 부하용량(load-carrying capacity)은 다음 식으로 표현할 수 있다[3].

$$W = \frac{p\pi}{2}\left[\frac{r^2 - r_o^2}{ln(r/r_o)}\right] \tag{10.1}$$

이러한 절차는 비록 리세스가 없더라도 적용할 수 있다. 이 경우 r_o는 오일공급 파이프의 내부 반지름이 된다. 정압 베어링은 특별한 용도에 다양하게 사용된다. 예를 들면, 현미경이나 레이더 트래킹(radar tracking) 장치와 같이 저속에서 무거운 하중이 작용하는 장치들과 고속이지만 가벼운 하중이 작용하는 자이로스코프와 공작기계 등에 사용된다.

경계윤활 또는 금속-금속 접촉이 발생할 때, 8.3~8.6절에서 언급된 마찰과 마모가 매우 중요하다.

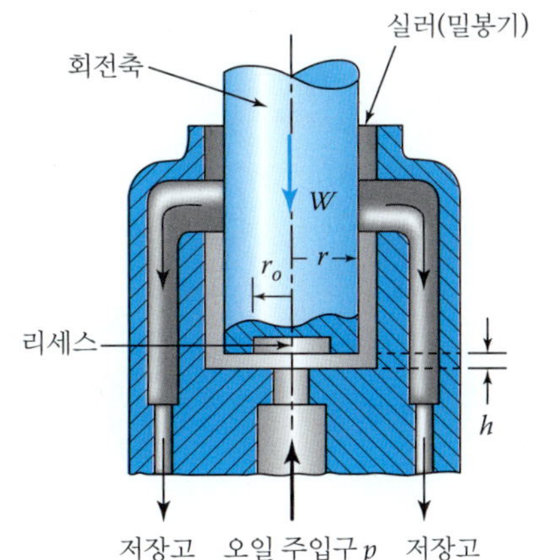

[그림 10.3]
정압 스러스트 베어링의 개략도

$A_\alpha = A_p$, $P = W$로 표현하면 *마모 깊이* δ는 다음과 같다.

$$\delta = K\frac{Wl}{HA_p} \tag{8.3}$$

K, l, H는 각각 마모계수, 미끄러진 길이, 베어링 재료의 브리넬 경도를 나타낸다. 이전에 언급된 것과 같이, W와 A_p는 베어링의 하중과 투사영역(DL)을 뜻한다. 실제로, 모션 타입과 하중, 속도에 의존하는 *운동관계*(motion-related)와 *환경적인 요인*(environmental factors)에 포함하는 것이 중요하다 [4]. 윤활제의 미끄럼 면의 특성이 윤활조건하에서 마모를 제한하는데 중요한 요인이다. 10.11절에서 표 10.3은 다양한 재료에 대해 PV뿐만 아니라 미끄럼 속도 V, 단위 베어링 하중 P의 설계 한계를 나타내고, 일정한 운동일 때 미끄럼 속도는 $V = Dn$이며, 베어링 초기설계를 위해 표에 나와 있는 값보다 작은 초기 설계 값으로 사용한다.

예제 10.1 경계윤활 저널 베어링 기본 설계

최우수 윤활로 450 Bhn $1\frac{1}{4}$ in. 스틸 샤프트는 170 Bhn 청동-납의 슬리브에서 40 lb 하중과 20 rpm으로 3.5년 동안 연속적으로 회전한다. 슬리브의 최대 길이 L을 계산하라.

주어진 값: $D = 1\frac{1}{4}$ in., $H = 450$ Bhn, $n = 30$ rpm, $W = 40$ lb, $t = 2$ years.

가정: 베어링의 최대 마모는 $\delta = 0.002$ in.가 되도록 하는 것이다. 청동은 부분적으로 강철과 호환할 수 있고, 납은 호환될 수 없다.

풀이

표 8.3으로부터 부분적으로 호환되는 재료로 최우수 윤활인 경우 $K = 1 \times 10^{-7}$이다. 베어링에서 연질 재료인 슬리브의 경도를 사용하면(8.5절 참조),

$$H = 1.424(170) = 242 \text{ ksi.}$$

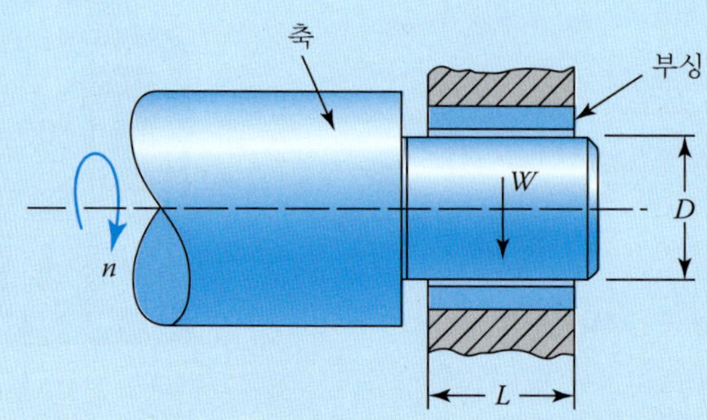

[그림 10.4]
예제 10.1. 청동-납의 부싱이 있는 강철축

미끄러지는 길이는

$$l = n\pi Dt = 30\pi(1.25)(60\times 24\times 365\times 2) = 123.8\times 10^6\,\text{in.}$$

식 (8.3)으로부터 베어링 길이는

$$L = \frac{KWl}{HD\delta} \tag{b}$$

식 (b)에 의해 수치를 대입하면 다음 결과를 얻을 수 있다.

$$L = \frac{(1\times 10^{-7})(40)(123.8\times 10^6)}{242,000(1.25)(0.002)} = 0.82\ \text{in.}$$

평가: 위의 결과로부터 최대 가능한 표준 길이는 $L = 1.0$ in.로 한다. 참고로 확인하면

$$P = \frac{W}{DL} = \frac{40}{(1.25)(1)} = 32\ \text{psi}$$

$$V = \frac{\pi Dn}{12} = \frac{\pi(1.25)(30)}{12} = 9.82\ \text{fpm}$$

$$PV = (32)(9.82) = 314.2\ \text{psi}\cdot\text{fpm}$$

앞에서 얻은 결과는 청동-납인 경우 표 10.1에서 주어진 최대 허용값보다 매우 작다[4, 5].

〈표 10.1〉 현재 사용되는 평균 슬리브 베어링 압력

	평균 압력 $P = W/DL$	
용도	**MPa**	**(psi)**
비교적 안정적인 부하		
원심 점프	0.7–1.3	(100–180)
기어 감속기	0.8–1.7	(120–250)
증기 터빈	1.0–2.1	(150–300)
전기 모터	0.8–1.7	(120–250)
급격히 변동하는 부하		
자동차용 가솔린 엔진		
주 베어링	4–5	(600–750)
커넥팅 로드 베어링	12–16	(1700–2300)
디젤 엔진		
주 베어링	6–12	(900–1700)
커넥팅 로드 베어링	8–16	(1150–2300)

10.5 윤활제 점도

상대운동을 하는 두 개의 평판이 윤활제에 의해 분리되었을 때 유동이 발생한다. 대부분의 윤활문제에서 유동은 층류라 가정한다. *층류*(laminar flow)에서는 유동이 진행될 때 유체가 층을 유지하고 있다. 이러한 조건을 만족시키지 않는 경우의 유동은 *난류*(turbulent flow)라 명명한다. 그림 10.5a에 도시한 시스템을 통해 층류와 유체전단에 대한 내부저항을 설명할 수 있다. 그림에서 아래 평판은 정지해 있고 위쪽 평판이 F의 힘을 받아 속도 U로 오른쪽으로 이동하고 있다. 대부분의 유체가 고체표면에 흡착하려는 성질이 있기 때문에 평판이 이동하였을 때 유막의 윗부분에서는 미끄러지지 않는다(그림 10.5b). 유막을 가로질러 y축에 대해 유체의 속도 u를 표시한 것을 *속도단면*(velocity profile)이라 한다.

점성유동에 대한 뉴턴의 법칙은 y축에 대한 유체 내의 전단응력이 속도의 변화율에 비례한다는 것이다(그림 10.5a). 즉 다음과 같이 나타낼 수 있다.

$$\tau = \eta \frac{du}{dy} \tag{10.2}$$

비례계수 η는 *절대점도*(absolute viscosity) 또는 간단하게 *점도*(viscosity)라고 부른다. 점도는 유체의 전단응력에 *저항*(resist)하는 능력을 의미한다. 뉴턴유체(Newtonian fluid)들에는 공기, 물, 대부분의 오일들이 포함된다. 식 (10.2)가 적용되지 않는 유체들은 비뉴턴유체(non-Newtonian fluid)라 한다. 예를 들어 그리스와 첨가제가 들어간 몇몇 오일들이 포함된다. 그림 10.5와 같이 두 평판 사이의 거리, 즉 유막두께를 h라 두자. 속도는 유막을 가로질러 선형적으로 변화하기 때문에 $du/dy = U/h$ 및 $\tau = F/A$의 관계를 얻을 수 있다. 이 관계를 식 (10.2)에 대입하면 다음 식과 같다.

$$F = \eta \frac{AU}{h} \tag{10.3}$$

여기서 A는 위 평판의 면적을 나타낸다.

10.5.1 점도의 단위

SI 단위계에서 점도는 $\text{N} \cdot \text{s/m}^2$ 또는 $\text{Pa} \cdot \text{s}$이다. 미국단위계에서 점도의 단위는 $\text{lb} \cdot \text{s/in.}^2$ 또는 reyn이다. 두 단위 사이의 변환계수는 응력 변환계수와 같다.

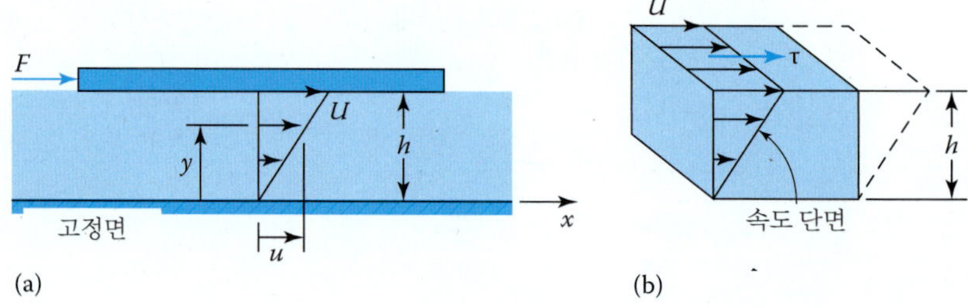

[그림 10.5]
층류. (a) 유막 위로 움직이는 평판 (b) 유체 요소

$$1 \text{ reyn} = 6890 \text{ Pa} \cdot \text{s}$$

reyn과 Pa · s는 매우 큰 단위이기 때문에 보통 microreyn(μreyn)이나 mPa · s가 사용된다.

이전의 표준미터법 단위계에서 점도 단위는 poise(p)로서 dyne · s/cm^{2}와 같다. 1 centipoise(cp)는 1 millipascal-second이고(1 cp = 1 mPa · s), 상업적으로 널리 사용되는 단위이다. cgs 단위에서 미국단위로의 변환은 1 reyn = 6.89 (10^6) cp의 관계를 사용하면 된다. μreyn 단위로 점도를 변환하려면 cp값에 0.145를 곱하면 된다.

10.5.2 세이볼트 유니버설 점도 측정

미국시험재료협회(ASTM)에서 점도를 측정하는 표준방법은 세이볼트 유니버설 점도계라 알려진 장치를 이용하는 것이다. 이 장치는 특정 온도에서 60 cm^{3}의 오일이 지름 17.6 mm, 길이가 12.25 mm인 모세관을 통과하는 데 걸리는 시간을 초 단위로 나타낸다(그림 10.6). 이렇게 초 단위로 측정된 시간을 *세이볼트 유니버설 초*(Saybolt universal second, S)라 한다.

세이볼트 유니버설 점도(SUV: Sayboly universal viscosity), 즉 운동점도(kinematic viscosity)는 다음과 같이 정의된다.

$$\nu = \frac{\text{절대점도}}{\text{질량밀도}} = \frac{\eta}{\rho} \tag{10.4}$$

오일의 질량밀도(mass density)의 단위 ρ는 g/cm^{3}이다(비중과 수학적으로 동일하다).

SI 단위계에서 η와 ρ는 각각 N · s/m^2 그리고 N · s^4/m^{4}의 단위를 갖는다. 그러므로, 운동점도 ν는 m^2/s 단위를 가진다. 이전의 미터 단위계에서 cm^2/s는 스토크(stoke)라고 불렀고, *St*로 표기하였다.

절대점도를 알기 위해서는 베어링 내의 오일 압력과 유동을 계산해야 한다. 공식에 의해 세이볼트 점도계의 측정값으로부터 절대점도를 계산할 수 있다.

$$\eta = \left(0.22S - \frac{180}{S}\right)\rho \quad (\text{mPa} \cdot \text{s} \quad \text{혹은} \quad \text{cp}) \tag{10.5a}$$

[그림 10.6]
세이볼트 유니버설 점도계

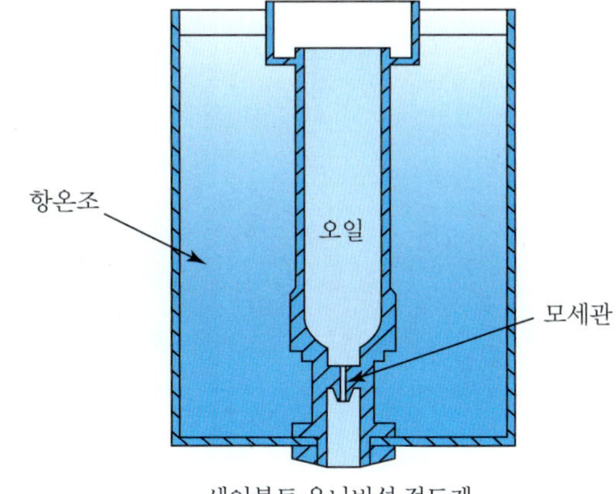

세이볼트 유니버설 점도계

$$\eta = 0.145\left(0.22S - \frac{180}{S}\right)\rho \quad (\mu\text{reyn}) \tag{10.5b}$$

여기서 세이볼트 시간 S는 초 단위이다. 석유 오일의 경우 60°F (15.6°C)에서 질량밀도는 대략적으로 0.89 g/cm^{3}이다. 임의의 다른 온도에서 질량밀도는 다음과 같이 계산할 수 있다.

$$\rho = 0.89 - 0.00063(°\text{C} - 15.6) \tag{10.6a}$$

$$\rho = 0.89 - 0.00035(°\text{F} - 60) \tag{10.6b}$$

여기서 단위는 g/cm^{3}이다.

10.5.3 온도와 압력의 영향

액체의 점도는 비선형적으로 온도에 반비례하고 압력에 비례한다. 반대로 공기와 같은 기체들은 온도가 증가하면 점도가 증가한다. 그림 10.7은 다양한 유체의 절대점도 및 온도에 따른 변화를 보여 주고 있다. 자동차기술자협회(SAE)와 국제표준기구(ISO)는 점도에 따라 오일을 분류한다. SAE 수로 나타낸 오일들의 점도-온도 곡선이 그림 10.8에 나타나 있다. 이러한 오일들은 100°C에서 특유의 점도를 나타낸다. 또한 SAE는 10W, 20W, 30W 및 40W와 같이 구별한다. 예를 들어 *복수등급*(multigrade) 또는 *복수점도*(multiviscosity)인 20W–40 오일은 –18°C에서 20W 점도를 만족시켜야 하며 100°C에서 SAE 40의 점도를 만족시켜야 한다. 복수등급 오일의 점도는 단수등급(single grade) 오일보다 온도에 따른 변화가 적다.

온도에 따른 점도의 변화율을 나타내기 위해서 가장 널리 사용되는 방법은 *점도 인덱스*(VI:

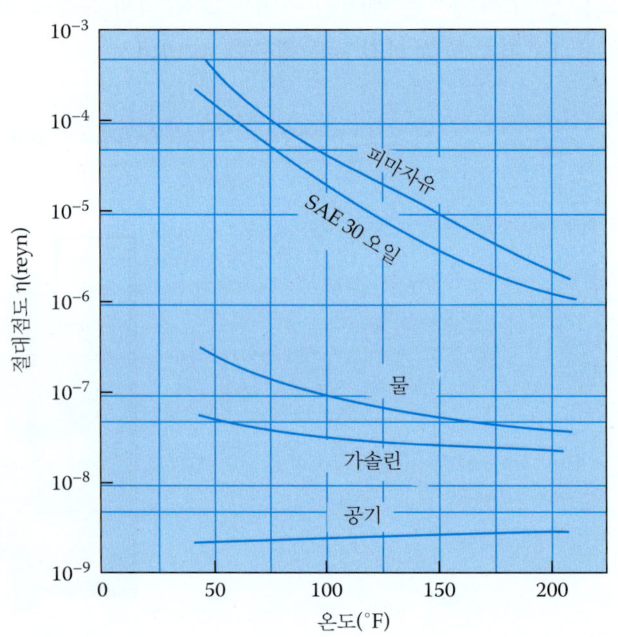

[그림 10.7]
몇몇 유체들의 점도와 온도의 관계

viscosity index) 방법이다. 이는 점도의 변화가 매우 큰 오일과 매우 작은 오일을 비교하여 점도의 변화율을 나타낸 것이다. 현재 점도 인덱스 등급의 기초는 ANSI/ASTM Specification D2270에 나타나 있다.

예제 10.2 오일의 점도와 SAE 수 정의

세이볼트 점도계로 측정하여 어떤 엔진 오일이 80°C에서 62초의 운동점도를 가지는 것으로 측정되었다. mPa · s 단위와 μreyn 단위로 절대점도를 계산하라. 그리고 어떤 SAE 수와 비슷한지 결정하라.

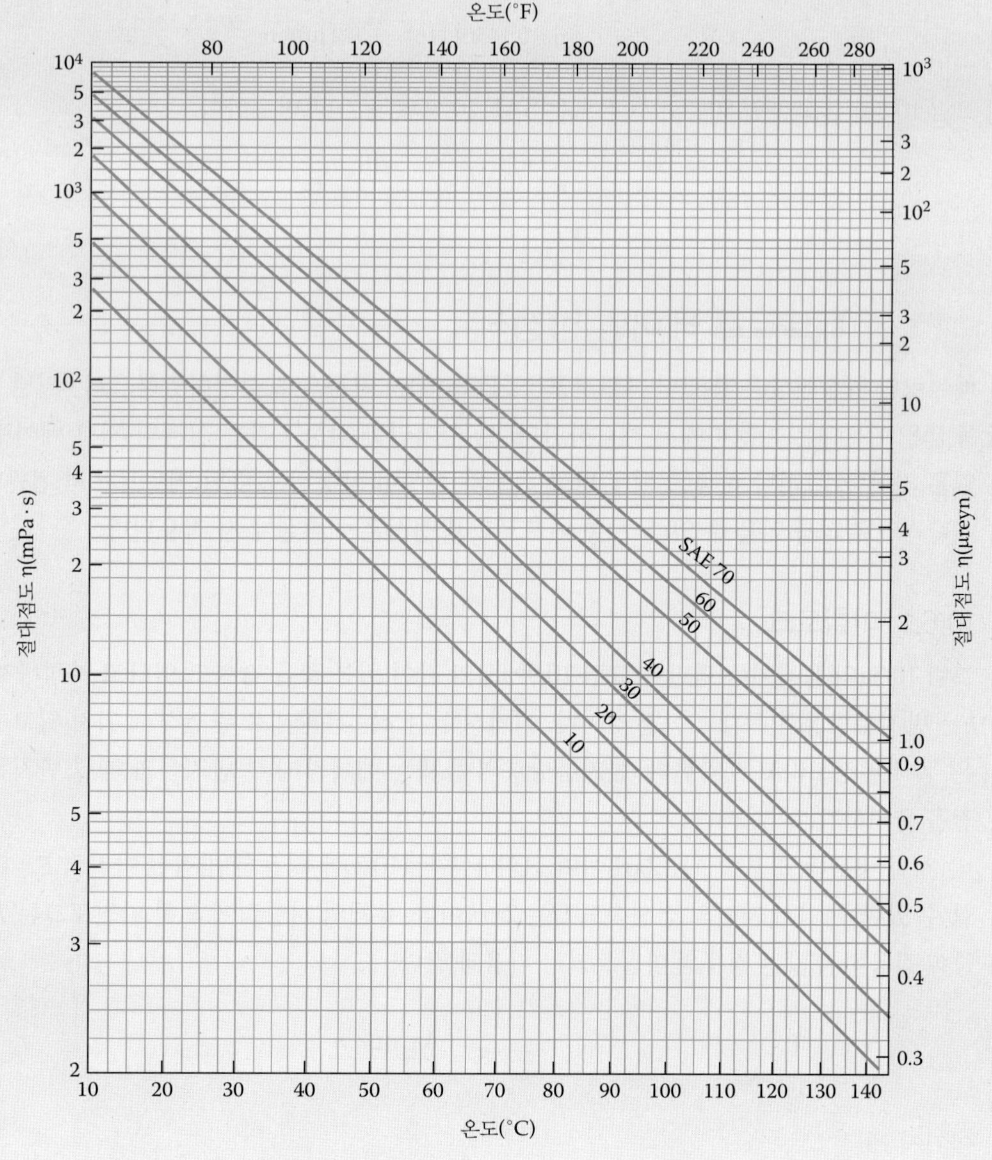

[그림 10.8] SAE 등급 오일들의 점도-온도 곡선

풀이

식 (10.6a)를 이용하면

$$\rho = 0.89 - 0.00063(80 - 15.6) = 0.849\ \text{g/cm}^3$$

그리고 식 (10.5a)를 적용하여

$$\eta = 0.849\left[0.22(62) - \frac{180}{62}\right] = 9.116\ \text{mPa} \cdot \text{s}$$

식 (10.5b)에 의해

$$\eta = 0.145(9.116) = 1.322\ \mu\text{reyn}$$

그림 10.8을 참고하면 80℃에서 점도는 SAE 20 오일과 가장 비슷하다.

10.6 페트로프 베어링 방정식

베어링의 마찰현상은 1883년 페트로프(N. Petroff)가 처음으로 설명하였다. 그는 저널 베어링이 축과 동심을 이룬다는 가정하에서 해석하였다. 물론 이러한 작동조건은 실제의 저널 베어링에서 있을 수 없는 것이다. 그러나 하중은 매우 낮고 속도와 점성이 상당히 높다면 페트로프의 접근방법을 통해서 대략적인 결과를 얻을 수 있다. 보통 페트로프 방정식은 예비설계 시 적용된다.

10.6.1 마찰토크

그림 10.5a의 움직이는 평판이 그림 10.9에서와 같이 원통 축을 감싸고 있다고 가정하자. 그러면 두께 h는 반지름방향의 틈새 c가 될 것이다. 여기서 틈새 c는 윤활제로 완전히 채워져 있고 윤활제의 누설은 무시할 정도라고 생각한다. 반지름방향의 틈새는 베어링 내부 반지름과 저널 반지름 간의 차라는 점을 유의하자.

저널 내부의 표면적 A는 $2\pi rL$이며, A와 h를 식 (10.3)에 적용하면 접선 마찰력 $F = 2\pi\eta UrL/c$를 구할 수 있다. 여기서 저널의 접선속도 U는 $2\pi rn$이다. 유체의 저항력에 의한 마찰토크는 $T_f = Fr$이고, 하중이 작용하지 않는 경우의 마찰토크는 다음과 같다.

$$T_f = \frac{4\pi^2 \eta L r^3 n}{c} \tag{10.7}$$

여기서

[그림 10.9]
동심저널 베어링

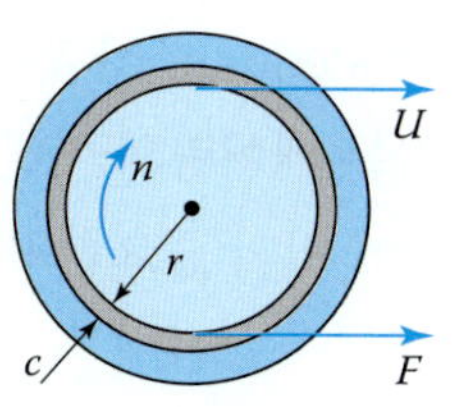

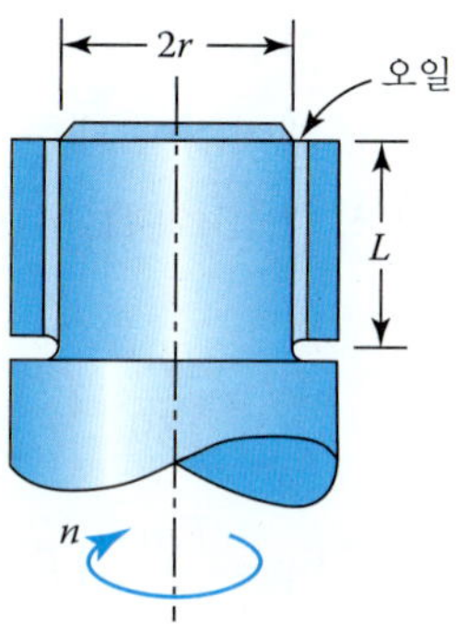

T_f = 마찰토크

η = 절대점도

L = 베어링 길이

r = 저널 반지름

n = 저널 속도 rps

c = 반지름방향의 틈새 또는 유막두께

만약 베어링이 비교적 작은 하중 W를 지지한다면, 투영된 면적에 작용하는 압력 P는 그림 10.10에서 보는 바와 같이 $P = W/2rL$와 같을 것이다. 마찰력은 fW가 되는데, 여기서 f는 마찰계수이다. 따라서 하중 W에 의한 마찰토크는 다음과 같이 표현된다.

$$T_f = fWr = 2r^2 fLP \tag{10.8}$$

하중 W의 작용은 당연히 축이 베어링 내에서 다소 편심되도록 할 것이다.

페트로프의 접근방법에 따르면 식 (10.7)에서 하중 W에 의한 편심은 무시할 수 있다. 따라서 식 (10.7)과 식 (10.8)을 같게 놓을 수 있으며 다음과 같은 마찰계수 f를 얻을 수 있다.

$$f = 2\pi^2 \frac{\eta n}{P} \frac{r}{c} \tag{10.9}$$

[그림 10.10]
낮은 부하 저널 베어링

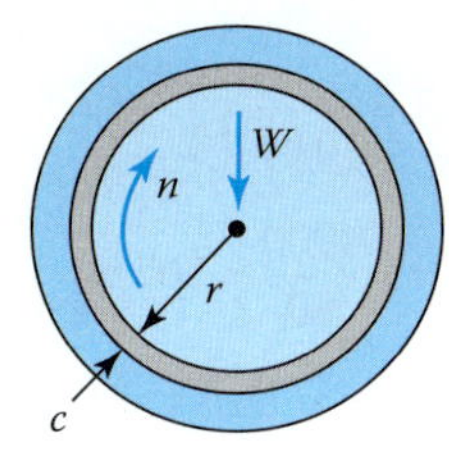

이 식을 *페트로프 방정식*(Petroff's equation) 혹은 *페트로프의 법칙*(Petroff's law)이라 부른다. 식 (10.9)는 가벼운 하중 W가 작용하는 베어링의 마찰계수를 예측하는 데 유용하게 쓰일 수 있다. 위 식에서 무차원량인 n/P, r/c는 윤활에 있어 중요한 변수들인데, 여기에 대해서는 10.8절에서 설명할 것이다.

10.6.2 마찰동력

마찰토크를 표현한 식이 유효하다면, 베어링에 대한 마찰동력은 10.11절에 주어진 관계식들로부터 얻을 수 있다. SI 단위계로 표현하면 식 (1.15)와 (1.16)으로부터 다음과 같이 나타낼 수 있다.

$$\text{kW} = \frac{T_f n}{159} \quad \left(T_f \text{ in N} \cdot \text{m}\right) \tag{10.10}$$

$$\text{hp} = \frac{T_f n}{119} \quad \left(T_f \text{ in N} \cdot \text{m}\right) \tag{10.11}$$

여기서 n은 rps이다.

미국단위계로 표현하면 식 (1.17)로부터 다음과 같이 나타낼 수 있다.

$$\text{hp} = \frac{T_f n}{1050} \quad \left(T_f \text{ in lb} \cdot \text{in.}\right) \tag{10.12}$$

여기서 저널의 속도 n은 위와 마찬가지로 rps이다.

예제 10.3 페트로프 접근법을 이용한 마찰동력의 결정

반지름방향의 틈새가 0.05 mm이고 길이가 120 mm인 완전 저널 베어링에 의해 80 mm 지름의 축이 지지되고 있다. 70°C에서 SAE 10 오일이 윤활제로 사용되고 있다. 축이 1200 rpm으로 회전하고 반지름방향의 하중이 500 N일 때 페트로프 방정식을 이용하여 다음을 구하라.

a. 베어링 마찰계수
b. 마찰토크와 동력손실

풀이

그림 10.8에서 $\eta = 9.2\ \text{mPa} \cdot \text{s}$이다.

$$P = \frac{500}{(0.08)(0.12)} = 52.08\ \text{kPa}$$

$$n = \frac{1200}{60} = 20\ \text{rps}$$

a. 주어진 데이터를 식 (10.9)에 대입하면

$$f = 2\pi^2 \frac{(0.0092)(20)}{52,080} \frac{40}{0.05} = 0.0558$$

b. 따라서 식 (10.8)과 (10.10)은 다음과 같이 쓸 수 있다.

$$T_f = fWD/2 = (0.0558)(500)(0.04) = 1.116 \text{ N} \cdot \text{m}$$

$$\text{kW} = \frac{1.116(20)}{159} = 0.14$$

10.7 유체윤활 이론

10.4절의 내용을 상기하면, 유체윤활 상태에서 오일은 상대운동을 하는 평행하지 않은 두 평판에 인해 생성된 쐐기모양의 개구방향으로 흘러 들어간다. 윤활제의 속도분포는 넓은 단면과 좁은 단면에서 서로 다를 것이다. 결과적으로 금속과 금속 간의 접촉을 일으키지 않고 부과된 수직하중을 지지할 수 있는 충분한 압력이 유막 내에서 생성된다. 이러한 기술들은 피스톤 엔진 및 압축기에 사용되는 저널 베어링에서뿐만 아니라 선박의 유압 터빈과 프로펠러 축에 사용되는 스러스트 베어링에도 적용된다.

10.7.1 유체윤활의 레이놀즈 방정식

유체윤활의 이론적 배경은 1880년대 초 영국의 철도 베어링에 대한 Beauchamp Tower의 실험결과를 분석한 오즈번 레이놀즈(Osborne Reynolds)의 연구까지 거슬러 올라간다[6]. 유체윤활에 대한 초기의 레이놀즈 차분방정식은 Tower 실험결과를 설명하기 위해 레이놀즈에 의해 사용되었다. 레이놀즈는 곡률이 무시될 수 있을 정도로 유막의 두께는 베어링의 반지름에 비해 매우 얇다고 가정하였다. 이러한 가정에 따라 베어링을 평면 사이의 유동으로 생각할 수 있었다. 또 다른 가정은 10.5절에서 언급하였던 내용들을 포함한다. 다음은 두 가지의 전형적인 베어링에 대한 레이놀즈 유체유동 방정식의 전개과정을 간단하게 나타낸 것이다.

10.7.1.1 긴 베어링

고정된 슬리브에 두께가 h인 유막에 의해 지지되며 시계방향으로 회전하는 저널을 고려하자(그림 10.11a). 윤활유의 속도 u와 전단응력 τ는 x방향과 y방향에 따라 모두 변하는 반면, 압력 p는 x방향에 따라서만 변하고 베어링 *측면누설*(side leakage)은 *무시*(neglected)된다고 가정하자. 유막(그림 10.11b)에 작용하는 x방향 힘의 평형으로부터 다음을 알 수 있다.

[그림 10.11]
(a) 편심 저널
(b) (a) 내의 변 dx, dy, dz인 미소 유체 요소에 작용하는 압력과 점성력

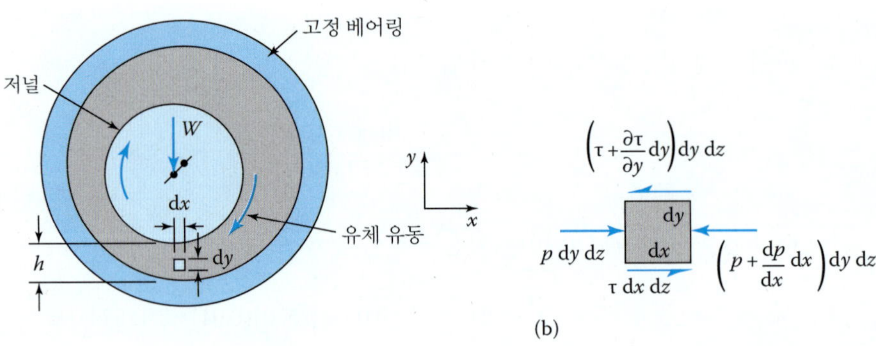

$$p\mathrm{d}y\mathrm{d}z + \tau\mathrm{d}x\mathrm{d}z - \left(p + \frac{\mathrm{d}p}{\mathrm{d}x}\mathrm{d}x\right)\mathrm{d}y\mathrm{d}z - \left(\tau + \frac{\partial\tau}{\partial y}\mathrm{d}y\right)\mathrm{d}x\mathrm{d}z = 0$$

위 식을 정리하면

$$\frac{\mathrm{d}p}{\mathrm{d}x} = \frac{\partial\tau}{\partial y} \tag{a}$$

점성유체에 관한 뉴턴 법칙으로부터

$$\tau = -\eta\frac{\partial u}{\partial y} \tag{b}$$

여기서 음의 기호는 속도구배가 음이 됨을 의미한다.

식 (a)에 식 (b)를 넣고 재배열하면 다음의 관계를 얻을 수 있다.

$$\frac{\partial^2 u}{\partial y^2} = \frac{1}{\eta}\frac{\mathrm{d}p}{\mathrm{d}x}$$

y에 관해 두 번 적분하면

$$u = \frac{1}{\eta}\left(\frac{\mathrm{d}p}{\mathrm{d}x}\frac{y^2}{2} + c_1 y + c_2\right) \tag{c}$$

만약 윤활유와 경계표면, 사이에 슬립이 발생하지 않는다고 가정하면(그림 10.12) 다음의 경계조건을 얻을 수 있다.

$$u = 0 \quad (y = 0\text{에서}), \quad u = 0 \quad (y = h\text{에서})$$

U는 저널표면 속도를 나타낸다. 따라서 식 (c)에 위의 조건을 대입하여 상수 c_1과 c_2를 구할 수 있다.

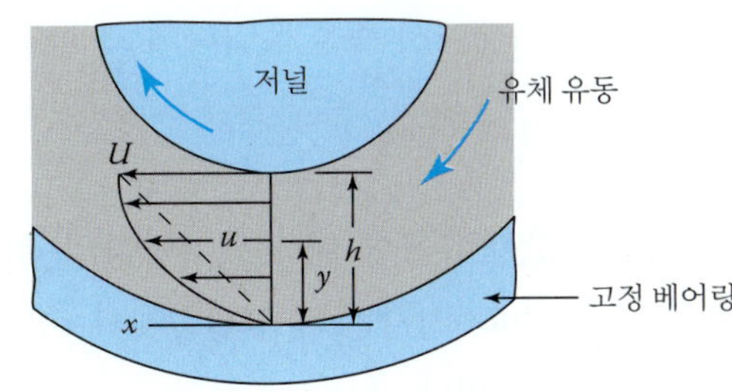

[그림 10.12]
오일의 속도 프로파일

$$c_1 = \frac{U\eta}{h} - \frac{h}{2}\frac{\mathrm{d}p}{\mathrm{d}x}, \quad c_2 = 0$$

결과적으로 식 (c)는 다음과 같이 된다.

$$u = \frac{1}{2\eta}\frac{\mathrm{d}p}{\mathrm{d}x}\left(y^2 - hy\right) + \frac{U}{h}y \tag{10.13}$$

이 식에서 유막의 속도분포는 선형분포(두 번째 항) 위에 포물선분포(첫 번째 항)가 중첩되어 있다는 점을 주의하여야 한다. 이것은 그림 10.12에서 실선과 점선으로 각각 나타내었다.

그림 10.11에서 미소요소를 포함하는 단면을 통해 x방향으로 흐르는 단위시간당 윤활유의 체적을 Q로 표시하자. z방향으로 단위길이를 고려하면 식 (10.13)에 의해 다음의 관계가 성립한다.

$$Q = \int_0^h u\mathrm{d}y = \frac{Uh}{2} - \frac{h^3}{12\eta}\frac{\mathrm{d}p}{\mathrm{d}x} \tag{d}$$

윤활유는 비압축성이며 측면누설이 없다는 가정에 의해 유량은 모든 단면에서 같아야 한다. 즉 $\mathrm{d}Q/\mathrm{d}x = 0$이다. 따라서 식 (d)를 미분하여 0으로 두고 정리하면

$$\frac{\mathrm{d}}{\mathrm{d}x}\left(\frac{h^3}{\eta}\frac{\mathrm{d}p}{\mathrm{d}x}\right) = 6U\frac{\mathrm{d}h}{\mathrm{d}x} \tag{10.14}$$

이 식을 *1차원 유동의 레이놀즈 방정식*(Reynolds's equation for one-dimensional flow)이라 한다.

축방향(z방향) 유체유동이 누설을 포함하는 경우, 유사한 전개과정을 통해 다음과 같은 *2차원 유동의 레이놀즈 방정식*(two-dimensional Reynolds's equation)을 얻을 수 있다.

$$\frac{\partial}{\partial x}\left(\frac{h^3}{\eta}\frac{\partial p}{\partial x}\right) + \frac{\partial}{\partial z}\left(\frac{h^3}{\eta}\frac{\partial p}{\partial z}\right) = 6U\frac{\partial h}{\partial x} \tag{10.15}$$

식 (10.14) 및 (10.15)의 해는 $L/D > 1.5$인 베어링에서 대략적으로 좋은 결과를 보인다. 여기서 L과 D는 각각 베어링의 길이와 지름을 말한다. 긴 베어링(long bearing)은 진동으로부터 축을 보호하기 위

해 사용되며 변속기와 공작기계에서 축을 정밀하게 고정시킬 필요가 있을 때 사용된다.

10.7.1.2 단 베어링

단 베어링에서는 오일의 z방향 유동에 비해 원주방향의 유동은 무시할 수 있다. 이러한 추측에 근거하여 F. W. Ocvirk와 G. B. Dubois[7]는 식 (10.15)에서 x항을 생략해야 한다고 제안하였다. 이에 따라 다음과 같은 관계식을 얻을 수 있다.

$$\frac{\partial}{\partial z}\left(\frac{h^3}{\eta}\frac{\partial p}{\partial z}\right) = 6U\frac{\partial h}{\partial x} \tag{10.16}$$

위의 식을 적분하여 유막 내의 압력분포를 손쉽게 얻을 수 있다. 이 절차는 보통 *Ocvirk의 단 베어링 근사치*(Ocvirk's short bearing approximation)로 알려져 있다. 식 (10.16)의 해는 L/D가 약 0.75 이하인 베어링에서 어느 정도 정확한 것으로 나타났다. 현재의 동력장치에서는 주로 단 베어링을 사용하고 있다.

*레이놀즈 방정식*의 정확한 해를 구하는 것은 여전히 많은 연구자의 관심사항이며 윤활해석의 출발점이지만 그리 간단한 문제가 아니다. 유체윤활 해석을 위한 수학적 절차는 이 책의 범위를 벗어난다. 하지만 수학적 해석을 통해 얻은 그래프를 이용하면 설계를 손쉽게 할 수 있으며 이에 관해서는 다음 절에서 알아보겠다.

10.8 저널 베어링의 설계

실제 베어링에서 완전히 연속인 유막은 존재하지 않는다. 유막이 깨지면, 베어링 하중 W는 저널 아래에 위치한 부분적인 유막에 의해 지지된다. 페트로프 법칙은 단지 마찰계수를 예측하기 위해서만 적용될 수 있지만, 앞서 언급한 바와 같이 레이놀즈 방정식의 수학적인 해는 흔히 접하는 저널 베어링에서 좋은 결과를 보인다.

일반적으로 저널 베어링의 설계는 두 가지 형태의 변수들을 적절히 조합하는 것이라 할 수 있다. 하나는 *제어가 가능한 변수*(variable under control)(점도, 하중, 베어링의 반지름과 길이, 틈새 등)이고 다른 하나는 *종속적인 변수*(dependent variables), 즉 성능계수(마찰계수, 온도상승, 유량, 최소 유막두께 등)이다. 베어링 설계 시 종속적인 변수의 한계는 반드시 정의되어 있어야 한다. 그런 후에 그 한계를 넘지 않는 범위에서 제어가 가능한 변수들을 결정하여야 한다. 제어 가능한 변수에 대해 간략히 알아보겠다.

10.8.1 윤활유

윤활유는 점도 η에 의해 특성이 결정된다는 점을 상기하자. 윤활유는 기계의 종류, 윤활방식 그리고 하중의 형태 등과 같은 인자들에 근거하여 선택하여야 한다.

10.8.2 베어링의 하중

베어링에 작용하는 하중은 특수하게 결정되는데, 투영된 면적에 대한 하중값 P가 베어링의 지름과 길이에 따라 결정된다. 물론 P가 작을수록 베어링의 수명은 증가한다.

10.8.3 길이 대 지름 비(L/D)

적절한 L/D 비율을 정하기 위해서는 다양한 인자를 고려해야 한다. L/D 비율이 1보다 작은 짧은 베어링에서는 축처짐과 정렬불량(misalignment)을 고려해야 한다. 축 정렬이 중요한 곳에서는 L/D 비율이 1보다 큰 긴 베어링을 사용하여야 한다.

10.8.4 틈새

틈새치수와 틈새비율이 베어링 설계에 미치는 영향은 매우 중요하다. 반지름방향 틈새 c(그림 10.10)는 어느 정도의 품질을 원하는가에 따라 달려 있다. 반지름방향 베어링 틈새의 적절한 값은 재질, 가공정밀도, 부하용량, 최소 유막두께, 유량 등과 같은 인자를 고려하여 정하게 된다. *틈새비율*(c/r)은 일반적으로 0.001과 0.002 사이이며, 간혹 0.003까지 쓰는 경우도 있다. 틈새를 크게 하면 유량이 증가하게 되어 유막의 온도를 떨어뜨린다. 결과적으로 틈새를 크게 하면 베어링의 수명을 증가시키는 결과를 가져온다. 반면에 틈새를 매우 크게 하면 최소 유막두께가 줄어들게 된다. 따라서 적절한 틈새값을 얻기 위해서는 통상 여러 번의 시행착오를 겪어야 한다.

10.8.5 설계차트

A. A. Raimondi와 J. Boyd는 컴퓨터를 이용하여 레이놀즈 방정식의 해를 구했으며, 그 결과를 차트로 나타내었다[8]. 이러한 차트들은 모든 베어링에 대해 정확한 결과를 제시해 줄 수 있다. 대부분의 차트는 *조머펠트 수*(Sommerfeld number)라는 베어링 특성수를 이용하여 나타내었다.

$$S = \left(\frac{r}{c}\right)^2 \frac{\eta n}{P} \tag{10.17}$$

여기서

S = 베어링 특성수, 무차원 수

r = 저널 반지름

c = 반지름방향의 틈새

η = 점도 reyns

n = 베어링과 저널 간의 상대속도 rps

P = 투영면적당 하중

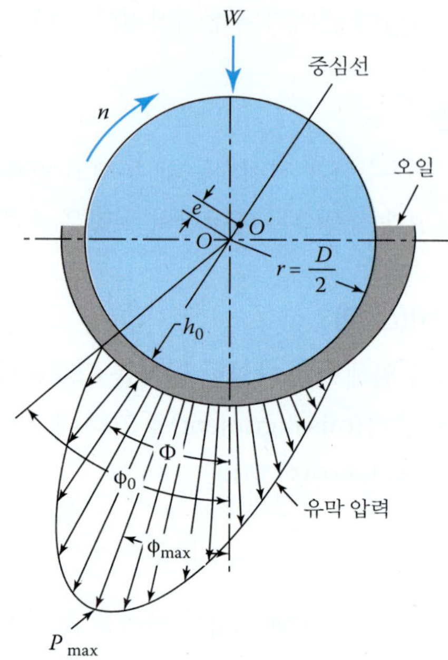

[그림 10.13]
저널 베어링의 압력분포

차트에 사용된 기호는 그림 10.13에 나타내었다. 저널의 중심은 O이며, 베어링의 중심은 O'이다. 최소 유막두께 h_0는 두 중심을 연장한 선에서 나타난다. 이 중심 간의 거리를 편심 e로 나타낼 수 있다. 편심률 ϵ은 다음과 같이 정의된다.

$$\epsilon = \frac{e}{c} \tag{10.18}$$

최소 유막두께는 다음과 같다.

$$h_0 = c - e = (1 - \epsilon) \tag{10.19}$$

따라서 편심률은 다음과 같이 표현할 수 있다.

$$\epsilon = 1 - \frac{h_0}{c} \tag{10.20}$$

그림에서 표시한 바와 같이 최소 유막두께가 위치하는 각도 Φ로 나타내었고 유막 압력분포의 끝점과 최대점을 각각 ϕ_0, ϕ_{max}로 표시하였다.

투영된 면적당 하중(평균압력, 단위하중이라고도 함)은 다음과 같다.

$$P = \frac{W}{DL} \tag{10.21}$$

여기서 W는 하중, D는 저널의 지름, L은 저널의 길이를 나타낸다. L과 D는 *베어링의 길이*(bearing

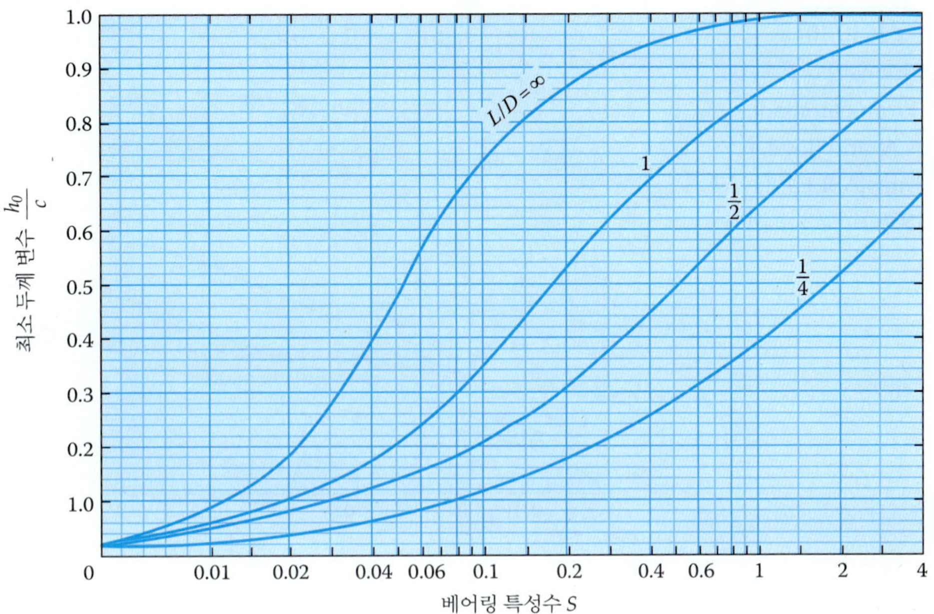

[그림 10.14]
최소 유막두께 변수 차트. (Raimondi, A.A. and Boyd, J., Trans.ASLE I, 1, 159, 1958.)

length)와 *지름*(diameter)으로도 나타낸다. 표 10.1은 일반적으로 사용되고 있는 P의 대표값들을 나타낸 것이다.

Raimondi와 Boyd의 차트는 다양한 L/D 비율을 가진 저널 베어링의 해를 제공한다. 그림 10.14부터 10.16까지는 *완전 저널 베어링*(full bearings)에 대한 차트이며 일부분만을 도시하였다. 또한 모든 차트는 *무차원*(dimensionless) 베어링 변수들을 무차원 양인 조머펠트(Sommerfeld) 변수 S의 함

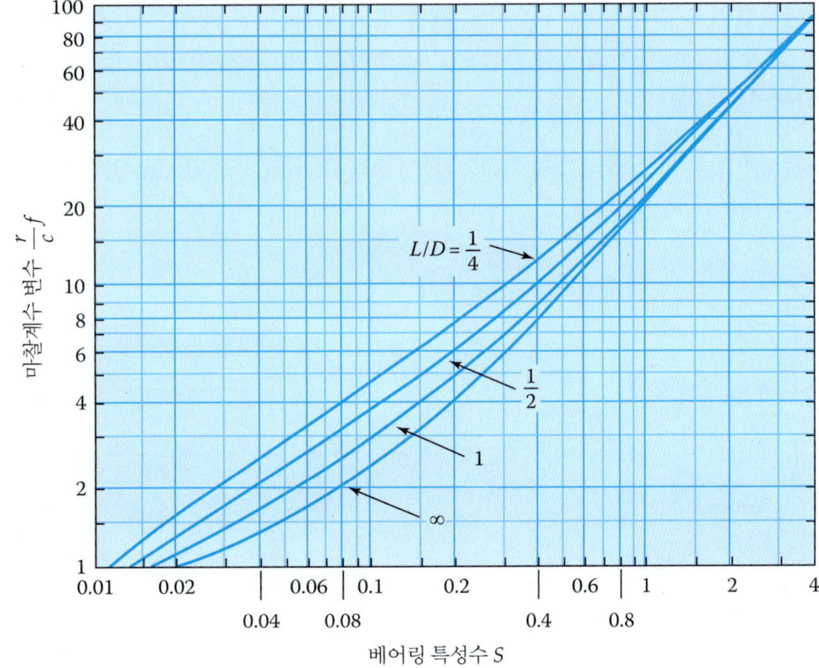

[그림 10.15]
마찰계수 변수 차트. (Raimondi, A.A. and Boyd, J., Trans.ASLE I, 1, 159, 1958.)

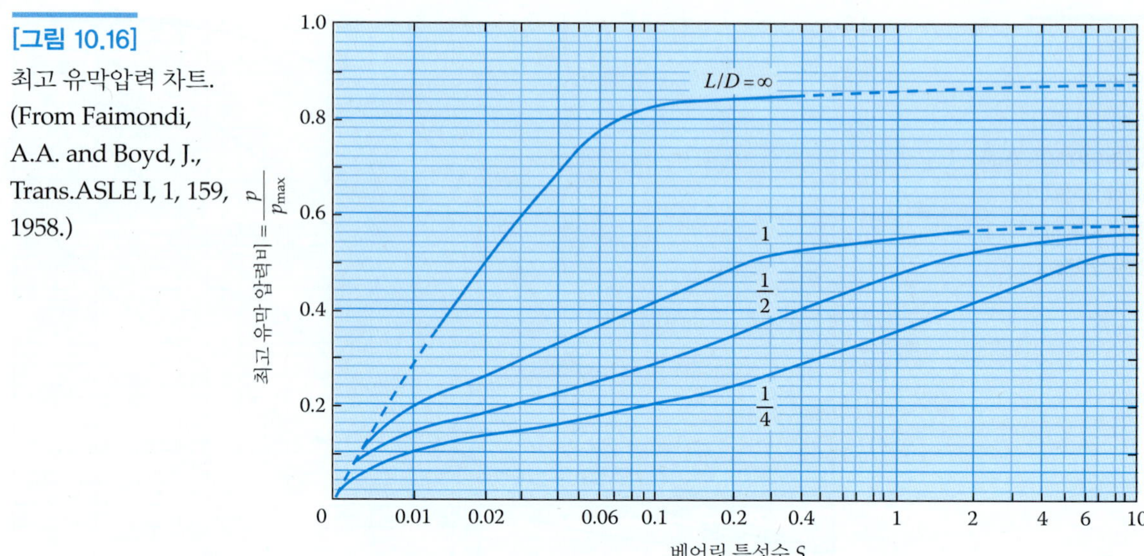

[그림 10.16]
최고 유막압력 차트. (From Faimondi, A.A. and Boyd, J., Trans.ASLE I, 1, 159, 1958.)

수로 나타내었다. 차트의 S 스케일은 0과 0.01 사이의 선형부분을 제외하면 모두 로그 스케일이다. 이 책에서 부분 베어링과 스러스트 베어링의 차트는 제공하지 않는다.

설계차트의 사용 예는 다음 예제에서 상세히 알아보겠다.

예제 10.4 설계차트를 이용한 저널 베어링의 성능인자 결정

지름 D, 길이 L, 반지름 틈새 c, 하중 W를 받는 완전 저널 베어링이 n의 속도로 회전하고 있다. 윤활유는 SAE 30 오일로서 대기압에서 공급되고 있으며, 유막의 평균온도는 t(그림 10.17)이다. 설계차트를 사용하여 베어링을 분석하라.

주어진 값: 그 수치값들은(그림 10.17 참조) $D = 60$ mm, $r = 30$ mm, $L = 30$ mm, $c = 0.05$ mm, $n = 30$ rps, $W = 3.6$ kN, $t = 60$°C이다.

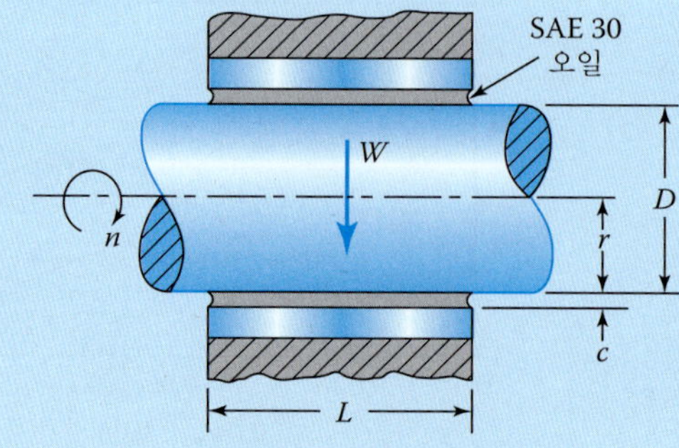

[그림 10.17]
예제 10.4. 저널 베어링

풀이

제어가 가능한 변수들은

$$P = \frac{W}{DL} = \frac{3600}{(0.03)(0.06)} = 2\ \text{MPa}$$

$$\eta = 27\ \text{mPa} \cdot \text{s (from Figure 10.8)}$$

$$S = \left(\frac{r}{c}\right)^2 \left(\frac{\eta n}{P}\right) = \left(\frac{30}{0.05}\right)^2 \frac{(0.027)(30)}{2 \times 10^6} = 0.146$$

다음 단락에 종속변수들을 결정하는 순서들이 세부적으로 설명되어 있다. 이러한 절차들은 도표에서 편리하게 수행될 수 있음을 주의하라.

최소 유막두께(minimum film thickness)(그림 10.14). $S = 0.146$, $L/D = 1/2$에 대하여 차트를 읽으면

$$\frac{h_0}{c} = 0.25 \qquad \text{또는} \qquad h_0 = 0.0125\ \text{mm}$$

식 (10.19)에 의해

$$e = c - h = 0.05 - 0.0125 = 0.0375\ \text{mm}$$

편심률 $\epsilon = e/c = 0.0375/0.05 = 0.75$와 같다.

평가: 허용되는 유막두께는 저널과 베어링의 표면 거칠기에 크게 좌우된다. 베어링이 매우 얇은 유막 조건에서 작동된다는 설계계산 결과가 나왔다면 표면 다듬질에 세심한 주의를 기울여야 한다.

마찰계수(coefficient of friction)(그림 10.15). $S = 0.146$, $L/D = 1/2$에 대하여 차트를 읽으면

$$\frac{r}{c} f = 4.8 \qquad \text{또는} \qquad f = 0.008$$

마찰토크는 식 (10.8)을 이용하여

$$T_f = fWr = 0.008(3600)(0.03) = 0.864\ \text{N} \cdot \text{m}$$

식 (10.10)에 의해 마찰동력손실은

$$\text{kW} = \frac{T_f n}{159} = \frac{(0.864)(30)}{159} = 0.163$$

유막압력(film pressure)(그림 10.16). $S = 0.146$, $L/D = 1/2$에 대하여 차트를 읽으면

$$\frac{P}{p_{\max}} = 0.32$$

결과는 $p_{\max} = 2/0.32 = 6.25\ \text{MPa}$이다.

평가: 유체의 마찰에 의해 유막의 상승온도 Δt는 생성된 열은 모두 유막으로 전달된다는 가정하에서 계산할 수 있다[10]. 또한 Raimondi-Boyd 논문에는 오일 유동 Q와 측면누설 Q_s, 대략적인 Δt의 추정값을 계산할 수 있는 차트가 실려 있다. 부가적으로 최소 유막두께의 위치, 최대압력과 유막이 끝나는 위치를 찾을 수 있는 차트도 포함하고 있다. 이 차트들을 이 책에서는 소개하지 않는다.

10.9 저널 베어링의 윤활유 공급

유동해석을 할 때 윤활유는 최소한 베어링의 끝부분을 빠져 나가는 것만큼 빨리 공급이 되는 것으로 가정한다. 저널 베어링에는 다양한 윤활방법들이 사용되는데 베어링의 구체적 사용 형태에 따라 크게 달라진다. 여기서는 몇몇 일반적인 윤활유의 공급방법들을 간략히 설명한다.

10.9.1 비산식

비산식(splash method) 윤활장치는 하우징 안에 내장되어 있는 크랭크나 기어와 같이 회전부를 가지고 있는 기계요소에 효과적이다. 이 방법은 작동 부위가 밀폐된 케이스 내에 있는 윤활유 저장고를 지나가게 함으로써 오일이 작동부나 베어링에 뿌려지게 하는 효과를 낸다. *유조*(oil bath)라는 용어는 기차의 부분 베어링과 같이 보통 오일 저장소에 부분적으로 잠긴 저널을 통하여 오일을 공급받는 곳을 말한다.

10.9.2 여러 가지 다양한 방법들

수많은 간단한 윤활방법들이 실제로 사용된다. 저속 저하중에서 작용하는 베어링에는 수동으로 급유하는 윤활법이 사용될 수도 있다. 심지급유법(wick-feed)이란 이름 그대로 흡유성이 뛰어난 재료의 심지를 이용하여 베어링에 오일을 급유하는 방식이다. 적하급유법(drop-feed)은 오일 저장고에서 니들밸브를 통해 베어링에 오일을 공급하는 방식이다. 오일링급유법(ring-oiling)은 베어링 중심의 저널 위에 오일링을 이용하여 급유하는 방식이다.

자기저장 베어링(self-contained bearing)은 오일의 손실을 막기 위해 밀봉된 베어링의 하우징 내부에 윤활제를 저장하고 있다. 오일은 중력에 의해 저장고에서 베어링으로 공급된다. 특히 이런 방식의 베어링은 비싼 냉각장치나 순환장치를 필요로 하지 않기 때문에 경제적인 이유로 매우 많이 사용된다. 이런 베어링은 *필로형 베어링*(pillow-block bearing) 또는 *받침대 베어링*(pedestal bearing)이라 부르기도 한다.

10.9.3 강제윤활 방식

강제윤활 방식(pressure-fed system)은 소형 펌프에 의해 베어링에 계속하여 오일을 공급해 주는 방

[그림 10.18]
오일 분배의 일반적인 방법.
(a) 원주방향 홈 베어링과 이 베어링의 압력 분포와 홈 없는 베어링의 압력분포 비교
(b) 축방향 홈 베어링

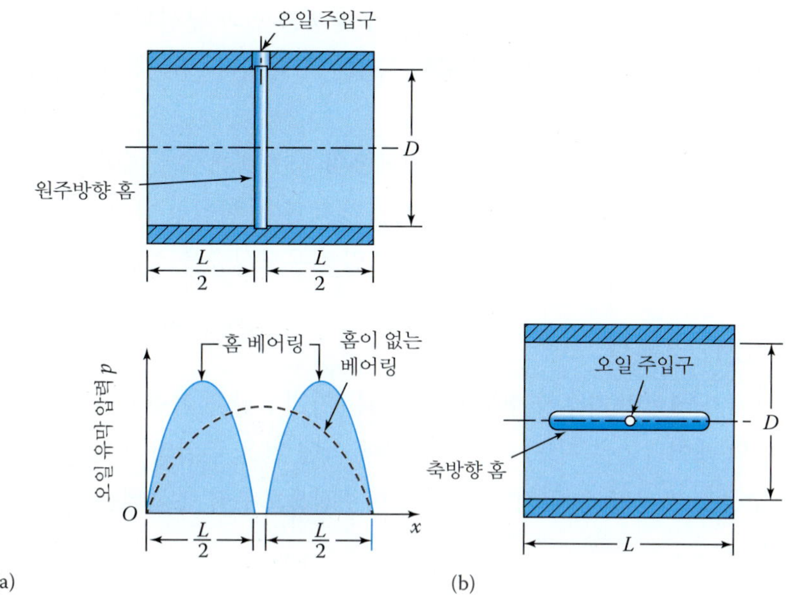

식이다. 오일은 베어링을 순환한 후 저장고로 돌아오게 된다. 펌프는 대개 저장탱크의 위쪽에 위치하고 있고 축들 중 하나에 의해 구동된다. 이 방식은 널리 사용되는 윤활방식이다. 예를 들면 피스톤 타입의 엔진이나 압축기에 이러한 강제윤활 방식이 사용된다. 펌프에 의해 공급된 오일이 주 베어링의 홈을 채우게 된다. 크랭크 축에 있는 구멍들은 여기서부터 커넥팅 로드 슬리브 베어링까지 오일을 운반한다. 대부분의 자동차용 엔진에서 피스톤 핀의 윤활은 비산식으로 이루어짐을 주의하라.

10.9.4 오일 분배를 위한 방법

그림 10.18a는 축방향으로 오일을 분배할 때 쓰이는 *원주방향의 홈*(circumferential groove)을 가진 베어링을 보여 준다. 오일은 오일구멍을 통하여 홈에 들어가며 중력이나 압력에 의해 흐르게 된다.

원주 방향으로 파여진 홈이 베어링을 두 개의 반쪽으로 나누며, 각 반쪽은 홈이 없는 베어링의 절반에 약간 못 미치는 L/D 비율을 갖는다. 결과적으로 압력분포는 점선으로 나타낸 부드러운 곡선처럼 변하지는 않는다. 유체압력은 홈에서 거의 0에 가깝게 떨어진다. 유막이 중간쯤에서 거의 깨어짐에도 불구하고 이러한 베어링은 과열되지 않고 보다 큰 하중을 얻을 만큼의 냉각효과를 얻을 수 있다.

오일구멍에 의한 *축방향 홈*(axial groove)(그림 10.18b)은 일반적으로 낮은 기압 또는 대기압 수준의 유압으로도 오일을 공급한다. 모든 유동문제에서 오일은 입구에서 항상 충분하다고 가정한다.

10.10 저널 베어링의 열평형

베어링에서의 마찰손실은 열로 변환되어 윤활제와 그 주위의 온도를 상승시킨다. 저널 베어링의 *열평*

형(heat balance)이라 함은 베어링에서 발생한 열과 분산된 열과의 평형을 의미한다. 베어링에서 일반적으로 만족할 만한 오일의 평형온도는 70℃이다. 평균온도가 105℃를 넘게 되면 베어링 재료와 함께 윤활제의 성능이 저하된다[11].

베어링을 통해 오일이 흐르는 강제윤활 시스템에서는 베어링으로부터 열을 흡수하게 된다. 오일통으로 회수된 오일은 재순환하기 전에 냉각된다. 이러한 방식에서는 발생한 열의 대부분을 윤활제가 이동시키기 때문에 설계차트를 통해 오일의 온도상승을 정확하게 예측할 수 있다.

10.10.1 열분산

윤활제가 베어링 하우징 내부에 저장되는 자기저장 베어링에서의 열평형에 대해 생각해 보자. 이러한 타입의 베어링들은 전도, 대류와 복사에 의해 열을 주위의 대기로 분산시킨다. 실제로 열유동의 정확한 값들은 계산할 수 없지만, 베어링 하우징으로부터 분산되는 열은 근사적으로 다음과 같이 나타낼 수 있다.

$$H = CA(t_o - t_a) \tag{10.22}$$

위 식에 의해

$$t_o = t_a + \frac{H}{AC} \tag{10.23}$$

여기서

H = 열의 시간당 손실 W

C = 열전달계수 $W/m^2 \cdot$ ℃

A = 하우징의 표면적 m^2

t_o = 유막의 평균온도 ℃

t_a = 주위의 공기온도 ℃

대표적인 C의 값을 표 10.2에 나타내었다. 단순 오일링 급유 베어링에서 베어링 하우징의 면적은 베어링 투영면적의 약 12.5배 정도로 추정된다(즉 12.5DL). 식 (10.23)은 이러한 *추정 값*(ball park)이 충분할 때만 사용해야 한다.

〈표 10.2〉 자기저장 베어링의 열전달계수 C

윤활 장치	상태	C
오일 링	정적 대기	7.4
	평균 공기 순환	8.5
유조 (오일 배스)	정적 대기	9.6
	평균 공기 순환	11.3

10.10.2 열유입

열평형 조건하에서 베어링으로 유입되는 열의 비율과 소산되는 비율은 같다.

$$fW(2\pi rn) = H \tag{10.24}$$

여기서

f = 마찰계수
W = 하중
r = 저널 반지름
n = 저널 속도(10.5절에 정의)
H = 식 (10.22)

평형상태에서 평균 유막온도를 계산하기 위한 열평형 계산은 시행착오를 거쳐야 한다.

10.11 저널 베어링의 재료

저널 베어링의 재료들의 작동 조건은 재료들이 일반적으로 사용될 때 필요한 요구조건들보다 더 엄격하다. 예를 들어, 유막이 두꺼운 윤활의 경우에는 충분한 압축강도와 매끄러운 표면을 가지는 베어링 재료가 적절하다. 작은 부싱(bushing)과 스러스트 베어링은 종종 얇은 유막조건의 윤활상태에서 작동한다. 유막두께보다 큰 불순물이 오일 속에 존재한다면 상대적으로 무른 베어링 재료에 박히지 않는다면 축 표면에 손상을 줄 수 있다.

이 절에서는 널리 사용되는 베어링 재료의 종류에 대해 논의하고자 한다. 유리, 은, 세라믹, 사파이어와 같이 특수한 재료들이 사용되기도 한다. 압력 P, 속도 V 또는 PV는 미끄럼 계면에서 온도에 대한 지수로서 사용되며, 경계-윤활 베어링을 위한 설계 변수로 널리 사용된다. 표 10.3은 다양한 저널 베어링 재료에 대한 설계 한계값을 나타낸다.

10.11.1 합금

배빗 합금(babbitt alloy)은 가장 널리 사용되는 재료로서 대개 주석 또는 납을 기반으로 하고 있다. 이것은 용융점, 탄성계수, 항복강도가 낮고 소성유동이 좋은 특징이 있다. 베어링에서 이러한 점들은 붙임성과 박힘성을 좋게 한다. *붙임성*(conformability)은 축의 정렬불량과 변형을 완화시키는 베어링의 능력을 말하고, *박힘성*(embedability)은 외부입자들이 재료에 박혀 베어링을 보호하는 능력을 말한다. 배빗 베어링을 사용하는 축은 150~200 Bhn의 최소 경도와 매끄러운 표면처리를 해야 한다.

배빗의 압축강도와 피로강도는 낮은데, 특히 77°C 이상에서 더욱 저하되고 배빗은 121°C 이상의 온도에서 거의 사용할 수 없다. 그러나 이러한 단점들은 강 또는 알루미늄 재질의 금속표면에 얇은 배

〈표 10.3〉 강철 축과 접촉한 경계-윤활 슬리브 베어링 작동시 설계 한계

슬리브 재료	단위 하중 *P*		온도 *t*		속도 *V*		*PV*	
	MPa	(ksi)	°C	(°F)	m/s	(fpm)	MPa·m/s	(ksi·fpm)
다공질 금속								
청동	14	(2)	232	(450)	6.1	(1200)	1.8	(50)
납-청동	5.5	(0.8)	232	(450)	7.6	(1500)	2.1	(60)
구리-철	28	(4)	—	—	1.1	(225)	1.2	(35)
철	21	(3)	232	(450)	2.0	(400)	1.0	(30)
청동-철	17	(2.5)	232	(450)	4.1	(800)	1.2	(35)
납-철	7	(1)	232	(450)	4.1	(800)	1.8	(50)
알루미늄	14	(2)	121	(250)	6.1	(1200)	1.8	(50)
비금속								
페놀 수지	41	(6)	93	(200)	13	(2500)	0.53	(15)
나일론	14	(2)	93	(200)	3.0	(600)	0.11	(3)
테프론	3.5	(0.5)	260	(500)	0.25	(50)	0.035	(1)
테프론 직물	414	(60)	260	(500)	0.76	(150)	0.88	(25)
폴리카보네이트	7	(1)	104	(220)	5.1	(1000)	0.11	(3)
아세탈	14	(2)	93	(200)	3.0	(600)	0.11	(3)
탄소 흑연	4	(0.6)	400	(750)	13	(2500)	0.53	(15)
고무	0.35	(0.05)	66	(150)	20	(4000)	—	—
나무	14	(2)	71	(160)	10	(2000)	0.42	(12)

출처: Budynas, R. and Nisbett, K. *Shigley's Mechanical Engineering Design*. 9th ed., New York, McGraw-Hill, 2010; Rothbart, H.A. and Brown, T.H. Jr., eds., *Mechanical Design Handbook*. 2nd ed., New York, McGraw-Hill, 2006.

빗층을 입힘으로써 개선할 수 있다.

예를 들어, 내연기관과 같이 고압에서 작동하는 소형과 중형 베어링은 0.025~2.5 mm 두께의 배빗층을 사용한다. 반면 낮은 압력에서 작동하는 중형 및 대형 베어링에서는 3~13 mm의 배빗층을 보다 두꺼운 강철 셸(steel shell)에 주조하여 사용한다(그림 10.19).

구리 합금(copper alloy)은 주로 청동과 알루미늄 합금을 말한다. 이것은 배빗 베어링보다 더 강도가 크고 높은 부하용량과 피로강도를 가지지만 내용착성(antiweld)이나 내스코어링성(antiscoring)과 같은 능력은 떨어진다. 내연기관에서는 열전도도와 부식저항성, 저렴한 가격 때문에 알루미늄 합금이 베어링 재료로 널리 사용된다. 알루미늄 베어링 내부에 얇은 배빗층을 형성시키면 붙임성과 박

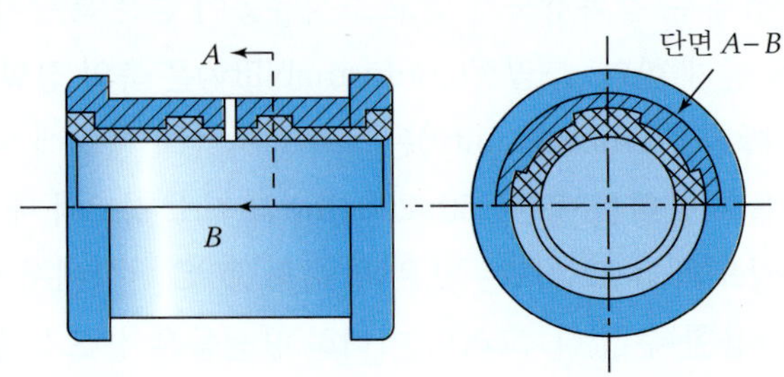

[그림 10.19]
강철 셸에 주조한 배빗 금속 베어링

힘성을 향상시킬 수 있다.

10.11.2 소결재료

다공성의 금속 베어링이나 분말 야금 부싱과 같은 소결재료(sintered material)들은 널리 사용되고 있다. 이러한 자기윤활 베어링들은 오일을 저장하는 역할을 하는 상호연결된 미세한 구멍들에 저장된 오일들이 축의 마찰에 의해 가열되면 오일을 방출했다가 다시 흡수하는 작용을 한다. 저렴한 가격과 수명, 부가적인 윤활이 불필요하여 이 재료의 가장 큰 장점이다.

10.11.3 비금속재료

다양한 *플라스틱*(plastic) 재료들이 베어링 재료로 사용된다. 부식이 없고, 소음이 적으며, 주형이 쉽고, 뛰어난 적합성이 이 재료의 장점이다. 뛰어난 적합성은 종종 윤활이 필요 없게 하는 장점이 되기도 한다. *탄소-흑연*(carbon-graphite) 베어링은 높은 온도에서 사용할 수 있다. 이 재료는 불활성이어서 산(acid)과 연료를 저장하는 용기 또는 펌프에 사용하는 베어링 재료로 적합하다. *고무*(rubber)와 다른 탄성중합체(elastomer)는 물속에서 작동하는 펌프와 프로펠러에 적절한 베어링 재료이다. 이 재료들은 대개 부식되지 않은 금속 셸 안에 위치하여 방진성과 붙임성이 좋으며 정렬불량을 보상할 수 있다.

B. 구름 베어링

비마찰 베어링(antifriction bearing)으로도 알려진 *구름 베어링*(rolling bearing)을 언급한 10.1절을 다시 보자. 비마찰베어링제조협회(AFBMA: Anti-friction Bearing Manufacturing Association)와 ISO에서 베어링의 치수와 선정기준을 표준화하였다. 하중, 속도, 윤활제의 작동점도가 구름 베어링의 마찰특성에 영향을 미친다. 이러한 베어링들은 0.001과 0.002 사이의 마찰계수를 제공한다. 설계자들은 피로, 마찰, 열, 윤활, 동적 문제, 재료특성, 가공공차, 조립, 용도, 가격 등과 같은 인자들을 고려해야 한다. 구름-요소 베어링의 자세한 내용은 [10]에 언급되어 있다.

미끄럼 베어링 또는 저널 베어링과 비교하여 구름 베어링의 *장점*(advantages)은 다음과 같다.

1. 시동 및 구동 시의 낮은 마찰토크
2. 윤활의 용이성
3. 축방향 공간이 덜 필요함
4. 일반적으로 반지름방향과 축방향의 하중을 둘 다 지지함
5. 빠른 복귀
6. 파손이 임박했을 때 소음이 증가하여 사전경고의 효과
7. 낮은 온도에서 시동이 가능

미끄럼 베어링과 비교하여 구름 베어링의 *단점*(disadvantage)은 다음과 같다.

1. 반지름방향의 공간이 더 필요함
2. 정렬조건이 까다로움
3. 초기비용이 많이 듬
4. 구동 시 소음이 더 심함
5. 피로에 의한 수명의 한계가 발생함
6. 외부 침입물에 손상을 받기 쉬움
7. 진동을 감쇠시키는 능력이 떨어짐

10.12 구름 베어링의 종류와 치수

구름 베어링은 설계에 따라 반지름방향 하중, 축방향 하중 혹은 두 가지를 조합한 하중을 지지할 수 있다. 따라서 대부분의 구름 베어링은 이러한 세 가지 종류 중의 하나로 분류될 수 있다. 주로 반지름방향의 하중을 지지하기 위한 *레이디얼*(radial), 축방향의 하중을 지지하기 위한 *스러스트*(thrust), 축방향 반지름방향을 조합한 하중을 지지하기 위한 *앵귤러 콘택트*(angular contact)가 그것이다. 구름요소에 따라서 볼 베어링과 롤러 베어링 두 가지 형태로 나눌 수 있다. 일반적으로 볼 베어링은 더 빠른 속도를 견딜 수 있고, 롤러 베어링은 더 큰 하중을 견딜 수 있다. 구름 베어링은 정밀하지만 간단한 기계요소이고 다양한 형태와 크기로 만들어진다(그림 10.20). 대부분의 베어링 제조업체들은 엔지니어링 매뉴얼과 안내책자를 통해 다양한 구름베어링에 대해 설명하고 있다. 이 책에서는 몇 가지 일반적인 형태에 대해서만 다루기로 한다.

[그림 10.20]
다양한 구름 베어링(Courtesy of SKF, Lansdale, PA.)

10.12.1 볼 베어링

볼 베어링은 회전요소를 가진 거의 대부분의 기계와 기구에 사용된다. 그림 10.21은 볼 베어링의 여러 구성 요소들과 형상들을 보여 주고 있다. 기본적인 베어링의 구조를 살펴보면 내륜, 외륜, 볼 그리고 케이지(cage) 또는 리테이너(retainer)로 알려진 *유지기*(separator)로 이루어져 있다. 접촉면적과 허용하중을 크게 하기 위해 볼들은 *궤도륜*(raceway)이라고 부르는 오목한 홈 위를 구르게 되어 있다. 궤도륜의 반지름은 볼의 반지름보다 약간 크게 한다.

깊은 홈 베어링(deep-groove bearing)(Conrad-type)(그림 10.22a)은 반지름방향 하중과 스러스트 하중을 잘 지지한다. 내륜은 편심된 위치로 움직이기 때문에 볼들은 홈 안쪽에 삽입된다. 볼들은 하중을 받은 후 분리되고, 리테이너들이 삽입된다. 깊은 홈이 있는 궤도륜을 사용하거나 복열 레이디얼 베어링을 사용함으로써 반지름 하중에 대한 지지용량을 크게 할 수 있다(그림 10.22b).

앵귤러 콘택트 베어링(angular-contact bearing)(그림 10.22c)은 한 궤도륜에는 양쪽에 턱(shoulder)이 있고 다른 궤도륜에는 한쪽에만 턱이 있는 홈을 가지고 있다. 반지름방향 하중뿐만 아니라 한 방향으로 작용하는 스러스트 하중에도 잘 견딘다. 턱이 없는 쪽을 통해 베어링을 조립할 수도 있고 일체형 케이지를 사용할 수도 있다. 접촉각 α가 그림에 정의되어 있다. 앵귤러 볼 베어링의 α값의 일반적인 범위는 15°C~40°C이다.

자동조심 베어링(self-aligning bearing)은 외륜 볼이 지나는 경로를 구 형상으로 가공하여 상당한 정렬불량과 축의 변형을 흡수할 수 있다. 이러한 베어링들은 반지름방향 하중과 축방향 하중 모두를 지지할 수 있다. 이것은 외부 자동조심 베어링(그림 10.22d)과 내부 자동조심 베어링의 두 종류가 있

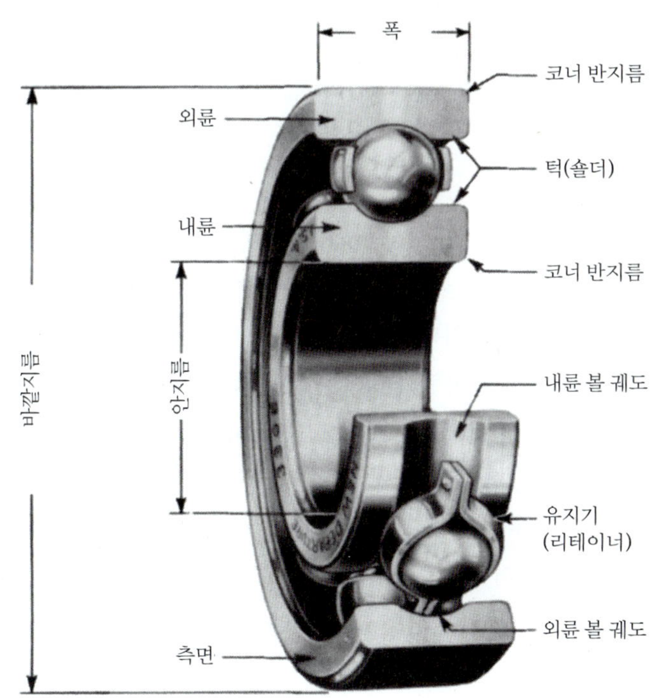

[그림 10.21]
볼 베어링의 구조와 명칭(Courtesy of New Departure-Hyatt Division, General Motors Corporation, Detroit, MI.)

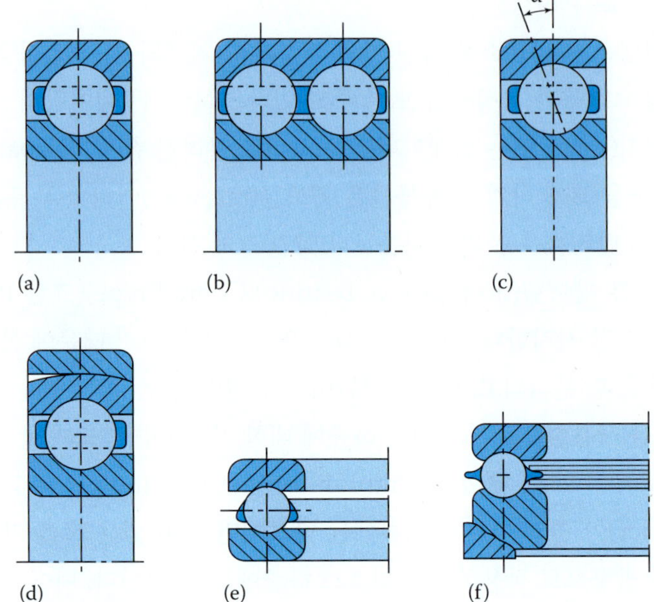

[그림 10.22]
볼 베어링의 종류. (a) 깊은 홈 (b) 복열 (c) 앵귤러 콘택트 (d) 외부 자동조심 (e) 스러스트 (f) 자동조심 스러스트(Courtesy of Timken Company, Canton, OH.)

다. 그림 10.22e와 그림 10.22f의 *스러스트 베어링*(thrust bearing)은 순수 축방향 하중만을 지지하도록 설계되어 있다. 이 베어링은 오직 수직방향의 축을 사진 기계에만 사용되며, 속도용량은 그리 크지 않다.

유지기는 하중을 지탱하지 않지만, 베어링 효율에 큰 영향을 주고 있다. 유지기가 없는 베어링에서 구름요소들은 사용 중에 상호 접촉으로 가혹한 미끄럼마찰이 발생하게 되므로 유지기의 주요 역할은 베어링에 적절한 하중 분배와 베어링 사이에 적절한 간격을 유지하는 것이다. 또한 베어링 취급시에도 구름 요소가 빠져 나오지 않게 한다.

10.12.2 롤러 베어링

롤러 베어링은 직선 형태, 경사진 형태 또는 볼록한 원통 형태의 롤러를 사용한다. 충격하중이 작용하거나 대형 베어링이 필요한 곳에 롤러 베어링이 주로 적용된다. 이 베어링들은 점접촉이 아니라 선접촉을 하기 때문에 같은 크기의 볼 베어링보다 더 많은 정적, 동적, 충격하중을 지지할 수 있다. 롤러 베어링은 일반적으로 볼 베어링과 동일한 부품들로 구성되어 있다. 롤러 베어링들은 다섯 가지의 기본 형태로 나눌 수 있다. 원통 롤러 베어링, 구면(spherical) 롤러 베어링, 테이퍼(tapered) 스러스트 롤러 베어링, 니들(needle) 롤러 베어링 그리고 테이퍼 롤러 베어링이 그것이다(그림 10.23). 직선 롤러 베어링은 대부분의 경우 순수하게 반지름방향 하중만 지지할 수 있다. 이 베어링은 스러스트 하중을 견디지 못한다. 구면 롤러 베어링은 약간의 축 정렬불량을 흡수하는 장점이 있기 때문에 대형 롤링 밀이나 공업용 기어 구동기 등에 사용된다. 니들 베어링은 반지름방향의 공간이 제한적인 곳에 널리 사용된다.

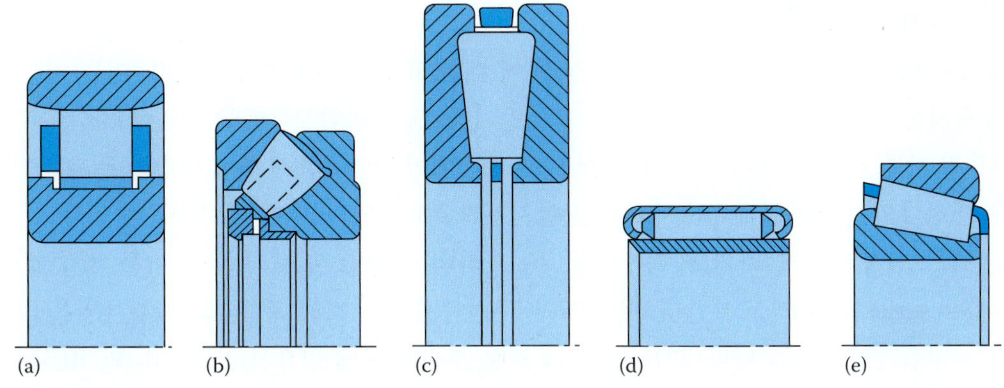

[그림 10.23]
롤러 베어링의 종류. (a) 원통 (b) 구면 (c) 테이퍼 스러스트 (d) 니들 (e) 테이퍼(Courtesy of the Timken Company, Canton, OH.)

테이퍼 롤러 베어링은 볼과 직선 롤러 베어링의 장점을 둘 다 가지고 있기 때문에 반지름방향 하중, 스러스트 하중 또는 두 하중이 조합된 경우에도 사용할 수 있다. 원추형(conical) 롤러의 중심선들은 회전 중심선의 한 정점에서 교차한다. 테이퍼 롤러 베어링은 복잡하게 만드는 수많은 특징들을 가지고 있지만 이 책에서는 지면상의 이유로 설명하지 않는다[10]. 단열 롤러 베어링의 쌍은 대개 휠 베어링과 다른 응용분야에 적용된다. 복열 및 4열 롤러 베어링 타입은 아주 무거운 하중을 지지하는 곳에 사용된다.

10.12.3 특수 베어링

구름요소 베어링들은 다양한 종류의 장비들에 적용 가능하다. 세부정보는 몇몇 제조업체들이 펴낸 설명서나 참고문헌에서 얻을 수 있다. 두 가지 일반적인 예를 그림 10.24에서 보여 준다. 이런 베어링들은 표준 볼 베어링이나 롤러 베어링이 주철 하우징 내에 내장되어 있음을 주목하라. 수평면이나 수직면에 쉽게 설치하여 사용할 수 있다.

[그림 10.24]
특수 베어링. (a) 필로 (b) 플랜지(Courtesy of Emerson Power Transmission, Sealmaster Bearings, Aurora, IL.)

(a)

(b)

10.12.4 베어링의 표준 치수

AFBMA는 구름베어링 및 축 그리고 하우징 턱에 대한 표준 치수를 확립하였다. 이들 치수는 그림 10.25에 도시한 바와 같은데, 여기서 D는 베어링 안지름, D_0는 바깥지름(OD), w는 폭, d_s는 축 턱지름, d_h는 하우징 지름, r는 필릿 반지름이다. 주어진 하나의 베어링 안지름에 대해 다양한 폭과 바깥지름이 있다. 또한 하나의 바깥지름에 대해서도 다른 안지름과 폭을 가진 다양한 베어링들이 있다.

기본 AFBMA 방법에 따라 베어링들은 두 자리의 숫자로 표시되는데, 이를 *치수계열 코드*(dimension series code)라고 부른다. 첫 번째와 두 번째 숫자는 각각 폭계열과 지름계열을 나타낸다. 이 코드는 직접적인 치수를 나타내지는 않으나 표로 분류하는 데 필요하다. 표 10.4과 10.5는 볼베어링과 원통형 롤러 베어링 중 02 및 03 계열의 몇몇 치수들을 나타낸 것이다. 이들 베어링의 하중정격(load rating)에 대해서는 다음 절에서 다룰 것이다. 더 많은 세부정보는 최근의 AFBMA표준[11], 엔지니어 핸드북, 제조자 카탈로그나 저널 등을 참조하면 쉽게 얻을 수 있다.

10.13 구름 베어링의 수명

비마찰 베어링의 볼 또는 롤러가 하중영역 내로 구르게 되면 궤도면과 전동체에서 접촉, 즉 헤르츠 응력이 발생한다. 재료의 내구한도보다 높은 응력이 작용하게 되면 베어링은 제한된 수명을 가지게 된다.

만일 베어링이 적당한 온도에서 작동되고 잘 유지되고 있다면, 금속의 피로만이 파손원인이 된다. 8.9절에서 설명하였듯이 파손은 피팅(pitting), 스폴링(spalling) 또는 치핑(chipping)으로 구성된다.

실제적으로 각각의 베어링 수명이나 동일한 베어링 그룹의 수명을 정확하게 예측할 수는 없다. 그래서 AFBMA는 베어링 수명에 관련되는 정의를 규정하였다. *베어링 수명*(bearing life)은 어떤 일정 속도에서 베어링이 피로파손이 일어날 때까지 작동한 회전수 또는 시간으로 정의된다.

정격수명(rating life) L_{10}은 동일한 구름 베어링 그룹의 90%가 피로파손이 발생하지 않는 회전수

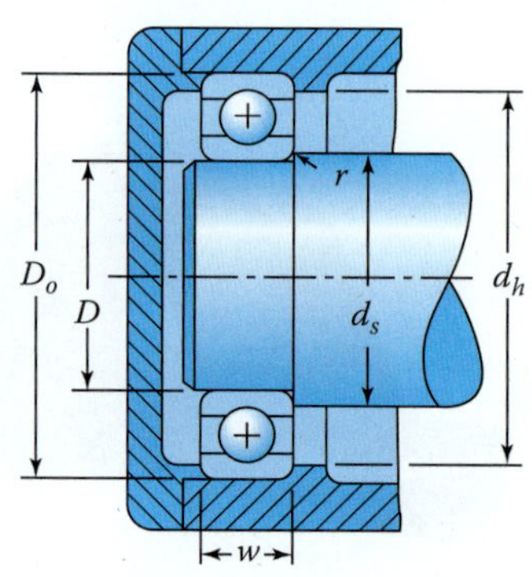

[그림 10.25]
볼 베어링, 축 및 하우징의 치수

(또는 균일한 속도에서의 시간)를 말한다. *최소수명*(minimum life)이라는 용어는 종종 정격수명을 의미하기도 한다. *중간수명*(median life)은 베어링 그룹의 50%가 피로파손이 발생하지 않는 수명을 말한다. 중간수명이 L_{10} 수명의 약 5배라는 것이 실험을 통해 확인되었다.

기본 동적 부하용량(basic dynamic load rating) C는 외관상 동일한 베어링 그룹이 정지하중하에서 내륜이 100만(즉 10^6) 회전수의 정격수명을 견딜 수 있는 반지름방향의 하중을 말한다(외륜은 회전하지 않음).

기본 정적 부하용량(basic static load rating) C_s는 베어링의 운전특성을 손상시키지 않는 최대 허용정하중을 말한다. 표 10.4와 10.5에 다양한 베어링의 기본 정적 부하용량을 나타내었다. C_s의 값은 베어링 재료, 열(row) 당 전동체의 수, 베어링 접촉각 그리고 볼 또는 롤러의 지름에 따라 결정된다. 하중 형태와 관련있는 인자를 제외하면 C의 값은 C_s를 얻기 위한 인자들과 동일한 인자들에 근거하여 결정된다.

〈표 10.4〉 02계열 볼 베어링의 치수 및 기본 부하 용량

				부하 용량(kN)			
				깊은 홈		앵귤러 콘택트	
안지름 D(mm)	바깥지름 D_o(mm)	폭 w(mm)	필릿 반지름 r(mm)	C	C_s	C	C_s
10	30	9	0.6	5.07	2.24	4.94	2.12
12	32	10	0.6	6.89	3.10	7.02	3.05
15	35	11	0.6	7.80	3.55	8.06	3.65
17	40	12	0.6	9.56	4.50	9.95	4.75
20	47	14	1.0	12.7	6.20	13.3	6.55
25	52	15	1.0	14.0	6.95	14.8	7.65
30	62	16	1.0	19.5	10.0	20.3	11.0
35	72	17	1.0	25.5	13.7	27.0	15.0
40	80	18	1.0	30.7	16.6	31.9	18.6
45	85	19	1.0	33.2	18.6	35.8	21.2
50	90	20	1.0	35.1	19.6	37.7	22.8
55	100	21	1.5	43.6	25.0	46.2	28.5
60	110	22	1.5	47.5	28.0	55.9	35.5
65	120	23	1.5	55.5	34.0	63.7	41.5
70	125	24	1.5	61.8	37.5	68.9	45.5
75	130	25	1.5	66.3	40.5	71.5	49.0
80	140	26	2.0	70.2	45.0	80.6	55.0
85	150	28	2.0	83.2	53.0	90.4	63.0
90	160	30	2.0	95.6	62.0	106	73.5
95	170	32	2.0	108	69.5	121	85.0

출처: Bamberger, E. N. et al., *Life Adjustment Factors for Ball and Roller Bearings: An Engineering Design Guide*, New York, ASME, 1971.

주: 10^6번의 회전수와 90%의 신뢰도를 갖는 베어링 수명용량 C의 단위 kN에서 kips로 변환하기 위해 주어진 값들을 4.448로 나눈다.

〈표 10.5〉 원통 베어링의 치수 및 기본 부하 용량

	02 계열			03 계열		
안지름 D(mm)	바깥지름 D_o(mm)	폭 w(mm)	부하 용량 C (kN)	바깥지름 D_o(mm)	폭 w(mm)	부하 용량 C(kN)
25	52	15	16.8	62	17	28.6
30	62	16	22.4	72	19	36.9
35	72	17	31.9	80	21	44.6
40	80	18	41.8	90	23	56.1
45	85	19	44.0	100	25	72.1
50	90	20	45.7	110	27	88.0
55	100	21	56.1	120	29	102
60	110	22	64.4	130	31	123
65	120	23	76.5	140	33	138
70	125	24	79.2	150	35	151
75	130	25	91.3	160	37	183
80	140	26	106	170	39	190
85	150	28	119	180	41	212
90	160	30	142	190	43	242
95	170	32	165	200	45	264

출처: Bamberger, E.N. et al., *Life Adjustment Factors for Ball and Roller Bearings: An Engineering Design Guide*, New York, ASME, 1971.

주: 10^6번의 회전수와 90%의 신뢰도를 갖는 베어링 수명용량 C의 단위 kN에서 kips로 변환하기 위해 주어진 값들을 4.448로 나눈다.

10.14 등가 반지름방향 하중

카탈로그에 있는 등급은 반지름방향 하중만을 기준으로 하였다. 그러나 스러스트 베어링을 제외하고는 보통 베어링은 반지름방향 하중과 축방향 하중이 조합되어 작용한다. 따라서 부가하중이 베어링 수명에 미치는 영향과 동일한 영향을 줄 수 있는 등가 반지름방향 하중을 정의할 필요가 있다. AFBMA는 구름 베어링의 경우, 다음 두 식의 값 중 최댓값을 등가 반지름방향 하중으로 제시하였다.

$$P = XVF_r + YF_a \tag{10.25}$$

$$P = VF_r \tag{10.26}$$

여기서

P = 등가 반지름방향 하중

F_r = 반지름방향 작용하중

F_a = 축방향 작용하중(스러스트)

V = 회전계수

〈표 10.6〉 깊은 홈 볼 베어링의 계수

F_a/C_s	e	$F_a/VF_r \le e$		$F_a/VF_r > e$	
		X	Y	X	Y
0.014[a]	0.19				2.30
0.21	0.21				2.15
0.028	0.22				1.99
0.042	0.24				1.85
0.056	0.26				1.71
0.070	0.27	1.0	0	0.56	1.63
0.084	0.28				1.55
0.110	0.30				1.45
0.17	0.34				1.31
0.28	0.38				1.15
0.42	0.42				1.04
0.56	0.44				1.00

출처: Bamberger, E.N. et al., *Life Adjustment Factors for Ball and Roller Bearings: An Engineering Design Guide*, New York, ASME, 1971.

[a] $F_a/C_s < 0.014$라면 0.014를 사용한다.

$$= \begin{cases} 1.0 & \text{내륜회전의 경우} \\ 1.2 & \text{외륜회전의 경우} \end{cases}$$

X = 반지름방향계수

Y = 축방향계수

등가하중계수 X와 Y는 볼 수나 볼의 지름을 포함한 베어링의 형상에 따라 결정된다. AFBMA의 권장사항은 기본 정적 부하용량 C_s에 대한 축방향 하중 F_a의 비율과 가변 기준값 e에 기초를 두고 있다. 표 10.6과 10.7에 깊은 홈(단열과 복열) 및 앵귤러 콘택트 볼 베어링에 대한 X와 Y의 값을 나타내었다. 직선 원통 롤러 베어링은 축하중이 롤러의 끝단에 미끄럼 마찰을 일으키기 때문에 스러스트 용량이 매우 제한적이다. 그러므로 이러한 베어링에 대한 등가하중은 식 (10.26)을 사용하여 예측할 수 있다.

10.14.1 등가 충격하중

어떤 적용분야에서는 등가 반지름방향 하중을 증가시키는 효과를 주는 다양한 충격하중이 작용하기도 한다. 따라서 충격계수(shock factor) K_s를 식 (10.25)와 (10.26)에 대입하여 베어링이 받는 충격조건을 고려할 수 있다. 따라서 다음 두 식에 의해 주어진 값들 중 더 큰 값이 등가 반지름방향 하중이 된다.

$$P = K_s\left(XVF_r + YF_a\right) \tag{10.27}$$

〈표 10.7〉 일반 앵귤러 콘택트 베어링의 계수

			단열 베어링		복열 베어링			
			$F_a/VF_r > e$		$F_a/VF_r \le e$		$F_a/VF_r > e$	
접촉각(α)	e	$\frac{iF_a}{C_s}$[a]	X	Y	X	Y	X	Y
	0.38	0.015		1.47		1.65		2.39
	0.40	0.029		1.40		1.57		2.28
	0.43	0.058		1.30		1.46		2.11
	0.46	0.087		1.23		1.38		2.00
15°	0.47	0.12	0.44	1.19	1.0	1.34	0.72	1.93
	0.50	0.17		1.12		1.26		1.82
	0.55	0.29		1.02		1.14		1.66
	0.56	0.44		1.00		1.12		1.63
	0.56	0.58		1.00		1.12		1.63
25°	0.68		0.41	0.87	1.0	0.92	0.67	1.41
35°	0.95		0.37	0.66	1.0	0.66	0.60	1.07

출처: Bamberger, E.N. et al., *Life Adjustment Factors for Ball and Roller Bearings: An Engineering Design Guide*, New York, ASME, 1971.

[a] 볼 열의 개수

〈표 10.8〉 충격계수 K_s

부하 유형	볼 베어링	구름 베어링
무충격	1.0	1.0
약한 충격	1.5	1.0
보통 충격	2.0	1.3
강한 충격	2.5	1.7
매우 강한 충격	3.0	2.0

$$P = K_s V F_r \tag{10.28}$$

K_s값은 설계자의 판단과 경험에 의존하지만 표 10.8을 기본값으로 사용할 수 있다.

10.15 구름 베어링의 선택

외관상으로 동일한 베어링도 전동체의 진원도나 표면 다듬질 상태에 따라 혹은 금속학적으로 약간 다를 수 있다. 결론적으로 같은 그룹 내의 어떤 두 베어링도 동일한 속도와 하중이 가해진 후 피로파손이 일어날 시간이 정확히 같을 수는 없다. 그러므로 구름 베어링을 선택할 경우에는 하중과 정격수명의 정보를 알 수 있는 표준화된 규격과 크기에 관한 차트를 이용하여야 한다.

보통 기본 정적 부하용량 C_s가 볼 베어링이나 롤러 베어링의 선택에 영향을 미치는 경우는 거의 없다. 하지만 기계 내부에 있는 베어링이 C_s보다 높은 하중하에서 일정시간 이상 동안 움직이지 않고 있다면 국부적인 영구변형이 발생할 수 있다. 일반적으로 베어링은 기본 정적 부하용량을 초과하는 하중에서 매우 저속으로 작동되어서는 안 된다.

기본 동적 부하용량 C는 베어링 수명에 관한 다음의 공식에서 알 수 있는 바와 같이 베어링의 선택에 직접적인 연관을 가진다. 구름 베어링에 관한 광범위한 실험결과와 통계적 분석을 통하여 베어링에 작용하는 하중과 수명은 통계적인 관계가 있음이 밝혀졌다. 베어링의 하중과 수명의 상관관계는 다음과 같다.

$$L_{10} = \left(\frac{C}{P}\right)^a \tag{10.29}$$

여기서

$L_{10} = 10^6$ 회전에서의 정격수명

$C =$ 기본 정격하중(표 10.4와 10.5)

$P =$ 등가 반지름방향 하중(10.14절)

$$a = \begin{cases} 3 \text{ (볼베어링)} \\ 10/3 \text{ (롤러베어링)} \end{cases}$$

기본 정격하중 C는 실제로 가해진 하중의 수준에서 예측된 수명을 허용하는 단순화된 기준값이다(10.13절 참조). 따라서 앞의 방정식은 다음과 같은 형태로 표현할 수 있다.

$$L_{10} = \frac{10^6}{60n}\left(\frac{C}{P}\right)^a \tag{10.30}$$

여기서

$L_{10} =$ 정격수명, 시간

$n =$ 회전속도 rpm

동일한 베어링의 두 그룹(two groups)이 각각 다른 하중 P_1, P_2에서 작동한다면 식 (10.29)로부터 베어링의 정격수명 L'_{10}과 L''_{10}의 비는 다음과 같다.

$$\frac{L'_{10}}{L''_{10}} = \left(\frac{P_2}{P_1}\right)^a \tag{10.31}$$

이러한 관계는 실험 데이터와 좋은 일치를 보여 왔다. 전술한 사항을 다시 정리해 보면, 다음의 관계식을 얻을 수 있다.

$$L'_{10}P_1^a = L''_{10}P_2^a = 10^6C^a \tag{10.32}$$

따라서, 식 (10.32)에서 상수 $10^6\ C^a$가 됨을 알 수 있다.

10.15.1 신뢰도 요구조건

10.13절에서 본 바와 같이 정격수명 L_{10}은 90% 신뢰도(혹은 10% 파손)에 근거를 둔다. 그러나 원자력 발전소 장비라든지 의료장비와 같은 일부 적용에 있어서 앞서 말한 신뢰도는 허용될 수 없는 경우가 있다. 6.14절에서 언급한 바와 같이 일정한 하중에서 베어링 파손의 분포는 와이블 분포로 가장 잘 예측될 수 있다.

일반적인 와이블 식[12]와 방대한 실험자료를 통하여 AFBMA는 그림 10.26에 도시된 바와 같이 *수명 조정 신뢰도계수*(life adjustment factor) K_r을 공식화하였다. 이 곡선은 볼 베어링과 롤러 베어링에 둘 다 적용할 수 있지만 99% 이상의 신뢰도는 제공하지 않는다. 베어링의 기대수명은 정격수명과 조정계수의 곱으로 표현될 수 있다. 식 (10.29)에 이 계수를 대입하면 다음의 식을 얻을 수 있다.

$$L_5 = K_r\left(\frac{C}{P}\right)^a \tag{10.33}$$

L_5은 90% 이상의 임의의 신뢰도를 나타내는 정격수명을 나타낸다.

대부분의 제조업체에서 제공하고 있는 편람에는 다양한 기계장치의 베어링 설계수명에 관한 자료가 포함되어 있다. 만약 그것에 관한 정보가 없다면 표 10.9를 사용할 수 있다.

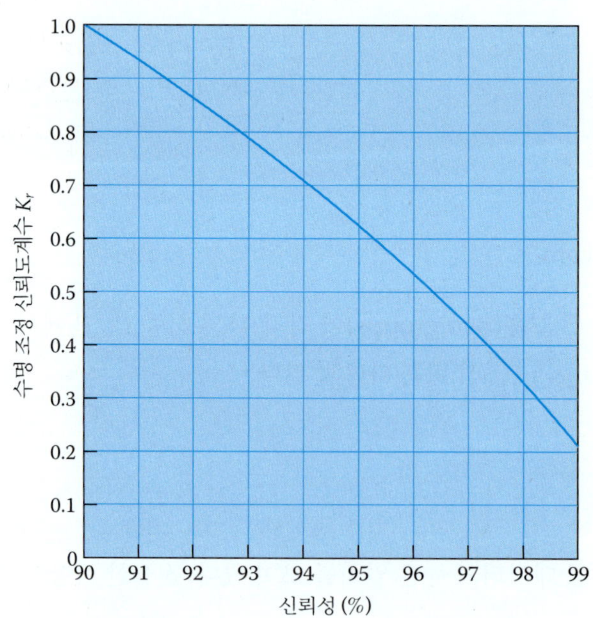

[그림 10.26]
신뢰도계수 K_r

〈표 10.9〉 대표적인 구름 베어링의 설계수명

적용 유형	수명(kh)
드물게 사용되는 기계 장치	Up to 0.5
항공기 엔진	0.5–2
간헐적으로 사용되는 기계 장치	
작동이 중지되어도 중요하지 않은 경우	4–8
신뢰성이 크게 중요한 경우	8–14
1일 8시간 운전되는 기계 장치	
충분히 활용되지 않는 경우	14–20
충분히 활용되는 경우	20–30
1일 24시간 연속 운전되는 기계 장치	50–60
신뢰성이 극도로 중요한 경우	100–200

예제 10.5 깊은 볼 베어링의 중간수명 결정

안지름 50 mm(02계열)인 깊은 홈 볼 베어링(그림 10.22a)에 1200 rpm 조건에서 9 kN의 반지름방향 하중과 6 kN의 축방향 하중이 조합되어 작용할 때 다음을 계산하라.

a. 등가 반지름방향 하중
b. 중간수명 시간

가정: 내륜은 회전하고 하중은 변하지 않는다.

풀이

표 10.4를 참고하면 50 mm 안지름의 베어링에서 $C = 35.1$ kN와 $C_s = 19.6$ kN임을 알 수 있다.

a. 반지름방향의 하중계수 X와 Y를 얻기 위해

$$\frac{F_a}{C_s} = \frac{6}{19.6} = 0.306, \quad \frac{F_a}{VF_r} = \frac{6}{1(9)} = 0.667.$$

표 10.6로부터 $F_s / VF_r > e$, 보간법을 통해 $X = 0.56$와 $Y = 1.13$임을 알 수 있고, 식 (10.25)를 적용하면

$$P = XVF_r + YF_a = (0.56)(1)(9) + (1.13)(6) = 11.82 \text{ kN}$$

식 (10.26)을 사용하면, $P = VF_r = 1(9) = 9$ kN이다.

b. $11.95 > 9$ kN이기 때문에 수명계산에는 더 큰 값이 사용된다. 정격 수명은 식 (10.29)로부터

$$L_{10} = \left(\frac{C}{P}\right)^a = \left(\frac{35.1}{11.82}\right)^3 = 26.19\left(10^6\right) \text{rev}$$

식 (10.30)에 의해

$$L_{10} = \left(\frac{10^6}{60n}\right)\left(\frac{C}{P}\right)^a = \frac{10^6(26.19)}{60(1200)} = 364\ \text{h}$$

따라서 중간수명은 $5L_{10} = 1820$ 시간이다.

예제 10.6 보통 충격하에서 깊은 홈 볼 베어링의 중간수명

예제 10.5를 다시 계산하라. 단 외륜이 회전하고 베어링에 보통 충격하중이 작용하는 조건을 적용하라.

풀이

$V = 1.2$이다. 따라서

$$\frac{F_a}{VF_r} = \frac{6}{1.2(9)} = 0.556$$

표 10.6에서 여전히 $F_a / VF_r > e$, 따라서 $X = 0.56$, $Y = 1.13$이다.

a. 식 (10.27)을 적용하면

$$P = K_s(XVF_r + YF_a) = 2(0.56 \times 1.2 \times 9 + 1.13 \times 6) = 25.66\ \text{kN}$$

식 (10.28)로부터 $P = K_s VF_r = 2(1.2 \times 9) = 21.6\ \text{kN}$

b. $25.66 > 21.6$ kN이기 때문에 수명계산에는 더 큰 값이 사용된다. 식 (10.30)에 의해

$$L_{10} = \left(\frac{10^6}{60n}\right)\left(\frac{C}{P}\right)^a = \frac{10^6}{60(1200)}\left(\frac{35.1}{25.66}\right)^3 = 35.5\ \text{h}$$

따라서 중간수명은 $5L_{10} = 177.5$ 시간이다.

예제 10.7 볼 베어링의 기대수명

기대수명을 25% 늘리기 위해서 볼 베어링의 하중을 어떻게 바꿔야 하는가?

풀이

L'_{10}과 P_1을 초기수명과 하중이라 두고 L''_{10}과 P_2를 기대수명과 하중이라 하자. 식 (10.32)에 $a = 3$와 $L''_{10} = 1.25\,L'_{10}$을 대입하면

$$P_2^3 = \frac{L'_{10} P_1^3}{1.25 L'_{10}} = 0.8 P_1^3$$

따라서 $P_2 = 0.928\ P_1$이다.

평가: 하중을 초기하중의 93% 수준으로 낮추면 수명이 25% 증가한다.

예제 10.8 낮은 손상비율을 가지는 볼 베어링의 기대수명

6%의 손상 가능성이 허용될 때 예제 10.5의 베어링에 대해 기대수명을 계산하라.

풀이

그림 10.26에서 94%의 신뢰도를 가질 때 $K_r = 0.7$이다. 식 (10.33)을 이용하여 기대수명을 계산해 보자.

$$L_5 = K_r \frac{10^6}{60n}\left(\frac{C}{P}\right)^a = 0.7(364) = 254.8\ \text{h}$$

평가: 예제 10.5의 베어링의 신뢰도를 90%에서 94%로 높이기 위해서는 중간수명을 1820 시간에서 1274 시간으로 감소시켜야 한다.

10.16 구름 베어링의 재료와 윤활제

대부분의 *볼*(ball)과 *내외륜*(ring)은 고탄소 크롬강(SAE 52100)으로 만들어지고 고강도와 고경도를 얻기 위해 열처리를 하고 표면은 부드럽게 연마처리한다. *유지기*(separator)는 보통 저탄소강과 청동 같은 구리 합금으로 만들어진다. 볼 베어링과 달리 롤러 베어링은 상황에 맞게 경과 합금을 섞어서 만들기도 한다. 최근의 향상된 강 제조방법을 통해 베어링강의 순도를 상당히 높일 수 있다.

가장 일반적인 종류의 유지기는 가압되고 리벳으로 고정된 두 개의 탄소강 스트립으로 만들어진다. 리본 유지기라고 불리는 이들은 제조하는 데 있어 가장 저렴하고 대부분의 제품 사용에 적합하다. 또한, 경량이고 주로 작은 공간을 요구한다. 앵귤러-접촉 볼 베어링은 일체형 유지기의 사용이 가능하다. 일체형 유지기의 단순함과 강도는 다양하고 바람직한 재료들의 윤활을 허용한다. 보강된 페놀수지와 청동은 가장 흔히 사용되는 두 종류의 재료들이다. 청동 유지기는 낮은 마찰 특성에서 충분한 강도를 가지며 230℃에서 작동될 수 있다.

10.4절에서 언급한 것과 같이, 탄성유체윤활은 높은 압력으로 인한 오일 점도의 상승과 소재의 변형을 고려해야 하는 구름 베어링에서 발생한다. 점도의 증가와 함께 표면이 미소하게 평탄해짐으로

인해 매우 얇은 막이라 할지라도 완전 강체끼리 접촉하는 것보다 훨씬 두꺼운 유막이 발생한다. 윤활제는 미끄럼과 구름 표면에 유막을 제공할 뿐만 아니라, 열을 소산시켜 주고, 부식을 방지하며 외부의 불순물로부터 표면을 보호하는 역할을 한다.

하중, 속도, 온도, 요구조건에 따라 다르겠지만 베어링 윤활제는 *그리스*(greases) 혹은 *오일*(oils)이다. 베어링 속도가 높거나 하중이 극심한 곳에는 주로 오일을 사용한다. *합성유*(synthetic)와 *고체 윤활제*(dry lubricants)는 특별한 분야에서 널리 사용되고 있다. 그리스는 저속용에 적합하고 베어링에 미리 채워져 있어야 한다.

10.17 구름 베어링의 조립과 밀봉

구름요소 베어링은 압입하여 회전하는 내륜 혹은 외륜을 조립한다. 그 후 회전하지 않는 궤도륜을 눌러 끼워맞춤으로 조립한다. 베어링 제조업체에서 제공하는 문헌에는 조립에 대한 광범위한 정보와 그림들이 나와 있다. 여기서는 볼 베어링을 조립하는 기본원리에 관해서만 설명한다.

그림 10.27은 내륜이 축 턱에 지지되어 있고 축에 나 있는 너트를 통해 위치가 고정되는 보편적인 조립법을 보여 주고 있다. 왼쪽 베어링의 외륜은 하우징 턱이 받치고 있고 위치를 유지하고 있으나, 오른쪽 베어링의 외륜은 하우징 내에서 움직일 수 있다. 이것은 열팽창으로 인해 베어링에 축력이 작용하는 것을 방지하고자 외륜이 양방향으로 미끄러지게 하는 조립법이지만 수명이 매우 짧아질 수 있다. 이를 대체할 수 있는 방법이 그림 10.28에 있다. 여기서 내륜은 축 턱에 지지되어 있으나 고정시키는 부분이 없다. 즉 나사산을 제거한 것이다. 이러한 방법을 통하면 두 베어링의 외륜이 완벽하게 지지될 수 있다. 결과적으로 축방향 치수의 정밀도가 좋아야 하고 조정장치를 사용할 필요가 있다.

복식 앵귤러 콘택트 볼 베어링은 공작기계나 장비와 같이 축 정렬불량에 대한 저항과 강성이 최대로 요구될 때 사용한다. *복식 조립용*(duplex mounting) 베어링은 궤도면들에 오프셋을 주어 한 쌍의 베어링이 견고하게 조립되었을 때 축 예압을 자동으로 조절할 수 있도록 한다. 그림 10.29a와 10.29b는 각각 정면 대 정면(*DF*)과 후면 대 후면(*DB*) 조립배치를 보여주고 있는데, 무거운 반지름방향 하중과 양쪽 방향의 스러스트 하중을 받을 수 있다. 후자의 경우가 더 큰 조립강성을 가진다. 직렬식(*DT*)

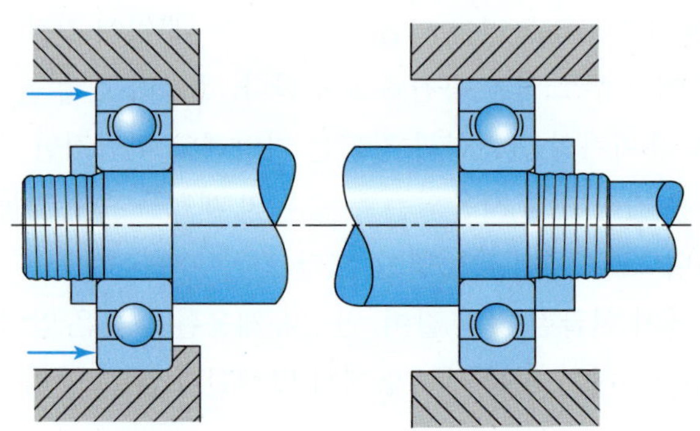

[그림 10.27]
일반적 베어링 조립법(Courtesy of Timken Company, Canton, OH.). 주: 왼쪽 베어링의 바깥링을 도구로 위치를 잡아줌.

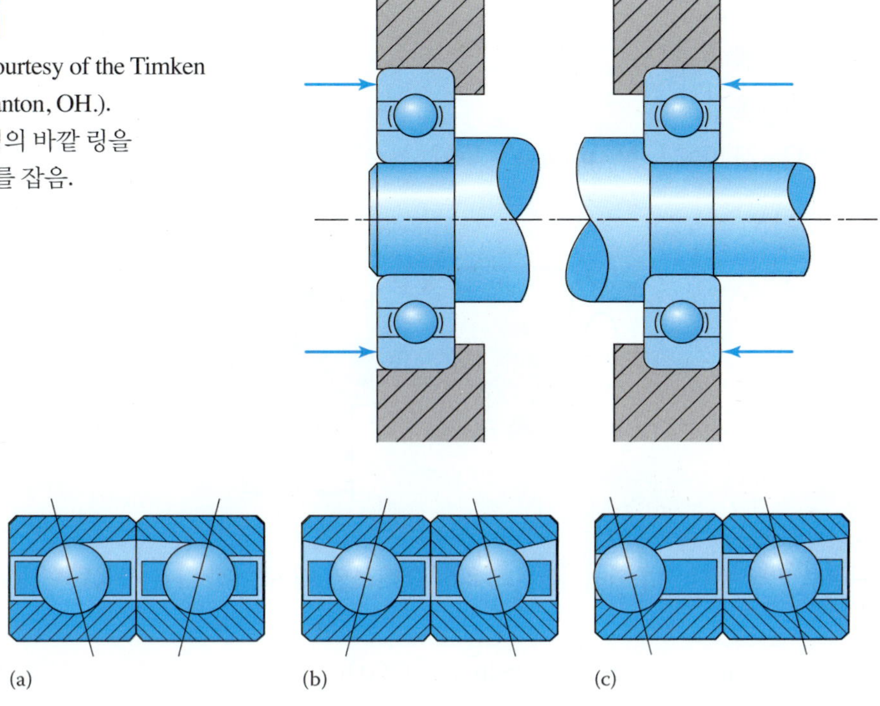

[그림 10.28]
다른 방법(Courtesy of the Timken Company, Canton, OH.).
주: 양 베어링의 바깥 링을 도구로 위치를 잡음.

[그림 10.29]
앵귤러 베어링의 조립 배치법. (a) 정면 대 정면 (b) 후면 대 후면 (c) 직렬식(Courtesy of Timken Company, Canton, OH. 제공)

조립배치는 스러스트 하중이 같은 방향일 때 사용된다(그림 10.29c). 단열 볼 베어링은 그림 10.27에서와 같이 조립하는 동안 종종 축하중을 받게 된다. 예압은 베어링의 내부 틈새를 제거하여 베어링의 피로수명을 증가시키고 축의 기울어짐을 줄여주는 역할을 하기도 한다.

대부분의 베어링에는 측면 실드(side shield)가 부착되어 있는 것을 주목해야 하며, 그 실드만으로 완전하게 밀봉되는 것은 아니지만 먼지와 불순물을 막아 주는 역할을 한다. 밀봉된 베어링은 일반적으로 수명향상을 위해 지속적인 윤활이 필요하다. 롤러 베어링은 대부분의 볼 베어링처럼 밀봉되고 자체 윤활이 되는 경우는 매우 드물다.

연습문제

10.1절~10.6절

10.1 지름이 24 mm인 저널 베어링의 강철 축은 65의 브리넬 경도를 갖는 청동 슬리브 내부에서 1500 시간 동안 작동한다(그림 P10.1). 베어링 금속부는 부분적 호환될 때(표 8.3), 다음 두 가

지 조건에 의해 마모깊이를 구하라.

a. 우수 경계윤활

b. 최우수 경계윤활

주어진 값: $D = 24$ mm, $L = 12$ mm, $W = 150$ N, $n = 18$ rpm, $t = 1200$ h, $H = 9.81 \times 65 = 638$ MPa.

[그림 P10.1]

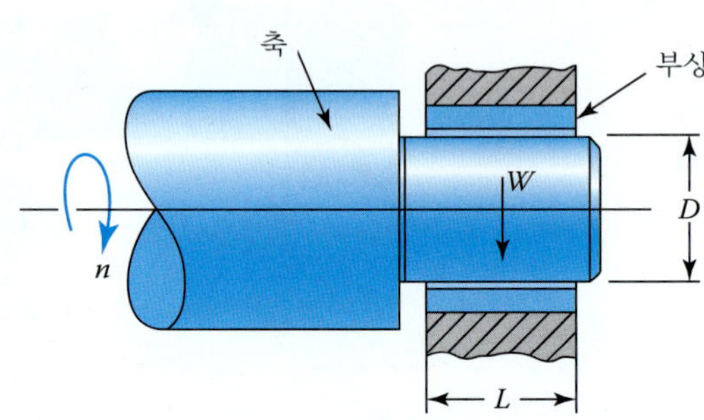

10.2 2014-T4로 만들어진 알루미늄 합금(표 B.6) 슬리브일 때 주어진 값을 사용하여 문제 10.1을 다시 풀라.

주어진 값: $D = 1$ in., $L = 1$ in., $W = 25$ lb, $n = 1500$ h.

10.3 지름은 1 in. 길이가 1 in.인 황동 부싱의 브리넬 경도는 60이고 허용마모깊이는 0.006 in.이다. 베어링은 100 lb의 하중에서 최우수 경계윤활 조건으로 1.2년 작동하고 베어링금속은 부분적으로 호환되지 않을 때(표 8.3) 축의 회전수는 얼마인가?

10.4 길이가 220 mm이고 지름이 160 mm인 경하중 저널 베어링이 1200 rpm으로 회전할 때, 마찰에 의해 2 마력(hp)을 소모한다. 반지름방향의 틈새는 0.18 mm이며 SAE 30 오일이 사용된다. 이때 유막의 온도를 구하라.

10.5 길이가 4 in.이고, 지름은 3 in.이며 c/r 비가 0.002인 저널 베어링이 24,000 rpm으로 회전한다. 반지름방향 하중 500 lb를 지지하고 점도 0.6 μreyn 오일이 공급된다. 페트로프 공식을 이용하여 다음을 구하라.

a. 발생한 마찰토크

b. 마찰 마력

c. 마찰계수

10.6 길이가 120 mm이고 지름이 120 mm이며 반지름방향의 틈새는 0.05 mm이며 600 rpm으로 회전하고 반지름방향 하중 8 kN을 지지하는 페트로프 베어링이 있다. 마찰계수는 0.01, 평균 유막 온도 70℃일 때 다음을 구하라.

(a) 오일의 점도

(b) 오일의 SAE 등급

10.7 길이가 125 mm이고 지름은 125 mm이며 c/r비가 0.0004인 저널 베어링이 반지름방향 하중 12 kN을 지지한다. 회전수가 240 rpm일 때 마찰력은 80 N이 발생한다. 페트로프 공식에 따르면 오일의 점도는?

10.8 길이가 1.5 in.이고 지름은 6 in.이며 c/r비가 0.001인 저널 베어링이 1500 rpm에서 반지름방향 하중 500 lb를 지지한다. 이 베어링은 180°F에서 SAE 30 오일에 의해 윤활이 된다면 페트로프공식을 이용하여 다음을 구하라.

a. 베어링의 마찰계수

b. 마찰동력 손실

10.9 지름이 6 in.이고 길이가 8 in.인 저널 베어링은 400 lb 하중을 지지할 때, 2100 rpm에서 마찰에 의해 18 마력을 소모한다. 지름의 틈은 0.007 in.이고 SAE 30 오일이 사용될 때 다음을 구하라.

a. 유막의 온도

b. 마찰계수

10.7절~10.11절

10.10 지름이 4 in.이고, 길이가 2 in. 베어링에서 1800 rpm으로 회전한다. $c/r = 0.001$, $h_0 = 0.001$ in.이고 200°F에서 SAE 30이 사용된다. 설계차트를 이용하여 하중 W를 구하라.

10.11 설계차트를 사용하여 문제 10.7을 다시 풀라.

10.12 설계차트를 사용하여 문제 10.8을 다시 풀라.

10.13 지름이 D인 축은 길이 L과 반지름방향의 틈 c를 가진 베어링에 의해 지지된다. 베어링은 3 μreyn 점도인 SAE 60 오일로 윤활된다(그림 P10.13). 설계차트를 이용하여 다음을 구하라.

a. 편심

b. 마찰동력 손실

c. 최대 유막두께

주어진 값: $D = 1.2$ in., $L = 1.2$ in., $c = 0.0012$ in., $n = 40$ rps, $W = 320$ lb.

[그림 P10.13]

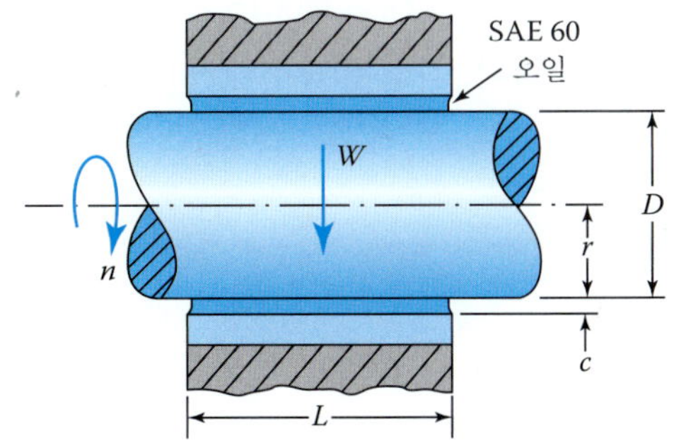

10.14 지름이 120 mm이고 길이가 60 mm인 저널 베어링은 n의 속도에서 무게 W를 지지한다(그림 P10.13). 베어링은 SAE 40 오일로 유막의 평균온도 80°C에서 최소 유막의 두께는 얼마인가?
주어진 값: $n = 1500$ rpm, $W = 15$ kN, $S = 0.15$.

10.15 지름이 4 in.인 축이 길이가 4 in.인 베어링으로 지지되고 있다. 최소 유막두께는 0.001 in.이며 반지름방향의 틈새가 0.0025 in.이다. 베어링은 SAE 20 오일에 의해 윤활되고 있으며 900 rpm으로 회전할 때 투영면적에 100 psi의 하중을 지지한다. 설계차트를 사용하여 다음을 구하라.
a. 유막의 온도
b. 마찰계수
c. 마찰동력

10.16 지름이 25 mm이고 길이가 25 mm인 베어링이 1000 rpm에서 반지름방향 하중 1.5 kN을 지지한다. $c/r = 0.0008$이고, $\eta = 50$ mPa·s이다. 설계차트를 이용하여 다음을 구하라.
a. 최소 유막두께
b. 마찰 동력 손실

10.17 지름이 80 mm이고 길이가 40 mm인 베어링이 600 rpm에서 4 kN의 반지름방향 하중을 지지한다. $c/r = 0.002$이고, 65°C에서 SAE 40 오일이 사용된다고 할 때 설계차트를 이용하여 다음을 구하라.
a. 최소 유막두께
b. 최대 오일압력

10.18 지름이 50 mm이고 길이가 50 mm이며 c/r이 0.001, 작동속력이 1630 rpm인 베어링에서 마찰로 0.16 마력을 소모한다. 83°C에서 SAE 20 오일에 의해 윤활된다. $S = 0.03$일 때 설계차트를 사용하여 다음을 구하라.
a. 베어링의 반지름방향 하중
b. 최소 유막두께
c. 편심률

10.19 L/D 비율이 ½, 지름이 100 mm, c/r이 0.0015, 작동속력이 900 rpm인 저널 베어링이 8 kN의 반지름방향 하중을 지지한다. 최소 유막두께가 0.025 mm일 때 설계차트를 이용하여 다음을 구하라.
a. 오일의 점도
b. 마찰력과 마찰동력

10.20 지름이 100 mm이고 길이가 50 mm이며 오일 링 형식으로 윤활이 되는 베어링은 정적 대기상태로 회전수가 300 rpm에서 6 kN의 반지름방향 하중을 지지한다. $c/r = 0.001$, $\eta = 20$

MPa · s이다. 만약 하우징 주변의 공기 온도가 20℃일 경우 평균 유막온도를 구하라.

10.21 하우징 주변의 공기 온도가 30℃이고 유조 형식으로 윤활이 되는 베어링이 평균 공기흐름 조건에서 작동한다고 가정하여 문제 10.20을 다시 풀라.

10.12절~10.17절

10.W 롤러 베어링을 찾기 위해 웹사이트 www.grainger.com을 활용하여 안지름 ¼ in., 바깥지름 9/16 in., 폭 7/32 in.인 스러스트 볼 베어링의 제조사와 사양을 열거하라.

10.22 25 mm(02계열) 깊은 홈 볼 베어링이 1500 rpm에서 반지름방향 하중 2 kN과 축하중 3 kN을 지지한다. 외륜이 회전하며 하중은 변하지 않는다면 정격수명은 어떻게 되는가? 시간으로 표시하라.

10.23 35° 접촉각 단열 앵귤러 콘택트 볼 베어링일 때 문제 10.22를 다시 풀라.

10.24 내부 링이 회전하고 베어링은 약한 충격 하중을 받는다고 할 때 문제 10.22를 다시 풀라.

10.25 안지름 2 in.(02계열) 복열 앵귤러 콘택트 볼 베어링이 축방향 하중 1.5 kips와 반지름방향 하중 5 kips의 조합하중을 지지한다. 접촉각은 25°이고 외륜은 고정되어 있으며 하중은 변하지 않을 때 700 rpm에서 중간 수명시간을 구하라.

10.26 25 mm 안지름(02계열) 깊은 홈 볼 베어링이 3500 rpm에서 반지름방향 하중 900 lb와 축방향 하중 450 lb를 지지하고 내륜이 회전한다. 생존율 95%의 정격수명 시간을 계산하라.

10.27 30 mm의 콘래드형 깊은 홈 볼 베어링은 600 rpm의 속도로 반지름방향 하중 4.5 kN과 축방향하중 1.7 kN의 조합하중을 받고 있다. 외륜이 정지할 때 정격수명 시간을 구하라.

10.28 외륜이 회전하고 생존율 94% 신뢰도로 강한 충격 하중이 작용할 때 문제 10.27을 다시 풀어라.

10.29 볼 베어링에서 수명을 두 배로 늘리기 위해서는 하중을 몇 퍼센트 조정하여야 하는가?

10.30 롤러 베어링일 때 문제 10.29를 다시 풀어라.

10.31 60 mm 안지름(02계열) 복열의 앵귤러 콘택트 볼 베어링이 15의 접촉각을 가지고 있다. 외륜이 회전을 하며 1000 rpm에서 반지름방향 하중 5 kN과 축하중 1.5 kN이 작용한다고 할 때 중간 수명시간을 구하라.

10.32 2400 rpm으로 회전하며 안지름이 35 mm(02와 03계열)인 원통 베어링의 정격수명을 시간으로 구하라. 반지름방향 하중은 5 kN이며 강한 충격이 작용하고 외륜이 회전한다.

10.33 2000 rpm으로 회전하며 안지름이 75 mm(02와 03계열)인 원통 베어링의 중간수명을 시간으로 구하라. 반지름방향 하중은 25 kN이며 약한 충격이 작용하고 내륜이 회전한다.

10.34 2400 rpm으로 회전하며 24 시간의 정격수명을 위해 제작된 산업용 기계에서 02와 03계열 원통 베어링을 선택하라. 반지름방향 하중은 12.5 kN이며 매우 강한 충격이 작용하고 내륜이 회전한다.

10.35 900 rpm에서 중간 수명시간 40 시간 작동하는 기계에서 02계열 깊은 홈 볼 베어링을 선택하라. 반지름방향 하중은 8 kN이며 강한 충격이 작용하고 외륜이 회전한다.

10.36 문제 10.22에서 깊은 홈 볼베어링의 예상 정격수명을 결정하라. 단, 1200 rpm에서 파손 가능성은 5%이다.

10.37 문제 10.32에서 원통 베어링의 평균수명을 예측하라. 단, 파손 가능성은 2% 이내이어야 한다.

CHAPTER 11

평기어

11.1 서론

기어는 한 축에서 다른 축으로 토크, 회전운동, 동력을 전달하기 위하여 사용된다. 기어의 역사는 매우 오래되었는데, 기원전 2600년 경 중국에서는 바퀴에 못을 박은 형태의 원시적 나무기어가 사용되었고, 15세기 경 레오나르도 다빈치의 그림에서는 다양한 종류의 기어 장치를 찾아볼 수 있다. 현재는 마찰 손실이 적고 조용하게 구동이 가능한 많은 종류의 기어가 개발되어 있다. 이들 기어는 적절한 모양의 치형을 가지고 있기 때문에 부드럽고 진동 없는 운동이 가능하다.

기어는 다른 동력전달장치(예: 벨트나 체인)와 비교할 때 튼튼하고 내구성이 좋다. 기어의 동력 전달 *효율*은 98%에 이르기도 한다. 하지만 기어 장치는 벨트나 체인과 비교할 때 비용이 많이 든다. 이번 장에서 다시 소개하겠지만 기어의 이에서 주로 두 가지의 파괴 형태를 관찰할 수 있다: 첫 번째는 반복적인 굽힘 하중에 의해 기어 이의 뿌리 부분에서 관찰되는 피로파괴이고, 두 번째는 치면(tooth surface)에서 발생하는 피로 파괴(마모)이다. 이 두 가지는 기어 설계 시 반드시 고려되어야 한다. AGMA(American Gear Manufacturers Association)에서는 기어 이의 형상과 크기에 대한 표준화 작업을 하였고, 기어의 설계와 해석 시에도 AGMA에서 제시한 방법들이 널리 사용되고 있다. 기어가 원하는 강도와 피로 및 마모 특성을 가지게 하기 위해서는 적절한 재료를 선택하는 것도 중요하다. AGMA에서는 컴퓨터를 이용한 설계를 쉽게 하기 위하여 다양한 공식과 이에 근거한 많은 차트와 그래프를 제공하고 있다. 기어의 설계 강도와 수명은 기어 제조업체가 계산하여 제공하기 때문에 기어 설계자가 직접 컴퓨터 프로그래밍을 만들 필요는 없다[1-3].

*기어의 종류*는 크게 네 가지로 나눌 수 있다: 평기어, 헬리컬기어, 베벨기어, 웜기어(그림 11.1). 평기어는 이가 축선에 평행하고, 헬리컬기어는 기울어져 있다. 베벨기어는 원추형의 이를 가지고 있으며, 웜기어는 나사의 형상과 유사하다. 이 중 가장 간단한 것은 평기어이고, 이번 장에서는 주로 평기어(spur gears)에 대한 주요 용어, 치형의 기하학적 관계 등에 대하여 설명한다. 기어에 발생하는 응력에 대한 자세한 해석과 기어 설계에 영향을 미치는 다양한 인자들에 대해서도 설명하며, AGMA에

[그림 11.1]
평기어, 래크와 피니언, 헬리컬기어, 베벨기어, 웜 및 웜기어 등 다양한 종류의 기어(Courtesy of Quality Transmission Components; www.qtcgears.com.)

서 제시하는 기본적인 방법들도 소개한다. 다른 종류의 기어들에 대해서는 다음 장에 설명할 것이다. 기어의 종류, 기어구동 장치, 기어박스 등에 대한 일반적인 정보는 www.machinedesign.com을 참조하기 바란다. www.powertransmission.com에서는 기어 및 기어구동 장치를 생산하는 다양한 제조업체들을 확인할 수 있다.

11.2 형상 및 용어

그림 11.2a와 같이 접촉점에서 미끄러짐이 없는 두 개의 마찰원통을 생각해 보자. 이 마찰원통에 축과 평행한 방향으로 이를 만들어 넣은 것이 *평기어*(spur gear)이다. 그림에서 점선으로 표시된 구름원통의 면이 기어의 *피치원*(pitch circle)이 되고, 기어의 지름은 피치원 지름으로 표시한다. 원통의 축과 평행한 평기어의 이는 피치원의 안쪽과 바깥쪽에 걸쳐 만들어진다(그림 11.2b). 기어에서 모든 계산은 피치원을 기준으로 수행된다. 평기어는 서로 평행한 축 간에 회전운동을 전달한다는 것을 기억하자.

서로 맞물리는 한 쌍의 기어를 *기어셋*(gearset)이라고도 하며, 이 중 작은 기어는 *피니언*(pinion), 큰 기어는 *기어*(gear)라고 부른다. 대부분 피니언이 구동하기 때문에 기어셋을 통해 속도는 감소하게 되나 엔진, 모터, 터빈 등과 같은 에너지 원으로부터 전달되는 토크는 증가하게 된다. 어떤 경우에는 원통의 내부에 기어의 이를 가공해야 하는 경우도 있는데, 이를 *내접기어*(internal gear or annulus)

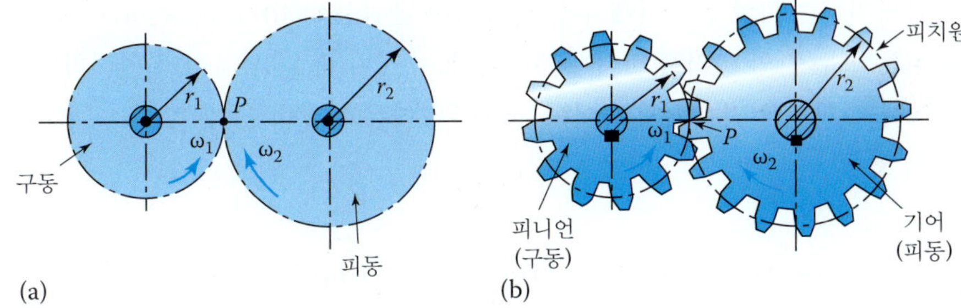

[그림 11.2]
평행한 두 축을 연결하는 평기어. (a) 마찰원통 (b) 외접 기어셋

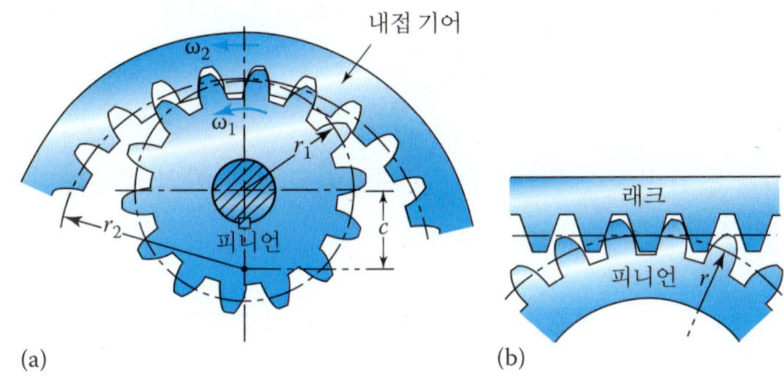

[그림 11.3]
기어셋. (a) 내접기어와 피니언 (b) 래크와 피니언

라고 부른다(그림 11.3a). *래크*(rack, 그림 11.3b)는 지름이 무한대인 내접기어로 생각할 수 있다.

11.2.1 기어 이의 성질

기어의 이는 피치원통을 기준으로 바깥쪽은 페이스(face), 안쪽은 플랭크라고 한다. *원주피치*(circular pitch) p는 피치원주 상에서 인접하는 이와 이 사이의 거리를 나타내는데, 다음과 같은 식으로 표시할 수 있다.

$$p = \frac{\pi d}{N} \tag{11.1}$$

여기서

p = 원주피치 in.
d = 피치원 지름 in.
N = 이의 개수

지름피치(diametral pitch) P는 피치원 지름 1인치당 기어의 잇수로 정의되며, 다음의 식으로 표시할 수 있다.

$$P = \frac{N}{d} \tag{11.2}$$

지름피치 P는 미국식 기어에 주로 사용되며 단위는 teeth/in. 혹은 in.$^{-1}$를 사용한다. 원주피치와 지름피치는 모두 이의 크기를 나타내는 양인데, 후자가 좀 더 사용하기 편리하다. 식 (11.1)과 (11.2)를 이용하여 원주피치와 지름피치 사이의 관계식을 다음과 같이 쓸 수 있다.

$$pP = \pi \tag{11.3}$$

서로 맞물리는 두 기어는 같은 크기의 피치를 가져야만 한다.

SI 단위계에서는 이의 크기를 *밀리미터* 단위의 *모듈*(module)로 나타낸다. 모듈 m은 다음과 같이 정의된다.

$$m = \frac{d}{N} \tag{11.4}$$

여기서 d는 밀리미터 단위의 피치원 지름이고 N은 이의 개수이다. 위 식과 식 (11.1)을 이용하면 다음과 같이 원주피치를 밀리미터 단위로 구할 수 있다.

$$p = \pi m \tag{11.5a}$$

식 (11.3)을 이용하면 지름피치를 다음과 같이 모듈에 대하여 표시할 수 있다.

$$P = \frac{1}{m} \tag{11.5b}$$

여기서 지름피치의 단위는 teeth/mm 혹은 mm^{-1}이다. 미터 단위계의 기어와 미국 표준 기어는 이 크기에 대한 규격이 다르기 때문에 서로 호환되지 않는다.

그림 11.4에 나타난 것처럼 이끝높이(addendum)는 피치원에서 이끝까지의 거리를 나타내고, 이뿌리높이(dedendum) b_d는 피치원에서 이뿌리까지의 거리를 나타낸다. *이폭*(face width) b는 기어의 축을 따라 측정한 이의 크기이며, 총이높이(whole depth)는 이끝높이와 이뿌리높이를 합친 값이다.

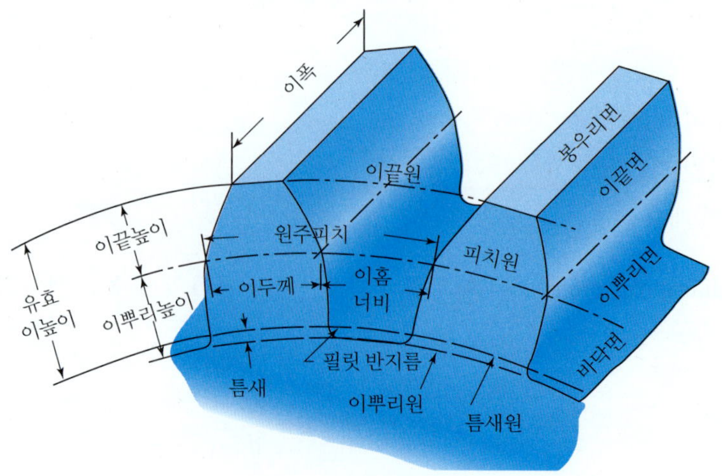

[그림 11.4]
평기어 이의 명칭

[그림 11.5]
맞물리는 기어의 뒤틈

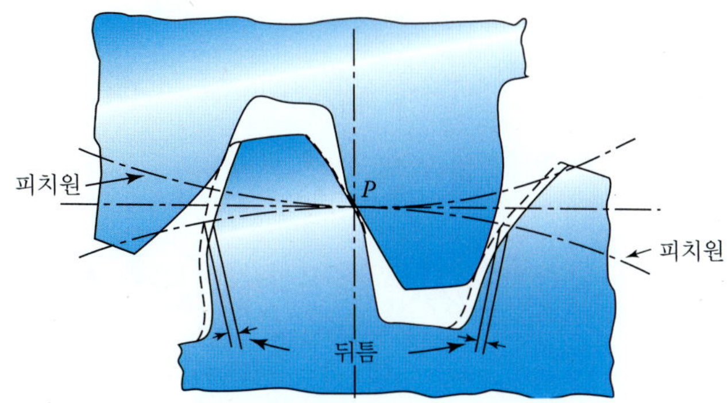

틈새원(clearance circle)은 맞물리는 기어의 이끝원(addendum circle)이 접하게 되는 원이고, 틈새 f는 이뿌리높이에서 맞물리는 기어의 이끝높이를 뺀 값이다. 틈새가 필요한 이유는 기어의 이끝이 맞물리는 기어의 이뿌리 부분을 손상시키는 것을 방지하기 위해서이다. 총이높이에서 틈새 f를 뺀 값은 유효이높이(working depth) h_k라 부른다. 맞물리는 두 기어의 중심거리는 c로 표시하는데 식 (11.2)와 $d = 2r$에 따라 다음의 식으로 표시할 수 있다.

$$c = r_1 + r_2 = \frac{N_1 + N_2}{2P} \tag{11.6}$$

여기서 첨자 1과 2는 각각 구동기어와 피동기어를 나타낸다.

기어의 이와 이 사이의 공간은 피치원을 기준으로 이두께 t보다 약간 커야 기어 구동 시 간섭을 막을 수 있다. 이 차이를 *뒤틈*(backlash)이라고 부르며, 그림 11.5에 나타낸 것처럼 뒤틈은 이 사이 간격을 피치원주상에서 측정하여 표시한다. 이의 가공 시 오차가 존재하기 때문에 뒤틈을 완전히 제거하기는 어려우며, 또한 모든 이가 동일한 크기의 뒤틈을 가지게 할 수도 없다. 따라서 기어가 원활하게 구동할 수 있도록 뒤틈의 최솟값을 규정하여 표시한다. 하지만 뒤틈의 크기가 너무 커지면 토크의 방향이 바뀔 때 발생하는 소음과 충격이 증가하게 된다.

예제 11.1 기어셋의 기하학적 성질

지름피치가 P인 맞물리는 한 쌍의 기어가 있다. 피니언의 잇수는 N_1이고 기어의 잇수는 N_2이다(그림 11.2b).

구하는 값: 피치원 지름, 모듈, 원주피치, 중심거리를 구하라.

주어진 값: $N_1 = 19$, $N_2 = 124$, $P = 16\ \text{in.}^{-1}$.

풀이

식 (11.4)를 이용하여 피니언과 기어의 피치원 지름을 구한다.

$$d_1 = \frac{N_1}{P} = \frac{19}{16} = 1.1875 \text{ in.} = 30.16 \text{ mm}$$

$$d_2 = \frac{N_2}{P} = \frac{124}{16} = 7.75 \text{ in.} = 196.85 \text{ mm}$$

식 (11.5b)를 이용하면 SI 단위계에서 사용되는 모듈값을 다음과 같이 계산할 수 있다.

$$m = \frac{1}{P}(25.4) = \frac{1}{16}(25.4) = 1.5875 \text{ mm}$$

혹은 식 (11.4)와 앞에서 계산한 피치원 지름을 이용하여 모듈을 직접 계산할 수도 있다.

식 (11.3)을 이용하면 원주피치는 다음과 같다.

$$p = \frac{\pi}{P} = \frac{\pi}{16} = 0.1963 \text{ in.} = 4.99 \text{ mm}$$

중심거리는 식 (11.6)을 이용하여 구한다.

$$c = \frac{1}{2}(d_1 + d_2) = \frac{1}{2}(1.1875 + 7.75) = 4.4688 \text{ in.} = 113.51 \text{ mm}$$

11.3 기어의 기초

서로 맞물려 돌아가는 기어의 각속도 비는 항상 일정해야 한다. 이러한 조건을 만족시키는 이론적 곡선에 근거하여 기어 이의 형상이 결정되고 제작된다. 물론 가공 중 발생하는 오차나 이의 변형은 기어의 각속도 비에 약간의 오차를 발생시킬 수 있다.

11.3.1 물림을 위한 기본 법칙

맞물리는 기어의 속도비는 항상 일정해야 조용하고 진동이 없는 구동이 가능하다. 이 조건은 구동기어의 피치원이 일정한 속도로 움직일 때, 피동기어의 피치원도 어느 순간에서나 속도의 변화가 없어야 충족시킬 수 있다. 이를 기어의 물림을 위한 기본 법칙이라 하며 한 쌍의 기어가 회전할 때 이의 접촉점에서의 공통법선은 기어의 두 중심을 연결하는 선상의 고정점을 항상 지나야 한다고 기술한다. 이 고정점은 *피치점*(pitch point) P(그림 11.2)라고 부른다.

이 법칙을 만족하는 서로 맞물리는 기어에서는 한 기어의 피치원은 다른 기어의 피치원을 미끄러짐 없이 구르게 된다. 피치원 *반지름*을 각각 r_1, r_2라 하고 각속도를 ω_1, ω_2라 할 때 피치점에서의 *피치선* 속도는 다음과 같다.

$$V = r_1\omega_1 = r_2\omega_2 \tag{11.7}$$

기어의 속도비는 다음의 관계식에 따라 결정된다.

$$r_s = \frac{\omega_2}{\omega_1} = \frac{n_2}{n_1} = \frac{N_1}{N_2} = \frac{d_1}{d_2} \tag{11.8}$$

여기서

r_s = 속도비

ω = 각속도 rad/s

n = 회전수 rpm

N = 이의 개수

d = 피치원 지름

첨자 1과 2는 각각 구동기어와 피동기어를 나타낸다.

11.3.2 인벌류트 치형

기어의 물림을 위한 기본 법칙을 만족하는 곡선 중의 하나가 인벌류트(involute) 곡선이다. 따라서 많은 기어들은 인벌류트 곡선에 따라 치형이 만들어진다. 다른 곡선들도 기어의 치형으로 사용될 수 있으나 이 책에서는 인벌류트 곡선에 대해서만 다루고자 한다. 인벌류트 곡선은 실이 감겨져 있는 고정된 실린더에서 실을 풀어낼 때 실의 끝이 지나는 궤적으로 만들어진다. 여기서 실이 감겨져 있는 실린더는 기어의 *기초원*(base circle)이 된다(그림 11.6).

기어의 이는 기초원과 이끝원 사이에서는 인벌류트 곡선의 형상을 가진다. 하지만 기초원과 이뿌리원 사이에서는 인벌류트 곡선의 형상이 아니며, 일반적으로 레이디얼(radial) 곡선으로 만들어진다. 그림 11.7은 각각의 고정된 실린더로부터 만들어진 두 개의 인벌류트 기어가 서로 맞물리는 모습을 보여주고 있다. 이의 물림은 두 기초원의 바깥쪽에서만 발생하는 것을 주목할 필요가 있다.

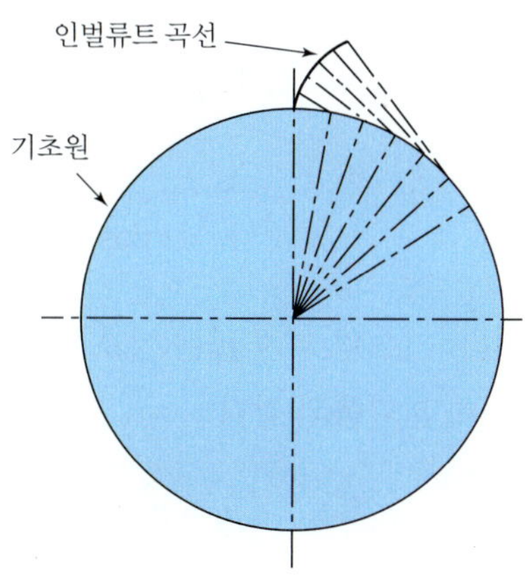

[그림 11.6]
인벌류트 곡선

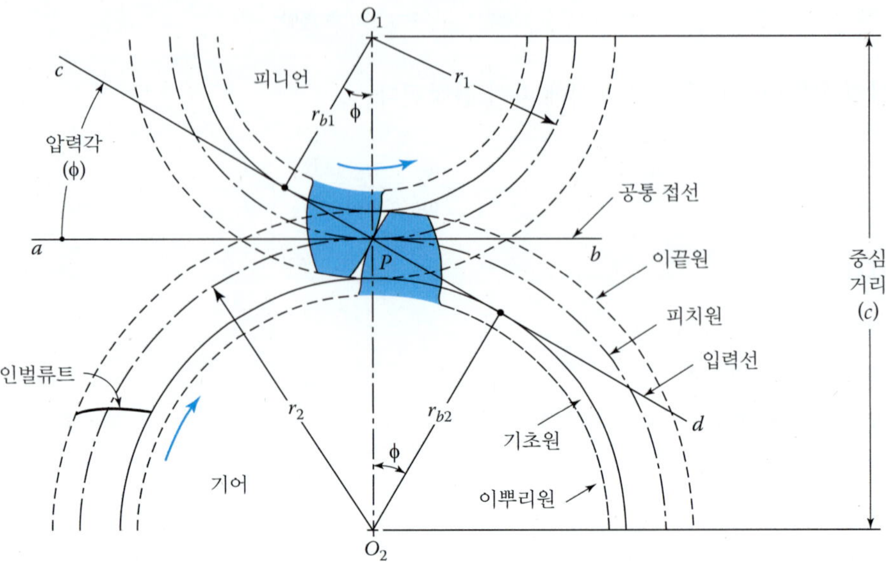

[그림 11.7] 인벌류트 치형을 가지는 기어의 물림과 압력각

11.4 기어의 물림작용

그림 11.7을 이용하여 서로 맞물리는 두 기어의 운동을 설명한다. 반지름 r_1과 r_2인 두 피치원은 중심을 연결하는 선 O_1O_2 상에 존재하는 피치점 P에서 서로 접하게 된다. 선 ab는 피치점을 지나는 공통접선이고, 선 cd는 공통법선이다. 이의 물림이 어느 위치에서 일어나도 선 cd는 공통법선이 되며, 항상 피치점 P를 지나고 선 ab와 각 ϕ를 이루게 된다. 또한 선 cd는 두 기어의 기초원에도 동시에 접하게 된다. 이러한 특징을 가지는 선 cd를 *작용선*(line of action) 혹은 *압력선*(pressure line)이라고 부르는데, 이는 두 기어 사이에 작용하는 힘의 방향(마찰력은 무시)을 나타내게 된다.

각 ϕ는 *압력각*(pressure angle)이라 부르며, 구동기어의 회전방향과 반대방향으로 측정한다. 인벌류트 곡선은 기어의 물림을 위한 기본법칙을 만족하면서, 기어가 회전하는 동한 일정한 압력각을 유지할 수 있는 유일한 기하학적 곡선이다. 서로 맞물리는 기어는 당연히 동일한 압력각을 가져야 한다.

앞에서 언급한 것처럼 압력선은 기초원에 접하기 때문에 기초원 반지름은 그림 11.7을 참고하여 다음과 같이 표시할 수 있다.

$$r_b = r\cos\phi \tag{11.9}$$

여기서 r은 피치원 반지름이다. 기초원 피치 p_b는 기초원 상에서 측정한 서로 이웃하는 두 이 사이의 거리를 나타내며 식으로 표시하면 다음과 같다.

$$p_b = p\cos\phi \tag{11.10}$$

〈표 11.1〉 평기어에 사용되는 일반적인 표준 치형

항목	20° 보통이	20° 낮은이	25° 보통이
이끝높이 a	$1/P$	$0.8/P$	$1/P$
이뿌리높이 b_d	$1.25/P$	$1/P$	$1.25/P$
틈새 f	$0.25/P$	$0.2/P$	$0.25/P$
총이높이 h_k	$2/P$	$1.6/P$	$2/P$
유효이높이 h	$2.25/P$	$1.8/P$	$2.25/P$
이두께 t	$1.571/P$	$1.571/P$	$1.571/P$

여기서 p는 원주피치이다.

기초원은 기어의 치형을 만들기 위한 원으로 기어의 중심거리 변화해도 바뀌지 않는다. 기어의 중심거리 c가 증가하면 압력각이 증가하지만 기초원은 변함이 없으며, 기어는 여전히 맞물려 돌면서 균일한 운동을 전달하게 된다. 따라서 인벌류트 치형을 사용하는 기어의 경우 중심거리에 오차가 생기더라고 속도비에는 영향을 미치지 않는다.

11.4.1 기어 이의 표준

대부분의 기어는 압력각 20° 혹은 25°로 만들어진다. 일반적인 인벌류트 평기어의 치형을 표 11.1에 지름피치 P에 나타내었다. 인벌류트 보통이(full depth)가 일반적으로 많이 쓰이며, 낮은이(stub-tooth)의 경우에는 표 11.1에 나타난 것처럼 보통이보다 짧은 이끝높이와 이뿌리높이를 가진다. 이끝높이가 짧으면 이의 접촉시간이 줄어들기 때문에 진동이 생기기 쉬운데, 이는 낮은이 기어이면서 이의 개수가 작을 때 더욱 그러하다.

일반적으로 평기어의 이폭은 $9/P$와 $13/P$ 사이의 크기로 설계되며, 특별한 언급이 없으면 압력각은 *보통이* 치형을 가지는 기어에서의 압력각을 의미한다.

표 11.1을 참고하면 표준 압력각을 가지는 기어에서 다음과 같은 관계식이 성립함을 알 수 있다.

$$f = b_d - a \tag{11.11}$$

여기에 a는 이끝높이, b_d는 이뿌리 높이이며 f는 틈새이다. 다른 기어의 치수들도 다음과 같이 쉽게 계산할 수 있다(그림 11.4 및 그림 11.7).

$$\begin{aligned} &\text{이끝원 반지름}: r_0 = r + a \\ &\text{이뿌리원 반지름}: r_r = r - b_d \\ &\text{총이높이}: h_t = a + b_d \\ &\text{유효이높이}: h_a = h_t - f \end{aligned} \tag{11.12}$$

식 (11.2)를 이용하면 위의 식들은 지름피치와 이의 개수에 대하여 표시할 수 있다.

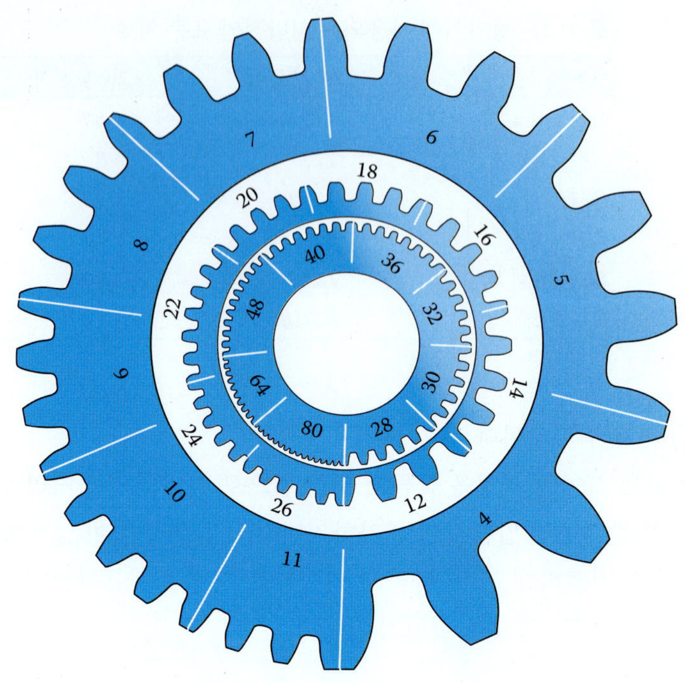

[그림 11.8]
다양한 지름피치를 가지는 기어 이의 실제 형상. (Courtesy of Bourn & Koch Machine Tool Co., Rockford, IL.)

그림 11.8은 압력각이 20°인 보통이 표준 평기어에 대하여 지름피치 $P = 4$에서 $P = 80$까지 실제 이의 모양을 나타낸 것이다. P의 크기가 커질수록 이의 크기가 작아지는 것을 볼 수 있다. SI 단위계에서는 모듈을 사용하며 모듈의 표준값은 다음과 같다.

0.3	0.4	0.5	0.8	1	1.25
1.5	2	3	4	5	6
8	10	12	16	20	25

지름피치와 모듈간 변환은 $m = 25.4/P$의 식으로 할 수 있다. 압력각은 미국식과 SI 단위계 기어 모두 20°를 가장 많이 사용한다.

예제 11.2 기어의 물림작용

중심거리가 c인 평행한 두 개의 축 A와 B가 평기어로 연결되어 있다. 기어의 지름피치는 2 teeth/in.이고 압력각은 20°이며 속도비는 r_s이다(그림 11.9). 각 기어에 대하여 다음을 결정하라.

a. 이의 개수 N
b. 기초원 반지름 r_b, 이끝원 지름 d_o
c. 틈새 f
d. 기어 2의 회전수가 n_2일 때 기어의 피치선 속도

주어진 값: $n_2 = 50$ rpm, $r_s = 1/3$, $c = 14$ in., $P = 2$ in.$^{-1}$, $\phi = 20°$.

설계 결정: 일반적인 크기의 기어를 사용한다.

풀이

a. 식 (11.6)으로부터 $r_1 + r_2 = c = 14$ in.이고 $r_1/r_2 = 1/3$이다. 따라서 $r_1 = 3.5$ in., $r_2 = 10.5$ in., 즉 $d_1 = 7$ in., $d_2 = 21$ in.이다. 식 (11.2)로부터

$$N_1 = 7(2) = 14, \quad N_2 = 21(2) = 42$$

b. 기초원 반지름은 식 (11.9)를 사용하면 구할 수 있다.

$$r_{b1} = 3.5\cos 20° = 3.289 \text{ in.}$$

$$r_{b2} = 10.5\cos 20° = 9.867 \text{ in.}$$

표 11.1에서 이끝높이는 $a = 1/2 = 0.5$ in.가 된다. 따라서 이끝원 반지름은 다음과 같다.

$$d_{o1} = 7 + 2(0.5) = 8 \text{ in.}$$

$$d_{o2} = 21 + 2(0.5) = 22 \text{ in.}$$

c. 표 11.1에 따르면 이뿌리높이가 $b_d = 1.25/2 = 0.625$ in.이고, $f = b_d - a$이다. 따라서 틈새는 피니언과 기어 모두 다음의 값을 가지게 된다.

$$f = 0.625 - 0.5 = 0.125 \text{ in.}$$

또한 표 11.1로부터 $f = 0.25/2 = 0.125$ in.가 됨을 확인할 수 있다.

d. 주어진 데이터를 식 (11.7)에 대입하면

$$V = r_2\omega_2 = \frac{10.5}{12}\left(500 \times \frac{2\pi}{60}\right) = 45.81 \text{ fps}$$

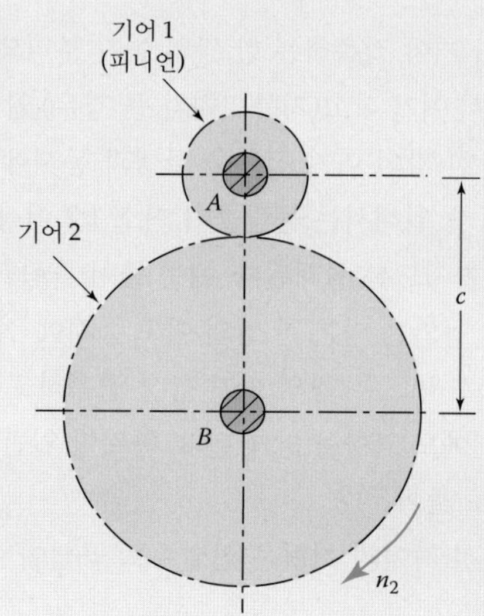

[그림 11.9]
예제 11.2

11.5 물림률과 간섭

맞물리는 기어에서 이의 접촉은 피동기어의 이끝원이 압력선을 만날 때 시작하고 구동기어의 이끝원이 압력선을 만나면서 끝나게 된다. 이와 같이 두 이 사이에 물림이 일어나는 길이를 *물림길이*(length of contact) L_c로 표시한다. 기어와 피니언의 기하학적인 특성으로부터 다음과 같이 물림길이를 유도할 수 있다[5, 6].

$$L_c = \sqrt{(r_p + a_p)^2 - (r_p \cos\phi)^2} + \sqrt{(r_g + a_g)^2 - (r_g \cos\phi)^2} - c\sin\phi \qquad (11.13)$$

여기서

r = 피치원 반지름

a = 이끝높이

c = 중심거리

ϕ = 압력각

아래첨자 p와 g는 각각 피니언과 기어를 나타낸다. 두 기어가 맞물려 회전하기 위해서는 최소한 한 쌍의 이는 항상 접촉하고 있어야 한다. 몇 개의 이가 접촉하고 있는지를 나타내기 위하여 물림길이를 기초원 피치로 나눈 물림률 C_r를 정의한다.

$$C_r = \frac{L_c}{p_b} \qquad (a)$$

식 (11.13)과 (11.10)를 식 (a)에 대입하면 물림률을 원주피치에 대하여 다음과 같이 나타낼 수 있다:

$$C_r = \frac{1}{p\cos\phi}\left[\sqrt{(r_p + a_p)^2 - (r_p \cos\phi)^2} + \sqrt{(r_g + a_g)^2 - (r_g \cos\phi)^2}\right] - \frac{c\tan\phi}{p} \qquad (11.14)$$

물림길이는 기초원 피치보다 커야 접촉하는 한 쌍의 이가 분리되기 전에 새로운 한 쌍의 이가 접촉을 시작하게 된다. 식 (11.14)에서 이가 작고(지름피치가 큰 경우) 압력각이 크면 물림률이 증가하는 것을 알 수 있다. 물림률이 1이면 한 쌍의 이가 접촉을 끝냄과 동시에 새로운 한 쌍의 이가 접촉을 시작하게 된다. 원활한 기어의 작동을 위해서는 물림률이 최소 1.2 이상이 되어야 한다. 대부분의 기어는 물림률이 1.4와 2 사이의 값을 가지도록 설계된다. 예를 들어 물림률이 1.5이면 한 쌍의 기어가 접촉하고 있는 총 시간 중 50%의 시간 동안은 다른 한 쌍의 이도 동시에 접촉하고 있음을 의미한다. 물림률이 2 혹은 그 이상이면 이론적으로 최소 두 쌍의 이가 항상 접촉하고 있게 된다. 실제 접촉은 기어의 가공 정밀도, 이의 강성, 하중 조건에도 영향을 받게 된다. 하지만 일반적으로 물림률이 커질수록 기어의 운동이 보다 원활해지며 소음도 줄어든다.

기초원보다 작은 영역에서 기어의 치형은 인벌류트 곡선이 아닌 레이디얼 곡선으로 이루어져 있다. 따라서 물림이 기초원 아래에서 일어나는 경우에는 기어의 물림을 위한 기본법칙을 만족하지 못하여 원활한 물림이 일어나지 않는다. 이러한 현상을 기어의 *간섭*(interference)이라고 부른다. 간섭이 일어나면 기어의 이를 수정해야 한다. 간섭에 의하여 기초원 아래 부분의 이가 손상되는 *언더컷*(undercut)이 발생하면 기어의 강도가 감소하여 파손되기 쉬워진다. 기어의 간섭 및 언더컷을 방지하는 방법에는 다음과 같은 것들이 있다: 이의 끝부분을 잘라내기, 압력각 증가시키기, 요구되는 최소 잇수 사용하기[7]. 어떠한 방법을 사용한 것인지는 적용 분야 및 설계자의 경험에 따라 결정된다.

예제 11.3 맞물리는 기어와 피니언의 물림률

피니언의 잇수는 N_1, 기어의 잇수 N_2, 압력각 ϕ, 지름피치 P(그림 11.7)

구하는 값:

a. 물림률
b. 중심거리가 0.2 in. 증가할 경우 압력각 및 물림률

주어진 값: $N_1 = 15$, $N_2 = 45$, $P = 2.5\text{ in.}^{-1}$, $\phi = 20°$.

$$a = \frac{1}{P} = \frac{1}{2.5} = 0.4\text{ in. (표 11.1)}$$

가정: 표준기어를 가정한다.

풀이

식 (11.2)를 사용하면, 피니언과 기어의 피치원 지름을 다음과 같이 구할 수 있다.

$$d_1 = \frac{15}{2.5} = 6\text{ in.} = 152.4\text{ mm}, \qquad d_2 = \frac{45}{2.5} = 18\text{ in.} = 457.2\text{ mm}$$

따라서 피치원 반지름은 다음과 같다.

$$r_1 = 3\text{ in.} = 76.2\text{ mm}, \qquad r_2 = 9\text{ in.} = 228.6\text{ mm}$$

a. 기어의 중심거리는 두 피치원 반지름의 합과 같다. 따라서

$$c = 3 + 9 = 12\text{ in.} = 304.8\text{ mm}$$

식 (11.9)를 사용하면 기어와 피니언의 기초원 반지름도 구할 수 있다.

$$r_{b1} = 3\cos 20° = 2.819\text{ in.} = 71.6\text{ mm}$$
$$r_{b2} = 9\cos 20° = 8.457\text{ in.} = 214.8\text{ mm}$$

계산한 값들을 식 (11.14)에 대입하여 다음과 같이 물림률을 구한다.

$$C_r = \frac{2.5}{\pi \cos 20°}\left[\sqrt{(3+0.4)^2 - (2.819)^2} + \sqrt{(9+0.4)^2 - (8.457)^2}\right] - \frac{12 \tan 20°}{\pi / 2.5}$$
$$= 1.61$$

평가: 물림률 1.6은 적절한 값이다.

b. 기어의 중심거리가 0.2 in. 늘어난 경우 $c = 12.2$ in.가 된다. 따라서

$$c = \frac{1}{2}(d_1 + d_2), \quad d_1 + d_2 = 2(12.2) = 24.4 \text{ in.} \tag{b}$$

식 (11.2)에 따라

$$\frac{N_1}{d_1} = \frac{N_2}{d_2}, \quad \frac{15}{d_1} = \frac{45}{d_2} \tag{c}$$

식 (b)와 (c)를 풀면 $d_1 = 6.1$ in., $d_2 = 18.3$ in. 혹은 $r_1 = 3.05$ in., $r_2 = 9.15$ in.를 얻게 된다.

지름피치는 $P = N_1/d_1 = 15/6.1 = 2.459$ in.$^{-1}$이 된다. 이끝높이는 $a = a_1 = a_2 = 1/2.459 = 0.407$ in.가 되며 기어의 기초원 반지름은 변하지 않는다. 새로운 압력각은 식 (11.9)를 이용하여 다음과 같이 구할 수 있다.

$$\phi_{\text{new}} = \cos^{-1}\left(\frac{r_{b1}}{r_1}\right) = \cos^{-1}\left(\frac{2.819}{3.05}\right) = 22.44°$$

식 (11.14)에 따라 물림률은 다음과 같다.

$$C_{r,\text{ new}} = \frac{2.459}{\pi \cos 22.44°}\left[\sqrt{(3.05+0.407)^2 - (2.819)^2} + \sqrt{(9.15+0.407)^2 - (8.457)^2}\right] - \frac{12.2 \tan 22.44°}{\pi/2.459}$$
$$= 1.52$$

평가: 중심거리의 증가는 압력각을 증가시키고 물림률을 감소시키는 효과가 있음을 알 수 있다.

11.6 기어 트레인

지금까지 우리는 한 쌍의 기어에 대하여만 다루었지만 실제로는 여러 쌍의 기어가 맞물려 있는 경우가 많다. 이를 *기어 트레인*(gear train)이라고 부르며, 대표적인 예로는 주행거리계(odometer)나 기계적 방식의 시계에 사용되는 기어 트레인을 들 수 있다. 가장 단순한 형태의 기어 트레인이라고 할 수 있는 기어셋은 감속비의 한계가 10:1 정도이다. 기어 트레인은 다양한 입력축 속도에 대하여 원하는

[그림 11.10]
기어 트레인. 2단 기어 감속기

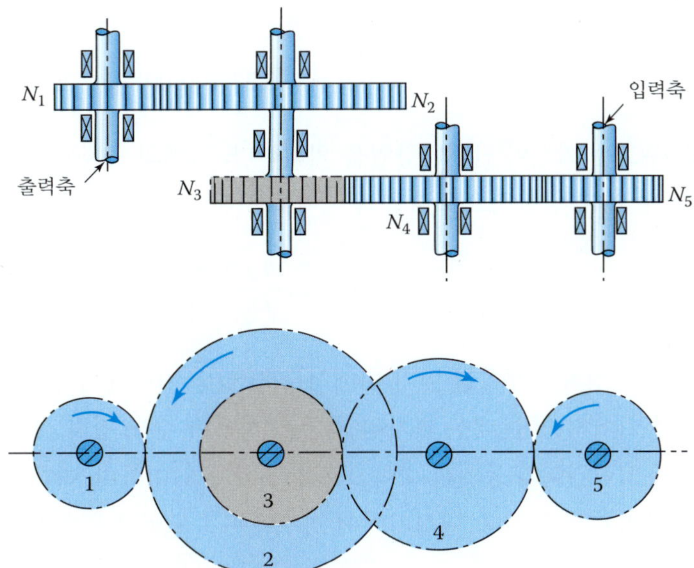

출력축 속도를 얻기 위해 사용된다. 기어 트레인의 입력과 출력축의 속도비는 일정하며, 세부적인 운동역학 관계는 참고문헌[3]에서 찾을 수 있다. AGMA에서는 기어 트레인의 열용량을 결정하기 위한 수식들도 제시하고 있다(12.11절 참조).

기어 트레인의 속도비는 기어의 잇수를 알고 있으면 식 (11.8)을 이용하여 쉽게 구할 수 있다. 예를 들어 그림 11.10과 같이 5개의 기어로 이루어진 기어 트레인을 생각해 보자. 여기서 기어 2와 기어 3은 같은 축에 설치되어 있다. 기어 5와 기어 1의 속도비는 다음과 같이 표시된다.

$$e_{51} = \frac{n_5}{n_1} \tag{11.15}$$

이 속도비를 기어의 잇수로 표시하면 다음과 같다.

$$e_{51} = \left(-\frac{N_1}{N_2}\right)\left(-\frac{N_3}{N_4}\right)\left(-\frac{N_4}{N_5}\right) \tag{11.16}$$

위의 식에서 마이너스 부호는 그림에 표시한 바와 같이 피니언과 기어가 반대방향으로 회전하는 것을 의미한다. *아이들러 기어*(idler gear)라 불리는 중간 기어는 최종 속도비에 영향을 미치지 않는다. 본 예에서는 기어 4가 아이들러 기어로(앞 식에서 N_4가 지워지는 것을 확인), 총 속도비에 영향을 미치지 않고, 기어 5의 회전방향에는 영향을 주는 것을 확인할 수 있다.

피니언 1이 모터에 의해서 800 rpm으로 회전하고 있다고 가정하자(그림 11.10). $N_1 = 18$, $N_2 = 64$, $N_3 = 24$, $N_4 = 36$, $N_5 = 20$이라면 식 (11.16)을 이용하여 다음과 같이 속도비를 계산할 수 있다.

$$e_{51} = -\frac{N_1 N_3}{N_2 N_5} = -\frac{(18)(24)}{(64)(20)} = -0.3375$$

식 (11.15)를 사용하면 출력축의 회전수는 다음과 같이 계산할 수 있다.

$$n_5 = e_{51} n_1 = (-0.3375)(800) = -270 \text{ rpm}$$

마이너스 부호는 회전이 반대방향임을 의미한다. 기어의 숫자가 많아지면 식 (11.16)은 그에 맞게 수정하여 할 수 있다. 일반적으로 다음과 같이 표시된다.

$$e = \pm \frac{\text{피동기어 잇수의 곱}}{\text{구동기어 잇수의 곱}} \tag{11.17}$$

최종 속도비의 정확한 부호를 얻기 위해서는 각 쌍의 기어에서 정확한 부호를 표시해 주어야 한다. 식 (11.17)에서 기어의 잇수 대신 피치원 지름을 사용할 수도 있다. 평기어의 경우 e의 부호가 양수라면 출력기어가 입력기어와 동일한 방향으로 회전함을 의미하며, 반대로 음수이면 입력기어와 출력기어의 회전방향이 다른 것이다. 내접기어의 경우에는 속도비가 음수의 부호를 가질 때 회전방향이 같다.

11.6.1 유성기어 트레인

에피사이클릭(epicyclic) 트레인이라고 불리는 유성기어 트레인에서는 일부 기어의 축이 다른 기어의 축을 중심으로 회전하게 된다. 유성기어 트레인은 그림 11.11에 나타난 것처럼 *태양기어*(sun gear), *암*(arm), 하나 이상의 *유성기어*(planet gear)로 구성되어 있다. 설치 가능한 유성기어의 최대 개수는 공간의 크기에 따라 좌우되며, 각 유성기어는 태양기어 및 링기어와 함께 동시에 정렬되어야 하다.

유성기어 트레인은 구성요소 두 개의 움직임에 대한 입력이 있으면 전체 움직임을 결정할 수 있다. 예를 들어 그림 11.11에서 태양기어는 시계방향으로 n_s 속도로 회전하고 있고 링기어는 n_r의 속도로 반시계방향으로 회전하고 있다와 같은 입력이 있으면 암의 속도와 방향을 결정할 수 있다. 일반적인 기어 트레인은 동작 시 각 기어들의 움직임을 쉽게 관찰할 수 있지만, 유성기어 트레인은 기어들의 움직임이 복잡하기 때문에 해석이 어렵다.

하지만 유성기어 트레인은 일반기어 트레인에 비해 여러 장점들을 가지고 있다. 예를 들어 작은 크

[그림 11.11]
유성기어 트레인

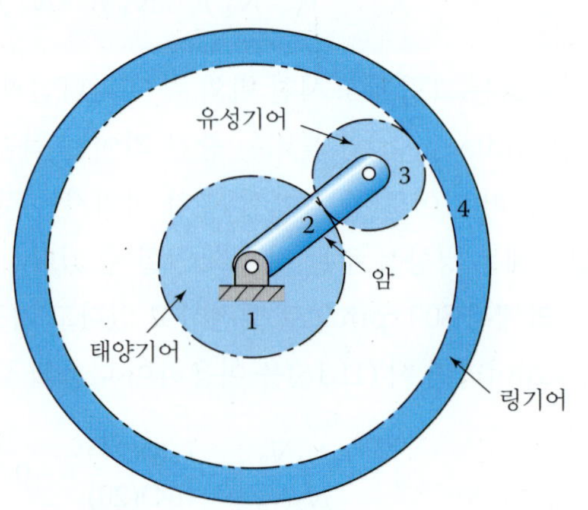

기의 기어 트레인으로 높은 속도비를 구현할 수 있는 것과 단방향 입력으로부터 양방향 출력을 얻을 수 있다는 것 등이다. 이와 같은 특징 때문에 유성기어 트레인은 자동차의 구동 및 변속장치에서 원하는 감속비와 양방향 출력을 얻기 위해 많이 사용된다[4]. 헬리컬기어를 사용하거나 기어의 정밀도를 높임으로써 유성기어 트레인의 소음을 현저히 줄일 수 있다.

유성기어 트레인의 속도비는 참고문헌[8]을 참고하면 다음과 같이 표시할 수 있다.

$$e = \frac{n_L - n_A}{n_F - n_A} \tag{11.18}$$

여기서

e = 속도비, 식 (11.17) 참고

n_F = 기어 트레인 첫 번째 기어의 속도

n_L = 기어 트레인 마지막 기어의 속도

n_A = 암의 속도

식 (11.18)에서 두 개 요소의 속도를 알면 나머지 요소의 속도를 결정할 수 있다는 것을 알 수 있다. 즉 암과 기어 하나의 속도가 주어지거나 첫 번째와 마지막 기어의 속도가 주어지면 나머지 요소의 속도를 결정할 수 있다.

예제 11.4 유성기어 트레인의 해석

그림 11.11에 나타난 에피사이클릭 기어 트레인에서 잇수가 N_1인 태양기어는 60 rpm의 속도로 시계방향으로 회전하고 있다. 유성기어와 링기어의 잇수는 각각 N_3와 N_4이다. 태양기어를 입력으로, 암을 출력으로 할 때 암의 속도를 결정하라. 단 링기어는 고정되어 있다.

주어진 값: $N_1 = 30$, $N_3 = 20$, $N_4 = 80$.

가정: 기어 트레인에서 태양기어는 첫 번째 기어이며 링기어는 마지막 기어이다.

풀이

그림 11.11을 참고하라. 식 (11.17)을 통해 계산한 기어 트레인의 속도비는 다음과 같다.

$$e = \left(-\frac{N_1}{N_3}\right)\left(+\frac{N_3}{N_4}\right) = \left(-\frac{30}{20}\right)\left(+\frac{20}{80}\right) = -0.375$$

여기서 부호를 주의 깊게 보면 외접하는 경우에는 –이고 내접하는 경우에는 +인 것을 알 수 있다. 이 식을 식 (11.18)에 대입하면, $n_F = n_1 = 60$ rpm, $n_L = n_4 = 0$이기 때문에 다음과 같이 쓸 수있다.

$$-0.375 = \frac{n_4 - n_2}{n_1 - n_2} = \frac{0 - n_2}{60 - n_2}$$

따라서 암의 속도 $n_2 = 16.4$ rpm이 된다.

평가: 태양기어는 암과 같은 방향으로 회전하나 속도는 3.66배 더 빠르다.

11.7 전달하중

한 쌍의 기어 혹은 기어셋의 경우 한 기어의 이가 다른 기어의 이에 가하는 하중에 의하여 동력이 전달된다. 11.4절에서 언급한 것처럼 전달하는 하중 F_n은 치면에 수직이기 때문에, 힘의 방향이 압력선 혹은 작용선과 일치하게 된다(그림 11.12). 이 힘은 다음의 식과 같이 반지름방향 힘과 *접선방향 힘*(tangential force)으로 분리할 수 있다:

$$\begin{aligned} F_t &= F_n \cos\phi \\ F_r &= F_n \sin\phi = F_t \tan\phi \end{aligned} \tag{11.19}$$

여기서 ϕ은 압력각이며, F_t는 접선방향 하중이다. F_t에 피치선 속도를 곱하면 전달 동력이 된다 (1.10절 참조). 반지름방향 힘 F_r은 양 기어를 서로 밀어내는 힘으로 작용하지만 일은 하지 않는다.

압력선을 따라 나타나는 기어의 속도는 기초원의 접선속도와 같다. *피치원*(pitch circle)의 *접선속도*는 다음의 식으로 주어진다(feet per minute, fpm).

$$V = \frac{\pi d n}{12} \tag{11.20}$$

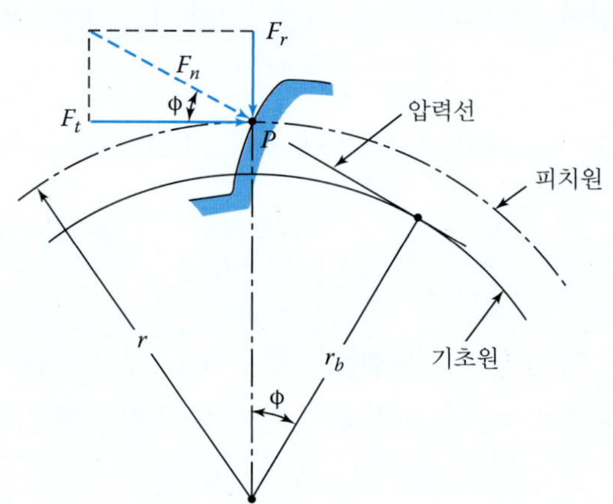

[그림 11.12]
피치점 P에서 기어 이에 작용하는 힘 F_n

여기서

d는 피치원 지름 in.

n은 회전수 rpm

기어 설계시 접촉점에 이의 윗부분에서 아래부분으로 움직임에 따라 접선력은 변하지 않는다고 가정한다. 따라서 전달된 힘과 토크는 다음의 관계를 가진다.

$$T = \frac{d}{2} F_n \cos\phi = \frac{d}{2} F_t \tag{11.21}$$

마력(hp)은 다음과 같이 정의된다.

$$\text{hp} = \frac{Tn}{63,000} \tag{1.17}$$

여기서 T는 토크로 단위가 pound-in.이며, n은 rpm이다. 식 (11.20)과 식 (11.21)을 앞 식에 대입하면 *접선방향 전달하중*(tangential load transmitted)을 구할 수 있다.

$$F_t = \frac{33,000 \text{ hp}}{V} \tag{11.22}$$

여기서 V는 식 (11.20)에 의해 주어진다. 1.11절에서 1 마력은 0.7457 kW에 상응한다는 것을 상기해 보라.

SI 단위계에서 앞의 식들은 다음과 같이 쓸 수 있다.

$$\text{kW} = \frac{F_t V}{1000} = \frac{Tn}{9549} \tag{1.15}$$

$$\text{hp} = \frac{F_t V}{745.7} = \frac{Tn}{7121} \tag{1.16}$$

$$F_t = \frac{1000 \text{ kW}}{V} = \frac{745.7 \text{ hp}}{V} \tag{11.23}$$

여기서

F_t = 접선방향 전달하중(N)

d = 기어의 피치원 지름

n = 회전수(rpm)

T = 토크(N · m)

$V = \pi dn/60$ = 피치선 속도(m/s)

11.7.1 동적효과

접선방향 힘 F_t는 식 (11.22)에 의해 쉽게 구할 수 있다. 하지만 이 힘이 기어의 이에 작용하는 전체 힘은 아니다. 가공오차, 이의 변형, 정렬 오차 등은 동적효과를 야기하는데, 이를 고려한 하중을 *동적하중*(dynamic load)이라 하고 F_d로 표시한다. F_d는 다음의 식들 중의 하나를 이용하여 계산한다.

$$F_d = \frac{600+V}{600}F_t \quad (\text{for } 0 < V \le 2000 \text{ fpm}) \tag{11.24a}$$

$$F_d = \frac{1200+V}{1200}F_t \quad (\text{for } 2000 < V \le 4000 \text{ fpm}) \tag{11.24b}$$

$$F_d = \frac{78+\sqrt{V}}{78}F_t \quad (\text{for } V > 4000 \text{ fpm}) \tag{11.24c}$$

여기서 V는 피치선 속도 fpm인데, 이를 m/s로 바꾸기 위해서는 계산된 값을 196.8로 나누면 된다. 동적 힘은 두 개의 기어가 물림이 일어날 때 발생하게 되는데 앞의 관계식은 11.9절에서 논의하는 AGMA 동적계수(dynamic factor)를 결정하는 기초가 된다.

예제 11.5 기어의 힘 분석

서로 맞물려 회전하는 세 개의 기어가 그림 11.13a에 나타나 있다. 모듈은 5, 압력각은 20°이다. 구동기어는 2000 rpm으로 40 kW의 동력을 축 B에 설치된 기어 2에 전달하고 있다. 축 C의 기어 3은 출력부분이다. 자유물체도를 그리고 다음을 계산하라.

a. 기어 2에 작용하는 접선방향과 반지름방향 힘
b. 축 B의 반력

가정: 아이들러 기어와 축은 동력을 입력축에서 출력축으로 전달한다. 아이들러 축과 기어는 토크를 발생시키지 않으며, 베어링과 기어의 마찰손실은 무시한다.

풀이

식 (11.4)에 따라 기어 1과 기어 3의 피치원 지름은 $d_1 = N_1 m = 20(5) = 100$ mm, $d_3 = N_3 m = 30(5) = 150$ mm이다.

a. 식 (1.15)를 사용하면

$$T = \frac{9549 \text{ kW}}{n} = \frac{9549(40)}{2000} = 191 \text{ N} \cdot \text{m}$$

식 (11.21)과 (11.19)를 사용하며 기어 1이 기어 2에 작용하는 반지름방향과 접선방향 힘을 다음과

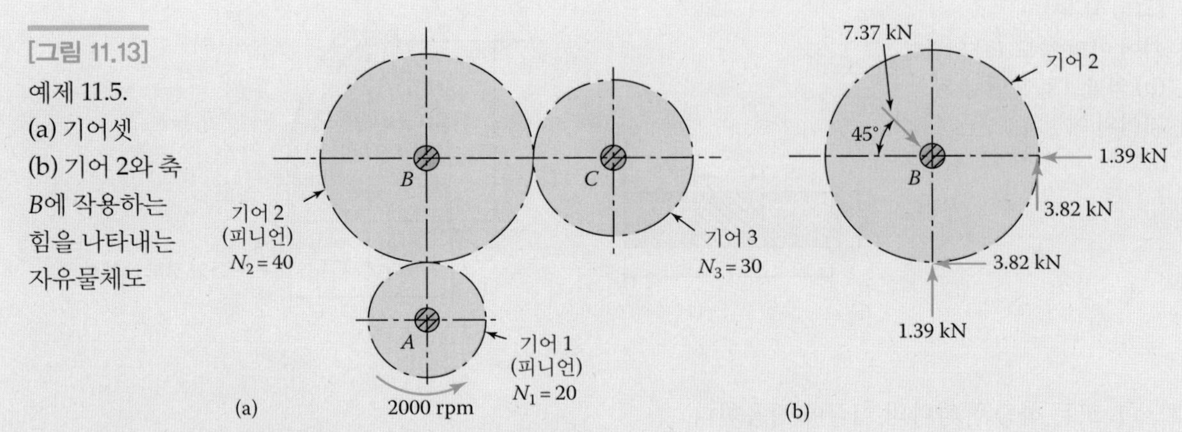

[그림 11.13]
예제 11.5.
(a) 기어셋
(b) 기어 2와 축 B에 작용하는 힘을 나타내는 자유물체도

같이 계산할 수 있다.

$$F_{t,12} = \frac{T_1}{r_1} = \frac{191}{0.05} = 3.82\text{ kN}, \quad F_{r,12} = 3.82\tan 20° = 1.39\text{ kN}$$

기어 2는 아이들러기어이기 때문에 기어 3에 의하여 기어 2에 발생하는 접선력은 $F_{t,12}$와 같다. 따라서,

$$F_{t,32} = 3.82\text{ kN}, \quad F_{r,32} = 1.39\text{ kN}$$

힘의 방향은 그림 11.13b에 표시하였다.

b. 아이들러기어에서 x방향과 y방향 힘의 평형을 생각하면 $R_{Bx} = R_{By} = 3.82 + 1.39 = 5.21$ kN이 된다. 따라서 축 B의 반력은 다음과 같이 계산할 수 있으며 그림 11.13b에 도시하였다.

$$R_B = \sqrt{5.21^2 + 5.21^2} = 7.37\text{ kN}$$

평가: 많은 기어로 구성되는 기어 트레인의 경우에는 기어를 지지하는 축이 각각 다른 평면에 있을 수 있기 때문에 문제가 조금 더 복잡해진다. 이 경우 한 기어의 반지름방향 및 접선방향 힘은 맞물리는 기어의 평면에 상응하는 힘들로 다시 분해할 필요가 있다.

11.8 기어 이의 굽힘강도: 루이스 식

루이스(Wilfred Lewis)는 최초로 기어의 이에 굽힘 공식을 적용하였다. 이 식은 1892년에 발표되었고 여전히 기어의 굽힘강도를 해석하는 데 사용된다. 루이스 식에서는 다음을 가정하였다[9].

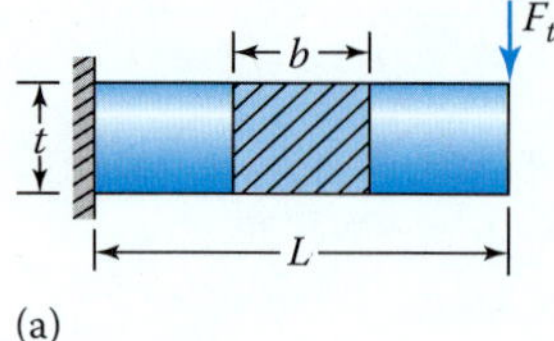

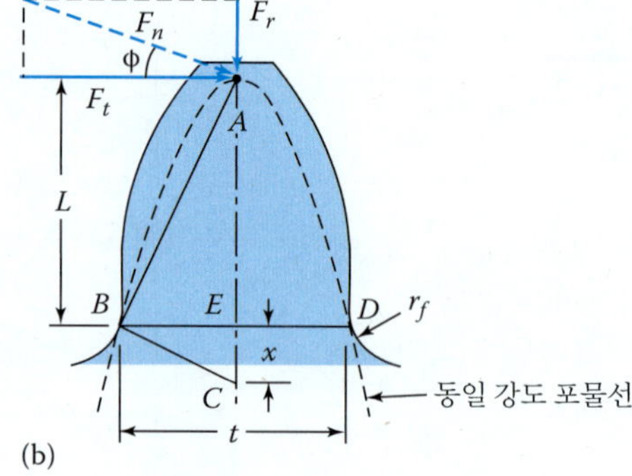

[그림 11.14]
기어 이의 강도. (a) 외팔보 (b) 외팔보로 모델링 된 기어의 이

1. 모든 하중은 하나의 이끝에 작용한다.
2. 반지름방향 하중은 무시할 수 있다.
3. 하중은 전 이폭에 걸쳐 고루게 분포한다.
4. 이의 슬라이딩에 의한 마찰은 무시한다.
5. 이의 필릿 부분에서 발생하는 응력집중은 무시한다.

루이스 식을 유도하기 위해서 하중 F_t를 받고 있는 외팔보를 생각해 보자. 이 하중은 폭 b에 걸쳐 고르게 분포되어 있다(그림 11.14a). 단면계수는 $I/c = bt^2/6$이기 때문에 최대 굽힘응력은 다음과 같다.

$$\sigma = \frac{Mc}{I} = \frac{6F_tL}{bt^2} \tag{a}$$

이 식은 힘이 작용점과 떨어져 있는 단면에서의 굽힘응력을 상당히 정확하게 예측하게 해준다(3.1절 참조).

그림 11.14b에 나타난 것처럼 기어의 이를 BD가 고정되어 있는 외팔보로 간주한다. 또한 이미 언급한 것처럼 작용력 F_n은 압력선을 따라 이의 끝에 작용하는 것으로 가정한다. 반지름방향 힘 F_r은 이의 단면에 균일한 압축력을 발생시키나 F_t에 의한 굽힘응력에 비해서는 크기가 작기 때문에 강도 계산에는 고려하지 않는다. 하지만 F_r에 의한 균일한 압축응력은 굽힘응력의 압축부분은 응력을 증가시키고 인장부분은 응력을 감소시키는 역할을 한다. 대부분의 재료는 압축강도가 인장강도보다 크기 때문에 F_r을 고려하지 않고 계산한 결과는 보다 안전한 기어를 설계하는 셈이 된다. 또한 기어의 이는 인장응력을 받는 부분에서 피로파괴가 발생하게 된다. 따라서 부가된 압축응력은 인장응력의 크기를 감소시켜 이의 피로강도를 강화시키는 역할도 하게 된다.

11.8.1 균일한 강도의 기어 이

기어 이의 강도가 같다고 가정하면 응력은 균일해야 한다. $b/6F_t = C =$ 상수이기 때문에 식 (a)에서 $L = Ct^2$이 된다. 이 곡선은 그림 11.14b에서 점선으로 나타난 것처럼 A를 꼭지점으로 하는 포물선이 된다. 이 포물선은 B와 D에서 치형과 접하게 되는데, 이 점들이 최대 인장응력과 압축응력이 발생하는 지점이다. 인장응력은 이에 피로파괴가 발생하는 원인이 된다. 그림을 참고하면 삼각형 *ABE*와 *BCE*가 닮은꼴이기 때문에 $(t/2)/x = L/(t/2)$, 즉 $L = t^2/4x$가 된다. 이 식을 식 (a)에 대입하고 분모 및 분자에 원주피치 p를 곱하면 다음의 식을 얻을 수 있다.

$$\sigma = \frac{F_t p}{b(2/3)xp} \tag{b}$$

루이스 형상계수는 다음과 같이 정의된다.

$$y = \frac{2x}{3p} \tag{11.25}$$

최종적으로 위 식을 식 (b)에 대입하면 다음의 루이스 식을 얻게 된다.

$$\sigma = \frac{F_t}{bpy} \tag{11.26}$$

원주피치보다 지름피치를 사용하는 경우에는 $p = \pi/P$ 및 $Y = \pi y$ 관계식을 통해 다음과 같이 *루이스 형상계수*(Lewis form factor)를 표시한다.

$$Y = \frac{2xP}{3} \tag{11.27}$$

이 경우 앞과 유사하게 다음의 *루이스 식*(Lewis formula)이 유도된다.

$$\sigma = \frac{F_t P}{bY} \tag{11.28}$$

SI 단위계에서는 모듈이 사용되며, $m = 1/P$의 관계에 있다. 따라서, 루이스 식은 다음과 같이 표시된다.

$$\sigma = \frac{F_t}{mbY} \tag{11.29}$$

Y와 y는 이의 크기가 아닌 이의 형상에 대한 함수이며, 이의 개수에 따라 다른 값을 가지게 된다. 식 (11.27)에서 결정된 Y값들의 일부를 표 11.2에 표시하였다. 표준기어가 아닌 경우에는 Y(혹은 y)를 구하기 위해 그래프나 컴퓨터 계산을 이용해야 한다.

식 (11.28)의 굽힘응력이 허용정적굽힘응력 σ_o를 나타낸다고 하면, 계산된 접선력 F_t는 *허용 굽힘하중*(allowable bending load) F_b로 표현할 수 있다. 이 식은 다음과 같다.

$$F_b = \sigma_o b \frac{Y}{P} \tag{11.30}$$

〈표 11.2〉 보통이 기어에 대한 루이스 형상계수값

잇수	20° Y	25° Y	잇수	20° Y	25° Y
12	0.245	0.277	26	0.344	0.407
13	0.264	0.293	28	0.352	0.417
14	0.276	0.307	30	0.358	0.425
15	0.289	0.320	35	0.373	0.443
16	0.295	0.332	40	0.389	0.457
17	0.302	0.342	50	0.408	0.477
18	0.308	0.352	60	0.421	0.491
19	0.314	0.361	75	0.433	0.506
20	0.320	0.369	100	0.446	0.521
21	0.326	0.377	150	0.458	0.537
22	0.330	0.384	200	0.463	0.545
24	0.337	0.396	300	0.471	0.554
25	0.340	0.402	래크	0.484	0.566

혹은 SI 단위계에서 다음과 같이 표현된다.

$$F_b = \sigma_o bYm \tag{11.31}$$

몇몇 재료에 대한 σ_o값은 표 11.3에 나타내었다. 앞의 유도과정에서 굽힘하중이 이의 끝에 집중된다고 가정하였는데, 이는 다른 한 쌍의 이도 동시에 서로 접촉하고 있는 때 발생하는 조건이다. 한 쌍의 이만 접촉하고 있을 경우 가장 큰 하중은 이의 중앙 부근에서 발생한다. 이에 대한 루이스 식도 이전과 동일한 과정으로 유도할 수 있다.

11.8.2 응력집중의 영향

기어 이의 발생하는 응력은 필릿 크기 r_f에도 많은 영향을 받는다(그림 11.14b). 복잡한 형상을 가진 기어에 대하여 이론적인 응력집중계수 K_t를 구하는 것은 쉽지 않다. 경험식이나 유한요소해석을 이용한 결과를 참고문헌[9, 10]에서 찾아볼 수 있다. 기어의 이는 피로하중을 받기 때문에 응력집중계수 K_t는 노치 민감도(notch sensitivity) q를 고려하여 피로응력집중계수 K_f로 수정되어야 한다. 루이스 식도 응력집중계수를 고려하여 수정될 수 있는데 식 (11.28)과 (11.29)는 다음의 식들로 바뀐다.

$$\sigma = \frac{K_f F_t P}{bY} \tag{11.32}$$

$$F_b = \frac{\sigma_o b}{K_f}\frac{Y}{P} \tag{11.33}$$

여기서 $K_f = 1.5$로 가정하면 무난하다.

〈표 11.3〉 루이스 식을 위한 허용정적굽힘응력 값

재료	열처리	σ_o ksi	σ_o (MPa)	평균 Bhn
주철				
ASTM 35		12	(82.7)	210
ASTM 50		15	(103)	220
주강				
0.20% C		20	(138)	180
0.20% C	WQ&T	25	(172)	250
단조강				
SAE 1020	WQ&T	18	(124)	155
SAE 1030		20	(138)	180
SAE 1040		25	(172)	200
SAE 1045	WQ&T	32	(221)	205
SAE 1050	WQ&T	35	(241)	220
합금강				
SAE 2345	OQ&T	50	(345)	475
SAE 4340	OQ&T	65	(448)	475
SAE 6145	OQ&T	67	(462)	475
SAE 65 (인청동)		12	(82.7)	100

주: 물-담금질과 급랭(WQ&T), 기름-담금질과 급랭(OQ&T).

11.8.3 원활한 기어 구동을 위한 필요조건

기어의 하중지지능력은 굽힘과 마모에(11.10절) 대하여 견딜 수 있는 하중을 각각 계산하고, 이 중 작은 것으로 결정한다. 원활한 기어의 운동을 위해서는 동적하중이 기어의 허용하중을 초과해서는 안 된다. 이를 식으로 표현하면 다음과 같다.

$$F_b \geq F_d \tag{11.34}$$

여기서 동적하중 F_d는 식 (11.24)에서 정의되었다. 이와 같은 *동적하중*(dynamic load) 접근방식은 모든 형태의 기어에 적용될 수 있다[5].

루이스 식은 다음 절에서 설명할 AGMA 굽힘강도 설계의 기초가 되는 매우 중요한 식이다. 식 (11.33)과 (11.34)는 수명이 큰 고려사항이 아닌 기어 장치의 용량을 추정하는 데 유용하게 사용할 수 있으며, 다양한 적용분야에서 기어의 기초설계에 활용된다. 기어가 하중 F_b를 전달하는 경우 맞물리는 두 기어의 $\sigma_o Y$값이 거의 같도록 기어재료를 선정한다.

예제 11.6 루이스의 굽힘강도 식을 이용한 기어의 전달동력

압력각 25°, 잇수 25개, 모듈 2 mm, 이폭 45 mm를 가지는 평기어가 900 rpm으로 회전하고 있다. 다음을 결정하라.

a. 루이스 식을 이용한 허용굽힘하중
b. 전달가능한 최대 접선하중 및 동력

설계 결정: 기어 재료는 SAE 1040 강이고, 피로응력집중계수는 1.5이다.

풀이

잇수 25개에 대한 치형계수 $Y = 0.402$(표 11.2)이고, $\sigma_o = 172$ MPa(표 11.3)이다. 피치원 지름은 $d = mN = 2(25) = 50$ mm이고 $V = \pi dn = \pi(0.05)(15) = 2.356$ m/s = 463.7 fpm이 된다.

a. 식 (11.33)에서 $1/P = m$이므로

$$F_b = \frac{\sigma_o b Y m}{K_f} = \frac{1}{1.5}(172 \times 45 \times 0.402 \times 2) = 4.149 \text{ kN}$$

b. 식 (11.24a)에 의하면 동적하중은 다음과 같다.

$$F_d = \frac{600 + 463.7}{600} F_t = 1.77 F_t$$

식 (11.34)에 따라 전달하중의 한계값은 다음과 같이 계산할 수 있다.

$$4.149 = 1.77 F_t \quad \text{또는} \quad F_t = 2.344 \text{ kN}$$

식 (1.15)에 따라 기어의 전달동력은 다음과 같이 계산할 수 있다.

$$\text{kW} = \frac{F_t \pi dn}{60} = \frac{(2.344)\pi(0.05)900}{60} = 5.52$$

11.9 기어의 굽힘강도 설계: AGMA 방법

기어 이의 굽힘응력을 계산할 때 AGMA가 루이스 식을 보정하여 제시한 방법이 널리 사용되고 있다. AGMA 식에서는 루이스 식에서의 단순화된 가정들에 의한 효과와 원 식에서 고려되지 않은 사항들

을 고려하여 설계의 정확도를 향상시키고자 하였다. 따라서 이 방법에서는 여러 가지 계수들을 사용하여 굽힘강도를 보정하고 허용굽힘응력을 계산하게 된다.

이 절에서는 몇 가지 AGMA 굽힘강도 식들은 소개하고자 한다. 이 식들은 기어 이와 이의 형상에 대한 특정한 가정에 근거하고 있다. 또한 여기서 소개된 몇 가지 계수의 정의와 심벌(symbol)은 AGMA와 다를 수도 있다. 하지만 이 절과 11.11절에 소개된 설계 과정은 현재 사용되는 가장 대표적인 방법이라 할 수 있다. 보다 자세한 정보는 최신 AGMA 표준[1]과 관련 참고문헌을 참고하기 바란다.

AGMA 굽힘응력은 다음의 식으로 정의된다.

$$\sigma = F_t K_o K_\upsilon \frac{P}{b} \frac{K_s K_m}{J} \quad \text{(U.S. 단위)} \tag{11.35}$$

$$\sigma = F_t K_o K_\upsilon \frac{1.0}{bm} \frac{K_s K_m}{J} \quad \text{(SI 단위)} \tag{11.35$'$}$$

여기서

σ = 이뿌리에서 계산된 굽힘응력
F_t = 전달 접선하중
K_o = 하중계수
K_υ = 속도계수
P = 지름피치
b = 이폭
m = 모듈
K_s = 크기계수
K_m = 설치계수
J = 형상계수

허용굽힘응력(allowable bending stress), 즉 설계응력 값은 다음과 같다.

$$\sigma_{\text{all}} = \frac{S_t K_L}{K_T K_R} \tag{11.36}$$

여기서

σ_{all} = 허용굽힘응력
S_t = 굽힘강도
K_L = 수명계수
K_T = 온도계수
K_R = 신뢰도계수

〈표 11.4〉 하중계수 K_o

동력원	피동기계의 하중상태		
	일정	중간 충격	심한 충격
일반	1.00	1.25	1.75
가벼운 충격	1.25	1.50	2.00
중간정도 충격	1.50	1.75	2.25

기어에 발생하는 굽힘응력 값은 설계응력 값보다 커지면 안 되며, 식으로 표현하면 다음과 같다.

$$\sigma \leq \sigma_{\text{all}} \tag{11.37}$$

앞의 식 (11.35)에는 세 가지 요소가 고려되어 있는데, 첫 번째는 하중 특성이고 두 번째는 기어 형상, 세 번째는 치형이다. 이 식의 주요 특징은 루이스 식의 Y를 업그레이드 하여 형상계수 J로 표현한 것이다. 또한 다양한 상황을 고려하기 위하여 여러 가지 K 계수들이 포함되어 있다. 식 (11.36)에는 허용굽힘응력이 나타나 있고 식 (11.37)에는 AMGA의 강도설계 지침을 표시하였다. 이미 언급한 것처럼 식 (11.35)에서 계산된 굽힘응력은 허용굽힘응력 σ_{all}보다는 항상 작거나 같아야 한다. 식 (11.35)부터 식 (11.37)에 사용된 수정계수들에 대한 설명은 다음과 같다.

하중계수(overload factor) K_o는 실제하중이 전달하중 F_t보다 큰 경우에 사용된다. 표 11.4에 K_o의 사용 예가 나타나 있다. 속도계수 K_υ는 기어의 이가 연속적으로 물릴 때 충격의 효과를 고려하기 위하여 사용된다. K_υ는 기어의 피치원 속도와 가공 정밀도에 따라 다른 값을 가진다. 그림 11.15에 기어 가공방법에 따른 속도계수의 변화가 나타나 있다. 밀링이나 호빙머신으로부터 기어를 가공한 경우, 즉 정밀도가 높지 않은 경우에는 속도계수가 증가하는 것을 확인할 수 있다. 보다 자세한 정보는 AGMA 표준에서 찾을 수 있다.

크기계수(size factor) K_s는 재료물성의 비균질성을 고려하기 위한 것으로 이의 크기, 기어의 지름과 같은 기어와 이의 치수에 따라 결정된다. 표준 강 기어의 경우 크기계수는 보통 1이나 이의 크기가 큰 경우에는 안전을 고려하여 크기계수를 1.25~1.5로 한다. *설치계수*(mounting factor) K_m은 맞물리는 기어의 정렬 정확도를 고려하기 위한 것으로 표 11.5에서 몇 가지 상항에서의 설치계수를 확인할 수 있다. *형상계수*(geometry factor) J는 치형, 최고 하중의 위치, 물림률에 따라 다른 값을 가지도록 설계되었다. 그림 11.16을 참고하여 압력각 20°와 25°의 표준 평기어에 대한 형상계수 J를 결정할 수 있다.

표준 기어재료에 대한 굽힘강도 값은 재료의 열처리나 기계적 처리, 재료의 조성 등에 따라 달라진다. 표 11.6에 AGMA가 제시한 몇 가지 재료들에 대한 피로굽힘강도 값이 나타나 있다. 이 값은 99%의 신뢰도, 즉 10^7번의 반복하중을 기준으로 하고 있으며, Bhn과 R_c는 각각 브리넬(Brinell) 경도와 로크웰(Rockwell) 경도값을 나타낸다.

수명계수(life factor) K_L은 반복하중이 10^7이 아닌 경우 허용응력을 계산하기 위한 것으로 그 값은

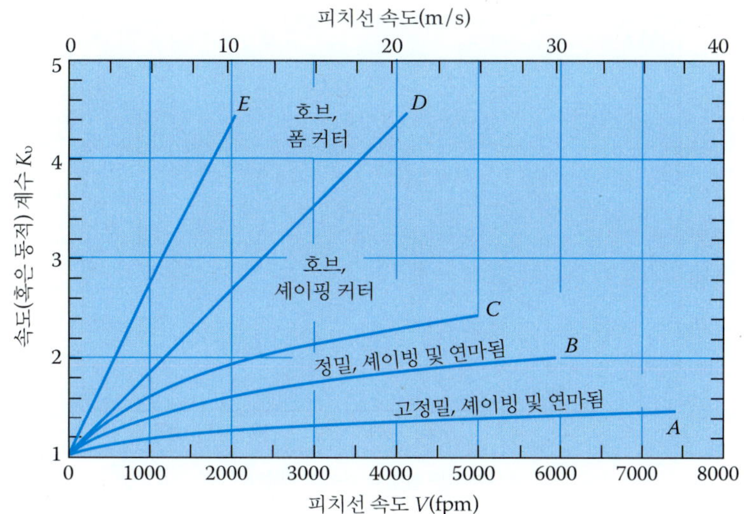

[그림 11.15]

속도계수 K_v(From AGMA, Standards of the American Gear Manufacturers Association, Alexandria, VA, ANSI/AGMA 2001-C95, revised AGMA 2001-C95.)

주:

곡선 A, $K_v = \sqrt{\dfrac{78+\sqrt{V}}{78}}$; 곡선 B, $K_v = \dfrac{78+\sqrt{V}}{78}$

곡선 C, $K_v = \dfrac{50+\sqrt{V}}{50}$; 곡선 D, $K_v = \dfrac{1200+V}{1200}$

곡선 E, $K_v = \dfrac{600+V}{600}$,

여기서 V는 feet/minute, fpm이다. m/s로 바꾸기 위해서는 196.8로 나누어 주어야 한다.

표 11.7을 참고한다. *온도계수*(temperature factor) K_T는 굽힘강도의 온도 의존성을 고려하기 위한 것으로 일반적인 기어 윤활 온도인 $T < 160°$F에서는 $K_T = 1$이 사용된다. $T > 160°$F인 경우에는 $K_T = (460 + T)/620$의 식을 사용하여 K_T를 계산한다. *신뢰도계수*(reliability factor) K_R은 신뢰도가 99%가 아닌 경우 허용응력의 값을 수정하기 위한 것으로 표 11.8을 참고하여 값을 결정할 수 있다.

AGMA 식들과 도표를 사용하는 방법은 다음의 예제에서 확인하도록 한다.

〈표 11.5〉 설치보정계수 K_m

설치 상태	이폭(in.)			
	0–2	**6**	**9**	**16까지**
정확한 설치, 작은 베어링 틈새, 최대 변형, 정밀 기어	1.3	1.4	1.5	1.8
정확도가 다소 떨어지는 기어 및 설치, 이폭 전체가 접촉	1.6	1.7	1.8	2.2
정확도와 설치가 이폭 전체가 접촉하는 경우보다 못할 때	2.2 이상			

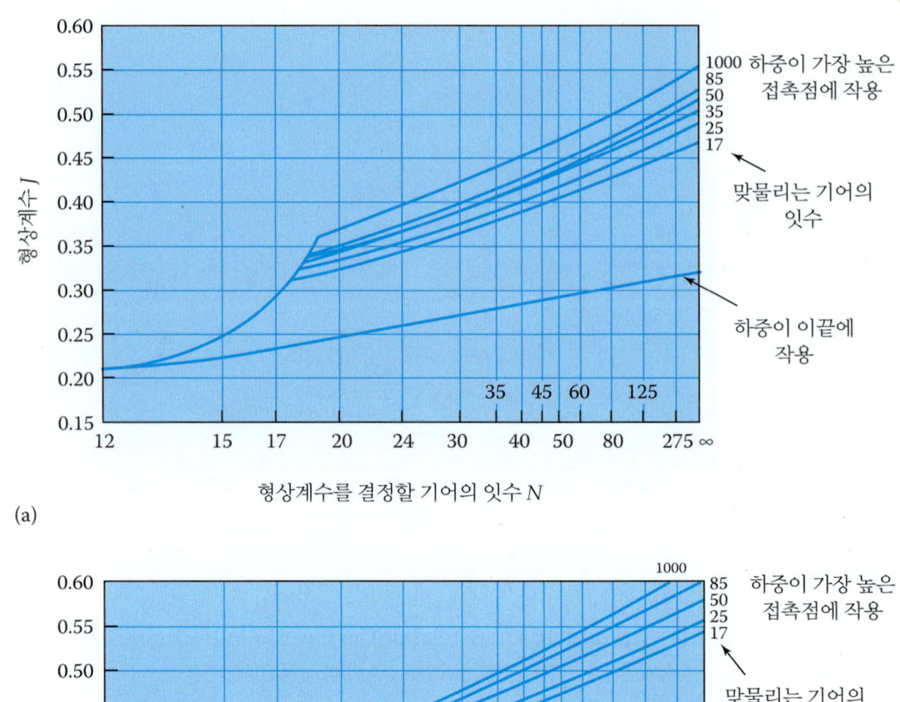

(a)

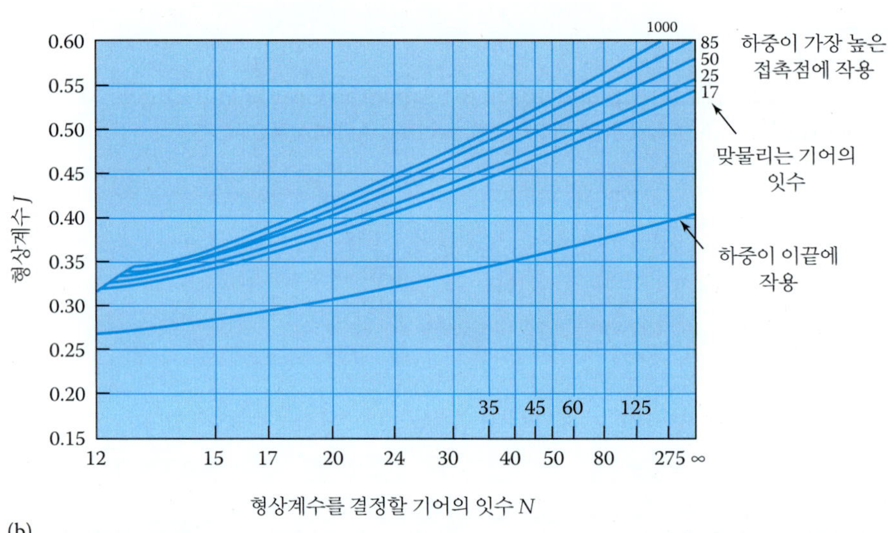

(b)

[그림 11.16]

평기어의 형상계수 J(이의 필릿 반지름이 $0.35/P$인 경우). (a) 20° 보통이 (b) 25° 보통이(From ANSI/AGMA Standard 218.01.)

〈표 11.6〉 평기어, 헬리컬기어, 베벨기어의 굽힘강도 S_t

재료	열처리	최소 경도 혹은 인장강도	S_t ksi	S_t (MPa)
강	Normalized	140 Bhn	19–25	(131–172)
	Q&T	180 Bhn	25–33	(172–223)
	Q&T	300 Bhn	36–47	(248–324)
	Q&T	400 Bhn	42–56	(290–386)
	Case carburized	55 R_C	55–65	(380–448)
		60 R_C	55–70	(379–483)
	Nitrided AISI-4140	48 R_C case	34–45	(234–310)
		300 Bhn core		
주철				
AGMA grade 30		175 Bhn	8.5	(58.6)
AGMA grade 40		200 Bhn	13	(89.6)
구상주철 ASTM grade				
60-40-18			15	(103)
80-55-06	Annealed		20	(138)
100-70-18	Normalized		26	(179)
120-90-02	Q&T		30	(207)
청동, AGMA 2C	Sand cast	40 ksi (276 MPa)	5.7	(39.3)

출처: ANSI/AGMA Standard 218.01.
주: Q&T, 담금질과 급랭.

〈표 11.7〉 강 소재의 평기어, 헬리컬기어에 대한 수명계수 K_L

사이클 수	160 Bhn	250 Bhn	450 Bhn	표면침탄처리(55–63 R_C)
10^3	1.6	2.4	3.4	2.7–4.6
10^4	1.4	1.9	2.4	2.0–3.1
10^5	1.2	1.4	1.7	1.5–2.1
10^6	1.1	1.1	1.2	1.1–1.4
10^7	1.0	1.0	1.0	1.0

출처: ANSI/AGMA Standard 218.01.

〈표 11.8〉 신뢰도계수 K_R

신뢰도(%)	50	90	99	99.9	99.99
계수 K_R	0.70	0.85	1.00	1.25	1.50

출처: From ANSI/AGMA Standard 2001–C95.

사례연구 11.1 AGMA 굽힘강도를 고려한 감속기의 설계

강한 비틀림 충격하중을 받는 컨베이어 장치가 전기 모터에 의해 구동된다. 그림 11.17에 나타난 것처럼 모터는 속도 n으로 회전하고 있고, 모터와 컨베이어를 연결하는 감속기어의 속도비는 $r_s = 1{:}2$이다. 이 기어 장치가 전달할 수 있는 최대 마력을 AGMA 굽힘강도 식을 이용하여 계산하라.

주어진 값: 두 기어는 모두 300 Bhn 강 재질이며, 이 폭은 $b = 1.5$ in.이다. 피니언은 $n = 1600$ rpm으로 회전하고 있으며, $P = 10$ in.$^{-1}$, $N_p = 18$이다.

설계 결정: 여러 가지 계수들에 대한 풀이에 나타난 바와 같이 결정되었다.

풀이

피니언의 피치원 지름과 잇수는 다음과 같다.

$$d_p = \frac{N_p}{P} = \frac{18}{10} = 1.8 \text{ in.}, \quad N_g = N_p\left(\frac{1}{r_s}\right) = 18(2) = 36$$

식 (11.20)을 사용하면 피치원 속도를 계산할 수 있다.

$$V = \frac{\pi d_p n_p}{12} = \frac{\pi(1.8)(1600)}{12} = 754 \text{ fpm}$$

허용굽힘응력은 식 (11.36)을 이용하여 다음과 같이 계산할 수 있다.

$$\sigma_{all} = \frac{S_t K_L}{K_T K_R} \tag{a}$$

여기서

$S_t = 41.5$ ksi(표 11.6에서 평균강도)
$K_L = 1.0$(표 11.7, 무한수명에 대하여)
$K_T = 1$(윤활유 온도는 160°F 이하여야 함)
$K_R = 1.25$(표 11.8에서 99.9%의 신뢰도)

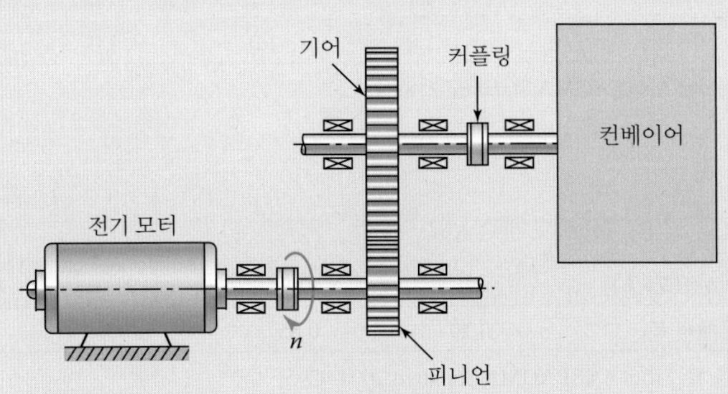

[그림 11.17]
예제 11.7. 모터, 기어, 컨베이어 드라이브 배치도

이 값들은 식 (a)에 대입하면 다음과 같이 된다.

$$\sigma_{\text{all}} = \frac{41.5(1)}{1(1.25)} = 33.2 \text{ ksi}$$

$\sigma_{\text{all}} = \sigma$라고 하면 식 (11.35)로부터 최대 허용전달하중을 다음과 같이 계산할 수 있다.

$$F_t = \frac{33,200}{K_o K_v} \frac{b}{P} \frac{J}{K_s K_m} \tag{b}$$

여기서 계수들의 값은 다음과 같이 결정하였다.

$P = 10$

$b = 1.5$ in.

$K_v = 1.55$(그림 11.15의 C 곡선)

$J = 0.235$(그림 11.16a, 하중은 이끝에 작용, $N_P = 18$)

$K_o = 1.75$(표 11.4)

$K_s = 1.0$(표준기어)

$K_m = 1.6$(표 11.5)

식 (b)는 다음과 같이 된다.

$$F_t = \frac{33,200(1.5)(0.235)}{(1.75)(1.55)(10)(1.0)(1.6)} = 270 \text{ lb}$$

식 (11.22)를 이용하여 최대 허용마력을 다음과 같이 계산할 수 있다.

$$\text{hp} = \frac{F_t V}{33,000} = \frac{270(754)}{33,000} = 6.2$$

11.10 기어 이의 마모강도: 버킹엄 식

기어 치면의 파손을 *마모*(wear)라고 부른다. 8.9절에서 언급한 것처럼 마모는 매우 넓은 의미를 가지고 있으며 다양한 형태의 표면결함을 포괄하고 있다. 따라서 마모에 의하여 치면의 내구성을 결정하는 것이 굽힘에 의하여 기어를 설계하는 것보다 훨씬 더 복잡하다. 실험에 따르면 표면이 피로파손의 일종으로 반복적인 높은 접촉응력에 의하여 기어 치면에 발생하는 피팅(pitting)은 미끄럼이 상대적으로 적은 부분에서 많이 발생하는 것으로 관찰되었다. 따라서 평기어나 헬리컬기어의 경우에는 미끄러짐이 거의 없는 피치점 근처에서 피팅이 발생한다. 이 책에서는 기어 치면의 피로파손인 피팅을 마모로 간주하고, 이를 고려한 설계에 대하여 설명한다[10].

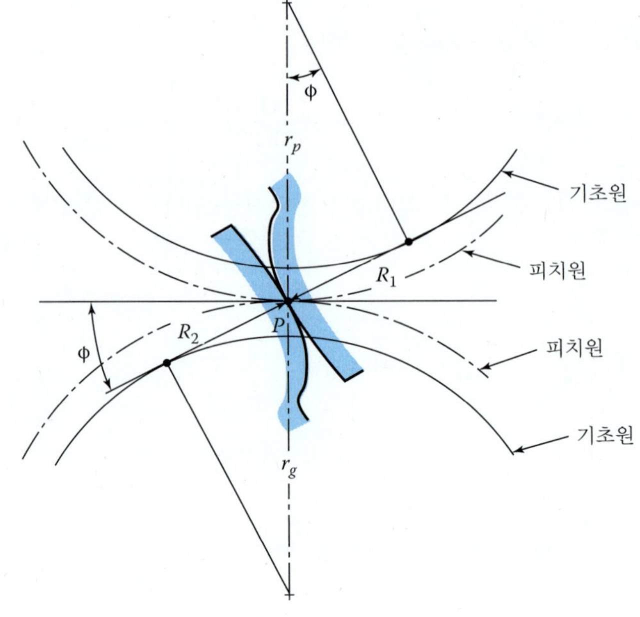

[그림 11.18]
피치점 P에서 접촉면의 곡률반지름 R_1과 R_2

구름베어링의 경우와 마찬가지로 기어의 이는 헤르츠(Hertz) 접촉응력을 받게 되고, 경우에 따라 탄성유체(elastohydrodynamc) 윤활 상태에 있다(10.16절 참조). 기어의 이는 마모하중을 견딜 수 있을 정도로 충분히 강해야 하는데, 이와 같은 표면응력에 관한 체계적인 연구는 버킹엄(Buckingham)에 의해 처음으로 시도되었다[5]. 그는 접촉하는 두 개의 이를 평행한 실린더로 가정하였고, 피치점 P(그림 11.18)에서 인벌류트 곡선이 가지는 곡률반지름을 실린더의 반지름으로 가정하였다. 따라서 두 실린더의 반지름값은 다음과 같다.

$$R_1 = \frac{d_p}{2}\sin\phi, \quad R_2 = \frac{d_g}{2}\sin\phi = \frac{N_g d_p}{2N_p}\sin\phi \tag{a}$$

여기서

ϕ는 압력각

d_p와 d_g는 각각 피니언과 기어의 피치원 지름

위 식의 마지막 부분은 $d_p/N_p = d_g/N_g$의 관계식으로부터 유도되었다.

두 개의 실린더 접촉으로부터 발생하는 탄성 접촉응력(8.7절)은 평기어 치면의 피로파손과 밀접한 상관관계가 있는 것으로 관찰되었다. 두 개의 실린더가 접촉하는 경우 최대 접촉응력 p_o는 표 8.4의 식을 이용하여 다음과 같이 계산할 수 있다. 여기서 $\nu = 0.3$을 가정하였다.

$$p_o = 0.592\left[\frac{F_a E_p E_g}{E_p + E_g}\left(\frac{1}{R_1} + \frac{1}{R_2}\right)\right]^{1/2} \tag{b}$$

여기서

F_a는 실린더를 누르는 길이당 하중

E_p와 E_g는 각각 피니언과 기어의 탄성계수 값이다.

이 식으로부터 접촉응력은 F_a에 비례하는 것을 알 수 있다. 또한 E_p와 E_g가 감소함에 따라 접촉응력도 감소하게 됨을 알 수 있다. 큰 기어의 경우에는 곡률반지름 값이 커지기 때문에 접촉응력의 크기가 감소하게 된다.

여기서 최대 접촉응력 p_o를 *표면내구한도*(surface endurance limit) S_e로 보고 식 (a)를 식 (b)에 대입하면 다음의 식을 얻을 수 있다.

$$S_e^2 = 0.35\frac{F_a E_p E_g}{E_p + E_g}\frac{2}{d_p \sin\phi}\left(1+\frac{N_p}{N_g}\right) \tag{c}$$

위 식의 양변에 이폭 b를 곱하고, 총 하중 $F_a b$를 F_w로 치환하면 허용마모하중을 다음과 같이 계산할 수 있다.

$$F_w = d_p bQK \tag{11.38}$$

여기서

$$K = \frac{S_e^2 \sin\phi}{1.4}\left(\frac{1}{E_p}+\frac{1}{E_g}\right) \tag{11.39}$$

$$Q = \frac{2N_g}{N_p + N_g} \tag{11.40}$$

식 (11.38)을 *버킹엄 식*(Buckingham formula)이라고 부른다. 표 11.9에는 브리넬 경도값이 다른 몇 가지 재료들에 대한 S_e와 *마모하중계수* K값을 표시하였다. K값은 압력각이 20°와 25°인 보통이 기어인 경우 식 (11.39)를 통해서도 계산할 수 있다. 버킹엄 식의 허용마모하중은 기어 치면의 내구성을 판단하는 기준으로 활용된다.

*원활한 기어의 작동*을 위해서는 다음의 필요조건을 충족해야 한다.

$$F_w \ge F_d \tag{11.41}$$

여기서 동하중 F_d는 식 (11.24)에서 정의되었다. 고속기어의 경우에는 특히 피니언이 심하게 마모되는 것을 방지하기 위하여 단단한 피니언과 덜 단단한 기어를 조합하여 시스템을 구성하기도 한다. 이는 시스템의 하중지지능력을 향상시키고 마찰계수를 다소 감소시키는 역할을 한다.

〈표 11.9〉 버킹엄 식을 위한 표면내구한도 S_e와 마모하중계수 K

			K			
	S_e		$\phi = 20°$		$\phi = 25°$	
피니언과 기어의 재질	ksi	(MPa)	psi	(MPa)	psi	(MPa)
모두 강 기어, 평균값						
기어와 피니언의 Bhn						
150	50	(345)	41	(0.283)	51	(0.352)
200	70	(483)	79	(0.545)	98	(0.676)
250	90	(621)	131	(0.903)	162	(1.117)
300	110	(758)	196	(1.352)	242	(1.669)
350	130	(896)	270	(1.862)	333	(2.297)
400	150	(1034)	366	(2.524)	453	(3.124)
강(150 Bhn)과 주철	50	(354)	60	(0.414)	74	(0.510)
강(200 Bhn)과 주철	70	(483)	119	(0.821)	147	(1.014)
강(250 Bhn)과 주철	90	(621)	196	(1.352)	242	(1.669)
강(150 Bhn)과 인청동	59	(407)	62	(0.428)	77	(0.531)
강(200 Bhn)과 인청동	65	(448)	100	(0.690)	123	(0.848)
강(250 Bhn)과 인청동	85	(586)	184	(1.269)	228	(1.572)
주철과 주철	90	(621)	264	(1.821)	327	(2.555)
주철과 인청동	83	(572)	234	(1.614)	288	(1.986)

예제 11.7 버킹엄 마모강도 식을 이용한 기어의 최대 전달하중

예제 11.6의 피니언이 기어와 맞물리고 있다. 다음을 결정하라.

a. 버킹엄 식을 이용한 허용마모하중
b. 최대 전달하중

주어진 값: $N_p = 25$, $d_p = 50$ mm, $b = 45$ mm, $N_g = 60$.

설계 결정: 맞물리는 기어의 잇수는 60개, 재질은 주철(cast iron)이다.

풀이

a. 식 (11.40)을 이용하여 Q를 계산한다.

$$Q = \frac{2N_g}{N_p + N_g} = \frac{120}{85} = \frac{24}{17}$$

표 11.19에 의하면 $K = 1.014$(200 Bhn)

식 (11.38)을 이용하여 허용마모하중을 계산할 수 있다.

$$F_w = d_p bQK = (50)(45)\left(\frac{24}{17}\right)(1.014) = 3.221\ \text{kN}$$

b. 예제 11.6에서 계산한 동하중은 $1.77F_t$이다. 식 (11.41)을 이용하면 마모를 기준으로 한 최대 전달하중을 계산할 수 있다.

$$3.221 = 1.77F_t \quad \text{또는} \quad F_t = 1.82\ \text{kN}$$

11.11 기어 이의 마모강도 설계: AGMA 방법

버킹엄 식은 기어 이의 접촉응력만을 고려하여 마모강도를 계산하는 방법이고, AGMA 방법은 실제 응력상태에 영향을 미치는 인자들을 추가로 고려하여 마모강도를 결정하는 방법이다. 따라서 AGMA 방법에서는 다양한 계수 및 인자를 통해 허용접촉응력을 보정하게 된다. AGMA에서 제시한 마모 관련식들 중 일부를 아래에 소개하였다[1].

접촉응력은 다음의 식으로 정의된다.

$$\sigma_c = C_p\left(F_t K_o K_\upsilon \frac{K_s}{bd}\frac{K_m C_f}{I}\right)^{1/2} \tag{11.42}$$

여기서

$$C_p = 0.564\left[\frac{1}{\dfrac{1-\nu_p^2}{E_p}+\dfrac{1-\nu_g^2}{E_g}}\right]^{1/2} \tag{11.43a}$$

$$I = \frac{\sin\phi\cos\phi}{2m_N}\frac{m_G}{m_G+1} \tag{11.43b}$$

위 식들에서

σ_c = 접촉응력

C_p = 탄성계수

K_υ = 속도계수

K_s = 크기계수

b = 이폭

d = 피치원 지름

K_m = 하중분포계수
C_f = 표면상태계수
I = 기하계수
m_G = 기어비 = $d_g/d_p = N_g/N_p$(내접기어의 경우 m_G는 음수)
m_N = 하중공유비(load sharing ratio)
E = 재료의 세로탄성계수
ν = 푸아송(Poisson) 비
ϕ = 압력각

허용접촉응력(allowable contact stress), 즉 설계응력의 값은 다음과 같다.

$$\sigma_{c,\text{all}} = \frac{S_c C_L C_H}{K_T K_R} \tag{11.44}$$

여기서

$\sigma_{c,\text{all}}$ = 허용접촉응력
S_c = 표면피로강도
C_L = 수명계수
C_H = 경도비계수
K_T = 온도계수
K_R = 신뢰도계수

기어의 원활한 운동을 위해서 접촉응력은 *설계응력*값을 초과하면 안 된다. 이를 식으로 표현하면,

$$\sigma_c \le \sigma_{c,\text{all}} \tag{11.45}$$

앞의 식들은 11.9절의 식과 비교해 보면 굽힘강도 설계시 사용된 일부 계수들이 여기에서도 동일하게 사용되는 것을 알 수 있다. 마모와 관련된 새로운 계수들에 대한 설명은 다음과 같다.

식 (11.43a)에서 정의된 탄성계수 C_p는 기어의 재료에 대한 영향을 고려하기 위한 것이다. 이 식에서 E_p와 E_g는 피니언과 기어의 세로탄성계수이고 ν_p와 ν_g는 피니언과 기어의 푸아송 비가 된다. C_p의 단위는 단위계에 따라 $\sqrt{\text{psi}}$거나 $\sqrt{\text{MPa}}$이다. $\nu = 0.3$인 경우 계산된 C_p값을 표 11.10에서 확인할 수 있다.

표면상태계수 C_f는 표면거칠기, 잔류응력, 소성효과 등을 고려하기 위한 계수이다. 매끄러운 표면에 대해서는 일반적으로 $C_f = 1$을 사용한다. 표면이 거칠거나 혹은 잔류응력이 높은 경우에는 C_f를 1.25로 설정하게 되며, 표면이 거칠고 잔류응력도 높은 경우에는 $C_f = 1.5$로 설정하면 된다.

표면피로강도 S_c는 기어의 재료, 하중의 반복 사이클, 기어의 크기, 열처리 방법, 기계적 처리 방법, 잔류응력의 존재 등에 대한 영향을 고려하기 위한 것이다. 표 11.11에 몇 가지 재료에 대한 S_c값이 나

〈표 11.10〉 평기어에 대한 AGMA 탄성계수 $C_p(\sqrt{\text{psi}}$ 혹은 $(\sqrt{\text{MPa}})$

		기어 재료			
피니언 재료	***E*, ksi(GPa)**	**강**	**주철**	**알루미늄 청동**	**주석 청동**
강	30,000	2300	2000	1950	1900
	(207)	(191)	(166)	(162)	(158)
주철	19,000	2000	1800	1800	1750
	(131)	(166)	(149)	(149)	(145)
알루미늄 청동	17,500	1950	1800	1750	1700
	(121)	(162)	(149)	(145)	(141)
주석 청동	16,000	1900	1750	1700	1650
	(110)	(158)	(145)	(141)	(137)

〈표 11.11〉 표면피로강도 혹은 허용접촉응력 S_c

		S_c	
재료	**최소 경도 혹은 인장강도**	**ksi**	**(MPa)**
강	Through hardened		
	180 Bhn	85–95	(586–655)
	240 Bhn	105–115	(724–793)
	300 Bhn	120–135	(827–931)
	360 Bhn	145–160	(1000–1103)
	400 Bhn	155–170	(1069–1172)
	Case carburized		
	55 R_C	180–200	(1241–1379)
	60 R_C	200–225	(1379–1551)
	Flame or induction hardened		
	50 R_C	170–190	(1172–1310)
주철			
AGMA grade 20		50–60	(345–414)
AGMA grade 30	175 Bhn	65–75	(448–517)
AGMA grade 40	200 Bhn	75–85	(517–586)
구상주철(연주철)		같은 경도를 가지는 강의 S_c 값의 90%–100%	
Annealed	165 Bhn	Value of steel with the same hardness	
Normalized	210 Bhn		
OQ&T	255 Bhn		
주석 청동			
AGMA 2C (10%–12% tin)	40 ksi (276 MPa)	30	(207)
알루미늄 청동			
ASTM B 148–52 (alloy 9C-HT)	90 ksi (621 MPa)	65	(448)

출처: ANSI/AGMA Standard 218.01.
주: 기름-담금질과 급랭(OQ&T), HT, 열처리

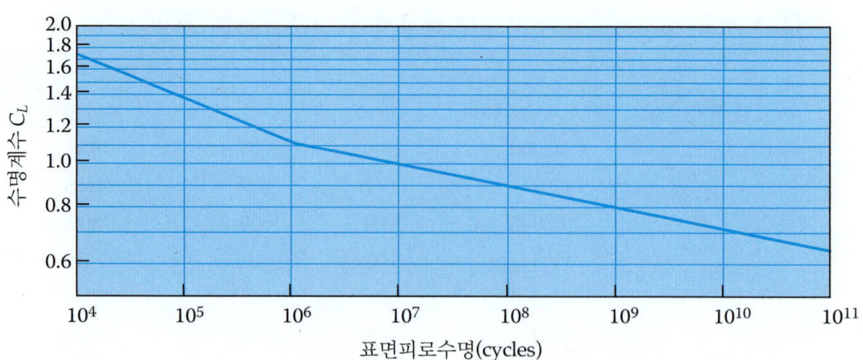

[그림 11.19] 강 기어의 수명계수 (ANSI/AGMA Standard 218.01.)

타나 있다. 수명계수 C_L은 기어의 예상수명을 고려한 것으로 그림 11.19를 참고하여 결정한다.

경도비계수 C_H는 경도의 효과를 고려하여 표면강도를 조정하기 위한 것으로 기어의 경우에만 사용된다. C_H값은 다음의 식을 통해 계산한다.

$$C_H = 1.0 + A\left(\frac{N_g}{N_p} - 1.0\right) \qquad \left(\text{for } \frac{H_{Bp}}{H_{Bg}} < 1.70\right) \tag{11.46}$$

여기서

$$A = 8.98\left(10^{-3}\right)\left(\frac{H_{Bp}}{H_{Bg}}\right) - 8.29(10^{-3})$$

H_{Bp}와 H_{Bg}는 각각 피니언과 기어의 브리넬 경도를 나타낸다.

예제 11.8 AGMA 마모 식을 이용한 감속장치의 설계

사례연구 11.1의 기어 감속기의 경우 AGMA 마모 식들을 이용하여 최대 전달마력을 계산하라.

주어진 값: 두 기어의 재질은 300 Bhn 강으로 같으며, $E = 30 \times 10^6$ psi, $\nu = 0.3$이고, 이폭 $b = 1.5$ in., $P = 10$ in.$^{-1}$, $N_p = 18$이다.

설계 결정: 여러 가지 계수들에 대한 풀이에 나타난 바와 같이 결정되었다.

풀이

허용접촉응력은 식 (11.44)를 이용하여 계산한다.

$$\sigma_{c,\text{all}} = \frac{S_c C_L C_H}{K_T K_R} \tag{a}$$

여기서

$S_c = 127.5$ ksi(표 11.11에서 평균강도인 경우)

$C_L = 1.0$(그림 11.19)

$$C_H = 1.0 + A\left(\frac{N_g}{N_p} - 1.0\right) = 1.0 \text{ (식 11.46)}$$

$K_T = 1.0$, $K_R = 1.25$(사례연구 11.1로부터)이다.

따라서 허용굽힘응력 값은 다음과 같다.

$$\sigma_{c,\text{all}} = \frac{127,500(1.0)(1.0)}{(1.0)(1.25)} = 102 \text{ ksi}$$

전달 가능한 최대 허용하중은 식 (11.42)를 통해 계산할 수 있다. $\sigma_{c,\text{ all}} = \sigma_c$로 놓으면

$$F_t = \left(\frac{102,000}{C_p}\right)^2 \frac{1.0}{K_o K_v} \frac{bd}{K_s} \frac{I}{K_m C_f}$$

여기서

$C_p = 2300\sqrt{\text{psi}}$ (표 11.10)

$b = 1.5$ in., $d_p = 1.8$ in.

$K_\upsilon = 1.55$, $K_o = 1.75$, $K_s = 1$, $K_m = 1.6$(사례연구 11.1)

$C_f = 1.0$(매끄러운 표면)

$$I = \frac{\sin\phi\cos\phi}{2m_N} \frac{m_G}{m_G + 1} = 0.107 \text{ [식 (11.43a)]}$$

따라서, 최대 허용하중은

$$F_t = \left(\frac{102,000}{2300}\right)^2 \frac{1.0}{(1.75)(1.55)} \frac{1.5(1.8)}{1.0} \frac{0.107}{1.6(1.0)} = 131 \text{ lb}$$

이 값은 두 기어에 모두 적용되며, $V = 754$ fpm(사례연구 11.1)인 경우 식 (11.22)를 통해 전달마력을 계산할 수 있다.

$$\text{hp} = \frac{F_t V}{33,000} = \frac{131(754)}{33,000} = 2.99$$

11.12 기어재료

기어는 2장에서 언급한 다양한 금속 및 비금속 재료로 만들어진다. 어떠한 재료를 선택하느냐는 어떠한 특성에 가장 중점을 두느냐에 달려 있다. 높은 강도가 주된 고려사항인 경우에는 주철이나 다른 재료들보다 강을 선택하는 것이 좋다. 재료들에 대한 피로강도 시험결과는 여러 기술문헌과 AGMA 서적(표 11.6과 표 11.11 참조)에서 찾을 수 있다. 소음을 줄이기 위해서는 금속보다는 비금속 재료를 선택하는 것이 좋다. 대표적인 기어재료들에 대한 특성을 다음과 같이 정리하였다.

주철(cast iron)은 값이 싸고 주조가 쉬우며, 가공성, 마모 저항성이 우수하고, 소음을 줄이는 데 적합하다. 따라서 주철은 가장 일반적인 기어재료 중의 하나로 사용된다. 주철은 일반적으로 굽힘피로강도보다 표면피로강도가 높다. 마그네슘이나 세륨을 함유하는 구상흑연주철(nodular cast iron)과 같은 경우에는 높은 굽힘강도와 양호한 표면 내구성을 동시에 가진다. 강 재질의 피니언과 주철 기어의 조합도 균형 잡힌 설계의 한 예이다.

강(steel) 재료의 경우에는 높은 표면 내구성을 높이기 위하여 열처리를 해야 한다. 열처리 강의 변형을 막기 위하여 합금강이나 오일 급랭법이 사용되기도 한다. 경화된 기어는 일반적으로 0.35%~0.6%의 탄소를 함유하고 있다. 강화 케이스 기어의 경우에는 화염경화(flame hardening), 고주파경화(induction hardening), 침탄(carburizing)이나 질화(nitriding) 등의 공법이 사용되며, 높은 정밀도의 기어를 위해서는 연마작업이 필수적이다.

구리합금(*청동*)과 같은 *비금속 재료*도 기어소재로 많이 활용된다. 이러한 재료들은 부식 저항성이 필요한 경우에 특히 적합하다. 마찰과 마모를 줄일 수 있는 특성 때문에 청동은 웜기어 구동장치에서 웜휠을 만드는 데 많이 사용된다. 알루미늄, 주석, 티타늄도 기어 재료로 활용 가능하다.

아세탈(acetal), 폴리프로필렌, 나일론 등과 같은 *플라스틱*도 기어 재료로 종종 사용되며, 마찰을 줄이기 위해 테플론(teflon)이 재료에 첨가되기도 한다. 플라스틱 기어는 조용하고, 내구성이 좋으며 가격이 저렴하다. 또한 하중이 작은 경우에 특별한 윤활제 없이 사용할 수 있다. 하지만 플라스틱은 낮은 강도 때문에 전달 가능한 토크에는 한계가 있으며, 또한 열전도도가 낮기 때문에 기어 이가 약해지고 변형이 일어나기 쉽다.

유리섬유와 같은 첨가 재료를 활용한 강화 플라스틱은 다양한 성질을 가지고 있어 기어 재료로도 활용된다. 가장 높은 마모저항성을 구현하기 위하여 비금속 기어를 주철이나 강 재료(300 Bhn 이상)의 피니언과 맞물리게 하기도 한다. 열경화성 페놀수지로 만들어진 *복합재료 기어*는 가솔린 엔진에서 강 피니언으로 구동되는 캠축 기어 구동장치에 사용되기도 한다. 플라스틱 기어의 설계과정은 금속 기어와 동일하나 현재까지 신뢰성이 높지는 않다. 따라서 금속기어보다는 시작품 테스트 과정이 중요하다.

11.13 기어의 제작

기어를 제작하는 데에는 다양한 방법이 사용된다. 제작 과정은 크게 성형(forming)과 마무리(finishing) 공정의 두 부분으로 나눌 수 있다. 기어의 이는 밀링 등 다양한 공법에 의하여 제작되며, 고속운동과 고하중의 경우에는 치면의 정확도와 표면품질을 위하여 마무리 공정이 요구된다. 마무리 공정은 일반적으로 매우 미량의 재료를 제거하거나 다듬는 것으로 치면의 정확도를 향상시켜 기어의 오차를 감소시킨다. 일반적인 가공 공정에 대한 설명은 2장에서 찾아 볼 수 있으며, 이 장에서는 기어의 성형과 마무리 공정에 대해서만 간단히 설명하기로 한다[8, 11].

11.13.1 기어 이의 성형

밀링은 원형의 절삭공구가 설치된 밀링머신을 이용하여 기어의 이와 이 사이의 재료를 제거하는 것이다. 절삭공구는 각 기어의 이의 형상과 수에 적합하도록 제작되어야 한다. 이의 크기가 큰 경우에는 성형된 절삭공구를 사용하기도 한다. *세이핑*(shaping)은 래크 커터나 세이퍼라고 불리는 피니언 커터(즉 작은 원형기어)를 이용하여 기어의 이를 제작하는 방식이다. 그림 11.20에 나타난 것처럼 절삭날은 기어의 축에 평행한 방향으로 빠르게 왕복운동을 함과 동시에 이송운동을 한다. 기어가 원주피치만큼 회전한 후에는 절삭인이 원래 위치로 복귀하며, 이 과정이 이가 완전히 제작될 때까지 반복된다.

이 공법은 마치 래크가 기어를 구동하는 것과 같이 동일한 속도로 공구를 이송시키고 기어재료를 회전시키기 위하여 특별한 장비가 요구된다. 내접기어 역시 이 방식을 이용하여 제작이 가능하다. *호빙*(hobbing)은 대량 생산이 가능한 기어의 주요 제조방법 중 하나이다. 여기서 절삭날은 호브(hob)라고 부르는데 마치 웜이나 나사의 형상을 가진다. 이 공정에서 호브와 기어 블랭크는 적절한 속도비로 회전하여야 한다. 호브는 기어 블랭크 쪽으로 이가 완성될 때까지 서서히 이동한다.

다른 기어 성형 방법으로는 다이캐스팅, 인발, 압출, 소결, 스탬핑, 사출성형 등을 들 수 있다. 이러한 공정들은 기어의 대량생산에 적합하여 가격은 싸지만 품질은 높지 않다. 다이캐스팅은 용융 금속

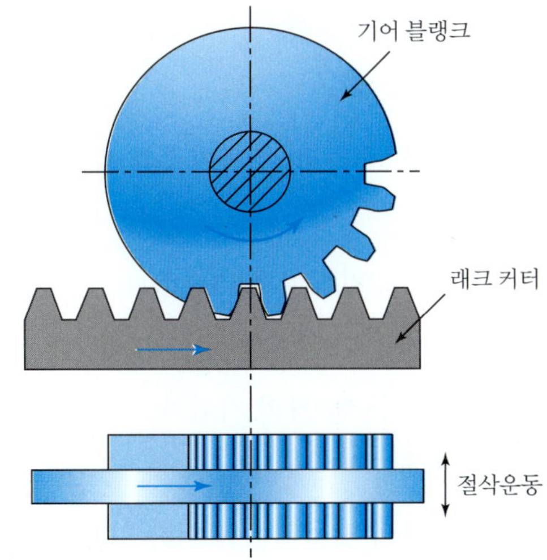

[그림 11.20]
기어의 제작. 래크 커터가 기어 블랭크의 축방향으로 왕복운동한다.

을 몰드에 가압하여 기어를 제조하는 방식이다. 냉간 인발공정에서는 금속이 여러 다이를 통해 인발되고 합쳐져서 하나의 긴 기어를 만들게 된다. 이 기어를 얇게 잘라서 여러 개의 기어를 생산한다. *압출 공정*은 재료를 당기는 대신 밀어내어 기어를 제조하는 방법이다.

구리나 알루미늄과 같은 비철재료는 압출하여 기어를 제조할 수 있다. 소결방식에서는 금속 분말이 열과 압력을 받아 기어의 형태로 고화된다. *스탬핑* 공정에서는 프레스와 다이를 이용하여 재료를 기어의 형태로 만들게 된다. *사출성형*(injection molding)은 나일론이나 아세탈과 같은 다양한 열가소성 플라스틱을 이용하여 비금속 기어를 제작할 때 많이 사용된다.

11.13.2 마무리 공정

연삭(grinding)은 연삭 숫돌을 이용하여 열처리 후 기어 이의 최종 형상을 만들기 위하여 수행된다. *세이빙*(shaving)은 작은 양의 재료를 제거하는 공정으로 재료가 경화되기 전에 수행되어야 한다. 이 공정은 대량 생산방식의 기어를 제조하는 데 주로 적용된다. *버니싱*(burnishing)은 특별하게 경화된 기어에 맞물리게 하여 기어를 매끄럽게 다듬는 공정이다. 이 공정을 통해 아주 미세한 기어 표면의 불규칙한 특성을 평탄화할 수 있다. *호닝*(honing)에서는 혼(hone)이라고 불리는 공구를 사용하여 기어를 다듬게 된다. 이 공정을 통해 기어의 치형을 일부 수정할 수 있고, 경화된 기어의 표면을 매끄럽게 할 수 있다. *래핑*(lapping)은 마모입자를 통해 기어의 표면을 다듬질하는 공정이다.

연습문제

11.1절~11.7절

11.W1 www.grainger.com 웹사이트를 방문하여 평기어를 검색하고 다음 평기어의 제조사와 특징을 나열해 보라.

a. 피치 16, 압력각 14.5°, 잇수 48

b. 피치 24, 압력각 14.5°, 잇수 12

11.W2 www.powertransmission.com 웹사이트를 방문하여 기어와 기어 구동장치 제조사의 웹사이트를 10개 나열하라.

11.1 압력각이 20°, 잇수 32개, 지름피치 4 teeth/in.인 기어가 있다. 총이높이, 유효이높이, 기초원 반지름, 이끝원반지름을 계산하라.

11.2 모듈이 3 mm인 맞물리는 한 쌍의 기어가 있다. 중심거리는 360 mm, 속도비는 1/3일 때 각 기어의 잇수를 결정하라.

11.3 모듈이 10 mm인 한 쌍의 맞물리는 기어가 있다. 피니언과 기어의 잇수가 각각 18개, 42개이

고 압력각이 20°이다. 다음을 결정하라.

a. 원주피치, 중심거리, 피치원 반지름

b. 기어의 중심거리가 8 mm만큼 늘어날 경우 새로운 압력각과 피치원 지름

11.4 압력각이 20°인 보통이 평기어가 있다. 피치원을 따라 측정한 지름피치가 6일 때 원주피치와 이두께 값을 구하라.

11.5 압력각 20°, 모듈이 12 mm인 보통이 평기어에 대하여 이뿌리높이, 틈새, 유효이높이, 이두께, 원주피치 값을 구하라.

11.6 속도비가 ¼인 한 쌍의 맞물리는 기어가 있다. 중심거리가 8 in., 지름피치가 5일 때 각 기어의 잇수를 결정하라(그림 11.9 참조).

11.7 모듈이 3 mm, 잇수가 18개인 피니언이 2400 rpm으로 회전하고 있다. 기어는 1200 rpm으로 회전할 때 기어의 잇수, 중심거리, 피니언과 기어의 피치원 지름을 구하라.

11.8 압력각 25°, 지름피치 0.5234 in. 기어가 잇수 84개 기어에 내접하여 회전한다. 속도비가 1/4일 때 중심거리를 계산하라.

11.9 잇수 60개인 구동기어와 잇수 24개인 피니언으로 구성된 기어셋이 있다. 모듈이 8 mm, 압력각이 20°일 때 다음을 결정하라.

a. 원주피치, 중심거리, 피니언과 기어의 기초원 반지름

b. 중심거리가 6 mm만큼 증가하였을 때 피니언과 기어의 피치원 지름

11.10 모듈이 4 mm, 속도비가 1/4인 기어셋이 있다. 피니언의 잇수가 22개일 때 기어의 잇수, 피니언과 기어의 지름 및 중심거리를 구하라.

11.11 잇수 25개인 피니언과 잇수 48개인 기어로 구성된 기어셋이 있다. 모듈은 3 mm, 압력각은 20°이고 피니언이 3400 rpm으로 회전하고 있다. 기어의 속도를 계산하라.

11.12 잇수 30개인 피니언과 잇수 100개인 기어로 구성된 기어셋이 있다. 모듈이 2 mm, 압력각이 20°일 때 기어와 피니언의 이끝원 반지름을 구하라.

11.13 문제 11.9에서 기어의 물림률을 계산하라.

11.14 그림 11.11에서 구동기어인 태양기어는 120 rpm의 속도로 시계방향으로 회전하고 있다. 링기어가 고정되어 있을 때 암의 회전속도와 방향을 결정하라.

주어진 값: $N_1 = 24$, $N_4 = 96$.

11.15 그림 P11.15에 나타난 기어의 지름피치는 3 teeth/in.이고 압력각은 25°이다. 자유물체도 상에서 다음을 표시하고 결정하라.

a. 각 기어에 작용하는 반지름방향 힘과 접선방향 힘

b. 축 C의 반력

주어진 값: 구동기어 1은 4000 rpm으로 회전하면서 아이들러를 통해 축 C에 설치된 기어 3에 30 hp의 동력을 전달한다.

[그림 P11.15]

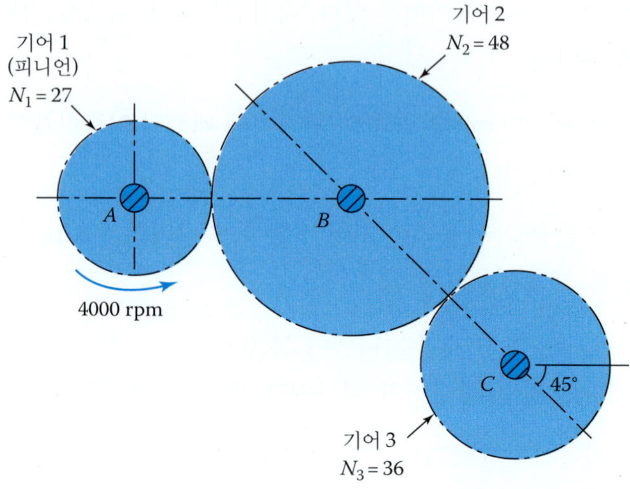

11.16 지름피치가 6 teeth/in., 압력각이 20°이며 구동기어 1이 시계방향으로 회전할 때 문제 11.15를 다시 계산하라.

11.17 그림 P11.17에 나타난 기어의 지름피치는 4 teeth/in., 압력각은 20°이다. 자유물체도 상에서 다음을 표시하고 결정하라.

a. 각 기어에 작용하는 반지름방향 힘과 접선방향 힘

b. 축 B의 반력

설계 결정: 구동기어 1은 1200 rpm으로 회전하면서 축 B에 설치된 아이들러기어들을 통해 기어 4에 50 hp를 전달한다.

[그림 P11.17]

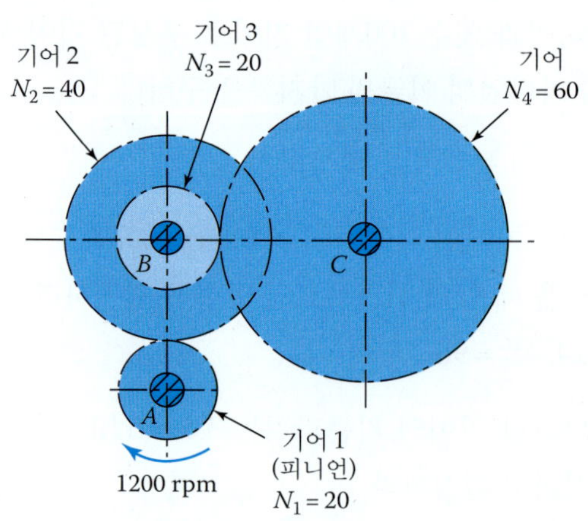

11.18 그림 P11.18에 나타난 기어의 모듈은 6 mm, 압력각은 20°이다. 자유물체도 상에서 다음을 표시하고 결정하라.

a. 각 기어에 작용하는 반지름방향 힘과 접선방향 힘

b. 축 *C*의 반력

주어진 값: 구동기어 1은 1600 rpm으로 회전하면서 아이들러기어를 통해 축 *C*에 설치된 기어 3에 80 kW의 동력을 전달한다.

[그림 P11.18]

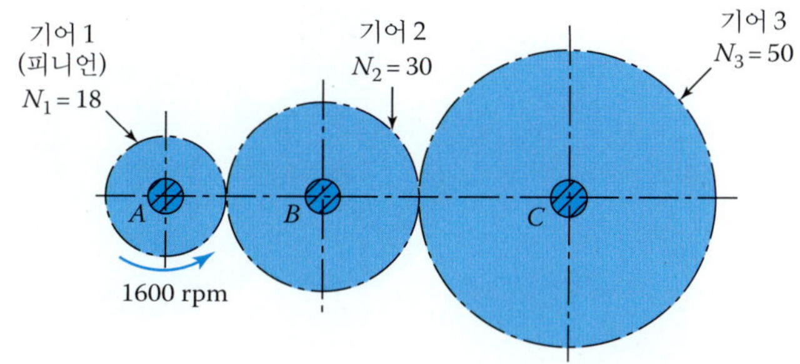

11.19 모듈이 8 mm, 압력각이 25°인 경우에 문제 11.18을 다시 풀어라.

11.20 그림 P11.20에 나타난 기어들의 지름피치가 5 teeth/in., 압력각이 25°일 때 자유물체도 상에서 다음을 표시하고 결정하라.

a. 기어 2와 3에 작용하는 반지름방향 힘과 접선방향 힘

b. 축 *C*의 반력

설계 결정: 구동기어 1은 1500 rpm으로 회전하면서 축 *B*에 설치된 아이들러기어들을 통해 기어 4에 10 hp의 동력을 전달한다.

[그림 P11.20]

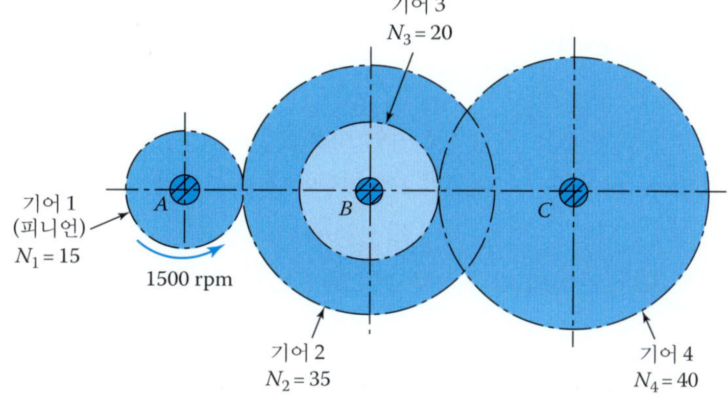

11.21 그림 P11.21에 표시된 기어들의 지름피치가 6 teeth/in., 압력각이 25°일 때 자유물체도 상에서 다음을 표시하고 결정하라.

a. 기어 2와 3에 작용하는 반지름방향 힘과 접선방향 힘

b. 축 B의 반력

설계 결정: 구동기어 1은 1800 rpm으로 회전하면서 축 B에 설치된 아이들러기어들을 통해 기어 4에 20 hp의 동력을 전달한다.

[그림 P11.21]

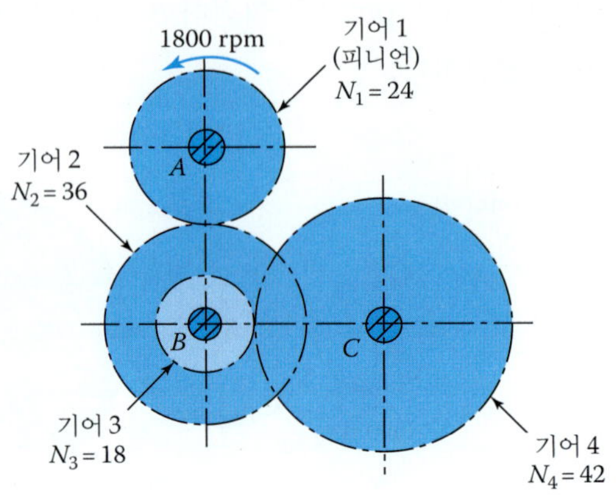

11.8절~11.13절

11.22 그림 P11.20에 표시된 기어들의 지름피치가 5 teeth/in., 압력각이 25°, 이폭인 ½ in.일 때 다음을 결정하라.

a. 루이스 식을 이용한 기어 2에 대한 허용굽힘하중 $K_f = 1.6$

b. 버킹엄 식을 이용한 기어 1과 2에 대한 허용마모하중

c. 기어 2가 전달할 수 있는 최대 접선하중

설계 결정: 모든 기어의 재질은 주철(0.20% C WQ&T, 표 11.13), 기어 2와 3은 축 B에 설치되어 있다.

11.23 그림 P11.20에 표시된 기어들의 모듈이 5 mm, 압력각이 20°, 이폭인 15 mm일 때 다음을 결정하라.

a. 루이스 식을 이용한 기어 3에 대한 허용굽힘하중 $K_f = 1.5$

b. 버킹엄 식을 이용한 기어 3과 4에 대한 허용마모하중

c. 기어 3이 전달할 수 있는 최대 접선하중

설계 결정: 모든 기어의 재질은 주철(0.20% C WQ&T, 표 11.13), 기어 2와 3은 축 B에 설치되어 있다.

11.24 문제 11.23에서 기어 1에 대한 허용굽힘하중, 기어 1과 기어 2에 대한 허용마모하중, 기어 2가 전달할 수 있는 최대 접선하중을 구하라.

11.25 압력각 20°, 잇수 22개인 평기어의 지름피치가 10 teeth/in., 이폭이 1.25 in.이다. 1500 rpm으로 회전하고 있을 때 다음을 결정하라.

a. 루이스 식을 이용한 허용굽힘하중

b. 기어가 전달할 수 있는 최대 접선하중 및 동력

가정: 기어의 재질은 AISI 1045 WQ&T 강(표 11.3 참조)이다.

11.26 그림 P11.21에 표시된 기어들의 지름피치가 6 teeth/in., 압력각이 25°, 이폭인 ½ in.일 때 다음을 결정하라.

a. 루이스 식을 이용한 기어 2에 대한 허용굽힘하중 $K_f = 1.4$

b. 버킹엄 식을 이용한 기어 3과 4에 대한 허용마모하중

c. 굽힘강도에 근거하여 기어 2가 전달할 수 있는 최대 접선하중

설계 결정: 모든 기어의 재질은 200 Bhn의 경화 강; 기어 2와 3은 축 B에 설치되어 있다.

11.27 그림 P11.21에 표시된 기어들의 모듈이 10 mm, 압력각이 20°, 이폭인 15 mm일 때 다음을 결정하라.

a. 루이스 식을 이용한 기어 4에 대한 허용굽힘하중 $K_f = 1.5$

b. 버킹엄 식을 이용한 기어 1과 2에 대한 허용마모하중

c. 기어 3이 전달할 수 있는 최대 접선하중

설계 결정: 모든 기어의 재질은 200 Bhn의 경화 강; 기어 2와 3은 축 B에 설치되어 있다.

11.28 문제 11.27에서 기어 1의 허용굽힘하중과 기어 3과 4에 대한 허용마모하중을 결정하라.

11.29 압력각이 20°, 이폭이 x in인 기어로 구성된 감속장치가 있다. 각 기어들의 사양은 다음과 같다.

피니언: 1600 rpm, 잇수 24개, 180 Bhn 강, 1.2 hp, $P = 12$ in.$^{-1}$.

$C_L = C_f = 1$, $K_m = 1.6$, $K_o = K_S = K_T = K_L = 1$, $K_R = 1.25$.

기어: 잇수 60개, AGMA 30 주철

AGMA 굽힘강도 측면에서 위 기어 장치는 안전한가?

가정: 피니언과 기어의 제조 품질은 그림 11.15의 곡선 D에 해당한다.

11.30 문제 11.29의 기어 장치는 AGMA 마모강도 측면에서 안전한지 결정하라.

11.31 압력각이 20°, 이폭이 15 mm인 기어로 구성된 기어박스가 있다. 각 기어들의 사양은 다음과 같다.

피니언: 1200 rpm, 잇수 20개, 300 Bhn 강, 1.5 hp, m = 3 mm.

$C_L = C_f = 1$, $K_m = 1.7$, $K_o = K_S = K_T = K_L = 1$, $K_R = 1.3$.

기어: 잇수 50개, AGMA 40 주철

AGMA 굽힘강도 측면에서 위 기어 장치는 안전한가?

가정: 피니언과 기어의 제조 품질은 그림 11.15의 곡선 D에 해당한다.

11.32 문제 11.31의 기어 장치는 AGMA 마모강도 측면에서 안전한지 결정하라.

11.33 한 쌍의 주철(AGMA grade 40)기어의 지름피치가 5 teeth/in., 압력각이 20°, 이폭이 2 in.이다. 잇수 20개인 피니언이 90 rpm으로 회전하면서 잇수 40개인 기어를 회전시키고 있다. 버킹엄 식에 근거하여 전달 가능한 최대 마력을 결정하라.

11.34 신뢰도 99%, 수명 10^6일 때 AGMA 방법에 근거하여 문제 11.33을 다시 풀어라.
주어진 값: $E = 19 \times 10^6$ psi, $\nu = 0.3$.
가정: 기어들은 정밀하게 제조되었다.

11.35 주철(AGMA grade 30)로 만들어진 기어셋의 모듈이 5 mm, 이폭이 40 mm이다. 잇수 25개인 피니언이 120 rpm으로 회전하면서 잇수 50개인 기어를 구동시킨다. 압력각이 20°일 때 버킹엄 식에 근거한 최대 전달마력을 결정하라.

11.36 압력각이 20°, 지름피치가 6 teeth/in.인 기어가 있다. 루이스 식에 근거한 최대 전달마력을 결정하라. $K_f = 1.4$이다.
설계 결정: 기어 재질은 인청동이며, 잇수는 60개, 회전속도는 240 rpm이다. 피니언의 재질은 SAE 1040 강이고 600 rpm으로 회전하고 있다.
주어진 값: 두 기어의 폭은 3.5 in.이다.

11.37 맞물리는 두 기어의 폭이 80 mm이고 모듈이 4 mm일 때 문제 11.36을 다시 풀어라.

11.38 신뢰도 90%, 구동기계의 중간 충격(moderate shock) 정도를 가정하고 문제 11.36을 다시 풀어라. AGMA 방법을 적용하고 $K_s = K_T = K_L = 1$이다.
가정: 기어셋의 제조 품질은 그림 11.15의 곡선 C에 해당한다.

11.39 폭이 2 in., 지름피치가 5 mm/in.인 기어셋이 있다. 피니언은 잇수가 28개, 회전속도가 600 rpm이며, 속도비는 4/5이다. 버킹엄 마모 강도식에 근거하여 전달할 수 있는 최대 마력을 결정하라.
설계 결정: 기어들은 350 Bhn 경화강으로 제조되었고 압력각은 20°이다.

11.40 폭이 60 mm, 모듈이 6 mm인 기어셋에 대하여 문제 11.39를 다시 풀어라.

11.41 신뢰도 99.9%에 근거한 AGMA 방법을 이용하여 문제 11.39를 다시 풀어라.
주어진 값: $C_L = C_f = 1$, $K_o = K_s = K_T = 1$, $E = 30 \times 10^6$ psi, $\nu = 0.3$.
가정: 기어셋은 세이빙과 연마 공정을 거쳐 높은 정밀도로 제조되었다.

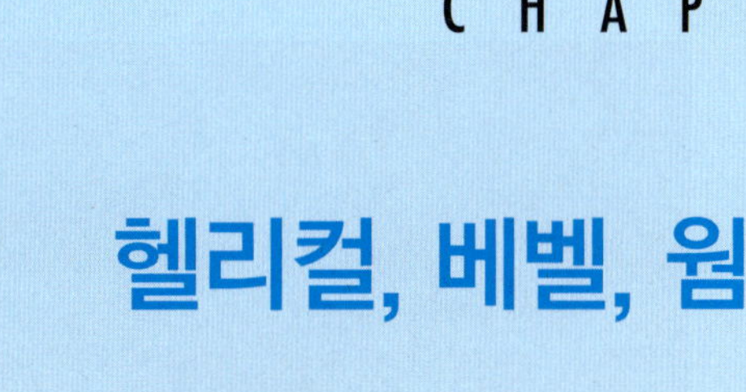

CHAPTER 12

헬리컬, 베벨, 웜기어

12.1 서론

11장에서는 기어의 잇줄이 직선인 평기어의 설계에 관한 식과 인자에 대하여 설명하였다. 몇 가지 특별한 형태의 기어들도 존재하는데 이번 장에서는 평기어 이외의 세 가지 주요 기어들에 대하여 설명한다: 헬리컬, 베벨, 웜기어.* 이 기어들은 평기어와 비교할 때 복잡한 형상을 가지고 있지만(그림 11.1 참조), 평기어에서 설명한 많은 부분들이 이 기어들에도 적용된다. 따라서 이번 장의 설명은 상대적으로 간단하며, 11.9절에서 언급한 바와 같이 이 기어들과 관련된 설계 문제들은 미국기어협회(AGMA: American Gear Manufacturing Association) 표준을 참고하기 바란다.

헬리컬, 베벨, 웜기어는 평기어에서는 가능하지 않은 특정한 기하학적 혹은 강도의 요구조건을 만족시킬 수 있다. 헬리컬기어는 평기어와 매우 유사한데 이가 축에 평행인 것이 아니라 실린더 위에 헬리컬 곡선을 그리게 된다. 베벨기어는 원뿔 위에 이가 만들어져 있으며 이는 직선이거나 나선형이다. 베벨기어는 교차하는 축 간의 동력을 전달하기 위하여 사용된다. 웜기어는 나사와 기어의 만남으로 이루어지며 큰 감속비를 얻기 위하여 사용된다. 15.3절에서 논의되는 파워스크루의 힘 분석 방법이 웜기어에도 그대로 적용된다. 나사산 각은 웜의 압력각에 대응하기 때문에 파워스크루의 기본 정의 및 효율은 웜기어 장치에서도 동일하며, 세부내용은 12.9절과 12.11절에서 논의되었다.

12.2 헬리컬기어

헬리컬기어(helical gears)도 평기어와 마찬가지로 원통의 둘레에 인벌류트 치형을 만들어 제작한다. 차이점은 이가 축에 평행한 것이 아니라 헬릭스각을 이루고 있다는 것이다. 헬리컬기어는 서로 평행

* 다른 형태의 기어와 세부사항에 대해서는 참고문헌 [1-10]이나 웹사이트 www.machinedesign.com과 www.powertransmission.com을 참고하라.

(a)

(b)

[그림 12.1]
헬리컬기어. (a) 다른 방향의 헬릭스각을 가지는 한 쌍의 평행축 헬리컬기어(가장 일반적) (b) 헬리스 방향이 같은 평행하지 않은 축을 위한 헬리컬기어(Courtesy of Boston Gear, Boston, MA.)

하거나 혹은 평행하지 않은 축 간에 동력을 전달하기 위하여 사용되는데, 전자는 그림 12.1a에서 확인할 수 있다. 헬릭스각은 상향 혹은 하향 방향 모두 가능한데 이를 구별하기 위하여 그림에 나타난 것처럼 *오른손방향*(right-hand, RH) 혹은 *왼손방향*(left-hand, LH) *헬리컬기어*라는 용어를 사용한다. 여기서 오른손 혹은 왼손방향 헬리컬기어에 대한 법칙은 오른나사, 왼나사의 경우와 동일하다.

헤링본기어(Herringbone gear)는 이의 반은 오른쪽으로 나머지 반은 왼쪽으로 감기는 헬릭스각을 가지는 헬리컬기어이다(그림 12.2). 평행하지도 교차하지도 않는 축 간의 동력을 전달하기 위해서는 그림 12.1b에 나타난 것처럼 헬리컬기어의 한 형태인 *나사기어*(crossed helical gear)가 사용된다. 이 기어는 일반 헬리컬기어처럼 선 접촉이 아니라 점 접촉이기 때문에 하중 지지능력이 현저히 줄어든다. 따라서 하중 요구조건이 적은 자동차용 배전기나 속도계에 많이 사용된다. 이 장에서는 평행축

[그림 12.2]
곡률의 응력보정계수와 헬리컬 스프링의 직접전단

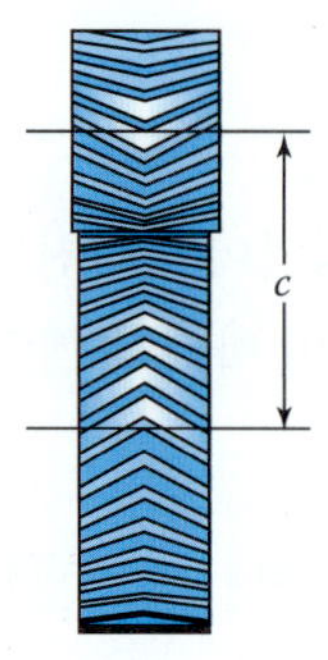

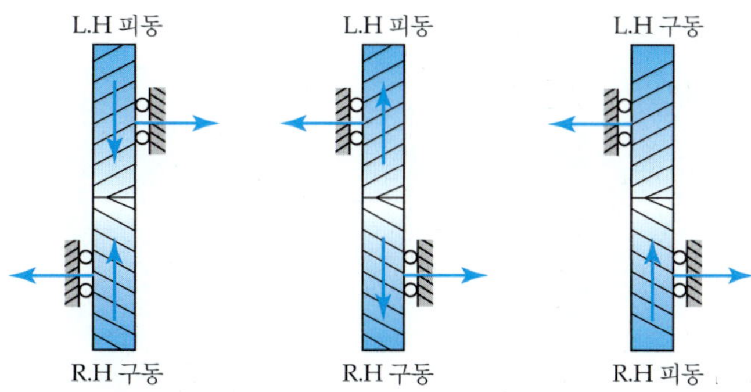

[그림 12.3]
평행축 헬리컬기어 장치의 회전방향과 추력

간 동력을 전달하기 위한 일반적인 헬리컬기어에 대해서만 논의한다.

그림 12.3에는 평행축 헬리컬기어의 추력과 회전방향의 관계에 대하여 나타내고 있다. 추력의 방향은 구동기어의 오른손 혹은 왼손 법칙에 따라 결정할 수 있는데, 오른손방향 구동기어의 경우 엄지를 제외한 손의 방향이 회전방향이면 엄지의 방향은 추력의 방향이 된다. 피동기어의 경우에는 그림에 나타난 것처럼 구동기어와 반대방향의 추력을 가지게 된다.

헬리컬기어의 장점은 평기어와 비교할 때 동시에 접촉하는 이의 개수가 많으므로, 이가 순차적으로 물림에 따라 하중의 전달이 점진적이고 균일하게 일어난다는 것이다. 따라서 헬리컬기어는 평기어보다 물림이 원활하며 고속, 고하중에 적용이 가능하다. 이 기어의 접촉선은 기어 면의 사선방향이고 평기어보다 조용한 운전이 가능하다. 단점은 비용이 비싸다는 것과 추력이 발생하기 때문에 축에 스러스트 베어링이 필요하다는 것이다.

12.3 헬리컬기어의 기하학

헬리컬기어의 이의 크기는 평기어와 동일한 표준을 따른다. 단 이의 방향은 지름이 d인 가상의 원통 축에 대하여 *헬릭스각* ψ를 이룬다. 일반적인 헬릭스각의 범위는 15°에서 30° 사이이다. 헬리컬 래크 기어의 형상으로부터 많은 관계식들을 유도할 수 있는데, 그림 12.4에 축직각 평면(At), 이직각 평면(An), 축방향 평면(Ax)에 대하여 나타내었다. 이와 이 사이의 거리는 원주피치인데 *축직각 평면*에서는 p, *이직각 평면*에서는 p_n, *축방향 평면*에서는 p_a로 나타낸다.

그림에서 p와 압력각 ϕ는 평기어처럼 축직각 평면에서 측정된 것을 알 수 있는데, 따라서 p와 ϕ를 각각 *축직각 원주피치*, *축직각 압력각*이라 부르기도 한다. p_n과 ϕ_n은 이직각 평면에서 측정된 것이다. 삼각형 ABC와 ADC를 참고하면 다음의 관계식을 유도할 수 있다.

$$p_n = p\cos\psi, \quad p_a = p\cot\psi = \frac{p_n}{\sin\psi} \tag{12.1}$$

이의 크기를 정의하기 위하여 원주피치보다는 지름피치가 많이 사용된다. 원주피치와 지름피치의 곱

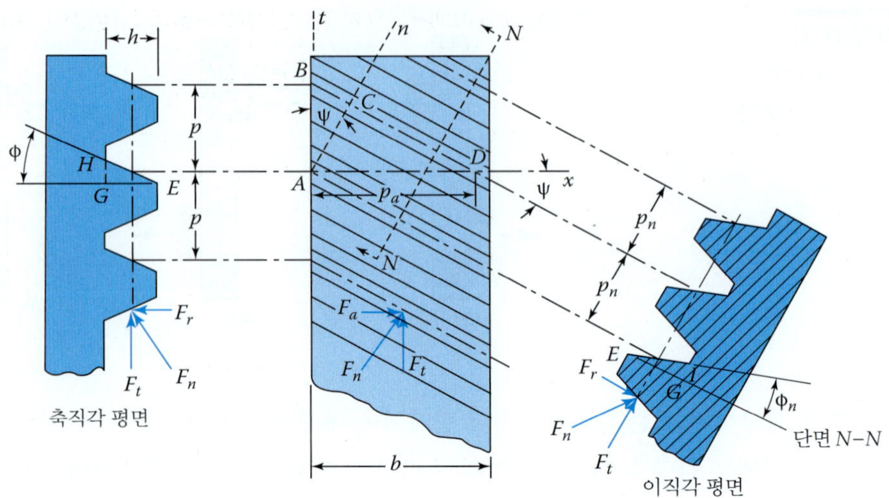

[그림 12.1] 헬리컬 래크기어에서 축직각 평면과 이직각 평면 및 힘의 방향

은 축직각 및 이직각 평면에서 모두 π가 된다. 따라서,

$$Pp = \pi, \quad P_n p_n = \pi, \quad P_n = \frac{P}{\cos\psi}, \quad P = \frac{N}{d} \tag{12.2}$$

여기서

P = 지름피치

P_n = 이직각 지름피치

N = 잇수

삼각형 EGH와 EGI(그림 12.4)에서 $EG = h$이다. 식 (12.1)에서 $GH/GI = p/p_n = 1/\cos\psi$이며 h는 총 이높이이다. 또한 $\tan\phi = GH/h$, $\tan\phi_n = GI/h$이므로 $\tan\phi/\tan\phi_n = GH/GI$가 된다. 따라서 압력각 관계식은 다음과 같이 유도된다.

$$\tan\phi_n = \tan\phi\cos\psi \tag{12.3}$$

다른 기하학적 특성은 평기어와 유사하게 다음과 같이 표시할 수 있다.

$$d = \frac{Np}{\pi} = \frac{Np_n}{\pi\cos\psi} = \frac{N}{P_n\cos\psi} \tag{12.4}$$

$$c = \frac{d_1 + d_2}{2} = \frac{p}{2\pi}(N_1 + N_2) = \frac{N_1 + N_2}{2P_n\cos\psi} \tag{12.5}$$

여기서 c는 기어(1과 2)의 중심거리이다.

12.3.1 상당 잇수

지름이 d인 피치원통과 이직각 평면 N-N의 교선은 *타원*이 된다(그림 12.4). 헬리컬기어의 이는 타원을 포함하는 평면에서 타원의 곡률반지름에 맞게 만들어진다. 따라서 만들어진 이는 타원의 곡률반지름을 가지는 가상 평기어의 이와 동일한 성질을 가지게 된다. 기하학적 분석에 따르면 타원의 단축 끝에서의 곡률반지름 r_c는 다음과 같다.

$$r_c = \frac{d/2}{\cos^2 \psi} \tag{12.6}$$

따라서 이직각 평면에서 상당 평기어를 그릴 수 있고, 상당 평기어의 잇수는 다음과 같이 계산할 수 있다.

$$N' = \frac{2\pi r_c}{p_n} = \frac{\pi d}{p_n \cos^2 \psi} \tag{12.7a}$$

식 (12.4)에서 $\pi d/p_n$ 값을 식 (12.7a)에 대입하면, 상당 *평기어의 잇수* N'을 다음과 같이 표시할 수도 있다.

$$N' = \frac{N}{\cos^3 \psi} \tag{12.7b}$$

여기서 N은 실제 헬리컬기어의 잇수이다.

가상 평기어의 잇수를 알아야 하는 이유는 12.5절에서 논의된 것처럼 헬리컬기어의 경우에도 기하학적인 형상계수 Y와 J 값을 결정해야 하기 때문이다.

12.3.2 물림률

헬리컬기어의 총 물림률 C_{rt}는 축방향과 접선방향 물림률의 합이다. 식으로 표현하면 다음과 같다.

$$C_{rt} = C_r + C_{ra} \tag{12.8}$$

접선방향 물림률 C_r는 식 (11.14)에 표시한 바와 같이 평기어의 물림률과 동일하다. 추가적으로 기어의 헬릭스각 때문에 축방향 물림률이 생기는데 이는 다음을 이용하여 계산할 수 있다.

$$C_{ra} = \frac{b}{p_a} = \frac{b \tan \psi}{p} \tag{a}$$

여기서 b와 p_a는 각각 이폭과 축방향 피치를 나타낸다. 위의 물림률은 맞물리는 헬리컬기어에서 헬리컬 이의 겹침 정도를 나타내는 것으로 1.15보다 큰 값을 가져야 한다. 접선방향 물림률과 이너비가 커질수록 겹침의 정도가 증가하게 되며, 이는 하중지지능력의 향상을 의미한다.

예제 12.1 헬리컬기어의 기하학적 분석

맞물리는 헬리컬기어의 중심거리는 $c = 10$ in., 이너비는 $b = 1.9$ in., 압력각은 $\phi = 25°$, 헬릭스각은 $\psi = 30°$, 지름피치는 $P = 6$ in.$^{-1}$이다. 속도비 $r_s = 1/3$일 때 다음을 계산하라.

a. 축직각, 이직각, 축방향 원주피치 값
b. 각 기어의 잇수
c. 이직각 지름피치와 압력각
d. 총 물림률

풀이

a. 식 (12.1)과 (12.2)를 이용하여 원주피치 값을 계산한다.

$$p = \frac{\pi}{6} = 0.5236 \text{ in.}$$

$$p_n = 0.5236\cos 30° = 0.453 \text{ in.}$$

$$p_a = 0.5236\cot 30° = 0.907 \text{ in.}$$

b. 식 (11.8)에 따르면

$$r_s = \frac{1}{3} = \frac{N_1}{N_2} \quad \text{또는} \quad N_2 = 3N_1$$

식 (12.5)에 따라

$$10 = \frac{0.5236}{2\pi}(N_1 + 3N_1) \quad \text{또는} \quad N_1 = 30$$

따라서 $N_2 = 90$이고 $d_1 = 30/6 = 5$ in. = 127 mm이며 $d_2 = 15$ in. = 381 mm가 된다.

c. 식 (12.2)에 따라

$$P_n = \frac{6}{\cos 30°} = 6.928 \text{ in.}^{-1}$$

그리고 식 (12.3)에 따라

$$\tan\phi_n = \tan 25° \cos 30°$$

여기서 이직각 압력각의 값을 계산할 수 있다.

$$\phi_n = 22°$$

d. 이끝높이는 같기 때문에 $a = a_1 = a_2 = 1/P = 1/6$ in.이다. 식 (11.14)를 적용하면 평기어의 물림률은

다음과 같다.

$$C_r = \frac{1}{p\cos\phi}\left[\sqrt{(r_1+a)^2-(r_1\cos\phi)^2}+\sqrt{(r_2+a)^2-(r_2\cos\phi)^2}\right]-\frac{c\tan\phi}{p}$$

실제 데이터를 대입하면

$$C_r = \frac{1}{0.5236\cos 25°}\left[\sqrt{(2.5+1/6)^2-(2.5\cos 25°)^2}+\sqrt{(7.5+1/6)^2-(7.5\cos 25°)^2}\right]-\frac{10\tan 25°}{0.5236}$$
$$=1.53$$

헬리컬기어의 총 물림률은 식 (12.8)을 이용하면 다음과 같이 계산된다.

$$C_{rt} = C_r + C_{ra} = 1.53 + \frac{1.9\tan 30°}{0.5236} = 3.63$$

평가: 계산된 물림률 값 3.63은 적절하다.

12.4 헬리컬기어의 하중

이 절에서는 헬리컬기어의 작용하는 하중에 대하여 공부한다. 평기어의 경우와 유사하게 힘의 작용점은 피치 평면 내 전체 이폭의 중간지점으로 가정한다. 작용하는 하중은 치면에 직각이며, F_n으로 표시한다. F_t는 전달하중으로 평기어의 경우와 같다.

그림 12.5에 헬리컬기어에 작용하는 하중의 세 가지 성분을 도시하였다. 이의 헬릭스각 때문에 평기어에는 없는 축방향 하중을 만들어지는 것을 확인할 수 있다. 그림에서 하중 F_n은 압력각 ϕ_n과 헬릭스각 ψ에 의해 만들어진 복합경사각을 가지고 있는 것을 볼 수 있다.

힘 F_n의 세 가지 성분을 식으로 표현하면 다음과 같다.

$$\begin{aligned} F_r &= F_n \sin\phi_n \\ F_t &= F_n \cos\phi_n \cos\psi \\ F_a &= F_n \cos\phi_n \sin\psi \end{aligned} \tag{12.9}$$

여기서

F_n = 수직하중 혹은 작용하중

F_r = 반지름방향 하중

F_t = 접선하중 혹은 전달하중

F_a = 축방향 하중 혹은 스러스트하중

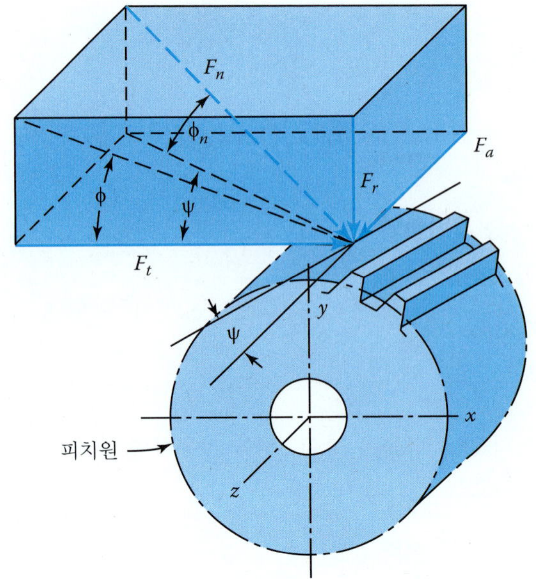

[그림 12.5]
헬리컬기어에 작용하는 힘의 성분

일반적으로 전달하중 F_t가 식 (11.22)에 의해 결정되고, 나머지 힘 성분이 결정된다. 따라서 식 (12.9)는 다음과 같은 형식으로 변환시키는 것이 편리하다.

$$
\begin{aligned}
F_r &= F_t \tan\phi \\
F_a &= F_t \tan\psi \\
F_n &= \frac{F_t}{\cos\phi_n \cos\psi}
\end{aligned}
\tag{12.10}
$$

위 식에서 압력각 ϕ와 헬릭스각 ψ, 이직각 압력각 ϕ_n의 관계는 식 (12.3)에서 찾을 수 있다.

헬리컬기어는 스러스트 하중이 발생하기 때문에 반지름방향 하중뿐 아니라 축방향 하중도 지지할 수 있는 베이링을 사용해야 한다. 하지만 헤링본기어의 경우에는 발생하는 축방향 하중이 서로 상쇄되기 때문에 축방향 지지가 필요 없다.

12.5 헬리컬기어의 굽힘 및 마모강도

헬리컬기어의 굽힘 및 마도강도 식은 평기어와 유사하다. 단 헬릭스각 ψ의 효과를 고려하기 위하여 식의 일부분이 수정되었다. 11장에서 평기어 설계시 고려되었던 계수들도 헬리컬기어에 그대로 사용된다. 이 절에서는 헬리컬기어의 설계를 위한 수정된 공식에 대하여 설명한다.

12.5.1 루이스 식

헬리컬기어의 허용굽힘하중은 다음의 식으로 주어진다.

$$F_b = \frac{\sigma_o b}{K_f}\frac{Y}{P_n} \qquad (11.33, \text{modified})$$

여기서 Y 값은 상당 평기어의 잇수 N'을 기준으로 표 11.2에서 구한다.

12.5.2 버킹엄 식

평행축 헬리컬기어 장치에 대한 마모한계하중은 다음의 식으로 주어진다.

$$F_w = \frac{d_p bQK}{\cos^2\psi} \qquad (11.38, \text{modified})$$

여기서 Q값은 다음과 같다.

$$Q = \frac{2N_g}{N_p + N_g} \qquad (11.40)$$

마모하중계수 K는 이직각 압력각 ϕ_n을 기준으로 표 11.9에서 구할 수 있다.

헬리컬기어의 원활한 작동을 위해서는 $F_b \geq F_d$와 $F_w \geq F_d$의 조건을 만족해야 한다. 헬리컬기어의 동하중 F_d는 다음의 식에 따라 계산한다.

$$F_d = \frac{78+\sqrt{V}}{78}F_t \quad (0 < V > 4000 \text{ fpm}) \qquad (11.24c, \text{modified})$$

여기서 V는 식 (11.20)에서 정의된 바와 같은 피치선 속도(fpm)이다. m/s로 변환하기 위해서는 계산된 값을 196.8로 나누면 된다.

12.5.3 AGMA 식

평기어에서 사용된 공식들이 역시 헬리컬기어에도 사용된다. 용어들에 대한 설명은 11.9절과 11.11절을 참고하기 바란다. 헬리컬기어에서 *굽힘응력*(bending stress)을 구하는 공식은 다음과 같다.

$$\sigma = F_t K_o K_\upsilon \frac{P}{b}\frac{K_s K_m}{J} \quad (\text{미국단위}) \qquad (11.35)$$

$$\sigma = F_t K_o K_\upsilon \frac{1.0}{bm}\frac{K_s K_m}{J} \quad (\text{SI단위}) \qquad (11.35')$$

마모강도(wear strength)를 계산하기 위한 공식은 다음과 같다.

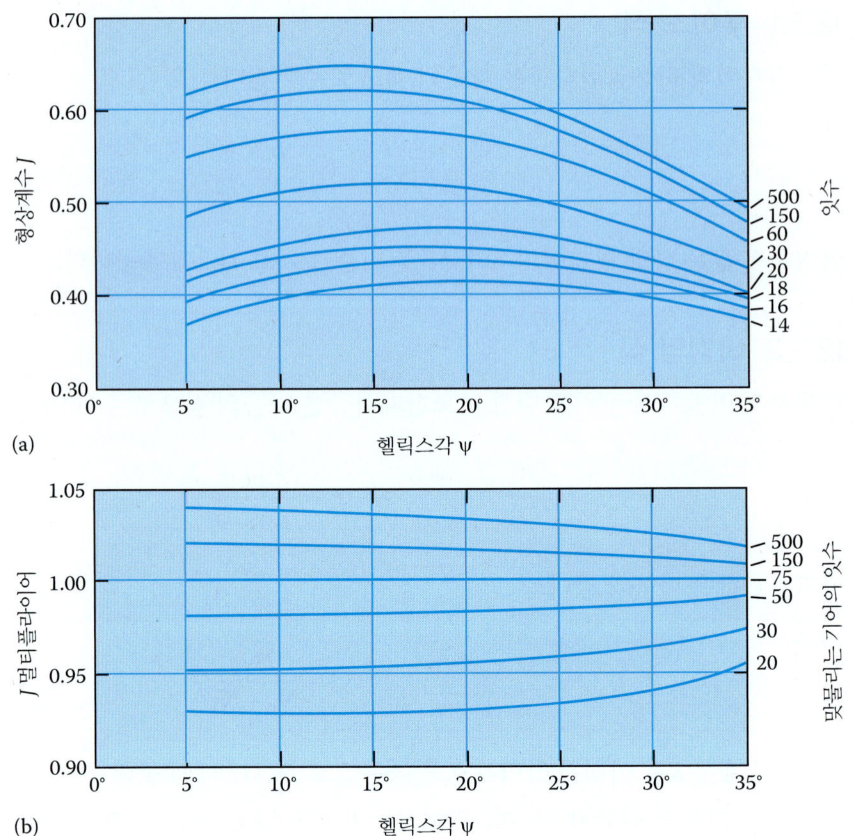

[그림 12.6]
이직각 압력각
$\phi_n = 20^\circ$ 헬리컬기어.
(a) 헬리컬기어 형상계수 J
(b) 맞물리는 기어의 잇수가 75개가 아닐 때 사용하는 J 멀티플라이어(multiplier)

$$\sigma_c = C_p \left(F_t K_o K_\upsilon \frac{K_s}{bd} \frac{K_m C_f}{I} \right)^{1/2} \tag{11.42}$$

여기서

$$I = \frac{\sin\phi \cos\phi}{2m_N} \frac{m_G}{m_G + 1} \tag{11.43b}$$

11장에서 소개한 차트와 그래프는 헬리컬기어의 설계에도 사용된다. 단, 헬리컬기어의 형상계수 J는 그림 12.6을 참고하여 결정하며 크기계수는 $K_s = 1$이다.

식 (11.43)에서 계수 I값을 계산하기 위해서는 하중공유계수가 필요하며 다음의 식을 이용한다.

$$m_N = \frac{p_{nb}}{0.95Z} \tag{12.11}$$

여기서

p_{nb}은 이직각 기초원 피치 $= p_n \cos\phi_n$

L_0 = 횡방향 평면에서의 작용 길이

이끝높이가 $1/P_n$일 때 L_0를 계산하기 위하여 식 (11.13)을 사용하면 된다. 보다 자세한 내용은 AGMA 표준을 참고하기 바란다.

허용굽힘응력 및 *허용접촉응력*도 11.9절 및 11.11절에 설명한 공식들을 이용하여 다음과 같이 계산한다.

$$\sigma_{\text{all}} = \frac{S_t K_L}{K_T K_R} \tag{11.36}$$

$$\sigma_{c,\text{all}} = \frac{S_c C_L C_H}{K_T K_R} \tag{11.44}$$

설계 사양 및 적용에 관한 내용들도 평기어와 유사하며, 예제 12.2와 사례연구 12.1에서 헬리컬기어의 설계와 해석에 대하여 다룬다.

예제 12.2 기계를 구동하기 위한 전기 모터 기어 장치

그림 12.7과 같이 $n = 2400$ rpm으로 회전하는 모터가 헬리컬기어 장치를 통해 기계를 구동하고 있다. 다음을 계산하라.

a. 헬릭스각
b. 루이스 식과 버킹엄 식에 근거한 허용굽힘하중 및 마모하중
c. 기어 장치가 전달할 수 있는 최대 마력

주어진 값: 주어진 기어의 다음의 성질을 가진다.

$$P_n = 5\ \text{in.}^{-1}, \quad \phi = 20°, \quad c = 9\ \text{in.}, \quad N_1 = 30, \quad N_2 = 42, \quad b = 2\ \text{in.}$$

설계 가정: 기어의 재질은 SAE 1045 강이고 급랭과 뜨임(WQ&T) 및 경화되어 200 Bhn 경도를 가진다.

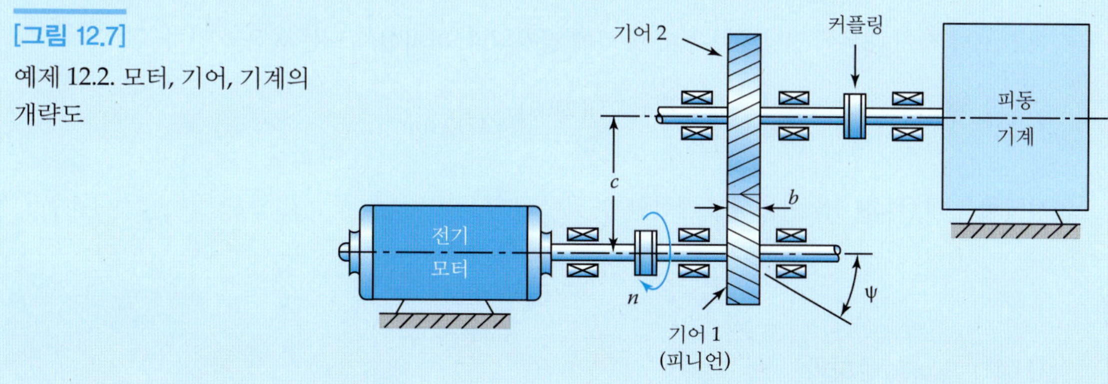

[그림 12.7] 예제 12.2. 모터, 기어, 기계의 개략도

풀이

a. 식 (12.1) 및 식 (12.5)를 이용하여 다음을 계산할 수 있다.

$$P=\frac{1}{2c}\left(N_1+N_2\right)=\frac{72}{18}$$

$$d_1=\frac{N_1}{P}=\frac{30}{72}(18)=7.5\text{ in.}$$

$$d_2=\frac{N_2}{P}=\frac{42}{72}(18)=10.5\text{ in.}$$

$$\cos\psi_1=\frac{N_1}{P_n d_1}=\frac{30}{5(7.5)}=0.8 \quad \text{or} \quad \psi_1=\psi_2=36.9°$$

b. 상당 평기어 잇수는 식 (12.7b)를 이용하면

$$N'=\frac{N}{\cos^3\psi}=\frac{30}{(0.8)^3}=58.6$$

따라서 표 11.2에 따라 $Y=0.419$이고, 표 11.3에 따라 $\sigma_o=32$ ksi이다. $K_f=1$을 가정하고 루이스 식 식 (11.33, modified)을 적용하면

$$F_b=\sigma_o b\frac{Y}{P_n}=32(2)\frac{0.419}{5}=5.363\text{ kips}$$

표 11.9에 따라 $K=79$ ksi이고 식 (11.40)에 따라 Q값을 결정한다.

$$Q=\frac{2N_g}{N_p+N_g}=\frac{2(42)}{72}=\frac{7}{6}$$

따라서 버킹엄 식 (11.38′)에 따라 마모하중을 다음과 같이 계산한다.

$$F_w=\frac{d_1 bQK}{\cos^2\psi}=\frac{7.5(2)(7)(79)}{6(0.8)^2}=2.16\text{ kips}$$

c. F_w가 F_b보다 작기 때문에 전달마력은 F_w에 의해 결정되다. 피치선 속도는 다음과 같다.

$$V=\frac{\pi d_1 n_1}{12}=\frac{\pi(7.5)(2400)}{12}=4712\text{ fpm}$$

동적하중은 식 (11.24′)을 이용하여 계산할 수 있다.

$$F_d=\frac{78+\sqrt{4712}}{78}F_t=1.88F_t$$

식 (11.41), $F_w \geq F_d$에 따라

$$2.16 = 1.88F_t \quad \text{or} \quad F_t = 1.15 \text{ kips}$$

따라서 기어의 전달마력은 다음과 같다.

$$\text{hp} = \frac{F_t V}{33{,}000} = \frac{1150(4712)}{33{,}000} = 164$$

평가: 동하중 값이 전달하중의 약 2배가 된다. 이는 기어의 안정적인 작동을 위해 적합하다.

사례연구 12.1 발전기를 구동하기 위한 고속터빈 기어 장치

그림 12.8에 나타난 것처럼 $n = 8000$ rpm으로 회전하는 터빈이 헬리컬기어 장치를 통해 250 kW(335 hp) 발전기를 1000 rpm으로 회전시킨다. 다음을 결정하라.

a. 기어의 치수와 기어 이에 작용하는 힘
b. 루이스 굽힘강도 및 버킹엄 마모강도에 근거한 하중 능력
c. 강도만에 근거한 AGMA 허용하중

주어진 값: 헬릭스각은 30°

$$\text{피니언: } N_p = 35, \quad \phi_n = 20^\circ, \quad P_n = 10 \text{ in.}^{-1}.$$

가정:

1. 발전기에는 중간 충격하중, 터빈에는 가벼운 충격하중이 작용한다.
2. 설치는 정확하다.

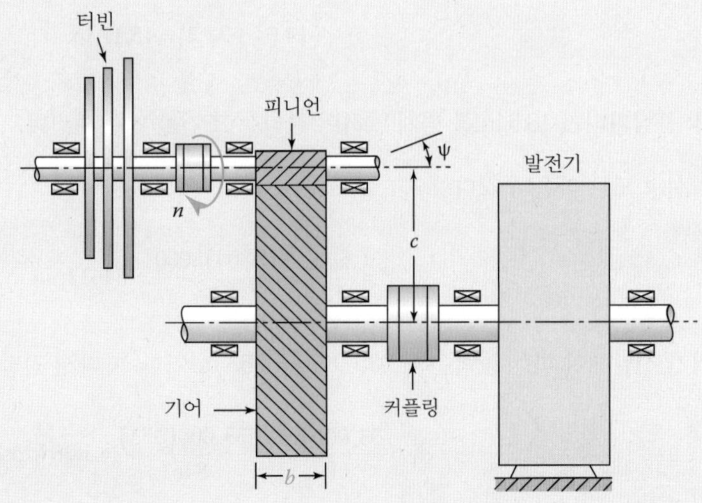

[그림 12.8]
사례연구 12.1. 터빈, 기어, 발전기로 구성된 장비의 개략도

3. 신뢰도는 99.99%
4. 피니언과 기어의 재료는 경화 및 정밀 성형, 연마 작업을 거쳐 고속운전에 적합하다.
5. 피니언의 재질은 150 Bhn 강이고 기어는 주철이다.
6. 기어 장치의 최대 중심거리는 $c = 18.5$ in.이다. 피치선 속도를 줄이기 위해 중심거리는 가능한 작게 설정되었다.
7. 응력을 줄이기 위하여 넓은 이너비 $b = 8$ in.가 사용되었다.
8. 발전기 효율을 95%이다.

풀이

그림 12.6과 그림 12.8, 표 11.5에서 표 11.9까지를 참조한다.

기어 장치의 사양은 식 (12.1)에서 식 (12.5)를 통해 다음과 같이 계산할 수 있다.

$$\phi = \tan^{-1}\frac{\tan\phi_n}{\cos\psi} = \tan^{-1}\frac{\tan 20°}{\cos 30°} = 22.8°$$

$$P = P_n \cos\psi = 10\cos 30° = 8.66$$

$$d_p = \frac{N_p}{P} = \frac{35}{8.66} = 4.04 \text{ in.}$$

$$N_g = N_p\left(\frac{n_p}{n_g}\right) = 35\left(\frac{8000}{1000}\right) = 280$$

$$d_g = \frac{N_p}{P} = \frac{280}{8.66} = 32.3 \text{ in.}$$

여기서 다음을 계산할 수 있다.

$$c = \frac{1}{2}\left(d_p + d_g\right)$$

$$= \frac{1}{2}\left(4.04 + 32.3\right) = 18.17 \text{ in.}$$

평가: 중심거리가 18.5 in.를 넘지 말하야 한다는 조건을 만족시킨다.

피치선 속도는 다음과 같다.

$$V = \frac{\pi dn}{12} = \frac{\pi(4.04)8000}{12} = 8461 \text{ fpm}$$

기어가 전달해야 하는 동력은 약 $335/0.95 = 353$ hp이다. 따라서 전달하중은 다음과 같다.

$$F_t = \frac{33{,}000 \text{ hp}}{V} = \frac{33{,}000(353)}{8461} = 1.38 \text{ kips}$$

식 (12.10)을 이용하여 반지름방향, 축방향 그리고 치면에 수직한 하중을 계산할 수 있다.

$$F_r = F_t \tan\phi = 1380 \tan 22.8° = 580 \text{ lb}$$

$$F_a = F_t \tan\psi = 1380 \tan 30° = 797 \text{ lb}$$

$$F_n = \frac{F_t}{\cos\phi_n \cos\psi} = \frac{1380}{\cos 20° \cos 30°} = 1696 \text{ lb}$$

b. 식 (12.7b)에서 상당 평기어의 잇수를 구한다.

$$N' = \frac{N}{\cos^3\psi} = \frac{35}{\cos^3 30°} = 53.9$$

잇수 53.9와 압력각 22.8°에 해당하는 Y값은 표 11.2를 보간하면 $Y = 0.452$이다. 표 11.3을 이용하면 $\sigma_o \approx 18$ ksi이고, $K_f = 1$을 가정한다. 식 (11.33′)를 이용하면

$$F_b = \sigma_o b \frac{Y}{P_n} = 18(8)\frac{0.452}{10} = 6.51 \text{ kips}$$

압력각 22.8°에 대하여 표 11.9를 보간하면 K는 약 68 psi가 된다, 식 (11.40)을 이용하여 Q값을 계산할 수 있다.

$$Q = \frac{2N_g}{N_p + N_g} = \frac{2(280)}{35 + 280} = \frac{112}{63}$$

다음으로 마모한계하중을 식 (11.38′)를 통하여 계산한다.

$$F_w = \frac{d_p b Q K}{\cos^2\psi}$$

$$= \frac{4.04(8)(68)(112)}{63(\cos^2 30°)} = 5.21 \text{ kips}$$

계산된 마모하중이 굽힘하중보다 작기 때문에 마모하중이 동하중 F_d를 계산하기 위하여 사용된다. 식 (11.24c′)에 따라

$$F_d = \frac{78 + \sqrt{V}}{78} F_t$$

$$5.21 = \frac{78 + \sqrt{8461}}{78} F_t = 2.18 F_t$$

즉,

$$F_t = 2.39 \text{ kips}$$

c. 식 (11.36)에 따르면

$$\sigma_{all} = \frac{S_t K_L}{K_T K_R}$$

여기서

$S_t = 20.5$ ksi(Bhn 150에 대하여 표 11.6 보간)

$K_L = 1.0$(표 11.7)

$K_T = 1.0$(11.9절)

$K_R = 1.25$(표 11.8)

따라서 앞 식의 계산결과는 다음과 같다.

$$\sigma_{all} = \frac{20,500(1.0)}{(1.0)(1.25)} = 16.4 \text{ ksi}$$

식 (11.35)에서 $\sigma = \sigma_{all}$이므로

$$F_t = \frac{\sigma_{all}}{K_o K_\upsilon} \frac{b}{P} \frac{J}{K_s K_m} \tag{a}$$

여기서

$K_o = 1.5$(표 11.4)

$K_\upsilon = 2.18$(그림 11.15의 곡선 B)

$K_s = 1.1$(12.5절)

$K_m = 1.5$(표 11.5)

$J = 0.47$(그림 12.6a에서 $N_p = 35$, $\psi = 30$)

$J -$ multiplier $= 1.02$(그림 12.6b에서 $N_g = 280$, $\psi = 30$)

$J = 1.02 \times 0.47 = 0.48$

식 (a)의 계산결과는 다음과 같다.

$$F_t = \frac{16,400(8)(0.48)}{(1.5)(2.18)(8.66)(1.0)(1.5)} = 1.48 \text{ kips}$$

문제 b의 결과 2.39와 비교해 보자.

평가: 접선방향 하중능력 1.48 kips는 전달하중 1.38 kips(95% 발전기의 효율에 따라)보다 크기 때문에 기어 장치는 안전하다. 넓은 면적의 폭이 사용되었기 때문에 설계 시 굽힘과 비틀림에 의한 복합하중의 효과를 검토해야 한다[1].

비고: 터빈은 유체 흐름에서 에너지를 추출하여 이를 일로 변환시키는 회전식 기계 장치이다. 터빈-발전기 어셈블리에서 생성된 일은 전력을 생산하는 데 사용된다. 터빈은 로터 어셈블리라고 하는 하나 이상의 움직이는 부품, 즉 블레이드가 부착된 샤프트가 있는 터보 기계이다. 움직이는 유체가 블레이드에 부딪히면 블레이가 회전하고, 회전 에너지는 로터에 전달된다. 터빈의 기본 유형으로는 수력, 증기, 가스 및 풍력 터빈이 있다. 모든 터빈에 동일한 원칙이 적용되지만, 세부 디자인은 터빈의 종류에 따라 매우 상이하다.

터빈은 대형 기계로도 제작되며, 지구상의 거의 모든 전력은 서로 다른 유형의 터빈으로부터 생성된다. 가스, 증기 및 수력 터빈에는 블레이드 주위에 작동 유체를 제어하기 위한 케이싱이 있다. 증기 터빈은 석탄, 기름 또는 핵연료를 원료로 사용하는 화력 발전소에서 전기를 생산하는 데 사용된다. 가스 터빈은 터빈 엔진이라고도 하는데, 이 엔진은 일반적으로 하나 이상의 터빈 외에 흡입구, 팬, 압축기, 연소기 및 노즐로 구성된다. 수력 터빈은 하천 상류에서의 물의 위치 에너지를 운동 에너지로 변환시키는 데 사용된다.

다음 사진에 표시된 풍력 터빈은 특정한 위치에 존재하는 풍력 에너지를 전기로 변환하도록 설계되었다. 풍력 터빈을 구성하는 세 가지 요소는 풍력 에너지를 저속 회전 에너지로 변환하는 블레이드; 하우징(구동 샤프트, 기어 트레인, 고속 샤프트, 커플링 및 발전기 포함); 타워, 스러스트 베어링 및 로터 요 메커니즘을 포함한 지지대이다. 최적의 타워 높이, 제어 시스템, 블레이드 수 및 블레이드 모양을 찾기 위해 공기역학 모델링이 사용된다.

전형적인 풍력터빈의 구조

12.6 베벨기어

베벨기어는 원추형 소재의 표면에 이를 만들어 넣은 것으로 서로 교차하는 축 사이에 운동을 전달하기 위하여 사용된다. 가장 간단한 형태의 베벨기어는 직선이 베벨기어 혹은 *직선 베벨기어*(그림 12.9)

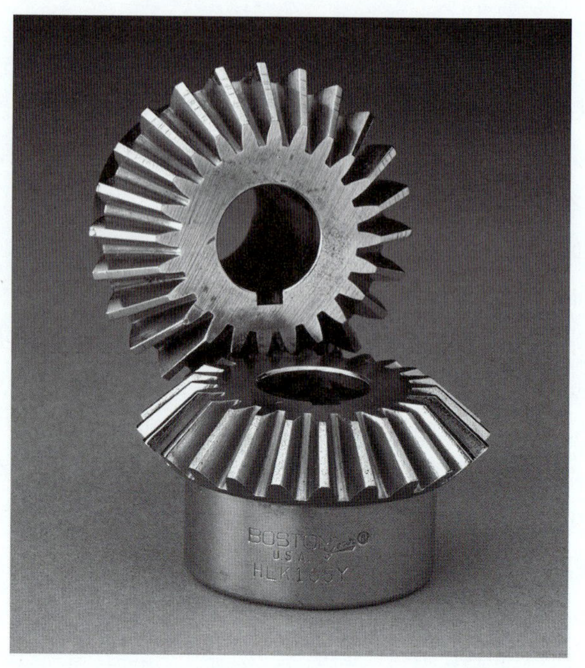

[그림 12.9]
베벨기어(Courtesy of Boston Gear, Boston, MA.)

이다. 이 기어는 이의 형상이 원추면에 평행한 직선으로 평기어와 매우 유사하다. 베벨기어의 이는 테이퍼 형상을 가지고 있어 가상의 선을 안쪽으로 확장하면 한 점에서 모두 만나게 된다. 이 절에서는 두 축의 교차각이 90°인 가장 일반적인 베벨기어에 대해서만 다룬다. 하지만 실제 베벨기어의 교차각은 어느 값이든지 가질 수 있다. 또한 베벨기어의 이는 직선뿐 아니라 나선의 형태로 제작될 수도 있다. 두 베벨기어의 교차각이 90°이고 잇수가 같을 때 *마이터기어*(miter gear)라고 부르기도 한다.

이가 나선형으로 만들어진 베벨기어는 *스파이럴*(spiral) *베벨기어* 혹은 *하이포이드*(hypoid)*기어*라고 부르는데, 그림 11.1에 나타난 것처럼 서로 교차하지 않는 축을 연결할 때 사용된다. 이 기어는 헬리컬기어와 유사하게 이가 원추면에 나선각을 가지게 만들어져 있다. 스파이럴 기어는 감속비가 높고 조용한 운전이 요구되는 경우에 매우 적합한 기어라 할 수 있으며, 자동차 부품에 폭넓게 활용되고 있다. *제롤*(zerol) *베벨기어*는 스파이럴 베벨기어와 같이 곡선 형태의 이를 가지고 있지만 나선각이 직선 베벨기어에서처럼 0°이다. 베벨기어는 일반적으로 상호교환이 불가능하기 때문에 한 쌍의 기어를 동시에 제작하고 교체해야 한다.

12.6.1 직선 베벨기어

직선 베벨기어는 다양한 베벨기어 중 가장 경제적인 기어로, 주로 피치선 속도가 1000 fpm까지의 저속용이다. 또한 원활하고 정숙한 운전이 요구되지 않는 경우에 많이 사용된다. 하지만 마무리 공정(예: 연마)을 거치면 직선 베벨기어도 고속용으로 사용이 가능하다.

12.6.1.1 기하학적 형상

베벨기어의 기하학적인 형상을 그림 12.10에 표시하였다. 이의 크기와 형상은 후면 원추의 끝부분을 기준으로 정의되는데, 이는 평기어의 이와 매우 유사한 것을 알 수 있다. 피치각(피치원추각이라고 함)은 피치원추의 모선이 중심축과 이루는 각으로 정의된다. 표준 베벨기어는 압력각 20°의 보통이로 제작되는데, 이는 기어의 물림률을 높이고 피니언의 강도를 향상시킨다. 베벨기어의 기하학적 특성과 속도에 관한 관계식은 다음과 같다.

$$d_p = \frac{N_p}{P}, \quad d_g = \frac{N_g}{P} \tag{12.12a}$$

$$\tan\alpha_p = \frac{N_p}{N_g}, \quad \tan\alpha_g = \frac{N_g}{N_p} \tag{12.12b}$$

$$r_s = \frac{\omega_g}{\omega_p} = \frac{N_p}{N_g} = \frac{d_p}{d_g} = \tan\alpha_p = \cot\alpha_g \tag{12.13}$$

여기서

d = 피치원 지름

P = 지름피치

N = 잇수

α = 피치각

ω = 각속도

r_s = 속도비

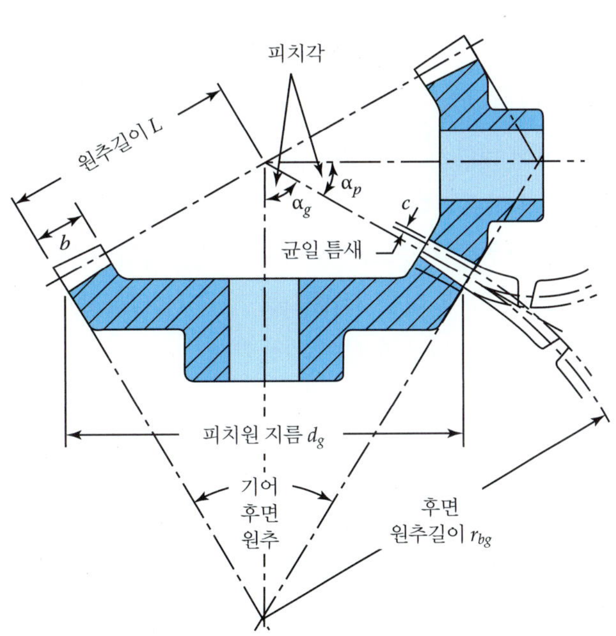

[그림 12.10]
베벨기어의 개략도

[그림 12.11]
베벨기어 이의 중간에 작용하는 힘. (a) 힘의 세 방향 성분 (b) 총 수직힘과 그 성분

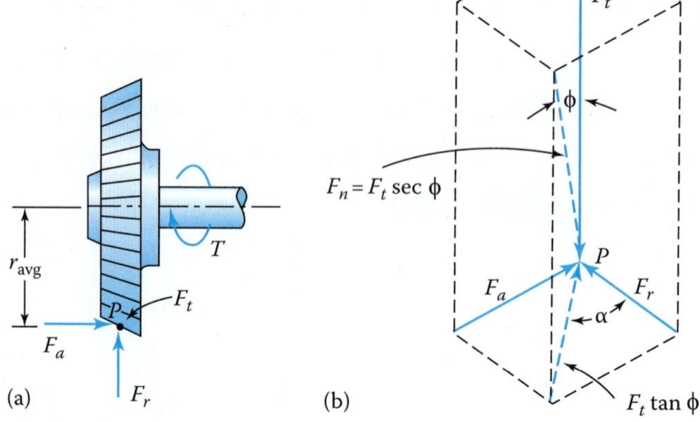

위 식에서 아래첨자 p와 g는 각각 피니언과 기어를 나타낸다.

압력각 20°를 가지는 직선 베벨기어의 경우 이폭 b는 다음의 식에 따라 결정된다.

$$b = \frac{L}{3} \quad \text{or} \quad b = \frac{10}{P} \tag{a}$$

위의 두 식은 유사한 값을 가지게 된다. 균일한 틈새는 다음 식을 참고하여 결정할 수 있다.

$$c = \frac{0.188}{P} + 0.002 \text{ in.} \tag{b}$$

L과 c는 각각 피치원추의 길이와 틈새를 나타낸다(그림12.10).

12.6.2 상당 잇수

헬리컬기어를 이직각 단면에서 보면 곡률반지름이 타원인 평기어와 같다. 따라서 상당 평기어의 잇수 N'을 기준으로 평기어에 해당하는 형상계수를 결정하였으며, 헬리컬기어의 해석에 사용하였다. 베벨기어에서도 같은 논리가 적용된다.

그림 12.10에 후면 원추를 기준으로 도시된 베벨기어의 이는 반지름이 r_{bg}(기어)와 r_{bp}(피니어)인 평기어의 이로 생각할 수 있다. 이를 *트레드골드 근사법*(Tredgold's approximation)이라고 부른다. 가상 평기어에서 상당 잇수는 다음과 같이 계산한다.

$$N'_p = 2r_{bp}P, \quad N'_g = 2r_{bg}P \tag{12.14}$$

위 식은 다음과 같이 쓸 수도 있다.

$$N'_p = \frac{N_p}{\cos\alpha_p}, \quad N'_g = \frac{N_g}{\cos\alpha_g} \tag{12.15}$$

여기서 r_{bg}는 후면원추 반지름이며 N은 베벨기어의 실제 잇수를 나타낸다.

12.7 직선 베벨기어의 하중

베벨기어의 치면에 작용하는 하중은 이의 중간 부분에 작용한다고 가정한다. 이의 크기는 원추의 아래 부분으로 갈수록 커지기 때문에 실제 하중의 합력은 중간보다 아래쪽에 생기게 되나 발생하는 오차는 크지 않다.

피치점 P에서 전달가능한 접선하중은 다음의 식으로 결정할 수 있다.

$$F_t = \frac{T}{r_{avg}} \tag{12.16}$$

여기서

T는 작용 토크

r_{avg}는 기어의 평균 피치원 반지름을 나타낸다.

피치점 P에서 치면에 수직으로 작용하는 힘의 합력은 $F_n = F_t \sec\phi$로 표시된다(그림 12.11b). 이 힘을 축방향 평면에 투영한 값은 $F_t \tan\phi$가 되며, 이를 다시 반지름 방향과 축방향 성분으로 나누면 다음과 같이 표시된다.

$$\begin{aligned} F_a &= F_t \tan\phi \sin\alpha \\ F_r &= F_t \tan\phi \cos\alpha \end{aligned} \tag{12.17}$$

여기서

F_t = 접선하중

F_a = 축방향 하중

F_r = 반지름방향 하중

ϕ = 압력각

α = 피치각

힘의 세 성분 F_t, F_a, F_r은 서로 직각이고, 정역학을 활용하여 베어링 반력을 결정하는 데 사용할 수 있다.

예제 12.3 베벨기어 장치의 하중 결정

압력각이 20°인 직선 베벨기어가 20 hp의 동력을 전달한다. 피니언은 500 rpm으로 회전하고 있고, 피니언과 기어가 이루는 교차각은 90°이다(그림 12.12a). 다음을 계산하라.

a. 두 기어의 피치각과 평균 반지름

b. 기어에 작용하는 힘

c. 기어축에 발생하는 토크

풀이

a. 식 (12.13)에 따라

$$r_s = \frac{200}{500} = \frac{1}{2.5} \qquad d_g = 2.5 d_p = 25 \text{ in.}$$

$$\alpha_p = \tan^{-1}\left(\frac{1}{2.5}\right) = 21.8° \quad \text{and} \quad \alpha_g = 90° - \alpha_p = 68.2°$$

따라서

$$r_{g,\text{avg}} = r_g - \frac{b}{2}\sin\alpha_g = 12.5 - (1)\sin 68.2° = 11.6 \text{ in.}$$

$$r_{p,\text{avg}} = r_p - \frac{b}{2}\sin\alpha_p = 5 - (1)\sin 21.8° = 4.6 \text{ in.}$$

b. 식 (11.22)를 이용하면

$$F_t = \frac{33{,}000 \text{ hp}}{\pi d_{p.\text{avg}} n_p / 12} = \frac{33{,}000(20)(12)}{\pi(9.2)500} = 548 \text{ lb}$$

식 (12.17)을 이용하여 피니언에 작용하는 힘을 다음과 같이 결정할 수 있다.

$$F_a = F_t \tan\phi \sin\alpha_p = 548(\tan 20°)(\sin 21.8°) = 74 \text{ lb}$$

$$F_r = F_t \tan\phi \cos\alpha_p = 548(\tan 20°)(\cos 21.8°) = 185 \text{ lb}$$

그림 12.12b에서 볼 수 있는 것처럼 피니언의 축방향 힘은 기어의 반지름방향 힘과 같고 피니언의 반지름방향 힘은 기어의 축방향 힘과 같아진다.

c. 토크는 $T = F_t(d_g/2) = 548(12.5) = 6.85$ kips · in.이다.

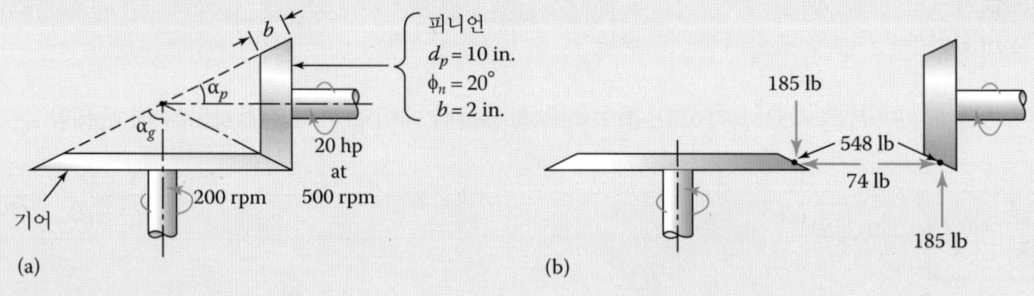

[그림 12.12]
예제 12.3. 베벨기어의 피치원추. (a) 데이터 (b) 이에 작용하는 축방향과 반지름방향 힘

12.8 베벨기어의 굽힘 및 마모강도

베벨기어의 굽힘 및 마모강도 계산은 평기어의 경우와 유사하다. 하지만 원추각 α의 효과를 고려하기 위하여 일부 수정이 필요하며, 이에 대한 설명을 다음에 나타내었다.

12.8.1 루이스 식

베벨기어 해석에는 상당 평기어를 이용한다. 이너비 중간지점에서 측정한 베벨기어의 이는 같은 단면적을 평기어의 이로 가정한다. 허용굽힘하중은 평기어와 같이 다음의 식으로 주어진다.

$$F_b = \frac{\sigma_0 b}{K_f}\frac{Y}{P} \tag{11.33}$$

여기서 Y는 상당 평기어의 잇수 N'에 대하여 표 11.2에서 구한다.

12.8.2 버킹엄 식

이폭 전체에 걸쳐 하중이 분산되기는 어렵기 때문에 이폭 b의 ¾만큼만 유효한 것으로 가정한다. 허용마모하중은 다음의 식으로 주어진다.

$$F_w = \frac{0.75 d_p b K Q'}{\cos\alpha_p} \qquad \text{(11.38, modified)}$$

여기서

$$Q' = \frac{2N'_g}{N'_p + N'_g} \qquad \text{(11.40, modified)}$$

위 식에서

d_p = 이의 뒤쪽에서 측정한 지름

N' = 상당 평기어 잇수

α_p = 피치각

K = 마모하중계수(표 11.9)

베벨기어 장치의 원활한 동작을 위해서는 $F_b \geq F_d$와 $F_w \geq F_d$를 만족해야 한다. 여기서 F_d는 식 (11.24)에서 주어진 동하중이다.

12.8.3 AGMA 식

베벨기어 강도 설계와 관련된 AGMA 식은 평기어 설계시 제시한 식들과 동일하다. 단, 일부 수정계수 값들이 베벨기어에서 다르게 적용된다[5]. 보다 자세한 설명은 AGMA 서적과 제시된 참고문헌[2]

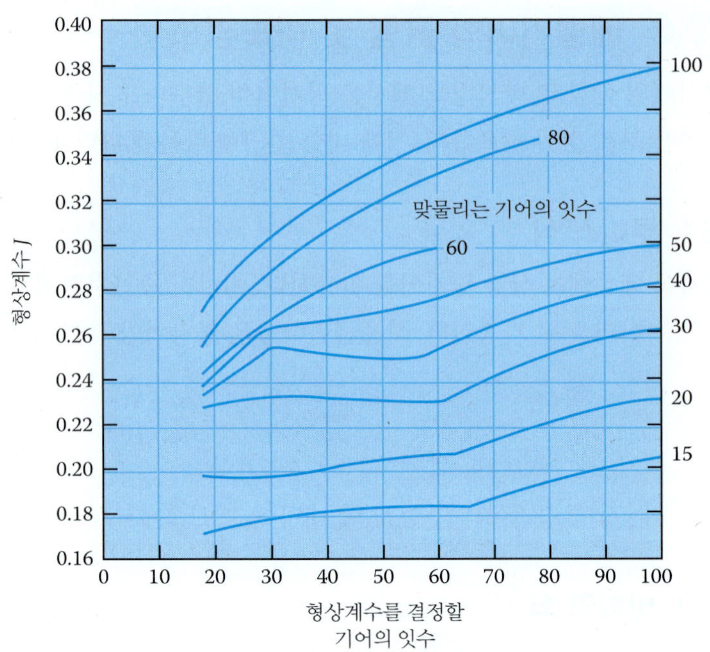

[그림 12.13] 직선베벨기어에 대한 형상계수 J. 압력각 20° 및 교차각 90°(AGMA Information Sheet 226.01)

를 참고한다. 여기서는 베벨기어 강도설계에 대하여 간단히 요약하여 설명한다.

베벨기어의 이뿌리에서 발생하는 굽힘응력은 평기어나 헬리컬기어와 동일하다. 따라서 다음의 식에 따라 굽힘응력을 계산한다.

$$\sigma = F_t K_o K_\upsilon \frac{P}{b} \frac{K_s K_m}{J} \tag{11.35}$$

$$\sigma = F_t K_o K_\upsilon \frac{1}{bm} \frac{K_s K_m}{J} \tag{11.35, modified}$$

접선하중 F_t는 식 (12.16)에서 얻을 수 있으며, 형상계수 값 J는 그림 12.13에서 구할 수 있다. AGMA 표준에서는 제롤베벨기어나 나선베벨기어에 대한 계수들도 제시하고 있다. 식 (11.35)의 나머지 계수들은 11.9절에서 정의된 것들과 동일하다. 베벨기어의 허용굽힘응력은 평기어나 헬리컬기어와 마찬가지로 식 (11.36)에 의하여 계산한다.

이의 *접촉응력*도 평기어나 헬리컬기어의 경우와 동일하게 다음의 식으로 계산한다.

$$\sigma_c = C_p \left(F_t K_o K_\upsilon \frac{K_s}{bd} \frac{K_m C_f}{I} \right)^{1/2} \tag{11.42}$$

두 가지 수정사항 중 한 가지는 C_p 값을 표 11.10에 제시된 값에 1.23을 곱해서 구해야 하는 것이고, 두 번째는 I값을 그림 12.14에서 구해야 하는 것이다. 베벨기어의 허용접촉응력도 평기어 및 헬리컬기어와 동일하게 식 (11.44)로부터 구할 수 있다.

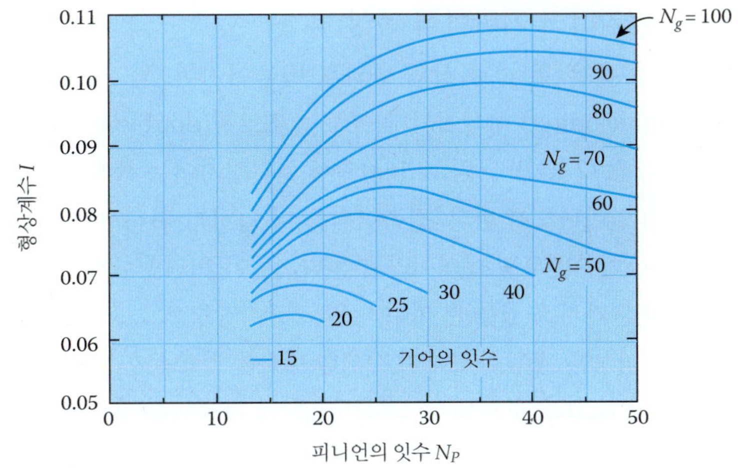

[그림 12.14]
직선베벨기어에 대한 형상계수 I. 압력각 20° 및 교차각 90°(AGMA Information Sheet 215.91)

12.9 웜기어

웜기어는 그림 11.1, 그림 12.15 및 그림 12.18에 나타난 것처럼 평행하지도 교차하지도 않는 두 축 사이에 운동을 전달하기 위하여 사용된다. 웜기어 장치는 웜(나사와 유사)과 웜기어(특수 헬리컬기어)로 구성되어 있다. 웜 및 웜기어가 설치되어 있는 축은 일반적으로 각도 90°의 각도를 이루면서 떨어져 있다. 웜기어 장치에서 두 이의 맞물림은 평기어, 헬리컬기어, 베벨기어와는 달리 충격의 발생 없이 미끄러짐 운동과 함께 일어난다. 운전 중에 발생하는 이러한 운동은 높은 발열을 일으키기도 한다. 하지만 웜기어 장치는 매우 큰 감속비(최대 360:1)를 구현할 수 있어 큰 토크의 증가가 가능하다. 웜기어가 사용되는 대표적인 사례로는 웜기어의 잠김기능을 활용한 위치 결정 장치가 있다.

웜기어 장치의 소재로는 일부 재료만이 사용된다. 웜은 높은 응력을 받기 때문에 일반적으로 경화된 합금강을 이용하여 제조한다. 기어는 청동으로 주문 제작하게 되는 경우가 많다. 기어는 호빙머신으로 제작하며, 웜은 절삭가공 후 연마 및 폴리싱 공정을 거치는 것이 일반적이다. 웜의 이는 물림을 생성하기 위하여 적절한 모양으로 제작되어야 하는데 그 형상이 인벌류트 곡선이 아니다. 따라서 이가 맞물리는 면에 큰 미끄럼 속도가 발생하게 된다.

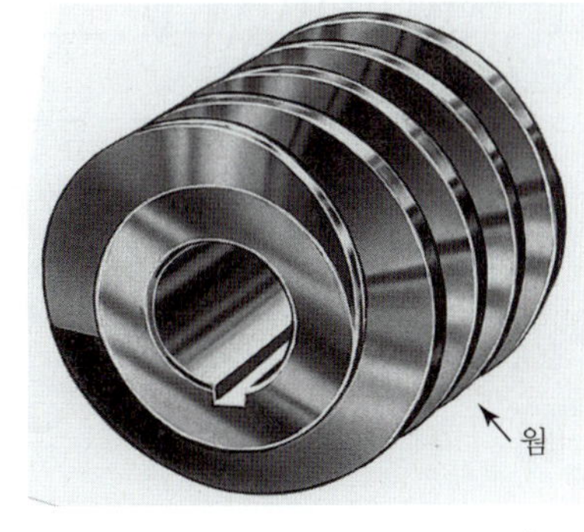

[그림 12.15]
단일 엔벨로핑 웜기어(Courtesy of Martin Sprocket and Gear Co., Arlington, TX.)

12.9.1 웜기어의 기하학적 특성

웜은 한 줄 혹은 두 줄 이상의 나사로 만들어지며, 웜기어는 일반적으로 사용되는 *단일 엔벨로핑*(single-enveloping) 형식이거나 *이중 엔벨로핑*(double-enveloping) 형식이 사용된다. 단일 엔벨로핑 형식(그림 12.15 및 그림 12.16a)에서 헬리컬기어는 폭방향으로 오목한 형상을 가지고 있어 웜기어와 물림이 일어나도록 한다. 접촉면적을 더 넓히기 위해서 웜을 모래시계 형상으로 제조할 수도 있는데 이를 *이중 엔벨로핑* 형식이라 부른다. 즉 이중 엔벨로핑 형식에서는 헬리컬기어만 폭방향으로 오목한 형상을 가지고 있을 뿐 아니라 웜도 길이방향으로 오목한 형상을 가지고 있는 것이다. 실제 웜의 기하학적 형상은 매우 복잡하며 자세한 내용을 참고문헌을 참고하기 바란다.

웜(그림 12.16a)과 파워스크루(15.3절)에 사용되는 용어는 비슷한 것이 매우 많다. 일반적으로 웜은 나사에 대응하고 웜기어는 너트에 대응하는 것으로 생각할 수 있다. 웜기어의 *축방향 피치* p_w는 인접하고 있는 두 개의 이 사이의 거리이다. *리드* L은 웜이 일회전 하는 동안 웜기어가 웜의 축방향으로 움직인 거리는 나타낸다. 여러 줄 웜이 사용된 경우 리드는 축방향 피치에 웜의 줄수를 곱한 값이 된다.

웜의 피치원 지름 d_w는 웜의 줄 수 N_w에 대한 함수는 아니다. 웜기어 장치의 속도비는 기어의 잇수와 웜의 줄 수의 비에 의해 다음과 같이 결정된다.

$$r_s = \frac{\omega_g}{\omega_w} = \frac{N_w}{N_g} = \frac{L}{\pi d_g} \tag{12.18}$$

평기어나 헬리컬기어의 경우와 마찬가지로 웜기어의 피치원 지름을 원주피치와 잇수에 대하여 나타낼 수 있다. 식 (12.1)을 참고하면,

$$d_g = \frac{N_g p}{\pi} \tag{12.19}$$

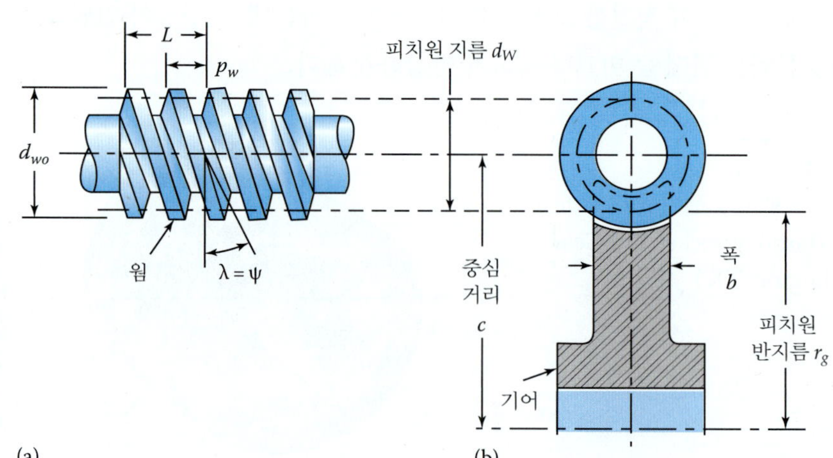

[그림 12.16]
웜기어 장치의 개략도.
(a) 2줄 웜
(b) 웜기어(절반만 표시)

두 축간의 중심거리는 그림에서 알 수 있는 것처럼 $c = (d_w + d_g)/2$이다.

웜의 *리드각*(나사의 리드각에 대응)은 회전평면에 대한 헬릭스각을 나타내며, 웜의 리드와 리드각은 다음 식으로 나타낼 수 있다.

$$L = p_w N_w \tag{12.20}$$

$$\tan\lambda = \frac{L}{\pi d_w} = \frac{V_g}{V_w} \tag{12.21}$$

여기서

L = 리드

P_w = 축방향 피치

N_w = 웜의 줄수

λ = 리드각

d_w = 피치원 지름

V = 피치선 속도

웜기어 장치에서 두 축의 각이 90°(그림 12.16)이면 웜의 리드각과 웜기어의 헬릭스각은 같아진다.

$$\lambda = \psi$$

여기서 λ와 ψ는 피치평면에서 측정한 값이다.

15.3절에서 웜의 이직각 압력각 ϕ_n은 나사의 나사산각에 대응한다고 설명하였다. 이직각 압력각은 리드각 및 루이스 형상계수 Y와 관련이 있는데 이를 표 12.1에 나타내었다.

보통 웜기어의 잇수는 24개보다 작은 경우가 대부분이며, 웜 기어의 잇수와 웜의 줄 수의 합은 40 이하여야 한다. 웜기어의 이폭 b는 웜의 이끝원 지름 d_{wo}의 절반을 넘어서는 안 된다. AGMA에서는 *웜의 피치원 반지름* d_W에 대한 최솟값과 최댓값을 다음과 같이 추천하고 있다.

$$\frac{c^{0.875}}{3} \le d_W \le \frac{c^{0.875}}{3} \tag{a}$$

여기서 c는 웜과 웜기어 사이의 중심거리이다.

〈표 12.1〉 다양한 압력각의 웜기어 장치

압력각 ϕ_n (°)	최대 리드각 λ(°)	루이스 형상계수 Y
$14\frac{1}{2}$	15	0.314
20	25	0.392
25	35	0.470
30	45	0.550

예제 12.4 웜의 기하학적 해석

웜의 줄수는 세 줄이고 리드 L은 75 mm이다. 기어의 잇수는 48개이고, 호브에 의하여 $m_n = 7$ mm가 되도록 제작되었다. 다음을 계산하라.

a. 속도비 r_s
b. 두 축이 이루는 각이 90°일 때 중심거리

풀이

두 축이 이루는 각이 90°인 경우 $\lambda = \psi$이다.

a. 웜기어 장치의 속도비는

$$r_s = \frac{N_w}{N_g} = \frac{3}{48} = \frac{1}{16}$$

b. 식 (12.20)을 이용하여

$$p_w = \frac{L}{N_w} = \frac{75}{3} = 25 \text{ mm}$$

식 (12.2)를 이용하고 $m_n = 1/p_n$이므로 다음을 얻을 수 있다.

$$p_n = \pi m_n = 7\pi = 21.99 \text{ mm}$$

식 (12.1)에 따라

$$\cos\lambda = \frac{p_n}{p_w} = \frac{21.99}{25} = 0.88 \quad \text{or} \quad \lambda = 28.4°$$

식 (12.21)을 적용하면 웜의 피치원 지름을 구할 수 있다.

$$d_w = \frac{L}{\pi\tan\lambda} = \frac{75}{\pi\tan 28.4°} = 44.15 \text{ mm}$$

식 (12.18)을 이용하면,

$$d_g = \frac{L}{\pi r_s} = \frac{75}{\pi/16} = 381.97 \text{ mm}$$

따라서 중심거리는 다음과 같이 구할 수 있다.

$$c = \frac{1}{2}(d_w + d_g) = \frac{1}{2}(44.15 + 381.97) = 213.1 \text{ mm}$$

12.10 웜기어의 굽힘 및 마모강도

웜기어 장치의 대략적인 굽힘 및 마모강도는 평기어 식으로부터 구할 수 있다. 좀 더 정확한 계산을 위해서는 웜의 이직각 압력각 ϕ_n과 리드각 λ에 대한 고려가 필요하다. 웜기어의 허용 굽힘 및 마모하중에 관한 식들은 다음과 같다.

12.10.1 루이스 식

굽힘응력은 웜보다는 웜기어에서 더욱 크게 발생한다. 따라서 아래에 *수정된 루이스 식*(modified Lewis equation)이 웜기어에 적용된다.

$$F_b = \frac{\sigma_o b}{K_f}\frac{Y}{P_n} \qquad (11.33, \text{modified})$$

여기서 Y값은 표 12.1에서 찾을 수 있고, 지름피치 P_n은 식 (12.2)에서 정의되었다.

12.10.2 마모한계하중

버킹엄의 *마모 관계식*(wear equation)은 웜기어에서 다음과 같이 표시된다.

$$F_w = d_g b K_w \qquad (12.22)$$

여기서

F_w = 허용마모하중

d_g = 피치원 지름

b = 기어의 이폭

K_w = 재료 및 기하계수를 표 12.2에서 구할 수 있다.

웜기어의 원활한 운동을 위해서는 $F_b \geq F_d$와 $F_w \geq F_d$를 만족해야 한다. 웜기어에 작용하는 동하중 F_d는 다음의 식으로 근사화할 수 있다.

〈표 12.2〉 웜기어 계수 K_w

재질		K_w (psi)		
웜	기어	$\lambda < 10°$	$\lambda < 25°$	$\lambda > 25°$
강, 250 Bhn	청동[a]	60	75	90
강, 500 Bhn	청동[a]	80	100	120
경화강	칠드 청동	120	150	180
주철	청동[a]	150	185	225

[a] 모래 주조.

$$F_d = \frac{1200+V}{1200}F_t \quad (\text{for } 0 < V > 4000 \text{ fpm}) \qquad (11.24\text{b, modified})$$

여기서 V는 앞에서와 마찬가지로 단위 fpm의 피치선 속도이다.

12.10.3 AGMA 식

웜기어 장치의 설계는 다른 기어들과는 다르며 더 복잡하다. AGMA는 웜기어 장치에 대한 입력동력 등급식을 제시하고 있다. 이를 통해 주어진 동력이나 토크-속도 관계로부터 적절한 웜기어 장치의 치수를 결정할 수 있다[5]. 굽힘이나 표면강도를 결정하는 식들은 좀 더 다양하다. 웜기어의 용량은 피로강도보다는 방열이나 냉각능력에 좌우되어 결정되는 경우도 많다. 이에 대한 사항은 다음 절에서 논의할 것이다.

12.11 웜기어 장치의 열용량

웜기어 장치의 동력 전달능력은 많은 경우 하우징이나 케이스의 방열 용량에 따라 좌우된다. 일반적으로 윤활유 온도는 약 93°C(200°F)를 넘으면 안 된다. 온도 상승량과 방열과의 관계를 나타내는 기본 식은 다음과 같다.

$$H = CA\Delta t \qquad (12.23)$$

여기서

H = 시간당 방열량, lb · ft/mim

C = 열전달 혹은 냉각률 계수(하우징 표면적 1 ft^2당 lb · ft/min°F)

A = 하우징의 외부 표면적, ft^2

Δt = 오일과 외기온도 사이의 온도차, °F

일반적은 하우징에서 A값은 AGMA에서 추천한 바와 같이 다음의 식[9]을 통해 대략적으로 결정할 수 있다.

$$A = 0.3c^{1.7} \qquad (12.24)$$

여기서 A는 ft^2이며 c는 축간 거리를 나타낸다(in.). 열전달계수 C에 해당하는 값은 그림 12.17에서 구할 수 있다. 그림에서 웜의 속도가 빨라질수록 C가 커지는 것을 볼 수 있는데, 이는 하우징 내부 오일의 순환을 원활하게 해준다.

그림 12.18에서처럼 제조업체에서 하우징에 핀을 제조하거나 팬을 작동하는 등 냉각 장치를 설치

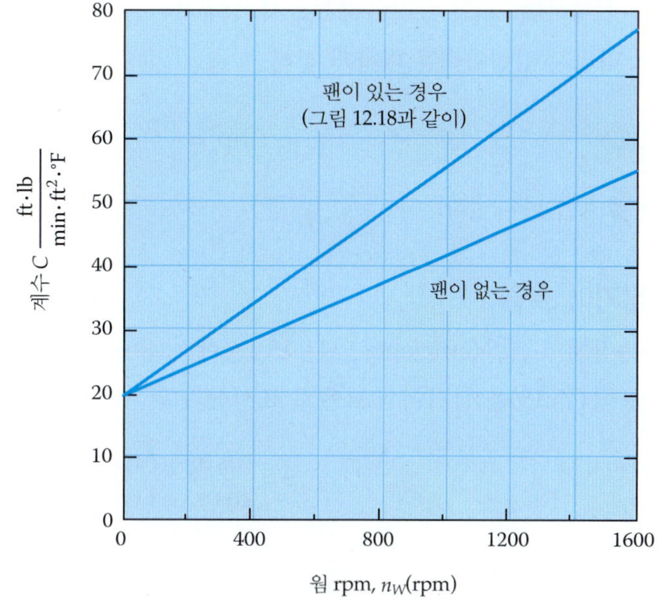

[그림 12.17]
웜기어 하우징에 대한 열전달 계수 C

[그림 12.18]
웜기어 감속장치(Courtesy of Cleveland Gear Company, Cleveland, OH.)

하는 경우가 많다. 그림에서 웜기어는 나선형 이를 가지고 있고, 웜과 웜기어의 축은 직각을 이루고 있는 것을 확인할 수 있다. 배수조(sump)나 많은 양의 오일을 사용하는 것이 열전달에 도움이 되는 것은 명확하며, 일부 웜기어 감속장치에서는 오일을 외부적으로 순환시켜 냉각효과를 높이는 경우도 있다.

하우징의 방열량 H는 식 (12.23)에서 결정할 수 있는데 마력으로는 다음과 같다.

$$(\text{hp})_d = \frac{CA\Delta t}{33,000} \tag{12.25}$$

손실마력은 입력마력 hp_i와 출력마력 hp_o 사이의 차이를 나타낸다. $e = hp_o/hp_i$라고 하면 $hp_d = hp_i - e(hp_o)$이다. 따라서 입력마력은 다음과 같다.

$$hp_i = \frac{hp_d}{1-e} \tag{12.26}$$

여기서 e는 효율을 나타낸다.

12.11.1 웜기어 효율

웜기어 감속장치의 *효율*(efficiency) e는 15.4절에서 유도한 나사와 너트의 효율과 동일하다. 따라서 여기에서는 식 (15.13)을 웜기어의 효율로 표시한다.

$$e = \frac{\cos\phi_n - f\tan\lambda}{\cos\phi_n + f\cot\lambda} \tag{12.27}$$

여기서

f = 마찰계수

ϕ_n = 이직각 압력각

f 값은 이 사이의 미끄러짐 속도 V_s에 영향을 받는다. V_s는

$$V_s = \frac{V_w}{\cos\lambda} \tag{12.28}$$

여기서 V_s는 웜의 피치선 속도이며, 표 12.3을 참고하면 마찰계수 f값을 결정할 수 있다.

〈표 12.3〉 다양한 미끄럼 속도 V_s에 대한 웜기어 마찰계수 f

V_s (fpm)	f	V_s (fpm)	f	V_s (fpm)	f
0	0.150	120	0.0519	1200	0.0200
1	0.115	140	0.0498	1400	0.0186
2	0.110	160	0.0477	1600	0.0175
5	0.099	180	0.0456	1800	0.0167
10	0.090	200	0.0435	2000	0.0160
20	0.080	250	0.0400	2200	0.0154
30	0.073	300	0.0365	2400	0.0149
40	0.0691	400	0.0327	2600	0.0146
50	0.0654	500	0.0295	2800	0.0143
60	0.0620	600	0.0274	3000	0.0140
70	0.0600	700	0.0255	4000	0.0131
80	0.0580	800	0.0240	5000	0.0126
90	0.0560	900	0.0227	6000	0.0122
100	0.0540	1000	0.0217	—	—

출처: From ANSI/AGMA Standard 6034-A87.

예제 12.5 웜기어 감속장치의 설계

웜기어 장치와 관련 치수들을 그림 12.19에 표시하였다. 다음을 구하라.

a. 방열량
b. 효율
c. 입력 및 출력마력

가정: 이 기어 장치는 팬이 없을 경우 최대 상승온도 100°F의 제한을 가지고 연속운동하고 있다.

풀이

웜기어 장치의 속도비는

$$r_s = \frac{N_w}{N_g} = \frac{4}{60} = \frac{1}{15}$$

a. 식 (12.24)를 이용하면

$$A = 0.3c^{1.7} = 0.3(8)^{1.7} = 10.29\ \text{ft}^2$$

그림 12.17에서 C값을 계산한다.

$$C = 42\ \text{lb}\cdot\text{ft}/(\text{min}\cdot\text{ft}^2\cdot{}^\circ\text{F})$$

이 값들을 식 (12.25)에 대입하면

$$\text{hp}_d = \frac{CA\Delta t}{33{,}000} = \frac{42(10.29)(100)}{33{,}000} = 1.31$$

b. 웜의 피치선 속도는

$$V_w = \frac{\pi d_w n_w}{12} = \frac{\pi(3)(1000)}{12} = 785.4\ \text{fpm}$$

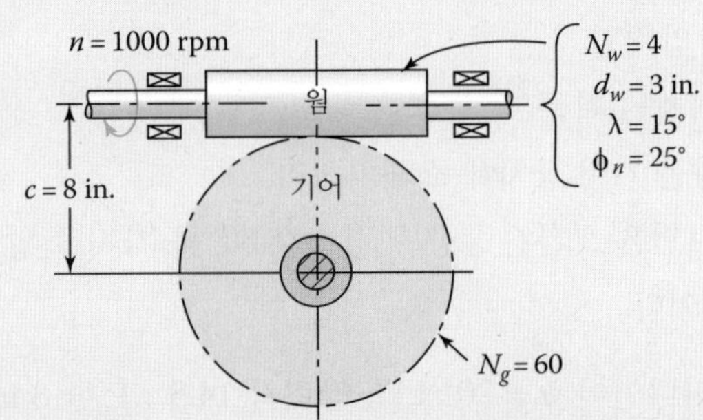

[그림 12.19]
예제12.5

식 (12.28)을 이용하면

$$V_s = \frac{V_w}{\cos\lambda} = \frac{785.4}{\cos 15°} = 813 \text{ fpm}$$

표 12.3에서 $f = 0.0238$이 된다. 이 값들을 식 (12.27)에 대입하면

$$e = \frac{\cos 25° - 0.0238(\tan 15°)}{\cos 25° + 0.0238(\cot 15°)} = 0.904 \quad \text{또는} \quad 90.4\%$$

c. 식 (12.26)을 이용하면, 입력마력은 다음과 같다.

$$\text{hp}_i = \frac{\text{hp}_d}{1-e} = \frac{1.31}{1-0.904} = 13.65$$

출력마력은 다음과 같이 계산할 수 있다.

$$\text{hp}_o = 13.65 - 1.31 = 12.3$$

평가: 웜기어 구동장치에는 본질적으로 미끄럼 마찰이 존재하게 된다. 따라서 웜기어 장치는 평기어의 효율보다 훨씬 작은 값을 가진다. 평기어의 경우에는 효율이 98%에 이르기도 한다(11.1절 참조).

연습문제

12.1절~12.5절

12.1 헬리컬기어 장치에서 잇수 20개인 피니언이 반시계방향으로 회전하면서 잇수 40개인 기어를 구동하고 있다. 다음을 결정하라.

a. 이직각, 축직각, 축방향 원주피치

b. 지름피치와 압력각

c. 각 기어의 피치원 지름

d. 추력의 방향을 기어 장치에 스케치하라.

주어진 값: 피니언은 오른손방향 헬릭스각 30°를 가지고 압력각은 25°이다. 이직각 지름피치는 6 teeth/in.이다.

12.2 잇수 18개인 피니언이 $\psi = 20°$ LH, 압력각 14.5°, $P_n = 8$ in.$^{-1}$을 가지고 잇수 55개인 기어를 구동할 때 문제 12.1을 다시 풀어라.

12.3 헬리컬기어의 이직각 압력각이 14.5°, 헬릭스각이 40°, 원주피치가 8, 잇수가 30개이다. 다음을 계산하라.

a. 피치원 지름과 축직각, 이직각, 축방향 피치

b. 이직각 지름피치와 압력각

12.4 이직각 원주피치가 0.625 in.인 한 쌍의 헬리컬기어가 있다. 중심거리는 10 in., 속도비는 ¼, 피니언의 잇수는 18개일 때 헬릭스각은 얼마인가?

12.5 잇수가 32개인 헬리컬기어의 피치원 지름이 260 mm, 이직각 모듈은 $m_n = 6$ mm이다. 이직각 압력각이 20°일 때 800 rpm에서 전달할 수 있는 동력을 계산하라.

12.6 잇수가 35개인 헬리컬기어의 헬릭스각은 $\psi = 30°$이고 압력각은 20°이다. 다음을 계산하라.

a. 이직각 압력각과 상당 평기어 잇수

b. 동일강도 평기어의 압력각과 잇수

12.7 이직각 원주피치가 14 mm, 헬릭스각이 15°, 속도비는 ⅓인 헬리컬기어 셋의 중심거리를 구하라. 피니언의 잇수는 40개이다.

12.8 잇수가 35개, 헬릭스각이 $\psi = 22°$, 압력각이 20°인 헬리컬기어가 있다. 다음을 계산하라.

a. 이직각 압력각과 상당 평기어 잇수

b. 동일강도 평기어의 압력각과 잇수

12.9 모듈이 1.5 mm, 압력각이 20°, 기어의 폭이 40 mm인 헬리컬기어셋이 있다. 피니언과 기어의 잇수는 각각 20개와 120개이다. 다음을 결정하라.

a. 기어의 총물림률

b. 총물림률이 4.0인 경우 헬릭스각

12.10 왼손방향 헬리컬 피니언의 압력각이 $\phi_n = 20°$, $P_n = 10$ in.$^{-1}$, $\psi = 45°$, $N_p = 32$, $F_n = 90$ lb이고 2400 rpm으로 반시계방향으로 회전하고 있다. 피동 기어의 잇수는 60개일 때 다음을 계산하고 스케치하여 나타내어라.

a. 각 기어에 작용하는 접선방향, 반지름방향, 축방향 힘

b. 각 기어의 축에 작용하는 토크

12.11 그림 P12.11에 나타난 헬리컬기어의 이직각 지름피치는 4 teeth/in.이고 압력각은 25°, 헬릭스각은 20°이다. 다음을 계산하고 스케치하여 나타내어라.

a. 각 기어에 작용하는 접선방향, 반지름방향, 축방향 힘

b. 각 기어의 축에 작용하는 토크

주어진 값: 기어 1은 1500 rpm으로 축 C에 설치된 아이들러기어 3을 통해 20 hp의 동력을 전달한다. 기어 3과 기어 1의 속도비는 ½이다.

[그림 P12.11]

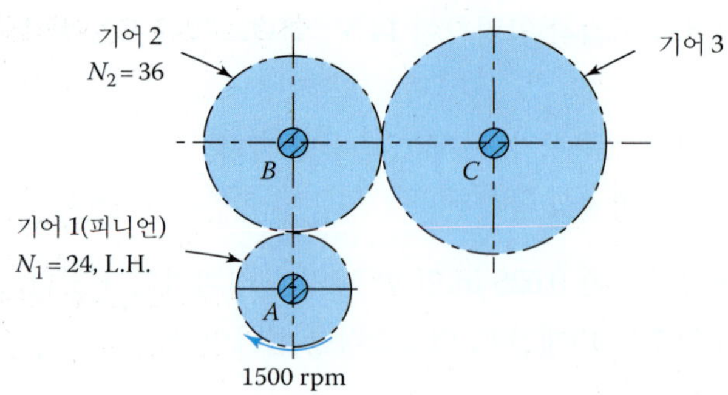

12.12 잇수가 22개인 헬리컬 피니언의 이직각 압력각이 20°, 이직각 지름피치가 8 teeth/in. 이폭이 2 in., 헬릭스각이 25°이고 1800 rpm으로 회전하고 있다. 잇수가 40개인 기어의 30 hp를 전달할 때 루이스 식을 활용하여 굽힘강도에 근거한 안전율을 구하라.

주어진 값: 피로 응력집중계수 $K_f = 1.5$.

가정: 피니언과 기어는 모두 250 Bhn의 강 재질로 제조되었다.

12.13 그림 P12.13에서처럼 이중 감속 헬리컬기어 트레인이 있다. 이직각 모듈은 고속기어 및 저속기어에 대하여 각각 4와 5.5 mm이다. 헬릭스각도 각 기어셋은 다른 값을 가지고 있다. 다음을 계산하라.

a. 네 개의 기어에 의한 총 감속비와 저속기어의 헬릭스각

b. 저속기어가 잇수 20개와 32개인 같은 모듈의 기어로 대체되었을 때 헬릭스각

[그림 P12.13]

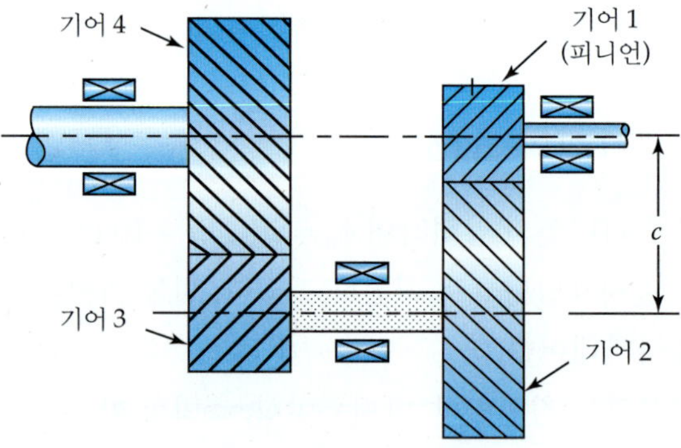

12.14 2 hp의 전기 모터가 2400 rpm으로 회전하면서 이직각 압력각 25°, 이직각 모률 4 mm인 헬리컬기어셋을 통해 기계를 구동하고 있다(그림 12.7). 헬릭스각은 30°이고 피니언의 잇수는 22개이다. 다음을 계산하라.

a. 피니언의 압력각과 피치원 지름

b. 피니언 속도 V 및 모터로부터의 전달하중 F_t

c. 반지름방향 및 축방향 하중과 치면에 수직인 하중

12.15 버킹엄의 마모 강도 식에 근거하여 문제 12.12를 다시 풀어라.

12.16 서로 맞물리는 두 개의 헬리컬기어 재질이 SAE 1020 (WQ&T) 150 Bhn이고 서로 평행한 두 축에 설치되어 있다. 이 기어셋의 용량(마력)을 계산하라.

요구조건: 굽힘강도에는 루이스 식, 마모강도에는 버킹엄 식을 사용한다.

주어진 값: 두 기어의 잇수는 30개와 65개, $\phi_n = 25°$, $P_n = 6$ in.$^{-1}$, $\psi = 35°$, $b = 1.5$ in.이고 피니언은 2400 rpm으로 회전하고 있다.

12.17 서로 맞물리는 두 개의 헬리컬기어 재질이 SAE 1040, 200 Bhn이고 6 in. 떨어져 있는 서로 평행한 두 축에 설치되어 있다. 기어셋의 용량(마력)을 계산하라.

a. 굽힘강도는 루이스 식과 $K_f = 1.4$를 이용하여 마모강도는 버킹엄 식을 이용한다.

b. 강도만에 근거하여 AGMA 방법을 이용한다.

주어진 값: 기어의 속도비는 ⅓, $\phi_n = 20°$, $P = 15$ in.$^{-1}$, $\psi = 30°$, $b = 2.5$ in.이고 피니언은 900 rpm으로 회전하고 있다.

설계 가정:

1. 설치는 정확하다.
2. 신뢰도는 90%이다.
3. 기어셋의 수명은 무한하다.
4. 가벼운 충격하중이 피니언에 작용하고 균일한 충격하중이 피동기어에 작용한다.
5. 피니언과 기어는 모두 고정밀로 연삭되었다.

12W www.bisonger.com 웹사이트를 방문하여 ¼ 마력의 모터를 선정하라.

a. 단일 감속 장치

b. 이중 감속 장치

12.6절~12.8절

12.18 압력각이 20°인 직선베벨기어가 있다. 피니언의 잇수가 20개, 지름피치가 8 teeth/in.이고 잇수 42개인 기어를 구동하고 있다. 다음을 계산하라.

a. 피치원 지름

b. 피치각

c. 이폭

d. 틈새

12.19 속도비가 ½인 한 쌍의 베벨기어가 500 rpm에서 15 hp를 전달하고 있다. 피니언의 압력각은 20°, 후면 원추의 피치원 지름은 8 in., 이폭은 2.5 in., 지름피치는 7 teeth/in.이다. 각 기어에 작용하는 축방향, 반지름방향 힘을 계산하고 이를 스케치하라.

12.20 문제 12.19에서 기어들의 재질이 SAE 1020 강(WQ&T)이라면 굽힘강도 측면에서 기어 설계가 만족스러운가? $K_f = 1.4$와 루이스 식을 이용하라.

12.21 문제 12.19에서 피니언과 기어는 각각 강(200 Bhm)과 인청동으로 만들어졌을 때 마모강도 측면에서 기어의 설계가 만족스러운가? 버킹엄 식을 이용하라.

12.22 압력각이 20°, 잇수가 $N_1 = 30$, $N_2 = 60$인 한 쌍의 베벨기어가 있다. 이끝원 지름에서 측정한 지름피치가 3 teeth/in.일 때 베벨기어의 용량을 루이스 식과 버킹엄 식을 사용하여 계산하라.

주어진 값: 기어의 폭 b는 2.8 in.이고 $K_f = 1.5$, 피니언의 속도는 720 rpm이다.

설계 가정: 기어의 재질은 모두 강 (200 Bhn)이다.

12.23 그림 P12.23에 나타난 베벨기어 셋은 잇수 30개인 피니언이 1500 rpm으로 회전하면서 40 hp를 전달한다. 기어의 속도는 500 rpm, 이폭은 45 mm, 모듈은 $m = 4$ mm, 압력각은 20°이다. 다음을 계산하라.

a. 피니언의 속도 V와 전달하중 F_t

b. 피니언과 기어축에 작용하는 반지름방향 힘과 축방향 힘 및 토크

[그림 P12.23]

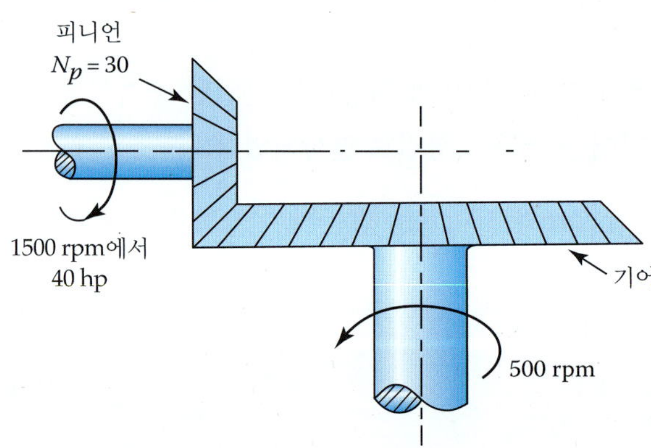

12.24 압력각이 20°, 잇수가 $N_1 = 30$, $N_2 = 60$인 한 쌍의 베벨기어가 있다. 이끝원 지름에서 측정한 모듈이 8.5 mm 일 때 베벨기어의 용량을 루이스 식과 버킹엄 식을 사용하여 계산하라.

주어진 값: 기어의 폭 b는 70 mm이고 $K_f = 1.5$, 피니언의 속도는 720 rpm이다.

설계 가정: 기어의 재질은 모두 강(200 Bhn)이다.

12.9절~12.11절

12.25 중심거리가 6 in.인 두 축은 이루는 각도가 90°이고 웜기어셋에 의하여 연결되어 있다. 피치원 지름, 리드, 웜의 잇수를 계산하라.

주어진 값: 속도비는 0.025, 웜의 리드각은 35°, 웜기어의 이직각 피치는 3/8 in.이다.

12.26 지름이 3 in.인 두 줄 웜이 1800 rpm으로 회전하면서 40 hp를 전달한다. 웜기어의 잇수는 80개이고 지름은 10 in.이다. 효율일 90%일 때 기어 이에 작용하는 접선방향 힘을 계산하라.

12.27 그림 P12.27에 베벨기어 및 웜기어로 이루어진 장치를 나타내었다. 기어 1은 k_1의 속도로 시계방향으로 회전하고 있을 때 웜기어의 회전속도와 방향을 구하라.

주어진 값: $N_1 = 20$, $N_2 = 20$, $N_W = 5$, $N_3 = 50$, $n_1 = 250$ rpm.

[그림 P12.27]

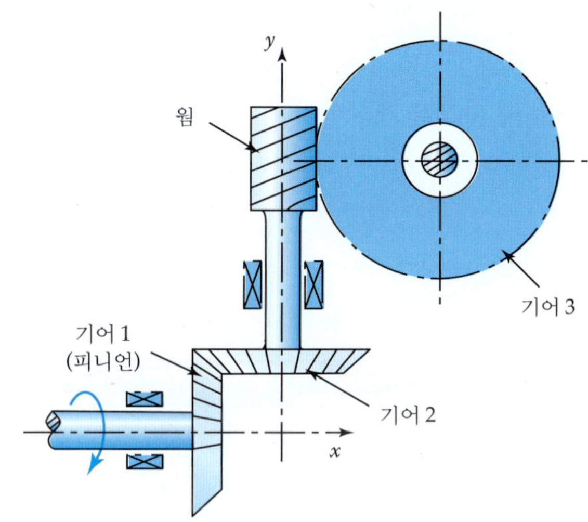

12.28 그림 P12.28에 웜기어 장치가 도시되어 있다. 다음을 계산하라.

a. 기어비, 기어의 지름, 웜의 리드

b. 헬릭스각 및 중심거리

주어진 값: $N_W = 2$, $N_g = 40$, $P = 8$.

가정: 웜의 지름은 $d_W = 3.5\,p$이다. 여기서 p는 기어의 원주피치값이다.

[그림 P12.28]

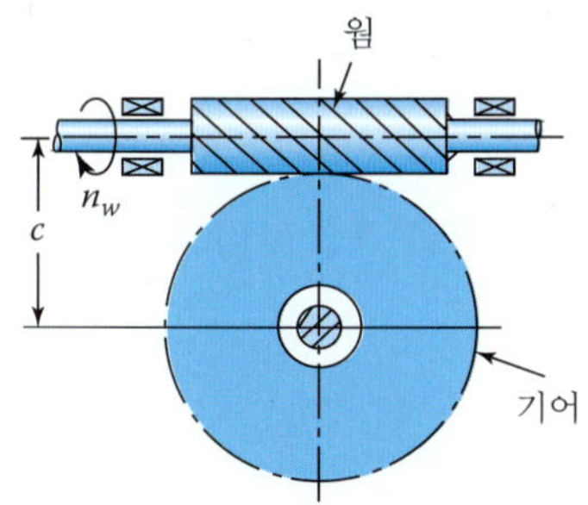

12.29 웜기어 장치가 잇수 45개인 기어와 2줄 웜으로 구성되어 있다(그림 P12.28). 다음을 계산하라.

a. 웜의 지름 d_W, 기어의 피치원 지름 d_g, 리드각 λ

b. F_w를 통한 한계 마모하중(버킹엄 식에 근거)

주어진 값: $b = 25$ mm, $c = 210$ mm, $N_W = 3$, $N_g = 65$, $m = 6$ mm, $n_W = 1200$ rpm.

가정: 웜의 지름은 $d_W = c^{0.875}/2$ (12.9절 참조)이고, 기어와 웜의 재질은 각각 청동과 주철이다.

12.30 지름이 2.5 in.인 웜은 줄수가 4개이고 지름피치가 6 teeth/in., 잇수가 90개인 웜기어와 맞물리고 있다. 다음을 계산하라.

a. 리드

b. 리드각

c. 중심거리

12.31 10 hp, 1000 rpm의 전기 모터가 웜기어를 통해 50 rpm 기계를 구동하고 있다. 중심거리각 7 in.(그림 P12.31)일 때 다음을 계산하라.

a. 헬릭스각

b. 전달하중

c. 기계에 전달되는 동력

[그림 P12.31]

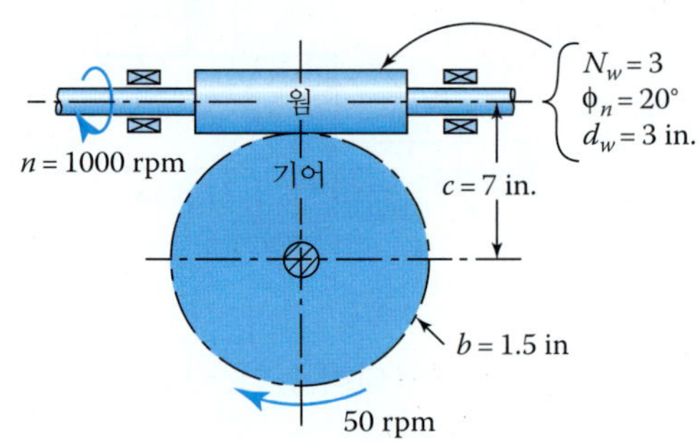

12.32 그림 P12.31에서 기어의 재질이 주철(WQ&T)이라면 굽힘강도 측면에서 설계가 만족스러운가? $K_f = 1.4$와 수정 루이스 식을 이용하라.

12.33 그림 P12.31에서 웜과 웜기어 재질이 각각 주철과 청동이라면 마모측면에서 설계가 만족스러운가? 버킹엄 식 (12.22)를 활용하라.

12.34 그림 P12.31의 웜기어 감속기는 연속으로 구동하고 있고 팬이 작동하는 하우징에서 온도상승의 한계가 100°F이다. 방열량을 계산하라. 과열문제가 발생하는가?

CHAPTER 13

벨트, 체인, 클러치, 브레이크

13.1 서론

베어링과는 대조적으로 마찰은 벨트, 클러치, 브레이크에서는 유용하며 필수적인 요소이다. 마찰력은 보통 짧은 패드나 링크 또는 긴 밴드나 벨트와 접촉하는 평면이나 원통면에서 발생한다. 이들의 여러 조합이 브레이크와 클러치에 적용되며, 밴드(체인)와 바퀴의 한 쌍이 벨트(체인) 구동에 역시 사용된다. 그러므로 겨우 몇 개의 다른 해석만이 필요하며(서로 비슷비슷해서) 요소의 기능보다는 식에 영향을 미치는 표면의 형태가 더 고려된다. 공통적인 작동상의 문제점들은 압력분포, 마모, 온도상승, 열의 발산 등과 관련된다. 그러므로 이런 기구들은 효과적으로 해석되는 동시에 연구된다.

벨트 구동(belt drive) 또는 *체인 구동*(chain drive)은 축 상에 있는 벨트나 체인을 연결하는 풀리를 통해서 한 축에서 다른 축으로 운동을 전달하는 전통적 수단이다. 이 장의 A부분에서는 벨트와 체인같은 유연한 요소에 관해서 다룬다. 많은 경우에 이들의 사용은 진동 및 충격의 전달을 줄이고, 기계의 설계를 기본적으로 단순화시키고 원가를 줄인다. 상당히 떨어진 거리에서 평행하거나 평행하지 않은 축간의 동력전달이 가능하다. 따라서 설계자는 구동 및 종동기계의 위치 선정에 상당히 유연하게 대처할 수 있다[1-8]. 기계 시스템에 관한 웹사이트 www.machinedesign.com과 www.powertransmission.com에는 클러치와 브레이크뿐만 아니라 벨트와 체인에 관한 정보가 담겨 있다.

브레이크와 클러치는 기본적으로 같은 기구이다. 각각은 대개 회전과 관련이 있다. *브레이크*(brake)는 움직이는 물체의 운동에너지를 흡수하며 속력을 조절한다. 브레이크의 기능은 기계적인 에너지를 열로 전환하는 것이다. *클러치*(clutch)는 자주 연결되고 떨어져야만 하는 두 축 사이에 동력을 전달한다. 브레이크도 같은 방법으로 작동되나 한쪽 요소가 고정되는 점이 다르다. B부분에서는 다룰 클러치와 브레이크는 모두 고체면 사이에서 미끄러짐에 의존하는 마찰형이다. 다른 종류로는 두 부품간 자기식, 유압식 또는 기계식 연결이 있다. 클러치는 축의 일정한 토크를 유지하는 데 흔히 사용되며, 기계가 고장인 경우에 모터에서 축을 분리하는 비상 단절기구로 사용된다. 그런 경우에 브레이크 또한 축(기계)을 긴급히 멈추게 하는 데 적절하다. 브레이크와 클러치는 자동차뿐만 아니라 모든 종류의 생산기계에 널리 사용되며, 원판 또는 축형, 원추형, 외부에 슈가 부착된 원통형, 내부에 슈가 부착된 원통형 등으로 분류된다[9-11].

A. 유연한 요소

기어(11, 12장) 외에도 벨트와 체인이 널리 쓰인다. 벨트는 종종 전기 모터의 높은 속력을 기계장비에 필요한 더 낮은 값으로 낮추는 데 필요하다. 체인은 또한 필요시 큰 감속을 위해서도 적용된다. 벨트 구동은 상대적으로 체인 구동보다 더 조용한 반면 체인 구동은 더 큰 기대수명을 갖는다. 그러나 벨트도 체인도 무한수명을 갖지는 못하며, 마모나 탄성의 저하가 눈에 띄면 바로 교체하여야 한다.

13.2 벨트

주로 사용되는 네 가지 *벨트 형태*는 평벨트, 둥근벨트, V벨트와 타이밍 벨트이다. 평벨트 및 둥근벨트는 벨트 구동에서 풀리의 중심거리 간격이 길 때 사용될 수 있다. 반면에 V벨트와 타이밍 벨트는 제한된 좀 더 짧은 중심거리에 적용된다. 타이밍 벨트를 제외하고는 벨트와 풀리(주철 혹은 단조강) 간에는 약간의 미끄럼이 있다. 주요 벨트의 형상에 대한 특징들이 표 13.1에 나와 있다. 여러 벨트 생산자의 목록은 많은 실질적인 정보를 담고 있다.

13.2.1 평벨트와 둥근벨트

평벨트와 둥근벨트는 인장하중을 견디기 위해서 강이나 나일론 줄로 보강된 우레탄 또는 고무가 함침된 섬유로 되어 있다. 한면 또는 양면을 마찰재로 코팅하기도 한다. 평벨트는 지름이 작은 풀리를 필요로 하는 곳에 널리 쓰인다. 대개 구동 및 종동풀리들은 같은 수직면 상에 놓여 있다. 평벨트는 고속에서 조용하고 효율적이며, 큰 동력을 전달할 수 있다. 그러나 평벨트는 V벨트와 같은 토크를 전달하기 위해서는 고장력하에서 작동되어야 한다. 풀리의 중간 부분이 더 높게 만들어진 *왕관형 풀리*(crowned pulley)가 평벨트에 사용된다. 둥근벨트는 홈이 파인 풀리(grooved pulley)나 *시브*(sheave)에서 작동된다. 깊은 홈이 파인 풀리는 수평축과 수직축 간의 동력전달에 사용되며, 상대적으로 중심거리가 긴 경우에 사용된다.

13.2.2 V벨트

V벨트는 나일론, 데이크론(dacron), 유리 또는 인장 강철줄로 보강되고 함침된 섬유로 덮인 고무이다. V벨트는 전기 모터와 종동기계류 간에 동력을 전달하는 가장 보편적인 수단이다. 이들은 또한 가정용, 자동차, 산업용 기기에도 사용된다. 대개 V벨트 속도는 약 400 fpm의 범위에 있어야 한다. 이들 벨트는 그림 13.1에 보이는 *표준형* V벨트와 고성능 V벨트인 두 개 시리즈로 생산된다. 각 벨트 표준

〈표 13.1〉 일반적인 벨트의 특성

벨트 종류	기하학적 형상	치수 범위	풀리간 중심거리
평판형	t	$t = 0.75–5$ mm	상한선 없음
원형	d	$d = 3–19$ mm	상한선 없음
V형	a, b, 2β	$a = 13–38$ mm $b = 8–23$ mm $2\beta = 34°–40°$	제한됨
타이밍형	p	$p = 2$ mm and up	제한됨

[그림 13.1]
V벨트의 표준단면. 모든 치수는 인치이다.

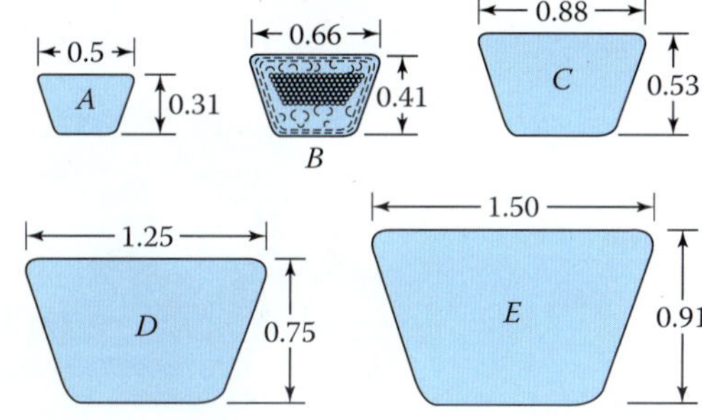

단면의 크기는 인치로 치수가 표시된 경우에는 알파벳으로 나타내고, 미터법으로 표기된 것은 숫자로 구분한다. V벨트는 평벨트보다 효율이 약간 낮다. 표에 보이듯이 V벨트 *단면 경사각*(included angle) 2β는 대개 34°와 40°사이이다.

단면이 왕관형 풀리와 시브도 V벨트에 적용된다. 홈에서 벨트의 쐐기작용(wedging action)은 13.4절에서 논의되겠지만, 벨트에서 생기는 견인력의 증가로 이어진다. *가변피치 풀리*(variable-pitch pulley)에서는 홈의 폭이 조절된다. 그러므로 풀리의 유효 피치지름이 변한다. 이 풀리는 V벨트 구동의 입출력 속도비를 변화시키는 데 적용된다. 가변피치 구동은 벨트가 동력을 전달할 때 속도비를 바꿀 수 있다. V벨트의 수에 관해서는 12줄 이상이 단독 시브에 사용될 수 있고 *다중 구동*(multiple drive)을 하게 한다. 그러한 구동에서는 모든 벨트가 같은 비율로 늘어나야 하중이 동일하게 분배된다. 다중 V벨트 구동(그림 13.2)은 높은 동력전달 요구를 만족시키기 위해서 사용된다.

13.2.3 타이밍 벨트

타이밍 벨트는 고무로 감싼 섬유와 강선으로 만들어지며 내부 원주에 같은 간격으로 된 이를 갖고 있다. *치형 벨트*(toothed belt) 또는 *동기 벨트*(synchronous belt)로도 알려진 타이밍 벨트는 늘어나거

[그림 13.2]
다중 V벨트의 구동(Courtesy of T. B. Wood's Incorporated, Chambersburg, PA.)

[그림 13.3]
정밀 속도비를 갖는 치형 또는 타이밍 벨트(Courtesy of T. B. Wood's Incorporated, Chambersburg, PA.))

나 미끄러지지 않아서 일정한 각속도비로 동력을 전달한다. 이 때문에 크랭크축으로부터 엔진 캠축을 구동시키는 것과 같은 정밀한 속도비가 필요한 많은 응용에 적용된다. 치형 벨트는 또한 작은 풀리를 사용함으로써 접촉각을 작게 할 수 있다. 이들은 상대적으로 가벼우며 적어도 16,000 fpm까지 효율적으로 작동할 수 있다. 타이밍 벨트는 그림 13.3에서 볼 수 있듯이 바퀴나 *스프로킷*(sprocket)의 원주둘레에 파인 홈에 잘 맞는다. 스프로킷의 지름은 0.60 in.에서 35.8 in.까지이고, 잇수는 10~120이다. 치형 벨트 구동의 *효율*(efficiency)은 97~99%이다.

그림 13.4는 타이밍 벨트 구동의 일부분을 예시하고 있다. 이는 나일론 섬유로 코팅되어 있다. 타이밍 벨트의 인장요소는 대개 강선(steel wire)인데 벨트의 피치선에 위치한다. 피치길이는 뒤의 지지 두께에 관계없이 같다. 기어와 마찬가지로 원주피치 p는 피치원 상에서 측정되는데 기어이의 한 점에

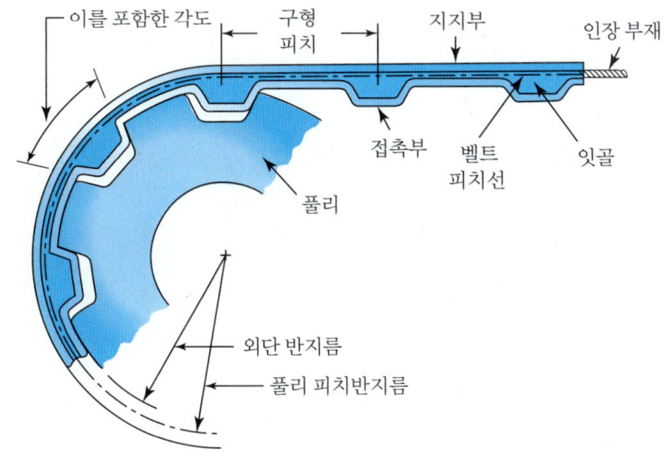

[그림 13.4]
타이밍 벨트 구동의 각부 명칭

서 인접한 이(tooth) 상의 관련된 한 점까지의 거리이다. 타이밍 벨트에 이가 있기 때문에 보통의 벨트에 비해서 장점이 있다. 예를 들면 초기 인장력이 불필요하며 느리거나 빠른 어떠한 속도에서도 중심이 고정된 구동을 사용할 수 있다. 단점으로는 벨트의 원가가 비싸고 스프로킷에 홈이 필요하며, 벨트-이의 맞물림 주기로 동적인 요동이 발생한다.

13.3 벨트 구동

앞에서 말했듯이 벨트 구동은 벨트와 축 상의 연결 풀리를 사용하여 축에서 다른 축으로 동력을 전달한다. 평벨트 구동은 소음이 거의 없고 V벨트나 다른 구동보다 시스템으로부터 오는 진동을 더 많이 흡수한다. 평벨트 구동의 효율은 약 98%로 기어 구동과 거의 같은 수준이다. V벨트 구동은 다음 절에 나오듯이 평벨트 구동보다 더 큰 동력을 전달할 수 있다. 그러나 V벨트 구동의 효율은 70~96%이다.

우리는 평벨트 구동에 대해서 오랫동안 사용되는 전통적 해석을 여기서 제시한다. 많은 이론들이 더 자세한 수학식으로 벨트 구동 역학을 서술하고 있다. 그림 13.5a는 보통의 벨트 구동을 예시하며, 벨트가 구동될 때, 벨트의 인장력이 한쪽이 늘어지도록 그려져 있다. 벨트의 마찰력은 전체 접촉 원호

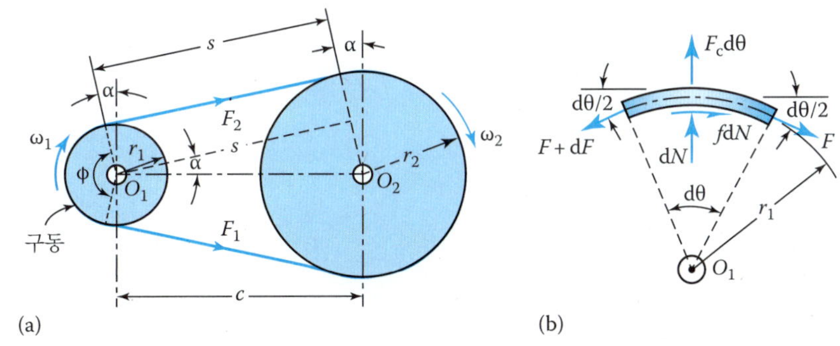

[그림 13.5]
벨트 구동. (a) 움직이는 벨트의 힘 (b) 작은 풀리 상에서 미끄러지기 직전의 벨트요소

에 따라서 일정하게 했다. 구동 풀리의 회전에 따른 마찰 때문에 *팽팽한* 쪽의 인장력이 *늘어진* 쪽보다 크다. 이 그림을 참조하면 다음 관계식이 유도된다.

13.3.1 전달된 동력

벨트 구동에 대해서 풀리 상의 토크는 다음과 같다.

$$T = (F_1 - F_2) r \tag{13.1}$$

여기서

r = 피치반지름

F_1 = 팽팽한 쪽 인장력

F_2 = 느슨한 쪽 인장력

$F_1 > F_2$이다. *피치반지름*(pitch radius)은 풀리의 중심에서 벨트의 중립축까지의 대략적인 거리이다. 요구되는 *초기 인장력*(initial tension) F_i는 벨트의 탄성적 특성에 달려 있다. 그러나 다음 식으로도 만족할 만하다.

$$F_i = \frac{1}{2}(F_1 + F_2) \tag{13.2}$$

식 (1.17)을 통해서 전달동력은

$$\text{hp} = \frac{(F_1 - F_2)V}{33,000} = \frac{Tn}{63,000} \tag{13.3}$$

여기서

$$V = \frac{\pi d n}{12} \tag{13.4}$$

이들 식에서

T = 토크 lb · in.

V = 벨트 속도 fpm

n = 풀리의 속도 rpm

d = 풀리의 피치지름 in.

벨트 구동의 속도비는 다음과 같다.

$$\frac{n_1}{n_2} = \frac{r_2}{r_1} \tag{13.5}$$

숫자 1과 2는 입력과 출력 또는 작은 풀리와 큰 풀리를 각각 나타낸다.

13.3.2 접촉각

구동기의 도형으로부터(그림 13.5a) 각도 α는 다음과 같이 구해진다.

$$\sin\alpha = \frac{r_2 - r_1}{c} \tag{13.6}$$

작은 풀리 상의 *접촉각*(contact angle) 또는 *감싸는 각도*(angle of wrap) ϕ는 다음과 같다.

$$\phi = \pi - 2\alpha \tag{13.7}$$

여기서

r_1 = 작은 풀리의 피치반지름
r_2 = 큰 풀리의 피치반지름
c = 중심거리

벨트 구동의 용량은 ϕ의 값으로 결정된다. 이 각도는 치수가 크게 다르거나 중심거리가 짧은 풀리에 특히 중요하다.

13.3.3 벨트길이와 중심거리

작은 풀리와 큰 풀리를 감싸는 각도는 각각 $\pi - 2\alpha$와 $\pi + 2\alpha$이다. 접촉부의 시작과 끝점 간의 거리 또는 스팬(span)은 $s = [c^2 - (r_2 - r_1)^2]^{1/2}$이다. 벨트의 피치길이는 두 원호길이 $r_1(\pi - 2\alpha) + r_2(\pi + 2\alpha)$의 합으로 구해지며 스팬의 두배인 $2s$이다. 그렇게 해서 다음을 얻는다.

$$L = 2\left[c^2 - (r_2 - r_1)^2\right]^{1/2} + r_1(\pi - 2\alpha) + r_2(\pi + 2\alpha) \tag{13.8}$$

위 식의 오른쪽 대괄호 항인 스팬은 이항식과 α로 대체된 식 (13.6)으로부터 $\sin\alpha$의 두 항으로 근사화된다. 그러면 *벨트 피치길이*(belt pitch length)는 다음 식으로 근사화된다.

$$L = 2c + \pi(r_1 + r_2) + \frac{1}{c}(r_2 - r_1)^2 \tag{13.9}$$

이 식은 다음의 근사적인 *중심거리*(center distance) 식을 준다.

$$c = \frac{1}{4}\left[b + \sqrt{b^2 - 8(r_2 - r_1)^2}\right] \tag{13.10}$$

여기서

$$b = L - \pi(r_2 + r_1) \tag{13.11}$$

〈표 13.2〉 표준형 V벨트의 피치 길이(inch 단위)

단면적							
A	**B**	**C**	**A**	**B**	**C**	**D**	**E**
27.3			113.3	113.8	114.9		
36.3	36.8		121.3	121.8	122.9	113.3	
43.3	43.8			145.8	146.9	147.3	
52.3	52.8	53.9		159.8	160.9	161.3	
61.3	61.8	62.9		174.8	175.9	173.3	
69.3	69.8	70.9		181.8	182.9	183.3	184.4
76.3	76.8	77.9		211.8	212.9	213.3	214.5
86.3	86.8	87.9		240.3	240.9	240.8	241.0
91.3	91.8	92.9		270.3	270.9	270.8	271.0
106.3	106.8	107.9		300.3	300.9	300.8	301.0

〈표 13.3〉 일반적인 타이밍 벨트의 표준 피치

사용	표기	피치 p(in.)
초경량	XL	$\frac{1}{5}$
경량	L	$\frac{3}{8}$
중량	H	$\frac{1}{2}$
초중량	XH	$\frac{7}{8}$
특 초중량	XXH	$1\frac{1}{4}$

몇몇 표준 V벨트의 *실제 피치길이* 값들이 표 13.2에 있다. 이 값들을 식 (13.11)에 대입하면 실제 중심거리를 얻을 수 있다. 이 표에서 알 수 있는 것은 긴 중심거리는 V벨트용으로 추천되지 않는다는 것이다. 그 이유는 느슨한 쪽의 지나친 진동이 재료의 수명을 단축시키기 때문이다. 평벨트의 경우에는 표 13.1에서 알 수 있듯이 중심거리에 실질적으로 제한이 없다. 표 13.3은 치형 벨트에 대한 표준피치를 기호로 나타낸 것이다.

비표준 V벨트에 대해서는 중심거리를 다음의 둘 중에서 더 큰 값으로 한다.

$$c = 3r_1 + r_2 \quad \text{또는} \quad c = 2r_2 \tag{13.12}$$

c의 값은 벨트 피치길이 L을 추정하기 위해서 식 (13.9)에 사용될 수 있다. 벨트 구동은 아이들러 풀리가 반영되지 않으면 중심거리 조절장치와 같이 설계되어야 한다는 점을 명심해야 한다. 그 이유는 벨트는 사용중에 늘어나기 때문이다.

예제 13.1 V벨트 구동장치의 치수 결정

V벨트가 8 in.와 12 in. 피치지름의 시브에서 작동중이다(그림 13.5a). 다음을 계산하라.

a. 중심거리
b. 접촉각

가정: B 단면 V벨트가 사용되며, 실제 피치길이는 69.8 in.이다(표 13.2)

풀이

a. 식 (13.11)을 사용함으로써

$$b = L - \pi(r_1 + r_2) = 69.8 - \pi(6 + 4) = 38.38 \text{ in.}$$

따라서 식 (13.10)은

$$c = \frac{1}{4}\left[38.38 + \sqrt{38.38^2 - 8(6-4)^2}\right] = 19.09 \text{ in.}$$

b. 식 (13.7)을 적용하면 다음과 같다.

$$\phi = \pi - 2\alpha = 180° - 2\sin^{-1}\left(\frac{6-4}{480}\right) = 168°$$

13.3.4 벨트의 초기 인장력 유지

평벨트는 어떤 기간 동안 늘어나며 초기 인장력을 상실한다. 물론 가장 단순한 해법은 초기 인장력을 과도하게 주는 것이다. 그러나 이것은 축과 베어링에 과부하를 초래하며 벨트의 수명을 단축시킨다. 요구되는 인장력을 자동으로 유지하는 *자기조임 장치*(self-tightening drive)가 그림 13.6에 예시되어 있다. 그림과 같이 제3의 풀리가 추나 스프링에 의해서 벨트의 윗부분 느슨한 쪽을 누르고 있다. 자유롭게 회전하는 여분의 풀리는 *아이들러 풀리*(idler pulley) 또는 그냥 *아이들러*(idler)라고 부른다. 이 아이들러는 접촉각 ϕ를 증가시켜 구동 능력을 높인다.

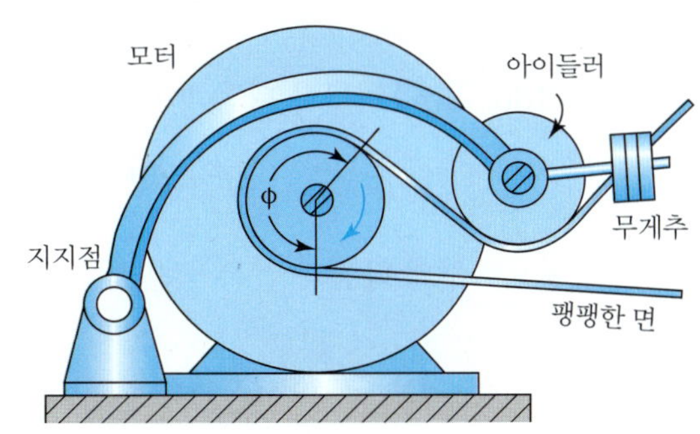

[그림 13.6]
느슨한 쪽의 인장을 유지하기 위해 사용되는 무게추가 부착된 아이들러

그 외에도 필요한 벨트 인장력을 유지하는 다양한 방법이 있다. 피벗으로 매단 모터 구동, 마찰계수를 증가시키기 위해 벨트와 풀리의 소재 교체, 중심거리를 조절할 수 있는 장치를 추가시켜 작동중 중심거리를 증가시키는 방법 등이 여기에 해당한다. 내부의 견고한 인장코드의 저항으로 인하여 타이밍과 V벨트는 자주 초기 인장력을 조절할 필요가 없다.

13.4 벨트의 인장 관계식

앞절에서 논의된 내용은 회전이 느려서 원심하중이 무시될 수 있는 벨트에 관해서였다. 이제 최대의 능력으로 작동되는 벨트에서 팽팽한 쪽과 느슨한 쪽 사이의 관계를 유도한다. 이를 위해서 먼저 벨트의 관성효과를 나타내는 *구심력*(centrifugal force) F_c를 다음과 같이 정의한다.

$$F_c = \frac{w}{g}V^2 \tag{13.13}$$

여기서

w = 단위 길이당 벨트의 무게

V = 벨트의 속도

g = 중력가속도

SI 단위계로 F_c는 N, w는 N/m, V는 m/s 그리고 g는 9.81m/s²이고, 미국 단위계로는 F_c는 lb, w는 lb/ft, V는 fps, g는 32.2 ft/s²이다.

13.4.1 평벨트 또는 둥근벨트 구동

최대 용량으로 사용되는 그림 13.5a의 벨트 구동을 다시 살펴보자. 작은 풀리 상에서 막 미끄러지려는 벨트요소의 자유물체도가 그림 13.5b에 묘사되어 있다. 이 요소는 수직력 dN, 인장력 F, 원심력 F_cdθ, 마찰력 fdN을 받고 있으며 f는 마찰계수이다. 수평방향의 힘의 평형으로부터

$$(F + dF)\cos\frac{d\theta}{2} - f\,dN - F\cos\frac{d\theta}{2} = 0$$

작은 각도에 대해서는 cos(dθ/2) = 1이므로 다음과 같이 단순화시킬 수 있다.

$$dF = f\,dN \tag{13.14}$$

마찬가지로 수직력의 평형으로부터 다음과 같은 식을 얻는다.

$$dN + F_c d\theta - (F + dF + F)\sin\frac{d\theta}{2} = 0$$

$d\theta$는 작은 각이므로, $\sin(d\theta/2) = d\theta/2$를 채택하고 고차원 항 $dF \cdot d\theta$를 무시한다. 이렇게 하고 식 (13.14)로부터 dN의 값을 대입하면, 이 식은 다음과 같이 된다.

$$\frac{dF}{F - F_c} = f d\theta$$

이 식의 해는 최소 인장력 F_2에서 최대 인장력 F_1까지 적분하고 벨트의 접촉각(그림13.5a) ϕ를 도입하여 얻어진다. 따라서

$$\int_{F_2}^{F_1} \frac{dF}{F_1 F_c} = \ln\left(\frac{F_1 - F_c}{F_2 - F_c}\right) = f\phi \tag{13.15}$$

이 식은 다음과 같이 좀 더 편리한 형태로 쓸 수 있다.

$$\frac{F_1 - F_c}{F_2 - F_c} = e^{f\phi} \tag{13.16}$$

이 식으로부터 원심력은 접촉각 ϕ를 감소시키려 한다는 것을 알 수 있다.

예제 13.2 평벨트의 최대 인장력

12 hp, 2200 rpm의 전기 모터가 평벨트를 통해 기계를 구동한다. 벨트의 규격은 폭 5 in. 두께 0.3 in.이고 무게는 0.004 lb/in³이다. 중심거리는 6.5 ft이다. 모터축의 풀리는 $r_1 = 2.5$ in.의 반지름을 가지며 종동 풀리의 반지름은 $r_2 = 7.5$ in.이다.

구하는 값: 벨트의 인장력

가정: 마찰계수는 0.2를 사용한다.

풀이

벨트의 단면적은 5(0.3) = 1.5 in.²이고 벨트의 단위 길이당 무게는 $w = 0.04(1.5) = 0.06$ lb/in. = 0.72 lb/ft

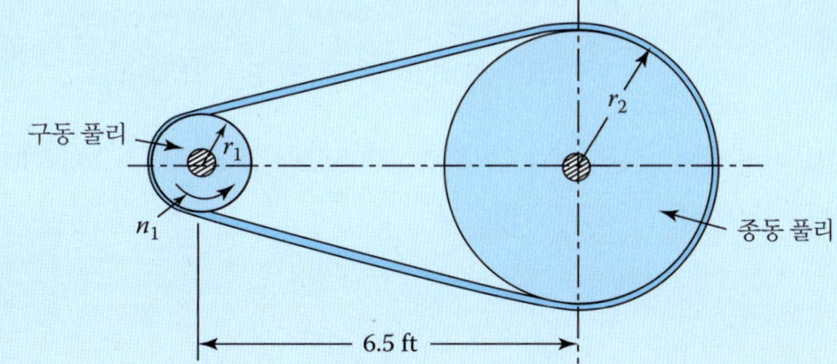

[그림 13.7]
평벨트의 구동

와 같다. 식 (13.4)를 이용하면 벨트의 속도는

$$V = \frac{\pi d_1 n_1}{12} = \frac{\pi(5)(2200)}{12} = 2880 \text{ fpm}$$

식 (13.3)에 의해

$$F_1 - F_2 = \frac{33{,}000 \text{ hp}}{V} = \frac{33{,}000(12)}{2880} = 137.5 \text{ lb} \tag{a}$$

식 (13.13)을 적용하면 벨트에 작용하는 구심력은

$$F_c = \frac{w}{g}V^2 = \frac{0.72}{32.2}\left(\frac{2880}{60}\right)^2 = 51.52 \text{ lb}$$

식 (13.6)을 통해 다음 값을 찾는다.

$$\alpha = \sin^{-1}\left[\frac{r_2 - r_2}{c}\right] = \sin^{-1}\left[\frac{7.5 - 2.5}{6.5(12)}\right] = 3.675°$$

감싸는 각도는 $\phi = \pi - 2\alpha$이므로, 따라서

$$\phi = 180° - 2(3.675°) = 172.65°$$

$e^{f\phi} = e^{(0.2)(172.65)(\pi/180)} = 1.827$이다. 계산된 값을 식 (13.16)에 대입하면

$$\frac{F_1 - 51.52}{F_2 - 51.52} = 1.827$$

또는

$$F_1 = 1.827 F_2 - 42.6 \tag{b}$$

식 (a)와 (b)를 이용하여 각 인장력을 구하면

$$F_1 = 355.3 \text{ lb} \quad \text{그리고} \quad F_2 = 217.8 \text{ lb}$$

평가: 식 (13.2)를 이용하여 계산된 초기 인장력은 $(355.3 + 217.8)/2 = 286.6$ lb이고, 따라서 벨트 구동시 가장 크게 작용하는 인장력은 $F_1 = 355.3$ lb이다.

[그림 13.8]
시브의 홈(groove) 내의 V벨트

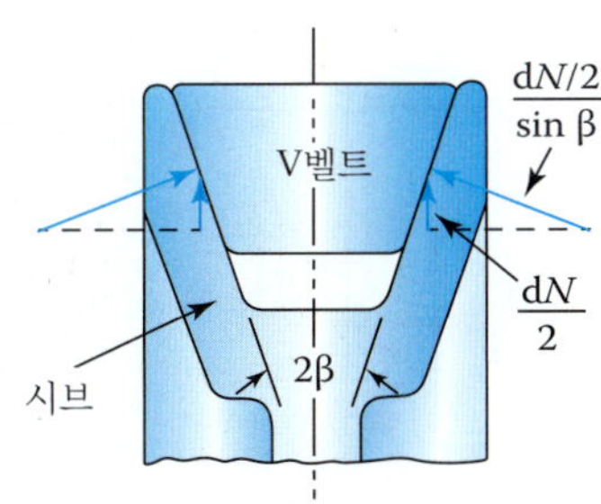

13.4.2 V벨트 구동

그림 13.8은 어떻게 V벨트가 시브의 홈 경사각을 이루는지 예시하고 있다. 측면에서 접촉하고 밑에는 작은 공간이 있다. 분명히 이 쐐기 작용은 벨트요소 상의 수직력을 dN(그림 13.5b)에서 $dN/\sin\beta$로 증가시킨다. V벨트에 대해서 앞의 논의에서와 유사한 방법을 사용하면 다음 식을 얻는다.

$$\frac{F_1 - F_c}{F_2 - F_c} = e^{f\phi/\sin\beta} \tag{13.17}$$

β는 V벨트의 경사각의 반이다. 흥미로운 점은 *구동풀리*(driver pulley)의 접촉각 ϕ가 작으면 작을수록 벨트의 인장력이 커지므로 매우 중요하다는 것이다. 따라서 벨트 구동의 설계는 작은 풀리의 치수를 기준으로 한다.

13.5 V벨트 구동 설계

최대 인장력과 예상수명 또는 내구성에 대한 벨트 구동의 설계는 특별한 관심을 끈다. 이 절에서는 주로 전자에 주의를 집중하려 한다. V벨트 단면이 많이 변하므로 벨트 구동은 대개 표, 차트, 생산자의 지침서 등에 따라 합리적으로 설계하여야 한다. 설계 데이터는 많은 시험결과뿐만 아니라 이론에도 의존한다[4, 5].

시브 주위에서 도는 동안 벨트에 걸리는 힘은 그림 13.9와 같이 크게 변한다. 풀리를 감는 *굽힘*(bending)으로 인해 코드에 발생하는 추가적인 등가 *인장력* F_{b1}과 F_{b2}를 주목하라. 벨트 내의 점 B에서 최대 또는 총 힘 F_B는 팽팽한 쪽 인장력과 작은 풀리를 감는 굽힘에 의한 등가 인장력의 합이다. 그러므로

$$F_B = F_1 + F_{b1}$$

점 E에서도 마찬가지로 총 힘은 $F_E = F_2 + F_{b2}$로 표현된다. 인장력 F_1과 F_2는 식 (13.3)으로부터 얻어진다. 표준형 V벨트에 대해서 굽힘력과 구심력은 경험식으로 주어진다. 최대 힘 F_B와 F_E는 V벨트 구동

[그림 13.9]
움직이는 V벨트의 힘

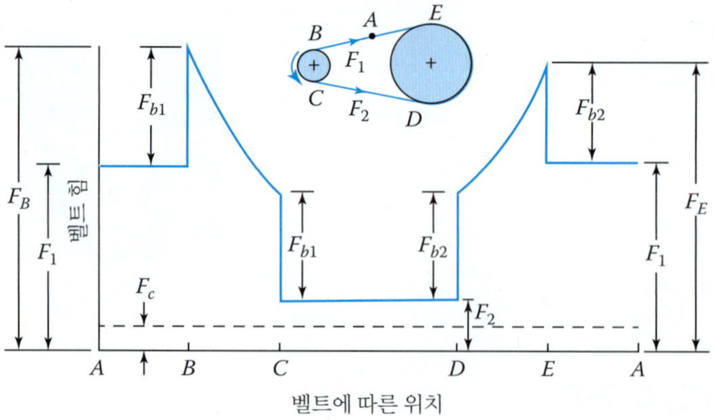

의 설계에서 핵심이다. 내구설계는 벨트에서 유도되는 굽힘응력으로 인해 다소 복잡해진다. 예상 V벨트 수명은 피로파손 전에 견딜 수 있는 최대 힘의 개수에 관련된다. V벨트 구동의 피로성능은 시험으로 가장 잘 얻어진다.

지금부터 벨트 내의 최대 인장력에 대한 *근사 설계식*(approximate design equation)을 개발한다. 벨트 구동의 속도와 동력은 사전에 정한다. 그러면 식 (13.3)으로부터 작은 풀리에서 토크는

$$T = \frac{63,000\ \text{hp}}{n_1} \tag{13.18}$$

여기서 n_1은 작은 풀리의 단위가 rpm인 속도이다. 느슨한 쪽의 인장력은 식 (13.1)로부터 다음과 같이 얻는다.

$$F_2 = F_1 - \frac{T_1}{r_1} \tag{13.19}$$

r_1은 작은 풀리의 피치 반지름이다. 식 (13.19)를 (13.17)에 대입하여 다시 정리하면 팽팽한 쪽의 인장력은 다음의 편리한 형태로 쓸 수 있다.

$$F_1 = F_c + \left(\frac{\gamma}{\gamma - 1}\right)\frac{T_1}{r_1} \tag{13.20}$$

여기서

$$\gamma = e^{f\phi/\sin\beta} \tag{13.21}$$

고무와 마른 강 사이의 마찰계수 f는 대개 0.3을 채택한다.

평벨트(flat belt, $\beta = 90°$)의 경우에는 $\sin\beta = 1$이다. 식 (13.20)으로부터 주어진 최대 인장력 F_1에 대해서 V벨트는 더 큰 토크와 동력을 전달할 수 있다. 결과적으로 V벨트를 평벨트보다 더 선호한다.

표 13.4는 V벨트 인장력을 추정하는 데 사용될 수 있다. 시브의 지름이 같다면, 접촉각은 180°이고 팽팽한 쪽의 인장력 F_1은 느슨한 쪽의 인장력 F_2의 5배만큼이나 크다. 특히 최소 접촉각은 90°이고 $F_1 = 2.24F_2$이다.

V벨트는 대개 보강된 고무로 만들어지므로, 요구되는 강도는 주로 인장에 의해서 지배된다. 즉 풀리 주변의 굽힘에 의해서 벨트에 생기는 추가적인 힘의 효과는 무시된다. 그러나 팽팽한 쪽의 인장력은 사용계수 K_s를 곱해야 한다. 그래서 *최대 인장력*(maximum tension)은

$$F_{max} = K_s F_1 \tag{13.22}$$

사용계수(service factor)는 생산자에 의해서 자세히 나열되며, 주로 하루에 과부하가 걸린 식, 구동 및 종동축에 걸린 하중의 변화, 환경의 변화 등을 기준으로 정한다. V벨트에 의해서 구동되는 장비의 예는 송풍기, 펌프, 압축기, 팬, 경부하 컨베이어, 반죽기계, 발전기, 세탁기계, 기계공구, 펀치, 프레스, 전단기, 인쇄기계, 버킷 엘리베이터, 섬유기계류, 호이스트 등이다. 구동 및 종동기계의 특성에 따른 전형적인 사용계수는 표 13.5에 주어져 있다. 벨트의 치수를 선택할 때 마력에 사용계수를 곱해야 한다. V벨트 구동설계는 가능한 한 가장 큰 풀리를 사용한다. 시브의 치수가 작아질수록 주어진 출력마력에 대한 벨트 인장력은 증가한다. 3개의 전기 모터 크기에 따라 추천되는 풀리의 지름이 표 13.6에 주어져 있다.

마지막으로 풀리에서 축하중은 토크 T에 힘 F_s로 구성되는 것을 주목한다. F_s는 인장력 F_1과 F_2의 벡터이다. 그림 13.5a를 참고해서 *축하중*(shaft force)은 다음과 같이 나타낼 수 있다.

〈표 13.4〉 다양한 접촉각도에 대한 V벨트 인장비

접촉각 φ	F_1/F_2	접촉각 φ	F_1/F_2	접촉각 φ	F_1/F_2
180°	5.00	150°	3.82	120°	2.92
175°	4.78	145°	3.66	115°	2.80
170°	4.57	140°	3.50	110°	2.67
165°	4.37	135°	3.34	105°	2.56
160°	4.18	130°	3.20	100°	2.44
155°	4.00	125°	3.06	90°	2.24

〈표 13.5〉 V-벨트 구동에 대한 사용계수 K_s

	구동(모터 또는 엔진)	
구동 기계	정상 토크 특성	고토크 및 불균일 토크
불균일	1.0–1.2	1.1–1.3
가벼운 충격	1.1–1.3	1.2–1.4
중간 충격	1.2–1.2	1.4–1.6
심한 충격	1.3–1.5	1.5–1.8

〈표 13.6〉 V-벨트 구동에 대한 추천 시브 피치지름(인치)

	모터 속도 rpm				
모터 hp	575	695	870	1160	1750
$\frac{1}{2}$	2.5	2.5	2.5	—	—
$\frac{3}{4}$	3.0	2.5	2.5	2.5	—
1.00	3.0	3.0	2.5	2.5	2.25

$$F_s = \left[\left(F_1 + F_2\cos 2\alpha\right)^2 + \left(F_2 \sin 2\alpha\right)^2\right]^{1/2} \tag{13.23}$$

각도 α는 식 (13.6)으로 정의된다. 식 (13.23)은 대부분의 경우에 스칼라합 $F_1 + F_2$와 대략 같은 결과를 준다. 설계자는 축베어링의 반력을 계산하려면 축하중을 아는 것이 유익하다는 것을 알 것이다.

예제 13.3 V벨트 구동의 설계 해석

마찰계수가 0.3일 때 V벨트의 구동 용량이 10 kW가 되게 하려 한다. 필요한 벨트 인장력과 최대 인장력을 구하라.

주어진 값: 구동축 시브는 반지름이 $r_1 = 100$ mm, 속도는 $n_1 = 1800$ rpm, 접촉각은 $\phi = 153°$이다. 벨트의 무게는 2.25 N/m이고 홈의 경사각은 36°이다.

가정: 구동기계는 보통의 토크모터이고 종동기계는 가벼운 충격하중을 받는다.

풀이

$\phi = 153° = 2.76$ rad이고 $\theta = 18°$이다. 팽팽한 쪽의 인장력은 식 (13.20)으로부터 다음과 같다.

$$F_1 = F_c + \left(\frac{\gamma}{\gamma - 1}\right)\frac{T_1}{r_1} \tag{a}$$

여기서

$$F_c = \frac{w}{g}V^2 = \frac{2.25}{9.81}\left(\frac{\pi \times 0.2 \times 1800}{60}\right)^2 = 81.5 \text{ N}$$

$$\gamma = e^{f\phi/\sin\beta} = e^{0.3(2.67)/\sin 18°} = 13.36$$

$$T_1 = \frac{9549 \text{ kW}}{n_1} = \frac{9549(10)}{1800} = 53.05 \text{ N} \cdot \text{m}$$

계산된 값을 식 (a)에 대입하여 다음과 같은 값을 얻는다.

$$F_1 = 81.5 + \left(\frac{13.36}{13.36-1}\right)\frac{53.05}{0.1} = 655 \text{ N}$$

그리고 식 (13.19)에 의해서 느슨한 쪽의 인장력은

$$F_2 = 655 - \frac{53.05}{0.1} = 124.5 \text{ N}$$

F_1에 대한 사용계수가 1.2(표 13.5)이므로 식 (13.22)에 따라 벨트에 작용하는 최대 인장력은 다음과 같다.

$$F_{max} = 1.2(655) = 786 \text{ N}$$

타이밍 벨트 구동의 설계는 평벨트나 V벨트 구동의 설계와 동일하다. 생산자는 치수와 강도에 대한 자세한 정보를 제공한다. 다음 사례연구 18.10은 한 응용 사례를 보여준다.

13.6 체인 구동

13.1절에서 지적했듯이 체인은 평행한 축 간에 동력전달을 위해서 사용된다. 이들은 높은 하중과 정확한 속도비가 유지되어야 하는 곳에 적용될 수 있다. 기어 구동에서처럼 정확한 위치와 정렬공차(alignment tolerance)가 요구되지 않으면서, 입출력 스프로킷이 같은 수직평면에 놓일 때 가장 좋은 성능을 기대할 수 있다[6, 7]. 체인 구동은 전형적인 기어 구동보다 짧은 사용수명을 갖는다. 화재의 위험이 없으며 상대적으로 높은 온도에서도 사용할 수 있다. 가끔 조절 가능한 *아이들러* 스프로킷이 느슨한 쪽의 늘어짐을 없애고 접촉하는 잇수를 증가시키기 위해서 구동 스프로킷 부근 체인의 바깥쪽에 놓인다. 유일하게 필요한 유지관리는 적절한 윤활이다. 대개 체인은 대기의 먼지로부터 보호하고 윤활을 원활히 하기 위해서 얇은 금속으로 케이싱을 만들어야 한다. 체인은 정기적으로 등유를 씻고 오일에 담가야 한다.

체인의 *속도비*(speed ratio)는 다음 식으로 표시된다.

$$\frac{n_2}{n_1} = \frac{N_1}{N_2}$$

이 식에서

n_2 = 출력속도

n_1 = 입력속도

N_2 = 출력 스프로킷의 잇수

N_1 = 입력 스프로킷의 잇수

구동 스프로킷에는 홀수의 잇수(17, 19, 21, ...)가 추천되며 특히 17과 25가 일반적이다. 대개 홀수의 스프로킷 잇수는 각각의 작은 스프로킷 이가 많은 또는 모든 체인링크와 접촉하게 하며 마모를 최소화시킨다. 큰 스프로킷은 보통 약 120개로 제한된다.

중심거리(center distance) c는 스프로킷이 작동에 장애가 되지 않는 값이어야 한다. 이것은 $c = 2(r_1 + r_2)$이며, 작은 속도비에 대해서는 $n_1/n_2 < 3$이다. 여기서 r_1과 r_2는 각각 입출력 스프로킷의 피치 반지름을 나타낸다. 긴 체인이 사용될 때는 아이들러가 체인의 느슨한 쪽에 필요할 수도 있다. 속도비가 $n_1/n_2 \geq 3$인 경우에는 중심거리 $c = 2(r_2 - r_1)$이 되어야 한다. 축 사이의 잠정적인 중심거리가 선택되면, *체인길이*(chain length) L은 식 (13.9)를 적용하여 예측할 수 있다. 마지막으로 중심거리는 식 (13.10)을 사용하여 재계산된다. 체인 구동에 대한 접촉각은 식 (13.7)에 의해서 주어진다. 작은 스프로킷에 대해서 접촉각은 120°보다 작아서는 안 된다.

체인피치(chain pitch) p는 핀 중심에서 핀 중심까지의 개별 링크의 길이를 나타낸다. N개의 이를 가진 스프로킷의 피치반지름은 다음과 같이 정의될 수 있다.

$$r = \frac{Np}{2\pi}$$

체인에서 짝수의 피치는 특별한 링크를 피하기 위해서 자주 사용된다. *체인속도*(chain velocity) V는 단위 시간에 스프로킷을 떠나는 링크의 수로 정의된다. 그러므로

$$V = \frac{Npn}{12} \tag{13.24}$$

체인이 전달하는 *인장력*(tensile force) F_1은 식 (1.17)로부터 다음 형태로 얻어질 수 있다.

$$F_1 = \frac{33,000 \text{ hp}}{V} = \frac{396,000 \text{ hp}}{pNn} \tag{13.25}$$

식 (13.24)와 (13.25)에서 체인피치 p는 인치로 측정되고, 스프로킷 속도 n은 rpm으로 나타낸다. 체인의 총 힘이나 인장력은 전달력 F_1, 구심력 F_c, 작은 체인 인장력과 링크운동으로부터의 힘을 포함한다. 링크판이 스프로킷의 이와 맞물릴 때는 또한 충격력이 존재하는데 이는 다음 절에서 논의된다.

13.7 일반적인 체인 형태

다양한 형태의 동력전달용 체인이 있으며, 롤러체인이 가장 널리 적용된다. 롤러체인 구동으로 구동되는 장비의 형태에는 제빵용 기계, 송풍기와 팬, 보트 프로펠러, 압축기, 컨베이어, 점토가공(clay working) 기계, 분쇄기, 승강기, 이송기, 식품 가공기, 건조기, 기계공구, 펌프, 펄프 연마기, 인쇄용 프

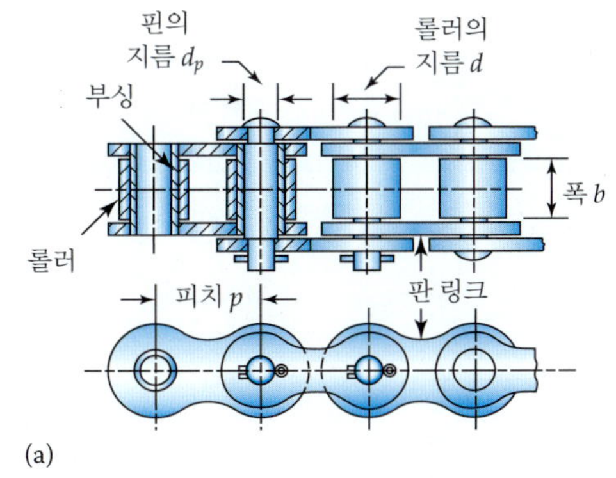

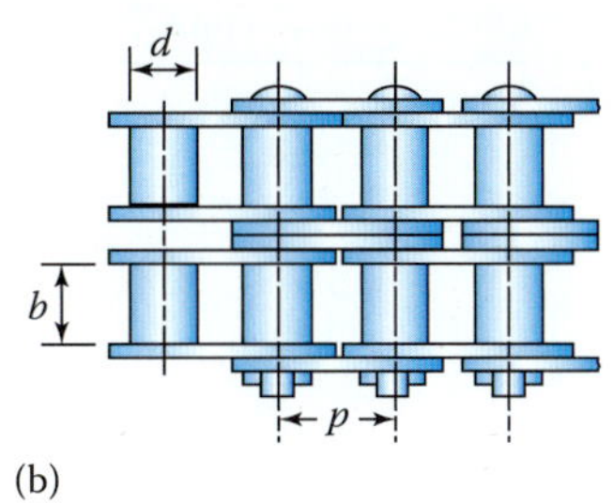

[그림 13.10]
롤러체인의 일부.
(a) 단일 배열
(b) 이중 배열

렛, 카드기계, 목재 가공기 등이 있다. 크레인, 호이스트, 발전기, 얼음기계, 다양한 세탁기계에서뿐만 아니라 위 응용사례 중 일부에서는 반전된 체인이 또한 사용된다. 이들 두 개의 일반적인 체인 형태는 스프로킷에 사용되고, 큰 하중에 적절하며 효율이 높다.

13.7.1 롤러체인

다양한 응용 중에서 가장 친숙한 것이 자전거의 롤러체인 구동이다. 롤러체인은 일반적으로 경화된 강과 강이나 주철로 된 스프로킷으로 만들어진다. 그러나 부식에 대한 저항이 필요할 때는 스테인리스 강과 청동 체인도 가능하다. 롤러체인의 치수는 그림 13.10에 나와 있다. 롤러는 내부 링크판에 맞게 끼워진 부싱 안에서 회전한다. 핀은 외부 링크의 프레스 끼워맞춤 조립에 의해서 회전이 방지되어 있다. 롤러 체인은 ANSI에 의해서 규격이 표준화되어 있다[10]. 대표적인 표준치수의 특성이 표 13.7에 열거되어 있다. 이들 체인은 단독(그림 13.10a), 이중(그림 13.10b), 삼중, 사중 배열로 생산된다. 분명히 다중배열의 사용은 체인 스프로킷 시스템의 하중지지 능력을 증가시킨다.

13.7.1.1 현운동

순간 체인속도는 식 (13.24)에 의해서 주어진 평균속도와는 다르다. 그림 13.11과 같이 일정속도 n으로 회전하며 반시계방향으로 롤러체인을 구동하는 스프로킷을 살펴보자. 링크의 중심거리를 나타내는 현은 피치길이 p를 갖는다. 이 현은 스프로킷의 피치각도 $360°/N$를 결정한다. 기하형상으로부터 $\sin(180°/N) = (p/2)/r$이므로 다음 식을 얻을 수 있다.

$$r = \frac{p}{2\sin(180°/N)}$$

여기서

r = 스프로킷의 반지름

p = 체인피치

N= 스프로킷의 잇수

〈표 13.7〉 표준 롤러체인의 크기 및 강도

체인 번호	피치 p(in.)	롤러 지름 d(in.)	롤러 폭 b(in.)	핀의 지름 d_p(in.)	링크판의 두께 t(in.)	최소 극한강도 (lb)
25	$\frac{1}{4}$	0.130	$\frac{1}{8}$	0.0905	0.030	780
35	$\frac{3}{8}$	0.200	$\frac{3}{16}$	0.141	0.050	1760
41	$\frac{1}{2}$	0.306	$\frac{1}{4}$	0.141	0.050	1500
40	$\frac{1}{2}$	$\frac{5}{16}$	$\frac{5}{16}$	0.156	0.060	3125
50	$\frac{5}{8}$	0.400	$\frac{3}{8}$	0.200	0.080	4480
60	$\frac{3}{4}$	$\frac{15}{32}$	$\frac{1}{2}$	0.234	0.094	7030
80	1	$\frac{5}{8}$	$\frac{5}{8}$	0.312	0.125	12.500
100	$1\frac{1}{4}$	$\frac{3}{4}$	$\frac{3}{4}$	0.375	0.156	19.530
120	$1\frac{1}{2}$	$\frac{7}{8}$	1	0.437	0.187	28.125
140	$1\frac{3}{4}$	1	1	0.500	0.219	38.280
160	2	$1\frac{1}{8}$	$1\frac{1}{4}$	0.562	0.250	50.000
180	$2\frac{1}{4}$	$1\frac{13}{32}$	$1\frac{13}{32}$	0.687	0.2811	63.280
200	$2\frac{1}{2}$	$2\frac{9}{16}$	$1\frac{1}{2}$	0.781	0.312	78.125
240	3	$1\frac{7}{8}$	$1\frac{7}{8}$	0.937	0.375	112.500

출처: ANSI/ASME Standard B29.1M-1993.

롤러(B)가 스프로킷 상에 안착할 때까지 링크(AB)가 이동하는 각도 $180^\circ/N$을 *관절각*(angle of articulation)이라 부른다. 스프로킷이 그림의 위치에 있을 때 체인속도는 $2\pi rn$이다. 이 속도는 스프로킷이 관절각을 돈 후에 $2\pi r_1 n$으로 변하며, 여기서 $r_1 = r\cos(180^\circ/N)$이다. 이 속도 변화량 ΔV를 *현운동*(chordal action)이라 부르며

$$\Delta V = 2\pi rn\left[1-\cos\left(180^\circ/\mathrm{N}\right)\right]$$

관절각을 통한 링크의 회전은 롤러와 스프로킷 이에서 충격을 발생시키며 또한 체인 조인트에서 미모를 초래한다. 관절각만큼 회전에 따른 링크의 상하운동은 고르지 않은 체인의 이탈속도를 유도한

[그림 13.11]
롤러체인과 스프로킷의 물림

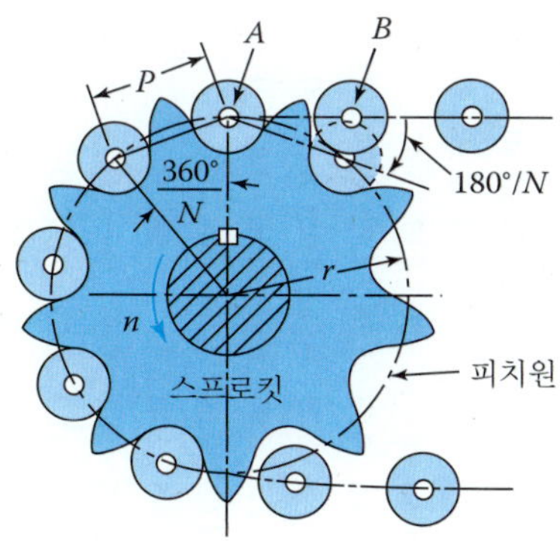

다. 결과적으로 롤러체인 구동의 종동축은 특히 고속에서 맥동운동을 받는다. 관절각(따라서 충격과 현운동)은 스프로킷의 잇수를 늘려서 할 수 있는 한 줄여야 한다.

13.7.2 롤러 체인의 동력전달 능력

미국체인협회(ACA: American Chain Association)는 수년 간의 실험실 테스트와 현장관찰의 결과로서 롤러체인의 동력전달 능력과 선택에 대한 식과 표들을 발표하였다. 등급이 매겨진 마력 용량은 대개 다양한 스프로킷 속도에 대하여 15,000 시간의 수명과 관련된 각 형태의 한 열 체인에 대한 표 형태로 주어진다. 표 13.8은 ANSI No. 60 롤러체인에 대한 예이다. 표 13.9에 나열된 것은 하중의 적용에 따른 돌발상황을 고려한 사용계수이다. 표 13.10은 여러 열에 대한 계수이다.

저속에서 롤러체인의 동력용량은 링크판의 피로강도에 달려 있다. 반면에 고속에서 동력은 롤러와 부싱의 충격수명에 의존한다. 초고속에서는 핀과 부싱 사이의 마모나 용접이 기준이 된다. *설계 동력 용량*(design power capacity)은 다음과 같이 표현할 수 있다.

$$H_d = H_r K_1 K_2 \tag{13.26}$$

여기서

H_r = 마력등급(표 13.8로부터)

K_1 = 사용계수(표 13.9로부터)

K_2 = 여러 열 계수(표 13.10으로부터)

대개 중간급 또는 경 광유(mineral oil)가 윤활유로 사용된다. 표 13.8로부터 롤러체인의 적절한 윤활은 그들의 성능에 필수적이라는 것을 알 수 있다. 속도가 증가함에 따라 요구사항이 더 많아진다. 다음과 같은 형태의 윤활계통은 만족스럽다.

A형: 수동 또는 적하(drip) 윤활. 솔이나 입이 있는 통(can)으로 정기적으로 오일이 주입된다.

B형: 오일탱크 또는 원판 윤활. 오일의 수준이 사전에 정해진 높이로 케이싱이 유지된다.

C형: 오일흐름 윤활. 체인루프나 하부 스팬 내의 순환펌프로 오일이 공급된다.

〈표 13.8〉 표준 단일 배열 롤러체인에 대한 마력 용량 등급-ANSI No .60, 3/4 in. 피치

작은 스프로킷의 이의 개수	작은 스프로킷																								
	10	25	50	100	150	200	300	400	500	600	700	800	900	1000	1100	1200	1400	1600	1800	2000	2500	3000	3500	4000	4500
11	0.18	0.41	0.77	1.44	2.07	2.69	3.87	5.02	6.13	7.23	8.30	9.36	10.4	11.4	12.5	11.9	9.41	7.70	6.45	5.51	3.94	3.00	2.38	1.95	1.63
12	0.20	0.45	0.85	1.58	2.28	2.95	4.25	5.51	6.74	7.94	9.12	10.3	11.4	12.6	13.7	13.5	10.7	8.77	7.35	6.28	4.49	3.42	2.71	2.22	1.86
13	0.22	0.50	0.92	1.73	2.49	3.22	4.64	6.01	7.34	8.65	9.94	11.2	12.5	13.7	14.9	15.2	12.1	9.89	8.29	7.08	5.06	3.85	3.06	2.50	0
14	0.24	0.54	1.00	1.87	2.69	3.49	5.02	6.51	7.96	9.37	10.8	12.1	13.5	14.8	16.2	17.0	13.5	11.1	9.26	7.91	5.66	4.31	3.42	2.80	0
15	0.25	0.58	1.08	2.01	2.90	3.76	5.41	7.01	8.57	10.1	11.6	1.3.1	14.5	16.0	17.4	18.8	15.0	12.3	10.3	8.77	6.28	4.77	3.79	3.10	0
16	0.27	0.62	1.16	2.16	3.11	4.03	5.80	7.52	9.19	10.8	12.4	14.0	15.6	17.1	18.7	20.2	16.5	13.5	11.3	9.66	6.9 1	5.26	4.17	3.42	0
17	0.29	0.66	1.24	2.31	3.32	4.30	6.20	8.03	9.81	11.6	13.3	15.0	16.7	18.3	19.9	21.6	18.1	14.8	12.4	10.6	7.57	5.76	4.57	3.74	0
18	0.31	0.70	1.31	2.45	3.53	4.58	6.59	8.54	10.4	12.3	14.1	15.9	17.7	19.5	21.2	22.9	19.7	16.1	13.5	11.5	8.25	6.28	4.98	4.08	0
19	0.33	0.75	1.39	2.60	3.74	4.85	6.99	9.05	11.1	13.0	15.0	16.9	18.8	20.6	22.5	24.3	21.4	17.5	14.6	12.5	8.95	6.81	5.40	4.42	0
20	0.35	0.79	1.47	2.75	3.96	5.13	7.38	9.57	11.7	13.8	15.8	17.9	19.8	21.8	23.8	25.7	23.1	18.9	15.8	13.5	9.66	7.35	5.83	0	
21	0.36	0.83	1.55	2.90	4.17	5.40	7.78	10.1	12.3	14.5	16.7	18.8	20.9	23.0	25.1	27.1	24.8	20.3	17.0	14.5	10.4	7.91	6.28	0	
22	0.38	0.87	1.63	3.05	4.39	5.68	8.19	10.6	13.0	15.3	17.5	19.8	22.0	24.2	26.4	28.5	26.6	21.8	18.2	15.6	11.1	8.48	6.73	0	
23	0.40	0.92	1.71	3.19	4.60	5.96	8.59	11.1	13.6	16.0	18.4	20.8	23.1	25.4	27.7	29.9	28.4	23.3	19.5	16.7	11.9	9.07	7.19	0	
24	0.42	0.96	1.79	3.35	4.82	6.24	8.99	11.6	14.2	16.8	19.3	21.7	24.2	26.6	29.0	31.3	30.3	24.8	20.8	17.8	12.7	9.66	7.67	0	
25	044	1.00	1.87	3.50	5.04	8.52	9.40	12.2	14.9	17.5	20.1	22.7	25.3	27.8	30.3	32.7	32.2	26.4	22.1	18.9	13.5	10.3	8.15	0	
26	0.46	1.05	1.95	3.65	5.25	6.81	9.80	12.7	15.5	18.3	21.0	23.7	26.4	29.0	31.6	34.1	34.2	28.0	23.4	20.0	14.3	10.9	8.65	0	
28	0.50	1.13	2.12	3.95	5.69	7.37	10.6	13.8	16.8	19.8	22.8	25.7	28.5	31.4	34.2	37.0	38.2	3 1.3	26.2	22.4	16.0	12.2	0		
30	0.54	1.22	2.28	4.26	6.13	7.94	11.4	14.8	18.1	21.4	24.5	27.7	30.8	33.8	36.8	39.8	42.4	34.7	29.1	24.8	17.8	13.5	0		
32	0.57	1.31	2.45	4.56	6.57	8.52	12.3	15.9	19.4	22.9	26.3	29.7	33.0	36.3	39.5	42.7	46.7	38.2	32.0	27.3	19.6	14.9	0		
35	0.63	1.44	2.69	5.03	7.24	9.38	13.5	17.5	21.4	25.2	29.0	32.7	36.3	39.9	43.5	47.1	53.4	43.7	36.6	31.3	22.4	17.0	0		
40	0.73	1.67	3.11	5.81	8.37	10.8	15.6	20.2	24.7	29.1	33.5	37.7	42.0	46.1	50.3	54.4	62.5	53.4	44.7	38.2	27.3	0			
45	0.83	1.89	3.53	6.60	9.50	12.3	17.7	23.0	28.1	33.1	38.0	42.9	47.7	52.4	57.1	61.7	70.9	63.7	53.4	45.6	32.6	0			
		Type A					Type B											Type C							

출처: ANSI/ASME Standard B29.1M-1993.

〈표 13.9〉 단일 배열 롤러체인에 대한 사용계수(K_1)

종동 하중의 종류	입력 동력의 종류 IC 엔진 유압 구동	터빈의 전기 모터	IC 엔진 기계 구동
원활	1.0	1.0	1.2
적정 충격	1.2	1.3	1.4
심한 충격	1.4	1.5	1.7

출처: ANSI/ASME Standard B29.1M-1993.

〈표 13.10〉 롤러체인에 대한 다중 배열 계수(K_2)

체인열의 수	다중열 상수
2	1.7
3	2.5
4	3.3

출처: ANSI/ASME Standard B29.1M-1993.

각 윤활의 형태에 대한 제한된 회전수(rpm)는 표에 나타난 경계선의 좌측 열부터 읽는다. 체인 생산자는 이런 윤활의 종류에 대한 속도와 동력 요구조건을 초과하는 구동에 대해서는 상담을 받아야 한다.

예제 13.4 롤러체인 구동 해석

3열 ANSI No. 60, ¾ in. 피치를 가진 롤링체인이 N_1개의 이를 가지고, n_1 rpm에서 작동되는 구동 스프로킷으로부터 동력을 전달한다. 다음을 결정하라.

a. 설계 동력 용량
b. 체인의 인장력
c. 극한강도를 기준으로 한 체인의 안전율 n

주어진 값: $N_1 = 19$, $p = \frac{3}{4}$ in., $n_1 = 1000$ rpm.

가정: 입력으로 사용되는 동력원은 내연기관과 기계구동이다. 종동부에 걸리는 하중은 중간 정도의 충격이다. 인장력을 제외한 모든 힘은 무시된다.

풀이

표 13.7에서 표 13.10까지 보라.

a. 구동 스프로킷에 대해서 $H_r = 20.6$ hp이고, B형 윤활이 요구된다(표 13.8). 사용계수는 $K_1 = 1.4$(표 13.9)이다. 3열에 대해서 표 13.10으로부터 $K_2 = 2.5$이다. 식 (13.26)을 적용하면 다음과 같다.

$$H_d = 20.6(1.4)(2.5) = 72.1 \text{ hp}$$

b. 평균 체인속도는 식 (13.24)에 의해서

$$V_1 = \frac{19(0.75)(1000)}{12} = 1187.5 \text{ fpm}$$

식 (13.25)로부터

$$F_1 = \frac{33,000(72.1)}{1187.5} = 2.0 \text{ kips}$$

c. 한 열 체인에 대한 극한강도는 7.03 kips(표 13.7)이다. 그러면 3열 체인에 대한 허용하중은 $F_{all} = 7.03(3) = 21.09$ kips이다. 따라서 안전율은

$$n = \frac{F_{all}}{F_1} = \frac{21.09}{2.0} = 10.5$$

평가: 이 해석은 다른 근사값이 존재하지 않으므로 15,000 시간의 체인수명에 근거한다.

13.7.3 역전이 체인

무음 체인(silent chain)이라고도 부르는 역전이(inverted-tooth) 체인은 관절운동이 가능하도록 핀으로 연결된 일련의 이가 달린 링크판으로 구성된다. 체인피치는 그림 13.12에 정의되어 있다. 역전이 체인은 보통 그것을 스프로킷에 있게 하기 위해서 양 측면이나 가운데에 가이드 링크를 갖고 있다. 체인 수명을 증가시키기 위해서 여러 가지 자세한 조인트 구조가 사용된다. 체인을 둘러쌈(enclosure)이 관례상 필요하다. 그러므로 무음 체인은 롤러체인보다 더 비싸다. 대개 적절히 윤활되면 전부하 상태에서 구동효율은 99% 만큼 높다.

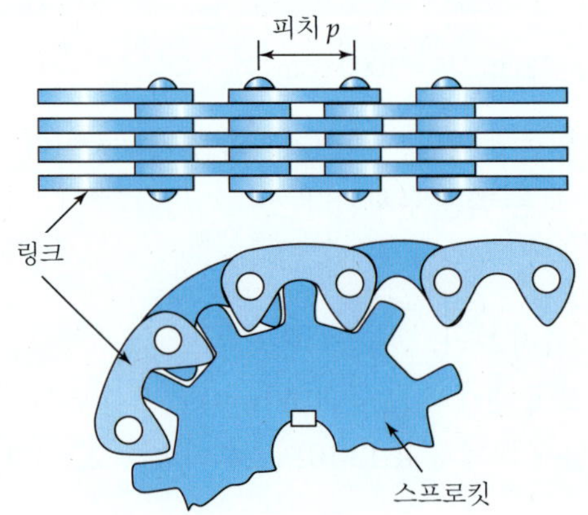

[그림 13.12]
역전이 또는 무음 체인의 일부

이름이 의미하듯이 이 체인은 롤러체인보다 더 조용하다. 체인링크가 스프로킷과 만날 때 충격력이 작아서 그들은 고속에서도 가동될 수 있다. 역전이 체인은 부드러운 평탄한 면을 갖고 있으며, 이송기계에도 편리하게 사용될 수 있다. 무음 체인의 동력 용량은 표에 있으며 롤러체인과 유사하다. 그러나 이들 체인은 최대 속도에서 최대 동력에 도달하나 롤러체인은 최대 속도 훨씬 밑에서 최대 동력에 도달한다. 앞의 문장에서 언급된 용어들은 역전이 체인 및 스프로킷과도 연결되며, ANSI[8]에 의해서 표준화되었다. 정규 피치는 3/8 in.와 2 in. 사이에서 변한다. 스프로킷의 이는 21개에서 150개까지 가능하다. 마모에 대한 보정을 위해서 중심거리 조정은 주기적으로 필요하다.

B. 고마찰 장치

지금부터는 고마찰 장치(high-friction device)인 클러치와 브레이크를 살펴본다. 마찰토크를 일으키기 위해서 수직력으로 압축되는 두 개 이상의 면을 가진 가장 일반적인 형태를 고려한다. 클러치와 브레이크의 *성능해석*(performance analysis)은 작동력, 전달토크, 에너지 흡수, 온도상승 등을 결정하는 것이다. 전달토크는 작동력, 마찰계수, 장치의 기하학적 모습과 관련된다. 온도상승은 브레이크나 클러치의 작동 시 마찰열 형태로 흡수되는 에너지와 관련된다.

13.8 브레이크와 클러치 재료

클러치와 브레이크에 사용되는 재료는 두 가지 형태이다. 원판이나 원통용 재료와 마찰재나 라이닝 재료가 있다. 이들 장치설계에서 마찰재의 선택은 중요하다. 대부분의 라이닝은 리벳이나 접착에 의해서 원판이나 원통에 부착된다. 전자는 값이 싸고 설치가 상대적으로 쉬운 장점이 있다. 후자는 마찰력을 더 일으키고 더 큰 유효두께를 가질 수 있으나 더 비싸다.

원통(drum)은 일반적으로 약간의 합금이 첨가된 *주철*(cast iron)로 만들어진다. 스테인리스 강, 모넬(Monel) 등의 좋은 재료는 열전도가 중요할 때 사용된다. 많은 철도차량용 브레이크는 주철 슈를 사용하며 주철바퀴나 원통과 작용한다. 원통의 마찰, 열전도, 내마모성, 열적 피로 특성들은 매우 중요하다. 이들은 라이닝의 마모를 최소화하기 위해서 충분히 매끄러운 표면 마무리를 가져야 한다.

라이닝(lining)은 종종 주조하거나, 직조하거나, 소결하거나, 고체재료로 만들어진다. 그들은 주로 보강섬유(고온에서 견딜 수 있는 강도와 능력을 주기 위해서), 금속입자(내마모성과 높은 마찰계수를 주기 위해서)와 접착제로 구성된다. 접착물질은 보통 열경화성 수지나 고무이다. 게다가 마찰재를 우수한 열전도와 습기의 불투과성을 가져야 한다. 석면과 관련된 건강상의 문제 때문에 석면은 생산이 금지되었고 대체 보강물질이 사용중이다.

면으로 짠(woven) 라이닝은 금속입자가 함유되어 고분자화된 섬유벨트로 만들어진다. 이들 벨트는 밴드 브레이크에서 필요한 유연성을 갖고 있다. *주조된*(molded) 라이닝은 전형적으로 다양한

분말형 충전재(filler)나 섬유재료를 결합시키기 위해서 고분자 수지를 사용한다. 황동이나 아연 칩(chip)이 가끔 열전도와 내마모성을 향상시키고 원통과 원판의 마모를 줄이기 위해서 첨가된다. 이들 재료는 일반적으로 원통 브레이크에 저렴하게 사용된다. *소결금속*(sintered metal) 패드는 구리나 철 입자와 마찰 개선재(friction modifier)를 섞어서 형상을 만들고 가열한 것이다. 소결금속 패드는 가장 비싸지만 큰 하중이 작용하는 곳에 가장 알맞다. 소결금속-세라믹 마찰패드도 비슷하지만, 세라믹 입자가 소결 전에 첨가되는 것이 다르다.

브레이크나 클러치의 충분한 성능을 위해서 압력, 속도, 온도변화에 대해서 큰 영향을 받지 않는 높은 마찰계수, 마모, 고착(seizing), 부착(grab)에 대한 내성, 열과 온도피로에 대한 내구성 등이 마찰재에 요구된다. 표 13.11과 13.12는 몇몇 라이닝[9]의 허용압력과 마찰계수와 관련된 근사값들을 나열하고 있다. 더 긴 수명을 위해서는 최대 압력이 낮은 수준이어야 한다. 표로부터 알 수 있듯이 마찰계수는 건조마찰 때보다 오일에서 훨씬 작다. 더 정확한 정보를 위해서는 생산자와 상담하거나 실험값을 구해 보라.

〈표 13.11〉 건조상태에서 작동되는 일반 브레이크와 클러치의 마찰재의 특성값

재료[a]	동마찰계수 f	최대 압력 p_{max}		최대 드럼 온도	
		MPa	psi	°C	°F
주조	0.25–0.45	1.03–2.07	150–300	204–260	400–500
면	0.25–0.45	0.35–0.69	50–100	204–260	400–500
소결 금속	0.15–0.45	1.03–2.07	150–300	232–677	450–1250
코르크	0.30–0.50	0.06–0.10	8–14	82	180
목재	0.20–0.25	0.35–0.63	50–90	93	200
주철, 경강	0.15–0.25	0.70–0.17	100–250	260	500

출처: Based on Binder, R.C., *Mechanics of Roller Chain Drive*, Prentice Hall, Upper Saddle River, NJ, 1956.

[a] 주철이나 강에 마찰되는 상황에서.

〈표 13.12〉 오일상태에서 작동되는 일반 브레이크/클러치 마찰재의 마찰계수값

재료[a]	동마찰계수 f
주조	0.06–0.09
면	0.08–0.10
소결 금속	0.05–0.08
코르크	0.15–0.25
목재	0.12–0.16
주철, 경강	0.03–0.06

출처: Binder, R.C., *Mechanics of Roller Chain Drive, Prentice Hall*, Upper Saddle River, NJ, 1956.

[a] 주철이나 강에 마찰되는 상황에서.

13.9 내부 팽창형 원통 클러치와 브레이크

원통 또는 림(rim) 클러치와 브레이크는 세 부분으로 구성된다. 맞물리는 마찰면, 표면에서 표면으로 토크를 전달하는 수단 그리고 작동기구이다. 종종 그들은 작동기구에 의해서 분류된다. 그림 13.13은 축의 속도가 정해진 값을 초과할 때, 자동으로 작동되는 내부팽창 원통형 구심 클러치를 나타낸다. 마찰재는 클러치가 작동하는 원통의 외부면 주위에 부착된다.

구심 클러치는 구동 트레인에 엔진을 연결하는 것과 같은 자동조작에 널리 사용된다. 엔진속도가 증가할 때 자동으로 클러치를 작동시킨다. 이것은 특히 전기 모터 구동에 실용적이며, 출발 시 종동기계는 충격이 없이 속력이 올라간다. 같은 목적으로 체인 톱(saw)에도 사용되는데, 구심 클러치는 체인이 나무에서 고착되었을 때 모터가 미끄러져서 계속 돌도록 하는 과부하 해소용으로 사용된다.

자력, 유압, 공유압 원통 클러치는 또한 복잡한 하중 사이클 구동과 자동기계류나 로봇에도 유용하다. 팽창형 원통 클러치는 섬유기계, 굴착기, 기계공구 등에도 자주 사용된다. 원통 클러치의 해석은 원통 브레이크와 비슷하고 13.13절과 13.14절에 나오므로 여기서는 논의하지 않는다.

13.10 원판 클러치와 브레이크

이 절에서는 기본적인 원판 클러치와 브레이크를 고려한다. 클러치는 두 개의 원판이나 판이 압착될 때 발생하는 마찰력에 의해 입력축에서 출력축으로 토크가 전달된다. 브레이크는 클러치와 비슷한 장치이지만 하나의 축이 고정된 경우이다. 일반적으로 클러치나 브레이크의 마찰면은 한쪽은 금속(주철 혹은 강철)이고 다른 쪽은 마찰재나 라이닝이다. 원판, 원추형, 다판 클러치와 브레이크의 경우 자력, 유압 및 공압으로 작동되는 기구를 사용한다.

마찰면에서는 균일한 압력이나 균일한 마모가 발생하는 것으로 가정한다. 설계자는 클러치나 브레이크를 해석할 때 두 가지 가정 중에서 실제와 비슷한 것을 선택해야 한다. 균일한 마모라는 가정을

[그림 13.13]
내부 팽창형 원심 원통 클러치(Courtesy of Hillard Corporation, Elmira, NY.)

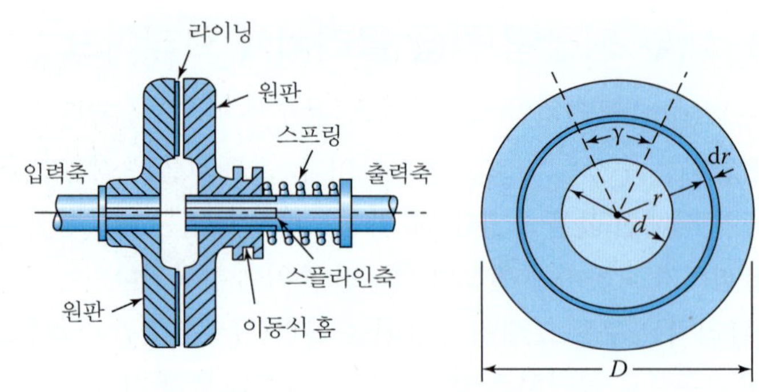

[그림 13.14]
떨어진 위치에 있는 기본형 원판 클러치(브레이크에서는 출력 요소는 고정)

할 경우 예제 13.5와 같이 균일한 압력의 경우보다 클러치나 브레이크의 용량이 작게 계산된다. 따라서 원판 클러치와 브레이크를 설계할 때 균일한 마모라는 가정을 적용하는 것이 적절한 결과를 얻을 수 있다. 또한 브레이크나 클러치를 사용하는 기계의 특성과 기계가 작동하는 환경도 설계 시 고려해야 한다.

13.10.1 원판 클러치

마찰 클러치는 맞물림 동안 미끄럼에 의해 충격이 줄어든다. 그림 13.14는 자동차와 산업용으로 사용되고 있는 단일 판 혹은 *원판 클러치*(disk clutch)의 개략도이다. 이러한 장치들은 적절한 토크용량을 얻기 위해 지름을 크게 한다. 자동차용 원판 클러치에서 입력축(플라이휠)과 크랭크 축이 같이 회전한다는 것을 유념해야 한다. 클러치의 종동원판의 축은 구동축과 스플라인으로 연결되어 있고 클러치 페달의 힘을 제거하면 장치는 이탈된다. 전달되는 토크는 원판 사이의 마찰력, 마찰계수, 원판의 형상에 의해 결정된다. 일반적으로 축력은 기계적(스프링), 유압식 혹은 전자기적으로 가할 수 있으며 상당히 크다. 원통클러치에 대한 원판 클러치의 장점은 원심효과가 없고 효과적으로 열을 발산하는 표면이다.

다판 클러치(multiple-disk clutch)는 교대로 존재하는 여러 개(24개)의 구동 및 종동원판이나 판의 외면에 마찰 라이닝이 있다. 원판의 두께는 얇고(약 1.5 mm) 지름이 작다. 따라서 추가적인 토크용량은 축의 길이를 증가시켜 얻을 수 있다. 클러치가 이탈되었을 때 원판은 자유롭게 미끄러지며 축은 분리된다. 클러치가 맞물릴 경우 N개의 *마찰면*이 발생하고 원판은 서로 단단하게 고정된다. 원판 클러치는 *건식*(dry)이나 오일을 이용한 *습식*(wet)으로 작동하도록 설계할 수 있다. 습식 클러치의 장점은 마모를 줄일 수 있고 부드럽게 작동하며 작동온도가 낮다. 결과적으로 대부분의 다판 클러치는 오일이나 오일 스프레이 환경에서 작동한다. 다판 클러치는 크기가 작고 고속으로 작동되는 자동차용 자동 변속기를 비롯한 다양한 기계에 적합하며 공유압이나 유압 실린더에 의해 자동으로 작동한다.

그림 13.15는 유압으로 작동되는 클러치이다. 이러한 장치는 오일통로와 연결된 고리 모양의 챔버로 오일이 유입되어 축방향 피스톤 운동이나 힘이 발생한다. 그림에서 알 수 있듯이 구동원판은 구동축의 하우징 키에 두 개의 원판과 피스톤이 안쪽으로 스플라인으로 결합되어 있고 끝의 판은 고정되

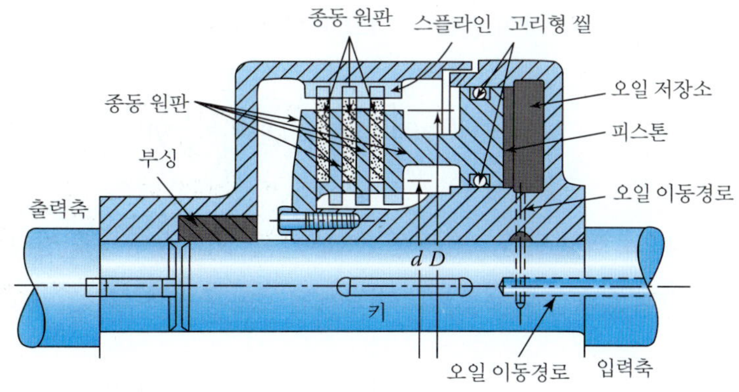

[그림 13.15]
유압으로 작동되는 다중 디스크클러치의 반 단면도

어 있다. 6개의 종동 원판과 종동축은 바깥쪽의 하우징 키에 스플라인으로 결합되어 있다.

그림 13.14와 같은 한 쌍의 마찰면에 대한 토크용량 방정식을 만들었으며, 다판 클러치의 경우 마찰면의 개수 N을 곱하여 식을 얻을 수 있다. 예를 들면 그림 13.15는 $N = 6$인 장치의 그림이다.

13.10.1.1 균일 마모

클러치 원판의 강성이 충분히 클 때 라이닝은 균일하게 마모된다고 가정할 수 있다. 이 조건은 초기 마모가 발생한 후에 적용한다. 균일 마모율은 압력과 속도의 곱인 pV에 비례하며 일정하다. 클러치 표면의 임의의 점에서 속도는 반지름에 따라 변하며 각속도이다. 그러므로 균일한 각속도라고 가정한다면

$$pr = C$$

여기서

p = 압력

r = 반지름

C = 상수

이 식은 반지름 $r = d/2$(그림 13.14)에서 *최대 압력* p_{max}가 발생한다는 것을 의미한다. 따라서

$$pr = C = p_{max}\frac{d}{2} \tag{13.27}$$

그림 13.14의 작동 스프링에 의한 전체 수직력은 면적 $2\pi r\,dr$에 압력 $p = p_{max}d/2r$을 곱하여 얻은 값을 마찰면 전체에 대하여 적분하여 얻을 수 있다. 따라서 *작동력(actuating force)* F_a는 다음과 같다.

$$F_a = \int_{d/2}^{D/2} \pi p_{max} d\,dr = \frac{1}{2}\pi p_{max} d(D-d) \tag{13.28}$$

마찰토크와 *토크용량*(torque capacity)은 요소에 작용하는 힘과 마찰계수 f 그리고 반지름의 곱을 전

체 면적에 대하여 적분하여 얻을 수 있으며 다음과 같다.

$$T = \int_{d/2}^{D/2} \left(\pi p_{\max} d\right) fr\mathrm{d}r = \frac{1}{8}\pi f p_{\max} d\left(D^2 - d^2\right) \tag{13.29}$$

작동력의 항으로 표현된 토크용량은 식 (13.28)을 $p_{\max}$의 항으로 정리하여 식 (13.29)에 대입하여 얻을 수 있고 다음을 얻을 수 있다.

$$T = \frac{1}{4}F_a f\left(D + d\right) = F_a f r_{\text{avg}} \tag{13.30}$$

여기서 r_{avg}는 원판의 평균 반지름이다. 식의 물리적 의미에 유의하라. 앞에서 지적하였듯이 다판 클러치의 경우, 식 (13.29)와 식 (13.30)에 마찰면의 개수 N을 곱하여 얻을 수 있다.

클러치의 설계에서 안지름에 대한 바깥지름의 비는 중요한 변수이다. 이것은 식 (13.29)를 사용하여 확인할 수 있으며 정해진 바깥지름에 대한 최대 토크용량은 다음과 같이 얻을 수 있다.

$$d = \frac{D}{\sqrt{3}} = 0.557D \tag{13.31}$$

일반적으로 안지름과 바깥지름의 비율은 $d = 0.45D$와 $d = 0.80D$ 사이의 값을 사용한다.

13.10.1.2 균일 압력

클러치 원판이 상대적으로 유연할수록 압력 $p_{\max}$는 전체 라이닝 표면에 균일하게 분포된다. 이러한 조건에서 마모는 일정하지 않다. 그림 13.14를 참조하면 작동력과 토크용량은 다음과 같이 쉽게 얻을 수 있다.

$$F_a = \int_{d/2}^{D/2} 2\pi p_{\max} r\mathrm{d}r = \frac{1}{4}\pi p_{\max}\left(D^2 - d^2\right) \tag{13.32}$$

$$T = \int_{d/2}^{D/2} \left(2\pi p_{\max} r\right) fr\mathrm{d}r = \frac{1}{12}\pi f p_{\max}\left(D^3 - d^3\right) \tag{13.33}$$

위 식으로부터 토크를 작동력의 함수로 표현할 수 있다.

$$T = \frac{1}{3}F_a f \frac{D^3 - d^3}{D^2 - d^2} \tag{13.34}$$

다판 클러치의 토크용량은 식 (13.33)과 (13.34)에 마찰면의 개수 N을 곱하여 얻을 수 있다.

예제 13.5 원판 클러치 설계

바깥지름이 D이고 안지름이 d인 하나의 마찰면을 가지는 원판 클러치(그림 13.14)가 있다. 전달되는 토크와 스프링에 필요한 작동력을 다음의 가정을 적용하여 결정하라.

a. 균일 마모
b. 균일 압력

주어진 값: $D = 500$ mm, $d = 200$ mm.

설계 결정: 모델은 마찰재와 강철 원판이 사용되었고, $f = 0.35$, $p_{max} = 1.5$ MPa이다(표 13.11).

풀이

a. 식 (13.29)로부터 다음을 얻을 수 있다.

$$T = \frac{1}{8}\pi(0.35)(1500)(0.2)\left(0.5^2 - 0.2^2\right) = 8.659 \text{ kN} \cdot \text{m}$$

식 (13.28)로부터

$$F_a = \frac{1}{2}\pi(1500)(0.2)(0.5 - 0.2) = 141.4 \text{ kN}$$

b. 식 (13.33)을 적용하면

$$T = \frac{1}{12}\pi(0.35)(1500)\left(0.5^3 - 0.2^3\right) = 16.08 \text{ kN} \cdot \text{m}$$

식 (13.32)에 의해

$$F_a = \frac{1}{4}\pi(1500)\left(0.5^2 - 0.2^2\right) = 247.4 \text{ kN}$$

평가: 위의 결과로부터 균일 마모조건에서 더 작은 토크와 작동력을 얻을 수 있는 것을 알 수 있다. 그러므로 클러치 용량의 항으로 계산할 경우, 두 개의 가정 중에서 균일 마모조건이 더 적절한 결과를 얻을 수 있다.

13.10.2 원판 브레이크

원판 브레이크는 그림 13.14의 원판 클러치에서 하나의 축이 고정된 것을 제외하면 원판 클러치와 매우 유사하다. 하중은 원판의 양쪽에 있는 마찰 라이닝이나 패드에 동일하게 작용한다. 서보 구동은 몇 가지 기계부품을 추가하여 얻을 수 있다. 원판 브레이크의 토크용량과 작동력의 필요조건은 앞에서 기술한 절차를 사용하여 쉽게 확인할 수 있다. 원판 클러치의 식은 원판 브레이크에도 적용할 수 있으며, 만약 브레이크 패드의 형상이 부채꼴이면 다음의 예제와 같이 계산할 수 있다.

13.10.2.1 캘리퍼형 원판 브레이크

일반적으로 캘리퍼형 원판 브레이크(caliper-type disk brake)는 기계에 부착된 원판 형상의 회전자와 마찰*패드*로 구성되어 있다. 마찰패드는 그 접촉면 이외 표면의 열발산을 용이하게 하기 위하여 원판 표면의 작은 부분만을 감싸고 있다. 그림 13.16은 캘리퍼형 원판 브레이크의 고리 모양의 패드 부분이 접촉하는 면적의 형상을 도시한다. 이 그림을 통해 작동력 F_a에 의해 회전하는 원판의 양측 방향으로 라이닝 패드(각각의 부분에 부착된)가 밀어붙여지는 것을 확인할 수 있다. 이 작동력과 제동 토크 T는 식 (13.28), (13.29), (13.23) 혹은 식 (13.33)에 단순히 각도비 $\gamma/360°$을 곱해 줌으로써 손쉽게 표현할 수 있다. 여기에서 각 γ는 부채꼴형 브레이크 패드의 각도를 나타내며 대체로 45°와 90° 사이의 값을 갖는다.

라이닝은 고정된 캘리퍼에 부착되어 있고 유압이나 공유압에 의해 작동한다(그림 13.17). 원판 브레이크는 정방향과 역방향에 대해 동일한 제동토크를 가지고 원통 브레이크(13.14절 참조)보다 우수한 냉각용량을 가지고 있기 때문에 자동차에 적용되었다. 최근 생산되는 차량의 앞바퀴에는 원판 브

(a)

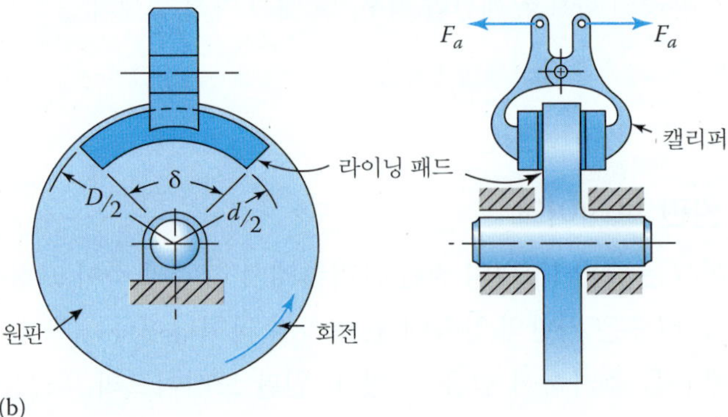

(b)

[그림 13.16]
(a) 전형적 원판 브레이크
(b) 도식화

[그림 13.17]
유압으로 작동되는 캘리퍼형 원판 브레이크(Courtesy of Ausco Products, Inc., Benton Harbor, MI.)

레이크를 적용하고 있으며 일부 차량에 대해서는 모든 바퀴에 적용한다. 원판 브레이크는 차량 제동 시에 우수한 브레이크 성능을 보인다. 캘리퍼 원판 브레이크는 종종 중공업 부품으로 적용되며, 대부분의 모터사이클의 앞바퀴에 널리 사용되고 있다. 자전거는 휠림형 원판에서 예시한다.

예제 13.6 원판 브레이크 설계

두 개의 패드를 가지는 원판 브레이크가 각도 $\gamma = 60°$, $D = 10$ in., $d = 5$ in.일 때(그림 13.14) 다음을 결정하라.

a. 하나의 슈를 작동하기 위한 작동력
b. 양쪽 슈의 토크용량

설계 결정: 소결된 금속 패드와 주철 원판에서 $f = 0.2$, $p_{max} = 200$ psi이다.

풀이

a. 식 (13.28)은 다음과 같은 형태로 변환할 수 있다.

$$F_a = \frac{\gamma}{360}\left[\frac{1}{2}\pi p_{\max} d(D-d)\right] \tag{13.35}$$

수치를 대입하면

$$F_a = \frac{60}{360}\left[\frac{1}{2}\pi(200)(5)(10-5)\right] = 1309 \text{ lb}$$

b. 식 (13.30)으로부터 다음을 얻을 수 있다.

$$T = \frac{1}{4}F_a f(D+d)$$

$$= \frac{1}{4}(1309)(0.2)(10+5) = 982 \text{ lb} \cdot \text{in.}$$

13.11 원추형 클러치와 브레이크

그림 13.18과 같이 원추형 클러치는 원추의 각도가 90°인 원판 클러치라고 할 수 있다. 원추형 클러치는 마찰면이 커지고 쐐기작용을 하기 때문에 동일한 바깥지름과 작동력에서 원판 클러치보다 큰 토크를 전달할 수 있다. 실제로 원추형 클러치는 오직 하나의 마찰면을 가질 수 있다. 따라서 $N = 1$이다. 원추형 클러치는 저속 부품에 사용되며 약간의 변형을 통하여 원추형 브레이크로 사용할 수 있다.

13.11.1 균일 마모

수직마모는 발생하는 수직압력 p와 반지름에 비례한다고 가정한다. 그림 13.18과 같이 원추를 따라 움직이는 링이 반지름 r에 위치하고 미소면적이 $\mathrm{d}A = 2\pi r\,\mathrm{d}r/\sin\alpha$라고 하자. 작용하는 수직력은 $\mathrm{d}F_n = p\,\mathrm{d}A$이고 $p = p_{\max}\,d/2r$이다. 여기서 $p_{\max}$는 최대 압력이다. 따라서 전체 수직력은 다음과 같다.

$$F_n = \int_{d/2}^{D/2} \frac{p_{\max}d}{2r}\frac{2\pi r dr}{\sin\alpha} = \frac{\pi d p_{\max}}{\sin\alpha}(D-d) \tag{13.36}$$

발생하는 축방향 하중은 $F_n \sin\alpha$이고 작동력은 다음과 같다.

$$F_a = \frac{1}{2}\pi p_{\max} d(D-d) \tag{13.37}$$

이것은 원판 클러치의 식 (13.28)과 같다.

링에 의해 전달되는 토크는 $\mathrm{d}T = \mathrm{d}F_n f r = 2\pi p f r^2\,\mathrm{d}r/\sin\alpha$이다. 클러치의 토크용량 T는 전체면적에 대하여 이 식을 적분하여 얻을 수 있으며 다음과 같다.

$$T = \frac{\pi f p_{\max} d}{\sin\alpha}\int_{d/2}^{D/2} r\mathrm{d}r = \frac{\pi f p_{\max} d}{8\sin\alpha}\left(D^2 - d^2\right) \tag{13.38}$$

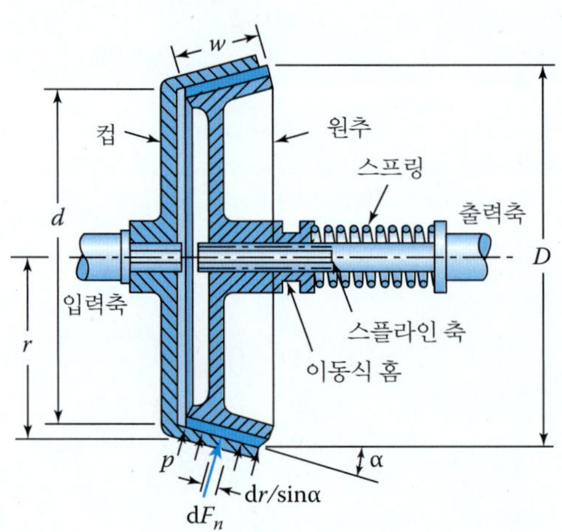

[그림 13.18]
원추형 클러치

작동력의 항으로 표현한다면 다음을 얻을 수 있다.

$$T = \frac{F_a f}{4\sin\alpha}(D+d) \tag{13.39}$$

13.11.2 균일 압력

13.10절의 균일 압력상태의 원판 클러치의 식과 유사하며 다음과 같다.

$$F_a = \frac{1}{4}\pi p_{\max}\left(D^2 - d^2\right) \tag{13.40}$$

$$T = \frac{\pi f p_{\max}}{12\sin\alpha}\left(D^3 - d^3\right) = \frac{F_a f}{3\sin\alpha}\frac{D^3 - d^3}{D^2 - d^2} \tag{13.41}$$

원추의 각도 α, 원추의 지름 그리고 원추 표면의 폭 w는 반드시 필요한 설계변수이다. 원추의 각도가 작아질수록 필요한 작동력은 작아지며, 최소 원주각은 $8°$이고 보통 $12°$일 때 최적이다. 일반적으로 α의 값은 $8°$와 $15°$ 사이의 값을 사용한다.

예제 13.7 원추형 클러치의 압력용량

바깥지름 D, 인지름 d, 폭 w의 원추형 클러치(그림 13.18)가 토크 T를 전달한다.

구하는 값: 다음에 대한 접촉압력과 작동력을 구하라.

a. 균일 마모
b. 균일 압력

주어진 값: $D = 300$ mm, $d = 280$ mm, $w = 50$ mm, $T = 150$ N · m.

가정: 마찰계수 f는 0.24의 값을 사용한다.

풀이

a. 클러치의 절반 원추각은 다음과 같다(그림 13.18).

$$\sin\alpha = \frac{D-d}{2w} = \frac{300-280}{2(50)} = 0.2$$

또는

$$\alpha = 11.54°$$

식 (13.38)을 통해 최대 압력은 다음과 같다.

$$p_{\max} = \frac{8T\sin\alpha}{\pi fd\left(D^2 - d^2\right)} \tag{a}$$

주어진 값을 대입하면

$$p_{\max} = \frac{8(150)(0.2)}{\pi(0.24)(0.28)\left(0.3^2 - 0.28^2\right)} = 98\ \text{kPa}$$

식 (13.37)을 적용하면 작동력은

$$\begin{aligned} F_a &= \frac{1}{2}\pi p_{\max} d(D-d) \\ &= \frac{1}{2}\pi\left(98\times10^3\right)(0.28)(0.3-0.28) = 862\ \text{Pa} \end{aligned}$$

b. 식 (13.41)을 이용하면 최대 압력은

$$\begin{aligned} p_{\max} &= \frac{12T\sin\alpha}{\pi f\left(D^3 - d^3\right)} \\ &= \frac{12(150)(0.2)}{\pi(0.24)\left(0.3^3 - 0.28^3\right)} = 94.6\ \text{kPa} \end{aligned} \tag{b}$$

식 (13.40)을 적용하면 작동력은 다음과 같다.

$$F_a = \frac{1}{4}\pi\left(94.6\times10^3\right)\left(0.3^2 - 0.28^2\right) = 862\ \text{Pa}$$

평가: 결과를 통해 균일 마모조건을 적용할 경우 균일 압력 조건에 비해 약 3.5% 큰 압력용량을 갖는다.

13.12 밴드 브레이크

밴드 브레이크(band brake)는 많은 제동장치 중에서 가장 단순하며 굴착기, 승강기를 비롯한 많은 기계 장치에서 사용되고 있다. 보통 밴드는 강철과 마찰력을 가지는 직물로 만들어져 유연성을 가지고 있다. 제동은 원통을 감싸고 있는 밴드가 단단하게 죄어지면 원통의 속도가 줄어들거나 정지하면서 이루어진다. 토크용량은 밴드의 양끝에서 인장력의 차이에 의해 결정된다.

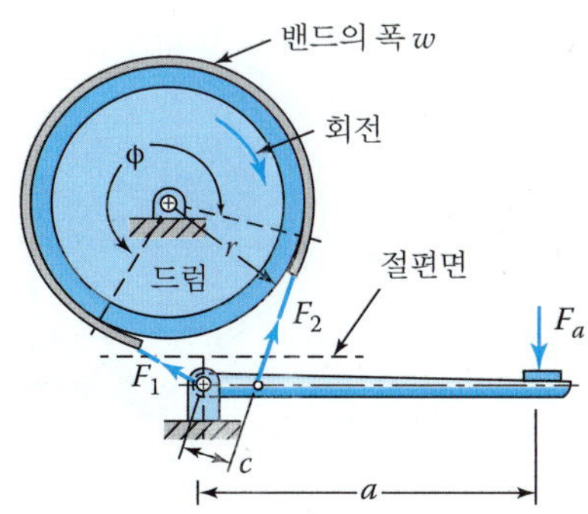

[그림 13.19]
단순한 밴드 브레이크

그림 13.19는 시계방향으로 회전하는 원통과 밴드 브레이크를 보여 주고 있다. 이 경우 밴드에 작용하는 마찰력은 인장력 F_1이 작용하는 팽팽한 쪽에서 증가하고 인장력 F_2가 작용하는 느슨한 쪽에서 감소한다. 원통과 밴드의 위치가 자유물체도에서 구분선의 *위쪽*에 존재한다면 원통의 회전중심에 대한 모멘트의 합으로부터 *토크용량*을 알 수 있으며 다음과 같다.

$$T = (F_1 - F_2)r \tag{13.42}$$

여기서 r은 원통의 반지름이다. 마찬가지로 레버의 위치가 자유물체도에서 구분선의 *아래쪽*에 존재한다면 *작동력*은 다음과 같다.

$$F_a = F_2 \frac{c}{a} \tag{13.43}$$

브레이크는 레버의 자유단에 작용하는 힘 F_a에 의해 작동된다. 그림에서 보는 것과 같이 밴드의 죄는 쪽이 레버의 고정단과 느슨한 쪽에 부착되어 있을 때 작동력 F_a는 작아진다는 것은 명백하다.

벨트에 작용하는 원심력을 제외하고 벨트에서 적용하였던 것과 같은 과정으로 밴드의 인장력 F_1과 F_2의 항으로 식을 정리하면 다음과 같다.

$$\frac{F_1}{F_2} = e^{f\phi} \tag{13.44}$$

여기서

F_1 = 가장 큰 인장력

F_2 = 가장 작은 인장력

f = 마찰계수

ϕ = 밴드와 원통 사이의 접촉각

그림 13.5b와 같이 벨트해석과 같은 방법을 밴드의 F_1에 접하는 점에 적용하면 $F_c = 0$이고 $dN = p_{max}$ $wr\ d\theta$인 것을 알 수 있다. 밴드의 안쪽에 작용하는 힘은 $dN = F_1 d\theta$와 같다. 두 힘은 서로 같으므로 다

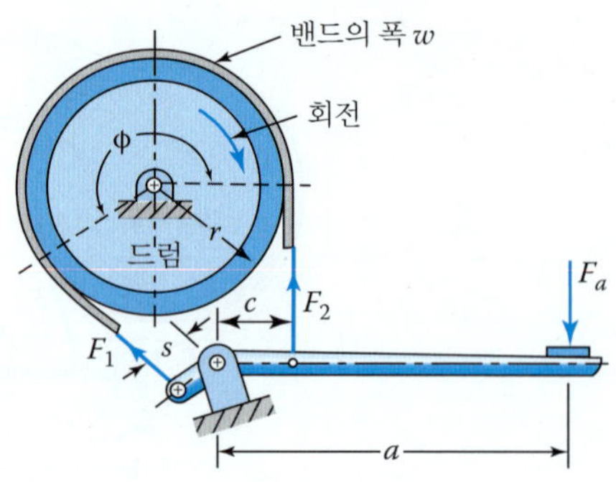

[그림 13.20]
차동 밴드 브레이크

음 식을 얻을 수 있다.

$$F_1 = wrp_{max} \tag{13.45}$$

원통과 라이닝 사이의 최대 압력 p_{max}의 크기는 밴드의 폭 w로 표시할 수 있으며 느슨한 쪽에서도 유사하게 표현할 수 있다.

차동 밴드 브레이크(differential band brake)는 팽팽한 쪽의 인장력이 작동력에 기여한다는 점을 제외하면 단순 밴드 브레이크의 경우와 유사하다(그림 13.20). 이러한 형태의 브레이크는 밴드에 작용하는 마찰력을 증가시키기 때문에 *자기활성*(self-energized)이라 부른다. 차동 브레이크에서 식(13.43)은 다음과 같다.

$$F_a = \frac{1}{a}\left(cF_2 - sF_1\right) \tag{13.46}$$

자기잠김(self-locking) 형태의 브레이크에서 sF_1의 곱은 cF_2보다 크다. 한 방향으로 회전하는 자기잠김 브레이크를 설계할 때 반대방향에 대한 회전은 자유롭기 때문에 자기잠김 브레이크는 오직 한 방향에 대해서만 사용한다.

예제 13.8 차동 밴드 브레이크의 설계

직물 라이닝을 사용한 그림 13.20과 유사한 차동 밴드 브레이크가 $f = 0.3$이고 p_{max}는 375 kPa일 때 다음을 결정하라.

a. 토크용량
b. 작동력
c. 동력용량
d. 브레이크의 자기잠김을 발생시키는 값 s

주어진 값: 속력 250 = rpm, $a = 500$ mm, $c = 150$ mm, $w = 60$ mm, $r = 200$ mm, $s = 25$ mm, $\phi = 270°$.

풀이

a. 식 (13.45)에서 다음을 얻을 수 있다.

$$F_1 = wrp_{\max} = (0.06)(0.2)(375) = 4.5 \text{ kN} \text{ 식()}$$

식 (13.44)를 적용하면

$$F_2 = \frac{F_1}{e^{f\phi}} = \frac{4.5}{e^{0.3(1.5\pi)}} = 1.095 \text{ kN}$$

그러면 식 (13.42)에서 $T = (4.5 - 1.095)(0.2) = 0.681$ kN · m이다.

b. 식 (13.46)에 의해

$$F_a = \frac{150(1.095) - 25(4.5)}{0.5} = 103.5 \text{ N}$$

c. 식 (1.15)로부터

$$\text{kW} = \frac{Tn}{9549} = \frac{681(250)}{9549} = 17.8$$

d. 식 (13.46)을 이용하면 $s = 150(1.095)/4.5 = 36.5$ mm일 때 $F_a = 0$을 얻을 수 있다.

평가: $s \geq 36.5$ mm일 때 브레이크는 자기잠김 상태이다.

13.13 짧은 슈 원통 브레이크

짧은 슈 원통 브레이크(short-shoe drum brake)는 레버에 의해 회전하는 원통에 압력을 가하는 짧은 슈로 구성되어 있다. 이러한 브레이크의 대략적인 형태가 그림 13.21에 묘사되어 있다. 슈가 상대적으로 짧아질수록(즉, 접촉각이 작을 때 $\phi < 45°$) 원통과 슈 사이에 *균일한 압력분포*가 형성된다. 따라서 수직합력과 마찰력이 접촉중심에 작용한다.

슈의 *투영된 면적* A는 원통 반지름의 ϕ^z인 호(arc)에 의한 현(chord)의 길이와 너비의 곱이다. 그림의 형상으로부터 $A = wL = 2[r \sin(\phi/2)]w$이다. 그러므로 슈에 작용하는 수직력은

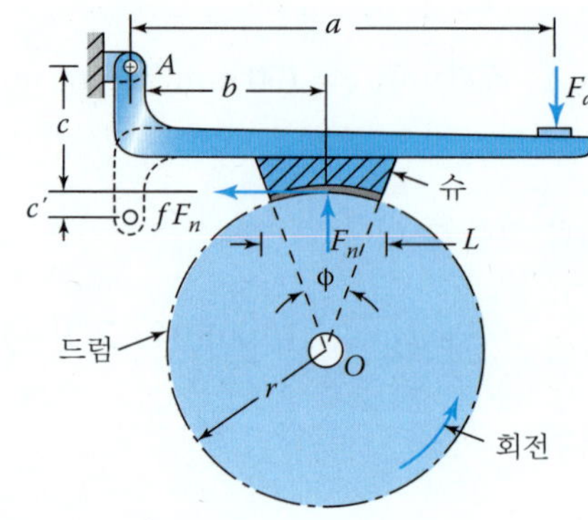

[그림 13.21]
짧은 슈 원통 브레이크

$$F_n = p_{\max}\left[2\left(r\sin\frac{\phi}{2}\right)\right]w \tag{13.47}$$

이다. 앞서 말했듯이

F_n = 수직력

$p_{\max}$ = 원통과 슈의 최대 압력

r = 원통의 반지름

ϕ = 접촉각

w = 슈의 너비

마찰력의 크기는 fF_n이다. 원통의 자유물체도에서 점 O에 대한 모멘트의 합은 다음 식과 같이 브레이크의 *토크용량*을 결정한다.

$$T = fF_n r \tag{13.48}$$

이때 f는 마찰계수를 나타낸다.

레버를 자유물체로 생각하자. 고정점(pivot) A에 대한 모멘트는

$$F_a a + fF_n c - bF_n = 0$$

이다. 앞선 식들은 *작동력*

$$F_a = \frac{F_n}{a}(b - fc) \tag{13.49}$$

으로 표현되고 a, b, c는 그림 13.21에서 보이는 거리이다.

13.13.1 자기활성과 자기잠김 브레이크

그림과 같은 *회전방향*을 가진 브레이크에서 마찰력에 의한 모멘트는 슈가 원통에 접촉하는 것을 용이

하게 하고, 브레이크를 *자기활성*(self-energizing) 상태가 되게 한다. $b = fc$ 또는 $b < fc$일 때 브레이크를 작동시키기 위한 힘 F_a는 0 이하이다. 그러므로 브레이크가

$$b \le fc \tag{13.50}$$

을 만족시키면 *자기잠김*(self-locking)이라 한다. 자기잠김 브레이크는 F_a가 0인 상태에서 회전방향에 반대되는 힘이 원통에 작용하도록 슈가 원통에 접촉해야 한다. 자기활성 현상은 유용하지만 일반적으로 자기잠김 현상은 바람직하지 않다. 자기잠김 현상을 피하고 적절한 자기활성 효과를 얻기 위하여 b의 값이 최소한 fc 보다 25~50% 커야 한다.

만약 브레이크 원통의 *회전*이 그림 13.21과 같이 *반대방향*이라면 식 (13.49)의 fc 부호는 음수가 되고 브레이크는 *자기비활성*(self-de-energized)이 됨에 주의하라. 또한 고정점이 그림에서 점선으로 표현된 것처럼 fF_n 작용선의 다른 방향에 위치하고 있다면, 마찰력은 슈를 이탈시키는 경향을 보이고, 브레이크는 자기활성 상태가 아니게 된다. 만약 회전방향이 바뀌면 두 개의 고정점의 상태도 반대가 된다.

예제 13.9 짧은 슈 원통 브레이크의 설계

그림 13.21의 브레이크가 $f = 0.4$, $p_{\max} = 150$ psi의 설계값을 가진 소결금속 라이닝(lining)을 사용한다. 다음을 결정하라.

a. 토크용량과 작동력
b. 피벗 A에서의 반력

주어진 값: $a = 12$ in., $w = 3$ in., $b = 5$ in., $c = 2$ in., $r = 4$ in., $\phi = 30°$.

풀이

a. 식 (13.47)로부터

$$F_n = 150\left[2\left(4\sin\frac{30°}{2}\right)\right]3 = 931.7 \text{ lb}$$

식 (13.48)로부터

$$T = (0.4)(931.7)(4) = 1.491 \text{ kip} \cdot \text{in.}$$

식 (13.49)를 적용하면 다음과 같다.

$$F_a = \frac{931.7(5 - 0.4 \times 2)}{12} = 326.1 \text{ lb}$$

b. x방향 수평력과 y방향 수직력의 평형조건으로부터

$$R_{Ax} = 931.7(0.4) = 372.7 \text{ lb}, \quad R_{Ay} = 605.6 \text{ lb}$$

반지름방향 반력의 합은 다음과 같다.

$$R_A = \sqrt{372.7^2 + 605.6^2} = 711.1 \text{ lb}$$

13.14 긴 슈 원통 브레이크

슈와 원통의 접촉각이 45° 이상이라면 짧은 슈에서 사용한 식에서는 큰 오차가 생긴다. 대부분의 슈 브레이크는 90°보다 큰 접촉각을 가지며, 더 정확한 해석을 필요로 한다. 따라서 이는 압력분포를 결정하는 것과 밀접한 관련이 있다. 변형을 고려한 해석은 복잡하므로 여기서는 다루지 않는다. 다음의 전개에서는, 압력은 슈의 고정점에서의 거리에 따라 직접적으로 변한다고 간단히 가정한다. 이는 마모가 압력과 속도의 곱에 비례한다는 앞의 가정과 동일하다.

13.14.1 외부 긴 슈 원통 브레이크

그림 13.22는 외부 긴 슈 원통 브레이크(external long-shoe drum brake)를 나타내고 있다. 임의각 θ에서의 압력 p는 $c \sin\theta$에 비례한다. 그러나 c는 일정하기 때문에 p는 $\sin\theta$에 비례한다. 따라서

$$p = p_{\max} \frac{\sin\theta}{(\sin\theta)_m} \tag{13.51}$$

여기서 $p_{\max}$는 라이닝과 원통 사이의 최대 압력이고, $(\sin\theta)_m$은 $\sin\theta$의 최댓값이다.

기하학적인 관계로부터

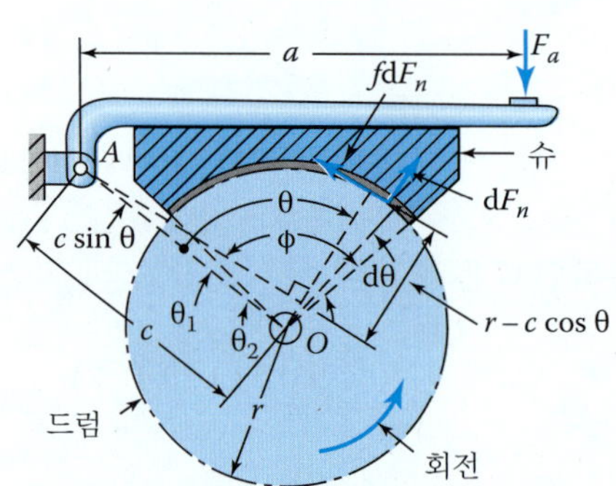

[그림 13.22]
외부 긴 슈 원통 브레이크

$$(\sin\theta)_m = \begin{cases} 1.0 & (\text{if } \theta_2 > 90°) \\ \sin\theta_2 & (\text{if } \theta_2 \le 90°) \end{cases} \tag{13.52}$$

식 (13.52)에서 최대 압력은 $(\sin\theta)_m$인 위치에서 일어난다는 점을 유의하라. 외부 긴 슈 브레이크는 관례적으로 $\theta_1 \ge 5°$, $\theta_2 \le 120°$, $\phi = 90°$로 설계되고, ϕ는 접촉각이다.

w를 라이닝의 너비라고 한다면, 각도 $d\theta$만큼 떨어진 두 반지름으로 잘린 작은 요소의 면적은 $wr\,d\theta$와 같다. 압력 p와 암(arm) $c\sin\theta$를 곱하고 전체 슈에 대하여 적분을 하면 고정점 A의 수직력에 의한 모멘트 M_n은

$$M_n = \int_{\theta_1}^{\theta_2} p(wr\,d\theta)c\sin\theta$$

$$= \frac{wrcp_{\max}}{(\sin\theta)_m}\int_{\theta_1}^{\theta_2}\sin^2\theta\,d\theta$$

이다. 이때

$$M_n = \frac{wrcp_{\max}}{4(\sin\theta)_m}\left[2\phi - \sin 2\theta_2 + \sin 2\theta_1\right] \tag{13.53}$$

같은 방법으로 A의 마찰력에 의한 모멘트 M_f는

$$M_f = \int_{\theta_1}^{\theta_2} fpwr\,d\theta(r - c\cos\theta)$$

$$= \frac{fwrp_{\max}}{(\sin\theta)_m}\int_{\theta_1}^{\theta_2}\left(r\sin\theta - \frac{c}{2}\sin 2\theta\right)d\theta$$

이거나

$$M_f = \frac{fwrp_{\max}}{4(\sin\theta)_m}\left[c(\cos 2\theta_2 - \cos 2\theta_1) - 4r(\cos\theta_2 - \cos\theta_1)\right] \tag{13.54}$$

로 표현된다. 고정점 A에 대한 모멘트의 합으로 작동력은

$$F_a = \frac{1}{a}(M_n \mp M_f) \tag{13.55}$$

으로 표현된다. 이 식에서 위 부호는 자기활성 브레이크에 대한 것이고 아래 부호는 자기비활성 브레

이크에 적용된다. 자기잠김은

$$M_f \geq M_n \tag{13.56}$$

일 때 발생한다. 이미 서술되었듯이 브레이크 슈는 자기잠김보다 자기활성이 바람직하다. 이것은 M_f/M_n을 대략 0.7보다 작게 설계하면 된다.

브레이크의 토크용량은 원통중심 O에 대하여 마찰력에 의한 모멘트를 계산하여 얻어진다. 따라서

$$T = \int_{\theta_1}^{\theta_2} fpwr\,d\theta\, r$$

$$= \frac{fwrp_{\max}}{(\sin\theta)_m}\int_{\theta_1}^{\theta_2} \sin\theta\, d\theta$$

이며, 이때

$$T = \frac{fwr^2 p_{\max}}{(\sin\theta)_m}(\cos\theta_1 - \cos\theta_2) \tag{13.57}$$

마지막으로 A와 O에서의 핀의 반력은 수평력과 수직력의 평형식에서 계산된다. 회전방향을 바꾸면, 위 식의 마찰계수를 포함한 항의 부호도 바꾸어야 한다.

예제 13.10 긴 슈 원통 브레이크의 설계

긴 슈 원통 브레이크에 작동력 $F_a = 4$ kN이 가해질 때 다음을 결정하라(그림 13.23).

a. 최대 압력

b. 토크와 동력용량

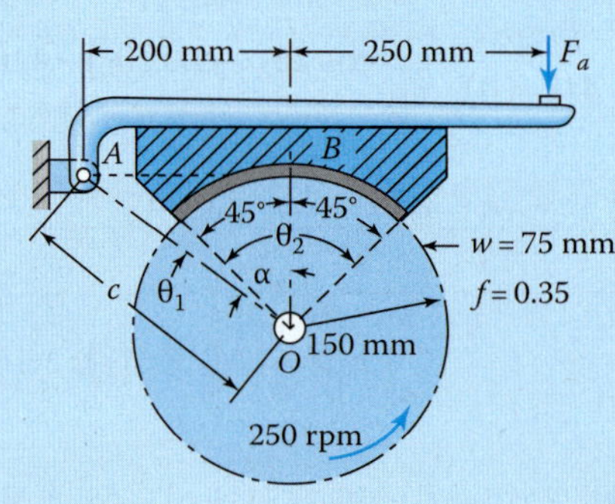

[그림 13.23]
예제 13.10

설계 결정: 라이닝이 마찰계수 $f = 0.35$, 너비 $w = 75$ mm인 석면으로 만들어졌다.

풀이

접촉각 $\phi = 90°$ 혹은 $\pi/2$ rad이다. 기하학적 관계에서 $\alpha = \tan^{-1}(200/150) = 53.13°$이다. 따라서

$$\theta_1 = 8.13°, \quad \theta_2 = 98.13°$$

$$c = \sqrt{200^2 + 150^2} = 250 \text{ mm}$$

$\theta_2 > 90°$이면 $(\sin\theta)_m = 1$이다.

a. 식 (13.53)을 사용하면

$$M_n = \frac{(0.075)(0.15)(0.25)p_{\max}}{4(1)}\left[2\left(\frac{\pi}{2}\right) - \sin 196.26° + \sin 16.26°\right]$$

$$= 2.6\left(10^{-3}\right)p_{\max}$$

식 (13.54)로부터

$$M_f = \frac{0.35(0.075)(0.15)p_{\max}}{4}\left[(0.25)(\cos 196.26° - \cos 16.26°) - 4(0.15)(\cos 98.13° - \cos 8.13°)\right]$$

$$= 0.196\left(10^{-3}\right)p_{\max}$$

식 (13.55)를 적용하면

$$4000(0.45) = (2.6 + 0.196)(10^{-3})p_{\max}$$

$$P_{\max} = 644 \text{ kPa}$$

b. 식 (13.57)을 사용하면

$$T = \frac{(0.35)(0.075)(0.15^2)(0.644 \times 10^6)}{1}(\cos 8.13° - \cos 98.13°)$$

$$= 430.3 \text{ N} \cdot \text{m}$$

식 (1.15)에 의해 동력은

$$\text{kW} = \frac{Tn}{9549} = \frac{430.3(250)}{9549} = 11.28$$

이다.

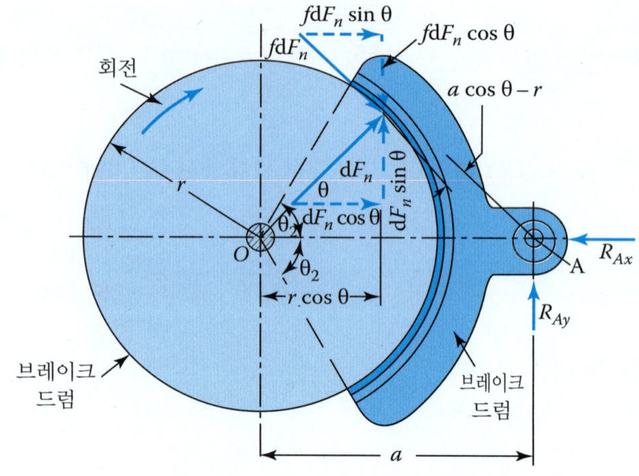

[그림 13.24]
슈(shoe)가 대칭으로 고정된 브레이크

13.14.1.1 대칭하중이 작용하는 고정 슈 브레이크

그림 13.24에 묘사된 바와 같이 고정점이 대칭인 특별한 경우에는 고정점 A에 대한 마찰력의 크기가 0이 된다. 최대 압력은 $\theta = 0°$에서 발생하며 압력 변화는 다음과 같이 표현할 수 있다.

$$p = p_{\max}\cos\theta \tag{a}$$

고정점으로부터의 각 θ의 값에 대하여 슈에 작용하는 미소 수직력 dF_n는 다음과 같다.

$$dF_n = pw(rd\theta) = p_{\max}wr\cos\theta d\theta \tag{b}$$

여기서 w는 마찰재 또는 브레이크 라이닝의 접촉 면적의 폭(종이에 수직방향으로)이다.

고정점으로부터의 거리 a는 마찰력에 대한 모멘트 M_f가 0일 때를 기준으로 하여 정해진다. 즉,

$$M_f = 2\int_0^{\theta_2}(fdF_n)(a\cos\theta - r) = 0$$

식 (b)를 위의 식에 대입하여 다음을 유도할 수 있다.

$$2fp_{\max}wr\int_0^{\theta_2}\left(a\cos^2\theta - r\cos\theta\right) = 0$$

여기에서

$$a = \frac{4r\sin\theta_2}{2\theta_2 + \sin 2\theta_2} \tag{13.58}$$

그림 13.24에 따라 수평방향으로의 반력은 다음과 같이 표현된다.

$$R_{Ax} = 2\int_0^{\theta_2} \mathrm{d}F_n \cos\theta$$

식 (b)와 (13.58)을 대입하면 위 식은

$$R_{Ax} = \frac{p_{\max}}{2}(2\theta_2 + \sin 2\theta_2) = \frac{2wr^2}{a} p_{\max} \sin\theta_2 \tag{13.59}$$

여기서 대칭 조건에 의해 $\int f \mathrm{d}F_n \sin\theta = 0$이 된다. 같은 방법으로 수평방향으로의 반력은 다음과 같은 형태를 갖는다.

$$R_{Ay} = 2\int_0^{\theta_2} f\mathrm{d}F_n \cos\theta$$

따라서

$$R_{Ay} = fR_x \tag{13.60}$$

마찬가지로 대칭 조건에 의해 $\int \mathrm{d}F_n \sin\theta = 0$이 된다. 고정점에서의 반력의 크기는 $R_A = [R_{Ax}^2 + R_{Ay}^2]^{1/2}$이다.

추가적으로, 최종점에서의 반력은 다음과 같으며

$$R_{Ax} = -F_n \quad \text{그리고} \quad R_{Ay} = -fF_n \tag{13.61a}$$

여기서 F_n은 슈에 작용하는 수직력의 크기이다. 그러므로 토크는 다음과 같다.

$$T = R_{Ay}a = afF_n \tag{13.61b}$$

이러한 과정들은 식 (13.58)에서 정의된 치수 a의 선택에 대하여 유효하다.

13.14.2 내부 긴 슈 원통 브레이크

그림 13.25는 내부 긴 슈 원통 브레이크를 나타내고 있다. 이 브레이크의 형태는 자동차 산업에서 널리 사용된다. 그림에서 앵커 핀(anchor pin, A와 B)에 대한 슈의 고정점은 유압 휠실린더의 끝에서 피스톤에 의하여 원통의 안쪽표면에 힘이 가해진다. 따라서 작동력은 피스톤에 의해 유압으로 작용한다. 귀환 스프링은 슈에 힘을 제공한다. 조정캠은 *멈추개*처럼 작동하며 슈와 원통 사이의 틈새를 최소화하는 데 이용된다.

내부 브레이크의 해석과 결과에 대한 표현방법은 외부 긴 슈 원통 브레이크의 경우와 같다. 즉 식

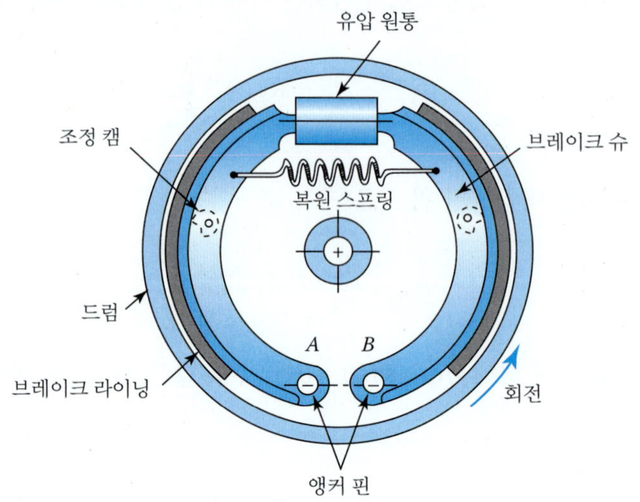

[그림 13.23]
내부 긴 슈 브레이크; 자동차형 브레이크

(13.51)에서 식 (13.54)까지가 내부 슈 원통 브레이크에 적용된다. M_n이 +이면 왼쪽 슈의 고정점 A에 대하여 시계방향 모멘트를 나타내거나, 오른쪽 슈의 고정점 B에 대하여 반시계방향 모멘트를 나타낸다. 마찰모멘트 M_f에 대한 양이나 음의 값은 외부 슈 브레이크에서도 같은 방법으로 해석될 수 있다.

그림 13.25에서 *왼쪽 슈*는 *자기활성*이고 오른쪽 슈는 비활성이다. 회전방향이 반대가 되면, 오른쪽 슈는 자기활성이고 왼쪽 슈는 비활성이 된다. 주어진 작동력에 대하여 슈가 모두 자기활성이면 브레이크 용량은 한쪽 슈만 자기활성일 때보다 클 것이다. 흥미로운 사실은 자동차 브레이크 슈가 양측 모두 자기활성인 유압 휠실린더로 만들어진다는 것이다. 물론 역방향 운동일 때 브레이크 용량은 정방향일 때보다 훨씬 작다. 최근에는 13.10절에서 논의된 캘리퍼 형상의 원판 브레이크가 좋은 냉각용량과 다른 뛰어난 성능을 가지므로 대부분의 승용차의 앞바퀴 원통 브레이크를 대체하고 있다.

13.15 에너지 흡수 및 냉각

브레이크의 중요한 역할은 에너지를 흡수하고 발생열을 소산시키는 것이다. 클러치 또한 에너지를 흡수하고 열을 소산시키지만, 두 개의 물체를 연결하기 때문에 낮은 소산율을 가진다. 열소산 능력은 부품표면의 크기나 모양과 같은 조건에 의존한다. 따라서 핀이나 리브 같은 노출된 표면적과 주변 공기의 유동이 증가할수록 장치는 더욱 쉽게 냉각될 수 있다. 게다가 브레이크 작동 시간과 간격이 온도에 영향을 미친다. 브레이크(또는 클러치)의 온도를 상승시키면 마찰계수는 감소한다. 이러한 현상을 *페이딩*(fading)이라 하는데, 장치의 효율이 극도로 저하되는 현상이다. 따라서 브레이크나 클러치의 토크와 동력용량은 재료의 특성과 열을 소산시키는 장비의 능력에 의해 한정된다. 만족할 만한 브레이크와 클러치의 성능을 얻기 위해서는 열 생성량이 열 소산량을 능가하지 않게 해야 한다.

13.15.1 에너지원

에너지 방정식은 물체가 겪게 되는 운동의 종류에 따라 다르다. 무게 W, 질량 m, 회전축에 대한 관성 모멘트가 I인 물체를 생각하자. 클러치나 브레이크에 의해 물체로부터 흡수되는 에너지원은 주로 다음과 같다. 이송 운동에너지는

$$E_k = \frac{1}{2}m\upsilon^2 \tag{13.62}$$

회전 운동에너지는

$$E_k = \frac{1}{2}I\omega^2 \tag{13.63}$$

위치에너지는

$$E_p = Wh \tag{13.64}$$

앞서 말한 것과 같이 υ = 속도, w = 각속도, h = 수직거리이다.

브레이크의 운동에너지와 위치에너지의 연관성을 설명하기 위해 그림 18.1의 윈치 크레인을 참고하기로 하자. 크레인이 무게가 W이고 질량이 m인 물체를 높이 h_1에서 시간 t_1, υ_1의 속도로 끌어내리고 있고, 질량관성 모멘트가 I인 기어축이 각속도 w_1으로 회전하고 있다. 축은 다른 속도로 회전할 수도 있다. 시간 t_1에서 내부 브레이크(모터 내부의)가 작동한다면 시간 t_2에서 상태량은 υ_2, w_2, h_2로 줄어들 것이다. 그러므로 $t_2 - t_1$의 시간 동안 W_b(브레이크에 한 일), W_r(구름마찰, 베어링마찰, 공기저항에 한 일), W_m(구동모터에 의한 일)을 계산할 수 있다[4]. 따라서 전체 일의 양이 에너지 변화량과 같다는 에너지 보존법칙을 적용하면

$$W_b + W_r + W_m = \frac{1}{2}m\left(\upsilon_1^2 - \upsilon_2^2\right) + \Sigma\frac{1}{2}I\left(\omega_1^2 - \omega_2^2\right) + W\left(h_1 - h_2\right)$$

합력은 각각의 가속도에서 다른 질량관성 모멘트에 대하여 만들어진 곱으로 구성된다.

브레이크가 정지 또는 느려지거나 속력을 유지하기 위해 필요한 힘은 W_b에 대한 앞의 식으로부터 구할 수 있다. 브레이크에서 열로 변환된 기계적인 에너지는 온도상승량을 예측하는 데 사용될 수 있다. 낮은 속도로 동작하는 호이스트와 윈치 크레인 같은 많은 기계에서 W_b와 W_m은 무시할 수 있고, 따라서 안전한 브레이크 설계를 가능하게 한다.

13.15.2 온도상승량

움직이는 물체가 브레이크 혹은 클러치의 작동으로 정지할 때, 생성된 마찰에너지 E는 열의 형태로 나타난다. 온도 상승량은 다음 식처럼 마찰열의 형태에서 흡수된 에너지로 표현된다.

$$\Delta t = \frac{E}{Cm} \tag{13.65}$$

이 때

Δt = 온도상승량 ℃

E = 브레이크나 클러치가 흡수해야 할 에너지 J

C = 비열(강과 주철의 경우 500 J/kg℃)

m = 브레이크나 클러치의 질량 kg

마찰에너지 E는 간단하게 구해지며, 식 (13.61)을 사용하여 브레이크나 클러치 결합물의 온도상승량을 계산한다. 공통적으로 사용되는 몇몇 브레이크와 클러치 라이닝에 대한 제한온도가 표 13.11에 나와 있다. 이 온도는 정상동작 상태에서 큰 값이다.

식 (13.62)부터 (13.65)까지는 브레이크나 클러치가 작동할 때 발생하는 현상에 대하여 나타낸다. 그러나 많은 변수가 식에 포함되므로, 해석은 단지 실험값을 추측할 수 있을 뿐이다. 실제로 브레이크나 클러치의 에너지 흡수율과 에너지 소산율은 중요하다. 브레이크와 라이닝 제작자들은 제한된 값의 pV를 적당하게 계산하여, 특정한 종류의 브레이크 설계와 사용조건에 대해 에너지 소산의 효과를 고려해야 한다[10, 11]. 산업현장에서 사용되는 전형적인 pV의 값이 표 13.13에 주어져 있다.

〈표 13.13〉 슈 브레이크에 대한 대표적인 pV값

작동	열 소산율	pV (MPa) (m/s)	pV (ksi) (ft/min)
연속적	나쁨	1.05	30
간헐적	나쁨	2.10	60
연속적	좋음	3.00	85

연습문제

13.1절~13.7절

13.1 폭 4 in., 두께 3/16 in.인 평벨트가 지름이 5 in.와 15 in.인 풀리에서 작동되며 10 hp을 전달한다. 다음을 결정하라.

a. 요구되는 벨트 인장력

b. 벨트길이

주어진 값: 작은 풀리의 속도는 1500 rpm이며, 두 풀리는 5 ft 떨어져 있고, 마찰계수는 0.30이며, 벨트재료의 무게는 0.04 lb/in³이다.

13.2 폭 60 mm, 두께 0.5 mm인 플라스틱 평벨트가 10 kW의 동력을 전달한다. 다음을 계산하라.

a. 작은 풀리에 작용하는 토크

b. 접촉각

c. 벨트에 작용하는 최대 인장력 및 인장응력

주어진 값: 입력 풀리의 지름은 300 mm이며 2800 rpm의 속도로 회전한다. 출력 풀리의 속도는 1600 rpm이며 두 풀리는 700 mm 만큼 떨어져 있다. 마찰계수는 0.2이며 벨트의 무게는 25 kN/m³이다.

가정: 구동계는 고(high)토크 모터이며 종동계는 중간(middle) 충격하중을 받는다.

13.3 예제 13.2를 종동계의 반지름이 $r_2 = 8$ in., 마찰계수가 0.25인 조건하에 다시 풀어라. 또한 식 13.9를 이용하여 벨트의 길이도 계산하라.

13.4 그림 P13.4는 평벨트를 도시한 것이며, 풀리 B는 기계를 구동시키며 풀리 A는 전기 모터 축에 고정되어 있다. 벨트에 의해 각 풀리에 가해지는 최대 토크는 얼마인가?

주어진 값: $f = 0.15$, $F_1 = 2.5$ kN, $r_1 = 20$ mm, $r_2 = 150$ mm, $\phi = 120°$.

[그림 P13.4]

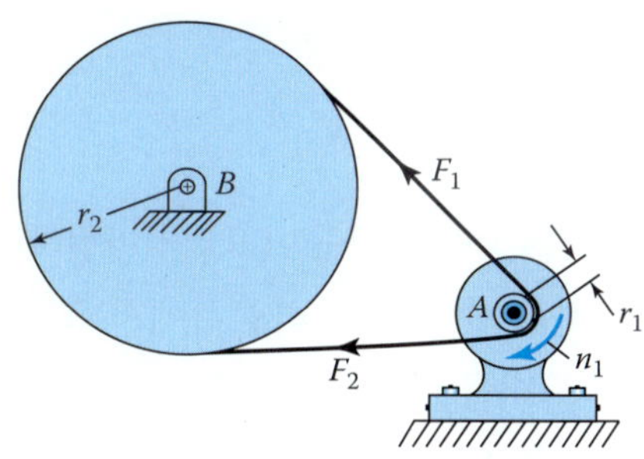

13.5 2 hp, 2500 rpm의 전기 모터가 평벨트를 통해 기계를 구동하고 있다. 종동축의 속도는 1000 rpm과 같다. 다음을 구하라.

a. 피치선의 속도

b. 종동 풀리의 반지름 r_2와 구동 풀리를 감싸는 각도 ϕ

c. 인장력 F_1 및 F_2

주어진 값: $c = 25$ in., $r_1 = 1.5$ in., $f = 0.35$, $w = 0.01$ lb/in.

13.6 그림 P13.4와 같은 타이밍 벨트가 0.05 lb/in.의 무게를 가진다. 무게는 엔진으로부터 연삭숫돌까지 동력을 전달하는 데 이용된다. 벨트의 최대 허용하중은 $F_1 = 500$ lb이고 엔진과 연삭숫돌 모두 $n = 4200$ rpm의 같은 속도로 회전한다. 최대의 동력 전달을 위한 최적의 풀리의 피치반지름 r은 얼마인가?

힌트: 최대 동력 $P = V(F_1 - F_c)$, 전달은 $\partial P / \partial V = 0$에서 발생하며, 여기서 F_c는 구심력을 의미한다.

13.7 그림 P13.7에 도시된 V벨트 구동의 풀리 A가 전달할 수 있는 최대 동력은 얼마인가?
주어진 값: $n_1 = 3000$ rpm, $r_1 = 80$ mm, $\beta = 18^\circ$, $\phi = 160^\circ$, $f = 0.25$, $F_1 = 1000$ N, $w = 1.4$ N/m.

[그림 P13.7]

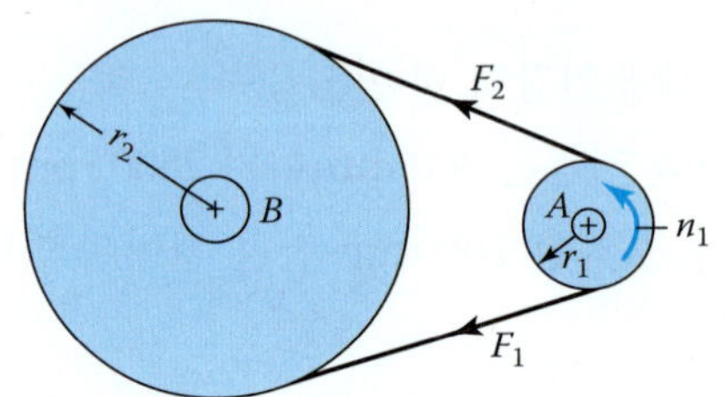

13.8 V벨트가 200 mm 지름의 작은 시브에서 작동중이다. 접촉각은 170°, 홈의 경사각은 38°, 마찰계수는 0.15, 구동속도는 1600 rpm, 벨트의 무게는 8 N/m이며 팽팽한 쪽 인장력은 3 kN이다. 구동계의 동력용량을 구하라.

13.9 홈의 경사각이 38°인 V벨트가 구동하고 있다. 벨트의 무게는 3 N/m이고 벨트의 단면적은 145 mm²이며 마찰계수는 0.25, $r_1 = 150$ mm, $\phi = 160^\circ$, $n_1 = 3000$ rpm이며 $F_2 = 800$ N일 때 다음을 계산하라.

a. 최대 전달 동력

b. 벨트에 작용하는 최대 응력

13.10 34°의 단면 경사각을 가지는 V벨트 구동이 0.2의 마찰계수, 2.5 N/m의 벨트 무게를 기초로 15 kW의 용량을 갖도록 하려 한다. 최대 하중하에서 요구되는 최대 벨트 인장력을 계산하라.
가정: 구동기는 일반 토크 모터를 사용하고 종동기계는 매우 심한 충격하중을 받는다.
설계 결정: 200 mm 지름의 작은 시브를 사용하여 속도를 2700 rpm에서 2800 rpm으로 감속시킨다. 또 두 축은 서로 500 mm 떨어져 있다.

13.11 2열 ANSI No. 60, 19 mm(¾ in.)를 가진 롤러 체인이 전기 모터를 이용하여 동력을 전달한다. 구동기는 22개의 이를 가지고 1400 rpm의 속도를 갖는다. 헬리콥터 변속기의 종동 스프로킷은 매우 심한 충격하중하에서 700 rpm의 속도로 회전한다. 다음을 구하라.

a. 종동 스프로킷의 이의 개수

b. 설계 마력

c. 극한 강도를 기반으로 계산된 안전율 n

13.12 2열 ANSI No. 60, 19 mm(¾ in.)를 가진 롤러 체인이 IC 엔진(유체 구동)을 이용하여 동력을 전달한다. 구동기는 18개의 이를 가지고 1600 rpm의 속도를 갖는다. 헬리콥터 변속기의 종동 스프로킷은 적당한 충격하중하에서 640 rpm의 속도로 회전한다. 다음을 계산하라.

a. 종동 스프로킷의 이의 개수

b. 설계 마력

c. 극한 강도를 기반으로 계산된 안전율 n

13.13 ⅝ in. 피치의 역전 체인이 22개의 이를 갖고 4000 rpm으로 회전하는 구동 스프로킷에서 작동되며, 종동 스프로킷은 1000 rpm으로 회전한다. 최소 중심거리를 계산하라.

13.14 9/16 in. 피치의 역전 체인이 14개의 이를 갖고 4600 rpm으로 회전하는 구동 스프로킷에서 작동되며, 종동 스프로킷은 2100 rpm으로 회전한다. 최소 중심거리를 계산하라.

13.15 4열 ANSI No. 60, ¾ in.를 가진 롤러 체인이 적당한 충격하중하에서 동력을 전달한다. 구동기는 23개의 이를 가지며 터빈을 이용하여 1800 rpm의 속도로 회전한다. 속도비가 3:1일 때 다음을 구하라.

a. 종동 스프로킷의 이의 개수

b. 설계 동력 용량

c. 체인에 작용하는 인장력

d. 극한 강도를 기반으로 계산된 안전율 n

13.16 문제 13.15를 3열 롤러체인, 32개의 이를 갖고 900 rpm으로 회전하는 구동 스프로킷 조건으로 고려하여 다시 계산하라.

13.8절~13.11절

13.W 웹사이트 www.sepac.com을 검색하라. 브레이크나 클러치를 선택하기 전에 고려해야 할 선택요소(적용과정 및 응용)를 나열하라.

13.17 바깥지름이 250 mm이고 안지름이 150 mm로 하나의 마찰면을 가지는 원판 클러치가 있다. 다음과 같은 가정을 이용하여 최대 압력 및 토크용량을 결정하라.

a. 균일 마모

b. 균일 압력

주어진 값: 마찰계수는 0.3이고 작동력은 6 kN이다.

13.17 양면이 모두 유효하고 바깥지름이 안지름의 4배인 원판 클러치가 500 rpm에서 40 hp이 필요한 응용에 사용된다. 균일 압력조건에 근거해서 다음을 계산하라.

a. 안지름 및 바깥지름

b. 요구 작동력

설계 결정: $f = 0.25$이고 $p_{max} = 20$ psi의 마찰재료가 사용된다.

13.19 문제 13.18을 균일 마모조건으로 가정하여 다시 풀어라.

13.20 하나의 마찰면을 가지는 원판 클러치가 최대 토크 1.2 kip · in.의 터빈에 사용된다. 소결합금이 건식 조건하에 강(steel)과 접촉하는 상황에서, 최대 터빈 토크의 슬립률을 고려하여 n = 1.6의 안전율을 적용할 때 균일 마모조건을 기반으로 다음을 구하라.

a. 원판의 바깥지름

b. 작동력

주어진 값: $d = 2$ in., $f = 0.3$, $p_{max} = 225$ psi(표 13.11 참조).

13.21 4개의 작용면, 12 in.의 바깥지름, 6 in.의 안지름, $f = 0.2$를 가진 다판 클러치가 400 rpm에서 50 hp를 전달한다. 균일 마모조건에서 다음을 계산하라.

a. 요구 작동력

b. 원판 사이의 평균압력

13.22 캘리퍼형 브레이크가 80°의 각도를 가진 두 개의 고리형 패드를 가지고 있고(그림 13.16), 40 mm의 유압 실린더를 통하여 작동할 때 균일 마모조건을 고려하여 다음을 결정하라.

a. 최대 압력 p_{max}

b. 작동력 F_a

c. 요구되는 유압 실린더의 압력 p_{hyd}

주어진 값: $f = 0.3$, $T = 1.8$ kN · m, $d = 200$ mm, $D = 280$ mm, $\gamma = 80°$.

13.23 문제 13.22를 균일 압력조건으로 가정하여 다시 풀어라.

13.24 8° 원추 각도를 갖는 10 in. 바깥지름의 원추형 클러치가 800 rpm에서 50 hp을 전달한다. 균일 압력조건에서 원추의 접촉폭을 계산하라.

설계 결정: 최대 라이닝 압력은 60 psi이고 마찰계수는 $f = 0.3$이다.

13.25 문제 13.24를 균일 마모조건에서 다시 풀어라.

13.26 원추형 클러치가 평균 지름 500 mm, 원추각 10°, 접촉폭 $w = 80$ mm을 가질 때 균일 마모조건하에서 다음을 결정하라.

a. 작동력 및 토크용량

b. 500 rpm의 속도에서의 동력용량

설계 결정: 라이닝은 마찰계수 $f = 0.2$, 최대 압력 $p_{max} = 0.5$ MPa의 값을 가진다.

13.27 원추형 클러치가 평균 지름 250 mm, 원추각 12°, $f = 0.2$를 갖는다. 브레이크가 전달할 수 있는 토크를 계산하라.

가정: 균일 압력이 400 kPa이고 작동력이 5 kN이다.

13.28 균일 압력을 가정으로 할 때 원추형 클러치(그림 13.18)의 작동력과 토크용량이 식 (13.40)과 (13.41)로 표현됨을 보여라.

13.12절

13.29 밴드 브레이크가 폭이 100 mm이고 $f = 0.3$, $p_{max} = 0.7$ MPa인 천으로 된 라이닝을 사용한다(그림 P13.29). 150 rpm에서 밴드의 인장력과 동력용량을 계산하라.

주어진 값: $\phi = 240^\circ$, $r = 200$ mm.

[그림 P13.29]

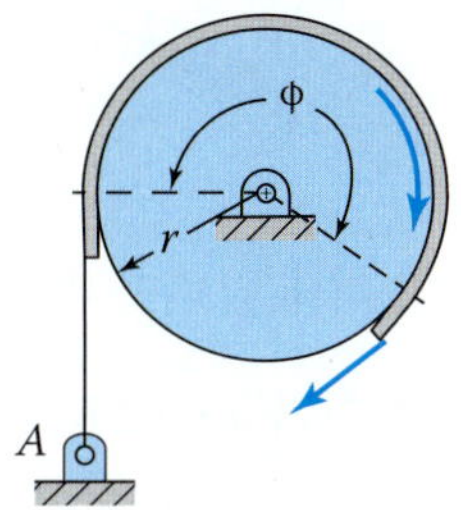

13.30 그림 P13.30과 같은 밴드 브레이크의 원통은 점 O에 대해서 관성모멘트 $I = 20$ lb · in. · s²을 갖는다. $\alpha = 200$ rad/s²의 비율로 원통을 감속시킬 수 있는 작동력 F_a를 계산하라. 토크는 $T = I\alpha$로 표현됨을 유의하라.

주어진 값: $\phi = 210^\circ$, $a = 12$ in., $r = c = 5$ in., $f = 0.3$.

[그림 P13.30]

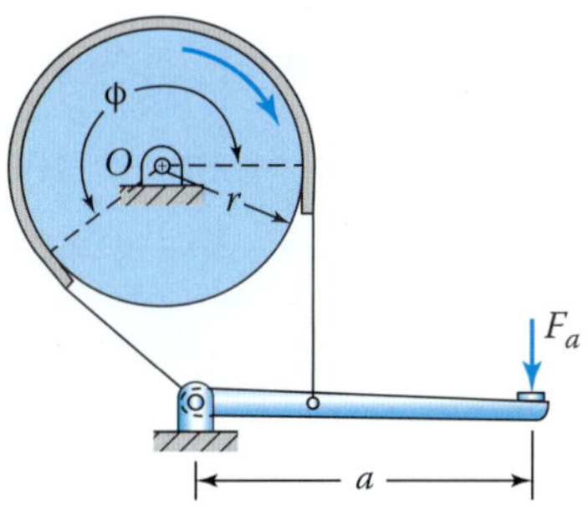

13.31 그림 P13.30의 밴드 브레이크가 600 rpm의 속도에서 40 kW의 동력용량을 가질 때 벨트의 인장력을 결정하라.

주어진 값: $\phi = 250^\circ$, $r = 250$ mm, $a = 500$ mm, $f = 0.4$.

13.32 $p_{max} = 0.6$ MPa, $f = 0.4$의 설계 변수값을 갖는 면으로 짠(woven) 라이닝이 그림 P13.30에 도시된 밴드 브레이크에 사용될 때 다음을 계산하라.

a. 밴드에 작용하는 인장력 및 작동력

b. 200 rpm에서의 동력용량

13.33 그림 P13.33에 있는 차동 브레이크는 220 rpm에서 10 kW를 흡수한다. 다음을 계산하라.

a. 접촉각

b. 브레이크의 치수에서 팔 길이 s

[그림 P13.33]

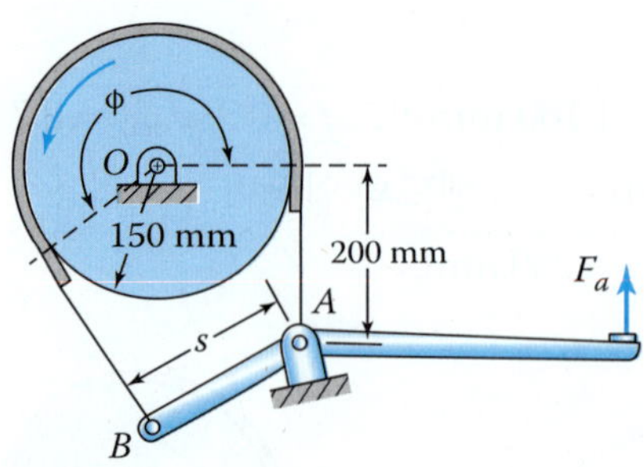

주어진 값: 라이닝과 원통 사이의 최대 압력은 0.8 MPa이고, $f = 0.14$, $w = 600$ mm이다.

13.34 그림 13.20에 도시된 차동 브레이크가 $a = 12$ in., $c = 2$ in., $s = 3.2$ in., $r = 4$ in., $n = 300$ rpm, $\phi = 210°$, $f = 0.12$, $F_a = 300$ lb의 값을 가진다. F_a가 위쪽으로 작용할 때 동력용량을 마력 단위로 결정하라.

13.35 그림 13.20의 차동 밴드 브레이크가 $a = 250$ mm, $c = 100$ mm, $s = 50$ mm, $r = 200$ mm, $\phi = 210°$의 값을 가지며, 면으로 짠 라이닝의 마찰계수는 $f = 0.4$이다. 요구되는 작동력 F_a를 결정하라. 이 브레이크는 스스로 잠기는가?

요건: 900 rpm에서 15 kW의 동력이 생긴다.

13.36 문제 13.35를 원통이 반시계방향 회전하는 조건에서 다시 풀어라.

13.37 그림 13.20에 도시된 차동 밴드 브레이크가 $r = 100$ mm, $w = 20$ mm, $a = 200$ mm, $c = 40$ mm, $s = 10$ mm, 감싸는 각도 $\phi = 265°$, 라이닝의 마찰계수 $f = 0.25$, 최대 압력 p_{max}의 값을 갖는다. 다음을 구하라.

a. 토크용량

b. 제동력이 잠기는 방향으로 작용할 때의 작동력 및 거리 s

13.38 그림 13.20에 도시된 차동 밴드 브레이크에 마찰계수 $f = 0.25$, 최대 압력 $p_{max} = 70$ psi의 라이닝이 적용될 때 다음을 결정하라.

a. 토크 용량

b. 작동력

c. 자기잠김을 발생시키는 값 s의 크기

주어진 값: $a = 25$ in., $c = 6$ in., $r = 10$ in., $s = 1.4$ in., $w = 3$ in., $\phi = 260°$.

13.13절~13.15절

13.39 짧은 슈 원통 브레이크는 $f = 0.25$, $a = 1$ m, $b = 0.4$ m, $c = 50$ mm, $r = 0.3$ m를 가지며 800 rpm에서 25 kW를 흡수한다(그림 3.21). 다음을 계산하라.

a. 작동력과 브레이크의 자가잠김 여부

b. A에서 핀의 반력

13.40 문제 13.39를 원통이 시계방향으로 회전하는 조건으로 다시 풀어라.

13.41 짧은 슈 해석을 사용하여, 즉 총 수직 및 마찰력이 점 B에 집중된다고 가정하여 예제 13.10을 다시 풀라. 예제 13.10의 더 정확한 결과와 이 결과를 비교하라.

13.42 그림 P13.42에 외부 짧은 슈 원통 브레이크가 도시되어 있다. 슈와 원통의 마찰계수는 0.25이며 최대 압력은 800 kPa이다. 다음을 구하라.

a. 제한 레버하중은 F_a이고, 제동 토크는 T이다. 주어진 방향에서 이 브레이크는 자기활성 브레이크인가 자기비활성 브레이크인가?

b. 레버 고정점 A에서의 반지름방향 힘을 구하라.

주어진 값: $a = 500$ mm, $b = 200$ mm, $r = 150$ mm, $d = 175$ mm, $w = 50$ mm, $\phi = 44°$, $f = 0.25$, $p_{max} = 800$ kPa.

[그림 P13.42]

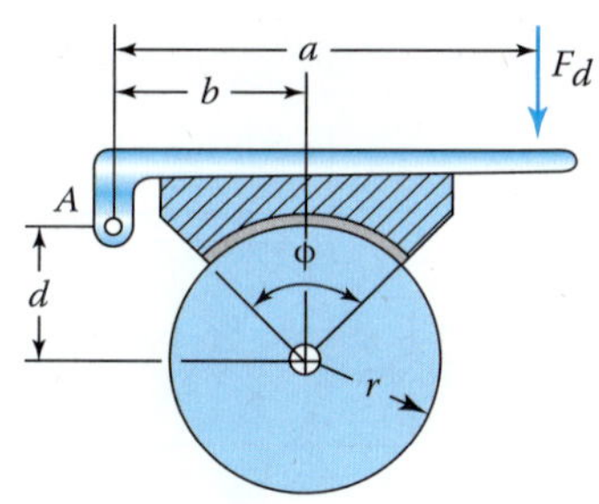

13.43 그림 13.21의 짧은 슈 브레이크가 원통이 600 rpm의 힘으로 회전할 때 250 N·m의 토크를 받는다. 다음을 구하라.

a. 슈에 작용하는 수직력 F_n

b. 작동력 F_a

주어진 값: $a = 90$ mm, $b = 320$ mm, $c = 34$ mm, $r = 350$ mm, $f = 0.4$.

13.44 그림 13.21에 도시된 짧은 슈 원통 브레이크에 최대 압력 p_{max}를 갖는 라이닝 재료가 사용되었다. 또한 브레이크의 마찰계수는 $f = 0.2$이다. 최대 작동력 F_a는 얼마인가?

주어진 값: $a = 200$ mm, $b = 120$ mm, $c = 30$ mm, $r = 100$ mm, $w = 40$ mm, $\phi = 36°$.

13.45 외부 긴 슈 원통 브레이크가 최대 동력용량 $T = 1.2$ kip·in.을 갖는다(그림 13.22). 라이닝은 마찰계수 $f = 0.35$를 갖는 면으로 짠(woven) 재료가 적용되었다. 라이닝과 원통 사이의 최대 압력 p_{max}를 다음 두 경우에 대하여 결정하라.

a. 접촉각 $\phi = 90°$일 때($\theta_1 = 0°$, $\theta_2 = 90°$)

b. 접촉각 $\phi = 45°$일 때($\theta_1 = 20°$, $\theta_2 = 65°$)

주어진 값: $c = 3$ in., $r = 3$ in., $w = 1$ in.

13.46 그림 P13.46은 긴 슈 원통 브레이크를 묘사하고 있다. 마찰력이 원통에 적용되는 슈에 저항하지도, 일조하지도 않는 b값을 반지름 r에 대하여 구하라.

[그림 P13.46]

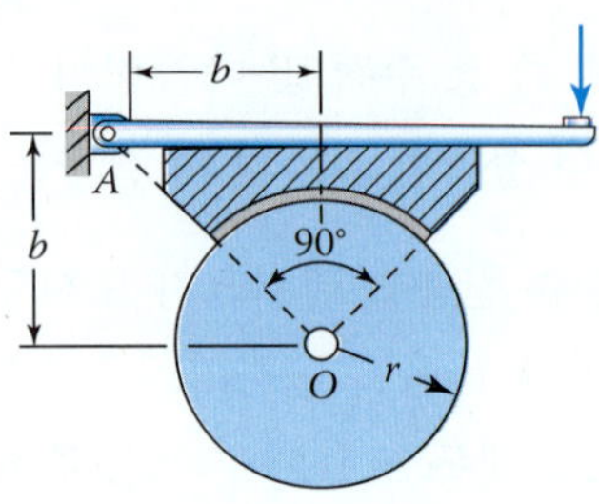

13.47 그림 P13.47에 나타낸 긴 슈 브레이크는 p_{max} = 900 kPa, f = 0.3, w = 50 mm를 갖는다. 다음을 계산하라.

a. 작동력

b. 600 rpm에서 동력용량

[그림 P13.47]

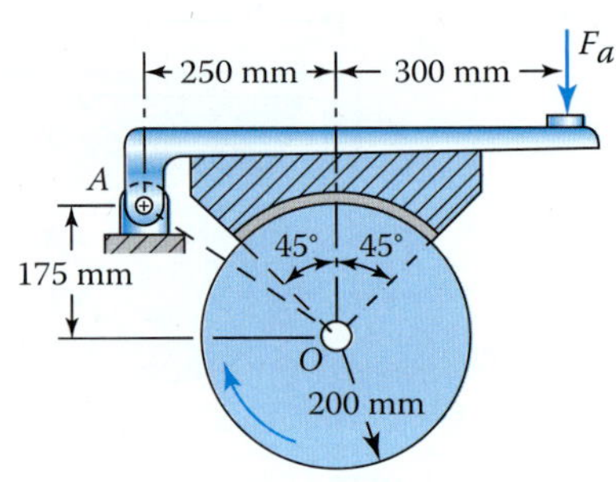

13.48 그림 P13.48은 긴 슈 브레이크를 도시한 것이다. 다음을 결정하라.

a. 작동력

b. 500 rpm에서의 동력용량

주어진 값: b = 150 mm, d = 250 mm, r = 200 mm, w = 60 mm, f = 0.3, p_{max} = 800 kPa.

[그림 P13.48]

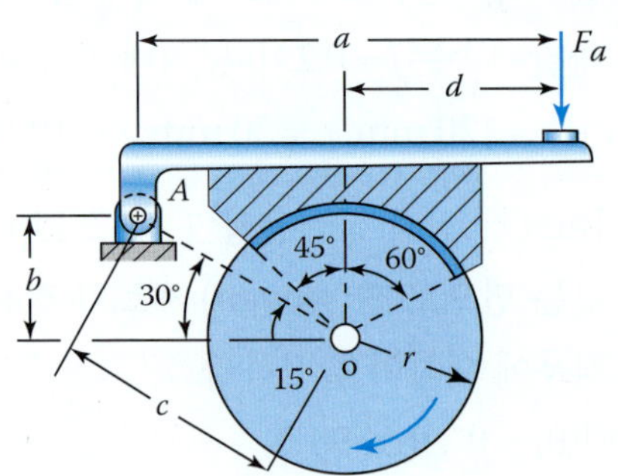

13.49 그림 13.24의 대칭하중이 작용하는 고정 슈 브레이크에 소결된 금속 마찰재가 적용된 경우, 다음을 구하라.

a. 고정점 A과 원통의 중심 사이의 거리

b. 고정점 A에 작용하는 반력

c. 브레이크의 토크용량

주어진 값: $r = 125$ mm, $w = 50$ mm, $\phi = 90°$, $p_{max} = 1.55$ MPa, $f = 0.3$(표 13.11 참조).

CHAPTER 14

스프링

MECHANICAL DESIGN of Machine Components

14.1 서론

스프링은 기계장치에서 힘이나 토크를 전달하거나 또는 충격하중 에너지를 저장하는 데 주로 사용한다. 유연한 스프링은 극한응력에 대한 최댓값 및 다양한 하중과 더불어 작동한다. 헬리컬 스프링은 소선이 원형이거나 사각형이며 용도가 다양하다. 디스크 스프링, 링 스프링, 스파이럴 스프링 및 토션바와 같은 다양한 종류의 스프링이 있다. 다양한 표준 스프링의 형태는 스프링 제조사의 표준 카탈로그에 따른다. 압축, 인장과 비틀림 스프링에 대한 다양한 형태는 그림 14.1에서 볼 수 있다. 설계자는 요소의 명세서 작성 및 설계를 하기 위해서 적절한 이론을 이해하고 적용해야 한다.

공기 스프링은 자동차 에어 쇼크 업소버(air shock absorber)의 압축공기와 같은 탄성 압축성을 이용한다. 작은 변위와 큰 힘을 받는다면 유압 스프링이 더 효율적이다. 금속 또는 고무로 만들어진 기하학적 형상의 스프링이 이 장에서의 주요 관심사항이다[1-4]. 1.4절에서 언급한 바와 같이 기계요소는 보통 강도에 근거한 설계를 한다. 일반적으로 변위의 중요성은 다소 낮게 여겨져서 처짐이 적합한지를 판단할 때만 검토한다. 하지만 실제 스프링 설계에서 변위는 강도만큼이나 중요하다.

14.2 토션바

한쪽 끝이 고정되고 다른 쪽은 비틀림 하중을 받는 직선의 중공 또는 중실바를 *토션바*(torsion bar)라 한다. 이것은 그림 14.2a의 *AB*에서 보는 것처럼 모든 스프링의 형상 중에서 가장 간단하다. 대표적인 예로 자동차 후드(hood)부와 트렁크의 뚜껑에서 차체의 균형을 잡아 주는 데 사용한다. 그림 14.2b에서와 같이 스플라인 선단의 토션바는 자동차 서스펜션 스프링이나 스웨이바(sway bar)에 사용한다. 보통 한쪽 끝은 섀시의 소켓부분에 장착되고 다른 쪽은 암(arm)의 끝에 피벗으로 연결된다. 이 암은 링크장치의 일부분으로서 바퀴가 거의 평행하게 올라가고 내려가게 하는 역할을 한다. 승용차의 바는

[그림 14.1]
소선 스프링의 종류

보통 길이 75 cm이고, 지름 25 mm, 비틀림 각 30°~45°이다.

토션바에서 응력은 주로 비틀림 전단응력이다. 응력, 각변위와 강성(stiffness)에 관한 식은 3.5절과 4.3절에 나와 있다. 그림 14.2a를 보면

$$T = PR, \quad \delta = \phi R, \quad k = \frac{T}{\phi}$$

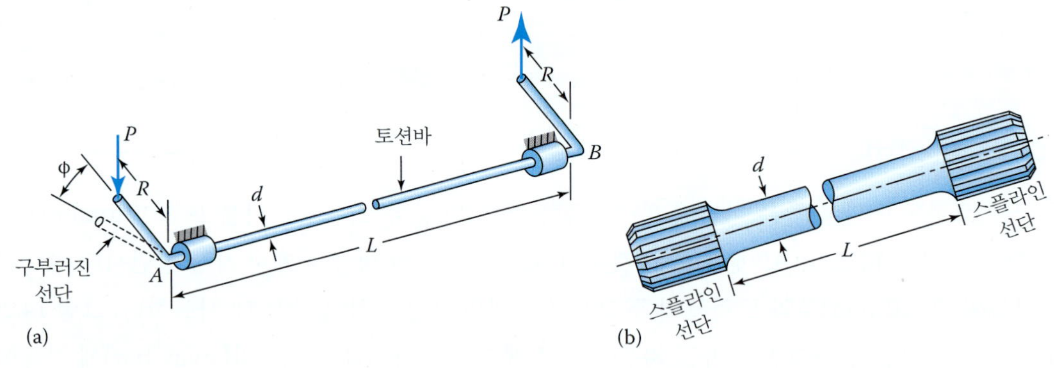

[그림 14.2]
토션바 스프링. (a) 구부러진 선단을 갖는 봉 (b) 스플라인 선단을 갖는 봉

로 쓸 수 있다. 여기서 비틀림 각은 $\phi = TL/GJ$이고 중실 *원형 토션바*(round torsion bar)의 관성모멘트는 $J = \pi d^4/32$이다. 그러므로 다음과 같은 식을 얻는다.

$$\tau = \frac{16PR}{\pi d^3} \tag{14.1}$$

$$\delta = \frac{TLR}{GJ} = \frac{32PLR^2}{\pi d^4 G} \tag{14.2}$$

$$k = \frac{\pi d^4 G}{32L} \tag{14.3}$$

여기서

τ = 비틀림 전단응력
P = 하중
δ = 양단 사이의 상대변위
G = 강성계수
d = 바 지름
R = 모멘트 암
L = 바 길이
k = 스프링상수

앞의 기본식은 표 3.1의 비원형 비틀림 스프링의 경우에도 적용된다. 지지점 AB 바깥쪽에 있는 스프링의 끝부분은 단면에 전단하중 P와 조합 직접 전단응력을 받는다. 일반적으로 토션바의 이 부분에 대한 굽힘과 비틀림의 영향은 무시한다. 토션바를 설계할 때 요구되는 지름 d는 식 (14.1)로 구한다. 허용 전단강도에 근거하여 식 (14.2)에서 처짐 δ에 대한 필요한 바의 길이 L을 구할 수 있다.

14.3 헬리컬 인장 스프링과 헬리컬 압축 스프링

이 절에서는 헬리컬 코일 인장/압축 스프링에 대해 알아본다. 헬리컬 스프링은 밀고 당기는 힘을 저장하고 대변형성이 있다. 표준형은 일정한 코일지름, 피치(코일 사이의 축간 거리)와 스프링상수(처짐곡선의 기울기)를 갖는다. 이는 대부분의 일반 스프링의 구성요소이다. 가변 피치형, 드럼형(barrel), 장구형(hourglass) 스프링은 공진 서징 및 진동을 최소화하는 데 이용된다.

원형 단면 헬리컬 스프링은 지름 d의 가는 소선이 나선모양으로 감긴 *평균 코일지름*(mean coil diameter) D와 *피치각*(pitch angle) λ로 구성된다. 그림 14.3b는 그림 14.3a의 압축 스프링에서 분리된 상위부분이다. 스프링 소선의 직각단면은 거의 수직으로 볼 수 있다. 스프링에 작용하는 집중하중

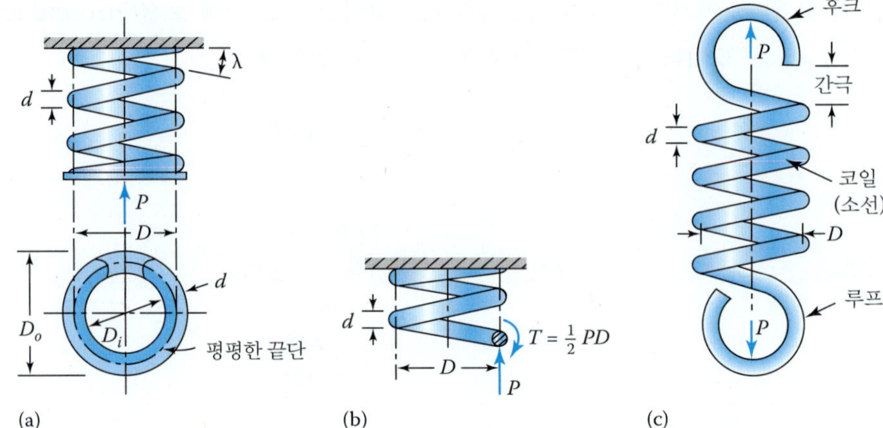

[그림 14.3]
헬리컬 스프링.
(a) 압축 스프링
(b) 압축 스프링에서 분리된 윗부분
(c) 인장 스프링

P는 그림과 같이 코일의 단면에 작용하는 횡전단하중 P와 토크 $T = PD/2$로 작용한다. 그림 14.3c는 헬리컬 인장 스프링을 나타낸 것이다.

헬리컬 스프링에서 소선지름에 대한 평균 코일지름의 비를 *스프링지수*(spring index) C라 한다.

$$C = \frac{D}{d} \tag{14.4}$$

일반적인 구조에서 스프링은 $C > 3$이며 $\lambda < 12°$이다. 대부분 스프링의 C는 약 6~12의 값을 가진다. $C > 12$일 때 스프링은 휘거나 엉키게 된다. 바깥지름 $D_0 = D + d$과 안지름 $D_i = D - d$에 의해 스프링 자리의 최소 및 최대를 결정한다. 일반적으로 D_0와 구멍 사이 또는 D_i와 핀 사이의 최소지름 공차는 $D <$ 13 mm일 때 $0.1D$이고, $D >$ 13 mm일 때 $0.05D$이다.

14.3.1 응력

탄성 이론에 의한 정확한 분석에 의하면 코일 안쪽 지름요소에 작용하는 전단응력은 다음과 같다.

$$\tau_d = 1.23\frac{P}{A} = 1.23\frac{P}{\pi d^2/4} \tag{14.5}$$

이 식을 다시 쓰면

$$\tau_d = \frac{8PD}{\pi d^3} \times \frac{0.615}{C}$$

초기 소선곡률을 무시한 비틀림 전단응력은

$$\tau_t = \frac{16T}{\pi d^3} = \frac{8PD}{\pi d^3}$$

코일 안쪽 소선에서 최대 또는 *총 전단응력*(total shear stress)은 다음과 같다.

$$\tau = K_s \frac{8PD}{\pi d^3} = K_s \frac{8PC}{\pi d^2} \tag{14.6}$$

여기서

$$K_s = 1 + \frac{0.615}{C} \tag{14.7}$$

K_s는 *직접전단계수*(direct shear factor)라고 한다.

C가 큰 세선(細線)인 경우에 최대 전단응력은 비틀림에 의해 발생한다. 이 경우 헬리컬 압축/인장 스프링은 나선형의 토션바로 생각할 수 있다. C가 작은 중선(重線) 스프링인 경우 전단응력의 영향은 무시할 수 없다.

비틀림응력은 곡률의 영향으로 스프링의 안쪽에서 증가한다. 곡률효과를 고려한 *왈공식*(Wahl formula)으로 나타내면 전단응력은 다음과 같다[2].

$$\tau = K_w \frac{8PD}{\pi d^3} = K_w \frac{8PC}{\pi d^2} \tag{14.8}$$

여기서 *왈계수*(Wahl factor) K_w는 다음과 같이 정의된다.

$$K_w = \frac{4C-1}{4C-4} + \frac{0.615}{C} \tag{14.9}$$

곡률효과를 고려한 식 (14.9)에서 첫 번째 항은 기본적인 응력집중계수이다. 두 번째 항은 수정 직접전단계수이다. 왈계수는 대부분의 계산에서 이용되는데, $C \geq 3$일 때 2% 안의 정확한 값을 나타낸다. 그림 14.4는 C의 함수로서 K_w의 변화를 나타낸 것이다.

정하중에 의한 국부에서 항복이 발생한 후, 전형적인 스프링 재료는 곡률에 의한 국부 응력집중과 관계가 있다(8.8절 참조). 그러므로 교번하중과 *정하중* 또는 *평균하중*을 받을 때는 식 (14.8)과 (14.6)을 사용한다. 식 (14.7) 대신에 압축 스프링에 대한 정적 적용에는 다음 식을 사용한다.

$$K_s = 1 + \frac{0.5}{C} \tag{14.7'}$$

이 식은 교차 전단응력이 정하중하에서 항복 이후 일정하다고 가정한다.

그림 14.3b의 자유물체도는 압축 코일 스프링의 굽힘하중을 고려하지 않고 있다. 그러나 피치각 λ가 15°보다 크고, 코일의 처짐이 $D/4$보다 크면 굽힘응력을 고려해야 한다. 더욱이 한가운데에 작용하는 하중 P를 구하는 것은 거의 불가능하고, 약간의 편심도 굽힘을 일으키고 비틀림 모멘트 암을 변경시킨다. 앞의 식에서 나타낸 것보다 스프링의 한쪽 끝에서 응력이 더 높게 증가한다. 또 그림 14.3b에서 횡전단응력을 일으키기 위한 요소 힘 P는 스프링 소선의 축방향 압축을 일으킨다. 상대적으로 λ가

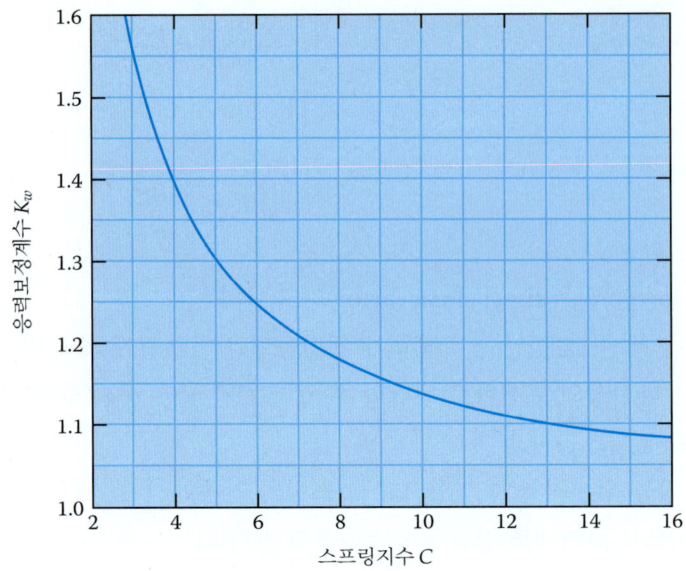

[그림 14.4]
곡률의 응력보정계수와 헬리컬 스프링의 직접전단

큰 경우에는 임계 스프링 설계에서 이 계수를 고려해야 한다.

14.3.2 처짐

코일 스프링의 처짐을 구하는 데 있어서, 일반적으로 전단의 영향은 무시한다. 그러므로 비틀림은 $\phi = TL/GJ$일 때 소선의 한쪽 끝부분이 상대적으로 각 $d\phi$로 회전하기 때문에 생긴다. 이는 스프링 축에서 처짐 $d\delta$에 해당한다.

$$d\delta = \frac{D}{2}d\phi = \frac{D}{2}d\left(\frac{TL}{GJ}\right)$$

길이 $L = \pi DN_a$일 때 스프링의 총 처짐 δ는 다음과 같다.

$$\delta = \frac{8PD^3N_a}{Gd^4} = \frac{8PC^3N_a}{Gd} \tag{14.10}$$

여기서 N_a는 코일의 유효권수(the number of active coils), G는 강성계수이다.

이 식의 미분은 카스틸리아노 정리(Castigliano's theorem)를 이용하여 쉽게 변환된다.

14.3.3 스프링상수

스프링의 탄성거동은 힘-처짐 곡선이나 *스프링상수*(spring rate) k의 기울기로 표현된다. 식 (14.10)을 이용하여

$$k = \frac{P}{\delta} = \frac{Gd^4}{8D^3N_a} = \frac{dG}{8C^3N_a} \tag{14.11}$$

[그림 14.5]
원추-헬리컬 압축 스프링

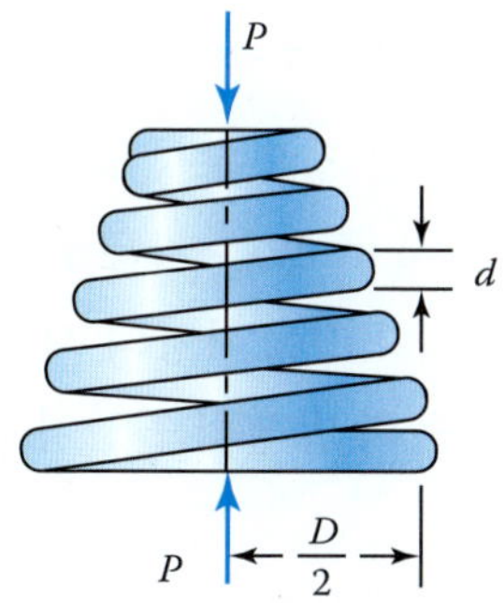

을 얻을 수 있다. 스프링상수는 SI 단위의 N/m와 U.S. 단위의 lb/in.를 사용한다. 스프링상수 k인 표준 헬리컬 스프링은 대부분 작용범위에서 선형이다. 처음과 끝의 처짐 몇 %만 비선형이다. 스프링 설계에서 스프링상수는 작업구간 처짐과 전체의 15~85%에서 정해진다.

헬리컬 압축 스프링은 그림 14.5처럼 원추모양의 감긴 형태로서 코일 반지름 및 비틀림 응력이 길이방향에 따라 변화한다. *원추 스프링*(conical spring)의 최대 응력은 식 (14.8)에 의해 구할 수 있고, 처짐과 스프링상수는 코일지름 D의 평균값을 사용하여 식 (14.10)과 (14.11)에서 구한다.

예제 14.1 스프링상수의 결정

평균지름 D, 소선지름 d, 유효권수 N_a인 헬리컬 압축 스프링이 축하중 P를 받는다. 전단응력 τ_{all}이 작용할 때의 P값, 처짐양, 스프링상수를 구하라.

주어진 값: $D = 48$ mm, $d = 6$ mm, $N_a = 5$, $\tau_{all} = 360$ MPa.

설계 설정: $G = 79$ GPa인 강철 소선을 사용한다.

풀이

스프링의 평균지름 $D = 48 - 6 = 42$ mm이고, 스프링지수 $C = 42/6 = 7$이다. 식 (14.6)으로부터

$$360 = \frac{8P(42)}{\pi(6)^3}\left(1 + \frac{0.615}{7}\right) = 0.539P$$

위 식을 풀면

$$P = 668 \text{ N}$$

식 (14.10)에서

$$\delta = \frac{8(668)(7)^3(5)}{(79 \times 10^3)(6)} = 19.34 \text{ mm}$$

그러므로 스프링상수 $k = 668/0.01934 = 34.54$ kN/m이다.

14.4 스프링 재료

스프링은 요구되는 스프링의 크기 또는 강도특성에 따라 열간 또는 냉간 제조과정에서 만들어진다. 보통 예열된 소선은 스프링지수 $C < 4$ in. 또는 지름 $d > ¼$ in.일 때 사용하지 않고, 작은 크기일 때는 냉간가공을 한다. 큰 하중을 받는 스프링(예, 차량의 서스펜션 부분)은 열간가공을 한다. 스프링의 와인딩(winding)은 굽힘 때문에 잔류응력 발생의 원인이 된다. 스프링의 제조과정에서 생긴 응력은 열처리에 의해 완화된다.

스프링으로 사용가능한 재료는 제한적이다. 탄소강, 합금강, 인청동, 황동, 베릴륨동 및 다양한 니켈합금이 사용된다. 작은 하중이 작용할 때는 플라스틱을 사용하기도 한다. 스프링으로서의 고무블록은 전기 모터 및 내연기관과 같은 기계의 완충기와 진동 절연체로 사용된다. 표 B.3의 UNS 강(2.12절)은 열간전조나 단조된 고부하 코일 스프링뿐만 아니라 평스프링, 판스프링과 토션바에도 사용된다. 일반적으로 스프링 재료는 최대 에너지를 저장하기 위해 높은 극한강도와 항복강도를 갖는다. 동하중을 받는 스프링은 재료의 피로강도 특성이 가장 중요하다. www.acxesspring.com에 상용 스프링 재료에 대한 정보가 있다.

실험을 통해 일반적인 스프링 재료의 특성을 알 수 있다. 비틀림 시험에 의한 극한강도는 7.5절의 단순 인장시험에서 구한 극한강도의 항으로 평가 가능하다. 전단 극한강도는 다음과 같다.

$$S_{us} = 0.67 S_u \tag{7.5a}$$

유사하게 전단 항복강도는 다음과 같이 구할 수 있다.

$$S_{ys} = 0.577 S_y \tag{7.5b}$$

여기서 S_u는 극한강도 또는 인장강도이고 S_y는 인장 항복강도이다.

14.4.1 스프링 소선

둥근 소선은 스프링의 재료에 가장 많이 이용된다. 다양한 종류의 합금과 치수의 선택이 가능하다. 사각형 소선도 가능하지만 크기의 제한이 있다. 표 14.1에 상용 고탄소강과 합금 스프링강을 간단히 서술하였다.

14.4.1.1 극한 인장강도

스프링 재료는 소선의 크기 변화에 따른 인장강도 시험으로 구별된다. 재료와 제작과정은 인장강도에 영향을 준다. 일반적인 스프링강에 대한 강도특성은 다음 식에 의해 평가한다.

$$S_u = Ad^b \tag{14.12}$$

여기서

〈표 14.1〉 상용 스프링 소선의 재료

재료	ASTM No.	기술
경소선 0.60–0.70C	A227	일반 목적의 가장 비싼 스프링 강. 0°C–120°C 온도 범위에서 정적 하중에 적합함. 0.7–16 mm 지름 사용 가능
피아노 선 0.80–0.95C	A228	작은 코일 지름에 가장 널리 사용되는 강한 고탄소강 소선. 여타 재료에 비해 높은 인장강도 및 피로강도를 나타냄. 온도 제한 범위는 경소선과 유사함. 0.1–6.5 mm 지름 사용 가능
오일 템퍼 소선 0.60–0.70C	A229	다양한 형태의 코일 스프링에 사용되며, 피아노 선에 비해 저렴함. 0°C–180°C 온도 범위에서 정적 하중에 적합함. 0.5–16 mm 지름 사용 가능
크롬 바나듐 소선	A232	충격 하중과 같은 가혹한 환경에 적합함. 온도 220°C에서 피로저항과 내구성이 요구되는 비행기 엔진 밸브 스프링으로 널리 사용되며, 0.8–11 mm 지름 사용 가능
실리콘 크롬 소선	A401	온도 250°C까지 피로 하중 등에 적합함. 피아노 선에 이어 두 번째로 강도가 큼. 1.6–9.5 mm 지름 사용 가능

S_u = 극한 인장강도

A = 계수

b = 지수

d = 소선지름(in. 또는 mm)

표 14.1에 주어진 재료에 따른 계수 A와 지수 b의 값은 표 14.2에 SI 단위와 U.S. 단위로 주어진다. 이처럼 스테인리스 강 소선과 경화인청동 소선의 강도는 그래프, 표 및 공식의 형태로 주어진다. 위 식을 *컴퓨터 프로그램*에 적용하여 편리하게 강철소선의 인장강도를 계산할 수 있으며, 빠른 반복에 의해 적절한 설계를 얻을 수 있다.

〈표 14.2〉 식 (14.12)의 계수와 지수

			A	
재료	ASTM No.	b	MPa	ksi
경소선	A227	−0.201	1510	137
피아노 선	A228	−0.163	2060	186
오일 템퍼 소선	A229	−0.193	1610	146
크롬 바나듐 소선	A232	−0.155	1790	173
실리콘 크롬 소선	A401	−0.091	1960	218

출처: Associated Spring-Barnes Group, Design Handbook, Associated Spring-Barnes Group, Bristol, CN, 1987.

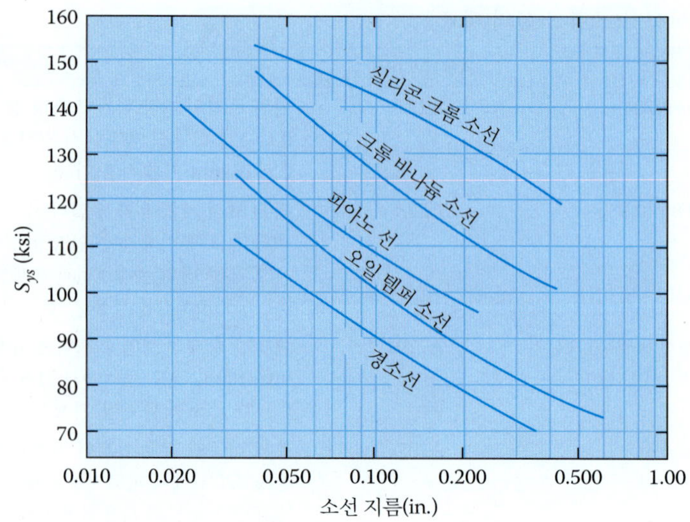

[그림 14.6] 스프링 소선 전단에서의 항복강도

〈표 14.3〉 상용 스프링 재료의 근사 강도비

재료	S_{ys}/S_u	S'_{es}/S_u
경소선	0.42	0.21
피아노 선(악기용 강선)	0.40	0.23
오일 템퍼 소선	0.45	0.22
크롬 바나듐 소선	0.52	0.20
실리콘 크롬 소선	0.52	0.20

출처: Associated Spring-Barnes Group, Design Handbook, Associated Spring-Barnes Group, Bristol, CN, 1987.
주: 전단 항복강도 S_{ys}, 극한 인장강도 S_u, 전단 내구한도 S'_{es}(혹은 전단 내구강도)

14.4.1.2 전단 항복강도와 전단 내구한도

광범위한 시험 데이터로부터 소선지름에 대한 비틀림 항복강도 S_{ys}(이하 S_u)는 세미로그 좌표에서 어떤 재료에 대해 거의 직선[4]으로 나타남을 알 수 있다(그림 14.6). 그림에서 강도는 지름의 감소에 따라 증가한다. 극한 인장강도, 전단 항복강도와 전단 내구한도 사이의 관계는 표 14.3에 있다. 값은 14.7 절처럼 표면의 실제조건과 소선재료의 치수계수에 따라 다르다. 이 값은 50% 신뢰도를 갖는다.

예제 14.2 헬리컬 압축 스프링의 허용하중 결정

기계장치에서 헬리컬 압축 스프링에 축하중 P가 작용할 때 다음을 구하라.

a. 소선의 전단 항복강도

b. 항복에 대한 허용하중 P

설계 결정: 항복에 대한 불확실성 때문에 0.0625 in.인 피아노 선을 사용한다. 나선지름 $D = 0.5$ in., 안전율은 1.5이다.

풀이

스프링지수 $C = D/d = 0.5/0.0625 = 8$이다.

a. 식 (14.12)와 표 14.2를 사용하여

$$S_u = Ad^b = 186(0.0625^{-0.163}) = 292 \text{ ksi}$$

표 14.3에 의해 $S_{ys} = 0.4(292) = 117$ ksi이다.

b. 허용하중은 식 (14.6)으로부터

$$P_{\text{all}} = \frac{\tau_{\text{all}} \pi d^2}{8K_s C}$$

여기서

$$\tau_{\text{all}} = \frac{S_{ys}}{n} = \frac{117}{1.5} = 78 \text{ ksi}$$

$$K_s = 1 + \frac{0.615}{8} = 1.077 \quad [\text{식 (14.7)로부터}]$$

이다. 따라서 다음과 같이 쓸 수 있다.

$$P_{\text{all}} = \frac{\pi(78,000)(0.0625)^2}{8(1.077)(8)} = 13.9 \text{ lb}$$

14.5 헬리컬 압축 스프링

헬리컬 압축 스프링 끝부분은 그림 14.7에서 보는 바와 같이 오픈 엔드(plain), 오픈 엔드(연삭)(pla in-ground), 크로스 엔드(squared), 크로스 엔드(연삭)(squared-ground)의 4가지 *표준* 형상이 있다. 오픈 엔드 스프링의 단면은 긴 스프링을 단면으로 절단한 끝부분과 같다. 크로스 엔드 스프링의 끝부분은 나선각을 0°로 변형시킨 것이다. 스프링은 하중을 효과적으로 전달하기 위해 크로스 엔드 또는 크로스 엔드(연삭) 형상이 주로 이용된다. 강체판 사이에서 압력을 받는 *크로스 엔드* 또는 *크로스 엔드(연삭)*은 끝부분이 고정된 것으로 간주한다. 이것은 가장 많이 사용되는 끝부분 형상이다.

그림 14.7은 유효권수 N_a와 스프링 높이에 영향을 주는 엔드의 형상을 나타낸다. 크로스 엔드 유효권수는 *총권수*(number of total coils) N_t를 2배 정도 감소시킨다. 즉

$$N_t = N_a + 2 \tag{14.13}$$

[그림 14.7]
헬리컬 압축 스프링 엔드부의 일반적인 형상. (a) 오픈 엔드 (b) 오픈 엔드(연삭) (c) 크로스 엔드 (d) 크로스 엔드(연삭)

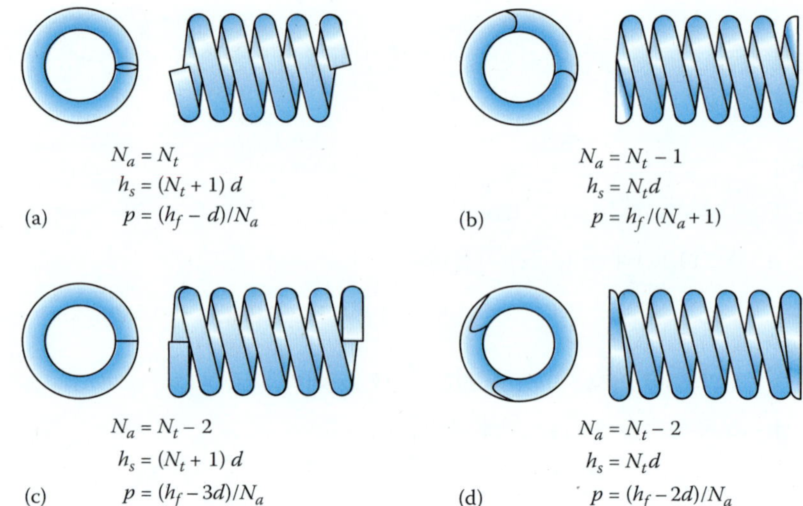

연삭 스프링은 유효권수 1을 뺀다. 전체 권선에서 균일한 접촉압력을 얻기 위해 크로스 엔드와 크로스 엔드(연삭)을 제외한 모든 끝부분 형상에 대하여 평판 단붙이 끝부분과 같은 특별한 끝부분 형상을 사용한다.

압축 스프링에서 작동변형(working deflection)은 작동하중 P_w에 대한 변형이다. 그림 14.8에서 *밀착변형*(solid deflection) δ_s는 다음과 같이 정의된다.

$$\delta_s = h_f - h_s \tag{14.14}$$

여기서

h_f = 자유높이(하중이 작용하지 않을 때)

h_s = 밀착높이 또는 밀착하중 P_s가 작용할 때의 높이

제한된 공간에서 사용되는 연삭 스프링의 밀착높이는 다음과 같이 표현된다.

[그림 14.8]
헬리컬 압축 스프링의 변형.
(a) 자유높이
(b) 작동변형
(c) 밀착높이

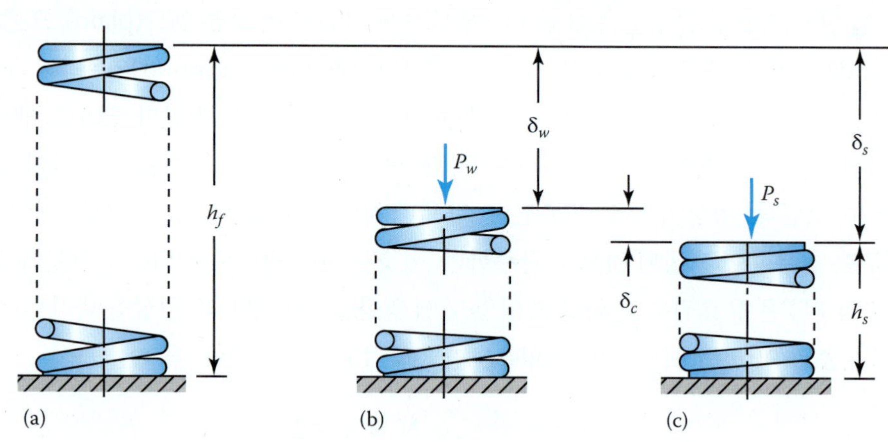

$$h_s = (N_t - 0.5)(1.01d) \tag{14.15}$$

충돌여유(clash allowance) r_c는 최대 하중과 스프링 밀착위치 사이의 스프링 길이이다. 충돌여유는 여유변형의 마진비 또는 작동변형 δ_w에 대한 충돌변형 δ_c의 여유비로 정의된다.

$$r_c = \frac{\delta_c}{\delta_w} \tag{14.16}$$

보통 동작에서는 밀착높이에 도달하는 것을 방지하기 위하여 최소 충돌여유 10~15%를 사용하는데 20%의 최대 충돌여유면 충분하다. 즉 과하중 P_s의 20%만이 스프링의 최대변형 δ_s만큼 변형시키는 데 사용되고, 그 이상의 과하중은 변형이나 응력에 영향을 주지 않는다. 그러므로 압축 스프링은 충분한 안전율을 적용하여 밀착변형 도달 후의 파괴로부터 보호되어야 한다.

14.5.1 정하중에 대한 설계과정

헬리컬 스프링의 설계에서 *기본적인 두 가지 조건*은 허용응력과 요구되는 스프링상수이다. 응력조건은 코일지름 D와 소선지름 d의 조합으로 얻을 수 있다. D와 d가 결정되면 N_a는 스프링상수를 바탕으로 결정되고, 자유높이는 전술한 충돌여유에 의해 얻어진다. 경우에 따라 바깥지름과 안지름 또는 작동변형이 제한될 수 있다. 스프링이 너무 크거나 무거우면 더 강한 재료를 사용해야 한다.

이렇게 얻어진 설계에 좌굴(14.6절)이 발생하면 D와 d의 조합을 다시 결정하여야 한다. 스프링의 설계는 본질적으로 반복의 문제이다. 몇 가지 가정에 의한 변수를 선정함으로써 응력과 변형을 계산할 수 있다. 차트와 계산도표 그리고 컴퓨터 프로그램은 스프링 설계문제를 단순화하는 데 사용된다 [5, 6].

예제 14.3 경화인발 소선 스프링의 설계

인발경화된 소선으로 이루어지고 크로스 엔드(연삭) 형상인 헬리컬 압축 스프링이 스프링상수 k, 지름 d, 스프링지수 C를 갖는다. 밀착 길이와 관련된 허용힘은 P_{all}이다.

구하는 값: 스프링이 압축되었을 때, 소선지름과 평균 코일지름 구해 보자.

주어진 값: $C = 9$, $P_{\text{all}} = 45$ N.

가정: 정하중 조건으로 생각하고 항복에 대한 안전율 $n = 1.8$이다.

풀이

식 (14.7)로부터 직접전단계수 $K_s = 1 + (0.615/9) = 1.068$이고 식 (14.12)와 표 14.2를 이용하면 극한강도는 다음과 같이 나타낼 수 있다.

$$S_u = Ad^b = 1.51\,(10^9)\,d^{-0.201}$$

여기서 d는 mm 단위이므로 m 단위로 표현하면 아래와 같다.

$$S_u = 1.51\,(10^9)\,(1000)^{-0.201}\,d^{-0.201} = 376.7\,(10^6)\,d^{-0.201}$$

표 14.3에 따르면 전단 항복강도는 다음과 같다.

$$S_{ys} = 0.42\,S_u = 158.2(10^6)\,d^{-0.201} \tag{a}$$

주어진 값을 식 (14.6)에 대입하면 최대 설계 전단응력은 다음과 같이 표현된다.

$$\begin{aligned}\tau_{\text{all}} &= \frac{8nK_sCP_{\text{all}}}{\pi d^2}\\ &= \frac{8(1.8)(1.068\times 9)(45)}{\pi d^2} = \frac{1982.6}{d^2}\end{aligned} \tag{b}$$

식 (a)와 (b)를 연립하면 최종적으로

$$158.2\,(10^6)\,d^{-0.201} = 1982.6\,d^{-2}$$

을 얻고, 이로부터

$$d = 0.00188\text{ m} = 1.88\text{ mm}$$

따라서 평균 코일지름은 다음과 같다.

$$D = Cd = 9\,(1.88) = 16.92\text{ mm}$$

평가: 1.9 mm 지름의 표준 경소선이 사용되어야 한다.

14.6 헬리컬 압축 스프링 좌굴

압축 스프링은 기둥처럼 하중을 받는데, 너무 가늘면 좌굴이 일어날 수 있다. 이 절에서는 굽힘저항에 의한 스프링의 좌굴문제에 대해 알아본다. 길이 L, 코일반지름 $D/2$이고 굽힘모멘트 M(그림 14.9a)을 받는 스프링에서 굽힘모멘트에 의해 스프링은 θ만큼 회전한다. 그림 14.9b와 같이 굽힘모멘트와 비틀림 모멘트는

$$M_\alpha = M\sin\alpha, \quad T_\alpha = M\cos\alpha \tag{a}$$

이다. 헬리컬 스프링의 변형식은 카스틸리아노 정리를 사용하여 전개하면 다음과 같다. 식 (5.35)를 적

용하면

$$\theta = \frac{1}{EI}\int_0^L M_\alpha \frac{\partial M_\alpha}{\partial C}\,dx + \frac{1}{GJ}\int_0^L T_\alpha \frac{\partial T_\alpha}{\partial C}\,dx \tag{b}$$

여기서 $C = M$이다. 식 (b)에 식 (a)와 $dx = ds = (D/2)d\alpha$를 대입하여 다음을 얻는다.

$$\theta = M\int_0^{2\pi Na}\left(\frac{\sin^2\alpha}{EI} + \frac{\cos^2\alpha}{GJ}\right)\left(\frac{D}{2}d\alpha\right)$$

여기서 $G = E/2(1+\nu)$, 원형 소선의 $J = 2I = \pi d^4/32$이다. 그러므로 전체 스프링의 각회전은 위 식을 적분하여 얻을 수 있고, 다음과 같다.

$$\theta = \frac{64MDN_a}{Ed^4}\left(1 + \frac{\nu}{2}\right) \tag{14.17}$$

단순굽힘을 받는 단순 지지보라 가정하면 식 (4.15)와 (4.14)에서 다음과 같이 나타낼 수 있다.

$$\theta = \frac{ML}{EI_e} \tag{c}$$

스프링코일의 상당 관성모멘트 I_e는 식 (14.17)과 (c)에 의해 θ를 소거함으로써 얻을 수 있는데, 이렇게 하면 식 (14.18)을 얻는다.

$$I_e = \frac{Ld^4}{64DN_a(1+\nu/2)} \tag{14.18}$$

스프링의 오일러 좌굴하중을 확인하기 위해서 위 결과를 식 (5.58)에 사용하면 다음과 같다.

$$P_{cr} = \frac{\pi^2 EI_e}{L_e^2} \tag{14.19}$$

L_e는 유효 칼럼길이를 의미한다(그림 5.17 참조). 압축하중의 허용값은 $P_{all} = P_{cr}/n$에서 얻을 수 있다. 여기서 n은 안전율이다.

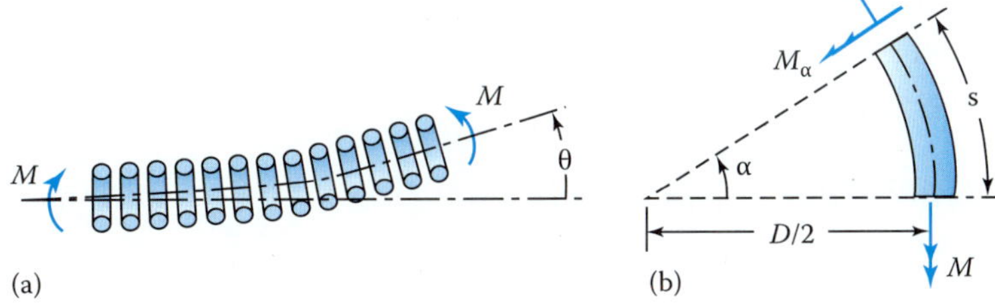

[그림 14.9]
(a) 굽힘엔드 (b) 헬리컬 압축 스프링 단면부에서의 모멘트

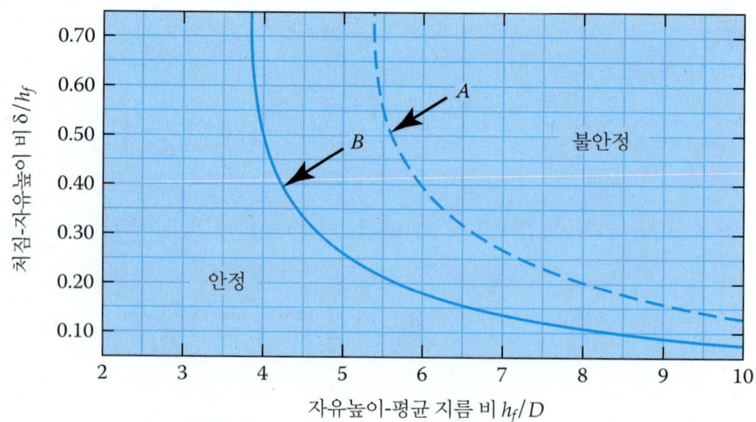

[그림 14.10]
헬리컬 스프링의 좌굴조건. *A* 곡선은 양 끝부분이 평행한 스프링(그림 5.17d), *B* 곡선은 한쪽 끝부분이 자유로운 스프링(그림 5.17c)

14.6.1 종횡비

기둥의 세장비(slenderness ratio) 측정방법은 스프링에서와는 아주 다르기 때문에 스프링에서는 바로 사용할 수 없다. 세장비는 자유높이와 평균 코일지름으로 나타낸 종횡비(aspect ratio)로 정의할 수도 있다(h_f/D). 압축 스프링에서 종횡비는 충분히 크므로 좌굴이 발생하지 않는다. 그림 14.10은 그림 5.17c와 d에 주어진 양단상태의 결과를 보여 준다[1, 7].

그림 14.10의 *A*곡선은 일반적으로 사용되는 평판표면 사이에 지지되는 스프링을 나타낸다. 각 곡선의 우측상단의 상태에서 좌굴이 발생함을 알 수 있다. 기둥의 경우처럼 스프링 양 끝부분의 조건이 좌굴경향에 영향을 준다. *B*곡선은 한쪽 끝부분이 자유로운 스프링의 경우를 나타낸다. 이 경우 스프링은 그림과 같이 더 작은 종횡비에서도 좌굴이 발생한다.

식 (14.19)보다 그림 14.10을 사용하여 스프링의 좌굴 가능성을 더욱 쉽게 확인할 수 있다. 만약 좌굴현상이 발생하는 경우, 가장 좋은 해결책은 스프링을 재설계하는 것이다. 또 다른 방법으로 스프링의 안쪽이나 바깥쪽에 작은 여유를 가진 관을 삽입함으로써 좌굴을 피할 수 있다.

예제 14.4 경화인발 소선 압축 스프링의 안정성

예제 14.3에서 논의된 경화소선 압축 스프링에 대해 재고해 보자.

구하는 값:

a. 밀착 길이
b. 주어진 조건에서 좌굴의 발생 여부
c. 코일의 피치

가정: 소선의 전단 탄성계수 $G = 79$ GPa이고 스프링상수 $k = 1.4$ kN/m이다.

풀이

예제 14.3에 주어진 값들을 고려하면 밀착높이는

$$\delta_s = \frac{P_{\text{all}}}{k} = \frac{45}{1400} = 0.03214 \text{ m} = 32.14 \text{ mm}$$

a. 식 (14.11)에 의해 유효권수는

$$N_a = \frac{Gd}{8kC^3} = \frac{(79\times10^9)(1.88\times10^{-3})}{8(1400)(9^3)} = 18.19$$

그림 14.7d를 참고하면 크로스 엔드(연삭)에 대해

$$N_t = N_a + 2 = 20.19$$

그리고 밀착높이는

$$h_s = N_t d = (20.19)\ (1.88) = 37.96 \text{ mm}$$

b. 식 (14.14)를 적용하면 자유높이는 아래와 같다.

$$h_f = h_s + \delta_s = 37.96 + 32.14 = 70.1 \text{ mm}$$

따라서

$$\frac{\delta_s}{h_f} = \frac{32.14}{70.1} = 0.46 \quad \text{그리고} \quad \frac{h_f}{D} = \frac{70.1}{16.92} = 4.14$$

그림 14.10의 A에 따르면 위 경우는 안전한 영역에 있고 좌굴이 발생할 가능성은 적다.

c. 그림 14.7d로부터 피치는

$$p = \frac{1}{N_a}(h_f - 2d) = \frac{1}{18.19}\left[70.1 - 2(1.88)\right] = 3.647 \text{ mm}$$

평가: 예제 14.3과 14.4에서 D의 값으로 N_t와 h_f의 값을 구하였으며 따라서 압축 스프링이 얻어질 수 있다.

14.7 스프링 피로

피로하중이 작용할 때 스프링의 파괴는 비틀림 전단에 의해 발생한다. 균열은 코일의 안쪽 표면에서 시작되고, 인장응력에 직각으로 존재하는 반지름방향 전단면에 45° 방향으로 진행된다(그림 3.27 참조). 헬리컬 스프링은 압축과 인장을 모두 받는 경우에는 사용되지 않는다. 즉 응력 반전(stress reversal)이 없다. 더욱이 헬리컬 스프링은 작동응력에 예압을 부가한 상태에서 조립된다. 따라서 응력은 0 상태가 아니다. 극한상황은 예압이 0으로 떨어질 때, 즉 최소 전단응력 τ_{min}이 0일 경우에 발생한다.

대부분의 파괴는 피로에 기인하므로, 거친 표면은 열간성형에 의한 스프링의 최악의 단점이다. *프리세팅*(presetting)은 잔류응력이 발생되는 압축 스프링의 제조에 이용되는 공정이다(3.14절 참조). 프리세팅은 요구되는 것보다 스프링을 더 길게 만든 다음 밀착높이까지 압축하는 과정이다. 2.11절에서 언급한 쇼트피닝, 그리고 프리세팅은 강철 스프링의 강도 향상과 내구성 향상의 두 가지 기능을 한다. 쇼트피닝은 냉각 후에 시행하는데 압축 잔류응력층을 만든다. 같은 방법으로 프리세팅은 같은 방향으로 작용하는 연속적인 하중에 의해 발생되는 잔류응력과 상반되는 표면 잔류응력을 생성시킨다. 최대 피로강도는 앞서 언급한 두 가지 방법에 의해 얻을 수 있다. 프리세트 스프링은 자유길이의 손실이 약간 있지만 앞에서 서술한 이점을 얻을 수 있다. 반면에 쇼트피닝 스프링은 정하중에 대한 효과는 거의 없지만 주기적인 하중에 의한 피로에 대해 매우 효과적이다.

둥근 소선 헬리컬 스프링의 피로강도 자료는 매우 많다. 식 (7.1)에서 $S_u \geq 1400$ MPa일 때, 완전 반복굽힘에 대한 강의 내구한도 $S_e' = 700$ MPa이다. 식 (14.12)와 표 14.2에서 지름이 10 mm보다 작은 대부분의 스프링은 이 강도범위 안에 있음을 알 수 있다. 스프링 소선 재료의 비틀림 내구한도는 크기나 특별한 합금성분과 관계없다. $d < 10$ mm인 스프링 강선의 비틀림 내구한도는 Zimmerli에 의하여 다음과 같다.

$$S_{es}' = 45\text{ ksi (310 MPa)} \quad \text{쇼트 피닝하지 않은 스프링}$$
$$S_{es}' = 67.5\text{ ksi (465 MPa)} \quad \text{쇼트 피닝하지 않은 스프링} \tag{14.20}$$

식 (14.20)은 $\tau_{min} = 0$일 때 무한수명을 얻기 위해 사용된다. 표 14.2에 따라 앞에서 언급한 수치들은 표면조건과 치수에 따라 수정된다.

부식(corrosion)에 의해 피로강도가 대폭 감소한다. 특히 연성재에서 심하다. 온도가 상승하는 상황에서 스프링의 크리프나 영구변형의 위험을 방지하기 위해 충분히 낮은 변동응력을 사용해야 한다. 이러한 현상은 350°C 이상에서 현저하게 나타나는데 표 14.1과 같이 보통 스프링강은 사용하면 안 된다.

14.8 피로하중을 받는 헬리컬 압축 스프링 설계

스프링에서 대부분 변동하중이나 피로하중을 받는 동하중을 고려한 설계 절차는 어느 정도 편차가 있는 정하중을 받을 때와 유사하다. 여전히 반복의 문제이다. 컴퓨터로 정하중과 피로하중을 받는 헬리컬 스프링을 설계할 수 있다.

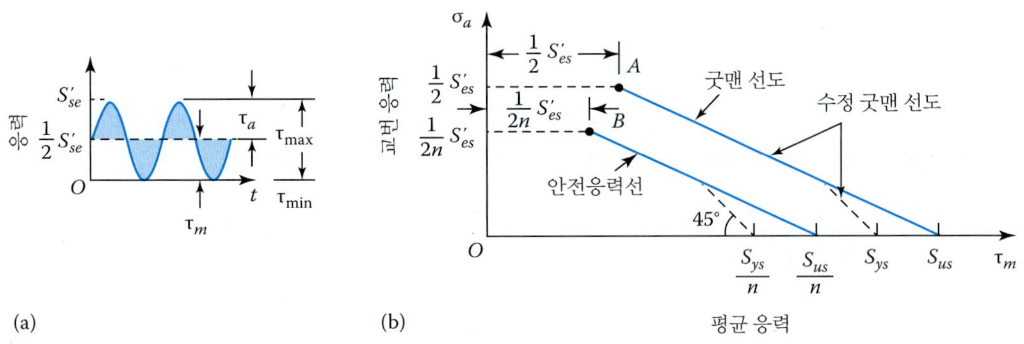

[그림 14.11]

피로하중. (a) 반복전단 시험에서의 내구한도 (b) 스프링의 수정된 굿맨 기준

그림 14.11a의 응력-시간선도는 예하중이 없을 때($\tau_{min} = 0$), 반복전단이 헬리컬 스프링에 발생하는 가장 좋지 않은 조건을 나타낸다. 전단 내구한도 S'_{es}은 부재에 작용하는 전단응력의 *무한대* 주기 후에 나타나는 파괴 직전의 전단응력이라 가정한다. 보통 S'_{es}은 전단하중에 대하여 백만 사이클이나 천만 사이클이다.

하중레벨 P_{max}와 P_{min} 사이의 동하중을 받는 스프링에 대하여, 7.8절에서 기술한 바와 같이 축방향 평균 및 변동하중은 다음과 같다.

$$P_m = \frac{1}{2}(P_{max} + P_{min}), \quad P_a = \frac{1}{2}(P_{max} - P_{min})$$

가장 일반적인 스프링의 하중상황은 P_{max}와 P_{min} 모두 +값이다. 직접전단계수 K_s는 평균응력 τ_m에만 사용한다(14.3절 참조). 왈계수 K_w는 반복응력 τ_a에 사용한다. 식 (14.6)과 (14.8)은 다음과 같이 변환된다.

$$\tau_m = K_s \frac{8P_mC}{\pi d^2} \tag{14.21}$$

$$\tau_a = K_w \frac{8P_aC}{\pi d^2} \tag{14.22}$$

계수 K_s와 K_w는 각각 식 (14.7)과 (14.9)에서 구할 수 있다. 고경도강(high hardness steel)의 노치민감도는 1에 가깝다($q \approx 1$). 그러므로 피로하중 분석에서 피로 응력집중계수 K_f에 비교하여 정확한 K_w는 필요하지 않다. 피로를 고려한 설계에서 충돌여유는 *최대하중*을 고려하여 결정한다.

14.8.1 굿맨 기준: 헬리컬 스프링

스프링 소선의 전단 내구한도 S'_{es}에 대하여 표 7.4와 같이 굿맨 기준이나 다른 피로파손 기준이 사용될 수 있다. 모든 스프링의 하중상황에 비틀림 굿맨 기준을 작성할 수 있다. $\tau_{min} = 0$일 때, 반복응력은 평균응력 또는 $S'_{es}/2$와 같으므로 그림 14.11b와 같이 파괴선도는 A점에서부터 τ_m축 상의 전단응력 S_{us}의 극한강도까지 직선으로 그려진다. 안전응력 범위를 나타내는 직선은 파괴선도에 평행하고 내구한도 S'_{es}을 안전율 n으로 나눈 B점에서부터 그릴 수 있다. 7장에서는 응력점(τ_m, τ_a)을 안전응력선이나 그 아래에 놓고 스프링을 설계하였다. 수정 굿맨 기준은 τ_m축 상의 전단 항복강도 S_{ys}로부터 45° 왼쪽 위로 그려지는 점선으로 표시된다.

안전응력식은 일반 직선식에서 두 응력점을 치환시킴으로써 구할 수 있다. 이 과정을 통해 굿맨 기준을 얻는다.

$$\tau_a = \frac{\frac{1}{2} S'_{es}\left(S_{us}/n - \tau_m\right)}{S_{us} - \dfrac{1}{2} S'_{es}} \tag{14.23}$$

14.4절에서 S_u가 극한 인장강도일 때 극한 전단강도는 $S_{us} = 0.675 S_u$이다. 평균응력의 비가 주어지면, 식 (14.23)은 다음과 같이 고쳐 쓸 수 있다.

$$\tau_m = \frac{S_{us}/n}{\dfrac{\left(\tau_a/\tau_m\right)\left(2S_{us} - S'_{es}\right)}{S'_{es}} + 1} \tag{14.24}$$

식 (14.23)을 변환하면 파손방지를 위한 안전율식으로 표현할 수 있다.

$$n = \frac{S_{us} S'_{es}}{\tau_a\left(2S_{us} - S'_{es}\right) + \tau_m S'_{es}} \tag{14.25}$$

식 (14.23), (14.24), (14.25)에서 S_{us}를 S_{ys}로 치환하여 소더버그 기준에 대한 식으로 다시 쓸 수 있다. 평균 전단응력 τ_m을 알면, τ_m과 평균하중 P_m으로부터 소선지름 d를 구할 수 있다. 식 (14.21)에서

$$d^3 = K_s \frac{8 P_m D}{\pi \tau_m} \quad \text{혹은} \quad d^2 = K_s \frac{8 P_m C}{\pi \tau_m} \tag{14.26}$$

이다. 안전율이 너무 작을 때에는, 소선지름, 스프링지수 또는 스프링 재료를 변경해야 한다. 완벽한 설계는 14.6절에서 서술한 좌굴과 다음 예제에서 다루게 될 스프링 서징을 고려해야 한다. 계산을 여러 번 반복하여 변수를 합리적으로 선택해야 한다.

14.8.2 압축 스프링 서지

헬리컬 스프링의 끝부분을 급격하게 압축하면, 스프링을 따라 전달되어 다른 쪽 끝부분에서 다시 생성되는 압축파를 형성한다. 이러한 공진에 가까운 진동파를 서징(surging)이라 한다. 서징은 코일에 충격을 주는 또 하나의 인자이다. 큰 힘은 과도한 코일의 처짐과 충격으로 스프링의 파괴에 영향을 주

기 때문이다. 이러한 상황을 방지하기 위해 스프링의 고유진동수와 가까운 진동수로 주기운동을 하지 않아야 한다. 일반적으로 스프링의 고유진동수는 가진 진동수보다 약 13배 이상 커야 한다.

헬리컬 압축 스프링의 *고유진동수*(natural frequency) f_n은 끝부분의 조건에 의해 결정된다. *양단고정*(fixed-fixed ends) 스프링은 다음과 같다.

$$f_n = \frac{d}{2\pi^2 D^2 N_a}\sqrt{\frac{Gg}{2\gamma}} \quad \text{Hz} \tag{14.27}$$

위 식은 *일단고정-일단자유*(fixed-free ends)인 스프링의 2배이다. 여기서 g는 중력가속도이고, γ는 스프링 재료의 단위부피당 질량이다. d와 D가 인치단위일 때 $g \approx 386$ in./s²이다. 강철 스프링에서 $G = 11.5 \times 10^6$ psi이고, $\gamma = 0.285$ lb/in.³이다. 식 (14.27)은 다음과 같이 변환된다.

$$f_n = \frac{14,040d}{D^2 N_a} \quad \text{Hz} \tag{14.28}$$

SI 단위에서는 d와 D가 mm이므로

$$f_n = \frac{356,620d}{D^2 N_a} \quad \text{Hz} \tag{14.29}$$

스프링의 서징에 의해 기계부품의 동작제어를 위한 스프링 능력이 저하된다. 예를 들어 엔진밸브(연습문제 그림 P14.25)에서 닫힌 위치는 제대로 동작하지 못하고 진동이 발생할 수 있다. 더욱 큰 압축파를 받는 스프링 재료는 더 큰 응력을 받고, 이에 따라 피로파괴가 빠르게 발생한다. 그러므로 고속공구에 사용되는 스프링은 반드시 제어하는 동작의 고유진동수보다 훨씬 큰 고유진동수를 가져야 한다.

예제 14.5 반복하중을 받는 헬리컬 압축 스프링 설계

캠종동부에 사용되는 헬리켈 압축 스프링은 P_{min}~P_{max} 범위의 변화하는 하중을 받는다. *굿맨 기준*을 사용하여 다음을 구하라.

a. 소선지름
b. 자유높이
c. 서지주파수
d. 주어진 조건에서 좌굴 발생의 여부

주어진 값: $P_{min} = 300$ N, $P_{max} = 600$ N.

설계 설정: 하중의 불확실성 때문에 $G = 79$ GPa인 크롬-바나듐의 ASTM A232 소선을 사용하고, $r_c = 20\%$,

$N_a = 10$, $C = 7$이다. 끝은 크로스 엔드(연삭)이고 안전율은 1.3이다.

풀이

평균응력과 반복응력은

$$P_m = \frac{1}{2}(600 + 300) = 450 \text{ N}, \quad P_a = \frac{1}{2}(600 - 300) = 150 \text{ N}$$

식 (14.7)과 (14.9)에서

$$K_s = 1 + \frac{0.615}{7} = 1.088, \quad K_w = \frac{28 - 1}{28 - 4} + \frac{0.615}{7} = 1.213$$

이고, 식 (14.21)과 (14.22)를 사용하여 풀면 $\tau_a / \tau_m = K_w P_a / K_s P_m = 0.372$이다.

a. 임시로 소선지름 6 mm를 선택하면, 식 (14.12)와 표 14.2에서

$$S_u = Ad^b = 1790(6^{-0.155}) = 1356 \text{ MPa}$$

식 (7.5)와 표 14.3에서 $S_{us} = 0.67(1356) = 908.5$ MPa, $S'_{es} = 0.2(1356) = 271$ MPa이다. 식 (14.24)에 이 값을 대입하면

$$\tau_m = \frac{908.5/1.3}{\dfrac{(0.372)(2 \times 908.5 - 271)}{271} + 1} = 224 \text{ MPa}$$

식 (14.26)에 대입하면

$$d^2 = K_s \frac{8 P_m C}{\pi \tau_m} = 1.088 \frac{8(450)(7)}{\pi\left(224 \times 10^6\right)}$$

이다. $D = 7(6.24) = 43.68$ mm이고, $S_u = 1790(6.24^{-0.155}) = 1348 < 1356$ MPa이므로 $d = 6.24$ mm는 안전하다.

b. 그림 14.7d에서 $h_s = (N_a + 2)d = 74.88$ mm이고, 식 (14.11)을 사용하여

$$k = \frac{dG}{8C^3 N_a} = \frac{(6.24)(79,000)}{8(7)^3(10)} = 17.97 \text{ N/mm}$$

20%의 충돌여유에서

$$\delta_s = 1.2 \frac{P_{\max}}{k} = 1.2(33.39) = 40.07 \text{ mm}$$

따라서

$$h_f = 74.88 + 40.07 = 115 \text{ mm}$$

c. 식 (14.29)를 사용하면

$$f_n = \frac{356,620d}{D^2 N_a} = \frac{356,620(6.24)}{(43.68)^2(10)}$$

$$= 116.6 \text{ cps} = 6996 \text{ cpm}$$

평가: 스프링의 서지주파수가 스프링 위에 장착된 캠의 동작속도와 일치한다면, 이 스프링은 다시 설계해야 한다.

d. 과도한 처짐일 때 좌굴이 생기는지 알아보면($\delta = \delta_s$):

$$\frac{\delta_s}{h_f} = \frac{40.07}{115} = 0.35, \quad \frac{h_f}{D} = \frac{115}{43.68} = 2.63$$

(2.63, 0.35)이 그림 14.10의 곡선 A의 안정영역에 들어가므로 좌굴은 발생하지 않는다.

14.9 헬리컬 인장 스프링

그림 14.3c는 둥근 소선의 헬리컬 인장 스프링을 나타낸다. 후크(hook)와 루프(loop)는 인장력이 사용될 수 있도록 만들어진 것이다. 그림 14.12는 표준 엔드 형상인 후크나 고리의 주요 치수를 나타내고 있다. 앞에서 서술한 압축 스프링의 많은 부분이 헬리컬 인장 스프링에도 그대로 적용된다. 축의 변형에 대해 양단이 고정된 헬리컬 인장 스프링의 고유진동수는 헬리컬 압축 스프링과 같다.

그러나 인장 스프링의 경우 코일은 보통 촘촘히 감겨 있으며 초기 장력, 즉 예압 P_i가 작용한다. 따라서 스프링의 초기 인장력을 넘을 때까지 변형은 없다. 즉 작용하중 P가 초기 장력보다 크게 될 때($P > P_i$)까지 변형은 일어나지 않는다. 예압을 주는 것이 좋으며 그에 따른 초기 비틀림 전단응력은 다음과 같이 예측된다.

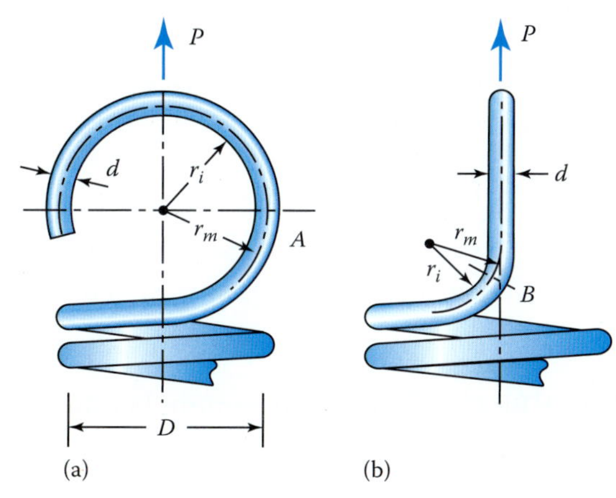

[그림 14.12]
인장 스프링 후크의 최대 응력점. (a) A의 단면부 응력은 축하중과 굽힘 때문에 발생 (b) B의 단면부 응력은 비틀림 이전에 발생

$$\tau_i = 0.7\frac{S_u}{C} \tag{a}$$

여기서 S_u와 C는 각각 극한강도와 스프링지수이다.

14.9.1 코일

헬리컬 인장 스프링에서 *코일의 변형*(coil deflection)은 식 (14.10)에 $P = P - P_i$를 사용하면 다음과 같다.

$$\delta = \frac{8N_aC^3(P-P_i)}{dG} \tag{14.30}$$

소선지름이 줄어들면 모멘트암이 짧아지기 때문에 응력이 낮아지게 된다. 스프링의 후크응력은 마지막에 감겨지는 코일부분 몇 권수의 지름 D를 감소시킴으로써 줄일 수 있다. 응력집중계수는 하중의 축방향 성분에서는 고려하지 않는다.

스프링에서 유효권수를 계산할 때 후크형태(그림 14.3c)로 굽어진 양 끝부분은 고려하지 않는다. 세부설계 시 후크의 각 끝은 헬리컬 코일의 0.1~0.5의 등가값을 더해 계산한다. 양 끝부분이 후크인 인장 스프링에서 총 권수는 다음과 같다.

$$N_t = N_a + 2(0.1\sim 0.5) \tag{14.31}$$

N_a는 유효권수이다.

*스프링상수*는 식 (14.30)에서 다음과 같이 표현할 수 있다.

$$k = \frac{P-P_i}{\delta} = \frac{dG}{8N_aC^3} \tag{14.32}$$

그러므로 스프링하중은 다음과 같다.

$$P = P_i + k\delta \tag{14.33}$$

k와 δ의 양은 각각 식 (14.30)과 (14.32)에 의해 주어진다.

14.9.2 후크 끝단의 굽힘과 전단

인장 스프링의 후크 끝부분이나 루프의 끝부분에서 *임계응력*(critical stress)이 발생한다. 후크는 굽힘상태에서 발생되는 응력집중효과를 가능한 줄이는 방향으로 설계되어야 한다. 응력집중계수는 모나게 굽은 곳에서 더 크므로 모나게 굽은 부분을 피해야 한다. 코일 끝부분의 구부러진 부분에서 단면 A(그림 14.12a)에서의 *최대 굽힘응력*(maximum bending stress)과 그림 14.12b의 단면 B에서의 *최대 비틀림응력*(maximum torsional stress)은 다음과 같은 공식으로 근사화된다.

$$\sigma_A = K\frac{16PD}{\pi d^3} \tag{14.34a}$$

$$\tau_B = K\frac{8PD}{\pi d^3} \tag{14.34b}$$

각각의 경우 응력집중계수 K는 다음과 같다.

$$K = \frac{r_m}{r_i} \tag{b}$$

여기서 r_m은 평균 반지름이고 r_i는 안쪽 반지름이다.

식 (14.34a)에서 추정되는 허용 수직응력은 식 (7.5a)에서 정의된 인장 항복강도이다. 식 (14.34b)의 허용 전단응력은 표 14.3에 의해 주어진다.

*코일의 응력*은 압축 스프링에서 사용한 공식으로 얻을 수 있다. 압축 스프링에서 변형의 한계는 밀착변형까지이지만, 인장 스프링에서는 허용한계 변형을 위한 기계적 제한(mechanical stop)을 두는 것이 좋다. 인장 스프링의 최대 응력은 동일한 압축 스프링의 70%이다.

예제 14.6 헬리컬 인장 스프링 후크의 하중 용량

후크 끝단이 평균 코일 반지름 D, 소선지름 d, 평균 후크 반지름 r_m, 후크 내 반지름 r_i(그림 14.12)인 피아노선으로 만들어진 헬리컬 인장 스프링이 있다. 예압은 P_i이고 자유높이는 h_f일 때 다음을 각각 구하라.

구하는 값:

a. 식 (a)를 이용하여 소선의 물성과 초기 비틀림응력을 구하라.
b. 인장 항복이 A영역에 임박하였을 때, 최대 하중을 구하라.
c. 후크의 각 끝단 사이 거리를 구하라.

주어진 값: $d = 2.5$ mm, $D = 12.5$ mm, $(r_m)_A = 6.25$ mm, $(r_m)_B = 3.75$ mm.

$$N_a = 150,\ P = 50\ \text{N},\ h_f = 290\ \text{mm}$$
$$A = 2060,\ b = -0.163(\text{표 } 14.2)$$

가정: 전단탄성계수 $G = 79$ GPa

풀이

a. 극한 인장강도는 식 (14.12)로부터

$$S_u = Ad_b = 2060\ (2.5)^{-0.163} = 1774\ \text{MPa}$$

식 (14.11b)와 표 14.3으로부터 $S_y = S_{ys}/0.577 = (0.40/0.577)S_u = 0.693S_u$이다. 따라서 항복강도는

$$S_y = 0.693\,(1774 \times 106) = 1229.4(10^6)$$

스프링지수 $C = D/d = 12.5/2.5 = 5$이다. 식 (a)로부터

$$\tau_i = 0.7\frac{S_u}{C} = 0.7\frac{1774}{5} = 248.4 \text{ MPa}$$

b. 영역 A에 가해지는 *조합응력*(combined normal stress)은 굽힘과 축응력을 이용하여 얻을 수 있다. 전자는 식 (14.34a)에 의해 정의되며 후자는 $P/(\pi d^2/4)$이다. 따라서 항복의 시작점에 대해 다음을 얻는다.

$$\sigma_A = K\frac{16PD}{\pi d^3} + \frac{4P}{\pi d^2} = S_y \tag{14.35}$$

여기서 $K = r_m/r_i$, $r_m = 6.25$ mm, $r_i = 6.25 - 2.5/2 = 5$ mm이다. 주어진 값을 대입하면 식 (14.34a)는

$$\sigma_A = \left(\frac{6.25}{5}\right)\left[\frac{16P(12.5)}{\pi(2.5)^3(10^{-6})}\right] + \frac{4P}{\pi(2.5)^2(10^{-6})} = 1229.4(10^6)$$

또는

$$(5.09296P + 0.2037P)10^6 = 1229.4(10^6)$$

후크에서 항복이 시작될 때 최대 하중에 대해 풀면

$$P = 232.1 \text{ N}$$

c. 주어진 값들을 식 (14.11)에 대입하면 스프링상수를 다음과 같이 얻는다.

$$k = \frac{dG}{8N_aC^3} = \frac{(2.5\times10^{-3})(79\times10^9)}{8(150)(5)^3} = 1317 \text{ N/m}$$

식 (14.32)로부터 변형량은

$$\delta = \frac{P - P_i}{k} = \frac{232.1 - 50}{1317} = 0.1383 \text{ m} = 138.3 \text{ mm}$$

후크 끝단 사이의 거리는 아래와 같다.

$$h_f + \delta = 290 + 138.3 = 428.3 \text{ mm}$$

평가: 영역 B에 비틀림 응력을 유발하기 위해 필요한 힘 P 역시 식 (14.34b)와 표 14.3을 통해 계산될 수 있다. 계산 결과 더 작은 하중을 요구하며(연습문제 14.27 참조) 이는 항복에 의한 파손이 전단응력에 의해 후크에서 처음으로 발생함을 말해준다.

14.10 비틀림 스프링

비틀림 스프링은 일반적으로 헬리컬형과 스파이럴형이 있다. 비틀림 스프링의 주요 응력은 굽힘응력이고 소선의 양단에 모멘트가 작용한다. 3.7절과 16.7절에서 서술한 굽은 보의 해석기법을 적용할 수 있다. 이러한 스프링은 도어 힌지(door hinge)나 자동차의 스타터(starter) 등 토크가 필요한 부분에 사용된다.

비틀림 스프링의 항복강도 S_y는 표 14.3에서 구할 수 있다. 전단 변형에너지 기준에 근거하여 표 14.3의 S_{ys}를 0.577로 나눈다. 비틀림 스프링의 내구한도 S_e는 같은 방법으로 표 14.3의 S'_{es}을 0.577로 나눔으로써 구할 수 있다. 비틀림 스프링의 설계과정은 헬리컬 압축 스프링의 경우와 매우 유사하다.

14.10.1 헬리컬 비틀림 스프링

그림 14.13과 같은 헬리컬 비틀림 스프링은 인장 스프링이나 압축 스프링과 비슷하지만 끝부분이 토크를 전달하기 위한 형상을 하고 있다. 이러한 코일의 끝부분은 사용목적에 따라 다양한 형상을 지닌다. 코일은 보통 인장 스프링처럼 크로스 엔드이지만 초기 인장력은 없다. 힘 P는 항상 헬리컬 비틀림 스프링의 암에 작용되어야 하고, 그림에서와 같이 스프링을 감는 방향으로 작용되어야 한다. 소선은 비틀림 스프링에서 보통 안쪽에 지지봉을 사용하는데, 봉의 지름은 스프링의 안지름보다 약 90% 작게 만든다.

정사각형 또는 직사각형의 소선은 비틀림 스프링에서 널리 사용되지만 원형 소선도 값이 싸기 때문에 많이 사용된다. 나선형의 축에 대한 토크는 소선의 각 부분에서 굽힘모멘트로 작용한다. 재료는 처짐상태에서 응력을 받게 된다. 굽힘응력은 곡면보 이론으로부터 얻을 수 있다. 처짐공식을 다음과 같은 형태로 간단히 쓸 수 있다.

$$\sigma = K\frac{Mc}{I} \tag{a}$$

여기서

σ = 최대 굽힘응력

M = 굽힘모멘트

c = 중심축으로부터 끝부분까지의 거리

I = 중심축의 관성모멘트

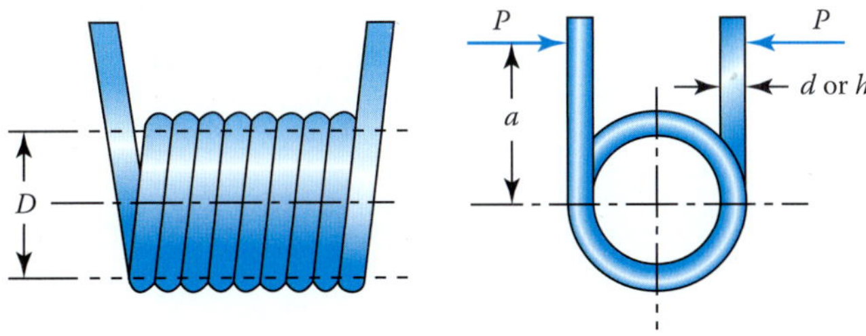

[그림 14.13]
헬리컬 비틀림 스프링

K = 응력집중계수

왈(Wahl)은 해석적으로 응력집중계수를 결정하였다. *원형 소선*(round wire)에서는

$$K_i = \frac{4C^2 - C - 1}{4C(C-1)}$$
$$K_o = \frac{4C^2 + C - 1}{4C(C+1)} \tag{14.36}$$

여기서 스프링지수 $C = D/d$이다. 아래첨자 i와 o는 각각 안쪽과 바깥쪽을 나타낸다. *직사각형 소선*(rectangular wire)에서는

$$K_i = \frac{3C^2 - C - 0.8}{3C(C-1)}$$
$$K_o = \frac{3C^2 + C - 0.8}{3C(C+1)} \tag{14.37}$$

이다. 여기서 $C = D/h$이다. h의 크기는 직사각형 단면의 깊이를 나타낸다. 즉 $K_i > K_o$이다.

위 식에서 헬리컬 비틀림 스프링 안쪽의 *최대 압축 굽힘응력*(maximum compressive bending stress)은 다음과 같다.

$$\sigma_i = K_i \frac{Mc}{I} \tag{14.38}$$

식 (14.38)에서 굽힘모멘트 $M = Pa$와 원형 또는 직사각형 소선의 단면계수 I/c를 대입하여 굽힘응력을 얻는다. 이러한 과정을 통하여 코일 안쪽에서의 응력은

$$\sigma_i = \frac{32Pa}{\pi d^3} K_i \quad \text{(원형 소선)} \tag{14.39}$$

$$\sigma_i = \frac{6Pa}{bh^2} K_i \quad \text{(직사각형 소선)} \tag{14.40}$$

이다. b는 직사각형 단면의 폭이다.

일반적으로 쓰이는 스프링상수는 $k = M/\theta_{rev}$이고 곡률은 *각변형량*(angular deflection)에 대해 영향을 주지 않는다. 식 (4.14)와 (4.15)를 사용해서 다음을 얻을 수 있다.

$$\theta_{rev} = \frac{1}{2\pi}\theta_{rad} = \frac{1}{2\pi}\frac{ML_w}{EI} \tag{14.41}$$

여기서

θ = 각변형량

L_w = 소선길이 = $\pi D N_a$

EI = 굽힘강성

원형 소선의 스프링에서 코일 사이의 마찰을 설명하기 위해[1] 경험적으로 식 (14.41)에 1.06을 곱한다. 예제 14.7처럼 어떠한 경우에 각 θ는 여러 번 완전 회전하기도 한다.

14.10.2 피로하중

동하중을 받는 비틀림 스프링은 두 모멘트 $M_{\max}$와 $M_{\min}$ 사이에서 사용된다. 원형 소선을 갖는 헬리컬 비틀림 스프링 소선지름의 바깥쪽에서 발생되는 인장응력 성분은 다음과 같다.

$$\sigma_{o,\max} = K_o \frac{32M_{\max}}{\pi d^3}, \quad \sigma_{o,\min} = K_o \frac{32M_{\min}}{\pi d^3}$$

그러므로 평균응력과 변동응력은 다음과 같다.

$$\sigma_{o,m} = \frac{\sigma_{o,\max} + \sigma_{o,\min}}{2}, \quad \sigma_{o,a} = \frac{\sigma_{o,\max} - \sigma_{o,\min}}{2}$$

허용 평균응력과 허용 변동응력이 주어지면 헬리컬 비틀림 스프링은 헬리컬 압축 스프링과 유사한 방법으로 설계할 수 있다.

14.10.3 스파이럴 비틀림 스프링

그림 14.14의 스파이럴 비틀림 스프링은 또한 앞서 서술했던 과정에 따라 분석할 수 있다. 소선의 안쪽 가장자리에서 발생하는 최대 응력은 식 (14.39)와 (14.40)에 의해 주어진다. 마찬가지로 식 (14.41)은 각변형량을 확인하기 위해 사용한다. 스파이럴 스프링은 보통 얇은 직사각형 소선으로 만들어진다.

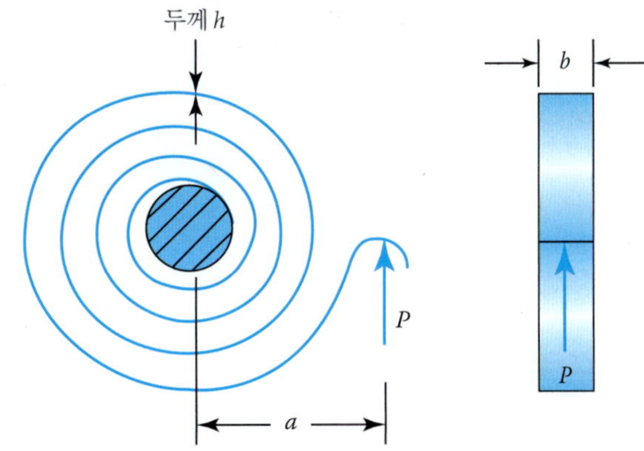

[그림 14.14]
스파이럴 비틀림 스프링

예제 14.7 정하중을 받는 스파이럴 비틀림 스프링의 설계

그림 14.14와 같은 비틀림 스프링의 최대 작동 모멘트와 이 때의 각변형량을 구하라.

설계 설정: $E = 207$ GPa인 피아노 선을 사용하고, $d = 1.625$ mm, $D = 25$ mm, $N_a = 350$이며, 안전율은 1.5이다.

풀이

식 (14.12)와 표 14.2에 의해

$$S_u = Ad^b = 2060\left(1.625^{-0.163}\right) = 1903 \text{ MPa}$$

식 (7.5b)와 표 14.3으로부터

$$S_y = \frac{S_{ys}}{0.577} = 0.4\frac{1903}{0.577} = 1319 \text{ MPa}$$

식 (14.36)에 $C = 25/1.625 = 15.38$을 대입하면

$$K_i = \frac{4(15.38)^2 - 15.38 - 1}{4(15.38)(15.38 - 1)} = 1.051$$

식 (14.39)를 사용하면

$$M = Pa = \frac{\pi d^3 S_y / n}{32K_i} = \frac{\pi(1.625)^3(1319/1.5)}{32(1.051)}$$

$$= 352.5 \text{ N} \cdot \text{mm}$$

이다. 스프링의 기하학적 상태는 $L_w = \pi DN_a = \pi(25)(350) = 27{,}489$ mm이고, $I = \pi(1.625)^4/64 = 0.342$ mm^{2}이다. 식 (14.41)에서

$$\theta_{\text{rad}} = \frac{ML_w}{EI} = \frac{352.5(27,489)}{(207 \times 10^3)(0.342)} = 136.9 \text{ rad}$$

평가: 최대 모멘트에 의해 스프링은 $136.9/2\pi = 21.8$번 감긴다.

14.11 판스프링

판스프링(leaf spring)은 일반적으로 외팔보나 단순 지지 부재로 취급한다. 얇은 보나 판은 약간의 초기 곡률을 가지고 있지만 평스프링으로 간주한다. 외팔보 형태의 스프링은 전기적 접촉부에 자주 사

[그림 14.15]
균일한 응력을 받는 외팔보 스프링

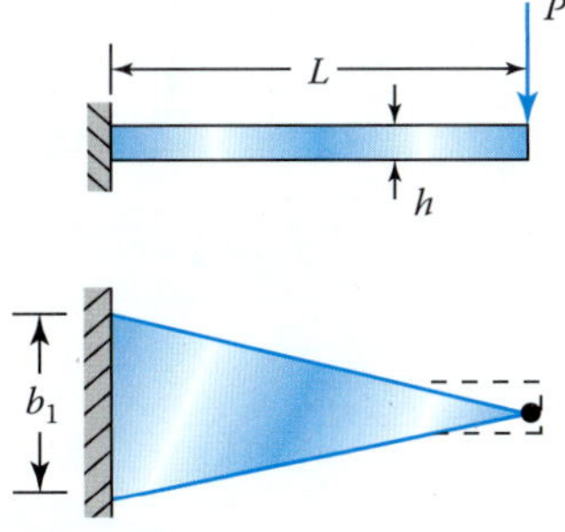

용된다. 균일한 단면을 가지는 스프링은 3장과 4장의 결과를 사용한다. 4.4절에서 단면의 폭 b가 높이 h보다 클 때, 처짐은 폭이 좁은 보의 공식에서 얻은 값에 $(1 - \nu^2)$을 곱한다. 여기서 ν는 푸아송비이다.

일정한 높이 h를 가지고 *균일한 응력*(uniform stress) σ를 받는 *외팔보 스프링*(cantilever spring)은 그림 14.15와 같이 삼각형의 평면도를 갖는다(3.8절 참조). 그러나 쐐기모양의 자유단은 전단력에 저항하기 위한 강도를 갖기 위해 그림에서 점선으로 나타낸 것과 같이 수정되어야 한다. 처짐공식에서 응력은 다음과 같다.

$$\sigma = \frac{6PL}{b_1 h^2} \tag{a}$$

단면변화에 따른 끝부분의 처짐 δ는 5.5절의 카스틸리아노 정리를 사용해 다음과 같이 쉽게 구할 수 있다.

$$\delta = \left(1 - \nu^2\right)\frac{6P}{Eb_1}\left(\frac{L}{h}\right)^3 \tag{b}$$

이에 상응하는 스프링상수는

$$k = \frac{P}{\delta} = \frac{Eb_1}{6\left(1-\nu^2\right)}\left(\frac{h}{L}\right)^3 \tag{c}$$

이다. E는 탄성계수이다.

14.11.1 다판 스프링

폭이 변하는 스프링에서는 공간 문제가 발생한다. 다판 스프링(multileaf spring)은 특히 자동차, 철도 등 많은 곳에 사용된다. 다판 스프링의 정확한 해석은 수학적으로 복잡하다. 소변형의 경우, 일반적인 보의 식에 의해 다음과 같이 간략하게 근사해를 구할 수 있다.

다판 스프링은 그림 14.16과 같이 균일한 강도를 가지는 삼각 스프링과 유사하다. 스프링의 절반은 각각 길이 L의 외팔보처럼 작용한다. 그림에서 균일강도 삼각형은 같은 폭의 연속판으로 분할되어 다판 스프링의 형태로 재배치된다. 그러므로 $b_1 = nb$로 놓으면 *이상적인 판스프링*(ideal leaf spring)

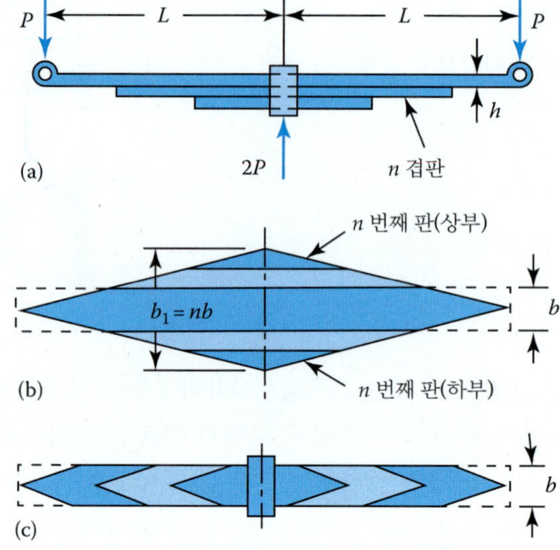

[그림 14.16]
다판 스프링. (a) 실제 사용 스프링의 정면도 (b) 근사 평면도 (c) 등가 스프링의 평면도

의 응력과 변형량은

$$\sigma = \frac{6PL}{nbh^2} \tag{14.42}$$

$$\delta = \left(1-\nu^2\right)\frac{6P}{Enb}\left(\frac{L}{h}\right)^3 \tag{14.43}$$

따라서 스프링상수는 다음과 같다.

$$k = \frac{P}{\delta} = \frac{Enb}{6\left(1-\nu^2\right)}\left(\frac{h}{L}\right)^3 \tag{14.44}$$

위의 식들에서 n은 판의 개수를 나타낸다.

중앙의 볼트나 클램프는 각 판을 함께 잡아 놓기 위해 사용되는데 응력집중의 원인이 되기도 한다. 삼각 스프링과 등가 다판 스프링은 스프링에서 내부판 마찰에 의해 생성되는 감쇠효과를 제외하면 동일한 응력과 처짐특성을 갖는다. 다판 스프링은 오직 한 방향의 전체하중에 견딜 수 있는데, 판들이 반대방향의 하중을 받을 때 분리되는 경향이 있기 때문이다. 그러나 자동차용 현가 스프링에서처럼 클립에 의해서 해결될 수 있다(그림 14.17).

예제 14.8 9판 외팔보 스프링의 설계

0.9 m의 강철 외팔보가 80 mm 폭의 9개 판으로 이루어져 있다. 스프링은 자유단에 집중하중 P를 받는다.

[그림 14.17]
예제 14.8. 자동차용 판스프링

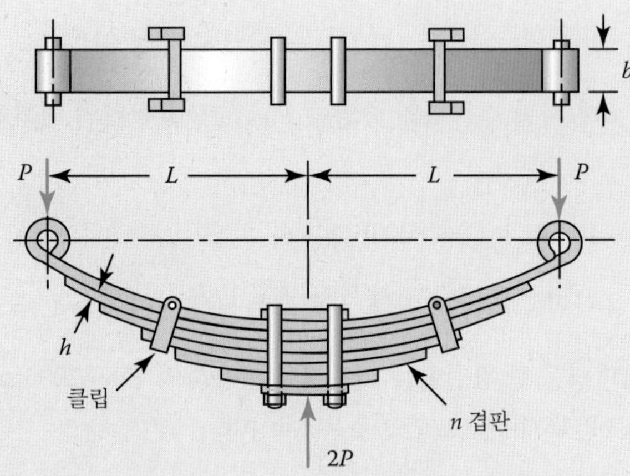

구하는 값: 판의 깊이와 최대 굽힘응력

주어진 값: $b = 80$ mm, $L = 0.9$ m, $P = 2.5$ kN, $n = 9$, $E = 200$ GPa, $\nu = 0.3$.

가정: 하중에 의한 최대 수직변형량은 50 mm로 제한된다.

풀이

식 (14.43)은 아래와 같이 재정렬될 수 있다.

$$h^3 = \left(1 - \nu^2\right)\frac{6PL^3}{Enb\delta} \tag{d}$$

주어진 값을 대입하면

$$h^3 = \left(1 - 0.3^2\right)\frac{6(2500)(0.9)^3}{\left(200 \times 10^9\right)(9)(0.08)(0.05)} = 1.382\left(10^{-6}\right)$$

또는

$$h = 0.0111 \text{ m} = 11.1 \text{ mm}$$

식 (14.42)에 의해 최대 응력은

$$\sigma_{\max} = \frac{6PL}{nbh^2} = \frac{6(2500)(0.9)}{9(0.08)(0.0111)^2} = 152.2 \text{ MPa}$$

굿맨 기준은 아래의 예제와 같은 주기적 하중을 받는 판스프링의 설계에 사용된다.

예제 14.9 피로하중을 받는 자동차의 다판 스프링 설계

그림 14.17처럼 6개 다판 스프링의 중앙에 P_{max}~P_{min} 범위의 변화하는 하중이 작용한다. 총 길이가 $2L$일 때, 각 판의 폭을 계산하라.

주어진 값: $P_{min} = 160$ lb, $P_{max} = 800$ lb, $n = 6$.

가정: 중심에서 응력집중 $K_f = 1.2$이다. 신뢰도는 50%이며, $C_f = C_s = 1$이다.

설계 결정: 쇼트 피닝을 한 강철합금 스프링을 사용하며, $S_u = 200$ ksi, $S'_e = 78$ ksi, $E = 30 \times 10^6$ psi, $\nu = 0.3$, $h = 0.25$ in., $k = 140$ lb/in.이고, 안전율은 1.4이다.

풀이

표 7.3으로부터 $C_r = 1$이다. 식 (7.6)의 수정 피로한도에서 $S_e = (1)(1)(1)(1/1.2)78 = 65$ ksi이다. 스프링을 반으로 나누면 총 하중의 절반이 작용하는 외팔보와 같다. 그러므로 평균하중과 변동하중은 다음과 같다.

$$P_m = \frac{400+80}{2} = 240 \text{ lb}, \quad P_a = \frac{400-80}{2} = 160 \text{ lb}$$

굽힘응력은 하중에 비례하므로 $\sigma_a/\sigma_m = P_a/P_m = 2/3$이다.

식 (14.42)를 사용하여 평균응력을 구하면

$$\sigma_m = \frac{6P_m L}{nbh^2} = \frac{6(240)L}{6b(0.25)^2} = 3840\frac{L}{b} \tag{e}$$

주어진 값들을 식 (7.20)에 대입하면

$$\sigma_m = \frac{S_u/n_s}{\frac{\sigma_a}{\sigma_m}\frac{S_u}{S_e}+1} = \frac{200/1.4}{\frac{2}{3}\frac{200}{65}+1} = 46.82 \text{ ksi}$$

식 (e)로부터

$$46,820 = 3840\frac{L}{b} \quad \text{or} \quad b = 0.082L \tag{f}$$

스프링은 중앙에 $2P$의 하중을 받기 때문에 식 (14.44)는 $k = Enbh^3/3L^3(1-\nu^2)$이 되고, 주어진 데이터를 대입하면 다음과 같다.

$$140 = \frac{(30\times10^6)(6)(0.082L)(0.25)^3}{3L^3(0.91)}$$

$$L = 24.56 \text{ in.}$$

그러므로 식 (f)로부터 각 6개 판의 폭은 $b = 0.082(24.56) = 2.014$ in.와 동일함을 알 수 있고, 전장 $2L = 49.12$ in.이다.

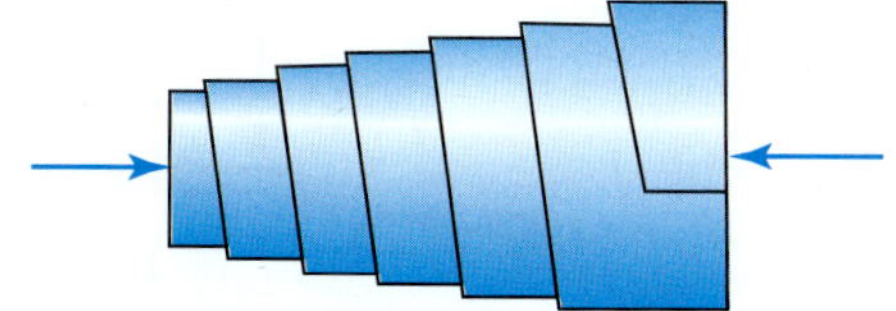

[그림 14.18]
벌루트 스프링

14.12 기타 스프링

얇은 판 및 다양한 형상을 가진 셸의 탄성변형과 고무블록(block of rubber)을 이용해 다양한 기능을 수행할 수 있다. 스프링 와셔, 클립, 콘스턴트-포스(constant force) 스프링, 벌루트 스프링, 고무 스프링 등이 있다. 그림 14.18과 같이 *벌루트 스프링*(volute spring)은 넓고 얇은 철 스트립을 다른 부재의 안쪽으로 감은 평판이다. 벌루트 스프링은 헬리컬 압축 스프링보다 측면 안정성이 크고, 인접하는 회전판 사이의 마찰에 의해 최대 감쇠가 발생한다. 여기서 기타 스프링의 일반적인 세 가지 형상에 대해 간략하게 서술하였다.

14.12.1 콘스턴트-포스 스프링

콘스턴트-포스 스프링은 부싱과 코일 또는 코일만 감은 것과 같이 예비응력을 받는 평판 스프링의 일종이다(그림 14.19). 일반적으로 안쪽 코일은 드럼의 플랜지에 고정된다. 스프링은 코일의 외부 끝에서 당겨지는 변형이 가해지면, 거의 일정한 저항력이 발생하고 다시 코일을 감으려는 성질이 있다. 유니폼-포스(uniform-force) 스프링은 보통 반력이 요구되는 경우에 적용된다. 즉 내리닫이 창문새시, 케이블 견인기, 타자기 캐리지의 귀환장치 그리고 등속 토크 스프링 모터를 만드는 데 이용된다. 이러한 구조는 일정한 인장력에 대하여 매우 큰 변형을 일으킨다.

14.12.2 접시 스프링

1867년에 J. F. Belleville에 의해 고안된 *접시 스프링*(Belleville spring) 또는 *접시 와셔*(Belleville washer)는 그림 14.20과 같이 원추형 디스크 스프링이라고도 하며, 작은 변형으로 매우 큰 하중을 지지하기 위해 사용된다. 예를 들어 볼트이음, 클러치판의 지지, 총의 반동장치 등의 다양한 용도로도 사용된다. 하중작용시 디스크는 밖으로 편평하게 하는 경향이 있으므로 스프링 작용을 얻을 수 있

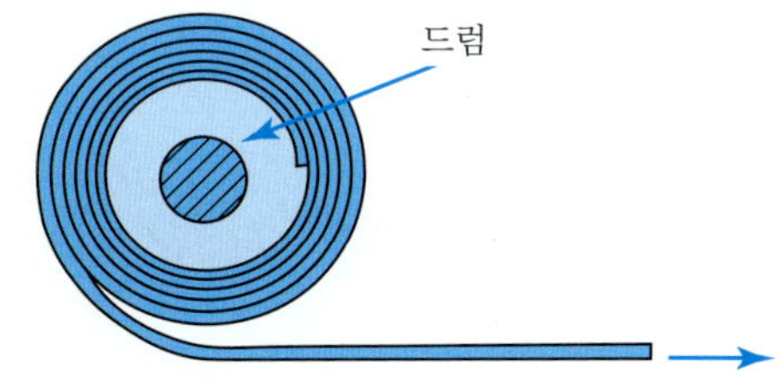

[그림 14.19]
콘스턴트-포스 스프링

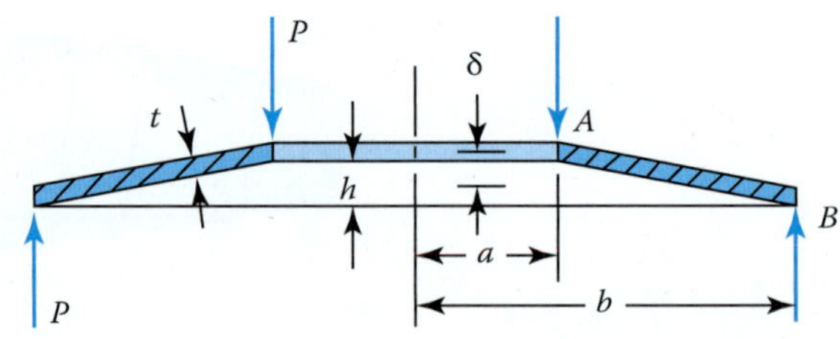

[그림 14.20]
접시 스프링의 단면부

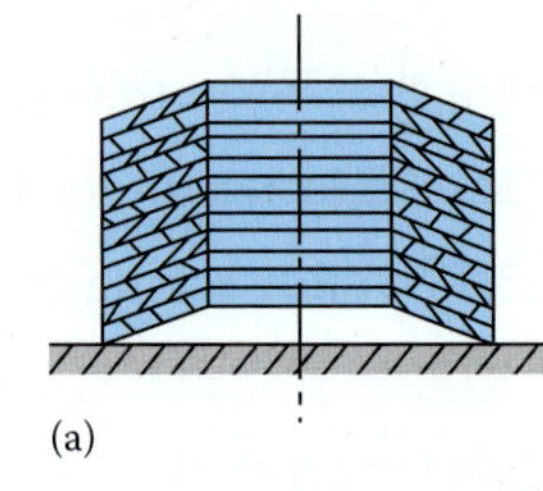

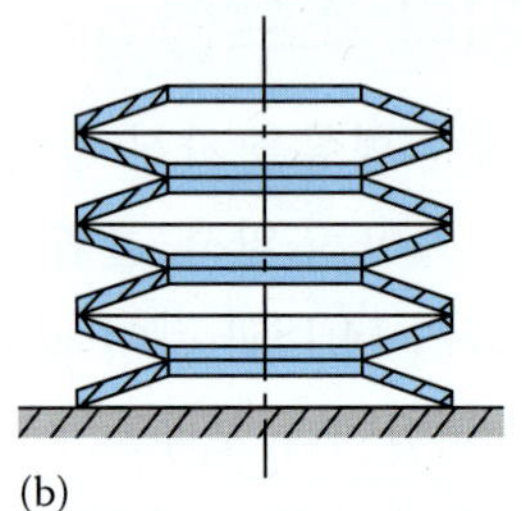

[그림 14.21]
접시 스프링 또는 접시 와셔.
(a) 병렬 (b) 직렬

다. 하중변형의 특성은 원추의 높이 h와 간격 t의 비율 h/t에 따라 변화한다. 필요한 특성을 충족시키기 위해 접시 스프링을 매우 조밀하게 만들거나 단독으로 또는 동일한 스프링의 복합적인 조합으로 만들기도 한다. 원추형 디스크 스프링을 병렬로 배치함으로써 힘을 축적하여 배가시킬 수 있다(그림 14.21a). 반면에 주어진 힘에 대한 변형은 그림 14.21b와 같이 일련의 스프링 쌓임에 따라 증가한다.

접시 스프링의 이론은 복잡하다. 다음의 공식들은 변형이 일어나는 동일 스프링의 반지름방향 단면이 비틀어지지 않는다는 가정하에 단순화한 것으로, 그 결과는 시험 데이터[1, 2]와 거의 일치한다. 이는 끝이 잘린 원추형 셸의 경우와 같이 스프링의 위 선단은 압축상태이고 아래 선단은 인장상태이다[8].

*하중-변형 관계*는 다음 식으로 표현된다.

$$P = \frac{E\delta}{\left(1-\nu^2\right)Kb^2}\left[\left(h-\frac{\delta}{2}\right)(h-\delta)t+t^3\right] \tag{14.45a}$$

여기서

$$K = \frac{6}{\pi \ln\alpha}\left(\frac{\alpha-1}{\alpha}\right)^2 \tag{14.45b}$$

편평한 위치($\delta = h$)의 하중은 다음과 같이 주어진다.

$$P_{\text{flat}} = \frac{Eht^3}{\left(1-\nu^2\right)Kb^2} \tag{14.45c}$$

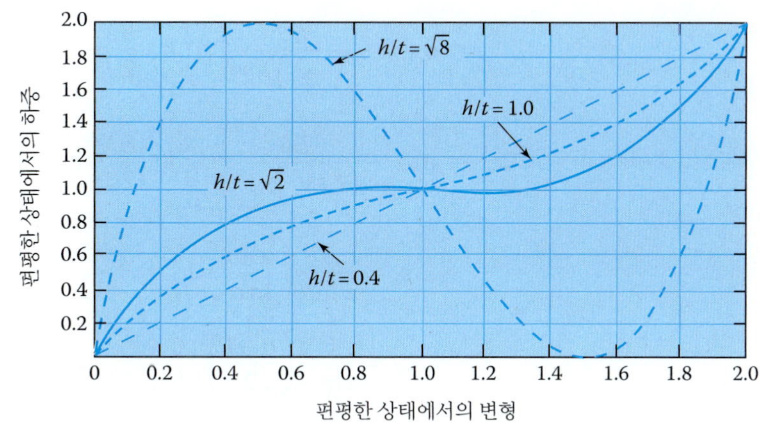

[그림 14.22]
접시 스프링의 하중-변형 곡선

여기서

P = 하중

δ = 변형량

a = 안지름

b = 바깥지름

h = 원추높이

t = 두께

α = 반지름 비 = b/a

그림 14.20과 같이 *자유위치*에서 변형과 하중은 0이다.

하중-변형 특성은 원추의 높이와 간격, 즉 h/t의 비율에 따라 변화한다. 그림 14.22는 4가지 다른 h/t 비율의 접시 와셔에 대한 힘-변형 곡선이다. 이 곡선은 식 (14.45)에 의해 구할 수 있다. 여기서 1.0의 변형과 1.0의 힘은 각각 편평한 상태에서의 변형과 하중을 의미한다[9]. 그림에서 원추형 디스크 스프링은 비선형적인 P-δ 특성을 가짐을 알 수 있다. 낮은 값($h/t = 0.4$)에서는 스프링이 거의 선형으로 움직이고, 높은 h/t에서는 비선형 거동을 보인다. $h/t = \sqrt{2}$ 에서는 곡선의 중앙부가 거의 수평에 가깝다. 이 구간에서 하중은 변형량에 관계없이 일정하다. $\sqrt{2} < h/2 \le \sqrt{8}$ 구간에서 하중에 대하여 하나 이상의 변형이 발생한다. $h/t > \sqrt{2}$ 에서 생기는 불안정한 스프링의 변형형상을 *비이좌굴*(snap-through buckling)이라고 부른다.

비이좌굴은 스프링이 빨리 휘거나 좌굴이 일어날 때 복원점에서 생긴다. 만약 $h/t > \sqrt{8}$ 이면 스프링은 변형위치로 비이(snap)하며, 계산된 힘은 마이너스이다. 하중이 작용하기 전 상태로 복원하려면, 초기의 하중과 반대방향의 하중이 필요하다.

와셔의 *응력분포*는 균일하지 않다. 변형량 δ에 대한 최대 응력 σ_A는 볼록한 위쪽 면의 안쪽에서 압축응력으로 작용한다. 오목한 외부의 아래쪽 선단 B에서 최대 인장응력 σ_B가 발생한다. 식으로 표현하면 다음과 같다.

$$\sigma_A = -\frac{E\delta}{\left(1-\nu^2\right)Kb^2}\left[c_1\left(h-\frac{\delta}{2}\right)+c_2 t\right] \tag{14.46a}$$

$$\sigma_B = -\frac{E\delta}{\left(1-\nu^2\right)Kb^2}\left[c_3\left(h-\frac{\delta}{2}\right)+c_4 t\right] \tag{14.46b}$$

$$\begin{aligned} c_1 &= \frac{6}{\pi \ln\alpha}\left(\frac{\alpha-1}{\ln\alpha}-1\right) \\ c_2 &= \frac{6}{\pi \ln\alpha}\left(\frac{\alpha-1}{2}\right) \\ c_3 &= \left[\frac{\alpha\ln\alpha-(\alpha-1)}{\ln\alpha}\right]\left[\frac{\alpha}{(\alpha-1)^2}\right] \\ c_4 &= \frac{\alpha}{2(\alpha-1)} \end{aligned} \tag{14.46c}$$

응력은 접시 스프링의 가장자리에 집중된다. 항복강도를 초과하면, 국부 항복에 의해 응력의 재분포가 일어난다. 식 (14.46a)의 압축응력 σ_A는 정하중을 받는 경우에 적용된다. 스프링이 동하중을 받는 경우, 식 (14.46b)에서 정의한 것과 같이 변동응력과 평균응력은 인장응력 σ_B로부터 결정된다. 안전율은 식 (7.22)에 있는 굿맨 기준에 따른다.

14.12.3 고무 스프링

고무 스프링과 쿠션은 고무의 *적층량*(rubber mount)(그림 14.23)과 관련 있다. 이 같은 형식의 스프링은 충격 및 진동 감쇠 특성이 우수하고 탄성계수가 작으므로 널리 쓰인다. 이러한 특성은 에너지 방출과 소리전달의 차폐에 효과가 있다. 고무의 소변형에 대한 응력과 변형은 재료역학의 근사식으로부터 구할 수 있다.

그림 14.23a의 실린더형 고무 스프링은 *직접적인 전단하중*(direct shear loading)을 받는다. 고무는 바깥쪽의 강철 링과 중앙의 강철 축으로 묶여 있다. 반지름 r일 때 전단응력 τ는 다음 식으로 표현된다.

[그림 14.23]
실린더형 고무의 적층량.
(a) 전단하중이 있을 경우
(b) 비틀림 하중이 있을 경우

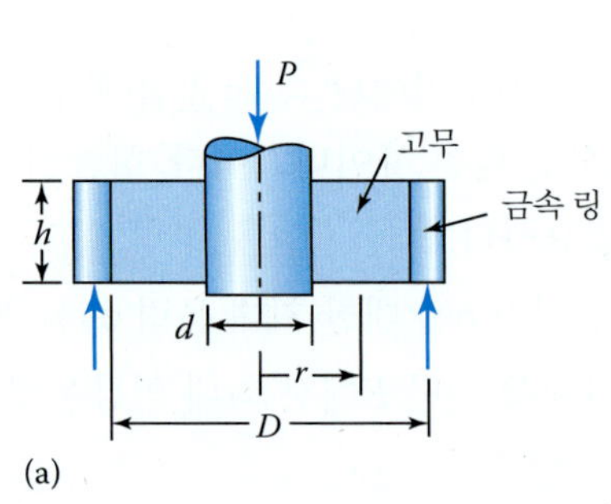

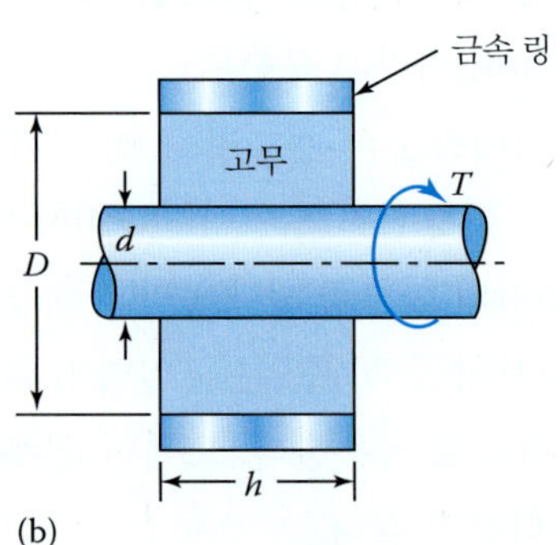

$$\tau = \frac{P}{2\pi rh} \tag{14.47}$$

안쪽 가장자리($r = d/2$)에서 최고 처짐 δ는 아래 식으로 표현된다.

$$\delta = \frac{P}{2\pi hG}\ln\frac{D}{a} \tag{14.48}$$

여기서

P = 하중

d = 안지름

h = 고무층의 깊이

D = 바깥지름

그림 14.23b와 같은 *비틀림 전단하중*(torsional shear loading)을 받는 실린더형 스프링이 있다. 안쪽 선단($r = d/2$)에서의 최대 전단응력은 아래와 같이 주어진다.

$$\tau_{max} = \frac{2T}{\pi d^2 h} \tag{14.49}$$

축의 회전각 또는 최대 비틀림각 ϕ는 아래 식과 같다.

$$\phi = \frac{T}{\pi hG}\left(\frac{1}{d^2} - \frac{1}{D^2}\right) \tag{14.50}$$

T는 토크이다.

고무는 훅(Hooke)의 법칙을 따르지 않지만 변형이 증가하면 강성이 증가한다. 탄성계수는 고무 적층량에 따른 듀로미터(durameter) 경도에 대한 부수적인 값으로서 이에 대한 결과는 근사값으로만 고려해야 한다.

연습문제

14.1절~14.6절

14.1 강철 토션바는 트렁크 덮개의 균형추 스프링으로 사용한다(그림 14.2a). 토션바의 한쪽 끝을 80° 회전하였을 때 다음을 구하라.

a. 토크의 변화

b. 전단응력의 변화

주어진 값: $L = 1.25$ m, $d = 8$ mm, $G = 79$ GPa.

14.2 강철 막대가 $R = 150$ mm인 모멘트 암과 함께 2 kN의 하중을 지지하고 있다(그림 14.2a). 다음을 계산하라.

a. 소선지름

b. 변형량 40 mm에 대한 길이

주어진 값: $n = 1.5$, $S_{ys} = 350$ MPa, $G = 79$ GPa.

14.3 그림 14.2b에서와 같이 스플라인 선단을 갖는 ASTM A242 고강도 강철 토션바($G = 79$ GPa)가 길이 $L = 1.2$ m, 지름 $d = 12$ mm를 갖는다. 끝단 사이의 상대 회전각이 20°일 때, 토크와 전단응력을 구하라.

14.4 헬리컬 스프링에 1 kN을 가한 후 최고점에서 20 mm 풀었다. 유효권수를 구하라.

설계 가정: 정하중을 받고, $\tau_{all} = 450$ MPa, $G = 29$ GPa, $d = 7$ mm, $C = 5$이다.

14.5 코일 평균지름 $D = 2$ in., 소선지름 $d = 3/8$ in.이고 피치 $p = 1/2$ in.인 코일로 감긴 헬리컬 스프링이 밀착 압축되어 있다(그림 14.3a). 재료는 ASTM A229 오일 템퍼 강철($G = 11.510^6$ psi)이다. 밀착 압축을 위해 필요한 힘을 구하고 그에 대응하는 전단응력을 구하라. 힘이 제거된 후, 스프링은 본래 자유높이로 되돌아갈 수 있는가?

14.6 그림 14.5는 유효권수가 5이고 ASTM A232 강철 경소선으로 이루어진 원추-헬리컬 압축 스프링을 나타내고 있다. 가장 먼저 제로피치로 변형되는 코일은 무엇일지 또, 그에 필요한 힘은 얼마인지를 구하라. 스프링의 총 변형량은 어떻게 되는가?

주어진 값: $D_{max} = 60$ mm, $D_{min} = 25$ mm, $d = 4$ mm, $p = 6$ mm.

14.7 구조용 강철로 이루어진 한 쌍의 헬리컬 압축 스프링이 무게 $W = 2$ kN의 장비를 지지하고 있다(그림 P14.7). 두 스프링은 모두 전단탄성계수 $G = 79$ GPa인 구조용 강철로 이루어져 있으며 길이는 같다. 각 스프링에서 다음을 구하라.

a. 변형량

b. 최대 응력

주어진 값: 바깥 스프링: $D_o = 40$ mm, $d_o = 7$ mm, $N_o = 4$,

안쪽 스프링: $D_i = 22$ mm, $d_i = 4.5$ mm, $N_i = 8$.

[그림 P14.7]

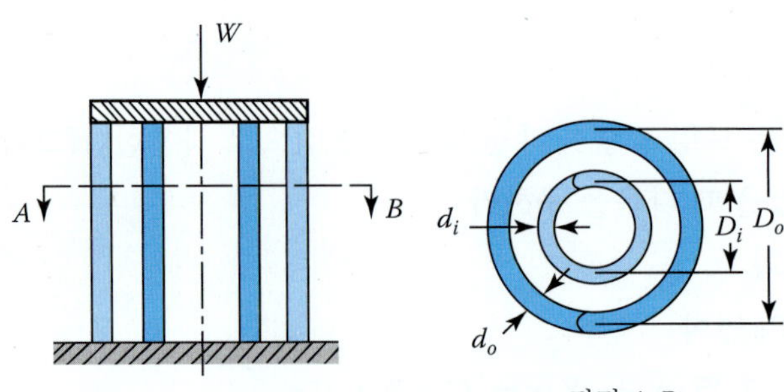

14.W1 웹사이트 www.leesspring.com를 활용하여 예제 14.1을 다시 풀어라.

14.W2 웹사이트 www.acxesspring.com를 통해 상용 스프링 재료를 확인하라. 가장 일반적으로 사용되는 5가지 스프링 재료를 나열하고, 그 재료들의 물성을 적어 보라.

14.8 정하중에 사용되는 헬리컬 압축 스프링이 $d = 3$ mm, $D = 15$ mm, $N_a = 10$, 크로스 엔드이다. 다음을 구하라.

a. 스프링상수와 밀착높이

b. 항복을 일으키지 않는 최대 하중

설계 결정: 스프링은 ASTM A227 강철 경소선으로 이루어져 있고, $G = 79$ GPa이다.

14.9 헬리컬 압축 스프링에 2 kN의 하중이 작용한다. 다음을 구하라.

a. 소선지름

b. 자유높이

c. 주어진 조건에서 좌굴이 발생하는가?

주어진 값: $r_c = 10\%$, $C = 5$, $k = 90$ N/mm.

가정: 양쪽 끝은 크로스 엔드(연삭)이고 평행한 판으로 구속되어 있다.

설계 결정: 스프링은 강철로 만들어져 있으며, $S_{ys} = 500$ MPa, $S'_{es} = 280$ MPa, $G = 79$ GPa이고, 안전율은 1.3이다.

14.10 끝이 크로스 엔드(연삭)인 헬리컬 압축 스프링이 $d = 1.8$ mm, $D = 15$ mm, $r_c = 15\%$ 그리고 $h_s = 21.6$ mm를 갖는다. 안전율이 2일 때 다음을 구하라.

a. 자유높이

b. 한쪽 끝부분이 자유로운 스프링일 때 주어진 조건에서 좌굴이 일어나는가?

설계 결정: 스프링은 강철로 만들어져 있으며, $S_{ys} = 900$ MPa, $G = 79$ GPa이다.

14.11 헬리컬 압축 스프링이 40 lb의 하중을 받고, $C = 8$, $k = 50$ lb/in., $r_c = 20\%$, $n = 2.5$이고, 끝은 크로스 엔드(연삭)일 때 스프링을 설계하라. 또한 좌굴여부를 확인하라.

가정: 양쪽 끝은 평행한 판으로 구속되어 있다.

설계 결정: 스프링은 강철로 만들어져 있으며 $S_{ys} = 60$ ksi, $G = 11.5 \times 10^6$ psi이다.

14.12 $k = 120$ lb/in,, $\tau_{all} = 75$ ksi, $r_c = 10\%$, $D = 3$ in. 그리고 400 lb의 정하중을 지지하는 헬리컬 압축 스프링을 필요로 하는 기계가 있다. 다음을 구하라.

a. 소선지름

b. 자유높이

c. 한쪽 끝이 자유로운 스프링일 때 주어진 조건에서 좌굴이 일어나는가?

가정: 끝은 크로스 엔드이다.

설계 결정: 스프링은 강철로 이루어져 있으며 $G = 11.5 \times 10^6$ psi이다.

14.13 평균 코일지름 $D = 20$ mm, 소선지름 $d = 2.5$ mm, 유효권수 $N_a = 11$인 헬리컬 압축 스프링이 있다(그림 14.8a). ASTM A228 피아노 선($G = 79$ GPa)으로 만들어져 있을 때 다음을 구하라.

a. 최대 정하중과 스프링상수

b. a에서 구한 하중하에서 밀착되는 스프링의 자유높이

c. 한쪽 끝이 자유로운 스프링일 경우 좌굴의 발생 여부

14.14 ASTM A229 오일 템퍼 소선으로 이루어진 헬리컬 압축 스프링이 평균 코일지름 $D = 10$ mm, 소선지름 $d = 0.9$ mm, 총 유효권수 $N_a = 14.5$, 전단탄성계수 $G = 79$ GPa를 갖는다. 다음을 구하라.

a. 소선의 비틀림 항복강도

b. 항복강도에 대응하는 정하중과 스프링상수

c. 밀착높이와 자유높이 그리고 코일 피치

d. 끝이 크로스 엔드(연삭)일 때 좌굴의 발생 여부

14.15 헬리컬 압축 스프링이 유효권수 $N_a = 16$, 자유높이 $h_f = 35$ mm, 평균 코일지름 $D = 14$ mm, 소선지름 $d = 1.5$ mm를 갖는다. 스프링이 ASTM A229 오일 템퍼 강철 소선으로 이루어져 있고 $G = 79$ GPa일 때 정적조건에서 다음을 구하라.

a. 스프링상수, 밀착높이, 밀착변형

b. 밀착높이까지 압축하기 위한 힘과 그에 상응하는 전단 응력 그리고 항복에 대한 안전율

14.7절~14.8절

14.16 소더버그 기준을 사용하여 하중이 2 kN와 4 kN 사이에서 변하는 경우에 대해 문제 14.9를 다시 풀어라. 또한 서지 주파수도 구해 보라.

14.17 끝이 크로스 엔드인 헬리컬 압축 스프링이 10 mm 변형과 함께 $P_{min} = 0$ N과 $P_{max} = 400$ N 사이에서 변하는 하중하에서 작동하고 있다. 쇼트피닝을 한 강철 소선이 사용되었다[식 (14.20) 참조]. 소선지름 d와 유효권수 N_a, 자유높이 h_f를 계산하라.

가정: 최대 변형에서 15%의 충돌여유가 사용된다.

주어진 값: $D = 40$ mm, $S'_{es} = 465$ MPa, $K_w = 1.3$, $G = 79$ GPa.

14.18 쇼트피닝하지 않은 소선[식 (14.20) 참조]에 대해 최대 변형에서 8%의 충돌여유가 사용될 경우 문제 14.17을 다시 풀어라.

14.19 $P_{min} = 4$ N이고 $P_{max} = 14$ N인 *동적*인 조건에 대해 문제 14.15를 다시 생각해 보자. 다음을 구하라.

a. 변동응력과 평균응력

b. 비틀림 항복에 대한 안전율

c. 비틀림 내구한도 피로에 대한 안전율

14.20 캠 종동부에 사용되는 헬리컬 압축 스프링이 30 N과 180 N 사이에서 변동하는 하중을 지지하고 있다. 다음을 구하라.

a. 굿맨 기준에 따른 안전율

b. 자유높이

c. 서지주파수

d. 주어진 조건에서 좌굴의 발생 여부

설계 결정: 스프링은 피아노 선으로 만들어져 있다. 양 끝은 크로스 엔드(연삭)이고 한쪽 끝이 자유로운 스프링이다.

주어진 값: $d = 3$ mm, $D = 15$ mm, $N_a = 22$, $r_c = 10\%$, $G = 79$ GPa.

14.21 0.2 in. 지름의 피아노 선으로 이루어진 헬리컬 압축 스프링이 변동하중을 받는다. 스프링지수는 8이고 안전율은 1.2이다. 평균하중이 100 lb일 때, 가능한 최대 하중과 최소 하중의 값을 구하라. 굿맨 이론을 적용하라.

14.22 피아노 선으로 만들어진 헬리컬 압축 스프링이 $d = 5$ mm, $D = 24$ mm, $G = 79$ GPa를 갖는다. 다음을 구하라.

a. 굿맨 기준에 따른 안전율

b. 유효권수

요구 조건: 대응하는 하중이 400 N과 240 N일 때 65 mm에서 72 mm까지 변하는 높이

14.23 강철 헬리컬 압축 스프링이 높이가 3 in.일 때 4 lb의 힘을 작용하고 높이 2.6 in.로 압축되었을 때 18 lb의 최대 하중을 갖는다. 안전율이 1.6일 때 소더버그 기준을 이용하여 다음을 구하라.

a. 소선지름

b. 밀착변형

c. 서지주파수

d. 평행한 판에 의해 끝이 구속되어 있는 경우, 좌굴의 발생 여부

주어진 값: $C = 6$, $S_{ys} = 80$ ksi, $S'_{es} = 45$ ksi, $G = 11.5 \times 10^6$ psi, $r_c = 10\%$.

설계 가정: 끝은 크로스 엔드(연삭)이다.

14.24 헬리컬 압축 스프링이 5 in. 높이일 때는 2 lb의 힘이 작용하고, 4.2 in.의 높이에서 최대 하중 10 lb이 작용할 때 문제 14.23을 다시 풀어라.

14.25 그림 P14.25와 같이 엔진밸브의 스프링은 밸브가 닫힐 때 300 N의 힘을 받고, 열릴 때 500 N의 힘을 받는다. 안전율이 16일 때 굿맨 이론을 적용하여 다음을 계산하라.

a. 소선지름

b. 유효권수

[그림 P14.25]

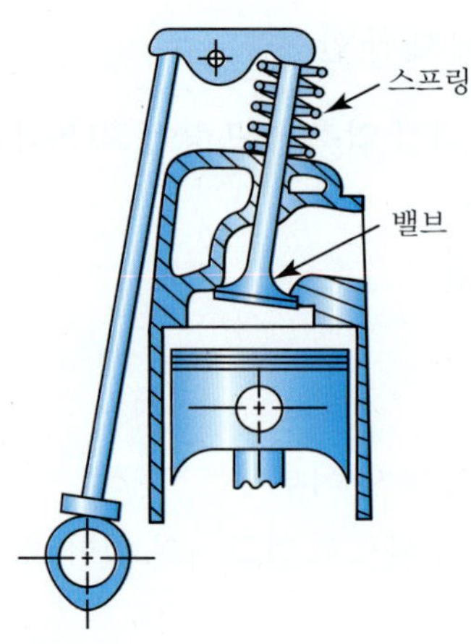

주어진 값: 초기 변위는 8 mm이다.

설계 결정: 스프링은 강철로 만들어져 있으며, $S_{us} = 720$ MPa, $S'_{es} = 330$ MPa, $G = 79$ GPa, $C = 6$이다.

14.26 $G = 29$ GPa인 경소선으로 이루어진 헬리컬 스프링이 연속적인 하중하에 있다. 다음을 구하라.

a. 소더버그 기준에 따른 안전율

b. 자유높이

c. 서지주파수

d. 주어진 조건에서 좌굴의 발생 여부

주어진 값: $d = 6$ mm, $D = 30$ mm, $r_c = 20\%$

설계 요구 조건: 끝은 크로스 엔드(연삭)이고 한쪽 끝은 자유로운 스프링이다. 최대 압축 조건에서 힘은 600 N이다. 13 mm만큼 풀렸을 경우 최소힘은 340 N이다.

14.9절~14.12절

14.27 예제 14.6에서 논의한 것처럼 인장 스프링의 후크에서 전단 항복강도에 이르도록 비틀림 응력(B에)을 유발하는 데 필요한 힘의 값을 구하라.

14.28 헬리컬 인장 스프링이 $d_1 = 3$ mm, $D_1 = 30$ mm를 갖는다. 두 번째 스프링이 $D_2 = 240$ mm이고 같은 재료와 같은 유효권수로 이루어져 있을 때, 첫 번째 스프링의 스프링상수와 같아지기 위해 필요한 소선지름 d_2를 구하라.

14.29 인장 스프링이 0.02 in.의 피아노 선으로 만들어져 있고 0.2 in.의 평균 코일지름을 갖는다. 스프링이 0.2 lb의 초기 인장으로 감겨져 있고 하중이 그로부터 1.0 lb까지 변동할 때, 피로파손에 대한 안전율을 구하라. 굿맨 기준을 적용하라.

14.30 다음 주어진 값들과 함께 ASTM A228 피아노 선으로 이루어진 작은 카메라의 셔터 회귀에 사용되는 헬리컬 인장 스프링(그림 14.12)을 생각해 보자. $d = 0.6$ mm, $D = 2.4$ mm, $P = 6$ N, $G = 79$ GPa, $(r_m)_A = 1.2$ mm이다. 다음을 구하라.

a. 스프링이 루프로부터 멀어지는 경우 최대 전단응력

b. 루프 끝단에서 항복에 대한 안전율(점 A에 대한)

14.31 그림 14.14에서 묘사한 것과 유사한 창문 커튼 스프링을 설계하라. 다음을 구하라.

a. 16번 감긴 후 15 N의 힘이 작용된 경우 유효권수

b. 최대 굽힘응력

가정: 스프링은 $E = 207$ GPa, $D = 18$ mm, 32 mm의 롤러 지름을 갖는 1.2 mm의 크로스 엔드로 만들어져 있다.

14.32 다음 주어진 값들과 함께 ASTM A227 강철 경소선으로 이루어진 비틀림 스프링을 생각해 보자(그림 14.13). $a = 54$ mm, $d = 1.5$ mm, $D = 15$ mm, $N_a = 10$, $E = 210$ GPa. 최대 작동모멘트와 그에 대응하는 유효권수를 구하라.

가정: 최대 각변형량은 1.2 rad로 제한된다.

14.33 그림 14.14와 같은 비틀림 스프링이 ASTM 229 오일 템퍼 강철 소선으로 이루어져 있고, 지름 $d = 0.08$ in., 평균 코일지름 $D = 0.5$ in., 암 길이 $a = 0.4$ in., 유효권수 $N_a = 3.5$, 탄성계수 $E = 29 \times 10^6$ psi를 갖는다. 다음을 구하라.

a. 안전율 $n = 1.8$일 때, 항복에 대한 최대 하중 P를 구하라.

b. 대응하는 회전각(rad 단위로)

14.34 800 MPa의 최대 굽힘강도를 갖는 트럭 바퀴를 위한 다판 강철 스프링($E = 200$ GPa, $\nu = 0.3$)이 40 kN의 무게를 지지하고 있다. 다음을 구하라.

a. 안전율이 2.5일 때 스프링의 폭 b

b. 스프링의 최대 변형량

주어진 값: $h = 22$ mm, $L = 0.7$ m, $P = 40$ kN, $n = 8$.

14.35 그림 14.13의 스프링과 유사한 헬리컬 비틀림 스프링을 설계하라. 다음을 계산하라.

a. 최대 작동모멘트

b. 최대 회전각

가정: 안전율 1.4를 사용하라. 스프링은 오일 템퍼 강철 소선으로 만들어져 있다.

주어진 값: $E = 30 \times 10^6$ psi, $d = 0.08$ in., $D = 0.6$ in., $N_a = 6$.

14.36 강철 다판 스프링은 300 N~1100 N의 범위에서 변동하는 집중하중을 받는다(그림 14.16). 안전율 1.2일 때 굿맨 기준을 사용하여 다음을 구하라.

a. 스프링이 $b = 40h$의 비율을 갖기 위한 h와 b

b. 스프링상수

주어진 값: $S_u = 1400$ MPa, $S'_e = 500$ MPa, $E = 79$ GPa, $\nu = 0.3$이고 총 길이 $2L = 800$ mm이다.

가정: $C_r = C_f = C_s = 1$을 사용하고, 중앙에서의 응력집중계수 $K_f = 1.4$이다.

CHAPTER 15

파워스크루, 체결 요소 및 연결

15.1 서론

이 장에서는 *파워스크루*(power screw), 나사형 체결 요소, 전단력을 받는 볼트이음 그리고 리벳이나 용접과 같은 영구이음의 해석 및 설계에 대하여 중점적으로 기술한다. 또한 *접착접합*(adhesive bonding), *경납땜*(brazing)과 *연납땜*(soldering)에 대하여 간략하게 서술한다. 파워스크루는 주로 하중을 전달하거나 물체를 확실하게 고정시키기 위한 나사장치이다. 주로 이송운동이나 동력전달을 위한 기계장치에 적용된다. 나사의 기하학적 형상만 다를 뿐 파워스크루의 운동은 너트-나사 이음과 같다. 파워스크루는 주로 운동용으로 사용된다.

설계의 성패는 체결 요소의 적절한 선택과 사용에 달려 있다. 체결 요소는 두 개 이상의 부재를 연결 또는 접합하는 데 이용된다. 다양한 상용 체결 요소가 이용되고 있다. 나사형 체결 요소는 주로 부품의 조립에 적용된다. 이 책에서는 그림 15.1처럼 볼트, 너트, 나사와 같은 분리 가능한 나사형 체결 요소에 대해서만 기술한다. 나사형 체결 요소는 물론 다른 이음방법에 대한 일반적인 정보는 웹사이트 www.americanfastener.com과 www.machinedesign.com에 나와 있다. 다양한 종류의 너트, 볼트, 와셔는 www.nutty.com에 있으며, 볼트 이음기술은 웹사이트 www.boltscience.com에서 찾아볼 수 있다.

대부분의 구조물이나 기계부재에 기본적으로 적용되는 리벳, 용접, 접합이음 등에 대해서는 해석하지 않았다. 이에 대한 설계는 보통 경험적으로 수행되며 유용한 실험결과에 의존한다. 나사형 체결 요소로서 리벳은 많은 종류가 있다. 용접이 리벳팅이나 접합 대신 널리 적용되고 있으나, 통상적으로 이음에는 리벳이 이용되고 있다. 용접은 부품제조와 조립에서 구조물 생산을 가속시키고 주조와 단조에 비교하여 비용을 절감시켰다. 연납땜, 경납땜, 시멘팅 및 접착은 모두 부품접합의 일종이다. 다른 일반적인 고정 및 결합 방법에는 기계적 구성 요소의 조립을 크게 단순화하는 스냅 패스너를 포함한다.

[그림 15.1]
여러 가지 나사형 체결 요소 (Courtesy of Clark Craft Fasteners)

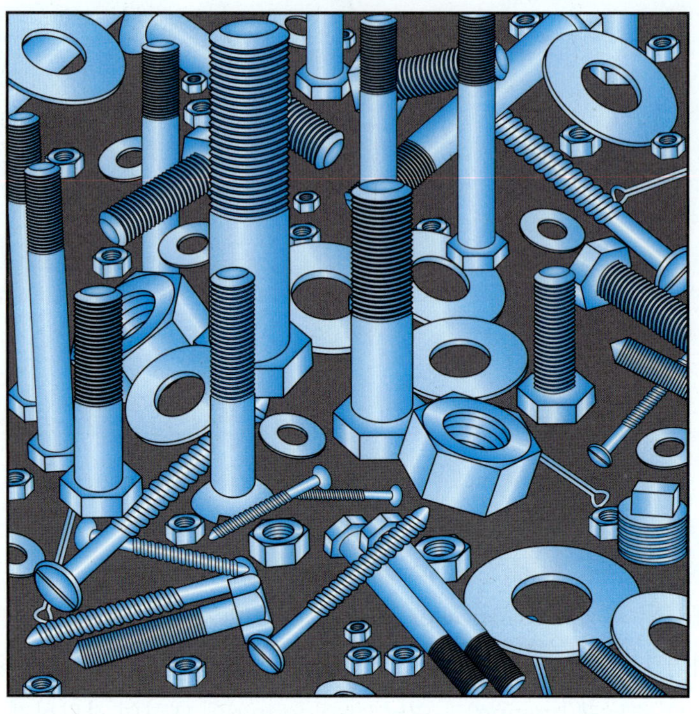

15.2 표준 나사 형상

나사산은 나사나 볼트 외부와 너트 또는 나사구멍 내부에서 볼 수 있다. 나사산은 나사가 회전하면서 너트 안으로 전진하도록 한다. 그림 15.2와 같이 나선형 나사산의 기본적인 모양은 실린더나 구멍둘레에 홈을 파서 만들고, 체결용 나사, 파워스크루, 웜 등으로 사용된다. 나사가 없는 부분의 길이와 섕크의 나사산이 있는 부분을 합친 길이를 보통 *섕크*(shank) 또는 볼트의 길이라 한다. 와셔자리와 볼트

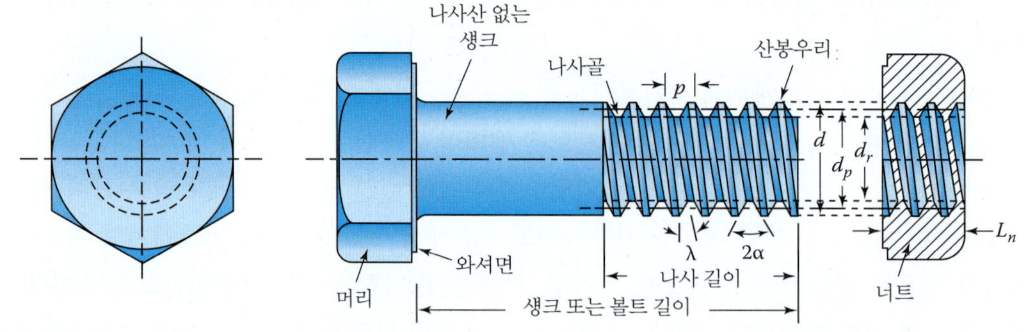

[그림 15.2]
육각볼트 및 너트의 형상과 나사형 체결 요소의 각부 명칭. p = 피치, λ = 나선각 또는 리드각, α = 나사산 각도, d = 바깥지름, d_p = 피치지름, d_r = 골지름, L_n = 너트 길이

머리 밑의 필릿부 그리고 나사산이 시작되는 부분을 살펴보자. 나사산과 관련된 기구학적 용어는 그림을 참조하라. 형상과 명칭들은 다음과 같이 정의한다.

피치(pitch) p는 한 나사산의 꼭대기와 이웃하는 나사산의 꼭대기 간의 축방향 거리를 말한다. *리드*(lead) L은 나사가 1회 회전할 때 너트가 전진한 축방향 거리를 나타낸다. *나선각*(helix angle) 또는 리드각 λ는 오른쪽이나 왼쪽으로 가공될 수 있다(그림 15.2). 모든 나사산은 특별한 언급이 없으면 오른나사로 가정한다.

1줄 나사(single thread)는 실린더 위에 하나의 나선형 홈을 파서 만든다. 1줄 나사는 피치와 리드가 같다. 두 번째 나사산을 첫 번째 홈의 사이에 파서 가공하면 2줄 나사가 된다. 다줄(2개 이상) 나사는 다음과 같다.

$$L = np \tag{15.1}$$

여기서

L = 리드

n = 나사산의 수

p = 피치

같은 피치의 1줄 나사보다 다줄 나사에서 너트가 좀 더 빠르게 전진한다. 대부분의 볼트와 너트는 하나의 나사산을 가지고 있으나, 웜과 파워스크루는 경우에 따라 다줄 나사산을 가지기도 한다. 몇몇 자동차의 파워 스티어링 나사는 5줄 나사산을 사용한다.

15.2.1 유니파이 및 ISO 나사 형상

체결 요소는 그림 15.3과 같은 나사산의 표준형상을 사용한다. 이것은 본래 보통 유니파이라 부르는 UNS와 ISO가 같다. UNS(인치 시리즈)와 ISO(미터 시리즈)의 나사산은 서로 다르다. 두 체제 모두 *나사산 각도*(thread angle)가 60°이고 산마루와 골은 평평하거나 둥글 수도 있다. 바깥지름 d와 골지름 d_r은 각각 가장 큰 지름과 가장 작은 지름을 말한다. 공간과 폭과 같은 나사폭을 만드는 가상 원통형의 지름은 나사와 같은 축을 이루고 이를 *피치지름*(pitch diameter) d_p라 한다.

표 15.1과 15.2에 UNS와 ISO 시스템의 다양한 크기와 피치의 개요가 나타나 있다. 이 표로부터 유니파이에서는 나사산 크기를 1인치당 나사산의 수 N, 미터에서는 피치 p로 표시하고 있다. 인장응력

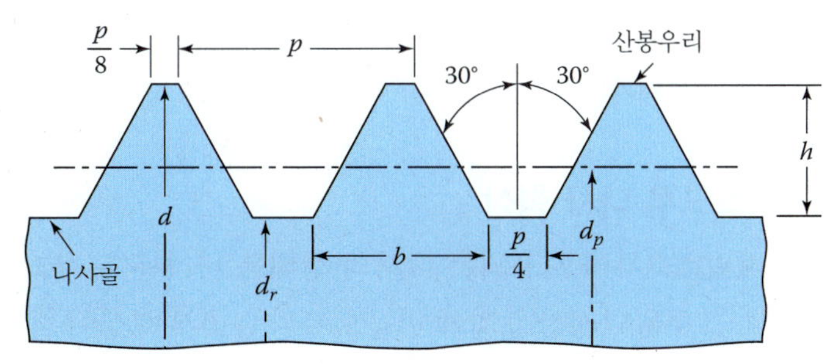

[그림 15.3]
유니파이와 ISO 나사의 형상. 수나사의 기본적인 형상을 나타냄. h = 나사산의 높이, b = 골에서의 나사산 두께

〈표 15.1〉 유니파이 나사의 치수

	보통 나사—UNC				가는 나사—UNF		
크기	최대 지름 d(in.)	인치당 나사 $N = 1/p$	최소 지름 d_r(in.)	인장응력 면적 A_t(in.^{2})	인치당 나사 $N = 1/p$	최소 지름 d_r(in.)	인장응력 면적 A_t(in.^{2})
1	0.073	64	0.0538	0.00263	72	0.0560	0.00278
2	0.086	56	0.0641	0.00370	64	0.0668	0.00394
3	0.099	48	0.0734	0.00487	56	0.0771	0.00573
4	0.112	40	0.0813	0.00604	48	0.0864	0.00661
5	0.125	40	0.0943	0.00796	44	0.0971	0.00830
6	0.138	32	0.0997	0.00909	40	0.1073	0.01015
8	0.164	32	0.1257	0.0140	36	0.1299	0.01474
10	0.190	24	0.1389	0.0175	32	0.1517	0.0200
12	0.216	24	0.1649	0.0242	28	0.1722	0.0258
1/4	0.250	20	0.1887	0.0318	28	0.2062	0.0364
3/8	0.375	16	0.2983	0.0775	24	0.3239	0.0878
1/2	0.500	13	0.4056	0.1419	20	0.4387	0.1599
5/8	0.625	11	0.5135	0.226	18	0.5368	0.256
3/4	0.750	10	0.6273	0.334	16	0.6733	0.373
7/8	0.875	9	0.7387	0.462	14	0.7874	0.509
1	1.000	8	0.8466	0.606	12	0.8978	0.663

출처: *ANSI/ASME Standards*, B1.1–2014, B1.13–2005, New York, American Standards Institute, 2005.
주: 피치 평균 지름 $d_m \approx d - 0.65p$.

면적은 피치와 골지름의 평균이다. 이 면적은 축방향 응력계산에 사용된다. 여러 인치 시리즈 나사산의 추가적인 정보는 ANSI 규격에서 찾아볼 수 있다[1].

유니파이 보통나사(coarse thread, UNC)는 가장 일반적인 나사이며 일반 조립작업에 사용된다. *유니파이 가는나사*(fine thread, UNF)는 나선각이 작아 잘 풀리지 않는다. 그러므로 가는나사는 자동차, 항공기 및 진동이 많이 발생하는 곳에 사용한다. 나사 표기에서 A는 수나사를 나타내고 B는 암나사를 나타낸다. UNS는 *끼워맞춤*(fit)에 따라 정의된다. 1종은 공차가 커서 풀리기 쉽고, 2종은 가장 일반적으로 사용된다. 3종 끼워맞춤은 가장 작은 공차를 가지고 있고 매우 정밀한 부분에 사용된다. 당연히 끼워맞춤의 등급이 높아지면 비용은 높아진다. 나사 표기의 예를 들면

1 in.-12 UNF-2A-LH

이는 지름 1 in.이고 인치당 12개의 나사산이 있는 유니파이 나사, 2종 그리고 수나사이고 왼나사임을 의미한다. 미터 나사의 설명은 표 15.2에 있다.

15.2.2 파워스크루 나사 형상

그림 15.4는 파워스크루에 사용되는 나사의 형태를 나타낸다. *애크미나사*(acme screw)가 광범위하게 사용되는데, 그것은 나사산을 짧게 만듦으로써 돌출부 형상이 달라지기도 한다. 그 결과 골지름이

〈표 15.2〉 ISO(미터) 나사의 기본 치수

	보통 나사		가는 나사	
공칭 지름 **d(mm)**	피치 **p(mm)**	인장응력 면적 **A_t(mm²)**	피치 **p(mm)**	인장응력 면적 **A_t(mm²)**
2	0.4	2.07		
3	0.5	5.03		
4	0.7	8.78		
5	0.8	14.2		
6	1	20.1		
7	1	28.9		
8	1.25	36.6	1.25	39.2
10	1.5	58.0	1.25	61.2
12	1.75	84.3	1.25	92.1
14	2	115	1.5	125
16	2	157	1.5	167
18	2.5	192	1.5	216
20	2.5	245	1.5	272
24	3	353	2	384
30	3.5	561	2	621
36	4	817	2	915
42	4.5	1120	9	1260
48	5	1470	2	1670
56	5.5	2030	2	2300
64	6	2680	2	3030

출처: *ANSI/ASME Standards*, B1.1–2014, B1.13–2005, New York, American Standards Institute, 2005.
주: 미터 나사는 공칭 지름과 밀리미터 피치에 의해 구분된다. 예를 들어, $M10 \times 1.5$. 문자 M은 메트릭 지정에 대한 단서이다. 루트 또는 작은 지름 $d_r \approx d - 1.227p$이다.

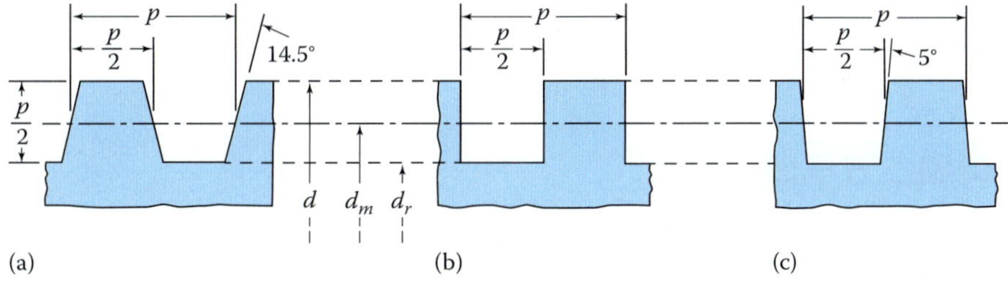

[그림 15.4]
전형적인 파워스크루 나사의 형상. 모두 수나사이며 $d_m = (d + d_r)/2$. (a) 애크미나사 (b) 사각나사 (c) 수정사각나사

커지고 조금 강한 나사가 된다. *사각나사*(square thread)는 더 큰 강도와 효율을 갖지만 나사산을 0°로 제작하기가 곤란하므로 거의 사용하지 않는다. 이러한 어려움을 해결하기 위하여 나사각이 5°인 *수정사각나사*(modified square thread)를 이용한다. 세 가지 파워스크루에 관한 표준 규격은 표 15.3에 나와 있고 그 이상의 항목은 ANSI 규격을 참조하라.

〈표 15.3〉 파워스크루 나사의 표준 규격

최대 지름 d(in.)	인치당 나사	
	애크미, 애크미 스터브	사각과 수정된 사각
$\frac{1}{4}$	16	10
$\frac{1}{2}$	10	$6\frac{1}{2}$
$\frac{5}{8}$	8	$5\frac{1}{2}$
$\frac{3}{4}$	6	5
$\frac{7}{8}$	6	$4\frac{1}{2}$
1	5	4
$1\frac{1}{4}$	5	$3\frac{1}{2}$
$1\frac{1}{2}$	4	2
$1\frac{3}{4}$	4	$2\frac{1}{2}$
2	4	$2\frac{1}{4}$
$2\frac{1}{4}$	3	$2\frac{1}{4}$
$2\frac{1}{2}$	3	2
$2\frac{3}{4}$	3	2
3	2	2
3	2	$1\frac{3}{4}$
4	2	$1\frac{1}{2}$
5	2	

출처: James. F. D. et al. eds., *Machinery's Handbook*, 23rd ed., Industrial Press, New York, 2012.

15.3 파워스크루의 역학

앞에서 설명한 것처럼 때때로 *선형 액추에이터*(linear actuator) 혹은 *전동나사*(translation screw)로 불리는 파워스크루는 기계에서 회전운동을 직선운동으로 바꿀 때, 힘을 작용시킬 때 그리고 동력을 전달할 때 널리 사용된다. *C*-클램프, 프레스, 마이크로미터, 잭(그림 15.5), 밸브스템 및 이와 반대로 나사가 회전하고 너트가 축방향으로 움직이는 경우가 있다. 힘이 클 수 있지만 보통 이동은 느리고 파워는 작다. 앞서 말한 파워스크루가 이와 같은 원리로 작용한다.

그림 15.6은 애크미나사에 의한 스크루잭의 개략도이다. 하중 W는 *스러스트 칼라*[thrust collar, 또는 *스러스트 베어링*(thrust bearing)]이라 불리는 와셔의 지지를 받는 너트의 회전에 의해 들어올려지거나 내려질 수 있다. 물론 하중이나 나사는 너트가 돌 때 회전되지 않는다. 이 경우 너트가 회전할 때 나사의 회전을 방지하기 위해 하중작용면에 어떤 마찰이 필요하다. 파워스크루는 너트와 반대

[그림 15.5]
웜-기어 스크루잭
(Courtesy of Joyce/Dayton Crop.)

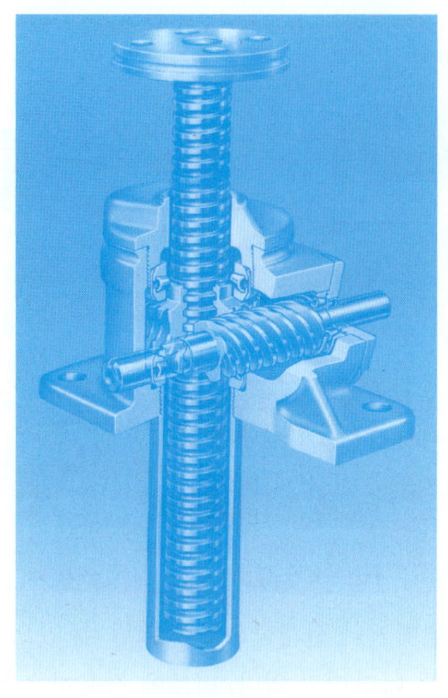

[그림 15.6]
스크루잭에 사용되는 파워스크루의 개략도.
주: 이 모델에서는 너트만 회전한다.
d_m = 평균 나사지름
d_c = 평균 칼라지름

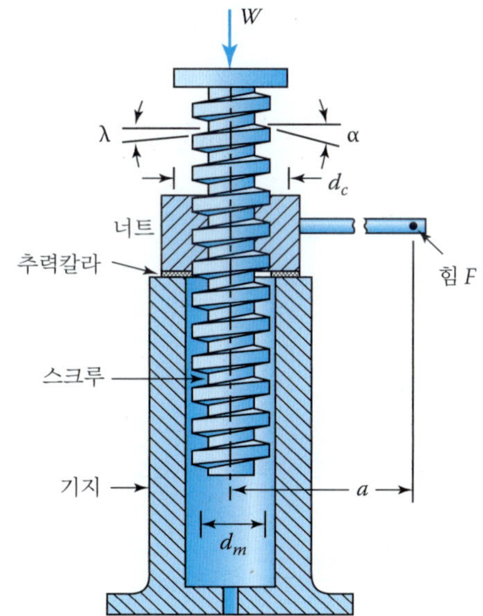

로 돌릴 수 있는데, 회전하는 것과 하중이 올라가고 내려가는 것이 방지된다. 둘 중 하나는 너트와 칼라 사이만큼이나 스크루와 너트 사이에서도 상당한 마찰이 존재한다. 파워스크루는 너트와 반대로 돌릴 수 있는데, 회전하는 것과 하중이 올라가고 내려가는 것이 방지된다. 둘 중 하나는 너트와 칼라 사이만큼이나 스크루와 너트 사이에서도 상당한 마찰이 존재한다. 일반적으로 나사는 경강으로 되어 있으며, 너트는 연한 재료(알루미늄, 니켈, 청동 등의 합금)로 만들어져 부드럽게 움직이도록 하고 있다.

이 절에서, 잭을 작은 힘으로 들어올리는 데 필요한 토크의 값을 알아 내기 위한 식을 개발한다. 그

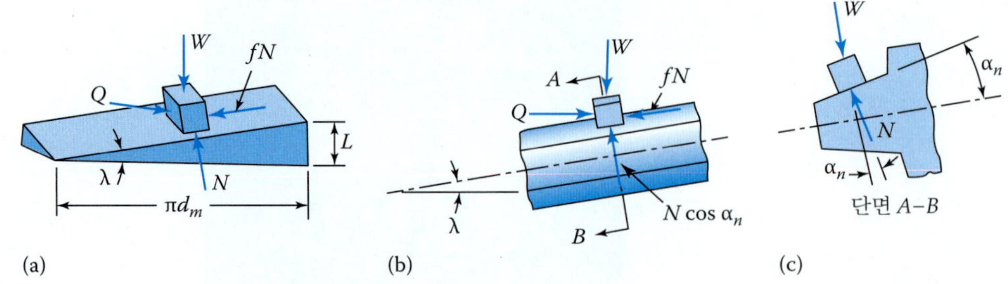

[그림 15.7]

하중 W를 들어올릴 때 애크미 나사-너트 접촉부에서의 힘의 작용. (a) 나사산의 전개도 (b) 나사산 부분 (c) 나사산에 수직인 면에서 나사산 각도 측정 α_n

림 15.6에서 너트 회전력은 그림 15.7a처럼 너트 나사의 각 부분이 경사면을 올라가게 하는 힘이다. 이면은 나선의 1회전을 펼치거나 전개함으로써 그릴 수 있으며, 작은 블록은 경사진 애크미나사면을 미끄러져 올라가는 너트를 나타내고 있다. 너트에 작용하는 힘의 자유물체도가 그림에 나타나 있다. 나사산 모양의 한 모서리는 직각삼각형 빗변이며 나사산의 평균 나사지름과 리드로 표시된다. 그러므로

$$\tan\lambda = \frac{L}{\pi d_m} \tag{15.2}$$

여기서

λ = 나선 또는 리드각

L = 리드

d_m = 나사 접촉면의 평균지름

위의 표시법은 불필요한 아래첨자가 생략된 것을 제외하면 웜(12.9절 참조)과 같다.

15.3.1 하중을 들어올리기 위한 토크

전체 나사 접촉면에 작용하는 모든 하중과 수직력의 합은 각각 W와 N으로 표시하였다. 하중을 들어올리기 위한 접선력 Q는 오른쪽으로 작용하고, 마찰력 fN은 움직임에 반대로 작용한다(그림 15.7). f는 너트와 볼트 사이의 미끄럼 마찰계수 또는 *나사의 마찰계수*(coefficient of thread friction)이다. 나사각은 나사산의 쐐기작용에 의해 마찰력을 증가시킨다. 수직 및 수평력의 평형상태는 다음과 같다.

$$\begin{aligned} \sum F_h = 0: &\quad Q - N\left(f\cos\lambda + \cos\alpha_n \sin\lambda\right) = 0 \\ \sum F_v = 0: &\quad W + N\left(f\sin\lambda - \cos\alpha_n \cos\lambda\right) = 0 \end{aligned} \tag{a}$$

여기서 α_n은 수직 나사각이고 다른 변수는 그림에 정의하였다. 수직력 N에 관심이 없는 만큼 앞의 식에서 N을 제거하고 Q에 대해 풀면 다음과 같다.

$$Q = W = \frac{f\cos\lambda + \cos\alpha_n \sin\lambda}{\cos\alpha_n \cos\lambda - f\sin\lambda} \tag{15.3}$$

나사의 토크는 하중을 비탈면 위로 움직이기 위해 필요하고, 분자와 분모를 $\cos\lambda$로 나누면

$$T = \frac{1}{2}Qd_m = \frac{Wd_m}{2}\frac{f + \cos\alpha_n \tan\lambda}{\cos\alpha_n - f\tan\lambda} \tag{15.4}$$

스러스트 칼라는 마찰력에 영향을 주므로 W에 의해 접촉표면에서 수직반력 f_cW가 부가된다. 여기서 f_c는 스러스트 칼라와 나사를 받치는 표면 사이에 작용하는 *칼라마찰력*(collar friction)의 미끄럼 계수이다. 마찰력은 평균 칼라지름 d_c(그림 15.6)에 가해지는 것으로 가정하였다. 토크는 칼라마찰력을 극복하기 위해서 다음과 같이 필요하다.

$$T = \frac{Wf_c d_c}{2} \tag{15.5}$$

하중을 들어올리기 위해 필요한 전체 토크 T_u는 다음과 같이 식 (15.4)와 (15.5)를 더해서 얻을 수 있다.

$$T_u = \frac{Wd_m}{2}\frac{f + \cos\alpha_n \tan\lambda}{\cos\alpha_n - f\tan\lambda} + \frac{Wf_c d_c}{2} \tag{15.6}$$

15.3.2 하중을 내리기 위한 토크

Q와 fN(그림 15.7b)의 방향이 반대되는 것을 제외하고, 하중을 내리는 해석은 앞에서 설명한 것과 같다. 하중을 내리기 위해 필요한 *전체 토크* T_d의 방정식은 다음과 같다.

$$T_d = \frac{Wd_m}{2}\frac{f - \cos\alpha_n \tan\lambda}{\cos\alpha_n + f\tan\lambda} + \frac{Wf_c d_c}{2} \tag{15.7}$$

15.3.3 마찰계수

그림 15.6처럼 평면 *스러스트 칼라*가 사용될 때, f와 f_c의 값은 보통 평상시의 작용조건, 윤활, 강과 주철 또는 청동의 일반 재료 조건에 의해서 0.08과 0.20 사이에 있다. 최솟값은 좋은 상태에, 최댓값은 나쁜 상태에 적용된다. 그리고 작업조건에 따라 적절한 중간값을 사용한다. 이 범위는 정지 및 운동마찰력 모두에 해당된다. *정지* 마찰력은 대략 *운동* 마찰력의 4/3배 정도이다. *구름 스러스트 베어링*을 사용하면 f_c는 항상 칼라마찰력이 생략될 수 있을 정도로 충분히(약 0.008~0.02) 낮출 수 있다. 이 경우

두 식 (15.6)과 (15.7)의 두 번째 항은 생략된다.

15.3.4 수직평면에서의 나사각

수직 나사각 α_n, 나사각 α와 나선각 λ 사이의 관계는 축면과 수직면에서 측정된 나사각을 비교해 보면 알 수 있다. 그림 15.6과 15.7c에서 다음과 같이 쉽게 증명된다.

$$\tan\alpha_n = \cos\lambda\tan\alpha \tag{15.8}$$

모든 적용에서 λ는 상대적으로 작으므로 $\cos\lambda \approx 1$이다. 따라서 $\alpha_n \approx \alpha$라 생각하면 식 (15.6)이 성립한다.

$$T_u = \frac{Wd_m}{2}\frac{f + \cos\alpha\tan\lambda}{\cos\alpha - f\tan\lambda} + \frac{Wf_c d_c}{2} \tag{15.9}$$

사각나사의 경우 앞의 식에서 $\alpha = \alpha_n = 0$, $\cos\alpha = 1$이 된다.

15.4 파워스크루의 풀림과 효율

하중을 낮추기 위해 (+)의 토크가 필요한 경우를 나사의 자립조건이라 한다. 이는 스크루잭의 적용에 유용하다. 나사의 *자립조건*(self-locking)은 너트로부터 어떠한 크기의 축방향 힘이 가해져도 돌아가지 않는 상태를 말한다. 칼라마찰이 무시되면 자립조건은 식 (15.7)에서 다음과 같다.

$$f \geq \cos\alpha_n\tan\lambda \tag{15.10}$$

사각나사에서 위 식은 다음과 같다.

$$f \geq \tan\lambda \tag{15.10a}$$

즉 자립조건은 나사의 마찰계수가 나선각의 *탄젠트*(tangent) 값보다 더 크거나 같을 때로 정의한다. 식 (15.10)은 정적인 상태 또는 파워스크루의 자립조건 상태를 나타낸다.

나사의 풀림이나 역운동은 나사의 회전에 의해 생기는 하중보다 마찰력이 낮아서 생긴다. 이런 경우, 그림 15.7b의 경사면에서는 오른쪽으로 움직이고, 힘 Q는 등속운동을 유지하기 위해 왼쪽으로 움직여야만 한다. 따라서 나사의 *풀림토크*(overhauling) T_o는 다음과 같다.

$$T_o = \frac{Wd_m}{2}\frac{-f + \cos\alpha_n\tan\lambda}{\cos\alpha_n + f\tan\lambda} - \frac{Wf_c d_c}{2} \tag{15.11}$$

토크의 (–)는 하중을 내릴 때 필요한 유지력이다.

15.4.1 나사효율

나사효율은 마찰이 있을 때 요구되는 토크와 마찰이 없을 때 하중을 상승시키기 위한 토크비이다. 식 (15.6)을 사용하면 *효율*(efficiency)은 아래와 같다.

$$e = \frac{d_m \tan\lambda}{d_m \dfrac{f + \cos\alpha_n \tan\lambda}{\cos\alpha_n - f\tan\lambda} + d_c f_c} \tag{15.12}$$

효율 식은 나사의 기하학과 마찰계수만으로 표시된다. *칼라마찰이 무시된다면* 효율은 다음과 같다.

$$e = \frac{\cos\alpha_n - f\tan\lambda}{\cos\alpha_n + f\cot\lambda} \tag{15.13}$$

사각나사의 경우 $\alpha_n = 0$이고, 식 (15.13)을 (15.13a)로 단순화시킬 수 있다.

$$e = \frac{1 - f\tan\lambda}{1 + f\cot\lambda} \tag{15.13a}$$

식 (15.8)과 $\alpha = 14.5^\circ$로 대체된 식 (15.13)과 α_n은 그림 15.8에 다섯 종류의 f를 도시한 것이다. 이 곡선에서 나선각 0° 또는 90° 주변에서 파워스크루의 기계효율이 매우 낮은 것을 알 수 있다. 보통은 30~90%의 효율을 가지고 있다. 그림에서 사각나사는 애크미나사보다 더 높은 값을 갖지만 1% 미만임을 알 수 있다.

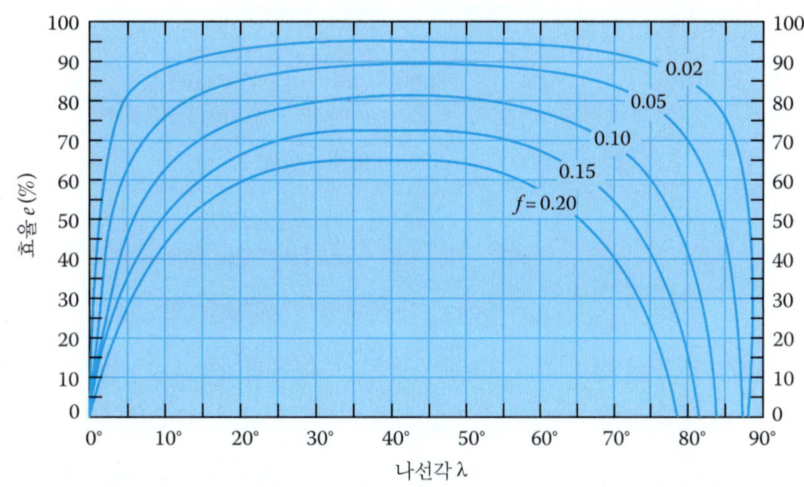

[그림 15.8]
애크미나사의 효율(스러스트 칼라마찰은 무시함)

예제 15.1 4줄 나사산 파워스크루

그림 15.6에서 지름이 d인 애크미 나사의 수나사에 하중 W가 작용한다. 다음을 결정하라.

a. 나사리드, 평균지름 및 나선각
b. 하중을 들어올리고 내리기 위한 시작 토크
c. 칼라마찰을 무시할 때, 잭의 효율
d. 사람이 150 N으로 회전시킬 때 필요한 크랭크 길이

설계 가정: 나사 및 너트는 오일로 윤활이 되어 있고, 마찰계수는 $f = 0.12$, $f_c = 0.09$이다.

주어진 값: $d = 30$ mm, $W = 6$ kN, 나사피치 $p = 4$ mm인 4줄 나사이고 칼라의 평균지름 $d_c = 40$ mm이다.

풀이

a. 그림 15.4에서 $d_m = d - p/2 = 30 - 2 = 28$ mm이고, 식 (15.1)과 (15.2)를 사용하면 다음을 얻을 수 있다.

$$L = np = 4(4) = 16\,\text{mm}$$

$$\lambda = \tan^{-1}\frac{16}{\pi(28)} = 10.31^\circ$$

b. 정지마찰계수 $f = \frac{4}{3}(0.12) = 0.16$과 $f_c = \frac{4}{3}(0.09) = 0.12$이다. 애크미 나사의 $\alpha = 14.5°$(그림 15.4a)에 대하여 식 (15.8)로부터

$$\alpha_n = \tan^{-1}(\cos\lambda \tan\alpha)$$

$$= \tan^{-1}(\cos 10.31^\circ \tan 14.5^\circ) = 14.28^\circ$$

이며, 식 (15.6)과 (15.7)을 적용하면 다음과 같다.

$$T_u = \frac{6(28)}{2}\,\frac{0.16 + \cos 14.28^\circ \tan 10.31^\circ}{\cos 14.28^\circ - (0.16)\tan 10.31^\circ} + \frac{6(0.12)40}{2}$$

$$= 30.05 + 14.4 = 44.45\,\text{N}\cdot\text{m}$$

$$T_d = \frac{6(28)}{2}\,\frac{0.16 - \cos 14.28^\circ \tan 10.31^\circ}{\cos 14.28^\circ + (0.16)\tan 10.31^\circ} + 14.4$$

$$= -1.37 + 14.4 = 13.03\,\text{N}\cdot\text{m}$$

평가: T_d의 첫 번째 항에서 (–)표시는 칼라마찰력이 너무 큰 경우를 제외하면 나사가 자동으로 잠기지 않고, 하중의 작용하에 회전하는 것을 의미한다. T_d는 (+)이므로, 나사는 풀리지 않는다.

c. 하중을 들어올리기 위해 필요한 작동토크는 $f = 0.12$에 따라 결정된다. 식 (15.13)에 의하면 다음과 같다.

$$e = \frac{\cos 14.28° - (0.12)\tan 10.31°}{\cos 14.28° + (0.12)\cot 10.31°}$$

$$= 0.582 = 58.2\%$$

d. 크랭크암의 길이는 다음과 같다.

$$a = \frac{T_n}{F} = \frac{44.45}{150} = 0.296 \text{ m} = 296 \text{ mm}$$

예제 15.2 1줄 나사산

주어진 값: 그림 15.6의 숫나사에 앞에서 푼 예제의 4줄 나사대신 한줄 나사를 사용하였을 때

구하는 값: 잭의 효율과 하중을 들어 올리기 위한 토크

풀이

예제 15.1을 참조하라. 리드는 피치와 같다. $L = p = 4$ mm. 그러므로 나사각은

$$\lambda = \tan^{-1}\left(\frac{1}{\pi d_m}\right) = \tan^{-1}\left(\frac{4}{28\pi}\right) = 2.604°$$

그러므로 식 (15.6)을 이용하여 다음 값을 구할 수 있다.

$$\alpha_n = \tan^{-1}(\cos\lambda \tan\alpha) = \tan^{-1}(\cos 2.604° \tan 14.5°) = 14.49°$$

그런 다음 식 (15.6)을 적용하여 하중을 들어 올리기 위한 토크를 구하면

$$T_u = \frac{6(28)}{2}\frac{0.16 + \cos 14.49° \tan 2.604°}{\cos 14.49° - (0.16)\tan 2.604°} + \frac{6(0.12)40}{2}$$

$$= 17.84 + 14.4 = 32.24 \text{ N} \cdot \text{m}$$

식 (15.13)에 의해 하중을 들어 올릴 때의 효율은

$$e = \frac{\cos 14.49° - (0.12)\tan 2.604°}{\cos 14.49° + (0.12)\cot 2.604°}$$

$$= 0.267 = 26.7\%$$

평가: 예제 15.1의 하중을 들어 올리는 것과 비교하였을 때, 한줄 나사는 4줄 나사에 비해 더 낮은 토크를 요구한다. 하지만, 4줄 나사에 비해 한줄 나사는 54.1%만큼 작은 효율을 갖는다.

예제 15.3 한줄 나사와 4줄 나사의 자립 조건

주어진 값: 앞의 두 예제에서 다룬 한줄 나사와 4줄 나사

구하는 값: 자립을 위한 나사의 마찰계수

가정: 구름베어링은 칼라에 설치되어 있어서 칼라의 마찰은 무시할 수 있다.

풀이

예제 15.1과 15.2를 참조하라. 식 (15.10)에 의해 자립을 위한 마찰계수는 결정할 수 있다.

$$f \geq \cos\alpha_n \tan\lambda$$

그러므로, 다음과 같이 4줄 나사의 자립은 발생하지 않고,

$$0.12 < \cos 14.28° \tan 10.31° = 0.176$$

한줄 나사에서는 자립이 발생한다.

$$0.12 > \cos 14.49° \tan 2.604° = 0.044$$

평가: 4줄 나사는 한줄 나사보다 4배 큰 마찰계수를 요구한다.

15.5 볼나사

볼나사(ball screw) 또는 볼베어링 나사는 마찰을 최소화하여 힘 또는 운동을 전달하는 선형 액추에이터이다. 그림 15.9는 볼나사의 단면도 그리고 끝단이 볼베어링에 의해 지지되어 정밀하게 조립된 두 가지의 볼나사이다. 원형 홈은 볼들이 적절한 조화를 이루도록 가공되어야 한다. 홈은 너트홈의 나사각과 일치하는 나선각을 갖고 있다. *볼*(ball)은 나사산에서 구름접촉을 하고 있다. 나사(너트)의 회전은 매우 작은 마찰 토크에 의해 선형 운동 및 힘으로 전환된다. 작동중에 너트의 한쪽 끝과 중간에 있는 볼은 너트의 바깥쪽에 위치한 두 개의 *리턴튜브*(return tube) 또는 *볼가이드*(ball guide)에 의해 너트의 중간과 반대편으로 이동된다. 이러한 재순환에 의해 나사에 대하여 너트가 이동을 하게 된다.

볼나사는 지름이 같은 일반 파워스크루보다 더 큰 하중을 지지할 수 있다. 경량 소형이 장점이다. 이러한 나사는 박막 윤활제가 필요하다. 특정 볼나사는 ANSI[2]로 표준화되었으며 공작기계에 주로 사용된다. 볼나사의 용량은 제조업체의 카탈로그에서 동일 치수에 대한 볼베어링 방정식과 같은 방법으로 얻을 수 있다.

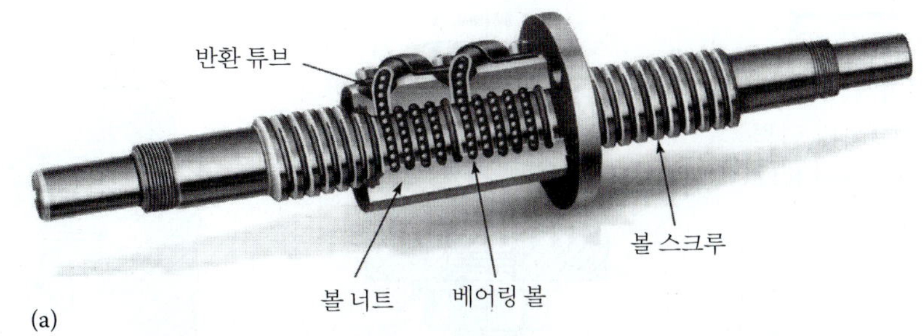

(a)

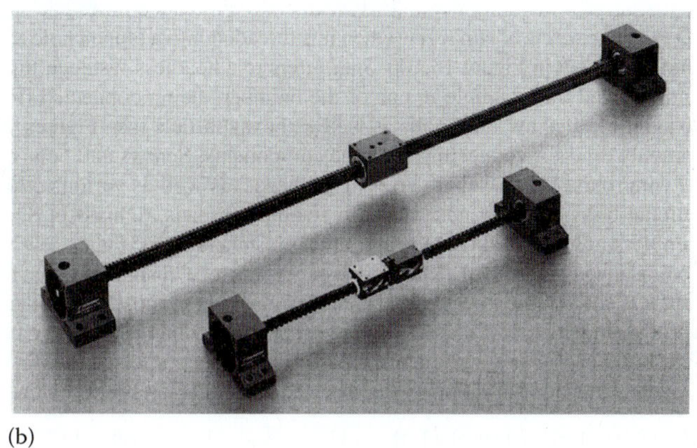

(b)

[그림 15.9]
위치제어 장치에 사용되는 볼나사. (a) 볼나사의 내부도 (b) 두 가지 조립품

회전에서 축방향 운동으로 변환될 때 볼나사는 90% 또는 그 이상의 *효율*을 가능하게 한다. 볼나사는 높은 나사효율을 필요로 하는 설계자들에게 선호 대상이다. 볼나사는 위치제어 장치로서 많은 분야에서 사용된다. 예를 들면 자동차 조향기구, 병원용 침대기구, 자동문 개폐기, 안테나 구동장치, 항공기 제어(비행기의 보조 날개를 확장시키고 집어넣는 작동장치로서 볼 또는 잭나사 및 짐발 너트 조립), 착륙 기어 장치, 제트비행기 엔진 역추진장치 및 공작기계 제어장치 등에 적용된다. 볼나사는 마찰이 적어 자립조건은 성립하지 않으므로 하중전달을 멈추기 위한 보조 브레이크가 필요하다.

15.6 나사형 체결 요소의 종류

나사형 체결 요소는 보통 기본적으로 두 개 또는 그 이상의 부품을 결합하고 연결할 때 사용된다. 나사와 *볼트*(bolt)는 가장 비슷한 나사형 체결 요소이다. 나사와 볼트의 차이가 하나 있다면 볼트는 체결 요소로 *너트*(nut)가 사용된다는 것이다(그림 15.10a). 나사는 나사산이 있는 구멍에 끼워진다. 그림 15.10b와 같이 나사구멍이 가공되어 있을 때는 너트를 사용하기보다 *기계나사*(machine screw)와 *캡나사*(cap screw)라 불리는 체결 요소를 사용하는 것이 좋다. *스터드*(stud)는 머리가 없는 체결 요소로서 양쪽 끝에 나사산이 있으며 체결된 부재의 한쪽 구멍에 박혀 있다(그림 15.10c).

육각나사와 볼트는 육각너트와 함께 기계부품을 연결하는 데 보통 사용된다(그림 15.1과 15.2). 나

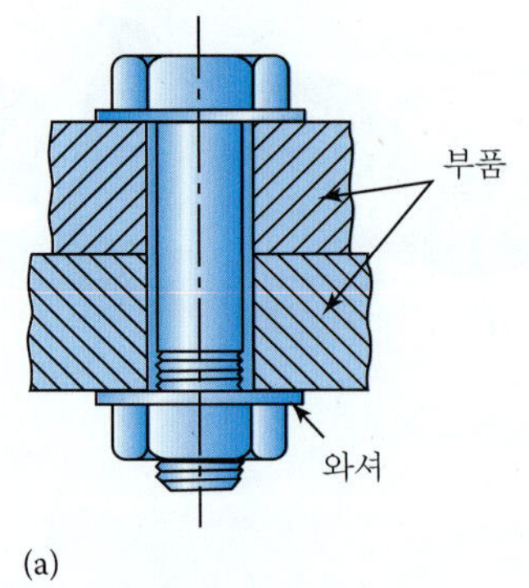

(a)

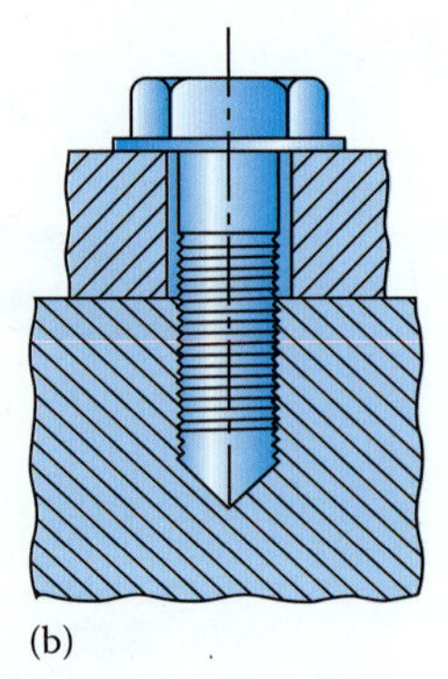
(b)

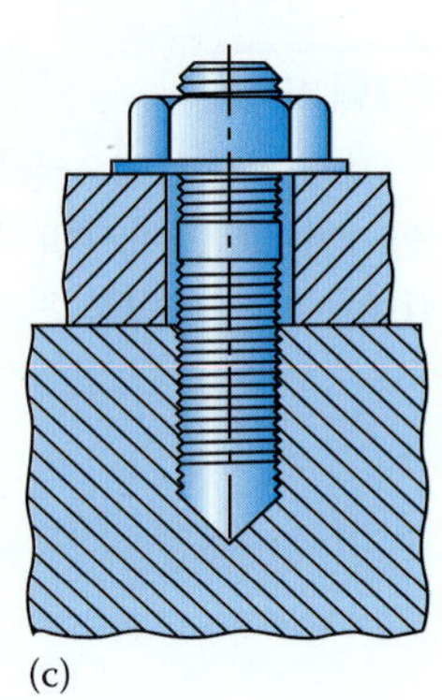
(c)

[그림 15.10] 전형적 나사 체결 요소. (a) 볼트와 너트 (b) 캡나사 (c) 스터드

사 및 볼트머리는 원형, 사각형, 타원형 등 다양한 형태로 만들어질 수 있다. 기존 볼트와 너트는 일반적으로 15.2절에서와 같이 표준 나사산을 사용한다. 나사형 체결 요소의 새로운 형태가 지속적으로 개발되면서 그 수는 셀 수 없이 많아졌다[3-6]. 나사형 체결 요소는 가볍고 부식에 강하며 진동에 의해 풀림이 덜하도록 설계되어야 한다.

평면와셔(flat 또는 plain washer, 그림 15.1)는 그림 15.10과 같이 연결부에서 볼트 또는 너트와 조여지는 부품 사이의 접촉면을 늘리기 위해 사용된다. 평면와셔는 볼트구멍의 날카로운 가장자리의 응력집중을 방지한다. 평면와셔의 크기는 볼트의 크기에 의해 정해진다. 평면와셔는 조여질 때 너트에 의해서 조여지는 표면의 손상을 막는다. 14.12절에서 살펴본 접시형 와셔는 볼트의 길이 변화에 따른 축력을 조절한다.

로크와셔(lock washer)는 표준너트의 풀림을 방지한다. 분할 로크와셔는 너트 아래에서 스프링역할을 한다. *로크너트*(lock nut)는 진동에 의해 발생하는 과도한 풀림을 방지한다. 단순하게 두 개의 너트를 볼트에 함께 조이거나 너트를 코터핀과 함께 사용하면 같은 효과를 낸다. 코터핀은 볼트에 뚫린 구멍을 통해 너트의 지름을 관통하고 반대 볼트구멍을 통해서 연결한다. 로크너트는 로크와셔보다 풀림을 막는 데 좀 더 효과적이다.

15.6.1 체결 요소의 재료 및 강도

체결 요소는 재료와 강도의 등급 또는 물성치에 따라 분류된다. 대부분의 체결 요소는 SAE, ASTM, ISO의 강철 기준을 따른다. 나사산의 SAE(인치 시리즈) 등급과 SAE(미터 시리즈) 등급의 숫자는 인장강도에 따라 정해진다. 볼트 또는 나사에서 영구변형이 시작될 때 *보증강도*(proof strength) S_p는 축응력과 같다. 강도는 재료의 항복강도보다 작지만 거의 비슷하다. *보증하중*(proof load) F_p는 다음과 같이 정의된다.

$$F_p = S_p A_t \tag{15.14}$$

여기서 *인장응력에 대한 면적*(tensile stress area) A_t는 볼트 또는 나사의 나사산 부근의 파괴가 일어나는 최소 반지름방향 면적이며, 표 15.1과 15.2에 나와 있다. 표 15.4와 15.5로부터 보증강도를 알 수

〈표 15.4〉 SAE 등급 강철 볼트의 제원과 강도

SAE 등급	지름 크기 범위 d(in.)	보증강도[a] S_p(ksi)	항복강도[b] S_y(ksi)	인장강도[b] S_u(ksi)	재료 탄소 함량
1	$\frac{1}{4}-1\frac{1}{2}$	33	36	60	낮음 또는 중간
2	$\frac{1}{4}-\frac{3}{4}$	55	57	74	낮음 또는 중간
2	$\frac{7}{8}-1\frac{1}{2}$	33	36	60	낮음 또는 중간
5	$\frac{1}{4}-1$	85	92	120	중간, CD
5	$1\frac{1}{8}-1\frac{1}{2}$	74	81	105	중간, CD
7	$\frac{1}{4}-1\frac{1}{2}$	105	115	133	중간, 합금, Q&T
8	$\frac{1}{4}-1\frac{1}{2}$	120	130	150	중간, 합금, Q&T

출처: Society of Automotive Engineers Standard J429k, 2011.
[a] 0.0001 in. 넘지 않는 영구적인 셋에 해당
[b] 0.2% 오프셋
[c] Q&T, 담금질 뜨임

〈표 15.5〉 미터 시리즈 강철 볼트의 제원과 강도

호칭	지름 크기 범위 d(mm)	보증강도 S_p(MPa)	항복강도 S_y(MPa)	인장강도 S_u(MPa)	재료 탄소 함량
4.6	*M*5–*M*36	225	240	400	낮음 또는 중간
4.8	*M*1.6–*M*16	310	340	420	낮음 또는 중간
5.8	*M*5–*M*24	380	420	520	낮음 또는 중간
8.8	*M*3–*M*36	600	660	830	중간, Q&T
9.8	*M*1,6–*M*16	650	720	900	중간, Q&T
10.9	*M*5–*M*36	830	940	1040	낮음, 마르텐사이트, Q&T
12.9	*M*1.6–*M*36	970	1100	1220	합금, Q&T

출처: Society of Automotive Engineers Standard J429k, 2011.

있다. 표에 없는 다른 재료의 값은 항복강도보다 약 10% 작다. 즉 영구변형 2%에 근거한 항복강도 $S_p = 0.9S_y$이다.

나사산의 가공은 일반적으로 *전조*(rolling)와 *절삭*(cutting) 또는 연삭의 형태가 있다. 냉간가공의 경우 피로와 충격면에서 전자가 후자보다 좋다. 그러므로 높은 강도의 나사나 볼트는 전조로 나사산을 가공한다. 전조는 볼트경화를 수반한다. 너트의 재료는 볼트에 맞게 신중하게 골라야 한다. 볼트 또는 너트의 압축하중이 조여지는 부분에서 보다 큰 면적에 분배되어야 하므로 와셔는 강화철로 만들어져야 한다.

소프트 와셔(soft washer)는 균일하게 하중을 분배하지 못하고 구부러지기 쉽고, 체결 요소는 알루미늄, 황동, 구리, 니켈, 모넬, 스테인리스 강, 티타늄, 베릴륨, 플라스틱 등을 포함한 다양한 재료로 만들 수 있다. 적절한 코팅은 비싼 재료를 사용하는 특별한 용도에 적용되며, 부식을 방지하고 나사산의 마찰과 마모를 줄여준다. 설계자는 특정 분야에 맞는 체결 요소 재료를 신중하게 고려해야 한다.

15.7 나사의 응력

나사산의 맞물림에 의한 *응력분포*(stress distribution)는 나사와 너트 사이에서 일정하지 않다. 실제로 부정확한 나사산의 간격으로 인하여 모든 하중을 나사산의 처음 접촉면에서 받게 되고, 매우 큰 응력집중을 일으키는 원인이 된다. 나사산의 굽힘과 너트의 팽창으로 응력집중이 약간 완화되지만 대부분 볼트의 파손은 이 점에서 일어난다. 응력집중은 너트를 통해서 인접한 부재에 하중이 전달되는 나사에도 존재한다. 나사뿌리의 필릿 반지름, 표면처리 등은 실제 응력에 중요한 영향을 미친다. 실제 나사에서 *응력집중계수*(stress concentration factor) K_t는 2~4이다[7].

나사는 손상이 없어도 나사뿌리에서 국부항복이 발생되므로 연성을 가져야 한다. *정하중*(static loading)을 받을 때 나사에 의해 하중이 전달된다고 가정하면 너트는 나사산의 맞물림을 통하여 균일하게 분배한다. 일정 하중을 받는 나사산에 대한 응력분포는 보통 광탄성분석에 의해 알 수 있다. 너트의 유연성 증가와 나사산 사이에서 하중의 균등한 분배를 얻기 위하여 다양한 방법이 사용되는데, 너트는 볼트보다 연성재료로 만들고, 너트의 나사산은 매우 작은 테이퍼로 가공한다. 전체 나사산 맞물림의 길이는 재료가 강철일 경우 $1.0d$, 회주철일 경우 $1.5d$, 알루미늄 주조강에서는 $2.0d$이며, d는 보통 나사의 크기이다.

아래의 표현에 따르면 파워스크루와 나사형 체결 요소의 응력 표시는 응력의 기본적인 공식에 의해 얻을 수 있다. 이로써 정하중에 대한 타당한 설계가 가능하다. 볼트가 변동하중을 받을 때 응력집중은 매우 중요하다.

15.7.1 축방향 응력

파워스크루가 인장 또는 압축응력을 받더라도, 나사형 체결 요소는 인장응력만 전달한다. 축방향 응력 σ는

$$\sigma = \frac{P}{A} \tag{15.15}$$

여기서

P = 인장 또는 압축하중

$$A = \begin{cases} A_t \text{는 표 15.1, 15.2 참조(나사형 체결 요소)} \\ \pi d_r^2,\ d_r \text{은 골지름(파워스크루)} \end{cases}$$

15.7.2 비틀림 전단 응력

파워스크루가 작동하거나 나사형 체결 요소가 조여질 경우에는 비틀림응력을 받는다. 전단응력 τ는 다음과 같이 주어진다.

$$\tau = \frac{Tc}{J} = \frac{16T}{\pi d_r^3} \tag{15.16}$$

여기서

$$T = \begin{cases} \text{적용토크 } f_c = 0(\text{파워스크루}) \\ \text{렌치토크의 } 1/2(\text{나사형 체결 요소}) \end{cases}$$

$$d = \begin{cases} \text{그림 15.4(파워스크루)} \\ \text{표 15.1과 15.2(나사형 나사)} \end{cases}$$

15.7.3 비틀림응력과 축응력의 조합

식 (15.15)와 (15.16)의 조합응력은 6.7절의 항복기준의 변형에너지 이론을 적용할 수 있다.

15.7.4 베어링 응력

직접적 압축력 또는 베어링응력 σ_b는 나사산 표면과 접촉되는 너트 표면 사이의 압력이다.

$$\sigma_b = \frac{P}{\pi d_m h n_e} = \frac{Pp}{\pi d_m h L_n} \tag{5.17}$$

여기서

P = 하중

d_m = 나사산의 평균지름

h = 나사산 깊이(그림 15.3)

n_e = 조립된 나사산 수 Ln/p

L_n = 너트길이

p = 피치

σ_b의 정확한 값은 ANSI B 1.1-1989 및 다양한 핸드북에 나와 있다.

15.7.5 직접 전단응력

나사산은 하중을 받는 외팔보처럼 생각할 수 있다. 하중은 나사의 평균지름에 균일하게 분포되어 있다고 가정한다. 그러므로 나사산과 너트의 나사산에 작용하는 전단응력은 뿌리에서 $\tau = 3P/2A$이다. 여기서 A는 보의 고정단의 단면적이다. 나사에 대하여 $A = \pi d_r b n_e$이다. 따라서 *나사*의 전단응력은

$$\tau = \frac{3P}{2\pi d_r b n_e} \tag{15.18}$$

이고 *너트*는

$$\tau = \frac{3P}{2\pi d b n_e} \tag{15.19}$$

여기서

d_r = 나사골지름

d = 나사 지름

b = 뿌리면의 나사산 두께(그림 15.3)

기타 용어는 앞의 정의와 같다.

나사산의 설계 공식을 통합하고 위의 방정식에서 S_y/n로 S_y/n와 r가 σ 또는 σ_b를 대체하여 얻을 수 있다. 너트에 대해 가정하면 다음과 같이 $n_e = L_n/p$와 식 (15.17)과 (15.19)는 기록될 수 있다.

$$\frac{S_y}{n} = \frac{K_t Pp}{\pi d_m h L_n} \tag{15.17a}$$

그리고

$$\frac{S_{ys}}{n} = \frac{3K_t Pp}{2\pi d b L_n} \tag{15.19a}$$

여기서 S_y, S_{ys} 및 n은 각각의 인장항복강도, 전단에서의 항복강도, 안전율을 나타낸다. 이러한 식의 적용사례는 18.7에 있다.

15.7.6 파워스크루의 좌굴응력

지지되지 않는 나사길이가 골지름의 8배보다 크거나 같은 경우, 나사는 기둥처럼 취급한다. 그래서 임계응력은 5.10절과 5.13절에서 언급된 것처럼 구할 수 있다.

15.8 볼트조임과 예하중

잡아당기거나 서로 분리되는 방향으로 미끄러지는 힘을 방지하기 위해 보편적으로 서로를 붙잡기 위해 사용되는 것이 볼트이다. 전형적인 예는 커넥팅로드 볼트와 실린더 헤드볼트이다. *볼트조임*(bolt tightening)은 조립 시에 압축응력을 준다. 일반적으로 볼트결합은 보통 *예하중*(preload) F_i로 불리는 *초기 인장하중*(initial tensile force) 발생을 위해 조여진다. 초기 인장의 장점은 15.12절과 압력용기의 누수방지에서 증명되었으며, 변동하중에서는 특히 주의해야 한다. 피로강도의 증가는 초기 인장이 볼트에서 존재할 때 나타난다. 결합되는 부품은 개스킷에 의해 분리되거나 분리되지 않을 수 있다. 이 절에서는 개스킷이 사용되지 않은 경우에 대해 살펴본다.

*볼트의 강도*는 볼트 결합 구조물의 설계 및 해석에서 매우 중요한 인자이다. 15.6절의 결과를 다시 인용하면, 보증하중 F_p는 볼트가 영구변형을 일으키지 않고 전달할 수 있는 하중을 의미한다. 정하중

및 동하중 모두에 대하여 예하중은 다음과 같이 쓸 수 있다.

$$F_i = \begin{cases} 0.75F_p & (\text{재사용 조임}) \\ 0.9F_p & (\text{영구 조임}) \end{cases} \tag{15.20}$$

여기서 보증하중 $F_p = S_p A_t$는 식 (15.4)로부터 구할 수 있다. 초기 인장량은 볼트설계에서 아주 중요한 인자이며, 보통 상수이다.

15.8.1 필요토크

볼트에 예하중을 결정짓는 주요인자는 *볼트를 조이는 필요토크*(torque required)이다. 가해지는 토크는 다이얼부착 토크렌치의 평균값으로 수동적으로 구한다. 공압 또는 에어렌치가 수동렌치보다 지속적인 결과를 도출할 수 있으므로 많이 이용되는 추세이다.

초기 인장을 위한 작용토크는 파워스크루에 대한 식 (15.6)으로부터 구할 수 있다. 스크루잭의 하중 W는 볼트에 대한 F_i와 같고, 잭의 칼라마찰력은 너트 또는 나사머리면 아래의 마찰력과 같다[5]. 표준 나사산에 대하여 식 (15.6)은 다음과 같이 쓸 수 있다.

$$T = KdF_i \tag{15.21}$$

여기서

T = 조임토크

d = 볼트공칭지름

K = 토크상수

F_i = 초기 인장력 또는 예하중

건조표면 및 *무윤활* 볼트 또는 나사마찰의 *평균* 조건에 대하여, $f = f_c = 0.15$이므로 식 (15.6)으로부터 $K = 0.2$이다. *윤활* 볼트인 경우 토크상수는 0.15이다.

식 (15.21)은 초기인장과 작용토크 사이의 근사관계를 설명한 것이다. 시험결과, 기본적인 조인트 손실은 다양한 이완영향 등에 의하여 예압의 약 5% 이상 된다. 특정 상황에 요구되는 정확한 조임토크는 보정과정을 통해 실험적으로 확인된다. 즉 시제품을 만들고, 이를 이용하여 정확한 토크 시험장비를 구축할 수 있다. 장착된 센서를 통하여 볼트와 와셔의 조임 정도를 구할 수 있다. 전자조립 장비에 유용하게 사용된다[7].

15.9 정하중 상태의 인장 조인트

볼트와 너트의 주된 용도는 하중을 받아 *인장된 볼트*를 함께 죄는 것이다. 여기서는 정하중 상태에서

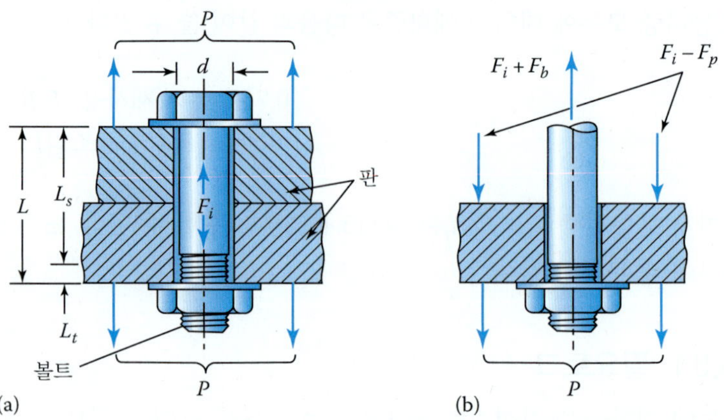

[그림 15.11]
볼트체결. (a) 예하중 F_i와 외부하중 P를 받는 견고한 체결 (b) 볼트의 인장력 F_b와 부품이나 판의 압축력 F_p

예하중(인장)을 받는 인장 조인트에 주목하여, 그림 15.11a에 나타낸 것처럼 외부하중 P를 받는 두 개의 금속판이나 부품을 볼트로 고정하는 것을 다룬다. 처음의 예하중 F_i는 하중 P를 받기 전에 견고하게 조인 너트에 의해서 볼트에 작용한다. 물론 두 부품 사이의 볼트 축하중과 고정하는 힘 F_p는 모두 F_i로 같다.

볼트에 의해서 전달된 외부에서 작용된 하중과 조립에 의해 연결된 부품을 결합하기 위한 하중은 그림 15.11b의 자유물체도와 같다. 힘의 *평형조건*(condition of equilibrium)에서

$$P = F_b + F_p \tag{a}$$

로 주어진다. 부품 사이에서 F_b는 증가하는 인장력이고 F_p는 축소하는 압축력을 나타낸다. 부품들은 외부하중에 의해서 분리되지 않도록 체결되어 있다. 볼트와 부품의 변형은

$$\delta_b = \frac{F_b}{k_b}, \quad \delta_p = \frac{F_p}{k_p} \tag{b}$$

에 의해 정의된다. 여기서 k_b와 k_p는 각각 볼트와 부품에 대한 *강성계수*(stiffness constant)를 나타낸다.

그림 15.11a와 같이 부품을 설치하면, 식 (b)에 의해서 주어진 변형과 같다. *적합조건*(compatibility condition)일 때

$$\frac{F_b}{k_b} = \frac{F_p}{k_p} \tag{c}$$

이다. 식 (a)와 (c)에 의해

$$F_b = \frac{k_b}{k_b + k_p} P = CP, \quad F_p = \frac{k_p}{k_b + k_p} P = (1 - C)P \tag{d}$$

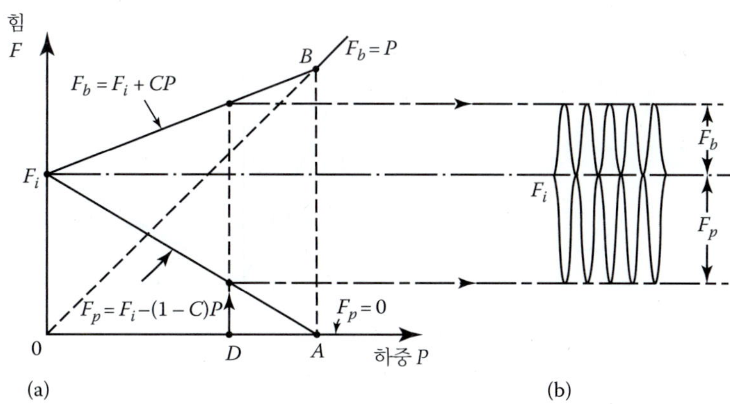

[그림 15.12]
볼트에 연결된 예하중. (a) 힘의 관계 (b) 0와 D 사이에 P의 변화와 관련된 F_b와 F_p의 변화

여기서 C는 *조인트의 강성계수*(joint's stiffness factor) 또는 *조인트상수*(joint constant)이며, 식 (d)에 의해

$$C = \frac{k_b}{k_b + k_p} \tag{15.22}$$

일반적으로 k_b는 k_p와 비교했을 때 작으므로 C는 작은 값을 갖는다.

볼트와 너트에서 모든 힘은 각각

$$F_b = CP + F_i \quad (F_p < 0) \tag{15.23}$$

$$F_p = (1-C)P - F_i \quad (F_p < 0) \tag{15.24}$$

여기서

F_b = 볼트축의 인장력
F_p = 두 부품의 결합력
F_i = 초기 인장 또는 예하중

식 (15.23)과 (15.24)의 그래프 표현은 그림 15.12a에 제시되어 있다. 분명히, 하중 P가 F_p에서 0(점 A)까지 충분한 클램핑 힘을 가진다면, 볼트의 힘은 $F_b = P$(점 B)를 갖는다. 식에서 가리키는 것처럼 위의 결과는 부품에서 결합력이 우세하는 한 유효하다. 예하중이 없을 때 $C = 1$, $F_i = 0$이다. 식 (15.23)과 (15.24)에서 C와 $1 - C$의 비율은 볼트와 부품에 의해서 전달된 외부하중의 비율이다. 모든 상황에서 부품은 최대 외부하중에서 견디며, 이는 변동하중이 있을 때 중요하다. 지시된 바와 같이 F_b와 F_p의 변화가 쉽게 그림 15.12a와 b에서 발견되는 경우, 우리는 15.12절에서 하중 상황을 논의해야 한다.

15.9.1 예하중에 의한 처짐

그림 15.13은 양쪽 볼트와 부품의 하중-처짐을 힘(F)-처짐(δ)축으로 나타내고 있다. 양의 기울기를 갖

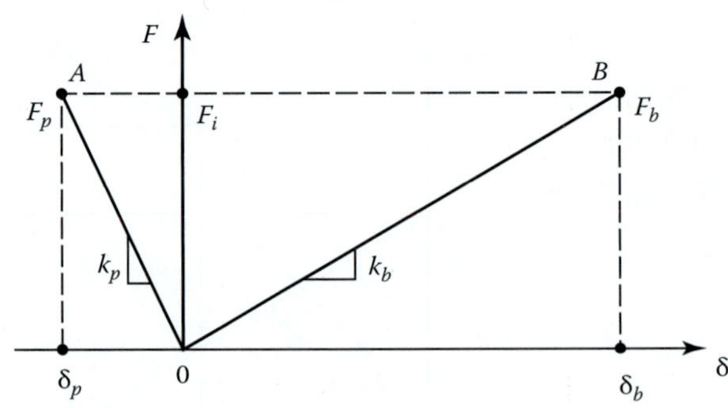

[그림 15.13]
초기 처짐 대 예하중

는 부분에서는 길이의 증가에 따라 힘이 증가함을 볼 수 있다. 반면에, 음의 기울기를 갖는 부분에서는 길이가 감소함에 따라 힘이 증가한다. 보통 $K_p > K_b$이고, 볼트와 부품이 접촉해 있는 동안에는 동일하다. 전하중 F_i는 볼트의 조임과 $F_b = F_p = F_i$에 의해 적용된다. 볼트와 부품의 처짐 δ_b, δ_p는 각각의 하중-처짐 선에서 점 A, B의 스프링률에 의해 결정된다.

이 때, 외력 P는 조인트에 작용하는데, 볼트와 부품에 추가적인 처짐이 더해질 것이다. 하지만 볼트에서의 $\Delta\delta$의 양은 같고, 부품의 수축이 감소하는 동안 처짐이 연신율에 의해 증가되어진다. 처짐 $\Delta\delta$는 볼트와 부품에서 새로운 하중 상황을 만든다. 그 결과, 적용된 하중은 볼트에서의 하중과 부품에서의 하중, 즉, 두 개의 성분으로 나뉜다. 15.12절에서 보인 것처럼 예하중 효과는 정하중이 작용하는 조인트에서보다 동하중에 작용하는 조인트에서 더 크다.

15.9.2 조인트의 안전율

볼트에서의 인장응력 σ_b는 인장응력 면적 A_t로 식 (15.24)를 나눔으로써 구한다.

$$\sigma_b = \frac{CP}{A_t} + \frac{F_i}{A_t} \tag{15.25}$$

안전이음은 외부하중이 조인트를 분리하는 하중보다 작을 때이다. 볼트파단의 원인이 될 수 있는 외부하중 값을 nP로 놓고, σ_b의 극한값을 보증강도 S_p로 치환하면 식 (15.25)는

$$\frac{CPn}{A_t} + \frac{F_i}{A_t} = S_p \tag{15.26}$$

이 된다. 안전율은 예하중에는 적용되지 않으므로, *볼트 안전율*(bolt safety factor)은

$$n = \frac{S_p A_t - F_i}{CP} \tag{15.27}$$

이다. 인장응력 면적 A_t는 표 15.1과 15.2에, S_p는 표 15.4와 15.5에 나와 있다.

15.9.3 조인트 분리 힘

식 (15.27)은 볼트가 예하중을 가지지 않을 때 안전율 n이 최대가 됨을 뜻한다. $n > 1$일 때, 볼트응력은 보증강도보다 더 작다. 식 (15.24)에서 $F_p = 0$일 때는 분리된다.

$$P_s = \frac{F_i}{(1-C)} \tag{15.28a}$$

그러므로 조인트의 분리를 막기 위한 *하중 안전율*(load safety factor)은

$$n_s = \frac{P_s}{P} = \frac{F_i}{P(1-C)} \tag{15.28b}$$

이다. 여기서 P는 조인트에 가해진 최대 하중이다.

예제 15.4 볼트이음의 내하중능력

주어진 값: 그림 15.11a에서 보인 것과 같이 $^1/_2$ in.-13 UNC의 등급 5의 볼트 클램프와 두 개의 강철판이 있다.

구하는 값: 최대 하중 2의 안전율을 가지고 있다.

설계 가정: 연결은 영구적일 것이다. 조인트 강성은 $C = 0.35$이다(이것에 대해 대한 자세한 설명은 15.11절과 같다).

풀이

$^1/_2$ in.-13 UNC의 등급 5의 볼트

$A_t = 0.1419$ in^2(표 15.1에 의해서)

$S_p = 85$ ksi(표 15.4로부터)

식 (15.27)을 적용하면, 볼트가 안전하게 지지할 수 있는 최대 하중은 식 (15.28a)에 의해 결정된다.

$$P_{\max,b} = \frac{S_p A_t - F_i}{nC} = \frac{(85)(0.1419) - 10.86}{2(0.35)} = 1.716 \text{ kips}$$

분리 전에 최대 하중은

$$P_{\max,p} = \frac{F_i}{n(1-C)} = \frac{10.86}{2(1-0.35)} = 8.35 \text{ kips}$$

평가: 분리에 의한 파괴는 볼트파괴 이전에 일어나지 않을 것이다.

15.10 개스킷 이음

실링이나 *개스킷*(gasket) 재료는 연결부품들 사이에 위치하게 된다. 개스킷은 다른 조인트 부품들을 부드럽게 연결할 수 있는 재료들로 만들어진다. 강성이 우수하고 얇은 개스킷일수록 더 좋다. 개스킷 이음의 강성계수는

$$C = \frac{k_b}{k_b + k_c} \tag{15.29a}$$

로 정의한다. k_c는 상수의 합으로 표시된다.

$$\frac{1}{k_c} = \frac{1}{k_g} + \frac{1}{k_p} \tag{15.29b}$$

여기서 k_g와 k_p는 각각 개스킷과 연결된 부품의 스프링상수이다.

개스킷이 조인트 전체 지름에 걸쳐 있을 때 개스킷 압력은

$$p = \frac{F_p}{A_g} \tag{a}$$

이다. 여기서 A_g는 볼트당 개스킷 면적이고 F_p는 부품에서의 체결력을 나타낸다. 하중계수 n_s에 의해 식 (15.24)는

$$F_p = (1 - C)n_s P - F_i \tag{b}$$

가 된다. 식 (a)를 (b)에 대입하면 *개스킷 압력*(gasket pressure)은

$$p = \frac{1}{A_g}\left[F_i - n_s P(1 - C)\right] \tag{15.30}$$

로 쓸 수 있다. 일정한 압력을 유지하기 위해 볼트는 볼트지름의 6배 이상 체결공간을 두지 않아야 한다.

15.11 조인트의 강성계수 결정

볼트와 부품의 스프링상수는 15.9절의 식을 그대로 적용할 수 있거나 적어도 그 값과 매우 근사한 값을 갖는다. 4장으로부터 축의 휨은 $d = PL/AE$이고 스프링상수는 $k = P/\delta$이다. 그러므로 볼트와 부품들은 각각

$$k_b = \frac{A_b E_b}{L} \tag{15.31a}$$

$$k_p = \frac{A_p E_p}{L} \tag{15.31b}$$

여기서

k_b = 볼트의 강성계수

k_p = 각 부품의 강성계수

A_b = 볼트의 단면적

A_p = 부품의 유효단면적

E = 탄성계수

L = 그립(클램프 영역의 근사길이)

15.11.1 볼트의 강성

그림 15.11과 같이 나사산이 너트 바로 위에서 끊길 때, 나사산이 없는 부분은 하중에 의해서 팽팽해지기 때문에 볼트의 총 단면적은 근사값 k_b를 사용해야 한다. 반면에 섕크의 나사산이 있는 부분과 없는 부분을 고려했을 때, 연속된 스프링처럼 취급된다. 축방향의 하중을 받는 볼트가 *나사산 길이* L_t와 나사산이 없는 섕크의 길이 L_s를 가질 때(그림 15.11a) 스프링상수는

$$\frac{1}{k_b} = \frac{L_t}{A_t E_b} + \frac{L_s}{A_b E_b} \tag{15.32}$$

이다. 여기서 A_b는 총 단면적이고, A_t는 볼트의 인장응력 면적이다. 일반적으로 볼트(또는 캡나사)는 볼트강성을 최대화하기 위해 나사길이가 짧다. 식 (15.31a)를 이용해서 볼트의 스프링상수 k_b를 구한다.

볼트나 캡 스크루는 보통 볼트강성을 증가시키기 위해 작은 나사산을 가지고 있다. 그럼에도 불구하고, 표준화된 나사산의 길이를 규정하고 있는데 다음과 같다.

미터 나사산(in mm)

$$L_t = \begin{cases} 2d + 6 & L \le 125 \\ 2d + 12 & 125 < L \le 200 \\ 2d + 25 & L > 200 \end{cases} \tag{15.33a}$$

인치 시리즈

$$L_t = \begin{cases} 2d + 0.25\,\text{in.} & L \le 6\,\text{in.} \\ 2d + 0.50\,\text{in.} & L > 6\,\text{in.} \end{cases} \tag{15.33b}$$

여기서(그림 15.11a 참조), L_t는 나사산의 길이이고 L은 총 볼트의 길이를 나타낸다. 그리고 d는 지름이다.

15.11.2 연결된 부품의 강성

연결된 부품 간의 스프링상수는 좀처럼 쉽게 확인되지 않고, 주로 경험적으로 추정한다. 조인트에서 발생된 응력은 볼트구멍 전체 영역[8]에서 동일할 것이라고 가정한다. 그 영역은 그림 15.14에 나타낸 것처럼 기하학적으로 원추의 반각이 30°의 이중원추 형태를 가지고 있는 통(barrel)을 나타낸다. 그 영역 밖에서 응력은 0으로 주어진다. 유효단면적 A_p는 그림 15.14에서와 같이 음영부분의 평균면적과 같다.

$$A_p = \frac{\pi}{4}\left[\left(\frac{d_w + d_2}{2}\right)^2 - d^2\right]$$

여기서 $d_2 = d_w = L \tan 30°$이고 d_w는 와셔 또는 와셔면의 지름을 나타낸다. 표준 육각머리 볼트 또는 캡나사에서 $d_w = 1.5d$이다. 식 (15.31)로부터 A_p는 k_p를 얻기 위해 사용된다. 그것은 [9]에서 보여줄 수 있다. 표준 육각볼트를 사용해서 연결된 부품들의 강성계수는 다음과 같다.

$$k_p = \frac{0.58\pi E_p d}{2\ln\left(5\dfrac{0.58L + 0.5d}{0.58L + 2.5d}\right)} \tag{15.34}$$

여기서

d = 볼트지름

L = 그립

E_p = 하나 또는 두 개의 동일한 부품의 탄성계수

체결된 부품들의 스프링상수는 유한요소해석에 의해 좋은 정확도로 결정할 수 있다[10]. 개스킷이 있는 이음과 없는 이음에서 k_p/k_b의 비율은 여러 핸드북에 나와 있다. 보통 $k_p = 3k_b$는 개스킷이 없는 일반이음에서 사용된다.

[그림 15.14]
연결부의 유효단면적 A_p를 측정하는 방법

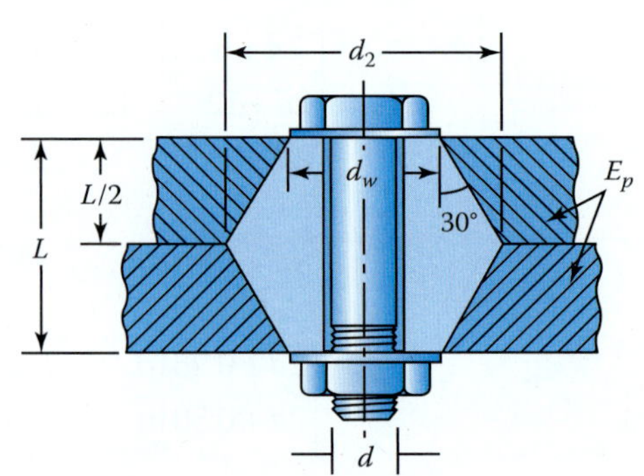

예제 15.5 정압력 용기의 머리와 실린더를 연결하는 예하중을 받는 체결 요소

그림 15.15는 두꺼운 벽으로 된 실린더 압력용기의 끝부분에 볼트로 체결된 덮개판의 한 부분을 보여준다. 분리력 P를 막는 데 필요한 총 볼트수를 N_b라 할 때 다음을 결정하라.

a. 조인트상수
b. 영구적인 결합을 위한 N_b 볼트의 수
c. 평균 마찰조건을 위한 조임토크

주어진 값: 필요한 조인트 치수와 재료는 그림과 같다. 가해진 하중은 $P = 55$ kips이다.

설계 가정: 조인트 강도에서 플랜지 효과는 무시한다. 결합은 영구적이며, 볼트의 안전율 $n = 1.5$이다.

풀이

a. 그림 15.15로부터 식 (15.34)는

$$k_p = \frac{0.58\pi(E_s/2)(0.75)}{2\ln\left[5\dfrac{0.58(2)+0.5(0.75)}{0.58(2)+2.5(0.75)}\right]} = 0.368E_s$$

가 된다. 식 (15.31a)를 사용하면

$$k_b = \frac{AE_s}{L} = \frac{\pi d^2 E_s}{4L} = \frac{\pi(0.75)^2 E_s}{4(2)} = 0.221E_s$$

식 (15.22)를 사용하여

$$C = \frac{k_b}{k_b + k_p} = \frac{0.221}{0.221+0.368} = 0.375$$

을 얻을 수 있다.

b. 표 15.1과 15.4로부터 $A_t = 0.334$ in.^{2}, $S_p = 105$ ksi를 찾아 식 (15.20)에 대입하면

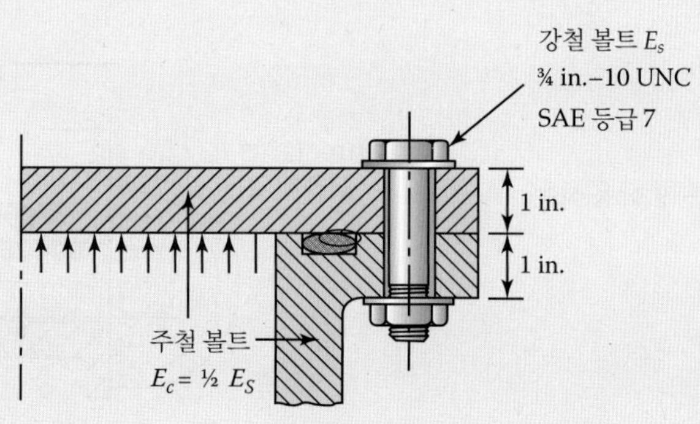

[그림 15.15]
예제 15.5. 볼트의 연결부분이 압력을 받는다

$$F_i = 0.9S_pA_t = 0.90(105)(0.334) = 31.6 \text{ kips}$$

식 (15.26)에 볼트 N_b는 다음과 같이 쓸 수 있다.

$$\frac{C(P/N_b)n}{A_t} + \frac{F_i}{A_t} = S_p$$

여기서

$$N_b = \frac{CPn}{S_pA_t - F_i}$$

값을 대입하여 정리하면 다음과 같다.

$$N_b = \frac{(0.375)(55)(1.5)}{105(0.334) - 31.6} = 8.92$$

평가: 9개의 볼트를 사용할 수 있다.

c. 식 (15.21)에 의해 다음 식을 정리할 수 있다.

$$T = 0.2dF_i = 0.2(0.75)(31.6) = 4.74 \text{ kips} \cdot \text{in.}$$

예제 15.6 실린더의 외부하중하의 볼트 클램프의 예하중

볼트와 너트 크램프는 단면적과 길이 외부하중 P에 따른 강재 실린더 그림 15.16에 표기되어 있다.

주어진 값: $D = 20$ mm, $L = 65$ mm, $d = 10$ mm, $E = E_b = E_p = 200$ GPa.

$$P = 8 \text{ kN}, \quad A_t = 58 \text{ mm}^2(\text{표 } 15.2).$$

$$S_p = 380 \text{ MPa}, \quad S_y = 420 \text{ MPa}(\text{표 } 15.5).$$

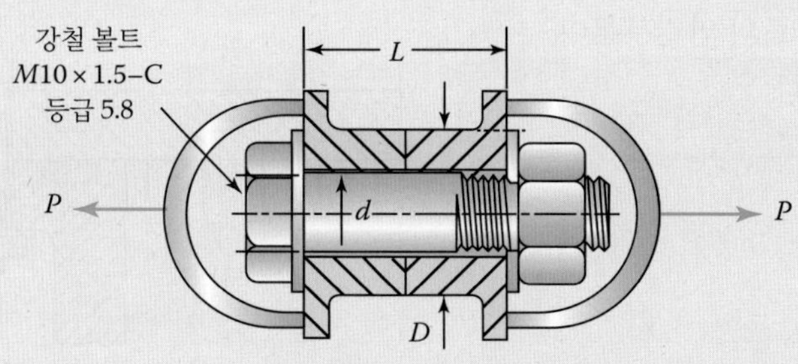

[그림 15.16] 예제 15.6. 볼트에 작용하는 축하중

구하는 값:

a. 예하중과 볼트 조임토크

b. 조인트의 강성요소

c. 볼트에서 최대 인장변형력

d. 휘어지고 분리에 대한 안전율

가정: 연결되지 않았으며 플랜지의 조인트 강성을 생략한다.

풀이

그림 15.11과 15.16을 보라.

부품의 교차된 부분은 $A_p = \pi(D^2 - d^2)/4 = \pi(20^2 - 10^2)/4 = 235.6\ \text{mm}^2$으로 동일하다.

a. 식 (15.20)을 사용한다. 예하중은

$$F_i = 0.75F_p = 0.75S_pA_t = 0.75(380)(58) = 16.53\ \text{kN}$$

볼트 조임토크(15.8절)을 추정하면 다음과 같다.

$$T = 0.2F_id = 0.2(16.53)(10) = 33.06\ \text{N}\cdot\text{m}$$

b. 식 (15.33a)로부터 볼트의 나사산 길이 L_t 그리고 볼트(그림 15.12)의 생크 L_s는

$$L_t = 2d + 6 = 2(10) + 6 = 26\ \text{mm}$$

$$L_s = L - L_t = 65 - 26 = 39\ \text{mm}$$

식 (15.32)에 의하여 볼트의 대한 강성상수는

$$\frac{1}{k_b} = \frac{L_t}{A_tE} + \frac{L_s}{A_sE} = \frac{1}{200\left(10^6\right)}\left[\frac{26}{58} + \frac{39(4)}{\pi(10)^2}\right], \quad k_b = 2.117\left(10^8\right)\ \text{N/m}$$

식 (15.31b)에 의하여 부품의 강성상수는

$$k_p = \frac{A_pE}{L} = \frac{235.6\times10^{-6}\left(200\times10^9\right)}{65\times10^{-3}} = 7.249\left(10^8\right)\ \text{N/m}$$

식 (15.22)를 사용하여 조인트 강도를 구하면 다음과 같다.

$$C = \frac{k_b}{k_p + k_b} = \frac{2.117}{7.249 + 2.117} = 0.226$$

평가: 그 결과 값은 $k_p \approx 3.4\,k_b$이다.

c. 식 (15.23)과 (15.24)로부터 볼트와 그 부분의 힘은

$$F_b = F_i + CP = 16.53 + 0.226(8) = 18.34 \text{ kN}$$

$$F_p = F_i - (1 - C)P = 16.53 - (1 - 0.226)(8) = 10.34 \text{ kN}$$

볼트에서 작용하는 가장 큰 인장응력은 다음과 같다.

$$\sigma_b = \frac{F_b}{A_t} = \frac{18.34\left(10^3\right)}{58\left(10^{-6}\right)} = 316 \text{ MPa}$$

평가: 응력집중계수는 정적하중이 있는 연성재료에 적용되지 않는다.

d. 항복의 시작에 대한 안전율은 다음과 같다.

$$n = \frac{S_y}{\sigma_b} = \frac{420}{316} = 1.33$$

식 (15.28)을 적용하면 조인트 분리에 대한 안전성과 조인트 분리하는 데 필요한 하중은

$$P_s = \frac{F_i}{(1 - C)} = \frac{16.53}{(1 - 0.226)} = 21.36 \text{ kN}$$

$$n_s = \frac{P_s}{P} = \frac{21.36}{8} = 2.67$$

평가: 모든 항복과 분리에 대한 안전율은 안전하다.

15.12 동하중 상태의 인장 조인트

예하중으로 조여진 볼트이음이나 피로하중을 받은 재료는 7장에서 논한 방법으로 해석할 수 있다. 하중의 변동으로 인한 파괴는 볼트에서 발생하기 쉽기 때문에 이 절에서는 볼트에 대해 살펴보도록 한다. 초기 인장력은 볼트가 주기적인 하중을 받을 때는 중요하다. 볼트에서 최대 하중과 최소 하중은 초기 인장력 때문에 더 높으며, 결과적으로 평균하중은 더 크다. 하지만 교차하중은 감소한다. 따라서 응력의 변화에 의존하는 피로효과 또한 감소한다.

그림 15.11a에서 본 조인트에서 작용된 힘 P가 어떤 최솟값과 최댓값 사이에서 변한다고 하면 평균하중과 하중진폭은

$$P_m = \frac{1}{2}\left(P_{\max} + P_{\min}\right), \quad P_a = \frac{1}{2}\left(P_{\max} - P_{\min}\right)$$

이다. 식 (15.23)에서 P를 P_m과 P_a로 바꾸면 볼트에 의해서 평균력과 진폭은

$$F_{bm} = CP_m + F_i \tag{15.35a}$$

$$F_{ba} = CP_a \tag{15.35b}$$

이다. 볼트에서의 평균응력과 응력진폭은 다음과 같으며

$$\sigma_{bm} = \frac{CP_m}{A_t} + \frac{F_i}{A_t} \tag{15.36a}$$

$$\sigma_{ba} = \frac{CP_a}{A_t} \tag{15.36b}$$

C는 조인트상수이고, A_t는 인장응력 면적이다. 식 (15.36)으로부터 분리가 발생하지 않는 한 볼트에서 응력진폭은 조인트 강성계수 C에 의해서 감소된다. 평균응력은 볼트의 예하중에 의해 증가된다.

볼트로 조여진 조인트는 식 (7.16)에 주어진 굿맨 기준에 의해 다음과 같이 쓸 수 있다.

$$\frac{\sigma_{ba}}{S_e} + \frac{\sigma_{bm}}{S_u} = 1$$

전술한 바와 같이 안전율은 초기인장 때 고려하지 않는다. 그러므로 식 (15.36)에서

$$\frac{CP_a n}{A_t S_e} + \frac{CP_m n + F_i}{A_t S_u} = 1$$

을 갖는다. *볼트*(bolt)의 *피로파손*(fatigue failure)을 막기 위한 *안전율*(factor of safety)은

$$n = \frac{S_u A_t - F_i}{C\left[P_a\left(\dfrac{S_u}{S_e}\right) + P_m\right]} \tag{15.37}$$

이다. 바꿔 말하면

$$n = \frac{S_u - \sigma_i}{C\left[\sigma_a\left(\dfrac{S_u}{S_e}\right) + \sigma_m\right]} \tag{15.38}$$

여기서 $\sigma_a = P_a/A_t$, $\sigma_m = P_m/A_t$, $\sigma_i = F_i/A_t$이다. 7.9절에서 이러한 등식은 극한강도 S_u가 항복강도 S_y에 의해 대체될 때 소더버그 기준으로 나타난다.

변경된 내구한도 S_e는 식 (7.6)에서 구할 수 있다. 나사산의 표면거칠기가 양호하면 $C_f = 1$의 표면계수가 적용될 수 있다. 크기계수 $C_s = 1$(7.7절 참조)과 식 (7.3)에 의해 축하중의 변동에 대해 $S_e' = 0.45$

〈표 15.6〉 강철 나사 부재의 피로 응력집중계수 K_f

SAE 등급(유니파이 나사)	미터 등급(ISO 나사)	전조나사	절삭나사	필릿
0–2	3.6–5.8	2.2	2.8	2.1
4–8	6.6–10.9	3.0	3.8	2.3

S_u이다. 그러므로

$$S_e = C_r C_t \left(\frac{1}{K_f} \right) (0.45 S_u) \tag{15.39}$$

여기서 C_r과 C_t는 신뢰도와 온도계수이다. 표 15.6은 볼트 필릿부와 생크[9]의 나사 시작부의 평균 응력집중계수를 보여 준다. 절삭은 나사산 생성방법 중 가장 간단한 방법이다. 나사산을 전조하면 절삭하는 것보다 나사산 표면이 매끈해진다. 머리와 생크 사이의 필릿은 표에서 보여 준 것처럼 K_f를 감소시킨다. 특별한 설명이 없으면 나사산은 보통 전조된 것으로 간주한다.

일반적으로 볼트에 의해 체결된 압력용기의 압력이 0에서부터 최대 압력까지 주기적으로 바뀌는 것과 같이 피로하중은 0에서부터 임의의 최대 하중값까지 변동한다. 이 경우 최소 인장하중 $P_{\min} = 0$이다. 피로하중을 고려한 초기인장 효과는 다음에 나오는 예제에서 설명한다.

예제 15.7 피로하중 상태에서 예하중을 받는 체결 요소

그림 15.17a는 전조에 의한 나사산을 가진 1줄 ⅝ in.–11 UNC 등급 5 볼트를 가지고 두 개의 강철부품을 연결한 것이다. 다음을 결정하라.

a. 예하중이 주어지지 않을 때 볼트가 체결되는가?
b. 볼트가 최소 하중에 견딜 수 있는가?
c. 예하중이 존재할 때 피로 안전율 n
d. 정적 안전율 n과 n_s

설계 가정: 볼트는 조인트에서 분리되어 다시 사용되며, 재생률은 90%이다(작동온도는 상온).

주어진 값: 조인트는 계속적으로 0과 7 kips 사이에서 변화하는 하중 P를 받는다(그림 15.17b).

풀이

그림 15.17를 참조하라.

7.7절의 표 7.3으로부터 신뢰도계수 $C_r = 0.89$, 온도계수 $C_t = 1$이다. 또한 표 15.4로부터 $S_p = 85$ ksi, $S_y = 92$ ksi, $S_u = 120$ ksi이다. 표 15.6에서 $K_f = 3$을 얻을 수 있고

$$A_t = 0.226 \text{ in.}^2 (\text{표 15.1로부터})$$

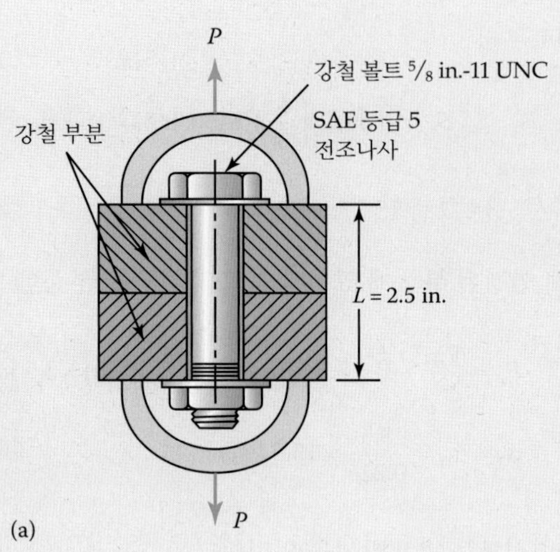

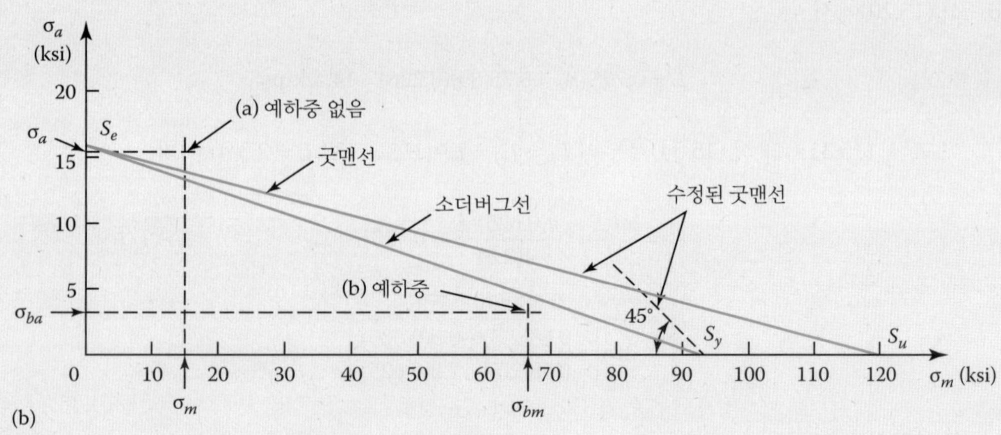

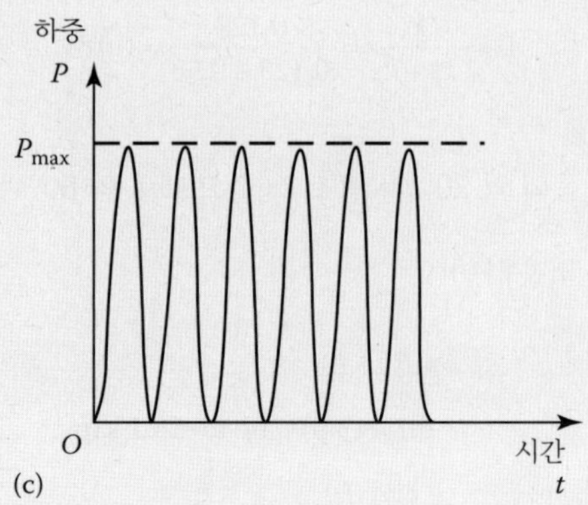

[그림 15.17]
예제 15.7. (a) 볼트로 죄어진 부분의 변동하중 이동 (b) 볼트의 피로 선도 (c) 시간에 대한 변동 하중

을 얻을 수 있다. 식 (15.39)로부터

$$S_e = (0.89)(1)\left(\frac{1}{3}\right)(0.45 \times 120) = 16 \text{ ksi}$$

소더버그와 굿맨 피로파손 선도는 그림 15.17c와 같다.

a. $F_i = 0$일 때 느슨하게 연결된 부품에 있어서 볼트의 하중은 부품에서의 하중과 같다.

$$P_m = \frac{1}{2}(7+0) = 3.5 \text{ kips}, \quad P_a = \frac{1}{2}(7-0) = 3.5 \text{ kips}$$

$$\sigma_a = \sigma_m = \frac{3.5}{0.226} = 15.5 \text{ ksi}$$

그림 15.17b에서 응력선도는 파괴발생을 의미한다.

b. 식 (15.20)에서

$$F_i = 0.75 S_p A_t = 0.75(85)(0.226) = 14.4 \text{ kips}$$

이고, 식 (15.31a)와 식 (15.34)로부터 $E_b = E_p = E$이므로 그림 $L = 2.5$ in.이다.

$$k_b = \frac{\pi d^2 E}{4L} = \frac{\pi(0.625)^2 E}{4(2.5)} = 0.123E$$

$$k_p = \frac{0.58\pi E(0.625)}{2\ln\left[5\frac{0.58(2.5)+0.5(0.625)}{0.58(2.5)+2.5(0.625)}\right]} = 0.53E$$

조인트상수는 다음과 같다.

$$C = \frac{k_b}{k_b + k_p} = \frac{0.123}{0.123+0.53} = 0.188$$

평가: 위에서 외부 하중변동의 약 20%는 볼트가 받으므로 약 80%는 클램프의 압력을 감소시킨다.

식 (15.35)와 식 (15.36)을 적용하면

$$F_{bm} = CP_m + F_i$$
$$= 0.188(3.5) + 14.4 = 15.1 \text{ kips}$$

$$\sigma_{bm} = \frac{15.1}{0.226} = 66.8 \text{ ksi}$$

$$F_{ba} = CP_a = 0.188(3.5) = 0.66 \text{ kips}$$

$$\sigma_{ba} = \frac{0.66}{0.226} = 2.92 \text{ ksi}$$

피로선도에서 파손이 발생하지 않는 것을 알 수 있다(그림 15.17b).

c. 식 (15.37)은 $P_a = P_m$이므로

$$n = \frac{S_u A_t - F_i}{CP_a\left[\left(\frac{S_u}{S_e}\right)+1\right]} \tag{15.40}$$

이다. 조건을 대입하면

$$n = \frac{(120)(0.226)-14.4}{(0.188)(3.5)\left[\left(\frac{120}{16}\right)+1\right]}$$

이 식으로부터 $n = 2.27$이다.

평가: 이것은 피로파손에 대한 안전율이다. 그림 15.17b의 굿맨 기준은 n보다 높지 않은 값을 가지는 것을 볼 수 있다.

d. 식 (15.27)과 (15.28)에 조건을 대입하면 다음과 같다.

$$n = \frac{85(0.226)-14.4}{(0.188)(7)} = 3.66$$

$$n_s = \frac{14.4}{7(1-0.188)} = 2.53$$

평가: 계수 3.66은 볼트응력이 시험강도에 이르는 것을 방지하고, 계수 2.53은 조인트가 분리되고, 볼트가 전체하중을 받는 것을 방지한다.

15.13 전단하중 상태의 리벳과 볼트체결

리벳은 원주로 된 *생크*(shank)와 둥근 형태의 *머리*(head)로 이루어져 있다. 리벳의 목적은 적당한 강도를 가지고 견고하게 두 판을 함께 체결하기 위한 것이다. 리벳이 구멍 안에서 자리잡기 전에 가열되면 열간리벳이라 하고, 가열되지 않는다면 냉간리벳이라 한다. 리벳과 볼트는 건축물이나 다리, 비행기 및 배의 공사현장에서 사용된다. 리벳과 볼트체결에 대한 설계는 AISC나 ASME와 같은 협회가 정한 공식 건설법규에 의해 규제된다.

전단하중을 받는 리벳과 볼트체결은 설계나 해석과정이 *매우 비슷하다*. 그림 15.18은 전단하중을 받는 간단한 리벳체결의 예이다. 하중은 편심되어 있고 불균형 모멘트 Pt가 존재한다. 따라서 굽힘응

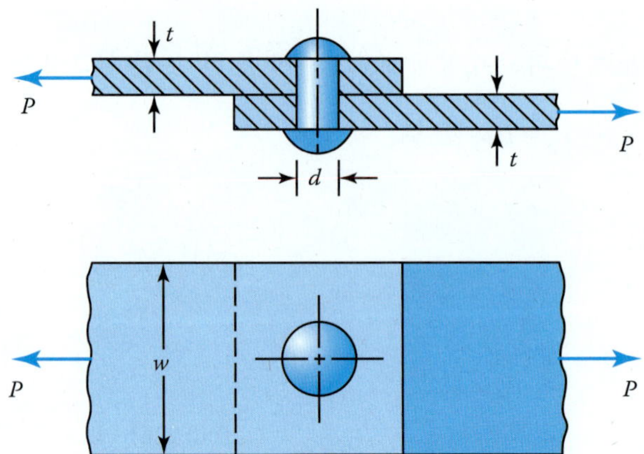

[그림 15.18]
전단하중을 받는 리벳체결

력이 존재하게 될 것이다. 보통 굽힘응력을 무시하고 더 큰 안전율을 적용하여 실제값을 보정한다. 표 15.7은 리벳이음에 대한 다양한 파괴 형태이다.

리벳이음에서 *유효지름*(effective diameter)은 다음과 같다. 드릴구멍의 유효지름은 $d_e = d + \frac{1}{16}$ in.(약 1.5 mm)이고, *펀치구멍*(punched hole)의 유효지름은 $d_e = d + \frac{1}{8}$ in.(약 3 mm)이다. 여기서 d는 리벳의 지름이다. 특수한 경우가 아니면 구멍은 *펀칭되었다고 가정*한다. 보통 전단이나 균열 및 파괴 방지를 위해 판의 선단으로부터 최소 1.5d 이상 공간을 두어야 한다. 이상에서 리벳이나 볼트체결의 용량을 결정하는데 다음과 같은 파괴의 세 가지 형태를 고려해야 한다. 리벳 *전단*파괴, 판재나 리벳의 *베어링*파괴, 판의 *인장*파괴. 인장과 전단응력식은 표에 주어져 있다.

〈표 15.7〉 리벳이음(그림 15.18)의 파괴 유형

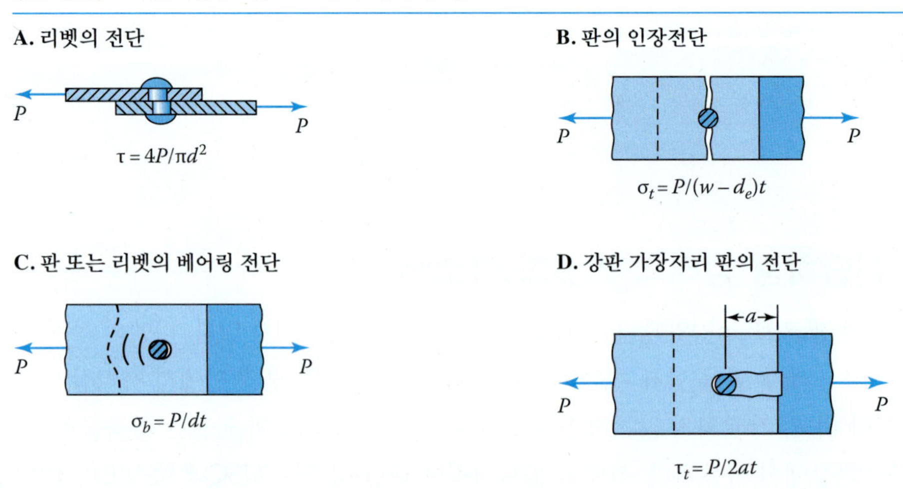

주: p = 작용 전단하중, d = 리벳지름, w = 리벳폭, t = 판두께, d_e = 유효구멍 지름, a = 판 가장자리로부터 최단거리

예제 15.8 리벳이음의 허용력 결정

W310 × 52 보가 표준규격 AISC로 두 개의 102 × 102 × 6.4 mm 앵글로 연결되어 있다. 리벳 구멍지름은 24 mm, 길이는 215 mm, 리벳지름은 22 mm이고 리벳간격은 75 mm로 리벳이음 되어 있다(그림 15.19). 연결 부위가 지지할 수 있는 최대 하중을 계산하라.

설계 결정: 허용 전단응력은 100 MPa, 리벳의 베어링응력은 335 MPa이고, 인장파괴는 발생하지 않는다. 전단력과 베어링력만을 이용하라.

풀이

보의 웹두께 $t_w = 7.6$ mm(표 A.6으로부터)이고, 리벳 한 개의 횡단면적 $A_r = \pi(22)^2/4 = 380\ \text{mm}^2$이다. 보 웹의 베어링력은

$$P_b = 3(7.6)(22)(335) = 168\ \text{kN (적용)}$$

리벳 6개의 전단력은

$$P_b = 6(380)(100) = 228\ \text{kN}$$

앵글에 대한 리벳 6개의 베어링력은

$$P_b = 6(22)(6.4)(335) = 283\ \text{kN}$$

평가: 위에서 가장 작은 힘인 168 kN이 허용력이다.

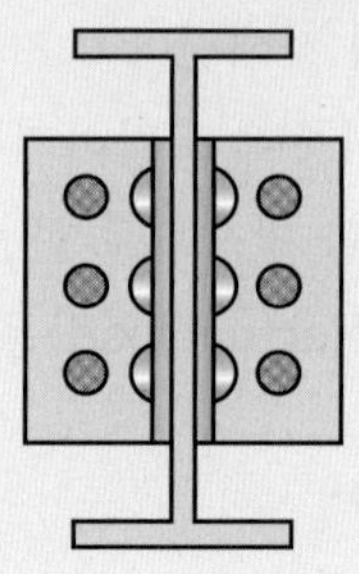

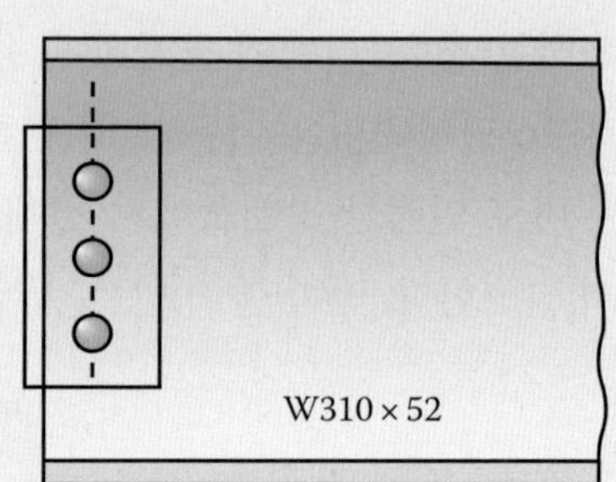

[그림 15.19]
예제 15.8

*15.13.1 체결 형태와 효율

대부분의 연결부는 다양한 형태의 리벳이나 볼트에 의해 연결된다. 전단응력을 받는 리벳 또는 볼트 연결부는 *겹치기이음*(lap joint)과 *맞대기이음*(butt joint)으로 분류된다. 겹치기이음은 *단전단이음*(single-shear joint)이라고도 하며, 두 개의 판이 포개진다(그림 15.20a). 반면 *복전단이음*(double-shear joint)이라 불리는 맞대기 리벳이음은 연결 부위에 두 판을 그림 15.20b처럼 서로 맞댄다. *피치*

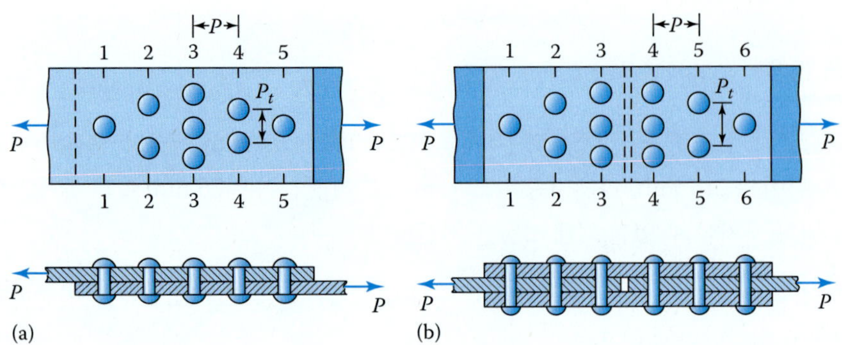

[그림 15.20]
리벳이음의 종류.
(a) 겹치기 이음
(b) 맞대기 이음

는 인접한 리벳 중심 사이의 거리이다. 피치는 조인트의 중요한 기하학적 특성이다. 판 끝단에 평행한 선을 따라 측정된 거리를 리벳 *축피치* p라 하며, 판 끝단에 수직인 선을 따라 측정된 거리를 *횡피치* p_t로 표현한다. 조인트 길이로 인해 반복되는 리벳의 가장 작은 대칭적 그룹을 *리피팅 섹션*(repeating section)이라 한다. 리벳이음의 강도해석은 반복부분에 대한 것이다(예제 15.9 참조).

이음효율(efficiency of joint)은 다음과 같다.

$$e = \frac{P_{all}}{P_t} \tag{15.41}$$

위 식에서 P_{all}은 전단력, 베어링 하중 및 인장하중 중에서 가장 작은 허용하중이다. P_t는 구멍이 없는 판의 정적 인장 항복강도이다. 가장 효율적인 이음은 인장, 전단, 베어링에 대하여 구멍이 없는 판의 인장에 강해야 한다. 사실상 판이 최소한 한 개의 리벳구멍을 가져야 하기 때문에, 인장에서 조인트의 허용하중은 항상 구멍이 없는 판의 강도보다 작다.

집중하중이 작용하는 경우, 리벳에 균등하게 응력이 가해진다고 가정한다. 일반적으로 탄성체 분석에 적용될 수 없지만, 연성변형은 이음의 최대 허용하중에 도달하기 전에 작용하는 힘을 균등하게 재분배한다. 하중에 바로 인접한 리벳줄에서 전체하중을 받으므로 한 줄에 의해 지지되는 최대 하중은 줄의 한 리벳에서 발생한다. 안쪽 줄이 받는 *실제하중*(actual load)은 다음과 같다.

$$P_i = \frac{n - n'}{n} P \tag{15.42}$$

여기서

P = 외부 입력하중

P_i = 실제하중 또는 특정한 열 i에 작용하는 P의 일부하중

n = 조인트의 총 리벳수

n' = 관심 있는 줄과 외부하중 사이의 줄에 있는 총 리벳수

축 그림 15.20a와 같이 3번 줄 이음의 하중부담은 $P_3 = (9 - 3)P/9 = 2P/3$이고, 그림 15.20b에서 2번 줄 또는 5번 줄이 받는 하중은 $P_2 = P_5 = (12 - 1)P/12 = 11P/12$이다.

예제 15.9 다중 겹치기 리벳이음의 강도

그림 15.21a는 축하중 P를 받는 다중 겹치기 리벳이음이다. 치수는 인치이다. 허용하중과 이음의 효율을 계산하라.

주어진 값: 모든 리벳의 지름은 ¾ in.이다.

설계 가정: 허용 인장응력은 20 ksi, 전단응력은 15 ksi이고 베어링응력은 30 ksi이다.

풀이

$L = 6$ in.이고 4개의 리벳을 가지고 있는 반복 구간을 가정하고 해석한다(그림 15.21b).

구멍이 없는 판의 인장력은

$$P_t = 20\left(6 \times \frac{1}{2}\right) = 60 \text{ kips}$$

리벳전단력은

$$P_s = 4\left[\frac{\pi}{4}\left(\frac{3}{4}\right)^2\right](15) = 26.51 \text{ kips} \quad (\text{적용})$$

판의 베어링력은

$$P_b = 4\left(\frac{1}{2} \times \frac{3}{4}\right)(30) = 45 \text{ kips}$$

식 (15.42)를 이용하면 단면 1-1에서 3-3까지 작용하는 인장력을 구할 수 있다.

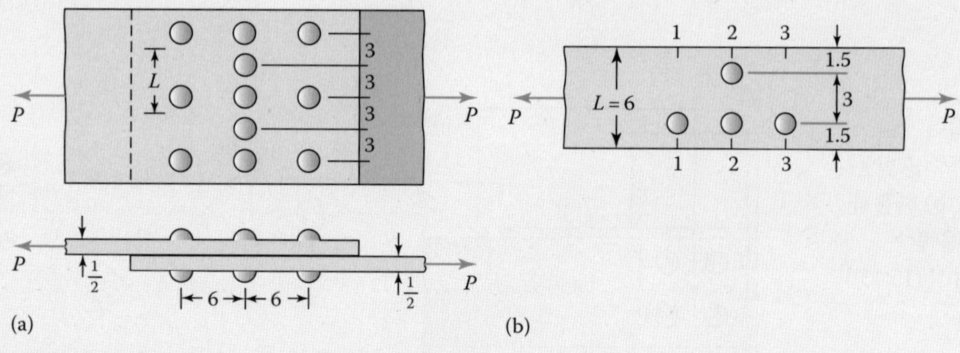

[그림 15.21]
예제 15.9. (a) 겹치기 리벳이음 (b) 리벳의 반복그룹 확대도

$$\frac{4-3}{4}P_1 = \frac{1}{2}\left[6-\left(\frac{3}{4}+\frac{1}{8}\right)\right](20);\quad P_1 = 205 \text{ kips}$$

$$\frac{4-1}{4}P_2 = \frac{1}{2}\left[6-2\left(\frac{3}{4}+\frac{1}{8}\right)\right](20);\quad P_2 = 56.7 \text{ kips}$$

$$P_3 = \frac{1}{2}\left[6-\left(\frac{3}{4}+\frac{1}{8}\right)\right](20);\quad P_3 = 51.25 \text{ kips}$$

최대 허용력은 구한 힘 중 가장 작은 $P_{all} = 26.51$ kips이다. 식 (15.41)로부터 이음효율은

$$e = \frac{26.51}{60} \times 100 = 44.2\%$$

15.14 편심하중에 의한 리벳 및 볼트 전단응력

하중이 볼트나 리벳 그룹이음에 편심되어 작용하는 경우는 직접 작용하는 하중뿐만 아니라 토크와 모멘트 효과까지 고려해야 한다. 전형적인 편심구조 문제는 수평 보가 수직 기둥에 연결되는 경우이다. 그림 15.22a에서 각 볼트는 비틀림 모멘트 $M = Pe$와 직접전단력 P의 지배를 받는다. 그림 15.22b에 볼트그룹의 도심 C에 작용하는 하중과 각 볼트단면에 작용하는 전단력의 반력을 확대 도시하였다. 모멘트에 의하여 볼트에 작용하는 *접선력*(tangential force), 즉 모멘트 하중 또는 제2차 전단력은 볼트그룹의 도심 C로부터 수직거리에 직접적으로 영향을 받는다고 가정한다. 결과적으로

$$\frac{F_1}{r_1} = \frac{F_2}{r_2} = \frac{F_3}{r_3} = \frac{F_4}{r_4}$$

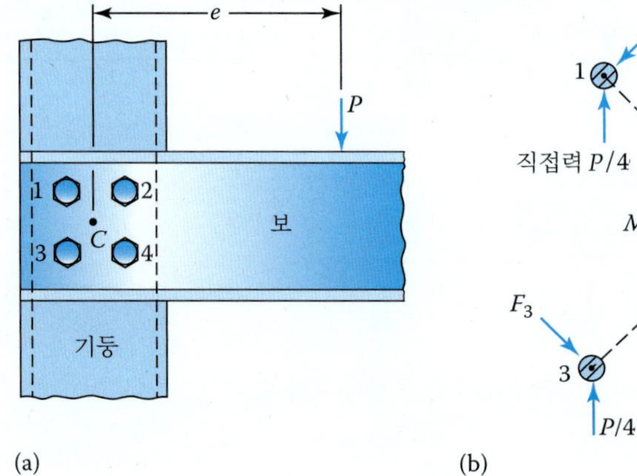

[그림 15.22] (a) 편심하중을 받는 볼트이음 (b) 하중과 전단반력을 받는 볼트그룹[식 (15.43)]

여기서 F_i은 접선력이고 $r_i (i = 1, ..., 4)$는 C로부터 각 볼트의 중심까지의 거리이다. 모멘트와 접선력은 다음과 관계가 있다.

$$M = Pe = F_1 r_1 + F_2 r_2 + F_3 r_3 + F_4 r_4$$

이 식을 풀면

$$F_1 = \frac{Per_1}{r_1^2 + r_2^2 + r_3^2 + r_4^2}$$

이다. 이 식은 다음과 같이 일반적인 형태로 쓸 수 있다.

$$F_i = \frac{Mr_j}{\sum_{j=1}^{n} r_j^2} \tag{15.43}$$

여기서

F_i = 접선력

M = 모멘트 Pe

n = 그룹의 볼트수

i = 하중을 계산하려는 볼트

직접력(direct force) F/n은 조인트의 모든 볼트에 대하여 같다고 가정하는 것이 일반적이다. 볼트에서 합성 전단력은 접선력과 직접력의 벡터합이다(그림 15.22b). 즉 최대 합성 전단력을 갖는 볼트만 고려하면 된다. 보통 벡터의 도해법을 이용하여 전체 또는 최악의 하중을 받을 것으로 예상되는 2, 3개의 볼트하중을 조사한다.

예제 15.10 편심하중에 의한 볼트의 전단력

수직하중을 받는 보강판이 그림 15.23a와 같이 3개의 동일한 볼트에 의해 기둥에 연결되어 있다. 치수는 미터이다. 최대 볼트 전단력과 응력을 계산하라.

가정: 볼트는 바깥지름을 따라 전단된다.

풀이

그림 15.23b와 같이 볼트그룹에서 점 C는 삼각형의 도심이다. 자유물체도에서 도심에 작용하는 외부 입력하중이 볼트에 분배되는 것을 알 수 있다. 각 볼트는 수직 전단력의 ⅓, 즉 4 kN과 접선력 F_i를 받는다. 볼트에서 도심으로부터의 거리는 다음과 같다.

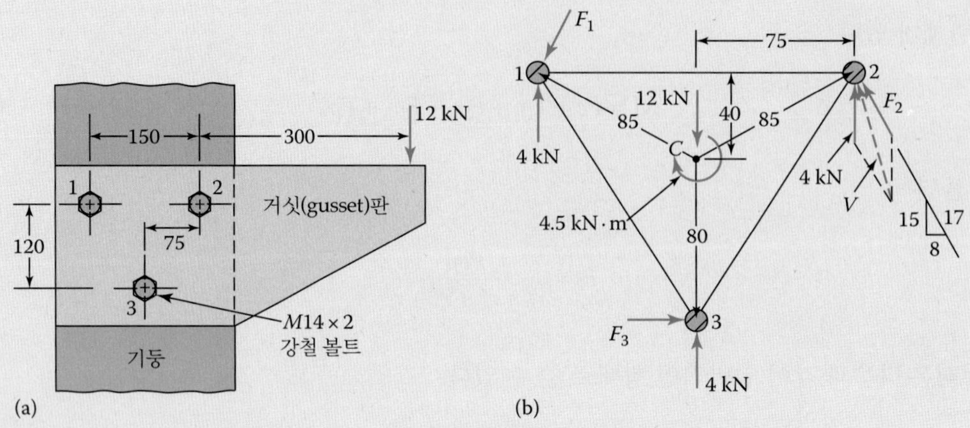

[그림 15.23]

예제 15.10. (a) 볼트이음 (b) 볼트의 전단력과 모멘트 평형

$$r_1 = r_2 = \sqrt{(40)^2 + (75)^2} = 85.0 \text{ mm}, \quad r_3 = 80 \text{ mm}$$

식 (15.43)에서 힘은 다음과 같다.

$$F_1 = F_2 = \frac{Mr_1}{r_1^2 + r_2^2 + r_3^2} = \frac{4500(85)}{2(85)^2 + (80)^2}$$

$$= \frac{382,500}{20,850} = 18.35 \text{ kN}$$

$$F_3 = \frac{4,500(80)}{20,850} = 17.27 \text{ kN}$$

2번 볼트에 대하여 가장 큰 힘, 즉 두 전단력의 벡터합은 대수적(또는 도해법)으로 구할 수 있다.

$$V_2 = \left[\left(\frac{15}{17} \times 18.35 + 4\right)^2 + \left(\frac{8}{17} \times 18.35\right)^2\right]^{1/2} = 21.96 \text{ kN}$$

볼트의 전단응력 면적은 $A_s = \pi d^2/4 = \pi(14)^2/4 = 153.9 \text{ mm}^2$.

$$\tau = \frac{V_2}{A_s} = \frac{21,960}{153.9(10^{-6})} = 142.7 \text{ MPa}$$

이다.

예제 15.11 편심하중에 의한 전단응력

그림 15.24a와 같이 편심하중 P를 받고 있는 리벳이음이 있다. 리벳의 최대 전단응력을 계산하라.

주어진 값: 지름은 1 in., $P = 10$ kips이다.

풀이

간단히 계산하기 위해 작용하는 하중 P를 수평요소와 수직요소로 분해한다. 각 리벳은 하중의 ½을 받는다. 리벳그룹의 도심 C는 맨 위에 있는 리벳과 맨 아래에 있는 리벳 사이에 있다. 그림 15.24b에서 맨 위의 리벳 1이 가장 높은 응력을 받음을 알 수 있다. 식 (15.43)에서

$$F_1 = \frac{Mr_1}{r_1^2 + r_2^2 + r_3^2 + r_4^2} = \frac{84(6)}{2(6)^2 + 2(2)^2} = 6.3 \text{ kip} \cdot \text{in}$$

전단력의 벡터합은

$$V_1 = \left[(1.5 + 6.3)^2 + 2^2\right]^{1/2} = 8.052 \text{ kips}$$

이다. 따라서 전단응력은 다음과 같다.

$$\tau = \frac{V_1}{\pi d^2/4} = \frac{4(8.052)}{\pi(1)^2} = 10.25 \text{ ksi}$$

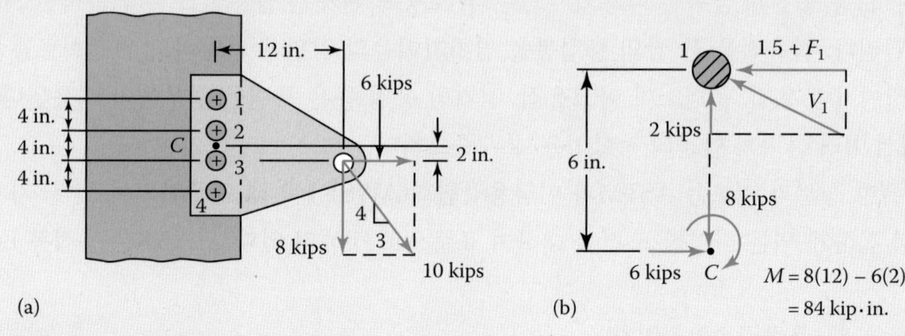

[그림 15.24]
예제 15.11. (a) 리벳이음 (b) 도심에서의 작용하중과 1번 리벳의 반력을 나타내는 확대도

15.15 용접

용접(weld)은 국부적인 열의 작용에 의한 두 표면 사이의 이음이다. 여기서는 간단히 금속표면들 사이의 용접에 대해서만 서술한다. 열가소성 플라스틱은 금속처럼 용접할 수 있다. *용접물*(weldment)은 특정모양으로 자른 다양한 금속물을 함께 용접한 것이다. 거의 모든 용접은 용해과정이 발생한다. 전기적 아크와 전류 또는 가스불꽃에 의해 발생한 열에 의해 충전재와 모재가 함께 녹아서 두 부재 사이가 야금학적으로 결합되는 것을 *용해과정*(fusion process)이라 한다. 금속 또는 합금에 맞는 아크용접 또는 가스용접을 선택해야 한다. 용접 충전재 성분의 특성은 가능한 한 모재금속과 일치해야 한다. 정하중에 대해 거의 100%의 효율을 가지면, 이음강도가 모재금속의 강도와 같음을 의미한다.

15.15.1 용접과정과 특성

금속 아크용접(metallic arc welding)은 용접봉과 작업물 사이에 아크 통전에 의해 발생하는 열에 의한 것이다. 용접봉은 일반적으로 모재금속과 비슷한 것으로 코팅한 충전재로 이루어져 있다. 충전재는 용접에 의해 접합될 결합부에 용입된다. 코팅재는 많은 양의 아크가 직접 발생하는 것을 방지할 뿐만 아니라 용접분의 산화를 방지하기 위해 보호가스를 발생시키면서 증발한다. 용접과정에는 직류 또는 교류가 사용된다. 용접두께가 3/8 in.보다 큰 경우는 연속적인 층으로 작업한다. *금속-불활성가스 아크용접*(metal-insert arc welding) 또는 가스금속 아크용접(GMAW)에서의 열은 가스불꽃에 의해 발생한다. 이 과정에서 노출 또는 도금된 선은 큰 스풀에서 나와 계속 용입되어 들어간다. 이 선은 용접봉과 같은 역할을 하고 접합에서 충전재 역할을 한다. 이는 금속가스용접과 같다.

저항용접은 전류에 의한 열을 사용한다. 열은 접합부분이 확실히 결합될 때까지 용접부분을 통과하도록 한다. 보통 충전재 금속은 사용되지 않는다. 보통 박판재는 점용접 또는 연속적인 저항용접으로 인해 연결된다. 점용접은 한 쌍의 용접봉을 겹치기이음의 양면에 가압하고 완전회로를 구성하여 용접한다. 레이저빔 용접, 플라스마 아크용접, 전기빔 용접 등은 특별한 경우에만 이용된다. 아크 및 가스용접에서 여러 금속과 합금의 적합성은 매우 중요하다.

*용접을 위한 성분과 기호*는 ASTM과 미국용접협회(AWS)에 의해 표준화되어 있다. 기계와 구조물 용접에서 접하게 되는 다양한 조건에 대하여 표준으로 정해져 있다. 표 15.8은 용접봉 E60과 E70

〈표 15.8〉 용접 금속의 물성치

	극한강도		항복강도		
AWS 전극 번호	**ksi**	**(MPa)**	**ksi**	**(MPa)**	**연신율(%)**
E6010	62	(427)	50	(345)	22
E6012	67	(462)	55	(379)	17
E6020	62	(427)	50	(345)	25
E7014	72	(496)	60	(414)	17
E7028	72	(496)	60	(414)	22

출처: American Welding Society Code AWSD.1.77, American Welding Society, Miami, FL.

등급의 특징이다. *AWS 넘버링 시스템*(AWS numbering system)은 접두어 E와 4개의 숫자를 사용한다. 왼쪽에서부터 처음 두 숫자는 ksi 단위로 대략적인 강도를 나타낸다. 마지막 숫자는 전류공급과 같이 다양한 용접기술 변수를 나타낸다. 마지막의 앞에 있는 숫자는 용접위치를 의미한다(1은 전체, 2는 수평위치). 용접봉은 1/16~5/16 in. 지름을 사용할 수 있다. *용접봉*(electrode) 재료는 이음에서 가장 강한 재질이어야 한다[11].

15.15.2 용접이음의 강도

여기에서는 다양한 용접형식 중에서 가장 일반적인 맞대기용접과 필릿용접만을 서술한다. 인장과 전단에서 전형적인 *맞대기용접*(butt weld)의 구조는 그림 15.25에 있다. 하중에 의한 응력식 역시 그림에서 구할 수 있다. 맞대기용접의 높이 h는 용접금속의 기공 또는 이물질 함유를 보상하기 위한 덧살을 포함하지 않는다. 1/4 in. 이상의 평판의 경우 용접하기 전에 그림과 같이 용접부를 경사지게 해야 한다.

그림 15.26은 전단응력과 인장응력이 작용하는 두 가지 *필릿용접*(fillet weld)에 관한 그림이다. 용접부의 평균응력은 각 형태에 따라 다르다. 필릿용접의 크기는 용접다리의 길이 h로 규정되고, 보통 두 개의 용접다리는 길이 h로 같다. 용접설계에서 응력은 *목부분*(throat section) 두께에 대하여 계산하고, 최소 횡단면 A는 용접다리에서 45° 각도에 위치한다. t와 L을 각각 목두께와 용접길이라 할 때, $A_t = tL = 0.707hL$이다(그림 15.26a). 용접부에서 실제 응력분포는 복잡하므로, 모재의 강성에 따라 설계하여 왔지만 사실상 무시하였던 다른 요소들에 의해 좌우된다. 특히 목부분(그림 15.26b)의 응력상태를 설명할 수 있는 정확한 해는 없다. 용접강도는 일련의 결합부에 대한 시험 결과값에 근거하므로

[그림 15.25]
맞대기용접. (a) 인장하중
(b) 전단하중

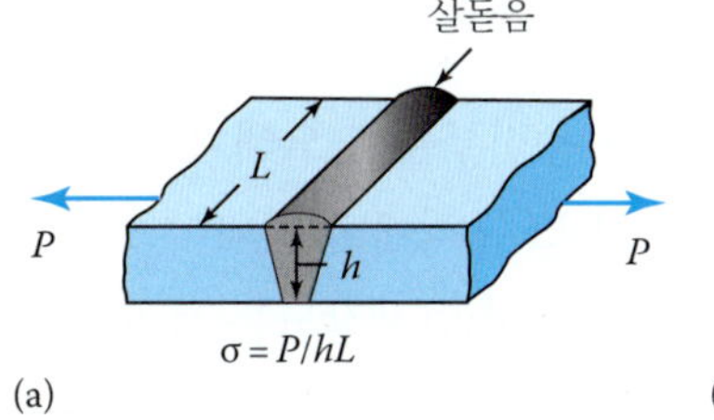

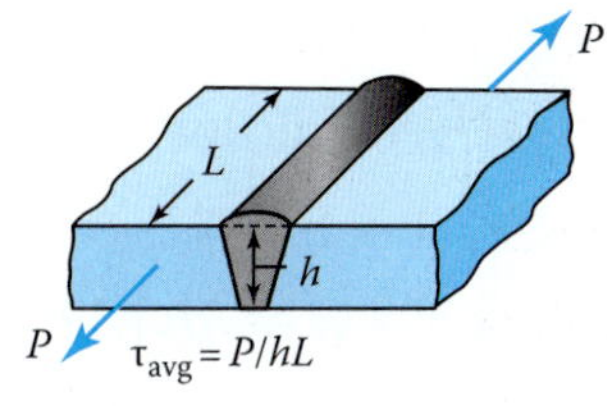

[그림 15.26]
필릿용접. (a) 전단하중
(b) 횡인장하중

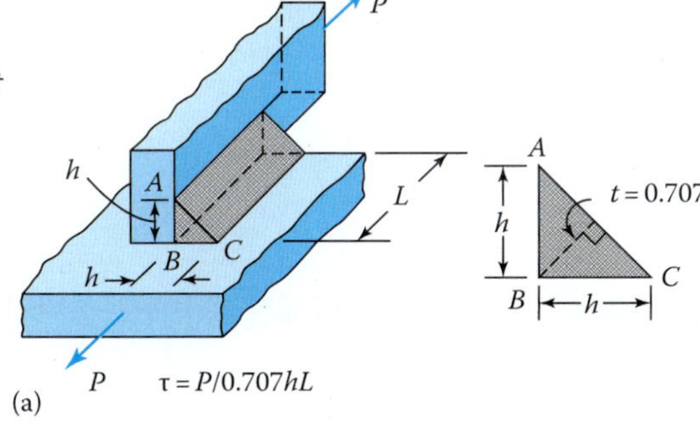

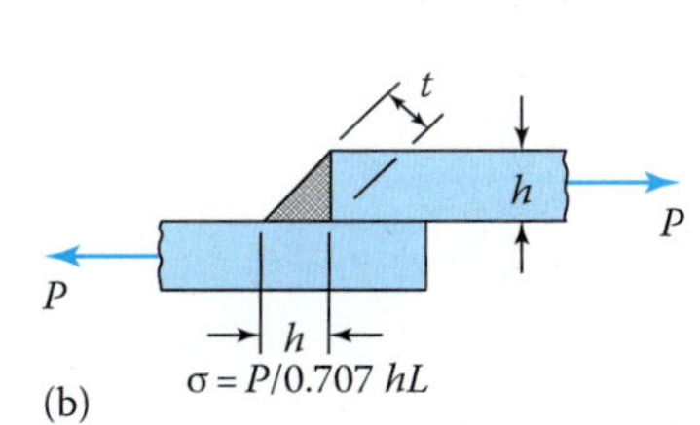

〈표 15.9〉 용접의 피로 응력집중계수 K_f

용접 타입	K_f
덧살 붙임 맞대기용접	1.1
전면 필릿용접	1.5
측면 필릿용접	2.7
T형 용접이음	2.0

출처: American Welding Society Code AWSD.1.77, American Welding Society, Miami, FL.

옆의 평균결과는 설계에 있어 타당하다. 용접부의 적절한 강도를 위한 용접다리 h는 앞에서 설명한 안전율에 의해 구할 수 있다. *안전율* n의 식은 *정하중* 상태에서

$$n = \frac{S_{ys}}{\tau} = \frac{0.5S_y}{\tau} \tag{15.44}$$

이며, S_y와 S_{ys}의 값은 각기 용접재의 인장강도와 전단강도이다.

15.15.3 용접에서 응력집중과 피로

용접부의 기하학적 구조가 갑작스럽게 변화하면 응력집중이 발생한다. 용접부와 평판은 모재 및 보강재가 서로 완전히 붙어있어야 한다(그림 15.25). 응력은 용접부 선단에서 가장 높다. 그림 15.26에서 점 A와 B같이 *앞끝*(toe)과 *뒤끝*(heel)에서 날카로운 모서리는 라운딩 처리하며 용접은 연성재료로 하기 때문에 응력집중효과는 정하중의 경우 무시된다. 반복하중이 작용하는 경우에는 응력집중효과가 발생하기 때문에 부품의 반복하중에 의한 응력집중계수가 적용된다. 표 15.9는 피로강도 감소계수에 대한 근사값이다.

반복하중(cyclic loading) 상태에서 용접부분은 오래가지 못한다. 건축 및 다리의 용접에 관한 피로 안전율과 작용응력은 AISC 또는 AWS 규격에 정의되어 있다. 이 코드에 따라 ASTM 구조용강을 다양하게 적용할 수 있다[12]. ASTM 강에서 인장강도는 정하중이나 피로하중에 대한 응력강도의 절반인 $S_y = 0.5S_u$이다. 규격이 따로 명시되어 있지 않으면 용접표면은 *단조표면*(forged surface)으로 간주한다. 또한 안전설계를 하기 위해 크기계수 $C_s = 0.7$을 사용하기도 한다. 7.11절에서 언급한 피로하중 하에서의 설계방법은 뒤에 나오는 예제에 기술되어 있다.

예제 15.12 피로하중을 받는 맞대기용접 설계

맞대기용접의 인장하중(그림 15.25a)은 20 kN과 100 kN 사이에서 계속 변동한다. 평판의 두께는 20 mm이다. 굿맨 기준을 적용하여 요구되는 용접길이 L을 결정하라.

가정: 안전율이 2.5인 E6010 용접봉을 사용하라.

풀이

E6010은 표 15.8에서 $S_u = 427$ MPa이다. 용접금속의 내구한계는 식 (7.6)에서

$$S_e = C_f C_r C_s C_t (1/K_f) S'_e$$

7.7절에서

$C_r = 1$(신뢰도 50%)

$C_s = 0.7$

$C_f = AS^b = 272(427)^{-0.995} = 0.657$[식 (7.7)에 의해]

$C_t = 1$(상온)

$K_f = 1.2$(표 15.9에서)

$S'_e = 0.5S_u = 0.5(427) = 213.5$ MPa

그러므로 신뢰도 50%

$$S_e = (1)(0.7)(0.657)(1)(1/1.2)(213.5) = 81.82 \text{ MPa}$$

평균하중과 반복하중은 다음과 같으므로

$$P_m = \frac{100+20}{2} = 60 \text{ kN}, \quad P_a \frac{100-20}{2} = 40 \text{ kN}$$

이에 상응하는 응력은

$$\sigma_m = \frac{60,000}{20L} = \frac{3000}{L}$$

$$\sigma_a = \frac{40,000}{20L} = \frac{2000}{L}$$

식 (7.16)으로부터

$$\frac{S_u}{n} = \sigma_m + \frac{S_u}{S_e}\sigma_a; \qquad \frac{427}{2.5} = \frac{3000}{L} + \frac{427}{81.82}\left(\frac{2000}{L}\right)$$

$L = 78.67$ mmmm이다.

평가: 용접길이는 79 mm이다.

15.16 편심하중을 받는 용접이음

용접이음이 편심하중을 받을 때, 작용하는 하중은 물론 토크와 모멘트의 영향도 같이 고려해야 한다. 접합부에서 실제 응력분포는 복잡하여 접합부의 강성과 용접의 기하학적 구조에 대한 상세한 연구가 요구된다. 몇 가지 가정에 의해 실제 응용에서 합리적이며 정확한 결과를 도출할 수 있다.

15.16.1 용접이음의 비틀림

그림 15.27은 용접부와 용접그룹의 중심점 C로부터 거리 e만큼 떨어진 곳에 작용한다. 용접부는 비틀림토크 $T = Pe$와 직접하중 P를 받는다. 직접하중 P에 의해 용접부의 직접 전단응력이 발생한다.

$$\tau_d = \frac{P}{A} \tag{15.45}$$

여기서 P는 작용하중이고, A는 모든 용접부에서 목부분의 면적이다. 전단응력은 모든 용접 길이를 따라 균일하게 분포한다고 가정한다. 토크에 의해 용접부에서 비틀림 전단응력이 발생한다.

$$\tau_t = \frac{Tr}{J} \tag{15.46}$$

여기서

T = 토크

r = C부터 용접점까지의 거리

J = C에 관한 용접그룹의 극관성 모멘트(목부분에 기초를 둠)

반지름 r인 용접부에서 *합성 전단응력*(resultant shear stress)은 전단응력과 비틀림응력의 벡터합에 의해 주어진다.

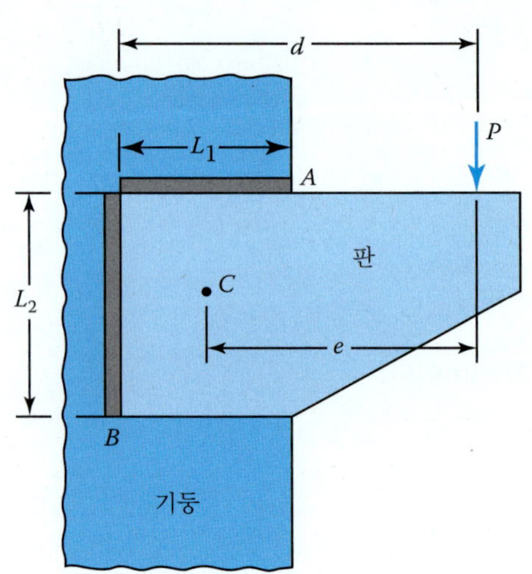

[그림 15.27]
면 내에서 편심하중을 받는 용접이음. 주: C는 용접부의 도심

$$\tau = \left(\tau_d^2 + \tau_t^2\right)^{1/2} \tag{15.47}$$

보통 r은 용접그룹의 중심으로부터 *가장 먼* 거리를 나타낸다.

15.16.2 용접이음의 굽힘

그림 15.28의 기둥에 용접된 앵글을 고려하자. 용접부에서 거리 e만큼 떨어진 거리에 작용하는 하중 P는 직접 전단응력 외에 굽힘응력을 추가로 발생시킨다. 모멘트 $M = Pe$에 의한 전단응력은 선형으로 분포하고 하중 P에 의한 직접 전단응력은 균일하게 분포한다. 식 (15.45)로부터 직접 전단응력 τ_d를 구할 수 있으며, 모멘트에 의한 전단응력은 다음과 같다.

$$\tau_m = \frac{Mc}{I} \tag{15.48}$$

여기서 c는 C에서부터 용접부의 가장 먼 점까지의 거리이다. 앞에서 서술한 바와 같이 용접에서 합성 전단응력은 직접 전단응력과 모멘트에 의한 전단응력의 벡터합이다.

$$\tau = \left(\tau_d^2 + \tau_m^2\right)^{1/2} \tag{15.49}$$

그림 15.28에서 기하학적 구조와 하중방향으로 볼 때 τ_d는 아래로 향하고 τ_m은 AB를 따라 아래로 향한다.

15.16.2.1 용접그룹의 중심

A_i를 용접부의 면적, x_i와 y_i는 임의 용접부의 중심을 지나는 좌표라 하면

$$\bar{x} = \frac{\sum A_i x_i}{\sum A_i}, \quad \bar{y} = \frac{\sum A_i y_i}{\sum A_i} \tag{15.50}$$

여기서 용접부 n에 대하여 $i = 1, 2, 3, \ldots, n$이다. 대칭 용접그룹의 경우 중심의 위치는 쉽게 확인할 수 있다.

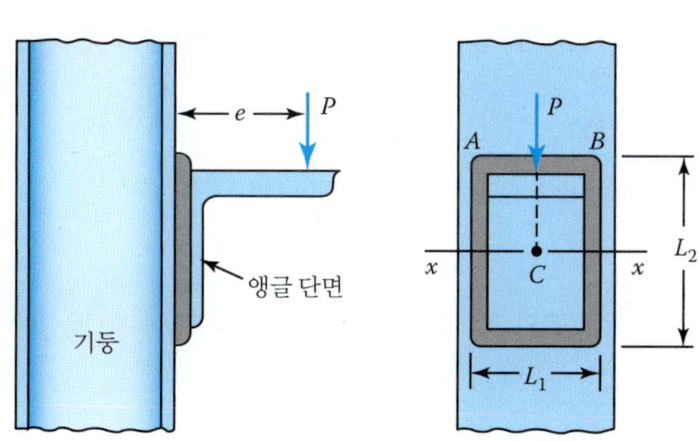

[그림 15.28]
면 외에서 하중이 작용하는 용접이음

[그림 15.29]
y축에 평행한 용접의 관성모멘트

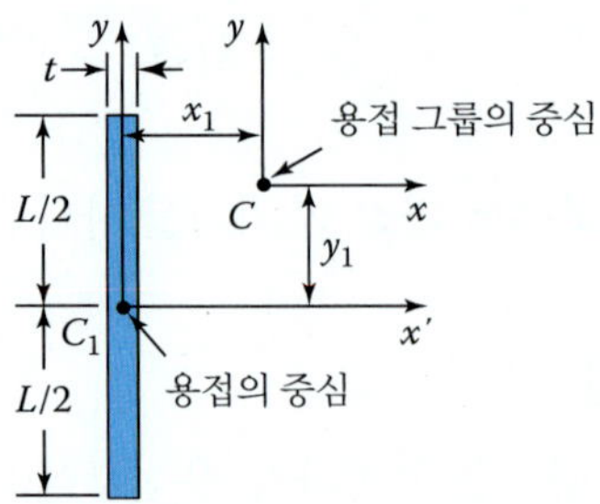

15.16.2.2 용접부의 관성모멘트(그림 15.29)

그림 15.26a에서 단면의 유효 용접길이는 두께 $t = 0.707h$로 가정하고, 용접부의 중심을 지나는 x, y축에 관한 관성모멘트를 구하기 위해 평행축 정리를 사용한다.

$$I_x = I_{x'} + Ay_1^2 = \frac{tL^3}{12} + Lty_1^2$$
$$I_y = I_{y'} + Ax_1^2 = \frac{Lt^3}{12} + Ltx_1^2 = Ltx_1^2 \tag{15.51}$$

t는 다른 치수와 비교하여 *매우 작다*고 가정하면, 위의 두 번째 식에 의해 $I_{y'} = Lt^3/12 = 0$이다. 용접평면에 수직이고 C를 지나는 축의 극관성모멘트는 다음과 같다.

$$J = I_x + I_y = \frac{tL^3}{12} + Lt\left(x_1^2 + y_1^2\right) \tag{15.52}$$

식 (15.51)과 (15.52)로부터 C에 관한 용접부의 I와 J를 구할 수 있다. 즉 전체 용접부에 대한 모멘트와 관성의 합이다[9]. 상세한 과정은 사례연구 18.9와 다음의 예제에서 설명한다.

예제 15.13 면의 편심 하중이 작용하는 용접이음 설계

하중 P에 의해 면의 편심 굽힘하중이 작용하는 용접부의 크기를 구하라(그림 15.28).

주어진 값: $L_1 = 60$ mm, $L_2 = 90$ mm, $e = 50$ mm, $P = 15$ kN

가정: 안전율 n =3인 용접봉 E6010을 사용한다.

풀이

표 15.8에서 용접봉 E6010의 항복응력은 $S_y = 345$ MPa이다. 도심은 용접그룹으로 둘러싸인 두 대칭축 사이의 교차점에 위치한다. 관성모멘트는 다음과 같다.

$$I_x = 2(60)t(45)^2 + \frac{2(90)^3 t}{12} = 364,500t \text{ mm}^4$$

총 용접부 면적은 $A = 2(60t + 90t) = 300t$ mm²이고, 모멘트는 $M = 15(50) = 750$ kN · mm이다. 식 (15.49)에서 최대 전단응력은

$$\tau = \left[\left(\frac{15,000}{300t}\right)^2 + \left(\frac{750,000 \times 45}{364,500t}\right)^2\right]^{1/2} = \frac{105.2}{t} \text{ N/mm}^2$$

이다. 식 (15.44)에서

$$n\tau = 0.5S_y; \quad 3\left(\frac{105.2}{t}\right) = 0.5(345) \quad \text{or} \quad t = 1.83 \text{ mm}$$

이다. 그러므로

$$h = \frac{t}{0.707} = \frac{1.83}{0.707} = 2.59 \text{ mm}$$

이다.

평가: 필릿용접의 높이는 3 mm를 사용한다.

15.17 경납땜과 연납땜

경납땜과 연납땜은 용융온도가 결합부의 융점보다는 낮다는 점에서 용접과 본질적으로 다르지만 부품은 납의 융점 이상으로 가열된다. 기본적으로 표면은 청결해야 하며 납땜의 충전재는 냉각 시 직접 굳어 용융된 금속 접합재나 시멘트와 유사한 작용을 한다. 그러므로 경납땜과 연납땜은 접합의 범주에 속한다.

15.17.1 경납땜

용재를 450°C 이상 가열하고 결합될 부분에 접촉시키면 충전재가 결합부 사이로 녹아 흐르게 된다. 충전재는 보통 구리, 은, 니켈, 합금 등을 사용하는데 이음부에 소량 공급되거나 와셔, 심, 링, 슬러그 등과 유사하게 사용된다. 비철금속, 주철, 단철 그리고 비금속과 금속 사이의 접합 등 금속에 경납땜이 가능하다. 보통 경납땜은 토치나 용광로의 열원에 의해서 이루어진다. 가끔 다른 방법이 사용되기도 하는데 이에 관해서는 다음에 간략히 설명한다. 모든 금속의 경납땜 과정은 플럭스(flux)나 불활성 가

스 분위기에서 진행된다.

토치(torch) 경납땜은 아세틸렌, 프로판 또는 다른 연료가스를 산소나 공기와 연소시켜 사용하며, 수동식과 자동식이 있다. 가스로, 전기저항로 또는 다양한 노(furnace)를 사용하여 경납땜 온도를 올리는 방법도 있다. 필요한 열을 발생시키기 위해 고주파를 사용하는 방법을 *유도* 경납땜이라 한다. *담금*(dip) 경납땜은 노에 넣어서 용접 부위의 땜납을 용융시킨다. 열을 공급하기 위해 저항용접기를 사용하는 방법을 *저항* 경납땜이라 하고, 큰 전류와 전극봉의 수냉이 필요하다.

15.17.2 연납땜

연납땜 과정은 경납땜 과정과 동일하다. 그러나 연납땜에서 충전재는 450°C 이하의 융점을 가지며, 상대적으로 강도가 낮다. 토치나 고주파의 유도코일을 이용하여 열을 가한다. 표면은 깨끗해야 하고 연납땜 온도에서 액체상태로 변하는 플럭스로 도포한다. 플럭스는 이음부를 메우는 데 이용되고, 다른 산화물을 이음부에서 용해하는 데 이용된다. 연납땜 온도에 도달하면 이음부에 충전재가 채워진다.

주철, 단철, 탄소강은 서로 연납땜을 할 수 있으며 황동, 구리, 니켈, 은, 모넬(monel) 등 다른 합금과 연납땜이 가능하다. 거의 모든 연납은 주석-납의 합금이지만, 안티몬, 아연, 알루미늄을 포함한 합금도 사용된다. 연납땜 이음부의 강도는 연납의 품질과 이음부의 두께, 표면의 매끄러움 정도, 모재의 종류, 연납땜 온도 등의 많은 요인에 영향을 받는다. 보통 연납땜은 전기·전자 부품, 라디에이터의 실링부 그리고 얇은 캔을 밀봉할 때 사용된다.

15.18 접착접합

접합제(adhesive)는 표면부착에 의해 재료를 서로 붙어 있게 하는 물질이다. 거의 모든 구조물 접착제는 고무 시멘트나 뜨거운 금속처럼 열에 의해 부드러워지는 열가소성이 아닌 열경화성이다. 에폭시와 우레탄은 구조물의 접착제로 널리 사용된다. 수많은 여러 접착제들이 다양한 용도로 사용된다. 대기중에서는 액체이지만 볼트와 나사산, 축과 허브 사이와 같이 밀폐된 공간에서는 경화한다. *접착접합*(adhesive bonding)은 자동차와 항공산업에서 널리 사용되고 있다. 이전에는 압축 또는 수축 끼워맞춤이 필요했던 원통형 부품의 조립에 접착제가 사용되었다. 이 경우 압축 끼워맞춤 응력을 제거할 수 있고, 기계가공 비용을 줄일 수 있다. 보통 공학적 접착은 25~40 MPa의 전단강도를 갖는다. www.3m.com/bonding에 접착제에 대한 정보와 데이터가 나와 있다.

접착접합은 기계적 결합이 가지는 장점은 물론, 두께가 다른 동종 또는 이종재료 간의 결합이 가능하고, 경제적이며 빠른 조립, 절연성, 경량화, 방진 그리고 균일한 응력분포 등의 장점이 있다. 반면에 접착을 위한 표면이 확보되어야 하고, 경화시간이 길며, 경화를 위해 열과 압력이 필요하기도 하고, 온도에 민감하며, *열화성*(deteriorration)이 있으며, 장기간의 하중하에서 *크리프*(creep)가 방생하는 경향이 있고, 장기간에 대한 내구성이 검증되지 않았다는 단점이 있다. 상용 접착제의 최대 작동온도는 대략 400°F로 제한된다. 하지만 앞으로 더 간단하고, 더 싸고, 강하며 사용하기도 더 쉬운 접착제가 나올 것이다.

15.18.1 접착이음의 설계

중요성이 부각되고 있는 설계기술은 금속간의 접착접합이다. 더욱이 유기물 재료와의 접합도 가능하다. 금속과의 시멘팅에서 금속표면으로 접착제 침투가 매우 미미하므로 특수결합이 점차 중요해지고 있다. 금속간 접착제가 많이 개량되고 있지만 상대적으로 한정된 면적의 겹치기이음이나 점이음으로 사용이 제한적이다. 금속간 접착은 플라이메탈(plymetal) 제작에 사용된 예가 있다.

표 15.10은 접착접합에 일반적으로 사용되는 세 가지 방법이다. 이음에 대한 근사해석과 같이 응력은 접합부 표면에 균일하게 작용하는 것으로 가정한다. 전응력분포는 *종횡비*(aspect ratio) b/L에 의한 면적에 따라 다양하게 변한다. 최대 및 최소 응력은 각각 부재의 가장자리와 중심에서 발생한다. 접착이음은 전단응력과 압축응력 그리고 미소한 인장력만을 받는 것으로 설계해야 한다. 상대적으로 높은 강도를 갖는 재료의 결합에서 연결부의 기하학적 형상이 중요하다. 특히 금속결합에서 겹치기이음(표 15.10의 A)과 같이 넓은 면적을 접착하는 것이 좋다. 그렇지 않으면 이와 같은 전단이음은 종횡비 1에서 끝단의 약 2배 정도 응력집중이 발생한다.

겹치기이음은 표면 청소를 제외하고는 아무런 준비도 필요하지 않기 때문에 비교적 가격이 저렴하지만 스카프(scarf)이음의 기계가공은 비실용적이다. 정확한 응력분포는 연결부재와 접착제의 두께 및 탄성에 영향을 받는다. 응력집중은 구부러진 모서리와 재질특성의 변화에 의해 발생한다. 응력

〈표 15.10〉 접착이음의 유형

구성	평균 응력
A. 겹치기 (P, P, L)	$\tau = \dfrac{P}{bL}$
B. 이중 겹치기 (P, P/2, P/2, L)	$\tau = \dfrac{P}{2bL}$
C. 스카프 (y′, x′, θ, x, t, P, M, P)	축방향 하중 $\sigma_{x'} = \dfrac{P}{bt}\cos^2\theta, \quad \tau_{x'y'} = -\dfrac{P}{2bt}\sin 2\theta$ 굽힘하중 $\sigma_{x'} = \dfrac{6M}{bt^2}\cos^2\theta, \quad \tau_{x'y'} = -\dfrac{3M}{bt^2}\sin 2\theta$

주: P = 집중하중, M = 모멘트, b = 판의 폭, t = 얇은 판의 두께, L = 겹치기의 길이

집중의 구부러진 모서리와 재질특성의 변화에 의해 발생한다. 편심하중은 단순겹치기이음의 응력상태에 있어서 중요하다. 또한 접착제와 접착물 사이의 부정확한 열팽창계수에 의한 잔류응력도 중요하다[13, 14].

연습문제

15.1절~15.7절

15.1 지름이 75 mm이고 피치가 15 mm인 파워스크루에서 나사산의 깊이, 나사산의 폭 또는 피치, 평균지름과 골지름 그리고 리드를 구하라.

a. 사각나사인 경우

b. 애크미나사인 경우

15.2 그림 15.6에서 사용되는 2줄 애크미나사의 지름은 1½ in.이다 다음을 결정하라.

a. 나사의 리드, 평균지름과 나선각

b. 하중을 들어 올리고 내리기 위한 시작토크

c. 칼라마찰을 무시할 경우의 효율

d. a =15 in.일 때 필요한 힘 F

주어진 값: $f = 0.1$, $f_c = 0.08$, $d_c = 2$ in., $W = 1.5$ kips.

15.3 문제 15.2에서 나사가 분리되기 시작할 때의 나선각을 구하라. 칼라마찰을 무시할 경우, 위 문제에서 구한 나선각을 가진 나사의 효율은 얼마인가?

15.4 지름이 32 mm인 파워스크루는 피치가 4 mm인 2줄 사각나사를 가지고 있다. 나사를 구동하는 데 필요한 힘을 결정하라.

설계 요구조건: 너트는 40 mm/s의 속도로 이동하고, $W = 6$ kN의 하중을 들어 올린다.

주어진 값: 칼라의 평균지름은 50 mm이다. 마찰계수는 $f = 0.1$, $f_c = 0.15$이다.

15.5 사각나사의 평균지름은 1¾ in.이고 리드 $L = 1$ in.일 때 나사의 마찰계수를 구하라.

주어진 값: 나사는 25 fpm으로 무게 2 kips를 들어 올릴 때 5 hp이 소요된다.

설계 가정: 칼라마찰은 무시한다.

15.6 나사의 지름은 2¾ in. 단일 나사는 2 fpm의 속도로 $W = 50$ kips의 하중을 올리거나 내린다. 다음을 정하라.

a. 나사의 분당 회전수

b. 나사효율이 $e = 85\%$, $f = 0.15$인 경우, 무게를 들어 올리기 위한 모터마력을 구하라.

설계 가정: 나사가 스러스트 볼 베어링에 의해 지지되므로, 칼라마찰은 무시한다.

15.7 사각나사(그림 15.4b)는 1개의 나사로 하중을 들어 올린다. 수치값은 다음과 같다. 나사의 지름 $d = 24$ mm, 피치 $p = 6$ mm, 칼라지름 $d_c = 38$ mm, 나사 및 칼라에 대한 마찰계수 $f_c = f = 0.11$, 그리고 하중 $W = 100$ kN이다. 다음을 구하라.

a. 하중을 들어 올리는 데 필요한 나사의 바깥지름 및 토크값

b. $f_c = 0$일 경우에 나사 분해를 막기 위한 f의 최솟값

15.8 $d = 50$ mm 그리고 피치가 $p = 8$ mm인 삼각 애크미나사는 평균지름 $d_c = 68$ mm의 일반 스러스트 칼라와 잭에 사용된다(그림 15.6). 다음을 구하라.

a. 나사의 리드, 나사깊이, 피치의 평균지름과 나선각도

b. $W = 15$ kN의 하중을 낮추기 위한 기동토크

가정: 마찰계수 $f_c = 0.12$, $f = 0.13$이다.

15.9 문제 15.8과 같이, 나사는 0.02 mps의 속도로 $W = 15$ kN의 하중을 받는다. 다음을 구하라.

a. 여기서 잭의 효율

b. $f_c = 0$인 볼 스러스트 베어링을 사용할 때 나사분해여부(평면 스러스트 베어링 대신)

15.10 무게를 들어 올릴 때 효율이 70%인 사각나사가 있다. 일정한 비율로 하중을 내릴 때 나사에 작용하는 제동토크를 구하라.

주어진 값: 나사의 마찰계수는 $f = 0.12$, 칼라마찰은 무시한다. 하중이 50 kN이고 평균지름은 30 mm이다.

15.11 사각나사는 40 fpm으로 무게 2.5 kips를 들어 올릴 때 5 hp이 소요되기 위한 피치를 결정하라.

주어진 값: 지름 1.875 in., $f = 0.15$이다.

설계 가정: 칼라마찰은 무시한다.

15.12 12 kips의 인장을 받는 UNC 1 in.–8 나사에서 다음을 정하라.

a. 나사의 축응력

b. 허용 베어링응력 10 ksi를 초과하지 않는 범위에서 너트물림의 최소 길이

c. 너트와 나사의 전단응력

15.13 지름이 50 mm인 사각나사는 피치가 8 mm, 인장응력이 15 kN이다. 다음을 정하라.

a. 나사의 축응력

b. 허용 베어링응력 10 MPa를 초과하지 않는 범위에서 너트물림의 최소길이

c. 너트와 나사의 전단응력

15.8절~15.12절

15.W1 www.nutty.com에서 다양한 종류의 너트, 볼트, 와셔를 찾아보고 각 요소 중 일반적으로 사용되는 구성과 설명을 15개씩 나열하고 검토하라.

15.W2 www.boltscience.com에서 볼트 조인트 기술에 관한 최신 정보를 검토하고 나사의 상대 운동의 일반적 원인에 대해서 세 가지를 나열하라.

15.14 그림 P15.14와 같이 지름이 15 mm인 볼트와 그립길이 $L = 50$ mm인 이음에서, 초기 압축력의 손실 없이 부품이 전달할 수 있는 최대 하중을 계산하라.

주어진 값: 식 (15.21)에서 나사마찰의 평형조건을 유지하기 위한 너트의 조임토크는 72 N · m이다.

[그림 P15.14]

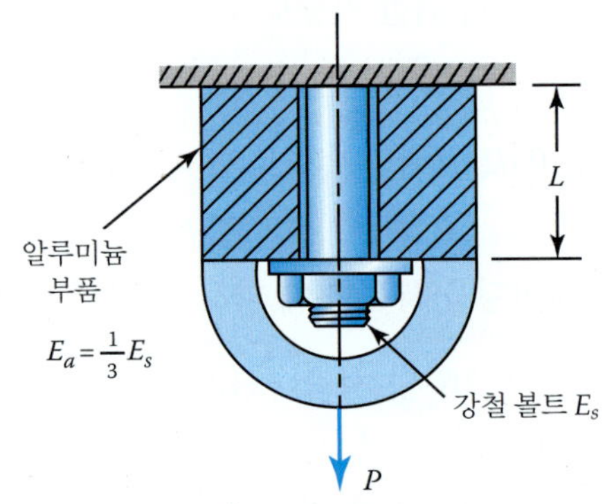

15.15 그림 P15.14의 볼트 조인트는 7/8 in.–9 UNC, SAE 등급 5이다. 굿맨의 이론을 적용한다.

a. 볼트의 안전율 $n = 2$가 연속 운전할 때 예하중 F_t의 허용값

b. 나사마찰의 평형조건에 대한 조임토크

주어진 값: 부품 하중 P는 8~16 kips, 그립 $L = 2$ in., 신뢰도 95%

15.16 그림 P15.14와 같이 절삭에 의한 볼트 $M20 \times 2.5$-C, 등급 10.9를 이용한 볼트이음에서 $S_y =$ 620 Mpa, $S_u = 750$ MPa일 때 다음을 계산하라.

a. 소더버그 기준에 의한 변동하중 P의 최댓값과 최솟값

b. 윤활볼트에 대한 조임토크

주어진 값: 그립 $L = 50$ mm, 예하중 $F_i = 25$ kN이고, 나사골에서 평균응력은 160 MPa, 신뢰도는 90%이다.

설계 요구 조건: 안전율은 2.2이고 온도는 일정하다.

15.17 볼트 연결은 $M5 \times 0.8$-C ISO 등급 4.6 강철 볼트의 초기 예하중 $F = 4.2$ kN 너트에 토크 T를 적용하여 $P = 5$ KN(그림 P15.17)의 외부 하중이 작용하고 있다. 고정 부품의 두께는 각각 $L/2 = 20$ mm이다. 부품 k_p의 강성은 k_b의 4배이다. 다음을 결정하라.

a. 하중이 가해질 때 볼트의 인장력과 부품의 압축력

[그림 P15.17]

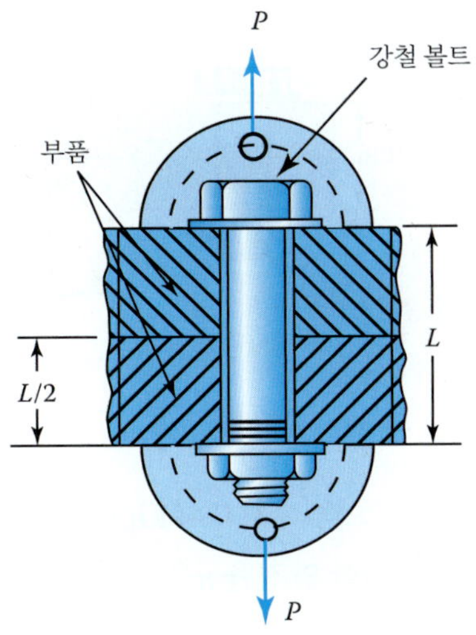

b. 부품에 하중이 작용할 때 접촉이 분리될지 유지될지의 여부

15.18 2등급 4.8의 볼트와 볼트 조인트는 $P = 11.6$ kN의 외부 하중을 지지한다. 강성도의 비율은 $k_p/k_b = 3$(그림 15.18)이다. 다음을 결정하라.

a. 필요한 볼트의 예하중

b. 볼트의 나사크기

[그림 P15.18]

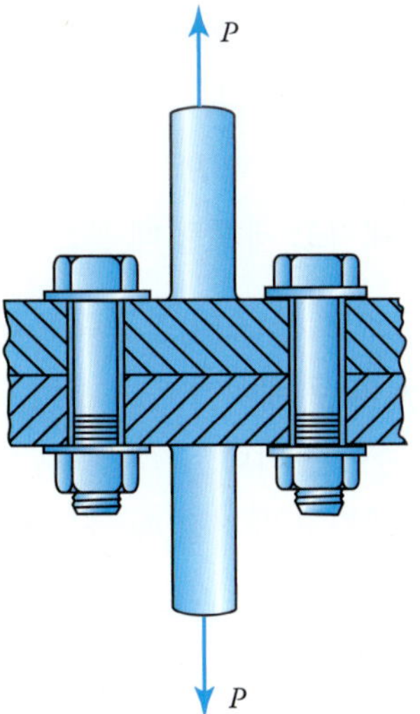

15.19 그림 P15.19에 나타난 영구결합에 대해 다음을 계산하라.

a. 각 볼트의 합력과 응력

b. 나사마찰의 평형조건을 위한 조임토크

주어진 값: 6개의 볼트는 $P = 18$ kips의 외부하중을 받는다.

[그림 P15.19]

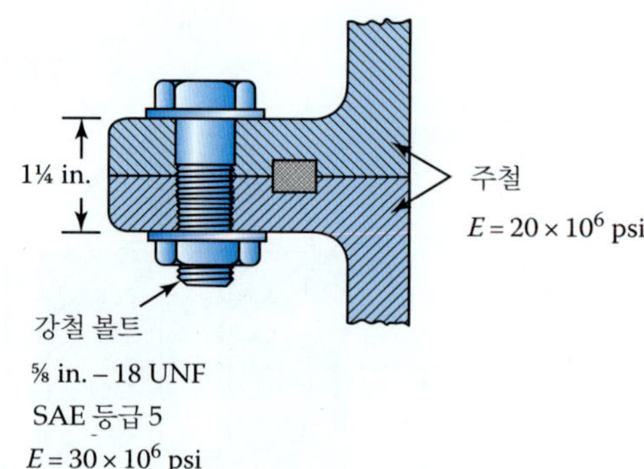

15.20 그림 P15.19처럼 이음부분은 외부에서 0~4 kips의 변동하중을 받는다. 굿맨 기준을 사용하여 볼트가 피로파손 되지 않기 위한 안전율 n을 구하라.

15.21 하나의 냉연 강철볼트를 가진 두 개의 강철부품 접합부가 0~35 kN(그림 P15.17)의 변동하중 P를 지지하고 있다.

a. 두 부분의 압력이 없을 때 최소한으로 요구되는 예하중

b. 예하중 $F_i = 38$ kN과 같을 때, 반복하중에 대한 부품의 최소 힘

가정: 클램프 부품은 k_p의 강성도를 가지고 볼트 강성도 k_b의 4배

15.22 문제 15.21의 경우에서 클램프 부품의 강성도 k_p는 볼트 강성도 k_b의 3배일 경우 다시 구하라.

15.23 연결된 두 강판과 강철볼트에 $F_i = 2600$ lb의 초기 압축력을 가진다. 체결된 판은 k_p의 강성도를 가지고 볼트 강성도 k_b의 3배이다.

a. 체결력을 500 lb까지 줄이는 외력 P

b. 힘 P가 반복적으로 가해지고 제거될 때 볼트에서의 평균 힘 P_m과 진폭 힘 P_a를 구하라.

15.24 두 개의 철판과 볼트의 조인트가 초기 압축력 $F_i = 8000$ N을 받고 있다(그림 P 15.17). 판은 강성도 k_p, 볼트의 강성도 k_b의 두 배이다.

a. 체결력을 600 N까지 줄이는 외력

b. 힘 P가 반복적으로 가해지고 제거될 때 볼트에서의 평균 힘 P_m과 진폭 힘 P_a를 구하라.

15.25 그림 P15.17에서 보여지는 두 판과 볼트의 연결에 초기 압축력이 $F_i = 6000$ N이다. 연결된 판의 강성도는 k_p을 가지고 볼트 강성도 k_b의 4배이다.

a. 체결력을 1800 N으로 감소시키는 외력 P

b. 이 경우 힘 P는 반복적으로 하중이 가해지고 제거된다. 볼트의 평균 힘 P_m과 진폭 힘 P_a를 구하라.

15.26 그림 P15.26과 같이 ISO 보통나사 $M20 \times 2.5$를 이용한 볼트이음에서 $S_y = 630$ MPa일 때 다음을 구하라.

a. 이음을 재사용하기 위해 볼트에 걸리는 총 힘

[그림 P15.26]

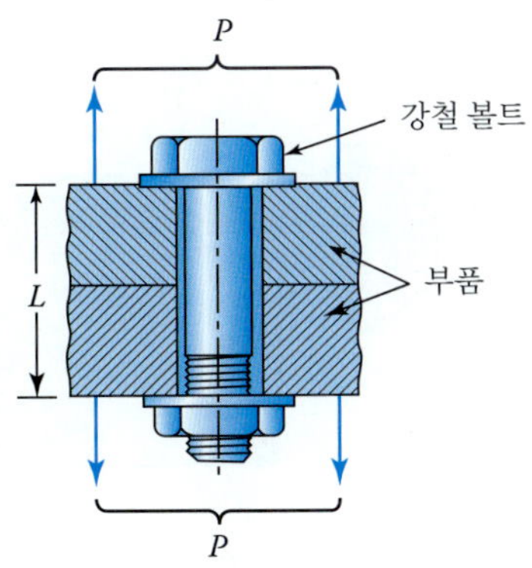

b. 윤활볼트에 대한 조임토크

주어진 값: 그림 $L = 60$ mm이고, 연결부는 외부하중 $P = 40$ kN을 받는다.

설계 가정: 강철볼트의 탄성계수는 E_s이고, 주철부품의 탄성계수는 $E_c = E_s/2$이다.

15.27 그림 P15.26의 연결부는 1~5 kips 범위의 외부하중 P를 받는다. 다음을 구하라.

a. 예하중이 작용하지 않을 경우의 볼트파괴

b. 예하중이 작용할 경우의 볼트의 안전 여부

c. 예하중이 작용할 경우의 피로 안전율 n

d. 연결부의 분리방지를 위한 하중계수 n_s

주어진 값: 전조에 의한 강철볼트 ½ in–13 UNC, SAE 등급 2, 그림 $L = 2$ in.이다.

설계 가정: 강철볼트의 탄성계수는 E_s이고, 주철부품의 탄성계수는 $E_c = E_s/2$이다. 상온에서 작동하며, 볼트는 분리하여 재사용할 수 있다. 신뢰도는 90%이다.

15.28 그림 P15.26과 같이 절삭에 의한 보통나사 $M14 \times 2$, ISO 등급 8.8이 연결되어 있다. 굿맨 기준을 사용하여 초기인장이 있을 때와 없을 때의 피로 안전율 n을 구하라.

주어진 값: 이음상수 $C = 0.31$이고 연결부는 0~10 kN의 변동하중 P를 받는다. 작동온도는 최대 490°C이다.

설계 가정: 볼트는 분리하여 재사용할 수 있으며, 신뢰도는 95%이다.

15.29 문제 15.13의 연결부에서 정적 안전율을 2라 할 때 최대하중 P를 구하라.

설계 가정: 이음부는 다시 사용한다.

15.30 그림 P15.30에는 평평한 헤드를 갖는 고압 보일러 어큐뮬레이터의 일부를 보여준다. 판의 끝부분에는 다수의 $M16 \times 2$-C 등급 5.8의 볼트와 전조나사가 부착되어 있다.

a. 예하중이 없고 피로파괴에 대한 볼트의 안전율 n을 구하라.

b. 조인트 분리에 대한 하중계수 n_s를 구하라.

주어진 값: 완전히 변형된 내구한도는 $S_e = 100$ MPa이고, 외부하중 P는 0에서 12 kN/bolt로 변화한다.

[그림 P15.30]

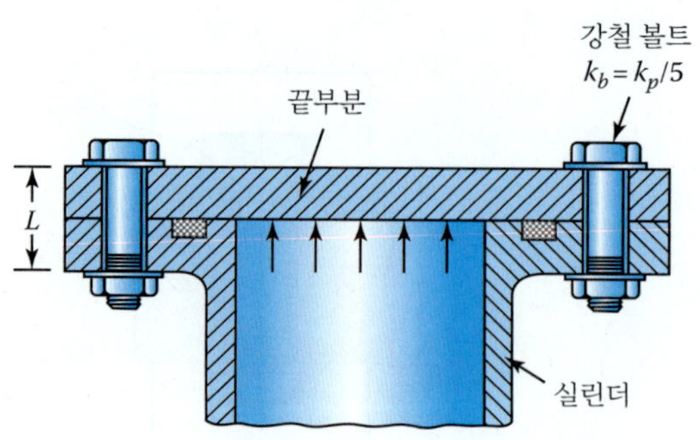

설계 가정: 고정된 부분은 강성도 k_p를 갖고 볼트의 강성도는 다섯 배이다. 연결은 영구적이다.

15.13절~15.14절

15.31 그림 P15.31처럼 두께 t인 판이 2줄 겹치기 리벳이음 되어 있고 하중 P를 받는다. 리벳의 지름은 19 mm이고 피치는 50 mm일 때, 전단응력, 베어링응력, 인장응력을 구하라.

주어진 값: $P = 32$ kN, $t = 10$ mm.

[그림 P15.31]

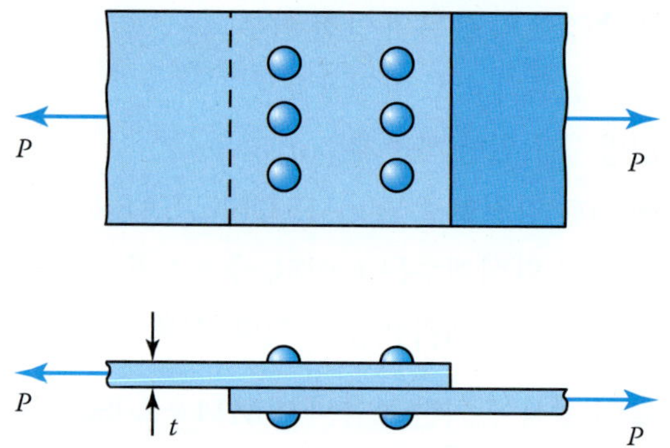

15.32 2줄 겹치기 리벳이음(그림 P15.31) 겹치기 이음의 길이가 판의 두께인 t일 때, 조인트의 효율을 구하라.

주어진 값: 지름리벳이 2½ in.로 각각 행으로 떨어져 드릴되어 있다. t는 ⅜ in.이다.

설계 가정: 허용인장응력은 22 ksi, 허용전단응력은 15 ksi이고 베어링의 허용응력은 48 ksi이다.

15.33 그림 P15.33과 같이 볼트 ⅝ in.–11 UNC, SAE 등급 8에 의해 겹치기이음 되어 있다. 주어진 부재에 걸리는 허용하중 P를 구하라. 안전율은 다음과 같다. 볼트의 전단 2, 볼트의 베어링 3, 부재의 베어링 2.5, 부재의 인장 3.5.

설계 가정: 부재는 냉간인발 AISI 1035 강철로 만들어졌고 항복응력 $S_{ys} = 0.577S_y$이다.

[그림 P15.33]

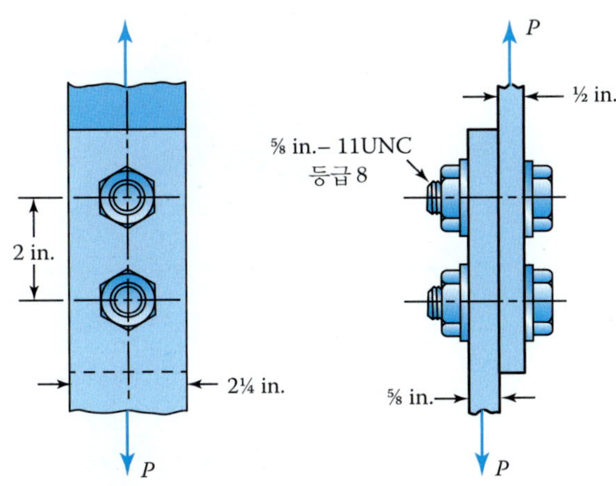

15.34 그림 P15.34와 같이 S_y = 640 MPa과 S_{ys} = 370 MPa를 갖는 $M14 \times 2$의 거친 피치의 나사로 볼트 체결되어 있다. 인장하중 P는 20 kN으로 연결되어 있다. 그 치수는 mm이다. 파손의 모든 가능성을 갖는 안전율 n을 결정하라.

설계 가정: 1020 열연강판을 사용한다.

[그림 P15.34]

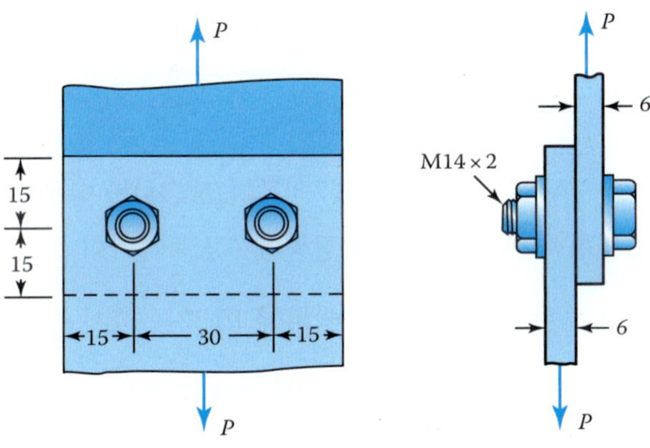

15.35 그림 P15.35의 기계부품은 ½ in.–13 UNC의 2줄 강철볼트(표 15.1)로 결합되어 있다. 각 줄이 두 개의 볼트로 연결되어 있을 때, 부재의 최대 허용하중 P를 구하라.

설계 결정: 볼트의 허용인장응력은 20 ksi이고 허용전단응력은 12 ksi이다.

15.36 그림 P15.36과 같이 강철 다리는 볼트로 되고 좁은 통로의 브래킷은 최대 강도는 P = 5 ksi이고, 안전율은 n = 2.3이다. 볼트의 나사크기를 구하라.

주어진 값: 표 15.4에서 SAE 등급 5의 강철 볼트와 보증응력 S_p = 85 ksi.

15.37 브래킷은 볼트에 의해 부착되어 있다. 이 볼트는 각각 P = 500 lb인 하중을 고정해야만 한다. 안전율 n = 3이다.

a. SAE 등급 2 UNC 볼트를 구하라.

[그림 P15.35]

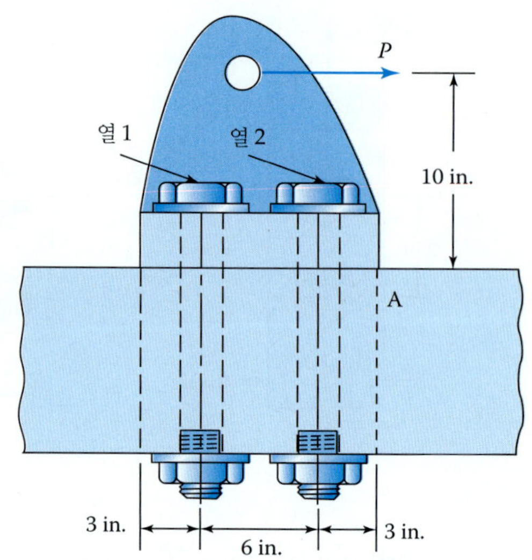

[그림 P15.36]

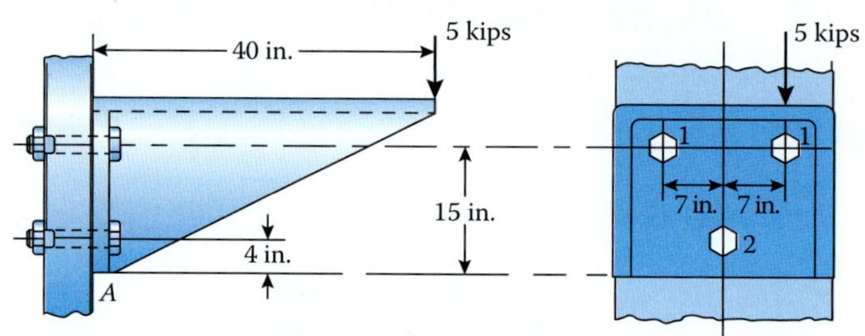

b. 너트의 길이를 구하라[사례연구 18.7의 식 (15.19a)를 참조하라].

가정: 하중은 동등하게 분배되고 응력집중계수 $K_t = 4$이다.

15.38 안전율 $n = 5$이고 하중 $P = 800$ lb일 때 문제 15.37를 다시 풀어라.

15.39 $M20 \times 2.5$인 보통 강철 볼트(표 15.2)는 부품을 수평으로 된 기둥으로 연결한다. 그림 P15.39에 나와 있다. P의 최대 허용값을 구하라.

설계 결정: 볼트의 허용인장응력은 145 MPa이고 허용전단응력은 80 MPa이다.

[그림 P15.39]

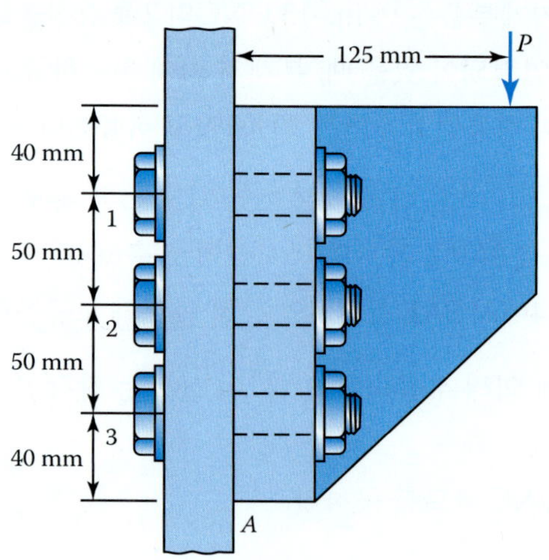

15.40 리벳이음은 10 kN의 하중을 지지한다(그림 P15.40). 브래킷에서 가장 많이 하중을 받는 리벳의 힘은 무엇인가? 20 mm 리벳의 전단응력의 값과 만약 거싯(gusset)의 두께가 15 mm라면 베어링 전단응력을 구하라.

주어진 값: $P = 10$ kN이다.

[그림 P15.40]

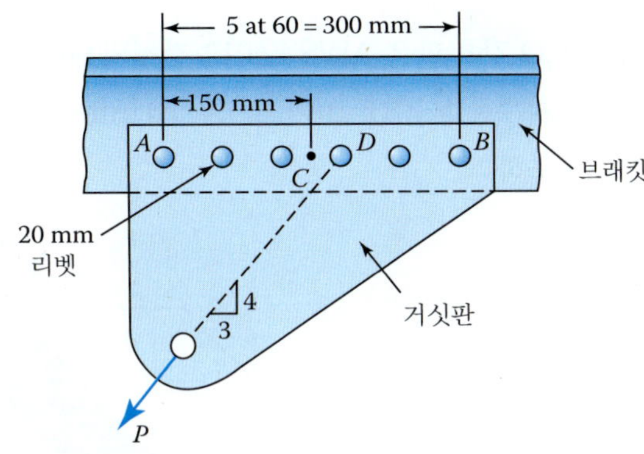

15.41 그림 P15.41에 나와 있는 리벳이음은 하중 P를 지지한다. 거리 d를 구하라.

설계 결정: 가장 하중을 많이 받는 리벳의 전단응력은 100 MPa이다.

주어진 값: 하중은 똑같이 $P = 50$ kN이다.

[그림 P15.41]

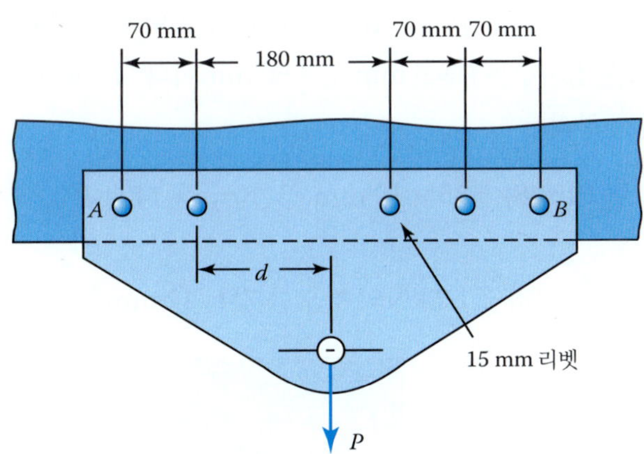

15.42 그림 P15.41에 나와 있는 리벳이음에 대한 하중 P를 구하라.

설계 결정: 리벳의 허용전단응력은 100 MPa이다.

주어진 값: $d = 90$ mm.

15.15절~15.18절

15.43 그림 15.26a에 나와 있는 판은 10 mm의 두께와 40 mm의 넓이를 가지고 철로 되어 있다($S_y = 250$ MPa). $h = 1$ mm, $L = 60$ mm 길이, $S_y = 350$ MPa 그리고 $S_{ys} = 200$ MPa로 필릿용접이 되어 있다. 안전율 $n = 2.5$이고 조인트에 의해 전달할 수 있는 하중 P를 구하라.

15.44 두 개의 5/8 in. 두께 AISI 1050의 표준강철판은 AWS, E6020, 용접봉(그림 15.25a)을 사용하는 맞대기용접 되어 있다. 용접길이는 똑같이 $L = 3.5$ in.이다. 안전율 $n = 4$인 연결에 적용할 수 있는 최대 인장하중을 구하라.

15.45 문제 15.44를 다시 풀어라. 그림 15.25b처럼 판은 전단하중을 받고 안전율 $n = 3$이다.

15.46 두 개의 AISI 1035 CD 강철판은 AWS E6012 강철막대(그림 P15.46)를 사용한 두 개의 필릿이 용접되었다. 용접치수는 $h = 8$ mm이고, $L = 70$ mm에 대해 안전율 $n = 3.5$에 적용할 수 있는 최대 인장하중을 구하라.

[그림 P15.46]

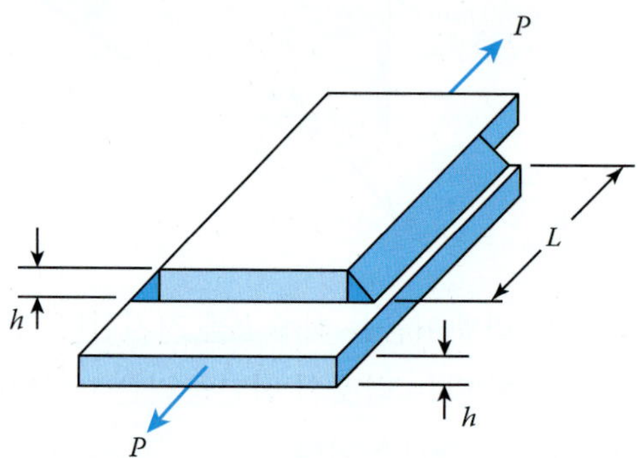

15.47 두 개의 AISI 1045 CD 강철판은 AWS E7014 강철 막대를 이용해 고속이중 필릿용접되었다(그림 P15.46). 용접치수는 $h = 5$ mm, $L = 60$ mm이다. $n = 4$의 안전율에 적용할 수 있는 최대 인장하중 P를 구하라.

15.48 기계 프레임(그림 P15.48)에 75 × 10 mm 강판($\sigma_{all} = 140$ MPa)의 연결 용접부의 길이 L_1과 L_2를 결정하라.

주어진 값: 선형 밀리미터당 1.2 kN의 강도를 갖는 12 mm 필릿용접

[그림 P15.48]

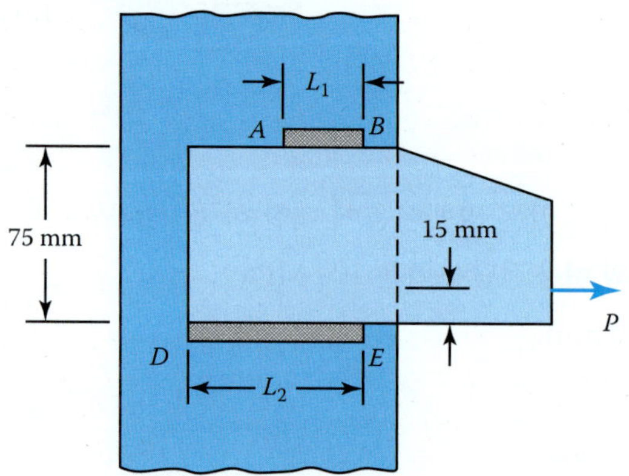

15.49 하중 $P = 3$ kips, 편심 $e = 10$ in.인 경우 그림 15.28의 브래킷에 필요한 용접크기를 계산하라.

설계 가정: 허용전단은 8 ksi, $L_1 = 4$ in.와 $L_2 = 5$ in이다.

15.50 부하가 2~4 kips 지속적으로 변화하는 경우 문제 15.49를 굿맨 기준을 적용하여 다시 풀어라.
주어진 값: $S_u = 60$ ksi, $n = 2.5$.

15.51 전극 E7014, 안전율 $n = 2.5$로 사용할 때 그림 P15.51에서 용접 L의 필요한 길이를 결정하라.
주어진 값: $P = 100$ kN, $a = 60$ mm, $h = 12$ mm.

[그림 P15.51]

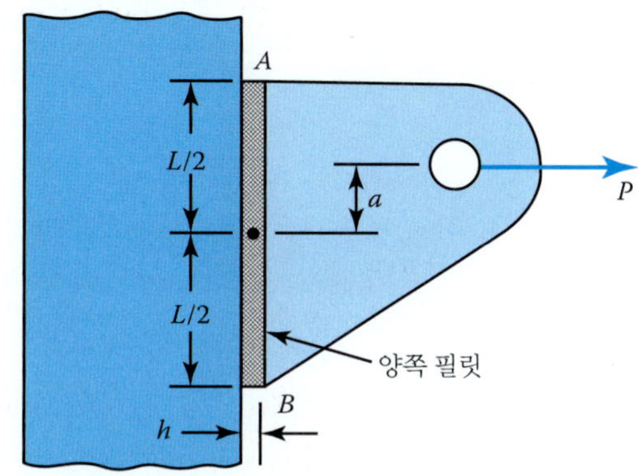

15.52 하중 P가 80~120 kN 범위에서 지속적으로 작용할 때 문제 15.24를 다시 풀어라.
설계 결정: 소더버그 기준을 사용한다.

15.53 그림 P15.51에서 하중 P는 0에서 P_{max}까지 지속적으로 변화하고, 전극 E6010이 사용되는 경우, P의 값을 결정하라(안전율 2, 굿맨의 기준 적용).

15.54 판은 경사 힘 P =10 kips 받고, 그림 P15.54에 도시된 바와 같이, 프레임 판을 부착하기 위해 필요한 두 용접의 크기 h를 계산하라.
설계 결정: 용접재료는 $n = 3$, $S_y = 50$ ksi.

[그림 P15.54]

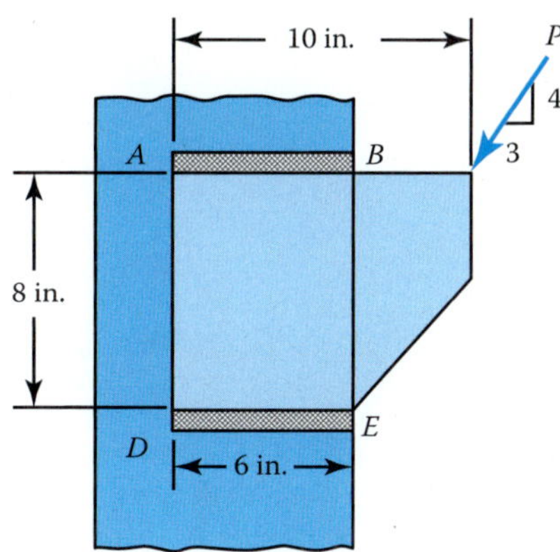

15.55 그림 P15.54에서 하중 P의 값은 연속적으로 2에서 10 kips 사이 범위이다. $S_u = 60$ kips와 $n =$ 1.5를 사용하여 요구되는 용접크기를 결정하라(굿맨 기준 채택).

CHAPTER 16

설계에서 축대칭 문제

16.1 서론

축대칭 하중을 받는 구조재의 기본적인 문제는 반지름 좌표로 정의된다. 전형적인 예로 후벽(thick-walled) 실린더, 플라이휠, 압축과 수축 끼워맞춤, 단순 굽힘이 작용하는 곡선보, 얇은 막의 실린더가 있다. 이 장에서는 주로 재료역학과 탄성학의 방법을 적용하여 이러한 종류의 기계와 구조재의 정확한 응력 분포를 살펴본다. 16.6절과 16.7절에서는 안전하고 신뢰할 수 있는 설계를 위해 열가소성 응력, 재료강도 그리고 적절한 파괴 이론 등이 고려될 것이다. 16.9절에서는 주로 원판의 대칭 굽힘, 축대칭 하중의 셸(shell), 복합재료 실린더(filament-wound cylinder)에 대해 논의될 것이다.

결론부에서는 축방향 압축하에서의 얇은 막 실린더의 좌굴과 용기 안에서의 임계 압력 등이 다루어질 것이다. 구조재의 축대칭 응력과 변형을 다루는 여러 다른 실제적 문제는 접합점(juncture)을 보강한 링, 호스(hoses), 반원의 둥근 천장, 다양한 지름을 가진 원형축의 비틀림, 구멍(cavity) 주위의 응력 그리고 맞닿은 두 구(sphere) 사이의 압력 등에 대한 것이다. 축대칭 하중이 있는 부재의 더욱 상세한 설명은 [1-4]에 있다.

16.2 기본 관계식

각 부재 단면의 응력 및 변형 분포를 알 수 있도록 축하중 부재, 원형 막대의 비틀림, 보 굽힘의 경우 변형과 관련하여 가정을 단순화시킨다. 기본적인 가정으로는 연속적인 하중이 가해질 때 단면의 모양은 변하지 않는다. 하지만 축대칭이고 더욱 복잡한 문제에서는 변형과 관련된 이러한 가정이 불가능하다. 그래서 훅의 법칙(Hooke's law)에서 발표된 일반적인 미소 요소에 대한 분석이 시작되어 어떤 요소든지 그 응력과 변형을 알 수 있는 해결책이 만들어졌다. 부재의 경계에서는 알고 있는 힘 또는 변형의 평형이 관련된 미소 요소에 대해서 만족되어야 한다.

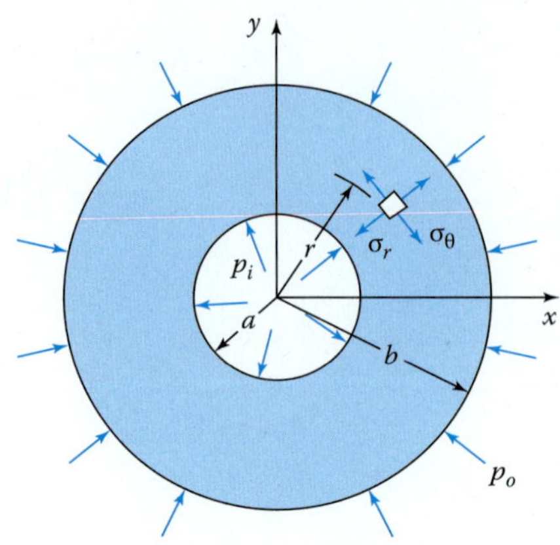

[그림 16.1]
후벽 실린더

여기서 우리는 후벽(thick-wall) 실린더의 기하학과 표기법과 관련된 축대칭 2차원 문제의 기본적인 관계를 나타내었다(그림 16.1). 실린더의 안쪽 반지름은 a이고 바깥쪽 반지름은 b이다. 압력에 의해서 실린더 중심으로부터 r만큼 떨어진 곳에 접선응력 σ_θ과 반지름방향 응력 σ_r이 작용한다. 그림 16.2에 나타나 있듯이 실린더로부터 분리된 단위 두께의 전형적인 미소 요소는 두 반지름 r과 $r + dr$ 그리고 각 $d\theta$가 있다. F_r은 반지름방향의 단위 부피당 체적력이다. 대칭 조건은 응력과 변형률이 θ에 독립적이며 전단력이 0이 되어야 하는 것을 나타낸다. 요소의 평행한 면에 작용하는 반지름방향 응력은 $d\sigma_r$에 의해 달라지지만 접선응력은 요소의 면에 따라 변하지 않는다는 것을 주의해야 한다. 회전과 축대칭 하중을 받고 있는 구조물에서는 접선응력이 없을 수 있다. 즉 $\upsilon = 0$이다. 요소에 나타낸 점은 하중에 따른 반지름방향 변위 u를 갖는다.

체적력이 없는 경우 식 (3.53)으로 표현될 수 있고 식 (3.55)와 (2.6)은 아래의 개요에 주어진대로 극좌표(polar coordinate)로 나타낼 수 있다.

평형방정식

$$\frac{d\sigma_r}{dr} + \frac{\sigma_r - \sigma_\theta}{r} = 0 \tag{16.1}$$

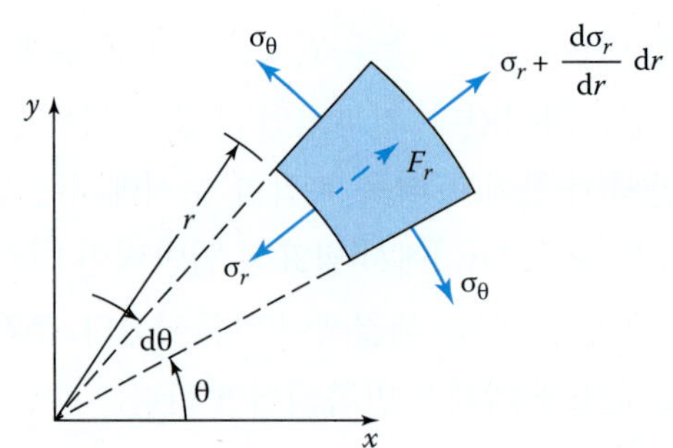

[그림 16.2]
단위 두께 방향 응력요소

응력-변형률 관계식

$$\varepsilon_r = \frac{du}{dr}, \quad \varepsilon_\theta = \frac{u}{r} \tag{16.2}$$

전단변형률 $\gamma_{r\theta} = 0$이다. 여기서 ε_θ와 ε_r은 각각 접선방향 변형률과 반지름방향 변형률을 나타낸다. 식 (16.2)의 첫 부분에 두 번째 식을 대입하면 변형률 사이의 단순한 형태의 적합방정식을 얻을 수 있다. 이는 요소의 점과 점 사이의 변형률 변화를 기하학적으로 가능한 형태로 나타내게 해준다.

훅의 법칙

$$\varepsilon_r = \frac{1}{E}(\sigma_r - \nu\sigma_\theta), \quad \varepsilon_\theta = \frac{1}{E}(\sigma_\theta - \nu\sigma_r) \tag{16.3}$$

E는 탄성계수이고 ν는 푸아송비(Poisson's ratio)이다. 위 식들은 특정한 *경계조건*(boundary conditions)을 가진 2차원 축대칭 문제에서 유일 해를 갖기 위한 충분조건이다. 후벽(thick-wall) 실린더, 회전 디스크, 곡선보의 단순 굽힘 등의 응용문제들은 다음 절에 설명되어 있다.

16.3 압력이 작용하는 후벽 실린더

원형 실린더는 대개 얇은 벽과 두꺼운 벽으로 분류된다. 얇은 벽 실린더의 경우 접선응력은 두께방향으로 상수로 간주된다. 벽 두께가 안쪽 반지름의 10% 이상이 되면 보통 두꺼운 벽으로 본다. 이러한 경우 반지름방향의 응력 변화는 더 이상 무시되지 않는다. 여기에서 다루어질 후벽 실린더는 압력용기, 파이프, 총렬관(gun tube) 등이 있으며 이와 같은 것은 산업에서 널리 사용되고 있다.

16.3.1 기초 관계식의 해

균일한 내외 압력이 작용하는 후벽 실린더는 변형이 z축에 대하여 대칭이다. 식 (16.1)과 (16.2)의 평형조건과 변형률-변위 관계식은 실린더부터 오려낸 단위 길이의 링의 어느 점에도 적용된다(그림 16.1). 실린더의 양쪽이 열리고 구속되지 않으면 $\sigma_z = 0$이 되어야 되므로 실린더는 평면응력조건이 된다. 그러면 훅의 법칙, 즉 식 (16.3)에 의해 변형률은 다음과 같다.

$$\begin{aligned} \frac{du}{dr} &= \frac{1}{E}(\sigma_r - \nu\sigma_\theta) \\ \frac{u}{r} &= \frac{1}{E}(\sigma_\theta - \nu\sigma_r) \end{aligned} \tag{16.4}$$

위 식은 반지름방향 응력과 접선응력을 나타내고, 반지름방향 변위 식으로 나타내면 다음과 같다.

$$\sigma_r = \frac{E}{1-\nu^2}(\varepsilon_r + \nu\varepsilon_\theta) = \frac{E}{1-\nu^2}\left(\frac{du}{dr} + \nu\frac{u}{r}\right)$$

$$\sigma_\theta = \frac{E}{1-\nu^2}(\varepsilon_\theta + \nu\varepsilon_r) = \frac{E}{1-\nu^2}\left(\frac{u}{r} + \nu\frac{du}{dr}\right) \tag{16.5}$$

이 식을 식 (16.1)에 대입하면 원하는 미분방정식이 나온다.

$$\frac{d^2u}{dr^2} + \frac{1}{r}\frac{du}{dr} - \frac{u}{r^2} = 0 \tag{16.6}$$

이 등차원 식의 해는 다음과 같다.

$$u = c_1 r + \frac{c_2}{r} \tag{16.7}$$

응력은 식 (16.5)에 식 (16.7)을 넣어서 적분상수 c_1과 c_2로 나타낼 수 있다.

$$\sigma_r = \frac{E}{1-\nu^2}\left[c_1(1+\nu) - c_2\left(\frac{1-\nu}{r^2}\right)\right] \tag{a}$$

$$\sigma_\theta = \frac{E}{1-\nu^2}\left[c_1(1+\nu) - c_2\left(\frac{1-\nu}{r^2}\right)\right] \tag{b}$$

16.3.2 실린더의 응력과 반지름방향 변위

내외 압력 p_i와 p_o을 각각 받고 있는 실린더의 경우 경계조건은 다음과 같다.

$$(\sigma_r)_{r=a} = -p_i, \quad (\sigma_r)_{r=b} = -p_o \tag{16.8}$$

앞서 음수는 보통 압축응력에 사용된다. 상수들은 식 (a)에 식 (16.8)을 대입하여 구하고 그 결과들을 식 (16.7a)와 (16.7b)에 넣으면 반지름방향 및 접선의 응력과 변위를 다음과 같이 구할 수 있다.

$$\sigma_r = \frac{a^2p_i - b^2p_o}{b^2-a^2} - \frac{(p_i - p_o)a^2b^2}{(b^2-a^2)r^2} \tag{16.9}$$

$$\sigma_\theta = \frac{a^2p_i - b^2p_o}{b^2-a^2} - \frac{(p_i - p_o)a^2b^2}{(b^2-a^2)r^2} \tag{16.10}$$

$$u = \frac{1-\nu}{E}\frac{(a^2p_i - b^2p_o)}{b^2-a^2} + \frac{1+\nu}{E}\frac{(p_i - p_o)a^2b^2}{(b^2-a^2)r^2} \tag{16.11}$$

이 식들은 1833년 프랑스 과학자 레임(G. Lame)에 의해 유도되었다. 만약 p_i가 p_o보다 크면 σ_r의 최댓값은 $r = a$에서 일어나며 값은 p_i가 되고 p_i가 p_o보다 작으면 σ_r의 최댓값은 $r = b$에서 일어나며 그 값은 p_o가 된다. 반면 최대 σ_θ는 압력 비에 따라 안쪽 또는 바깥쪽 가장자리에서 일어난다.

실린더의 어느 점에서 최대 전단응력은 식 (16.9)와 (16.10)을 통해 다음과 같이 구할 수 있다.

$$\tau_{\max} = \frac{1}{2}(\sigma_\theta - \sigma_r) = \frac{(p_i - p_o)a^2b^2}{(b^2 - a^2)r^2} \tag{16.12}$$

$p_o = 0$과 $r = a$에서의 응력의 최댓값은

$$\tau_{\max} = \frac{p_i b^2}{b^2 - a^2} \tag{16.13}$$

주응력 면(σ_r과 σ_θ)과 각이 45°되는 평면에서 일어난다. $\tau_{\max} = S_y/2$라고 했을 때 p_y는 안쪽 면의 항복 시작하는 압력이다.

$$p_y = \frac{b^2 - a^2}{2b^2} S_y \tag{16.14}$$

여기서 S_y는 인장 항복강도이다.

압력이 가해지는 *양쪽이 막힌 실린더*의 경우 세로 응력이 σ_r와 σ_θ에 더해진다. 양단에서 어느 정도 떨어진 곳의 가로 단면의 경우 σ_z는 막두께 전체에 균일하게 분포하게 된다. 세로방향 응력의 크기는 실린더 막의 내부 z 방향 힘에 기인하여 끝단에 작용하는 정미 힘(net force)을 계산하여 얻을 수 있다.

$$\sigma_z = \frac{p_i a^2 - p_o b^2}{b^2 - a^2} \tag{16.15}$$

여기서 실린더의 양단이 구속되지 않았다고 가정하였다. 또한 식 (16.9)에서 식 (16.15)는 양단에서 멀리 있을 경우 사용 가능하다. 실린더와 실린더 뚜껑 사이에 변형률과 응력을 결정하는 어려운 문제는 다루지 않았다. 이는 탄성학적 이론에서 일반 3차원 문제에 해당하므로 보통 실험적인 접근 또는 유한요소법을 이용하여 다뤄진다. 얇은 막 실린더의 끝단 뚜껑 부근의 응력은 16.12절에 나와 있다.

16.3.3 특수 예

16.3.3.1 내부 압력만 작용하는 경우

이러한 경우 $p_o = 0$이고 식 (16.9)에서 식 (16.11)에 의해

$$\sigma_r = \frac{a^2 p_i}{b^2 - a^2}\left(1 - \frac{b^2}{r^2}\right) \tag{16.16a}$$

$$\sigma_\theta = \frac{a^2 p_i}{b^2 - a^2}\left(1 + \frac{b^2}{r^2}\right) \tag{16.16b}$$

$$u = \frac{a^2 p_i r}{E(b^2 - r^2)}\left[(1-\nu) + (1+\nu)\frac{b^2}{r^2}\right] \tag{16.16c}$$

$b/r \geq 1$ 때문에 σ_r은 항상 압축응력이며 $r = a$에서 최댓값이 된다. σ_θ는 항상 인장응력이며 $r = a$에서 또한 최댓값을 갖는다.

$$\sigma_{\theta,\max} = p_i \frac{b^2 + a^2}{b^2 - a^2} \tag{16.17}$$

외부 압력이 존재하지 않는 경우 응력과 반지름방향 거리의 변화를 기술하기 위해서는 그림 16.3a처럼 무차원 응력 및 변위가 무차원 반지름과 함께 그려져야 한다.

16.3.3.2 외부 압력만 작용하는 경우

이러한 경우 $p_i = 0$이고 식 (16.9)에서 식 (16.11)에 의해

$$\sigma_r = -\frac{b^2 p_o}{b^2 - a^2}\left(1 - \frac{a^2}{r^2}\right) \tag{16.18a}$$

$$\sigma_\theta = -\frac{b^2 p_o}{b^2 - a^2}\left(1 + \frac{a^2}{r^2}\right) \tag{16.18b}$$

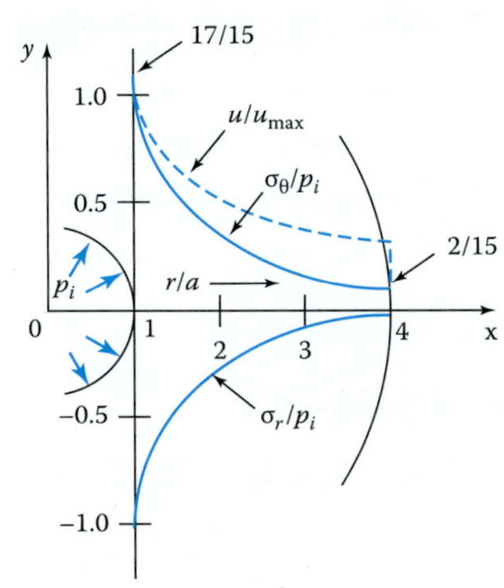

[그림 16.3]
내부 압력하의 후벽 실린더 응력 및 변위 분포($b/a = 4$)

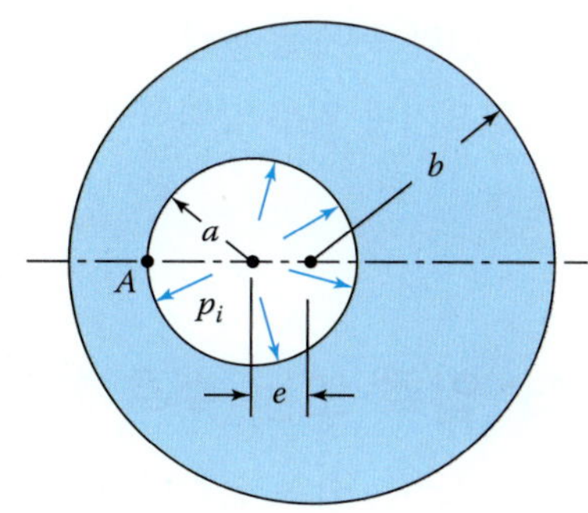

[그림 16.4]
내부 압력하의 편심 구멍을 가진 후벽 실린더($e < a/2$)

$$u = -\frac{b^2 p_o r}{E\left(b^2 - a^2\right)}\left[(1-\nu)+(1+\nu)\right]\frac{a^2}{r^2} \tag{16.18c}$$

$a^2/r^2 \geq 1$이므로 최댓값 σ_r은 $r = b$에서 일어나며 항상 압축이다. 최댓값 σ_θ는 $r = a$에서 발견되며 마찬가지로 항상 압축이다.

$$\sigma_{\theta,\max} = -2p_o \frac{b^2}{b^2 - a^2} \tag{16.19}$$

16.3.3.3 편심 구멍을 가진 실린더

편심 구멍을 가진 실린더와 관련된 문제는 제프리(G. B. Jeffrey)에 의해 유도되었다[3]. $p_o = 0$이고 편심률 $e < a/2$인 경우(그림 16.4), 최대 전단응력은 가장 얇은 내부 표면에서 일어난다. 결과는 다음과 같다.

$$\sigma_{\theta,\max} = p_i\left[\frac{2b^2\left(b^2 + a^2 - 2ae - e^2\right)}{\left(a^2 + b^2\right)\left(b^2 - a^2 - 2ae - e^2\right)} - 1\right] \tag{16.20}$$

$e = 0$일 때, 이는 식 (16.17)과 일치한다.

16.3.3.4 후벽의 구

후벽의 구(sphere)에 관한 식들은 후벽의 실린더에서 했던 방식과 유사하게 다음과 같은 절차에 따라 유도된다. 명료하게 그림 16.1의 표기법은 구의 지름 단면을 표현하는 그림과 함께 적용된다. 반지름 방향과 전단응력이 다음과 같이 표현될 수 있다.

$$\sigma_r = \frac{p_i a^3}{b^3 - a^3}\left(1 - \frac{b^3}{r^3}\right) - \frac{p_o b^3}{b^3 - a^3}\left(1 - \frac{a^3}{r^3}\right) \tag{16.21}$$

$$\sigma_\theta = \frac{p_i a^3}{b^3 - a^3}\left(1 + \frac{b^3}{2r^3}\right) - \frac{p_o b^3}{b^3 - a^3}\left(1 + \frac{a^3}{2r^3}\right) \tag{16.22}$$

후벽의 구는 높은 압력에서의 선박 등에 응용될 수 있다(즉, 깊은 바다의 잠수정). 이들은 다른 모양보다 더 작은 응력에서 항복을 일으키나 외부 압력하에서는 좌굴에 가장 강하다.

16.4 조합 실린더: 압축 또는 수축 끼워맞춤

조합 실린더(compound cylinder)는 안쪽 실린더에 바깥쪽 실린더를 *수축*(shrink) 또는 *압축 끼워맞춤*(press fitting)에 의해 만들어진다. 9.6절에 나타나 있듯이 압축 또는 수축 끼워맞춤을 *억지 끼워맞춤*이라고도 한다. 접촉압력(contact pressure)은 두 실린더 사이의 금속 마찰에 의해 발생한다. 조합 실린더의 예는 다양한 기계와 구조재, 압축기, 압출 프레스, 수로 등에서 볼 수 있다. 끼워맞춤은 축의 지름보다 약간 작게 허브구멍을 가공하여 만들어진다. 그림 16.5는 수축 끼워맞춤에 의해 축과 허브가 조립된 모습이다. 허브가 가열된 후 냉각되면서 수축하여 접촉한다. 접촉압력 p로 인한 응력과 변위는 앞 절의 식에서 쉽게 구할 수 있다.

그림 16.3으로부터 대다수의 재료가 내부 압력에 관련된 후벽 실린더에서 잘 사용되어지지 않는다는 것은 주목할 만하다(즉, 단지 가장 안쪽 측에서 높은 응력을 전달한다). 이러한 유사한 결론은 외부 압력만 작용하는 실린더에도 적용된다. 수축 또는 압축 끼워맞춤 또는 소성 유동에 의해 실린더는 더욱 강해지고 재료는 더욱 효과적으로 사용된다(16.7절). 두 경우는 모두 고압기술(high-pressured technology)에 쓰인다. 기술 논문에는 다층 실린더의 특별한 정보가 그래프와 공식으로 풍부하게 저술되어 있다[3].

조립되지 않은 단계에서는(그림 16.6a) 축의 바깥쪽 반지름이 허브의 안쪽 반지름보다 δ만큼 크다. 허브(hub) 반지름의 증가량 u_h는 식 (16.16c)를 사용하여 다음과 같이 얻어진다.

[그림 16.5]
기어에 부시를 압축 끼워맞춤

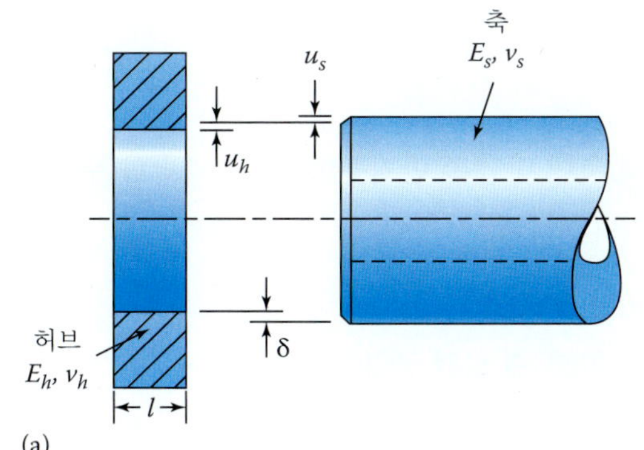

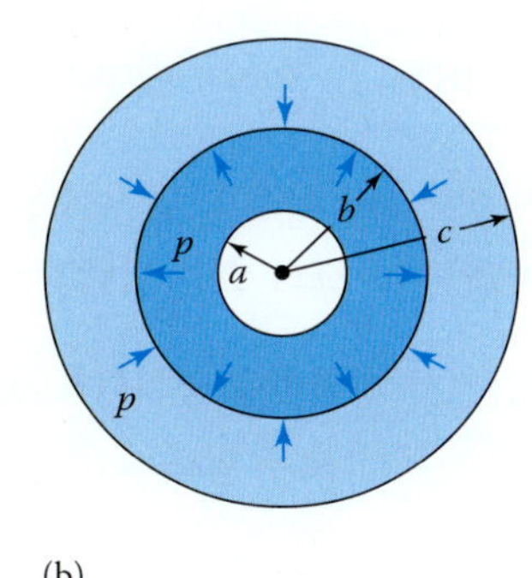

[그림 16.6]
수축 또는 압축 끼워맞춤 기호 표기.
(a) 미조립 부분
(b) 조립 후

$$u_h = \frac{bp}{E_h}\left(\frac{b^2+c^2}{c^2-b^2}+\nu_h\right) \tag{16.23}$$

축 반지름의 감소량 u_s는 식 (16.18c)를 이용하여 얻어진다.

$$u_s = -\frac{bp}{E_s}\left(\frac{a^2+b^2}{b^2-a^2}-\nu_s\right) \tag{16.24}$$

앞의 h, s는 허브와 축을 각각 나타낸다. *반지름 간섭*(radial interference) 또는 소위 수축 여유 δ는 확장 $|u_h|$와 축 수축 $|u_s|$ 합과 같다.

$$\delta = \frac{bp}{E_h}\left(\frac{b^2+c^2}{c^2-b^2}+\nu_h\right)+\frac{bp}{E_s}\left(\frac{a^2+b^2}{b^2-a^2}-\nu_s\right) \tag{16.25}$$

만약 허브와 축이 같은 재질($E_h = E_s = E$, $\nu_h = \nu_s$)이면, 식 (16.25)로부터 접촉압력을 구할 수 있다.

$$p = \frac{E\delta}{b}\frac{\left(b^2-a^2\right)\left(c^2-b^2\right)}{2b^2\left(c^2-a^2\right)} \tag{16.26}$$

그리고 허브의 응력과 변위는 접촉압력을 p_i로 놓고 식 (16.16)을 이용하여 구한다. 마찬가지로 접촉압력을 p_o라고 하면 축의 응력과 변위도 식 (16.18)을 이용하여 계산할 수 있다.

억지 끼워맞춤은 재료가 압축되어 있지 않은 상태에서 압축된 상태로의 급격한 변화를 겪을 때, 허브의 양단의 축과 허브에 응력집중이 생긴다. 각진 모서리에서의 응력집중을 줄이기 위해서는 축 반지름에 가까운 허브 면에서 설계변경이 이루어져야 한다. 보통 압축 또는 수축 끼워맞춤에서는 *응력집중계수*(stress concentration factor) K_t를 사용한다. 허브 설계에서 최대 굽힘응력과 접촉압력에 관련한 K_t 값은 보통 2를 넘지 않는다[5]. 대략적인 허브의 토크 용량은 축과 허브 사이에 마찰계수(coefficient of friction) $f = 0.15$를 기초로 만들어진다. AGMA 표준은 양 표면을 연삭 다듬질을 했을 경우 수축 또는 압축 허브는 $0.15 < f < 0.20$으로 한다.

예제 16.1 압축 끼워맞춤 설계

안쪽 반지름 a와 바깥쪽 반지름 b인 철재의 축이 바깥쪽 반지름이 c이고 축방향 두께 또는 허브 끼워맞춤 길이가 l인 디스크와 수축 끼워맞춤 되어 있다. 다음을 구하라.

a. 반지름 끼워맞춤 공차(The radial interference)
b. 양 부품에 모두 압력이 가해지기 위한 힘, 체결 토크 용량

주어진 값: $a = 25$ mm, $b = 50$ mm, $c = 125$ mm, 그리고 $l = 100$ mm,
재료상수 $E_s = 210$ GPa, $\nu_s = 0.3$, $E_h = 70$ GPa, and $\nu_h = 0.25$.

가정: 디스크의 최대 접선응력은 30 MPa을 넘지 않는다. 접촉압력은 균일하고, 마찰계수 $f = 0.15$이다.

풀이

a. $p_i = p$, $a = b$, $b = c$이며 식 (16.17)을 이용하면

$$p = \sigma_{\theta,\max}\frac{c^2 - b^2}{b^2 + c^2} = 30\frac{125^2 - 50^2}{50^2 + 125^2} = 21.72 \text{ MPa}$$

식 (16.25)로부터 다음과 같이 구할 수 있다.

$$\delta = \frac{0.05(21.72)}{70\times10^3}\left(\frac{50^2 + 125^2}{125^2 - 50^2} + 0.25\right) + \frac{0.05(21.72)}{210\times10^3}\left(\frac{25^2 + 50^2}{50^2 - 25^2} - 0.3\right)$$
$$= 0.0253 + 0.0071 = 0.0324 \text{ mm}$$

b. 조립에 필요한 축 또는 접선 힘

$$F = 2\pi bpfl \tag{16.27a}$$

요구되는 수치를 직접 넣어주면

$$F = 2\pi(50)(21.72)(0.15)(100) = 102.4 \text{ kN}$$

압축 끼워맞춤으로 인한 토크 용량 또는 토크는

$$T = Fb = 2\pi b^2 fpl \tag{16.27b}$$

주어진 자료를 대입하면 다음과 같이 구할 수 있다.

$$T = 102.4(0.05) = 5.12 \text{ kN}\cdot\text{m}$$

예제 16.2 이중 정수로

그림 16.7에서 보듯이 안쪽에 얇은 막의 철재 실린더 라이너 또는 슬리브(E_s)가 있고 바깥쪽에 두꺼운 막의 콘크리트 파이프(E_c, ν_c)가 내부 압력 p_i를 받고 있다. 콘크리트 파이프(concrete pipe)에 전달되는 압력 p를 수식으로 표현하라.

설계 결정: 일반적인 경우

$$\frac{E_s}{E_c} = 15, \quad \nu_c = 0.2, \quad \frac{t}{a-t} = \frac{t}{a} \tag{a}$$

그리고 얇은 막 실린더의 경우 $a/t > 10$이므로 $a \pm t = a$이다.

풀이

슬리브가 내부 압력 p_i와 외부 압력 p를 받고 있다.

$$\sigma_\theta = \frac{p_i - p}{t}(a-t) = (p_i - p)\left(\frac{a}{t} - 1\right) \tag{b}$$

또한 훅의 법칙과 $r = a$인 식 (16.2)의 두 번째 식으로부터

$$\sigma_\theta = E_s \varepsilon_\theta = E_s \frac{u}{a} \tag{c}$$

식 (16.16c)를 이용하면 파이프 구멍($r = a$)의 반지름 변위는

$$u = \frac{pa}{E_c}\left(\frac{a^2 + b^2}{b^2 - a^2} + \nu_c\right) \tag{d}$$

식 (b)와 (c)로 u를 결정하고 그것을 식 (d)에 대입하면 표면 압력을 구할 수 있다. 이러한 방법으로 우리는 다음과 같이 구할 수 있다.

$$p = \frac{p_i}{1 + \left(\frac{E_s}{E_o}\right)\left(\frac{t}{a-t}\right)\left(\frac{a^2 + b^2}{b^2 - a^2} + \nu_c\right)} \tag{16.28}$$

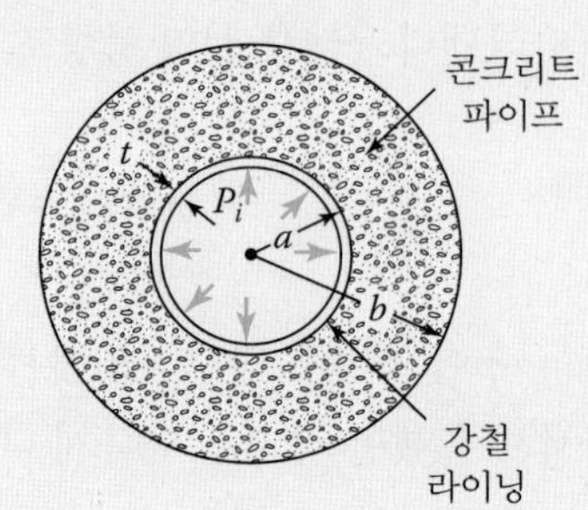

[그림 16.7]
예제 16.2

식 (a)를 앞의 식에 대입하면 표면 압력의 설계식을 구할 수 있다.

$$p = \frac{p_i}{1 + 15\left(\frac{t}{a}\right)\left(\frac{R^2+1}{R^2-1} + 0.2\right)} \tag{16.29}$$

여기서 파이프 반지름비(radius ratio)는 $R = b/a$이다. 이 식은 철재의 직선 콘크리트 도수로의 디자인 커브를 준비하는 데 이용될 수 있다[3].

평가: 식 (16.29)를 통해 슬리브 두께 t가 증가할수록 콘크리트에 전달되는 압력 p가 줄어드는 것을 알 수 있다. 그러나 어느 t/a비(ratio) 또는 R이 증가할수록 p도 증가한다.

16.5 원판 플라이휠

플라이휠(flywheel)은 토크 변화로 인한 축의 속도 변화를 부드럽게 해주는 곳에 자주 사용된다. 그래서 압축기, 펀치 프레스(예제 1.5), 암석 분쇄기, 내연기관 등의 크고 작은 기계류에서 찾아볼 수 있다. 이러한 부재들에서는 고속에서 상당한 응력이 발생한다. 이렇게 회전하는 디스크의 파괴는 특히 위험하므로 이러한 부재들의 응력 해석이 중요하다.

하이브리드-전기 자동차를 위한 에너지 저장 플라이휠의 설계는 현대 연구의 주요한 분야이다. 일정한 두께의 회전 환상디스크(rotating annular disk)인 *원판 플라이휠*(disk flywheel)은 높은 강도의 철판으로 만들어졌다[6]. 이 분야에서, 플라이휠의 평형과 에너지 관점에서의 접근이 설계 해석에서 주요한 점이다.

16.5.1 응력과 변위

그림 16.8은 축에 끼워진 안쪽 반지름 a, 바깥쪽 반지름 b와 허브(hub) 맞물림 길이 또는 축방향 두께 l을 가지는 플라이휠을 나타낸다. 두 부분 사이의 접촉압력을 p라 하면 디스크의 한 요소에는 밖으로 향하는 구심력 $F_r = \rho\omega^2 r$이 작용한다(그림 16.2). 여기서 ρ는 질량밀도($N \cdot s^2/m^4$ 또는 $s^2/in.^4$)이고, w는 각속도 또는 각속력(rad/s)을 나타낸다. 식 (16.1)의 평형조건은 다음과 같이 된다.

$$\frac{d\sigma_r}{dr} + \frac{\sigma_r - \sigma_\theta}{r} + \rho\omega^2 r = 0 \tag{16.30}$$

경계조건은 안쪽 면($r = a$)에서 $\sigma_r = -p$이고 바깥 면 ($r = b$)에서 $\sigma = 0$가 된다.

식 (16.30)의 풀이는 16.2절에서 이용했던 것과 유사하게 다음의 과정을 따라 얻을 수 있다. 접촉압력 p와 각속도 ω로 인해 디스크의 반지름방향 응력(σ_r), 접선방향 응력(σ_θ), 변위(σ_u)는 다음과 같이 나

[그림 16.8]
축에 끼워진 플라이휠

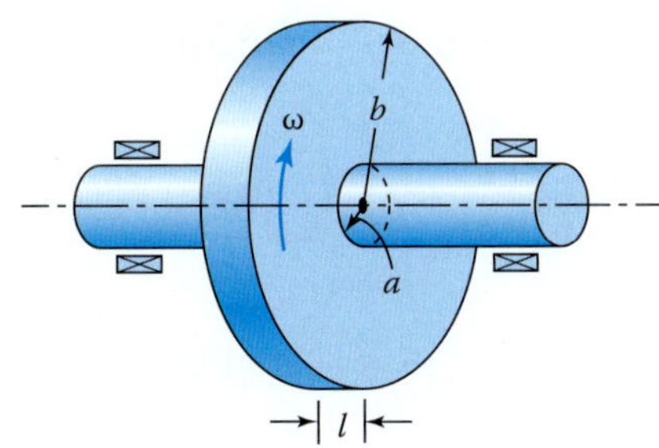

타낼 수 있다.

$$\sigma_r = \left(\sigma_r\right)_p + \frac{3+\nu}{8}\left(a^2 + b^2 - \frac{a^2b^2}{r^2} - r^2\right)\rho\omega^2 \tag{16.31a}$$

$$\sigma_\theta = \left(\sigma_\theta\right)_p + \frac{3+\nu}{8}\left(a^2 + b^2 - \frac{1+3\nu}{3+\nu}r^2 + \frac{a^2b^2}{r^2}\right)\rho\omega^2 \tag{16.31b}$$

$$u = \left(u\right)_p + \frac{(3+\nu)(1-\nu)}{8E}\left(a^2 + b^2 - \frac{1+\nu}{3+\nu}r^2 + \frac{1+\nu}{1-\nu}\frac{a^2b^2}{r^2}\right)\rho\omega^2 r \tag{16.31c}$$

여기서, $(\sigma_r)_p$, $(\sigma_\theta)_p$와 $(u)_p$는 $p_i = p$인 식 (16.16)에 의해 주어졌다. v는 푸아송비(Poisson's ratio)이다.

대부분의 경우에서 접선응력 σ_θ가 설계시 고려사항이다. 이 응력은 안쪽경계 $(r = a)$에서 최대이고 다음과 같다.

$$\sigma_{\theta,\max} = p\frac{a^2 + b^2}{b^2 - a^2} + \frac{\rho\omega^2}{4}\left[(1-\nu)a^2 + (3+\nu)b^2\right] \tag{16.32}$$

압력과 회전이 동시에 발생하는 앞의 문제와 같은 경우 중첩의 원리에 의해 풀이될 수 있다. 회전으로 인한 최대 반지름방향 응력은 $r = \sqrt{ab}$에서 발생하고 다음과 같이 주어진다.

$$\sigma_{r,\max} = \frac{3+\nu}{8}(b-a)^2\rho\omega^2 \tag{16.33}$$

내부 압력만으로 인하여, 최대 반지름방향 응력은 안쪽 경계에서 존재하고 $\sigma_{r,\max} = -p$와 같다.

일반적으로, 축의 내부응력과 변위는 무시된다. 그러므로 축에서 다음의 식을 가진다.

$$\begin{aligned} \sigma_r &= \sigma_\theta = -p \\ u &= -\frac{1-\nu}{E_s}pr \end{aligned} \tag{16.34}$$

그러나 접촉압력 p는 각속도 ω에 의존함을 기억해야 한다. 각속도 ω에서 주어진 접촉압력 p를 위해 요구되는 초기의 반지름방향의 간섭 δ는 식 (16.31c)와 (16.34)에서 얻을 수 있다. 따라서 $r = a$에서

$$\delta = \frac{ap}{Ed}\left(\frac{a^2+b^2}{b^2-a^2}+\nu\right)+\frac{ap}{E_s}(1-\nu)+\frac{a\rho\omega^2}{4E_d}\left[(1-\nu)a^2+(3+\nu)b^2\right] \tag{16.35}$$

이고, 여기서 E_d와 E_s는 디스크와 축의 상대적인 탄성계수를 나타낸다. 앞의 식은 양의 접촉압력을 유지하는 데 있어 타당하다.

예제 16.3 회전하는 날개의 설계 해석

끝단에서의 날카로워짐을 제외한 일정한 두께의 디스크가 종이나 얇은 합판을 자르는 절삭공구의 날개로 12,000 rpm으로 작동하며 사용되고 있다. 그림 16.9처럼 반지름이 1 in.인 축에 장착되어 있다. 다음을 구하라.

a. 최대 전단응력에 따른 안전율 n
b. 끝단에서의 최대 반지름응력과 변위의 값

가정: 절삭력은 상대적으로 작으며 절삭속력은 일정하다. 작용되는 하중도 일정(static)하다고 가정한다. 디스크의 바깥쪽 반지름은 5 in.이고 고정(clamping)으로 인한 응력은 무시된다.

설계 결정: 디스크 재료는 고강도 ASTM A242 강이다.

풀이

재료의 물성치는(표 B.1 참조)

$$\rho = \frac{0.284}{386} = 7.358\times10^{-4}\ \text{lb}\cdot\text{s}^2/\text{in.}^4,\quad \nu = 0.3$$

$$E = 29\times10^6\ \text{psi},\quad S_{ys} = 30\ \text{ksi}$$

이고,

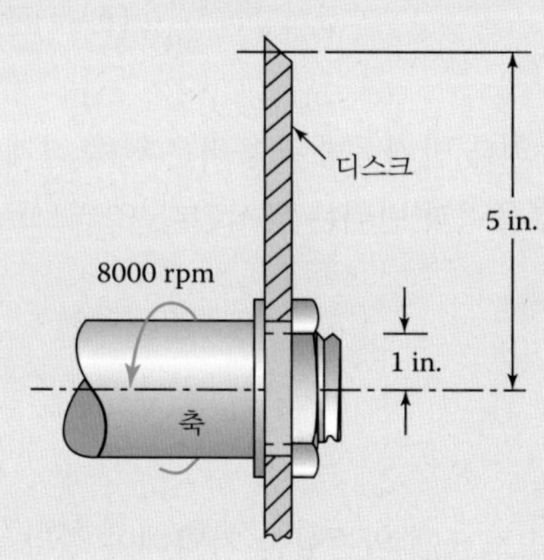

[그림 16.9]
예제 16.3. 회전하는 날개 (부분도)와 축의 조립품

$$\rho\omega^2 = 7.358\times 10^{-4}\left(\frac{12,000\times 2\pi}{60}\right)^2 = 1161.929$$

a. $p=0$인 식 (16.31b)로 표현된 접선응력은 다음의 형태를 갖는다.

$$\sigma_\theta = \frac{3+\nu}{8}\left(a^2+b^2-\frac{1+3\nu}{3+\nu}r^2+\frac{a^2b^2}{r^2}\right)\rho\omega^2$$

날개의 안쪽과 바깥쪽 모서리의 응력은 앞의 식으로부터

$$(\sigma_\theta)_{r=1} = \frac{3.3}{8}\left(1^2+5^2-\frac{1.9\times 1^2}{3.3}+\frac{1^2\times 5^2}{1^2}\right)(1161.929) = 24.17\text{ ksi}$$

$$(\sigma_\theta)_{r=5} = \frac{3.3}{8}\left(1^2+5^2-\frac{1.9\times 5^2}{3.3}+1^2\right)(1161.929) = 6.04\text{ ksi}$$

최대 전단응력은 안쪽면($r=1$ in.)에서 발생한다. $\sigma_r=0$.

$$\tau_{\max} = \frac{\sigma_\theta}{2} = \frac{24.17}{2} = 12.09\text{ ksi}$$

최대 전단응력설에 의거한 안전율은

$$n = \frac{S_{ys}}{\tau_{\max}} = \frac{30}{12.09} = 2.48$$

평가: 시작과 끝이 있다면 조건은 피로파괴 중의 하나이고, n의 더 낮은 값은 7.11절의 기술로부터 구할 수 있다.

b. 식 (16.33)으로부터 디스크의 최대 반지름방향 응력은

$$\sigma_{r,\max} = \frac{3+\nu}{8}(b-a)^2\rho\omega^2$$
$$= \frac{3.3}{8}(5-1)^2(1161.929) = 7.67\text{ ksi}$$

디스크의 반지름방향 변위는 $p=0$인 식 (16.31c) 로 표현된다. 따라서

$$(u)_{r=5} = \frac{(3.3)(0.7)}{8\times 29\times 10^6}\left(1^2+5^2-\frac{1.3\times 1^2}{3.3}+\frac{1.3\times 1^2}{0.7}\right)(1161.929)(5)$$
$$= 1.589\times 10^{-3}\text{ in.}$$

는 바깥 끝단의 반지름방향의 변위이다.

예제 16.4 플라이휠-축의 조립품 설계

지름이 400 mm인 플라이휠이 지름이 50 mm인 축에 끼워져 있다. 다음을 구하라.

a. 요구되는 반지름방향의 간섭
b. 조립품에서의 최대 접선방향의 응력
c. 접촉압력이 0이 될 때의 속력

요구조건: $n = 5000$ rpm의 최대속력에서 $p = 8$ MPa의 접촉압력은 유지된다.

설계 결정: 플라이휠과 축은 모두 $\rho = 7.8\ \text{kN}\cdot\text{s}^2/\text{m}^4$, $E = 200$ GPa, $\nu = 0.3$인 철재로 만들어졌다.

풀이

a. 식 (16.35)를 적용하면

$$\delta = \frac{25(10^{-3})p}{200(10^9)}\left(\frac{25^2+200^2}{200^2-25^2}+1\right)+\frac{25(7.8)\omega^2}{4(200\times10^9)}\left[0.7(0.025)^2+3.3(0.2)^2\right]$$

$$=(0.254p+32.282\omega^2)10^{-12} \tag{a}$$

이고, $p = 8$ MPa, $\omega = 5000(2\pi/60) = 523.6$ rad/s을 넣으면 식 (a)는 $\delta = 0.011$ mm가 된다.

b. 식 (16.32)를 이용하면

$$\sigma_{\theta,\max} = 8\frac{25^2+200^2}{200^2-25^2}+\frac{7800(523.6)^2}{4}\left[0.7(0.025)^2+3.3(0.2)^2\right]$$

$$=8.254+70.80=79.05\ \text{MPa}$$

c. 식 (a)에 $\delta = 0.011\times10^{-3}$ m, $p = 0$를 넣으면

$$\omega=\left(\frac{0.011\times10^9}{32.282}\right)^{1/2}=583.7\ \text{rad/s}$$

그러므로 다음과 같이 쓸 수 있다.

$$n=583.7\frac{60}{2\pi}=5574\ \text{rpm}$$

평가: 이 속력에서 끼워맞춤은 완전히 영향이 없다.

앞에서 말한 일정한 두께의 디스크는 최적으로 사용되지 않는다. 종종 디스크는 평평하지 않고, 가장자리보다 중심부분에서 더 두꺼워진다. 다른 형상의 회전디스크는 평평한 디스크보다 많은 장점을 가지고 있고, 가변 두께와 일정한 응력을 가진다. 이러한 경우에 여기서 말한 절차들은 수정되어야 한

다. 이 형태의 많은 문제는 [1, 2]에서 다루었다.

16.5.2 에너지 저장

무거운 디스크들은 종종 입출력 파워의 변화에도 불구하고 기계의 일정한 속력 유지를 위해 에너지를 저장하는 플라이휠로써 사용된다. 플라이휠은 시스템의 속도가 올라갈 때 에너지를 흡수, 저장하고 회전속도가 느려지면 에너지를 방출한다. ω_{max}로부터 ω_{min}까지 속력의 변화로 인한 플라이휠에 저장된 운동에너지의 변화 ΔE_k는 식 (1.10)에 의해 다음과 같다.

$$\Delta E_k = \frac{1}{2} I \left(\omega_{max}^2 - \omega_{min}^2 \right) \tag{16.36}$$

바깥쪽 반지름 b, 안쪽 반지름 a(그림 16.8)인 환상 디스크 플라이휠의 축에 대한 질량 관성모멘트 I는 다음과 같이 주어진다.

$$I = \frac{\pi}{2g} \left(b^4 - a^4 \right) l\gamma \tag{16.37}$$

디스크의 중량은 다음과 같다.

$$W = \pi \left(b^2 - a^2 \right) l\gamma \tag{16.38}$$

여기서

l = 허브 물림의 길이

γ = 비중량(specific weight) ρg

g = 중력가속도

식 (16.37)에 식 (16.38)을 대입하면

$$I = \frac{W}{2g} \left(b^2 + a^2 \right) \tag{16.39}$$

보존계에서 운동에너지의 변화는 일 출력으로 이용할 수 있다.

$$\Delta E_k = T \Delta \phi \tag{16.40}$$

여기서 T는 토크이고 $\Delta\phi$는 디스크의 각회전 변화의 라디안(radian) 값이다.

보통 플라이휠의 설계에는 두 단계가 있다[6]. 첫째로, 식 (16.40)에서 매끄러움(smoothing)이 요구되는 각도가 필요한 에너지의 양을 알 수 있고, 식 (16.36)에서 에너지 흡수에 필요한 관성모멘트가 계산된다. 그러면 플라이휠의 형상은 식 (16.39)에 의해 정의된다.

예제 16.5 플라이휠의 제동토크 요구량

바깥지름 D, 안지름 d, 중량 W인 플라이휠이 n의 속력으로 회전한다. 1/3 회전 안에 멈출 수 있는 평균제동토크를 구하라.

주어진 값: $D = 10$ in., $d = 2$ in., $W = 30$ lb, $n = 3600$ rpm.

풀이

식 (16.36)과 (16.40)으로부터

$$T\phi = \frac{1}{2} I\omega^2 \tag{16.41}$$

여기서

$\phi = 2\pi/3$ rad

$\omega = 3600(2\pi/60) = 377$ rad/s

$I = \dfrac{30}{2(386)}\left(5^2 + 1^2\right) = 1.01\ \text{lb} \cdot \text{s}^2 \cdot \text{in.}^4$

그러므로 다음과 같이 쓸 수 있다.

$$T = \frac{1.01(377)^2}{2(2\pi/3)} = 34.27\ \text{kips} \cdot \text{in.}$$

*16.6 실린더 내부의 열응력

여기서는 축대칭 온도분포 $T(r)$에 따른 응력과 변형에 대해 다룬다. 예를 들면 열교환기 튜브, 화학반응기 베셀, 클래드(clad) 반응기 요소, 로켓의 노즐 부분, 원주형 냉각핀, 터빈 디스크 등이 여기에 해당한다. 변형은 축에 대해 대칭이므로 16.3절에서 방법을 사용할 수 있다. 본 절의 결과는 정적이고 정상상태의 가운데 구멍이 난 원통 문제에 국한한다(그림 16.10).

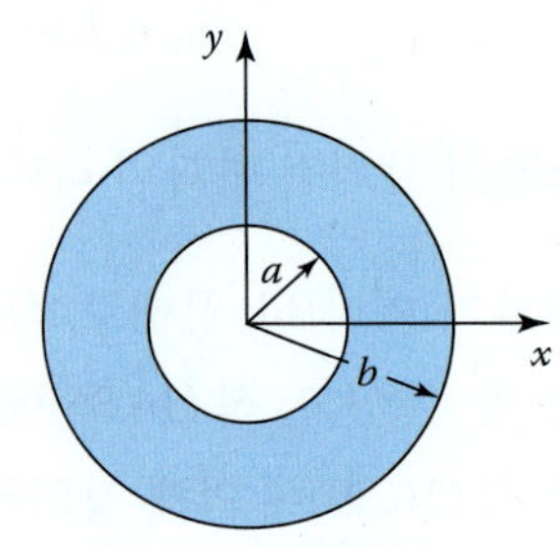

[그림 16.10]
열하중이 작용하는 긴 원형 실린더의 단면도

16.6.1 정상류 온도 변화 $T(r)$

안쪽 면($r = a$)과 바깥쪽 면($r = b$)에서의 실린더 벽의 온도가 각각 T_a와 T_b일 때, 온도분포는 다음과 같은 형태로 표현할 수 있다[2].

$$T = \frac{T_a - T_b}{\ln(b/a)} \ln \frac{b}{r} \tag{16.42}$$

이 표현은 후벽 실린더(thick-walled cylinder)의 정상상태 온도분포를 결정하는 데 사용된다[4]. 결과는 다음과 같다.

$$\sigma_r = \frac{\alpha E(T_a - T_b)}{2(1-\nu)\ln(b/a)} \left[-\ln\frac{b}{r} - \frac{a^2(r^2 - b^2)}{r^2(b^2 - a^2)} \ln\frac{b}{a} \right] \tag{16.43}$$

$$\sigma_\theta = \frac{\alpha E(T_a - T_b)}{2(1-\nu)\ln(b/a)} \left[1 - \ln\frac{b}{r} - \frac{a^2(r^2 + b^2)}{r^2(b^2 - a^2)} \ln\frac{b}{a} \right] \tag{16.44}$$

$$\sigma_z = \frac{\alpha E(T_a - T_b)}{2(1-\nu)\ln(b/a)} \left[1 - 2\ln\frac{b}{r} - \frac{2a^2}{(b^2 - a^2)} \ln\frac{b}{a} \right] \tag{16.45}$$

$b/a = 2$인 특별한 경우의 실린더 벽의 무차원 온도 분포와 응력을 그림 16.11에서 보여준다. 그림에서 바깥면에서의 접선방향 응력 σ_θ과 축방향 응력 σ_z이 같고 인장 응력임을 알 수 있다. 이것은 내부 가열이 물질의 외부 균열을 야기하고 콘크리트 벽 배관과 굴뚝 등이 장력에 왜 약한가를 설명한다. 반면에 반지름방향의 응력은 모든 지점에서 압축력이고, 실린더 내, 외부 모서리에서 0이 된다.

실제로 화학반응 압력용기에서처럼 대개 열응력에 압력하중이 첨가되는 것에 주의해야 한다. 이

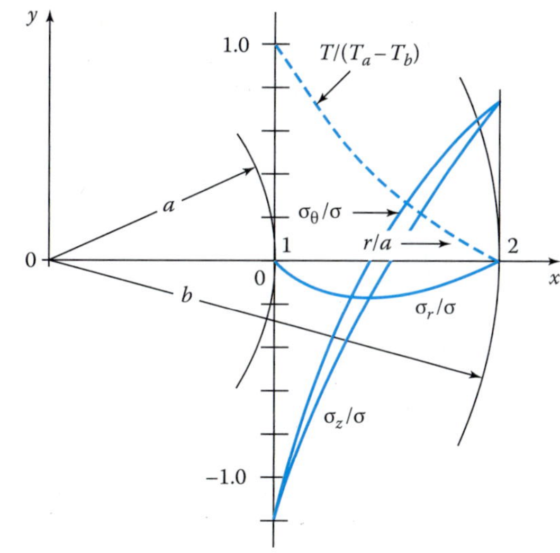

[그림 16.11]
후벽 실린더의 열응력 분포($b/a = 2$, $T_a > T_b$,
주: $\sigma = \alpha E(T_a - T_b)/2(1-\nu)$)

러한 경우 내부 압력은 접선방향 응력을 만들고(그림 16.3), 온도에 의한 압축응력의 부분적 소멸을 야기한다. 또한 실린더(또는 디스크)가 회전할 때, 관성에 의한 응력에 온도변화와 압력에 의한 응력이 추가된다.

16.6.2 특별한 경우

엔진, 압축기(compressor)와 같은 실린더 외형을 갖는 *얇은 벽 실린더*(thin-walled cylinder)에서는 식 (16.45)로 간단히 표현할 수 있다. 이 경우에는 온도 분포가 거의 선형이고, 다음의 값을 가짐을 쉽게 증명할 수 있다.

$$(\sigma_\theta)_{r=a} = -\frac{E\alpha(T_a - T_b)}{2(1-\nu)}$$
$$(\sigma_\theta)_{r=b} = \frac{E\alpha(T_a - T_b)}{2(1-\nu)} \tag{16.46}$$

앞의 과정은 모서리가 고정되고 옆면이 가열된 환상판(annular plate)의 응력 표현과 일치한다. 또한 식 (16.46)은 *얇은 벽 구형셸*(thin-walled spherical shell)에도 충분한 정확도를 가진다.

*16.7 곡선보의 응력 완전해

갈고리 모양의 곡선보나 바, C-클램프, 프레스 프레임, 체인 링크 그리고 브래킷(brackets)은 기계나 구조물의 요소로서 자주 사용된다. 직사각형 횡단면에서 곡선보에서의 응력은 미리 3.7절에서 간단하게 논의되었다. 여기서는 처음으로 곡선 바나 프레임에 대해 탄성이론과 재료역학의 응용으로 접근하고자 하며 탄성재료에 대해서만 다루기로 한다.

그림 16.12a는 곡률의 평면상에서 양 끝단에 같은 크기의 순수한 굽힘모멘트 M을 받고 있는 좁은 직사각형 횡단면의 보와 원형축을 나타내고 있다. 굽힘모멘트는 보의 길이에 따라서 일정하기 때문에 응력 분포는 모든 반지름방향(radial)의 횡단면에 대해 같다. 이것은 θ에 대한 축대칭과 관련된 평면 응력 문제의 경우이다. 하지만 이전의 장에서 다루었던 하중이 축대칭으로 작용하며 회전하는 부재에서와 달리 θ에 의존하는 접선방향의 변위[1]가 있다. 평형조건은 식 (16.1)에서

$$\frac{d\sigma_r}{dr} + \frac{\sigma_r - \sigma_\theta}{r} = 0 \tag{a}$$

와 같이 주어진다.

곡선으로 된 경계에서의 조건은 다음과 같다.

$$(\sigma_r)_{r=a} = (\sigma_r)_{r=b} = 0 \tag{b}$$

직선의 모서리(edge)나 끝단에서의 조건은 다음과 같이 표현된다.

$$t\int_a^b \sigma_\theta \, dr = 0, \quad t\int_a^b r\sigma_\theta \, dr = M \tag{c}$$

전단응력은 또한 보 전체에 걸쳐서 0값을 가진다.

식 (a)의 해는 16.2절에서 설명된 것과 어느 정도 유사한 방법으로 결정되어진다. 이것은 보에서 접선응력과 반지름응력 분포는 다음과 같이 표현될 수 있음을 보여주고 있다.

$$\sigma_r = \frac{4M}{tb^2N}\left[\left(1-\frac{a^2}{b^2}\right)\ln\frac{r}{a} - \left(1-\frac{a^2}{r^2}\right)\ln\frac{b}{a}\right] \tag{16.47}$$

$$\sigma_\theta = \frac{4M}{tb^2N}\left[\left(1-\frac{a^2}{b^2}\right)\left(1+\ln\frac{r}{a}\right) - \left(1+\frac{a^2}{r^2}\right)\ln\frac{b}{a}\right] \tag{16.48}$$

여기서,

$$N = \left(1-\frac{a^2}{b^2}\right)^2 - 4\frac{a^2}{b^2}\ln^2\frac{b}{a} \tag{16.49}$$

굽힘모멘트는 그림 16.12a에서와 같이 보의 곡률반지름이 감소하는 경향이 있을 때 양의 값을 갖는다. 부호 규약을 이용하면 식 (16.47)에서 결정된 σ_r은 항상 음의 값을 가지며 이것은 압축력을 의미한다. 유사하게 σ_θ가 양의 값으로 발견될 때 이것은 인장력이며, 그렇지 않으면 압축력이다. 단면 *mn*의 응력 그림은 그림 16.12b로 표현된다. 최대 응력 크기를 살펴보면 안쪽(오목)면의 최대 힘에 있다.

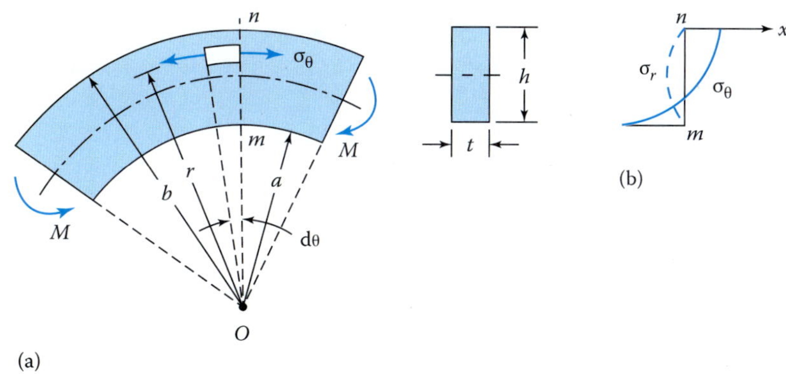

[그림 16.12]
(a) 단순 굽힘을 받는 얇은 곡선보 (b) 응력 분포

16.8 곡선보 공식

빙클러(E. Winkler)에 의한 곡선보의 근사적 접근은 현재 재조명되고 있다. 직선보의 요소 이론의 기본적 가정들은 또한 빙클러 이론(Winkler theory)에서도 타당하다. 이러한 이론은 단지 탄성굽힘이 탄성계수가 인장과 압축에서 일치하는 일반적인 조건일 때만 다루어진다. 수직(y)축 대칭(그림 16.13a)을 갖는 일정한 횡단면의 곡선보의 단순 응력을 고려하여 보면 다음과 같다. 접선응력에 대한 표현은 잘 알려진 전제를 기반으로 한 분석의 세 가지 원리들에 의해 기술된다. 보의 축에 직각을 이루는 단면들은 계속되는 굽힘에 남아 있다. 이것은 중심각 θ에 대하는 보 *abcd* 부분과 연관된 선 *ef*로 묘사된다.

그림 16.13a는 곡선보의 변형 양식이 직선보과 같다는 것을 보여준다. *gh*와 같은 보 강도의 최초 길이는 곡률의 중심 O에서 r까지의 거리에 의존한다. 미소각 d로 회전하는 보로서 보 강도의 총 변형은 선형 법칙에 따른다. 강도 *gh*에서의 *접선방향의 변형*은 다음과 같이 표현된다.

$$\varepsilon_\theta = \frac{(R-r)d\theta}{r\theta} \tag{d}$$

여기서, ε_θ는 도심 강도의 변형을 나타낸다. 이 표현은 직선보에 대한 것이므로 ε_θ가 보의 깊이에 따라 선형적으로 변한다는 것은 아니다. 횡단면 면적의 요소 dA에 있는 접선응력 σ_θ는 훅(Hooke)의 법칙을 사용하면 다음과 같다.

$$\sigma_\theta = E\varepsilon_\theta \tag{e}$$

평형방정식(equations of equilibrium) $\sum F_x = 0$과 $\sum M_z = 0$은 각각 다음과 같다.

$$\int \sigma_\theta dA = 0, \quad -\int \sigma_\theta y dA = M \tag{f}$$

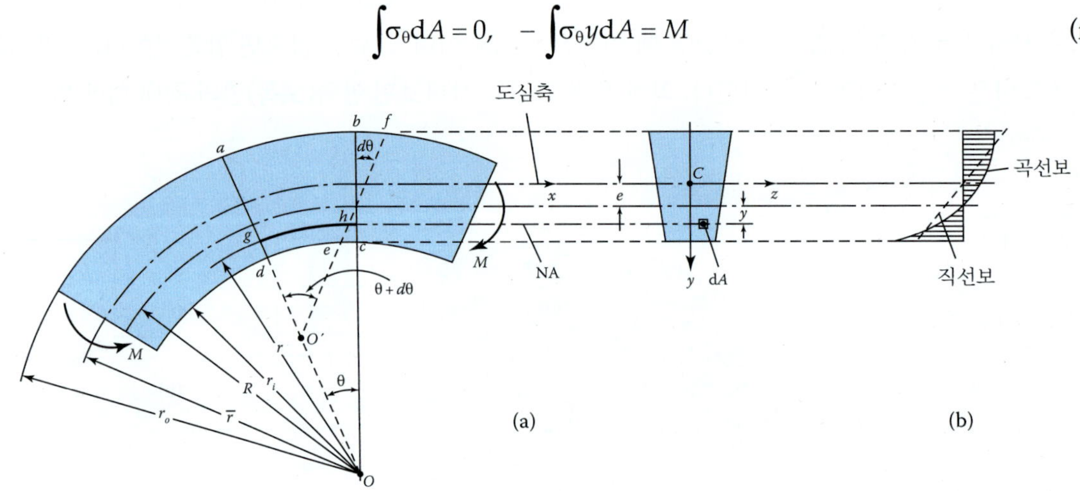

[그림 16.13]
(a) 횡단면 축대칭인 보의 단순 굽힘 (b) 응력 분포

이 식들의 적분은 전체 횡단면 면적 A에 걸친 것이다.

식 (f)에 식 (d)와 (e)를 함께 대입한다. 재배열하고 적분한 후 중립축의 반지름 R은 다음과 같다.

$$R = \frac{A}{\int \frac{dA}{r}} \tag{16.50}$$

여기서 A는 보의 단면적을 나타낸다. 이 표현에서 적분은 여러 단면 형태에 대해 구할 수 있다(예제 16.6, 사례연구 18.8, 문제 16.28-16.30 참조). 참조자료로 표 16.1은 일반적으로 사용되는 단면에 대한 자료를 나타낸다[7, 8].

단면의 도심과 중립축 사이의 거리는 다음과 같다(그림 16.13).

$$e = \bar{r} - R \tag{16.51}$$

곡선 부재에서 중립축은 도심축과 반드시 일치하지 않는다. 이 결과는 직선 탄성보의 경우와는 명확하게 다르다.

곡선보에서 곡률의 중심에서 r 만큼 떨어진 거리에서의 수직응력은 다음과 같이 된다.

$$\sigma_\theta = -\frac{M(R-r)}{Aer} \tag{16.52}$$

여기서 e는 식 (16.51)에 의해 주어진다. 식 (16.52)는 자주 빙클러의 공식 또는 *곡선보의 공식*(corved-beam formula)이라 불리어진다. 곡선보에서 응력 분포가 쌍곡선의 형태에 따른다는 것을 나타낸다. 굽힘모멘트에 적용된 부호 규약은 그림 16.13에서 묘사되었듯이 보의 오목한 면을 향하는 방향일 때, 양의 값을 갖는다. 식 (16.52)의 결과가 양의 값이면 인장응력을 나타내는 것이다.

이 결과와 직선보의 공식에 의한 결과를 비교한 것이 그림 7.13b에 나타나 있다. 선형과 쌍곡선 응력 분포는 $r_o/r_i = 1.1$의 경우에 거의 같다[1]. 이것은 곡률이 완만한 보의 경우에 간단한 계산을 통해 위의 굽힘 공식이 잘 맞는다는 것을 말한다. 보의 곡률이 증가하면($r_o/r_i > 1.3$), 오목한 쪽의 응력은 굽힘 공식에 의한 값보다 급격하게 증가한다.

식 (16.52)에 의한 접선응력은 중심의 수직 하중 P에 의해 생성된 응력이 중첩되어 있을 수 있다. 따라서 곡선보에서 결합된 응력은 다음과 같다.

$$\sigma_\theta = \frac{P}{A} - \frac{M(R-r)}{Aer} \tag{16.53}$$

일반적으로 음의 부호는 압축하중과 연관되어 있다. 분명한 것은, 축대칭 조건이 조합된 하중을 받는 보의 경우를 의미하지는 않는다.

〈표 16.1〉 여러 가지 단면 형태의 성질

단면	중립면의 반지름
A. 사각형 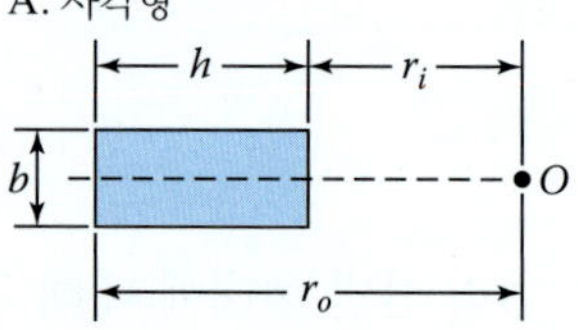	$R = \dfrac{h}{\ln \dfrac{r_o}{r_i}}$ $A = bh$
B. 원 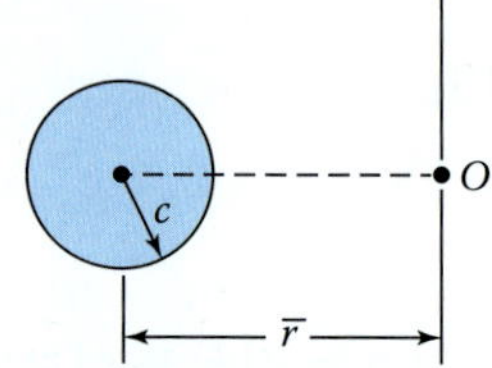	$R = \dfrac{A}{2\pi\left(\bar{r} - \sqrt{\bar{r}^2 - c^2}\right)}$ $A = \pi c^2$
C. 타원 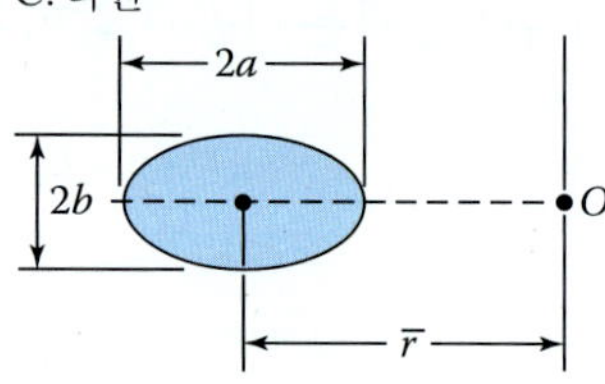	$R = \dfrac{A}{\dfrac{2\pi b}{a}\left(\bar{r} - \sqrt{\bar{r}^2 - a^2}\right)}$ $A = \pi ab$
D. 삼각형 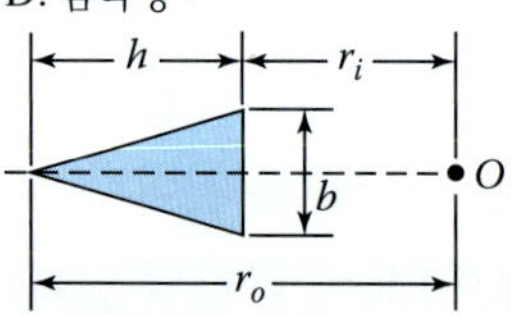	$R = \dfrac{A}{\dfrac{br_o}{h}\left(\ln \dfrac{r_o}{r_i}\right) - b}$ $A = \dfrac{1}{2}bh$
E. 사다리꼴 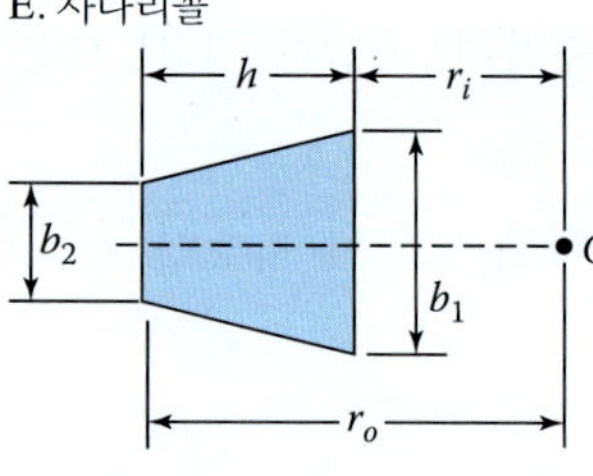	$R = \dfrac{1}{\dfrac{1}{h}\left[\left(b_1 r_o - b_2 r_i\right)\cdot \ln \dfrac{r_o}{r_i} - h\left(b_1 - b_2\right)\right]}$ $A = \dfrac{1}{2}\left(b_1 + b_2\right)h$

예제 16.6 다양한 방법을 사용하여 곡선으로 된 프레임의 응력을 구하라

직사각형 횡단면의 평균 반지름 $\overline{r}$인 원형 프레임에 그림 16.14a와 같이 하중 P가 작용한다. 점 A와 B에서의 접선응력을 구하라.

a. 빙클러 이론
b. 기초 이론
c. 탄성 이론

주어진 값: $P = 200$ kN, $b = 100$ mm, $h = 200$ mm, $\overline{r} = 300$ mm.

풀이

a. 그림 16.14로부터 중립축의 반지름 R의 표현식을 구한다. 여기서 $A = bh$, $dA = bdr$이다. 식 (16.51)을 r_i에서 r_o까지 적분하면

$$R = \frac{A}{\int_A \frac{dA}{r}} = \frac{bh}{\int_{r_i}^{r_o} \frac{bdr}{r}} = \frac{h}{\int_{r_i}^{r_o} \frac{dr}{r}}$$

따라서,

$$R = \frac{h}{\ln \frac{r_o}{r_i}} \tag{16.54}$$

주어진 자료로부터

$$A = bh = (100)(200) = 20(10)^3 \text{ mm}^2$$

$$r_i = \overline{r} - \frac{1}{2}h = 300 - 100 = 200 \text{ mm}$$

$$r_o = \overline{r} + \frac{1}{2}h = 300 + 100 = 400 \text{ mm}$$

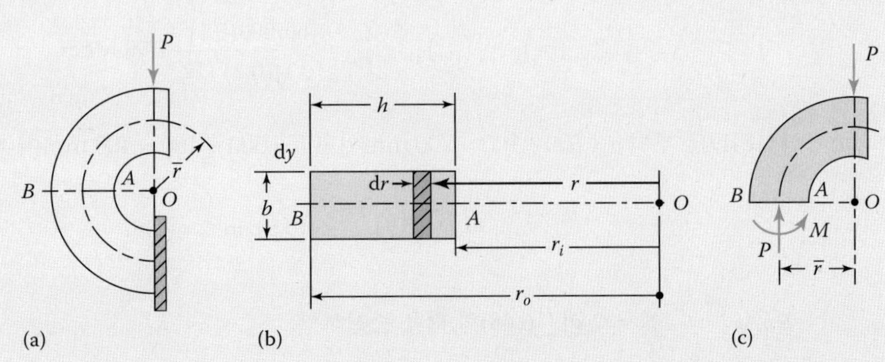

[그림 16.14]
예제 16.6. (a) 자유 끝단에서 수직하중을 받는 곡선으로 된 프레임 (b) 직사각 횡단면 (c) 횡단면 A-B에서의 응력 결과

식 (16.54)와 (16.51)로부터 다음과 같이 쓸 수 있다.

$$R = \frac{h}{\ln\frac{r_o}{r_i}} = \frac{200}{\ln 2} = 288.5390 \text{ mm}$$

$$e = \bar{r} - R = 300 - 288.5390 = 11.4610 \text{ mm}$$

평가: 중립축 반지름 R은 5개의 주요 인자로부터 계산되어야 한다.

접선응력은 압축 일반 하중 $-P$와 횡단면의 도심 C에 작용하는 모멘트 $M = P\bar{r}$(그림 16.14c)에 기인한 것이다. σ_θ의 최고 압축력과 인장력은 각각 점 A와 B에서 일어난다. 식 (16.53)에 주어진 수를 대입하면 다음과 같은 식이 얻어진다.

$$(\sigma_\theta)_A = -\frac{P}{A} - \frac{P\bar{r}(R-r_i)}{Aer_i} = -\frac{P}{A}\left[1 + \frac{\bar{r}(R-r_i)}{er_i}\right]$$
$$= -\frac{200\times10^3}{20(10^{-3})}\left[1 + \frac{300(288.539-200)}{11.461(200)}\right] = -125.9 \text{ MPa} \tag{16.55a}$$

$$(\sigma_\theta)_B = -\frac{P}{A} - \frac{P\bar{r}(R-r_o)}{Aer_o} = -\frac{P}{A}\left[1 + \frac{\bar{r}(R-r_o)}{er_o}\right]$$
$$= -\frac{200\times10^3}{20(10^{-3})}\left[1 + \frac{300(288.539-400)}{11.461(400)}\right] = 62.9 \text{ MPa} \tag{16.55b}$$

$(\sigma_\theta)_A$의 마이너스 사인은 A 지점에서의 압축응력을 의미한다. 가장 큰 인장응력은 B 지점에서 발생한다.

평가: 축하중에 의해 발생하는 응력 $P/A = 200(10^3)/(20\times10^{-3}) = 10$ MPa은 단면의 A, B 지점에서의 조합응력과 비교하면 무시할 만큼 작다.

b. 굽힘 공식을 이용하여 $M = P\bar{r} = 200(300) = 60 \text{ kN}\cdot\text{m}$

$$(\sigma_\theta)_B = -(\sigma_\theta)_A = \frac{Mc}{I} = \frac{60{,}000(0.1)}{(0.1)(0.2)^3/12} = 90 \text{ MPa}$$

c. 식 (16.49)로부터 $a = 300 - 100 = 200$ mm이고 $b = 300 + 100 = 400$ mm이며

$$N = \left[1-(0.5)^2\right]^2 - 4(0.5)^2\ln^2 2 = 0.082$$

$-P/A$와 $r = a$에서의 식 (16.48)의 값을 중첩하면

$$(\sigma_\theta)_A = -\frac{200,000}{0.02} + \frac{4(60,000)}{(0.1)(0.4)^2(0.082)}\left[(1-0.25)(1+0)-(1+1)\ln^2\right]$$

$$= (-10-116.4)(10^6) = -126.4 \text{ MPa}$$

마찬가지로, $r = b$에서 $(\sigma_\theta)_B = -10 + 73.8 = 63.8$ MPa이 된다.

평가: 이 결과들은 빙클러와 탄성 이론이 잘 일치함을 보여준다. 하지만 일반적인 굽힘 공식은 가늘지 않은 곡선보에서는 접선응력이 수용할 수 없는 결과를 제공한다.

16.9 여러 박벽 압력용기와 파이핑

3.4절에서 언급한 내용은 박벽(thin-walled, $a/t > 10$)의 원통 또는 구형 압력용기 또는 쉘에 국한한다(그림 3.5). 여기서 a와 t는 압력용기의 평균 반지름과 두께에 해당한다. 온도, 압력 그리고 환경의 고유한 조건하에서 저장, 산업공정, 발전 등에 폭넓게 사용되는 다양한 형태의 용기들은 작동응력을 결정하는데 해석적, 수치적 또는 실험적 기법들을 사용한다. 유한 요소법은 압력용기를 설계하는데 다른 방법들에 비해 유리한 점이 있다. 압력용기의 벽면에는 외부 제약조건과 박벽 원통 용기의 *연결부* 또는 *끝단부*에서 다른 강성을 갖는 불연속성이 생길 수 있다. 연결부의 불연속적인 변형은 굽힘모멘트와 전단력을 발생시킨다. 굽힘과 전단에 의해 발생하는 응력들을 *불연속 응력*이라 부른다.

굽힘은 국부턱인 특성이므로 불연속 응력은 작은 거리 내에서는 무시할 만큼 작다. 구형, 타원형, 원추형 끝단을 갖는 용기의 연결부의 응력해석은 원통형 쉘 공식을 사용하여 근사적으로 구할 수 있다. 쉘의 굽힘과 박막 이론 그리고 중첩법을 사용한 압력용기의 불연속 응력의 유도는 잘 알려져 있으며 여기서는 다루지 않는다. 후벽 원통에서는 접선 또는 *후프 응력*은 박벽 용기와 파이프 설계에서 가장 큰 값을 갖고 치명적이다.

내부 압력 p가 일정하게 작용하는 경우 박벽 쉘 공식을 적용한다. p의 부호가 바뀌면 외부 압력이 작용하는 경우도 이 공식은 적용이 된다. 그렇지만 여기서 구한 응력은 압력이 탄성불안정에 의한 파손이 일어나지 않은 압력 범위 내에서는 유효하다. 그러나 이 공식을 사용할 때 적용에 불확실성이나 사용의 제한이 있을 때 주의가 필요하다. 예를 들면 높은 하중, 극한적인 온도, 과대히 요구된 성능은 설계에 어려움을 준다[3, 4]. 원자력 발전 플랜트, 우주 공간 또는 심해 탐사등은 압력용기의 설계와 해석에 있어서 보다 세심한 주의를 요한다.

압력용기 설계에서 셸과 끝단에 필요한 최소 두께를 계산하기 위해 ASME *압력용기 코드*[9]가 사용된다. 이상적인 압력용기 설계에 필요한 다음과 같은 요소들이 부호로 목록화되어 있다: 셸의 끝단 연결에 필요한 인정된 기술, 셸과 끝단의 두께를 계산하는 관계식, 결합에 사용되는 물질, 온도 범위,

최대 허용 응력값, 부식, 닫힘의 유형 등등. 내부에 압력이 작용하는 튜브 및 파이프의 두께는 ASME 코드의 쉘에 대한 관계식으로 구할 수 있다. 확실한 요건을 갖추려면, 참고자료가 최신 버전으로 만들어져야 한다. ASME는 이와 관련된 책, 학회 논문 그리고 연간 4회의 압력용기 기술관련 저널(the Journal of Pressure Vessel Technology)을 발간하고 있다.

16.9.1 섬유강화 복합재료 압력용기

심봉에 고강도의 필라멘트를 감아서 형성된 독특한 종류의 섬유강화 복합재는 플라스틱 바인더에 포화상태가 될 때까지 감고 축을 제거함으로써 만들어지며, 이를 *섬유강화 복합재료 실린더*(filament-wound cylinder)라 부른다.

일반적인 복합재는 유리 필라멘트와 에폭시수지를 결합시킨 것이며, 이런 형태의 필라멘트 구조는 예외적인 무게당 강도비와 신뢰성을 가진다. 또한 이는 경량 용기, 우주선의 연소실, 로켓 그리고 공수 차량에 널리 사용되고 있다. 섬유강화 복합재료는 기본적으로 길이방향, 원주방향 또는 나선형 방향으로 감은 것을 포함하는 데 필요에 따라서 복합 감기를 사용하기도 한다.

그러면 내부 압력을 받고 끝이 닫힌 섬유강화 복합재료 용기(그림 16.15)를 고려해 보자. 압력 p에 의해 발생된 접선방향과 축방향 응력은 식 (3.6)으로부터

$$\sigma_\theta = \frac{pa}{t}, \quad \sigma_x = \frac{pa}{2t},$$

그러므로

$$\frac{\sigma_\theta}{\sigma_x} = 2 \tag{16.56}$$

인장강도 S_y를 가진 필라멘트와 바인더로 구성된 용기는 평균 반지름 a, 벽두께 t를 가지며, 필라멘트에 의해 전달되는 최대 인장력은 아래와 같이 표현될 수 있다.

$$F = S_u wt$$

w는 각 ψ로 감긴 필라멘트의 폭이며, 상응하는 원주방향 힘은 다음과 같다.

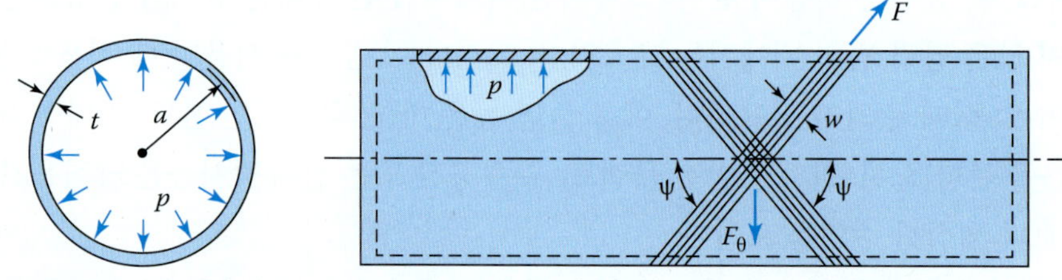

[그림 16.15]

필라멘트가 감긴 복합재료 압력용기. 주: F = 필라멘트 인장력, ψ = 나선각, w = 필라멘트 폭, F_θ = 필라멘트 힘의 접선성분, p = 압력

$$F_\theta = F \sin \psi$$

필라멘트의 단면적은 $A = wt/\sin\psi$이며, 전달되는 필라멘트의 접선응력은 아래와 같이 표현될 수 있다.

$$\sigma_\theta = \frac{F_\theta}{A} = S_u \sin^2 \psi \tag{16.57}$$

같은 방법으로 축방향 응력은 쉽게 아래 형태로 확인되어질 수 있다.

$$\sigma_x = S_u \cos^2 \psi \tag{16.58}$$

앞에 서술한 표현을 이용하면 다음과 같다.

$$\frac{\sigma_\theta}{\sigma_x} = \tan^2 \psi \tag{16.59}$$

방정식 (16.56)과 (16.59)에 의한 *필라멘트의 최적 나선각*은 다음과 같이 표현된다.

$$\frac{\sigma_\theta}{\sigma_x} = 2 = \tan^2 \psi \tag{16.59}$$

이로 인해 $\psi = 54.7°$가 산출되었다. 이는 내부 압력을 지지하기 위한 나선 방향 감기의 조건을 나타낸다.

원주방향으로 필라멘트를 추가 사용함으로써 감기 편리하도록 나선각이 줄어들 수 있다는 것을 명심하자. 그리고 전에 서술한 분석은 분명히 단지 끝을 제외한 용기의 원통 부분에만 적용할 수 있다. 또한 필라멘트 감기는 기본 재료 위에 하나의 패턴으로 감아 내려 필라멘트로 덮은 복합재, 소위 filament-overlay composite[3, 10]라 불리는 것을 형성함으로써 완성될 수 있다. 예를 들면, 코드(nylon)로 덮인 벽(polyethylene)이 얇은 파이프, 또는 셀과 같은 재료의 와이어가 있다.

연습문제

16.1절~16.6절

16.1 안쪽 반지름이 a, 바깥쪽 반지름이 $3a$인 실린더는 내부 압력 p_i를 받고 있다. 아래 이론을 적용하여 내부 압력 p_i의 임계값을 결정하라.

a. 최대 전단응력 이론

b. 최대 변형에너지 이론

설계 결정: 실린더는 $S_y = 260$ MPa를 만족하는 강으로 만든다.

16.2 반지름이 b인 강 중실축은 바깥 반지름이 $2b$인 철강 원형 평판에 의해 압력을 받고 있으며 축 맞물림 길이 $l = 3b$이다(그림 16.6). b를 이용하여 반지름방향 끼워맞춤 공차의 값을 결정하라.
주어진 값: 축의 전단응력은 토크에 의해 발생되며 그 접합 부분은 균일하게 100 MPa을 전달한다. $E = 210$ GPa, $f = 0.15$.

16.3 안지름 $a = 120$ mm이고 바깥지름 $b = 180$ mm인 ASTM A36 구조강 실린더가 있을 때 다음을 구하라.
a. $p_o = 0$일 때 가장 큰 내부 압력과 최대 변위
b. $p_i = 0$일 때 가장 큰 외부 압력

16.4 안쪽 반지름이 a, 바깥쪽 반지름이 $2a$인 실린더는 내부 압력 p_i를 받고 있다. 아래 이론을 이용하여 의 허용압력값을 계산하라.
a. 최대 주응력설
b. 쿨롱-모어 이론
설계 결정: 실린더는 $S_u = 350$ MPa와 $S_{uc} = 650$ MPa인 알루미늄으로 만든다.

16.5 주철 원형 평판은 지름이 125 mm인 강축 위에서 수축된다. 아래 값을 결정하라.
a. 접촉압력
b. 원형 평판의 최소 허용 바깥지름
요구조건: 원형 평판에서 접촉응력은 60 MPa을 초과하지 않는다.
주어진 값: 반지름방향의 끼워맞춤 공차는 0.05 mm이며, $E_h = 100$ GPa, $E_s = 200$ GPa, $\nu = 0.3$이다.

16.6 디덴덤 지름이 100 mm이고 허브 맞물림 길이 $l = 50$ mm인 주철 피니언은 낮은 속력에서 최대 토크 150 N · m를 전달한다. 아래 값을 계산하라.
a. 지름이 25 mm인 강축 위에서 요구되는 반지름방향 끼워맞춤 공차
b. 기어에서 압력 끼워맞춤에 의한 최대 응력
주어진 값: $E_c = 100$ GPa, $E_s = 200$ GPa, $\nu = 0.3$, $f = 0.15$.

16.7 바깥지름이 50 mm, 안지름이 30 mm인 청동 부싱은 바깥지름이 100 mm인 중공 강 실린더에 의해 압력을 받고 있다. 철과 청동의 경계에서 발생되는 접촉 응력을 결정하라.
주어진 값: $E_b = 105$ GPa, $E_s = 210$ GPa, $\nu = 0.3$.
설계 요구조건: 반지름방향 끼워맞춤 공차는 $\delta = 0.025$ mm이다.

16.8 바깥 반지름이 150 mm인 주철 실린더는 반지름 50 mm인 강축에 맞게 수축되어진다. 두 부분에서 발생되는 최대 접선응력과 최대 반지름방향 응력을 계산하라.

주어진 값: $E_c = 120$ GPa, $\nu_c = 0.25$, $E_s = 210$ GPa, $\nu_s = 0.3$.

설계 요구조건: 반지름방향 끼워맞춤 공차 $\delta = 0.03$ mm.

16.9 바깥지름이 $4b$인 철강 원형 평판이 지름 $2b$인 강축 위에서 수축될 때, 원판의 안지름은 값에 의해 증가한다. 축의 지름에 어떤 감속이 발생하였는가?

주어진 값: $\nu = 0.3$.

16.10 안지름 a, 바깥지름 b인 황동 튜브가 $p = 90$ MPa의 압력에서 바깥지름 c인 황동 칼라 안으로 수축 끼워맞춤을 한다(그림 16.6). 접촉압력이 0이 될 때의 속도를 구하라.

주어진 값: $a = 20$ mm, $b = 30$ mm, $c = 40$ mm, $\rho = 8.5$ kN $\cdot$ s^2/m^4, $\nu = 0.34$(표 B.1).

16.11 두꺼운 벽을 가진 원형 평판 플라이휠은 안쪽 반지름이 b, 바깥쪽 반지름이 $4b$이다. 다음 값을 결정하라.

a. 반지름 b

b. 속력을 5% 감속하기 위해 전달된 운동에너지

주어진 값: 회전에 의한 최대 응력이 75 MPa이고 길이 $l = 50$ mm일 때 최대 속력은 3600 rpm 이다.

설계 결정: 디스크는 $\rho = 7.8$ kN $\cdot$ s^2/m^{4}이고 $\nu = 0.3$인 강으로 만든다.

16.12 지름이 200 mm인 원형 평판은 지름이 40 mm인 축 위에서 수축된다. 다음 값을 결정하라.

a. 2400 rpm에서 접촉압이 3.2 MPa이 될 때 필요한 초기 접촉압

b. 회전하지 않을 때 최대 응력

설계 결정: 두 재료는 모두 $E = 210$ GPa, $\nu = 0.3$, $\rho = 7.8$ kN $\cdot$ s^2/m^{4}인 강으로 만들어졌다.

16.13 바깥지름이 600 mm, 안지름이 100 mm인 플라이휠은 0.2 mm 반지름방향 공차를 가진 중실 축 위에 압력 끼워맞춤 되어 있다. 아래 값을 계산하라.

a. 정적으로 서있는 상태(standstill)에서 조립을 위한 최대 응력

b. 회전에 의해 압력 끼워맞춤이 느슨할 때 속력(rpm) n

설계 결정: 두 재료는 모두 $E = 200$ GPa, $\nu = 0.3$, $\rho = 7.8$ kN $\cdot$ s^2/m^{4}인 강이다.

16.14 반지름 b인 중실 강재 축이 바깥지름 c, 길이 l인 주강 허브에 억지 끼워맞춤을 하고 있다. 다음을 구하라.

a. 접촉 압력

b. 억지 끼워맞춤을 하기에 필요한 압력

c. 조립체의 전달 토크

주어진 값: $b = 60$ mm, $c = 120$ mm, $l = 200$ mm, $E = 200$ GPa, $E = 190$ GPa, $\nu = 0.3$(표 B.1).

가정: $f = 0.18$ 그리고 최대 인장응력은 30 MPa.

16.15 60 mm인 두꺼운 강 플라이휠은 안 반지름과 바깥 반지름이 각각 a, b이다. 요구되는 평균 제동 토크를 결정하라.

주어진 값: $a = 50$ mm, $b = 200$ mm, $\rho = 7.8$ kN · s²/m⁴.

설계 요구조건: 플라이휠은 2회전에서 2400에서 1200 rpm으로 감속된다.

16.16 압연강 원판 플라이휠은 안 반지름 a, 바깥 반지름 b, 축 끼워맞춤 길이를 가지며, 이는 작동 사이클 동안 보통 3000 rpm에서 속력이 10% 강하하는 축 위에서 회전한다.

a. 최대 응력

b. 사이클당 전달되는 에너지

주어진 값: $a = 25$ mm, $b = 250$ mm, $l = 60$ mm, $\rho = 7.8$ kN · s²/m⁴, $\nu = 0.3$.

16.7절~16.9절

16.17 그림 16.14a와 같은 원형 주철 프레임의 단면은 그림 P16.17에서처럼 채널 형태를 가진다. 최대 하중 P를 결정하라. 단, 치수는 밀리미터이다.

주어진 값: $r_A = r_i =$ 215 mm.

설계 결정: 임계단면 위에서 응력은 100 MPa을 초과하지 못한다. 빙클러 식(Winkler's formular)을 사용한다.

[그림 P16.17]

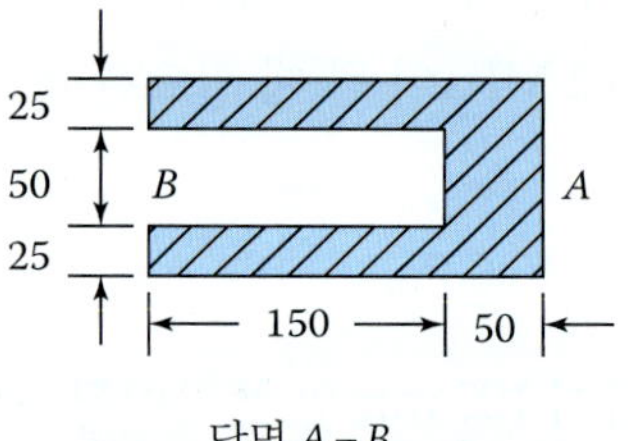

16.18 사각단면을 갖는 굽은 주강 프레임은 그림 P16.18과 같이 굽힘모멘트가 작용한다. 다음을 구하라.

[그림 P16.18]

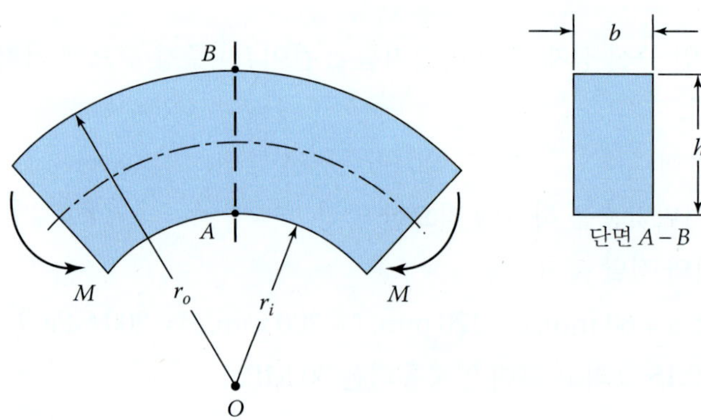

a. 곡선보 공식을 사용하여 내부 및 외부 파이버의 접선방향 응력 σ_i, σ_o.

b. 굽힘 공식을 사용하여 a를 다시 풀라.

주어진 값: $M = 900\ \text{N} \cdot \text{m}$, $b = 20\ \text{mm}$, $h = 40\ \text{mm}$, $r_i = 25\ \text{mm}$.

16.19 사각단면 알루미늄 기계 프레임이 중심축에서 반지름 $\bar{r}$로 굽어지고 끝단에 모멘트 M이 그림 P16.18과 같이 작용한다. 내부, 외부에서 파이버의 접선방향 응력 σ_i, σ_o을 각각 구하라.

주어진 값: $M = 12\ \text{kips} \cdot \text{in}$, $\bar{r} = 8\ \text{in.}$, $b = 1\,3/4\ \text{in.}$, $h = 2\,1/2\ \text{in.}$

16.20 그림 P16.20처럼 클램프 동체의 압축 허용응력은 120 MPa이다. 빙클러 식을 적용하여 부재가 전달할 수 있는 최대 허용하중을 계산하라. 단, 치수는 밀리미터이다.

[그림 P16.20]

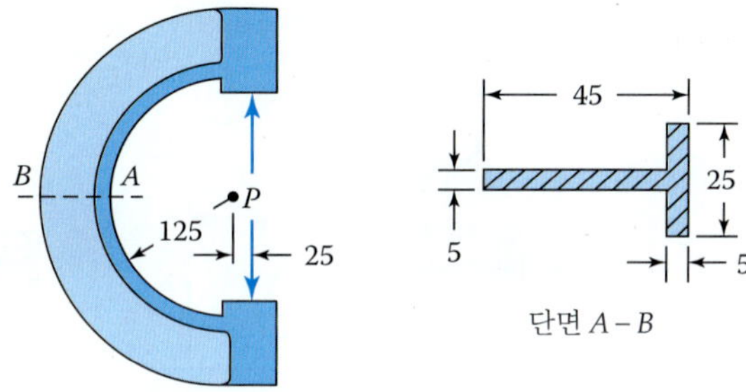

16.21 정사각 단면 강재 프레임이 중심축에서 반지름 $\bar{r}$로 굽어지고 끝단에 모멘트 M이 그림 P16.21과 같이 작용한다. 허용응력이 σ_{all}일 때 허용할 수 있는 최대 굽힘모멘트 M을 구하라.

주어진 값: $r_i = 220\ \text{mm}$, $r_o = 280\ \text{mm}$ $b = h = 60\ \text{mm}$, $\sigma_{\text{all}} = 150\ \text{MPa}$.

[그림 P16.21]

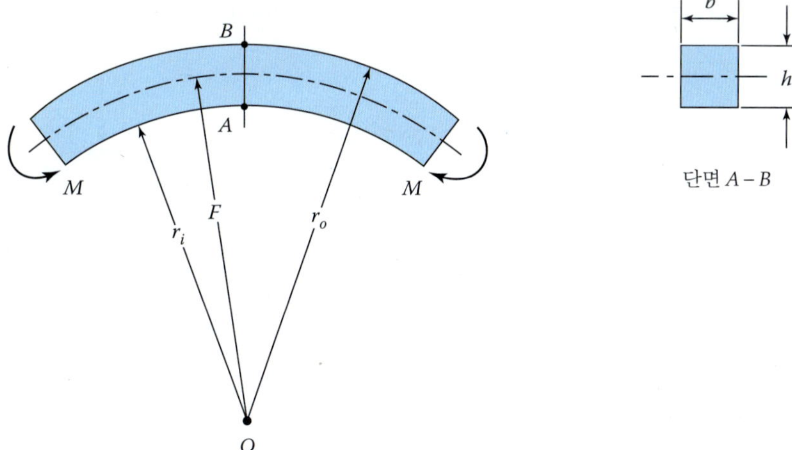

16.22 그림 P16.22는 채널형상의 단면을 갖는 보로 양단에 모멘트 M이 작용한다. A와 B 지점에서 접선방향 응력의 크기가 같아질 때 b의 치수는 어떻게 되겠는가?

[그림 P16.22]

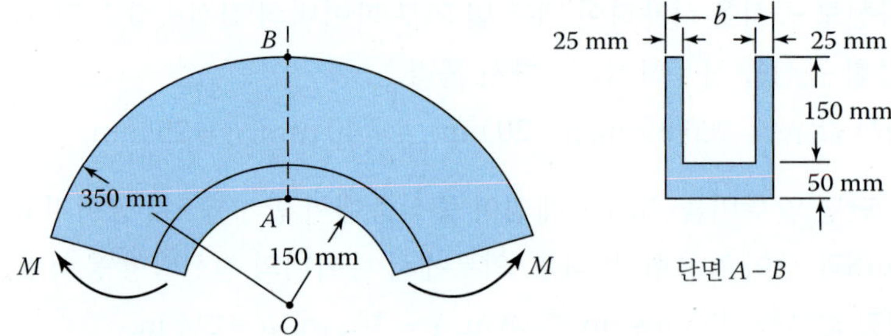

16.23 빙클러 식을 이용하여 접선응력은 그림 P16.23처럼 프레임 단면 *A*-*B* 위에서 최대 접선응력이 80 MPa를 초과하지 않기 위한 최대 거리 d를 계산하라.

주어진 값: $P = 25$ kN.

[그림 P16.23]

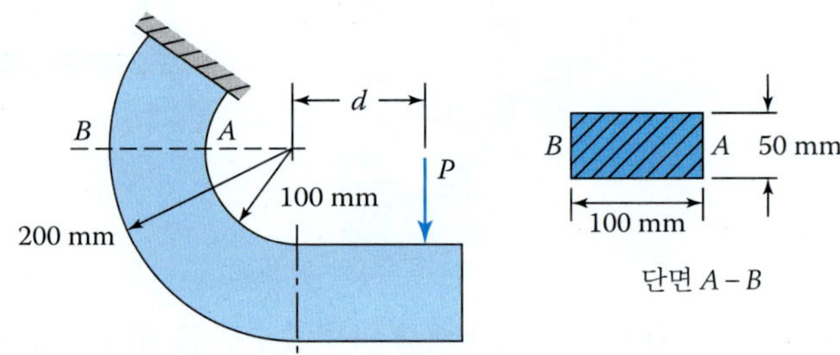

16.24 그림 P16.24는 안지름 r_i, 바깥지름, r_o, 사다리꼴 단면적을 갖는 끊어진 링 프레임을 나타낸다. *A*와 *B* 지점에서의 접선방향 응력은 얼마가 되겠는가?

주어진 값: $r_i = 3.2$ in., $r_o = 8$ in., $b_1 = 3$ in., $b_2 = 2$ in., $P = 15$ kips.

[그림 P16.24]

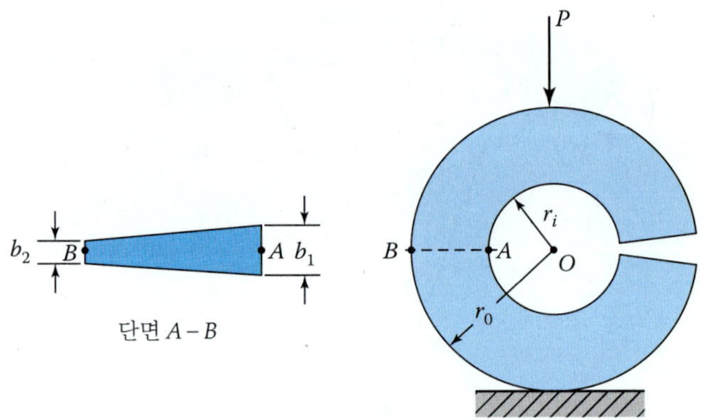

16.25 그림 P16.25처럼 원형 단면의 크레인 훅에서 아래 값을 결정하라.

a. 점 *A*에서 응력이 150 MPa를 초과하지 않을 때 지지할 수 있는 최대 하중 P

b. 최대 하중 P가 작용할 때 점 *B*에서의 접선응력

설계 결정: 빙클러 식을 사용하라.

[그림 P16.25]

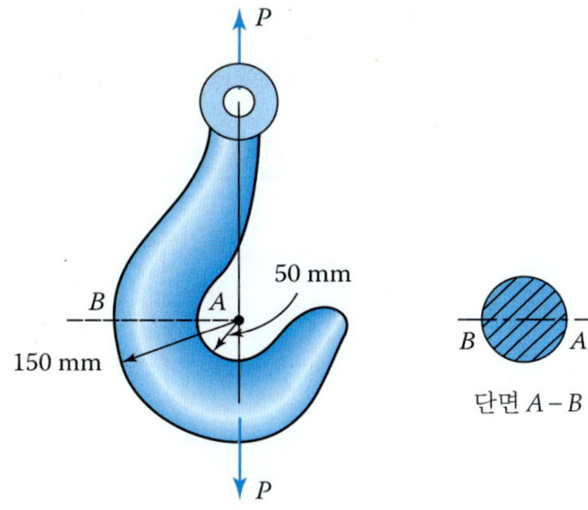

16.26 그림 P16.26에 나타난 바와 같이 타원 단면을 갖는 강재 기계 프레임의 한쪽이 고정되고 자유단에 집중하중 P가 작용한다. A와 B 지점에서의 접선방향 응력을 구하라.

주어진 값: $r_i = 5$ in., $r_o = 9$ in., $a = 4$ in., $b = 2$ in., $P = 25$ kips.

[그림 P16.26]

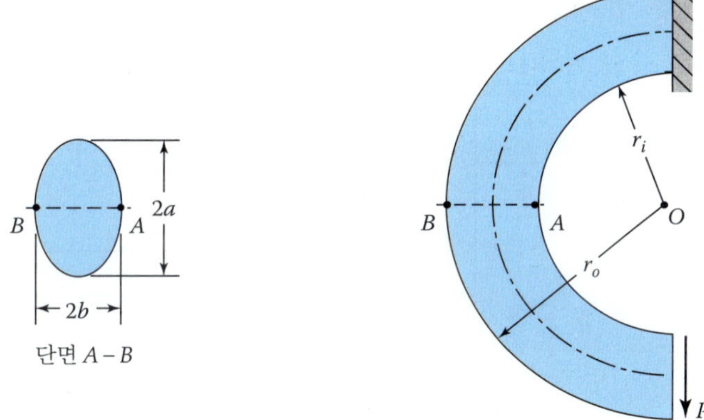

16.27 그림 P16.26과 같이 타원 단면을 갖는 주철 프레임의 허용응력이 σ_{all}이다. 프레임에 작용할 수 있는 최대 하중 P는 얼마인가?

주어진 값: $r_i = 130$ mm, $r_o = 200$ mm $a = 70$ mm, $b = 35$ mm, $\sigma_{all} = 90$ MPa.

16.28 그림 P16.28은 삼각단면의 기계 프레임을 나타낸다. 중립축까지의 반지름 R을 나타내는 식을 구하고 표 16.1에 나타난 결과와 비교하라.

[그림 P16.28]

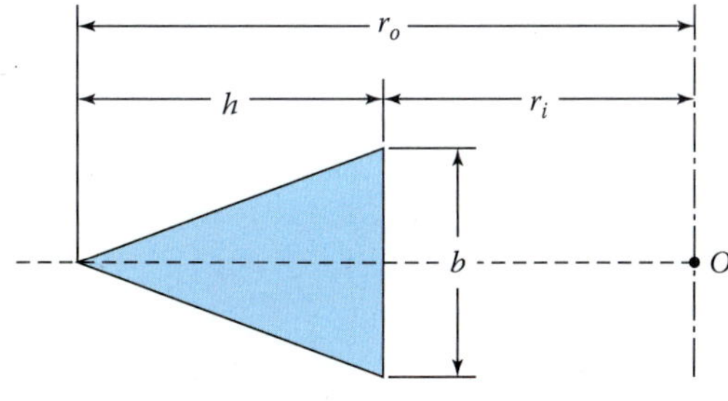

16.29 그림 P16.29에 나타낸 원형 단면의 기계 프레임이 있다. 중립축까지의 반지름 R을 나타내는 식을 구하고 표 16.1에 나타난 결과와 비교하라.

[그림 P16.29]

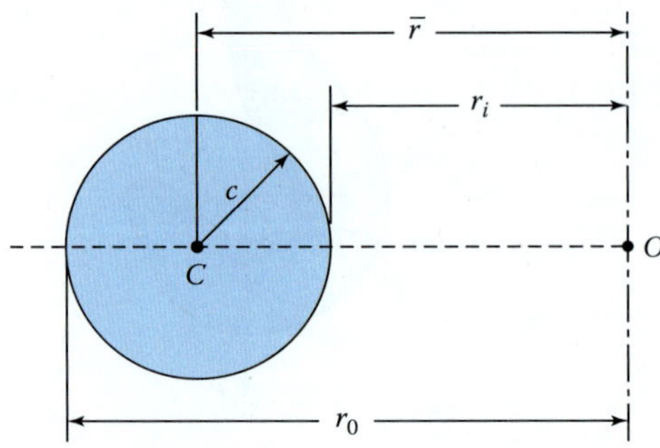

16.30 그림 P16.30은 사다리꼴 단면의 구조 프레임을 나타낸다. 중립축까지의 반지름 R을 나타내는 식을 구하고 표 16.1에 나타난 결과와 비교하라.

[그림 P16.30]

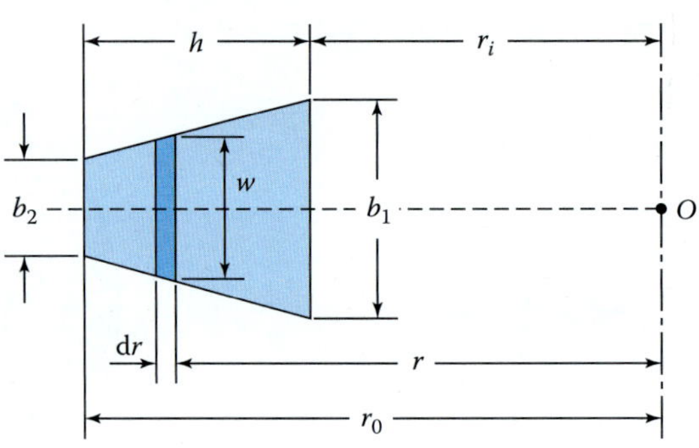

CHAPTER 17

설계에서 유한요소해석*

17.1 서론

실제 설계문제에서 일반적으로 구조물들은 다양한 부재들의 큰 조합으로 구성된다. 더구나 건립된 구조물 또는 기계와 그 부품들은 복잡한 형상과 하중조건 및 재료물성을 갖는다. 이러한 요인들로 인하여 고전적 방법은 더 이상 사용될 수 없다는 것이 명백해진다. 복잡한 구조물에 대해 설계자들은 보다 보편성 있는 해석 접근방식에 도움을 요청할 수밖에 없다. 그 중 가장 널리 사용되는 기법이 유한요소 강성 또는 변위법이다. 특별한 언급이 없는 한 그것을 *유한요소법*(FEM: finite element method)이라 부른다.

유한요소해석은 수치적인 접근방식이며 디지털 컴퓨터에 아주 적합하다. 이 방법은 구조물에 있는 불연속적인 미리 선정된 점[*절점*(node)이라 부른다]들에서의 상응하는 힘과 변위를 연결하는 대수적 연립방정식들을 정식화하는 데 근거하고 있다. 하중-변위 관계식이라고도 불리는 이러한 지배 대수방정식은 행렬식 표기법으로 표현된다. 고속, 고용량의 디지털 컴퓨터의 출현으로 인해 유한요소법은 실제적인 해석 및 복잡한 설계문제들의 해법으로서 전 산업영역에 걸쳐 매우 탁월한 입지를 가지게 되었다. 유한요소해석과 관련된 문헌들은 매우 방대하다(예를 들면 [1-5]). 수많은 상용 유한요소 해석 프로그램들을 사용할 수 있고, 때로는 몇몇 교육과정에서 배울 수도 있다. 개발된 대부분의 기법들이 이제 상용 프로그램으로 작성되어 있다. 유한요소법은 다음과 같은 이점을 제공한다.

1. 손쉽게 기술한 부품의 구조형상
2. 불연속성을 처리 용이
3. 복합 이방성 재료도 해결
4. 동하중 및 열하중의 경우도 용이

---

* 이 장의 내용은 선택적이므로 빼고 진행해도 강의는 문제가 없다.

5. 결합 하중 조건을 다루는 능력
6. 비선형 구조해석 가능
7. 완전 자동화

유한요소 접근방식의 기본 개념은 절점에서뿐만 아니라 요소 간의 경계를 따라 연결되어 있는 유한한 개수의 요소에 의해 실제의 구조물을 분할할 수 있다는 것이다. 보통, 삼각 또는 사각형상의 요소가 유한요소법에 사용되고 있다. 그림 17.1은 실제 구조물이 어떻게 삼각요소를 사용하여 모델링 되는지를 보여 주고 있다. 구조물의 이상화를 위해 많이 사용되는 요소의 종류에는 트러스, 보, 2차원 요소, 셸(shell)과 평판 굽힘요소 및 3차원 요소들이 있다. 삼각형, 보, 평판과 셸 요소로 형성된 파이프 조인트와 비행기 구조물[1, 2]의 모델이 그림 17.2에 나타나 있다.

영역을 분할하는 요소와 절점의 연결망들을 *메시*(mesh)라 불리는 것을 유의하라. 더 많은 요소로 영역을 분할함에 따라 메시 밀도는 증가한다. *메시 세분화*(mesh refinement)는 모델의 한 분석으로부터 향상된 솔루션을 주는 다음 분석까지 메시가 수정되는 것이다. 높은 응력 집중의 영역에서 메시 밀도가 증가될 때 기하학적 전이 영역이 매끄럽게 메시가 분할될 때 통상 향상된 해석 결과 얻는다. 항상은 아니지만 일반적으로, 유한요소해석 결과는 메시가 점점 세분화될 때 정확한 솔루션을 향해 수렴한다.

유한요소해석이라는 주제를 적절히 다루려면, 여기서 설명하는 내용보다 훨씬 더 많은 서술이 필

[그림 17.1]
테이퍼가 진 판상의 브래킷과 삼각 유한요소 모델

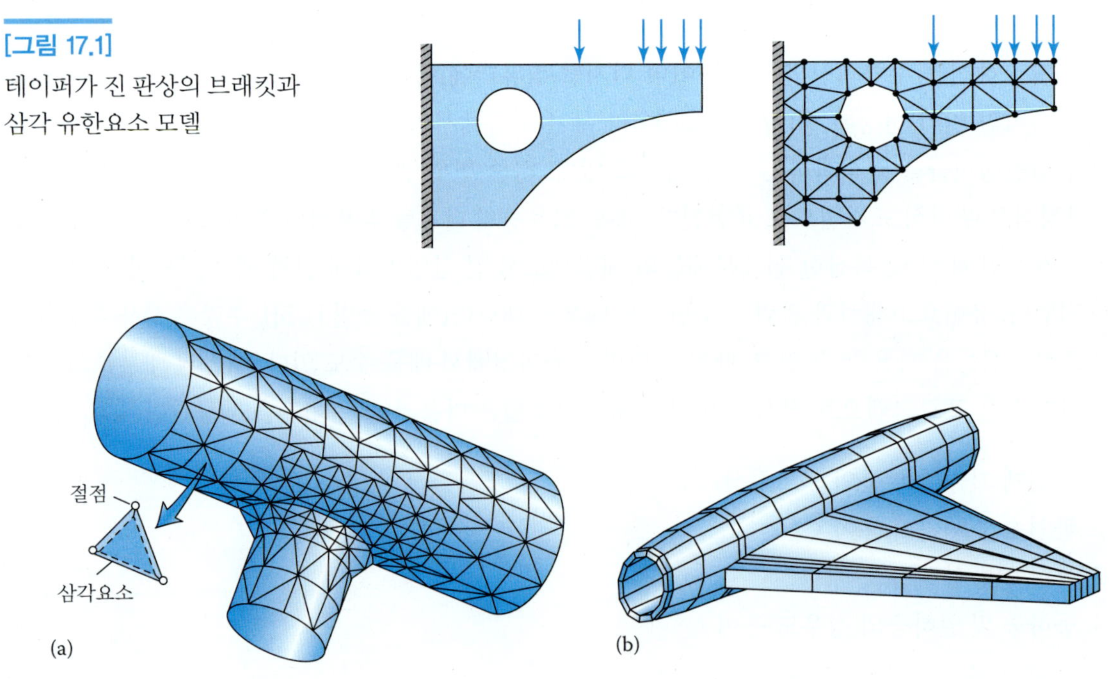

[그림 17.2]
부품들의 유한요소모델. (a) 파이프 연결 (b) 비행기의 동체와 날개

요할 것이다. 그럼에도 불구하고 이 주제는 너무나 중요하여 부재의 해석 및 설계에 연관된 어떤 기술자라도 이해하고 넘어가야 한다. 여기에서 서술될 유한요소해석의 기초적인 내용들은 유한요소해석의 복잡성은 물론 잠재력을 명확히 보여 줄 수 있을 것이다. 이는 학생들이 고급 연구를 위하여 '까다로운 주제'로 혹은 전문적인 참고용으로 선택하게 될 수 있다. 그러나 여기서는 단순하게 세 가지 기본적인 요소만을 다루게 된다: 1차원 축 요소 혹은 트러스 요소, 보 요소 혹은 평면 프레임 요소, 2차원 요소이다. 17.3, 17.5절에서는 전형적인 문제들을 유한요소법으로 다루기 위한 정식화 및 일반적인 풀이 과정을 소개한다. 축응력, 굽힘응력 및 평면응력 문제들의 풀이는 다양한 예제와 사례연구에서 다룰 것이다.

17.2 봉 요소

트러스 봉(truss bar) 또는 단순하게 *봉 요소*(bar element)라고도 불리는 축 요소는 구조 유한요소 중 가장 단순한 형태로 생각될 수 있다. 길이 L, 탄성계수 E와 단면적 A를 가진 이 형태의 요소가 e로 표시되어 있다(그림 17.3). 양끝 혹은 조인트, 절점은 각각 1과 2로 번호로 매겨져 있다. 다른 봉과 *조인트 하중*(joint force $\bar{F}_1$과 $\bar{F}_2$)을 조인트 변위(joint displacements $\bar{u}_1$과 $\bar{u}_2$)와의 상관관계인 두 식을 행렬형태로 만드는 것이 필요하다.

17.2.1 직접 평형법

직접평형 접근방식에 의한 다음의 유도는 단순하고 명확하다. 그러나 이 방법은 트러스와 프레임 요소에서만 실제적으로 적용 가능하다. x방향 힘의 평형으로부터 $\bar{F}_1 = -\bar{F}_2$이다(그림 7.13). AE/L은 요소의 스프링 상수이기 때문에 아래의 관계식이 성립된다.

$$\bar{F}_1 = \frac{AE}{L}\left(\bar{u}_1 - \bar{u}_2\right), \quad \bar{F}_2 = \frac{AE}{L}\left(\bar{u}_2 - \bar{u}_1\right)$$

이를 행렬행태로 표시할 수 있다.

$$\begin{Bmatrix} \bar{F}_1 \\ \bar{F}_2 \end{Bmatrix}_e = \frac{AE}{L}\begin{bmatrix} 1 & -1 \\ -1 & 1 \end{bmatrix}\begin{Bmatrix} \bar{u}_1 \\ \bar{u}_2 \end{Bmatrix}_e \tag{17.1a}$$

혹은 기호로 나타내면

$$\left\{\bar{F}\right\}_e = \left[\bar{k}\right]_e \left\{\bar{u}\right\}_e \tag{17.1b}$$

$[\bar{k}]_e$는 요소의 *강성행렬*(stiffness matrix)이라고 부른다. 명확하게 이 행렬은 조인트 변위와 조인트 하중을 연결시킨다.

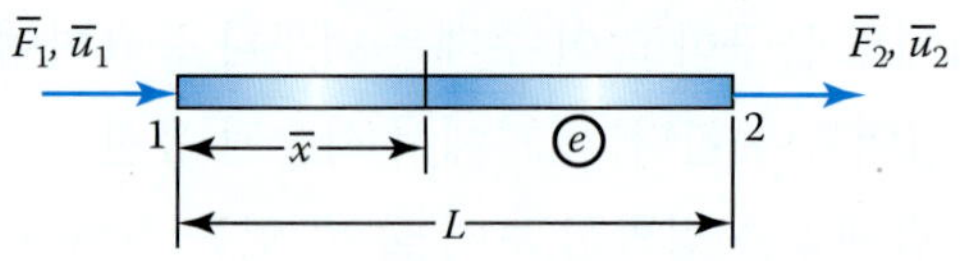

[그림 17.3]
축(트러스 봉 또는 바) 요소

17.2.2 에너지법

에너지 기법은 방금 언급한 직접평형법보다 특히 복잡한 형태의 유한요소에 대해 더욱 일반적이고, 적용이 용이하고, 그리고 강력한 방법이다. 이 방법을 사용하기 위해 먼저 요소(그림 17.3)의 변위함수를 정의해 보자.

$$\bar{u} = a_1 + a_2\bar{x} \tag{17.2}$$

여기서 a_1, a_2는 상수이다. 명백히 식 (17.2)는 요소의 x축을 따라 선형적이고 연속적인 변위의 변화를 나타내고 있다. 그러므로 조인트 1($\bar{x}=0$에서)과 2($\bar{x}=L$)의 축방향 변위는 각각

$$\bar{u}_1 = a_1, \qquad \bar{u}_2 = a_1 + a_2 L$$

앞의 식을 풀면 $a_1 = \bar{u}_1$이고, $a_2 = -(\bar{u}_1 - \bar{u}_2)/L$이 된다. 이것을 식 (17.2)에 도입하면

$$\bar{u} = \left(1 - \frac{\bar{x}}{L}\right)\bar{u}_1 + \frac{\bar{x}}{L}\bar{u}_2 \tag{17.3}$$

그러면 식 (3.54)에 의해 변형률은

$$\varepsilon_x = \frac{\mathrm{d}\bar{u}}{\mathrm{d}\bar{x}} = \frac{1}{L}\left(-\bar{u}_1 + \bar{u}_2\right) \tag{17.4}$$

그래서 요소의 축하중은

$$\bar{F} = \left(E\varepsilon_x\right)A = \frac{AE}{L}\left(-\bar{u}_1 + \bar{u}_2\right) \tag{17.5}$$

요소의 변형률 에너지는 식 (17.5)를 식 (5.10)에 대입하여 다음의 형태로 구해진다.

$$U = \int_0^L \frac{F^2 \mathrm{d}x}{2AE} = \frac{AE}{2L}\left(\bar{u}_1^2 - 2\bar{u}_1\bar{u}_2 + \bar{u}_2^2\right) \tag{17.6}$$

카스틸리아노(Castigliano)의 제1정리 식, 식 (5.46)을 적용하면

$$\bar{F}_1 = \frac{\partial U}{\partial \bar{u}_1} = \frac{AE}{L}\left(\bar{u}_1 + \bar{u}_2\right)$$

$$\bar{F}_2 = \frac{\partial U}{\partial \bar{u}_2} = \frac{AE}{L}\left(-\bar{u}_1 + \bar{u}_2\right)$$

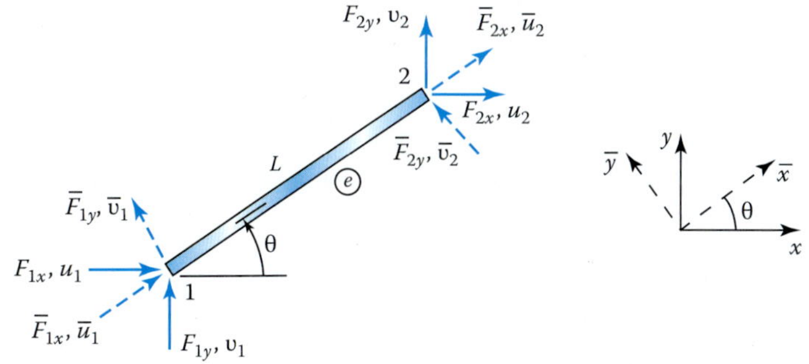

[그림 17.4]
전형적인 축 요소 e의 국부 좌표계 $(\bar{x}, \bar{y})$와 전역 좌표계(x, y). 모든 힘과 변위는 +방향을 나타낸다.

이 식들의 행렬행태는 식 (17.1)에 주어진 것과 같다.

17.2.3 전역 강성행렬

이제 2차원 평면에서 임의의 방향으로 향해 있는 한 요소에 대한 전역 강성행렬을 도출하기로 하자. *국부 좌표계*(local coordinates)는 개개의 요소를 편리하게 나타내기 위해 사용되고, *전역 좌표계*(global coordinates) 또는 *기준 좌표계*(reference coordinates)는 전 구조물을 나타내는 데 편리하도록 선택된다. 축 요소를 위한 국부 좌표계와 전역 좌표계를 각각 $\bar{x}, \bar{y}$와 x, y로 지정한다(그림 17.4).

그림은 축 상에 있는 대표적인 축 요소 e를 나타내고, 이 $\bar{x}$축은 기준 좌표축 x로부터 *반시계방향*으로 측정한 각도 θ의 방향으로 향해 있다. 국부 좌표계에서, 각 조인트들은 축방향 하중 $\bar{F}_x$와 횡방향 하중 $\bar{F}_y$, 축방향 변위 $\bar{u}$, 그리고 횡방향 변위 $\bar{\upsilon}$를 갖는다. 그림 17.4를 참조하면 식 (17.1a)는 다음과 같이 확장된다.

$$\begin{Bmatrix} \bar{F}_{1x} \\ \bar{F}_{1y} \\ \bar{F}_{2x} \\ \bar{F}_{2y} \end{Bmatrix}_e = \frac{AE}{L}\begin{bmatrix} 1 & 0 & -1 & 0 \\ 0 & 0 & 0 & 0 \\ -1 & 0 & 1 & 0 \\ 0 & 0 & 0 & 0 \end{bmatrix}\begin{Bmatrix} \bar{u}_1 \\ \bar{\upsilon}_1 \\ \bar{u}_2 \\ \bar{\upsilon}_2 \end{Bmatrix}_e \tag{17.7a}$$

혹은

$$\{\bar{F}\}_e = [\bar{k}]_e \{\bar{\delta}\}_e \tag{17.7b}$$

명백히 $\{\bar{\delta}\}_e$는 국부 좌표계에서의 절점변위를 나타낸다.

그림 17.4로부터 조인트 1에서 두 개의 국부하중과 전역하중은 다음의 표현식과 연관됨을 알 수 있다.

$$\bar{F}_{1x} = F_{1x}\cos\theta + F_{1y}\sin\theta$$

$$\bar{F}_{1y} = -F_{1x}\sin\theta + F_{1y}\cos\theta$$

유사한 표현식이 조인트 2에서 적용된다. 간략한 표현을 위해 다음과 같이 지정한다.

$$c = \cos\theta \text{와} \quad s = \sin\theta$$

그래서 국부하중과 전역하중은 다음의 행렬형태로 연관된다.

$$\begin{Bmatrix} \bar{F}_{1x} \\ \bar{F}_{1y} \\ \bar{F}_{2x} \\ \bar{F}_{2y} \end{Bmatrix}_e = \begin{bmatrix} c & s & 0 & 0 \\ -s & c & 0 & 0 \\ 0 & 0 & c & s \\ 0 & 0 & -s & c \end{bmatrix} \begin{Bmatrix} F_{1x} \\ F_{1y} \\ F_{2x} \\ F_{2y} \end{Bmatrix}_e \tag{17.8a}$$

혹은 기호로 나타내면

$$\{\bar{F}\}_e = [T]\{F\}_e \tag{17.8b}$$

위 식에서 $[T]$는 *좌표변환 행렬*(coordinate transformation matrix)이다.

$$[T] = \begin{bmatrix} c & s & 0 & 0 \\ -s & c & 0 & 0 \\ 0 & 0 & c & s \\ 0 & 0 & -s & c \end{bmatrix} \tag{17.9}$$

그리고 $\{F\}_e$는 *전역 절점하중 행렬*(global nodal force matrix)을 나타낸다.

$$\{F\}_e = \begin{Bmatrix} F_{1x} \\ F_{1y} \\ F_{2x} \\ F_{2y} \end{Bmatrix}_e \tag{17.10}$$

하중과 같은 방식으로 변위도 변환되므로

$$\begin{Bmatrix} \bar{u}_1 \\ \bar{\upsilon}_1 \\ \bar{u}_2 \\ \bar{\upsilon}_2 \end{Bmatrix}_e = [T] \begin{Bmatrix} u_1 \\ \upsilon_1 \\ u_2 \\ \upsilon_2 \end{Bmatrix}_e \tag{17.11a}$$

혹은

$$\{\bar{\delta}\}_e = [T]\{\delta\}_e \tag{17.11b}$$

여기서 $\{\delta\}_e$는 전역 절점 변위이다. 식 (17.11b)와 (17.8b)를 (17.7b)에 대입하면

$$[T]\{F\}_e = \left[\bar{k}\right]_e [T]\{\delta\}_e$$

혹은

$$\{F\}_e = [T]^{-1}\left[\bar{k}\right]_e [T]\{\delta\}_e$$

변환행렬 $[T]$는 직교행렬임을 주목하라. 즉 역행렬이 전치행렬과 동일한 행렬이다: $[T]^{-1} = [T]^T$, 여기서 위첨자 T는 전치를 의미한다. 행렬의 전치라는 것은 행과 열을 바꾸는 것이다. 요소 e에 대한 전역 *하중-변위 관계식*(force-displacement relations)은

$$\{F\}_e = [k]_e \{\delta\}_e \tag{17.12}$$

여기서

$$[k]_e = [T]^T\left[\bar{k}\right]_e [T] \tag{17.13}$$

끝으로 요소의 *전역 강성행렬*(global stiffness matrix)을 구하기 위해 식 (17.9)와 (17.7a)로부터 $[k]_e$를 식 (17.13)에 대입한다.

$$[k]_e = \frac{AE}{L}\begin{bmatrix} c^2 & cs & -c^2 & -cs \\ cs & s^2 & -cs & -s^2 \\ -c^2 & -cs & c^2 & cs \\ -cs & -s^2 & cs & s^2 \end{bmatrix} = \frac{AE}{L}\begin{bmatrix} c^2 & cs & -c^2 & -cs \\ & s^2 & -cs & -s^2 \\ & & c^2 & cs \\ \text{대칭} & & & s^2 \end{bmatrix} \tag{17.14}$$

이 관계는 요소 강성행렬은 요소의 크기와 방향과 재료 물성치에 의해 좌우된다는 것을 보여준다.

17.2.4 요소 내의 축하중

그림 17.4에 나타나 있는 2차원 평면상에서 임의의 방향으로 향해 있는 축 요소의 일반적인 경우를 다시 생각하자. 축하중에 대한 방정식은 다음의 행렬형태로 표현될 수 있다.

$$F_{12} = \frac{AE}{L}\begin{bmatrix} c & s \end{bmatrix}\begin{Bmatrix} u_2 - u_1 \\ \upsilon_2 - \upsilon_1 \end{Bmatrix} \tag{17.15}$$

이는 절점 ij를 가진 요소에 대해 다음과 같이 쓸 수 있다.

$$F_{ij} = \left(\frac{AE}{L}\right)_{ij}\begin{bmatrix} c & s \end{bmatrix}_{ij}\begin{Bmatrix} u_j - u_i \\ \upsilon_j - \upsilon_i \end{Bmatrix} \tag{17.16}$$

F_{ij}의 양(음)값은 요소가 인장(압축) 상태임을 가리킨다. 요소에서 축방향 응력은 $\sigma_{ij} = F_{ij}/A$이다.

17.3 유한요소법의 정식화

트러스에 적합된 지배방정식의 도출은 구조 강성법 또는 유한요소법의 정식화를 보여준다. 앞서 언급한 바와 같이, 트러스는 서로 다른 방향성을 가진 축 요소들의 조합이다. 트러스 방정식을 유도하기 위해서 식 (17.12)에 의해 주어진 전체 요소 관계식을 조합하여야 한다. 앞의 과정은 전체 트러스에 대한 다음의 하중-변위 관계식, 즉 *시스템방정식*(system equation)으로 이어진다.

$$\{F\} = [K]\{\delta\} \tag{17.17}$$

전역 절점하중행렬 $\{F\}$와 *전역 강성행렬* $[K]$는

$$\{F\} = \sum_{1}^{n} \{F\}_e \tag{17.18a}$$

$$[K] = \sum_{1}^{n} [k]_e \tag{17.18b}$$

여기서 e는 요소를, n은 트러스를 구성하는 요소의 개수를 나타낸다. $[K]$행렬은 전체 트러스에서의 전역 절점하중 $\{F\}$와 전역 변위 $\{\delta\}$를 연결하고 있다.

17.3.1 $[k]_e$의 값들을 조합하는 방법

식 (17.18)의 요소 강성행렬은 적절히 함께 더해지거나 *중첩*(superimpose)되어야 한다. 적합한 합을 행하기 위해서 각 요소 강성행렬의 행과 열을 그와 관련된 변위성분에 따라 라벨을 붙이는 것이 하나의 편리한 방법이다. 그렇게 하면, 트러스 강성행렬 $[K]$는 개개 요소의 강성행렬의 각 항을 $[K]$의 해당 위치에 단순히 더해 줌으로써 얻어지게 된다. 요소 강성행렬의 조합을 위한 이러한 접근방식은 사례연구 17.1에 주어져 있다. 다른 방법은 각 요소의 $[k]_e$에 0들의 행과 열을 더함으로써 트러스 강성행렬의 크기까지 확장시키는 것이다. 그러나 요소의 개수가 많은 문제에 있어서 이 접근방식을 적용하는 것은 매우 지루하다.

17.3.2 문제를 풀이하는 과정

이제 앞 절에서 도출된 방정식을 사용해 보자. 유한요소법을 적용하여 구조문제를 푸는 일반적인 과정은 그림 17.5에서와 같이 요약될 수 있다. 이 개요는 다음에 나오는 예제의 풀이에서 보이듯이, 2차원 구조물에 적용될 때 더욱 잘 이해된다.

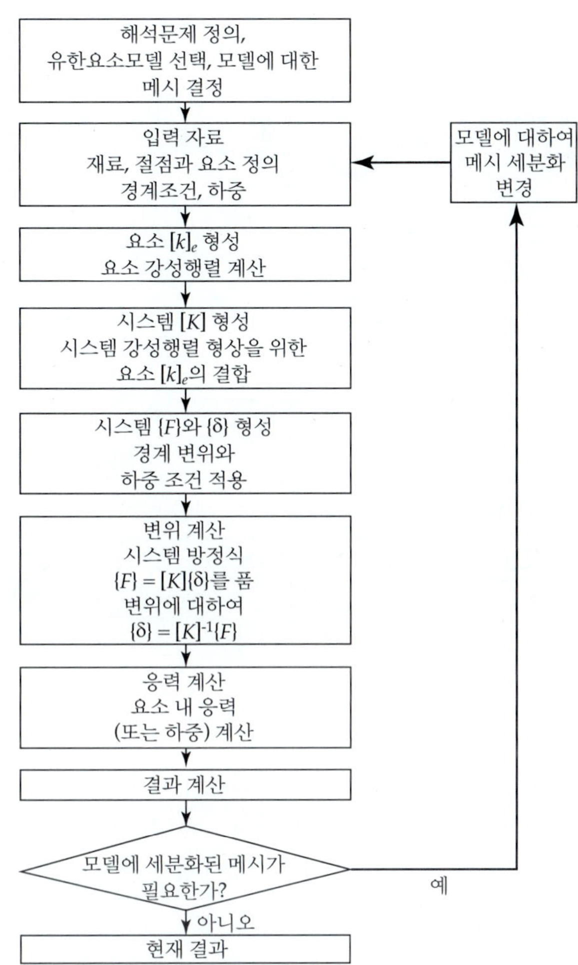

[그림 17.5]
유한요소 블록선도[3]

사례연구 17.1 트러스의 해석 및 설계

3봉 트러스 123(그림 17.6a)이 조인트 2에 수평하중 p를 받고 있다. 트러스를 해석하고 요구되는 각 부재의 단면적을 계산하라.

가정: 모든 부재는 동일한 항복강도 S_y, 동일한 길이 L 그리고 동일한 축강성 AE를 가지고 있다. 항복에 대한 안전율 $n = 1.5$를 사용하라.

주어진 값: $S_y = 240$ MPa, $P = 200$ kN.

풀이

반력은 그림 17.6a에 표기되어 있다. 각 요소에 대한 절점번호는 임의로 정한다.

입력 데이터. 각 절점에는 두 개의 변위와 두 절점 하중 성분이 있다(그림 17.6b). θ는 x축의 +방향으로부

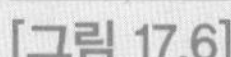
[그림 17.6]
(a) 기본적인 평면 트러스
(b) 유한요소 모델

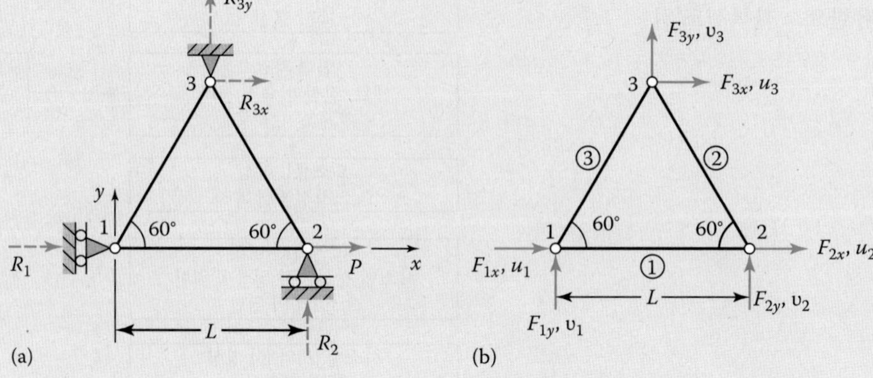

〈표 17.1〉 그림 17.6의 트러스에 대한 데이터

요소	θ	c	s	c^2	cs	s^2
1	0°	1	0	1	0	0
2	120°	$-1/2$	$\sqrt{3}/2$	$1/4$	$-\sqrt{3}/4$	$3/4$
3	60°	$1/2$	$\sqrt{3}/2$	$1/4$	$\sqrt{3}/4$	$3/4$

터 각 요소까지 반시계방향으로 측정됨을 상기하라(표 17.1). $[k]_e$의 항들이 c^2, s^2 및 cs를 포함하고 있으므로, c와 s의 부호를 모두 바꾸게 하는 θ로부터 $\theta + \pi$까지 각도 변화는 강성행렬에 있는 항들의 부호에는 영향을 주지 않는다. 예를 들어 부재 3의 경우 절점 1에서 반시계방향으로 측정했을 때는 $\theta = 60°$이나 절점 3에서 반시계방향으로 측정했을 때는 $\theta = 240°$이다. 그러나, 식 (17.14)에 대입하여도 $[k]_e$는 변하지 않는다.

요소 강성행렬. 식 (17.14)와 표 17.1을 사용하여 요소 1, 2, 3에 대하여 각각 다음을 얻는다.

$$[k]_1 = \frac{AE}{L}\begin{bmatrix} 1 & 0 & -1 & 0 \\ 0 & 0 & 0 & 0 \\ -1 & 0 & 1 & 0 \\ 0 & 0 & 0 & 0 \end{bmatrix} \begin{matrix} u_1 \\ \upsilon_1 \\ u_2 \\ \upsilon_2 \end{matrix} \quad (\text{columns: } u_1\ \upsilon_1\ u_2\ \upsilon_2)$$

$$[k]_2 = \frac{AE}{4L}\begin{bmatrix} 1 & -\sqrt{3} & -1 & \sqrt{3} \\ -\sqrt{3} & 3 & \sqrt{3} & -3 \\ -1 & \sqrt{3} & 1 & -\sqrt{3} \\ \sqrt{3} & -3 & -\sqrt{3} & 3 \end{bmatrix} \begin{matrix} u_2 \\ \upsilon_2 \\ u_3 \\ \upsilon_3 \end{matrix} \quad (\text{columns: } u_2\ \upsilon_2\ u_3\ \upsilon_3)$$

$$[k]_3 = \frac{AE}{4L}\begin{bmatrix} 1 & \sqrt{3} & -1 & \sqrt{3} \\ \sqrt{3} & 3 & -\sqrt{3} & -3 \\ -1 & -\sqrt{3} & 1 & \sqrt{3} \\ -\sqrt{3} & -3 & \sqrt{3} & 3 \end{bmatrix} \begin{matrix} u_1 \\ \upsilon_1 \\ u_3 \\ \upsilon_3 \end{matrix} \quad (\text{columns: } u_1\ \upsilon_1\ u_3\ \upsilon_3)$$

각 강성행렬들의 행과 열에 그것과 연관된 절점변위에 따라 라벨이 부여됨을 주목하라.

시스템 강성행렬. 경계 제한 조건이 부과되기 전에 트러스는 총 6개의 변위 성분들이 있다. 그러므로 트러스 강성행렬의 차수는 6 × 6이 되어야 한다. 각 요소 강성행렬의 항들을 [*K*]의 해당 위치에 더해줌으로써 트러스의 전역 강성행렬을 바로 얻는다.

$$
[K]=\frac{AE}{4L}\begin{bmatrix} 4+1 & 0+\sqrt{3} & -4 & 0 & -1 & -\sqrt{3} \\ 0+\sqrt{3} & 0+3 & 0 & 0 & -\sqrt{3} & -3 \\ -4 & 0 & 4+1 & 0-\sqrt{3} & -1 & \sqrt{3} \\ 0 & 0 & 0-\sqrt{3} & 0+3 & \sqrt{3} & -3 \\ -1 & -\sqrt{3} & -1 & \sqrt{3} & 1+1 & \sqrt{3}-\sqrt{3} \\ -\sqrt{3} & -3 & \sqrt{3} & -3 & \sqrt{3}-\sqrt{3} & 3+3 \end{bmatrix}
\begin{matrix} u_1 \\ \upsilon_1 \\ u_2 \\ \upsilon_2 \\ u_3 \\ \upsilon_3 \end{matrix} \tag{a}
$$

(열 라벨: u_1, υ_1, u_2, υ_2, u_3, υ_3)

시스템 하중과 변위행렬. 그림 17.6을 참조하여 작용하중과 지지 조건을 고려하면, 트러스의 절점 하중행렬은

$$
\{F\}=\begin{Bmatrix} F_{1x} \\ F_{1y} \\ F_{2x} \\ F_{2y} \\ F_{3x} \\ F_{3y} \end{Bmatrix}=\begin{Bmatrix} R_1 \\ 0 \\ P \\ R_2 \\ R_{3x} \\ R_{3y} \end{Bmatrix} \tag{b}
$$

마찬가지로 지지조건을 부여하면 트러스의 절점변위행렬은

$$
\{\delta\}=\begin{Bmatrix} u_1 \\ \upsilon_1 \\ u_2 \\ \upsilon_2 \\ u_3 \\ \upsilon_3 \end{Bmatrix}=\begin{Bmatrix} 0 \\ \upsilon_1 \\ u_2 \\ 0 \\ 0 \\ 0 \end{Bmatrix} \tag{c}
$$

변위. 식 (a), (b), (c)를 식 (17.18)에 대입하면 트러스의 하중-변위 관계는 다음과 같다.

$$
\begin{Bmatrix} R_1 \\ 0 \\ P \\ R_2 \\ R_{3x} \\ R_{3y} \end{Bmatrix}=\frac{AE}{4L}\begin{bmatrix} 5 & \sqrt{3} & -4 & 0 & -1 & -\sqrt{3} \\ \sqrt{3} & 3 & 0 & 0 & -\sqrt{3} & -3 \\ -4 & 0 & 5 & -\sqrt{3} & -1 & \sqrt{3} \\ 0 & 0 & -\sqrt{3} & 3 & \sqrt{3} & -3 \\ -1 & -\sqrt{3} & -1 & \sqrt{3} & 2 & 0 \\ -\sqrt{3} & -3 & \sqrt{3} & -3 & 0 & 6 \end{bmatrix}\begin{Bmatrix} 0 \\ \upsilon_1 \\ u_2 \\ 0 \\ 0 \\ 0 \end{Bmatrix} \tag{d}
$$

v_1과 u_2를 결정하기 위해 식 (d)에서 이 변위들과 연관된 부분만을 생각하면

$$\begin{Bmatrix} 0 \\ P \end{Bmatrix} = \frac{AE}{4L}\begin{bmatrix} 3 & 0 \\ 0 & 5 \end{bmatrix}\begin{Bmatrix} v_1 \\ u_2 \end{Bmatrix}$$

앞의 식을 연립하여 풀거나 역행렬에 의해 풀면, 절점변위가 얻어진다.

$$\begin{Bmatrix} v_1 \\ u_2 \end{Bmatrix} = \frac{4L}{15AE}\begin{bmatrix} 5 & 0 \\ 0 & 3 \end{bmatrix}\begin{Bmatrix} 0 \\ P \end{Bmatrix} = \frac{4PL}{5AE}\begin{Bmatrix} 0 \\ 1 \end{Bmatrix} \tag{e}$$

반력. v_1, u_2의 값은 식 (d)로부터 다음과 같이 반력을 결정하는 데 사용된다.

$$\begin{Bmatrix} R_1 \\ R_2 \\ R_{3x} \\ R_{3y} \end{Bmatrix} = \frac{AE}{4L}\begin{bmatrix} \sqrt{3} & -4 \\ 0 & -\sqrt{3} \\ -\sqrt{3} & -1 \\ -3 & \sqrt{3} \end{bmatrix}\begin{Bmatrix} v_1 \\ u_2 \end{Bmatrix} = \frac{P}{5}\begin{Bmatrix} -4 \\ -\sqrt{3} \\ -1 \\ \sqrt{3} \end{Bmatrix}$$

결과는 전체 트러스의 자유물체도(그림 17.6a)에 평형방정식을 적용함으로써 검증될 수 있다.

요소 내의 축하중. 식 (17.16)과 (e), 그리고 표 17.1을 사용하여 다음을 얻는다.

$$F_{12} = \frac{AE}{L}\begin{bmatrix} 1 & 0 \end{bmatrix}\begin{Bmatrix} \frac{4PL}{5AE} \\ 0 \end{Bmatrix} = \frac{4}{5}P$$

$$F_{23} = \frac{AE}{L}\begin{bmatrix} -\frac{1}{2} & \frac{\sqrt{3}}{2} \end{bmatrix}\begin{Bmatrix} -\frac{4PL}{5AE} \\ 0 \end{Bmatrix} = \frac{2}{5}P$$

$$F_{13} = \frac{AE}{L}\begin{bmatrix} \frac{1}{2} & \frac{\sqrt{3}}{2} \end{bmatrix}\begin{Bmatrix} 0 \\ 0 \end{Bmatrix} = 0$$

요소 내의 응력. 앞의 요소하중을 단면적으로 나누면, $\sigma_{12} = 4P/5A_1$, $\sigma_{23} = 2P/5A_2$, $\sigma_{13} = 0$을 얻는다.

요소에 요구되는 단면적. 허용응력은 $\sigma_{all} = 240/1.5 = 160$ MPa이다. 그러면 $A_1 = 0.8(200 \times 10^3)/160 = 1000\ \text{mm}^2$, $A_2 = 500\ \text{mm}^2$ 그리고 A_3 = 임의의 면적이라는 결과를 얻는다.

[그림 17.7]
보 요소. 모든 힘과 변위는 +방향을 나타낸다.

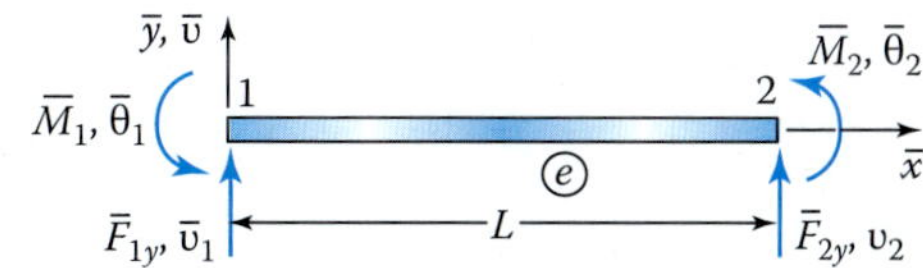

[그림 17.8]
변형된 보 요소

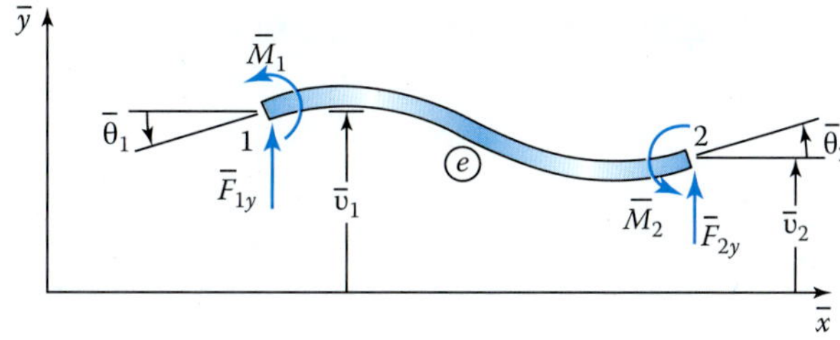

17.4 보와 프레임 요소

여기서 굽힘 요소 혹은 보 요소와 축-굽힘 요소 혹은 평면 프레임 요소에 대한 강성행렬을 정식화한다. 먼저 17.7에 나타나 있듯이 일정한 굽힘 강성 EI와 길이 L을 갖는 초기 직선보를 생각하자. 이러한 요소는 각 엔드부 혹은 절점에서 횡 방향 처짐 $\bar{\upsilon}$와 기울기 $\bar{\theta}$를 가지고 있다. 이러한 변위들에 상응하여 횡방향 전단력 $\bar{F}_y$와 굽힘모멘트 $\bar{M}$이 각 절점에 작용한다. 보 요소의 처진 형상이 그림 17.8에 나타나 있다.

보 요소의 선형 탄성거동은 $d^4\upsilon/dx^4 = 0$로서 식 (4.16c)에 따라 지배된다. 이 식의 우변항이 0인 이유는 강성행렬식의 정식화에 있어 절점 사이에는 하중이 가해지지 않는다고 가정했기 때문이다. 분포하중이 있는 요소의 경우, 등가 절점하중 성분이 사용된다. 해는 x의 3차 다항식인 것으로 간주한다.

$$\bar{\upsilon} = a_1 + a_2\bar{x} + a_3\bar{x}^2 + a_4\bar{x}^3 \tag{a}$$

상수값 a들은 양 말단의 조건을 사용함으로써 얻어진다. 강성행렬은 17.2절에서 논의된 과정을 통해 다시 얻을 수 있다. 행렬 형태의 절점 하중-변위 관계[8]는 다음과 같음을 증명할 수 있다.

$$\begin{Bmatrix} \bar{F}_{1y} \\ \bar{M}_1 \\ \bar{F}_{2y} \\ \bar{M}_2 \end{Bmatrix}_e = \frac{EI}{L_3}\begin{bmatrix} 12 & 6L & -12 & 6L \\ & 4L^2 & -6L & 2L^2 \\ & & 12 & -6L \\ \text{대칭} & & & 4L^2 \end{bmatrix}\begin{Bmatrix} \bar{\upsilon}_1 \\ \bar{\theta}_1 \\ \bar{\upsilon}_2 \\ \bar{\theta}_2 \end{Bmatrix}_e \tag{17.19a}$$

혹은 기호로 나타내면

$$\{\bar{F}\}_e = [\bar{k}]_e\{\delta\}_e \tag{17.19b}$$

행렬 $\{\bar{F}\}_e$는 하중과 모멘트 성분들을 나타낸다. 식 (17.19b)는 국부 좌표축 $\bar{x}$로 기술된 보 요소의 강성 행렬 $[\bar{k}]_e$를 정의한다. 강성행렬이 도출되면, 보 요소를 포함한 문제들의 정식화와 풀이가 17.3절에서 논의된 대로 진행된다.

예제 17.1 정적 부정정 보에서 변위와 하중의 결정

그림 17.9a에서와 같이 굽힘강성 EI의 중간에 지지된 외팔보가 말단하중 P를 받고 있다. 유한요소법을 사용하여 다음을 구하라.

a. 절점변위

b. 절점 하중과 모멘트

풀이

보를 그림 17.9a에서와 같이 절점 1, 2 및 3을 가진 요소들로 분할한다. 식 (17.19)에 의해

$$[k]_1 = \frac{EI}{L^3}\begin{array}{c} \begin{array}{cccc} \upsilon_1 & \theta_1 & \upsilon_2 & \theta_2 \end{array} \\ \left[\begin{array}{cccc} 12 & 6L & -12 & 6L \\ & 4L^2 & -6L & 2L^2 \\ & & 12 & -6L \\ \text{대칭} & & & 4L^2 \end{array}\right] \end{array} \begin{array}{c} \upsilon_1 \\ \theta_1 \\ \upsilon_2 \\ \theta_2 \end{array}$$

$$[k]_2 = \frac{EI}{L^3}\begin{array}{c} \begin{array}{cccc} \upsilon_2 & \theta_2 & \upsilon_3 & \theta_3 \end{array} \\ \left[\begin{array}{cccc} 12 & 6L & -12 & 6L \\ & 4L^2 & -6L & 2L^2 \\ & & 12 & -6L \\ \text{대칭} & & & 4L^2 \end{array}\right] \end{array} \begin{array}{c} \upsilon_2 \\ \theta_2 \\ \upsilon_3 \\ \theta_3 \end{array}$$

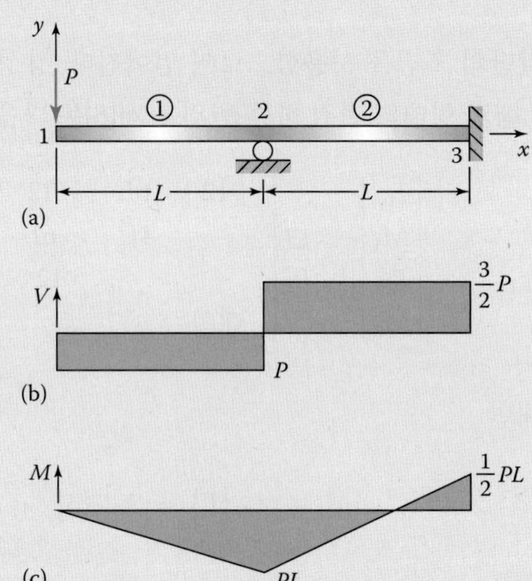

[그림 17.9]
예제 17.2. (a) 하중 선도
(b) 전단력 선도 (c) 모멘트 선도

a. 이제 보의 전역 강성행렬이 조합될 수 있다: $[K] = [k]_1 + [k]_2$. 그 때 보에 대한 지배방정식은

$$\begin{Bmatrix} F_{1y} \\ M_1 \\ F_{2y} \\ M_2 \\ F_{3y} \\ M_3 \end{Bmatrix} = \frac{EI}{L^3} \begin{bmatrix} 12 & 6L & -12 & 6L & 0 & 0 \\ & 4L^2 & -6L & 2L^2 & 0 & 0 \\ & & 24 & 0 & -12 & 6L \\ & & & 8L^2 & -6L & 2L^2 \\ & & & & 12 & -6L \\ \text{대칭} & & & & & 4L^2 \end{bmatrix} \begin{Bmatrix} \upsilon_1 \\ \theta_1 \\ \upsilon_2 \\ \theta_2 \\ \upsilon_3 \\ \theta_3 \end{Bmatrix} \tag{17.20a}$$

혹은

$$\{F\} = [K]\{\delta\} \tag{17.20b}$$

경계조건은 $v_2 = 0$, $\theta_3 = 0$, 그리고 $v_3 = 0$이다. 미지의 변위와 관련된 식들의 첫 번째, 두 번째, 그리고 네 번째를 다시 쓰면

$$\begin{Bmatrix} -P \\ 0 \\ 0 \end{Bmatrix} = \frac{EI}{L^3} \begin{bmatrix} 12 & 6L & 6L \\ 6L & 4L^2 & 2L^2 \\ 6L & 2L^2 & 8L^2 \end{bmatrix} \begin{Bmatrix} \upsilon_1 \\ \theta_1 \\ \theta_2 \end{Bmatrix}$$

각 절점변위들에 대해 풀면

$$\upsilon_1 = -\frac{7PL^3}{12EI}, \quad \theta_1 = \frac{3PL^2}{4EI}, \quad \theta_2 = \frac{PL^2}{4EI}$$

b. 이 식들은 (17.20a)에 대입하고 곱하면, 구해진 절점하중과 모멘트는

$$F_{1y} = -P, \qquad M_1 = 0, \qquad F_{2y} = \frac{5}{2}P,$$
$$M_2 = 0, \qquad F_{3y} = -\frac{3}{2}P, \qquad M_3 = \frac{1}{2}PL$$

절점 1, 2에서 보에 반작용 모멘트가 없으므로 M_1, M_2가 0임을 유의하라.

평가: 일반적으로 전체 구조물을 해석하기 위해 각 요소와 연관된 국부 절점하중과 모멘트를 결정해야 한다. 현재 고려중인 사례에서, 요소 1의 자유물체도로부터 $(M_2)_1 = -PL$이라는 것을 쉽게 관찰할 수 있다. 따라서 그림 17.9b와 c에서 보에 대한 전단력과 모멘트 선도를 각각 얻는다.

17.4.1 임의의 방향으로 향해 있는 보 요소

평면 프레임 요소에서 보 요소는 더 이상 수평방향이 아니다. 2차원 평면상에서 그림 17.10에서와 같은 방향으로 있을 수 있다. 그러므로 변위들이 전역 계에서의 u, υ변위들로 변환될 수 있도록 $[k]_e$를 확

장시키는 것이 필요하다. 모멘트는 영향을 받지 않는다. 그림을 참조하면, 전역 좌표계의 하중과 변위 행렬은 각각 다음과 같다.

$$\{F\}_e = \begin{Bmatrix} F_{1x} \\ F_{1y} \\ M_1 \\ F_{2x} \\ F_{2y} \\ M_2 \end{Bmatrix}_e \tag{17.21a}$$

$$\{\delta\}_e = \begin{Bmatrix} u_1 \\ \upsilon_1 \\ \theta_1 \\ u_2 \\ \upsilon_2 \\ \theta_2 \end{Bmatrix}_e \tag{17.21b}$$

17.2절에서 서술한 것과 유사한 과정을 따르면, 이제 좌표 변환행렬은

$$[T] = \begin{bmatrix} c & s & 0 & 0 & 0 & 0 \\ -s & c & 0 & 0 & 0 & 0 \\ 0 & 0 & 1 & 0 & 0 & 0 \\ 0 & 0 & 0 & c & s & 0 \\ 0 & 0 & 0 & -s & c & 0 \\ 0 & 0 & 0 & 0 & 0 & 1 \end{bmatrix} \tag{17.22}$$

여기서 앞에서와 같이 $c = \cos\theta$, $s = \sin\theta$를 의미한다. 식 (17.22)로부터 $[T]$와 식 (17.19)로부터의 $[k]_e$를 식 (17.13)에 대입하면, *전역 강성행렬*이 다음과 같이 형성된다.

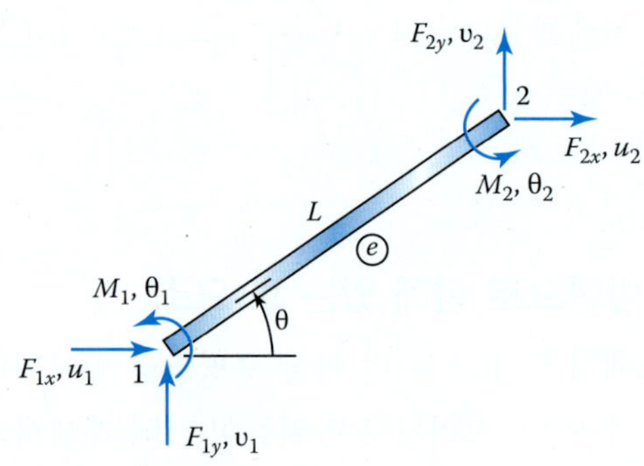

[그림 17.10]
임의의 방향으로 향해 있는 보 요소에 작용하는 전역 하중과 변위

$$[k]_e = \frac{EI}{L^3}\begin{bmatrix} 12s^2 & -12cs & -6Ls & -12s^2 & 12cs & -6Ls \\ & 12c^2 & 6Lc & 12cs & -12c^2 & 6Lc \\ & & 4L^2 & 6Ls & -6Lc & 2L^2 \\ & & & 12s^2 & -12cs & 6Ls \\ & & & & 12c^2 & -6Lc \\ \text{대칭} & & & & & 4L^2 \end{bmatrix} \tag{17.23}$$

17.4.2 임의의 방향으로 향해 있는 축-굽힘 보 혹은 프레임 요소

수평방향의 축 요소(그림 17.3)와 수평방향의 보 요소(그림 17.7)가 결합될 때, 축-굽힘 보 요소가 얻어진다. 이 경우에 축방향 변위와 횡방향 처짐 및 회전에 대한 해는 각각 분리되어 독립적으로 수행될 수 있다. 2차원 평면상에서 x축에 대해 θ만큼 경사진 축-굽힘 보 혹은 프레임 요소에 작용하는 국부 절점 하중들은 그림 17.11에 나타나 있다. 이 요소에 대해 강성행렬은 앞서 서술된 통상적인 좌표 변환 절차를 밟아야만 한다. 그렇게 해서 축하중과 전단하중 그리고 굽힘모멘트 효과를 포함하는 요소에 대한 전역 강성행렬을 얻는다[4].

$$[k]_e = \frac{E}{L}\begin{bmatrix} Ac^2+\frac{12I}{L^2}s^2 & \left(A-\frac{12I}{L^2}\right)cs & -\frac{6I}{L}s & -\left(Ac^2+\frac{12I}{L^2}s^2\right) & -\left(A-\frac{12I}{L^2}\right)cs & -\frac{6I}{L}s \\ & As^2+\frac{12I}{L^2}c^2 & \frac{6I}{L}c & -\left(A-\frac{12I}{L^2}\right)cs & -\left(As^2+\frac{12I}{L^2}c^2\right) & \frac{6I}{L}c \\ & & 4I & \frac{6I}{L}s & -\frac{6I}{L}c & 2I \\ & & & Ac^2+\frac{12I}{L^2}s^2 & \left(A-\frac{12I}{L^2}\right)cs & \frac{6I}{L}s \\ & & & & As^2+\frac{12I}{L^2}c^2 & -\frac{6I}{L}c \\ \text{대칭} & & & & & 4I \end{bmatrix} \tag{17.24}$$

전역하중과 변위는 식 (17.21)에 의해 또 얻어진다. 강체-접합 프레임 구조물의 해석과 설계는 식 (17.23)과 (17.24)를 적용함으로써 착수될 수 있다. 후자의 식으로부터, 일반적인 프레임 요소 강성행

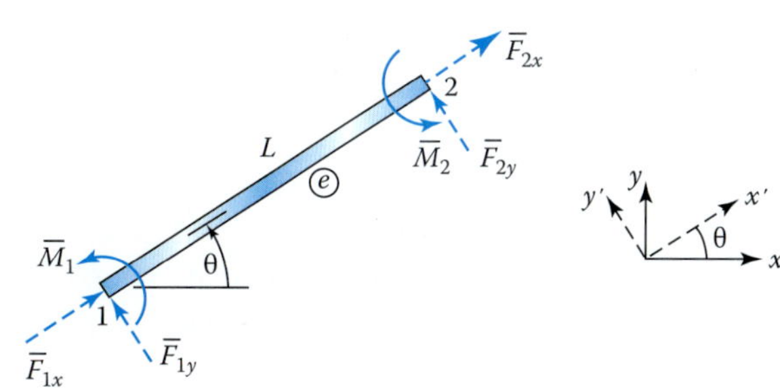

[그림 17.11]
임의의 방향으로 향해 있는 축-굽힘 요소에 작용하는 국부 하중

렬은 E, A, L, I와 전역 좌표축들에 대한 요소 방향각 θ의 함수라는 것을 알 수 있다. 도출된 요소 강성행렬을 가지고, 프레임 문제에 대한 정식화와 풀이가 17.3절에 논의되었던 바와 같이 진행된다. 다음의 예제는 그 과정을 가르친다.

예제 17.2 프레임에서의 변위

평면 사각 프레임 1234는 양 지지점 1과 4에서 고정되어 있다(그림 17.12). 프레임에 작용하는 하중은 조인트 2에서 수평하중 P와 조인트 3에서 모멘트 M이 작용하고 있다. 유한요소해석에 의해 절점변위들을 계산하라.

주어진 값: 모든 요소에 있어서 $P = 4$ kips, $M = 2$ kips·in, $L = 5$ ft, $E = 30 \times 10^6$ psi, $A = 5$ in^{2}이다. 요소 1과 3에 있어서 $I = 120$ in^{4}이며, 요소 2에 있어서 $I = 60$ in^{4}이다.

풀이

전역 좌표축 xy는 그림 17.12에 표시되어 있다. 식 (17.24)와 표 17.2를 사용하여 요소 강성행렬들이 다음과 같이 얻어진다.

$$
\begin{array}{c}
\begin{matrix} u_1 & \upsilon_1 & \theta_1 & u_2 & \upsilon_2 & \theta_2 \end{matrix} \\
[k]_1 = 5(10^5)\begin{bmatrix} 0.4 & 0 & -12 & -0.4 & 0 & -12 \\ 0 & 5 & 0 & 0 & -5 & 0 \\ -12 & 0 & 480 & 12 & 0 & 240 \\ -0.4 & 0 & 12 & 0.4 & 0 & 12 \\ 0 & -5 & 0 & 0 & 5 & 0 \\ -12 & 0 & 240 & 12 & 0 & 480 \end{bmatrix} \begin{matrix} u_1 \\ \upsilon_1 \\ \theta_1 \\ u_2 \\ \upsilon_2 \\ \theta_2 \end{matrix}
\end{array}
$$

$$
\begin{array}{c}
\begin{matrix} u_2 & \upsilon_2 & \theta_2 & u_3 & \upsilon_3 & \theta_3 \end{matrix} \\
[k]_2 = 5(10^5)\begin{bmatrix} 5 & 0 & 0 & -5 & 0 & 0 \\ 0 & 0.2 & 6 & 0 & -0.2 & 6 \\ 0 & 6 & 240 & 0 & -6 & 120 \\ -5 & 0 & 0 & 5 & 0 & 0 \\ 0 & -0.2 & -6 & 0 & 0.2 & -6 \\ 0 & 6 & 120 & 0 & -6 & 240 \end{bmatrix} \begin{matrix} u_2 \\ \upsilon_2 \\ \theta_2 \\ u_3 \\ \upsilon_3 \\ \theta_3 \end{matrix}
\end{array}
$$

$$
\begin{array}{c}
\begin{matrix} u_3 & \upsilon_3 & \theta_3 & u_4 & \upsilon_4 & \theta_4 \end{matrix} \\
[k]_3 = 5(10^5)\begin{bmatrix} 0.4 & 0 & 12 & -0.4 & 0 & 12 \\ 0 & 5 & 0 & 0 & -5 & 0 \\ 12 & 0 & 480 & -12 & 0 & 240 \\ -0.4 & 0 & -12 & 0.4 & 0 & -12 \\ 0 & -5 & 0 & 0 & 5 & 0 \\ 12 & 0 & 240 & -12 & 0 & 480 \end{bmatrix} \begin{matrix} u_3 \\ \upsilon_3 \\ \theta_3 \\ u_4 \\ \upsilon_4 \\ \theta_4 \end{matrix}
\end{array}
$$

[그림 17.12]
예제 17.3. 평면 프레임

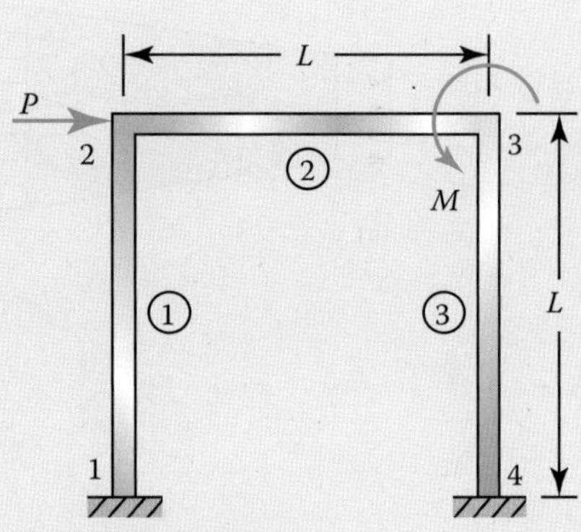

〈표 17.2〉 그림 17.12의 프레임에 대한 데이터

요소	1	2	3
θ	90°	0°	270°
c	0	1	0
s	1	0	−1
$12I/L^2$	0.4	0.2	0.4
$6I/L$	12	6	12
E/L	5×10^5	5×10^5	5×10^5

요소 강성행렬들을 중첩하고 절점 1과 4에서의 경계조건

$$u_1 = \upsilon_1 = \theta_1 = 0, \qquad u_4 = \upsilon_4 = \theta_4 = 0$$

을 적용한다. 이것은 다음의 축소한 한 조의 식들이 된다.

$$\begin{Bmatrix} 4000 \\ 0 \\ 0 \\ 0 \\ 0 \\ 2000 \end{Bmatrix} = 5\left(10^5\right) \begin{bmatrix} \overset{u_2}{5.4} & \overset{\upsilon_2}{0} & \overset{\theta_2}{12} & \overset{u_3}{-5} & \overset{\upsilon_3}{0} & \overset{\theta_3}{0} \\ & 5.2 & 6 & 0 & -0.2 & 6 \\ & & 720 & 0 & -6 & 120 \\ & & & 5.4 & 0 & 12 \\ & & & & 5.2 & -6 \\ \text{대칭} & & & & & 720 \end{bmatrix} \begin{Bmatrix} u_2 \\ \upsilon_2 \\ \theta_2 \\ u_3 \\ \upsilon_3 \\ \theta_3 \end{Bmatrix}$$

이를 풀면, 절점의 처짐과 회전은

$$\begin{Bmatrix} u_2 \\ \upsilon_2 \\ \theta_2 \\ u_3 \\ \upsilon_3 \\ \theta_3 \end{Bmatrix} = \begin{Bmatrix} 18.208 \\ 0.582 \\ -0.271 \\ 17.408 \\ -0.582 \\ -0.248 \end{Bmatrix} \left(10^{-3}\right) \begin{matrix} \text{in.} \\ \text{in.} \\ \text{rad} \\ \text{in.} \\ \text{in.} \\ \text{rad} \end{matrix}$$

– 부호는 아랫방향으로의 변위 또는 시계방향의 회전을 나타낸다.

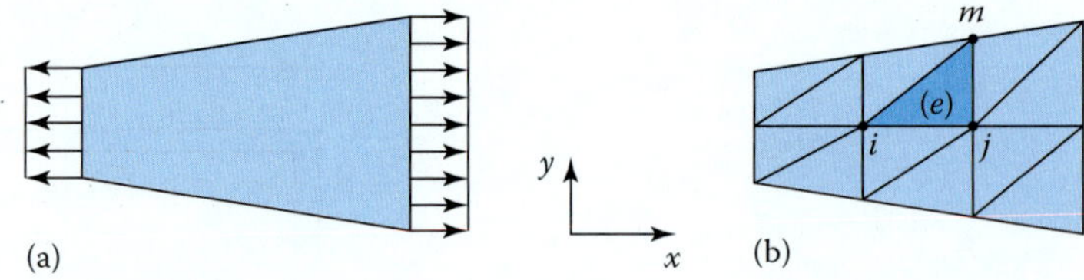

[그림 17.13]
인장하중을 받는 판. (a) 요소분할 전 (b) 요소분할 후

17.5 2차원 요소

지금까지 트러스와 프레임을 형성하는 절점 사이를 잇는 선 요소만을 다루었다. 이 절에서는 등방성 탄성 구조물에 대한 2차원 유한요소의 특성과 평면 구조물에 대한 유한요소법의 정식화에 주의를 기울이려고 한다. 먼저 그림 17.13a의 평판을 그림 17.13b에 나타낸 바와 같이 분할한다. 유한요소는 절점에서뿐만 아니라 요소간의 경계를 따라서도 연결되어 있다. 모든 정식화는 절점 i, j, m의 반시계방향의 번호 부여를 기초로 한다. 기초적 정식화 방법을 명확히 실연하기 위해 가장 단순한 일정 변형률 삼각요소(CST)를 사용하였다. 각각 x와 y방향의 절점변위인 u와 v가 주된 미지수들이다.

17.5.1 변위함수

절점 i, j, m으로 구성된 대표적인 유한요소 e를 생각하자(그림 17.13b). 절점변위들은 다음의 간편한 행렬형태로 표현된다.

$$\{\delta\}_e = \begin{Bmatrix} u_i \\ \upsilon_i \\ u_j \\ \upsilon_j \\ u_m \\ \upsilon_m \end{Bmatrix} \tag{17.25}$$

요소 내 어떤 점에서의 변위를 표현하는 변위함수 $\{f\}_e$는 다음과 같이 표현된다.

$$\{f\}_e = \begin{Bmatrix} u(x,y) \\ \upsilon(x,y) \end{Bmatrix} \tag{17.26a}$$

$$\{f\}_e = [N]\{\delta\}_e \tag{17.26b}$$

위 식에서 행렬 $[N]$은 위치의 함수로 다음 절에서 구할 것이다.

17.5.2 변형률, 응력 및 변위행렬

변형률과 응력은 변위함수의 항으로써 정의된다. 변형률 행렬은 다음과 같이 표현된다.

$$\{\varepsilon\}_e = \begin{Bmatrix} \varepsilon_x \\ \varepsilon_y \\ \gamma_{xy} \end{Bmatrix}_e = \begin{Bmatrix} \dfrac{\partial u}{\partial x} \\ \dfrac{\partial \upsilon}{\partial y} \\ \dfrac{\partial \upsilon}{\partial x} + \dfrac{\partial u}{\partial y} \end{Bmatrix} \tag{17.27a}$$

혹은

$$\{\varepsilon\}_e = [B]\{\delta\}_e \tag{17.27b}$$

여기서 $[B]$ 또한 다음 절에서 구한다.

같은 방식으로 요소 내의 응력은 훅의 법칙(Hooke's law)에 의해

$$\{\sigma\}_e = \frac{E}{1-\nu^2}\begin{bmatrix} 1 & \nu & 0 \\ \nu & 1 & 0 \\ 0 & 0 & (1-\nu)/2 \end{bmatrix}\begin{Bmatrix} \varepsilon_x \\ \varepsilon_y \\ \gamma_{xy} \end{Bmatrix}_e \tag{17.28a}$$

혹은

$$\{\sigma\}_e = [D]\{\varepsilon\}_e \tag{17.28b}$$

명백히 *탄성행렬*(elasticity matrix)은

$$[D] = \frac{E}{1-\nu^2}\begin{bmatrix} 1 & \nu & 0 \\ \nu & 1 & 0 \\ 0 & 0 & (1-\nu)/2 \end{bmatrix} \tag{17.29a}$$

일반적으로 표현하면

$$[D] = \lambda\begin{bmatrix} 1 & D_{12} & 0 \\ D_{12} & 1 & 0 \\ 0 & 0 & D_{33} \end{bmatrix} \tag{17.29b}$$

2차원 문제는 두 종류라는 것을 3.9절과 3.11절로부터 상기하라: 평면응력과 평면변형률.

평면문제에 대한 상수 λ, D_{12}, D_{33}은 표 17.3에 정의되어 있다[3].

〈표 17.3〉 2차원 문제를 위한 탄성계수

기호	평면변형률	평면응력
λ	$\frac{E}{1-\nu^2}$	$\frac{E(1-\nu)}{(1+\nu)(1-2\nu)}$
D_{12}	ν	$\frac{\nu}{1-\nu}$
D_{33}	$\frac{1-\nu}{2}$	$\frac{1-2\nu}{2(1-\nu)}$

17.5.3 2차원 문제의 지배방정식

최소 퍼텐셜 에너지 원리를 사용하여, *평면응력*(plane stress)과 *평면변형률*(plane strain) 요소에 대한 표현식을 도출할 수 있다. 이를 위해 전체 위치에너지 $\Pi = U - W$(5.7절 참조) 2차원 요소 물성으로 표현하기로 한다. 그러면 최소화 조건 $\partial\Pi/\partial\{\delta\}_e = 0$는 다음의 결과를 나타낸다.

$$\{F\}_e = [k]_e \{\delta\}_e \tag{17.12}$$

이는 17.2절에서 얻은 것과 같은 형태이며 $\{\delta\}_e$는 요소 절점변위행렬을 나타낸다. 그러나 요소 강성행렬$\{k\}_e$과 요소 절점 하중행렬 $\{F\}_e$는 다음과 같이 주어진다.

$$[k]_e = \int_V [B]^T [D][B] \, dV \tag{17.30}$$

$$\{F\}_e = \int_s [N]^T \{p\} \, ds \tag{17.31}$$

여기서

p = 단위 면적당 경계 표면 하중

s = 하중 p가 작용하는 경계 표면

V = 요소의 체적

T = 행렬의 전치

다음으로 요소 강성행렬과 절점 하중행렬을 조합한다. 그러면 다음의 전체 부재에 대한 전역 지배방정식, 즉 시스템 방정식을 얻게 된다.

$$\{F\} = [K]\{\delta\} \tag{17.17}$$

여기서 앞에서와 같이

$$\{F\} = \sum_{1}^{n}\{F\}_e \quad [K] = \sum_{1}^{n}[K]_e \tag{17.18}$$

n은 부재를 구성하는 유한요소의 개수를 나타낸다. 앞의 정식화 과정에서, 유한요소 강성행렬은 전역좌표계 (x, y)상의 일반적인 방향에 대해 유도되었음을 유의하라. 그러므로 식 (17.17)은 모든 요소에 적용가능하다. 그래서 국부 방정식을 전역 방정식으로 변환할 필요가 없다. 유한요소법에 의해 문제를 풀이하는 일반적인 과정은 그림 17.5에 이미 나타나 있다. 이 개요는 다음 절의 삼각요소에 적용할 때 더 잘 이해될 수 있을 것이다.

17.6 삼각요소

이제 기본적인 CST 평면응력 요소와 평면변형률 요소를 탐구하고자 한다. 불규칙적인 형상을 가진 부재의 경계는 정확하게 근사할 수 있고 삼각요소와 연관된 표현식들은 단순하다. 여기서 다루어지는 내용은 간결하다. 다양한 종류의 2차원 요소들이 보다 나은 해를 도출한다. 예로 *선형 변형률 삼각* (LST: linear striain triangular) 요소, 추가적인 경계 질점과 내부 절점이 있는 삼각요소, 모서리 절점을 가진 사각요소, 추가적인 경계 절점을 가진 사각요소 등이 포함되어 있다[1, 4, 5]. LST 요소는 6개의 절점을 가진다: 통상의 모서리 절점과 변의 중간점에 위치된 3개의 추가적인 절점, 그래서 이 요소는 12개의 미지의 변위를 가지고 있다. LST 요소에 대한 방정식의 탐구과정은 CST 요소에서와 동일한 단계를 따른다.

17.6.1 변위함수

그림 17.14에 나타낸 삼각 유한요소 i, j, m을 생각하자. 절점변위행렬 $\{\delta\}_e$는 식 (17.25)에 의해 주어진다. 요소 내의 변위 u와 υ는 다음의 선형형태로 가정할 수 있다.

$$\{f\}_e = \begin{Bmatrix} u(x,y) \\ \upsilon(x,y) \end{Bmatrix} = \begin{Bmatrix} \alpha_1 + \alpha_2 x + \alpha_3 y \\ \alpha_4 + \alpha_5 x + \alpha_6 y \end{Bmatrix} \tag{17.32}$$

여기서 α는 상수를 나타낸다. 앞의 표현식은 인접한 요소들의 경계에서 변위의 적합성(compatibility)이 충족한다.

요소의 절점변위들은

$$\begin{aligned} u_i &= \alpha_1 + \alpha_2 x_i + \alpha_3 y_i \qquad & \upsilon_i &= \alpha_4 + \alpha_5 x_i + \alpha_6 y_i \\ u_j &= \alpha_1 + \alpha_2 x_j + \alpha_3 y_j & \upsilon_j &= \alpha_4 + \alpha_5 x_j + \alpha_6 y_j \\ u_m &= \alpha_1 + \alpha_2 x_m + \alpha_3 y_m & \upsilon_m &= \alpha_4 + \alpha_5 x_m + \alpha_6 y_m \end{aligned}$$

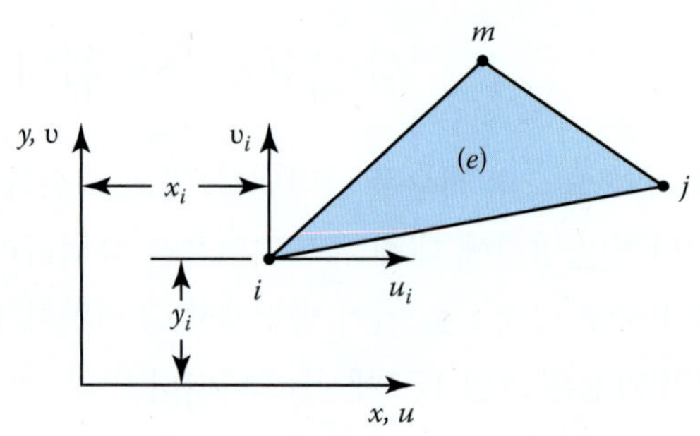

[그림 17.14]
기본적인 삼각요소

위 식들을 풀면[3]

$$\begin{Bmatrix}\alpha_1\\\alpha_2\\\alpha_3\end{Bmatrix}=\frac{1}{2A}\begin{bmatrix}a_i & a_j & a_m\\ b_i & b_j & b_m\\ c_i & c_j & c_m\end{bmatrix}\begin{Bmatrix}u_i\\u_j\\u_m\end{Bmatrix}$$
$$\begin{Bmatrix}\alpha_4\\\alpha_5\\\alpha_6\end{Bmatrix}=\frac{1}{2A}\begin{bmatrix}a_i & a_j & a_m\\ b_i & b_j & b_m\\ c_i & c_j & c_m\end{bmatrix}\begin{Bmatrix}\upsilon_i\\\upsilon_j\\\upsilon_m\end{Bmatrix} \qquad \text{(a)}$$

A는 삼각형의 면적을 나타낸다.

$$A=\frac{1}{2}\left[x_i\left(y_j-y_m\right)+x_j\left(y_m-y_i\right)+x_m\left(y_i-y_j\right)\right] \qquad (17.33)$$

그리고

$$\begin{matrix} a_i=x_jy_m-y_jx_m & a_j=y_ix_m-x_iy_m & a_m=x_iy_j-y_ix_j\\ b_i=y_j-y_m & b_j=y_m-y_i & b_m=y_i-y_j\\ c_i=x_m-x_j & c_j=x_i-x_m & c_m=x_j-x_i \end{matrix} \qquad (17.34)$$

식 (a)를 식 (17.32)에 대입하면, 변위함수는 다음과 같이 주어진다.

$$\{f\}_e=\begin{bmatrix}N_i & 0 & N_j & 0 & N_m & 0\\ 0 & N_i & 0 & N_j & 0 & N_m\end{bmatrix}\begin{Bmatrix}u_i\\\upsilon_i\\u_j\\\upsilon_j\\u_m\\\upsilon_m\end{Bmatrix}=[N]\{\delta\}_e \qquad (17.35)$$

여기서

$$N_i = \frac{1}{2A}(a_i + b_i x + c_i y)$$
$$N_j = \frac{1}{2A}(a_j + b_j x + c_j y) \qquad (17.36)$$
$$N_m = \frac{1}{2A}(a_m + b_m x + c_m y)$$

변형률 행렬(strain matrix)은 식 (17.35)를 (17.27a)에 도입함으로써 다음과 같이 얻어진다.

$$\begin{Bmatrix} \varepsilon_x \\ \varepsilon_y \\ \gamma_{xy} \end{Bmatrix}_e = \frac{1}{2A}\begin{bmatrix} b_i & 0 & b_j & 0 & b_m & 0 \\ 0 & c_i & 0 & c_j & 0 & c_m \\ c_i & b_i & c_j & b_j & c_m & b_m \end{bmatrix}\{\delta\}_e \qquad (17.37)$$

식 (17.37)을 식 (17.27b)에 도입하면

$$[B] = \frac{1}{2A}\begin{bmatrix} b_i & 0 : & b_j & 0 : & b_m & 0 \\ 0 & c_i : & 0 & c_j : & 0 & c_m \\ c_i & b_i : & c_j & b_j : & c_m & b_m \end{bmatrix} \qquad (17.38a)$$

혹은

$$[B] = [B_i][B_j][B_m] \qquad (17.38b)$$

여기서

$$[B_i] = \frac{1}{2A}\begin{bmatrix} b_i & 0 \\ 0 & c_i \\ c_i & b_i \end{bmatrix},\quad [B_j] = \frac{1}{2A}\begin{bmatrix} b_j & 0 \\ 0 & c_j \\ c_j & b_j \end{bmatrix},\quad [B_m] = \frac{1}{2A}\begin{bmatrix} b_m & 0 \\ 0 & c_m \\ c_m & b_m \end{bmatrix} \qquad (17.39)$$

명백히 행렬 $[B]$는 식 (17.34)로부터 알 수 있듯이 요소 절점 좌표들에만 의존한다. 그래서 변형률(그리고 응력)이 일정함을 볼 수 있고, 이미 언급한 바와 같이 그림 17.14의 그 요소는 일정 변형률 삼각요소라 부른다.

17.6.2 강성행렬

일정두께 t의 요소에 대하여, 강성행렬은 식 (17.30)으로부터 다음과 같이 얻어진다.

$$[K]_e = [B]^T[D][B]tA \qquad (17.40)$$

이 식은 식 (17.29)와 (17.38)에 의해 주어지는 탄성행렬(elasticity matrix) $[D]$ 및 $[B]$와 함께 조합된다. 그 결과의 표현식을 전개하면, 강성행렬은 보통 6×6차의 구분된 형태로 표시된다. 일반적으로 요소 강성행렬은 대부분의 컴퓨터 프로그램에서 식 (17.40)에서와 같이 행렬의 삼중 곱(triple product)을 수행함으로써 도출된다. 강성행렬의 구체적인 형태는 보다 길며, 그 주제에 대하여 특정한 문헌에 주어져 있다.

17.6.3 표면하중에 의한 요소 절점력

외부 작용하중에 기인하는 절점하중은 정적 합력을 평가하거나 식 (17.31)을 적용함으로써 구할 수 있다. 절점하중에 대한 표현식과 더불어 식 (17.40)에 전개된 형태는 CST 요소의 특징을 결정한다. 미지의 변위, 변형률 그리고 응력은 이제 그림 17.5에 주어진 일반적인 개요를 적용하여 결정할 수 있다. CST 또는 다른 요소를 사용한 유한요소법에서 쓰여지는 기본적 과정이 다음 절에 예시되어 있다.

17.7 평면응력 사례연구

여기서 우리는 평면응력 상황과 CST 유한요소에 국한된 4가지 사례연구를 제시한다. 해석된 부재들은 인장 하중하의 평판, 순수 굽힘을 받는 두꺼운 보 혹은 평판, 축하중이 작용하는 구멍이 있는 평판, 그리고 지름방향의 집중 압축하중을 받는 원판이다. 2차원 문제에 대한 탄성해 또는 *엄밀해*는 매우 드물며, 특히 가장 단순한 형태를 제외한 어떠한 경우에도 그러하다. 앞으로의 논의에서 명백해지겠지만, 설계자와 응력 분석가는 적합한 기법과 모델링을 적용하면 매우 정밀한 해에 도달할 수 있다. 보통, 문제의 모든 주요 양상들을 모델링하고 수렴에 도달될 때까지 해석을 계속해 나가려는 의지에 의해 해의 정밀도가 결정된다.

유한요소법을 사용해서는 *엄밀해*(exact solution)를 얻을 수 없고, 그 대신 수용 가능한 해를 찾는 것이다. 그러므로 목표는 엄밀해로의 수렴을 보장하는 유한요소를 확립하는 것이 목표이다. 다양한 요소들 간의 많은 비교를 문헌들에서 볼 수 있다. 어떤 상황에서는, 유한요소해석의 효율성은 요소들의 *혼용*(mix)을 통하여 향상 가능하다. 예를 들어 심하게 변하거나 집중된 응력이 있는 영역 내에서는 보다 조밀한 메시가 많은 시간과 노력을 절약하게 할 수 있다.

사례연구 17.2 인장하중을 받는 강판

높이 h, 길이 L 그리고 두께 t인 외팔 판이 그림 17.15a에서와 같이 일축 인장하중 p를 받고 있다. 처짐과 변형률 그리고 응력의 결정을 개략적으로 설명하라.

주어진 값: $p = 4$ ksi, $E = 30 \times 10^6$ psi, $v = 0.3$, $t = 1/2$ in, $L = 20$ in, $h = 10$ in.

가정: 평판은 두 개의 일정 변형률 CST 요소로 나누어진다.

풀이

분할된 평판은 그림 17.15b에 나타나 있다. 좌표의 원점은 편의상 절점 1에 위치하고 있으나 그것은 xy 평면상의 어떤 지점에 있어도 무관하다. 각 요소의 면적은

$$A = \frac{1}{2}hL = \frac{1}{2}(10)(20) = 100 \text{ in.}^2$$

절점 2와 3에서의 정적 등가하중 4(10 × ½)/2 = 10 kips는 이 그림에 나타나 있다. 평면응력에 대해, 탄성 행렬 $[D]$는 식 (17.29a)에 의해 주어진다.

강성행렬. 요소 a에 대해서, $i = 1$, $j = 3$ 그리고 $m = 4$를 할당하면, 식 (17.34)로부터 다음을 얻는다.

$$\begin{aligned} b_1 &= y_3 - y_4 = 10 - 10 = 0 \\ b_3 &= y_4 - y_1 = 10 - 0 = 10 \\ b_4 &= y_1 - y_3 = 0 - 10 = -10 \\ c_1 &= x_4 - x_3 = 0 - 20 = -20 \\ c_3 &= x_1 - x_4 = 0 - 0 = 0 \\ c_4 &= x_3 - x_1 = 20 - 0 = 20 \end{aligned} \tag{a}$$

이들과 주어진 값을 식 (17.40)에 대입하면, 행렬곱을 수행하고 난 뒤, 강성행렬 $\{k\}_a$가 얻어진다. 마찬가지로 요소 b에 대해서는, $i = 1$, $j = 2$, 그리고 $m = 3$을 식 (17.34)에 할당하면

$$\begin{aligned} b_1 &= y_2 - y_3 = 0 - 10 = -10 \\ b_2 &= y_3 - y_1 = 10 - 0 = 10 \\ b_3 &= y_1 - y_2 = 0 - 0 = 0 \\ b_1 &= y_2 - y_3 = 0 - 10 = -10 \\ b_2 &= y_3 - y_1 = 10 - 0 = 10 \\ b_3 &= y_1 - y_2 = 0 - 0 = 0 \end{aligned}$$

이 되고 $[k]_b$가 결정된다. 변위 u_2, v_2와 u_4, v_4는 각각 요소 a와 요소 b에 포함되지 않는다. 그래서 $[k]_a$와 $[k]_b$를 합하여 전체 행렬을 형성하기 전에, 17.3절에서 언급된 바와 같이 이러한 변위들이 없음을 감안하여 각

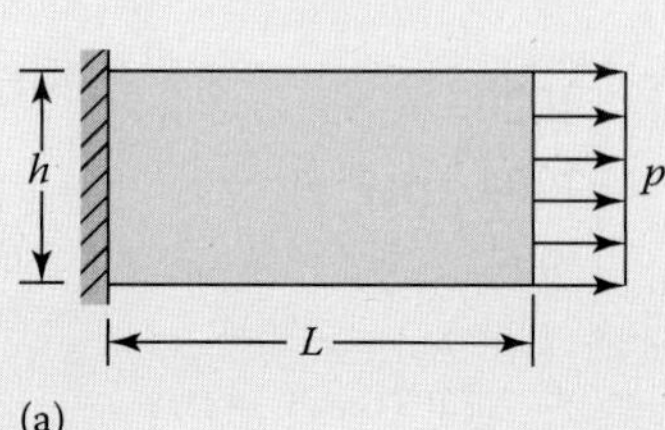

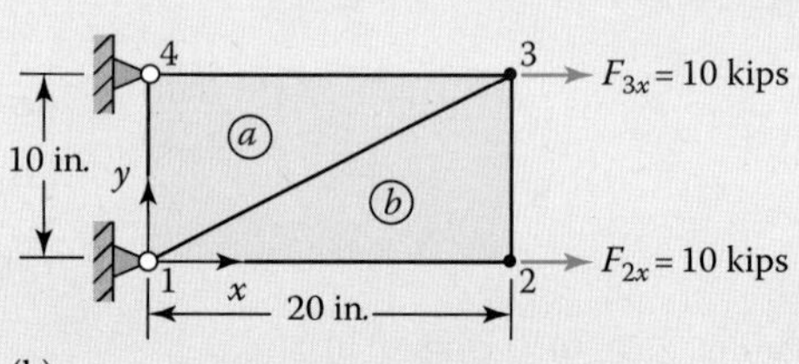

[그림 17.15]
외팔판. (a) 요소분할 전 (b) 요소분할 후

요소에 영의 행과 열들이 추가되어야 한다. 마지막으로 이렇게 해서 생긴 행렬들을 중첩함으로써 전체 행렬 [K]가 얻어진다.

절점변위. 경계조건은 $u_i = v_1 = v_4 = v_4 = 0$이다. 전체의 하중-변위관계는

$$\begin{Bmatrix} R_{1x} \\ R_{1y} \\ 10 \\ 0 \\ 10 \\ 0 \\ R_{4x} \\ R_{4y} \end{Bmatrix} = [K] \begin{Bmatrix} 0 \\ 0 \\ u_2 \\ \upsilon_2 \\ u_3 \\ \upsilon_3 \\ 0 \\ 0 \end{Bmatrix}$$

다음으로 관련된 값들을 비교하기 위해 [K]의 계산과정을 거치지 않고 바로 결과를 소개한다.

$$\begin{Bmatrix} 10 \\ 0 \\ 10 \\ 0 \end{Bmatrix} = \frac{187.5}{0.91} \begin{bmatrix} 48 & 0 & -28 & 14 \\ 0 & 87 & 12 & -80 \\ -28 & 12 & 48 & -26 \\ 14 & -80 & -26 & 87 \end{bmatrix} \begin{Bmatrix} u_2 \\ \upsilon_2 \\ u_3 \\ \upsilon_3 \end{Bmatrix} \tag{a}$$

이를 풀면

$$\begin{Bmatrix} u_2 \\ \upsilon_2 \\ u_3 \\ \upsilon_3 \end{Bmatrix} = \begin{Bmatrix} 2.4383 \\ 0.0163 \\ 2.6548 \\ 0.4261 \end{Bmatrix} (10^{-3})\,\text{in.} \tag{b}$$

응력. 요소 a에 대해 식 (a)와 (b)를 식 (17.37)에 도입하면 변형률 행렬 $\{\varepsilon\}_a$을 얻는다. 그러면 식 (17.28) $\{D\}_a$ $\{\varepsilon\}_a$은 다음의 결과로 이어진다.

$$\begin{Bmatrix} \sigma_x \\ \sigma_y \\ \tau_{xy} \end{Bmatrix}_a = \begin{Bmatrix} 4020 \\ 1204 \\ 9.6 \end{Bmatrix} \text{psi}$$

요소 b도 같은 방식으로 처리된다.

평가: 평판의 가장자리에 가해지는 4000 psi의 x방향의 일정한 응력 때문에, 요소 a(또는 b)에서의 수직응력은 4000 psi로 예상된다. 그러므로 σ_x에 대한 앞의 결과값은 아주 좋다. 흥미롭게도 요소 a의 지지부 절점 1과 4에서 상대적으로 높은 응력 $\sigma_y = 1204$ psi을 유발한다. 또한 전단응력값 τ_{xy}가 기대한 바와 같이 무시할 정도로 작다는 것을 주목하라. 해의 정밀도에 대한 요소 크기의 영향은 다음의 예제에서 실제로 보여줄 것이다.

사례연구 17.3 일축인장 상태에 있는 구멍을 가진 평판의 응력집중

반지름 a의 작은 원형 구멍을 가진 얇은 평판이 그림 17.16a에서와 같이 그 가장자리에 강도 σ_0의 균일한 인장하중을 받고 있다. 유한요소해석을 적용하여 이론적 응력집중계수를 결정하라.

주어진 값: $L = 24$ in, $a = 2$ in, $h = 20$ in, $\sigma_0 = 6$ ksi, $E = 10 \times 10^6$ psi, $v = 0.3$

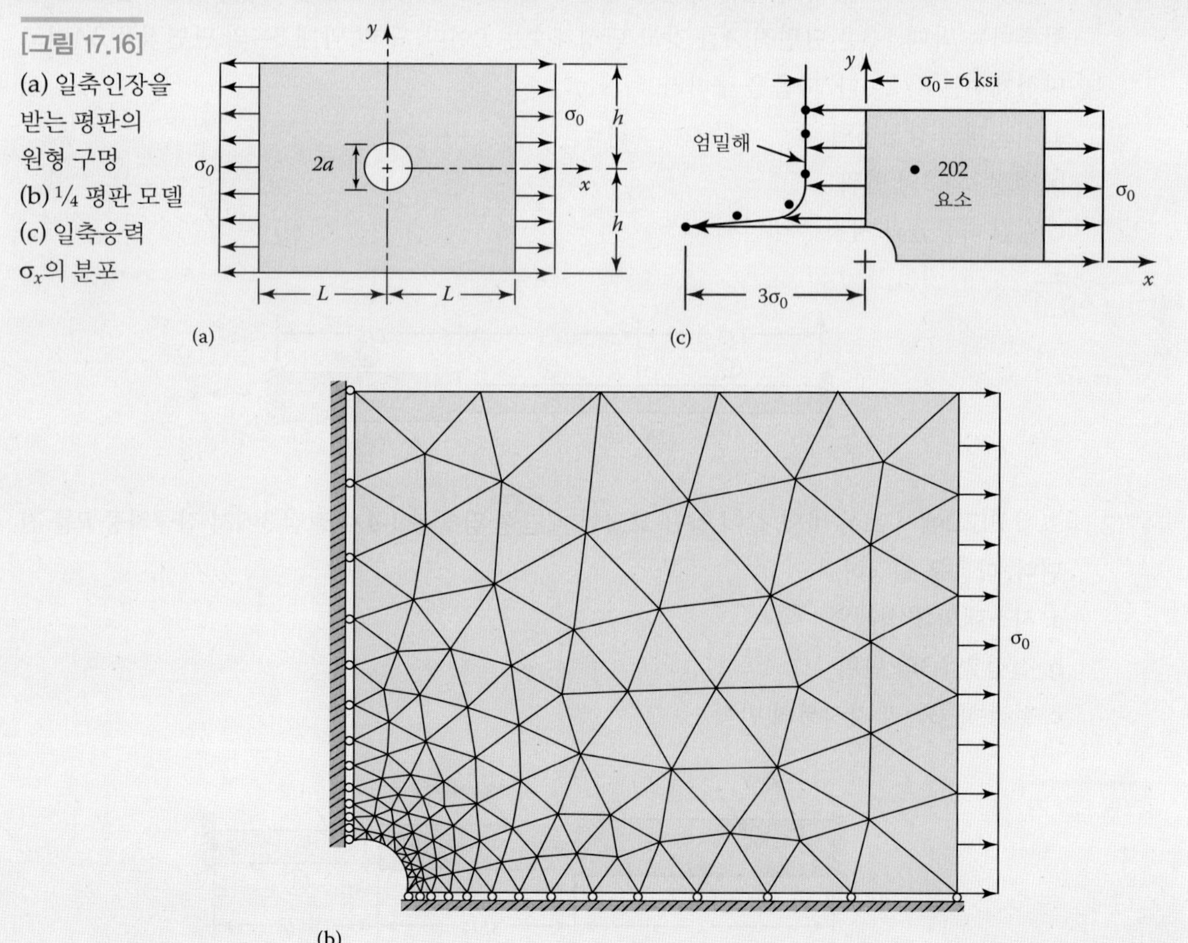

[그림 17.16]
(a) 일축인장을 받는 평판의 원형 구멍
(b) 1/4 평판 모델
(c) 일축응력 σ_x의 분포

풀이

대칭이므로 평판의 1/4만 해석하면 된다(그림 17.16b). 1/4 평판을 202개의 CST 요소로 분할하여 해를 구한 경우가 있다[1]. 롤러 경계조건이 그림에 표시되어 있다. 유한요소법과 탄성학 이론에 의해 얻어지는 가장자리의 수직응력 σ_x값의 비교는 그림 17.16c에 도시되어 있다. 상당히 잘 일치하고 있음을 그림으로부터 볼 수 있다. σ_x에 대한 응력집중계수는 $K_t \approx 3\sigma_0/\sigma_0 = 3$이다.

연습문제

17.1절~17.3절

17.1 그림 P17.1에서 보는 바와 같이 양단 고정인 복합재 막대가 절점 2에서 집중하중 P를 받는다. 알루미늄 막대 1-3은 단면적 A를 갖고 탄성계수는 E이다. 구리 막대 3-4의 단면적은 $2A$이고 탄성계수는 $E/2$이다. 다음을 구하라.

a. 시스템의 강성행렬

b. 절점 2와 3의 변위

c. 절점 하중들과 지지부의 반력

[그림 P17.1]

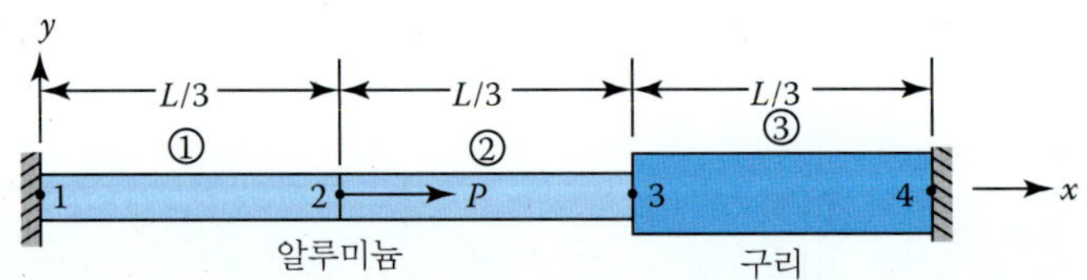

17.2 그림 P17.2에서 보는 바와 같이 양단 고정인 계단형 강철봉 1-4가 절점 3에서 집중하중 P를 견딘다. 다음을 결정하라.

a. 시스템의 강성행렬

b. 절점 2와 3의 변위

c. 절점 하중들과 지지부의 반력

[그림 P17.2]

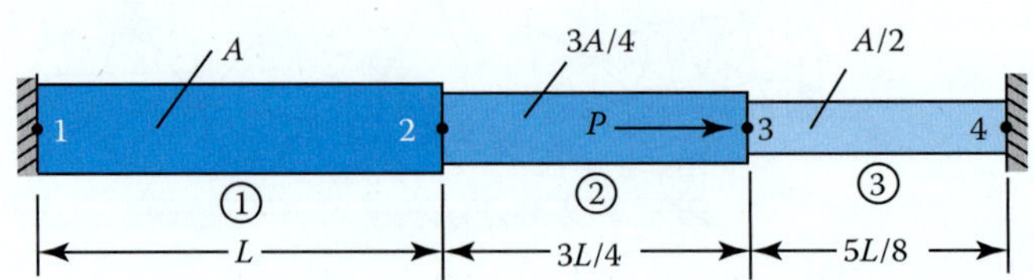

17.3 계단형 황동봉 1-5는 왼쪽 끝이 고정되어 있으며 그림 P17.3에서 단속선으로 표시되었듯이 오른쪽으로 변위 Δ로 변형한다. 다음을 구하라.

a. 시스템의 강성행렬

b. 절점 2, 3, 4의 변위

c. 절점하중들과 지지부의 반력

[그림 P17.3]

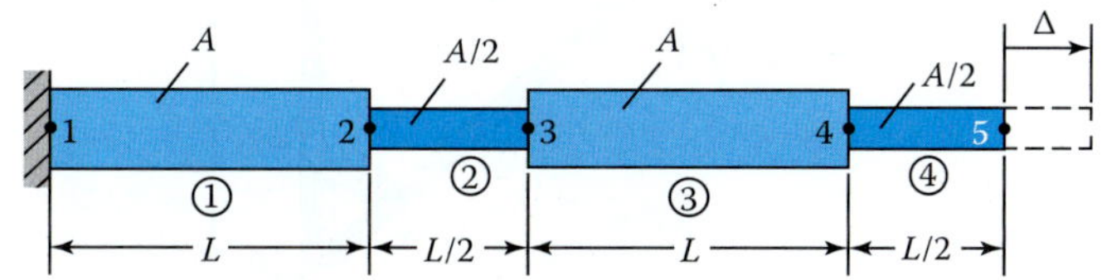

17.4 그림 P17.4에서 보듯이 길이 L, 단면적 A와 탄성계수 E를 가진 평면 링크 기계의 봉 요소 1-3이 x축으로부터 반시계방향으로 θ 방향을 향하고 있다. 다음을 구하라.

a. 요소의 전역 강성행렬

b. 요소의 국부, 변위 $\bar{u}_1$, $\bar{\upsilon}_1$, $\bar{u}_3$와 $\bar{\upsilon}_3$

c. 요소의 축방향 응력

주어진 값: $u_1 = 1.5$ mm, $\upsilon_1 = 1.2$ mm, $u_3 = -2.2$, $\upsilon_3 = 0$, $\theta = 30°$, $A = 1200$ mm^2, $L = 1.6$ m, $E = 72$ GPa.

가정: 봉은 2014-T6 알루미늄 합금으로 만들어졌다.

[그림 P17.4]

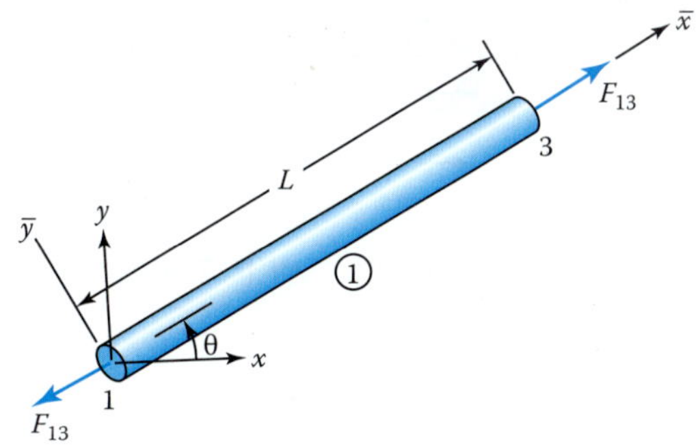

17.5 ASTM-A36 구조강인 봉 요소가 x축으로부터 반시계방향으로 $\theta = 60°$ 방향인 경우에 대하여 문제 17.4를 다시 풀어라.

17.6 축방향 강성 AE를 갖는 다섯 개의 부재로 구성된 2차원 트러스가 그림 P17.6에서와 같이 조인트 2, 3, 4에서 지지된다. 각 요소에 대한 전역 강성행렬은 무엇인가?

[그림 P17.6]

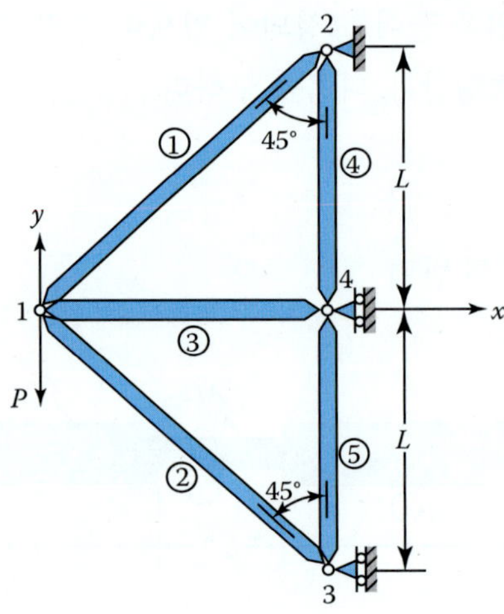

17.7 다섯 개의 부재로 구성된 2차원 트러스가 그림 P17.7에서 보는 바와 같이 조인트 1, 4에서 지지된다. 각 요소의 전역 강성행렬을 결정하라.

가정: 모든 봉은 동일한 축강성 AE를 가지고 있다.

[그림 P17.7]

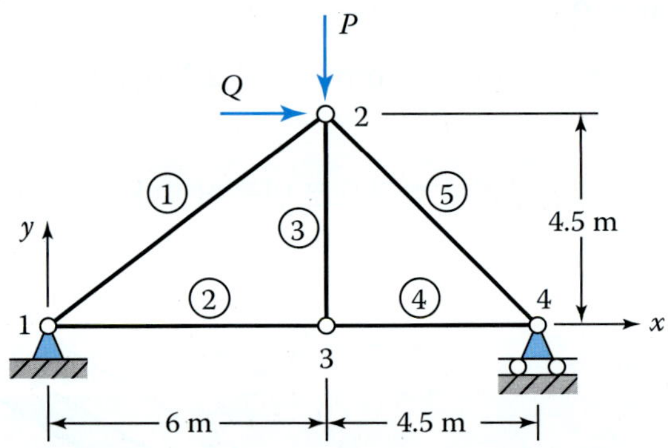

17.8~17.10 평면 트러스가 그림 P17.8부터 그림 P17.10에서 보는 바와 같이 하중을 받고 지지되고 있다. 다음을 결정하라.

[그림 P17.8]

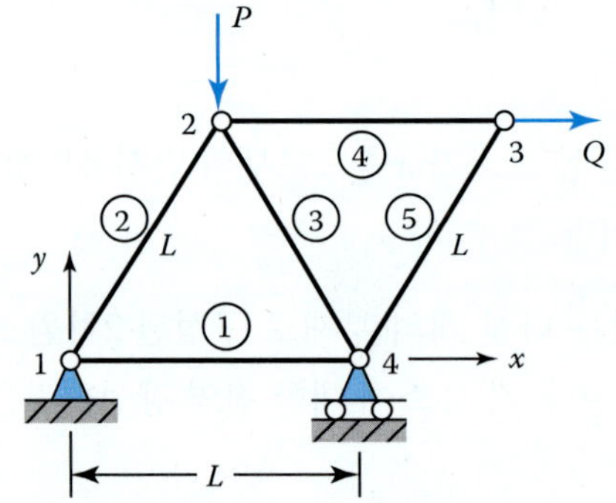

a. 각 요소에 대한 전역 강성행렬

b. 시스템의 행렬과 시스템의 하중-변위식

가정: 각 요소에 대한 축강성 AE는 모든 요소에 있어서 동일하다.

[그림 P17.9]

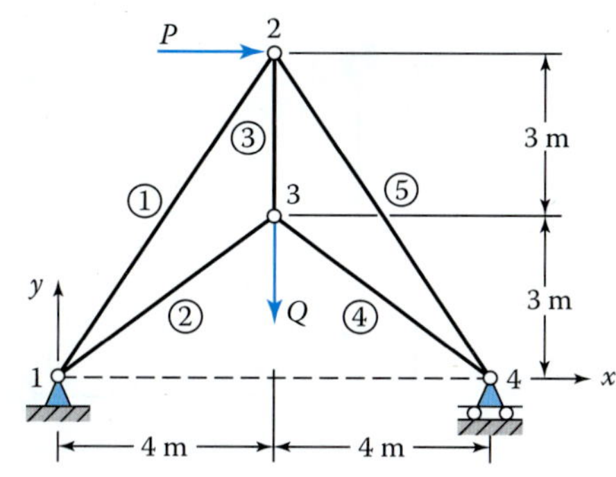

[그림 P17.10]

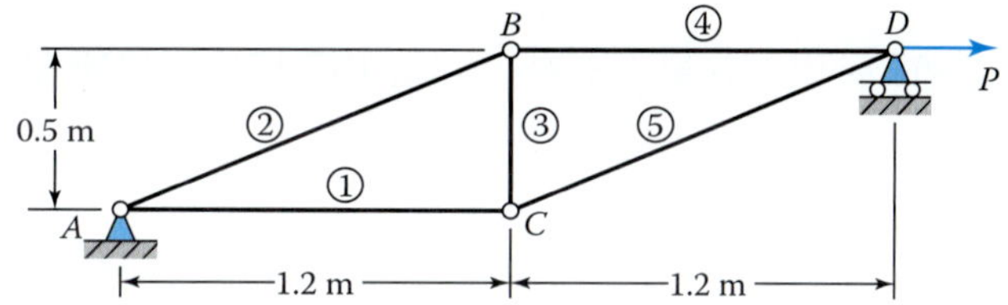

17.11 그림 P17.11에 나타낸 2봉 트러스 123의 조인트 2에 수직하중 10 kN이 작용한다. 다음을 결정하라.

a. 각 부재에 대한 전역 강성행렬

b. 시스템의 강성행렬

c. 절점변위

d. 반력

e. 각 부재 내의 축하중과 그 결과를 각 부재의 그림에 표시하라.

가정: 축강성 $AE =$ 30 MN은 각 봉에 있어서 동일하다.

[그림 P17.11]

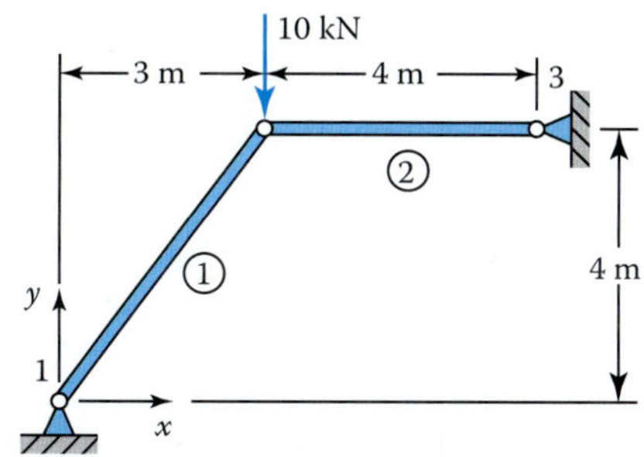

17.12 $A = 1.8\ \text{in.}^2$과 $E = 30 \times 10^6$ psi를 가지고 그림 P17.12에 보여진 구조물에 대해 문제 17.11을 다시 풀어라.

[그림 P17.12]

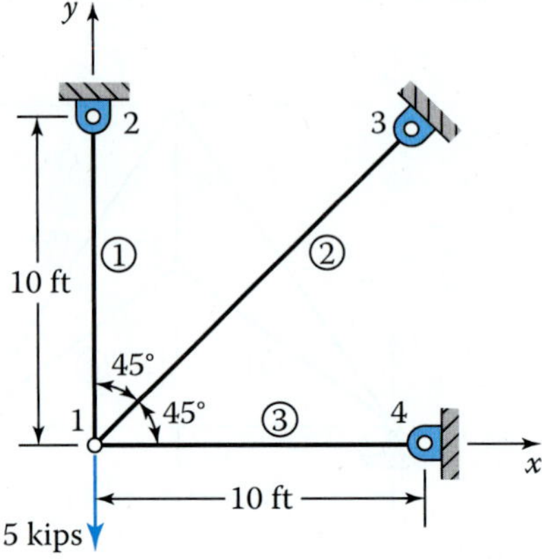

17.13 각 봉에 대해 $AE = 10$ MN을 사용하여 그림 P17.13에 나타낸 구조물에 대하여 문제 17.11을 풀어라.

[그림 P17.13]

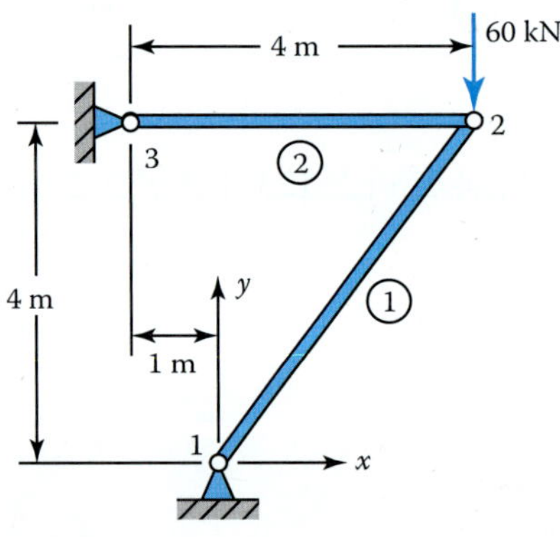

17.14 각 봉에 대해 $AE = 125$ MN을 사용하여 그림 P17.14에 나타낸 트러스에 대하여 문제 17.11을 다시 풀어라.

[그림 P17.14]

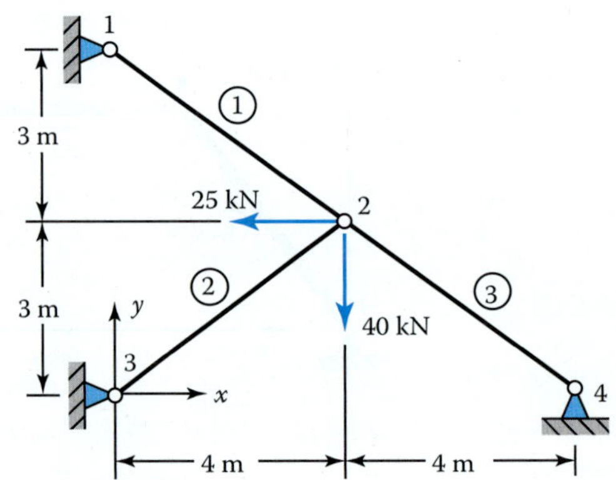

17.15 그림 P17.15에 나타낸 2봉 평면 구조물이 하중 $P = 100$ kN으로 인하여 지지점 1에서 아래로 $u_1 =$ 25 mm의 양만큼 내려가 자리를 잡는다. 다음을 결정하라.

a. 각 부재에 대한 전역 강성행렬

b. 시스템의 행렬

c. 절점변위

d. 반력

e. 각 부재 내의 축하중

주어진 값: 각 봉에 있어서 $E = 210$ GPa, $A = 5 \times 10^{-4}$ m^{2}이다.

[그림 P17.15]

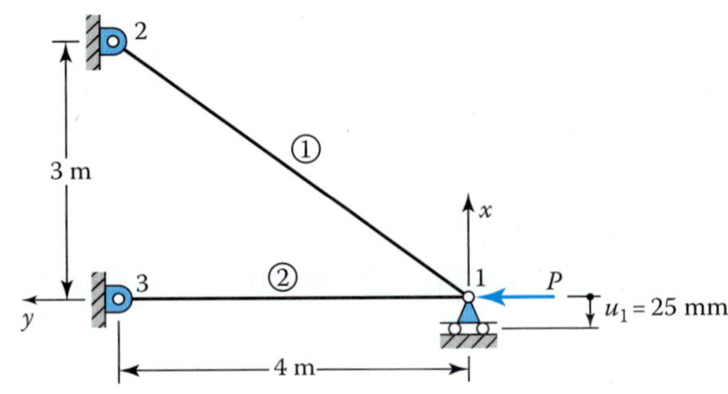

17.16 그림 P17.16에서 보는 바와 같이 평면 구조물이 하중을 받고 지지되고 있다. 다음을 결정하라.

a. 각 부재에 대한 전역 강성행렬

b. 시스템의 강성행렬

c. 절점변위

d. 반력

e. 각 부재 내의 축하중

[그림 P17.16]

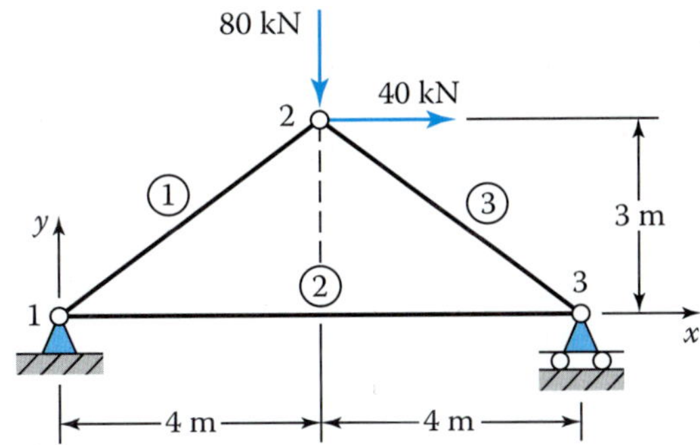

17.4절~17.7절

17.17 점 1, 2, 3에서 핀, 강성 k의 스프링과 롤러에 의해 지지되는 강철 보가 그림 P17.17에서 보는 바와 같이 점 2에서 집중하중 P를 받고 있다. 다음을 계산하라.

a. 절점변위

b. 절점하중과 스프링하중

주어진 값: $L = 4$ m, $P = 20$ kN, $EI = 12$ MN · m^2, $k = 180$ kN/m.

[그림 P17.17]

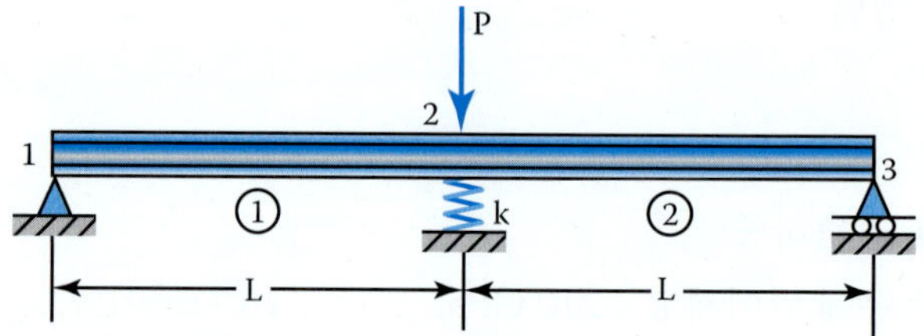

17.18 알루미늄 외팔보가 자유단에서 강성 k의 스프링에 의하여 지지되고 있고 그림 P17.18에서 보는 바와 같이 점 2에서 집중하중 P를 받고 있다. 다음을 계산하라.

a. 절점변위

b. 절점하중과 스프링하중

주어진 값: $L = 22$ ft, $P = 1.8$ kips, $EI = 60(10^8)$ lb · in.^{2}, $k = 1.2$ kips/in.

[그림 P17.18]

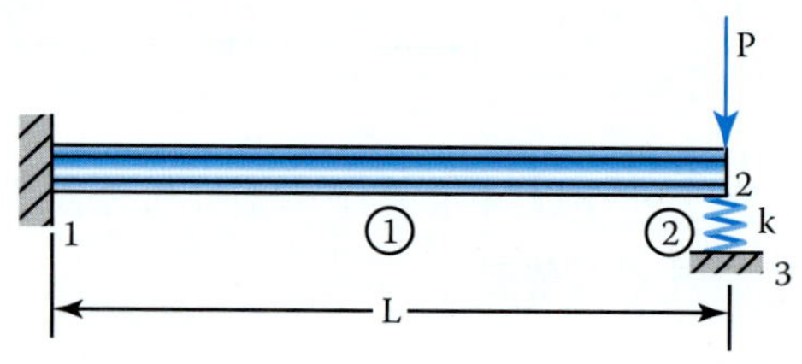

17.19 일정한 굽힘강성 EI를 가진 지지진 외팔보가 그 경간 중앙에 10 kips의 수직하중을 받고 있는 것이 그림 P17.19에 나타나 있다. 다음을 결정하라.

a. 각 부재에 대한 강성행렬

b. 시스템의 강성행렬과 절점변위

c. 부재의 말단 하중과 모멘트

d. 전단 및 굽힘모멘트 선도를 그려라.

주어진 값: $EI = 216 \times 10^6$ lb · in.^{2}.

[그림 P17.19]

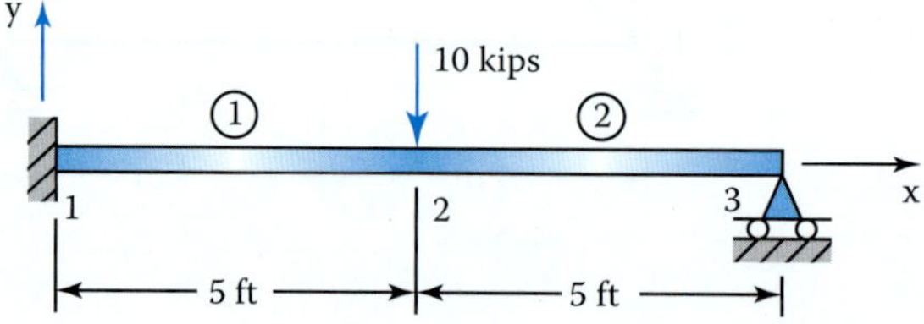

17.20 다각의 강철 보가 끝점 1에서는 고정되어 있고 점 2에서는 단순 지지되어 있으며 강성 k의 스프링에 의하여 지지된 다른 끝에 있는 자유단에 하중 P를 받고 있다(그림 P17.20). 다음을 찾

아라.

a. 각 요소의 강성행렬

b. 시스템의 행렬

c. 절점변위 v_3와 θ_3

[그림 P17.20]

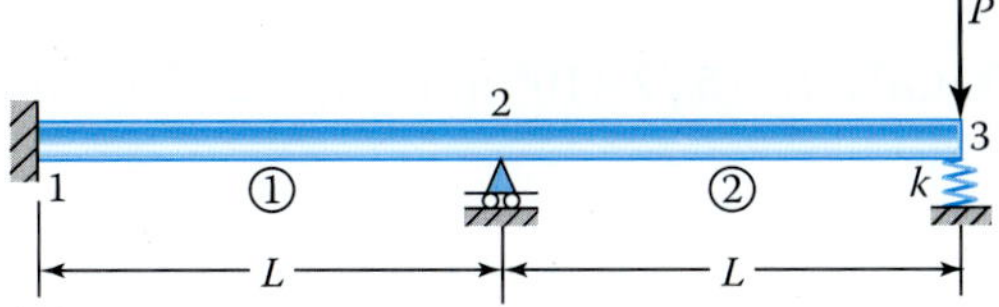

17.21 양단 고정된 계단형 강철 보가 그림 P17.21에서 단속선으로 보는 바와 같이 중간점 2에서 수직 처짐을 유발하는 집중 중심하중 P를 받고 있다. EI, L과 Δ의 항으로 다음을 찾아라.

a. 하중 P

b. 점 2에서의 기울기

[그림 P17.21]

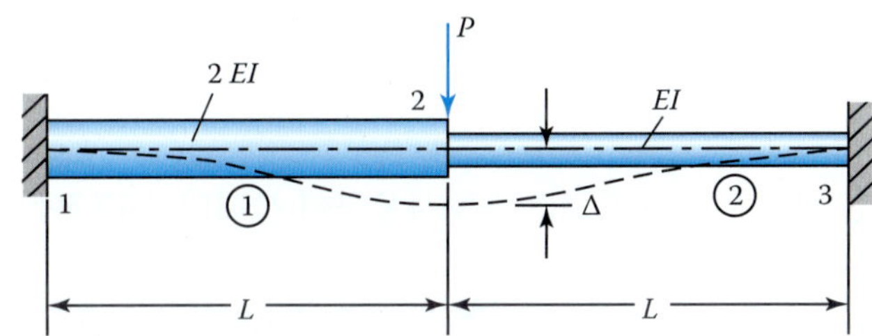

17.22 조인트 1과 3에서 경첩 지지부를 갖는 평면 프레임 123에 30 kN의 수평하중이 작용한다(그림 P17.22). 다음을 결정하라.

a. 각 부재의 전역 강성행렬

b. 시스템의 강성행렬

c. 변위 u_2, v_2 그리고 θ_2

설계 가정: 부재 12와 23은 동일하게 사각 단면적 $A = b \times h = 900\ \text{mm}^2$와 $E = 70$ GPa를 갖는다.

[그림 P17.22]

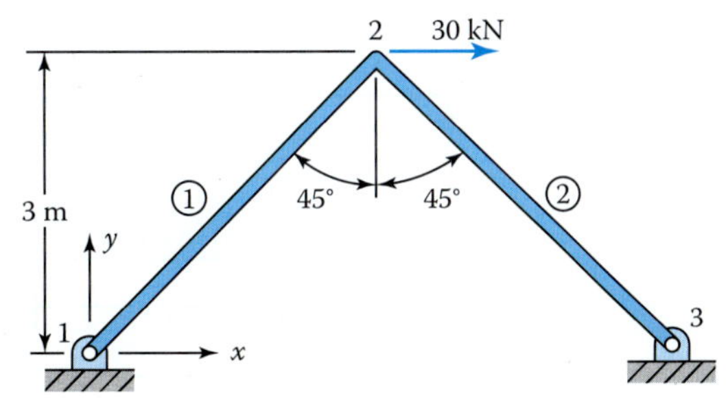

17.23 지지점 1과 3에서 고정된 프레임 123이 그림 P17.23에 나타나 있다. 조인트 2에 40 KN의 수평 하중이 작용한다. 다음을 결정하라.

a. 각 부재의 전역 강성행렬

b. 시스템의 강성행렬

c. 변위 u_2, v_2 그리고 θ_2

주어진 값: $E = 200$ GPa, $I_1 = 5\sqrt{2} \times 10^6$ mm^4, $I_2 = 5 \times 10^6$ mm^4, $A_1 = 2.5\sqrt{2} \times 10^3$ mm^2, $A_2 = 2.5 \times 10^3$ mm^2.

[그림 P17.23]

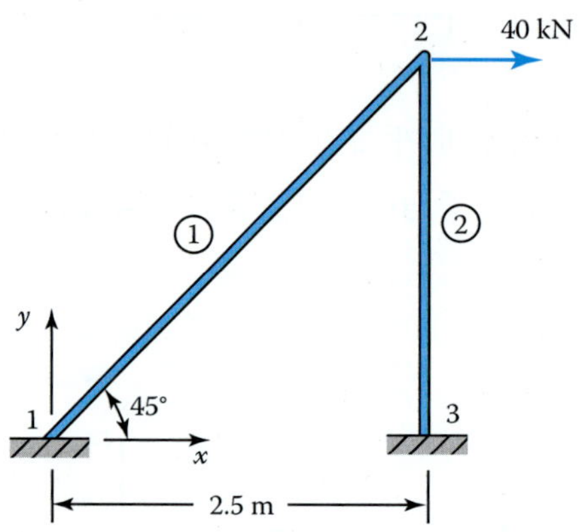

17.24 CST 요소를 가진 컴퓨터 프로그램을 사용하여 사례연구 17.3에 소개된 결과를 검증하라.

[그림 P17.24]

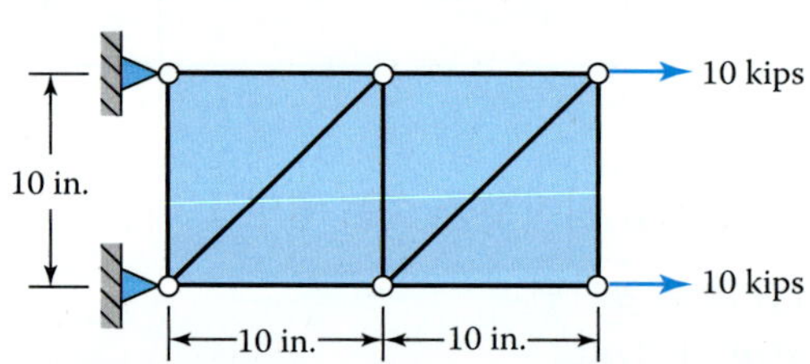

17.25 구멍이 있는 강판이 균일한 축 인장하중 P를 받고 있다(그림 P17.25). 치수는 mm 단위이다.

a. CST 요소를 가진 컴퓨터 프로그램을 사용하여 응력을 해석하라.

b. 여기서 얻은 응력집중계수 K_t를 그림 C.5로부터 구한 결과와 비교하라.

주어진 값: $P = 4$ kN이고, 핀 두께 $t = 10$ mm.

[그림 P17.25]

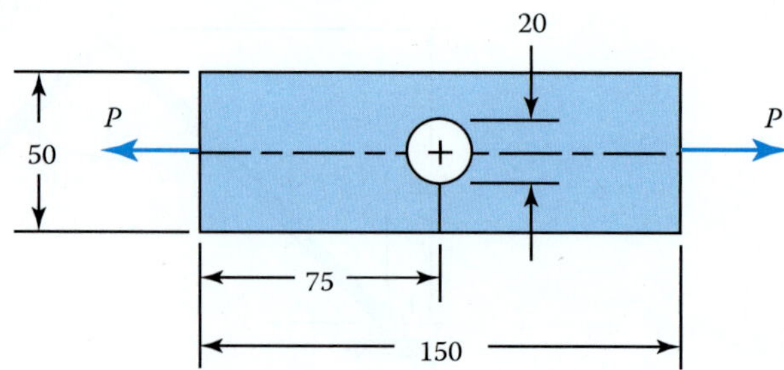

17.26 그림 P17.26에 표시된 강에 대해 문제 17.25를 다시 풀어라. PART 1에서 정의된 응력 집중계수 K_t를 그림 C.1에서 구한 것과 비교하라.

[그림 P17.26]

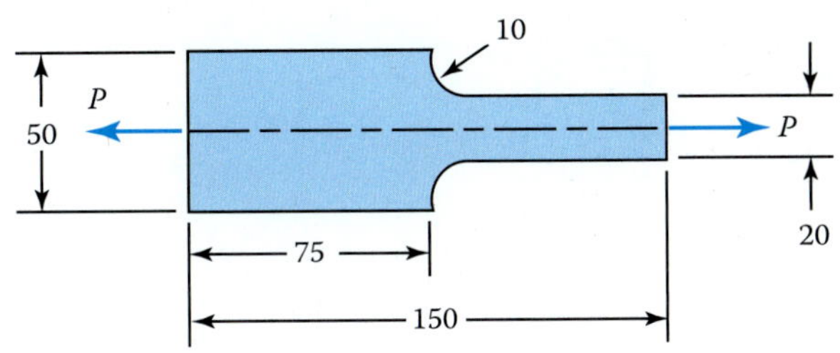

CHAPTER 18

기계설계에서 사례연구

18.1 서론

일찍이 관찰되어왔듯이 설계는 반복 과정이다. 설계 문제 보고서를 제출할 때 약간의 단순화 가정은 처음부터 필요하다. 공학 소프트웨어는 효과적인 요소설계에 사용된다. *요소설계*(component design) 혹은 *기계설계*(machine design)의 일반적인 사례연구는 생산품의 단계별 제안, 관련 시장 연구, 형상 개발, 상세 설계와 제작 과정, 그리고 시제품 테스트를 포함한다. 그러므로 사례연구는 실제로 상품을 보여준다. 사례연구는 제품의 목표, 시장의 요구 및 공학/생산 관계와 같은 기교의 개발 과정에서 *교훈*을 배운다. 이러한 것들 모두는 결과적으로 더 우수한 제품을 얻는 지속적인 개선 프로그램에 기여한다[1, 2].

앞장들에서 소개된 것보다 큰 규모의 *예비 설계*(preliminary design)중인 두 개의 사례연구를 여기서 다룬다. 이 사례연구들은 하나의 부품 설계가 관련된 다른 부품들의 설계에 의해 어떻게 영향을 받는지 보여준다. 지면의 제약 때문에 이러한 연구들의 특정 중요 측면만이 논의될 것이다. *전동 윈치 플로어 크레인*(floor crane with electric winch)과 *고속절단기*(high-speed cutter) 시스템이 분석될 것이다. 이들 기계의 유형, 가격, 유지 보수 및 수명에 대한 자세한 정보는 제조업체 웹 사이트에서 찾을 수 있다. 개별 부품의 설계로부터 완전한 기계까지의 설계 진행이 분명히 주된 단계이다. 이 장의 목적은 독자들이 이러한 단계를 시도할 수 있도록 준비하는 데 도움을 주는 것이다.

18.2 전동 윈치 플로어 크레인

크레인(crane)은 일반적으로 호이스트, 권동, 케이블 또는 체인 그리고 도르레들이 장착되어 있는 기계의 종류이다. 많은 형태로 발전되어 오면서 크레인은 물체를 끌어올리거나 내리는 용도와 물체를 수평으로 움직이는 용도에 이용되었다. 크레인은 기계적인 이점을 이용하여 인간의 정상 능력 이상의

하중을 이동할 수 있다. 이러한 기계들은 운반산업에서는 화물의 적재와 하역을 위해, 건설 산업에서는 자재의 이동을 위해, 그리고 제조 산업에서는 중장비의 조립을 위해 종종 사용된다.

가장 초기의 크레인은 목재로 출발하였으나 산업혁명 이후 주철과 강철로 제작되었다. 그것들은 사람이나 동물에 의해 구동되었고 고층 빌딩의 건설에 사용되었다. 보다 무거운 물체를 들어 올릴수 있는 쳇바퀴들을 사용하여 대형 크레인이 개발되었다. 중세시대에 하버 크레인은 선박의 적재와 하역, 그리고 건조를 돕기 위해 도입되었다—몇몇은 초강도와 안정성을 위하여 석탑에 만들어졌다. 수세기 동안 물레방아와 풍차에 있는 호이스트는 자연의 힘을 이용하여 구동되어 왔다. 첫번째 기계적 힘은 19세기 초에 최초의 증기 크레인에 사용된 증기 기관에 의해 제공되었다. 이들은 20세기 말까지 사용되었다.

통상 *전동 윈치*(electric winch)를 포함하는 현대의 크레인들은 그 이전의 것들보다 더 큰 중량을 들어올리기 위해서 유압 시스템을 장착한 내연기관이나 전기모터를 사용한다. 크레인은 각각 특정 용도에 맞게 제작된 다양한 형태로 존재하고 있다. 다음의 사진은 현대 크레인의 몇 가지 예를 보여준다. 작업장에서 사용되는 작은 천장 크레인부터 고층 구조물을 건설하는 데 사용되는 커다란 타워 크레인까지 다양하다. 미니 크레인은 좁은 공간에서 고층 건물의 건설을 위해 사용된다. 거대한 해상 기중기선은 석유굴삭장치와 침몰선을 인양하는 데 사용된다. 그것들은 직선이나 곡선 방향으로 쉽게 움직이기 위해 설계된 트롤리에 매달린 I보 형상 고정 프레임을 갖는다.

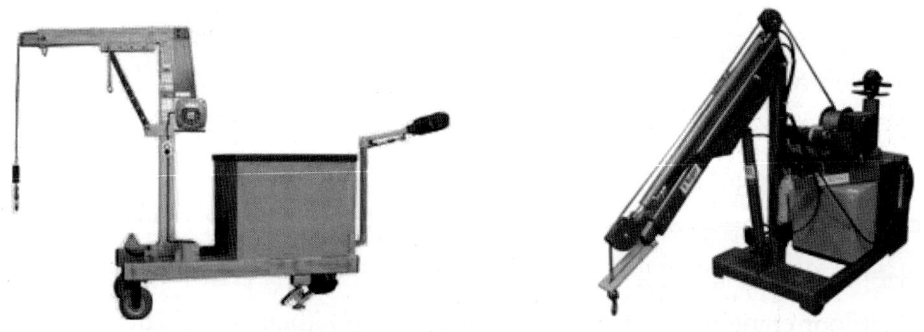

전형적인 전동 윈치 플로어 크레인의 예

이 절은 연구실이나 기계 공장에서 고체 플라스틱 바퀴에 의해 지지되고 물건을 들어올리거나 이동시키는 전동 윈치 플로어 크레인에 관한 것이다(그림 18.1을 보아라). 이것은 하중 (P)를 들어 올릴 수 있는 전력 용량을 필요하다. 아래 부분에서 콘크리트 혹은 모래 균형 무게 (W)는 크레인이 지상기준 높이 (H)에서 수평하중 (F)로 밀 경우에 앞으로 넘어지는 것을 방지한다. 구동장치는 드럼에 연결된 토크 리미트를 포함하여 오직 작업하중 (P) 만큼을 들수 있게 허용한다. 다른 주요 기능은 다음과 같다.

- 잘 용접된 강건한 건조
- 경량성과 조합 강도를 위해 속이 빈 강철 박스 형상들로 제조

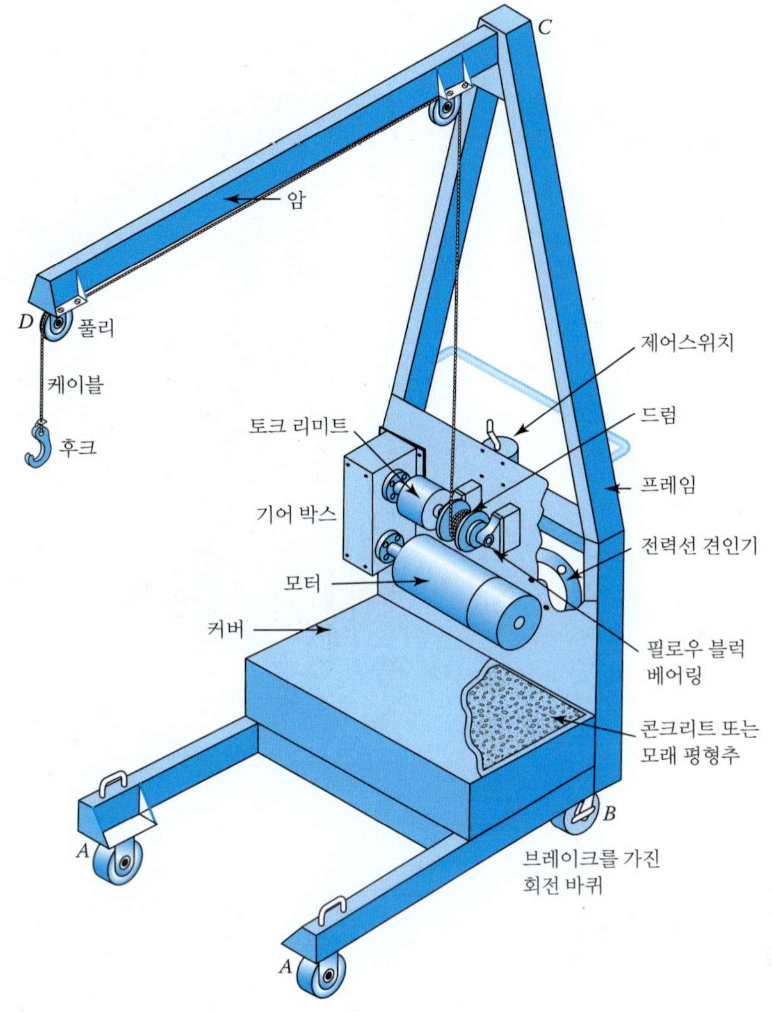

[그림 18.1]
전동 윈치 플로어 크레인의
개략도

- 중작업 회전 후크
- 크레인의 용이한 움직임을 위해 전륜에 마모에 강한 폴리우레탄과 후면에 브레이크를 가진 스위블 캐스터 장착
- 수동 모델에 비해 향상된 생산성과 인체 공학적 장점 제공
- 정밀할 뿐만 아니라 작업자가 자유로이 기계 근처에서 작업하거나 장애물을 피하도록 설계

사례연구 18.1 전체 프레임 하중 해석

그림 18.1에 보여진 크레인 윈치를 고려하자. 이 기계의 전체 프레임은 그림 18.2에 나타나 있다. 다음을 결정하라.

[그림 18.2]
그림 18.1에 나와 있는 크레인 윈치 프레임의 간단한 스케치

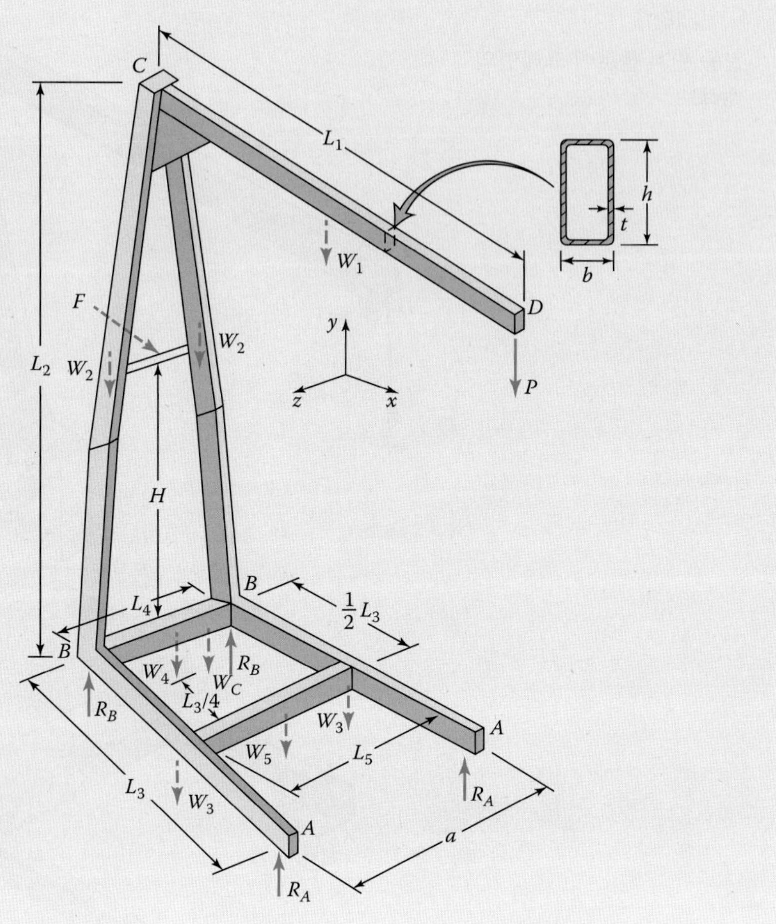

a. 전 후륜에 작용하는 설계 하중

b. 하중에 의해 크레인이 앞으로 넘어지는 것에 대한 안전율 n_t

주어진 값: 각 요소의 형상은 알려져 있다. 안전율이 5로 주어진 케이블과 후크는 15 kN으로 평가된다. 85 mm인 드럼의 지름은 케이블 지름의 약 20배이다. 크레인 프레임은 그림 18.2에서 보는 바와 같이 하중 P, 대응 무게 W_c, 부품들의 무게 $W_i (i = 1, 2, 3, 4, 5)$ 그리고 미는 힘 F를 받는다. 프레임은 $b = 50$ mm, $h = 100$ mm, 단위 길이당 w N의 무게를 가진 두께 $t = 6$ mm의 구조강 튜브로 만들어져 있다(표 A.4).

데이터:

$P = 3$ kN	$F = 100$ N	$W_C = 2.7$ kN
$w \approx 130$ N/m	$a = 0.8$ m	$H = 1$ m
$L_1 = 1.5$ m	$L_2 = 2$ m	$L_3 = 1$ m
$L_4 = 0.5$ m	$L_5 = 0.65$ m	

그리고

$$W_1 = wL_1 = 130(1.5) = 195\text{ N} \quad W_2 \approx wL_2 = 260\text{ N}$$

$$W_3 = 130\text{ N} \quad W_4 = 65\text{ N} \quad W_5 = 84.5\text{ N}$$

크레인 부재들에 자주 선택되는 범위의 치수와 특성은 제조업체의 카탈로그를 참조하라.

가정:

1. 리프팅에 대해 몇몇 카탈로그에 제시되었듯이 선속도는 0.12 m/s를 사용하였다. 감속기 혹은 변속기의 효율은 95%이다. 전기모터는 기술된 속도와 효율로 3 kN의 하중을 리프팅하는 데 0.5 마력의 용량을 갖고 비작동시 부하를 유지하기 위해 내부 브레이크를 갖는다. 기어비(사례연구 18.4 참조)는 구동장치의 요구 사항을 만족한다.
2. 오직 콘크리트 평형추 무게와 주 프레임 부품의 무게만 고려된다. 모든 프레임 부품은 서로 용접으로 결합되어 있다.
3. 부재를 따라 움직이는 케이블에 의해 발생되는 압축하중은 무시한다. 모든 하중은 정적이다. F는 x 방향(수평)이고 나머지 하중들도 xy평면에 평행이다. B에서 반작용 수평하중 성분은 그림 18.2에 표시되어 있지 않지만 $F/2$임을 유의하라.

풀이

그림 18.2와 1.9절을 보아라.

a. 전후륜에 작용하는 반력 R_A와 R_B는 그림에서 $F = 0$인 자유물체도에 대해 B에서 $\sum M_z = 0$ $\sum F_y = 0$인 평형조건으로부터 결정된다. 그러므로

$$R_A = \frac{1}{2}\left(P\frac{L_1}{L_3} + \frac{1}{2}W_1\frac{L_1}{L_3} + \frac{1}{4}W_C + W_3 + \frac{1}{2}W_5\right)$$

$$R_B = -R_A + \frac{1}{2}P + \frac{1}{2}W_1 + W_2 + W_3 + \frac{1}{2}W_4 + \frac{1}{2}W_C + \frac{1}{2}W_5 \tag{18.1}$$

주어진 데이터를 위 식에 대입하면

$$R_A = \frac{1}{2}\left[3000(1.5) + \frac{1}{2}(195)(1.5) + \frac{1}{4}(2700) + 130 + \frac{1}{2}(84.5)\right] = 2747\text{ N}$$

$$R_B = -2747 + \frac{1}{2}(3000) + \frac{1}{2}(195) + 260 + 130 + \frac{1}{2}(65) + \frac{1}{2}(2700) + \frac{1}{2}(84.5) = 665\text{ N}$$

크레인이 하중을 받지 않을 때($P = 0$), 식 (18.1)은 다음과 같다.

$$R_A = 497\text{ N} \quad R_B = 1415\text{ N}$$

평가: 전륜과 후륜의 설계하중은 각각 2747 N, 1415 N이다.

b. 안전율 n_t는 회전에 의하여 넘어지는 하중에 적용된다. 점 A에서 $\sum M_z = 0$ 조건이므로

$$n_t\left[P(L_1 - L_3) + FH\right] = W_1\left(L_3 - \frac{1}{2}L_1\right) + 2W_2L_3 + W_4L_3 + \frac{3}{4}W_CL_3 + \frac{1}{2}(2W_3 + W_5)L_3 \tag{18.2}$$

주어진 수치를 대입하면

$$n_t\left[3000(0.5) + 100(1)\right] = 195(0.25) + 2(260)(1) + 65(1) + \frac{3}{4}(2700)(1) + \frac{1}{2}\left[2(130) + 84.5\right](1)$$

여기로부터 $n_t = 1.77$이다.

평가: 앞으로 넘어지는 것에 대한 해석에서 후륜은 고정된 것으로 가정되었고 마찰은 미끄럼을 방지할 정도로 충분히 크다. 좌우로 넘어지는 것도 비슷하게 확인될 수 있을 것이다.

사례연구 18.2 암 CD의 설계 분석

윈치 크레인 암 CD가 그림 18.2에 개략적으로 표시되었다. 최대 응력과 항복에 대한 안전율을 결정하라. 중첩의 기법을 이용하여 하중으로 인한 처짐은 얼마인가?

주어진 값: 형상과 하중은 사례연구 18.1에 주어져 있다. 프레임은 관 모양의 ASTM-A36 구조강으로 만들어졌다. 표 B.1로부터

$$S_y = 250 \text{ MPa} \quad E = 200 \text{ GPa}$$

가정: 하중은 정적이다. 용접 조인트 C의 변위가 무시할 정도로 작으므로 CD 부분은 외팔보로 가정한다.

풀이

그림 18.2와 18.3을 보아라. 그리고 표 B.1과 3.7절을 참조하라.

그림 18.2로부터 최대 굽힘모멘트가 점 B와 C에서 발생하고 $M_B = M_C = M$임을 알 수 있다. 두 개의 수직보들이 B에서 모멘트를 지지하므로, 위험한 단면은 단위 길이당 무게 w와 자유단에서 집중하중 P를 받는 외팔보 CD의 C에 있다(그림 18.3).

정적 평형으로부터 점 C에 있는 단면에서 굽힘모멘트 M과 전단하중 V는 다음 값을 갖는다.

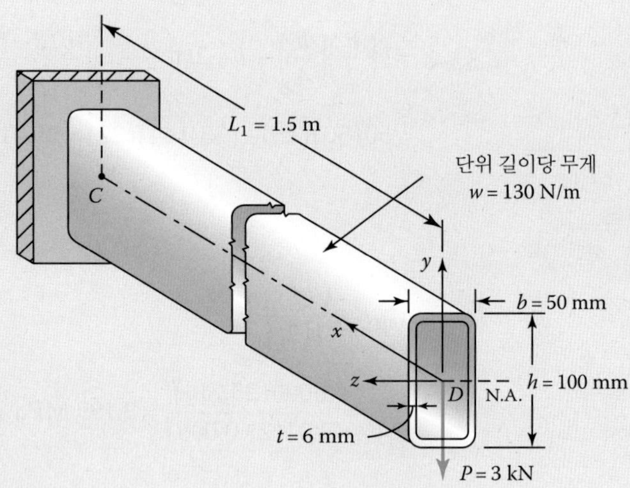

[그림 18.3]
그림 18.1에 보여준 크레인 암의 *CD* 부분

$$M = PL_1 + \frac{1}{2}wL_1^2$$

$$= 3000(1.5) + \frac{1}{2}(130)(1.5)^2 = 4646\ \text{N}\cdot\text{m}$$

$$V = 3\ \text{kN}$$

관형 보의 단면적 특성은

$$A = bh - (b-2t)(h-2t)$$

$$= 50 \times 100 - 38 \times 88 = 1.66\left(10^{-3}\right)\text{m}^2$$

$$I = \frac{1}{12}bh^3 - \frac{1}{12}(b-2t)(h-2t)^3$$

$$= \frac{1}{12}\left[\left(50 \times 100^3\right) - (38)(88)^3\right] = 2.01\left(10^{-6}\right)\text{m}^4$$

여기서 I는 중립축에 관한 관성모멘트를 나타낸다.

그러므로 C 단면의 얇은 바깥 두께부의 상단에서 최대 굽힘응력은

$$\sigma_{\max} = \frac{Mc}{I} = \frac{4646(0.05)}{2.01\left(10^{-6}\right)} = 115.6\ \text{MPa}$$

여기서 전단변형은 0이다. 전단응력의 최댓값은 중립축에서 발생한다. 그림 18.3 및 식 (3.21)을 참조하면, 중립축에 대한 단면 1차 모멘트는

$$Q_{max} = b\left(\frac{h}{2}\right)\left(\frac{h}{4}\right) - (b-2t)\left(\frac{h}{2}-t\right)\left(\frac{h/2-t}{2}\right)$$
$$= 50(50)(25) - (38)(44)(22) = 25.716\left(10^{-6}\right)\text{ m}^3 \tag{18.3}$$

그러므로

$$\tau_{max} = \frac{VQ_{max}}{I(2t)}$$
$$= \frac{3000(25.716)}{2.01(2\times 0.006)} = 3.199\text{ MPa}$$

항복에 대한 안전율은 다음과 같다.

$$n = \frac{S_y}{\sigma_{max}} = \frac{250}{115.6} = 2.16$$

프레임은 통상적인 환경에서 일반적인 재료로 만들어지고 알려진 하중을 받기 쉽기 때문에 이 값은 만족스러운 결과이다.

평가: B와 조인트 C에서 각 측면에 얇은(약 6 mm) 강철 이음판을 덧대어야 한다(그림에는 보이지 않는다). 이 작업은 조인트의 용접 영역을 확대하고 용접부의 응력을 줄일 수 있다. 사례연구 18.9는 용접 조인트 C에서의 설계 분석을 보여준다.

하중 P와 외팔보의 무게 w가 단독으로 작용할 때 D에서 변위는(표 A.9의 1과 3으로부터) 각각 $PL_1^3/3EI$ 그리고 $wL_1^4/8EI$이다. 조합된 하중으로 인한 자유단에서의 처짐 υ_D는

$$\upsilon_D = -\frac{PL_1^3}{3EI} - \frac{wL_1^4}{8EI}$$

위 식에 주어진 수치를 대입하면 다음의 결과를 얻는다.

$$\upsilon_D = -\frac{1}{200\left(10^3\right)(2.01)}\left[\frac{3000(1.5)^3}{3} + \frac{130(1.5)^4}{8}\right]$$
$$= -8.6\text{ mm}$$

여기서 –부호는 아래쪽 방향 변위를 의미한다.

평가: $\upsilon_D \ll h/2$이기 때문에 계산된 처짐의 크기는 허용범위에 들어간다(3.7절 참조).

사례연구 18.3 굽힘과 전단으로 인한 암 CD의 처짐

그림 18.3에 윈치 크레인 암 CD가 도시되어 있다. 자유단 D에서의 처짐을 에너지 방법을 적용해서 찾아라.

주어진 값: 프레임의 크기와 하중은 사례연구 18.1에 있다.

데이터:

$$E = 200 \text{ GPa}, \quad G = 76.9 \text{ GPa},$$

$$I = 2.01\left(10^{-6}\right) \text{m}^4$$

가정: 하중은 정적이다.

요구 조건: 굽힘 및 횡전단으로 인한 처짐이 고려된다.

풀이

그림 18.3과 표 5.1, 5.5절을 보아라.

표 5.1로부터 사각 관형면의 전단 형상계수는

$$\alpha = \frac{A}{A_{\text{web}}} = \frac{A}{ht}$$

여기서 h는 보의 높이, t는 관 두께이다. 자유단으로부터 거리 x인 위치의 단면에 발생하는 모멘트와 전단력은 다음과 같이 표현된다.

$$M = -Px - \frac{1}{2}wx^2, \quad V = P + wx$$

그러므로

$$\frac{\partial M}{\partial P} = -x, \quad \frac{\partial V}{\partial P} = 1$$

앞의 모든 방정식을 대입하면 식 (5.36)은 다음과 같이 된다.

$$\begin{aligned}
\upsilon_D &= \frac{1}{EI}\int_0^{L_1} M\frac{\partial M}{\partial P}\,\mathrm{d}x + \frac{1}{AG}\int_0^{L_1} \alpha V\frac{\partial V}{\partial P}\,\mathrm{d}x \\
&= \frac{1}{EI}\int_0^{L_1}\left(Px + \frac{1}{2}wx^2\right)(x)\,\mathrm{d}x \\
&\quad + \frac{1}{htG}\int_0^{L_1}(P + wx)(1)\,\mathrm{d}x
\end{aligned}$$

적분하면

$$\upsilon_D = \frac{1}{EI}\left(\frac{PL_1^3}{3} + \frac{wL_1^4}{8}\right) + \frac{1}{htG}\left(PL_1 + \frac{wL_1^2}{2}\right) \tag{18.4}$$

이 방정식에 주어진 수치들을 도입하면 다음을 얻는다.

$$\upsilon_D = \frac{1}{200\times10^3(2.01)}\left[\frac{3000(1.5)^3}{3} + \frac{130(1.5)^4}{8}\right]$$
$$+\frac{1}{100(6)(76.9\times10^3)}\left[3000(1.5) + \frac{130(1.5)^2}{2}\right]$$
$$=(8.6+0.1)10^{-3} = 8.7 \text{ mm}$$

P가 수직이고 아래쪽으로 향하기 때문에 υ_D는 수직변위이고, 아래 방향이 +방향이다.

평가: 전단력의 영향을 생략하면 $\upsilon_D = 8.6$ mm, 처짐 오차는 약 1.2%이다. 그러므로 프레임에서 전단력에 의한 변위는 무시할 수 있다.

사례연구 18.4 스퍼 기어 트레인 설계

크레인 윈치(그림 18.1)의 스퍼 기어 박스는 그림 18.4에 예시되어 있다. 각 기어 세트의 설계를 AGMA 방법을 이용하여 분석하라.

주어진 값: 각 요소의 형상과 특성은 알려져 있다. 0.5 마력 1725 rpm, 95% 효율을 가지는 전기 모터는 85 mm 지름을 가지는 드럼으로 0.475 마력을 전달한다. 크레인의 최대 용량은 $P = 3$ kN이다. 모든 기어의 압력각은 20°이다. 축 1 또는 2, 3과 4는 각각 12, 19 그리고 25 mm 구멍의 안지름을 갖는 플랜지 베어링에 의해 지지된다.

〈표 18.1〉 그림 18.4의 기어박스 데이터

	모듈 m(mm)	잇수 N	피치원 지름(mm)	이 너비 b(mm)
기어 1(피니언)	1.3	15	20	14
기어 2	1.3	60	80	14
기어 3(피니언)	1.6	18	28.8	20
기어 4	1.6	72	115.2	20
기어 5(피니언)	2.5	15	37.5	32
기어 6	2.5	60	150	32

[그림 18.4]
그림 18.1에 보여준 윈치 크레인의 기어 박스

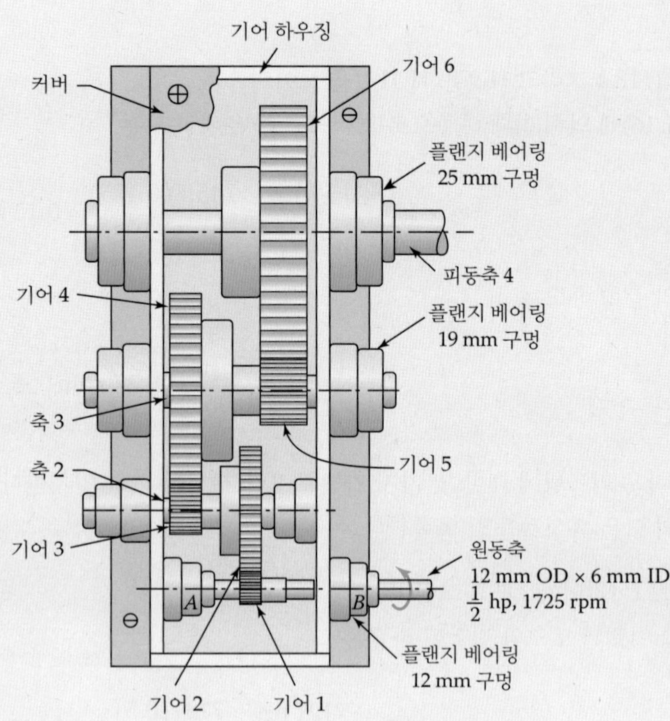

가정:

1. 피니언은 침탄 55 R_c 강으로 만들어졌다. 기어는 Q&T, 180 Bhn 강이다. 그러므로 표 11.6과 11.11에 의해서

$$\text{피니언: } S_t = 414 \text{ MPa}, \qquad S_c = 1310 \text{ MPa}$$
$$\text{기어: } S_t = 198 \text{ MPa}, \qquad S_c = 620 \text{ MPa}$$

2. 모든 기어와 피니언은 고정밀로 정삭과 연삭되어 제조되었다. 제조 품질은 그림 11.15에 나타나 있는 곡선 A에 상응한다.
3. 하중은 단일치 접촉(single-tooth contact)의 가장 높은 지점에 적용된다.

설계 결정: 피니언과 기어의 굽힘과 마모강도 인자에 대한 타당한 값을 선정한다(표 11.4, 11.5, 11.7, 11.8, 11.10).

$$K_o = 1.5, \qquad K_s = 1.0 \text{ (11.9절)}$$
$$K_m = 1.6, \qquad K_L = 1.1$$
$$K_T = 1.0\text{(11.9절)}, \qquad K_R = 1.25$$
$$C_H = 1.0\text{[식 (11.40)]} \qquad C_p = 191\sqrt{\text{MPa}}$$
$$C_f = 1.25\text{(11.11절)}$$
$$C_L = 1.1\text{(그림 11.19)}$$

풀이

그림 18.1, 18.4 그리고 11.9절, 11.11절을 보아라.

식 (1.16)에 의해 최대 하중으로 호이스트의 운행 속도는

$$V = \frac{745.7 \text{ hp}}{P} = \frac{745.7(0.475)}{3000} = 0.12 \text{ m/s}$$

드럼축의 운행 속도는

$$n = \frac{V}{\pi d} = \frac{(0.12)(60)}{\pi(0.085)} \approx 27 \text{ rpm}$$

이는 가벼운 리프팅에 대한 몇 가지 카탈로그가 제시한 값과 일치한다. 그림 18.4의 기어 트레인은 리프팅 시스템의 모든 특성들을 잘 만족한다.

기어 세트 I: (기어쌍 1과 2. 그림 18.4)
기어 1에 입력된 토크와 전달된 하중은

$$T_1 = \frac{7121 \text{ hp}}{n_1} = \frac{7121(0.5)}{1725} = 2.06 \text{ N} \cdot \text{m}$$

$$F_{t1} = \frac{T_1(2)}{d_1} = \frac{2.06(2)}{0.02} = 206 \text{ N}$$

그리고 반지름방향 하중은

$$F_{r1} = F_{t1} \tan\phi = 206 \tan 20° = 75 \text{ N}$$

피치원에서 속도는 다음과 같이 결정된다.

$$V_1 = \pi d_1 n_1 = \pi(0.02)\left(\frac{1725}{60}\right) = 1.81 \text{ m/s} = 356 \text{ fpm}$$

그리고 그림 11.15의 곡선 A로부터 동적계수는

$$K_v = \sqrt{\frac{78 + \sqrt{356}}{78}} = 1.11$$

$m_g = 4$를 대입하면 식 (11.37b)는

$$I = \frac{\sin 20° \cos 20°}{2} \frac{4}{4+1} = 0.129$$

그림 11.16a에 의해

$$J = 0.25 \quad (\text{피니언 } N_p = 15, N_g = 60)$$

$$J = 0.42 \quad (\text{기어 } N_g = 60, N_g = 60)$$

기어 1(피니언). 식 (11.35)와 (11.36)에 주어진 수치를 대입하면

$$\sigma = F_{t1} K_o K_\upsilon \frac{1.0}{bm} \frac{K_s K_m}{J}$$

$$= 206(1.5)(1.11)\frac{1.0}{14(1.3)10^{-6}} \frac{1.0(1.6)}{0.25}$$

$$= 120.6 \text{ MPa}$$

$$\sigma_{\text{all}} = \frac{S_t K_L}{K_T K_R} = \frac{414(1.1)}{(1.0)(1.25)} = 364.3 \text{ MPa}$$

유사하게 식 (11.42)와 (11.44)는 아래의 값을 갖는다.

$$\sigma_c = C_p \left(F_{tl} K_o K_\upsilon \frac{K_s}{bd} \frac{K_m C_f}{I} \right)^{1/2}$$

$$= 191(10^3) \left[206(1.5)(1.11)\frac{1.0}{14(20)10^{-6}} \frac{1.6(1.25)}{0.129} \right]^{1/2}$$

$$= 832.4 \text{ MPa}$$

$$\sigma_{c,\text{all}} = \frac{S_e C_L C_H}{K_T K_R} = \frac{1310(1.1)(1.0)}{(1.0)(1.25)} = 1153 \text{ MPa}$$

기어 2. $F_{t1} = F_{t2} = 206$ N이다. 식 (11.35)와 (11.36)에 이 데이터를 대입하면

$$\sigma = F_{t2} K_o K_\upsilon \frac{1.0}{bm} \frac{K_s K_m}{J}$$

$$= 206(1.5)(1.11)\frac{1.0}{14(1.3)10^{-6}} \frac{1.0(1.6)}{0.42}$$

$$= 71.79 \text{ MPa}$$

$$\sigma_{\text{all}} = \frac{S_t K_L}{K_T K_R} = \frac{198(1.1)}{(1.0)(1.25)} = 174.2 \text{ MPa}$$

같은 방식으로 식 (11.42)와 (11.44)를 통해

$$\sigma_c = C_p\left(F_{t2}K_oK_\upsilon \frac{K_s}{bd}\frac{K_mC_f}{I}\right)^{1/2}$$

$$= 191(10^3)\left[206(1.5)(1.11)\frac{1.0}{14(80)10^{-6}}\frac{1.6(1.25)}{0.129}\right]^{1/2}$$

$$= 416.2 \text{ MPa}$$

$$\sigma_{c,\text{all}} = \frac{S_cC_LC_H}{K_TK_R}$$

$$= \frac{620(1.1)(1.0)}{(1.0)(1.25)} = 545.6 \text{ Pa}$$

평가: $\sigma < \sigma_{\text{all}}$이고 $\sigma_c < \sigma_{c,\text{all}}$이므로 기어쌍 1과 2는 AGMA 굽힘, 마모강도에 대하여 상대적으로 안전하다.

기어 세트 II와 III: (기어쌍 3-4와 5-6. 그림 18.4)
축 2는 다음 속도로 회전한다.

$$n_2 = n_1\frac{N_1}{N_2} = 1725\left(\frac{15}{60}\right) \approx 431 \text{ rpm}$$

그러므로 기어 3(피니언)에 대하여

$$T_3 = \frac{7121 \text{ hp}}{n_2} = \frac{7121(0.5)}{431} = 8.261 \text{ N}\cdot\text{m}$$

$$F_{t3} = \frac{T_3(2)}{d_3} = \frac{8.261(2)}{0.0288} = 573.7 \text{ N}$$

$$F_{r3} = 573.7 \tan 20° = 208.8 \text{ N}$$

$$V_3 = \pi d_3 n_3 = \pi(0.0288)\left(\frac{431}{60}\right) = 0.65 \text{ m/s}$$

축 3은 아래 회전수를 갖는다.

$$n_3 = n_2\frac{N_3}{N_4} = 431\left(\frac{18}{72}\right) \approx 108$$

기어 5(피니언) 기어 6에 대하여 다음과 같다.

$$T_5 = \frac{7121(0.5)}{108} = 32.97 \text{ N}\cdot\text{m}$$

$$F_{t5} = \frac{32.97(2)}{0.0375} = 1758\ \text{N} = F_{t6}$$

$$F_{r5} = 1758 \tan 20° = 639.9\ \text{N} = F_{r6}$$

$$V_5 = \pi d_5 n_3 = \pi(0.0375)\left(\frac{108}{60}\right) = 0.21\ \text{m/s} = V_6$$

피동축은 아래 회전수로 회전한다.

$$n_4 = n_3 \frac{N_5}{N_6} = 108\left(\frac{15}{60}\right) \approx 27\ \text{rpm}$$

스퍼 기어 트레인의 피동축과 원동축(혹은 기어 6과 1) 사이의 속도비는 다음과 같이 얻을 수 있다.

$$r_s = \frac{n_4}{n_1} = \left(-\frac{N_1}{N_2}\right)\left(-\frac{N_3}{N_4}\right)\left(-\frac{N_5}{N_6}\right)$$

$$= \left(-\frac{15}{60}\right)\left(-\frac{18}{72}\right)\left(-\frac{15}{60}\right) = -\frac{1}{64}$$

여기서, −부호는 피니언과 기어가 반대방향으로 회전한다는 것을 의미한다.

평가: 접선력과 피치원의 속도가 이용 가능함으로써 기어 세트 2와 3에 대한 설계 분석은 기어 세트 1에 기술된 것과 동일한 과정을 따라 손쉽게 만들 수 있다.

사례연구 18.5 기어 박스 축계 설계

그림 18.5는 전기모터로 구동되고 베어링 *A*, *B*에 의해 지지되는 크레인 기어 박스의 원동축을 보여준다. 다음을 결정하라.

a. 굿맨(Goodman) 기준을 적용하고 최대 변형에너지 이론을 사용하여 축의 안전율 n

b. 베어링에서 회전 변위 또는 기울기

c. 축의 키에서 응력

주어진 값: 중공축과 축의 사각 키의 형상과 치수는 알고 있다.

데이터: 그림 18.5a와 사례연구 18.4를 참고하라.

$$F_t = 206\ \text{N}, \quad F_r = 75\ \text{N}, \quad T = 2.06\ \text{N}\cdot\text{m},$$

$$a = 66\ \text{mm}, \quad b = 84\ \text{mm}, \quad L = 150\ \text{N}\cdot\text{m},$$

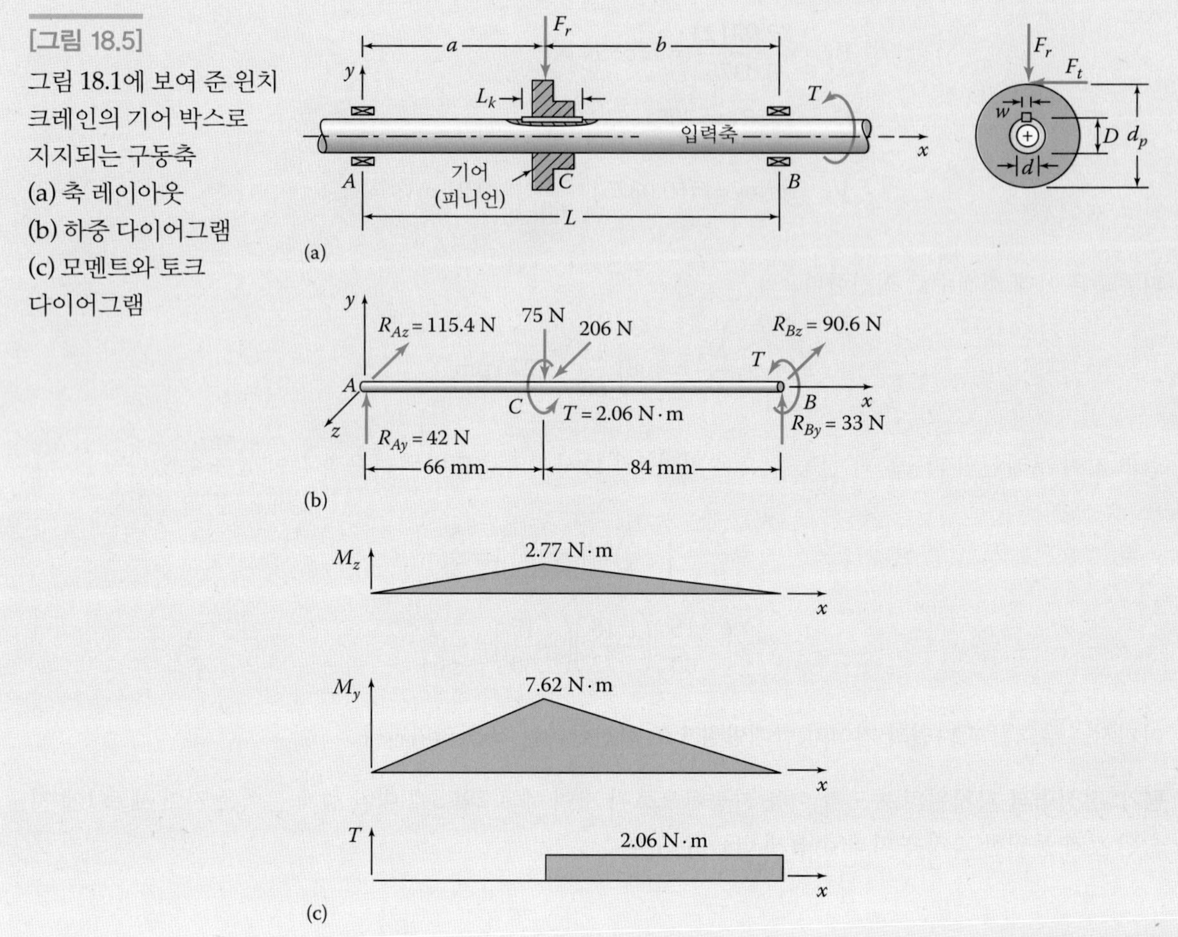

[그림 18.5]
그림 18.1에 보여 준 윈치 크레인의 기어 박스로 지지되는 구동축
(a) 축 레이아웃
(b) 하중 다이어그램
(c) 모멘트와 토크 다이어그램

$$d = 6\text{ mm},\quad d_p = 20\text{ mm},\quad D = 12\text{ mm},$$

$$w = 2.4\text{ mm},\quad L_k = 25\text{ mm},$$

$$I = \frac{\pi}{64}\left(D^4 - d^4\right) = 954.3\text{ mm}^4$$

작동 환경은 최대 온도가 50°인 실내이다.

가정: 베어링은 단순 지지로 처리된다.

설계 결정:

1. 축과 키는 가공된 표면을 갖는 1030 *CD* 강철로 만들어졌다.

$$S_u = 520\text{ MPa},\quad S_y = 440\text{ MPa}\ \ (\text{표 B.3으로부터})$$

$$E = 210\text{ GPa}$$

2. 키홈에서, $K_f = 2$
3. 축은 상온에서 일정 하중을 지지하고 회전한다.
4. 키의 전단에 대하여 안전율 $n = 3$이다.
5. 99.9%의 생존율이 사용된다.

풀이

그림 18.5, 표 A.8, 9.5절을 보아라.

a. A와 B에서 반력은 평형조건으로 결정되며, 그림 18.5b에 나타나 있다. 모멘트와 토크 다이어그램은 일반적인 방법으로 얻어지며 그림 18.5c에 도시되어 있다. 위험한 부분은 점 C이고 그 값은 다음과 같다.

$$M_C = \left[(2.77)^2 + (7.62)^2\right]^{1/2} = 8.11\ \text{N}\cdot\text{m}$$

$$T_C = 2.06\ \text{N}\cdot\text{m}$$

그리고 모멘트와 토크의 평균 및 진폭은 식 (9.10)에 의해서

$$M_m = 0 \quad M_a = 8.11\ \text{N}\cdot\text{m}$$

$$T_m = 2.06\ \text{N}\cdot\text{m} \quad T_a = 0$$

식 (7.1)과 (7.6)을 사용하고 7.7절을 참고하면 수정 내구한도는

$$S_e = C_f C_r C_s C_t \left(\frac{1}{K_f}\right) S'_e$$

여기서

$C_f = 4.51(520^{-0.265}) = 0.86$
$C_r = 0.76$(표 7.3에 의해)
$C_s \approx 0.85$[식 (7.9)를 사용하여]
$C_1 = 1$
$K_f = 2$
$S'_e = 0.5(520) = 260$ MPa[식 (7.1)로부터]

그러므로

$$S_e = (0.86)(0.75)(0.85)(1)\left(\frac{1}{2}\right)(260) = 71.27\ \text{MPa}$$

하중이 지속적이기 때문에 표 9.1에 의해 충격계수 $K_{sb} = K_{st} = 1$이다.

식 (9.12)에 수치를 대입하고 D^3을 $D^3[1-(d/D)^4]$로 대체하면 다음을 얻는다.

$$\frac{520(10^6)}{n} = \frac{32}{\pi(0.012)^3\left[1-(6/12)^4\right]}$$

$$\times\left[\left(0+\frac{520\times 8.11}{71.27}\right)^2+\frac{3}{4}(2.06)^2\right]^{1/2}$$

그로부터

$$n = 1.4$$

b. 엔드부 A와 B의 기울기(그림 18.5b)는 표 A.8의 케이스 6에 의해 주어진다. $L^2 - b^2 = (L+b)(L-b) = (L+b)a$이고 유사하게 $L^2 - a^2 = (L+a)b$임을 주목하라. 주어진 데이터를 도입하면 결과는 다음과 같다.

$$\theta_A = -\frac{F_t ab(L+b)}{6EIL}$$

$$= -\frac{206(66)(84)(150+84)}{6(210\times 10^3)(954.3)(150)}$$

$$= -1.482(10^{-3})\text{ rad} = -0.085°$$

$$\theta_B = \frac{F_t ab(L+a)}{6EIL}$$

$$= \frac{206(66)(84)(150+66)}{6(210\times 10^3)(954.3)(150)}$$

$$= 1.368(10^{-3})\text{ rad} = 0.078°$$

여기서 – 부호는 시계방향의 회전을 의미한다.

평가: 베어링과 기어의 강성이 무시되었음에도 불구하고, 앞의 식들에 의해 계산된 굉장히 작은 θ_A와 θ_B는 실제 기울기보다 높은 각도를 표시한다. 그러므로 자동 조심 베어링은 필요하지 않는다.

c. 축의 키 측면에 압축하중 $F_1 = 206$ N이 작용한다(그림 18.5). 키의 전단응력은

$$\tau = \frac{F_t}{wL_k} = \frac{206}{(0.0024)(0.025)} = 3.433\text{ MPa}$$

식 (6.20)에 의해 다음의 값을 가진다.

$$S_{ys} = 0.577 S_y = (0.577)(440) = 253.9 \text{ MPa}$$

키의 허용전단응력은

$$\tau_{\text{all}} = \frac{S_{ys}}{n} = \frac{253.9}{3} = 84.63 \text{ MPa}$$

$\tau_{\text{all}} \gg \tau$이기 때문에 축의 키에서 전단에 의한 파단은 발생하지 않는다. 키에 발생하는 압축응력에 대하여도 똑같은 결과를 얻는다(9.9절 참조).

평가: 앞의 풀이에서의 유사한 과정에 따라 나머지 3개의 축과 윈치 크레인의 기어 박스에 있는 키도 같은 방식으로 해석될 수 있다.

사례연구 18.6 기어 박스 축과 베어링 선택

그림 18.6은 윈치 크레인의 기어박스(사례연구 18.4 참조)에 있는 원동축의 플랜지 볼 베어링을 보여준다. 여기서 베어링의 부하 용량을 해석하라.

주어진 값: 축의 지름은 12 mm이며 1725 rpm으로 작동한다. 정격 수명은 30 kh이다.

가정: 트러스트 하중은 무시할 수 있다. 축의 양쪽에서 베어링은 동일한 02-계 깊은 홈을 선정하였고, 약한 충격하중을 받고 있다. 내륜이 회전한다.

풀이

그림 18.5, 18.6과 18.4. 표 10.4, 10.6 그리고 10.8. 10.13절을 보아라.

그림 18.5b를 참조하면 축의 엔드부에서 베어링에 작용하는 하중은

$$R_A = \left[(42)^2 + (115.4)^2\right]^{1/2} = 122.8 \text{ N}$$

$$R_B = \left[(33)^2 + (90.6)^2\right]^{1/2} = 96.42 \text{ N}$$

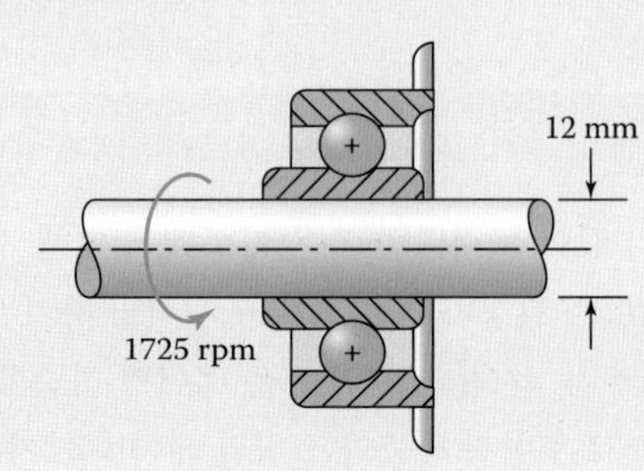

[그림 18.6]
그림 18.1에 보여준 윈치 크레인의 기어 박스 안에 있는 입력축의 왼쪽 끝에 있는 플랜지 볼 베어링

$R_A > R_B$이기 때문에, 우리는 축의 왼쪽단 A에서 베어링을 해석하였다. 축 트러스트 $F_a = 0$을 가지고 식 (10.27)을 사용하여 등가 레이디얼 하중은

$$P = K_s XVF_r$$

여기서,

$$F_r = 122.8 \text{ N}$$

$$K_s = 1.5 \quad (\text{표 10.8로부터})$$

$$X = 1.0, \quad Y = 0 \quad (\text{표 10.6에 의해})$$

$$V = 1 \quad (\text{10.14절로부터})$$

그러므로 등가하중은 다음과 같다.

$$P = 1.5(1.0)(1)(122.8) = 184.2 \text{ N}$$

식 (10.30)을 적용하여 기본 동 정격하중 C는 아래와 같이 주어진다.

$$C = P\left(\frac{60nL_{10}}{10^6}\right)^{1/a}$$

여기서 볼 베어링은 $a = 3$이다. 이 식에 주어진 값들을 대입하면

$$C = 184.2\left[\frac{60(1725)(30,000)}{10^6}\right]^{1/3} = 2.69 \text{ kN}$$

12 mm의 구멍의 안지름을 가진 02-계 깊은 홈 볼 베어링이 $C = 6.89$ kN의 정격하중을 가지고 있음을 표 10.3에서 볼 수 있다. 이 값은 2.69 kN의 계산값 이상이며, 이 베어링은 매우 안정적이다. 기어 박스에 있는 축의 다른 베어링도 유사한 방법으로 해석할 수 있다.

평가: 베어링의 최종 선택은 표준 축 및 하우징의 크기에 따라 이루어진다.

사례연구 18.7 스위블 후크에서 나사 설계

그림 18.7에 나타낸 바와 같이 트러니언 혹은 가로대에 의해 지지되는 강 크레인 후크에 $P = 3$ kN이 작용한다. 필요한 너트 길이 L_n을 결정하라. 하중을 포지셔닝 하기 위해 볼 트러스트 베어링은 후크를 회전시킨다. 베어링 하부 레이스와 세 번째(최하위) 륜은 베어링 하중에 대해 후크의 자기 정렬을 허용하는 적합한 구면을 갖는다. 일반적으로 주어진 하중과 선정된 베어링 크기는 국제표준치수이다.

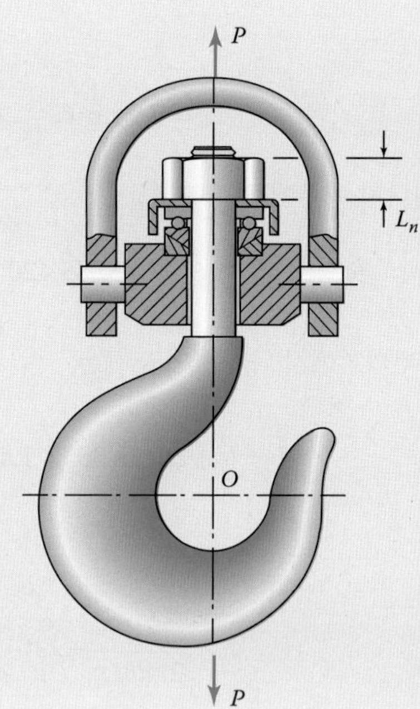

[그림 18.7]
트러스트 볼 베어링을 포함한 트러니언의 단면을 나타내는 윈치 크레인 스위블 후크(그림 18.1).

가정: 후크에서 나사부분 혹은 볼트와 너트는 모두 M12 × 1.75 등급 5.8 전조 보통나사이다. 나사산부에 사용되는 응력집중계수 $K_t = 3.5$이며, 안전율 $n = 5$이다.

주어진 값: 표 15.2에서

$$p = 1.75\ \text{mm}, \quad d = 12\ \text{mm},$$

$$d_m \approx 10.925\ \text{mm}, \quad d_r \approx 9.85\ \text{mm}.$$

$$h = \frac{1}{2}(d - d_r) = 1.075\ \text{mm},$$

$$S_y = 420\ \text{MPa} \ \ (\text{표 15.5로부터})$$

풀이

그림 18.1과 18.7, 15.7절을 참조하라.

베어링 강도. 너트에 대해 다음의 설계식을 적용한다.

$$\frac{K_t P p}{\pi d_m h L_n} = \frac{S_y}{n} \tag{15.17a}$$

주어진 수치를 대입하면

$$\frac{(3.5)(3000)(1.75)}{\pi(10.925)(1.075)L_n} = \frac{420}{5}$$

이를 계산하면

$$L_n = 5.9 \text{ mm}$$

전단 강도. 파손 변형에너지 이론에 의하여

$$S_{ys} = 0.577 \quad S_y = 0.577 \times 420 = 242.3 \text{ MPa}$$

그림 15.3으로부터 나사의 뿌리부에서 나사산의 두께는

$$b = \frac{p}{8} + 2h \tan 30° = 1.46 \text{ mm}$$

설계식은

$$\frac{3K_t Pp}{2\pi db L_n} = \frac{S_{ys}}{n} \tag{15.19a}$$

주어진 값을 넣으면

$$\frac{3(3.5)(3000)(1.75)}{2\pi(12)(1.46)L_n} = \frac{242.3}{5}$$

최종적으로 다음과 같이 나타낼 수 있다.

$$L_n = 10.3 \text{ mm}$$

평가: 10 mm의 표준 너트 길이를 사용한다.

사례연구 18.8 스위블 후크 설계 분석

그림 18.8a에 나타낸 윈치 크레인의 크레인 후크에 걸리는 하중은 $P = 3$ kN으로 정한다. 빙클러(Winkler)의 공식을 사용하여 점 A와 B에서의 접선응력을 결정하라. 대부분 크레인 후크에 대하여 그림 18.8b와 같이 위험 단면 A–B를 안쪽 반지름은 반 타원과 바깥쪽 반지름은 원의 호를 가진 사다리꼴 면적으로 잘 근사화할 수 있다. 표준 크레인 후크에 대한 해는 쉽게 구할 수 있는 컴퓨터 프로그램으로 구해진다.

가정: 위험 단면 A-B는 사다리꼴 형태이다. 후크는 AISI 1020-HR 강으로 만들어졌으며, 항복에 관련하여 안전율 n을 적용한다.

[그림 18.8]
윈치 크레인 후크 부분(그림 18.1). (a) 단면 *A–B*의 응력 합성 (b) 위험하게 응력을 받는 수정 사다리꼴 단면

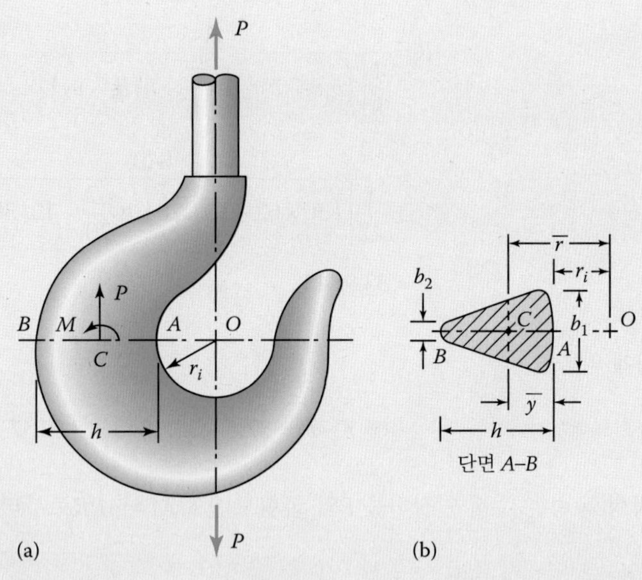

주어진 값:

$$r_i = 20 \text{ mm}, \quad b_1 = 30 \text{ mm}, \quad b_2 = 10 \text{ mm}$$

$$h = 42 \text{ mm}, \quad n = 5,$$

$$S_y = 210 \text{ MPa}, \quad (\text{표 B.3으로부터})$$

풀이

그림 18.7과 18.8, 16.8절을 보아라.

그림 18.8b를 참조하면 단면적은 다음의 값을 얻을 수 있다.

$$A = \frac{1}{2}(b_1 + b_2)h = \frac{1}{2}(30 + 10)(42) = 840 \text{ mm}^2$$

안쪽 경계로부터 중심 *C*까지 거리는

$$\bar{y} = \frac{h(b_1 + 2b_2)}{3(b_1 + b_2)} = \frac{42(30 + 2 \times 10)}{3(30 + 10)} = 17.5 \text{ mm}$$

따라서

$$\bar{r} = r_i + \bar{y} = 20 + 17.5 = 37.5 \text{ mm}$$

표 16.1의 E에 따라 $r_o = r_i + h = 62$ mm로부터 중립축 반지름은

$$R = \frac{A}{\frac{1}{h}\left[(b_1 r_o - b_2 r_i)\ln\frac{r_o}{r_i} - h(b_1 - b_2)\right]}$$

$$= \frac{840}{\frac{1}{42}\left[(30\times 62 - 10\times 20)\ln\frac{62}{20} - 42(30-10)\right]}$$

$$= 33.9843$$

식 (16.51)에 의하면

$$e = \bar{r} - R = 37.5 - 33.9843 = 3.5157 \text{ mm}$$

원주방향 응력은 수직 인장하중 P와 굽힘모멘트 $M = -PR$로부터 식 (16.55)를 사용하여 구할 수 있다. 그러므로

$$(\sigma_\theta)_A = \frac{P}{A}\left[1 + \frac{\bar{r}(R - r_i)}{er_i}\right]$$

$$(\sigma_\theta)_B = \frac{P}{A}\left[1 + \frac{\bar{r}(R - r_o)}{er_0}\right]$$

필요한 값을 도입하면 아래와 같다.

$$(\sigma_\theta)_A = \frac{3000}{840(10^{-6})}\left[1 + \frac{37.5(33.9843 - 20)}{3.5157(20)}\right]$$

$$= 30.21 \text{ MPa}$$

$$(\sigma_\theta)_B = \frac{3000}{840(10^{-6})}\left[1 + \frac{37.5(33.9843 - 62)}{3.5157(62)}\right]$$

$$= -13.64 \text{ MPa}$$

여기에서 –기호는 압축을 의미한다.

평가: 허용응력 $\sigma_{all} = 210/5 = 42$ MPa는 최대 응력 30.21 MPa보다 크다. 즉, 크레인 후크는 항복을 받지 않고 5의 안전율로 3 kN의 하중을 견딜 수 있다.

사례연구 18.9 용접 조인트 C의 설계

그림 18.9a와 같이 윈치 크레인에서 용접 조인트 C는 수직 프레임의 양쪽 측면에 동일한 필릿으로 용접되어 있고 평면 편심하중을 받는다. 조인트에서 용접 크기 h를 결정하라.

주어진 값: $L_1 = 100\ \text{mm}$ $L_2 = 150\ \text{mm}$

$e = 1.5\ \text{m}$ $P = 3\ \text{kN}$

가정: 안전율 $n = 2.2$가 E6010 용접 봉에 적용된다. 크레인의 수직 프레임은 강체 기둥이다.

풀이

그림 18.1과 18.9, 15.16절을 참조하라.

면적 특성. 용접 부위(그림 15.29)의 중심은 다음과 같이 주어진다.

$$\bar{x} = \frac{A_1x_1 + A_2x_2}{A_1 + A_2} = \frac{(100t)(50) + (150t)(0)}{100t + 150t}$$

$$= 20\ \text{mm}$$

$$\bar{y} = \frac{A_1y_1 + A_2y_2}{A_1 + A_2} = \frac{(100t)(0) + (150t)(75)}{100t + 150t} = 45\ \text{mm}$$

토크는

$$T = Pe = (3000)(1500) = 4.5\ \text{MN}\cdot\text{mm}$$

중심에 대한 관성모멘트는 tL^3이다.

$$I_x = \Sigma\frac{tL^3}{12} + Lty^2$$

$$= \frac{t(100)^3}{12} + (100)t(45)^2 + 0 + (150)t\ (75 - 45)^2 = 420{,}833t$$

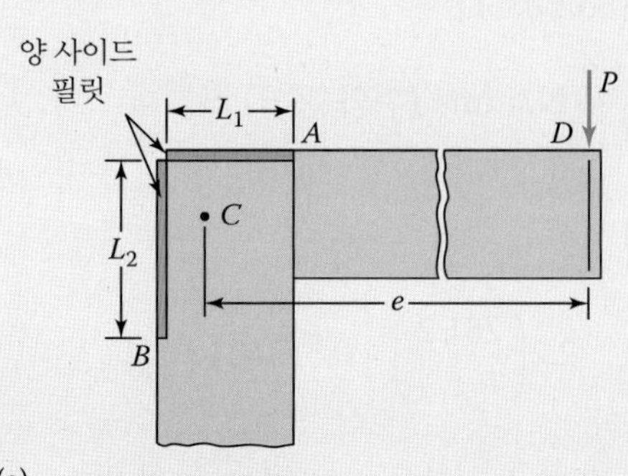

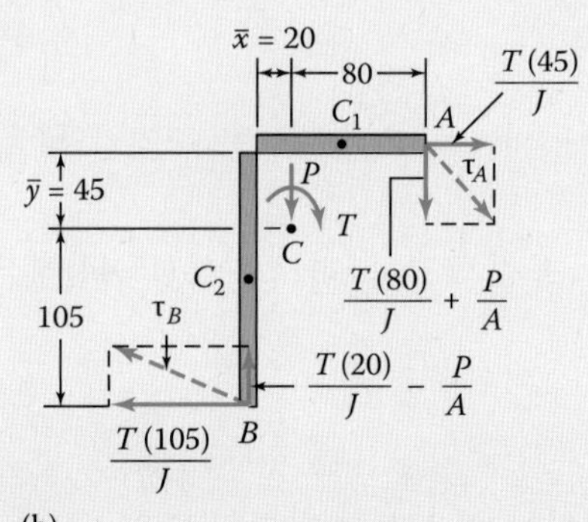

[그림 18.9]
(a) 그림 18.1에 보여준 윈치 크레인의 용접 조인트 C
(b) 확대한 용접 그룹. 하중은 그룹의 중심 C에 작용하고 용접 끝부분 A와 B에 전단응력

$$I_y = \sum \frac{tL^3}{12} + Ltx^2$$

$$= 0 + (100)t(50-20)^2$$

$$+ \frac{t(150)^3}{12} + (150)t(20)^2 = 431,250t$$

$$J = 852,083t \text{ mm}^4$$

기둥의 양쪽에 필릿이 있으므로 면적 특성은 두 배가 된다.

응력. 표 15.8에서 $S_y = 345$ MPa을 얻을 수 있다. 그림 18.9b를 검토하면 점 A나 B에서 조합된 비틀림 응력과 직접 전단응력이 가장 크다.

점 A에서

$$\tau_\upsilon = \frac{P}{A} + \frac{Tr_{i1}}{J} = \frac{3(10)^3}{2(250t)} + \frac{4.5(10)^6(80)}{2(852,083t)}$$

$$= \frac{6}{t} + \frac{211.2}{t}$$

$$\tau_h = \frac{Tr_x}{J} = \frac{4.5(10^6)(45)}{2(852,083t)} = \frac{118.8}{t}$$

$$\tau_A = \left(\tau_\upsilon^2 + \tau_h^2\right)^{1/2} = \frac{247.6}{t}$$

마찬가지로, 점 B에서

$$\tau_\upsilon = -\frac{6}{t} + \frac{4.5(10^6)(20)}{2(852,083t)} = -\frac{6}{t} + \frac{52.8}{t}$$

$$\tau_h = \frac{4.5(10^6)(105)}{2(852,083t)} = \frac{277.3}{t}$$

$$\tau_B = \frac{281.2}{t} \text{ N/mm} \quad \text{(위와 동일)}$$

용접 크기. 그러므로 식 (15.44)에 의해

$$n\tau_B = 0.5S_y, \quad 2.2\left(\frac{281.2}{t}\right) = 0.5(345)$$

여기서 $t = 3.59$ mm. 그림 15.26a를 참조하면 다음과 같은 값을 얻을 수 있다.

$$h = \frac{t}{0.707} = \frac{3.59}{0.707} = 5.08\text{ mm}$$

평가: 5 mm의 필릿 용접의 공칭 크기가 조인트에 사용된다.

18.3 고속 절단기

일반적으로 톱으로 알고 있는 절단기는 이동식이거나 고정식일 수도 있다. 기계적으로 구동되는 절단기의 작업 부재는 날카로운 이를 가진 얇은 강 블레이드 또는 디스크이다. 아래의 사진에 나타난 바와 같이 전통적인 고속 절단기는 주로 세 가지 유형이 있다. 원형 블레이드 톱은 재료를 절단하기 위해 회전하는 금속 디스크를 사용하며 얇은 가늘고 긴 홈을 만들 수 있다. 이 톱은 나무, 석재, 플라스틱 또는 금속을 절단하기 위한 블레이드가 장착되어 있으나, 특별히 특정 재료를 자르도록 고안된 특수 목적용 원형 톱도 있다. 왕복 블레이드 톱은 블레이드의 밀고당기는 운동을 이용한다. 이것은 때때로 복귀 행정에서 톱날을 들어올리는 메커니즘을 갖기도 한다. 통상 동일 평면 내에서 회전하는 두 개의 륜에 걸쳐진 연속 띠톱은 분산된 톱니 하중으로 균등한 절단 행위를 한다. 이 기계는 직선 나이프 절단기보다 평균적으로 두 배 더 나은 절단 품질을 제공한다. 띠톱은 불규칙하거나 곡선 모양을 절단하는 데 특히 유용하다. 이러한 전통적인 절단기 이외에도 최신 레이저 절단, 물 절단기의 사용이 증가하고 있다.

이 절에서 집중할 내용은 그림 18.10에 표현된 PVC와 다른 플라스틱을 포함한 탄력적인 재료에 사용되는 간단한 고속 블레이드 절단기 집합체에 관한 것이다. 이 유닛은 소형이고 탁상 설치용으로 설계되어 있다. 여기서 구동 휠은 자동 이송장치(그림에는 없음)의 일부이다. 이 휠은 절단 휠까지 이송관을 통해 재료를 운송한다. 이송기구는 원활한 작동을 위한 압축 스프링이 포함된다. 회전 절단 휠에 있는 블레이드의 수를 변경하고 모터와 커터가 키에 의해 설치된 축 사이의 감속 구동비를 변화시킴으로써 절단 길이와 출력 속도(분당 1000보다 높게)를 바꿀 수 있다.

원형 블레이드 테이블 톱

왕복 블레이드 쇠톱

연속 띠톱

[그림 18.10]
고속 절단기의 개략도

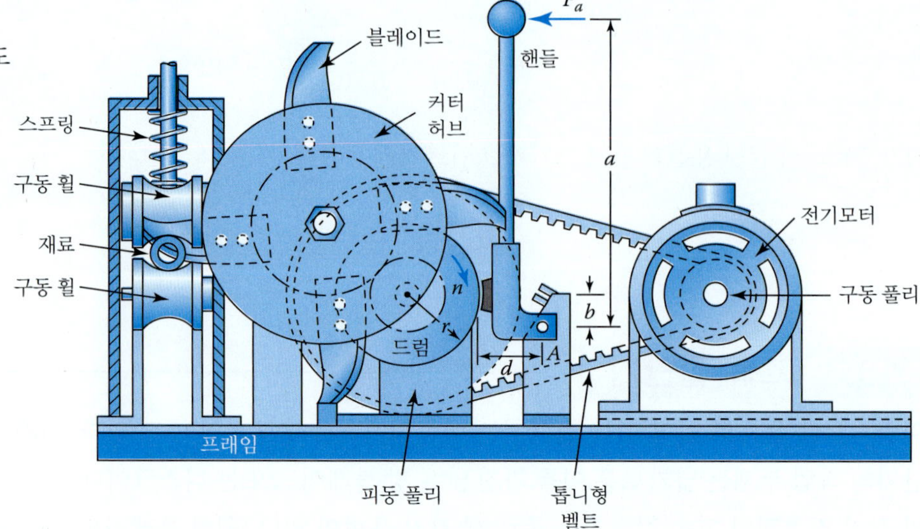

사례연구 18.10 벨트 설계

그림 18.10에 나타낸 고속 절단기의 톱니형 벨트에서 아래의 값들을 구해 보라.

a. 벨트 길이
b. 최대 중심 거리
c. 최대 벨트 장력

설계 요구 조건: 모터(원동) 풀리의 피동 풀리 사이의 중심 거리가 $c = 17$ in.을 초과하면 안 된다. $f = 1.0$의 벨트 마찰계수가 사용된다.

주어진 값: 2 hp, $n_1 = 1800$ rpm의 AC 모터가 사용된다. 벨트는 $w = 0.007$ lb/in. 무게를 갖는다. 구동 풀리 반지름 $r_1 = 1\frac{1}{4}$ in., 피동 풀리 반지름 $r_2 = 2\frac{1}{4}$ in.이다.

가정: 구동부는 정상적인 토크 모터이다. 절단기와 피동축은 큰 충격하중을 견딘다. 기계는 지름 2 in.까지의 단면을 가진 탄력적인 재료를 균일한 길이로 자른다. 작업자의 역할은 최소한으로 완전 자동 작동이다.

풀이

그림 18.10과 표 13.5, 13.3절, 13.4절, 13.5절을 보라.

a. 적절한 벨트의 길이는 식 (13.9)를 사용하여 결정된다.

$$L = 2c + \pi(r_1 + r_2) + \frac{1}{c}(r_2 - r_1)^2 \quad \text{(a)}$$

주어진 값을 대입해 보자.

$$L = 2(17) + \pi(1.25 + 2.25) + \frac{1}{17}(2.25 - 1.25)^2$$
$$= 45.05 \text{ in.}$$

평가: 최대 길이 45 in.의 표준 톱니형 혹은 타이밍 벨트가 선정되었다.

b. 중심 거리의 계산은 식 (13.10)을 참조한다.

$$c = \frac{1}{4}\left[b + \sqrt{b^2 - 8(r_2 - r_1)^2}\right] \tag{b}$$

그리고 식 (13.11)에서

$$b = L - \pi(r_2 + r_1) \tag{c}$$

식 (c)에 주어진 수치들을 넣으면 아래와 같은 값을 알 수 있다.

$$b = 45.05 - \pi(2.25 + 1.25) = 34 \text{ in.}$$

그리고 식 (b)는 다음과 같이 쓸 수 있다.

$$c = \frac{1}{4}\left[34 + \sqrt{(34)^2 - 8(2.25 - 1.25)^2}\right] = 16.97 \text{ in.}$$

평가: 요구조건인 $c < 17$ in.를 만족한다.

c. 식 (13.7)과 (13.6)에서 접촉각 ϕ는

$$\phi = \pi - 2\sin^{-1}\left(\frac{r_2 - r_1}{c}\right)$$
$$= \pi - 2\sin^{-1}\left(\frac{2.25 - 1.25}{16.97}\right) = 3.024 \text{ rad}$$

벨트의 긴장측 장력은 식 (13.20)으로부터 계산된다. 톱니형(또는 평) 벨트에서 $\sin\beta = 1$이고

$$F_c = \frac{w}{g}V^2$$
$$= \frac{0.007}{386.4}\left[\frac{\pi(2.25)1800}{60}\right]^2 = 1.006 \text{ lb}$$

$$\gamma = e^{f\phi} = e^{(1)(3.024)} = 20.57$$

$$T_1 = \frac{33,000 \text{ hp}}{n_1}$$

$$= \frac{33,000(2)}{1800} = 36.67 \text{ lb} \cdot \text{in.}$$

그러므로

$$F_1 = 1.006 + \left(\frac{20.57}{20.57 - 1}\right)\frac{36.67}{1.25} = 31.84 \text{ lb}$$

다음 관계도 성립된다.

$$F_2 = F_1 - \frac{T_1}{r_1}$$

$$= 31.84 - \frac{36.67}{1.25} = 2.50 \text{ lb}$$

표 13.5에서 부하 보정계수 $K_s = 1.4$이다. 최대 벨트 인장하중은 식 (13.22)에 의해 얻을 수 있다.

$$F_{\max} = K_s F_1$$

$$= 1.4(31.84) = 44.58 \text{ lb}$$

평가: 13.2절에서 보면 톱니형 벨트는 적어도 16,000 fpm까지의 속도에서 안전하게 작동한다. 이것은 절단기에서 벨트속도 $V = \pi(2.5)(1800)/12 = 1178$ fpm을 초과한다.

사례연구 18.11 브레이크 설계 분석

짧은 슈 브레이크가 그림 18.10과 같이 고속 절단기의 중심축에 키로 고정되어 있는 드럼에 사용된다. 피동 풀리는 또한 같은 축에 키로 고정되어 있다. 핸들 조작력 F_a를 결정하라.

가정: 브레이크 슈 재료는 몰딩 재료이다. 드럼은 철로 만들어졌다. 라이닝은 매끄러운 드럼 표면에 건조 마찰을 일으킨다.

주어진 값: 드럼 반지름 $r = 3$ in., 토크는 $T = 270$ lb · in.이다. (시계방향), $a = 12$ in., $b = 1.2$ in., $d = 2.5$ in. 그리고 슈의 폭 $w = 1.5$ in.이다(그림 18.10). 표 13.11에서 $p_{\max} = 200$ psi이며, $f = 0.35$이다.

요구 조건: 슈는 자체적으로 작동해야만 한다.

풀이

식 (13.48)을 사용하여 수직하중은 다음과 같이 나타낼 수 있다.

$$F_n = \frac{T}{fr}$$

$$= \frac{270}{(0.35)3} = 257.1 \text{ lb}$$

식 (13.47)을 적용하면 접촉각은

$$\phi = 2\sin^{-1}\frac{F_n}{2p_{\max}rw}$$

$$= 2\sin^{-1}\frac{257.1}{2(200)(3)(1.5)} = 16.4°$$

다음과 같이 조작력은 $d = c$를 알고 식 (13.49)에서 얻을 수 있다.

$$F_a = \frac{F_n}{a}(b - fc)$$

$$= \frac{257.1}{12}(1.2 - 0.35 \times 2.5)$$

$$= 6.964 \text{ lb}$$

평가: $\phi < 45°$이기 때문에 짧은 슈 드럼 브레이크의 크기는 직선으로 근사할 수 있다. F_a의 +값은 브레이크의 정상 작동을 의미한다.

사례연구 18.12 이송기구의 스프링 설계

고속 절단기용 이송기구의 압축 코일 스프링은 그림 18.11과 같다. 스프링은 처짐 δ를 초과하지 않고 하중 P를 지지한다. 만족스러운 설계를 하라. 스프링은 사용중에 좌굴이 일어나는가?

주어진 값: $P = 60$ N, $\delta = 15$ mm.

가정: 충돌 허용량 $r_c = 20\%$, 스프링 지수 $C = 6$, 안전율 $n = 2.2$이다. 하중은 정하중이다. 스프링 엔드부는 연삭된 크로스 엔드이며 평평한 면 사이를 지지한다.

설계 결정: $G = 79$ GPa의 인발 경화된 ASTM A227 소선이 사용된다.

[그림 18.11]
그림 18.10에 나타낸 고속 절단기 이송기구의 압축 스프링

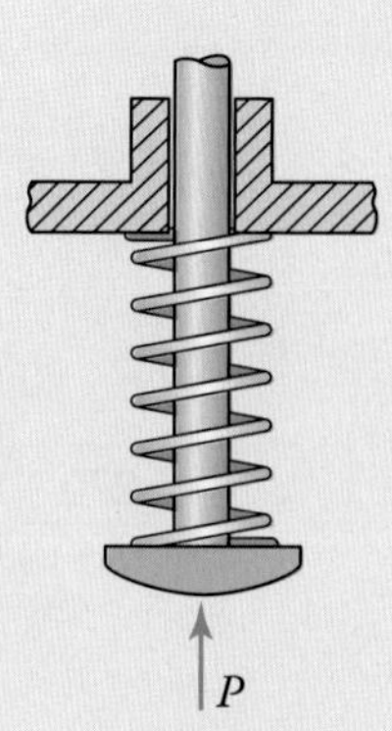

풀이

그림 18.10과 18.11, 14.4절~14.6절을 참조하라.

지름 2 mm의 소선을 선택한다. 그리고 식 (14.12)와 표 14.2를 사용하여

$$S_u = Ad^b = 1510\left(2^{-0.201}\right) = 1314 \text{ MPa}$$

상응하는 전단항복강도 $S_{ys} = 0.42(1314) = 552$ MPa(표 14.3 참조)이다.

응력 요구조건. 식 (14.6)을 재배치하고, $\tau = S_{ys}/n$을 설정하면

$$d^2 = \frac{8PCn}{\pi S_{ys}}\left(1 + \frac{0.615}{C}\right)$$

$$= \frac{8(60)(6)(2.2)}{\pi\left(552 \times 10^6\right)}\left(1 + \frac{0.615}{6}\right)$$

$$d = 2.01 \text{ mm}$$

$D = 6(2.01) = 12.06$ mm이다. $S_u = 1510(2.01^{-0.201}) = 1312 < 1314$ MPa이므로 $d = 2.01$ mm는 요구조건을 만족한다.

스프링 상수 요구조건. 식 (14.11)에 의해

$$k = \frac{P}{\delta} = \frac{dG}{8C^3N_a}, \quad \frac{60}{15} = \frac{2.01(79,000)}{8(6)^3 N_a}$$

위 식을 풀면 $N_a = 22.97$이다. 그림 14.7d로부터 $h_s = (N_a + 2)d = 50.2$ mm이다. 20%의 c 충돌 허용량이면 설계 처짐은 작동 처짐의 120%이다. 따라서,

$$\delta_s = 1.2\frac{P}{k} = 1.2\frac{60}{4} = 18 \text{ mm}$$

하중이 없을 때 스프링 길이는 $h_f = h_s + \delta_s = 68.2$ mm로 주어진다.

좌굴의 체크. 처짐이 극단인 경우에는($\delta = \delta_s$)

$$\frac{\delta_s}{h_f} = \frac{18}{68.2} = 0.26, \quad \frac{h_f}{D} = \frac{68.2}{12.06} = 5.66$$

그림 14.10의 곡선 A을 보면 좌굴 영역에서 먼 바깥 부분에 있어 명확히 안전하다.

평가: 위에서 구한 D, N_a, h_f 값을 이용하여 기술자는 고속 절단기의 압축 스프링을 설계하거나 제작할 수 있다.

18.1절~18.3절

18.1 프런트 로더, 버킷 로더, 스쿠프 로더 또는 굴삭기로 알려진 로더는 트랙터의 종류이다. 전형적인 이동식 프런트 엔드 로더 트럭은 유압으로 파이프, 통나무 또는 목재를 올리거나 내리는 데 사용된다(그림 P18.1). 두 동일한 핀에 연결된 암-링크 장치-유압 실린더 시스템들이 있는데, 비스듬히 세로방향으로 각각 중앙 수직면의 한쪽 편에 고정되어 있다. 그림에 하나로 표시된 두 시스템은 균등하게 하중을 나눈다. 암 ABD는 A와 B에서 링크장치 AE 및 BG에 부착되었고 유압 실린더 CF에 의해 제어된다. 파이프를 잡고 견고히 유지하거나 놓는 클램프는 두

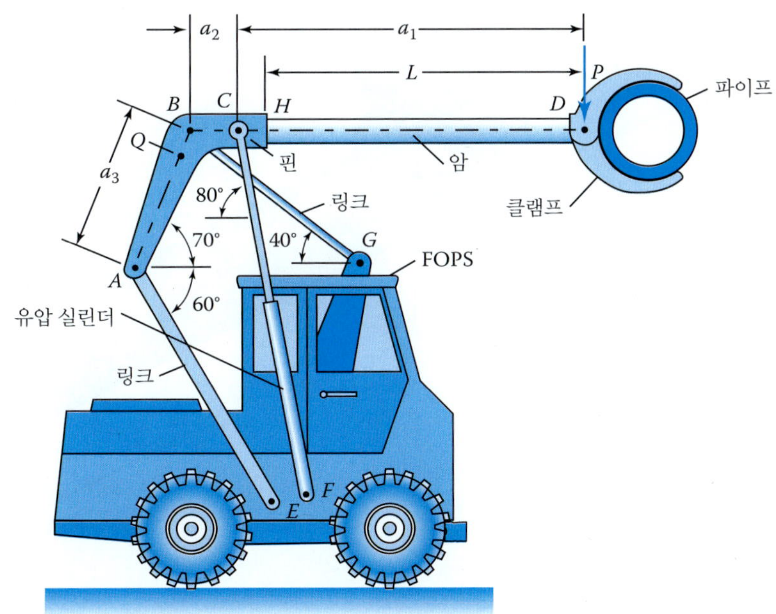

[그림 P18.1] 로더 트럭의 개략도

개의 유압 실린더에 의해 제어된다(그림에는 보이지 않는다). 용접된 측면 지지부로 구성된 *낙하물 보호 구조물*(FOPS)은 로더의 운전석에서 작업자를 안전하게 보호한다.

그림 P18.1과 같이 파이프의 무게가 암의 오른쪽 끝 D에 수직인 힘 P를 가한다. 각 핀은 S_{ys}의 항복전단강도를 갖는 강으로 만들어져 있다. 핀의 항복응력 관점에서 전단에 대한 안전율은 n이다. 주어진 위치에서 아래의 문제들을 풀어 보아라.

a. 유압 실린더 CF와 암에 있는 링크 AE, BG에 가해지는 하중

b. A, B, C에서 요구되는 핀 지름

주어진 값: $P = 15$ kN, $a_1 = 2.6$ m, $a_2 = 0.16$ m, $a_3 = 1.0$ m, $L = 2.5$ m, $S_{ys} = 150$ MPa, $n = 2.4$.

가정:

1. 조인트의 마찰은 생략한다. 그리고 가속도는 무시한다. 모든 하중은 동일 평면상에 2차원이고 정적이다.
2. 핀은 전단면이 2개이다.
3. 부재들의 무게는 지지 받는 하중과 비교하여 무시할 수 있다. 그림에 표시된 특정 위치에서 암의 일부분 BD는 수평이다. 로더의 전방 또는 좌우 넘어짐 현상은 발생하지 않는다.

18.2 그림 P18.2에서 나타낸 그림 P18.1의 유압 제어 로더 암의 일부분인 자유단에 P의 집중하중이 가해진다. 암은 각각 S_u와 S_{us}의 인장 및 전단에 대한 극한강도를 갖고 ASTM-A242 고강도 강관으로 만들어져 있다. 최대 압축 또는 인장응력, 최대 전단응력 및 안전율 값은 얼마인가?

주어진 값: $c_2 = 75$ mm, $c_1 = 50$ mm, $L = 2.5$ m, $P = 15$ kN, $S_u = 480$ MPa에서 $S_{us} = 280$ MPa이다(표 B.1).

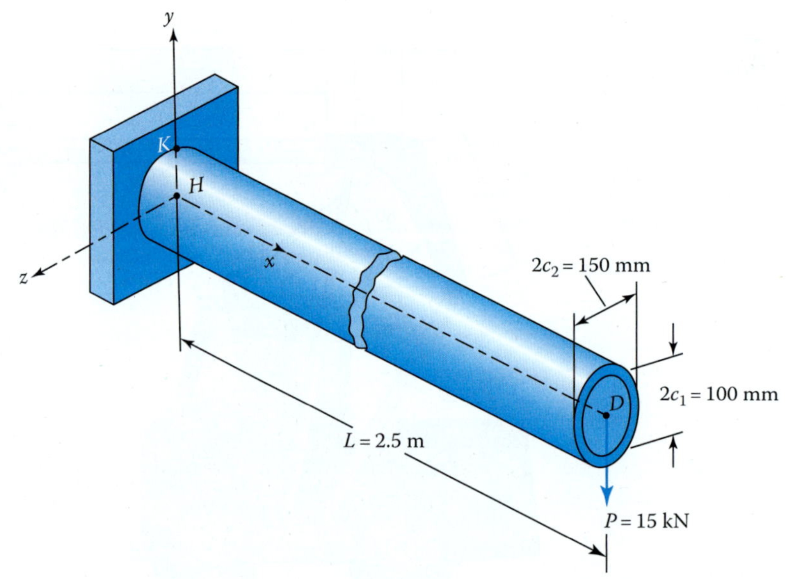

[그림 P18.2] 외팔보로서 로더 암의 일부분

가정: 암의 부분 HD는 한쪽 끝을 바닥 프레임으로 다룰 수 있어 외팔보로 모델링 된다. 위험부위 점 K는 H 상위점이다. 응력 분포의 전단의 영향이 무시된다.

18.3 로더 암(그림 P18.1)에서 위험부위 점 Q일 때 재료는 평면응력 상태이다.

주어진 값:

$$\varepsilon_x = 1000\mu, \quad \varepsilon_y = -200\mu, \quad \gamma_{xy} = 700\mu.$$

모어(Mohr)의 원을 사용하여 주 변형률과 최대 전단변형률을 찾아라.

18.4 탄성계수 $E = 210$ GPa와 푸아송 비 $\nu = 0.28$인 강으로 만들어져 있는 문제 18.3의 로더 암의 변형률 상태를 다시 고려하자. 점 Q에서 주응력, 최대 전단응력과 그 방향을 구하라. 최대 전단응력면에서 발생하는 압축 또는 인장응력의 값은 얼마인가?

18.5 그림 P18.1에 표시된 로더 암 표면의 위험부위 점 Q에서 60° 스트레인 로제트 측정값인 정적 변형률은 아래와 같다.

$$\varepsilon_a = 1104\mu, \quad \varepsilon_b = 432\mu, \quad \varepsilon_c = -96\mu$$

이 값은 $\theta_a = 0°$, $\theta_b = -60°$, $\theta_c = -120°$에서 측정값이다(그림 P18.5). 변형률 성분 ε_x, ε_y, γ_{xy}를 구하라.

[그림 P18.5]
60° 스트레인 로제트

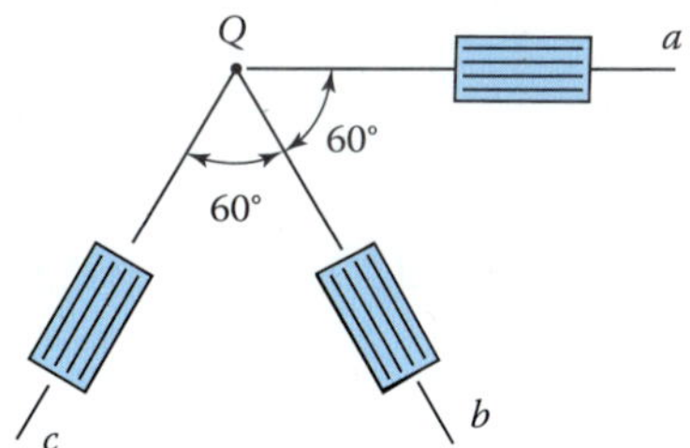

18.6 끝이 핀으로 연결된 1.0 in. 공칭 지름과 길이 $L_{BG} = 1.6$ m의 강 파이프 링크 BG가 핀에 압축하중 $F_{BG} = 11.34$ kN를 받는다(그림 P18.1). AISC 식을 사용하면 링크의 허용 응력은 얼마인가?

주어진 값:

$$A = 0.494\,\text{in.}^2 = 318\,\text{mm}^2, \quad r = 0.421\,\text{in.} = 10.69\,\text{mm}$$

$$E = 200\,\text{GPa}, \quad S_y = 250\,\text{MPa} \quad (\text{표 B.1에 의해})$$

18.7 문제 18.6에서 설명한 강 파이프 링크 BG가 안전하게 $F_{BG} = 11.34$ kN의 하중을 지지할 수 있는 최대 길이 L_m을 구하라.

18.8 문제 18.1의 로더 트럭에서 그림 P18.8에 단순화한 FOPS 프레임은 중심 *C*에서의 *W*의 하중을 지지한다. 아래 값을 구하라.

a. 부재의 굽힘과 전단에 의한 전체 변형률 에너지 *U*

$$U_t = W^2\left[\frac{1}{EI}\left(\frac{c^3}{96}+\frac{b^3}{384}\right)+\frac{3}{20GA}\left(c+\frac{b}{2}\right)\right] \quad \text{(P18.8)}$$

b. 카스틸리아노(Castigliano)의 정리를 사용하여 *C*에서 발생하는 최대 정적 처짐,

가정: 각 부재는 동일한 탄성계수 *E*, 전단탄성계수 *G*, 단면적 *A*, 관성모멘트 *I*를 갖는 사각 강관으로 만들어져 있다. 길이 *b*의 측면 지지보는 단순 지지이고 길이 *c*의 버팀대가 가로지르고 있고 측면 지지보의 중앙에 용접되어 있다. 전형적인 FOPS 프레임은 통상 많은 횡단 버팀대를 가지지만 여기서는 간단히 하나의 상당 횡단 버팀대만 고려하였다(그림 P18.8).

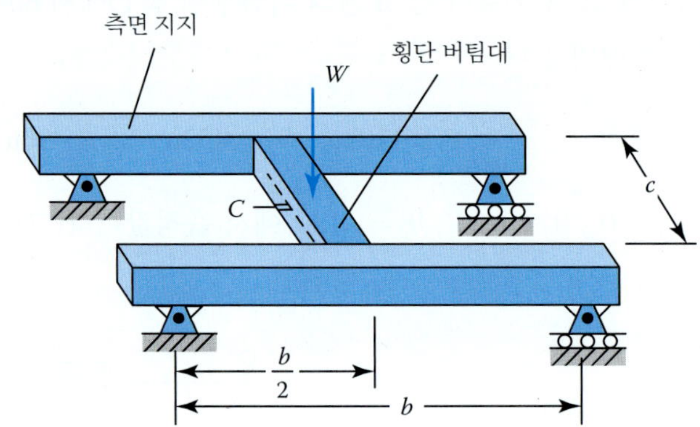

[그림 P18.8] 그림 P18.1에 표시된 로더 트럭의 단순화한 FOPS 프레임

18.9 무게 *W*인 물체가 높이 *h*에서 FOPS(그림 P18.8 참조) 중앙 *C*에 떨어져 충격을 주는 것을 고려하여 문제 18.8을 다시 풀어라.

a. 최대 정적 처짐

b. 최대 동적 처짐

주어진 값:

$$b = 1.2\text{ m},\quad c = 0.8\text{ m},\quad h = 250\text{ mm},\quad W = 15\text{ kN},$$

$$E = 200\text{ GPa},\quad G = 79\text{ GPa}\quad \text{(표 B.1에 의해)}$$

$$A = 1.27\text{ in.}^2 = 819\times10^{-6}\text{ m}^2,\quad I = 0.668\text{ in.}^4 = 0.278\times10^{-6}\text{ m}^4\quad \text{(표 A.4로부터)}$$

요구조건 : 2 in. × 2 in., 두께 3/16 in.인 공칭 크기인 강관(표 A.4)이 측면 지지와 횡단 버팀대 모두에 사용된다.

18.10 *압출 프레스*(extrusion presses)에 사용되는 *유압 실린더*(hydraulic cylinder press)는 $p =$ 3.5 ksi의 매우 높은 내부 압력을 받는다. 그림 18.10a에 도시된 바와 같이 압출은 실린더의

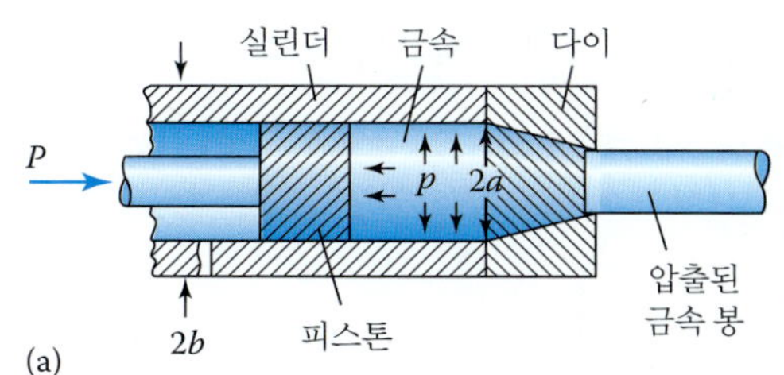

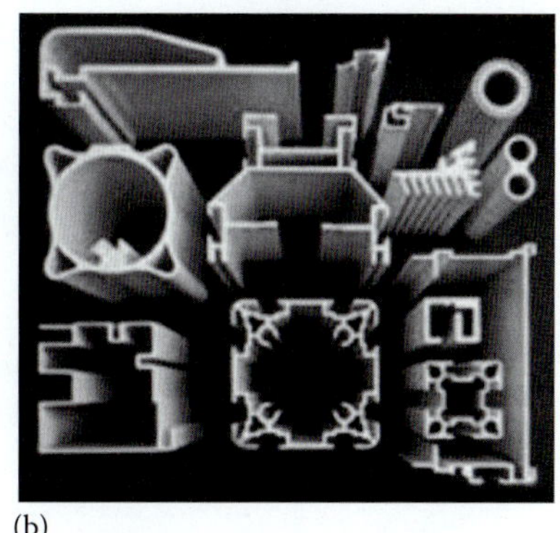
(b)

[그림 P18.10]
(a) 압출 공정의 구성도
(b) 전형적인 압출 형상들

완만히 *테이퍼진 구멍*이나 다이를 통해서 배출하도록 실린더 안의 재료(연한 상태)에 압력을 적용하는 과정이다. 일반적으로 실린더와 다이는 열처리된 강으로 만들어져 있다. 알루미늄, 구리, 마그네슘, 납, 주석, 아연 등과 같이 낮은 온도에서 용융되는 재료가 압출을 많이 사용한다. 다른 다이 패턴을 사용하면 긴 튜브, 봉과 다른 형상(예를 들어 채널, I형상 보, 앵글)의 압출이 종종 고온에서 유압 프레스들에서 행해진다(그림 18.10b). 압출된 금속은 수냉각 구역을 통과한다. 실험은 다이 형상과 길이가 압출하중 P의 결정에 상당한 영향을 준다는 것을 보여준다[3, 4].

주어진 값: AISI 1040 OQ&T 강(425°C)으로 만들어진 압출 프레스용 유압 실린더는 내부 압력 $p = 3$ ksi를 받는다. 실린더의 안쪽 및 바깥쪽 반지름은 $a = 14$ in.이고 b이다(그림 P18.10a). 표 B.4에서 보면, $S_y = 80$ ksi(552 MPa)이다. 항복에 대한 안전율은 $n = 5$이다. 박판 압력용기 방정식을 적용하여 다음을 구하라.

a. 파손의 최대 변형 이론에 따라 실린더의 바깥쪽 반지름 b

b. 박판 해석이 적용되는지 여부

18.11 두께가 두꺼운 가압 실린더 식을 적용하여 문제 18.10을 반복하라.

주어진 값: $a = 14$ in.에서 $P = 3$ ksi, $S_y = 80$ ksi와 $n = 5$.

18.12 그림 P18.12에서 보듯이 모든 부재에서 동일한 축강성 AE를 갖는 크레인 붐 또는 기본적인 평면 트러스가 수평하중 P와 조인트 2에 작용하는 하중 W를 받고 있다. 유한요소법을 이용하여 다음을 구하라.

a. 각 요소의 강성행렬, 시스템 강성행렬과 하중-변위 관계

b. 각 부재의 절점변위, 반력, 응력 및 항복에 대한 안전율

가정: 모든 부재는 ASTM A36 구조강으로 만들어져 있다. 핀 조인트의 마찰은 무시한다. θ는 각 요소에 대해 $+x$축으로부터 반시계방향으로 측정한 것을 기억하라(그림 P18.12와 표 P18.12 참조).

입력 데이터: $P = 24\text{ kN},\quad W = 36\text{ kN},\quad S_y = 250\text{ MPa},\quad E = 200\text{ GPa}$

$$L_1 = L_2 = L = 2.4\text{ m},\quad L_3 = 2.4\sqrt{2}\text{ m},\quad A = 480\text{ mm}^2$$

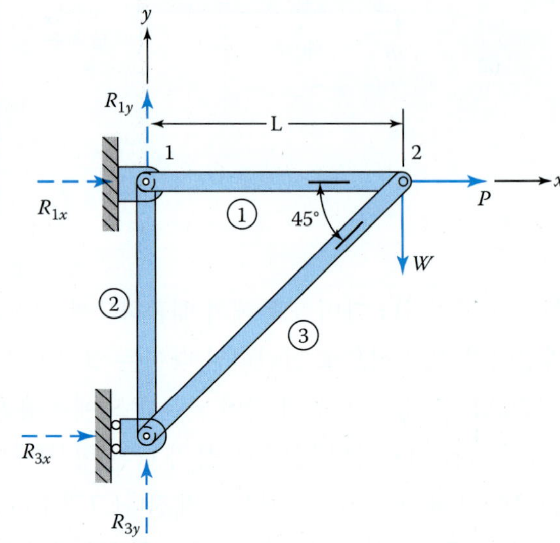

[그림 P18.12]
3봉 평면 트러스

〈표 18.12〉

요소	θ	c	s	c^2	cs	s^2	AE/L
1	0°	1	0	1	0	0	$4(10^7)$
2	270°	0	−1	0	0	1	$4(10^7)$
3	225°	$-1/\sqrt{2}$	$-1/\sqrt{2}$	0.5	0.5	0.5	$2\sqrt{2}(10^7)$

APPENDIX A

표

MECHANICAL DESIGN of Machine Components

전형적인 양적 단위와 일반적인 면적이나 질량에 관한 특성에 대한 지식은 기계적 해석과 설계에 필수불가결한 요소이다. SI 단위에서 주어진 양은 표 A.1에 나와 있는 변환계수를 대입하여 통상의 U.S. 단위로 변환될 수 있다. 반대로 변환하기 위해서는 통상의 단위에서의 수를 변환계수로 나눠 주면 된다. 배수나 약수를 만들기 위해 SI 단위에 접두사를 붙일 수 있다(표 A.2 참조). 연습문제에 나오는 기본적인 형상에 관한 대부분의 속성은 여러 가지 핸드북에 주어져 있다. 표 A.3~A.5는 여러 가지 통상적인 형태를 보여 주고 있다. 표 A.4와 A.6~A.7에 나와 있는 정보는 *AISC* 강철 구조 매뉴얼에 나와 있는 정보들을 종합한 것이다(Chicago, American Institute of Steel Construction, 2019).

선택한 보에서 처짐이나 기울기에 관한 표현은 표 A.9와 A.10에 주어진다. 이러한 식을 적용하는 데 있어 제한 조건은 굽힘 강성계수 EI, 수직축 y에 관한 단면 축대칭 그리고 보의 변형 크기 υ이다. 덧붙여서 식들의 길이는 빔의 두께에 비례하지만 폭은 비례하지 않는 경우에 적용된다. 변위는 식에서 탄성계수 E의 존재가 보여 주듯이 선형적 탄성영역으로 제한된다.

〈표 A.1〉 변환계수: SI 단위를 미국 사용단위로

양	SI 단위	U.S. 환산
가속도	m/s^2 (meter per square second)	3.2808 ft/s^2
면적	m^2 (square meter)	10.76 ft^2
힘(force)	N (newton)	0.2248 lb
힘의 강도	N/m (newton per meter)	0.0685 lb/ft
길이	m (meter)	3.2808 ft
질량	kg (kilogram)	2.2051 lb
힘의 모멘트	N·m (newton meter)	0.7376 lb·ft
평면 영역의 관성 모멘트	m^4 (meter to fourth power)	2.4025×10^6 $in.^4$
질량 관성 모멘트	$kg \cdot m^2$ (kilogram meter squared)	0.7376 $ft \cdot s^2$
힘(power)	W (watt)	0.7376 ft·lb/s
	kW (kilowatt)	1.3410 hp
압력 또는 응력	Pa (pascal)	0.145×10^{-3} psi
비중	kN/m^3 (kilonewton per cubic meter)	3.684×10^{-3} $lb/in.^3$
속도	m/s (meter per second)	3.2808 ft/s
체적	m^3 (cubic meter)	35.3147 ft^3
일 또는 에너지	J (joule, newton meter)	0.7376 ft·lb

주: 1 mile, mi = 5280 ft = 1609 m; 1 kilogram, kg = 2.20946 lb = 9.807 N; 1 joule, J = 1 N·m; 1 inch, in. = 25.4 mm; 1 foot, ft = 12 in. = 304.6 mm; 1 중력 가속도: , $g = 9.8066$ m/s^2 = 32.174 ft/s^2.

〈표 A.2〉 SI 접두사

접두사	상징	인자
테라	T	10^{12} = 1 000 000 000 000
기가	G	10^9 = 1 000 000 000
메가	M	10^6 = 1 000 000
킬로	k	10^3 = 1 000
헥토	h	10^2 = 100
데카	da	10^1 = 10
데시	d	10^{-1} = 0.1
센티	c	10^{-2} = 0.01
밀리	m	10^{-3} = 0.001
마이크로	μ	10^{-6} = 0.000 001
나도	n	10^{-9} = 0.000 000 001
피코	P	10^{-12} = 0.000 000 000 001

주: 접두사 헥토, 데카, 센티의 사용이 권장되지 않는다. 그러나 그들은 때때로 실제로 사용된다.

〈표 A.3〉 면적의 성질

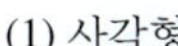
(1) 사각형

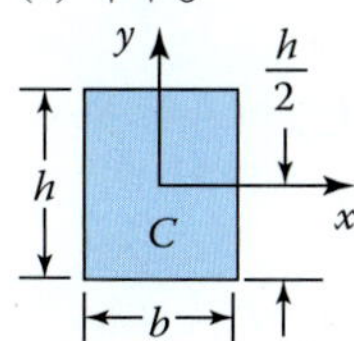

$$A = bh$$

$$I_x = \frac{bh^3}{12}$$

$$J_c = \frac{bh\left(b^2 + h^2\right)}{12}$$

(2) 원

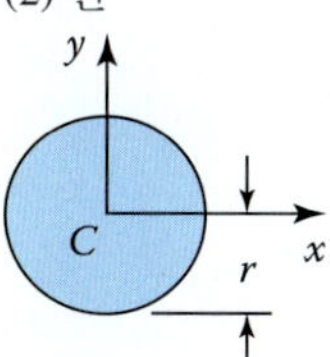

$$A = \pi r^2$$

$$I_x = \frac{\pi r^4}{4}$$

$$J_c = \frac{\pi r^4}{2}$$

(3) 직각 삼각형

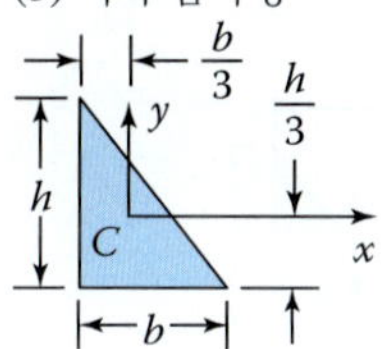

$$A = \frac{bh}{2}$$

$$I_x = \frac{bh^3}{36} \qquad I_{xy} = -\frac{b^2h^2}{72}$$

$$J_c = \frac{bh\left(b^2 + h^2\right)}{36}$$

(4) 반원

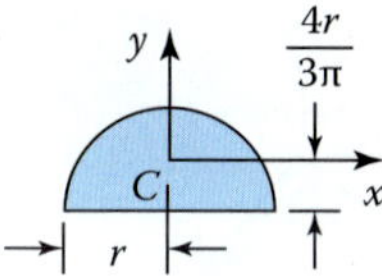

$$A = \frac{\pi r^2}{4}$$

$$I_x = 0.110 r^2$$

$$I_y = \frac{\pi r^4}{8}$$

(5) 타원

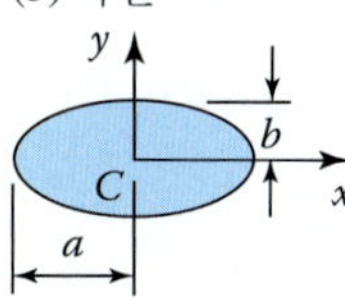

$$A = \pi ab$$

$$I_x = \frac{\pi ab^3}{4}$$

$$J_c = \frac{\pi ab\left(a^2 + b^2\right)}{4}$$

(6) 얇은 튜브

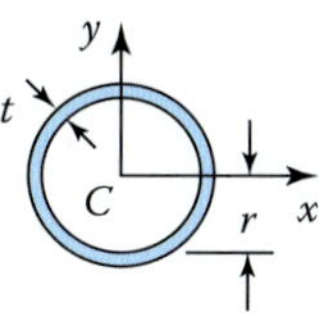

$$A = 2\pi rt$$

$$I_x = \pi r^3 t$$

$$J_c = 2\pi r^3 t$$

(계속)

〈표 A.3〉 면적의 성질

(7) 이등변 삼각형

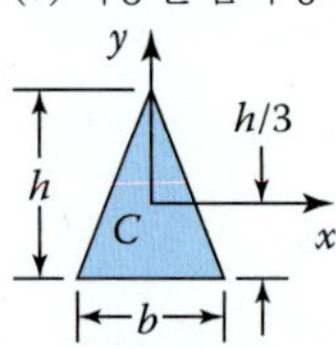

$$A = \frac{bh}{2}$$

$$I_x = \frac{bh^3}{36} \qquad I_y = \frac{hb^3}{48}$$

$$J_c \frac{bh}{144}\left(4h^2 + 3b^2\right)$$

(8) 얇은 튜브의 절반

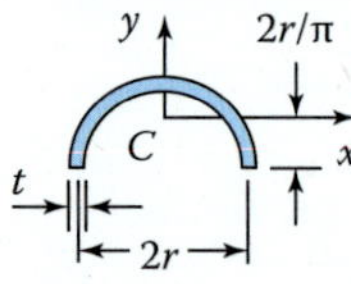

$$A = \pi rt$$

$$I_x \approx 0.095\pi r^3 t$$

$$I_y = 0.5\pi r^3 t$$

(9) 삼각형

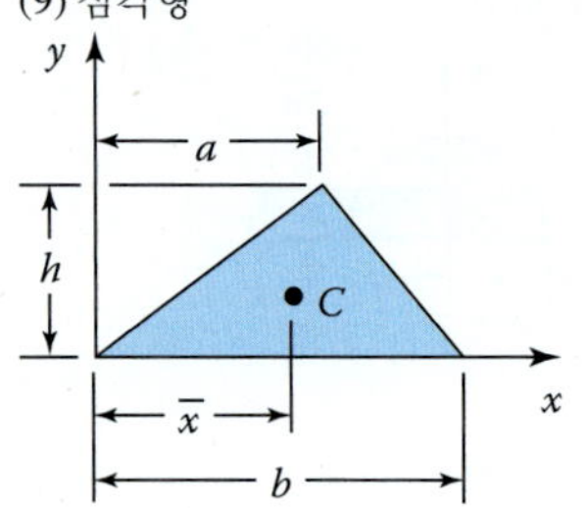

$$A = \frac{bh}{2}$$

$$\bar{x} = \frac{(a+b)}{3}$$

(10) 포물선 상인방($y = kx^2$)

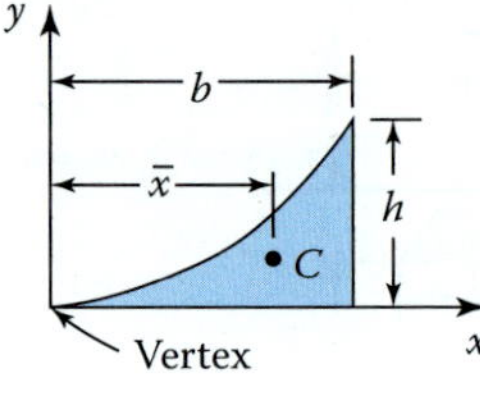

$$A = \frac{bh}{3}$$

$$\bar{x} = \frac{3b}{4}$$

(11) 포물선($y = kx^2$)

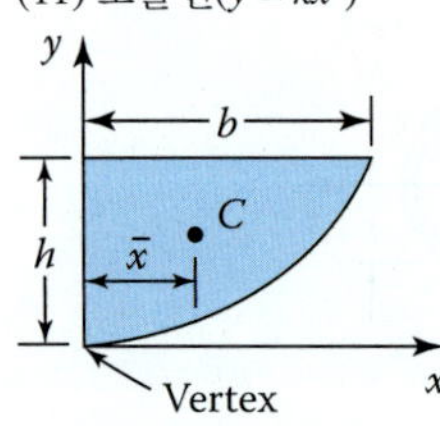

$$A = \frac{2bh}{3}$$

$$\bar{x} = \frac{3b}{8}$$

(12) 일반 상인방($y = kx^n$)

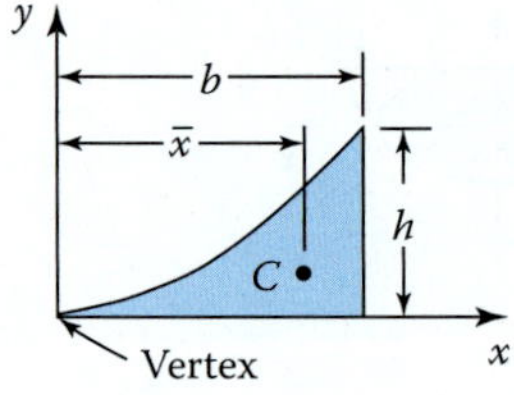

$$A = \frac{bh}{n+1}$$

$$\bar{x} = \frac{n+1}{n+2}b$$

주: 면적 A, 관성 모멘트 I, 극관성 모멘트 J.

〈표 A.4〉 강관의 성질

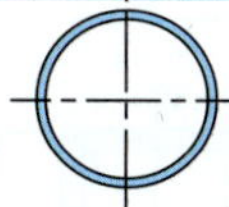

표준 무게 파이프 치수 및 특성

치수					특성			
치수(in.)	외부 치수 (in.)	내부 치수 (in.)	벽 두께 (in.)	피트당 무게 (lb/ft) 평판 끝부분	A (in.^{2})	I (in.^{4})	S (in.^{3})	r (in.)
$\frac{1}{2}$	0.840	0.622	0.109	0.85	0.250	0.017	0.041	0.261
$\frac{3}{4}$	1.050	0.824	0.113	1.13	0.333	0.037	0.071	0.334
1	1.315	1.049	0.133	1.68	0.494	0.087	0.133	0.421
$1\frac{1}{4}$	1.660	1.380	0.140	2.27	0.669	0.195	0.235	0.540
$1\frac{1}{2}$	1.900	1.610	0.145	2.72	0.799	0.310	0.326	0.623
2	2.375	2.067	0.154	3.65	1.07	0.666	0.561	0.787
$2\frac{1}{2}$	2.875	2.469	0.203	5.79	1.70	1.53	1.06	0.947
3	3.500	3.068	0.216	7.58	2.23	3.02	1.72	1.16
4	4.500	4.026	0.237	10.79	3.17	7.23	3.21	1.51

(계속)

〈표 A.4〉 강관의 성질

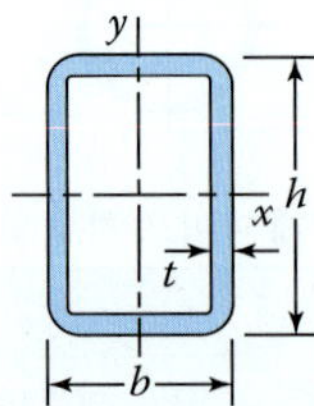

사각형, 직사각형 형태의 튜브 치수 및 특성

치수			특성[a]						
크기[b] (in.)	벽 두께 (in.)	무게 (lb/ft)	A (in.^{2})	I_x (in.^{3})	S_x (in.^{3})	r_x (in.)	I_y (in.^{4})	S_y (in.^{3})	r_y (in.)
2 × 2	$\frac{3}{16}$	4.32	1.27	0.668	0.668	0.726			
	$\frac{1}{4}$	5.41	1.59	0.766	0.766	0.694			
2.5 × 2.5	$\frac{3}{16}$	5.59	1.64	1.42	1.14	0.930			
	$\frac{1}{4}$	7.11	2.09	1.69	1.35	0.899			
3 × 2	$\frac{3}{16}$	5.99	1.64	1.86	1.24	1.06	0.977	0.977	0.771
	$\frac{1}{4}$	7.11	2.09	2.21	1.47	1.03	1.15	1.15	0.742
3 × 3	$\frac{3}{16}$	6.87	2.02	2.60	1.73	1.13			
	$\frac{1}{4}$	8.81	2.59	3.16	2.10	1.10			
4 × 2	$\frac{3}{16}$	6.87	2.02	3.87	1.93	1.38	1.29	1.29	0.798
	$\frac{1}{4}$	8.81	2.59	4.69	2.35	1.35	1.54	1.54	0.770
4 × 4	$\frac{3}{16}$	9.42	2.77	6.59	3.30	1.54			
	$\frac{1}{4}$	12.21	3.59	8.22	4.11	1.51			

주: 면적 A, 단면계수 S, 관성 모멘트 I, 선회 반경 r.

[a] 특성은 두 배 벽 두께와 동일한 공칭 외측 모서리 반경에 기초한다(t).

[b] 평면 측면에서 외부 치수($h \times b$).

〈표 A.5〉 고체의 질량 및 질량관성모멘트

(1) 슬림 로드

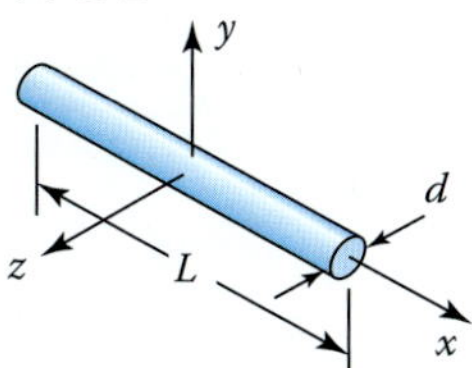

$$m = \frac{\pi d^2 L\rho}{4}$$

$$I_y = I_z = \frac{mL^2}{12}$$

(2) 얇은 디스크

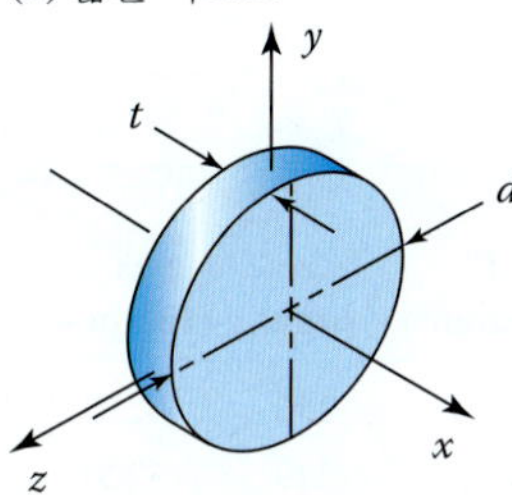

$$m = \frac{\pi d^2 t\rho}{4}$$

$$I_x = \frac{md^2}{8}$$

$$I_y = I_z = \frac{md^2}{16}$$

(3) 직사각형 프리즘

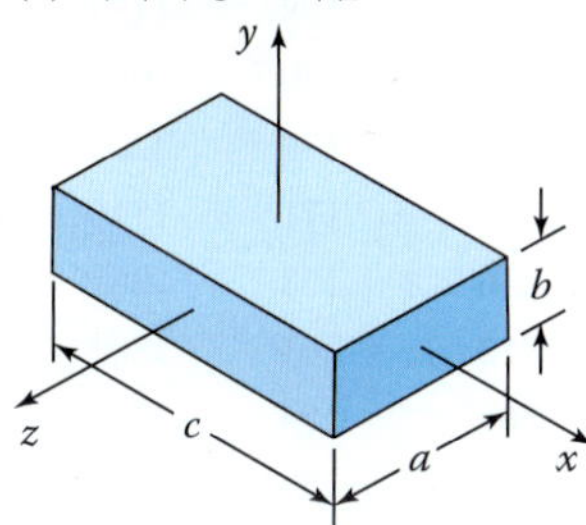

$$m = abc\rho$$

$$I_x = \frac{m}{12}\left(a^2 + b^2\right)$$

$$I_y = \frac{m}{12}\left(a^2 + c^2\right)$$

$$I_z = \frac{m}{12}\left(b^2 + a^2\right)$$

(4) 실린더

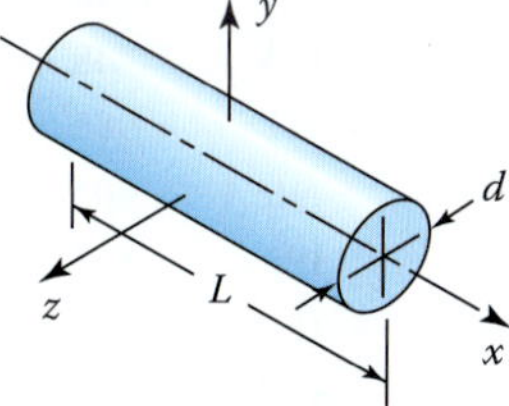

$$m = \frac{\pi d^2 L\rho}{4}$$

$$I_x = \frac{md^2}{8}$$

$$I_y = I_z = \frac{m}{48}\left(3d^2 + 4L^2\right)$$

(5) 구멍 있는 실린더

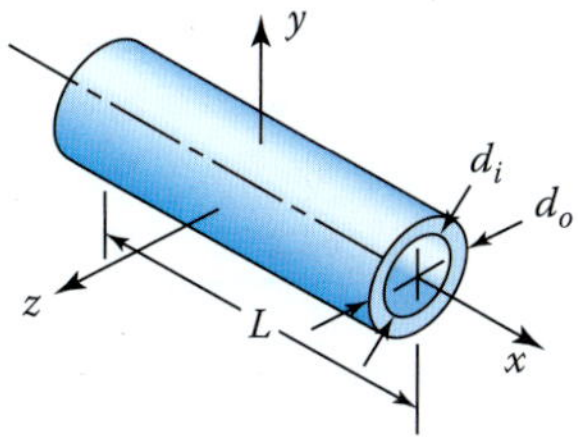

$$m = \frac{\pi L\rho}{4}\left(d_o^2 - d_i^2\right)$$

$$I_x = \frac{m}{8}\left(d_o^2 + d_i^2\right)$$

$$I_y = I_z = \frac{m}{48}\left(3d_o^2 + 3d_i^2 + 4L^2\right)$$

주: 질량 밀도 ρ, 질량 m, 질량 관성 모멘트 I.

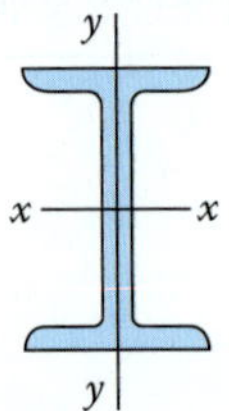

〈표 A.6〉 압연강 W형, 넓은 플랜지 단면의 성질

SI 단위										
			플랜지			축 x-x			축 y-y	
지정[a]	면적 (10^3 mm^2)	깊이 (mm)	폭 (mm)	두께 (mm)	웹 두께 (mm)	I (10^6 mm^4)	r (mm)	S (10^3 mm^3)	I (10^6 mm^4)	r (mm)
W 610 × 155	19.7	611	324	19.0	12.7	1290	256	4220	108	73.9
× 125	15.9	612	229	19.6	11.9	985	249	3220	39.3	49.7
W 460 × 158	20.1	476	284	23.9	15.0	795	199	3340	91.6	67.6
× 74	9.48	457	190	14.5	9.0	333	188	1457	16.7	41.9
× 52	6.65	450	152	10.8	7.6	212	179	942	6.4	31.0
W 410 × 114	14.6	420	261	19.3	11.6	462	178	2200	57.4	62.7
× 85	10.8	417	181	18.2	10.9	316	171	1516	17.9	40.6
× 60	7.61	407	178	12.8	7.7	216	168	1061	12	39.9
W 360 × 216	27.5	375	394	27.7	17.3	712	161	3800	282	101.1
× 122	15.5	363	257	21.7	13.0	367	154	2020	61.6	63.0
× 79	10.1	354	205	16.8	9.4	225	150	1271	24.0	48.8
W 310 × 107	13.6	311	306	17.0	10.9	248	135	1595	81.2	77.2
× 74	9.48	310	205	16.3	9.4	164	132	1058	23.4	49.8
× 52	6.65	317	167	13.2	7.6	119	133	748	10.2	39.1
W 250 × 80	10.2	256	255	15.6	9.4	126	111	985	42.8	65
× 67	8.58	257	204	15.7	8.9	103	110	803	22.2	51.1
× 49	6.26	247	202	11.0	7.4	70.8	106	573	15.2	49.3
W 200 × 71	9.11	216	206	17.4	10.2	76.6	91.7	709	25.3	52.8
× 59	7.55	210	205	14.2	9.1	60.8	89.7	579	20.4	51.8
× 52	6.65	206	204	12.6	7.9	52.9	89.2	514	17.7	51.6
W 150 × 37	4.47	162	154	11.6	8.1	22.2	69	274	7.12	38.6
× 30	3.79	157	153	9.3	6.6	17.2	67.6	219	5.54	38.1
× 24	3.06	160	102	10.3	6.6	13.2	66	167	1.84	24.6
× 18	2.29	153	102	7.1	5.8	9.2	63.2	120	1.25	23.3

주: 관성 모멘트 t, 단면계수 S, 선회 반지름 r.

[a] 밀리미터 공칭 깊이와 미터당 킬로그램의 질량으로 넓은 플랜지 형상은 W 문자로 지정.

(계속)

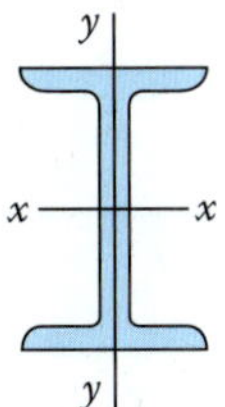

〈표 A.6〉 압연강 *W*형, 넓은 플랜지 단면의 성질

U.S. 단위										
			플랜지			축 *x-x*			축 *y-y*	
지정[a]	면적 10^2 (in.^{2})	깊이 (in.)	폭 (in.)	두께 (in.)	웹 두께 (in.)	*I* (in.^{4})	*r* (in.)	*S* (in.^{3})	*I* (in.^{4})	*r* (in.)
W 24 × 104	30.6	24.06	12.750	0.750	0.500	3100	10.1	258	259	2.91
× 84	24.7	24.10	9.020	0.770	0.470	2370	9.79	196	94.4	1.95
W 18 × 106	31.1	18.73	11.200	0.940	0.590	1910	7.84	204	220	2.66
× 50	14.7	17.99	7.495	0.570	0.355	800	7.38	88.9	40.1	1.65
× 35	10.3	17.70	6.000	0.425	0.300	510	7.04	57.6	15.3	1.22
W 16 × 77	22.6	16.52	10.295	0.760	0.455	1110	7.00	134	138	2.47
× 57	16.8	16.43	7.120	0.715	0.430	758	6.72	92.2	43.1	1.60
× 40	11.8	16.01	6.995	0.505	0.305	518	6.63	64.7	28.9	1.57
W 14 × 145	42.7	14.78	15.500	1.090	0.680	1710	6.33	232	677	3.98
× 82	24.1	14.31	10.130	0.855	0.510	882	6.05	123	148	2.48
× 53	15.6	13.92	8.060	0.660	0.370	541	5.89	77.8	57.7	1.92
W 12 × 72	21.1	12.25	8.080	0.670	0.430	597	5.31	97.4	195	3.04
× 50	14.7	12.19	8.080	0.640	0.370	394	5.18	64.7	56.3	1.96
× 35	10.3	12.50	6.560	0.520	0.300	285	5.25	45.6	24.5	1.54
W 10 × 54	15.8	10.09	10.030	0.615	0.370	303	4.37	60.0	103	2.56
× 45	13.3	10.10	8.020	0.620	0.350	248	4.33	49.1	53.4	2.01
× 33	9.71	9.73	7.960	0.435	0.290	170	4.19	35.0	36.6	1.94
W 8 × 48	14.1	8.50	8.110	0.685	0.400	184	3.61	43.3	60.9	2.08
× 40	11.7	8.25	8.070	0.560	0.360	146	3.53	35.5	49.1	2.04
× 35	10.3	8.12	8.020	0.495	0.310	127	3.51	31.2	42.6	2.03
W 6 × 25	7.34	6.38	6.080	0.455	0.320	53.4	2.70	16.7	17.1	1.52
× 20	5.88	6.20	6.020	0.365	0.260	41.4	2.66	13.4	13.3	1.50
× 16	4.47	6.28	4.030	0.405	0.260	32.1	2.60	10.2	4.43	0.967
× 12	3.35	6.03	4.000	0.280	0.230	22.1	2.49	7.31	2.99	0.918

출처: The American Institute of Steel Construction, Chicago, IL.

[a] 인치 공칭 깊이와 피트당 파운드의 무게로 넓은 플랜지 형상을 *W* 문자로 지정.

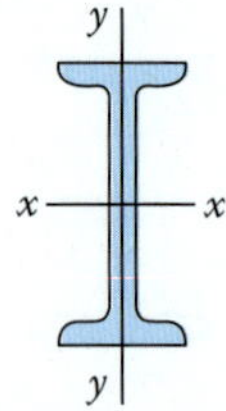

〈표 A.7〉 압연강 S형, 미국 표준 I 보의 성질

SI 단위										
			플랜지			축 x-x			축 y-y	
지정[a]	면적 (10^3 mm^2)	깊이 (mm)	폭 (mm)	두께 (mm)	웹 두께 (mm)	I (10^6 mm^4)	r (mm)	S (10^3 mm^3)	I (10^6 mm^4)	r (mm)
S 610 × 149	19.0	610	184	22.1	19.0	995	229	3260	19.9	32.3
× 119	15.2	610	178	22.1	12.7	878	241	2880	17.6	34.0
S 510 × 141	18.0	508	183	23.3	20.3	670	193	2640	20.7	33.8
× 112	14.3	508	162	20.1	16.3	533	193	2100	12.3	29.5
S 460 × 104	13.3	457	159	17.6	18.1	385	170	1685	10.0	27.4
× 81	10.4	457	152	17.6	11.7	335	180	1466	8.66	29.0
S 380 × 74	9.5	381	143	15.8	14.0	202	146	1060	6.53	26.2
× 64	8.13	381	140	15.8	10.4	186	151	977	5.99	27.2
S 310 × 74	9.48	305	139	16.8	17.4	127	116	833	6.53	256.2
× 52	6.64	305	129	13.8	10.9	95.3	120	625	4.11	24.9
S 250 × 52	6.64	254	126	12.5	15.1	61.2	96	482	3.48	22.9
× 38	4.81	254	118	12.5	7.9	51.6	103	406	2.83	24.2
S 200 × 34	4.37	203	106	10.8	11.2	27	78.7	266	1.79	20.3
× 27	3.5	203	102	10.8	6.9	24	82.8	236	1.55	21.1
S 150 × 26	3.27	152	90	9.1	11.8	11.0	57.9	144	0.96	17.2
× 19	2.36	152	84	9.1	5.8	9.20	62.2	121	0.76	17.9
S 100 × 14	1.80	102	70	7.4	8.3	2.83	39.6	55.5	0.38	14.5
× 11	1.45	102	67	7.4	4.8	2.53	41.6	49.6	0.32	14.8

[a] 미국의 표준 보는 밀리미터의 공칭 깊이와 미터당 킬로그램의 질량에 의해 S 문자로 지정.

(계속)

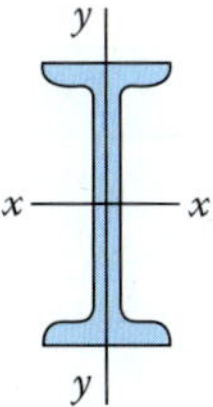

〈표 A.7〉 압연강 S형, 미국 표준 I 보의 성질

U.S. 단위										
			플랜지			축 x-x			축 y-y	
지정[a]	면적 (in.^{2})	깊이 (in.)	폭 (in.)	두께 (in.)	웹 두께 (in.)	I (in.^{4})	r (in.)	S (in.^{3})	I (in.^{4})	r (in.)
S 24 × 100	29.4	24.00	7.247	0.871	0.747	2390	9.01	199	47.8	1.27
× 79.9	23.5	24.00	7.001	0.871	0.501	2110	9.47	175	42.3	1.34
S 20 × 95	27.9	20.00	7.200	0.916	0.800	1610	7.60	161	49.1	1.33
× 75	22.1	20.00	6.391	0.789	0.641	1280	7.60	128	29.6	1.16
S 18 × 70	20.6	18.00	6.251	0.691	0.711	926	6.71	103	24.1	1.08
× 54.7	16.1	18.00	6.001	0.691	0.461	804	7.07	89.4	20.8	1.14
S 15 × 50	14.7	15.00	5.501	0.622	0.550	486	5.75	64.8	15.7	1.03
× 42.9	12.6	15.00	5.501	0.622	0.411	447	5.95	59.6	14.4	1.07
S 12 × 50	14.7	12.00	5.477	0.659	0.687	305	4.55	50.8	15.7	1.03
× 35	10.3	12.00	5.078	0.544	0.428	229	4.72	38.2	9.87	0.980
S 10 × 35	10.3	10.00	4.944	0.491	0.594	147	3.78	29.4	8.36	0.901
× 25.4	7.46	10.00	4.661	0.491	0.311	124	4.07	24.7	6.79	0.954
S 8.23	6.77	8.00	4.171	0.425	0.441	64.9	3.10	16.2	4.31	0.798
× 18.4	5.41	8.00	4.001	0.425	0.271	57.6	3.26	14.4	3.73	0.831
S 6 × 17.25	5.07	6.00	3.565	0.359	0.465	26.3	2.28	8.77	2.31	0.675
× 12.5	3.67	6.00	3.332	0.359	0.232	22.1	2.45	7.37	1.82	0.705
S 4 × 9.5	2.79	4.00	2.796	0.293	0.326	6.79	1.56	3.39	0.903	0.569
× 7.7	2.26	4.00	2.663	0.293	0.193	6.08	1.64	3.04	0.764	0.581

출처: The American Institute of Steel Construction, Chicago, IL.

[a] 미국의 표준 보 인치의 공칭 깊이와 피트당 파운드의 무게에 의해 다음에 S 문자로 지정.

〈표 A.8〉 보의 처짐과 경사

부하 및 지지	최대 변위	끝단 기울기	탄성곡선 방정식
(1) 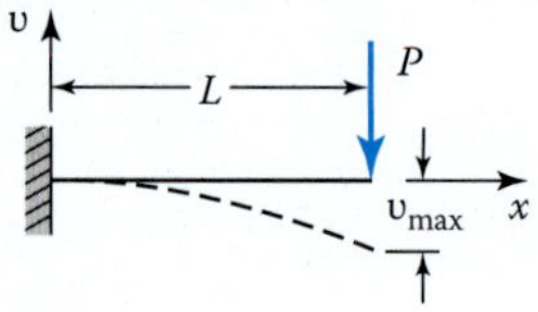	$-\frac{PL^3}{3EI}$	$-\frac{PL^2}{2EI}$	$\upsilon=\frac{Px^2}{6EI}(x-3L)$
(2) 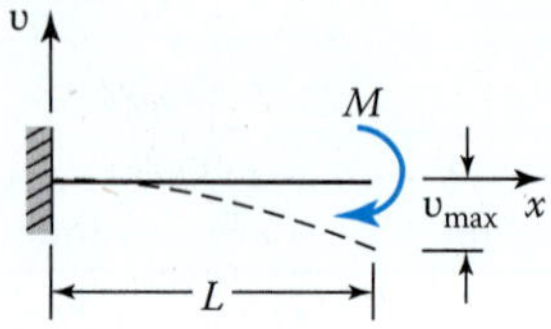	$-\frac{ML^2}{2EI}$	$-\frac{ML}{EI}$	$\upsilon=\frac{Mx^2}{2EI}$
(3) 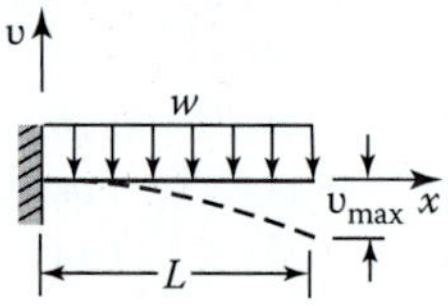	$-\frac{wL^4}{8EI}$	$-\frac{wL^3}{6EI}$	$\upsilon=\frac{wx^2}{24EI}\left(x^2-4Lx+6L^2\right)$
(4) 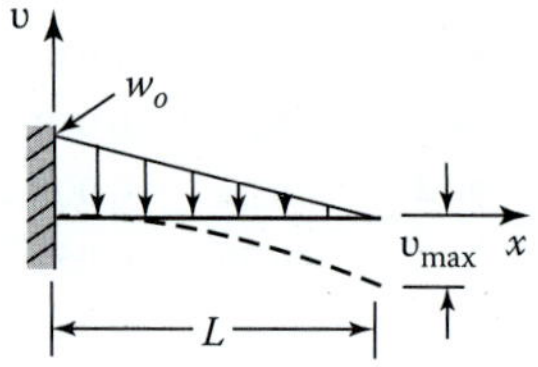	$-\frac{w_0L^4}{30EI}$	$-\frac{w_0L^3}{24EI}$	$\upsilon=\frac{w_0x^3}{120EIL}\left(x^3-5Lx^2+10L^2x-10L^3\right)$
(5) 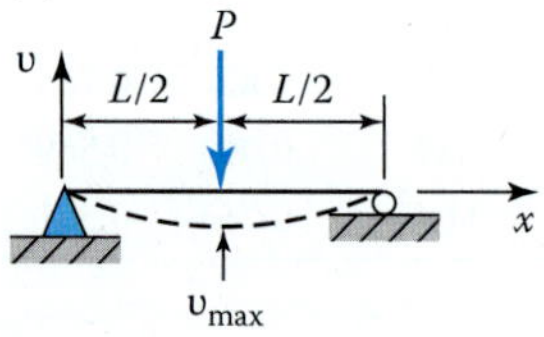	$-\frac{PL^3}{48EI}$	$\pm\frac{PL^2}{16EI}$	$\upsilon=\frac{Px}{48EI}\left(4x^2-3L^2\right)\quad(x\le L/2)$
(6) 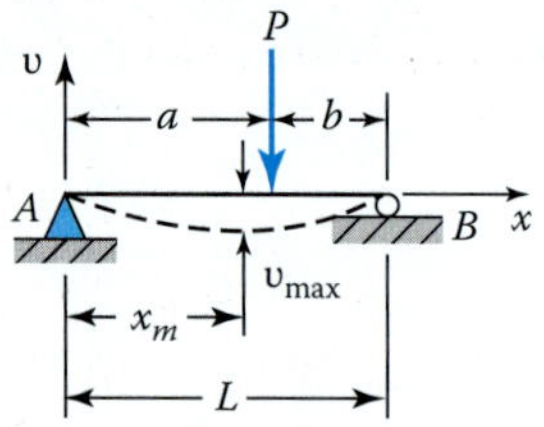	For $a>b$: $-\frac{Pb\left(L^2-b^2\right)^{3/2}}{9\sqrt{3}EIL}$ $x_m=\sqrt{\frac{L^2-b^2}{3}}$	$\theta_A=-\frac{Pb\left(L^2-b^2\right)}{6EIL}$ $\theta_B=-\frac{Pa\left(L^2-a^2\right)}{6EIL}$	$\upsilon=\frac{Pbx}{6EIL}\left(x^2-L^2+b^2\right)\quad(x\le a)$ $\upsilon=\frac{Pa(L-x)}{6EIL}\left(x^2+a^2-2Lx\right)\quad(a\le x\le L)$

(계속)

〈표 A.8〉 보의 처짐과 경사

부하 및 지지	최대 변위	끝단 기울기	탄성곡선 방정식
(7) 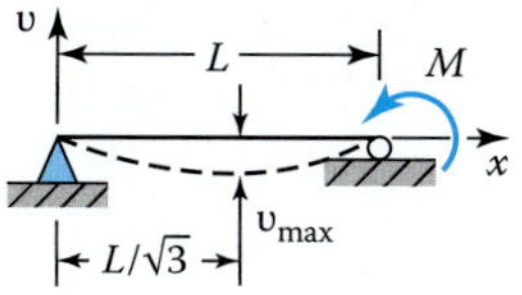 υ, L, M, x, υ_{max}, $L/\sqrt{3}$	$-\dfrac{ML^2}{9\sqrt{3}EI}$	$\theta_A = -\dfrac{ML}{6EI}$ $\theta_B = -\dfrac{ML}{3EI}$	$\upsilon = \dfrac{Mx}{6EIL}\left(x^2 - L^2\right)$
(8) 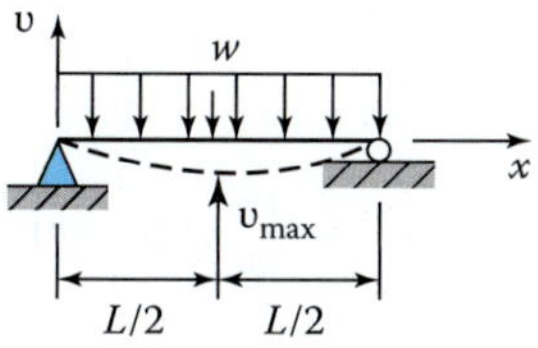 υ, w, x, υ_{max}, $L/2$, $L/2$	$-\dfrac{5wL^4}{384EI}$	$\pm\dfrac{wL^3}{24EI}$	$\upsilon = -\dfrac{wx}{24EI}\left(x^3 - 2Lx^2 + L^3\right)$
(9) 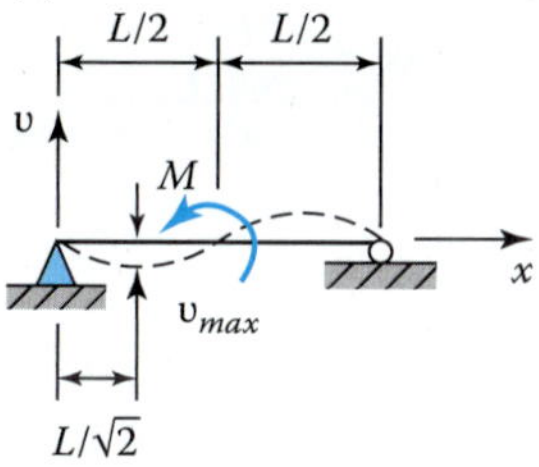 $L/2$, $L/2$, υ, M, x, υ_{max}, $L/\sqrt{2}$	$\pm\dfrac{ML^2}{36\sqrt{12}EI}$	$\pm\dfrac{ML}{24EI}$	$\upsilon = \dfrac{Mx}{24EIL}\left(4x^2 - L^2\right) \quad \left(x \ge L/2\right)$
(10) 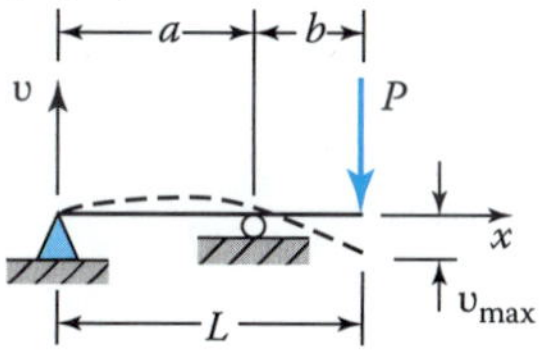 a, b, υ, P, x, υ_{max}, L	$-\dfrac{Pb^2L}{3EI}$	$\theta_A = -\dfrac{PAb}{6EI}$ $\theta_B = -\dfrac{Pb}{6EI}\left(2L + b\right)$	$\upsilon = \dfrac{Pbx}{6aEI}\left(a^2 - x^2\right) \quad \left(0 \le x \le a\right)$

〈표 A.9〉 부정보의 반력과 처짐

부하 및 지지	반력[a]	변위
(1) 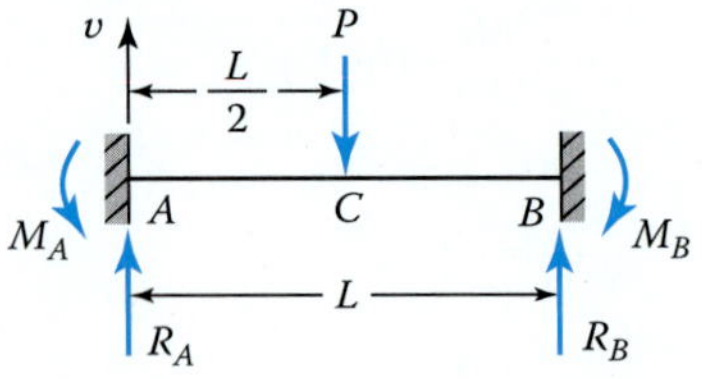	$R_A = R_B = \frac{P}{2}$ $M_A = M_B = \frac{PL}{8}$	$\upsilon_{max} = \upsilon_C = -\frac{PL^3}{192EI}$
(2) 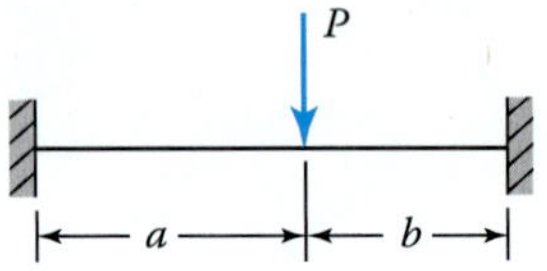	$R_A = \frac{Pb^2}{L^3}(3a+b), \quad R_B = \frac{Pb^2}{L^3}(a+3b)$ $M_A = \frac{Pab^2}{L^2} \quad M_B = \frac{Pa^2b}{L^2}$	For $a > b$: $\upsilon_C = -\frac{Pb^2}{48EI}(3L-4b)$
(3) 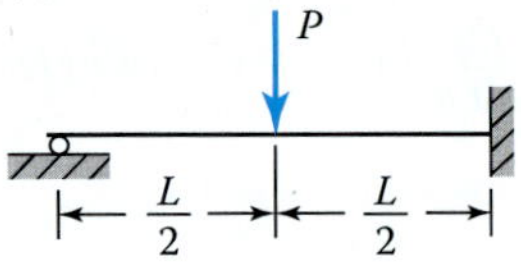	$R_A = \frac{5}{16}P, \quad R_B = \frac{11}{16}P$ $M_B = \frac{13}{16}PL$	$\upsilon_C = -\frac{7PL^3}{768EL}$
(4) 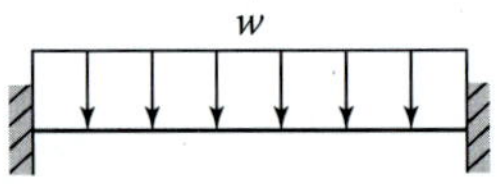	$R_A = R_B = \frac{wL}{2}$ $M_A = M_B = \frac{wL^2}{12}$	$\upsilon_{max} = \upsilon_C = -\frac{wL^4}{384EI}$
(5) 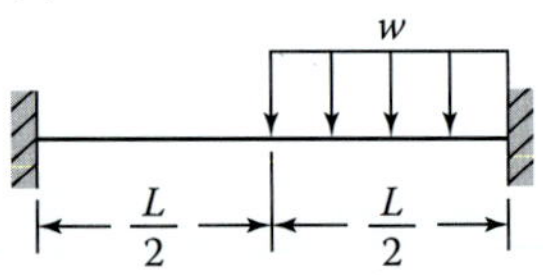	$R_A = \frac{3}{32}wL, \quad R_B = \frac{13}{32}wL$ $M_A = \frac{5}{192}wL^2, \quad M_B = \frac{11}{192}wL^2$	$\upsilon_C = -\frac{wL^4}{768EI}$
(6) 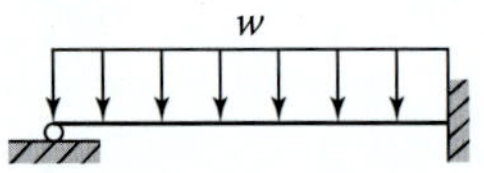	$R_A = \frac{3}{8}wL, \quad R_B = \frac{5}{8}wL$ $M_B = \frac{1}{8}wL^2$	$\upsilon_C = -\frac{wL^4}{192EI}$

[a] 모든 경우에 대해 표의 케이스 1에 나타낸 바와 같이 반력과 표기법이 같다.

APPENDIX B

재료의 물성치

재료의 물성치는 시편의 화학적 합성, 성형공정, 내부결함, 열처리, 온도, 치수 등에 따라 방대하게 나눠진다. 그러므로 표 B.1~B.10에 주로 쓰이는 값들이 주어져 있지만 어떤 특수한 경우에는 반드시 적절한 값이 되는 것은 아니다. 몇몇의 경우에 리스트에 나와 있는 값의 영역은 특성들의 가능한 변화 정도를 나타낸다.

다른 말이 없으면 탄성계수 E와 다른 물성치들은 인장시험의 결과를 적용한다. 특정 데이터는 인용된 참고문헌에 나와 있는 다양한 표로 정리되었다. 자세한 내용은 2장의 [1, 2] 예제에서 살펴보자. 참고문헌 Machine Design Materials(Cleveland: Penton/IPC)는 재료에 관하여 많은 정보를 담고 있는 훌륭한 자료원이다.

〈표 B.1〉 일반 공업재료의 성질[a]

	SI 단위										
		최대 강도(MPa)			항복강도[b](MPa)						
재료	밀도 (Mg/m^3)	인장	압축[c]	전단	인장	전단	탄성계수 (GPa)	강성계수 (GPa)	열팽창계수 ($10^{-6}/°C$)	50 mm의 신장(%)	푸아송비
강철											0.27–0.3
구조강, ASTM-A36	7.86	400	—	—	250	145	200	79	11.7	30	
높은 강도, ASTM-A242	7.86	480	—	—	345	210	200	79	11.7	21	
스테인리스(302), 냉간 압연	7.92	860	—	—	520	—	190	73	17.3	12	
주철											0.2–0.3
회, ASTM A-48	7.2	170	650	240	—	—	70	28	12.1	0.5	
가단, ASTM A-47	7.3	340	620	330	230	—	165	64	12.1	10	
단철	7.7	350	—	240	210	130	190	70	12.1	35	0.3
알루미늄											0.33
합금 2014-T6	2.8	480	—	290	410	220	72	28	23	13	
합금 6061-T6	2.71	300	—	185	260	140	70	26	23.6	17	
황색 합금, 냉간											0.34
압연	8.47	540	—	300	435	250	105	39	20	8	
열처리	8.47	330	—	220	105	65	105	39	20	60	
청동, 냉간 압연(510)	8.86	560	—	—	520	275	110	41	17.8	10	0.34
구리, 인발 경화	8.86	380	—	—	260	160	120	40	16.8	4	0.33

재료	밀도 (Mg/m³)	최대 강도(MPa)			항복강도[b](MPa)		탄성계수 (GPa)	강성계수 (GPa)	열팽창계수 (10^{-6}/°C)	50 mm의 신장(%)	푸아송비
		인장	압축[c]	전단	인장	전단					
마그네슘 합금	1.8	140–340	—	165	80–280	—	45	17	27	2–20	0.35
니켈	8.08	310–760	—	—	140–620	—	210	80	13	2–50	0.31
티타늄 합금	4.4	900–970	—	—	760–900	—	100–120	39–44	8–10	10	0.33
아연 합금	6.6	280–390	—	—	210–320	—	83	31	27	1–10	0.33
콘크리트											0.1–0.2
중간 강도	2.32	—	28	—	—	—	24	—	10	—	
높은 강도	2.32	—	40	—	—	—	30	—	10	—	
재목[d](공기 건조)											
더글러스 전나무	0.54	—	55	7.6	—	—	12	—	4	—	
남부 소나무	0.58	—	60	10	—	—	11	—	4	—	
유리, 98% 규소	2.19	—	50	—	—	—	65	28	80	—	0.2–0.27
석목	0.77	20	240	35	—	—	70	—	7	—	
고무	0.91	14	—	—	—	—	—	—	162	600	0.45–0.5

[a] 특성은 조성의 변화, 열처리 및 제조 방법에 따라 크게 달라질 수 있다.
[b] 0.2% 오프셋
[c] 연성 금속용, 압축 강도가 장력과 동일한 것으로 가정
[d] 곡물에 평행한 힘

(계속)

〈표 B.1〉 일반 공업재료의 성질[a]

	U.S. 단위										
재료	비중 (lb/in.³)	최대 강도(ksi) 인장	최대 강도(ksi) 압축[c]	전단	항복강도[b] (ksi) 인장	항복강도[b] (ksi) 전단	탄성계수 (10^6 psi)	강성계수 (10^6 psi)	열팽창계수 (10^{-6}/°F)	2 in.의 신장 (%)	푸아송비
강철											0.27–0.3
구조강, ASTM-A36	0.284	58	—	—	36	21	29	11.5	6.5	30	
높은 강도, ASTM-A242	0.284	70	—	—	50	30	29	11.5	6.5	21	
스테인리스(302), 냉간 압연	0.286	125	—	—	75	—	28	10.6	9.6	12	
주철											0.2–0.3
회, ASTM A-48	0.260	25	95	35	—	—	10	4.1	6.7	0.5	
가단, ASTM A-47	0.264	50	90	48	33	—	24	9.3	6.7	10	
단철	0.278	50		35	30	18	27	10	6.7	35	0.3
알루미늄											0.33
합금 2014-T6	0.101	70	—	42	60	32	10.6	4.1	12.8	13	
합금 6061-T6	0.098	43	—	27	38	20	10.0	3.8	13.1	17	
황동											0.34
냉간 압연	0.306	78	—	43	63	36	15	5.6	11.3	8	
열처리	0.306	48	—	32	15	9	15	5.6	11.3	60	
청동, 냉간 압연(510)	0.320	81	—	—	75	40	16	5.9	9.9	10	0.34
마그네슘 합금	0.065	20–49	—	24	11–40	—	6.5	2.4	15	2–20	0.35
구리, 인발 경화	0.320	55	—	—	38	23	17	6	9.3	4	0.33

U.S. 단위											
	비중	최대 강도(ksi)			항복강도[b] (ksi)		탄성계수	강성계수	열팽창계수	2 in.의 신장	
재료	(lb/in.^{3})	인장	압축[c]	전단	인장	전단	(10^6 psi)	(10^6 psi)	(10^{-6}/°F)	(%)	푸아송비
니켈	0.320	45–110	—	—	20–90	—	30	11.4	7.2	2–50	0.31
티타늄 합금	0.160	130–140	—	—	110–130	—	15–17	5.6–6.4	4.5–5.5	10	0.33
아연 합금	0.240	40–57	—	—	30–46	—	12	4.5	15	1–10	0.33
콘크리트											0.1–0.2
중간 강도	0.084	—	4	—	—	—	3.5	—	5.5	—	
높은 강도	0.084	—	6	—	—	—	4.3	—	5.5	—	
재목[d](공기 건조)											
더글러스 전나무	0.020		7.9	1.1			1.7		2.2		
남부 소나무	0.021		8.6	1.4			1.6		2.2		
유리, 98% 실리카	0.079		7				9.6	4.1	44		0.2–0.27
석목	0.028	3	35	5		—	10	—	3.9		
고무	0.033	2	—	—	—	—	—	—	90	600	0.45–0.5

[a] 특성은 조성의 변화, 열처리 및 제조 방법에 따라 크게 달라질 수 있다.
[b] 0.2% 오프셋
[c] 연성 금속용, 압축 강도가 장력과 동일한 것으로 가정
[d] 곡물에 평행한 힘

〈표 B.2〉 회주철의 기계적 성질

ASTM 등급[a]	최대 강도 S_u(MPa)	압축강도 S_{uc}(MPa)	탄성계수(GPa) 인장	탄성계수(GPa) 비틀림	브리넬 경도 H_B	피로응력 집중계수 K_f
20	150	575	66–97	27–39	156	1.00
25	180	670	79–102	32–41	174	1.05
30	215	755	90–113	36–45	201	1.10
35	250	860	100–120	40–48	212	1.15
40	295	970	110–138	44–54	235	1.25
50	365	1135	130–157	50–54	262	1.35
60	435	1295	141–162	54–59	302	1.50

주: ksi로 MPa의 변환은 6.895로 나눈다.

[a] S_u(ksi)에서의 최솟값은 등급 번호에 의해 주어진다.

〈표 B.3〉 열간 압연 및 냉간 압연의 기계적 성질

UNS 번호	AISI/SAE 번호	처리	최대 강도[a] S_u(MPa)	항복강도[a] S_y(MPa)	50 mm의 신장(%)	면적에서 감소(%)	브리넬 경도 (H_B)
G10060	1006	HR	300	170	30	55	86
		CD	330	280	20	45	95
G10100	1010	HR	320	180	28	50	95
		CD	370	300	20	40	105
G10150	1015	HR	340	190	28	50	101
		CD	390	320	18	40	111
G10200	1020	HR	380	210	25	50	111
		CD	470	390	15	40	131
G10300	1030	HR	470	260	20	42	137
		CD	520	440	12	35	149
G10350	1035	HR	500	270	18	40	143
		CD	550	460	12	35	163
G10400	1040	HR	520	290	18	40	149
		CD	590	490	12	35	170
G10450	1045	HR	570	310	16	40	163
		CD	630	530	12	35	179
G10500	1050	HR	620	340	15	35	179
		CD	690	580	10	30	197
G10600	1060	HR	680	370	12	30	201
G10800	1080	HR	770	420	10	25	229
G10950	1095	HR	830	460	10	25	248

출처: *ASM Handbook*, vol. 1, ASM International, Materials Park, OH, 1991.

주: ksi로 MPa의 변환은 6.895로 나눈다.

[a] 18–32 mm 값 크기의 범위는 ASTM 최솟값을 추정 나열.

〈표 B.4〉 열처리강의 기계적 성질

AISI 번호	취급법	온도(°C)	최대 강도 S_u (MPa)	항복강도 S_y (MPa)	50 mm의 신장(%)	면적에서 감소 (%)	브리넬 경도 (H_B)
1030	WQ&T	205	848	648	17	47	495
	WQ&T	425	731	579	23	60	302
	WQ&T	650	586	441	32	70	207
	Normalized	925	521	345	32	61	149
	Annealed	870	430	317	35	64	137
1040	OQ&T	205	779	593	19	48	262
	OQ&T	425	758	552	21	54	241
	OQ&T	650	634	434	29	65	192
	Normalized	900	590	374	28	55	170
	Annealed	790	519	353	30	57	149
1050	WQ&T	205	1120	807	9	27	514
	WQ&T	425	1090	793	13	36	444
	WQ&T	650	717	538	28	65	235
	Normalized	900	748	427	20	39	217
	Annealed	790	636	365	24	40	187
1060	OQ&T	425	1080	765	14	41	311
	OQ&T	540	965	669	17	45	277
	OQ&T	650	800	524	23	54	229
	Normalized	900	776	421	18	37	229
	Annealed	790	626	372	11	38	179
1095	OQ&T	315	1260	813	10	30	375
	OQ&T	425	1210	772	12	32	363
	OQ&T	650	896	552	21	47	269
	Normalized	900	1010	500	9	13	293
	Annealed	790	658	380	13	21	192
4130	WQ&T	205	1630	1460	10	41	467
	WQ&T	425	1280	1190	13	49	380
	WQ&T	650	814	703	22	64	245
	Normalized	870	670	436	25	59	197
	Annealed	865	560	361	28	56	156
4140	OQ&T	205	1770	1640	8	38	510
	OQ&T	425	1250	1140	13	49	370
	OQ&T	650	758	655	22	63	230
	Normalized	870	870	1020	18	47	302
	Annealed	815	655	417	26	57	197

출처: *ASM Metals Reference Book*, 2nd ed. Materials Park, OH, American Society for Metals, 1993.
주: ksi로 MPa의 변환은 6.895로 나눈다.
값은 25 mm 원형 단면적과 게이지 길이 50 mm의 표. 담금질과 강화량의 속성은 단일 열에서이다.
QQ&T 오일 조질; WQ&T 물 조질.

〈표 B.5〉 풀림처리 및 냉간 가공된 스테인리스 강의 기계적 성질

AISI 형태	최대 강도 S_u(MPa) An.	최대 강도 S_u(MPa) CW	항복강도 S_y(MPa) An.	항복강도 S_y(MPa) CW	50 mm의 신장(%) An.	50 mm의 신장(%) CW	아이조드 충격 J(N m) An.	아이조드 충격 J(N m) CW
오스테나이트								
302	586	758	241	517	60	35	149	122
303	620	758	241	552	50	22	115	47
304	586	758	241	517	60	55	149	122
347, 348	620	758	241	448	50	40	149	—
마르텐사이트								
410	517	724	276	586	35	17	122	102
414	793	896[a]	620[a]	862	20	15[a]	68	—
431	862	896[a]	655[a]	862[a]	20	15[a]	68	—
440 A, B, C	724	796[a]	414	620[a]	14	7[a]	3	3[a]
페라이트								
430, 430F	517	572	296	434	27	20	—	—
446	572	586	365	483	23	20	3	—

출처: *Metals Handbook*, ASM International, Materials Park, OH, 1985.
주: ksi로 MPa의 변환은 6.895로 나눈다.
[a] 열처리 및 냉간.

〈표 B.6〉 알루미늄 합금의 기계적 성질

합금	최대 강도 S_u (MPa)	최대 강도 S_u (ksi)	항복강도 S_y (MPa)	항복강도 S_y (ksi)	50 mm의 신장(%)	브리넬 경도 (H_B)
가공:						
1100-H14	125	(18)	115	(17)	20	32
2011-T3	380	(55)	295	(43)	15	95
2014-T4	425	(62)	290	(42)	20	105
2024-T4	470	(68)	325	(47)	19	120
6061-T6	310	(45)	275	(40)	17	95
6063-T6	240	(35)	215	(31)	12	73
7075-T6	570	(83)	505	(73)	11	150
주물						
201-T4[a]	365	(53)	215	(31)	20	—
295-T6[a]	250	(36)	165	(24)	5	—
355-T6[a]	240	(35)	175	(25)	3	—
-T6[b]	290	(42)	190	(27)	4	—
356-T6[a]	230	(33)	165	(24)	2	—
-T6[b]	265	(38)	185	(27)	5	—
520-T4[a]	330	(48)	180	(26)	16	—

출처: *Materials Engineering, Materials Selector,* Penton Publication, Cleveland, OH, 1991.
[a] 모래 주형.
[b] 영구적인 몰드 캐스팅.

〈표 B.7〉 구리 합금의 기계적 성질

합금	UNS 번호	최대 강도 S_u(MPa)	항복강도 S_y(MPa)	50 mm의 신장(%)
가공				
납함유				
베릴륨 구리	C17300	469–1379	172–1227	43–3
인청동	C54400	469–517	393–434	20–15
알루미늄				
실리콘 청동	C64200	517–703	241–469	32–22
실리콘 청동	C65500	400–745	152–414	60–13
마그네슘 청동	C67500	448–579	207–414	33–19
주물				
납함유				
붉은 황동	C83600	255	117	30
황색 황동	C85200	262	90	35
마그네슘 청동	C86200	655	331	20
베어링 청동	C93200	241	124	20
알루미늄 청동	C95400	586–724	241–372	18–8
구리 니켈	C96200	310	172	20

출처: *Machine Design, Materials Reference Issue*, Penton Publication, Cleveland, OH, 1991.
주: ksi로 MPa의 변환은 6.895로 나눈다.

〈표 B.8〉 일반 플라스틱의 기계적 성질

플라스틱	최대 강도 S_u		50 mm의 신장 (%)	아이조드 충격강도	
	(MPa)	(ksi)		J	(ft · lb)
아크릴	72	(10.5)	6	0.5	(0.4)
셀룰로오스 아세테이트	14–18	(2–7)	—	1.4–9.5	(1–7)
에폭시(유리 충전)	69–138	(10–20)	4	2.7–41	(2–30)
플루오르 카본	23	(3.4)	300	4.1	(3)
나일론(6/6)	83	(12)	60	1.4	(1)
페놀(나무 충전)	48	(7)	0.4–0.8	0.4	(0.3)
폴리카보네이트	62–72	(9–10.5)	110–125	16–22	(12–16)
폴리 프로필렌(25% 가스 가득)	110–160	(16–23)	1–3	1.4–2.6	(1.0–1.9)
폴리 프로필렌	34	(5)	10–20	0.7–3.0	(0.5–2.2)

출처: *Materials Engineering, Materials Selector*, Penton Publication, Cleveland, OH, 1991.

〈표 B.9〉 재료 및 등급의 선택된 구성원

등급	구성원	약어
엔지니어링 합금	알루미늄 합금	Al 합금
(금속 및 엔지니어링의 합금)	구리 합금	Cu 합금
	납 합금	Lead 합금
	마그네슘 합금	Mg 합금
	몰리브덴 합금	Mo 합금
	니켈 합금	Ni 합금
	강	강
	주석 합금	Tin 합금
	티타늄 합금	Ti 합금
	텅스텐 합금	W 합금
	아연 합금	Zn 합금
엔지니어링 폴리머	에폭시	EP
(열가소성 플라스틱 및 엔지니어링의 열경화성 수지)	멜라민	MEL
	폴리카보네이트	PC
	폴리에스테르	PEST
	폴리에틸렌, 고밀도	HDPE
	폴리에틸렌, 저밀도	LDPE
	폴리포름알데히드	PF
	폴리메틸메티크릴레이트	PMMA
	폴리프로필렌	PP
	폴리테트리플루오르에틸렌	PTFE
	폴리비닐 클로라이드	PVC
엔지니어링 세라믹	알루미늄	Al_2O_3
(하중 적용 가능한 가는 세라믹스)	다이아몬드	C
	시아론	시아론
	실리콘 카바이드	SiC
	실리콘 질화물	Si_3N_4
	지르코니아	ZrO_2
엔지니어링 합성꼴	탄소섬유 강화 폴리머	CFRP
(엔지니어링 실행의 합성물)	유리섬유 강화 폴리머	GFRP
구별 플라이(플라이)의 속성 사이에 적층(라미네이트)으로 그려진다.	케블리 섬유 강화 폴리머	KFRP
다공질 세라믹	벽돌	벽돌
(전통 세라믹, 시멘트, 바위, 미네랄)	시멘트	시멘트
	보통 바위	바위
	콘크리트	콘크리트
	도자기	Pcln
	도기류	Pot
유리	붕규산 유리	B-유리
(일반 규산염 유리)	소다 유리	Na-유리
	실리카	SiO_2

(계속)

〈표 B.9〉 재료 및 등급의 선택된 구성원

등급	구성원	약어
나무	재	재
별도의 영역[a] 속성을 설명; 곡물과 평행하고, 보통이고, 목재 제품	발사	발사
	전나무	전나무
	오크나무	오크나무
	소나무	소나무
	나무 재료(ply 등)	나무 재료
탄성 중합체	천연 고무	천연 고무
(천연 및 합성 고무)	딱딱한 부틸 고무	딱딱한 부틸
	폴리우레탄	PU
	실리콘 고무	실리콘
	부드러운 부틸 고무	부드러운 부틸
폴리머 폼	코르크	코르크
(엔지니어링의 형성된 폴리머)	폴리에스터	PEST
	폴리스티렌	PS
	폴리우레탄	PU

출처: Ashby, M.F., *Material Selection in Mechanical Design*, 4th ed. Butterworth Heinemann, U.K., 2020.

[a] 물질 클러스터의 특정 등급의 구성원에 대한 데이터와 함께 애쉬비 차트에 둘러싸인 영역(그림 2.21 참조)

〈표 B.10〉 몇 가지 천연고무의 특성

이름/반복 단위	밀도(kg/m³)	최대 강도 ksi(MPa)	최대 신장 (%)	100 % 신장일 때 탄성계수 psi(MPa)	최소 사용 온도 °C (°F)	최대 사용 온도 °C (°F)	내마모성	인열 저항	산화성
천연 폴리 이소프랜 (천연 고무, NR)	920–1037	3.5–4.6 (24–32)	500–760	480–850 (3.3–5.9)	–60 (–75)	120 (250)	*매우 좋음	*매우 좋음	Good
스티렌-부타디엔 (SBR, GRS)	940	1.8–3.0 (12–21)	450–500	300–1500 (2.1–10.3)	–60 (–75)	120 (250)	*매우 좋음	나쁘지 않음	Good
아크릴로 니트렌 부타디엔(니트릴, 부나 A, NBR)	980	1.0–3.5 (7–24)	400–600	490 (3.4)	–50 (–60)	150 (300)	*매우 좋음	좋음	Fair–Good
클로로프렌(비오프렌, CR)	1230–1250	0.5–3.5 (3.5–24)	100–800	100–3000 (0.7–20)	–50 (–60)	105 (225)	*매우 좋음	좋음	매우 좋음
폴리부타디엔(BR)	910	2.0–2.5 (14–17)	450	300–1500 (2.1–10.3)	–100 (–150)	90 (200)	*매우 좋음	좋음	좋음
폴리우레탄	1020–1250	0.8–8.0 (5.5–55)	250–800	25–5000 (0.17–34.5)	–55 (–65)	120 (250)	*매우 좋음	우수한	*매우 좋음
폴리디메틸실록산 (실리콘)	1100–1600	1.5 (10)	100–800	—	–115 (–175)	315 (600)	부족함	나쁘지 않음	*매우 좋음

출처: Adapted from Materials Engineering, a Penton Publication.

APPENDIX C

응력집중계수

다음 그래프들은 일반적인 경우에 사용되는 이론적 또는 기하학적 응력집중계수 K_t를 나타낸 것으로, 연습문제를 푸는 과정에서 독자들에게 도움을 줄 것이다. 이 그래프는 3장의 참고문헌 [8, 9]에서 발견되는 광범위한 차트에서 선정되었다. 이 곡선의 대부분을 측정하는 식들은 계산하는 동안 K_t가 자동생성 되도록 하기 위해 포함시켰다. 그림 C.1~C.6은 평평한 봉에 대한 것이고, C.7~C.13은 실린더 구조물과 관련된 것이다. 등방성 재료와 관련된 결과와 식 (3.42)의 사용을 주의 깊게 살펴보라.

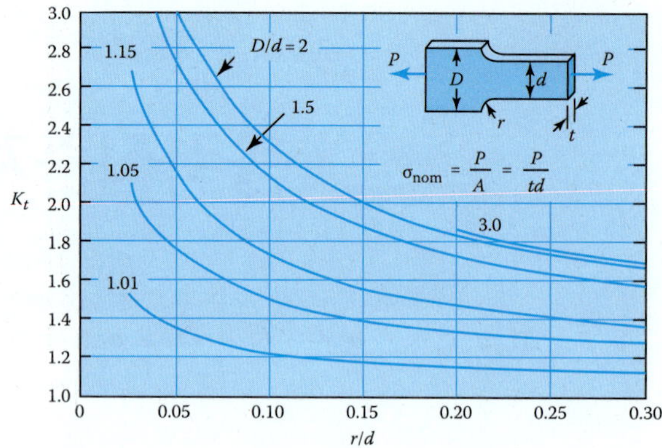

대략적인 식 $K_t \approx B\left(\frac{r}{d}\right)^a$

D/d	B	a
2.00	1.100	−0.321
1.50	1.077	−0.296
1.15	1.014	−0.239
1.05	0.998	−0.138
1.01	0.977	−0.107

[그림 C.1] 축인장에서 필릿이 있는 봉의 이론 응력집중계수 K_t

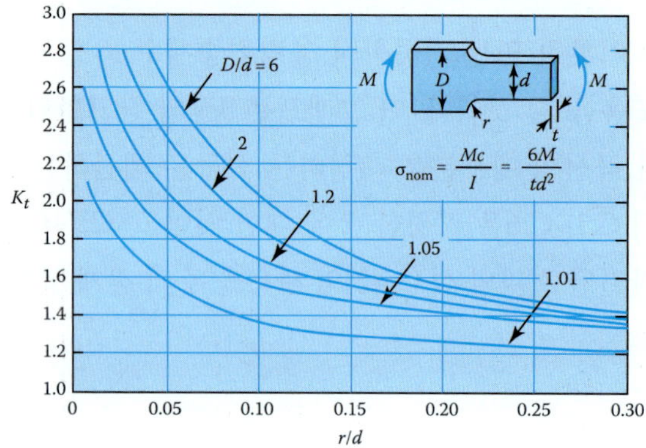

대략적인 식 $K_t \approx B\left(\frac{r}{d}\right)^a$

D/d	B	a
6.00	0.896	−0.358
2.00	0.932	−0.303
1.20	0.996	−0.238
1.05	1.023	−0.192
1.01	0.967	−0.154

[그림 C.2] 굽힘에서 필릿이 있는 봉의 이론 응력집중계수 K_t

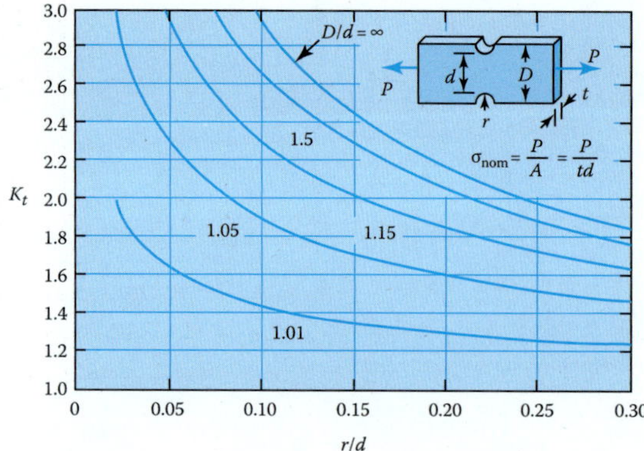

대략적인 식 $K_t \approx B\left(\frac{r}{d}\right)^a$

D/d	B	a
∞	1.110	−0.417
1.50	1.133	−0.366
1.15	1.095	−0.325
1.05	1.091	−0.242
1.01	1.043	−0.142

[그림 C.3] 축인장에서 노치가 있는 봉의 이론 응력집중계수 K_t

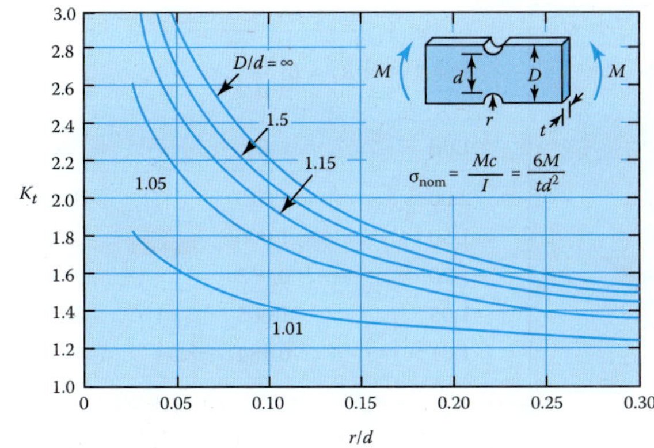

대략적인 식 $K_t \approx B\left(\frac{r}{d}\right)^a$

D/d	B	a
∞	0.971	−0.357
1.50	0.983	−0.334
1.15	0.993	−0.303
1.05	1.025	−0.240
1.01	1.061	−0.134

[그림 C.4] 굽힘에서 노치가 있는 봉의 이론 응력집중계수 K_t

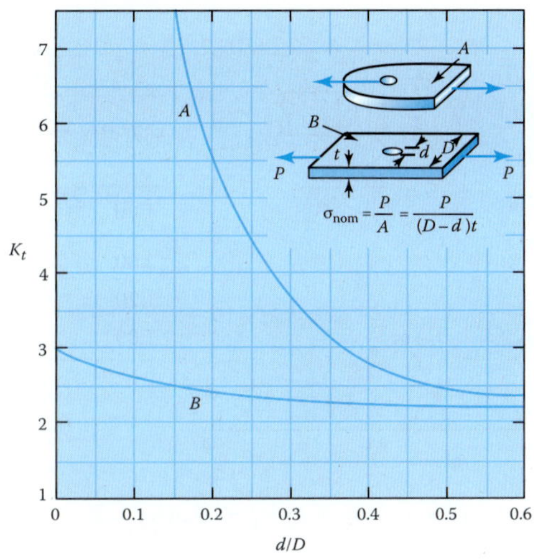

[그림 C.5] 이론 응력집중계수 K_t: A 구멍에 핀을 끼워서 봉을 인장시키는 경우 B 축인장에서 구멍을 가진 봉의 경우

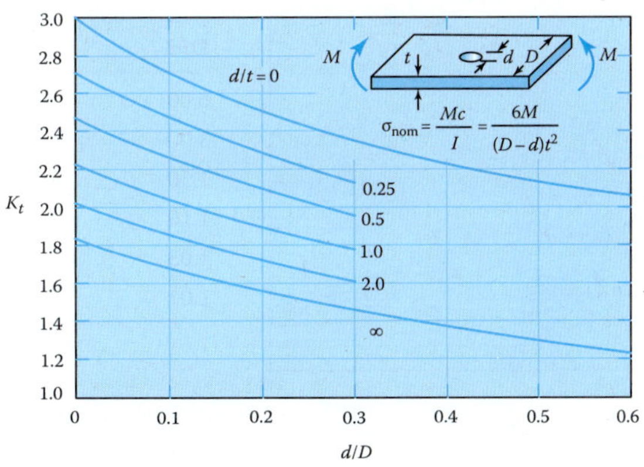

[그림 C.6] 굽힘에서 구멍이 있는 봉의 이론 응력집중계수 K_t

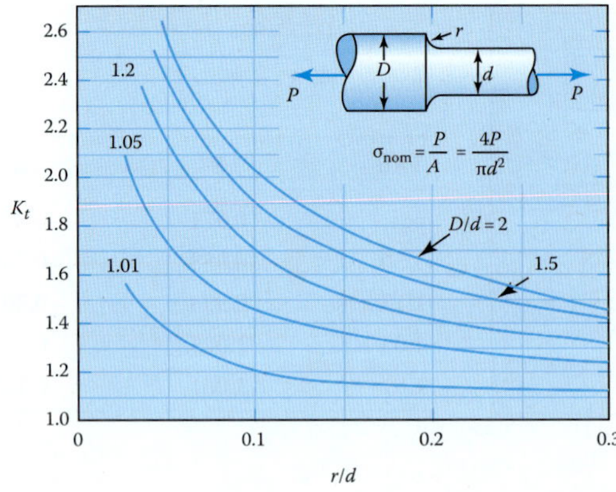

대략적인 식 $K_t \approx B\left(\frac{r}{d}\right)^a$

D/d	B	a
2.00	1.015	−0.300
1.50	1.000	−0.282
1.20	0.963	−0.255
1.05	1.005	−0.171
1.01	0.984	−0.105

[그림 C.7] 축인장에서 필릿이 있는 단이 진 축의 이론 응력집중계수 K_t

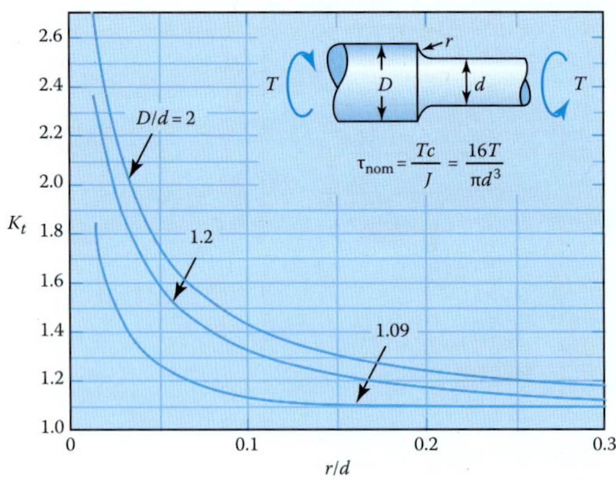

대략적인 식 $K_t \approx B\left(\frac{r}{d}\right)^a$

D/d	B	a
2.00	0.863	−0.239
1.20	0.833	−0.216
1.09	0.903	−0.127

[그림 C.8] 비틀림에서 필릿이 있는 단이 진 축의 이론 응력집중계수 K_t

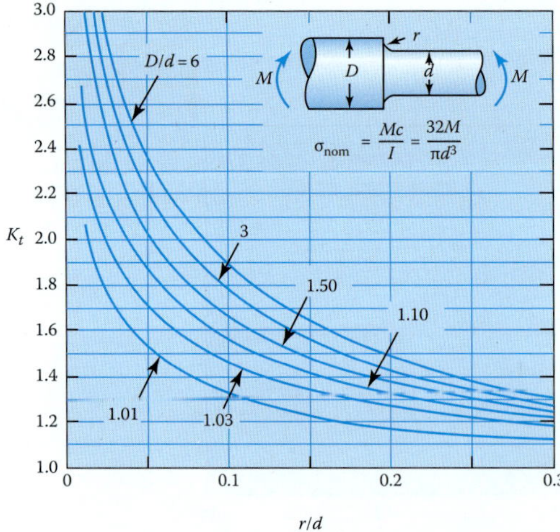

대략적인 식 $K_t \approx B\left(\frac{r}{d}\right)^a$

D/d	B	a
6.00	0.879	−0.332
3.00	0.893	−0.309
1.50	0.938	−0.258
1.10	0.951	−0.238
1.03	0.981	−0.184
1.01	0.919	−0.170

[그림 C.9] 굽힘에서 필릿이 있는 단이 진 축의 이론 응력집중계수 K_t

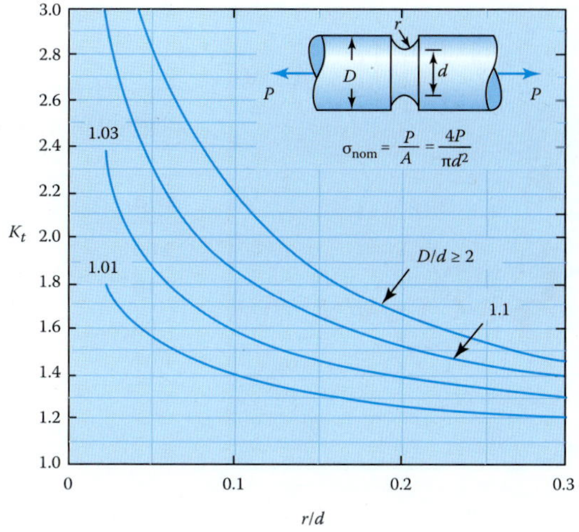

[그림 C.10] 축인장에서 홈이 있는 축의 이론 응력집중계수 K_t

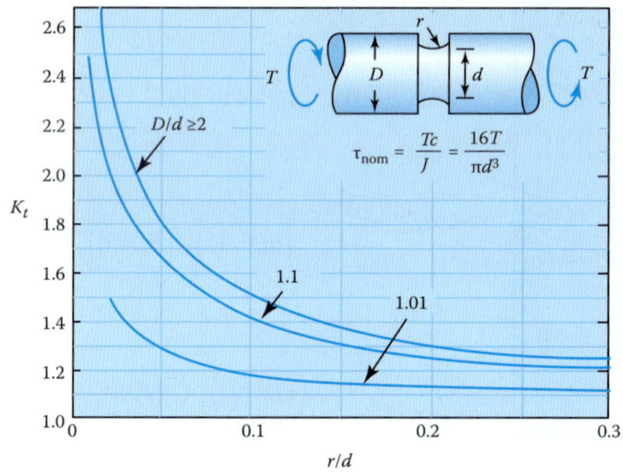

대략적인 식 $K_t \approx B\left(\frac{r}{d}\right)^a$

D/d	B	a
2.00	0.890	−0.241
1.10	0.923	−0.197
1.01	0.972	−0.102

[그림 C.11] 비틀림에서 홈이 있는 축의 이론 응력집중계수 K_t

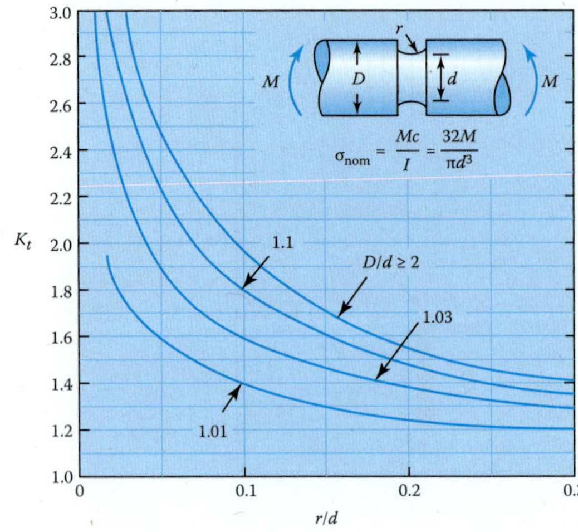

대략적인 식 $K_t \approx B\left(\frac{r}{d}\right)^a$

D/d	B	a
2.00	0.936	−0.331
1.10	0.955	−0.283
1.03	0.990	−0.215
1.01	0.994	−0.152

[그림 C.12] 굽힘에서 홈이 있는 축의 이론 응력집중계수 K_t

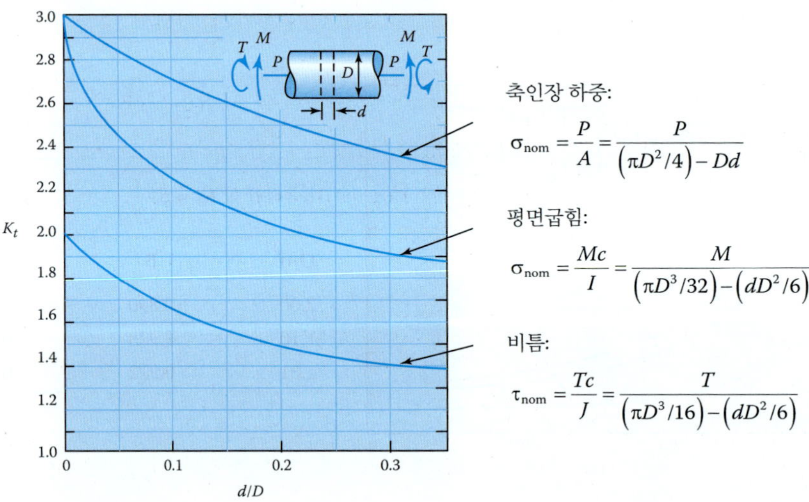

[그림 C.13] 축인장, 굽힘 및 비틀림에서 구멍을 가진 축의 이론 응력집중계수 K_t

APPENDIX D

3차원 응력식의 풀이

주응력

3차식을 푸는 여러 가지 방법 중 공통적으로 사용하는 것이 있다. 뒤에 나오는 것들은 응력 3차원식의 해를 계산하는 데에 실질적인 접근방법들이다(3.15절 참조).

$$\sigma_i^3 - I_1\sigma_i^2 + I_2\sigma_i - I_3 = 0 \quad (i = 1, 2, 3) \tag{3.48}$$

여기서

$$\begin{aligned} I_1 &= \sigma_x + \sigma_y + \sigma_z \\ I_2 &= \sigma_x\sigma_y + \sigma_x\sigma_z + \sigma_y\sigma_z - \tau_{xy}^2 - \tau_{yz}^2 - \tau_{xz}^2 \\ I_3 &= \sigma_x\sigma_y\sigma_z + 2\tau_{xy}\tau_{yz}\tau_{xz} - \sigma_x\tau_{yz}^2 - \sigma_y\tau_{xz}^2 - \sigma_z\tau_{xy}^2 \end{aligned} \tag{3.49}$$

그 방법에 따르면 2, 3차원 응력문제를 풀 때 직접적인 방법을 제공한다(3장 [3] 참조).

$$\begin{aligned} \sigma_a &= 2S\left[\cos(\alpha/3)\right] + \frac{1}{3}I_1 \\ \sigma_b &= 2S\left\{\cos\left[(\alpha/3) + 120^\circ\right]\right\} + \frac{1}{3}I_1 \\ \sigma_c &= 2S\left\{\cos\left[(\alpha/3) + 240^\circ\right]\right\} + \frac{1}{3}I_1 \end{aligned} \tag{D.1}$$

상수는 다음과 같다.

$$S = \left(\frac{1}{3} R \right)^{1/2}$$

$$\alpha = \cos^{-1}\left(-\frac{Q}{2T} \right)$$

$$R = \frac{1}{3} I_1^2 - I_2$$

$$Q = \frac{1}{3} I_1 I_2 - I_3 - \frac{2}{27} I_1^3$$

$$T = \left(\frac{1}{27} R^3 \right)^{1/2} \tag{D.2}$$

불변량 I_1, I_2와 I_3는 식 (3.49)에 주어진 응력의 조합으로 표현된다. 식 (D.1)에 나오는 주응력은 아래첨자로 표현된다. 그래서 대수학적으로 $\sigma_1 > \sigma_2 > \sigma_3$가 된다.

방향여현

주응력의 방향여현값은 식 (3.46), (3.44)를 사용해서 구한다. 이는 이미 3.15절에서 논의되었다. 그러나 뒤에 나오는 더 간단한 방법이 더 잘 쓰인다.

$$\begin{bmatrix} (\sigma_x - \sigma_i) & \tau_{xy} & \tau_{xz} \\ \tau_{xy} & (\sigma_y - \sigma_i) & \tau_{yz} \\ \tau_{xz} & \tau_{yz} & (\sigma_z - \sigma_i) \end{bmatrix} \begin{Bmatrix} l_i \\ m_i \\ n_i \end{Bmatrix} = 0 \tag{3.46}$$

첫째 열의 요소에서 행렬을 진행하는 행렬식의 *공통계수*(cofactor)는 다음과 같이 주어진다.

$$a_i = \begin{vmatrix} (\sigma_y - \sigma_i) & \tau_{yz} \\ \tau_{yz} & (\sigma_z - \sigma_i) \end{vmatrix}$$

$$b_i = -\begin{vmatrix} \tau_{xy} & \tau_{yz} \\ \tau_{xz} & (\sigma_z - \sigma_i) \end{vmatrix}$$

$$c_i = \begin{vmatrix} \tau_{xy} & (\sigma_y - \sigma_i) \\ \tau_{xz} & \tau_{yz} \end{vmatrix} \tag{D.3}$$

표시법(notation)은 다음과 같다.

$$k_i = \frac{1}{\left(a_i^2 + b_i^2 + c_i^2 \right)^{1/2}} \tag{D.4}$$

그러면 *방향여현*(direction cosine)은 아래와 같다.

$$l_i = a_i k_i \qquad m_i = b_i k_i \qquad n_i = c_i k_i \tag{D.5}$$

분명히 식 (D.5)는 $l_i^2 + m_i^2 + n_i^2 = 1$이다.

위의 과정들은 양질의 과학계산기나 디지털 컴퓨터에서 잘 쓰인다.

MATLAB® 소개

이 부록에서는 MATLAB(matrix laboratory)에 대한 간략한 소개를 나타낸다. MATLAB은 기능, 데이터 분석 행렬 조작 및 시각화, 수치 계산의 플로팅 프로그래밍 매체이다. MATLAB의 사용을 통해 기술 컴퓨팅 문제는 종래 프로그래밍 도구보다 빠르게 해소할 수 있다. MATLAB의 적용은 이미지 처리, 통신, 디자인, 테스트 및 측정 및 재무 모델링 및 분석과 같은 다양한 상황을 포함한다. 백만 명 이상의 엔지니어와 산업 및 학계의 과학자들에 대해, MATLAB은 테크니컬 컴퓨팅의 언어이다. 주제에 대한 세부 사항은 www.mathworks.com/products/matlab/에서 MathWorks에서 사용할 수 있다. 엔지니어를 위한 MATLAB에 다수의 출판물도 있다.

MATLAB 응용 프로그램은 *M*-코드를 알고, MATLAB 언어를 중심으로 구축된다. *M*-코드를 실행하는 가장 간단한 방법은 그것들을 실행하지 않고 추천해서 프롬프트에 그것을 입력하는 것이다. MATLAB 교육 코드는 기본 선형 대수 계산을 수행하기 위한 MATLAB 명령을 포함하고 37개의 짧은 텍스트 파일로 구성되어 있다. 일부 친숙한 *M*-코드 determ.m(matirix의 결정), cofactor.m(보조인자의 행렬), cramer.m가 있다[방정식의 시스템을 해결 $Ax = C$, inverse.m(가우스 - 조던 소거하여 매트릭스 역), eigen2.m(특성 다항식, 고유값, 고유 벡터) 및 plot2d.m(2차원 플롯)]. MathWorks에서 새로운 사용자는 MATLAB 도움말을 선택하고 시작한다.

MATLAB(전문 또는 학생 버전)은 현재 대부분의 대학에서 사용된다. 다른 기능 중에서 반복 처리를 용이하고 신속하게 수행할 수 있도록 엔지니어링 설계 문제를 처리하는 능력을 가졌다. 학생들이 계산기의 사용없이 숙제 문제를 완료할 수 있다. 기초를 배울 뿐만 아니라 MATLAB의 능력을 얻기 위해 많은 그림의 도움말 기능을 사용할 수 있다. 일반적으로 MATLAB에서 사용되는 기능은 도움말 > 함수 브라우저 > 수학 > 초등학교 수학에서 찾을 수 있다.

다음과 같이 MATLAB 프로그램을 편집할 때 과정에 따라 어떤 잘못된 결과가 잘못된 최종 솔루션으로 이어질 것이다. 그렇기 때문에 각 단계를 체크해야 한다.

예제 16.5의 샘플 MATLAB® 풀이

Code

%A flywheel of outer diameter D, inner diameter d, and weight W, rotates at speed n.

%Find: The average braking torque required to stop the wheel in on-third revolution.

%Given:

$D = 10, d = 2, W = 30, n = 3600, g = 386$

%We have

phi = 2*pi/3, omega = n*(2*pi/60), $I = (W/(2*g))*((D/2)^2 + (d/2)^2)$

%Equation 13.39 is thus,,

T = (I*omega^2)/(2*phi)

Solution

>> phi = 2.0944 omega = 376.911 $I = 1.0104$ $T = 3.4281\text{e}{+}04$ >>

이 도구의 추가 증명으로, 텍스트 예제와 사례연구(표 E.1에 나열된)의 다양한 추가 데모의 경우는 CRC 웹사이트: http://www.crcpress.com/product/isbn/9781439887806에 MATLAB을 사용하여 다시 해결된다. 교과서와 MATLAB 사이의 수치적 정밀도 차이를 주목하라. 교과서 계산은 1.5절에서와 같이 공통 엔지니어링 규칙을 기반으로 수치 정밀도의 차이를 말한다. MATLAB은 16진수 결과의 계산에 배정밀도 부동 소수점 숫자를 사용한다. 표시 형식을 변경하는 것은 해의 정확성을 변경하지 않을 것이다. 십진분수값은 4자리 소수점으로 짧게 인쇄된다. 신속 과제 해결을 위한 MATLAB 계산을 보기 위해, 단지 데이터 및 방정식 타입 주석 행(이 결과에 영향을 미치지 않음) 없이 굵게 보인다.

〈표 E.1〉 MATLAB® 풀이 내용

예제 1.5	평판의 변형률
예제 2.3	2축 하중을 받고 있는 원통의 부피 변화량
예제 2.4	축하중을 받는 봉의 소재의 탄성에너지
예제 3.2	단엽기 날개 설계
예제 3.5	단순 지지보의 응력 결정
예제 4.8	봉의 충격하중
예제 4.11	축의 충격하중
예제 5.15	클램프 조립에서의 버팀대가 가지는 응력
예제 5.17	강철 연결용 막대의 좌굴 분석
예제 6.2	중앙에 균열을 가진 넓은 평판의 설계
예제 6.4	비틀림과 축하중을 받는 연성재의 파손
예제 7.1	토션 바의 내구한도 계산
예제 7.7	균열을 가진 부품패널의 피로수명 해석
예제 8.2	원통 봉과 보 사이의 최대 접촉응력
예제 8.3	볼베어링의 용량 해석
예제 9.3	비틀림과 굽힘의 반복하중에 대한 축의 설계
예제 9.5	중공축의 위험속도 계산
예제 10.1	경계윤활 저널 베어링의 기본적인 설계
예제 10.5	깊은 볼 베어링의 중간수명 결정
예제 11.2	기어의 물림작용
예제 11.3	맞물리는 기어와 피니언의 물림률
예제 12.2	기계를 구동하기 위한 전기 모터 기어 장치
예제 12.4	웜의 기하학적 해석
예제 13.3	V벨트 구동의 설계 해석
예제 13.6	원판 브레이크 설계
예제 14.2	헬리컬 압축 스프링의 허용하중 결정
예제 14.8	9판 외팔보 스프링의 설계
예제 15.1	파워스크루의 토크와 효율
예제 15.5	정하중 상태에서 예하중을 받는 체결 요소
예제 16.1	압축 끼워맞춤 설계
예제 17.2	프레임에서의 변위
사례연구 1.1	볼트 절단기 하중 분석
사례연구 3.1	볼트 커터의 응력해석
사례연구 4.1	볼트 절단기의 처짐 해석
사례연구 7.1	간헐운동기구의 캠축 피로설계
사례연구 8.1	간헐기구에서 캠과 종동차의 응력 해석
사례연구 9.1	스테디 하중에 대한 모터-벨트-구동축 설계
사례연구 18.1	전체 프레임 하중 해석
사례연구 18.2	암 *CD*의 설계 분석
사례연구 18.7	스위블 후크에서 나사 설계
사례연구 18.11	브레이크 설계 분석

선택된 문제의 해답

Chapter 1

1.4 (a) $R_{Cx} = 75$ kN←, $R_{Cy} = 50$ kN↑,
$R_{Bx} = 75$ kN←, $R_{By} = 10$ kN↑.
(b) $F_D = 85$ kN, $V_D = 30$ kN,
$M_D = 37.5$ kN·m.

1.6 (a) $T = 200$ N·m, $R_A = R_B = 2$ kN.

1.8 $R_B = 12.58$ kips.

1.9 (a) $T = 0.6$ kN·m.
(b) $R_A = 4.427$ kN.
$R_E = 8.854$ kN.

1.11 $R_y = 200$ N, $T = 30$ N m, $M_z = 96$ N·m.

1.14 $V_y = 64$ N, $M_z = 31.2$ N·m.

1.16 $T_d = 0.3$ kN·m.

1.22 $F = 5.348$ kN, $T_{\mathrm{DE}} = 401.1$ N·m.

1.23 $e = 90\%$.

1.27 (a) $\varepsilon_{c,\max} = 2000\mu$.
(b) $\varepsilon_r = 1000\mu$.

1.30 $\Delta L_{BD} = 0.232$ mm.

1.31 $\varepsilon_x = \varepsilon_y = -363\mu$.
$\gamma_{xy} = 1651\mu$.

Chapter 2

2.2 $E = 30 \times 10^6$ psi.

2.5 (a) $E = 53$ GPa.
(b) $\nu = 0.25$.
(c) $G = 21.2$ GPa.

2.7 (a) $\nu = 0.25$.
(b) $E = 8.335 \times 10^6$ psi.
(c) $a' = 2.9885$ in.
(d) $G = 3.334 \times 10^6$ psi.

2.8 $\varepsilon_x = 1327\mu$.

2.12 $L' = 99.96$ mm, a′ = 49.98 mm,
b′ = 9.996 mm.

2.15 $n = 3.16$.

2.20 $d = 0.667$ in.

2.25 $S_u = 78$ ksi, $S_y = 51.9$ ksi.

Chapter 3

3.2 $a_{\min} = 73$ mm.

3.4 (a) $\sigma_{BD} = -1.018$ MPa.
(b) $\tau_A = 9.697$ MPa.

3.5 $\alpha = 54.7°$.

3.10 (a) $d = 26.1$ mm.
(b) $d = 18.43$ mm.

3.12 $b = \frac{d}{\sqrt{3}}, h = d\sqrt{\frac{2}{3}}$.

3.14 $b = 56.5$ mm.

3.16 $h = h_1\left(\frac{x}{L}\right)^{3/2}$.

3.19 (a) $\sigma_x = -37.1$ kPa, $\sigma_y = -2.9$ kPa, $\tau_{xy} = 47$ kPa.
(b) $\tau_{max} = 50$ kPa.

3.22 (a) $\sigma_x = 25$ ksi, $\sigma_y = -5$ ksi, $\tau_{xy} = -8.66$ ksi.
(b) $\sigma_1 = 27.32$ ksi, $\sigma_2 = -7.32$ ksi, $\theta'_p = 15°$.

3.24 $\sigma_{x'} = 140.3$ MPa, $\sigma_{y'} = 1.07$ MPa, $\tau_{x'y'} = 12.28$ MPa.

3.27 Point A: (a) $\sigma_1 = 864$ psi, $\sigma_2 = 234$ psi.
(b) $\tau_{max} = 315$ psi.

3.29 $\sigma_{x'} = 19.6$ ksi, $\tau_{x'y'} = 2.87$ ksi.

3.35 (a) $\gamma_{max} = 566\mu$.
(b) $\Delta L_{AC} = 1.42 \times 10^{-4}$ in.

3.37 $p_{all} = 1.281$ MPa.

3.43 $p_{all} = 29.3$ kN.

3.47 (a) $\sigma_1 = 26.49$ ksi, $\sigma_2 = 9.512$ ksi, $\sigma_3 = -3$ ksi.
(b) $\tau_{max} = 14.75$ ksi.

3.53 $\sigma = 24.98$ MPa
$\tau = 21.27$ MPa.

Chapter 4

4.1 (a) $d = 8.74$ mm.
(b) $k = 2000$ kN/m.

4.5 (a) $P = 178.2$ kN.
(b) $\delta_a = 0.0653$ mm.

4.10 (a) $\phi_D = 6.82°$.
(b) $\tau_{AB} = 41.92$ MPa.

4.15 $h = 197$ mm.

4.19 $R = \frac{5P(E_2 I_2)}{2(E_1 I_1 + E_2 I_2)}$.

4.24 $R_A = R_B = \frac{P}{2}, M_A = -M_B = \frac{PL}{8}$

$\upsilon = -\frac{Px^2}{48EI}(3L - 4x)$.

4.26 $R_A = \frac{3}{4}P \downarrow,\ R_B = \frac{7}{4}P \uparrow,\ M_A = \frac{1}{2}Pa$

4.29 (a) $\delta_{max} = 7.37$ mm.
(b) $\sigma_{max} = 198$ MPa.

4.31 $d = 1.943$ in.

4.33 (a) $\upsilon_{max} = 7$ mm.
(b) $\sigma_{max} = 53.1$ MPa.

4.35 $M_{max} = 46.875$ lb·in.

Chapter 5

5.1 $d/a = \sqrt{8/\pi}$

5.8 $U_s = \frac{1}{20}\frac{w^2 L^3}{AG}$.

5.10 $\upsilon_A = 2Pa(a+L)\left[\frac{a}{6EI} + \frac{3}{5AGL}\right]$.

5.17 $\delta_B = \frac{P}{12EI}\left(4L^3 + 6\pi RL^3 + 24R^2 L + 3\pi R^3\right)$

5.18 $R_A = \frac{2}{3}\frac{M_o}{L} \uparrow,\ R_B = 2\frac{M_o}{L} \downarrow,$

$R_c = \frac{4}{3}\frac{M_o}{L} \uparrow$.

5.20 $\delta_A = 60\frac{wa^4}{EI} \rightarrow$.

5.22 $\delta_B = \frac{PR^3}{2EI}$.

5.24 (b) $\phi_B = \frac{1}{GJ}\left(\frac{T_o L}{2} + PaL\right)$.

5.27 $F = \frac{4P}{\pi} \uparrow$.

5.29 $\delta_C = \frac{PL}{3E}\left(\frac{11}{A} + \frac{8L^2}{I}\right) \downarrow$.

5.33 $\upsilon = \frac{w_o}{EI}\left(\frac{L}{\pi}\right)^4 \sin\frac{\pi x}{L}$.

5.35 (a) $\upsilon = \frac{Px^2}{6EI}(3L - x)$.
(b) $\upsilon_{max} = \frac{PL^3}{3EI}, \theta_{max} = \frac{PL^2}{2EI}$.

5.36 $\upsilon_A = \frac{Pc^2(L-c)^2}{4EIL}$.

5.37 $d = 29$ mm.
5.38 $d = 25.7$ mm.
5.41 $Q = 295$ N.
5.44 $P_{all} = 4.5$ kN.
5.46 $F_{all} = 129.2$ kN.
5.62 $d = 109$ mm.
5.63 $P_{all} = 637.5$ kips.
5.66 $a = 48$ mm.

Chapter 6

6.1 $\sigma = 231.6$ MPa.
6.3 P = 256 kN.
$\sigma = 97.5$ MPa.
6.8 $M = 2.76$ kN·m.
6.10 $P = 490$ lb.
6.12 (a) $n = 2.86$.
(b) $n = 2.61$.
6.14 $F = 1.163$ kN.
6.19 (a) $t = 0.208$ in.
(b) $t = 0.18$ in.
6.21 (a) $n = 1.94$.
(b) $n = 1.82$.
6.26 (a) $p = 7.44$ MPa.
(b) $p = 10.02$ MPa.
6.27 $T = 18.81$ kips·in.
6.30 $\tau = 111.1$ MPa.
6.36 $R \approx 99.94\%$.
6.39 (a) $\sigma = 7.645$ ksi.
(b) $R \approx 76\%$.
6.42 10%.

Chapter 7

7.2 (a) $D = 48.4$ mm.
(b) $D = 45.2$ mm.
7.7 $S_e = 38.5$ MPa.
7.15 (a) $n = 4.64$.
(b) $n = 1.57$.
7.19 (a) T = 624.9 N·m.
7.22 $n = 1.98$.
7.26 $t = 0.736$ in.
7.28 $h = 1.45$ mm.
7.30 $h = 0.021$ in.
7.32 $P_o = 30.23$ N.
7.34 $n = 1.63$.
7.38 $n = 1.4$.
7.40 $n = 1.81$.

Chapter 8

8.3 $V_s = 284 \times 10^{-6}$ in.^{3}, $V_f = 101 \times 10^{-6}$ in.^{3}
8.7 (a) $a = 2.2162$ mm.
(b) $\delta = 0.0677$ mm.
(c) $\tau_{max} = 68.48$ MPa.
8.9 (a) $a = 0.135$ mm.
(b) $p_o = 943.1$ MPa.
8.12 (a) $p_o = 97.4$ ksi.
(b) $\delta = 1.84 \times 10^{-4}$ in.
8.18 $p_o = 414.9$ MPa.
8.21 (a) $a = 0.2033$ mm.
(b) $p_o = 939.4$ MPa.
(c) $\tau_{yz,\,max} = 282$ MPa.
8.22 $p_o = 1083$ MPa.

Chapter 9

9.3 (a) $D_{AC} = 14.22$ mm, $D_{BC} = 20.52$ mm.
(b) $\phi_{AB} = 7.91°$.
9.4 $W_a/W_s = 0.598$.
9.7 (a) $D = 42.71$ mm.
(b) $D = 42.3$ mm.
9.13 $D = 63.5$ mm.
9.15 $n = 2.07$.
9.19 $n = 1.93$.
9.24 $D = 2.24$ in.
9.26 $n_{cr} = 594$ rpm.
9.28 $n_{cr} = 967$ rpm.
9.34 $n = 1.205$.
9.37 (a) $n = 1.99$.

(b) $n = 6.75$.
(c) $n = 17.2$.

Chapter 10

10.3 $n = 25.9$ rpm.
10.5 (a) $T_f = 42.64$ lb·in.
(b) hp = 16.24.
(c) $f = 0.057$.
10.7 $\eta = 25.95$ mPa·s.
10.10 $W = 563$ lb.
10.12 (a) $f = 0.02$.
(b) hp = 0.714.
10.16 (a) $h_0 = 0.008$ mm.
(b) kW = 0.017.
10.17 (a) $h_0 = 0.013$ mm.
(b) $p_{max} = 4.808$ MPa.
10.19 (a) $\eta = 52.8$ mPa·s.
(b) kW = 0.377.
10.20 $t = 85.2$°C.
10.22 $L_{10} = 344.8$ h.
10.24 $L_{10} = 119.5$ h.
10.30 18.8%.
10.32 $L_{10} = 949.3$ h (for 03 series).
10.36 $L_5 = 267$ h.

Chapter 11

11.1 $h = 0.563$ in., $h_k = 0.5$ in.,
$r_b = 3.759$ in., $r_o = 4.25$ in.
11.2 $N_1 = 60$, $N_2 = 180$.
11.10 $N_g = 88$, $d_p = 88$ mm, $c = 220$ mm.
11.16 (a) $F_{t1} = 210$ lb, $F_{r1} = 76.43$ lb.
(b) $R_C = 223.5$ lb, $T_C = 630$ lb·in.
11.18 (a) $F_{t1} = 8.843$ kN, $F_{r1} = 3.219$ kN.
(b) $R_C = 9.411$ kN, $T_C = 1.326$ kN·m.
11.20 (a) $F_{t2} = 280$ lb, $F_{r2} = 130.6$ lb,
$F_{t3} = 490$ lb, $F_{r3} = 228.5$ lb.
(b) $R_C = 540.7$ lb,
$T_C = 1960$ lb·in.
11.22 (a) $F_b = 692.2$ lb.
(b) $F_w = 340.2$ lb.
(c) $F_t = 114.8$ lb.
11.23 (a) $F_b = 2.75$ kN.
(b) $F_w = 1.81$ kN.
(c) $F_t = 617.5$ kN.
11.27 (a) $F_b = 6.76$ kN.
(b) $F_w = 2.35$ kN.
11.29 No.
11.33 hp = 6.95.
11.36 hp = 19.57.
11.39 hp = 36.33.

Chapter 12

12.1 (a) $p_n = 0.524$ in., $p = 0.605$ in.,
$p_a = 1.048$ in.
(b) $P = 5.196$, $\phi = 28.3°$.
(c) $d_p = 3.849$ in., $d_g = 7.698$ in.
12.5 kW = 75.58.
12.7 $c = 369.1$ mm.
12.11 (a) $F_{t1} = F_{t2} = F_{t3} = 263.1$ lb.
(b) $T_1 = 840$ lb·in., $T_2 = 0$, $T_3 = 1680$ lb·in.
12.15 $n = 1.21$.
12.17 (a) hp = 17.63.
(b) hp = 31.1.
12.18 (a) $d_p = 2.5$ in., $d_g = 5.25$ in.
(b) $\alpha_p = 25.46°$, $\alpha_g = 64.54°$.
(c) $b = 0.969$ in.
(d) $c = 0.026$ in.
12.20 The gears are safe.
12.24 kW = 29.25.
12.26 $F_t = 10.08$ kips.
12.31 (a) $\lambda = 10.39°$.
(b) $F_{wt} = F_{ga} = 420.2$ lb.
(c) $(hp)_m = 8.74$.
12.34 $(hp)_d = 1.392$. No.

Chapter 13

13.1 (a) $F_1 = 296.6$ lb, $F_2 = 128.5$ lb.
(b) $L = 151.8$ in.

13.4 $T_A = 13$ N·m, $T_B = 101$ N·m.

13.8 kW = 34.7.

13.10 $F_{max} = 1.143$ kN.

13.13 $c = 13.128$ in.

13.17 (a) $p_{max} = 254.6$ kPa, $T = 180$ N·m.
(b) $p_{max} = 191$ kPa, $T = 183.8$ N·m.

13.19 (a) $D = 17.64$ in.
(b) $F_a = 1.833$ kips.

13.21 (a) $F_a = 2.187$ kips.
(b) $p_{avg} = 25.78$ kips.

13.24 $w = 1.451$ in.

13.27 $T = 602$ N·m.

13.29 $F_1 = 14$ kN, $F_2 = 3.983$ kN,
kW = 31.46.

13.31 $F_1 = 3{,}085$ N, $F_2 = 538.6$ N.

13.34 hp = 12.76.

13.36 $F_a = 366.04$ N. No.

13.39 (a) $F_a = 1.542$ kN. No.
(b) $R_A = 2.632$ kN.

13.46 $b = 1.414r$.

Chapter 14

14.1 (a) $T = 35.48$ N·m.
(b) $\tau = 353$ MPa.

14.4 $N_a = 7.49$.

14.8 (a) $h_s = 39$ mm.
(b) $P_{max} = 320.4$ N.

14.10 (a) $h_f = 45.53$ mm.
(b) The spring is safe.

14.16 (a) $d = 14.94$ mm.
(b) $h_f = 274.6$ mm.
(c) The spring is safe.
$f_n = 4370$ cpm.

14.21 $P_{min} = 72.4$ lb,
$P_{max} = 127.6$ lb.

14.22 (a) $n = 2.49$.
(b) $N_a = 17.3$.

14.23 (a) $d = 0.103$ in.
(c) $f_n = 9270$ cpm.
(d) The spring is safe.

14.25 (a) $d = 5.41$ mm.
(b) $N_a = 9.89$.

14.29 $n = 1.30$.

14.35 (a) $M = 6.016$ lb·in.
(b) $\theta = 64.6°$.

Chapter 15

15.4 kW = 1.23.

15.6 (a) $n = 48$ rpm.
(b) $(\text{hp})_{req} = 12.1$.

15.10 $T_o = 145.3$ N·m.

15.13 (a) $\sigma = 10.8$ MPa.
(b) $L_{ne} = 20.8$ mm.
(c) Nut: $\tau = 13.8$ MPa,
screw: $\tau = 16.4$ MPa.

15.14 $P = 54.67$ kN.

15.16 (a) $P_{max} = 37.27$ kN, $P_{min} = 21.53$ kN.
(b) $T = 75$ N·m.

15.20 $n = 2.77$.

15.26 (a) $P_b = 118.5$ kN.
(b) $T = 312.6$ N·m.

15.28 $n = 2.07$ (with preload).
$n = 1.40$ (without preload).

15.30 (a) $n = 4.5$ (with preload),
$n = 2.19$ (no preload).
(b) $n_s = 5.37$.

15.32 $e = 64.3\%$.

15.35 $P_{all} = 4.57$ kips.

15.40 $V_B = 2.15$ kN, $\tau_B = 6.844$ MPa,
$\sigma_B = 7.167$ MPa.

15.41 $d = 54.3$ mm.

15.43 $P = 23.76$ kN.

15.49 $h = 0.19$ in.

15.51 $L = 199.6$ mm.

15.54 $h = 0.22$ in.

Chapter 16

16.5 (a) $p = 30.71$ MPa.
(b) $2c = 220$ mm.

16.7 Steel: $\sigma_{\theta,\max} = 62.2$ MPa,
bronze: $\sigma_{\theta,\max} = -116.8$ MPa.

16.9 $\Delta d_s = 0.356\lambda$.

16.12 (a) $p = 5.167$ MPa.
(b) $\sigma_\theta = 5.596$ MPa.

16.13 (a) $\sigma_{\theta.\max} = 41.11$ MPa.
(b) $n = 3539$ rpm.

16.14 (a) $p = 18$ MPa.
(b) $F = 244.3$ kN.
(c) $\tau = 14.66$ kN.

16.20 $P = 1.922$ kN.

16.22 $b = 156$ mm.

16.25 (a) $P = 84.58$ kN.
(b) $(\sigma_\theta)_B = -50$ MPa.

Chapter 17

17.11 (c) $\begin{Bmatrix} u_2 \\ \upsilon_2 \end{Bmatrix} = \begin{Bmatrix} 1.0 \\ -3.4 \end{Bmatrix}$ mm.

(d) $\begin{Bmatrix} F_{1x} \\ F_{1y} \\ F_{3x} \\ F_{3y} \end{Bmatrix} = \begin{Bmatrix} 7,632 \\ 10,176 \\ -7,500 \\ 0 \end{Bmatrix}$ N.

(e) $F_{12} = -12.72$ kN (T),
$F_{23} = -7.5$ kN (C).

17.12 (c) $\begin{Bmatrix} u_1 \\ \upsilon_1 \end{Bmatrix} = \begin{Bmatrix} 2.30 \\ -8.81 \end{Bmatrix} (10^{-3})$ in.

(d) $\begin{Bmatrix} R_{2y} \\ R_{3x} \\ R_{3y} \\ R_{4x} \end{Bmatrix} = \begin{Bmatrix} 3964.5 \\ 1037 \\ 1037 \\ -1035 \end{Bmatrix}$ lb.

(e) $F_{12} = 3964.5$ lb (T),
$F_{13} = 1464.5$ lb (T),
$F_{14} = -1035$ lb (C).

17.13 (c) $\begin{Bmatrix} u_2 \\ \upsilon_2 \end{Bmatrix} = \begin{Bmatrix} 18 \\ -60.4 \end{Bmatrix}$ mm.

(d) $\begin{Bmatrix} R_{1x} \\ R_{1y} \\ R_{3x} \end{Bmatrix} = \begin{Bmatrix} 45,024 \\ 60,032 \\ -45 \end{Bmatrix}$ kN.

(e) $F_{12} = -375.2$ kN (C),
$F_{23} = 180$ kN (T).

17.15 (c) $\upsilon_1 = 8.87$ mm.

(d) $\begin{Bmatrix} F_{2x} \\ F_{2y} \\ F_{3x} \\ F_{3y} \end{Bmatrix} = \begin{Bmatrix} 99.59 \\ 132.79 \\ 0 \\ -232.84 \end{Bmatrix}$ kN.

(e) $F_{12} = 166$ kN (T),
$F_{13} = -232.8$ kN (C).

17.19 (b) $\begin{Bmatrix} \upsilon_2 \\ \theta_2 \\ \theta_3 \end{Bmatrix} = \begin{Bmatrix} -0.7292 \text{ in.} \\ -0.00521 \text{ rad} \\ 0.02083 \text{ rad} \end{Bmatrix}$

(c) $\begin{Bmatrix} F_{1y} \\ M_1 \\ F_{3y} \end{Bmatrix} = \begin{Bmatrix} 6.876 \text{ kips} \\ 225 \text{ kip}\cdot\text{in} \\ 3.125 \text{ kips} \end{Bmatrix}$

Chapter 18

18.1 (a) $F_{-CF} = -42$ kN (C).
$F_{AE} = 45.35$ kN (T).
$F_{BG} = -20.08$ kN (C).

18.3 $\varepsilon_1 = 1094.6\ \mu$, $\varepsilon_2 = 294.6\ \mu$, $\gamma_{\max} = 1389\ \mu$.

18.5 $\varepsilon_x = 1104\ \mu$, $\varepsilon_y = -144\ \mu$, $\gamma_{xy} = -610\ \mu$.

18.7 $L_m = 1.814$ m.

18.10 (a) $b = 16.27$ mm.
(b) No.

참고문헌

CHAPTER 1

1. American Society of Mechanical Engineers. *Code of Ethics for Engineers*. New York: ASME, 2012.
2. Ugural, A.C. and S.K. Fenster. *Advanced Mechanics of Materials and Applied Elasticity*, 6th ed. New York: Pearson, 2020.
3. Ugural, A.C. *Mechanics of Materials*. Hoboken, NJ: Wiley, 2008.
4. Ugural, A.C. *Stress Free Living*, 2017. Kindle, www.amazon.com.
5. Vidosic, J.P. *Machine Design Projects*. New York: Ronald Press, 1957.
6. American Society for Testing and Materials. *ASTM International Standard for Metric Practice*. Publication E 380.86. West Conshohocken, PA: American Society for Testing and Materials, 2014.
7. American Society of Civil Engineers. *Minimum Design Loads for Buildings and Other Structures, ASCE-7.* Reston, VA: American Society of Civil Engineers, 2017.

CHAPTER 2

1. Avallone, E.A., T. Baumeister III, and A. Sadegh. eds. *Mark's Standard Handbook for Mechanical Engineers*, 11th ed. New York: McGraw-Hill, 2006.
2. American Society for Testing and Materials. *Annual Book of ASTM*. Philadelphia, PA: American Society for Testing and Materials, 2015.
3. Ashby, M.F. *Material Selection in Mechanical Design*, 5th ed. Oxford, UK: Butterworth Heinemann, 2020.
4. Lewis, G. *Selection of Engineering Materials*. Upper Saddle River, NJ: Prentice Hall, 1990.
5. Marin, J. *Mechanical Behavior of Engineering Materials*. Upper Saddle River, NJ: Prentice Hall, 1962.
6. Lakes, R.S. Advances in negative Poisson's ratio materials. *Advanced Materials*, 5(4) (1993), 293–296.
7. The American Society for Metals. Mechanical Testing. *Metals Handbook*, 9th ed., Vol. 8. Metals Park, OH: The American Society for Metals (ASM), 1989.
8. *Mechanical Engineering*, 120(8) (August 1995), 54–58.
9. *Manual of Steel Construction*, 15th ed. Chicago, IL: The American Institute of Steel Construction (AISC), 2017.
10. Hyer, M.W. *Stress Analysis of Fiber-Reinforced Composite Materials*. New York: McGraw-Hill, 2014.

CHAPTER 3

1. Timoshenko, S.P. and J.N. Goodier. *Theory of Elasticity*, 3rd ed. New York: McGraw-Hill, 1970.
2. Ugural, A.C. *Mechanics of Materials*. Hoboken, NJ: Wiley, 2008.

3. Ugural, A.C. and S.K. Fenster. *Advanced Mechanics of Materials and Applied Elasticity*, 6th ed. New York: Pearson, 2020.
4. Young, W.C., R.C. Budynas, and A.H. Sadegh. *Roark's Formulas for Stress and Strain*, 8th ed. New York: McGraw-Hill, 2011.
5. Ugural, A.C. *Plates and Shells: Theory and Analysis*, 4th ed. Boca Raton, FL: CRC Press, 2016.
6. Chen, F.Y. Mohr's Circle and Its Application in Engineering Design. New York: ASME Paper 76-DET-99, 1976.
7. Dally, J.W. and W.F. Riley. *Experimental Stress Analysis*, 4th ed. Knoxville, TN: College House Enterprises, 2005.
8. Bi, Zhuming, D.F. Pilkey, and W.D. Pilkey. *Peterson's Stress Concentration Factors*, 4th ed. Hoboken, NJ: Wiley, 2020.
9. Norton, R.L. *Machine Design: An Integrated Approach*, 6th ed. Upper Saddle River, NJ: Prentice Hall, 2019.

CHAPTER 4

1. Ugural, A.C. and S.K. Fenster. *Advanced Mechanics of Materials and Applied Elasticity*, 6th ed. New York: Pearson, 2020.
2. Young, W.C., R.C. Budynas, and A. Sadegh. *Roark's Formulas for Stress and Strain*, 8th ed. New York: McGraw-Hill, 2011.
3. Ugural, A.C. *Mechanics of Materials*. Hoboken, NJ: Wiley, 2008.
4. Piersol, A.G. and T.L. Paez. *Harris' Shock and Vibration Handbook*, 6th ed. New York: McGraw- Hill, 2009.
5. Kolsky, H. *Stress Waves in Solids*, 2nd ed. New York: Dover, 2012.

CHAPTER 5

1. Langhaar, H.L. *Energy Methods in Applied Mechanics*. Malabar, FL: Krieger, 2016.
2. Oden, J.T. and E.A. Ripperger. *Mechanics of Elastic Structures*, 2nd ed. New York: McGraw-Hill, 1981.
3. Ugural, A.C. and S.K. Fenster. *Advanced Mechanics of Materials and Applied Elasticity*, 6th ed. New York: Pearson, 2020.
4. Faupel, J.H. and F.E. Fisher. *Engineering Design*, 2nd ed. New York: Wiley, 1981.
5. Timoshenko, S.P. and J.M. Gere. *Theory of Elastic Stability*, 2nd ed. New York: McGraw-Hill, 1961.
6. Young, W.C., R.C. Budynas, and A.M. Sadegh. *Roark's Formulas for Stress and Strain*, 7th ed. New York: McGraw-Hill, 2011.
7. American Institute of Steel Construction. *Manual of Steel Construction*, 15th ed. New York: American Institute of Steel Construction, 2017.
8. Aluminum Association. *Specifications and Guidelines for Aluminum Structures*. Washington, DC: Aluminum Association, 2000.
9. American Wood Council. *National Design Specifications for Wood Construction and Design Values for Wood Construction, NDS Supplements*. Washington, DC: American Wood Council, 2015.
10. Ugural, A.C. *Plates and Shells: Theory and Analysis*, 4th ed. Boca Raton, FL: CRC Press, 2016.

CHAPTER 6

1. Nadai, A. *Theory of Flow and Fracture of Solids*, 2nd ed., Vol. 1. New York: McGraw-Hill, 1950.
2. Marin, J. *Mechanical Behavior of Engineering Materials*. Upper Saddle River, NJ: Prentice Hall, 1962.
3. Dowling, N.E. *Mechanical Behavior of Materials*, 4th ed. Upper Saddle River, NJ: Prentice Hall, 2012.
4. American Society of Metals. *Metals Handbook*. Boca Raton, FL: CRC Press, 1998.
5. Irwin, G.R. Fracture Mechanics. In *Proceedings, First Symposium on Naval Structural Mechanics*, Pergamon, New York, 1960, p. 557.
6. Ugural, A.C. and S.K. Fenster. *Advanced Mechanics of Materials and Applied Elasticity*, 6th ed. New York: Pearson, 2020.

7. Irwin, G.R. Mechanical Testing. *Metals Handbook*, 9th ed., Vol. 8. Metals Park, OH: American Society for Metals (ASM), 1989, pp. 437–493.
8. American Society for Metals. *ASM International Guide in Selecting Engineering Materials*. Metals Park, OH: American Society for Metals, 1989.
9. Juvinall, R.C. and K.M. Marshek. *Fundamentals of Machine Component Design*, 5th ed. Hoboken, NJ: Wiley, 2011.
10. Kennedy, J.B. and A.M. Neville. *Basic Statistical Methods for Engineers and Scientists*, 3rd ed. New York: Harper and Row, 1986.

CHAPTER 7

1. American Society of Metals. Failure Analysis and Prevention. *Metals Handbook*, 9th ed. Metals Park, OH: ASM International, 1986.
2. Engel, L. and H. Klingele. *An Atlas of Metal Damage*. Munich, Germany: Hanser Verlag, 1981.
3. Marin, J. *Mechanical Behavior of Engineering Materials*. Upper Saddle River, NJ: Prentice Hall, 1962.
4. Dowling, N.E., S.L. Kampe, et al. *Mechanical Behavior of Materials*, 5th ed. New York: Pearson, 2018.
5. Rice, R.C., ed. *Fatigue Design Handbook*, 3rd ed. Warrendale, PA: Society of Automotive Engineers, 1997.
6. Juvinall, R.C. *Engineering Consideration of Stress, Strain, and Strength*. New York: McGraw-Hill, 1967.
7. Norton, R.L. *Machine Design: An Integrated Approach*, 5th ed. Upper Saddle River, NJ: Prentice Hall, 2013.
8. Sines, G. and J.L. Waisman, eds. *Metal Fatigue*. New York: McGraw-Hill, 1959, pp. 296–298.
9. Budynas, R. and K. Nisbett. *Shigley's Mechanical Engineering Design*, 10th ed. New York: McGraw-Hill, 2014.
10. Stevens, R.I., H.O. Fuchs et al. *Metal Fatigue in Engineering*, 2nd ed. Hoboken, NJ: Wiley, 2000.
11. Juvinall, R.C. and K.M. Marshek. *Fundamentals of Machine Component Design*, 5th ed. Hoboken, NJ: Wiley, 2011.
12. Ugural, A.C. and S.K. Fenster. *Advanced Mechanics of Materials and Applied Elasticity*, 6th ed. New York: Pearson, 2020.
13. Sullivan, J.L. Fatigue Life under Combined Stress. *Machine Design*, January 25, 1979.
14. Paris, P.C. and F. Erdogan. A critical analysis of crack propagation laws. *Transactions of the ASME, Journal of Basic Engineering*, 85(1963), 528.
15. Barsom, J.M. and S.T. Rolfe. *Fracture and Fatigue Control in Structures*, 3rd ed. Oxford, UK: Butterworth Heinemann, 2010.
16. Suresh, S. *Fatigue of Materials*. 2nd ed. Cambridge, UK: Cambridge University Press, 1998.

CHAPTER 8

1. Davis, J.R. ed. *Surface Engineering for Corrosion and Wear Resistance*. Materials Park, OH: ASM International, 2001.
2. Cotell, C.M., J.A. Sprague, and F.A. Smidt. *Surface Engineering*, Vol. 5. *ASM Handbook*. Materials Park, OH: ASM International, 2007.
3. Horger, O.J. ed. *ASME Handbook: Metals Engineering-Design*, 2nd ed. New York: McGraw-Hill, 1965.
4. Fontana, M.G. and N.D. Greene. *Corrosion Engineering*, 3rd ed. New York: McGraw-Hill, 1990.
5. Avallone, E., T. Baumeister, and A.M. Sadegh, eds. *Mark's Mechanical Engineers Handbook*, 11th ed. New York: McGraw-Hill, 2006.
6. Peterson, M.B. and W.O. Winer, eds. *Wear Control Handbook*. New York: The American Society of Mechanical Engineers, 1980.
7. Robinowicz, E. *Wear Coefficients-Metals*. New York: American Society of Mechanical Engineers, 1980, pp. 475–506.
8. Juvinall, R.C. and K.M. Marshek. *Fundamentals of Machine Component Design*, 5th ed. Hoboken, NJ: Wiley, 2011.

9. Ugural, A.C. and S.K. Fenster. *Advanced Mechanics of Materials and Applied Elasticity*, 6th ed. New York: Pearson, 2020.
10. Timoshenko, S.P. and J.N. Goodier. *Theory of Elasticity*, 3rd ed. New York: McGraw-Hill, 1970.
11. Young, W.C., R.C. Budynas, and A.M. Sadegh. *Roark's Formulas for Stress and Strain*, 8th ed. New York: McGraw-Hill, 2011.

CHAPTER 9

1. Design of Transmission Shafting. ANSI/ASME B106.1M-1985.
2. Loewenthal, S.H. Proposed design procedure for transmission shafting under fatigue loading. Technical Note TM-78927, NASA, Cleveland, OH, 1978.
3. Norton, R.L. *Design of Machinery*, 6th ed. New York: McGraw-Hill, 2019.
4. Timoshenko, S., D.H. Young, and W. Weaver, Jr. *Vibration Problems in Engineering*, 5th ed. Hoboken, NJ: Wiley, 1990.
5. Huston, R. and J. Harold. *Practical Stress Analysis in Engineering Design*, 3rd ed. Boca Raton, FL: CRC Press, 2004.
6. Bi, Zhuming, D.F. Pilkey, and W.D. Pilkey. *Peterson's Stress Concentration Factors*, 4th ed. Hoboken, NJ: Wiley, 2020.
7. Avollone, E.A., T. Baumeister III, and A.M. Sadegh, eds. *Mark's Standard Handbook for Mechanical Engineers*, 11th ed. New York: McGraw-Hill, 2006.

CHAPTER 10

1. Booser, E.R., ed. *CRC Handbook of Lubrication and Tribology*, 2nd ed., Vols. I and II. Boca Raton, FL: CRC Press, 2006, 1983 and 1988.
2. Lansdown, A.R. *Lubrication and Lubrication Selection*, 3rd ed. New York: ASME, 2004.
3. Avallone, A.E., T. Baumeister III, and A.M. Sadegh, eds. *Mark's Standard Handbook for Mechanical Engineers*, 11th ed. New York: McGraw-Hill, 2006.
4. Budynas, R. and K. Nisbett. *Shigley's Mechanical Engineering Design*, 10th ed. New York: McGraw-Hill, 2014.
5. Rothbart, H.A. and T.H. Brown, Jr., eds. *Mechanical Design Handbook*, 2nd ed. New York: McGraw-Hill, 2006.
6. Reynolds, O. On the theory of lubrication and its application to Mr. Beauchamp Tower's experiments. *Philosophical Transactions of the Royal Society (London)*, 177(1886), 157–234.
7. Ocvirk, F.W. Short bearing approximation for full journal bearings. Technical Note 2208. Washington, DC: NACA. 1952; Also see Dubois, G.B. and F.W. Ocvirk. The short bearing approximation for plain journal bearings. *Transactions of the ASME*, 77(1955), 1173–1178; Ocvirk, F.W. and G.B. Dubois. Surface finish and clearance effects on journal-bearing load capacity and friction. *Transactions of the ASME, Journal of Basic Engineering*, 81(1959), 245.
8. Raimondi, A.A. and J. Boyd. A solution for finite journal bearings and its application to analysis and design. Parts I, II, and III. *Transactions of the ASLE*, I, 1(1958), 159–209; Reprinted in *Lubrication Science and Technology*. New York: Pergamon Press, 1958.
9. Hamrock, J. and D. Dowson. *Ball Bearing Lubrication: The Elastohydrodynamics of Elliptical Contacts*. Hoboken, NJ: Wiley, 1981.
10. Juvinall, R.E. and M. Marshek. *Fundamentals of Machine Component Design*, 5th ed. Hoboken, NJ: Wiley, 2011.
11. Standards of the Anti-friction Bearing Manufacturing Association (AFBMA). New York, 1990.
12. Harris, T.A. and M.N. Kotzalas. *Rolling Bearing Analysis*, 5th ed. Boca Raton, FL: CRC Press, 2006.

CHAPTER 11

1. AGMA. *Standards of the American Gear Manufacturers Association*. Alexandria, VA: ANSI/AGMA 2001–C95 (revised AGMA 2001–C95).

2. Townsend, D.P., ed. *Dudley's Gear Handbook*, 2nd ed. New York: McGraw-Hill, 2011.
3. Avallone, E.A., T. Baumeister III, and A.M. Sadegh, eds. *Marks' Standard Handbook for Mechanical Engineers*, 11th ed. New York: McGraw-Hill, 2006.
4. Buckingham, E. *Analytical Mechanics of Gears*. Mineola, New York: Dover, 2014.
5. Juvinall, R.C. and K.M. Marshek. *Fundamentals of Machine Component Design*, 5th ed. Hoboken, NJ: Wiley, 2011.
6. Norton, R.L. *Machine Design: An Integrated Approach*, 5th ed. Upper Saddle River, NJ: Prentice Hall, 2013.
7. Lewis, W. *Investigation of the Strength of Gear Teeth*. Philadelphia, PA: Proceedings of the Engineers Club, 1893, pp. 16–23; Reprinted in *Gear Technology*, 9(6) (November–December 1992), 19.
8. Bi, Zhuming, D.F. Pilkey, and W.D. Pilkey. *Peterson's Stress Concentration Factors*, 4th ed. Hoboken, NJ: Wiley, 2020.
9. Shigley, E.J. and C.E. Mischke, eds. *Standard Handbook of Machine Design*, 3rd ed. New York: McGraw-Hill, 2004.
10. Stephen, P.R. and D.W. Dudley. *Dudley's Handbook of Practical Gear Design and Manufacture*, 2nd ed. Boca Raton: CRC Press, 1994.

CHAPTER 12

1. Stephen, P.R. and D.W. Dudley. *Dudley's Handbook of Practical Gear Design and Manufacture*, 2nd ed. Boca Raton, FL: CRC Press, 1994.
2. American Manufacturers Association. *Standards of the American Manufacturers Association*. Arlington, VA: AMA, 1993.
3. Buckingham, E. and H.H. Ryffel. *Design of Worm and Spiral Gears*. New York: Industrial Press, 1999.
4. Townsend, D.P. ed. *Dudley's Gear Handbook*, 2nd ed. New York: McGraw-Hill, 2011.
5. Budynas, R. and K. Nisbett. *Shigley's Mechanical Engineering Design*, 10th ed. New York: McGraw-Hill, 2014.
6. Avallone, E.A., T. Baumeister III, and A.M. Sadegh, eds. *Mark's Standard Handbook for Mechanical Engineers*, 11th ed. New York: McGraw-Hill, 2006.
7. Juvinall, R.C. and K.M. Marshek. *Fundamentals of Machine Component Design*, 5th ed. Hoboken, NJ: Wiley, 2011.
8. Rothbart, H.A. and T.H. Brown, Jr., eds. *Mechanical Design and Systems Handbook*, 2nd ed. New York: McGraw-Hill, 1985.

CHAPTER 13

1. Budynas, R. and K. Nisbett. *Shigley's Mechanical Engineering Design*, 10th ed. New York: McGraw-Hill, 2014.
2. Wallin, A.W. Efficiency of Synchronous Belts and V-Belts. In *Proceedings of the National Conference Power Transmission*, Vol. 5, Illinois Institute of Technology, Chicago, IL, November 7–9, 1978, pp. 265–271.
3. Alciatore, D.G. and A.E. Traver. Multiple belt drive mechanics: Creep theory vs. shear theory. *Transactions of the ASME, Journal of Mechanisms, Transmission, and Automation in Design*, 112(1990), 65–70.
4. Gates Rubber Co. *V-Belt Drive Design Manual*. Denver, CO: Gates Rubber Co., 1999.
5. Rubber Manufacturers Association. *Specifications for Drives Using Classical Multiple V Belts. American National Standard, IP-20.* Washington, DC: Rubber Manufacturers Association, 2010.
6. American Chain Association (ACA). *Standard Handbook of Chains: Chains for Power Transmission and Material Handling*, 2nd ed. Boca Raton, FL: Taylor & Francis, 2006.
7. ANSI/ASME. *Precision Power Transmission Roller Chains, Attachments, and Sprockets.* ANSI/ASME Standard B29.1M. New York: ASME, 1993.
8. ANSI/ASME. *Inverted-Tooth (Silent) Chains and Sprockets.* ANSI/ASME Standard B29.2M-82. New York: American Society of Mechanical Engineers, 1993.

9. Ortwein, W.C. *Clutches and Brakes: Design and Selection*. Boca Raton, FL: CRC Press, 2004.
10. Neale, M.J. ed. *Tribology Handbook*, 2nd ed. Cambridge, UK: Elsevier, 1996.
11. Crouse, W.H. Automotive Brakes. *Automotive Chassis and Body*, 5th ed. New York: McGraw-Hill, 1976.

CHAPTER 14

1. Associated Spring-Barnes Group. *Design Handbook*. Bristol, CT: Associated Spring-Barnes Group, 1987.
2. Wahl, A.M. *Mechanical Springs*, 2nd ed. New York: McGraw-Hill, 1991.
3. Shigley, J.E. and T.H. Brown. *Standard Handbook of Machine Design*, 2nd ed. New York: McGraw-Hill, 1996.
4. Carlson, H.C.R. *Spring Designer's Handbook*. New York: Marcel Dekker, 1978.
5. Rothbart, H.A. and T.H. Brown, Jr., eds. *Mechanical Design and Systems Handbook*, 2nd ed. New York: McGraw-Hill, 2006.
6. Avallone, E.A., T. Baumeister III, and A.H. Sadegh, eds. *Mark's Standard Handbook for Mechanical Engineers*, 11th ed. New York: McGraw-Hill, 2006.
7. Juvinall, R.C. and K.M. Marshek. *Fundamentals of Machine Component Design*, 5th ed. Hoboken, NJ: Wiley, 2011.
8. Ugural, A.C. *Plates and Shells: Theory and Analysis*, 4th ed. Boca Raton, FL: CRC Press, 2016.
9. Norton, R.L. *Machine Design: An Integrated Approach*, 5th ed. Upper Saddle River, NJ: Prentice Hall, 2013.

CHAPTER 15

1. American Standards Institute. *ANSI/ASME Standards*, B1.1–2014, B1.13–2005. New York: American Standards Institute, 2005.
2. ANSI B5.48. *Ball Screws*. New York: ASME, 1987.
3. Parmley, R.O. *Standard Handbook of Fastening and Joining*, 3rd ed. New York: McGraw-Hill, 1996.
4. Avallone, E.A., T. Baumeister III, and A.M. Sadegh, eds. *Mark's Standard Handbook for Mechanical Engineers*, 11th ed. New York: McGraw-Hill, 2006.
5. Kulak, G.I., J.W. Fisher, and H.A. Struik. *Guide to Design Criteria for Bolted and Riveted Joints*, 2nd ed. New York: Wiley, 1987.
6. Bickford, J.H. *An Introduction to the Design and Behavior of Bolted Joints*, 3rd ed. New York: Marcel Dekker, 1995.
7. Bi, Zhuming, D.F. Pilkey, and W.D. Pilkey. *Peterson's Stress Concentration Factors*, 4th ed. Hoboken, NJ: Wiley, 2020.
8. Juvinall, R.C. and K.M. Marshek. *Fundamentals of Machine Component Design*, 5th ed. Hoboken, NJ: Wiley, 2011.
9. Budynas, R. and K. Nisbett. *Shigley's Mechanical Engineering Design*, 10th ed. New York: McGraw-Hill, 2020.
10. Wileman, J., M. Choudhury, and I. Green. Computational stiffness in bolted connections. *Transactions of the ASME, Journal of Mechanical Design*, 113(December 1991), 432–437.
11. Johnston, B.G. and F.J. Lin. *Basic Steel Design*. Upper Saddle River, NJ: Prentice Hall, 1995.
12. Osgood, C.C. *Fatigue Design*, 2nd ed. Hoboken, NJ: Wiley, 1982.
13. Pocius, A.V. *Adhesion and Adhesives Technology: An Introduction*, 2nd ed. New York: Hanser, 2004.
14. Parmley, R.O. ed. *Standard Handbook for Fastening and Joining*, 3rd ed. New York: McGraw-Hill, 1997.

CHAPTER 16

1. Timoshenko, S.P. and J.N. Goodier. *Theory of Elasticity*, 3rd ed. New York: McGraw-Hill, 1970.

2. Ugural, A.C. and S.K. Fenster. *Advanced Mechanics of Materials and Applied Elasticity*, 6th ed. New York: Pearson, 2020.
3. Faupel, J.H. and F.E. Fisher. *Engineering Design*, 2nd ed. New York: Wiley, 1981.
4. Ugural, A.C. *Plates and Shells: Theory and Analysis*, 4th ed. Boca Raton, FL: CRC Press, 2016.
5. Norton, R.L. *Machine Design: An Integrated Approach*, 5th ed. Upper Saddle River, NJ: Prentice Hall, 2013.
6. Ashby, M.F. *Materials Selection in Mechanical Design*, 5th ed., Oxford, UK: Butterworth Heinemann, 2020.
7. Ugural, A.C. *Mechanics of Materials*. Hoboken, NJ: Wiley, 2008.
8. Young, W.C., R.C. Budynas, and A.M. Sadegh. *Roark's Formulas for Stress and Strain*, 8th ed. New York: McGraw-Hill, 2011.
9. ASME. *Boiler and Pressure Vessel Code*. New York: ASME, 2017.
10. ASME. Fiberglass-Reinforced Plastic Pressure Vessels. Section X. *ASME Boiler and Pressure Vessel Code*. New York: ASME, 2013.

CHAPTER 17

1. Yang, T.Y. *Finite Element Structural Analysis*. Upper Saddle River, NJ: Prentice Hall, 1986.
2. Logan, D.L. *A First Course in the Finite Element Method*, 5th ed. Stanford, CT: Cengage Learning, 2011.
3. Ugural, A.C. and S.K. Fenster. *Advanced Mechanics of Materials and Applied Elasticity*, 6th ed. New York: Pearson, 2020.
4. Zienkiewitcz, O.C. and R.I. Taylor. *The Finite Element Method*, 6th ed. Oxford, UK: Elsevier, 2005.
5. Bathe, K.I. *Finite Element Procedures in Engineering Analysis*, 2nd ed. New York: Pearson, 2014.

CHAPTER 18

1. AIAA. *A Case Study in Aircraft Design: The Boeing 727*. Reston, VA: AIAA, 1998.
2. ANSYS, Inc. *Products in Action*. Canonsburg, PA: ANSYS, Inc. Available at: www.ansvs.com.
3. Ugural, A.C. *Mechanics of Materials*. Hoboken, NJ: Wiley, 2008.
4. Faupel, J.H. and F.E. Fisher. *Engineering Design*, 2nd ed. Hoboken, NJ: Wiley, 1986.

찾아보기

ㅂ

ㅈ

기타